INTRODUCTION TO MANUFACTURING PROCESSES

Mikell P. Groover

Professor Emeritus of Industrial and Systems Engineering Lehigh University

Introduction to
Manufacturing **P**rocesses

Mikell P. Groover

핵심 제조공학

김주현 · 문영훈 · 이성환 · 이신영 · 이인환
정의식 · 정해도 · 최성주 · 황 준 옮김

WILEY

TEXTBOOKS
텍스트북스

Introduction to Manufacturing Processes
Mikell P. Groover

ISBN 978-04-70632-28-4

옮긴이 소개

김주현 국민대학교
문영훈 부산대학교
이성환 한양대학교
이신영 군산대학교
이인환 충북대학교
정의식 한밭대학교
정해도 부산대학교
최성주 한국기술교육대학교
황 준 한국교통대학교

핵심 제조공학

발행일 2024년 8월 20일 초판 1쇄 발행
지은이 Mikell P. Groover
옮긴이 김주현, 문영훈, 이성환, 이신영, 이인환, 정의식, 정해도, 최성주, 황 준
발행인 임은정 **발행처** (주)텍스트북스
주소 서울시 영등포구 양평로 30길 14, 세종앤까뮤스퀘어 1109호
전화 02-702-5725 **팩스** 02-702-5727 **웹사이트** www.textbooks.co.kr
등록번호 제2022-000098호
ISBN 979-11-91679-27-4 93550 **정가** 39,000원

저자 서문

이 책 [핵심 제조공학]은 기계공학, 산업공학, 생산공학 관련 학과에서 생산 관련 기본 교재로 저술되었다. 또한 이러한 공학과 관련된 기술교육 프로그램에도 적용될 수 있다. 이 교재는 저자의 다른 저서인 [현대제조공학]에 기본을 두고 있는데 이 책은 1000페이지에 달하고 대부분 분량이 많은 다른 생산 관련 교재와 경쟁하고 있다. 이러한 책들이 한 학기에 학습하기에는 너무 분량이 많다는 불만이 제기되어 왔지만, 이와 같은 광범위한 내용이 미래의 직업을 설계 및 생산으로 고려하고 있는 학생들에게는 귀중한 참고서가 되는 것도 사실이다.

이 교재는 다른 교재에 비해 상당히 적은 분량을 제공하고자 한다. 이 교재의 범위를 결정하기 위해 출판사 측은 관련 교수들에 대한 설문조사를 통해 제조공학에서 핵심적인 내용을 발췌했다. 이로부터 제조공학의 분야에서 이 교재의 내용들을 결정했다. 공업재료에 관한 장을 8개에서 2개로 줄였고, 제조시스템의 장도 5개에서 3개로 줄였다. 전자공학을 다루는 2개의 장은 생략했는데 많은 기계공학 분야의 강사들이 이 분야의 필요성을 느끼지 못했기 때문이다. 마지막으로 몇 개의 장을 통합한 부분들이 있다. 이러한 변화들로 인해 [현대제조공학 4판]의 42개 장이 30개로 줄어들었다.

제조공학에 관한 각 장들은 [현대제조공학]의 축약판으로 볼 수 있다. 광범위한 교재들에서는 적당할지라도 이 핵심 교재에는 적당하지 않는 공정들은 일부 생략했다. 하지만 공정의 과학이나 수학적 모델링의 중요성은 그대로 남아 있다. 이 교재에서는 역사적 고찰과 객관식 문제들을 생략했지만, 각장의 복습문제와 연습문제들은 문제 수를 줄여 포함시켰다. 이러한 변화들은 페이지 수를 줄이는 결과를 초래하면서, 제조공학을 가르치는 대부분의 강사들이 요구하는 내용들을 포함하고 있다. 이 교재보다 광범위한 내용을 원하는 강사들은 [현대제조공학]을 참고하기 바란다.

강의 지원 자료

이 교재를 수업 교재로 사용하는 강사들에게 다음의 강의 지원 자료가 제공된다.

- 모든 복습문제와 연습문제들에 대한 풀이(디지털 자료)
- 모든 장에 대한 파워포인트 강의 자료

이러한 강의 자료는 www.wiley.com/college/groover에서 받을 수 있으며, 이 교재가 해당 과목에서 주교재로 사용되고 있다는 증빙이 필요하다. 개별적인 질문이나 의견은 저자 Mikell.Groover@Lehigh.edu로 직접 문의하기 바란다.

Mikell P. Groover

역자 서문

제조공정에 관한 핵심 해설서

산업이 발달하면 할수록 제조공정의 내용도 광범위해지고 있다. 신소재의 개발과 전자산업의 발달로 인해 이에 관련된 새로운 제조공정의 기법들이 생겨나고 있다. 응고 공정, 성형 공정, 재료제거 공정, 접합 등의 가장 기본적인 제조공정만으로는 현대의 모든 재료에 대해 제조공학을 적용하기는 어려운 현실이 되었다. 따라서 현재 학생들이 제조공정에 대해 학습해야 할 내용들이 점점 많아져 대부분의 제조공정 교재들이 1000페이지를 훌쩍 넘어서고 있다.

이 교재는 기계공학 및 산업공학 관련 학과에서 한 학기에 걸쳐 제조공정에 관련된 내용들을 강의하기에 적합한 핵심적인 내용들로 구성되어 있다. 제조공정에서 가장 기본적인 공정은 금속주조, 성형, 절삭 및 연삭가공, 용접 등이 될 것이다. 이 교재가 제조공정 중에서 가장 기본적인 내용들을 중심으로 구성되어 있지만 금속뿐만 아니라 플라스틱, 복합재료, 세라믹 등 대부분의 공업재료들에 대한 제조공정들을 모두 해설하고 있다. 또한 신공정 기술로 특수가공뿐만 아니라 쾌속조형, 마이크로 제작기술 등에 대한 제조공정들과 함께, 제조시스템에서는 자동화, 품질관리, 검사 등도 기술하고 있다.

따라서 학생뿐만 아니라 현장에서 제조공정의 적용에 대해 관심을 가진 엔지니어의 입장에도 이 교재는 현재 널리 적용되고 있는 대부분의 제조공정을 포함하고 있기 때문에 참고용으로 사용하기에도 손색이 없을 것으로 판단된다.

이 교재의 저자인 Mikell P. Groover 교수는 미국 리하이대학의 산업시스템공학과의 명예교수다. 그는 제조공정, 생산시스템, 자동화 등의 분야에서 많은 연구 업적을 가지고 있으며, 리하이대학, 산업공학회, 제조기술자학회(SME) 등에서 다수의 교육상을 수상했다. 그는 75편의 기술논문과 11권의 저서가 있으며, 그의 저서는 전 세계적으로 여러 언어로 출간되었다.

번역서를 출간하면서 주안점을 둔 것은 용어의 일관성과 보편성이다. 기계용어집을 참고로 했지만 오래된 용어로 그다지 사용하지 않는 것은 현재 널리 쓰이는 용어로 대체했으며, 우리말 용어가 없거나 옮기면 오히려 어색한 용어들은 원어를 그대로 사용했다. 아무쪼록 이 교재가 제조공학을 처음으로 접하는 독자들에게 자신감을 줄 수 있는 기회가 되길 바란다.

2024.2.25.
옮긴이 적음

목 차

CHAPTER

01

서론: 제조의 개요

INTRODUCTION AND OVERVIEW OF MANUFACTURING

물건을 만드는 일은 역사가 기록되기 이전부터 인간문명의 필수적인 활동으로 되어왔다. 오늘날 제조(manufacturing)라는 용어는 이러한 활동에 사용된다. 기술적이고 경제적인 이유에서 제조는 대부분의 개발 혹은 개발도상국들의 복지에 매우 중요하다. 기술(technology)은 사회와 구성원들이 필요하거나 원하는 것을 제공하기 위해 과학을 응용하는 것으로 정의할 수 있다. 기술은 여러 방법으로 우리의 일상생활에 직·간접적으로 영향을 미친다.

[표 1.1]의 제품목록에 대해 생각해보자. 목록에는 사회와 구성원들이 더 잘살 수 있도록 돕는 다양한 기술들이 내포되어 있음을 알 수 있다. 이 모든 제품들의 공통점은 무엇인가? 우선 이 제품들은 모두 제조된 것이다. 이들 기술에서 놀라운 점은 만일 그들을 제조할 수 없었다면 사회에서의 사용이 불가능하다는 것이다. 제조는 기술을 가능성 있는 것으로 만들어주는 필수요소인 것이다.

경제적으로, 제조는 한 나라의 부를 창출하는 중요한 수단이 된다. 미국에서 제조 산업은 국내총생산(GDP)의 약 12%를 차지한다. 농업용지, 광산, 석유와 같은 천연자원도 마찬가지로 국가의 부를 창출한다. 미국에서 농업, 광업, 이와 유사한 산업들은 GDP의 5% 미만(농업만은 약 1%)을 차지한다. 건설과 공공 공익사업은 약 5%에 이른다. 나머지는 소매, 교통, 금융, 통신, 교육, 행정 등의 서비스산업이다. 서비스 부문은 미국 GDP의 75% 이상을 차지한다. 행정만은 GDP의 제조부문 만큼을 차지한다. 그러나 행정서비스는 부를 창출하지 못한다.

현대의 글로벌경제에서 국가가 강한 경제력을 가지고 국민에게 높은 생활수준을 제공하기 위해서는 강한 제조기반(또는 중요한 천연자원)을 가지고 있어야 한다.

제1장에서는 제조에 관련된 다음과 같은 일반적인 주제들을 다룬다. 제조란 무엇인가? 산업에서 어떻게 구성되어 있는가? 이를 달성하는데 어떠한 공정들이 수행되는가?

표 1.1 다양한 기술의 제품

운동화	DVD플레이어	플라스틱 의자
현금 지급기	전자책 리더	스캐너
식기 세척기	팩스기	퍼스널 PC
볼펜	고화질 텔레비전	복사기
자전거	위성 위치 확인시스템	음료캔
휴대폰	전자수첩 계산기	아날로그 손목시계
CD	하이브리드자동차	제초기
CD플레이어	산업용 로봇	초고속 비행기
소형 형광등	잉크젯 프린터	복합재료 테니스라켓
콘텍트 렌즈	직접회로	타이어
디지털 카메라	의료용 MRI	비디오 게임기
DVD	전자렌지	세탁기와 건조기

출처: 일반적인 제품정보 자료 편집

1.1 제조란 무엇인가?

제조라는 용어는 manus(손)와 factus(만들다)의 두 라틴어에서 파생되었다. 이 단어의 조합은 손으로 만든다는 것을 의미한다. 영어 단어 제조manufacture는 처음 이 단어[1]가 만들어진 수세기 이전에는 단지 "손으로 만든다"라는 수작업의 의미였다. 현대에 와서 제조는 자동화되거나 혹은 컴퓨터 제어되는 기계에 의해 수행된다.

1.1.1 제조의 정의

현대적 맥락의 연구 분야에서 제조는 과학기술과 경제학의 2가지 측면으로 정의할 수 있다. 기술적 측면에서 제조는 부품이나 제품을 만들기 위해 원재료의 형상, 성질들을 바꾸거나 모양을 변경하기 위해 물리적이고 화학적인 공정들을 적용하는 것이다. 제조에는 또한 제품을 구성하는 여러 부품을 조립하는 것도 포함하고 있다. [그림 1.1(a)]와 같이 제조공정은 기계, 공구, 동력, 노동력의 조합으로 이뤄진다. 제조는 거의 항상 순차적인 작업공정으로 수행된다. 각 작업에서는 재료를 원하는 최종 상태에 가깝도록 처리한다.

1 명사로서, 제조란 단어는 1567년경에 영국에서 처음 등장했다. 동사로서, 처음 등장한 것은 1683년경이다.

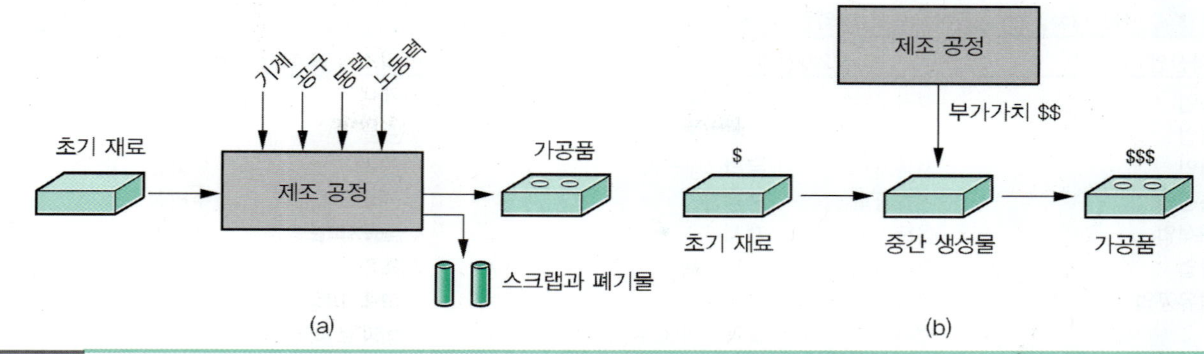

그림 1.1 제조를 정의하는 두 방법 (a)기술적 측면의 제조, (b)경제적 측면의 제조(출처: Fundamentals of Modern Manufacturing, 4th Edition by Mikell P. Groover, 2010. Reprinted with permission of John Wiley & Sons, Inc.).

경제적 측면에서 제조는 [그림 1.1(b)]와 같이 하나 또는 그 이상의 가공공정과 조립공정을 통해 고부가가치를 갖도록 초기 재료를 변환하는 것이다. 제조의 핵심은 재료의 외형이나 성질을 변경하거나 혹은 다른 재료와 결합시켜 부가가치화 하는 것이다. 초기 재료는 제조공정을 거치면서 더욱더 부가가치를 지닌 상태로 만들어진다. 철광석은 강으로, 모래는 유리로, 석유는 플라스틱으로 변환될 때 부가가치가 커진다. 그리고 플라스틱은 복잡한 형상의 간이의자로 성형되는 경우 훨씬 더 고부가가치를 지니게 된다.

제조와 생산production이란 용어는 가끔 같은 의미로 사용된다. 저자의 견해로는 생산이 제조보다는 더 광범위한 의미를 지닌다고 본다. 예를 들어 '원유생산'이라고 할 수는 있어도 '원유제조'라는 말은 부적절하다. 그러나 금속부품이나 자동차와 같은 제품에서는 두 용어 모두를 함께 사용해도 좋다고 생각한다.

1.1.2 제조 산업과 제품

제조는 고객에게 제품을 판매하는 기업의 중요한 영리활동이다. 기업의 제조 유형은 그 기업에서 만드는 제품의 종류에 의해 결정된다. 제조 산업의 종류를 먼저 조사해 이들의 관계를 알아본 다음, 그들이 만드는 제품이 무엇인지를 살펴보자.

제조 산업 산업은 상품과 서비스를 생산하거나 공급해주는 기업과 조직들로 구성된다. 산업은 1차, 2차, 3차 산업으로 분류된다. 1차산업은 농작물을 경작하고 천연자원을 채취하는 농업과 광업을 포함한다. 2차산업은 1차산업에서 얻은 것들을 소비재

표 1.2 1차, 2차, 3차 산업에 속하는 업종

1차산업	2차산업		3차(서비스)산업	
농업	항공우주	금속가공	은행	보험
임업	의류	식품가공	통신	법률
어업	자동차	유리, 세라믹	교육	부동산
축산업	기초금속	중공업	연예오락	수리정비
채석업	음료	제지	금융서비스	음식점
광업	건축자재	석유정제	행정	소매
석유공업	화학약품	의약품	건강의료	관광
	컴퓨터	플라스틱(성형)	호텔	운수
	가전제품	에너지	정보	도매
	전자	출판		
	장비	타이어와 고무		
		목재와 가구		

출처: 일반적인 산업정보 자료 편집

또는 자본재로 변환시키는 산업이다. 제조는 주로 이 범주에 속하며 건설업과 에너지산업도 여기에 포함된다. 3차산업은 경제의 서비스 부문으로 구성한다. 이들 세 범주에 속하는 업종들의 예를 [표 1.2]에 나타냈다.

이 책에서는 주로 [표 1.2]에 나타낸 2차산업과 관련된 제조분야에 대해 다룬다. 그러나 [표 1.2]를 작성하는데 사용된 국제표준산업분류(ISIC)에는 이 책에서 다루지 않는 생산기술의 몇몇 산업분야들이 포함되어 있다. 예를 들어 음료, 화학약품, 식품가공 등이다. 이 책에서 제조는 볼트나 너트에서부터 디지털 컴퓨터나 군사무기에 이르는 폭넓은 범위에 걸친 모든 하드웨어의 생산을 의미한다. 플라스틱이나 세라믹 제품은 포함되지만 의류, 종이, 의약품, 출판, 목재 제품 등은 제외되어 있다.

생산 제품 제조업체에서 만들어지는 최종 제품들은 소비재와 자본재의 두 분류로 나눌 수 있다. 소비재는 자동차, 개인용 컴퓨터, TV, 타이어, 테니스 라켓 등 소비자가 직접 구매하는 제품이다. 자본재는 제품을 생산하고 서비스를 제공하기 위해 회사가 구매하는 것이다. 자본재의 예로는 항공기, 컴퓨터, 통신장비, 의료기기, 트럭, 버스, 철도기관차, 공작기계, 건설장비 등을 들 수 있다. 이들 자본재의 대부분은 서비스산업 분야에서 구매된다. 앞에서 설명한 바와 같이 미국에서 제조는 국내 총생산의 약 12%를 차지하고 서비스는 GDP의 75% 이상을 차지하고 있다. 서비스 부문에서 구매한 자본 공산품들은 해당 분야에서의 기여도가 매우 높다. 자본재가 없이는 서비스산업이 그 기능을 다할 수 없다.

최종 제품 외에 기업이 최종 제품을 만드는데 사용하는 재료, 부품, 저장품들도 제조제품이 될 수 있다. 이러한 예로 강철판재, 봉재, 금속 형단조, 가공부품, 플라스틱 사출품과 압출품, 절삭공구, 금형, 주형, 윤활유 등이 있다. 따라서 제조 산업에는 최종 소비자의 손을 거치지 않은 다양한 영역과 계층 간의 중간공급자로 구성되는 제조업체들의 구조가 존재한다.

이 책에서는 주로 개별품목discrete items들에 대해 다룬다. 즉 연속공정continuous processes을 통해 생산되는 품목이 아닌 개별적으로 존재하는 부품이나 조립품들이 이에 해당한다. 금속 형단조는 개별품목이지만 박판금속코일은 거의 연속공정이다. 압출품이나 전선 같은 많은 개별품목들은 연속형 혹은 반연속형 제품을 이용해 제조한다. 연속적으로 길게 만든 소재는 필요한 크기로 잘라 사용한다. 석유정제는 연속공정의 가장 좋은 예다.

생산량과 제품의 다양성 공장에서 만들어지는 제품의 수는 인력, 시설, 공정을 구성하는 방법에 아주 중요한 영향을 미친다. 연간 생산량은 세 범위로 나눌 수 있다. 1)소량생산 : 연간 1~100개 범위의 수량, 2)중량생산 : 매년 100~10,000개, 3)대량생산 : 10,000~수백만 개. 이들 세 범주의 경계는 다소 임의적인 것으로서 차이가 있다. 제품의 종류에 따라 그 경계는 약간 달라질 수 있다.

생산량은 어떤 특정한 제품 종류의 매년 생산되는 개수를 나타낸다. 어떤 공장은 다양한 종류의 다른 제품들을 각 유형에 따라 소량 혹은 중량으로 생산한다. 또 다른 공장에서는 오직 한 제품만을 대량생산해 전문화되어 있을 수 있다. 생산량과 구별되는 또 다른 척도로 제품의 다양성이 있다. 제품의 다양성은 공장에서 생산되는 서로 다른 제품설계 또는 종류를 의미한다. 서로 다른 제품들은 각기 다른 모양과 크기를 가지며, 다른 기능을 수행하고, 다른 시장들을 위해 만들어지며, 어떤 것은 다른 것들보다 더 많은 부품수를 갖는다. 매년 만들어지는 서로 다른 제품 종류의 수를 계산할 수 있다. 공장에서 만든 제품 종류의 수가 많을 때 이는 제품의 다양성이 크다는 것을 의미한다.

공장운영의 관점에서 제품의 다양성과 생산량 사이에는 반비례 관계가 있다. [그림 1.2]와 같이 만일 한 공장의 제품 다양성이 클 경우 그 생산량은 낮게 될 가능성이 높으며, 반대로 생산성이 높은 경우에는 제품의 다양성이 낮아지게 된다. 제조공장들은 [그림 1.2]의 굵은 두 대각선 사이의 어딘가에 위치하도록 생산량과 제품의 다양성을 설정해 전문화하려는 경향이 있다.

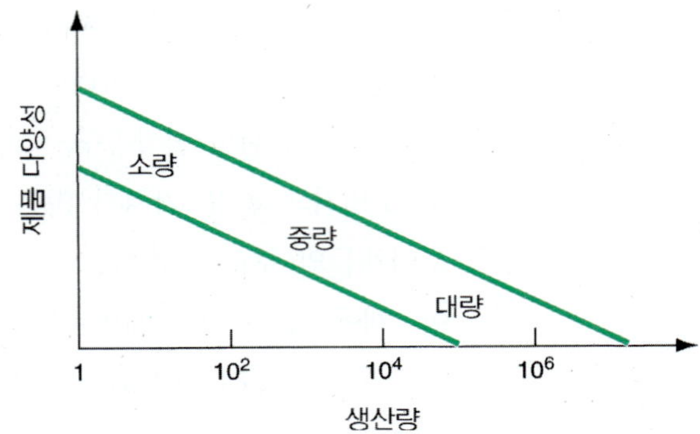

그림 1.2
제품 다양성과 생산량과의 관계(출처: Fundamentals of Modern Manufacturing, 4th Edition by Mikell P. Groover, 2010. Reprinted with permission of John Wiley & Sons, Inc.).

비록 제품의 다양성을 양적 매개변수(공장이나 회사에서 만들어진 다른 제품 종류의 수)로 식별했다 해도 얼마나 디자인이 다른가에 대한 자세한 것은 단순히 디자인의 수로서 알 수 없기 때문에 이 매개변수는 생산량만큼 정확하지 못하다. 자동차와 공기청정기 간의 차이점은 에어컨과 히트펌프 사이의 차이점보다 훨씬 더 크다 할 수 있다. 그리고 한 제품 종류 내에서도 모델별로 차이가 있다.

자동차 산업에서 제품 차이의 정도는 작을 수도 혹은 매우 클 수도 있다. 미국의 각 자동차회사들은 바디 양식과 그 밖의 디자인 특징이 거의 같음에도 불구하고 동일 조립공장에서 2~3개의 다른 이름을 가진 자동차를 만들어낸다. 같은 회사의 또 다른 공장에서는 대형트럭을 만든다. 제품의 다양성에서 이러한 차이를 설명하기 위해 연다양성과 경다양성이라는 용어를 사용한다. 연다양성soft product variety은 동일한 생산라인에서 만든 자동차 모델들과 같이 제품들 간에 단지 작은 차이만 있을 때를 말한다. 조립된 제품에서 소프트한 다양성은 모델들 간에 공통 부품이 많다는 특징을 가지고 있다. 경다양성hard product variety은 제품이 근본적으로 다른 경우로서 공통 부품이 거의 없는 경우다. 승용차와 트럭을 놓고 보면 경다양성이 있다고 할 수 있다.

1.1.3 제조 능력

제조업체들이 생산에 관련된 모든 것들을 다 이룰 수는 없다. 회사는 오로지 특정의 일만을 해야 하며 업계에서 경쟁력을 유지하기 위해서는 특정의 일만을 잘 수행해야 한다. 제조 능력manufacturing capability이란 제조업체와 공장의 기술적, 물리적 한계를 의미한다. 이 능력을 몇 가지 차원으로 알 수 있다. 즉 1)기술적 처리능력, 2)제품의 물리적인 크기와 무게, 3)생산능력 등이다.

기술적 처리능력 어떤 공장(또는 회사)의 기술적 처리능력은 어떤 적용 가능한 제조공정들을 보유하고 있는가를 의미한다. 어떤 공장은 기계가공 공정을 수행하고, 다른 곳에서는 압연공정을 통해 강철 판재를 만들고, 또 다른 곳에서는 자동차를 조립한다. 기계가공 공장에서는 압연강판을 만들 수 없으며 압연공장에서 자동차를 조립할 수 없다. 이들 공장을 구별하는 근본적인 것은 그들이 수행할 수 있는 공정기술이다. 기술적 처리능력은 재료의 종류와도 밀접한 관련이 있다. 즉, 공정마다에 적용한 재료가 다르다는 것이다. 어떤 특정 공정들에 전문화된 공장은 역시 다루는 재료에 있어서도 전문화되어 있다. 기술적 처리능력에는 물리적 공정뿐만 아니라 공장 직원들의 처리기술에 대한 전문성도 포함된다. 회사는 그들의 기술적 처리능력에 적합한 제품을 설계하고 제조하는데 관심을 집중해야 한다.

제품의 물리적 한계 제조 능력의 두 번째 측면은 제품의 물리적 한계에 의해 정해진다. 여러 공정들의 집합체인 공장은 수용할 수 있는 제품의 크기와 무게의 조건들을 제한한다. 크고 무거운 제품들은 이동하기 어렵다. 이들 제품을 이동하기 위해서는 필요한 부하용량의 크레인이 공장에 설치되어 있어야 한다. 작은 부품이나 제품을 대량으로 만들 경우에는 컨베이어나 다른 수단에 의해 이동할 수 있다. 제품의 크기와 무게의 한계는 제조장비의 실제 용량으로 이어진다. 생산기계는 다양한 크기로 공급된다. 큰 기계는 커다란 부품을 처리하는데 사용해야 한다. 생산 장비와 물자취급 장비는 특정 크기와 무게범위 내에 있도록 제품을 계획해야 한다.

생산능력 공장의 제조 능력에서 세 번째 한계는 주어진 기간(예: 월 또는 연도) 내에 생산해낼 수 있는 생산량이다. 일반적으로 공장생산력plant capacity 또는 생산능력production capacity이라 부르는 이 양적 한계는 공장이 가정된 가동조건 하에서 달성할 수 있는 최대 생산량으로 정의된다. 가동조건이란 주당 교대 횟수, 교대 시간, 공장의 직접 노동인원의 보유 수준 등과 관련이 있다. 이들 요소는 제조공장에 대한 투자에 해당한다. 이러한 투자를 감안할 때 얼마나 많은 제품들을 공장에서 생산해낼 수 있을까? 생산능력은 제철소에서 생산되는 철강의 연간 총톤수 또는 최종 조립공장에서 생산되는 자동차 대수와 같이 일반적으로 제품의 구성단위 측면에서 평가된다. 이 경우 제품들은 동종의 것들이다. 제품의 구성단위가 동종이 아닌 경우에는 다양한 부품을 생산하는 기계가공 공장에서의 생산능력의 유효노동시간과 같은 여러 요인들을 더 적절히 평가할 필요가 있다.

1.1.4 제조에서의 재료

대부분의 공업재료들은 다음 3가지 기본 범주 중 하나로 분류할 수 있다. 즉 1)금속, 2)세라믹, 3)중합체다. 이들은 화학적 성질과 기계적, 물리적 특성이 다르며 이러한 차이는 제품을 생산하는데 사용되는 제조공정에 영향을 미친다. 3가지 기본 범주 외에도 4)복합재료가 있다. 이는 단일 구성요소의 재료이기보다는 3가지 기본 유형과는 다른 불균질 혼합재료다. 이 절에서는 이들 4가지 재료 범주들에 대해 간단히 살펴본다. 제2장에서는 이들에 대해 더 상세히 다룬다.

금속 제조에 사용되는 금속은 하나로 이뤄진 금속원소에 적어도 둘 이상의 원소들이 합성된 합금alloys이다. 금속과 합금은 철금속과 비철금속의 두 기본 그룹으로 나눌 수 있다.

철금속ferrous metals은 철에 근거를 둔다. 즉, 이 그룹은 강과 주철을 포함한다. 이들 금속은 상업적으로 가장 중요한 그룹으로서 전 세계 금속 총톤수의 3/4 이상을 차지한다. 순철은 상업적 용도로는 제한을 받고 있으나 탄소와 합금이 되었을 때 철은 보다 더 많이 사용되고 다른 금속들보다 더 큰 상업적 가치를 가진다. 철과 탄소의 합금은 강과 주철을 생성한다.

강steel은 0.02~2.11%의 탄소를 함유하는 철-탄소 합금으로 정의할 수 있다. 이는 철금속 그룹 내에서 가장 중요한 범주에 속한다. 그 구성은 다른 합금원소들을 포함하는데, 금속의 성질을 강화하기 위해 망간, 크롬, 니켈과 몰리브덴 등을 포함한다. 강은 건설(예를 들어, 교량, I-형강, 못), 운송(트럭, 레일, 철도의 압연 반제품), 소비재(자동차, 가전제품) 등 다양한 영역에서 사용된다.

주철cast iron은 철과 탄소의 합금(2~4%)으로 주물(주로 모래 주조)에 널리 사용된다. 규소 또한 합금(분량은 0.5~3%) 원소 중 하나이며 주조부품에 우수한 성질을 얻기 위해 다른 원소들을 추가하기도 한다. 주철에는 여러 종류가 있으며 그 가운데 회주철은 가장 흔한 것으로 내연기관의 엔진블록과 헤드에 사용된다.

비철금속nonferrous metals은 철이 아닌 다른 금속원소와 이들의 합금이다. 대부분의 경우 합금은 순수금속보다 더 상업적 가치를 지닌다. 비철금속은 순수금속과 알루미늄, 구리, 금, 마그네슘, 니켈, 은, 주석, 티타늄, 아연, 기타 금속과의 합금 등을 포함한다.

세라믹 세라믹은 금속(또는 반금속)과 비금속 원소를 포함하는 화합물로서 정의된다. 대표적인 비금속 원소는 산소, 질소, 탄소다. 세라믹은 전통과 현대 재료의 다양성을 갖는다. 수천 년 전부터 사용되어온 전통 세라믹은 점토clay(풍부하게 제공되며 벽돌, 타일, 도자기 제작에 사용되는 수화된 알루미늄규산염 미세입자와 다른 무기물과의 혼합물), 규사silica(거의 모든 유리 제품에 사용), 그리고 알루미나alumina와 탄화규소silicon carbide(연삭에 사용되는 연마재) 등을 함유한다. 현대 세라믹에는 현대적인 가공기술을 통해 특성을 향상시킨 반토 같은 이전의 재료가 일부 포함된다. 최근의 세라믹에는 탄화물carbides(절삭공구 재료로 널리 사용되는 탄화텅스텐과 탄화티타늄 등과 같은 금속 탄화물), 질화물nitrides(절삭공구와 연삭 연마재로 사용되는 질화티타늄과 질화붕소 같은 금속)과 반금속의 질화물이 있다.

제조공정에 따라 세라믹은 결정질 세라믹과 유리로 나눌 수 있다. 이들 두 범주에는 각기 다른 제조방법들이 요구된다. 결정질 세라믹은 분말로부터 다양한 방법으로서 성형을 한 다음, 소결(분말 간의 결합을 위해 용융점 이하에서 열처리한다) 과정을 거친다. 유리 세라믹(즉 유리)은 녹인 다음 종래의 유리공예와 같은 공정으로 성형작업을 한다.

중합체 중합체는 커다란 분자를 형성하기 위해 원자 간 전자를 공유하면서 단위체mers라 불리는 구조단위로 반복되어 형성된 화합물이다. 중합체는 일반적으로 탄소에 수소, 질소, 산소, 염소와 같은 하나 또는 그 이상의 다른 원소들이 합해져 구성된다. 중합체는 다음의 세 범주로 분류된다. 1)열가소성 중합체, 2)열경화성 중합체, 3)탄성 중합체.

열가소성 중합체thermoplastic polymers는 여러 번의 가열과 냉각 사이클을 거쳐도 중합체의 분자구조가 대체로 변하지 않는다. 일반적인 열가소성 플라스틱에는 폴리에틸렌, 폴리스티렌, 폴리비닐클로라이드, 나일론 등이 있다. 열경화성 중합체thermosetting polymers는 가열된 플라스틱 상태에서 냉각하면 강체구조로 화학적 변환(경화)이 이뤄진다. 따라서 이를 열경화성이라 한다. 이 종류에는 페놀수지, 아미노수지, 에폭시가 있다. '열경화성'이란 이름을 사용하지만 이들 중합체의 일부는 가열 이외의 다른 메커니즘에 의해 경화가 이뤄진다. 탄성 중합체elastomers는 상당히 큰 탄성거동을 가지며 따라서 이를 탄성 중합체라 부른다. 여기에는 천연고무, 네오프렌, 실리콘, 폴리우레탄 등이 있다.

복합재료 복합재료composite는 재료의 별도 범주로서 다루지 않는다. 여기에는 3가지 유형의 혼합물이 섞여 있다. 복합재료란 별도로 만들어진 개별 재료들이 더 좋은 특성을 얻기 위해 결합된 둘 이상의 상으로 구성된 재료를 말한다. 상phase이란 고체금속에서 동일한 단위 셀 구조의 알갱이의 집합체와 같은 균질한 재료의 덩어리를 말한다. 복합재료는 하나의 상을 갖는 입자 혹은 섬유가 매트릭스matrix로 불리는 두 번째 상에 혼합된 구조를 갖는다.

복합재료는 자연에서 얻을 수 있으며(예, 나무) 인공적인 합성으로도 생산할 수 있다. 여기서는 합성된 형식에 더 큰 관심을 가지며 섬유강화 플라스틱 같은 중합체 매트릭스에 유리섬유가 포함된 것, 에폭시-케블러 복합재료와 같이 중합체 섬유가 2차 중합체 매트릭스에 들어간 형태, 초경 절삭공구 재료로 사용하기 위해 코발트 결합재에 텅스텐 카바이드를 넣은 것 같은 금속 매트릭스 내의 세라믹 등이 있다.

복합재료의 성질은 구성요소, 구성요소의 실제 모양, 최종 소재의 결합 방법에 따라 달라진다. 경량의 고강도 특성을 가진 복합재료는 항공기 부품, 자동차 바디, 보트 선체, 테니스 라켓, 낚싯대 등에 유용하게 사용된다. 그밖에 복합재료는 강하고, 단단하며 초경절삭공구에서와 같이 높은 온도에서 고유 성질을 유지할 수 있는 특성을 갖는다.

1.2 제조공정

제조공정은 원재료의 가치를 높일 목적으로 초기 재료에 물리적 또는 화학적 변화를 주는 하나의 계획된 작업 절차다. 제조공정은 일반적으로 초기 재료를 최종 제품으로 변환하는데 필요한 여러 단계의 시퀀스에서 단일 단계를 의미하는 단위작업unit operation으로 수행된다. 단위작업은 공장에서 다른 작업들과 독립적으로 작동되는 별개의 장비에 의해 수행된다.

제조공정은 2가지 기본 유형으로 나눌 수 있다. 1)가공공정, 2)조립공정이다. 가공공정은 어떤 상태의 원재료를 원하는 최종 제품에 더 가깝게 진전된 상태로 변환하는 것이다. 이는 초기 재료의 형상이나 특성, 외형을 바꿔 고부가가치화 하는 것이다. 일반적으로 가공공정은 별개의 가공부품에서 수행되지만 특정의 가공공정들은 조립제품에도 적용된다(예: 점용접한 자동차 바디의 도장). 조립공정은 새로운 개체를 형성하기 위해 2개 이상의 구성요소들을 결합하는 것으로서 조립, 반조립, 그밖에 결합공정과 관련된 다른 용어로 불린다(예: 용접조립을 용접weldment이라 한다). 제조공정의 분류를 [그림 1.3]에 나타냈다.

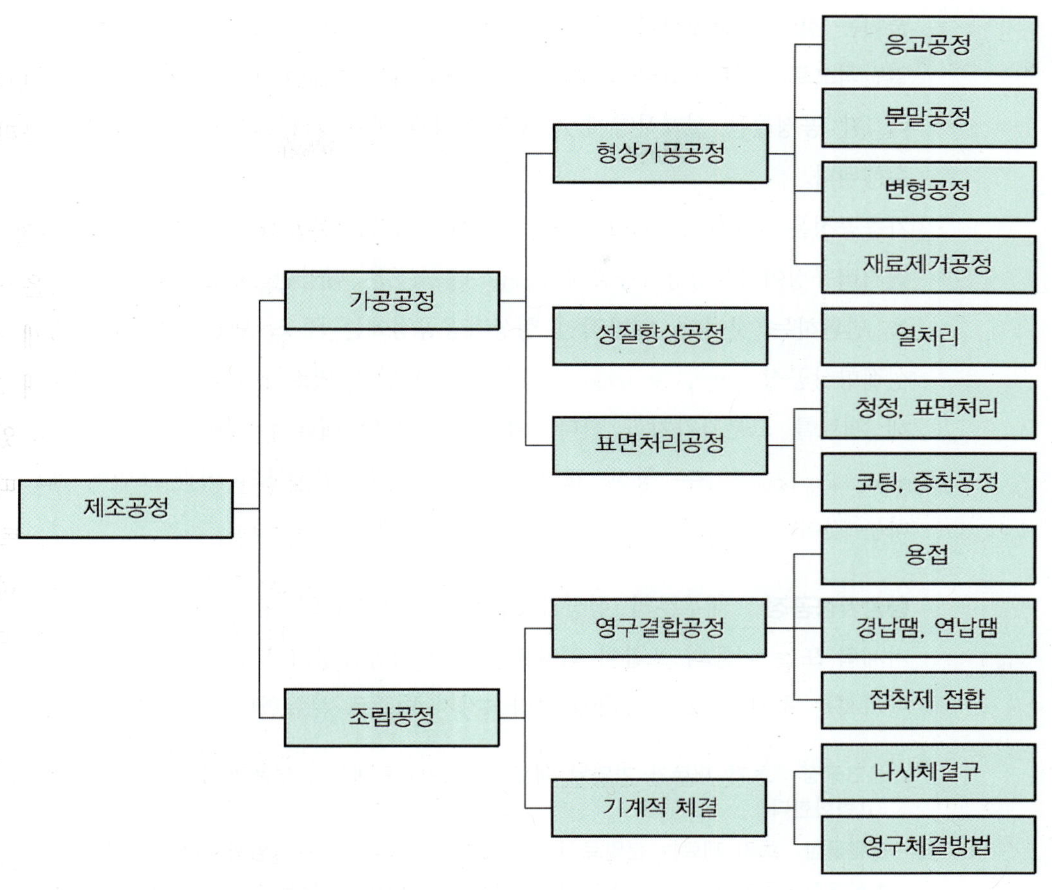

그림 1.3 제조공정의 분류(출처: Fundamentals of Modern Manufacturing, 4th Edition by Mikell P. Groover, 2010. Reprinted with permission of John Wiley & Sons, Inc.).

1.2.1 가공공정

가공공정은 재료의 부가가치화를 위해 에너지를 사용해 공작물의 형상, 물리적 성질, 외관을 바꾸는 것이다. 에너지는 기계와 공구를 사용해 제어된 방식으로 적용된다. 인간의 노동력 또한 필요하지만 작업자는 일반적으로 기계제어, 작업감독, 작업의 각 사이클 전후에서 부품을 탈착하는 일을 한다. [그림 1.1(a)]에 가공공정의 일반적 모델을 나타냈다. 재료가 공정으로 투입되고, 재료를 변환하기 위한 에너지가 기계와 공구에 공급되며 완성된 가공부품이 공정을 빠져나가게 된다. 대부분의 생산 작업에서는 공정(예: 절삭가공에서의 칩 제거)에서 자연적으로 발생하거나 혹은 예기치 않은 결함 발생으로 폐기물이나 스크랩 등이 발생한다. 이 가운데 어떤 경우든 낭비를 줄이는 것이 제조에서의 중요한 목표다.

일반적으로 초기 재료를 최종 형태로 변환하는데는 하나 이상의 가공공정이 필요하다. 각 공정들은 설계사양에 제시된 형상과 조건을 달성하기 위한 특정한 순서대로 수행된다.

가공공정은 3가지 유형으로 구별된다. (1) 형상가공공정, (2) 성질향상 공정, (3) 표면처리공정이다. 형상가공공정shaping operation은 다양한 방법으로 초기 재료의 형상을 변환하는 것이다. 일반적인 형상가공공정에는 주조, 단조, 절삭가공이 포함된다. 성질향상공정property-enhancing operations은 모양을 변경하지 않고 물리적 특성을 개선해 재료를 고부가가치화 한다. 열처리는 가장 대표적 일례다. 표면처리공정surface processing operations은 청정, 표면처리, 코팅 또는 공작물의 외관 표면에 재료를 증착하는 것이다. 도금과 도장은 코팅의 대표적 예다.

형상가공공정 대부분의 형상가공공정은 가공재료의 형상 변화를 이루기 위해 열, 기계력 또는 이들의 조합이 적용된다. 형상가공공정의 분류에는 다양한 방법이 있다. 여기서는 초기 재료의 상태에 따라 4가지 범주로 분류한다.

응고공정 초기 재료가 가열된 액체 또는 반유동체로서 부품의 형상을 만들기 위해 냉각해 고형화한다.

분말공정 초기 재료는 분말로서 분말을 원하는 형상으로 성형한 다음 가열한다.

변형공정 초기 재료가 연성고체(일반적으로 금속)로서 부품 모양으로 변형이 이뤄진다.

재료제거공정 초기 재료가 고체(연성 또는 취성)로서 재료를 제거해 원하는 부품형상을 만든다.

응고공정solidification processes에서는 초기 재료를 높은 온도로 가열해 액체 또는 고탄성(반유동체)의 상태로 만든다. 거의 모든 재료들은 이 방법으로 처리된다. 금속, 세라믹 유리, 플라스틱 등은 모두 액체로 변환시키기 위해 높은 온도로 가열한다. 액체 또는 반유동체 형태의 재료를 금형 틀에 부어넣거나 또 다른 방법으로 흘려보내 응고시키면 금형 틀 내의 공동cavity과 동일한 고형체가 만들어진다. 이러한 방법으로 작업하는 공정을 주조 또는 성형이라 한다. 일반적으로 주조casting라는 용어는 금속에 사용하며, 성형molding은 플라스틱에 사용되는 일반적 용어다. 이러한 성형공정의 범주를 [그림 1.4]에 나타냈다.

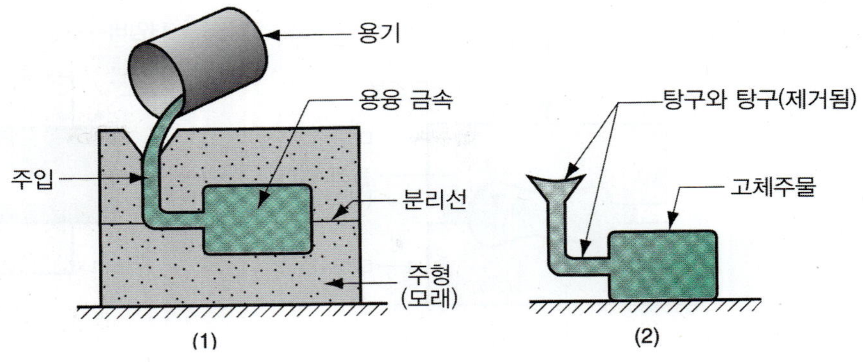

그림 1.4 유체 또는 반유동체 상태로 가열된 초기 재료의 주조와 주형공정 (1)주형 공동에 유체를 주입, (2)응고 후 고체주물을 주형으로부터 제거(출처:Fundamentals of Modern Manufacturing, 4th Edition by Mikell P. Groover, 2010. Reprinted with permission of John Wiley & Sons, Inc.).

분말공정particulate processing에서 초기 재료는 주로 금속이나 세라믹 분말이다. 이 두 재료는 완전히 다르지만 성형과정은 매우 비슷하다. 일반적인 기법은 분말을 가압하고 소결한다. 즉 [그림 1.5]에 나타낸 바와 같이 먼저 분말을 높은 압력으로 금형공동 속에서 압착해 성형시킨 다음 분말입자들을 서로 접착시키기 위해 열을 가해 소결한다.

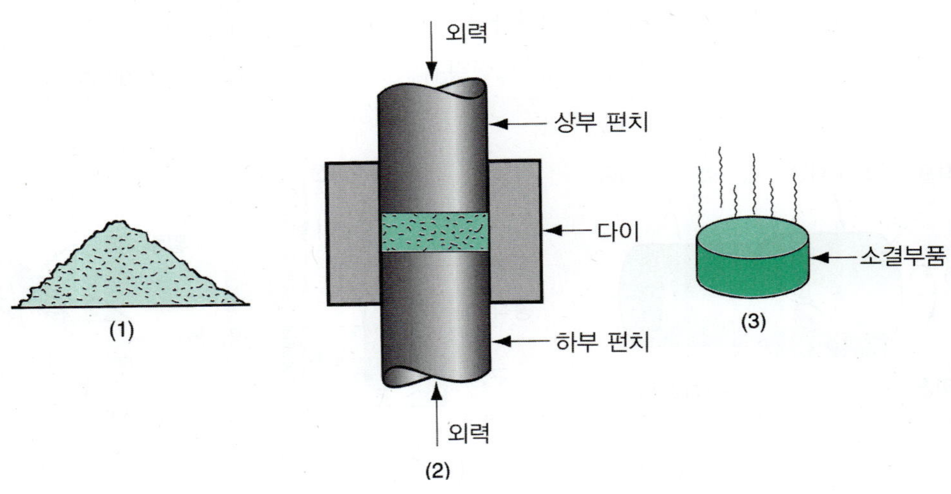

그림 1.5 분말공정 (1)초기 분말재료, (2)가압, (3)소결(출처:Fundamentals of Modern Manufacturing, 4th Edition by Mikell P. Groover,2010. Reprinted with permission of John Wiley & Sons, Inc.).

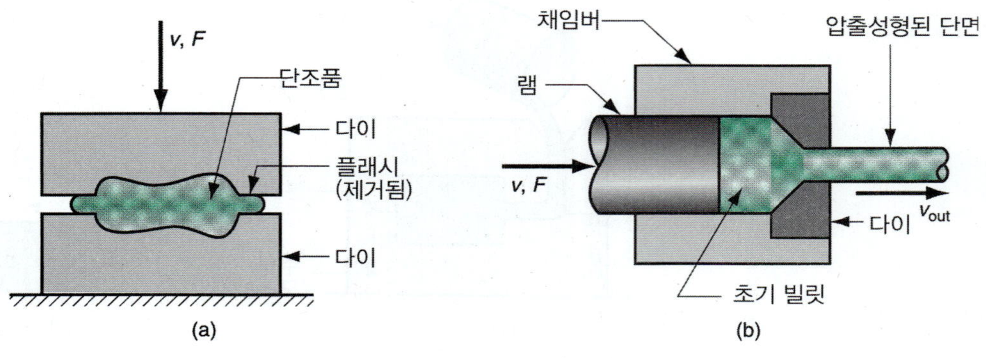

그림 1.6 일반적인 변형공정 (a)두 짝의 금형이 재료를 압착해 금형 틀의 공동 형상으로 재료를 변형시키는 단조, (b)빌릿(소재)을 다이 구멍을 통과하도록 밀어 넣어 다이 구멍 단면형상으로 변형시키는 압출(출처:Fundamentals of Modern Manufacturing, 4th Edition by Mikell P. Groover,2010. Reprinted with permission of John Wiley & Sons, Inc.).

변형공정deformation processes에서는 초기 가공부품에 재료의 항복강도를 초과하는 힘을 가해 성형한다. 이 방법으로 성형되는 재료는 변형 중 파단이 일어나지 않도록 충분한 연성을 가지고 있어야 한다. 연성을 증가시키기 위해(그리고 또 다른 이유에서) 가공재료를 성형 전에 용융점 이하의 온도로 가열한다. 변형공정은 [그림 1.6]에서 보여주는 단조와 압출 같은 작업을 포함하며 금속가공과도 밀접하게 연관되어 있다.

재료제거공정material removal processes은 원하는 형상을 얻기 위해 초기 공작물로부터 불필요한 재료를 제거하는 작업이다. 이 범주에서 가장 중요한 공정은, [그림 1.7]에서 보여주는 선삭turning, 드릴링drilling, 밀링milling과 같은 기계가공machining 작업이다.

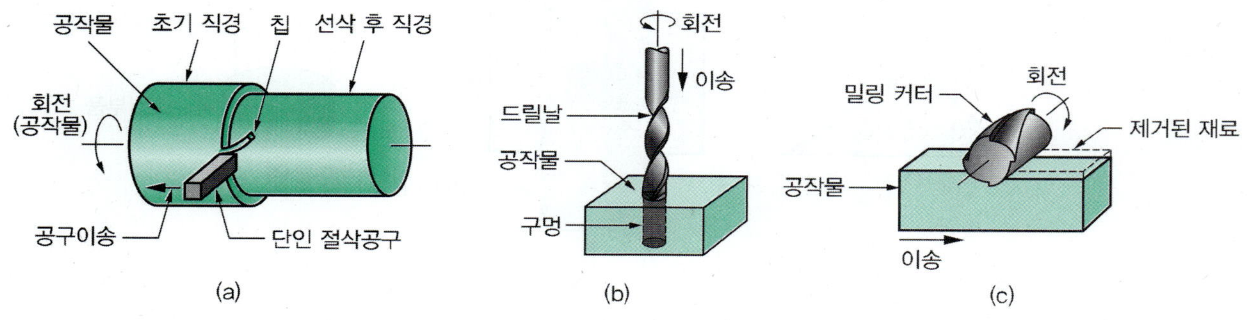

그림 1.7 일반적인 기계가공공정 (a)단인 절삭공구가 회전하는 공작물의 직경을 줄이기 위해 재료를 제거하는 선삭, (b)원형 구멍을 내기 위해 회전 드릴날이 공작물 속으로 들어가는 드릴링, (c)공작물이 회전하는 다인공구 밑으로 이송되어 지나가는 밀링(출처:Fundamentals of Modern Manufacturing, 4th Edition by Mikell P. Groover, 2010. Reprinted with permission of John Wiley & Sons, Inc.).

이들 절삭작업은 일반적으로 단단한 금속재료에 적용되며, 공작물 재료보다 더 경하고 강한 절삭공구가 사용된다. 연삭grinding은 이러한 범주에 속하는 또 다른 일반적인 공정이다. 그밖에 재료를 제거하기 위하여 절삭이나 연삭공구를 사용하기보다는 레이저, 전자빔, 화학적 부식, 전기방전, 전기화학 에너지를 사용하는 비전통적 공정nontraditional processes의 재료제거공정들이 있다.
초기 가공부품을 그 다음 형상으로 변환시키는 과정에서 폐기물과 스크랩을 최소화하는 것이 요구된다. 특정의 형상가공공정은 다른 작업들에 비해 재료 절약의 측면에서 보다 효율적이다. 재료제거공정(예를 들어 기계가공)은 단순히 작업방식만을 보면 재료를 낭비하는 경향이 있다. 초기 형상에서 제거된 재료는 적어도 단위작업의 관점에서 폐기물이 된다. 특정 주조나 주형작업 같은 공정에서는 초기 재료를 거의 100%에 가깝게 최종 제품으로 변환한다. 초기 재료를 거의 모두 제품으로 변환하고 최종 부품형상을 얻기 위해 후속가공을 필요로 하지 않는 제조공정을 정형공정net shape processes이라 한다. 최종 형상을 얻기 위해 최소한의 기계가공을 필요로 하는 공정을 준정형공정near net shape processes이라 한다.

성질향상 공정 부품 가공공정에서 두 번째의 주된 유형은 가공재료의 기계적 또는 물리적 성질을 개선하기 위한 것이다. 이들 공정은 예상치 못한 경우를 제외하고는 부품의 외형을 변화시키지 않는다. 가장 중요한 성질향상공정은 열처리이며 금속과 유리에 대한 다양한 열처리와 강도 강화공정들이 이에 속한다. 분말금속과 세라믹의 소결도 압착된 분말 금속 가공부품의 강도를 강화시키는 열처리공정 중의 하나다.

표면처리공정 표면처리공정에는 (1)청정, (2)표면처리, (3)코팅과 박막증착공정 등이 있다. 청정은 표면으로부터 먼지, 기름, 기타 오염물질을 제거하는 화학적 혹은 기계적 처리과정이다. 표면처리에는 숏피닝, 모래분사 같은 기계적 작업과 확산이나 이온주입과 같은 물리적 작업이 있다. 코팅과 박막증착공정은 가공부품의 외부 표면에 코팅제를 도포하는 것이다. 일반적인 코팅공정에는 전기도금, 알루미늄 아노다이징, 유기질 코팅(도장) 등이 있다. 박막증착공정에는 다양한 물질의 초박막 코팅막을 형성하기 위한 물리증착법physical vapor deposition과 화학증착법chemical vapor deposition 등이 있다.

1.2.2 조립공정

제조공정의 두 번째 기본 유형은 조립으로 2개 이상의 별개 부품들이 서로 결합되어 새로운 개체를 만드는 것이다. 새로운 개체의 구성요소들은 영구적 또는 반영구적으로 결합된다. 영구적인 결합공정에는 용접, 경납땜, 연납땜, 접착제 등이 있다. 이들 방식은 구성요소 간의 연결을 쉽게 끊을 수 없다. 반영구적 기계적 조립 방법은 손쉽게 분해할 수 있도록 2개(또는 그 이상)의 부품들을 함께 체결해 사용하는 것이다. 이 범주에 대한 종래의 방법으로는 나사, 볼트, 나사체결구 등이 있다. 이들보다 더 영구적인 방식의 기계적 조립기술로 리벳, 압입, 열박음 등이 있다.

1.2.3 생산기계와 공구류

제조공정은 기계장치와 공구류(그리고 인력)를 사용해 수행된다. 제조에서 기계장치가 본격적으로 사용되기 시작한 것은 산업혁명 때부터다. 당시에 금속절삭기계가 개발되고 널리 활용되기 시작했다. 이러한 기계를 공작기계machine tools라 부른다. 이전에 사람 손으로 하던 절삭공구의 조작을 동력–구동기계로 대체한 것이다. 현대적 공작기계의 정의는 수력이나 증기 대신 전기를 동력으로 사용하고, 정밀도와 자동화 수준이 훨씬 더 높아졌다는 것을 제외하고는 과거의 것과 거의 동일하다. 공작기계는 모든 생산기계 가운데 가장 범용성이 좋다. 이는 소비재 부품뿐만 아니라 다른 생산기계를 구성하는 부품까지도 만들 수 있다. 역사적 관점이나 부품을 탄생시킨다고 하는 관점에서 공작기계는 모든 기계류의 어머니mother machine라 할 만하다.

그 밖의 생산기계로는 스탬핑 작업을 위한 프레스, 단조를 위한 단조해머, 금속판재의 압연을 위한 압연기, 용접을 위한 용접기, 인쇄회로기판에 전자부품을 삽입하는 삽입기 등이 있다. 이들 장비의 이름은 일반적으로 공정의 이름을 딴 것이다.

생산 장비는 범용과 특수 목적으로 사용될 수 있다. 범용장비는 보다 유연하고 다양한 작업에 적용할 수 있다. 이는 어느 제조회사에서도 투자를 위해 상업적으로의 사용이 가능하다. 전용장비는 일반적으로 특수한 부품이나 제품을 대량으로 생산하기 위해 설계된 것이다. 대량생산이 경제성을 얻기 위해서는 고효율성과 사이클 타임의 단축을 달성하기 위한 전용장비가 바람직하다. 이것이 전용장비를 사용하는 유일한 이유는 아니지만 하나의 지배적인 이유이기도 하다. 또 다른 이유는 공정이 매우 특수해 상업적으로 시장에 나온 장비가 없는 경우다. 특수한 공정이 필요한 일부 기업들은 자신의 목적에 맞는 전용기계를 개발하기도 한다.

생산기계는 일반적으로 공구류를 필요로 하며 이는 장비를 특정한 부품이나 제품의 제조에 맞춰주는 역할을 한다. 대부분의 경우에 공구류는 부품이나 제품구성에 맞도록 설계되어야 한다. 범용장비에서는 부품을 쉽게 교환할 수 있도록 설계되어야 한다. 각 가공부품의 유형에 맞게 공구류를 기계에 장착해 생산 가공한다. 작업이 완료되면 공구류는 다음 가공부품 유형에 맞게 교체한다. 전용기계를 사용하는 경우에 공구류는 가끔 기계와 일체화된 부분으로 설계된다. 전용기계는 주로 대량생산을 위해 사용되기 때문에 마모된 부품의 교체나 혹은 마모된 표면수리를 위한 것 외에는 공구류를 바꿀 필요가 없다.

공구류 종류는 제조공정 유형에 따라 다르다. [표 1.3]은 다양한 작업들에서 사용되는 특수 공구류의 예를 나타낸 것이다. 자세한 내용은 이들 공정을 설명하는 각 장에서 다룬다.

표 1.3 다양한 공정들에서 사용되는 생산 장비와 공구류

공정	장비	특수 공구(기능)
주조	다양한 유형[a]	주형(용융금속을 위한 공동)
성형	성형기	금형(가열 중합체를 위한 공동)
압연	압연기	롤(소재 두께 감소)
단조	단조해머 혹은 프레스	다이(소재 변형을 위한 압착)
압출	프레스	압출다이(소재 단면적 감소)
스탬핑	프레스	다이(전단, 박판성형)
절삭	공작기계	절삭공구(재료 제거)
		고정구(공작물 고정)
		지그(공작물 고정 및 공구 안내)
연삭	연삭기	연삭숫돌(재료 제거)
용접	용접기	전극(재료 융합)
		고정구(용접 중 공작물 고정)

출처: 일반적인 생산정보 자료 편집

[a]주조 셋업 및 장비의 다양한 유형(제11장)

1.3 이 책의 구성

1.2절에서는 이 책에서 다루는 제조공정들을 소개했다. 이후 29개의 장은 9개 부로 구성된다. 1부는 공업재료, 제품특성이라는 제목으로 3장으로 구성했다. 제2장과 제3장은 이 책에서 다루는 각 공정들에 사용되는 재료의 중요한 범주와 성질에 대해 설명한다. 제4장에서는 제품의 사양, 즉 치수, 공차, 표면특성 등에 대해 다루었다. 이러한 특성들에 대한 측정을 부록에 포함했다.

이 책에 포함된 대부분의 공정과 작업들은 [그림 1.3]을 따른다. 2부는 형상가공공정의 4가지 범주를 다루는 것으로 시작된다. 2부는 금속 주조, 유리세공, 플라스틱 성형을 포함하며 응고공정에 관해 5개의 장으로 구성했다. 3부에서는 금속과 세라믹의 분말공정을 2개 장으로 다루었다. 4부는 압연, 단조, 압출, 박판금속가공 같은 금속 변형공정을 3개 장으로 설명했다. 마지막으로 5부는 재료제거공정을 다루었으며 3개 장에서는 범용기계가공을 설명했고 2개 장에서는 연삭과 비전통적 금속제거기술들을 다루었다. 기타 기계가공공정, 성질향상공정(열처리), 표면처리(예: 청정, 전기도금, 도장)는 6부에서 설명한다. 접합과 조립공정은 7부에서 살펴보고 용접, 경납땜, 연납땜, 접착제 접합, 기계적 조립을 4개 장으로 구성했다.

[그림 1.3]의 분류체계에 잘 맞지 않는 몇 가지 특수한 공정들을 특수공정과 조립기술이라는 제목으로 8부에서 설명했다. 2개 장에서는 쾌속조형, 미세가공, 나노가공기술을 다루고 있다. 9부는 제조에 관련된 시스템적 관점의 주제들을 3개 장으로 묶었다. 이들 주제는 2가지 범주로 나눌 수 있다. 즉, 1)공장에 위치하며 제조공정을 수행하는 장비와 기술, 2)공정계획과 품질관리 같은 제조지원시스템 등이다.

참고문헌 References

[1] Black, J., and Kohser, R. *DeGarmo's Material and Processes in Manufacturing*, 10th ed. John Wiley & Sons, Inc., Hoboken, New Jersey, 2008.

[2] Flinn, R. A., and Trojan, P. K. *Engineering Materials and Their Applications*, 5th ed. John Wiley & Sons, Inc., New York, 1995.

[3] Groover, M. P. *Automation, Production Systems, and Computer Integrated Manufacturing*, 3rd ed. Pearson Prentice-Hall, Upper Saddle River, New Jersey, 2008.

[4] Kalpakjian, S., and Schmid, S. R. *Manufacturing Processes for Engineering Materials*, 6th ed. Pearson Prentice Hall, Upper Saddle River, New Jersey, 2010.

복습문제 Review Questions

1.1 우리나라 국내총생산(GDP)의 몇 %를 제조 산업이 차지하고 있는가?

1.2 제조를 정의하라.

1.3 제조 산업은 다음과 같은 산업분류 중의 어느 분류에 속하는가? (a)1차산업, (b)2차산업, (c)3차산업.

1.4 소비재와 자본재와의 차이는 무엇인가? 각 범주의 예를 들어라.

1.5 이 책에 정의된 용어로서 연다양성과 경다양성 간의 차이는 무엇인가?

1.6 제조 능력의 정도 중 하나는 기술적 처리능력이다. 기술적 처리능력을 정의하라.

1.7 제조에 사용되는 공업재료의 4가지 범주는 무엇인가?

1.8 강(steel)의 의미는 무엇인가?

1.9 강의 일반적인 적용 예를 기술하라.

1.10 열가소성 중합체와 열경화성 중합체와의 차이는 무엇인가?

1.11 제조공정은 일반적으로 단위작업으로 이뤄진다. 단위작업을 정의하라.

1.12 제조공정에서 기계가공공정과 조립작업 간의 차이는 무엇인가?

1.13 공정작업의 3가지 일반적 작업 중 하나인 형상가공공정은 가공부품의 형상을 변환하거나 창성하는데 사용된다. 형상가공공정의 4가지 범주는 무엇인가?

1.14 정형공정과 준정형공정과의 차이는 무엇인가?

1.15 조립에 사용되는 영구결합공정의 4가지 유형을 조사하라.

1.16 공작기계란 무엇인가?

1.17 전용장비와 범용장비와의 차이는 무엇인가?

1부

공업재료 및 제품특성

Engineering Materials and Product Attributes 1

Solidification Processes 2

Particulate Processing of Metals and Ceramics 3

Metal Forming and Sheet Metalworking 4

Material Removal Processes 5

Property Enhancing and Surface Processing Operations 6

Joining and Assembly Processes 7

Special Processing and Assembly Technologies 8

Systems Topics in Manufacturing 9

CHAPTER

02 공업재료

ENGINEERING MATERIALS

제1장에서 제조를 변환공정으로 정의했다. 이는 재료가 변환되는 것이다. 즉, 작업의 성공을 결정하는 것은 특정한 힘, 온도, 공정에 다른 물리적 매개변수들을 적용했을 때의 재료거동이다. 우리는 특정한 제조공정에 대해 어떤 재료가 다른 재료들보다 더 혹은 덜 적합하거나, 아니면 전혀 적합하지 않다는 것을 알 수 있다. 어떤 공정에 대해 변환되는 능력을 결정하는 재료의 특성과 성질은 무엇인가?

이 책의 1부에서는 이러한 질문과 관련된 문제들을 3개의 장에서 다루었다. 여기서는 책의 후반에서 다루고 있는 제조공정에 사용되는 4가지 유형의 공업재료에 대해 설명한다. 이들 4가지 유형은 (1)금속, (2)세라믹, (3)중합체, (4)복합재료다. 제3장에서는 제조에 관련된 재료의 기계적, 물리적 성질을 설명한다. 물론 이 성질들은 제품설계에서도 마찬가지로 중요하다. 제4장에서는 제품설계를 명시하고 제조를 달성하는데 각 부품과 제품의 특성과 관계있는 치수, 공차, 표면거칠기 등을 살펴본다. 제4장의 부록에서 이러한 특성들을 측정하는 방법에 대해 설명한다.

2.1 금속과 합금

금속은 가장 중요한 공업재료다. 금속metal은 일반적으로 연성, 가단성, 광택, 높은 전기전도율과 열전도율의 특성을 가진 재료다. 이 범주에는 금속원소와 그들의 합금이 포함된다. 금속은 매우 다양한 설계 요구사항을 만족하는 특성을 지니고 있다. 그것이 제품으로 성형되는 제조공정들은 오랜 세월에 걸쳐 개발되고 개선되어왔다. 금속의 기술적, 상업적 중요성은 사실상 대부분의 금속들이 지니고 있는 다음과 같은 일반적 성질에 기인한다.

고강성과 고강도: 금속은 높은 강성, 강도, 경도를 갖도록 합금이 이뤄지며 따라서 대부분 공업제품의 구조용 골조에 사용된다.

인성: 다른 종류의 재료보다 금속은 에너지 흡수 능력이 뛰어나다.

우수한 전기전도율: 금속결합구조가 전하 운반체인 전자를 자유롭게 이동할 수 있도록 하기 때문에 전도체가 된다.

우수한 열전도율: 금속결합으로 인해 세라믹이나 중합체보다 열전달률이 더 좋다.

또한 어떤 금속들은 특수적용에 필요한 매력적인 특성을 지니고 있다. 대부분의 일반 금속들은 단위무게 당 비교적 낮은 비용으로 이용할 수 있고, 이러한 이유 때문에 수시로 간단히 선택할 수 있는 재료다.

어떤 금속은 순수원소(예: 금, 은, 구리)로서 더 중요하지만 대부분의 경우에는 합금에 의한 더 개선된 성질을 필요로 한다. 합금alloy은 2개 이상의 원소로 구성된 금속으로, 이들 중 적어도 하나는 금속성을 갖는다. 합금을 통해 순수금속보다 개선된 강도, 경도, 기타 성질들을 얻을 수 있다.

금속의 기계적 성질은 열처리에 의해 변경할 수 있으며 그것의 성질을 유용하게 바꾸기 위해 여러 종류의 가열과 냉각을 반복 수행한다. 이는 결국 기계적 성질을 결정하는 금속의 기본 미세구조를 바꾸는 작업이다. 일부 열처리작업은 특정 종류의 금속에만 적용된다. 예를 들면 마르텐사이트를 형성하기 위한 강의 열처리는 마르텐사이트가 특유의 강으로 된 때로부터 이뤄진다. 금속의 열처리에 대해서는 제20장에서 다룬다.

금속은 다양한 제조공정에 의해 부품이나 제품으로 변환된다. 금속의 초기 형태는 공정에 따라 다르다. 주요 분류로는 (1)주조금속cast metal: 초기 형태는 주물이다, (2)

단련금속wrought metal: 주조 이후 단련(예, 압연 또는 그밖에 성형된) 되거나 단련될 수 있는 금속으로 주조금속에 비해 더 나은 기계적 성질을 얻을 수 있다, (3)분말금속powdered metal: 분말야금기술에 의해 부품으로 변환하기 위한 미세분말 형태로 공급된 금속을 의미한다.

대부분의 금속은 이 3가지 형태로서 이용이 가능하다. 이 장에서는 상업적으로나 공학적으로 관심이 큰 (1)과 (2)의 범주에 대해 설명한다. 분말야금기술은 제10장에서 다룬다.

금속은 2가지 주요 그룹으로 분류된다. 1)철금속ferrous: 철을 기반으로 한다, 2)비철금속nonferrous: 그 밖의 모든 금속이 이에 속한다. 철금속은 강과 주철로 더 세분화할 수 있다. 이 절에서는 (1)강, (2)주철, (3)비철금속, (4)초합금의 4개 주제로 구성했다. 초합금은 철 또는 비철금속이 할 수 있는 고성능 금속을 포함한다.

2.1.1 강

강은 철(Fe)을 기반으로 하는 철 합금의 두 범주 가운데 하나다. 또 다른 것은 주철(2.1.2절)이며 이는 미국의 금속 총톤수의 약 85%를 차지한다[10]. 여기서는 [그림 2.1]에 나타낸 철–탄소 상평형도를 예로 하여 철금속을 설명한다.

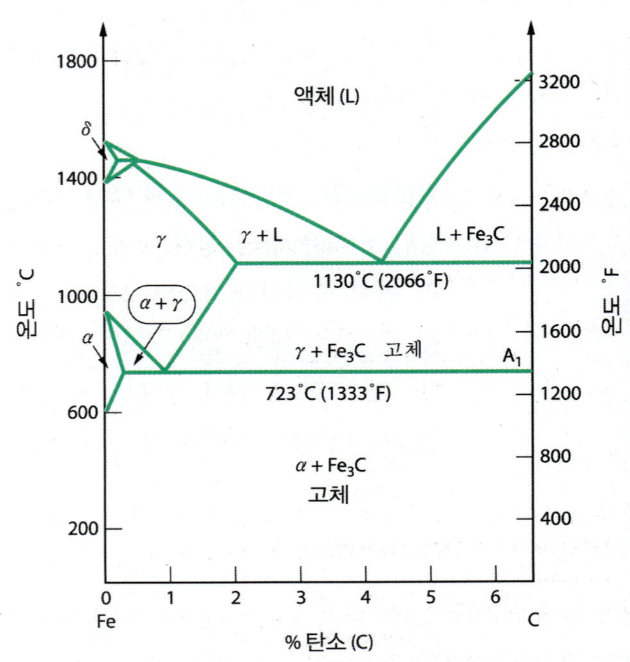

그림 2.1
탄소 6%까지의 철–탄소계의 상평형도(출처: Fundamentals of Modern Manufacturing, 4th Edition by Mikell P. Groover, 2010. Reprinted with permission of John Wiley & Sons, Inc.).

순철은 1539°C에서 용융된다. 상온으로부터 온도가 상승되는 동안 상평형도에 나타낸 바와 같이 몇 번의 상변태를 갖는다. 상온에서는 페라이트ferrite라 불리는 α상으로 시작한다. 912°C에서 페라이트는 오스테나이트austenite라 하는 γ상으로 변태한다. 이것이 1394°C에서 δ상으로 변태해 용융 시까지 유지된다.

철에서 탄소의 용해 한도는 페라이트 상에서는 723°C에서 약 0.022% 정도로 낮은 편이다. 오스테나이트는 1130°C의 온도에서 약 2.1%의 탄소를 용해할 수 있다. 이러한 α와 γ 간의 용해도 차이는 열처리에 의해 강화할 수 있으며 제20장에서 다룬다. 열처리가 없이도 탄소의 양을 증가시키면 철의 강도가 급격히 증가하며 강steel이라고 하는 금속영역으로 들어간다. 강은 탄소[2]를 0.02~2.11%까지 함유한 철—탄소 합금으로 정의된다. 대부분의 강은 0.05~1.1%C 사이의 범위에 있다.

앞에서 설명한 상들 외에도 철—탄소 합금계에는 중요한 또 다른 상이 하나 더 있다. 이는 시멘타이트cementite로 알려진 Fe_3C이다. 이것은 단단하고 취성을 지닌 철과 탄소의 금속화합물이다. 실온의 평형상태에서는 탄소량이 0보다 약간만 커도 철−탄소 합금계는 2—상계를 형성한다. 강의 탄소함유량은 이들 매우 낮은 수준과 약 2.1%C 사이에 위치한다. 2.1%C 이상, 최대 약 4% 또는 5%의 합금을 주철cast iron이라 정의한다.

강은 망간, 크롬, 니켈, 몰리브덴 같은 다른 합금원소들도 함유하지만 탄소함유량이 철을 강으로 변화시킨다. 상업적으로 이용 가능한 강의 조성은 수백 가지가 넘는다. 여기서는 상업적으로 중요한 강을 체계화해 다음과 같이 1)일반탄소강, 2)저합금강, 3)스테인리스강, 4)공구강으로 분류한다.

일반탄소강 이 강은 주요 합금원소로서 탄소를 함유하며 소량의 다른 원소(약 0.4% 망간 + 적은 양의 실리콘, 인, 유황)들을 함유한다. 일반탄소강의 강도는 탄소함유량과 함께 증가한다. [그림 2.2]에 전형적인 이들의 관계를 나타냈다. [그림 2.1]에서 볼 수 있는 바와 같이 강은 상온에서 페라이트(α)와 시멘타이트(Fe_3C)의 혼합물이다. 페라이트에 걸쳐 분포된 시멘타이트 입자는 변태에 장애로 작용한다. 더 많은 탄소는 더 많은 장애를 일으키고, 더 많은 장애는 강하고 경한 강을 만든다.

2 이는 강의 일반적인 정의이나, 예외가 있다. 박판성형을 위해 최근에 개발된 무침입형 강으로 불리는 강은 단지 0.005%의 탄소함량을 갖는다.

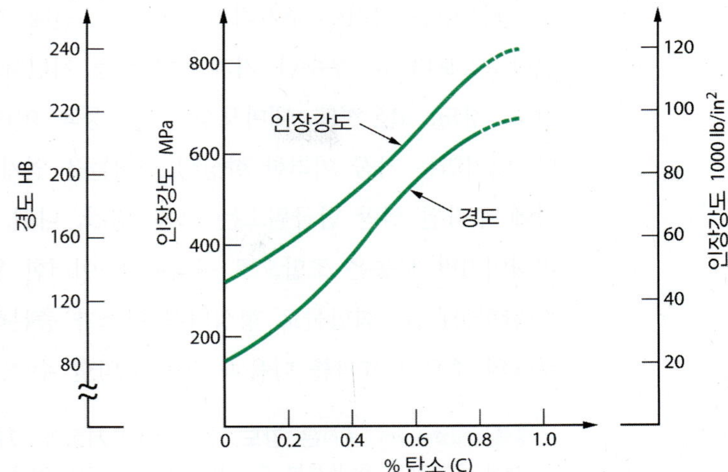

그림 2.2
일반탄소강(열처리하지 않은 열간압연강)에서 탄소함유량에 따른 인장강도와 경도(출처: Fundamentals of Modern Manufacturing, 4th Edition by Mikell P. Groover, 2010. Reprinted with permission of John Wiley & Sons, Inc.).

미국철강협회(AISI)와 자동차공학회(SAE)에 의해 개발된 분류표에 따라 일반탄소강은 4자리 번호체계로 표시한다. 즉 10XX에서 10은 일반탄소강을 가리키며 XX는 백분율로서 탄소의 함유량을 나타낸다. 예를 들어, 1020강은 0.2%C를 함유한다. 일반탄소강은 일반적으로 탄소함유량에 따라 다음의 세 그룹으로 분류된다.

1. **저탄소강**low carbon steels은 0.20% 이하의 C를 함유하며 현재까지 가장 널리 사용되는 강재다. 일반적인 응용분야로는 자동차 판금부품, 구조용 강판, 철도 레일 등이 있다. 이러한 강재는 비교적 성형하기 쉬우며 일반적으로 높은 강도를 필요로 하지 않는 곳에 사용된다. 주강품들은 보통 이 탄소 범위에 있다.
2. **중탄소강**medium carbon steels은 탄소 0.20~0.50% 사이의 범위에 있으며 저탄소강보다 높은 강도가 요구되는 곳에 사용된다. 응용 예로는 기계류 부품이나 크랭크 축, 커넥팅 로드 같은 엔진부품에 사용된다.
3. **고탄소강**high carbon steels은 0.50% 이상의 탄소를 함유한다. 이는 높은 강도가 지속적으로 요구되는 곳이나 강성과 경도가 필요한 곳에 사용된다. 스프링, 절삭공구나 칼날, 내마모성 부품들이 좋은 예다.

   탄소함유량이 증가하면 강의 강도와 경도가 증가하는 반면 연성은 감소한다. 또한 고탄소강은 강의 열처리를 통해 무게비로 마르텐사이트를 생성하고, 강을 매우 강하고 경하게 만든다(20.2절).

저합금강 저합금강은 무게비로 약 5% 이하의 추가적 합금원소를 함유하는 철−탄소 합금이다. 이러한 추가적인 기능으로 인해 저합금강은 주어진 적용 분야에서 일반탄소강보다 더 우수한 기계적 성질을 지닌다. 우수한 성질이란 일반적으로 높은 강도, 경도, 고온경도, 내마모성, 인성 등과 이러한 성질들의 이상적 조합을 포함한다. 열처리는 가끔 이러한 향상된 성질들을 얻기 위해 필요하다.

강에 추가된 일반 합금원소는 크롬, 망간, 니켈, 몰리브덴, 바나듐 등으로 때로는 개별적이지만 보통은 조합으로 구성된다. 이러한 원소들은 일반적으로 철 고용체와 탄소(탄화물) 금속화합물로 형성되며 탄소가 충분하면 반응을 돕게 된다. 이들 합금성분들의 주요한 효과를 다음과 같이 요약할 수 있다.

크롬(chromium, Cr)은 강도, 경도, 마모저항과 고온경도를 개선한다. 경도를 증가시키는데 가장 효과적인 합금성분 중 하나다(20.2.3절). 많은 양의 Cr은 내식성도 개선한다.

망간(manganese, Mn)은 강의 경도와 강도를 개선한다. 강을 열처리했을 때 망간이 증가하면 경도가 향상된다. 이러한 장점 때문에 망간은 강의 합금성분으로 널리 사용된다.

몰리브덴(molybdenum, Mo)은 인성과 고온경도를 증가시킨다. 또한 경도를 향상시키고 탄화물을 형성해 내마모성을 개선한다.

니켈(nickel, Ni)은 강도와 인성을 개선한다. 이는 경도를 증가시키지만 강의 다른 합금원소보다는 못하다. 충분한 양의 니켈은 내식성을 개선하고 스테인리스강의 또 다른 주요 성분(크롬 이외에)이 된다.

바나듐(vanadium, V)은 고온가열 과정과 열처리 동안 금속입자의 성장을 억제해 강의 인성과 강도를 강화한다. 또한 탄화물을 형성해 내마모성을 증가시킨다.

저합금강에 대한 AISI–SAE 명칭을 공칭 화학조성과 함께 [표 2.1]에 나타냈다. 앞에서 설명한 바와 같이 탄소함유량은 탄소의 백분율로서 표시한다. 표에는 일반탄소강(10XX)도 포함하고 있다. 다양한 강과 기타 금속들의 성질을 정의해 제3장에서 표로 제시했다.

저합금강은 특히 중탄소강이나 고탄소강의 수준으로 용접이 잘되지 않는다. 1960년대부터 저탄소 저합금강에 대한 연구개발이 이뤄진 이래 일반탄소강보다 더 나은 강도 대 무게비를 가진 저합금강이 개발되었는데 용접성은 일반탄소강이 저합금강보다 우수했다. 이러한 노력으로 개발된 제품이 고강도 저합금강high–strength low–alloy: HSLA이다. 이는 일반적으로 저탄소를 함유하고(0.10~0.30%C 범위에서) 비교적 소량의 합금원소(일반적으로 총 약 3%만)를 포함한다. 대표적인 화학조성은 0.12C, 0.60Mn, 1.1Ni, 1.1Cr, 0.35Mo, 0.4Si이다. HSLA강은 향상된 강도를 얻기 위해 일정의 제어조건 하에서 열간압연한 것이지만, 일반탄소강에 비해 아직 성형성이나 용접성이 충분하지 못하다. 이에 대한 보강은 합금을 통해 이뤄지며, 탄소의 비율이 작기 때문에 HSLA강의 열처리는 가능하지 않다.

표 2.1 강의 AISI-SAE 분류[16]

코드	강의 명칭	화학조성, %							
		Cr	Mn	Mo	Ni	V	P	S	Si
10XX	일반탄소강		0.4				0.04	0.05	
11XX	재황화강		0.9				0.01	0.12	0.01
12XX	재황화강, 재인화		0.9				0.10	0.22	0.01
13XX	망간강		1.7				0.04	0.04	0.3
20XX	니켈강		0.5		0.6		0.04	0.04	0.2
31XX	니켈 크롬강	0.6			1.2		0.04	0.04	0.3
40XX	몰리브덴강		0.8	0.25			0.04	0.04	0.2
41XX	크롬 몰리브덴강	1.0	0.8	0.2			0.04	0.04	0.3
43XX	Ni-Cr-Mo강	0.8	0.7	0.25	1.8		0.04	0.04	0.2
46XX	크롬 몰리브덴강		0.6	0.25	1.8		0.04	0.04	0.3
47XX	Ni-Cr-Mo강	0.4	0.6	0.2	1.0		0.04	0.04	0.3
48XX	니켈 몰리브덴강		0.6	0.25	3.5		0.04	0.04	0.3
50XX	크롬강	0.5	0.4				0.04	0.04	0.3
52XX	크롬강	1.4	0.4				0.02	0.02	0.3
61XX	크롬 바나듐강	0.8	0.8			0.1	0.04	0.04	0.3
81XX	Ni-Cr-Mo강	0.4	0.8	0.1	0.3		0.04	0.04	0.3
86XX	Ni-Cr-Mo강	0.5	0.8	0.2	0.5		0.04	0.04	0.3
88XX	Ni-Cr-Mo강	0.5	0.8	0.35	0.5		0.04	0.04	0.3
92XX	실리콘 망간강		0.8				0.04	0.04	2.0
93XX	Ni-Cr-Mo강	1.2	0.6	0.1	3.2		0.02	0.02	0.3
98XX	Ni-Cr-Mo강	0.8	0.8	0.25	1.0		0.04	0.04	0.3

스테인리스강 스테인리스강은 높은 내식성을 갖도록 설계된 고합금강이다. 스테인리스강의 주요 합금원소는 크롬으로 일반적으로 15% 이상을 함유한다. 합금 내의 크롬은 산화성 분위기 속에서 불침투성의 얇은 산화막을 생성해 표면을 부식으로부터 보호한다. 니켈은 내식성을 증가시키기 위해 스테인리스강에 사용되는 또 다른 합금성분이다. 탄소는 금속을 강화하고 경화시키는데 사용되지만 탄소함유량이 증가되면 크롬탄화물이 합금에 이용되는 Cr의 양을 감소시키기 때문에 부식보호의 성능이 줄어드는 경향이 있다.

스테인리스강은 내식성 외에도 강도와 연성을 가지고 있는 것으로 유명하다. 이러한 성질들은 많은 적용 분야에서 요구될 수 있지만, 합금을 제조가공하는 것은 일반적으로 어렵다. 또한 스테인리스강은 일반탄소강이나 저합금강보다 월등하게 비싸다.

스테인리스강은 전통적으로 다음 세 그룹으로 나눠지며 상온에서 합금에 뚜렷한 상이 존재하는 것으로 알려져 있다.

1. **오스테나이트계 스테인리스강**austenitic stainless steels은 전형적으로 약 18% Cr과 8% Ni로 조성되어 있으며 세 그룹 중에서 내식성이 가장 뛰어나다. 이러한 조성으로, 때로는 18-8 스테인리스강으로도 불린다. 이는 비자성강이며 연성을 갖지만 심각한 가공경화 현상을 보인다. 니켈은 철-탄소 상평형도에서 오스테나이트 영역을 확장하는 효과를 가지며 상온에서 안정하게 한다. 오스테나이트계 스테인리스강은 높은 내식성을 요구하는 기계부품뿐만 아니라 화학, 식품가공장비 등을 만드는데 사용된다.

2. **페라이트계 스테인리스강**ferritic stainless steels은 약 15~20%의 크롬과 적은 양의 탄소를 포함하며 니켈은 함유하지 않는다. 이는 상온에서 페라이트상을 보여준다. 페라이트계 스테인리스강은 자성을 가지며 오스테나이트계보다 연성과 내식성이 떨어진다. 페라이트계 스테인리스의 부품들은 주방기구에서 제트엔진 부품에 이르기까지 다양하다.

3. **마르텐사이트계 스테인리스강**martensitic stainless steels은 페라이트계 스테인리스보다 더 높은 탄소를 함유하고 있으며, 따라서 열처리에 의한 강화가 가능하다(20.2절). 이는 18% Cr을 포함하나 Ni은 함유하지 않는다. 이것은 강하고 경하며 피로저항이 크나, 내식성은 일반적으로 다른 두 그룹보다 크지 않다. 대표적인 제품으로 수저와 포크 등의 주방기구와 외과 수술기구들이 있다.

대부분의 스테인리스강은 3자리 숫자의 AISI 번호방식으로 규정한다. 첫째 자리 숫자는 일반 유형을 가리키고, 다음 두 자리 숫자는 유형에서의 특정 등급을 나타낸다. [표 2.2]에 대표적 스테인리스강의 예를 화학조성과 함께 나타냈다.

표 2.2 대표적 스테인리스강의 조성[16]						
유형	화학조성, %					
	Fe	Cr	Ni	C	Mn	기타[a]
오스테나이트계						
301	73	17	7	0.15	2	
302	71	18	8	0.15	2	
304	69	19	9	0.08	2	
309	61	23	13	0.20	2	
316	65	17	12	0.08	2	2.5 Mo
페라이트계						
405	85	13	–	0.08	1	
430	81	17	–	0.12	1	
마르텐사이트계						
416	85	13	–	0.15	1	
440	81	17	–	0.65	1	

[a]모든 등급에는 1% 정도의 Si, 1% 미만의 인, 황, 알루미늄과 같은 기타 원소를 포함한다.

공구강 공구강은 산업용 절삭공구, 금형, 주형틀로 사용하도록 설계된 고합금강(일반적으로)이다. 이들 적용에 사용하려면 높은 강도, 경도, 고온경도, 내마모성, 충격하에서 인성을 지녀야 한다. 이러한 성질을 얻기 위해 공구강은 열처리된다. 높은 수준의 합금원소를 갖게 하는 주된 이유는 1)경도 향상, 2)열처리 중 뒤틀림 감소, 3)고온경도, 4)마모저항에 대한 경한 금속탄화물 형성, 5)인성 강화에 있다.

공구강은 적용 대상과 구성성분에 따라 분류된다. AISI는 공구강의 종류를 식별하기 위해 다음에 정의된 접두문자에 따른 분류체계를 사용한다.

T, M 고속도 공구강high-speed tool steels은 기계가공 공정에서 절삭공구로 사용된다(17.2.1절). 이는 높은 내마모성과 고온경도를 목표로 만들어졌다. 원래 고속도강(HSS)은 1900년경에 개발되었다. 이전에 사용된 공구에 비해 절삭속도가 상당히 증가되는 효과가 나타나 이름을 고속도 공구강이라 붙이게 되었다. 두 AISI 호칭은 합금원소를 나타낸다. 즉 T는 텅스텐이고 M은 몰리브덴이다.

H 열간가공용 공구강hot-working tool steel은 단조, 압출, 다이캐스팅에서 열간가공용 금형의 재료로 쓰인다.

D 냉간가공용 공구강cold-working tool steels은 판금프레스, 냉간 압출, 특정 단

조 작업과 같은 냉간가공공정에 사용되는 금형강이다. 호칭 D는 금형die을 나타낸다. 이것과 밀접하게 관련된 AISI 호칭에 A와 O가 있다. A와 O는 각각 기냉경화air-hardning와 유냉경화oil-hardning를 나타낸다. 이들은 모두 우수한 내마모성을 제공한다.

W　수냉경화 공구강water-hardening tool steels은 다른 원소들이 거의 없이 많은 탄소를 함유한다. 이는 물속에서 빠른 담금질에 의해서만 경화된다. 이것은 낮은 비용 때문에 널리 사용되지만 적용 대상이 낮은 온도이어야만 하는 제한이 따른다. 못이나 볼트의 머리를 성형하기 위한 금형에 사용한다.

S　내충격 공구강shock-resistant tool steels은 박판의 전단, 펀칭, 굽힘작업에서와 같이 높은 인성이 필요한 적용 분야에 사용한다.

P　몰드강mold steels은 플라스틱이나 고무를 성형하기 위한 금형을 만드는데 사용된다.

L　저합금 공구강low-alloy tool steels은 특수 목적으로 고안된 공구강이다.

공구강만이 유일하게 공구재료로 사용되는 것은 아니다. 우리가 다루는 제조공정의 범위에서는 공구의 다양성을 설명하고, 재료뿐만 아니라 제조방법에 대해서도 다룬다. 일반탄소강과 저합금강, 주철, 세라믹 등도 공구재료로 사용된다.

2.1.2 주철

주철은 2.1%에서 약 4%의 탄소와 1~3%의 규소를 포함하는 철계 합금이다. 이러한 조성은 주조금속으로 매우 적합토록 구성된 것이다. 사실 주철 주물의 총톤수는 다른 모든 주조금속부품들을 모두 합한(차후에 압연제강을 하는 동안에 봉, 평판, 비슷한 반제품으로 만들어지는 주조 잉곳은 제외) 것이다. 주철의 총톤수는 금속 중에서 강 다음의 위치를 차지한다.

주철의 여러 유형들 가운데 가장 중요한 것은 회주철이다. 그밖에 다른 종류로는 연주철, 백주철, 가단주철이 있다. 연주철과 가단주철은 회주철, 백주철과 유사한 화학조성을 갖지만 특수처리의 결과로 다른 특성들을 가지고 있다. [표 2.3]에는 주요 유형과 함께 화학조성을 나타냈다.

표 2.3 대표적인 주철의 조성[16]

유형	일반 조성, %				
	Fe	C	Si	Mn	기타[a]
회주철					
ASTM Class 20	93.0	3.5	2.5	0.65	
ASTM Class 30	93.6	3.2	2.1	0.75	
ASTM Class 40	93.8	3.1	1.9	0.85	
ASTM Class 50	93.5	3.0	1.6	1.0	0.67Mo
연주철					
ASTM A395	94.4	3.0	2.5		
ASTM A476	93.8	3.0	3.0		
백주철					
저탄소	92.5	2.5	1.3	0.4	1.5Ni, 1Cr, 0.5Mo
기단주철					
페라이트계	95.3	2.6	1.4	0.4	
펄라이트계	95.1	2.4	1.4	0.8	

[a]일반적으로 주철은 0.3% 미만의 인과 황을 포함한다.

회주철 회주철은 주철 가운데 가장 많은 양을 차지한다. 이는 2.5~4%의 탄소와 1~3%의 규소로 조성되어 있다. 이러한 화학조성으로 응고시 주물 전체에 걸쳐 흑연(탄소)박편이 형성된다. 구조상으로 파괴되었을 때, 금속표면이 회색을 띠고 있어 이를 회주철이라 한다. 흑연박편의 분산은 2가지 매력적 특성을 갖게 한다. 1)엔진이나 기타 기계류에 필요한 진동감쇠능, 2)주조금속의 가공성을 좋게 하는 내부 윤활성이다.

미국재료시험협회(ASTM)는 다양한 등급들에 대한 최소인장강도(TS) 사양을 제공할 목적으로 회주철에 관한 분류방법을 사용하고 있다. 즉, 제20종 회주철은 138MPa의 TS를 가지며 제30종은 207MPa의 TS를 갖는다. 회주철의 압축강도는 인장강도보다 상당히 높다. 주물의 성질은 열처리에 의해 어느 정도까지는 조절이 가능하다. 회주철의 연성은 매우 낮아서 취성재료라 할 수 있다. 회주철로 만든 제품에는 자동차 엔진블록과 헤드, 모터하우징, 공작기계 기초 등이 있다.

연주철 연주철은 회주철의 성분을 갖지만 용융금속은 박편상 흑연이 아닌 구상흑연을 형성시키기 위해 용탕주입 전에 화학적으로 처리된다. 이러한 결과로 철은 강해지며 이름과 같이 더욱 연성이 높아진다. 이것은 고강도, 내마모성을 필요로 하는 기계류 부품들에 사용된다.

백주철 백주철은 회주철보다 적은 탄소와 규소를 함유한다. 용탕주입 후 용융금속을 더 급속히 냉각해 생성하며 따라서 탄소가 박편 형태로 용체로부터 석출되는 것이 아니라 시멘타이트(Fe_3C)의 형태로 철과 함께 화학적으로 결합한다. 파단되었을 때 표면은 백색의 결정질 면이 된다. 시멘타이트 때문에 백주철은 경도와 취성이 크고 내마모성이 우수하다. 기차용 브레이크슈 등에 사용된다.

가단주철 백주철을 주조할 때 탄소를 유리시켜 흑연 집합체를 형성시키기 위해 열처리한 것을 가단주철이라 한다. 새로운 미세조직은 변환되기 전의 백주철에 비해 상당한 가단성을 지니게 된다. 가단주철의 대표적 제품으로는 관이음쇠, 플랜지, 특정 기계부품, 철도장비 부품 등이 있다.

2.1.3 비철금속

비철금속은 철에 기반하지 않은 금속원소와 그 합금을 말한다. 공업적으로 중요한 비철금속에는 알루미늄, 마그네슘, 구리, 니켈, 아연, 티타늄과 이들의 합금 등이 있다. 비록 비철금속이 철강의 강도에 미치지는 못하지만 일부 비철합금은 내식성과 중간 정도 이상의 높은 응력 적용에서 강에 경쟁할 만한 높은 강도 대 무게비를 가진다. 또한 많은 비철금속들은 강을 사용하기에 적합하지 않은 곳에서 기계적 성질 외에 또 다른 우수한 성질들을 가진다. 예를 들어 구리는 금속 가운데 전기저항이 가장 낮은 것 중의 하나로 전선에 널리 사용된다. 알루미늄은 뛰어난 열전도체로서 열교환기나 요리용 프라이팬에 사용된다. 이는 또한 성형성이 높은 금속 중 하나이며 이 때문에 사용 가치가 높다. 아연은 용융점이 비교적 낮아 다이캐스팅에 널리 사용된다. 보통 비철금속은 다양한 용도에 적합한 고유의 특성을 지닌다.
다음 절에서는 상업적이고 기술적으로 가장 중요한 비철금속들에 대해 설명한다.

알루미늄과 그 합금 알루미늄과 마그네슘은 가벼운 금속으로서 이러한 특성이 공업분야에서 널리 활용된다. 이들 두 원소는 지구상에 풍부하지만 자연 상태에서 순수하게 추출하기는 쉽지 않으며, 알루미늄은 육지에(주광석은 보크사이트bauxite), 마그네슘은 바다에 산재해 있다.
알루미늄은 높은 전기, 열전도성을 가지며 단단하고 얇은 산화물 표면막을 형성하기 때문에 내식성이 우수하다. 또한 연성이 높은 금속으로 가공성이 좋기로도 유명하다.

표 2.4(a) 단련용 알루미늄과 주조용 알루미늄과의 구분[17]

합금 그룹	단련용 코드	주조용 코드
알루미늄 99.0% 혹은 고순도	1XXX	1XX.X
알루미늄 합금(주요 원소)		
구리	2XXX	2XX.X
망간	3XXX	
규소+구리 혹은 마그네슘		3XX.X
규소	4XXX	4XX.X
마그네슘	5XXX	5XX.X
마그네슘과 규소	6XXX	
아연	7XXX	7XX.X
주석		8XX.X
기타	8XXX	9XX.X

순수 알루미늄은 강도가 비교적 낮은 편이지만 합금과 열처리를 하면 특히 무게를 고려할 때 다른 강에 대응할 만하다.

알루미늄 합금의 호칭체계는 4자리 코드번호를 사용한다. 이 체계는 두 범주로 나눠지며 하나는 단련용 알루미늄이고 또 다른 하나는 주조용 알루미늄에 대한 것이다. 이들의 차이는 주조용 알루미늄에 대해 셋째 자리 다음에 소수점을 사용하는 것이다. [표 2.4(a)]에 호칭체계를 나타냈다.

알루미늄 합금의 성질은 가공경화나 열처리에 의해 영향을 받기 때문에 성분코드에 추가해 담금질(있을 시 강화처리) 방법도 지정해야 한다. 주요 담금질 규격을 [표 2.4(b)]에 나타냈다. 이 호칭규격의 앞의 4자리 코드에 이어 담금질 처리를 하거나

표 2.4(b) 알루미늄 합금의 담금질 유형[17]

담금질	설 명
F	생산된 그대로(무처리)
H	변경경화(단련용 알루미늄), H 다음에 두 자리가 들어가는데 첫째 자리는 열처리, 둘째 자리는 잔류가공경화의 수준을 나타냄. 예를 들면 H1X:변형경화 후 무처리 X=1~9(가공경화의 수준)
O	변형경화를 줄이고 연성을 개선하기 위한 열처리, 강도는 최저수준으로 감소
T	안정된 담금질을 위한 F, H, O 외의 열처리. 다음 숫자는 특정의 열처리법을 나타냄. 예를 들면 T1=상승온도로부터 냉각, 자연시효 T2=상승온도로부터 냉각, 냉간가공, 자연시효 T3=용체화 처리, 냉간가공, 자연시효
W	용체화 처리, 사용 도중 시효경화하는 합금에 적용: 불안정한 담금질임.

표 2.5 대표적 알루미늄 합금의 조성[17]

코드	일반조성, %[a]					
	Al	Cu	Fe	Mg	Mn	Si
1050	99.5		0.4			0.3
1100	99.0		0.6			0.3
2024	93.5	4.4	0.5	1.5	0.6	0.5
3004	96.5	0.3	0.7	1.0	1.2	0.3
4043	93.5	0.3	0.8			5.2
5050	96.9	0.2	0.7	1.4	0.1	0.4

[a]위의 원소 외에 알루미늄 합금에는 구리, 망간, 마그네슘, 바나듐, 아연 등을 극소량 포함한다.

하지 않는 것을 (−)로 구분해 나타낸다(예를 들면 2024-T3). 물론 변형경화를 지정하는 담금질처리는 주조합금에는 적용되지 않는다. 대표적 알루미늄 합금들의 성분을 [표 2.5]에 나타냈다.

마그네슘과 그 합금 마그네슘(Mg)은 구조용 금속 가운데 가장 가벼우며 비중은 1.74이다. 마그네슘과 그 합금은 단련 또는 주조 형태로 공급된다. 이는 가공하기가 비교적 용이하다. 마그네슘의 모든 가공공정에서 발생하는 작은 입자(작은 금속절삭 칩과 같은)들은 급격히 산화하므로, 화재 위험성을 피하기 위한 각별한 주의가 필요하다.

순수 금속으로서 마그네슘은 비교적 연해서 대부분의 공업용 용도로 사용하기에는 강도가 부족하다. 그러나 알루미늄 합금과 비교할 만한 월등한 강도를 얻기 위해 합금과 열처리를 할 수 있다. 특히 마그네슘의 강도 대 무게비는 항공기와 미사일 부품에서 장점이 되고 있다.

마그네슘 합금에 대한 호칭체계는 3~5자리의 알파벳−숫자 코드를 사용한다. 처음의 두 자리는 주요 합금원소를 나타낸다(감소되는 비율 순서 또는 비율이 같은 경우에는 알파벳 순서로 코드에 최대 2개의 원소를 지정한다). 예를 들면 A=알루미늄(Al), K=지르코늄(Zr), M=망간(Mn), Z=아연(Zn) 등이다. 그 다음의 두 자리 숫자는 각각 두 합금성분의 함유량(%)을 의미한다. 마지막 부호는 단순히 성분의 변동사항이나 상업적 목적으로 표준화된 순서를 표시해주기 위해 사용된다. 마그네슘 합금도 담금질에 대한 규격을 필요로 하며, 알루미늄에 대한 [표 2.4(b)]의 기본체계가 그대로 적용된다. 대표적 마그네슘 합금의 호칭체계에 대한 예를 [표 2.6]에 나타냈다.

표 2.6 대표적 마그네슘 합금의 조성[17]

코드	일반 조성, %					
	Mg	Al	Mn	Si	Zn	기타
AZ10A	98.0	1.3	0.2	0.1	0.4	
AZ80A	91.0	8.5			0.5	
ZK21A	97.1				2.3	6Zr
AM60	92.8	6.0	0.1	0.5	0.2	0.3Cu
AZ63A	91.0	6.0			3.0	

구리와 그 합금 순수구리(Cu)는 독특한 붉은-핑크 색상을 띠며 가장 특징적인 공업적 성질은 낮은 전기저항성이다(가장 낮은 원소 중의 하나다). 이러한 특성과 자연에서의 풍부함 때문에 상업적으로 순수구리는 전기전도체로서 널리 사용된다(참고로 합금원소를 추가하면 전도성은 급격히 감소한다). 순수구리 또한 우수한 열전도체다. 구리는 금, 은과 같이 산화되지 않은 금속 중 하나이며 내식성이 강하다. 이러한 모든 특성들은 구리를 가장 중요한 금속의 하나로 만들고 있다.

구리의 단점으로는 특히 무게를 고려할 때 강도와 경도가 비교적 낮다. 따라서 강도를 개선할 목적으로(혹은 또 다른 이유로서), 구리는 대부분의 경우에 합금을 한다. 청동bronze은 구리와 주석의 합금(일반적으로 약 90% Cu 10% Sn)으로 고대로부터(청동기시대) 지금까지도 널리 사용되고 있다. 주석 외의 다른 원소에 기초한 청동합금이 개발되어왔다. 이들이 바로 알루미늄 청동과 실리콘 청동이다. 황동brass은 구리와 아연으로 구성된 잘 알려진 또 다른 구리합금(일반적으로 약 65% Cu와 35% Zn)이다.

표 2.7 대표적 구리합금의 조성[17]

코드	일반 조성, %				
	Cu	Be	Ni	Sn	Zn
C10100	99.99				
C11000	99.95				
C17000	98.0	1.7	[a]		
C24000	80.0				20.0
C26000	70.0				30.0
C52100	92.0			8.0	
C71500	70.0		30.0		

[a]소량의 Ni과 Fe + 0.3 Co.

표 2.8 대표적 니켈합금의 조성[17]

코드	일반 조성, %						
	Ni	Cr	Cu	Fe	Mn	Si	기타
270	99.9		[a]	[a]			
200	99.0		0.2	0.3	0.2	0.2	C,S
400	66.8		30.0	2.5	0.2	0.5	C
600	74.0	16.0	0.5	8.0	1.0	0.5	
230	52.8	22.0		3.0	0.4	0.4	[b]

[a]극소량
[b]230등급에서는 5% Co, 2% Mo, 14% W, 0.3% Al, 0.1% C의 다른 합금재료를 포함한다.

구리의 고강도 합금은 베릴륨—구리(약 2%만 Be)를 열처리한 것으로서 스프링 등에 사용된다.

구리합금의 호칭은 5자리 숫자 앞에 문자 C(C는 구리)를 사용하는 금속—합금의 통일번호체계Unified Numbering System for Metals and Alloys: UNS에 따른다. 합금은 단련용과 주조용 형태로 처리되고, 호칭체계는 이들 둘 다를 포함한다. 대표적 구리합금들을 그 조성과 함께 [표 2.7]에 나타냈다.

니켈과 그 합금 니켈(Ni)은 여러 측면에서 철과 유사하다. 이는 자성을 가지며 강성은 사실상 철이나 강과 거의 비슷하다. 그러나 내식성은 훨씬 뛰어나며 그 합금의 고온특성은 일반적으로 철보다 우수하다. 이러한 내식성의 특성 때문에 스테인리스강과 같은 강의 합금원소로 자주 사용되며 일반탄소강 같은 다른 금속에서의 도금재료로 널리 사용된다.

니켈의 합금은 당연히 상업적으로 중요하며 내식성과 고온 성능을 가진 것으로 유명하다. 일부 니켈합금의 성분을 [표 2.8]에 나타냈다. 또한 많은 초합금들은 니켈을 기저 재료로 사용한다(2.1.4절).

티타늄과 그 합금 티타늄(Ti)은 지구 표면의 약 1%를 차지할 정도로 자연에 상당히 많이(가장 많은 알루미늄은 약 8%) 산재되어 있다. Ti의 비중은 4.7로, 알루미늄과 철의 중간이다. 경량성과 우수한 강도 대 무게비가 요구되는 항공우주 분야에서 최근 수십 년 동안 그 중요성이 증대되고 있다.

티타늄의 열팽창은 금속들 가운데 비교적 낮은 편이다. 이는 알루미늄보다 강성과 강도가 크며 높은 온도에서 우수한 강도를 유지한다. 순수 티타늄은 특히 용융상태

표 2.9 대표적 티타늄 합금의 조성[1][17]

코드[a]	일반 조성, %					
	Ti	Al	Cu	Fe	V	기타
R50250	99.8			0.2		
R56400	89.6	6.0		0.3	4.0	[b]
R54810	90.0	8.0			1.0	1Mo,[b]
R56620	84.3	6.0	0.8	0.8	6.0	2Sn,[b]

[a]통일 번호체계(UNS).
[b]극소량의 C, H, O.

에서 공정상에 문제가 되는 화학반응을 일으킨다. 그러나 상온에서는 얇은 접착 산화피막(TiO_2)을 형성하기 때문에 우수한 내식성을 보인다. 이러한 특성으로 티타늄은 다음의 두 주요 응용분야에 사용된다. 1)상업적 목적으로 순수 Ti는 선박용 부품이나 보철용 임플란트 같은 내식성 부품에 사용하며, 2)티타늄 합금은 주위 온도로부터 550°C(1000°F) 이상의 온도 범위에서 고강도 특성이 필요하고, 특히 우수한 강도 대 무게비가 요구되는 부품에 사용된다. 이러한 후자의 적용에는 항공기와 미사일 부품 등이 있다. 티타늄에 사용되는 합금원소에는 알루미늄, 망간, 주석, 바나듐 등이 있다. 여러 종류의 Ti 합금에 대한 조성을 [표 2.9]에 나타냈다.

아연과 그 합금 아연(Zn)의 낮은 용융점은 주조용 금속으로 사용하는데 아주 매력적이다. 또한 강과 철에 코팅하는 경우 부식방지를 할 수 있다. 갈바나이즈강 galvanized steel은 아연으로 도금한 강이다.

여러 종류의 아연합금에 대한 조성과 적용 예를 [표 2.10]에 나타냈다. 아연합금은 자동차와 가전용품 산업체에서 대량생산하는 다이캐스팅 부품에 널리 사용된다. 아연의

표 2.10 대표적 아연합금의 조성과 적용 예[17]

코드[a]	일반 조성, %					
	Zn	Al	Cu	Mg	Fe	응용분야
Z33520	95.6	4.0	0.25	0.04	0.1	다이캐스팅
Z35540	93.4	4.0	2.5	0.04	0.1	다이캐스팅
Z35635	91.0	8.0	1.0	0.02	0.06	주조
Z35840	70.9	27.0	2.0	0.02	0.07	주조
Z45330	98.9		1.0	0.01		압연

[a]UNS(금속에 대한 Unified Numbering System)

또 다른 주요 응용분야는 강에 내식성을 부여하기 위해 아연을 피복한 아연도금강이다. 아연의 세 번째 중요한 용도는 황동이다. 앞에서 설명한 바와 같이 이 합금은 약 2/3 Cu와 1/3 Zn의 비율로서, 구리와 아연을 함유하고 있다. 미국의 1센트짜리 동전이 주로 아연으로 만들어진 사실에 주목할 수 있다. 동전 페니는 97.5% Zn과 2.5% Cu의 비율로, 아연으로 만든 다음 구리로 전기도금을 한 것이다. 미국 조폐국에 의하면 1페니를 생산하는데 드는 비용은 약 1.5센트라 한다.

2.1.4 초합금

초합금superalloys은 철과 비철금속의 양쪽에 속하는 범주를 구성한다. 초합금 중 일부는 다른 것들이 니켈과 코발트를 기반으로 하는 동안, 철을 기반으로 하고 있다. 사실 많은 초합금들은 하나의 기저금속에 합금원소를 첨가해 구성하기보다는 3개 이상의 다른 금속들로 구성된다. 이들 금속의 총톤수는 앞에서 설명한 많은 다른 금속들에 비해 크지는 않지만 그럼에도 불구하고 그들이 가진 성능 때문에 기술적으로 중요하며, 아울러 고가다.

초합금은 고온의 작업온도에서 강도와 표면열화(부식, 산화)에 저항하는 요구조건들을 충족시키기 위해 설계된 고기능성 합금 그룹이다. 이들 금속에서 상온강도는 중요한 기준이 되지는 않으며, 뛰어나진 않지만 대부분은 우수한 상온강도의 특성을 지닌다. 이들의 고온 성능은 매우 우수하며, 고온에서의 인장강도, 고온경도, 크리프 저항과 내식성은 매우 흥미로운 기계적 성질들이다. 적용온도는 대체로 1100°C 부근이다. 이들 금속은 고온에서 작동 효율을 증가시키는 가스터빈(제트, 로켓엔진, 증기터빈, 원자력 플랜트) 시스템에 널리 사용된다.

초합금은 주요 성분에 따라 철, 니켈, 코발트의 세 그룹으로 구분된다.

- 철-기저 초합금(iron-based alloys)은 철이 전체 조성의 50%가 안 되는 경우도 있지만 철을 주요 성분으로 하는 합금이다. 대표적인 합금원소로는 니켈, 코발트, 크롬이 있다.
- 니켈-기저 초합금(nickel-based alloys)은 합금강에 비해 우수한 고온강도를 지닌다. 니켈이 기저금속으로, 주요 합금원소는 크롬과 코발트이며 알루미늄, 티타늄, 몰리브덴, 니오븀(Nb),철 등이 소량 포함된다.
- 코발트-기저 초합금(cobalt-based alloys)은 주요 성분으로 코발트(40~50%)와 크롬(20~30%)을 함유하고 있다. 다른 합금원소로는 니켈, 몰리브덴, 텅스텐 등이 포함된다.

철을 기저로 하는 초합금을 포함한 거의 모든 초합금들은 석출경화(20.3절)에 의해 강화된다. 철-기저 초합금은 강화 중 마르텐사이트를 생성하지 않는다.

2.2 세라믹

공업재료로서 세라믹은 자연에 풍부하게 산재되어 있다는 점과 금속과는 전혀 다른 기계적, 물리적 성질을 가졌다는 점에서 중요하다. 세라믹ceramic은 금속(또는 반금속)과 하나 이상의 비금속을 함유하고 있는 무기화합물이다. 세라믹 재료의 중요한 예로는 대부분의 유리 제품의 주원료인 실리카silica 또는 이산화규소(SiO_2), 연마재에서 인공뼈에 이르기까지 폭넓게 사용되는 알루미나alumina 또는 산화알루미늄(Al_2O3), 많은 점토제품(예를 들어, 벽돌, 도자기)에서 주원료인 고령토로 알려진 가수알루미늄규산염($Al_2Si_2O_5(OH)_4$) 같은 착화합물 등이 있다. 이들 혼합물의 원소는 지구 표층에 많이 분포되어 있다. 세라믹 그룹에는 자연적이거나 인공적으로 제조된 여러 가지 혼합물들이 포함된다.

세라믹을 공업제품에서 유용하게 사용할 수 있도록 해주는 일반적 특성에는 고경도, 우수한 전기절연과 열절연성, 화학적 안정성, 높은 용융온도 등이 있다. 일부 세라믹은 창유리 같은 반투명체다. 또한 취성이 크고 사실상 아무런 연성을 지니지 않아 세라믹 제품의 공정과 성능에서 문제를 일으키는 원인이 되고 있다.

이를 체계화하기 위해 다음의 3가지 기본 유형으로 세라믹 재료를 분류한다. (1)전통 세라믹: 도자기, 벽돌, 보통 연마재, 시멘트 등과 같은 점토제품에 사용되는 규산염, (2)신세라믹: 전통 세라믹에 비해 더 우수하고 특유한 기계적, 물리적 성질을 지닌 산화물과 탄화물 같은 비규산염에 기반을 둔 보다 최근에 개발된 세라믹, (3)유리: 비결정질 구조로서 다른 세라믹과 구분되며 실리카에 기반을 둔 세라믹. 이들 3가지 기본 유형 외에도 열처리에 의해 대부분이 결정질 구조로 변환된 유리세라믹도 있다. 이들 재료에 대한 제조공정은 제7장(유리 제조공정)과 제11장(전통과 신 세라믹의 분말공정)에서 다룬다.

2.2.1 전통 세라믹

이들 재료는 광물성 규산염, 실리카, 광물성 산화물을 기반으로 한다. 주요 제품들은 내화점토(도자기, 식기, 벽돌, 타일), 시멘트, 산화알루미늄 같은 천연연마재다. 이러한 제품과 생산과정은 수천 년 전으로 되돌아간다. 유리도 규산염 세라믹 재료이며 종종 전통 세라믹 그룹에 포함된다[12], [13]. 그러나 유리는 비결정질 또는 유리질(유리 같은 또는 유리의 특성을 가진) 구조를 가지고 있기 때문에 위의 결정질 재료와는 차이가 있으며 다음 절에서 다룬다.

원재료 다양한 성분의 점토와 같은 광물성 규산염과 석영 등의 실리카는 자연에서 가장 풍부한 물질 중 하나로 전통 세라믹의 주요 원재료가 되고 있다. 점토는 세라믹에 가장 널리 사용되는 원재료다. 이들은 물을 혼합하면 성형성과 주형성이 좋아지는 가소성물질로 되는 알루미늄 규산염의 미세입자를 함유하고 있다. 가장 일반적인 점토는 광물성 고령토(kaolinite, $Al_2Si_2O_5(OH)_4$)를 주성분으로 하고 있다. 다른 광물성 점토는 기본 조성의 비율과 마그네슘, 나트륨, 칼륨 등 다른 원소의 추가를 통해 성분이 달라진다.

물과 혼합되었을 때의 가소성 외에도 점토를 유용하게 하는 두 번째 특징은 충분히 높은 온도로 가열하면 밀도가 조밀하고 강고한 재료로 융화되는 것이다. 이러한 열처리를 굽기firing라 한다. 적합한 굽기 온도는 점토의 성분에 달려 있다. 따라서 점토는 습하고 연한 상태에서 조형을 한 다음 마지막으로 경한 세라믹 제품을 얻기 위해 굽는다.

실리카(SiO_2)는 전통 세라믹의 또 다른 주요 원재료다. 이는 유리의 주요 성분이며 백색 도자기, 내화물, 연마재 등과 같은 세라믹 제품들의 중요한 성분이다. 실리카는 자연 상태에서 매우 다양한 형태로 존재하는데 그중 가장 중요한 것이 석영quartz이다. 석영의 공급원은 사암sandstone이다. 사암의 풍부함과 가공이 비교적 용이하기 때문에 실리카의 가격은 저렴하다. 또한 경하며 화학적으로도 안정되어 있다. 이러한 특징 때문에 세라믹 제품에 널리 사용되고 있다. 그것은 일반적으로 최종 제품에 적절한 특성을 부여하기 위해 다른 광물들을 점토와 함께 다양한 비율로서 혼합한다. 장석도 많이 사용되는 광물 중 하나다. 장석은 알루미늄 규산염이 칼륨, 나트륨, 칼슘, 바륨 등과 결합해 구성된 다결정 광물을 말한다. 점토, 실리카, 장석 등의 혼합물은 사기그릇, 자기, 식기 등을 만드는데 사용된다.

전통 세라믹의 또 다른 원재료로 알루미나가 있다. 대부분의 알루미나는 가수산화알루미늄과 수산화알루미늄에 철이나 망간 등이 혼합된 형태인 보크사이트 광물로부터 처리된다. 보크사이트는 알루미늄 금속의 중요한 원료이기도 하다. 순도가 더 높지만 덜 일반적인 Al_2O_3의 형태로 코런덤corundum이 있으며 알루미나를 다량으로 함유하고 있다. 약간의 불순물을 지닌 코런덤은 루비나 사파이어와 같은 유색 보석이다. 알루미나 세라믹은 연삭숫돌에서 연마재나 가열로에서의 내화벽돌로 사용된다.

실리콘카바이드silicon carbide는 연마재로 사용되며 자연에는 존재하지 않는다. 대신 모래(규소의 공급원)와 코크스(탄소)를 2200°C(3900°F) 정도의 온도로 가열 혼합해서 만들며 화학반응의 결과는 SiC와 일산화탄소를 생성한다.

전통 세라믹 제품 위에서 다룬 광물들은 다양한 세라믹 제품들의 원료가 된다. 이 절에서는 전통 세라믹 제품의 주요한 범주에 대해 다룬다. 생산 제품에 일반적으로 사용되는 재료만을 다룰 것이기 때문에 시멘트와 같은 상업적 세라믹은 생략한다.

도기와 식기류: 이는 가장 오래된 세라믹 종류로서 수천 년의 역사를 지니고 있으며, 아직도 매우 중요한 분야다. 여기에는 우리가 사용하는 옹기, 사기그릇, 자기그릇 등의 식기류 제품들이 모두 포함된다. 이들 제품의 원재료는 실리카와 장석 같은 광물과 점토의 혼합물이다. 젖은 상태의 혼합물은 조형된 다음 최종 제품을 만들기 위해 가열해 굽는다.

벽돌과 타일: 건축용 벽돌, 도관, 기와, 배수 타일 등은 자연 퇴적층에서 널리 구할 수 있는 실리카나 모래가 든 저가의 점토를 사용해 만든다. 이들 제품은 가압(주형)해 조형을 하고 비교적 낮은 온도에서 굽는다.

내화재: 벽돌의 형태로 가끔 사용되는 내화 세라믹은 재료를 가열하거나 용융시키는 노(furnace)나 도가니를 필요로 하는 많은 산업공정에서 필수적이다. 내화재료의 유용한 성질은 내열성과 단열, 가열되는 재료(대부분 용융금속)와의 화학반응에 대한 저항성 등이다. 전술한 바와 같이 알루미나는 내화 세라믹으로 사용된다. 다른 내화재료로는 산화마그네슘(MgO)과 산화칼슘(CaO) 등이 있다.

연마재: 연삭숫돌이나 사포 같은 연마제품을 만드는데 사용되는 전통 세라믹은 알루미나와 탄화규소다. SiC가 더 경하지만 대부분의 알루미나가 강과 대부분의 금속을 연삭할 때 더 좋은 결과를 주기 때문에 연삭숫돌의 주재료를 Al_2O_3로 하고 있다. 숫돌 전반에 분포되어 있는 연마입자(세라믹의 입자)들은 셸락(shellac), 고분자 수지, 고무와 같은 결합제에 의해 결합된다. 연삭숫돌의 관련 기술은 제18장에서 자세히 다룬다.

2.2.2 신세라믹

신세라믹new ceramics이라는 용어는 최근 수십 년에 걸쳐 인공적으로 개발되고, 세라믹 재료의 구조와 성질을 제어하는 공정기술을 통해 생산된 세라믹 재료를 말한다. 일반적으로 신세라믹은 전통 세라믹의 대부분을 형성하는 다양한 알루미늄 규산염의 형태가 아닌 다른 화합물들을 기반으로 한다(전통 세라믹 재료의 덩어리 형태). 신세라믹은, 예를 들면 산화물, 탄화물, 질화물, 붕화물 등과 같이 일반적으로 전통 세라믹보다는 화학적으로 간단하다. 산화알루미늄이나 탄화규소 등은 전통 세라믹에도 포함되기 때문에 신세라믹과 전통 세라믹을 분리하는 것은 분명치 않을 수 있다. 이러한 경우에 대한 분류는 화학적 조성보다는 공정방법에 더 의존한다.

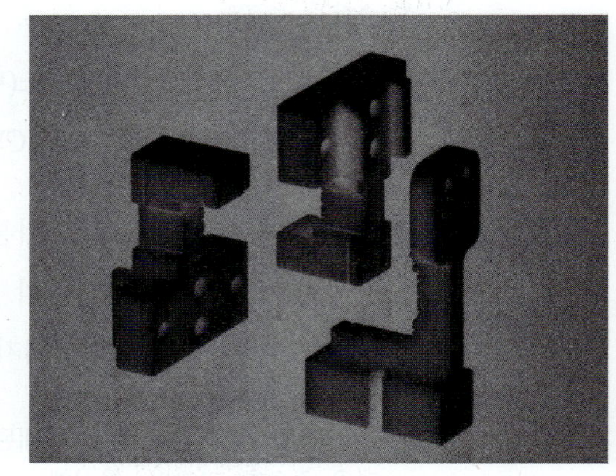

그림 2.3
알루미나 세라믹 부품(Insaco사 제공)(출처: Fundamentals of Modern Manufacturing, 4th Edition by Mikell P. Groover, 2010. Reprinted with permission of John Wiley & Sons, Inc.).

다음 절에서는 산화물, 탄화물, 질화물 등의 화학적 조성의 범주에 따라 신세라믹을 체계화해 설명한다. 신세라믹에 대한 보다 자세한 사항은 참고문헌 [9], [12], [18]을 참조하라.

산화물 세라믹 가장 중요한 산화물 신세라믹은 알루미나alumina이다. 전통 세라믹에 대한 내용에서도 다루었듯이 오늘날 알루미나는 전기로 방식을 이용해 보크사이트로부터 인공적으로 만들어진다. 알루미나의 입자 크기와 불순물의 조절, 제련공정, 다른 세라믹 원료와의 혼합 등을 통해 강도와 인성이 자연적인 상태에 비해 현저하게 개선되었다. 또한 알루미나는 우수한 고온경도, 낮은 열전도율, 우수한 내식성 등을 지니고 있다. 이러한 성질들의 조합으로 알루미나는 연마재(연삭숫돌입자), 생체 세라믹(인공뼈와 치아), 전기절연재, 전자부품, 유리의 합금재료, 내화벽돌, 인서트 절삭공구(17.2.4절), 점화플러그 통, 공업용 부품([그림 2.3] 참조) 등의 다양한 분야에 적용된다.

탄화물 세라믹 탄화물 세라믹은 탄화규소(SiC), 텅스텐카바이드(WC), 티타늄카바이드(TiC), 탄탈륨카바이드(TaC), 크롬카바이드(Cr_3C_2) 등을 포함한다. 탄화규소는 앞에서 설명했다. 비록 인공적인 세라믹이지만 생산 방법은 이미 1세기 전에 개발된 방법으로, 일반적으로 전통 세라믹 그룹에 속한다. SiC는 연마재로 사용되는 것 외에도 강 제조에 있어 저항가열 원소와 첨가제로도 사용된다.

WC, TiC, TaC 등은 경도와 내마모성이 필수적인 절삭공구(17.2.3절)와 그 외의 다양한 적용 분야에 사용된다. 텅스텐카바이드는 가장 먼저 개발되었으며 이들 그룹에서 가장 중요하고 널리 사용되는 재료다. 크롬카바이드는 화학적 안정성과 내식성이 요구되는 적용 분야에 적합하다.

SiC를 제외한 탄화물들은 유용한 고체제품으로 생성되기 위해 코발트나 니켈 같은 금속결합제와 함께 혼합되어야 한다. 요컨대 탄화물 분말은 금속제조공정에서 결합에 의해 초경합금(cemented carbide: 복합재료, 구체적으로 서멧[cermet, ceramic과 metal의 준말])이 된다. 탄화물은 복합재료의 구성요소로서의 가치를 제외하고는 공업적 가치가 별로 없다.

질화물 세라믹 중요한 질화물 세라믹으로는 질화규소(Si_3N_4), 질화붕소(BN), 질화티타늄(TiN) 등이 있다. 전반적으로 질화물 세라믹은 경하고 취성을 가지며 높은 온도에서 용융된다(일반적으로 탄화물만큼은 높지 않다). 이들은 일반적으로 전기절연체이지만 TiN은 예외다.

질화규소silicon nitride는 고온 구조물에 적합하다. 이는 낮은 열팽창과, 열 충격, 크리프에 우수한 저항을 가지며 용융비철금속에 잘 부식되지 않는다. 이러한 성질 때문에 가스터빈, 로켓엔진, 용융도가니 등에 사용된다.

질화붕소boron nitride는 탄소와 유사하게 몇 가지 구조로 존재한다. BN의 중요한 형태로는 1)흑연과 유사한 육각형, 2)다이아몬드와 같은 입방형이 있으며, 경도는 실제로 다이아몬드와 비교할 만하다. 이 후자의 구조를 입방정질화붕소cubic boron nitride 또는 보라존borazon이라 부르며 CBN으로 표기한다. 매우 높은 경도를 갖기 때문에 CBN의 주요 응용분야는 절삭공구(17.2.5절)와 연마숫돌(18.1.1절) 등이다. 흥미롭게도 CBN은 다이아몬드 절삭공구와 연삭숫돌과는 경쟁이 되지 않는다. 다이아몬드는 비철금속의 기계가공과 연삭에 적합하나 CBN은 강에 적합하다.

질화티타늄titanium nitride은 전기적으로 전도체라는 점을 제외하고는 이 그룹의 다른 질화물들과 유사한 성질을 지닌다. TiN은 높은 경도와 우수한 내마모성, 철계 금속에 대한 낮은 마찰계수 등의 특징이 있다. 이러한 성질들은 TiN을 바람직한 절삭공구의 표면 코팅재로 사용하는 이유가 된다. 코팅막은 단지 0.006mm에 불과하므로 사용되는 재료의 양은 매우 적다.

2.2.3 유리

유리라는 용어는 물질의 상태를 나타내기도 하고 세라믹 유형을 나타내기도 하기 때문에 다소 혼동될 수 있다. 물질의 상태로서 이 이름은 고체재료의 비정질 혹은 비결정질 구조를 의미한다. 유리질 상태는 용융상태에서 냉각하는 동안 결정질 구조를 형성하기에 불충분한 시간이 주어졌을 때 발생한다. 공업재료의 3가지 형태(금속, 세라믹, 중합체) 모두에서 유리질 상태가 일어날 수 있으나 금속의 경우에는 매우 드물다. 세라믹의 한 종류로서 유리는 무기질이며 비금속 화합물(혹은 화합물의 혼합물)로서 결정화되지 않은 강고한 상태로 냉각된 것이다. 고체 상태로서의 유기질 상태가 세라믹이다.

유리의 화학적 조성과 성질 거의 모든 유리의 주원료는 실리카silica, SiO2이며, 이는 주로 사암과 실리카 모래에서 광물석영의 형태로 발견된다. 석영은 자연적으로는 결정질 물질이지만 용융한 다음 냉각하면 유리질 실리카가 생성된다. 실리카 유리는 매우 낮은 열팽창계수를 가지며 열 충격에 매우 잘 저항한다. 이러한 성질은 고온에서 이상적인 적용이 가능하기 때문에, 가열에 강하도록 설계된 화학 유리 제품들은 실리카 유리를 다량으로 함유해 제조되었다.

더욱 용이한 공정을 위해 유리의 용융온도를 낮추고, 성질을 조절하기 위해 대부분의 상업용 유리 성분에는 실리카뿐만 아니라 기타 산화물도 함유한다. 이러한 유리 제품들에서도 실리카는 주요 성분으로 남아 있으며 전체 화학물질의 50~75%를 차지한다. 이러한 구성비로 SiO_2가 널리 사용되는 이유는 대부분의 세라믹들은 응고 시 결정화되는 반면 실리카는 액체에서 냉각하면 자연적으로 유리질 상태로 변이되기 때문이다. [표 2.11]에는 대표적 유리에 대한 화학조성을 나타냈다. 첨가재료는 SiO_2의 고용체 형태로 함유되며 각각은 다음과 같은 기능을 지닌다. 1)가열시 용융을 촉진, 2)공정 중 용융 유리의 유동성 증가, 3)비유리질화devitrification의 감소: 유리질 상태에서 결정화되려는 경향, 4)최종 제품의 열팽창 저감, 5)산이나 염기성 물질 혹은 물 등에 대한 화학적 저항 개선, 6)유리에 색상 첨가, 7)광학적 응용(예, 렌즈)을 위한 굴절률 변화 등이다.

유리 제품 아래에는 유리 제품의 주요 범주들을 기술했다. 여기서는 이들 각 제품을 설명하고, [표 2.11]에 나타낸 다양한 조성들의 역할도 살펴본다.

창유리: [표 2.11]에 의하면 이 유리는 소다석회유리와 창유리의 2가지 화학적 특성을 가진다. 소다석회유리의 역사는 1800년대 이전의 유리세공산업으로 거슬러 올라간다. 이는 실리카(SiO_2)를 소다(Na_2O)와 석회(CaO)에 섞어서 만들었다. 성분 혼합은 냉각 중 결정화를 피하고 제품의 화학적 내구성을 갖도록 발전해왔다. 창유리와 그것을 만들기 위한 기술은 성분에서 약간의 조정이 요구된다. 비유리질화를 줄이기 위해 마그네시아(MgO)를 첨가해왔다.

표 2.11 대표적 유리 제품의 화학적 조성[10][12][19]

제품	화학적 조성(무게비%)								
	SiO_2	Na_2O	CaO	Al_2O_3	MgO	K_2O	PbO	B_2O_3	기타
소다-석회유리	71	14	13	2					
창유리	72	15	8	1	4				
용기유리	72	13	10	2[a]	2	1			
전구유리	73	17	5	1	4				
실험기구유리: Vycor	96			1				3	
Pyrex	81	4		2				13	
E-glass(섬유)	54	1	17	15	4			9	
S-glass(섬유)	64			26	10				
광학유리: 크라운유리	67	8				12		12	ZnO
플린트 유리	46	3				6	45		

[a] Fe_2O_3와 Al_2O_3를 포함한다.

용기: 예전에는 병과 기타 용기를 만들기 위한 수작업 유리세공에 기본적으로 소다-석회성분을 사용했다. 유리용기를 만드는 현대적 공정에서는 과거보다 훨씬 더 빠르게 냉각시키며, 석회(CaO)와 소다(Na_2O_3)의 비율을 최적화하려는 조성변화가 시도되어왔다. 석회는 유동성을 촉진하며 비유리질화를 증대시킨다. 그러나 냉각속도가 더 빨라졌기 때문에 느린 냉각속도를 사용했던 과거처럼 이 효과가 중요하지는 않다. 소다는 화학적 안정성과 불용성을 증가시킨다.

전구유리: 백열전구나 다른 얇은 유리 제품(예, 물컵, 크리스마스 장식물)에 사용되는 유리는 소다 양을 많게, 석회 양은 적게 함유하며 마그네시아와 알루미나도 소량 지니고 있다. 원재료는 저렴하면서 오늘날 백열전구의 대량생산에 쓰이는 연속 용융로에 적합하게 사용된다.

실험용 유리용기: 이들 제품은 화학물질을 담는 용기(예, 플라스크, 비커, 유리관)를 의미한다. 이 유리는 화학적 침식과 열 충격에 강해야 한다. 실리카를 많이 함유하는 유리는 열팽창률이 낮아 이러한 목적에 적합하다. 고실리카 유리는 'Vycor' 라는 상품명으로 불린다. 붕소산화물을 첨가해도 낮은 열팽창계수를 갖는 유리를 생산할 수 있으며 실험실 용기로 사용되는 일부 유리는 B_2O_3를 함유한다. 붕소실리케이트 유리는 'Pyrex' 라는 상품명으로 불린다.

광학유리: 이 유리의 주 용도는 안경이나 카메라, 망원경, 현미경 등과 같은 광학기기의 렌즈다. 이들 각 기능을 달성하기 위해 렌즈는 각기 다른 굴절률을 가져야 한다. 광학유리는 일반적으로 크라운과 플린트의 두 분류로 나눠진다. 크라운 유리(crown glass)는 굴절률이 낮은 반면 플린트 유리(flint glass)는 산화납(PbO)을 함유하고 있어 굴절률이 높은 편이다.

유리섬유: 유리섬유는 섬유유리 강화 플라스틱, 단열용 면 광섬유 등의 중요한 용도를 위해 만들어진다. 이것의 성분은 기능에 따라 다양하다. 플라스틱용 강화섬유로 가장 일반적으로 사용되는 것은 E-glass이다. 또 다른 유리섬유 재료로 S-glass가 있는데, 강도는 E-glass보다 높지만 경제적이지 못하다. 단열재용 섬유유리 면은 보통 소다-석회-실리카 유리로부터 제조된다. 광섬유 유리는 굴절률이 높은 긴 중심부 유리가 굴절률이 낮은 바깥 유리에 둘러싸인 형

태를 지니고 있다. 내부 유리는 장거리 통신을 위해 매우 높은 광선투과율을 가져야 한다.

유리–세라믹 유리–세라믹은 유리질 유리를 열처리해 다결정구조로 바꾼 세라믹 재료를 뜻한다. 최종 제품에서 결정질 상의 비율은 90~98% 사이이고, 나머지는 변이되지 않은 유리질 재료다. 결정립의 크기는 0.1~1.0μm 사이이고, 일반 세라믹 입자의 크기에 비해 매우 작다. 이러한 미세결정구조는 유리–세라믹을 일반 유리에 비해 상당히 강하게 만들어준다. 또한 이러한 결정구조 때문에 유리–세라믹은 투명하지 않고 불투명하다(보통 회색이나 흰색).

유리–세라믹의 처리공정은 다음과 같다. 1)첫 단계로서, 원하는 형상을 얻기 위해 가열과 성형작업을 한다(7.2절). 유리성형 방법은 전통 세라믹 또는 신세라믹의 분말을 압축하고 소결시키는 것보다 경제적이다, 2)제품을 냉각시킨다, 3)전체 재료에 걸쳐 결정핵이 충분히 조밀하게 생성할 수 있도록 적절한 온도로 유리를 재가열한다. 결정핵의 밀도가 높아지면 결정성장이 억제되어 결국 유리–세라믹 재료의 미세한 입자가 얻어진다. 핵 발생의 관건은 약간의 핵 발생 촉매를 유리성분에 넣어주는 것이다. 일반적인 촉매로는 TiO_2, P_2O_5, ZrO_2 등이 있다, (4)일단 핵이 발생하면 결정질 상으로 성장할 수 있도록 높은 온도에서 계속해 열처리한다.

유리–세라믹의 중요한 장점은 1)유리질 상태의 공정 효율성, 2)최종 제품 형상의 정밀한 치수관리, 3)우수한 기계적, 물리적 성질에 있다. 이들 성질에는 높은 강도(유리보다 강하다), 기공의 부재, 낮은 열팽창계수, 높은 열 충격 저항능력 등을 지니고 있다. 이러한 성질 때문에 요리용 그릇, 열교환기, 미사일 덮개 등에 응용되고 있다. 일부 종류는 전기저항이 매우 높아 전기나 전자부품에 적합하다.

2.3 중합체

오늘날 공업적으로 사용되는 거의 모든 중합체 재료(천연고무를 제외한)들은 합성재료다. 재료 자체는 화학적 공정에 의해 만들어지며 대부분의 제품은 응고과정을 거쳐 만들어진다. 중합체polymer는 각각의 분자들이 반복단위로 연결되어 있는 긴 연쇄분자로 구성된 화합물이다. 중합체 분자의 단위는 수천 또는 수백만일 수도 있다. 이 단어는 '많다'를 의미하는 그리스 단어 poly와 '부분'을 뜻하는 merosmer로 줄임에서 유래되었다. 대부분의 중합체들은 탄소를 기본으로 하기 때문에 유기화합물로 취급된다.

중합체는 플라스틱과 고무로 구분된다. 기술적인 주제로서 여기서 다루고자 하는 중합체는 다음의 3가지로서 1)과 2)는 플라스틱이고 3)은 고무에 속한다.

1. **열가소성 중합체**thermoplastic polymers 또는 thermoplastics;TP : 상온에서는 고체재료이나, 수백도 정도의 온도로만 가열해도 점성액체로 변화한다. 이러한 특성 때문에 제품을 쉽게 경제적으로 성형할 수 있다. 재료의 열화가 없이 가열과 냉각 사이클을 반복할 수 있다.
2. **열경화성 중합체**thermosetting polymers 또는 thermosets;TS : 열가소성 중합체처럼 반복적인 가열 사이클을 진행할 수 없다. 처음 가열하면 연해지고 조형을 위한 유동성을 갖지만 온도가 상승하면 화학적 반응을 일으켜 단단한 재료가 되어 용융되지 않는 재료가 된다. 만일 재가열을 하면 열경화성 중합체는 연화되는 것이 아니라 열화되거나 탄화된다.
3. **탄성 중합체**elastomers;E : 비교적 낮은 기계적 응력에 대해 극도의 탄성 신장성을 나타내는 중합체다. 열경화성 중합체와 완전히 다른 성질을 갖지만, 열가소성 중합체와는 다른 유사한 분자구조를 지닌다.

이들 3가지 유형 중에서 열가소성 중합체가 상업적으로 가장 중요하며 전체 합성 중합체 생산량의 약 70%를 차지한다. 열경화성 중합체와 탄성 중합체가 30%를 균등하게 공유한다. 일반 TP 중합체에는 폴리에틸렌, 폴리염화비닐(PVC), 폴리프로필렌, 폴리스티렌, 나일론 등이 있다. TS 중합체의 예로는 페놀, 에폭시, 특정의 폴리에스터가 있으며 탄성 중합체의 가장 일반적인 예로 천연(가황)고무가 있으나 합성고무의 생산량이 천연고무를 능가하고 있다.

중합체를 TP, TS, E로 분류하는 것은 이 절의 내용을 설명하는 목적에 적절할지 모르지만 이들 3가지 형태가 가끔 중복된다는 것을 유념해야 한다. 즉, 열가소성의 중합체를 열경화성으로도 만들 수 있으며 어떤 중합체는 열경화성 중합체와 탄성 중합체에 동시에 해당되기도 한다(이러한 경우 분자구조는 유사하다). 어떤 탄성 중합체는 열가소성 중합체가 되기도 한다. 그러나 이들은 일반적인 분류체계에서 예외에 해당한다.

합성 중합체의 적용 분야 확대는 매우 인상적이다. 중합체가 상업적, 기술적으로 중요한 이유는 다음과 같다.

플라스틱은 복잡한 형상으로 주형에 의해 성형되며 일반적으로 더 이상의 가공을 필요로 하지 않는다. 이는 정형(net shape) 공정과 매우 흡사하다.

- 플라스틱은 강도만 제외하면 많은 공업 분야에서 매력적인 재료다. 즉 (1)금속과 세라믹에 비해 밀도가 낮다, (2)어떤 중합체(전부는 아니지만)에서는 강도 대 무게비가 우수하다, (3)내식성이 강하다, (4)낮은 전기, 열전도성을 갖는다.
- 부피를 기준으로 중합체는 금속과 가격 경쟁력이 있다.
- 부피를 기준으로 중합체는 금속에 비해 생산에 소요되는 에너지가 적다. 이는 가공온도가 금속의 경우보다 훨씬 낮기 때문이다.
- 어떤 플라스틱은 반투명하거나 투명해서 몇몇 적용 분야에서는 유리와 경쟁할 수 있다.
- 중합체는 복합재료에도 널리 사용된다(2.4절).

부정적인 측면에서 중합체는 다음과 같은 제약을 갖는다. 1)금속과 세라믹에 비해 강도가 낮다, 2)탄성 중합체의 경우 탄성계수와 강성이 낮다. 물론 이는 장점이 될 수도 있다, 3)열가소성 중합체의 연화현상과 열경화성 중합체의 열화현상 때문에 사용온도 범위가 몇 백도에 불과하다, 4)어떤 중합체는 햇빛이나 다른 형태의 방사선에 노출되면 열화한다.

중합체는 많은 작은 분자들이 거대분자macromolecules라 불리는 매우 큰 분자로 결합되어 합성된 것으로 사슬과 같은 구조를 지닌다. 단량체monomer라 불리는 작은 단위는 에틸렌 C_2H_4와 같은 단순한 불포화 유기분자다. 이들 원자들은 공유결합에 의해 분자가 되고, 중합체를 구성할 때도 같은 공유결합에 의해 연쇄사슬이 연결된다. 따라서 각각의 거대분자는 강한 1차 결합의 특징을 갖는다. 폴리에틸렌 분자의 합성을 [그림 2.4]에 나타냈다.

여기서 설명한 바와 같이 중합반응은 선형 중합체linear polymer라 불리는 체인과 같은 구조의 거대분자로 생성된다. 이는 열가소성 중합체의 특징적 구조다. [그림 2.5]와 같은 또 다른 구조도 가능하다. 다른 하나의 가능성은 곁분기가 또 다른 체인을 형성해 [그림 2.5(b)]와 같은 분기 중합체branched polymer를 생성하는 것이다. 폴리에틸렌에서 수소원자는 체인을 따라 불규칙적인 위치에서 탄소원자와 치환되고, 각

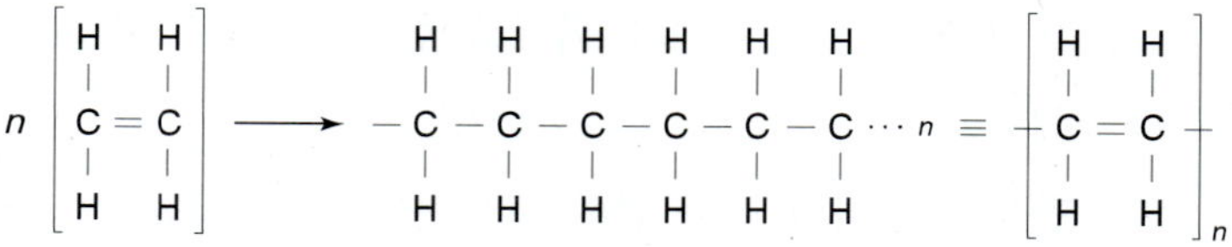

$$n\left[\begin{array}{ccc} H & & H \\ | & & | \\ C & = & C \\ | & & | \\ H & & H \end{array}\right] \longrightarrow \begin{array}{ccccccccccccc} & H & & H & & H & & H & & H & & H & \\ & | & & | & & | & & | & & | & & | & \\ - & C & - & C & - & C & - & C & - & C & - & C & \cdots n \\ & | & & | & & | & & | & & | & & | & \\ & H & & H & & H & & H & & H & & H & \end{array} \equiv \left[\begin{array}{ccc} H & & H \\ | & & | \\ C & = & C \\ | & & | \\ H & & H \end{array}\right]_n$$

(1) (2a) (2b)

그림 2.4 에틸렌 단량체로부터 폴리에틸렌으로의 합성 (1)n개의 에틸렌 단량체가 연결되어 (2a) 사슬길이 n의 폴리에틸렌이 된다, (2b) 사슬길이 n의 중합체 구조의 약식 표시(출처: Fundamentals of Modern Manufacturing, 4th Edition by Mikell P. Groover, 2010. Reprinted with permission of John Wiley & Sons, Inc.).

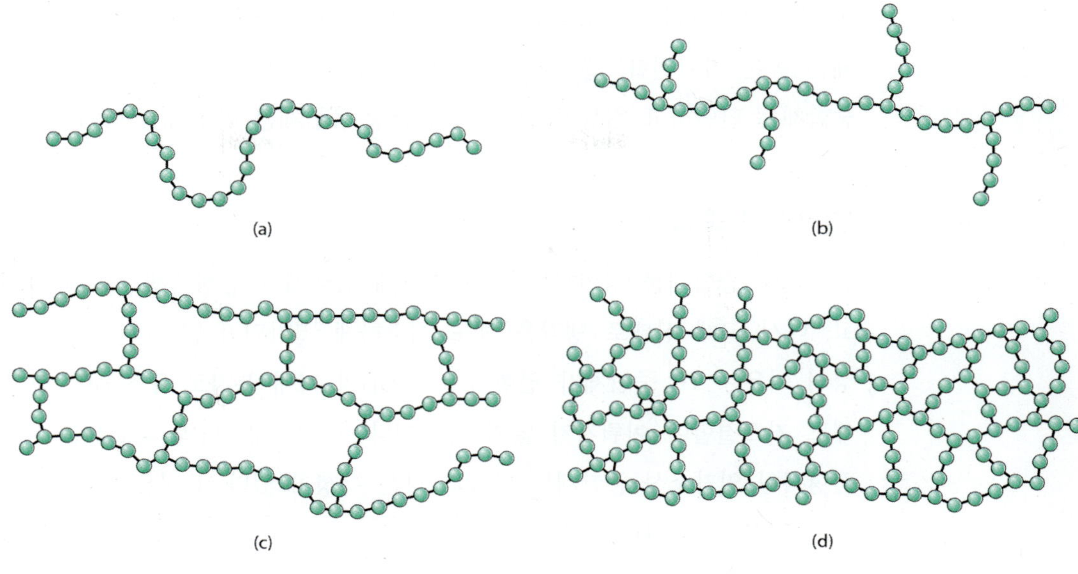

그림 2.5 중합체 분자의 다양한 구조 (a)열가소성 중합체의 특징인 선형구조. (b)분기. (c)탄성 중합체에서와 같은 느슨한 가교결합. (d)열경화성 중합체에서와 같은 조밀한 가교결합 혹은 망상구조(출처: Fundamentals of Modern Manufacturing, 4th Edition by Mikell P. Groover, 2010. Reprinted with permission of John Wiley & Sons, Inc.).

위치에서 분기가 자라기 시작하기 때문에 발생한다. 어떤 중합체에서는 [그림 2.5(c)와 (d)]에 나타낸 바와 같이 분기들과 다른 분자들 사이에 1차 결합이 발생해 가교결합 중합체cross-linked polymer를 생성하기도 한다. 가교결합은 중합체를 생성하는데 사용된 단량체들 중의 일부가 인접한 2개 이상의 단량체와 결합할 수 있어 다른 분자로부터 나온 분기에 닿기 때문에 만들어진다. 약한 가교결합구조는 탄성 중합체의 특성을 지닌다. 중합체가 강고하게 가교결합하면 (d)에서와 같이 망상구조network structure로 되며 그 결과 전체 질량이 매우 큰 하나의 거대한 분자가 된다. 열경화플라스틱은 경화 이후에 이러한 구조가 된다.

중합체에서 분기와 가교결합의 존재는 그 성질에 매우 중요한 영향을 미친다. 이는 중합체의 3가지 범주 사이, 즉 TP, TS, E 간의 차이에 기초가 된다. 열가소성 중합체는 항상 선형 혹은 분기구조를 가지거나 이들이 혼합되어 나타난다. 분기가 증가해 분자들 사이에서 더 얽힐수록 일반적으로 고체 상태에서 중합체를 더 강하게 만들고, 소성이나 혹은 액체 상태에서 주어진 온도 하에서의 점성이 더욱 높게 된다.

열경화성 중합체와 탄성 중합체는 가교결합 중합체다. 가교결합은 중합체를 화학적으로 고정되게 한다. 즉, 반응을 비가역적으로 만든다. 반응은 중합체의 구조를 영구히 변화시켜 가열을 해도 용융되는 것이 아니라 연소하거나 열화한다. 열경화 중합체는 높은 가교결합도를 지니는 반면 탄성 중합체는 낮은 가교율을 지닌다. 열경화 중합체는 단단하고 취성이 있는 반면 탄성 중합체는 탄성과 탄력이 있다.

2.3.1 열가소성 중합체

열가소성 중합체를 정의하는 특성은 고체 상태에서 점성액체 상태로 반복해 가열하고, 다시 고체 상태로 냉각을 해도 심각하게 열화되지 않는다는 것이다. 이러한 특성의 이유는 TP 중합체가 선형(또는 분기)의 거대 분자로 구성되어 있어 가열 이후에도 가교결합이 이뤄지지 않기 때문이다. 금속, 세라믹과 비교했을 때 상온에서의 전형적인 열가소성 중합체는 다음과 같은 특성이 있다. 1)매우 낮은 강성, 2)낮은 강도, 3)낮은 경도, 4)매우 높은 연성.

열가소성 중합체의 제품에는 성형, 압출 제품, 섬유, 필름, 시트, 포장재, 페인트, 광택제 등이 있다. 이들 제품의 초기 원재료는 보통 봉지, 드럼 혹은 트럭이나 화차에 의해 분말이나 알갱이 형태로 제조자에게 공급된다. 가장 대표적인 TP 중합체에 대해 알파벳 순서대로 설명한다.

아크릴(acrylics): 아크릴은 아크릴산($C_3H_4O_2$)과 이것의 화합물로부터 생성되는 중합체다. 아크릴 그룹에서 가장 중요한 열가소성 중합체는 폴리메틸 메타크릴레이트(PMMA) 혹은 플렉시 유리(상표명 PMMA)다. 이것의 중요한 특성은 우수한 투명도로서, 광학분야에서 유리의 경쟁상대가 되고 있다.

ABS(acrylonitrile-butadiene-styrene): ABS는 기계적 성질이 우수한 공업용 플라스틱이다. 플라스틱의 이름은 3가지 초기 단량체로부터 유래되었으며, 다양한 비율로 혼합되어 만들어진다. 대표적 예로 자동차, 가전제품, 사무기기 등의 부품과 파이프 연결부품에 사용된다.

폴리아미드(polyamides): 중합반응 중 아미드 결합(CO-NH)의 특징을 형성하는 중합체 군을 폴리아미드(PA)라 한다. PA군 중에서 가장 중요한 재료는 나일론(nylons)으로 강도, 탄성, 인성, 내마모성, 자기윤활성이 우수하다. 나일론은 대부분(약 90%) 카펫, 의류, 타이어 등의 섬유로 사용된다. 나머지(10%)는 베어링, 기어와 같은 공업용 부품과 강도와 낮은 마찰이 요구되는 유사한 부품들에 사용된다. 폴리아미드의 2번째 그룹은 강화플라스틱의 섬유로서 중요한 케블라(kevlar: Dupont사의 상표이름)라는 아라미드(aramids: 방향족 폴리아미드)이다. 케블라는 중량이 20% 밖에 안 되어도 강과 동일한 강도를 얻을 수 있다.

폴리카보네이트(polycarbonate): 폴리카보네이트(PC)는 일반적으로 우수한 기계적 성질을 가지며 대표적으로 높은 인성과 우수한 크리프저항을 갖는다. 아울러 내열성, 투명성, 내화성도 가지고 있다, 주요 용도로 주형기계부품, 사무용기기의 하우징, 펌프의 임펠러, 안전헬멧, CD(예, 오디오, 비디오) 등을 들 수 있다. 창문과 바람막이 창으로도 널리 사용된다.

폴리에스터(polyesters): 에스터 결합(CO-O)의 특징으로 이뤄진 중합체 군을 말한다. 가교결합 발생 유무에 따라 열가소성 혹은 열경화성이 될 수 있다. 열가소성 폴리에스터의 대표적인 것이 폴리에틸렌 테레프탈레이트(polyethylene terephthalate: PET)이다. 중요한 용도로는 블로우 성형(blow-molded)한 음료병, 사진필름, 마그네틱 녹화테입 등이 있다. 아울러 PET섬유는 의류용으로도 널리 사용된다.

폴리에틸렌(polyethylene): 폴리에틸렌은 1930년대에 최초로 합성되어 오늘날에는 모든 플라스틱 중 가장 많은 양을 차지하고 있다. PE가 공업용 재료로서 선호되는 이유는 저비용, 화학적 불활성, 용이한 공정 등을 들 수 있다. 폴리에틸렌은 몇 개의 등급으로 나눌 수 있으며 가장 일반적인 것이 저밀도 폴리에틸렌(low-density polyethylene: LDPE)과 고밀도 폴리에틸렌(high-density polyethylene: HDPE)이다. 저밀도 등급은 많은 분기를 갖는다. 용도로는 짤 수 있는 물병, 냉동식품 가방, 시트, 필름, 전선 절연체 등에 사용된다. HDPE는 높은 밀도와 보다 성형적인 구조를 갖는다. 이러한 차이는 HDPE를 보다 강성이 크고 높은 용융온도를 갖게 한다. HDPE는 병, 파이프, 가정용품 등에 사용된다.

폴리프로필렌(polypropylene): 폴리프로필렌(PP)은 특히 사출성형용, 주요 플라스틱이다. 이는 플라스틱에서 가장 경량이고 강도 대 무게비가 높다. PP는 HDPE와 종종 비교되는데 그 이유는 가격과 많은 특성들이 서로 유사하기 때문이다. 그러나 PP의 용융점이 높아서 폴리에틸렌의 사용이 불가능한 용도에 적용할 수가 있다. 예를 들면 살균을 해야 하는 부품에 적합하다. 다른 용도로는 자동차와 가정용품들의 사출성형 부품과 카펫용 섬유제품들이 있다.

폴리스티렌(polystyrene): 스틸렌(C_3H_8) 단량체를 기반으로 하는 몇 가지 중합체들이 있는데, 그 가운데 폴리스티렌(PS)이 가장 많이 사용된다. 이는 선형 중합체로서 일반적으로 취성이 큰 것으로 유명하다. PS는 투명하고 색을 갖기 쉬우나 고온에서 열화되고 여러 용제에 분해되는 단점이 있다. 일부 PS는 인성을 개선하기 위해 5~15%의 고무를 함유하는데, 고충격 폴리스티렌(high-impact polystyrene: HIPS)이란 용어는 이들 종류에서 사용된다. 사출성형 용도(예, 장난감) 외에 PS 포말형태로 포장에 사용되는 것도 볼 수 있다.

폴리염화비닐(polyvinylchloride): 폴리염화비닐(PVC)은 첨가제에 따라 다양한 특성을 얻을 수 있어 널리 사용되는 플라스틱이다. 강성을 가진 PVC로부터 유연성을 가진 PVC에 이르기까지 광범위한 열가소성 중합체들을 얻을 수 있다. 다목적 중합체인 PVC는 강고한 파이프(건축용, 상하수도, 용수로에 사용된다), 연결부품, 전선과 전화선 절연재, 필름, 박판, 식품포장, 마루바닥재, 장난감 등의 용도로 쓰인다.

2.3.2 열경화성 중합체

열경화성(TS) 중합체는 강한 가교결합구조의 특징을 가진다. 결과적으로, 성형된 부품(예, 주전자 손잡이나 전기스위치 커버)은 하나의 거대 분자가 된다. 화학성분과 분자구조의 차이로 인해 열경화성 플라스틱은 열가소성 중합체와 판이하게 다르다. 일반적으로 열경화성 중합체는 1)강성이 크고, 2)취성이 있으며, 3)일반 용제에 대한 용해성이 떨어지고, 4)사용온도가 높으며, 5)재용융되지 않는다. 그 대신 열화하거나 연소한다.

TS 플라스틱들의 특성 차이는 가교결합에 기인하며 이에 따라 열적 안정성을 가지며 3차원적이며 분자 내에 공유결합구조를 생성한다. 가교결합에 수반되는 화학반응을 경화curing 혹은 고화setting라 부른다. 경화는 초기 재료에 따라 3가지 방법으로 이뤄진다. 1)온도 활성화 시스템에서 경화는 공급된 열에 의해 일어난다, 2)촉매 활성화 시스템은 소량의 촉매를 액체 상태의 중합체에 첨가함으로써 이뤄진다, 3)혼합 활성화 시스템은 2개의 초기 재료가 혼합되어 화학반응을 일으켜 가교결합된 중합체를 생성한다. 경화는 초기 재료를 제작자에 공급하는 화학공장보다는 부품을 성형하는 제조공장에서 이뤄진다.

아마도 TS 중합체를 경화시키는데 추가적인 공정을 필요로 하기 때문에 열경화성 플라스틱은 열가소성 플라스틱에 비해 덜 사용되어진다. 가장 많이 사용되는 열경화성 중합체는 페놀수지이지만 연간 사용량은 열가소성 중합체인 폴리에틸렌의 20%보다는 적은 편이다. 아래에서는 가장 대표적인 열경화성 중합체와 그 적용 예들을 설명한다.

아미노수지(amino resins): 아미노 그룹(NH_2)의 특징을 갖는 아미노 플라스틱은 요소-포름알데히드와 멜라민-포름알데히드의 2가지 열경화성 중합체로 구성되며, 요소($CO(NH_2)_2$)와 멜라민($C_3H_6N_6$)에 각각 포름알데히드(CH_2O)가 반응해 만들어진다. 요소-포름알데히드는 합판이나 입자-보드의 접착제로 사용된다. 또한 수지는 성형화합물로 사용된다. 멜라민-포름알데히드) 플라스틱은 방수가 잘되어 주방용 접시나 래미네이트를 입힌 식탁, 조리대(상표명: Formica)의 코팅재로서 사용된다.

에폭시(epoxies): 에폭시수지는 에폭사이드(epoxides)라고 하는 화학물질 그룹에 기반을 두고 있다. 에피클로로히드린(C_3H_5OCl)은 에폭시수지를 생산하는데 많이 사용되는 에폭사이드이다. 경화된 에폭시는 강도, 접착성, 내열성, 내화학성이 우수하다. 따라서 표면 코팅제, 산업용 바닥재, 유리섬유-강화 복합재, 접착제 등에 사용된다. 에폭시 열경화성 수지는 절연특성이 좋아 인쇄회로기판의 적층재로도 사용된다.

페놀수지(phenolics): 페놀(C_6H_5OH)은 알데히드(수소를 제거한 알코올)와 반응할 수 있는 산성 화합물로, 포름알데히드(CH_2O)가 가장 반응성이 좋다. 페놀-포름알데히드는 가장 중요한 페놀계 중합체다. 이는 취성을 가지며 우수한 열적, 화학적, 치수 안정성을 지니고 있다. 성형부품, 인쇄회로기판, 조리대, 합판접착제, 브레이크 라이닝과 연삭숫돌의 결합제 등으로 사용된다.

폴리에스터(polyesters): 에스터 결합(CO-O)의 특징을 갖는 폴리에스터는 열가소성뿐만 아니라 열경화성을 가질 수 있다. 열경화성 폴리에스터는 강화플라스틱(복합재료)의 형태로 파이프, 저장탱크, 보트의 선체, 자동차 차체부품, 건축용 패널 등의 큰 제품을 만드는데 사용된다. 더 작은 부품을 생산하기 위해 다양한 공정을 사용하기도 한다.

폴리우레탄(polyurethanes): 우레탄(NHCOO) 그룹의 특징을 가진 중합체의 큰 집단을 폴리우레탄이라 한다. 대부분의 페인트, 광택제, 유사한 코팅제들은 우레탄계에 기초하고 있다. 화학조성, 교차결합, 공정 등의 변화에 따라 폴리우레탄은 열가소성, 열경화성, 탄성 중합체의 재료가 될 수 있으며 후자의 2가지가 상업적으로 가장 중요하다. 폴리우레탄의 가장 큰 용도는 발포성 폼(foam)이다. 이들은 탄성과 강성 간의 성질을 가질 수 있는데, 후자의 경우보다 강고한 교차결합이 이뤄졌음을 의미한다(폴리우레탄 탄성 중합체는 2.3.3절에서 다룬다). 강고한 폼은 속이 빈 건축용 패널과 냉장고 벽의 충진재로 사용된다.

2.3.3 탄성 중합체

탄성 중합체는 비교적 낮은 응력이 가해져도 큰 탄성변형을 보이는 중합체다. 어떤 탄성 중합체는 500% 이상 인장되었다가 다시 원래의 상태로 되돌아간다. 탄성 중합체의 보다 일반적인 용어는 물론 고무이다. 탄성 중합체는 2개의 범주로 나눌 수 있다. 즉 1)생물학적 나무로부터 얻어지는 천연고무, 2)TP와 TS 중합체에 사용되는 것과 유사한 중합반응에 의해 생성된 합성고무다.

경화는 대부분의 탄성 중합체에서 가교결합을 이루기 위해 필요하다. 천연고무(그리고 특정의 합성고무)의 맥락에서 사용되는 경화란 용어는 가황$_{\text{vulcanization}}$이며, 중합체 사슬 간의 화학적 가교결합의 생성을 의미한다. 고무에서의 전형적 가교결합은 선형 중합체 사슬에서 100개의 탄소원자 당 1~10개가 연결되며, 이는 재료 내에 원하는 강도의 정도에 따른다. 이것은 열경화성 중합체보다 현저히 적은 양이다.

천연고무 천연고무(NR)는 주로 폴리이소프렌으로 구성되며, 이는 이소프렌(C_5H_8)의 중합체다. 이것은 다양한 나무들의 유액물질로 생산된 라텍스로부터 추출되며, 가장 대표적인 것으로 열대기후에서 자라는 고무나무가 있다. 라텍스는 폴리이소프렌(전체 무게의 1/3 정도)과 다양한 다른 성분들로 이뤄진 유상액이다. 고무는 수분을 제거하는 다양한 방법들에 의해 라텍스로부터 추출된다.

천연 원고무(가황처리하지 않은)는 더운 날씨에서는 끈끈하고, 추운 날씨에서는 뻣뻣해지고 취성을 갖는다. 유용한 성질을 지닌 탄성 중합체를 만들기 위해서는 고무를 가황처리해야 한다. 전통적으로, 가황처리는 원래의 고무를 가열하면서 소량의 황과 기타 화학물질을 혼합해 이뤄진다. 가황처리는 가교결합의 효과를 가져오며 신장성을 유지하면서 강도와 강성이 증가된다. [그림 2.6]의 응력-변형률 선도에 나타낸 것과 같이 가황처리를 하면 극단적인 성질의 변화를 보인다. 황만으로도 가교결합을 시킬 수 있지만 공정이 느려지고 완료에 시간이 많이 걸린다. 가황처리 중에 황과 함께 다른 화학물질을 첨가함으로써 공정을 가속화시키고 유용한 기능들을 얻을 수 있다. 또한 고무는 황이 아닌 다른 화학물질에 의해서도 가황처리가 된다. 오늘날

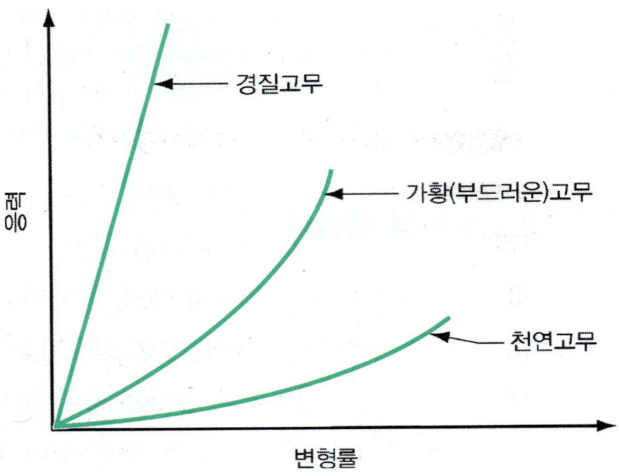

그림 2.6
고무의 3가지 등급에 대한 변형률을 함수로 한 강성의 증가: 천연고무, 가황고무, 경질고무(출처: Fundamentals of Modern Manufacturing, 4th Edition by Mikell P. Groover, 2010. Reprinted with permission of John Wiley & Sons, Inc.).

경화시간은 예전의 원래 황 경화에 비해 상당히 단축되었다.

공업재료로서의 가황고무는 탄성 중합체 중에서도 높은 인장강도, 균열강도, 탄성복원력(변형 후 원래 상태로 회복되는 능력), 마모와 파괴저항을 갖는 것으로 알려져 있다. 이것의 단점으로는 열, 태양광, 산소, 오존, 기름 등에 노출되면 열화한다. 이러한 단점들의 일부는 첨가제를 사용함으로써 줄일 수 있다.

천연고무의 가장 큰 시장은 자동차 타이어다. 타이어에서는 활성탄소가 가장 중요한 첨가제다. 이는 강도와 파열, 마모에 대한 저항을 크게 증가시켜 고무를 보강한다. NR로 만드는 또 다른 제품으로는 구두창, 부싱, 밀봉재, 충격–흡수부품 등이 있다.

합성고무 오늘날 합성고무의 사용량은 천연고무에 비해 3배가 넘는다. 이러한 합성재료의 발전은 세계대전으로 인해 NR을 얻기가 어려웠던 것에 기인한다. 다른 대부분의 중합체들과 마찬가지로 합성고무의 주요 원재료는 원유다. 합성고무의 커다란 상업적 중요성에 대해 아래에서 설명한다.

부타디엔고무(butadiene rubber): 폴리부타디엔(polybutadiene(BR))은 다른 고무와 조합해 사용되는 중요한 재료다. 즉 천연고무와 스틸렌(스틸렌-부타디엔 고무는 다음에 설명한다)이 혼합되어 자동차 타이어에 사용된다. 혼합하지 않고는 균열강도, 인장강도, 폴리부타디엔 공정의 용이성 등이 원하는 수준에 미치질 못한다.

부틸고무(butyl rubber): 부틸고무는 폴리이소부틸렌(98~99%)과 폴리이소프렌으로 구성된다. 이는 가황처리를 하면 공기 기밀성이 좋아져 자동차 튜브, 튜브 없는 타이어의 라이너, 스포츠용품 등 공기주입식 제품에 사용된다.

클로로프렌고무(chloroprene rubber): 보통 네오프렌(neoprene)으로 알려져 있는 클로로프렌고무(CR)는 중요한 특수목적용 고무다. 이는 기름, 기후, 오존, 열, 화염에 대한 저항력이

NR보다 우수하지만 가격이 다소 비싼 편이다. 용도로는 연료호스(그리고 기타 자동차 부품), 컨베이어 벨트, 개스킷 등이 있고, 타이어에는 사용하지 않는다.

에틸렌-프로필렌고무(ethylene-propylene rubber): 에틸렌과 프로필렌이 소량의 디엔 단량체와 함께 중합반응을 하면 에틸렌-프로필렌-디엔(EPDM)이라는 유용한 합성고무가 만들어진다. 용도로는 타이어 외에 자동차 산업에서의 많은 부품들에 사용된다. 그밖에 전선이나 전화선의 절연재로도 사용한다.

폴리우레탄(polyurethane): 최소한의 교차결합을 갖는 폴리우레탄(2.3.2절)은 탄성 중합체이며 보통 유연한 폼의 형태로 생산된다. 이러한 형태로서, 가구와 자동차의 쿠션재료로서 널리 사용된다. 폼의 형태가 아닌 폴리우레탄은 구두창에서부터 자동차 범퍼에 이르기까지 넓은 범위의 제품에 성형되어 사용되며 원하는 사용처에 맞게 가교결합의 정도를 조정해 요구되는 특성을 얻는다.

스틸렌-부타디엔고무(styrene-butadiene rubber): SBR은 전체 고무의 40%를 차지할 정도로 가장 많이 생산되는 탄성 중합체다(두 번째는 천연고무). 장점은 가격이 싸며 내마모성이 있으며 NR보다 우수한 균질성을 갖는다. 활성탄소로 보강하고 가황처리를 거치면 특성과 적용성이 천연고무와 매우 유사하게 된다. 특성을 면밀히 비교해보면 내마모성을 제외한 대부분의 기계적 성질이 NR보다는 떨어지지만 열 노화, 오존, 기후, 기름에 대한 저항력은 더 우수하다. 용도로는 자동차 타이어, 신발, 전선과 전화선의 절연재 등에 사용된다.

열가소성 탄성 중합체 열가소성 탄성 중합체(TPE)는 탄성 중합체와 유사한 거동을 보이는 열가소성 중합체다. 이는 탄성 중합체 부분의 시장에서 빠른 속도로 성장하고 있는 중합체 그룹이다. TP의 탄성 중합체 성질은 화학적 가교결합에서 나오는 것이 아니라 재료를 구성하는 연하고 단단한 상들 간의 물리적 연결로부터 나온다. 이들 재료의 화학적 성질과 구조는 일반적으로 복잡하며, 부조화의 두 물질을 수반해서 상온 특성이 서로 다른 별개의 상을 형성한다. 열가소성 때문에 TP는 고온강도와 크리프저항이 보통의 가교결합 탄성 중합체에 비해 떨어진다. 대표적인 용도로 신발, 고무줄, 압출튜브, 전선 코팅재, 자동차용 사출품이 있으며, 그밖에 탄성적인 성질을 필요로 하는 곳에 사용된다. TP는 타이어에는 적합하지 않다.

2.4 복합재

금속, 세라믹, 중합체와 더불어 네 번째 범주의 재료는 복합재다. 복합재료composite material는 물리적으로 서로 다른 2개 이상의 상이 합쳐져 원재료들의 성질과는 다른 종합적인 성질을 가지는 재료체계다. 복합재료는 구성하는 성분에는 차이가 없으나 보다 우수한 성질을 지닌다는 점에서 기술적이고 상업적으로 많은 관심을 갖는 재료이며, 다음과 같은 가능성을 지닌다.

- 복합재는 무게가 매우 가벼우면서 매우 강하고 강고하게 설계할 수 있어, 강이나 알루미늄보다 몇 배나 큰 강도 대 무게와 강성 대 무게비를 갖게 할 수 있다. 이러한 특성은 항공기에서부터 스포츠용품에 이르기까지 광범위한 분야에 응용이 가능하다.
- 피로성질은 일반적으로 보통 공업용 금속보다 더 우수하다. 인성도 역시 큰 경우가 많다.
- 복합재는 강과 같이 부식되지 않도록 설계할 수 있다. 이것은 자동차나 그밖에 다른 응용분야에서 중요하다.
- 복합재료로서 금속, 세라믹 혹은 중합체 단독으로 이룰 수 없는 성질의 조합이 가능하다.

이러한 장점과 더불어 복합재료와 관련된 단점과 제약도 있다. 이들은 1)많은 중요한 복합재의 성질은 이방성이어서 측정하는 방법에 따라 그 특성이 바뀐다, 2)중합체 자체가 침식에 민감한 것처럼 많은 중합체-기반의 복합재의 경우에도 화학물질이나 용제의 침식을 받기 쉽다, 3)복합재료는 일반적으로 고가다, 4)복합재료의 성형 제조법 중 일부는 공정이 느리고 비용이 많이 든다.

2.4.1 복합재료의 기술과 분류

정의에서 설명한 바와 같이 복합재료는 2가지 이상의 서로 다른 상으로 되어 있다. 상phase이란 용어는 모든 결정들이 동일한 구조를 가지는 금속이나 세라믹 혹은 충진재가 들어가지 않은 중합체 등과 같은 균질 재료를 의미한다. 앞으로 다루게 될 방법들을 사용해 상들을 혼합하게 되면 원래의 성능을 능가하는 종합적인 성능을 갖춘 새로운 재료를 만들 수 있으며, 시너지 효과를 얻을 수 있다.

복합재료의 성분 정의를 간단히 내리면 복합재료는 1차상과 2차상의 2개의 상으로 되어 있다. 1차상은 2차상이 함입될 기지matrix를 형성한다. 함입된 상은 일반적으로 복합재를 더 강하게 만들기 때문에 이들은 종종 강화재reinforcing agent로 불린다. 강화 상은 섬유나 입자의 형태일 수도 있다. 상들은 일반적으로 서로 용해되지 않으나 접촉면에서는 강한 결합이 이뤄져야 한다.

중합체, 금속 혹은 세라믹의 3가지 기본재료 유형 가운데 어느 것이든 기지 상matrix phase이 될 수 있다. 2차상도 마찬가지로 이들 중 어느 것이나 될 수 있으며, 탄소와 붕소 같은 원소들도 될 수 있다. 그러나 세라믹 기지에 중합체와 같은 특정의 조합은 불가능하다. 또한 플라스틱(중합체) 기지 내에 케블라(중합체) 섬유 같은 동일재료 유형의 2－상 구조도 가능하다.

이 책에서는 기지의 상에 기초해 복합재료를 분류한다. 여기서는 분류만을 하고, 자세한 설명은 2.4.2절에서 다룬다.

1. **금속-기지 복합재**metal-matrix composites: MMCs에는 초경합금이나 그밖에 서멧 등과 같은 금속과 세라믹의 혼합물이 있으며 아울러 고강도, 고강성 섬유로 강화된 알루미늄이나 마그네슘 등도 이에 포함된다.
2. **세라믹-기지 복합재**ceramic-matrix composites: CMCs는 최소의 범주에 속한다. 알루미늄 산화물이나 실리콘카바이드 등은 섬유를 함입함으로써, 특히 고온에서 개선된 성질을 얻을 수 있다.
3. **중합체-기지 복합재**polymer-matrix composites: PMCs 열경화성 수지는 PMCs에서 중합체로 널리 사용된다. 에폭시와 폴리에스터는 섬유강화재와 흔히 혼합되며 페놀은 분말과 혼합된다. 열가소성 성형재료들도 흔히 분말을 사용해 강화한다.

기지재료는 복합재 내에서 몇 가지 기능을 갖는다. 첫째, 복합재료로 만든 부품이나 제품의 체적을 형성한다. 둘째, 이들은 함입된 상을 둘러싸거나 감춰서 원하는 곳에 위치시킨다. 셋째, 하중이 가해지면 기지는 2차상과 함께 하중을 공유하며, 어떤 경우에는 변형을 일으키기 위해 강화재로서 응력을 발생시킨다.

1차상을 강화하기 위해 2차상이 어떠한 역할을 하는지를 이해하는 것은 매우 중요하다. 함입된 상은 보편적으로 섬유, 입자 혹은 박편의 3가지 형상 중 하나다.

섬유fibers는 강화재료의 필라멘트로서 단면형상은 일반적으로 원형이다. 지름은 재료에 따라 0.0025mm보다 작은 것에서부터 약 0.13mm의 범위까지 있다. 섬유강화는 복합재 구조의 강도 향상에 크게 기여한다. 섬유는 하중지지에 가장 큰 역할을 하므로 섬유－강화 복합재에서는 섬유가 주요 구성요소로서 취급된다. 대부분의 재료에서 덩어리 형태로 있을 때보다 필라멘트 형태로 있을 때의 강도가 훨씬 높기 때문에 강화재로서의 섬유는 커다란 관심의 대상이다. 지름이 감소됨에 따라 섬유의 축방향으로 재료가 방향을 잡게 되며 구조 내의 결함 가능성이 현저하게 줄어든다. 그 결과 인장강도가 극단적으로 증가한다.

복합재료에서 사용되는 섬유는 연속적 혹은 불연속적일 수 있다. 연속섬유continuous fibers는 매우 길며, 이론적으로는 복합재 부품에 의해 전달되는 하중의 연속경로를 제공한다. 실제로는 섬유모양의 변화와 공정상의 문제로 인해 이러한 것을 얻기 어렵다. 불연속섬유discontinuous fibers: 연속섬유를 잘게 썬 부분는 길이가 짧다. 다양한 재료들이 섬유-강화 복합재에서 섬유로 사용된다. 이들 섬유에는 유리(E-glass와 S-glass, [표 2.11] 참조), 탄소, 붕소, 케블라, 산화알루미늄, 실리콘카바이드 등이 있다.

함입되는 상 중에서 두 번째의 일반적인 형상은 입자particulate로서 크기는 미세한 것에서부터 큰 것까지 다양하다. 입자는 금속과 세라믹을 형성하는데 있어 중요한 재료이며, 공업용 분말의 특성과 생산에 대해 제10장과 제11장에서 다룬다. 복합재 기지 안에서 입자들의 분포는 불규칙하므로 복합재료의 강도와 기타 성질들은 대개 등방성isotropic이다.

박편flakes은 기본적으로 2차원 입자로서 작고 납작한 조각이다. 이러한 형상의 2가지 예로 광물성 운모(K와 Al의 규산염)와 활석($Mg_3Si_4O_{10}(OH)_2$)이 있으며 플라스틱의 강화재로 사용된다. 이들은 일반적으로 중합체보다 가격이 저렴한 재료이며, 플라스틱 성형재료의 강도와 강성을 증가시킨다.

복합재료의 성질 복합재료의 선택에 있어 어느 하나의 특정한 성질보다는 최적 성질의 조합을 찾는 경우가 일반적이다. 예를 들어, 항공기의 동체와 날개는 강하고 강성과 인성이 높으며 경량이어야 한다. 이러한 조건을 만족시키는 단일재료를 찾기란 어렵다. 일부 섬유—강화 중합체는 이러한 성질들이 조합된 특성을 지니고 있다.

또 다른 예는 고무이다. 천연고무는 비교적 약한 재료다. 1900년대 초에 이 천연고무에 활성탄소(거의 순수한 탄소)를 첨가하면 강도가 급격하게 증가한다는 사실이 발견되었다. 두 재료는 상호반응을 하여 단일재료에서보다 월등하게 강도가 높은 복합재료를 생성한다. 물론 고무의 충분한 강도를 얻기 위해서는 가황처리를 해야 한다.

고무 자체는 폴리스티렌의 유용한 첨가제다. 폴리스티렌의 독특하고 불리한 성질 중의 하나는 취성이다. 대부분의 다른 중합체들은 상당한 연성을 갖는데 반해 PS는 사실상 연성이 거의 없다. 고무(천연 또는 합성)를 적당한 양(5~15%) 첨가하면 인성과 충격강도가 매우 뛰어난 고충격 폴리스티렌을 얻을 수 있다.

섬유는 그 기하학적 형상이 매우 중요하다. 대부분의 재료들은 덩어리 상태에서보다 섬유상에서 몇 배의 인장강도를 더 갖는다. 그러나 표면결함이나 압축 시 좌굴, 속이 꽉 찬 부품이 필요한 때 필라멘트 형상의 불편함 때문에 적용에 제약이 따른다. 중합체 기지에 섬유를 함입시킴으로써 복합재료는 이러한 섬유들의 문제점을 피하면서 강도를 얻을 수 있다. 기지는 섬유표면을 보호하고, 좌굴을 억제하기 위해 덩어리 형상을 이루며, 섬유는 높은 강도를 복합재에 제공한다. 하중이 가해지면 저강도 기지는 변형을 하고, 고강도 섬유에 응력을 분산시켜 하중을 전달한다. 만일 일부 섬유가 부러지면 기지를 통해 다른 섬유에 하중이 재분산된다.

2.4.2 복합재료

이 절에서는 1)금속－기지 복합재, 2)세라믹－기지 복합재, 3)중합체－기지 복합재의 3종류의 복합재료와 그 응용에 대해 설명한다.

금속-기지 복합재료 금속－기지 복합재(MMC)는 2차상으로 강화된 금속기지로 이뤄진다. 일반적인 강화 상으로 1)세라믹 입자와 2)세라믹 섬유, 탄소, 붕소가 있다. 첫 번째 유형의 MMC는 보통 서멧이라 불리는 것이다.

서멧cermet은 금속기지 내에 세라믹이 함유되어 있는 복합재료다. 세라믹은 혼합물의 대부분을 차지하며 체적비로 96%에 달한다. 이들 복합재를 생산할 때 높은 온도에서 두 상 사이에 작은 용해에 의해 결합이 촉진된다. 서멧의 대표적인 유형이 초경합금이다.

초경합금cemented carbides은 분말공정기술(10.2절)을 이용해 하나 이상의 탄소화합물을 금속기지 내에서 결합해 만든다. 보통의 초경합금에는 텅스텐카바이드(WC), 티타늄카바이드(TiC), 크롬카바이드(Cr_3C_2) 등이 있다. 탄탈륨카바이드(TaC)와 그 밖의 것들은 흔하지 않다. 대표적인 금속 결합재는 코발트와 니켈이다. 이미 카바이드 세라믹에 대해 다룬 바 있다(2.2.2절). 이들은 초경합금에서 주재료가 되며 일반적으로 전체 무게의 80~95%를 차지한다.

텅스텐카바이드tungsten carbide를 기반으로 한 초경합금은 절삭공구용 재료로 널리 사용된다. WC－Co 초경합금의 또 다른 용도로는 와이어 인발용 금형, 암반 드릴용 공구와 기타 채광용 공구, 분말야금용 금형, 경도시험기의 압입체, 그밖에 경도와 내마모성이 필수로 요구되는 분야에 사용된다. 티타늄카바이드titanium carbide 서멧은 주로 고온에서 매우 유용하게 사용된다. 적용 분야로는 가스터빈 노즐 날개, 밸브시트, 열전대 보호튜브, 토치 팁, 냉간 스피닝 공구 등이 있다. TiC－Ni는 기계가공의 절삭공구 재료로서도 사용된다.

섬유－강화 금속－기지 복합재Fiber-reinforced metal-matrix composites는 저밀도 금속으로서 고인장강도와 고탄성계수를 동시에 가질 수 있어, 복합재료로서 우수한 강도 대 무게비와 강성 대 무게비를 얻을 수 있다. 저밀도 기지로 사용되는 대표적인 재료로는 알루미늄, 마그네슘, 티타늄 등이 있다. 복합재에 사용되는 주요 섬유재료에는 Al_2O_3, 붕소, 탄소, SiC 등이 있다.

세라믹-기지 복합재료 세라믹은 높은 강성, 경도, 고온경도, 압축강도와 비교적 낮은 밀도의 매우 매력적인 특성을 지니고 있다. 그러나 세라믹은 낮은 인성과 인장강도, 열 균열에의 민감성 등과 같은 결점도 가지고 있다. 세라믹-기지 복합재(CMC)는 이러한 약점들을 보완하면서 강점을 유지하도록 생성된 것이다. CMC는 세라믹 1차상에 2차상이 함입되어 구성된다. 오늘에 이르기까지 대부분의 개발연구는 2차상으로 섬유를 사용하는데 초점을 두고 있으나 성공을 이루지 못하고 있다. 이는 공정 중 CMC 내 원재료들 간의 열적, 화학적 적합성에 대한 기술적인 어려움 때문이다. 또한 모든 세라믹 재료에서와 마찬가지로 부품형상의 한계도 고려해야 할 문제다.

기지로 사용되는 세라믹 재료에는 알루미나(Al_2O_3), 탄화붕소(B_4C), 질화붕소(BN), 탄화규소(SiC), 질화규소(Si_3N_4), 탄화티탄(TiC), 몇 종류의 유리가 있다. 이들 재료의 어떤 것은 CMC 기지로서 아직도 개발단계에 있다. CMC에서의 섬유재료에는 탄소, SiC, Al_2O_3 등이 있다.

중합체-기지 복합재료 중합체-기지 복합재(PMC)는 중합체 1차상에 2차상이 섬유, 분말 또는 박편 등의 형태로 함입되어 생성된다. 상업적으로 PMC는 복합재의 3가지 분류 가운데서 가장 중요하다. 여기에는 대부분의 플라스틱 성형화합물, 활성탄소강화고무, 섬유-강화 중합체(FRP) 등이 포함된다.

섬유-강화 중합체fiber-reinforced polymer는 중합체 기지와 고강도 섬유를 함입한 복합재료다. 중합체 기지는 일반적으로 폴리에스터나 에폭시 등과 같은 열경화성 플라스틱이다. 또한 나일론(폴리아미드), 폴리카보네이트, 폴리에틸렌, 폴리염화비닐 등과 같은 열가소성 중합체도 가능하다. 아울러 탄성 중합체도 타이어와 컨베이어 벨트와 같은 고무 제품에 대한 강화섬유로 사용된다.

PMC에서의 섬유는 불연속적(잘게 썬 형태), 연속적 혹은 직조된 천 등 다양한 형태가 있다. FRP의 주요 섬유재료로는 유리, 탄소, 케블라 49 등이 있다. 덜 일반적인 섬유로는 붕소, SiC, Al_2O_3 그리고 강이 있다. 유리(특히 E-glass)는 1920년대부터 플라스틱 강화재로 사용된 이래 오늘날 FRPs에서 가장 보편적인 섬유재료가 되고 있다.

가장 널리 사용되는 FRP의 형태는 층상구조로서 원하는 두께가 될 때까지 섬유와 중합체의 얇은 막을 적층 결합시켜 만든다. 층들 간의 섬유방향을 변화시킴으로써 적층판에서 얻을 수 있는 특정 수준의 이방성 성질을 얻을 수 있다. 이러한 방법은 항공기 날개와 동체 부분, 승용차와 트럭의 몸체 패널, 보트 선체 등의 얇은 단면을 성형하는데 이용된다.

섬유－강화 플라스틱은 공업재료로서 많은 매력적인 특징을 지닌다. 가장 두드러진 것으로는 1)높은 강도 대 무게비, 2)높은 강성 대 무게비, 3)낮은 비중 등이다. 전형적인 FRP는 강에 비해 그 무게가 1/5에 불과하지만 섬유방향으로의 강도와 탄성계수는 강과 거의 동일하다.

지난 30여년 동안 높은 강도와 경량의 무게를 필요로 하는 제품들에서 섬유－강화 중합체를 금속 대신 사용하는 사례가 꾸준히 증가해오고 있다. 항공우주산업은 복합재의 가장 큰 사용처 가운데 하나다. 설계자들은 연료효율과 적하능력을 증가시키기 위해 끊임없이 항공기의 무게를 줄이는 노력을 계속해왔다. 군사용, 상업용 항공기에서의 복합재의 사용은 꾸준히 증가하고 있다. 구조물의 무게를 중시하는 오늘날의 모습은 항공기와 헬리콥터는 FRP로 되어 있다. 보잉787 드림라이너는 복합재(탄소섬유－강화 플라스틱)가 50%(무게로)를 차지한다. 이는 항공기 체적의 약 80%에 해당한다. 복합재는 동체, 날개, 꼬리, 문, 내부 장식 등에 사용된다. 그에 비해 보잉777은 복합재료가 12%(무게로) 정도를 차지한다.

자동차산업도 FRP의 또 다른 중요한 사용처다. 가장 많은 적용 분야는 승용차와 트럭 운전대의 몸체 패널이다. FRP는 스포츠와 레크리에이션 장비에도 널리 사용된다. 섬유유리강화플라스틱은 1940년대부터 보트의 선체에 사용되었다. 낚싯대에도 일찍부터 사용되어왔다. 오늘날 FRP는 테니스 라켓, 골프채, 미식축구 헬멧, 활과 화살, 스키, 자전거 바퀴 등 갖가지 스포츠용품에 사용되고 있다.

FRP 외에 다른 중합체－기반 복합재들도 입자, 박편, 단섬유들을 함유한다. 중합체 성형화합물에 사용될 때 2차상의 재료를 충진제filler라 부른다. 충진제는 1)강화재, 2)확장제의 두 범주로 분류된다. 강화 충진제reinforcing fillers는 강성을 부여하거나 그렇지 않으면 중합체의 기계적 성질을 개선한다. 보통 예로서 강도, 내마모성, 치수 안정성을 증가시키기 위해 페놀과 아미노수지에 목분과 운모분말을 충전하고. 강도, 마모, 균열강도를 개선하기 위해 고무에 활성탄소를 충진한다. 확장제extenders는 단순히 중합체의 부피를 늘리고 단위무게 당 원가를 줄이는 역할을 하며 기계적 성질에는 거의 영향을 미치지 않는다. 확장제는 수지의 성형특성을 개선하기도 한다.

발포성 중합체(8.11절)는 가스 거품이 중합체 기지에 함입된 복합재의 형태다. 스티로폼과 폴리우레탄폼 등이 가장 전형적인 예다. 기체의 거의 0에 가까운 밀도와 기지 내의 상대적으로 낮은 밀도가 조합되어 아주 가벼운 재료를 만든다. 기체혼합물은 열전도율이 매우 낮기 때문에 단열이 필요한 부분에 적용된다.

참고문헌 References

[1] Bauccio, M. (ed.). *ASM Metals Reference Book*, 3rd ed. ASM International, Materials Park, Ohio, 1993.

[2] Black, J., and Kohser, R. *DeGarmo's Materials and Processes in Manufacturing*, 10th ed. John Wiley & Sons, Inc. Hoboken, New Jersey, 2008.

[3] Brandrup, J., and Immergut, E. E. (eds.), *Polymer Handbook*, 4th ed. John Wiley & Sons, Inc. New York, 2004.

[4] Carter, C. B., and Norton, M. G., *Ceramic Materials: Science and Engineering*. Springer, New York, 2007.

[5] Chanda, M., and Roy, S. K., *Plastics Technology Handbook*, 4th ed. CRC Taylor & Francis, Boca Raton, Florida, 2006.

[6] Chawla, K. K., *Composite Materials: Science and Engineering*, 3rd ed. Springer-Verlag, New York, 2008.

[7] *Engineering Materials Handbook*, Vol. 1, Composites. ASM International, Materials Park, Ohio, 1987.

[8] *Engineering Materials Handbook*, Vol. 2, Engineering Plastics. ASM International, Materials Park, Ohio, 2000.

[9] *Engineering Materials Handbook*, Vol. 4, Ceramics and Glasses. ASM International, Materials Park, Ohio, 1991.

[10] Flinn, R. A., and Trojan, P. K. *Engineering Materials and Their Applications,* 5th ed. John Wiley & Sons, Inc. New York, 1995.

[11] Groover, M. P., *Fundamentals of Modern Manufacturing: Materials, Processes*, and Systems, 4th ed. John Wiley & Son, Inc. Hoboken, New Jersey, 2010.

[12] Hlavac, J. *The Technology of Glass and Ceramics*. Elsevier Scientific Publishing Company, New York, 1983.

[13] Kingery, W. D., Bowen, H. K., and Uhlmann, D. R. *Introduction to Ceramics*, 2nd ed. John Wiley & Sons, Inc. New York, 1995.

[14] Margolis, J. M., *Engineering Plastics Handbook*. McGraw-Hill, New York, 2006.

[15] Mark, J. E., and Erman, B. (eds.), *Science and Technology of Rubber*, 3rd ed. Academic Press, Orlando, Florida, 2005.

[16] Metal Hanbook, Vol. 1, *Properties and Selection: Iron, Steels, and High Performance Alloys*. ASM International, Metals Park, Ohio, 1990.

[17] Metals Handbook, Vol. 2, *Properties and Selection: Nonferrous Alloys and Special Purpose Materials*. ASM International, Metals Park, Ohio, 1990.

[18] Richerson, D. W. *Modern Ceramic Engineering: Properties, Processing, and Use in Design,* 3rd ed. CRC Taylor & Francis, Boca Raton, Florida, 2006.

[18] Richerson, D. W. *Modern Ceramic Engineering: Properties, Processing*, and Use in Design, 3rd ed. CRC Taylor & Francis, Boca Raton, Florida, 2006.

[19] Scholes, S. R., and Greene, C. H., *Modern Glass Practice*, 7th ed. CBI Publishing Company, Boston, Massachusetts, 1993.

[20] Somiya, S. (ed.). *Advanced Technical Ceramics*. Academic Press, Inc. San Diego, California, 1989.

[21] Tadmor, Z., and Gogos, C. G. *Princilpes of Polymer Processing*. Wiley-Interscience, Hoboken, New Jersey, 2006.

[22] www.wikipedia.org/wiki/Boeing_787

[23] Young, R. J., and Lovell, P. *Introduction to Polymers*, 3rd ed. CRC Taylor and Francis, Boca Raton, Florida, 2008.

복습문제 Review Questions

2.1 세라믹과 중합체에 비해 금속이 뚜렷하게 다른 일반적인 성질은 무엇인가?

2.2 금속의 2가지 주요 그룹은 무엇인가? 그들을 정의하라.

2.3 합금의 정의는 무엇인가?

2.4 철-탄소 합금계에서 강의 탄소범위는 얼마인가?

2.5 철-탄소 합금계에서 주철의 탄소범위는 얼마인가?

2.6 저합금강에 들어가는 탄소 외의 합금원소에 대해 조사하라.

2.7 스테인리스강의 가장 중요한 합금원소는 무엇인가?

2.8 오스테나이트계 스테인리스강이 왜 그 이름으로 불리는가?

2.9 높은 탄소함유량과 함께, 주철의 다른 합금원소는 무엇인가?

2.10 알루미늄의 독특한 성질들을 조사하라.

2.11 마그네슘의 고유한 특징은 무엇인가?

2.12 구리의 가장 중요한 공업적 성질은 무엇인가?

2.13 구리는 어떤 원소와 합금을 이뤄 (a)청동, (b)황동이 되는가?

2.14 니켈의 중요한 용도는 무엇인가?

2.15 티타늄의 독특한 성질은 무엇인가?

2.16 아연의 중요한 용도를 조사하라.

2.17 초합금은 합금에 사용되는 기본 금속에 따라 3가지 기본 그룹으로 분류된다. 3가지 그룹의 명칭은 무엇인가?

2.18 초합금이 중요한 이유는 무엇인가? 다른 합금과 구분되는 점은 무엇인가?

2.19 세라믹이란 무엇인가?

2.20 전통 세라믹과 신세라믹과의 차이점은 무엇인가?

2.21 전통 혹은 신세라믹과 유리를 구분짓는 것은 무엇인가?

2.22 세라믹 재료들의 일반적인 기계적 성질은 무엇인가?

2.23 보크사이트와 코런덤의 공통점은 무엇인가?

2.24 세라믹 제품을 만드는데 사용되는 점토란 무엇인가?

2.25 WC-Co와 같은 초경합금의 주요 용도는 무엇인가?

2.26 질화티타늄의 중요한 용도는 무엇인가?

2.27 유리 제품에 들어가는 주요 광물질은 무엇인가?

2.28 비유리질화(devitrification)라는 용어는 무엇을 의미하는가?

2.29 중합체란 무엇인가?

2.30 중합체의 3가지 기본적 범주는 무엇인가?

2.31 중합체 재료의 특징을 금속재료와 비교하라.

2.32 중합체 내의 가교결합은 무엇이며 그 중요성은 무엇인가?

2.33 나일론은 어떤 중합체 그룹에 속하는가?

2.34 폴리에틸렌의 단량체인 에틸렌의 화학식은 무엇인가?

2.35 열경화성 중합체와 열가소성 중합체의 성질은 어떻게 다른가?

2.36 열경화성 중합체의 가교(경화)는 3가지 방식 중 하나를 따른다. 그 3가지 방법을 설명하라.

2.37 탄성 중합체와 열경화성 중합체는 모두 가교결합을 한다. 하지만 왜 그들의 성질이 다른 것인가?

2.38 천연고무의 주요 중합체 성분은 무엇인가?

2.39 열가소성 탄성 중합체는 일반적인 고무와 어떻게 다른가?

2.40 복합재료란 무엇인가?

2.41 복합재료의 몇 가지 대표적인 특성을 조사하라.

2.42 이방성(anisotropic)이란 의미는 무엇인가?

2.43 복합재료의 3가지 기본적 범주를 기술하라.

2.44 복합재료에서 전형적인 강화 상의 형태는 어떤 것들이 있는가?

2.45 서멧(cermet)은 무엇인가?

2.46 초경합금은 어떤 종류의 복합재인가?

2.47 섬유-강화 세라믹기지 복합재에서 보완되어야 하는 세라믹의 약점은 무엇인가?

2.48 섬유-강화 플라스틱에서 가장 일반적인 섬유재료는 무엇인가?

2.49 섬유-강화 플라스틱 복합재의 중요한 성질들을 조사하라.

2.50 FRP의 중요한 적용 분야를 기술하라.

CHAPTER

03

공업재료의 성질

PROPERTIES OF ENGINEERING MATERIALS

공업재료의 성질은 제조공정에 사용되는 다양한 에너지 형태에 대한 응답으로 결정된다. 만일 재료가 특정의 공정에서 발생된 힘, 온도, 다른 물리적 매개변수에 대해 잘 대응한다면 그 결과는 고품질의 부품이나 제품을 생산하는데 성공적인 작업이 이뤄지게 될 것이다.

재료의 성질은 기계적인 것과 물리적인 것의 두 범주로 나눠진다. 재료의 기계적 성질은 기계적인 응력이 가해질 때의 거동으로 결정된다. 이들 성질은 강성, 연성, 경도, 다양한 강도의 측정치 등을 포함한다. 제품의 기능과 성능은 실제로 작동되는 응력 하에서의 변형저항 능력에 의존하므로 설계자들에게 기계적 성질은 매우 중요하다. 설계에서는 이러한 응력 하에서 제품과 그 요소들이 기하학적으로 현저한 변화가 없이 잘 견디는 것을 목적으로 하고 있다. 이러한 능력은 탄성계수와 항복강도 등과 같은 특성에 의해 결정된다.

그러나 제조에서의 목적은 정반대다. 여기서는 재료의 형상을 변환시키기 위해 재료의 항복강도보다 큰 응력을 가한다. 성형이나 기계가공 등과 같은 기계공정은 재료의 변형저항 능력을 넘는 과도한 힘을 가해야만 이뤄질 수 있다. 따라서 다음과 같은 딜레마에 빠지게 된다. 즉, 높은 강도 등과 같은 설계자가 요구하는 재료의 기계적 성질은 종종 제품의 생산을 어렵게 만든다.

물리적 성질은 기계적 힘이 아닌 물리적 작용에 대한 재료의 거동으로 정의된다. 이러한 성질로는 체적과 열특성, 용융특성 등이 있다. 물리적 성질은 공정의 성능에 영향을 주므로 제조에 있어 매우 중요하다 할 수 있다. 용융특성은 금속 주물작업에서 매우 중요하다. 주형에 쇳물을 붓기 전에 높은 용융온도로서 금속에 열을 가할 필요가 있다. 기계가공에서 가공재료의 열특성은 절삭온도를 결정하게 되며 이는 절삭공구의 수명에 영향을 미친다.

이 장에서는 이 책에서 다루고 있는 여러 제조공정들과 관련된 공업용 재료들의 특성에 대해 설명한다. 3.1절에서 3.5절까지는 기계적 성질들을 해설했으며 물리적 성질들은 그 나머지 절에서 다루었다.

3.1 응력–변형률 관계

재료가 받을 수 있는 정적인 기계적 응력에는 인장, 압축, 전단의 3가지 형태가 있다. 인장응력은 재료를 늘리고, 압축응력은 재료를 누르며, 전단은 재료의 인접한 부분을 서로 밀어낸다. 응력–변형률 선도는 이들 3가지 형태의 응력에 대한 재료의 기계적 성질을 설명하는 기본적 관계를 나타낸다.

3.1.1 인장특성

인장시험은 특히 금속에 대해 응력–변형률 관계를 연구하는데 있어 가장 일반적 절차다. [그림 3.1(a)]에서 보여주는 바와 같이 재료는 하중을 받아 길이가 늘어나고, 직경이 줄어든다. ASTMAmerican Society for Testing and Material: 미국재료시험학회은 시편의 준비와 시험에 대해 기준을 정했다. 인장시험에 대한 전형적인 시편과 일반적인 시험장치를 각각 [그림 3.1(b)와 (c)]에 나타냈다.

최초 시편은 원래 길이 L_0와 단면적 A_0를 갖는다. 길이는 표점 사이의 거리를 측정하고, 단면적은 시편의 단면(일반적으로 원형)을 측정한다. [그림 3.2]에서 보여주는 바와 같이 금속의 시험 도중 시편은 늘어나고, 네킹이 발생하며 최종적으로 파단이

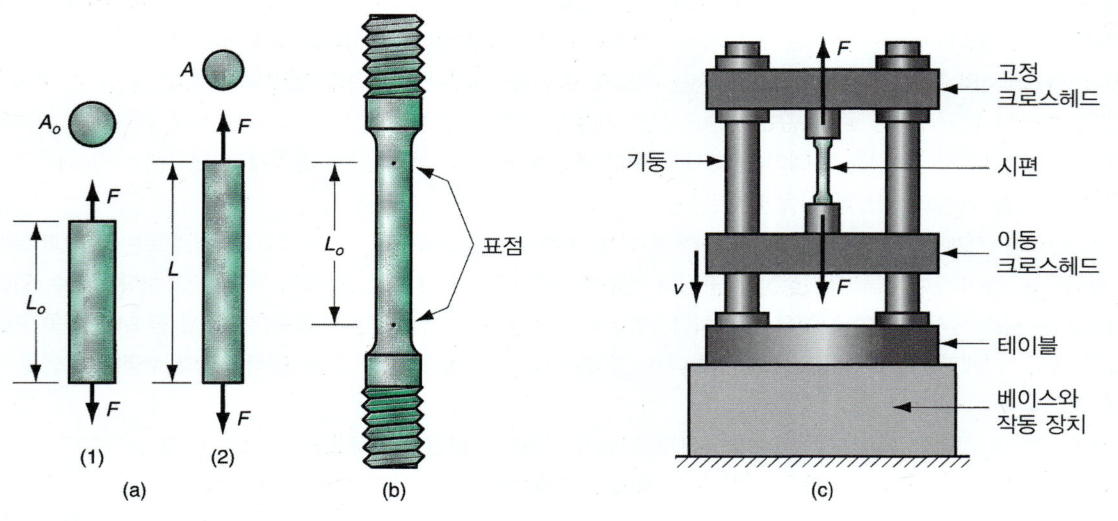

그림 3.1 인장시험 (a)인장력을 가하기 전의 (1)과 재료의 신장 결과(2). (b)시험편. (c)인장시험장치(출처: Fundamentals of Modern Manufacturing, 4th Edition by Mikell P. Groover, 2010. Reprinted with permission of John Wiley & Sons, Inc.).

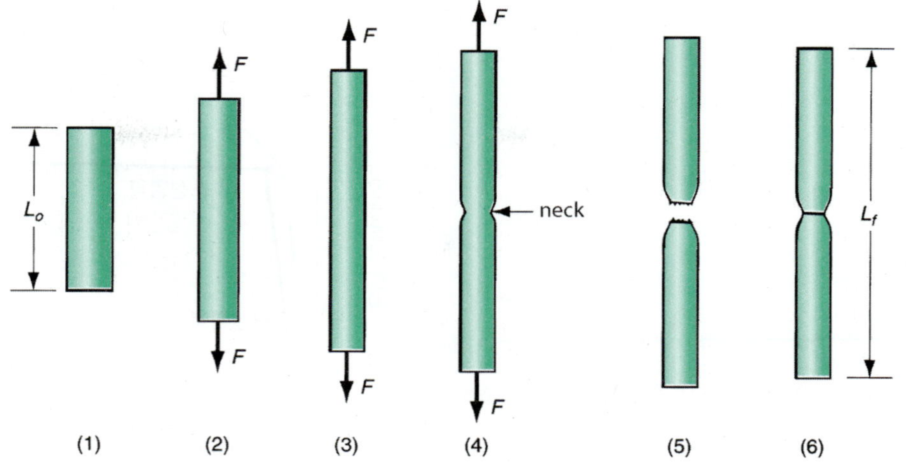

그림 3.2 인장시험의 진행과정 (1)시험 초기, 무부하. (2)균일한 신장과 단면적 감소. (3)연속적인 신장, 최대하중 도달. (4)네킹 시작, 하중 감소 시작. (5)파단. (6)과 같이 두 판단 부분을 붙여 최종 길이를 측정한다(출처: Fundamentals of Modern Manufacturing, 4th Edition by Mikell P. Groover, 2010. Reprinted with permission of John Wiley & Sons, Inc.).

일어난다. 시험이 진행되는 동안 하중과 시편길이의 변화가 기록되어 응력－변형률 관계를 결정하는데 필요한 데이터를 제공한다. 여기에는 1)공칭 응력－변형률, 2)진 응력－변형률의 2가지 다른 유형의 응력－변형률 선도가 있다. 첫 번째는 설계에서 중요하며, 두 번째는 제조에서 더 중요하다.

공칭 응력–변형률 인장시험에서 공칭응력과 공칭변형률은 시편의 원래 단면적과 길이의 상관관계로서 정의된다. 제품 내의 어떤 부품에서 발생하는 변형이 제품의 형상을 크게 변화시키지는 않기 때문에 이들 값은 설계에서 관심 대상이 된다. 각 부품들은 실제로 사용할 때의 응력에 충분히 견디도록 설계되어야 한다.

금속시편에 대한 인장시험으로부터 구한 전형적인 응력－변형률 선도를 [그림 3.3]에 나타냈다. 곡선상의 어떤 임의의 점에서 공칭응력engineering stress은 힘을 원래 단면적으로 나눈 값으로 정의된다.

$$s = \frac{F}{A_o} \tag{3.1}$$

여기서 s=공칭응력 MPa, F=시험에 적용된 힘 N, A_o=시편의 원래 단면적 mm^{2}이다. 시험 중 임의의 점에서 공칭변형률engineering strain은 다음과 같이 주어진다.

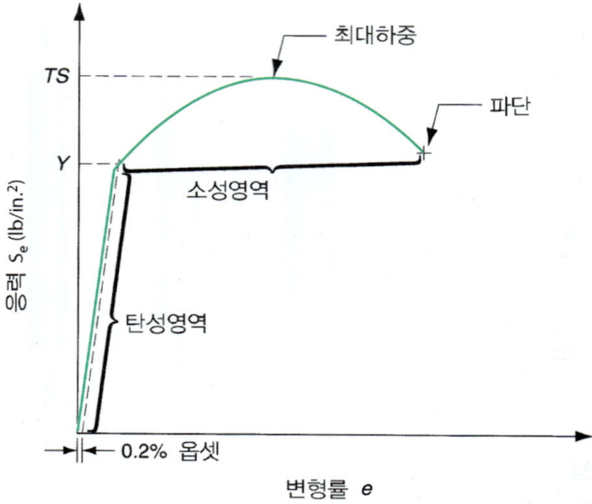

그림 3.3

금속의 인장시험에서 전형적인 공칭 응력-변형률 선도(출처: Fundamentals of Modern Manufacturing, 4th Edition by Mikell P. Groover, 2010. Reprinted with permission of John Wiley & Sons, Inc.).

$$e = \frac{L - L_o}{L_o} \tag{3.2}$$

여기서 e=공칭변형률 mm/mm, L=신장 동안 임의의 점에서의 길이 mm, L_o=원래의 표점길이 mm다. 공칭변형률의 단위는 mm/mm로 주어지지만 단위길이 당 연신량으로 생각해 무차원수로서 나타낸다.

[그림 3.3]의 응력–변형률 관계는 (1)탄성, (2)소성이라는 2개의 거동 형태로 구분되는 두 영역을 가진다. 탄성영역에서 응력과 변형률 사이의 관계는 선형적이며, 재료는 하중(응력)이 제거되면 원래의 길이로 되돌아오는 탄성적 거동을 보인다. 이들의 관계는 다음과 같은 Hooke의 법칙에 의해 정의된다.

$$s = Ee \tag{3.3}$$

여기서 E=탄성계수modulus of elasticity MPa로 재료 고유의 강성을 측정한 값이다. 이는 각 재료마다 다른 값을 갖는 비례상수다. [표 3.1]에 금속과 비금속 등 몇 가지 재료들에 대한 대표값을 나타냈다.

응력이 증가함에 따라 탄성영역의 재료가 항복을 시작하는 위치에 도달하게 된다. 이러한 재료의 항복점yield point Y는 탄성영역이 끝나는 곳에서 기울기가 변하는 형태로 나타난다. 일반적으로 시험 데이터의 그래프 상에서 항복점을 찾기란 어렵기 때문에(기울기가 갑자기 변하지 않는다), Y는 0.2%의 옵셋 변형률을 갖는 직선에서의 응력값으로 정의한다. 더 구체적으로 말하면 이는 0.2%의 변형률만큼 옵셋되어

표 3.1 대표적인 재료의 탄성계수[8][11][12][16][17]

금속	탄성계수		세라믹과 중합체	탄성계수	
	MPa	lb/in²		MPa	lb/in²
알루미늄 합금	69×10^3	10×10^6	알루미나	345×10^3	50×10^6
주철	138×10^3	20×10^6	다이아몬드[a]	1035×10^3	150×10^6
동과 합금	110×10^3	16×10^6	판 유리	69×10^3	10×10^6
철	209×10^3	30×10^6	실리콘 카바이드	448×10^3	65×10^6
납	21×10^3	3×10^6	텅스텐 카바이드	552×10^3	80×10^6
마그네슘	48×10^3	7×10^6	나일론	3.0×10^3	0.40×10^6
니켈	209×10^3	30×10^6	페놀 포름알데히드	7.0×10^3	1.00×10^6
강	209×10^3	30×10^6	폴리에틸렌(저밀도)	0.2×10^3	0.03×10^6
티타늄	117×10^3	17×10^6	폴리에틸렌(고밀도)	0.7×10^3	0.10×10^6
텅스텐	407×10^3	59×10^6	폴리스티렌	3.0×10^3	0.40×10^6

[a]다이아몬드가 세라믹은 아니지만 세라믹 재료들과 자주 비교된다.

곡선의 직선 부분에 평행한 선이 재료의 응력-변형률 곡선과 만나는 점을 말한다. 항복점은 재료의 강도특성을 나타내는 것으로서 항복강도yield strength, 항복응력yield stress, 탄성한계elastic limit라고도 불린다.

항복점은 재료가 소성영역으로 전이되어 소성변형이 시작됨을 나타낸다. 응력과 변형률 사이의 관계는 더 이상 Hooke의 법칙에 의존하지 않게 된다. 하중이 항복점 이상으로 증가되면 시편의 신장은 계속되지만, [그림 3.3]에 보여주는 바와 같이 이전에 비해 훨씬 빠른 비율로 신장되고 곡선의 기울기는 급격히 변화한다. 부피가 일정하게 유지되면서 신장은 단면의 균일한 감소와 함께 지속된다. 가해진 하중 F가 최대치에 다다르게 될 때 이 점에서 계산한 공칭응력 값을 그 재료의 인장강도tensile strength 또는 최대인장강도ultimate tensile strength라 부른다. 즉 $TS = F_{max}/A_o$일 때 TS로서 인장강도를 나타낸다. TS와 Y는 설계계산에서 매우 중요한 강도특성이다(물론 제조공정의 계산에서도 사용된다). 일부 금속들에 대한 전형적인 항복강도 값과 인장강도 값을 [표 3.2]에 나타냈다. 세라믹에 대한 전통적 방법의 인장시험은 어려우며 이들 취성재료의 강도를 측정하기 위해서는 다른 시험방법들이 사용된다(3.1.3절). 중합체는 점탄성 때문에 강도특성이 금속이나 세라믹과는 다르게 나타난다(3.5절).

응력-변형률 선도에서 인장강도의 오른쪽에서 하중이 감소하기 시작하고, 시편은 네킹necking으로 알려진 국부적인 신장이 진행되기 시작한다. 시편 길이 전체에 걸쳐 변형이 균일하게 진행되기보다는 변형은 시편의 한 작은 부분에 집중된다. 파단이

표 3.2 대표적인 항복강도와 인장강도[8][11][12][17]

금속	항복강도		인장강도		금속	항복강도		인장강도	
	MPa	lb/in²	MPa	lb/in²		MPa	lb/in²	MPa	lb/in²
알루미늄, 열처리(풀림)	28	4,000	69	10,000	니켈, 열처리	150	22,000	450	65,000
알루미늄, 냉간가공[a]	105	15,000	125	18,000	저탄소강[a]	175	25,000	300	45,000
알루미늄 합금[a]	175	25,000	350	50,000	고탄소강[a]	400	60,000	600	90,000
주철[a]	275	40,000	275	40,000	합금강[a]	500	75,000	700	100,000
구리, 열처리(풀림)	70	10,000	205	30,000	스테인리스강[a]	275	40,000	650	95,000
구리합금[a]	205	30,000	410	60,000	순수티타늄	350	50,000	515	75,000
마그네슘합금	175	25,000	275	40,000	티타늄합금	800	120,000	900	130,000

[a]이 값들은 대표적인 값으로, 합금의 경우 조성과 처리방법(열처리, 가공경화 등)에 따라 강도값의 범위가 넓다.

일어날 때까지 그 부분의 단면은 급속하게 가늘어진다. 이러한 파단 직전에 계산된 응력이 파단응력fracture stress이다.

파단이 일어나기 전에 재료가 견딜 수 있는 변형률의 양도 많은 제조공정에서 관심 대상이 되고 있는 기계적 성질이다. 이러한 성질의 측정값이 연성ductility이며 파단 없이 소성변형할 수 있는 재료의 능력이다. 이것은 연신율이나 단면감소율로서 측정할 수 있다. 연신율은 다음과 같이 정의된다.

$$EL = \frac{L_f - L_o}{L_o} \tag{3.4}$$

여기서 EL=연신율로서 백분율로 표시하며, L_f=파단 시 시편의 길이 mm이며, 파단된 시편의 두 부분을 잘 맞춰 놓고 표점거리를 측정해 구한다. L_o=시편의 원래 길이 mm이다. 단면감소율은 다음과 같이 정의된다.

$$AR = \frac{A_o - A_f}{A_o} \tag{3.5}$$

여기서 AR=단면감소율(주로 백분율로 표시)이며, A_f=파단점에서의 단면적 mm^2, A_o=원래의 단면적 mm^{2}이다. 금속 시험편에 일어나는 네킹과 그와 관련된 불균일한 연신과 단면감소 때문에 이들 연성의 측정에는 어려움이 따른다. 이러한 어려움에도 불구하고 백분 연신율과 백분 단면감소율은 공학실무에서 가장 일반적으로 연성의 측정에 사용된다. 다양한 재료에 대한 백분 연신율의 대표값을 [표 3.3]에 나타냈다.

표 3.3 다양한 대표적인 재료의 연신율 %[8][11][12][17]

재료	연신율	재료	연신율
금속		**금속**	
알루미늄, 열처리(풀림)	40%	저탄소강[a]	30%
알루미늄, 냉간가공	8%	고탄소강[a]	10%
알루미늄합금, 열처리(풀림)[a]	20%	합금강[a]	20%
알루미늄합금, 열처리[a]	8%	스테인리스강, 오스트나이트계[a]	55%
알루미늄합금, 주조[a]	4%	순수 티타늄	20%
회주철[a]	0.6%	아연합금	10%
구리, 열처리(풀림)	45%	**세라믹**	0[b]
구리, 냉간가공	10%	**중합체**	
구리합금: 황동, 열처리(풀림)	60%	열가소성중합체	100%
마그네슘 합금[a]	10%	열경화성중합체	1%
니켈, 열처리(풀림)	45%	탄성 중합체(고무)	1%[c]

[a]이 값들은 대표적인 값임. 합금조성과 처리방법(열처리, 가공경화 등)에 따라 연성이 달라진다.
[b]세라믹은 취성이 강해 탄성변형은 견디지만, 소성변형은 거의 없다.
[c]탄성 중합체는 상당히 큰 탄성변형에도 견디지만, 소성변형은 단지 1% 정도로 매우 한정적이다.

진 응력–변형률 사려 깊은 독자라면 인장시험 도중 시편의 단면적이 작아지므로 공칭응력을 계산하는데, 시편의 원래 단면적을 사용할 것이 아니라, 실제(순간) 단면적을 사용해야 하는 것 아닌가 생각할 것이다. 만일 실제 단면적을 사용하게 되면 계산된 응력값은 더 커진다. 가해진 하중값을 순간단면적 값으로 나눠 얻은 응력값을 진응력ture stress이라 정의한다.

$$\sigma = \frac{F}{A} \tag{3.6}$$

여기서 σ=진응력 MPa, F=힘 N, A=하중을 지탱하는 실제(순간) 단면적 mm^2이다. 마찬가지로 진변형률true strain도 재료의 단위길이 당 '순간' 연신량을 보다 실제적으로 평가하게 해준다. 인장시험에서 진변형률 값은 전체적인 연신량을 작은 증분으로 나눈 다음, 이들 각각에 대한 공칭변형률을 계산한 후 변형률 값들을 모두 더한다. 극한을 취하면 진변형률은 다음과 같이 정의된다.

$$\epsilon = \int_{L_o}^{L} \frac{dL}{L} = \ln \frac{L}{L_o} \tag{3.7}$$

여기서 L=연신 도중 어느 순간에서의 길이다. 시험(혹은 변형)이 끝날 때 최종 변형률 값은 $L = L_f$를 이용해 계산할 수 있다.

진 응력-변형률 값을 이용해 [그림 3.3]의 공칭 응력-변형률 곡선을 그리면 [그림 3.4]와 같은 선도를 얻을 수 있다. 탄성영역에서는 이전의 선도와 거의 동일하다. 대부분의 금속들에서는 변형률이 작아, 진변형률과 공칭변형률 값은 거의 동일하다. 각각의 응력들도 역시 매우 유사한 값을 지닌다. 이렇게 거의 동일한 이유는 탄성영역에서는 시편의 단면적이 거의 줄어들지 않기 때문이다. 따라서 진응력과 진변형률 사이의 관계는 Hooke의 법칙($\sigma = E\epsilon$)을 사용해 나타낼 수 있다.

진 응력-변형률 선도와 공칭 응력-변형률 선도 간의 차이는 소성영역에서 잘 나타난다. 계속 인장을 진행함에 따라 시편의 단면적은 줄어들고, 이러한 순간단면적을 이용해 진응력을 계산하기 때문에 소성영역에서는 응력이 높아지게 된다. 이전의 선도에서와 같이 네킹의 결과로 최종적으로는 선도가 하강하게 된다. 점선은 네킹이 일어나지 않을 경우에 진응력-변형률 선도를 연장한 그림이다.

소성영역에서 변형률이 영향을 미쳐 진변형률과 공칭변형률 값은 갈라지게 된다. 진변형률과 공칭변형률 사이에는 다음의 관계가 성립한다.

$$\epsilon = \ln(1+e) \tag{3.8}$$

마찬가지로 진응력과 공칭응력 사이에는 다음과 같은 관계가 있다.

$$\sigma = s(1+e) \tag{3.9}$$

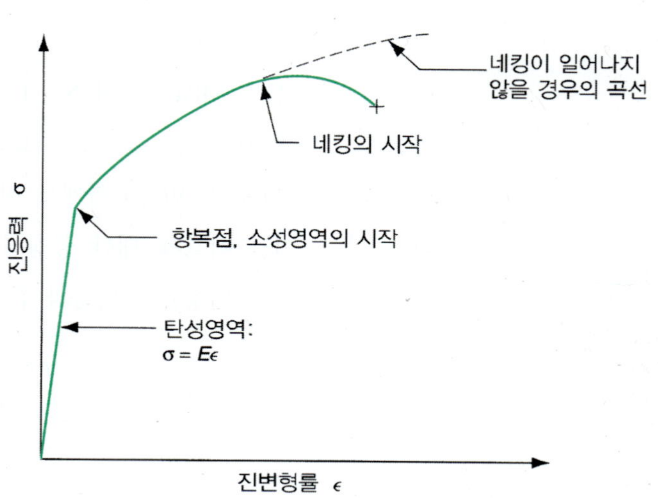

그림 3.4

[그림 3.3]의 공칭 응력-변형률 선도에 대한 진 응력-변형률 선도(출처: Fundamentals of Modern Manufacturing, 4th Edition by Mikell P. Groover, 2010. Reprinted with permission of John Wiley & Sons, Inc.).

[그림 3.4]에서 네킹이 시작할 때까지 소성영역에서 응력은 계속 증가함을 알 수 있다. 공칭 응력-변형률 선도에서 이러한 일이 일어나면 응력을 계산하는데 명백하게 잘못된 값을 사용하게 되기 때문에 더 이상 의미가 없게 된다. 또한 진응력이 증가할 때 이를 가볍게 취급해서는 안 된다. 이는 변형률이 증가함에 따라 금속재료가 점점 더 강해진다는 것을 의미한다. 이것은 변형경화strain hardening라 불리는 성질로서 다소의 차이는 있으나 대부분의 금속에서 나타나고 있다.

가공경화work hardening라고도 불리는 변형경화는 제조공정, 특히 금속성형의 경우에 있어 매우 중요한 요소다. 이러한 성질의 영향을 받는 금속의 거동에 대해 알아보자. 만일 진응력-변형률 선도에서 소성영역을 나타내는 부분을 로그스케일로 나타내면 [그림 3.5]와 같이 선형적인 관계를 얻게 될 것이다. 이러한 데이터 변환으로 직선을 얻을 수 있기 때문에, 소성영역에서의 진응력과 진변형률 사이의 관계는 다음과 같이 나타낼 수 있다.

$$\sigma = K\epsilon^n \qquad (3.10)$$

이 방정식은 유동곡선flow curve이라 불리며, 재료의 변형경화 능력뿐만 아니라 소성영역에서의 금속거동을 근사적으로 잘 나타낸다. 상수 K는 강도계수strength coefficient MPa라 불리는 것으로, 진변형률이 1일 때의 진응력과 같다. 지수 n은 변형경화지수strain hardening exponent라 불리며 [그림 3.5]에서 직선의 기울기다. 이 값은 금속의 가공경화 경향과 직접적으로 관련되어 있다. [표 3.4]에 대표적 금속에 대한 K와 n의 값을 나타냈다.

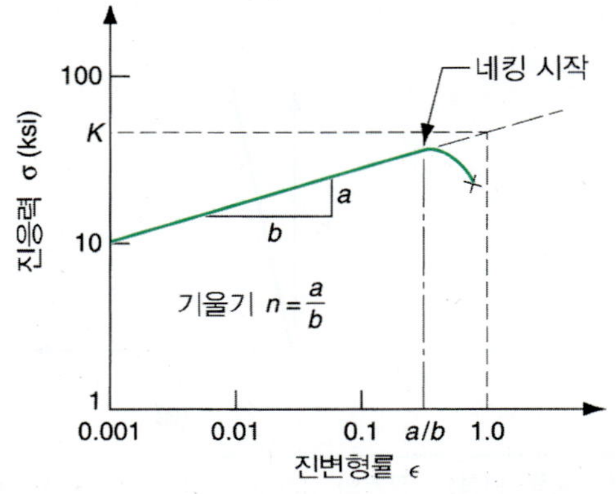

그림 3.5
로그 스케일 상의 진 응력-변형률 선도(출처: Fundamentals of Modern Manufacturing, 4th Edition by Mikell P. Groover, 2010. Reprinted with permission of John Wiley & Sons, Inc.).

표 3.4 대표적인 재료의 강도계수 K와 변형경화지수 n의 값[10][11][12]

재료	강도계수 K		변형경화지수	재료	강도계수 K		변형경화지수
	MPa	lb/in²	n		MPa	lb/in²	n
순수알루미늄, 열처리(풀림)	175	25,000	0.20	저탄소강, 열처리(풀림)[a]	500	75,000	0.25
알루미늄합금, 열처리(풀림)[a]	240	35,000	0.15	고탄소강, 열처리(풀림)[a]	850	125,000	0.15
알루미늄합금, 열처리	400	60,000	0.10	합금강, 열처리(풀림)[a]	700	100,000	0.15
순수구리 열처리(풀림)	300	45,000	0.50	스테인리스강, 오스테나이트계, 열처리(풀림)	1200	175,000	0.40
구리합금: 황동[a]	700	100,000	0.35				

[a]K와 n값은 조성, 열처리, 가공경화에 따라 달라진다.

응력-변형률 관계의 유형 탄-소성거동에 대한 많은 정보들이 진 응력-변형률 선도에 의해 얻어진다. 지적한 바와 같이 탄성영역에서는 Hooke의 법칙($\sigma = E\epsilon$)이 금속의 거동을 지배하고, 소성유동에서는 유동곡선($\sigma = K\epsilon^n$)이 거동을 결정한다. [그림 3.6]에 나타낸 것과 같이 다음 3가지 기본형태의 응력-변형률 관계로서 거의 모든 고체재료들의 거동을 설명할 수 있다.

(a) **완전탄성**perfectly elastic: 이 재료의 거동은 탄성계수 E로 나타낸 재료의 강성으로 정의된다. 항복에 의한 소성유동은 없고 파단만 일어난다. 세라믹이나 대다수의 주철과 같은 취성재료와 열경화성 중합체들이 이 범주에 해당하는 응력-변형률 선도를 갖는다. 이러한 재료들은 성형작업에는 적합하지 않다.

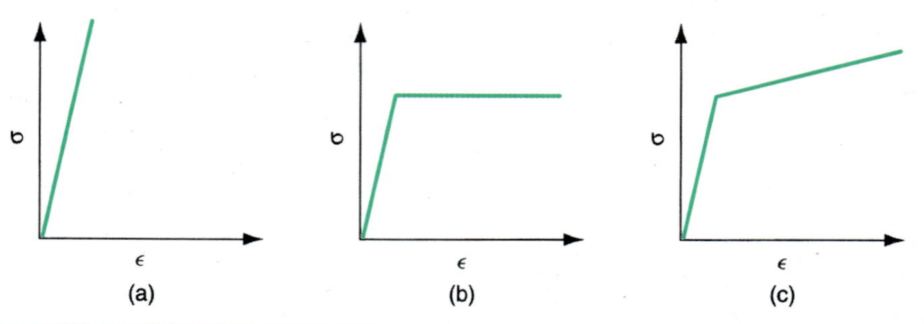

그림 3.6 응력-변형률 관계의 3가지 유형 (a)완전탄성, (b)탄성과 완전소성, (c)탄성과 변형경화(출처: Fundamentals of Modern Manufacturing, 4th Edition by Mikell P. Groover, 2010. Reprinted with permission of John Wiley & Sons, Inc.).

(b) **탄성 및 완전소성**elastic and perfectly plastic: 이 재료는 E로 정의된 강성을 지닌다. 일단 항복강도 Y에 도달하면, 재료는 같은 수준의 응력으로 소성변형이 이뤄진다. 소성곡선은 $K = Y$로 주어지고 n=0이다. 이러한 금속재료를 높은 온도로 가열하면 가공경화가 없이 재결정이 일어난다. 납의 경우에는 상온이 재결정 온도보다 높기 때문에 상온에서 이러한 거동을 보인다.

(c) **탄성 및 변형경화**elastic and strain hardening: 이 재료는 탄성영역에서 Hooke의 법칙을 따른다. 항복강도 Y에서 유동을 시작한다. 변형이 계속되기 위해서는 Y보다 큰 강도계수 K와, 0보다 큰 변형경화지수 n을 갖는 유동곡선에 의해 결정되는 훨씬 더 증가된 응력이 필요하다. 유동곡선은 일반적으로 자연대수선도 상에서 선형함수로 나타난다. 냉간가공 할 때 대부분의 연성금속이 이러한 방식의 거동을 한다.

인장응력을 이용해 재료를 변형시키는 제조공정에는 와이어와 봉의 인발(13.4절)과 인장성형(14.6.1절) 등이 있다.

3.1.2 압축특성

압축시험에서는 [그림 3.7]에 나타낸 바와 같이 두 평판 사이의 원통형 시편에 하중을 가해 누른다. 시편이 압축됨에 따라 높이는 감소되고 단면적은 증가한다. 공칭응력은 다음과 같이 정의된다.

$$s = \frac{F}{A_o} \tag{3.11}$$

여기서 A_0=시편의 초기 단면적이다. 이는 인장시험에서의 공칭응력에 사용된 정의와 동일하다. 공칭변형률은 다음과 같다.

$$e = \frac{h - h_o}{h_o} \tag{3.12}$$

여기서 h=시험 중 특정한 순간에서의 시편 높이 mm, h_o=초기 높이 mm이다. 압축을 하는 동안 높이는 감소하므로 e는 음(−)의 값을 가진다. 압축 변형률의 값을 나타낼 때 음(−)의 기호는 일반적으로 생략된다.

압축시험에서 공칭변형률을 공칭응력에 대해 나타냈을 때, 그 결과는 [그림 3.8]과 같다. 앞에서와 같이 곡선은 탄성과 소성으로 나뉘지만 곡선의 소성 부분의 형태는

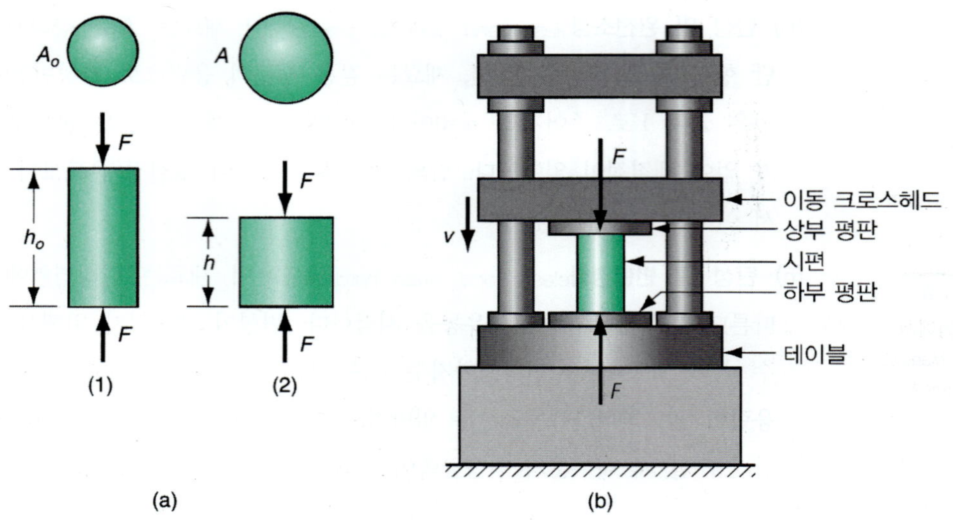

그림 3.7 압축시험 (a)압축력이 작용한 초기시편 (1)과 압축 후의 시편(2). (b)압축시험장치(출처: Fundamentals of Modern Manufacturing, 4th Edition by Mikell P. Groover, 2010. Reprinted with permission of John Wiley & Sons, Inc.).

인장시험에서와는 다르다. 압축시험에서는 단면이 증가하기 때문에(인장시험에서 단면이 감소되었던 것에 비해), 하중은 이전보다 훨씬 더 급속히 증가한다. 이러한 결과로 공칭응력은 높게 계산된다.

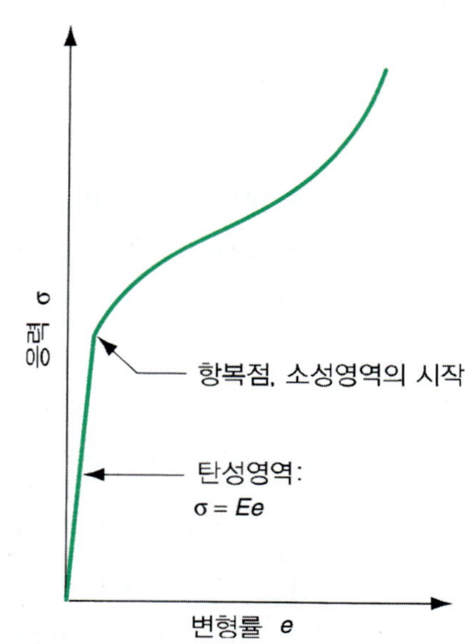

그림 3.8
압축시험에서의 전형적인 공칭 응력-변형률 선도(출처:Fundamentals of Modern Manufacturing, 4th Edition by Mikell P. Groover, 2010. Reprinted with permission of John Wiley & Sons, Inc.).

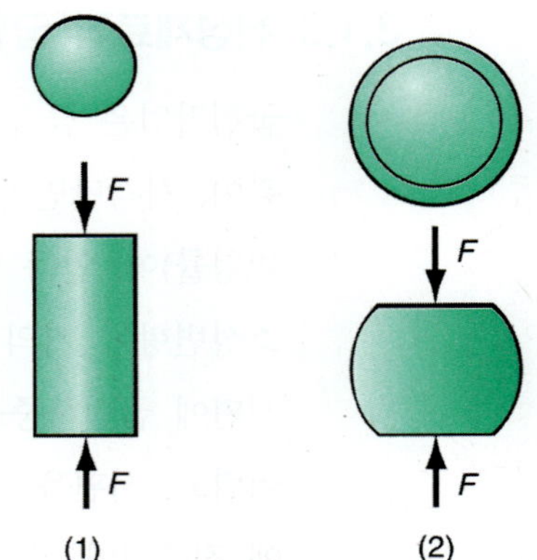

그림 3.9
압축시험에서의 배럴링 효과 (1)시험 초기, (2)압축을 가한 후(출처: Fundamentals of Modern Manufacturing, 4th Edition by Mikell P. Groover, 2010. Reprinted with permission of John Wiley & Sons, Inc.).

압축시험에서 응력 증가를 일으키는 또 다른 일들이 일어난다. 원통형 시편이 압축됨에 따라 평판과 접촉하고 있는 표면에서의 마찰은 원통 끝단이 넓게 퍼지려는 것을 방해한다. 시험 중 이러한 마찰에 의해 추가적인 에너지가 소모되고, 이 결과로 더 큰 힘이 가해져야 한다. 이는 공칭응력의 계산에서도 역시 증가하는 것으로 나타난다. 그러므로 단면적의 증가와 평판과 시편 사이의 마찰로 인해 압축시험에서 그림과 같은 공칭 응력–변형률 특성곡선이 얻어진다.

표면 사이의 마찰에 의한 또 다른 결과는 시편 중앙의 재료 단면적이 끝단에서의 값에 비해 훨씬 더 크게 증가하는 것이다. 이러한 결과로 [그림 3.9]에 보여주는 것과 같은, 시편의 배럴링barreling 현상이 일어난다.

인장시험과 압축시험에 대한 공칭 응력–변형률 선도 사이에는 차이가 존재하지만 진응력–변형률로 나타냈을 때 두 선도는 거의 일치한다(거의 모든 재료에서). 인장시험에 대한 결과는 각종 문헌에서 쉽게 구할 수 있으므로 유동곡선 변수(K와 n)들은 각 문헌의 인장시험 데이터로부터 구하고, 그 값을 압축작업에 동일하게 적용하면 된다. 인장시험 결과를 압축작업에 적용할 때 주의할 점은, 인장응력에 의한 변형의 독특한 현상인 네킹의 영향을 무시해야 한다는 것이다. 압축에서 이와 같은 붕괴는 없다. 이전의 인장 응력–변형률 선도에서 네킹 점 이후의 데이터를 점선으로 추정해 나타냈다. 점선은 실제 인장시험 결과보다 압축시의 재료 거동을 더 잘 나타낸다.

금속성형에서는 인장작업보다 압축작업이 훨씬 더 일반적이다. 산업에서 중요한 압축공정에는 압연, 단조, 압출 등이 있다(제13장).

3.1.3 취성재료의 굽힘과 시험

굽힘작업은 금속판재나 박판을 성형하는데 사용된다. [그림 3.10]에서 보여주는 바와 같이, 사각단면의 굽힘과정에서 재료 내 굽힘단면의 바깥쪽 반에는 인장응력(그리고 변형률)이, 안쪽 반에는 압축응력(변형률)이 작용한다.

소성변형이 거의 없으면서 탄성만을 지니는 경한 취성재료(예, 세라믹)의 경우에는 시편에 굽힘하중을 가하는 방법으로 시험을 한다. 이러한 재료들은 시편을 준비하기 어렵고, 시편을 잡는 프레스 턱 부분의 중심선이 일치하지 않을 가능성이 있기 때문에 전통적인 인장시험에는 잘 반응하지 않는다.

[그림 3.10]의 (1)에 나타낸 것과 같은 장치를 사용해 굽힘시험bending test 혹은 굴곡시험flexure test을 함으로써 이들 재료에 대한 강도시험을 할 수 있다. 이 과정에서 직사각형 단면의 시편을 두 지지대 사이에 위치시키고, 그 가운데에 하중을 가한다. 이와 같은 구성에 의한 시험방법을 3점 굽힘시험이라 한다. 이들 취성재료는 [그림 3.10]에 나타낸 정도로 과도하게 굽혀지지 않으며, 파단 직전까지 탄성적으로 변형을 한다. 시편 바깥쪽 섬유질이 최대인장강도를 넘어서면 파단이 발생한다. 이러한 시험으로부터 얻어진 강도 값은 항절력transverse rupture strength이라 불리며 다음 식으로 계산된다.

$$TRS = \frac{1.5FL}{bt^2} \tag{3.13}$$

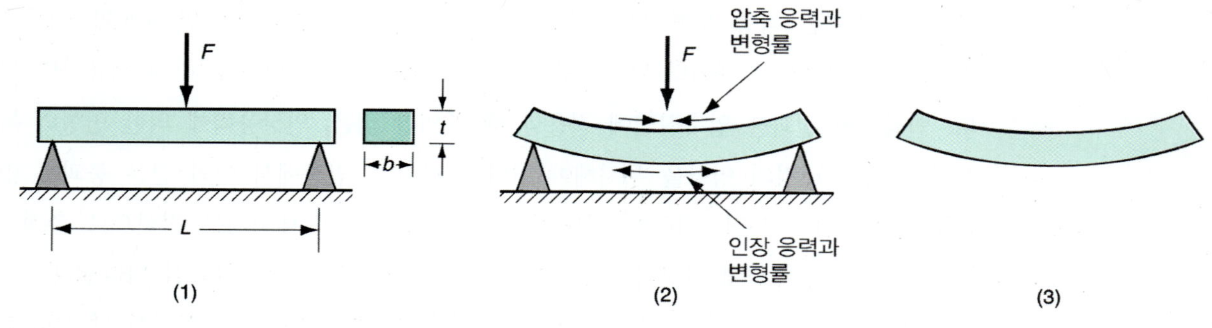

그림 3.10 재료에 인장과 압축응력이 작용하는 직사각 단면의 굽힘 (1)초기 굽힘, (2)크게 변형된 시편, (3)굽힌 부품
(출처: Fundamentals of Modern Manufacturing, 4th Edition by Mikell P. Groover, 2010. Reprinted with permission of John Wiley & Sons, Inc.).

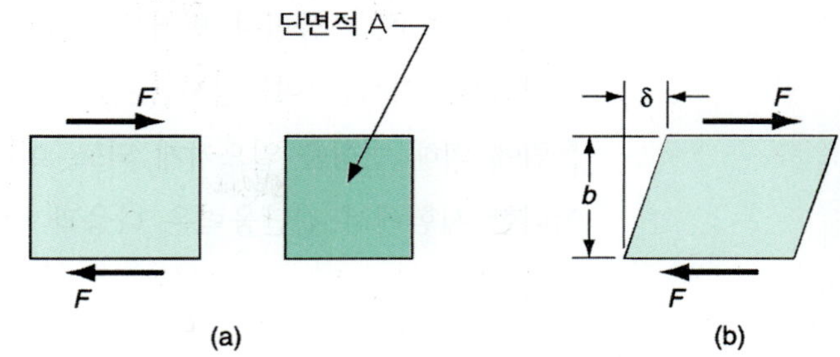

그림 3.11
(a)응력과 (b)변형률(출처: Fundamentals of Modern Manufacturing, 4th Edition by Mikell P. Groover, 2010. Reprinted with permission of John Wiley & Sons, Inc.).

여기서 TRS=항절력 MPa, F=파괴 시 가해진 하중 N, L=지지대 사이의 시편길이 mm, b와 t는 그림에 나타낸 바와 같이 시편 단면의 치수 mm이다.

3.1.4 전단특성

전단은 [그림 3.11]에 나타낸 바와 같이, 얇은 요소의 양쪽에 서로 반대방향으로 응력을 가해 변형시키는 것이다. 전단응력은 다음과 같이 정의된다.

$$\tau = \frac{F}{A} \tag{3.14}$$

여기서 τ=전단응력 MPa, F=가해진 힘 N, A=힘이 가해진 면적 mm^2이다. 전단변형률은 다음과 같이 정의된다.

$$\gamma = \frac{\delta}{b} \tag{3.15}$$

여기서 γ=전단변형률 mm/mm, δ=요소의 변형정도 mm, b=변형이 일어나는 수직거리 mm이다.

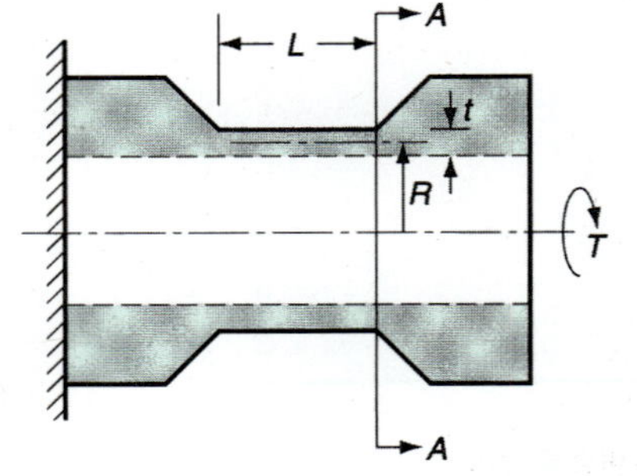

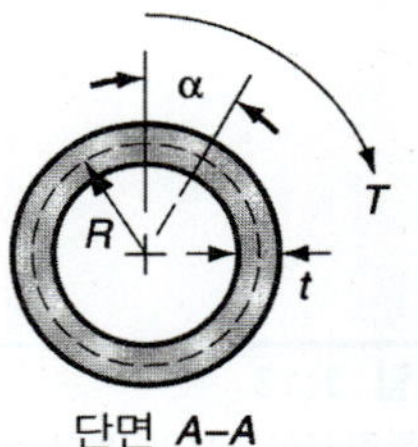

그림 3.12
비틀림시험(출처: Fundamentals of Modern Manufacturing, 4th Edition by Mikell P. Groover, 2010. Reprinted with permission of John Wiley & Sons, Inc.).

일반적으로 전단 응력과 변형률은 [그림 3.12]에서 보여주는 바와 같이 얇은 관 시편에 토크를 가하는 비틀림시험torsion test으로 측정한다. 토크가 증가함에 따라 관은 비틀림에 의해 변형을 일으키게 되고, 이러한 기하학적 변화가 전단변형률로 나타난다. 이러한 시험에서 전단응력은 다음과 같이 결정된다.

$$\tau = \frac{T}{2\pi R^2 t} \tag{3.16}$$

여기서 T=가해진 토크 N-mm, R=벽의 중심축에서 측정한 반지름 mm, t=벽 두께 mm이다. 전단변형률은 관이 각 변위를 변형 길이로 환산한 다음 표점거리 L로 나눠 계산한다. 이를 간단히 식으로 나타내면

$$\gamma = \frac{R\alpha}{L} \tag{3.17}$$

여기서 α=각 변위radians이다.

전형적인 전단 응력–변형률 선도를 [그림 3.13]에 나타냈다. 탄성영역에서 관계식은 다음과 같이 정의된다.

$$\tau = G\gamma \tag{3.18}$$

여기서 G=전단계수shear modulus 혹은 전단탄성계수shear modulus of elasticity MPa이다. 대부분의 재료에서 E가 일반적인 탄성계수일 때 전단계수 G는 $G=0.4E$로서 근사적으로 계산할 수 있다.

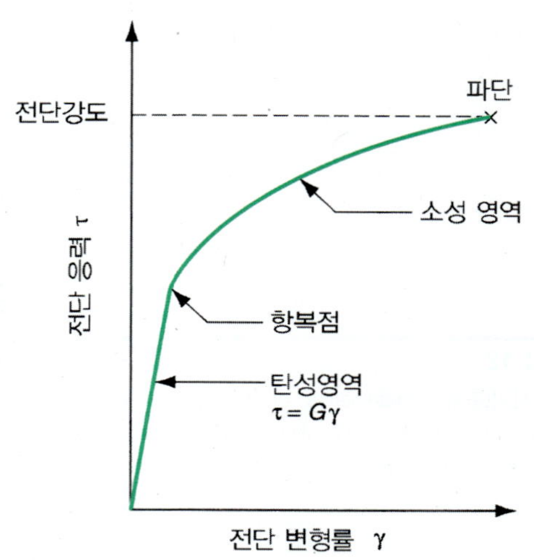

그림 3.13

비틀림시험에서의 전형적인 전단 응력–변형률 선도

(출처: Fundamentals of Modern Manufacturing, 4th Edition by Mikell P. Groover, 2010. Reprinted with permission of John Wiley & Sons, Inc.).

전단 응력–변형률 선도의 소성영역에서는 재료의 변형경화로 인해 최종적으로 파단이 일어날 때까지 가해지는 토크가 계속 증가하게 된다. 이 영역에서의 상관관계는 유동곡선에서와 비슷하다. 파단 시의 전단응력을 계산할 수 있는데, 이는 재료의 전단강도shear strength S로 사용된다. 인장강도 값으로부터 산출할 수 있는 전단강도를 대략적으로 표시하면 $S = 0.7(TS)$이다.

인장시험과 압축시험에서와는 달리 비틀림시험에서 시편의 단면적은 변화하지 않기 때문에 비틀림시험에서 구한 전단 공칭 응력–변형률 선도는 사실상 진 응력–변형률 선도와 거의 동일하다.

전단공정은 산업체에서 가장 흔한 공정이다. 전단작업은 블랭킹, 펀칭 혹은 기타 작업(14.1절) 등에서 금속박판을 절단하는데 사용된다. 절삭가공에서도 재료는 전단변형의 메커니즘에 의해 제거된다(15.2절).

3.2 경도

재료의 경도는 일정한 압입에 대한 재료의 저항으로 정의된다. 일반적으로 우수한 경도라는 것은 재료가 흠집이나 마모에 잘 견딘다는 것을 의미한다. 제조에 사용되는 대부분의 공구를 포함해 많은 공업적인 응용분야에서 흠집과 마모에 대한 저항은 매우 중요한 특성이다. 이 절의 마지막에서 설명하겠지만 경도와 강도 사이에는 매우 밀접한 상관관계가 있다.

3.2.1 경도시험

경도시험은 매우 빠르고 간단하게 수행하기 때문에 재료특성을 평가하는데 흔히 사용된다. 그러나 재료들마다 경도가 다르기 때문에 다양한 시험방법들이 있다. 가장 잘 알려진 경도시험 방법은 브리넬과 로크웰 시험법이다.

브리넬 경도시험 브리넬 경도시험Brinell Hardness Test은 중간 이하의 경도를 지니는 금속이나 비금속을 시험하는데 널리 사용된다. 1900년대 경에 이 방법을 발명한 스웨덴의 엔지니어 이름을 따서 지었다. 지름 10mm의 경화강(혹은 초경합금)으로 만든 강구로 시험편의 표면을 500, 1500 또는 3000kg의 하중으로 누른다. 하중을 압입된 단면적으로 나누면 브리넬 경도값Brinell Hardness Number: BHN을 구할 수 있다. 공식은,

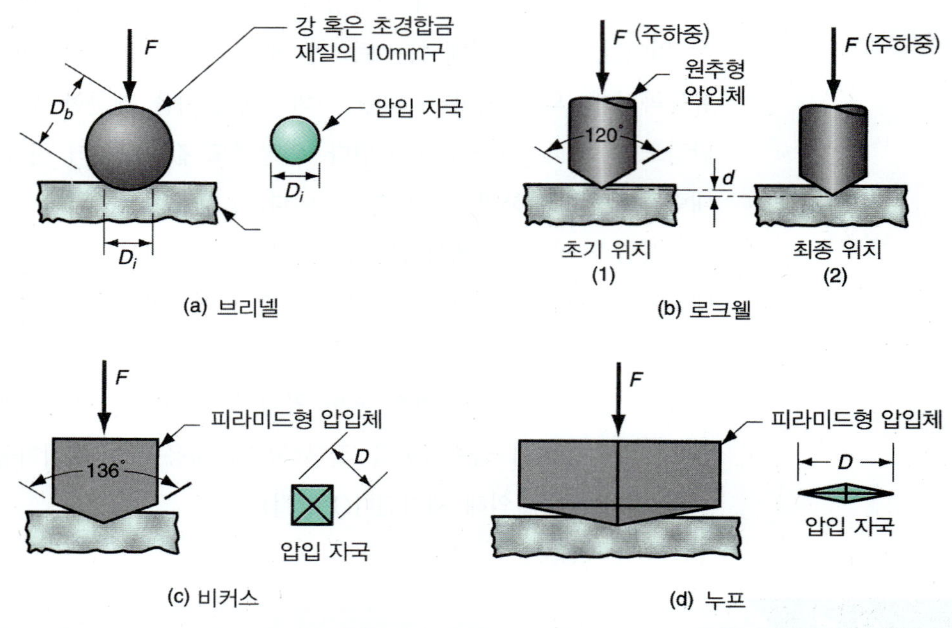

그림 3.14 경도시험법 (a)브리넬, (b)로크웰 (1)초기 부하중, (2)주하중, (c)비커스, (d)누프(출처: Fundamentals of Modern Manufacturing, 4th Edition by Mikell P. Groover, 2010. Reprinted with permission of John Wiley & Sons, Inc.).

$$HB = \frac{2F}{\pi D_b\left(D_b - \sqrt{D_b^2 - D_i^2}\right)} \tag{3.19}$$

여기서 HB=브리넬 경도값(BHN), F=압입하중 kg, D_b=구의 지름 mm, D_i=표면의 압입자국의 지름 mm다. 이들 치수를 [그림 3.14(a)]에 나타냈다. BHN의 결과적인 단위는 kg/mm^{2}이지만, 단위는 보통 생략하고 숫자만으로 표시한다. 강구는 탄성변형이 일어나므로 측정의 정밀도를 보상하기 위해 경한 재료(500BHN 이상)들에 대해서는 초경합금으로 된 구를 사용한다. 아울러 더 큰 하중(1500 또는 3000kg)이 더 경한 재료의 시험에 사용된다. 다른 하중 하에서는 다른 결과가 나오기 때문에 HB값을 읽을 때는 사용된 하중도 표시해야 한다.

로크웰 경도시험 이 시험법도 널리 이용되는 방법으로서, 1920년대 초에 이 방법을 개발한 금속학자의 이름을 따서 지었다. 이 시험법은 사용이 매우 편리하며 해를 거듭해 오면서 다양한 재료에 적합하도록 몇 가지 개선된 시험법들이 개발되었다.
로크웰 경도시험Rockwell Hardness Test은 지름 1.6 또는 3.2mm(1/16 또는 1/8in)의 작은

표 3.5 일반적인 로크웰 경도 스케일[8]

로크웰 스케일	경도 단위	압입체	하중(kg)	적용 재료
A	HRA	원추	60	카바이드, 세라믹
B	HRB	1.6mm 구	100	비철금속
C	HRC	원추	150	철금속, 공구강

구나 원추형 압입체가 재료에 자리를 잡을 수 있도록 10kg의 부하중으로 시편을 누른다. 그 다음 150kg(또는 그 이상)의 주하중을 가해 압입체가 초기 위치 이후로 일정한 거리만큼 시편 속으로 침입되도록 한다. 이 추가적인 침입거리 d는 시험기에 의해 읽혀져 로크웰 경도값으로 환산된다. 이들의 과정을 [그림 3.14]에 나타냈다. 각기 다른 재료들에 대해 하중과 압입체 형상에 따라 달라지는 다양한 로크웰 스케일을 [표 3.5]에 나타냈다.

비커스 경도시험 이 시험법도 1920년대 초에 개발되었으며, 다이아몬드로 된 피라미드 형태의 압입체를 사용한다. 이 방법은 하중에 관계없이 압입체에 의해 만들어진 자국은 기하학적으로 닮은꼴이라는 원리에 기초하고 있다. 측정하고자 하는 재료의 경도에 따라 다양한 크기의 하중이 가해진다. 비커스Vickers 경도값(HV)은 다음 식으로 얻어진다.

$$HV = \frac{1.854\,F}{D^2} \tag{3.20}$$

여기서 F=작용하중 kg, D=[그림 3.14(c)]에 나타낸 바와 같이 압입체에 의해 만들어진 자국의 대각선 길이 mm다. 비커스시험은 모든 금속에 대해 사용할 수 있으며, 가장 넓은 범위의 스케일을 갖는 경도 시험법 중 하나다.

누프 경도시험 1939년에 개발된 누프Knoop시험법은 [그림 3.14(d)]에 나타낸 바와 같이 길이 대 너비 비가 7:1인 피라미드 형태의 다이아몬드 압입체를 사용하며, 가해지는 하중은 일반적으로 비커스시험에서보다 낮다. 이 방법은 미세 경도시험법으로서 작고 얇은 시편이나, 큰 하중을 가하면 파괴될 가능성이 있는 경한 재료의 경도측정에 적합하다. 압입체의 형상은 이 시험에 사용되는 작은 하중 하에서의 자국을 읽기가 용이하도록 만든다. 누프의 경도값(HK)은 다음 식으로 얻어진다.

$$HK = 14.2\frac{F}{D^2} \tag{3.21}$$

여기서 F=하중 kg, D=압입체의 긴 대각선 길이 mm다. 이 시험에서 만들어진 자국은 일반적으로 매우 작으므로 측정하고자 하는 시편의 표면을 준비하는데 매우 세심한 주의가 필요하다.

3.2.2 다양한 재료의 경도

이 절에서는 대표적인 공업재료인 금속, 세라믹, 중합체의 3가지 종류에 대한 경도값들을 비교한다.

금속 금속이 주된 공업재료인 시기에 브리넬과 로크웰 경도시험법이 동시에 개발되었다. 이들 시험을 통해 금속에 대한 매우 많은 양의 데이터들이 축적되어 있다. [표 3.6]에 대표적인 금속들의 경도값을 나타냈다.

표 3.6 대표적인 금속의 경도[11][12][17]

금속	브리넬 경도(HB)	로크웰 경도(HR[a])	금속	브리넬 경도(HB)	로크웰 경도(HR[a])
알루미늄, 열처리(풀림)	20		마그네슘합금, 경화[b]	70	35B
알루미늄, 냉간가공	35		니켈, 열처리(풀림)	75	40B
알루미늄합금, 열처리(풀림)[b]	40		저탄소강, 열간압연[b]	100	60B
알루미늄합금, 경화[b]	90	52B	고탄소강, 열간압연[b]	200	95B, 15C
알루미늄합금, 주조[b]	80	44B	합금강, 열처리(풀림)[b]	175	90B, 10C
회주철, 주조[b]	175	10C	합금강, 열처리[b]	300	33C
구리, 열처리(풀림)	45		스테인리스강, 오스테나이트계[b]	150	85B
구리합금, 황동, 열처리(풀림)	100	60B	순수 티타늄	200	95B
납	4		아연	30	

[a]B와 C는 각각 HRB와 HRC를 의미, 값이 없는 것은 로크웰로 측정하기에 경도가 너무 작은 것이다.
[b]경도값은 조성, 열처리, 가공경화의 정도에 따라 변한다.

대부분 금속에서 경도는 강도와 밀접히 관련되어 있다. 경도를 측정하는 방법이 압축의 일종인 압입에 대한 저항에 기초를 두고 있기 때문에, 압축시험에 의해 결정되는 강도와 경도 사이에는 밀접한 상관관계가 있음을 예상할 수 있다. 그러나 각 시편들의 단면적 변화만을 허용한다면, 압축시험에서의 강도특성은 인장시험에서의 강도특성과 거의 동일하기 때문에, 인장특성과 경도와의 상관관계도 역시 좋게 된다. 강에 대한 브리넬 경도값(HB)은 최대인장강도(TS)와 밀접한 상관관계를 보이며 다음과 같은 관계가 있다[10], [16].

$$TS = K_h(HB) \tag{3.22}$$

여기서 K_h는 비례상수다. 만일 TS가 MPa로 표시되면 K_h=3.45이고, 만일 TS가 lb/in^{2}이면 K_h=500이 된다.

세라믹 시험하고자 하는 재료가 압입체 구보다 더 경한 경우가 있기 때문에 브리넬 경도시험은 세라믹 재료에는 적합하지 않다. 이와 같이 경한 재료에는 비커스나 누프 경도시험이 사용된다. [표 3.7]에는 세라믹 재료와 기타 경한 재료들에 대한 경도값을 나타냈다. 이들 각각의 값들을 비교하면 경화공구강에 대한 로크웰 C 경도는 65HRC이다. HRC 스케일은 더 경한 재료에 사용할 만큼 충분히 높지 않다.

중합체 중합체 재료는 3가지 공업재료 중에서 가장 낮은 경도를 가진다. 브리넬 경도 시험방법이 중합체 재료에 잘 사용되지는 않지만, 몇 가지 중합체에 대한 브리넬 경도값을 [표 3.8]에 나타냈다. 하지만 이들 값은 금속의 경도와 비교할 수 있다.

표 3.7 대표적인 세라믹과 기타 경한 재료의 경도[15][17]

재료	비커스 경도(HV)	누프 경도(HK)	재료	비커스 경도(HV)	누프 경도(HK)
경화공구강[a]	800	850	질화티타늄	3000	2300
초경합금[a]	2000	1400	티타늄카바이드	3200	2500
알루미나	2200	1500	입방정질화붕소	6000	4000
텅스텐카바이드	2600	1900	합성다이아몬드	7000	5000
실리콘카바이드	2600	1900	천연다이아몬드	10,000	8000

[a] 경화공구강과 초경합금은 브리넬 경도 시험에서 보통 사용된다.

표 3.8 대표적인 중합체의 경도[5][8]

중합체	브리넬 경도(HB)	중합체	브리넬 경도(HB)
나일론	12	폴리프로필렌	7
페놀포름알데히드	50	폴리스티렌	20
저밀도 폴리에틸렌	2	PVC	10
고밀도 폴리에틸렌	4		

3.3 기계적 성질에서 온도의 영향

온도는 재료의 기계적 성질에 매우 큰 영향을 미친다. 설계자들에게는 제품이 사용될 때 실제 작동온도에서의 재료특성을 아는 것이 매우 중요하다. 또한 온도가 제조에서 기계적 성질에 얼마나 영향을 주는가를 아는 것도 중요하다. 온도가 올라가면 재료의 강도는 낮아지고 연성은 높아진다. 금속에 대한 일반적 관계를 [그림 3.15]에 나타냈다. 대부분의 금속은 낮은 온도에서보다 높은 온도에서 적은 힘과 동력으로 성형할 수 있다.

고온경도 높은 온도에서 강도와 경도의 특징을 나타내는데 사용되는 기계적 특성이 고온경도다. 고온경도hot hardness는 간단하게는 높은 온도에서 재료가 경도를 유지하는 능력을 말하며 이는 일반적으로 다른 온도들에 대한 경도값의 목록표지만 [그림 3.16]에서와 같이 경도 대 온도의 함수로 표현된다. 그림에서 볼 수 있는 바와 같이 강은 합금을 함으로써 고온경도 면에서 크게 개선된다. 세라믹은 높은 온도에서 우수한 성질을 보인다. 이들 재료들은 터빈부품, 절삭공구, 내화용 등의 고온 적용에 사용된다. 우주왕복선 외부의 세라믹 타일은 대기권에 고속으로 재진입할 때의 마찰열에 견디기 위해 사용된다.

많은 제조공정에 사용되는 공구류들의 재료에서는 우수한 고온경도를 필요로 한다. 대부분의 금속가공 공정에서 많은 양의 열에너지가 생성되기 때문에 공구는 고온에서 충분히 견딜 수 있어야 한다.

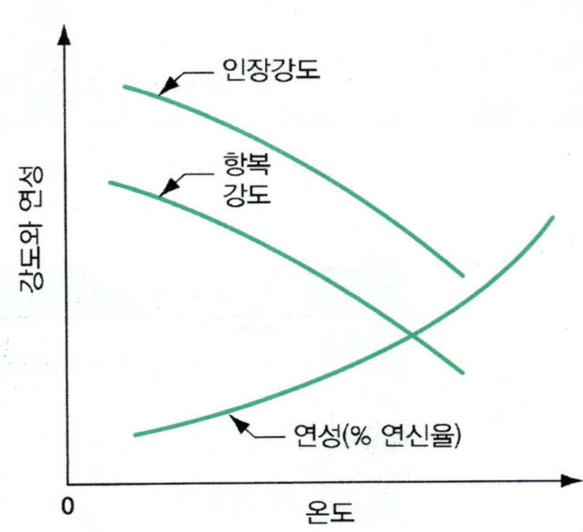

그림 3.15
온도가 강도와 연성에 미치는 영향(출처: Fundamentals of Modern Manufacturing, 4th Edition by Mikell P. Groover, 2010. Reprinted with permission of John Wiley & Sons, Inc.).

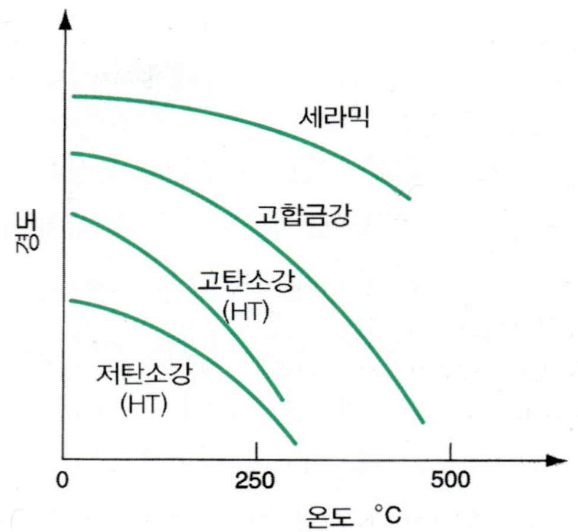

그림 3.16
고온경도: 각 재료에 대한 온도를 함수로 한 경도(출처: Fundamentals of Modern Manufacturing, 4th Edition by Mikell P. Groover, 2010. Reprinted with permission of John Wiley & Sons, Inc.).

재결정 온도 상온에서 대부분의 금속은 소성영역에서 유동곡선을 따라 거동한다. 금속은 변형되면 변형경화(변형경화지수 $n > 0$)로 인해 강도가 증가한다. 그러나 금속을 아주 높은 온도로 가열해 변형시키면 변형경화가 나타나지 않는다. 대신 변형이 없는 새로운 결정립이 형성되고, 금속은 마치 완전소성재료(변형경화지수 $n = 0$)인 것처럼 거동한다. 새롭게 형성된 무변형 결정립을 재결정recrystallization이라 하고, 이는 절대온도(R 혹은 K)로서 측정했을 때, 용융점의 절반 정도($0.5\,T_m$)되는 온도에서 발생하며 이를 재결정 온도recrystallization temperature라 한다. 재결정되는 데는 시간이 걸린다. 특정한 금속에 대한 재결정 온도는 보통 한 시간 정도에 새로운 결정립이 완전히 형성되는 온도로서 규정한다.

재결정은 제조에 활용할 수 있는 금속의 온도 의존특성이다. 변형 전에 금속을 재결정 온도로 가열하면 금속이 견딜 수 있는 변형의 양은 매우 증가하며, 공정을 수행하는데 필요한 힘과 동력은 현저하게 감소한다. 재결정 온도 이상의 온도에서 금속을 성형하는 것을 열간가공hot working(12.3절)이라 한다.

3.4 유체특성

유체는 고체와 다르게 거동한다. 유체는 흐르며, 그것을 담고 있는 용기의 모양에 따라 변한다. 고체는 흐르지 않으며, 그것의 주위와는 무관하게 기하학적 형상을 유지한다. 유체는 액체와 기체를 포함한다. 이 절에서의 관심사는 전자의 경우다. 많은 제조공정들은 가열에 의해 고체에서 액체 상태로 재료를 변환시킨다. 금속들은 용융

상태에서 주조되고, 유리는 가열해 높은 유동상태에서 성형되며, 중합체들은 거의 항상 짙은 액체 상태에서 성형된다.

점성 흐름이 유체의 특성을 결정하긴 하지만 흐름의 경향은 유체마다 다양하다. 대략적으로 점성viscosity은 유체의 특성인 흐름에 대한 저항으로 정의할 수 있다. 이는 유체 내에 속도구배가 존재할 때 일어나는 내부 마찰의 정도로서, 유체의 점성이 커질수록 내부 마찰은 높아지고, 흐름에 대한 저항은 커진다. 점성의 상반된 개념은 유동성fluidity으로서 유체흐름의 쉬운 정도를 나타낸다.

[그림 3.17]에서와 같이 거리 d만큼 떨어진 2개의 평판을 이용해 점성을 보다 상세히 정의할 수 있다. 한 개의 평판은 정지되어 있고, 다른 평판은 속도 v로 움직이고 있으며, 평판 사이의 공간은 유체로 채워져 있다. 이들 매개변수들을, d는 y축 방향으로, v는 x축 방향으로 하는 축계로서 설정한다. 상판의 운동은 유체의 전단점성작용을 일으키는 힘 F에 의해 유지된다. 이 힘은 F를 평판의 면적 A로 나눔으로써 전단응력으로 표현될 수 있다.

$$\tau = \frac{F}{A} \tag{3.23}$$

여기서 τ=전단응력 N/m^2 또는 Pa이다. 이 전단응력은 전단속도와 관련이 있으며, dy에 대한 속도변화 dv로서 정의된다. 즉

$$\dot{\gamma} = \frac{d\nu}{dy} \tag{3.24}$$

여기서 $\dot{\gamma}$=전단속도 1/s, dv=속도의 증분변화량 m/s, dy=거리 y의 증분변화량 m이다. 전단점성은 F/A와 dv/dy 사이의 상관관계를 결정하는 유체의 물성이다. 즉

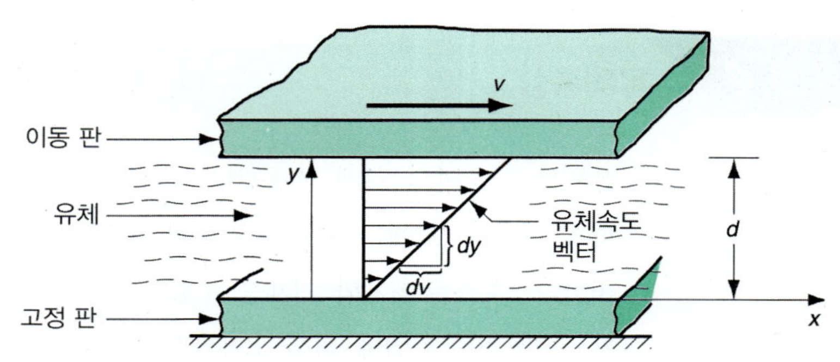

그림 3.17
두 평행 평판 사이의 유체흐름(출처: Fundamentals of Modern Manufacturing, 4th Edition by Mikell P. Groover, 2010. Reprinted with permission of John Wiley & Sons, Inc.).

$$\frac{F}{A} = \eta \frac{d\nu}{dy} \text{ 혹은 } \tau = \eta \dot{\gamma} \tag{3.25}$$

여기서 η=점성계수라 불리는 비례상수 Pa-s이다. 식 (3.25)를 다시 정리하면, 점성계수는 다음과 같이 나타낼 수 있다.

$$\eta = \frac{\tau}{\dot{\gamma}} \tag{3.26}$$

따라서 유체의 점성은 두 평판 사이를 흐르는 동안 전단응력과 전단속도와의 비로 정의할 수 있다. 여기서 전단응력은 단위면적당 유체에 가해진 마찰력이며, 전단속도는 유체의 흐름방향과 수직한 방향으로의 속도구배이다. 식 (3.26)으로 정의된 유체의 점성특성은 뉴턴에 의해 처음으로 규명되었다. 그는 주어진 유체에 대해 점성은 일정한 물성이라 보았으며, 이러한 유체를 뉴턴유체Newtonian fluid라 불렀다. 다양한 유체들에 대한 일반적 점성계수의 값을 [표 3.9]에 나타냈다. 몇몇 재료에서는 온도에 따른 점성변화를 관찰할 수 있다.

표 3.9 대표적인 유체의 점성값

재료	점성 계수		재료	점성 계수	
	Pa-s	lb-sec/in^2		Pa-s	lb-sec/in^2
유리[b], 540° C(1000° F)	10^{12}	10^8	팬케이크시럽(상온)	50	73×10^{-4}
유리[b], 815° C(1500° F)	10^5	14	중합체[a], 151° C(300° F)	115	167×10^{-4}
유리[b], 1095° C(2000° F)	10^3	0.14	중합체[a], 205° C(400° F)	55	80×10^{-4}
유리[b], 1370° C(2500° F)	15	22×10^{-4}	중합체[a], 260° C(500° F)	28	41×10^{-4}
수은, 20° C(70° F)	0.0016	0.23×10^{-6}	물, 20° C(70° F)	0.001	0.15×10^{-4}
윤활유(상온)	0.1	0.14×10^{-4}	물, 100° C(212° F)	0.0003	0.04×10^{-4}

[a]저밀도 폴리에틸렌이 예시된 중합체이다. 기타 대부분의 중합체들은 점성이 약간 높다.
[b]유리성분은 대부분 SiO_2이다. 조성과 점성은 변한다.

제조공정에서의 점성 많은 금속들에 대한 용융상태에서의 점성은 상온에서 물의 점성과 비교된다. 주조와 용접 같은 제조공정은 금속이 용융된 상태에서 진행되며, 이들 작업은 용융금속이 응고하기 전에 주형의 공간을 채우거나, 용접 부위를 채울 수 있도록 낮은 점성이 요구된다. 금속성형이나 기계가공과 같은 작업에서는 윤활제나 냉각제가 공정에 사용되며, 이들 유체들도 어느 정도는 점성의 영향을 받는다.

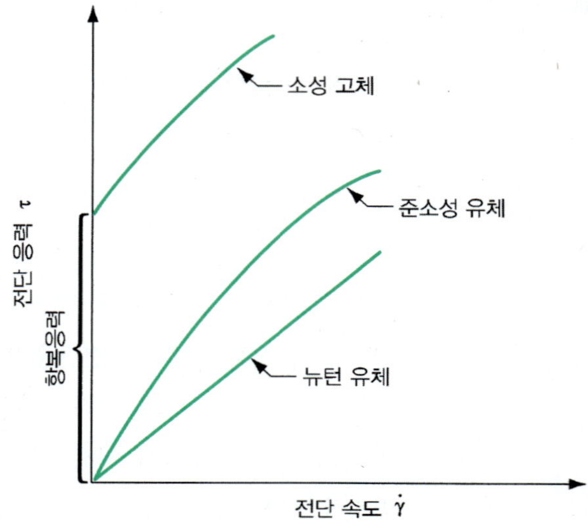

그림 3.18

뉴턴 유체와 준소성 유체의 점성거동(출처: Fundamentals of Modern Manufacturing, 4th Edition by Mikell P. Groover, 2010. Reprinted with permission of John Wiley & Sons, Inc.).

유리 세라믹은 온도가 올라감에 따라 점진적으로 고체에서 액체 상태로 전이되며, 순수금속에서와 같이 급속하게 용융되지 않는다. [표 3.9]에는 여러 온도들에 대해 유리의 점도 변화를 나타냈다. 상온에서 유리는 취성 고체이며 흐름을 보이지 않는다. 실제적으로 점성은 무한대다. 유리가 가열되면 점차적으로 연해지고, 1100°C 근처에서 세공작업이나 혹은 주형에 의해 마지막 성형될 때까지 점성을 점점 잃게 된다(유동성은 더욱더 늘어난다).

대부분의 중합체–성형공정은 재료가 유체상태 내지는 높은 소성조건을 나타내는 높은 온도에서 진행된다. 열가소성 중합체는 가장 직접적인 예로 이들은 가장 일반적인 중합체에 해당한다. 낮은 온도에서 열가소성 중합체는 고체이지만 온도가 올라감에 따라 처음에는 연한 고무와 같은 재질로 바뀌었다가, 나중에는 점성이 낮은 짙은 유체로 된다.

[표 3.9]에서와 같이 가장 많이 이용되는 중합체인 폴리에틸렌의 경우처럼 온도가 계속 올라가면 점도는 점진적으로 감소한다. 그러나 다른 인자들에 의해 중합체와의 관계는 더욱 복잡해진다. 예를 들어 점성은 유동속도에 영향을 받는다. 열가소성 중합체의 점도는 일정하지 않다. 용융된 중합체는 뉴턴유체와 같은 거동을 하지 않는다. 이것의 전단응력과 전단속도와의 관계를 [그림 3.18]에서 볼 수 있다. 전단속도가 증가함에 따라 점도가 떨어지는 특성을 보이는 유체를 준소성pseudoplastic이라 부른다. 이러한 거동은 중합체 성형의 해석을 어렵게 한다.

3.5 중합체의 점탄성 거동

중합체의 또 다른 특성은 점탄성이다. 점탄성viscoelasticity이란 변형률이 시간에 따라 응력과 온도의 조합으로 결정되어지는 재료의 특성을 의미한다. 이름에 나타나 있는 것처럼 이는 점성과 탄성이 조합된 것이다. [그림 3.19]를 참고로 점탄성을 설명한다. 그림의 두 부분은 임의의 시간 동안 항복점 아래까지 응력이 가해진 두 재료에 대한 전형적인 반응을 보여준다.

[그림(a)]에서 재료는 완전탄성으로서 응력이 제거되면 재료는 원래의 형태로 되돌아온다. 반면 [그림(b)]의 재료는 점탄성 거동을 보여준다. 시간이 경과함에 따라 변형률의 양은 가해진 응력 하에서 점진적으로 증가한다. 응력이 제거되면 재료는 곧바로 원래 형태로 되돌아오지 않고 변형률이 점진적으로 감소한다. 만일 응력이 가해지고 나서 갑자기 제거되면, 재료는 초기 형상으로 곧바로 회복될 것이다. 그러나 시간의 효과가 그림에 나타나게 되고 재료의 거동에 중요한 역할을 한다.

우선적으로 탄성의 정의를 이용해 점탄성의 간단한 모델을 나타낼 수 있다. 탄성은 변형률과 응력 사이에 비례관계를 나타내는 Hooke의 법칙 $\sigma = E\epsilon$으로 간단히 표현

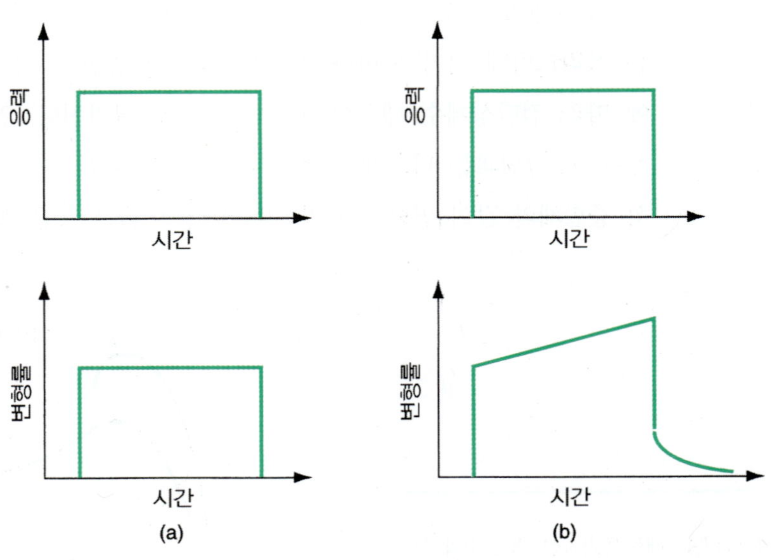

그림 3.19 탄성과 점탄성의 비교 (a)시간에 따라 응력이 가해지는 재료의 완전탄성 반응, (b)같은 조건 하에서 점탄성 재료의 반응. (b)의 재료에서는 변형률이 시간과 온도의 함수다(출처: Fundamentals of Modern Manufacturing, 4th Edition by Mikell P. Groover, 2010. Reprinted with permission of John Wiley & Sons, Inc.).

할 수 있다. 점탄성 고체에서 응력과 변형률 사이의 관계는 시간에 의존하며 다음과 같이 나타낼 수 있다.

$$\sigma(t) = f(t)\epsilon \qquad (3.27)$$

시간함수 $f(t)$는 탄성계수가 시간에 의존하는 것으로 개념화될 수 있다. 그것은 $E(t)$로 쓸 수 있으며 점탄성계수를 나타낸다. 이 시간함수의 형태는 복잡하고, 종종 변형률을 인자로서 포함하게 된다. 수학적 표현이 없이도 시간 의존성의 영향을 고찰할 수 있다. 하나의 일반적인 영향을 [그림 3.20]에서 볼 수 있는데, 열가소성 중합체에 대한 서로 다른 변형속도 하에서의 응력–변형률 거동을 보여준다. 느린 변형속도에서 재료는 강한 점성유동을 나타낸다. 빠른 변형속도에서는 훨씬 더 취성의 형태로 거동한다.

온도는 점탄성의 한 인자다. 온도가 증가함에 따라 점성적 거동이 탄성적 거동에 비해 점점 더 현저하게 나타난다. 재료는 점점 더 유체와 같아진다. [그림 3.21]은 열가소성 중합체에 대한 이러한 온도 의존성을 보여준다. 낮은 온도에서 중합체는 탄성거동을 보인다. 온도 T가 유리천이온도 T_g를 넘게 되면 중합체는 점탄성을 갖게 된다. 온도가 더 증가하게 되면, 재료는 더 연해지고 고무처럼 된다.

더 높은 온도에서는 점성적인 특징을 나타낸다. 이러한 거동 형태를 결정하는 온도는 플라스틱에 따라 변한다. 또한 열가소성 중합체 내의 결정과 비결정구조의 비율에 따라 점탄성계수 대 온도곡선의 형태가 달라진다. 열경화성 중합체와 탄성 중합체는 이 그림과는 다르게 거동한다. 경화 후 이들 중합체는 높은 온도에서도 열가소성 중합체와 같이 연화되지 않는다. 대신 이들은 높은 온도에서 분해(탄화)된다.

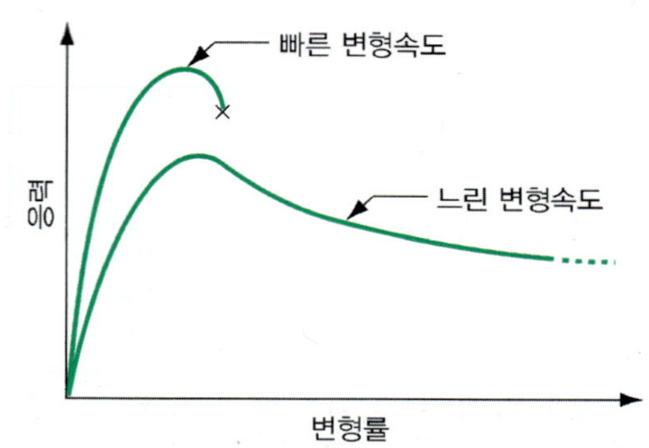

그림 3.20
다른 변형속도에서 점탄성재료(열가소성 중합체)의 응력–변형률 곡선(출처: Fundamentals of Modern Manufacturing, 4th Edition by Mikell P. Groover, 2010. Reprinted with permission of John Wiley & Sons, Inc.).

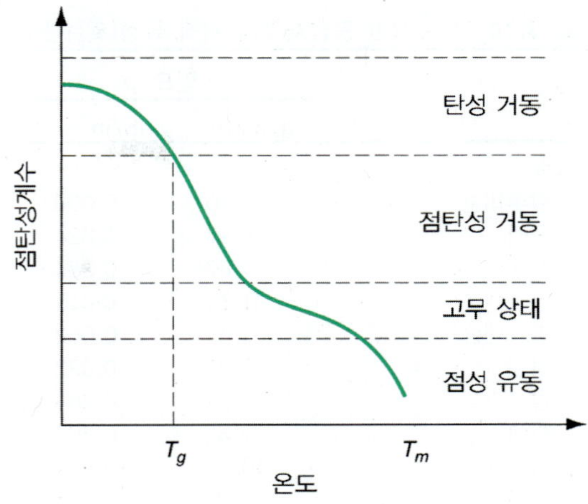

그림 3.21
열가소성 중합체에 대한 온도의 함수로서의 점탄성계수
(출처: Fundamentals of Modern Manufacturing, 4th Edition by Mikell P. Groover, 2010. Reprinted with permission of John Wiley & Sons, Inc.).

점탄성 거동은 중합체가 용융될 때 형상기억의 형태로 나타난다. 짙은 중합체 용융 상태로서 어떤 형상에서 다른 형상으로 변환됨에 따라 이전의 형상을 '기억'해 원래의 기하학적 형상으로 되돌아가려 한다. 예를 들어, 중합체 압출에서의 일반적인 문제는 다이 팽윤die swell이며, 이는 좁은 구멍을 통과한 중합체가 직전의 압출기 통 크기로 돌아가고자 하는 것에 기인한다. 점성과 점탄성의 성질에 대해서는 제8장의 플라스틱 성형에서 보다 자세히 다룬다.

3.6 체적과 용융특성

이들 성질은 고체의 부피와 관련되어 있으며, 또한 온도에 의해 어떠한 영향을 받는가에 달려 있다. 이들 성질에는 밀도, 열팽창, 용융점 등이 포함된다. 이들을 아래에서 설명하고, 대표적 공업재료들에 대한 특성의 전형적인 값을 [표 3.10]에 나타냈다.

3.6.1 밀도와 열팽창

공학적으로 재료의 밀도는 단위체적당 무게다. 기호는 ρ이고, 일반적인 단위는 g/cm^3이다. 원자번호와 원자 반지름, 원자 충전도와 같은 다른 인자들에 의해 원소의 밀도가 결정된다. 비중specific gravity이라는 용어는 어떤 재료의 밀도를 물의 밀도와 비교해 나타낸 비율로서 단위는 없다.

어떤 응용에서든 재료의 선정에 있어 밀도는 매우 중요한 고려 대상이지만 이것만이

표 3.10 대표적인 공업재료의 체적 특성[8][11]

재료	밀도 ρ		열팽창 계수 α		용융 온도 T_m	
	g/cm³	lb/in³	°C⁻¹×10⁻⁶	°F⁻¹×10⁻⁶	°C	°F
금속						
알루미늄	2.70	0.098	24	13.3	660	1220
구리	8.97	0.324	17	9.4	1083	1981
철	7.87	0.284	21.1	6.7	1539	2802
납	11.35	0.410	29	16.1	327	621
마그네슘	1.74	0.063	26	14.4	650	1202
니켈	8.92	0.322	13.3	7.4	1455	2651
강	7.87	0.284	12	6.7	a	a
주석	7.31	0.264	23	12.7	232	449
텅스텐	19.30	0.697	4.0	2.2	3410	6170
아연	7.15	0.258	40	22.2	420	787
세라믹						
유리	2.5	0.090	1.8–9.0	1.0–5.0	b	b
알루미나	3.8	0.137	9.0	5.0	NA	NA
실리카	2.66	0.096	NA	NA	b	b
중합체						
페놀수지	1.3	0.047	60	33	c	c
나일론	1.16	0.042	100	55	b	b
테프론	2.2	0.079	100	55	b	b
천연고무	1.2	0.043	80	45	b	b
저밀도폴리에틸렌	0.92	0.033	180	100	b	b
폴리스티렌	1.05	0.038	60	33	b	b

[a]강의 용융특성은 조성에 따라 변한다.
[b]고온에서 연화되어 용융점이 확실히 구별되지 않는다.
[c]고온에서 화학적으로 열화된다. NA=특성값을 구할 수 없음.

관심 대상은 아니다. 강도도 역시 중요하기 때문에 이들 2가지 성질은 종종 강도 대 무게비strength-to-weight ratio와 관련되어 있으며, 이는 재료의 인장강도를 그 밀도로 나눈 값이다. 이 비율은 무게와 에너지를 고려해야 하는 비행기, 자동차, 그 밖의 다른 제품들의 구조설계 시에 재료를 선정하는데 매우 유용하게 사용된다.

재료의 밀도는 온도의 함수다. 일반적으로 온도가 증가하면 밀도는 감소하는 경향이 있다. 바꿔 말하면 단위무게 당 부피는 온도에 따라 증가한다. 열팽창은 밀도에 대한 온도의 이러한 영향을 나타내는 용어다. 이는 일반적으로 열팽창계수coefficient of thermal로 표현되며 단위는 mm/mm°C로 온도 당 길이의 변화로 측정된다. 측정과 적용의 편의를 위해 부피 비율보다는 길이 비율이 더 많이 사용된다. 보통 설계 시에는 부피의 변화보다는 치수의 변화가 더 관심의 대상이 된다. 주어진 온도변화에 대한 길이의 변화는 다음과 같이 표현된다.

$$L_2 - L_1 = \alpha L_1 (T_2 - T_1) \quad (3.25)$$

여기서 α=열팽창계수 °C^{-1}이며, L_1과 L_2는 T_1과 T_2°C의 온도에서 각각의 길이 mm다.

[표 3.10]에 주어진 열팽창계수의 값들은 온도에 대해 근사적으로 선형적인 관계를 보이고 있다. 온도에 의해 길이가 영향을 받을 뿐만 아니라 열팽창계수 자체도 온도의 영향을 받는다. 어떤 재료에서는 온도에 따라 증가하며 어떤 재료에서는 감소하기도 한다. 이들의 변화는 일반적으로 크지 않기 때문에 표에 나타낸 것과 같은 값들은 생각되는 작동온도 범위의 설계 계산에 매우 유용하게 사용될 수 있다. 금속이 고체에서 액체로 혹은 결정구조에서 다른 구조로 상변태를 하게 되면 열팽창계수의 변화는 보다 더 뚜렷해진다.

제조공정에서 열팽창 특성은 부품의 한쪽은 크기를 줄이면서 다른 쪽은 크게 하여 조립을 하는 수축박음이나 팽창박음(25.3절) 등에 유용하게 사용된다. 부품의 온도가 주위 온도로 되돌아오면 억지 끼워맞춤의 조립품이 얻어진다. 열처리(제20장)와 용접(23.6절) 등의 공정에서도 재료 내에 열응력이 발생하므로 열팽창이 문제가 될 수 있다.

3.6.2 용융특성

순수원소에 대해 용융점melting point T_m은 재료가 고체에서 액체로 변환되는 온도다. 액체에서 고체로의 역변환도 같은 온도에서 일어나며, 이를 응고점freezing point이라 부른다. 금속과 같은 결정질 원소에서는 용융온도와 응고온도가 같다. 고체에서 액체로 변환하기 위해서는 용융열heat of fusion이라는 열에너지가 이 온도에서 필요하다.

여기서 설명한 바와 같이 특정 온도에서 금속원소의 용융은 평형조건을 가정하고 있다. 자연계에서는 예외가 발생한다. 예를 들어 용융금속이 냉각될 때 결정핵이 곧바로 생성되지 않으면 응고점 이하에서도 액체 상태를 유지한다. 이러한 현상이 발생할 때 액체는 과냉supercooled되었다고 말한다.

용융과정에는 다른 방식도 있으며 재료마다 용융방식이 다르다. 예를 들어, 순수금속과는 달리 대부분의 합금에서는 하나의 용융점을 갖는 것이 아니다. 용융은 고상선solidus이라 불리는 특정온도에서 시작되고, 온도가 증가해 액상선liquidus이라 불리는 온도에서 완전히 액체로 변환될 때까지 계속 진행된다. 두 온도 사이에서 합금은 고체와 용융금속이 혼합된 상태이며, 각각의 양은 액상선과 고상선으로부터의 상대거리에

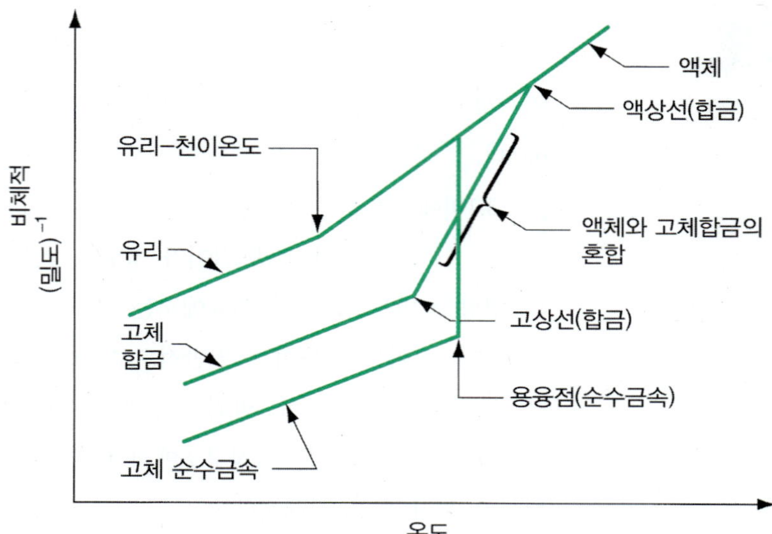

그림 3.22
온도에 따른 단위무게당 부피(1/밀도)의 변화, 가상의 순수금속, 합금, 유리 모두가 유사한 열팽창과 용융특성을 보임(출처: Fundamentals of Modern Manufacturing, 4th Edition by Mikell P. Groover, 2010. Reprinted with permission of John Wiley & Sons, Inc.).

반비례한다. 대부분의 합금들은 이러한 방식으로 거동하지만 단일온도에서 용융(또는 응고)되는 공정합금eutectic alloys의 경우에는 예외다.

또 다른 용융이 비정질재료(유리)에서도 발생한다. 이들 재료에서는 고체 상태에서 액체 상태로 점진적인 변환이 이뤄진다. 온도가 증가함에 따라 고체재료는 점진적으로 연하게 되고, 최종적으로 용융점에서 액체가 된다. 연화되는 동안 재료는 용융점에 가까워질수록 소성(점점 더 유체같이)이 일관되게 증가한다.

순수금속, 합금, 유리 등에서 볼 수 있는 이러한 다양한 용융특성을 [그림 3.22]에 나타냈다. 이 그래프는 순수금속, 합금, 유리의 3가지 가상재료에 대한 밀도의 변화를 온도의 함수로서 나타낸 것이다. 그림은 밀도의 역수관계인 부피의 변화를 보여주는 것이다.

제조에서 용융의 중요성은 명백하다. 금속 주조(제5, 6장)에서 금속은 용융된 후 주형의 공동에 부어진다. 용융점이 낮은 금속은 주조하기 쉽지만 용융점이 너무 낮으면 공업용 재료로 이용하기 어렵다. 중합체의 용융특성도 플라스틱성형이나 그 밖의 다른 성형공정에서 중요하다(제8장). 분말금속과 세라믹의 소결에는 용융점에 대한 지식이 필요하다. 소결은 재료를 녹이지는 않지만 분말들을 결합시키기 위해서는 용융점 근처의 온도에서 공정이 이뤄져야 한다.

3.7 열 특성

앞 절에서는 온도가 재료의 특성에 미치는 영향에 대해 다루었다. 이 절에서는 몇 가지 추가적인 열 특성에 대해 다룬다. 주로 물질 내의 열의 저장과 흐름에 관한 것이다. 관심 대상의 성질들은 비열과 열전도도로서 대표적인 재료들에 대한 값을 [표 3.11]에 정리했다.

3.7.1 비열과 열전도도

한 재료의 비열 C는 단위질량의 재료를 1° 올리는데 필요한 열에너지의 양으로 정의된다. 이들의 전형적인 값을 [표 3.11]에 나타냈다. 노 내에서 원하는 온도까지 금속을 가열하는데 필요한 에너지의 양을 계산하기 위해 다음과 같은 식이 사용된다.

$$H = CW(T_2 - T_1) \tag{3.29}$$

여기서 H=열에너지의 양 J, C=재료의 비열 J/kg°C, W=무게 kg, $(T_2 - T_1)$=온도의 변화 °C이다.

표 3.11 대표적인 재료에 대한 일반적인 열특성 값. 이 값은 상온에서의 값으로 다른 온도에서는 변할 수 있다[8][16].

재료	비열	열전도도		재료	비열	열전도도	
	Cal/g° C[a]	J/s mm° C	Btu/hr in° F		Cal/g° C[a]	J/s mm° C	Btu/hr in° F
금속				세라믹			
알루미늄	0.21	0.22	9.75	알루미나	0.18	0.029	1.4
주철	0.11	0.06	2.7	콘크리트	0.2	0.012	0.6
구리	0.092	0.40	18.7	중합체			
철	0.11	0.072	2.98	페놀릭스	0.4	0.00016	0.0077
납	0.031	0.033	1.68	폴리에틸렌	0.5	0.00034	0.016
마그네슘	0.25	0.16	7.58	테프론	0.25	0.00020	0.0096
니켈	0.105	0.070	2.88	천연고무	0.48	0.00012	0.006
				기타			
강	0.11	0.046	2.20	물(액체)	1.00	0.0006	0.029
스테인리스강[b]	0.11	0.014	0.67	얼음	0.46	0.0023	0.11
주석	0.054	0.062	3.0				
아연	0.091	0.112	5.41				

[a]비열은 Btu/lbm-F 혹은 Cal/g·C와 같은 수치값을 가진다. 1.0Cal=4.186J.
[b]오스테나이트계(18-8) 스테인리스강.

재료의 부피당 열저장 능력이 가끔 관심 대상이 되기도 한다. 이는 간단하게 밀도와 비열을 곱하면 ρC 된다. 따라서 부피비열volumetric specific heat은 재료의 단위부피 온도를 1° 올리는데 필요한 열에너지 J/mm^3°C이다.

전도는 가장 기본적 열전달 과정의 하나다. 이것은 재료 내의 분자에서 분자로 순수하게 열적운동에 의해서만 열에너지가 전달되는 것으로 질량의 전달은 없다. 그러므로 물질의 열전도도는 이러한 물리적인 메커니즘에 의해 물질 내로 열을 전달할 수 있는 능력을 뜻한다. 이는 열전도계수coefficient of thermal conductivity k로 측정되며, J/smm °C의 단위를 사용한다. 열전도계수는 일반적으로 금속이 높고, 세라믹이나 중합체는 낮다.

열전달해석에서 열전도도와 부피비열의 비를 자주 접하게 된다. 이것을 열확산도thermal diffusivity K라 부르며 다음과 같이 얻어진다.

$$K = \frac{k}{\rho C} \tag{3.30}$$

이러한 특성은 기계가공에서 절삭온도를 계산하는데 사용된다(15.5.1절).

3.7.2 제조에서의 열 특성

많은 제조공정에서는 보통 열이 발생하므로 열 특성은 제조에 있어 매우 중요한 역할을 한다. 어떤 작업에서 열은 공정을 수행하기 위한 에너지일 수도 있고 또 다른 경우에 열은 공정의 결과로서 발생할 수도 있다.

몇 가지 이유로 비열은 관심 대상이 된다. 재료의 가열이 필요한 공정들(예, 주조, 열처리, 열간 금속성형 등)에서 식 (3.29)에 따르면 비열은 원하는 수준까지 온도를 올리기 위한 열에너지의 양을 결정한다.

상온에서 이뤄지는 많은 공정들에서 작업을 수행하기 위한 기계적 에너지는 열로 변환되고, 이 열은 가공부품의 온도를 상승시킨다. 이러한 것은 기계가공과 냉간 금속성형공정에서 흔한 일들이다. 온도상승은 금속의 비열의 함수다. 절삭가공에서는 이러한 온도를 낮추기 위해 절삭유를 사용하며 이 경우 유체의 열용량이 대단히 중요하다. 물은 열-운반용량이 높기 때문에 거의 항상 이러한 목적에 쓰인다.

열전도도는 제조공정에서 어떤 경우에는 유리하게 또는 불리하게 열을 발산시킨다. 금속성형이나 절삭가공과 같은 기계적인 공정에서는 공정에 드는 대부분의 동력이 열로 변환된다. 이들 공정에서는 열원으로부터 열을 방출할 수 있는 가공재료와 공구류가 반드시 필요하다.

반면 아크용접과 같은 용접공정에서는 가공금속의 높은 열전도도는 바람직하지 않다. 이러한 공정에서는 용융될 접합 부위에만 열이 집중되어야 하기 때문이다. 예를 들어 구리는 열전도도가 매우 높기 때문에 에너지원으로부터 소재로 열이 빨리 방출되어 일반적으로 용접하기가 어렵다.

참고문헌 References

[1] Avallone, E. A., and Baumeister III, T. (eds.). *Mark's Standard Handbook for Mechanical Engineers*, 11th ed. McGraw-Hill Book Company, New York, 2006.

[2] Beer, F. P., Russell, J. E., Eisenberg, E., and Mazurek, D. *Vector Mechanics for Engineers: Statics*, 9th ed. McGraw-Hill Book Company, New York, 2009.

[3] Black, J. T., and Kohser, R. A. *DeGarmo's Materials and Processes in Manufacturing,* 10th ed. John Wiley & Sons, Inc., Hoboken, New Jersey, 2008.

[4] Budynas, R. G. *Advanced Strength and Applied Stress Analysis*, 2nd ed. McGraw-Hill Book Company, New York, 1998.

[5] Chandra, M., and Roy, S. K. *Plastics Technology Handbook*, 4th ed. CRC Press, Inc., Boca Raton, Florida, 2006.

[6] Dieter, G. E. *Mechanical Metallurgy*, 3rd ed. McGraw-Hill Company New York, 1986.

[7] *Engineered Materials Handbook*, Vol. 2, Engineering Plastics. ASM International, Materials Park, Ohio, 1987.

[8] Flinn, R. A., and Trojan, P. K. *Engineering Materials and Their Applications*, 5th ed. John Wiley & Sons, Inc., Hoboken, New Jersey, 1995.

[9] Guy, A. G., and Hren, J. J. *Elements of Physical Metallurgy*, 3rd ed. Addison-Wesley Publishing Company, Reading, Massachusetts, 1974.

[10] Kalpakjian, S., and Schmid, S. R. *Manufacturing Processes for Engineering Materials*, 6th ed. Pearson Prentice Hall, Upper Saddle River, New Jersey, 2010.

[11] Metals Handbook, Vol. 1, *Properties and Selection: Iron, Steels, and High Performance Alloys*. ASM International, Materials Park, Ohio, 1990.

[12] Metals Handbook, Vol. 2, *Properties and Selection: Nonferrous Alloys and Special Purpose Materials*. ASM International, Materials Park, Ohio, 1991.

[13] *Metals Handbook,* Vol. 8, Mechanical Testing and Evaluation, ASM International, Materials Park, Ohio, 2000.

[14] Morton-Jones, D. H. *Polymer Processing*, Chapman and Hall, London, 2008.

[15] Schey, J. A. *Introduction to Manufacturing Processes*, 3rd ed. McGraw-Hill Book Company, New York, 2000.

[16] VanVlack, L. H. *Elements of Materials Science and Engineering*, 6th ed. Addison-Wesley Publishing Company, Reading, Massachusetts, 1991.

[17] Wick. C., and Veilleux, R. F. (eds.). *Tool and Manufacturing Engineers Handbook*, 4th ed. Vol. 3, Materials, Finishing, and Coating, Society of Manufacturing Engineers, Dearborn, Michigan, 1985.

복습문제 Review Questions

3.1 기계적 성질에 있어 설계와 제조 사이의 난제는 무엇인가?

3.2 재료가 받는 3가지 형태의 정적응력은 무엇인가?

3.3 Hooke의 법칙에 대해 설명하라.

3.4 인장시험에서 공칭응력과 진응력의 차이점은 무엇인가?

3.5 재료의 인장강도에 대해 정의하라.

3.6 재료의 항복강도에 대해 정의하라.

3.7 체적불변성의 가정을 이용해 연신율로부터 단면감소율로 바로 연성으로 변환하면 안 되는 이유는 무엇인가?

3.8 가공경화란 무엇인가?

3.9 유동곡선 식의 강도계수가 항복강도와 같은 값을 가질 때는 어떤 경우인가?

3.10 압축시험에서 시편 단면적의 변화는 인장시험 시편의 경우와 어떻게 다른가?

3.11 인장시험은 세라믹과 같은 취성재료에서는 부적절하다. 이러한 재료들의 강도특성을 결정하는 일반적인 시험은 무엇인가?

3.12 전단탄성계수 *G*와 인장탄성계수 *E*는 어떤 관계가 있는가?

3.13 전단강도 *S*는 인장강도 *TS*와 어떤 관계가 있는가?

3.14 경도란 무엇이며 일반적으로 어떤 시험방법이 있는가?

3.15 왜 다른 경도시험법들과 스케일이 필요한가?

3.16 금속의 재결정 온도에 대해 정의하라.

3.17 유체의 점도에 대해 정의하라.

3.18 Newton 유체의 결정적인 특성은 무엇인가?

3.19 재료특성에서 점탄성은 무엇인가?

3.20 재료특성에서 밀도를 정의하라.

3.21 순금속 원소와 합금의 용융특성 차이는 무엇인가?

3.22 재료특성에서 비열에 대해 정의하라.

3.23 재료특성에서 열전도도는 무엇인가?

3.24 열확산도를 정의하라.

연습문제 PROBLEMS

3.1 표점길이 50mm, 단면적 200mm^{2}인 시편으로 인장시험을 한다. 시험 동안 시편은 98,000N의 하중에서 항복했다. 이때의 표점길이는 50.23mm이었다. 이는 0.2% 항복점이다. 168,000N의 최대하중에 도달했을 때 표점길이는 64.2mm다. (a)항복강도, (b)탄성계수, (c)인장강도, (d)만일 표점길이 67.3mm에서 파단이 일어났다면 연신백분율을 구하라. (e)만일 시편의 단면적이 92mm^{2}로 줄어들었다면 단면감소율은 얼마인가?

3.2 표점길이 2.0in, 단면적 0.5in^{2}인 시편으로 인장시험을 한다. 시험 동안 시편은 32,000lb의 하중에서 항복했다. 이때의 표점길이는 2.0083in이었다. 이는 0.2% 항복점이다. 60,000lb의 최대하중에 도달했을 때 표점길이는 2.60in이다. (a)항복강도, (b)탄성계수, (c)인장강도, (d)만일 표점길이 2.92 in에서 파단이 일어났다면 연신백분율은 얼마인가? (e)또한 시편의 단면적이 0.25in^{2}로 줄어들었다면 단면감소율은 얼마인가?

3.3 금속시편의 인장시험에서 응력이 265MPa에서 진변형률이 0.08이다. 진응력이 325MPa, 진변형률이 0.27일 때 유동곡선 식에서 강도계수와 변형경화지수를 구하라.

3.4 인장시험 동안 재료의 진응력이 37,000lb/in^{2}에서 진변형률이 0.10이다. 나중 진응력 55,000lb/in^{2}에서 진변형률이 0.25이었다. 유동곡선 식에서 강도계수와 변형경화지수를 구하라.

3.5 어떤 금속에 대한 인장시험에서 유동곡선의 매개변수인 변형경화지수가 0.3이고 강도계수는 600 MPa를 얻었다. (a)진변형률 1.0에서 유동응력, (b)유동응력 600MPa에서의 진변형률을 구하라.

3.6 어떤 금속에 대한 유동곡선에서 변형경화지수는 0.22이고 강도계수는 54,000lb/in^{2}이다. (a)진변형률 0.45에서의 유동응력, (b)유동응력 40,000lb/in^{2}에서의 진변형률을 구하라.

3.7 인장시험에서 금속이 소성영역에서 변형되었다. 초기 시편의 표점길이는 2.0in이고 단면적은 0.50in^{2}이다. 인장시험의 한 점에서 표점길이가 2.5in이고 이해 해당하는 공칭응력이 24,000lb/in^{2}이다. 또 다른 네킹이 일어나는 지점에서 표점길이는 3.2in이고 이에 해당하는 공칭응력이 28,000 lb/in^{2}이었다. 이 금속에 대한 강도계수와 변형경화지수를 구하라.

3.8 인장시편이 원래 길이의 2배로 늘어났다. 시험에 대한 공칭변형률과 진변형률을 구하라. 만약 금속이 압축에 의해 변형된다면 다음 경우에 대한 최종 압축된 길이를 구하라. (a)공칭변형률이 인장과 같은 동일한 값을 갖는 경우(압축이기 때문에 음의 부호를 갖는다), (b)진변형률이 인장과 같은 동일한 값을 갖는 경우(역시 압축이기 때문에 음의 부호를 갖는다). (a)의 결과는 불가능하다는 것에 유의한다. 그러므로 진변형률은 소성변형을 측정하는데 더 적합하다.

3.9 진변형률이 $\ln(1+e)$이라는 것을 입증하라. 여기서 e=공칭변형률이다.

3.10 지름 0.80mm인 구리선이 공칭응력 248.2MPa에서 파단되었다. 연성은 75% 단면의 감소로 측정되었다. 파단 시의 진응력과 진변형률을 구하라.

3.11 초기 표점길이가 2.0in인 강의 인장시편이 최대하중 37,000lb에 도달했을 때 단면적은 0.5in^{2}이었다. 이 점에서 연신률은 24%이다. 이 최대하중에서의 진응력과 진변형률을 구하라.

3.12 금속합금을 인장시험해 다음의 유동곡선 매개변수를 구했다. 강도계수는 620.5MPa이고 변형경화지수는 0.26이다. 같은 금속을 초기시편의 높이 62.5mm, 지름 25mm로 압축시험을 한다. 단면이 균일하게 증가한다고 가정해 시편을 (a)50 mm, (b)37.5mm의 높이로 압축하는데 필요한 하중을 구하라.

3.13 어떤 스테인리스 강재에 대한 유동곡선 매개변수는 강도계수가 1,100MPa이고 변형경화지수는 0.35이다. 초기단면적이 1,000mm^{2}이고 높이가 75mm인 원통형 시편을 압축해 높이가 58mm로 되었다. 단면이 균일하게 증가한다고 가정해 이러한 압축에 소요되는 하중을 구하라.

3.14 단단한 재료에는 굽힘시험이 사용된다. 만약 재료의 항절력이 1,000MPa이라면 폭이 15mm, 두께가 10mm, 길이가 60mm인 시편에 대한 예상 파단하중은 얼마인가?

3.15 특수 세라믹 시편을 굽힘시험했다. 시편의 폭은 0.50in이고 두께는 0.25in이며, 지점 간의 길이는 2.0in이다. 만일 1,700lb에서 파단이 일어났을 때의 항절력을 구하라.

3.16 반지름 25mm, 벽 두께 3mm, 표점길이 50mm인 비틀림 시험편이 있다. 시험에서 900N-m의 토크를 가해 0.3도의 각 변위가 일어났다. (a)전단응력, (b)전단변형률, (c)시편이 아직 항복을 하지 않았다고 가정하고, 전단계수를 구하라. (d)만일 토크 1,200N-m에서 시편에 파단이 일어나고 이에 해당하는 각 변위가 10도라 하면 금속의 전단강도는 얼마인가?

3.17 반경 1.5in, 벽 두께 0.10in, 표점길이 2.0in인 얇은 관의 시험편을 비틀림시험에서 5,000ft-lb의 토크를 적용했을 때 1도의 각 변위가 일어났다. (a)전단응력, (b)전단변형률, (c)시편이 아직 항복하지 않았다고 가정하고, 전단계수를 구하라. (d)만일 토크 8,000ft-lb에서 시편이 판단되고 각 변위가 23°일 때 금속의 전단강도를 계산하라.

3.18 브리넬 경도시험에서 1,500kg의 하중으로 10mm 지름의 강구를 시편에 눌렀다. 그 결과 압입자국의 지름이 3.2mm이었다. (a)금속의 브리넬 경도지수를 구하라. (b)만일 시험편이 강이라면 강의 인장강도는 얼마인가?

3.19 품질관리 부서의 한 검사원이 회사에서 사용되는 장비들에 대해 브리넬과 로크웰 경도시험을 자주 수행한다. 그는 모든 경도시험법들이 브리넬 경도시험의 경우와 같이 가해진 하중을 압입체에 의해 생긴 압입량으로 나눠서 구해야 한다고 주장한다. 그가 옳은가? 만일 아니라면 로크웰 시험과는 어떻게 다른가?

3.20 협력회사로부터 담금질한 강재를 받았다. 이 강의 인장강도를 60,000~70,000lb/in^{2}로 가정한다. 인수부서에서 브리넬 경도시험을 한 결과 *HB*=118이었다. 이 강은 인장강도 상의 사양을 충족하는가?

3.21 서로 4mm 떨어진 2개의 평판이 상대속도 5m/sec로 서로 움직이고 있다. 이들 사이의 공간은 점성을 알 수 없는 유체로 채워져 있다. 유체의 점성에 의해 평판의 운동은 10Pa의 전단응력으로 저항한다. 유체의 속도구배가 일정하다고 가정하고, 유체의 점성계수를 구하라.

3.22 서로 0.5in 떨어진 2개의 평판이, 상대속도 25in/sec로 서로 움직이고 있다. 유체의 점성에 의해 평판의 운동은 0.3lb/in^{2}의 전단응력으로 저항한다. 만일 표면 사이의 공간에서 속도구배가 일정하다고 할 때 유체의 점성을 구하라.

3.23 어떤 축의 초기 지름이 25mm다. 이 축을 팽창박음으로 구멍에 넣는 조립작업을 하고자 한다. 구멍에 잘 삽입되도록 직경을 줄이기 위해 축을 우선 냉각시킨다. [표 3.10]을 참조해, 지름을 상온(20°C)에서 24.98mm가 되게 하려면 얼마의 온도로 냉각해야 하는가를 구하라.

3.24 상온(20°C)에서 알루미늄의 밀도는 2.70g/cm^{3}이다. [표 3.10]의 데이터를 사용해 630°C에서의 밀도를 구하라.

3.25 [표 3.10]을 참조해 길이 10.0in인 강봉을 70°F의 상온에서 500°F로 가열했을 때 늘어난 길이를 구하라.

3.26 [표 3.11]을 참조해, 10cm×10cm×10cm인 알루미늄 블록을 상온(21°C)에서 300°C의 온도로 증가시키기 위해 필요한 열량을 구하라.

CHAPTER

04

치수, 공차, 표면

DIMENSIONS, TOLERANCES AND SURFACES

재료의 성질과 더불어 생산 제품의 성능을 결정하는 다른 인자로서 그 부품의 치수와 표면이 있다. 치수는 부품도에 명시된 길이 혹은 각도의 크기를 말한다. 치수는 부품들이 조립될 때 얼마나 서로 잘 맞는가를 결정하기 때문에 중요하다. 도면에 제시된 완벽한 치수로 부품을 만든다는 것은 거의 불가능하거나 비용이 많이 든다. 대신 어느 정도의 제한된 치수의 변화를 허용하게 되는데, 이러한 허용된 변화량을 공차라 한다.

부품의 표면도 역시 중요하다. 이것은 제품의 성능과 조립성, 구매자들이 제품에 대해 갖게 되는 미적 느낌 등에 영향을 준다. 표면은 물체 외부의 경계로서 다른 물체나 유체, 공간 혹은 이들의 조합된 형태와 이웃한다. 표면은 물체 전체의 기계적 혹은 물리적 특성을 포함하는 역할을 한다.

이 장에서는 제품 설계자들에 의해 정해지고, 관련 제조공정에 의해 결정될 치수, 공차, 표면에 대해 설명한다. 부록 A4에서는 이들 특성의 측정과 검사, 관련 장비에 대해 고찰한다. 이 장의 내용은 30장에서 설명하는 제품 검사와 깊은 연관성을 가지고 있다.

4.1 치수와 공차

이 절에서는 설계자가 기하학적 형상의 크기를 명시하기 위해 부품도에 사용하는 기본적 변수들을 정의한다. 이 변수들에는 치수, 공차, 평면도 진원도, 각도 등이 있다.

4.1.1 치수와 공차

ANSI[3]에서는 치수dimension를 "부품이나 그 형상의 크기 혹은 기하학적 특성을 결정하기 위해 선, 부호 혹은 주석을 이용해 도면이나 문서 등에 적절한 단위로 나타낸 수치적인 값"이라 정의했다. 부품도의 치수는 그 부분의 공칭 혹은 기본적 크기와 형상을 나타낸다. 이러한 값들은 설계자가 원하는 부품의 크기로서 실제로 이러한 크기로 제작되고 조립된다면 전혀 문제가 없을 것이다. 그러나 실제 제조공정에서는 약간의 변동성이 생기게 되고 그에 따라 치수의 변화도 불가피하다.

공차는 변화의 허용한계를 결정하는데 사용된다. ANSI 표준에서 공차tolerance란 "특정한 치수가 변화할 수 있도록 허용된 전체적인 양이다. 공차는 최대와 최소 한계 사이의 차이다"라고 정의하고 있다.

공차는 [그림 4.1]에 나타낸 것과 같이 몇 가지 방법으로 명시할 수 있다. 가장 일반적인 방법은 명목치수에서 양과 음의 방향으로 변화를 허용하는 양쪽공차bilateral tolerance일 것이다. 예를 들어 [그림 4.1(a)]에서 명목치수는 2.500 선형 단위(예를 들어 mm 혹은 in 등)이고, 양쪽 방향으로 0.005 단위만큼의 변화를 허용한다. 이 한계 밖의 부품은 허용되지 않는다. 양쪽 공차는 2.500 + 0.010, −0.005처럼 균형을 이루지 않을 수도 있다. 한쪽공차unilateral tolerance란 특정한 치수로부터 양이건 음이건 한

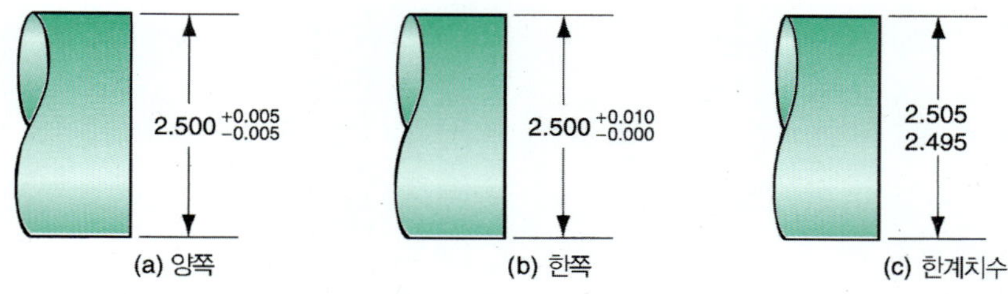

그림 4.1 명목치수 2.500을 표시하는 3가지 공차한계 (a)양쪽 (b)한쪽 (c)한계치수(출처: Fundamentals of Modern Manufacturing, 4th Edition by Mikell P. Groover, 2010. Reprinted with permission of John Wiley & Sons, Inc.).

쪽 방향으로만 변화를 허용하는 방식이다. [그림 4.1(b)]는 양으로의 한쪽 공차를 나타낸다. 허용 변화를 나타내는 다른 방법으로 한계치수limit dimensioning가 있으며, 이 방법은 [그림 4.1(c)]에 나타낸 것처럼 허용되는 최대 치수와 최소 치수를 사용하는 방법이다.

4.1.2 기타 기하학적 속성

일반적으로 치수와 공차는 선형적인 값(길이)을 나타내는데 사용된다. 그러나 표면의 평면도, 축이나 구멍의 진원도, 두 평면 사이의 평행도 등과 같이 부품의 다른 기하학적 속성도 역시 중요하다. 이에 대한 정의를 [표 4.1]에 나타냈다.

표 4.1 기하공차의 정의[16]

각도정도(angularity): 기준 직선 또는 기준 평면에 대해 이론적으로 정확한 각도를 이루고 있는 기하학적 직선 혹은 평면으로부터 다른 직선 혹은 평면 부분의 어긋남의 크기. 만일 각도가 90° 라면 직각도라 부른다.

진원도(circularity, roundness): 원형 부분의 기하학적(이상적) 진원으로부터 어긋남의 크기.

동축도(concentricity): 기준축선과 동일 선상에 있어야 할 축선이 기준 축선으로부터 어긋남의 크기(2개 이상의 특징 형상이 동일한 중심축을 가지고 있는 정도).

원통도(cylindricity): 원통 부분의 기하학적(이상적) 원통 면으로부터 어긋남의 크기(표면의 모든 점들이 회전축으로부터 같은 거리에 놓여 있는 정도).

평면도(flatness): 평면 부분의 기하학적(이상적) 평면으로부터 어긋남의 크기(표면의 모든 점들이 하나의 평면에 놓여 있는 정도).

평행도(parallelism): 기준 직선 또는 기준 평면에 대해 평행을 이루고 있는 기하학적(이상적) 직선 혹은 평면으로부터 다른 직선 혹은 평면 부분의 어긋남의 크기.

직각도(perpendicularity, squareness): 기준 직선 또는 기준 평면에 대해 직각을 이루고 있는 기하학적(이상적) 직선 혹은 평면으로부터 다른 직선 혹은 평면 부분의 어긋남의 크기.

진직도(straightness): 직선 부분의 기하학적(이상적) 직선으로부터 어긋남의 크기.

4.2 표면

표면이란 제조된 부품과 같은 어떤 물체를 쥐었을 때 만져지는 부분이다. 설계자는 각 표면들을 연계시키면서 부품치수를 명시한다. 부품의 의도된 표면 윤곽을 나타내는 이러한 공칭 표면nominal surfaces은 도면들에서 선으로 나타낸다. 공칭표면은 완전한 직선, 이상적인 원, 둥근 구멍, 기타 기하학적으로 완전한 선이나 면으로 표현된다. 제조 후의 실제 표면은 그것을 만드는데 사용된 공정에 의해 결정된다. 사용된 제조공정에 따라 표면 특성이 매우 다양하게 변화하게 되며 표면기술을 이해하는 것은 엔지니어에게 매우 중요하다. 표면은 몇 가지 이유에서 상업적으로 또한 기술적으로도 매우 중요하다. 1)미적인 이유: 표면이 매끈하고 흠집이 없으면 구매자에게 좋은 인상을 준다, 2)표면은 안전에 영향을 준다, 3)마찰과 마모는 표면 특성에 의존한다, 4)표면의 흠집이 응력 집중의 원인이 될 수 있는 것과 같이 표면은 기계적, 물리적 특성에 영향을 준다, 5)접착제 접합부(24.3절)의 강도가 표면이 조금 거칠때 증가되는 것과 같이 표면은 부품의 조립에 영향을 준다, 6)표면이 매끄러우면 전기 접촉이 양호하다.

표면기술surface technology은 1)표면의 특성 결정, 2)표면조직, 3)표면완전성, 4)제조공정과 최종 표면 특성과의 관계를 다룬다. 처음 3가지 부분은 이 절에서 다루고 마지막 내용은 4.3절에서 설명한다.

4.2.1 표면의 특성

어떤 부분의 표면을 현미경으로 보면 불규칙적이며 완벽하지 않다는 것을 알 수 있다. 일반적인 표면의 형상은 금속 부분의 표면을 높은 배율로 확대해 나타낸 [그림 4.2]와 같다. 여기서 다루는 내용은 금속의 표면에 국한되지만 세라믹과 고분자화합물에 대해서도 재료구조의 차이에 의한 약간의 수정만 하면 공통적으로 적용할 수 있다. 재료의 대부분을 차지하는 기질substrate은 이전에 행해진 공정에 의한 결정구조를 지닌다. 예를 들어 금속의 기질구조는 화학 조성, 금속에 원래 사용된 주조공정, 변형 과정, 주물에 행해진 열처리 등에 의해 영향을 받는다. 부품의 바깥 부분은 곧고 매끄러운 형상을 지닌 표면이 된다. 하지만 단면을 높은 배율로 확대하면 표면은 거칠고 주름이 있으며 골도 있다. 여기에 나타나 있지는 않지만 생산될 때의 기계적 가공에 의한 무늬나 방향도 있을 수 있다. 이러한 기하학적 형상 모두를 표면조직surface texture이라 한다.

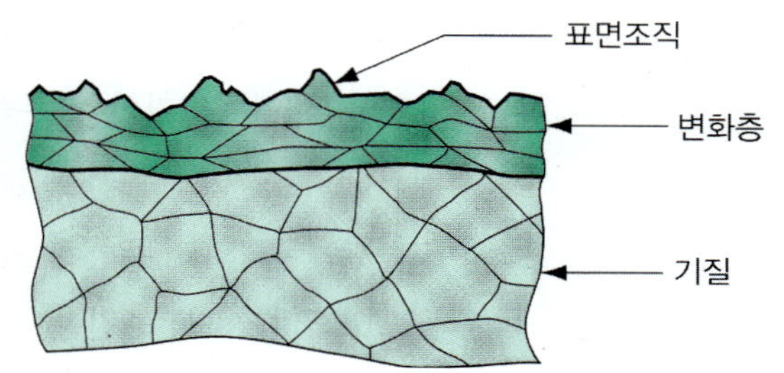

그림 4.2
전형적인 금속표면 단면의 확대도(출처: Fundamentals of Modern Manufacturing, 4th Edition by Mikell P. Groover, 2010. Reprinted with permission of John Wiley & Sons, Inc.).

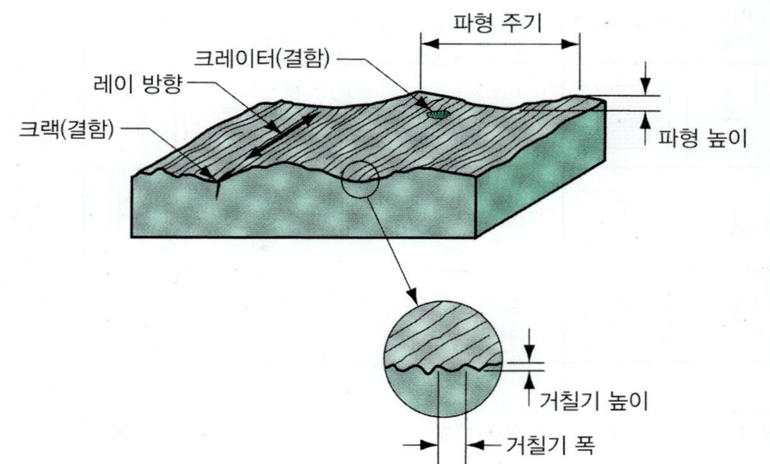

그림 4.3
표면조직의 특징 형상(출처: Fundamentals of Modern Manufacturing, 4th Edition by Mikell P. Groover, 2010. Reprinted with permission of John Wiley & Sons, Inc.).

표면의 바로 아래에는 기질의 구조와 다른 구조를 지닌 층이 있다. 이 층은 변화층 altered layer이라 불리는데, 표면이 생기면서 진행된 반응들의 결과다. 제조공정에는 일반적으로 많은 양의 에너지가 수반되며 이는 표면을 통해 작용한다. 변화층은 가공경화(기계적 에너지), 열(열에너지), 화학처리 혹은 전기에너지 등의 결과일 수 있다. 이 층의 금속은 에너지가 가해짐에 따라 영향을 받으며, 미세구조도 상당히 변화한다. 이렇게 변화된 층은 표면완전성surface integrity의 관점으로 귀결되는데, 이것은 제조공정이나 그 이후의 제품 사용에 있어 재료(주로 금속)의 표면층을 정의하고, 규격을 정하고, 관리하는 것에 대한 문제다. 표면완전성의 영역은 변화층 아래뿐만 아니라 표면조직도 포함하는 것으로 보통 인식된다. 아울러 대부분의 금속표면은 막 형성을 위한 공정이 수반된 후 충분한 시간이 지나면 산화막oxide film으로 덮이게 된다. 알루미늄은 그 표면에 강하고, 밀도가 높고, 얇은 Al_2O_3의 막을 형성해 녹으로부터 기질을 보호하며 철은 그 표면에 몇 가지 화학 조성의 산화물(보호와는 거리가 먼 녹)을 형성한다. 또한 부품의 표면에는 습기, 때, 기름, 흡수된 가스, 기타 오염물질 등이 있을 수 있다.

4.2.2 표면조직

표면조직surface texture은 물체의 공칭표면으로부터 반복적이거나 또는 임의적으로 벗어나는 특징을 말하는데 [그림 4.3]에 나타낸 것과 같이 거칠기, 표면파형, 레이, 흠집 등의 4가지 요소로 정의된다. 표면거칠기roughness는 공칭표면으로부터의 작고 미세한 편차를 의미하며, 재료의 기계적 특성이나 표면가공 공정에 의해 결정된다.

레이 번호	표면무늬	설 명	레이 번호	표면무늬	설 명
=		기호가 적용되는 면에 레이가 평행	C		기호가 적용되는 면의 중심에 대해 레이가 원형
⊥		기호가 적용되는 면에 레이가 직각	R		기호가 적용되는 면의 중심에 대해 레이가 방사형
X		기호가 적용되는 면에 양방향으로 각을 형성	P		레이가 입사형, 무방향성, 혹은 돌출형

그림 4.4 표면상에 가능한 레이[1](출처: Fundamentals of Modern Manufacturing, 4th Edition by Mikell P. Groover, 2010. Reprinted with permission of John Wiley & Sons, Inc.).

표면파형waviness은 훨씬 더 넓은 영역에 걸쳐 나타나는 편차경향을 의미하며 소재의 휨, 진동, 열처리, 이와 유사한 인자들에 기인한다. 거칠기는 표면파형에 중첩되어 올라간다. 레이lay는 표면조직의 지배적인 방향이나 무늬를 의미하는데, 그 표면을 만들기 위해 사용된 가공 방법에 의해 결정되며 일반적으로 절삭공구의 작용으로 발생한다. [그림 4.4]에 표면에 나타날 수 있는 대부분의 레이들에 대해 그들의 기호와 함께 표시했다. 마지막으로 결함flaw은 표면에 종종 나타나는 불규칙성으로서 균열, 긁힘, 함입, 이들과 유사한 표면 위의 결함을 포함한다. 어떤 결함은 표면조직과 연관되고 또한 그들은 표면완전성(4.2.3절)에 영향을 준다.

표면거칠기와 표면다듬질정도 표면거칠기는 위에서 정의한 것과 같은 거칠기 편차에 기초를 두고 측정한 특성치다. 표면다듬질정도surface finish는 표면의 일반적인 품질과 매끄러운 정도를 뜻하는 보다 주관적인 용어다. 일반적인 용도로는 표면다듬질정도와 표면거칠기는 동의어로 사용된다. 표면조직의 측정치로 가장 일반적으로 사용되는 것이 표면거칠기다. [그림 4.5]에서 표면거칠기surface roughness는 정해진 표면 길이 구간 내에서 기준표면으로부터의 수직 편차의 평균값으로 정의된다. 편차의 절대값을 기초로 산술평균(AA)을 이용하기 때문에 이러한 표면거칠기 값을 평균거칠기average roughness라는 이름으로 부른다.

$$R_a = \int_0^{L_m} \frac{|y|}{L_m} dx \tag{4.1}$$

여기서 R_a =거칠기의 산술평균값 m, y =기준표면으로부터의 수직편차로서 절대값으로 변환된 값 m, L_m =표면편차를 측정하고자 하는 특정한 거리다. 더 간단한 표현으로 식 (4.1)을 근사화하면

$$R_a = \sum_{i=1}^{n} \frac{|y_i|}{n} \tag{4.2}$$

여기서 $y_{i=}$첨자 i로 구별되는 각 점에서 절대값으로 변환된 수직편차 m, n=L_m에 포함된 편차의 수다. 이 식들에서의 단위는 m다. 실제로 이들 편차의 크기는 극히 작으므로 보다 적절한 단위는 $\mathrm{m}\times10^{-6}$ 또는 $\mathrm{mm}\times10^{-3}$인 μm이다. 이들은 표면거칠기를 표현하는데 널리 사용되는 단위들이다. AA 방법은 오늘날 표면거칠기에 대한 평균법으로 가장 널리 사용된다. 표면거칠기로 복잡한 표면의 물리적 속성을 단번에 평가하기에는 부족하다. 예를 들어 표면 무늬의 레이를 측량하는 것은 불가능하며, 어느 방향으로 측정하는가에 따라 표면거칠기는 매우 다르게 나타날 것이다. 또 다른 단점으로는 표면파형이 R_a 계산에 포함된다는 점이다.

이러한 문제점을 해결하기 위해 차단길이cutoff length라 불리는 파라미터가 거칠기 편차로부터 측정표면의 표면파형을 분리시키기 위한 필터로 사용된다. 표면파형의 폭보다 짧은 표본 거리는 표면파형과 관련된 수직 편차로부터 소거되고 거칠기와 관련된 것만 포함된다. 실제적인 용도에서 가장 일반적인 차단길이는 0.8mm다. 측정길이 L_m은 통상적으로 차단길이의 5배 정도로 설정한다. 표면거칠기의 한계는 주어진 표면형상을 더 엄밀하게 표현할 수 있는 다른 형태의 측정방법을 개발하는 동기로 작용했는데, 그중 한 방법이 표면을 3차원 그래픽으로 렌더링graphical rendering하는 방법이다[17].

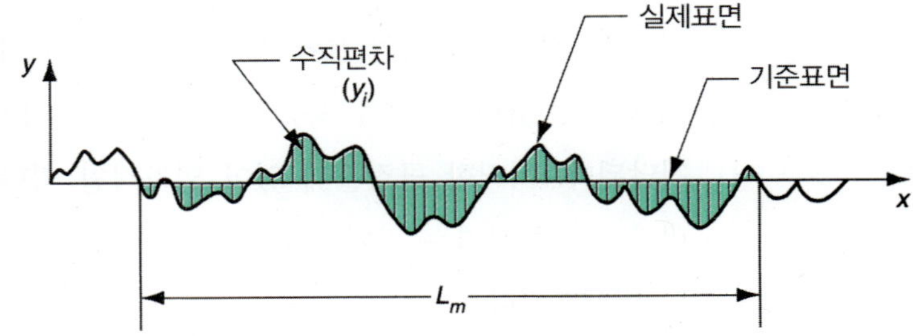

그림 4.5
표면거칠기의 두 정의에서 사용되는 공칭표면의 편차값(출처: Fundamentals of Modern Manufacturing, 4th Edition by Mikell P. Groover, 2010. Reprinted with permission of John Wiley & Sons, Inc.).

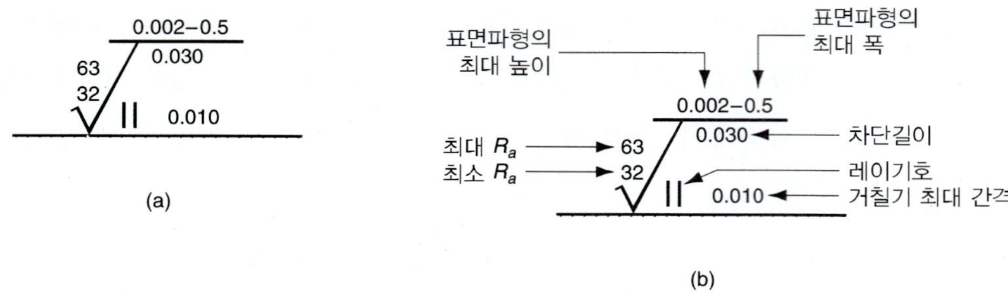

그림 4.6 도면에서의 표면조직 기입법 (a)기호, (b)기호설명. Ra값은 μ –in이고 나머지는 in 단위이다. 여기서 나타낸 모든 파라미터를 도면에 모두 표기할 필요는 없다(출처: Fundamentals of Modern Manufacturing, 4th Edition by Mikell P. Groover, 2010. Reprinted with permission of John Wiley & Sons, Inc.).

표면조직의 기호 설계자들이 표면조직들을 도면에 표기할 때 [그림 4.6]의 기호들을 사용한다. 표면조직을 지정하는 기호는 체크(평방근 기호와 흡사) 모양이며 평균거칠기, 표면파형, 차단길이, 레이, 거칠기 최대간격 등의 정보를 기입한다. 레이에 대한 기호는 [그림 4.4]에 나타나 있다.

4.2.3. 표면완전성

표면조직만으로는 표면을 완전하게 서술하지 못한다. 표면 아래의 변화층에서의 금속학적인 혹은 다른 변화들이 재료의 기계적 성질에 심각한 영향을 미칠 수 있다. 표면완전성surface integrity은 이러한 부표면subsurface층을 탐구하고 조절하며 최종 제품의 성능에 영향을 줄 수 있는 가공 중 일어나는 변화에 대해서도 다룬다. 제조공정의 결과로 재료의 부표면층은 여러 가지 변화를 겪을 수 있다([그림 4.2] 참조). 그 변화는 확실하게 관찰할 수 있는 표면상의 균열로부터 금속구조 내의 포착하기 어려운 변환에 이르기까지 매우 다양하다.

표면변화는 가공 중 가해지는 다양한 형태의 에너지(예를 들어 기계적, 열적, 화학적, 전기적 등)에 기인한다. 기계적 에너지는 가공에 사용되는 가장 일반적 에너지인데 금속성형(단조, 압출 등), 프레스가공, 절삭가공 등과 같은 공정에서 가공 재료에 전달된다. 이러한 공정들에 있어 일차적인 역할은 가공하고자 하는 부분의 기하학적 형상을 변화시키는 것이지만 기계적 에너지는 표면층에 잔류응력, 가공경화, 균열 등도 발생시킨다.

4.3 제조공정의 영향

공차나 표면은 제조공정에 의해 얻어진다. 이 절에서는 공차와 표면거칠기, 표면완전성의 관점에서 다양한 공정들의 일반적 성능에 대해 기술한다.

다른 공정들에 비해 본질적으로 정밀한 공정이 존재한다. 대부분의 절삭가공은 ±0.05mm 정도 혹은 그 이상의 공차가 가능할 정도로 매우 정밀하다. 한편 사형주조법에 의한 부품은 절삭가공 부품에 비해 공차가 10~20배 정도로 정밀하지 않다. [표 4.2]에서 다양한 제조공정들과 그들의 일반적 공차들에 대해 나열했다. 이 공차들은 30.2절에서 다룰 공정능력을 기초로 했다. 나타낸 공차는 부품 크기의 함수다. 즉, 큰 부품은 공차도 크다. 이 표에서 나열한 공차들은 각 공정 범주의 중간 정도 크기의 부품들에 대한 값이다.

표 4.2 다양한 제조공정의 공정능력(30.2절)을 고려한 전형적인 공차한계[a][4][7]

공정	전형적인 공차한계		공정	전형적인 공차한계	
	mm	in		mm	in
사형주조:					
주철	±1.3	±0.050	연마공정:		
강	±1.5	±0.060	연삭	±0.008	±0.0003
알루미늄	±0.5	±0.020	래핑	±0.005	±0.0002
다이캐스팅	±0.12	±0.005	호닝	±0.005	±0.0002
플라스틱성형					
폴리에틸렌	±0.3	±0.010	특수가공:		
폴리스티렌	±0.15	±0.006	화학가공	±0.08	±0.003
절삭가공			방전가공	±0.025	±0.001
드릴링, 직경:			전해연삭	±0.025	±0.001
6mm(0.25in)	+0.08, −0.03	+0.003, −0.001	전해가공	±0.05	±0.002
25mm(1.0in)	+0.13, −0.05	+0.006, −0.002	전자빔절단	±0.08	±0.003
밀링	±0.08	±0.003	레이저절단	±0.08	±0.003
선삭	±0.05	±0.002	플라즈마아크절단	±1.3	±0.050

[a]공차는 공정변수에 따라 변화하며 부품 크기가 커지면 증가한다.

제조공정은 표면다듬질정도와 표면완전성을 결정한다. 어떤 공정은 원래부터 다른 공정들에 비해 더 좋은 표면을 만들 수 있다. 일반적으로 표면다듬질정도를 개선하려면 가공비가 증가한다. 이것은 더 나은 표면을 얻기 위해 추가적인 가공과 시간이 소요되기 때문이다. 우수한 다듬질정도를 갖는 가공법들로는 호닝, 래핑, 폴리싱, 슈퍼피니싱 등이 있다(18장). [표 4.3]은 다양한 제조공정들로부터 기대되는 일반적 표면거칠기를 보여준다.

표 4.3 다양한 제조공정에서 기인한 표면거칠기 값[1][2]

공정	전형적 마무리정도	거칠기값 범위(μm (μ-in))[b]	공정	전형적 마무리정도	거칠기값 범위(μm (μ-in))
주조:			**연마공정:**		
다이캐스팅	좋음	1-2(30-65)	연삭	매우 좋음	0.1-2(5-75)
인베스트먼트	좋음	1.5-3(50-100)	호닝	매우 좋음	0.1-1(4-30)
사형주조	나쁨	12-25(500-1000)	래핑	최상	0.05-0.5(2-15)
소성가공:			연마	최상	0.1-0.5(5-15)
냉간압연	좋음	1-3(25-125)	슈퍼피니싱	최상	0.02-0.3(1-10)
박판드로잉	좋음	1-3(25-125)	**특수가공:**		
냉간압출	좋음	1-4(30-150)	화학적밀링	중간	1.5-5(50-200)
열간압연	나쁨	12-25(500-1000)	전기화학	좋음	0.2-2(10-100)
절삭가공:			방전	중간	1.5-15(50-500)
보링	좋음	0.5-6(15-250)	전자빔	중간	1.5-15(50-500)
드릴링	중간	1.5-6(60-250)	레이저빔	중간	1.5-15(50-500)
밀링	좋음	1-6(30-250)	**열적가공:**		
리밍	좋음	1-3(30-125)	아크용접	나쁨	5-25(250-1000)
형삭/평삭	중간	1.5-12(60-500)	화염절단	나쁨	12-25(500-1000)
톱가공	나쁨	3-25(100-1000)	플라즈마절단	나쁨	12-25(500-1000)
선삭	좋음	0.5-6(15-250)			

[b]거칠기 값은 공정변수에 따라 변화범위가 상당히 커질 수 있다.

참고문헌 References

[1] American National Standards Institute, Inc. *Surface Texture*, ANSI B46.1-1978. American Society of Mechanical Engineers, New York, 1978.

[2] American National Standards Institute, Inc. *Surface Integrity,* ANSI B211.1-1986. Society of Manufacturing Engineers, Dearborn, Michigan, 1986.

[3] American National Standards Institute, Inc. *Dimensioning and Tolerancing*, ANSI 4.5M-2009. American Society of Mechanical Engineers, New York, 2009.

[4] Bakerjian, R., and Mitchell, P. *Tool and Manufacturing Engineers Handbook*, 4th ed. Vol. VI, Design for Manufacturability. Society of Manufacturing Engineers, Dearborn, Michigan, 192.

[5] Brown & Sharpe. *Handbook of Metrology*. North Kingston, Rhode Island, 1992.

[6] Curtis, M. *Handbook of Dimensional Measurement*, 4th ed. Industrial Press Inc., New York, 2007.

[7] Drozda, T. J., and Wick, C. *Tool and Manufacturing Engineers Handbook*, 4th ed. Vol. I, Machining. Society of Manufacturing Engineers, Dearborn, Michigan, 1983.

[8] Farago, F. T. *Handbook of Dimensional Measurement,* 3rd ed. Industrial Press Inc., New York, 1994.

[9] *Machining Data Handbook*, 3rd ed., Vol. II. Machinability Data Center, Cincinnati, Ohio, 1980, Ch. 18.

[10] Mummery, L. *Surface Texture Analysis—The Handbook*. Hommelwerke GmbH, Germany, 1990.

[11] Oberg, E., Jones, F. D., Horton, H. L., and Ryffel, H. *Machinery's Handbook*, 26th ed. Industrial Press Inc., New York, 2000.

[12] Schaffer, G. H. "The Many Faces of Surface Texture," Special Report 801, *American Machinist and Automated Manufacturing*, June 1988 pp. 61–68.

[13] Sheffield Measurement, a Cross & Trecker Company, *Surface Texture and Roundness Measurement Handbook*, Dayton, Ohio, 1991.

[14] Spitler, D., Lantrip, J., Nee, J., and Smith, D. A. *Fundamentals of Tool Design*, 5th ed. Society of Manufacturing Engineers,Dearborn, Michigan, 2003.

[15] S. Starrett Company, *Tools and Rules*. Athol, Massachusetts, 1992.

[16] Wick, C., and Veilleux, R. F. *Tool and Manufacturing Engineers Handbook*, 4th ed. Vol. IV, *Quality Control and Assembly*. Society of Manufacturing Engineers, Dearborn, Michigan, 1987.

[17] Zecchino, M. "Why Average Roughness Is Not Enough," *Advanced Materials & Processes*, March 2003, pp. 25–28.

복습문제 Review Questions

4.1 공차란 무엇인가?

4.2 양쪽공차한계와 한쪽공차한계의 차이는 무엇인가?

4.3 측정에 있어 정확도란 무엇인가?

4.4 측정에 있어 정밀도란 무엇인가?

4.5 표면이 중요한 이유는 무엇인가?

4.6 공칭표면에 대해 정의하라.

4.7 표면조직에 대해 정의하라.

4.8 표면조직은 표면완전성과 어떻게 구분되는가?

4.9 표면조직의 관점에서 거칠기는 표면파형과 어떻게 구분되는가?

4.10 표면거칠기는 표면조직 측정치 중의 하나다. 표면거칠기란 무엇인가?

4.11 표면조직을 측정하기 위해 표면거칠기를 사용할 때의 제한적인 점은 무엇인가?

4.12 표면 바로 아래의 변화층에 일어나는 다양한 형태의 변화는 무엇에 기인하는가?

4.13 표면다듬질정도가 좋지 않은 가공법의 예를 들어라.

4.14 표면다듬질정도가 우수한 가공법의 예를 들어라.

APPENDIX A4: Measurement of Dimensions and Surfaces

부록 A4 치수와 측정

측정(measurement)은 일반적으로 인정되는 일관성 있는 단위시스템을 이용해 크기를 모르는 양을 크기를 알고 있는 표준에 비교하는 과정이다. 전 세계적으로 2가지 시스템이 사용되고 있다. (1)미국 통상시스템(U.S. customary system: USCS), (2)국제단위시스템(SI, for Systeme Internationale d'Unites), 일반적으로 메트릭시스템이라 통칭된다. 메트릭시스템은 미국을 제외한 전 세계 산업화된 국가에서 통용되고 있다. 유일하게 미국만 USCS에 집착하고 있으나 점진적으로 SI를 받아들이려 하고 있다.

측정은 관심 있는 양의 수치값을 정밀도와 정확도의 어떤 한계 내에서 제공한다. 정확도(accuracy)는 측정된 결과값이 측정하려는 양의 참값과 일치하는 정도다. 시스템오차가 없을 때 측정 과정은 정확하다. 시스템오차(system errors)는 여러 번의 측정을 통해 일관되게 얻어지는 참값으로부터의 양 또는 음의 편차다.

정밀도(precision)는 측정과정 중 반복성의 수준이다. 좋은 정밀도는 측정과정의 랜덤오차가 최소화된 것을 의미한다. 랜덤오차는 종종 측정과정에서 사람이 개입하기 때문에 발생한다. 예를 들면 셋업의 변화, 부정확한 눈금 읽기, 반올림 근사 등이 포함된다. 랜덤오차 발생에 영향을 주는 사람 외적인 요인에는 온도, 점진적 마모, 장치 작동요소의 잘못된 정렬, 그 외의 변화 등이 포함된다.

A4.1 전통적 측정기기, 게이지

이 절에서는 길이, 깊이, 직경과 같은 치수들과 각도, 편평도, 진원도 같은 특징 형상들을 측정하기 위한 다양한 수동 기기와 게이지들을 다룬다. 이러한 기기들은 측정실, 검사부서, 공구실 등에서 찾아볼 수 있다. 먼저 정밀 게이지블록부터 살펴보자.

A4.1.1 정밀 게이지블록

정밀 게이지블록은 치수 측정 기기들과 게이지들을 위한 표준으로 사용되는 것이다. 게이지블록gage block은 통상 정사각형 또는 직사각형의 형상을 가지고 있다. 측정면은 정확한 치수를 갖도록 다듬질되어 있으며, 수십만 분의 1mm 이내로 들어올 정도로 면들이 평행하고, 거울면 정도의 가공이 되어 있다. 여러 등급의 정밀 게이지블록이 있으며 높은 등급은 더 작은 공차를 가진다. 가장 높은 등급master laboratory standard은 ±0.00003mm의 공차를 갖는다. 필요한 경도와 가격에 따라 게이지블록은 공구강, 크롬코팅강, 크롬카바이드, 텅스텐카바이드 등 다양한 재료로 만들어진다.

정밀 게이지블록은 일정한 표준 크기 또는 세트로 판매하는데, 후자의 경우에는 다양한 크기의 블록들로 구성된다. 세트에 포함된 블록 크기들은 0.0025mm 범위 안에서 어떤 치수도 측정할 수 있도록 구비되어 있다. 가장 좋은 결과를 얻기 위해서는 게이지블록이 정반 같은 평평한 기준면 상에서 사용된다.

정반surface plate은 윗면이 평면으로 가공되어 있는 큰 블록이며 각 면들은 대개 단단한 화강암으로 만들어져 있다. 화강암은 녹슬지 않고 자성이 없다. 또한 마모에 잘 견디고 열에 안정적이어서 관리하기 쉽다. 게이지블록과 그 밖의 고정밀 측정 장치들은 측정에 좋지 않은 영향을 줄 수 있는 온도나 다른 조건들을 표준상태로 맞춰 사용되어야 한다. 국제적으로 20°C가 표준 온도이며, 측정실은 이 온도에서 운영된다. 만약 게이지블록이나 다른 측정 장치들이 표준에서 벗어나는 온도의 공장 환경에서 사용된다면 열팽창 또는 수축을 보정해야 한다. 또 한 공장에서 검사에 사용되는 게이지블록들은 마모가 발생할 수 있으므로 보다 정밀한 측정실 내 게이지블록을 이용해 주기적으로 보정작업을 수행해야 한다.

A4.1.2 선형치수 측정기기

측정기기들은 눈금이 있는 것과 눈금이 없는 2가지로 나눌 수 있다. 정량적 측정기기는 선형 또는 각도가 표시된 눈금을 가지고 있으며, 이를 대·소 형상과 비교한다. 정성적 측정장치는 눈금을 가지고 있지 않으며, 치수들을 서로 비교하거나 정량적 측정 장치에 의해 측정된 치수를 변환하는데 사용된다. 가장 기본적인 정량적 측정 장치는 자rule로서 강재로 만들어진 경우 종종 강철자steel rule로 불린다. 선형치수를 측정하는데 사용되며 다양한 크기가 있다 미터자에는 1 또는 0.5mm의 눈금을 갖는 150, 300, 600, 1000mm 길이가 있다. 미국에서 1/32, 1/64 또는 1/100의 눈금을 갖는 6, 12, 24in짜리가 보편적이다.

캘리퍼스calipers에 정량적, 정성적인 것이 모두 있다. 정성적 캘리퍼스(간단하게 캘리퍼스라 한다)는 [그림 A4.1]처럼 힌지에 의해 고정된 2개의 다리로 구성된다. 다리 끝이 측정하고자 하는 면에 접촉하며, 사용하는 동안 위치가 고정되도록 힌지가 설계되어 있다. 접촉점은 안쪽 또는 바깥쪽 방향이 모두 가능하다. [그림 A4.1]에서처럼 안쪽 방향으로 접촉하는 경우 장치는 외부측정용 캘리퍼outside caliper로서 직경과 같은 바깥치수를 측정하는데 사용된다. 바깥쪽 방향으로 접촉하는 경우, 장치는 내부 측정용 캘리퍼inside caliper라 하며 내부의 두 점 사이의 거리를 측정하는데 사용된다. 캘리퍼스와 비슷한 형상을 갖는 장비로 디바이더divider가 있는데, 이것은 양쪽 다리가 직선이고, 끝 부분이 단단하고 날카롭게 만들어져 있다. 디바이더는 두 점 사이의 거리나 면에서 라인의 길이를 재는데 사용되며, 면에 원이나 원호를 그리기 위해서도 사용된다.

그림 A4.1
2가지 크기의 외부측정용 캘리퍼 (L.S. Starrett사 제공)(출처: Fundamentals of Modern Manufacturing, 4th Edition by Mikell P. Groover, 2010. Reprinted with permission of John Wiley & Sons, Inc.).

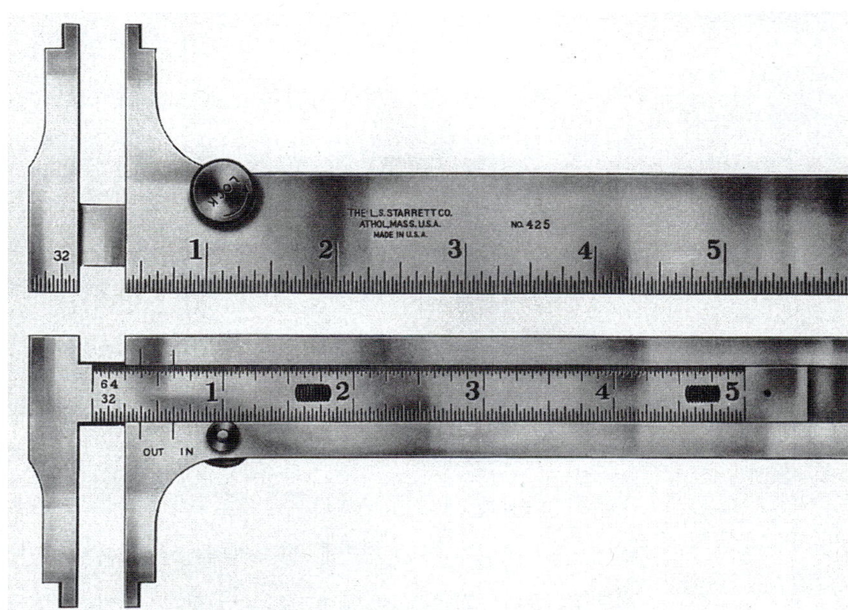

그림 A4.2
슬라이드캘리퍼 (양쪽 면을 보여줌(L.S. Starrett사 제공)
(출처: Fundamentals of Modern Manufacturing, 4th Edition by Mikell P. Groover, 2010. Reprinted with permission of John Wiley & Sons, Inc.).

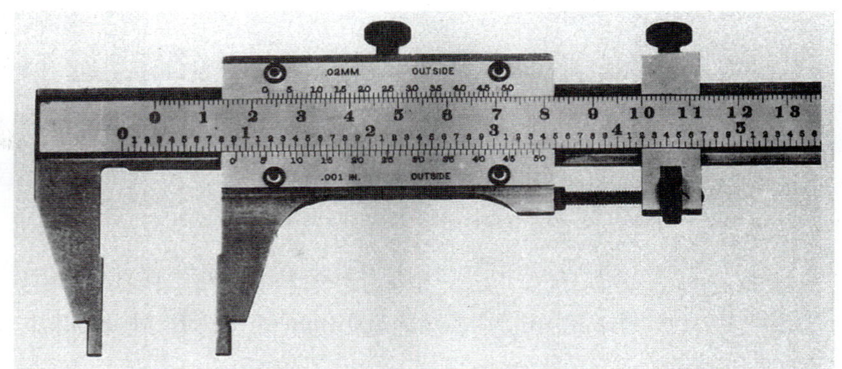

그림 A4.3
버니어캘리퍼(L.S. Starrett사 제공)
(출처: Fundamentals of Modern Manufacturing, 4th Edition by Mikell P. Groover, 2010. Reprinted with permission of John Wiley & Sons, Inc.).

눈금 있는 캘리퍼스는 여러 가지 형태로 변형되어 다양한 측정 목적으로 사용된다. 가장 간단한 것은 슬라이드캘리퍼slide caliper로서 [그림 A4.2]와 같이 강철자에 2개의 죠jaw가 부착되어 있는데, 하나는 끝 부분에 고정되어 있고, 또 하나는 이동할 수 있다. 슬라이드캘리퍼는 죠가 부착된 면이 안쪽이냐 바깥쪽이냐에 따라 내면과 외면을 측정할 수 있으며, 죠를 측정하고자 하는 부품의 면에 밀어 접촉시키면 이동 가능한 죠의 위치를 통해 원하는 치수를 알 수 있다. 슬라이드캘리퍼는 간단한 자보다 정확하고 정밀한 측정이 가능하다.

슬라이드캘리퍼를 개량한 것이 [그림 A4.3]의 버니어캘리퍼vernier caliper다. 여기에는 이동 가능한 죠에 버니어 눈금이 있다. 버니어 눈금은 이를 발명한 프랑스의 수학자 P. Vemier(1580~1637)의 이름에서 유래한 것이다. 버니어를 사용하면 슬라이드 캘리퍼보다 정밀한 정밀도(SI에서 0.01mm)의 눈금을 얻을 수 있다.

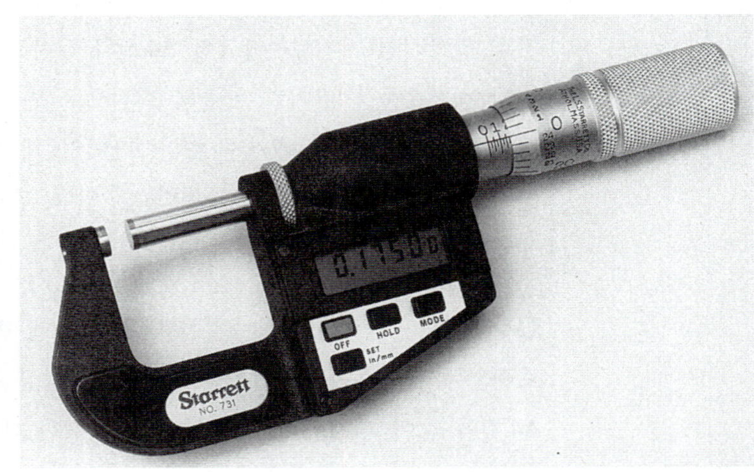

그림 A4.4
1인치 단위로 디지털로 표시되는 외부측정용 마이크로미터(L.S. Starrett사 제공)
(출처: Fundamentals of Modern Manufacturing, 4th Edition by Mikell P. Groover, 2010. Reprinted with permission of John Wiley & Sons, Inc.).

마이크로미터micrometer는 널리 사용되고 있는 매우 정밀한 측정기기로 [그림 A4.4]와 같이 스핀들과 C자형의 앤빌로 구성되어 있다. 스핀들spindle과 고정 앤빌anvil은 정밀한 나사에 의해 상대 운동한다. 미국에서 사용되는 전형적인 마이크로미터는 스핀들의 1회전이 0.025in의 직선 운동을 의미한다. 스핀들에 25개의 눈금을 부착하면 각 눈금이 0.001in를 나타내게 된다. 마이크로미터에서 사용되는 슬리브sleeve에는 일반적으로 버니어가 부착되며 0.0001in의 분해능을 얻을 수 있다. 미터시스템에서 마이크로미터의 눈금은 0.01mm다. 최신의 마이크로미터들(그리고 정량적 캘리퍼스)에는 그림에서처럼 측정결과를 디지털로 표시하는 전자 장치들이 부착되어 있는데, 이것은 눈금을 읽는 과정에서 발생할 수 있는 사람의 실수를 제거해준다. 가장 일반적인 마이크로미터의 형태는 1)표준 앤빌 크기가 변동되는 외부측정용 마이크로미터external micrometer 또는 outside micrometer([그림 A4.4] 참조), 2)다양한 내부 치수를 측정하기 위해 다른 여러 길이의 봉조각을 머리 부분에 조립하는 내부측정용 마이크로미터internal micrometer 또는 inside micrometer, 3)내부측정용 마이크로미터와 비슷하지만 구멍의 깊이를 측정하는데 사용되는 깊이측정용 마이크로미터depth micrometer 등이다.

A4.1.3. 비교 측정

비교 측정은 공작물과 기준면 같이 2개의 대상 사이의 치수를 비교하는 것이다. 비교 측정에서는 정량적인 절대치를 제공하지 못하며, 대신 두 대상 사이의 편차의 크기와 방향을 측정한다. 이러한 측정기기로는 기계적, 전자적 게이지가 있다.

기계적 게이지 기계적 게이지는 관찰이 가능하도록 편차를 기계적으로 확대해준다. 가장 일반적인 기기로는 [그림 A4.5]와 같은 다이얼게이지dial indicator가 있으며, 접촉점의 직선운동을 다이얼 바늘의 회전으로 변환하고 증폭시킨다. 다이얼은 0.01mm의 작은 단위로 눈금이 매겨져 있다. 다이얼 게이지는 직선도, 편평도, 평행도, 직각도, 진원도, 흔들림 공차 등을 측정할 수 있다. 흔들림 공차를 측정할 수 있는 일반적인 셋업이 [그림 A4.6]에 나타나 있다.

전자게이지 전자게이지는 직선 변위를 그에 비례하는 전기신호로 변환시킬 수 있는 트랜스듀서transducer에 기초한 측정과 게이징 장치들을 일컫는다. 전기신호는 [그림 A4.4]와 같이 디지털 표시값과 같은 적절한 데이터 형식으로 증폭되고 변환된다. 전자게이지의 응용은 마이크로프로세서 기술 발전에 의해 최근 몇 년간 급격히 늘어나면서, 많은 전통적인 측정과 게이징 장치들을 대체하고 있다. 전자게이지들의 장점은 다음과 같다.

1. 좋은 민감도, 정확도, 정밀도, 반복도, 응답속도
2. 0.025μm까지의 매우 작은 치수를 감지하는 능력
3. 작동 편의성
4. 인간 오류의 감소
5. 여러 포맷으로 전기신호를 표시하는 것이 가능
6. 데이터처리를 위한 컴퓨터와의 인터페이스가 가능

그림 A4.5

다이얼게이지: 다이얼과 눈금면 커버를 제거한 내부를 보여준다(Federal Products사 제공).

(출처: Fundamentals of Modern Manufacturing, 4th Edition by Mikell P. Groover, 2010. Reprinted with permission of John Wiley & Sons, Inc.).

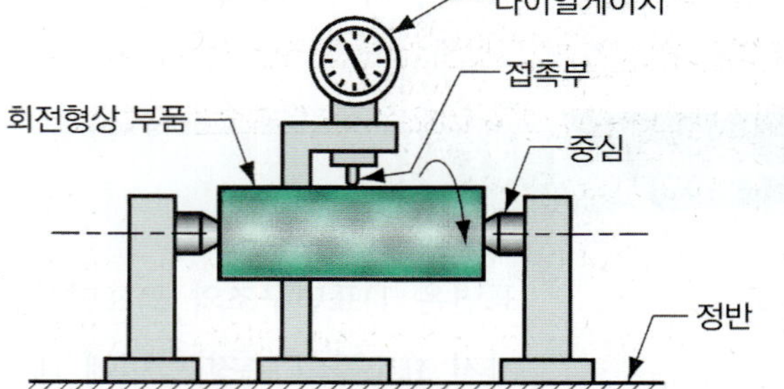

그림 A4.6

흔들림 공차를 측정하기 위한 다이얼게이지의 사용: 부품은 중심을 따라 회전하고, 중심에 대한 바깥면의 변동이 다이얼에 표시된다.

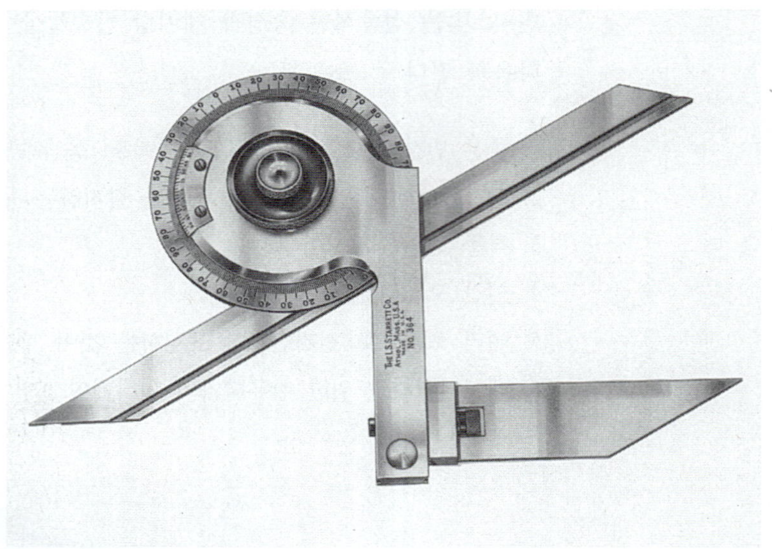

그림 A4.7
버니어 스케일이 있는 베벨 프로트랙터 (L.S. Starrett사 제공)(출처: Fundamentals of Modern Manufacturing, 4th Edition by Mikell P. Groover, 2010. Reprinted with permission of John Wiley & Sons, Inc.).

A4.1.4 각도측정

각도는 다양한 형태의 프로트랙터protractor로 측정된다. 단순 프로트랙터simple protractor는 직선 날과 각도 단위(°, 라디안) 눈금이 새겨진 반원 머리로 구성된다. 측정을 위해서는 날을 측정하고자 하는 부품 각도에 맞게 회전시키고, 해당되는 각도를 읽어낸다. 베벨 프로트랙터bevel protractor는 [그림 A4.7]처럼 서로 피봇pivot된 2개의 직선 칼날로 구성되어 있다. 피봇 조립체는 두 칼날 사이의 각도를 재기 위한 프로트랙터 눈금을 가지고 있다. 버니어를 채용하면 베벨 프로트랙터는 5분 정도를 읽어낼 수 있으며 버니어가 없으면 해상도는 1도 정도가 된다.

A4.2 표면측정

표면은 1)표면구조와 2)표면완전성의 두 요인으로 구성된다. 이 절에서는 이러한 2가지 요소들의 측정 방법에 대해 설명한다.

A4.2.1 표면거칠기 측정

표면거칠기를 평가하는 방법에는 여러 가지가 있으며, 이들은 1)표준 시험표면과의 주관적인 비교, 2)전자 스타일러스 기기, 3)광학기술의 3가지로 나눌 수 있다.

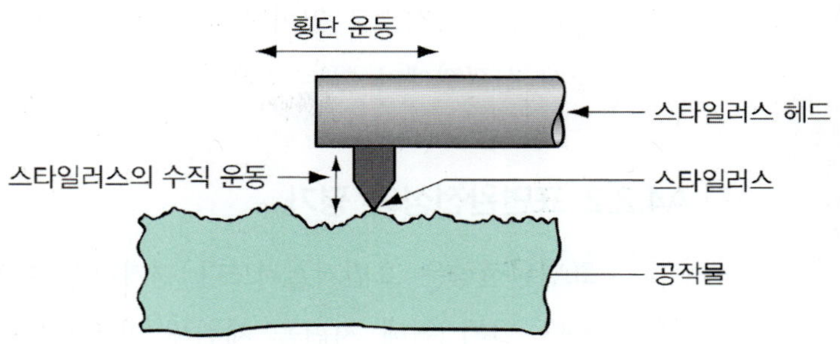

그림 A4.8
스타일러스 기기의 작동을 설명하는 그림. 스타일러스 헤드는 수평으로 움직이면서 표면의 굴곡에 따라 수직으로 움직인다. 이러한 수평방향의 움직임은 (1)표면의 윤곽, (2)거칠기의 평균값으로 변환된다(출처: Fundamentals of Modern Manufacturing, 4th Edition by Mikell P. Groover, 2010. Reprinted with permission of John Wiley & Sons, Inc.).

표준 시험표면 거칠기 값을 결정할 수 있는 여러 개의 표준 표면거칠기 블록들의 사용이 가능하다(예를 들어 USCS에서는 통상적으로 2, 4, 8, 16, 32, 64, 128 μ-in 블록들을 사용한다). 시편의 표면거칠기를 추정하기 위해 표준 블록들과 시편의 면을 육안 또는 손톱시험을 통해 비교하며 사용자가 시험표면들 중 가장 시편과 유사한 것을 찾아낸다. 이 방법은 기계가공 작업자가 표면거칠기를 추정할 때 편리하게 사용할 수 있으며, 설계자가 부품도면에 어떤 표면거칠기를 넣을지 결정할 때도 유용하다.

스타일러스 기기 손톱시험의 단점은 그 주관성에 있다. 손톱시험과 유사하나 과학적 원리들이 적용된 몇 가지 스타일러스stylus 장비들이 표면거칠기를 측정하기 위해 상용화되어 있다. 이 전자장비에서는 직경 0.005mm와 90°의 각을 갖는 원뿔형 다이아몬드 바늘이 일정한 느린 속도로 시험면을 이동한다. 이 동작은 [그림 A4.8]에 묘사되어 있다. 바늘은 수평으로 움직이면서, 동시에 면의 편차를 따라 수직으로 움직인다. 이러한 수직방향의 움직임은 전기신호로 전환되어 표면의 기하구조를 표시하게 되며 실제 표면의 윤곽을 보거나 거칠기 값의 평균을 볼 수 있다. 프로파일링 장치profiling devices는 바늘의 이동라인을 따라 측정된 편차를 분리된 여러 개의 직선으로 표시하며, 시험 표면의 거칠기와 파형을 결정할 수 있다. 평균장치averaging devices는 거칠기의 편차를 하나의 평균값 R_a로 만들어낸다. 여기서는 표면 파형의 영향을 제거해 명목 기준값을 구하기 위한 식 (4.1)의 연산을 전자적으로 수행한다.

광학기술 위에서 설명한 장치 외의 대부분 표면측정 장치들은 거칠기를 평가하기 위해 광학기술을 사용한다. 이 기술은 표면에서의 빛의 반사, 산란, 레이저 기술에 기반을 둔 것이다. 이 방법들은 표면에 바늘의 접촉이 불가능한 경우 유용하다. 어떤 기술은 매우 고속의 작동을 가능하게 하며, 때문에 전수검사를 가능하게 한다.

그러나 광학적으로 얻어진 값들이 스타일러스 형태의 장비들에서 얻어지는 거칠기와 항상 상관관계가 있는 것은 아니다.

A4.2.2 표면완전성의 평가

표면완전성은 표면거칠기보다 평가하기 어렵다. 어떤 검사기술에서는 표면 밑의 변화를 알기 위해 시편을 채취해 파괴하기도 한다. 표면완전성을 평가하는 방법들은 다음과 같다.

표면구조(surface texture): 표면거칠기 층의 정보, 기타 측정치가 표면완전성에 대한 외부로 드러나는 데이터를 제공한다. 이러한 시험은 상대적으로 쉽고 간단하기 때문에 표면결함 평가에 항상 포함된다.

육안 검사(visual examination): 육안 검사를 통해 균열(crack), 크레이터(crater), 랩(lap), 심(seam) 등 표면의 흠집들을 찾아낼 수 있다. 이 방법은 보통 형광기술과 사진기술과 함께 사용된다.

미세구조 검사(microstructural examination): 표면층의 미세구조에 대한 단면과 사진을 통한 현미경 검사를 수행한다.

미세경도 프로파일(microhardness profile): 표면 가까운 부분에서의 경도 변화는 Knoop이나 Vickers 시험(3.2.1 절)과 같은 미세경도 측정기술로 측정할 수 있다. 시편을 절단해 표면으로부터의 거리에 대한 경도를 측정해 단면의 미세경도 프로파일을 얻는다.

잔류응력 프로파일(residual stress profile): X선 회절기술을 이용해 부품의 표면에 있는 잔류응력을 측정한다.

2부
응고 공정

Engineering Materials and Product Attributes 1

Solidification Processes 2

Particulate Processing of Metals and Ceramics 3

Metal Forming and Sheet Metalworking 4

Material Removal Processes 5

Property Enhancing and Surface Processing Operations 6

Joining and Assembly Processes 7

Special Processing and Assembly Technologies 8

Systems Topics in Manufacturing 9

CHAPTER

05

금속 주조의 기초

FUNDAMENTALS OF METAL CASTING

이 장에서는 초기 원소재가 액체이거나 매우 유동적인 상태이고, 응고 과정을 거쳐 부품이 생성되는 제조공정에 관해 설명한다. 주조, 성형(몰딩) 과정이 이러한 제조공정 범주에 속한다. 응고공정은 응고되는 다음과 같은 재료에 따라 분류될 수 있다. (1)금속, (2)세라믹(특히 유리), (3)고분자재료, 고분자기지 복합재료. 금속 주조는 5~6장에서 설명하며, 유리성형은 7장, 고분자, PMC는 8~9장에서 다룬다.

주조(casting)는 원하는 형태의 빈 공간을 가진 주형에 중력 또는 다른 힘으로 용탕을 주입하는 공정이다. 주물이라는 용어는 이러한 공정으로 제조된 부품을 의미한다. 주조는 가장 오래된 성형공정 중의 하나이며, 역사가 약 6000년 전으로 거슬러 올라간다. 주조의 원칙은 단순하다. 금속 용융, 주형에 주입, 냉각이다. 그러나 성공적인 주물을 얻기 위해 고려해야 하는 인자, 변수는 다양하다. 주조는 잉곳주조, 성형주조 모두를 포함한다. 잉곳은 주로 1차 금속산업에서 제조되며 형상이 단순하고 압연 또는 단조 공정으로 재성형되는 주물을 일컫는다. 성형주조는 부품 또는 제품의 최종 형상에 매우 근접한, 복잡한 형상으로 제조함을 의미한다. 5~6장에서는 성형주조에 관해 설명한다.

다양한 성형주조법이 개발되면서 모든 제조공정 중에서 매우 유용한 방법 중의 하나가 되었다. 다음은 성형주조법의 이점이다.

- 주조는 외부, 내부 형상을 가진 복잡한 부품을 생산할 수 있다.
- 일부 주조법은 최종 순형상(net shape)을 가지는 부품을 생산할 수 있어 부가적인 제조공정이 필요하지 않다. 그 밖의 주조법들은 대개 근사 순형상(near net shape)을 만들기 때문에 정확한 치수를 얻기 위해 부가적 공정(주로 절삭가공)이 필요하다.
- 주조는 매우 커다란 제품을 생산할 수 있으며 100톤이 넘는 주조물도 가능하다.
- 녹일 수 있다면 어떤 금속으로도 주조공정은 가능하다.
- 몇 가지 주조법은 대량생산에 매우 적합하다.

주조에도 물론 단점이 있으며 이는 주조법마다 다르다. 단점으로는 기계적 특성의 한계, 기공 발생, 치수정확도 불량, 표면 불량, 용탕을 다루는 작업자의 안전사고 위험, 환경 문제 등이다. 주조공정으로 만든 부품은 몇 온스에서부터 몇 톤까지 다양하다. 제품군은 치과보철재료, 장신구, 난로, 자동차엔진, 기계, 철로, 프라이팬, 파이프, 펌프 등으로 다양하며, 철계, 비철계금속을 포함한 거의 모든 금속들을 이용해 주조된다. 고분자화합물이나 세라믹으로도 주조가 가능하며 이들 재료의 주조법과 금속 주조와의 차이는 다음 장 이후에 살펴본다. 5~6장에서는 금속 주조만을 다루며, 5장에서는 주조공정의 기초를, 6장에서는 주조제품 제작시 고려해야 할 부품설계 주안점을 포함해 각각의 주조공정에 대해 설명한다.

5.1 주조기술의 개요

주조는 주로 주물공장foundry에서 이뤄진다. 주물공장은 주형제작, 용탕제조, 용탕처리, 주조, 주조물 세척을 위한 장비가 갖추어져 있다. 주조 작업자를 영어로 foundrymen이라 한다.

5.1.1 주조공정

주형mold은 주물의 형상을 기하학적으로 결정하는 공동cavity을 가지고 있으며 실제로 공동의 크기와 형상은 응고, 냉각과정에서 발생하는 수축을 고려해 주물의 최종 형상보다 약간 크다. 수축되는 정도는 재료마다 다르며, 정확한 치수 정도를 얻기 위해 주조재료에 따라 주형이 다르게 설계되어야 한다. 주형은 모래, 석고, 세라믹, 금속 등 다양한 재료로 제작된다. 이러한 다양한 주형으로 주조법을 분류하기도 한다. 주조공정이 시작되려면 먼저 금속이 액체 상태로 되기에 충분한 온도로 가열되어야 하며, 이후 주형의 공동에 주입된다.

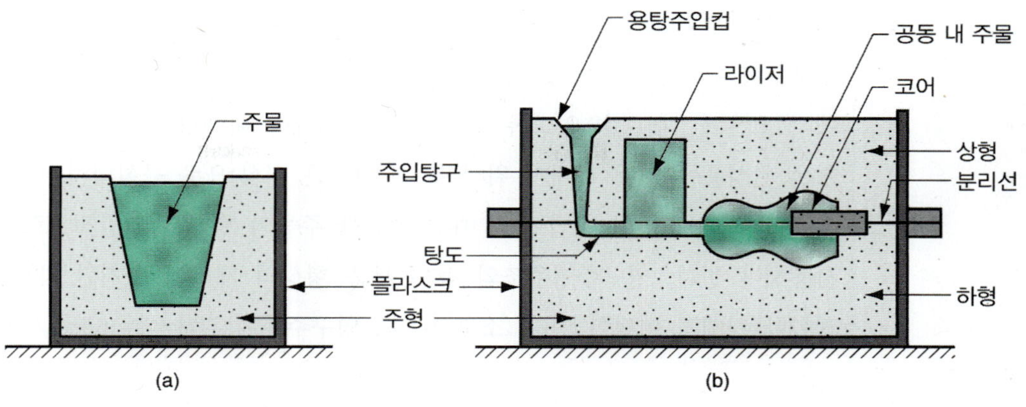

그림 5.1 주형의 두 형태 (a)개방형 주형: 원하는 형상을 가지는 단순한 용기, (b)폐쇄형 주형: 주형의 형상이 복잡하고 주형 공동까지 탕구계가 필요하다(출처: Fundamentals of Modern Manufacturing, 4th Edition by Mikell P. Groover, 2010. Reprinted with permission of John Wiley & Sons, Inc.).

[그림 5.1(a)]와 같은 개방형 주형open mold에서는 개방된 공동을 채울 때까지 용탕molten metal을 주입한다. [그림 5.1(b)]와 같이 폐쇄형 주형closed mold에서는 탕구계로 불리는 통로로 용탕이 주입되어 공동 끝까지 흘러들어야 한다. 폐쇄형 주형이 주조공정에서 훨씬 중요하게 취급된다. 용탕이 주형에 부어지면 바로 냉각하기 시작한다. 온도가 충분히 내려가면(즉, 순수금속일 경우 응고점 이하), 응고가 시작된다. 응고란 금속의 상이 변화함을 의미한다. 상변화가 완전히 이뤄지기 위한 시간이 필요하며, 이 과정에서 상당한 열이 방출된다. 금속이 주형 공동과 동일한 형상과 주물에서 요구되는 특성을 갖게 되는 때가 바로 이 과정 중이다. 주물이 충분히 냉각되면 주형에서 제거된다.

사용되는 주조법이나 재료에 따라 후속 공정이 필요할 수 있다. 이는 실제 주물로부터 불필요 부분을 제거하거나, 표면세척, 제품검사 혹은 특성을 보강하기 위한 열처리 등이다. 뿐만 아니라 주조부품에서 특정 부위의 정밀한 공차를 얻기 위해 또는 주조표면과 미세 금속조직을 제거하기 위해 절삭공정(16장)이 필요할 수 있다.

주조공정은 사용되는 주형의 종류에 따라 크게 소모성주형 주조방식, 영구주형 주조방식의 2가지로 분류될 수 있다. 소모성주형은 용탕이 응고된 후 주물을 제거할 때는 부수어야 한다. 이러한 주형은 모래, 석고, 유사한 재료로 만들어지며 다양한 종류의 결합제를 이용해 형태를 유지한다. 사형주조는 소모성주형 중 가장 중요한 방식인데, 용탕을 모래주형의 공동에 붓는다. 금속이 응고되면 주물을 꺼내기 위해 모래주형을 부순다.

영구주형은 대량의 주물을 생산하기 위해 계속 사용될 수 있는 주형이며, 주조공정에서 고온에 견딜 수 있도록 금속(가끔은 세라믹 내열재료)으로 만들어진다. 영구주형은 완성품을 열어 꺼내기 위해 두 부분(혹은 이상)으로 구성되며, 다이캐스팅이 많이 알려진 영구주형 방법이다. 매우 정교한 주물의 형상은 일반적으로 소모성주형을 사용해야 한다. 영구주형주조의 경우 부품 형상의 제약이 있지만 대량생산시스템에 적합한 경제적 이점이 있다. 소모성주형, 영구주형에 관해서는 6장에서 설명한다.

5.1.2 사형주조 주형

사형주조sand casting는 현재 가장 중요한 주조 방식인데, 주형재료로 모래를 사용하는 것이다. 이 절에서는 주형의 기본 특징을 모래주형을 이용해 설명한다. 이 특징들은 다른 종류의 주형에서도 보편적으로 사용된다.

[그림 5.1(b)]는 전형적인 모래주형의 단면을 보여준다. 주형은 두 부분으로 구성된다. 상형cope, 하형drag이다. 상형은 주형의 위 반쪽이며, 하형은 아래 반쪽이다. 두 부분은 플라스크flask라 불리는 주형상자에 담겨 있으며, 플라스크도 상형용과 하형용으로 나뉘어져 있고, 분리선parting line으로 구분된다. 사형주조(기타 소모성 주조방식)에서 주형 공동mold cavity은 패턴을 이용해 만들어진다. 패턴pattern: 모형은 나무, 금속, 석고 또는 기타 재료로 제작된다.

상형과 하형에서 패턴 주위에 모래를 채움으로써 공동이 형성되며, 패턴이 제거되면 원하는 형상의 빈 공간이 된다. 용탕이 응고, 냉각될 때 수축이 일어나므로 패턴은 일반적으로 원하는 제품보다 크게 만들어진다. 주형에 사용되는 모래는 습기가 있으며, 모양을 유지하기 위해 결합제를 함유하고 있다.

주형의 공동은 주물의 외부 표면을 형성하며, 코어를 이용해 주물의 내부 표면도 만들 수 있다. 코어core는 주형의 공동 안에 위치하는데, 사형주조에서는 주로 모래로 만들어지며 금속, 석고 또는 세라믹으로 만들어지기도 한다. 주형에서 탕구계gating system는 탕로channel 또는 탕로의 망을 의미하며, 주형 공동으로 용탕이 흘러들어갈 수 있도록 해준다. 그림에서 보는 바와 같이 탕구계에는 주입탕구downsprue, sprue가 있으며, 이를 통해 주형 공동에 붙어 있는 탕도runner에 도달한다. 주입탕구 위에는 용탕이 주입탕구에 부어질 때 튀기거나 난류가 생기지 않도록 주입컵pouring cup을 사용하는데, 이것은 단순한 원뿔 깔때기 모양을 가지고 있다. 탕구계에는 수축이 상당할 경우 사용되는 라이저riser가 포함된다. 라이저는 응고과정에서 발생하는 수축공간에 용탕을 보충하기 위해 설치되는 용탕 저장소이다. 이러한 이유로 주물이 응고된 후에 라이저가 냉각되도록 설계해야 한다.

용탕이 주형에 주입될 때, 용탕과의 반응으로 발생한 가스와 공동에 원래 있던 공기가 빠져나와야 용탕이 빈 공간에 완벽하게 채워질 수 있다. 예를 들면 사형주조에서 모래주형의 자연적인 구멍들은 공기나 가스가 벽을 통해 빠져나가게 한다. 영구주형에서는 주형 또는 분리선에 작은 공기구멍을 뚫어놓는다.

5.2 가열과 용탕주입

주조공정이 이뤄지기 위해 금속은 용융점보다 약간 높은 온도로 가열된 후 주형 공동에 주입되어 냉각된다. 이 절에서는 이러한 두 단계의 여러 가지 사항을 검토한다.

5.2.1 금속가열

다양한 종류의 가열로(6.4.1 절)가 주조하기에 충분한 온도까지 재료를 가열한다. 필요한 가열 에너지는 (1)용융점까지 온도를 높이는데 필요한 열, (2)고체를 액상으로 변환시키는 열, (3)용탕을 주입하기에 적합한 온도까지 높이는 열의 총합이다. 이는 다음 식과 같이 나타낼 수 있다.

$$H = \rho V\{C_s(T_m - T_o) + H_f + C_l(T_p - T_m)\} \tag{5.1}$$

여기서 H=금속을 주조하기에 적합한 온도까지 높이는데 필요한 총열량 J, ρ=밀도 g/cm^3, C_s=고체금속의 비열 J/g-°C, T_m=금속의 용융점 °C, T_o=초기 온도(일반적으로 상온), H_f=용융열 J/g-°C, C_l=액상금속의 비열, T_p=주입온도, V=가열되는 금속의 부피 cm^{3}다.

이 계산식은 개념상의 값들을 가지고 있어, 계산값은 제한적이 된다. 그 이유는 다음과 같다.

1. 고체금속의 비열, 기타 열에 관한 특성은 온도에 따라 변하며, 특히 가열 중 금속의 상변이가 발생하면 변화가 심하다.

2. 금속의 비열은 고체와 액체 상태일 때 다를 수 있다.
3. 대부분의 주조금속은 합금이며, 대부분의 합금은 단일 용융점이 아니라 고상점과 액상점 사이의 온도에서 녹는다. 그러므로 용융열은 위에서 나타낸 것과 같이 단순하지 않다.
4. 특별한 합금에 대한 물성치는 대부분의 경우 구할 수 없다.
5. 가열 중 용탕 주변으로 상당한 열손실이 발생한다.

5.2.2 용탕주입

가열이 완료되면 용탕은 주형에 주입된다. 용탕을 주형(탕구계, 주형 공동을 포함)에 주입하는 것은 주조공정에서 매우 중요한 단계다. 이러한 단계가 성공적이기 위해 응고되기 전에 용탕이 주형에 골고루, 특히 주요 공동부에 흘러 들어가야 한다. 주입공정에 영향을 미치는 주요 요인은 주입온도, 주입속도, 난류다. 주입온도는 주형에 주입될 때 용탕의 온도를 말한다. 여기서 중요한 점은 주입온도와 응고 시작온도(순수금속일 경우에는 용융점, 합금일 경우에는 액상온도)와의 차이이며, 종종 과열량superheat이라 부른다. 이는 용탕주입과 응고시작 사이 시간 동안 없어져야 하는 열량을 나타낸다[7].

주입속도는 단위시간 당 용탕이 주형에 주입되는 부피를 의미한다. 주입속도가 너무 낮으면 주형 공동에 채워지기 전에 금속이 응고되기 시작한다. 주입속도가 너무 과도하면 난류가 발생해 심각한 문제를 야기한다. 유체흐름에서 난류turbulence는 유체 속도의 크기, 방향이 일정하지 않게 변하는 것을 의미하며, 층류laminar flow의 유선과는 달리 흐름이 뒤섞이고 불규칙적이다. 난류는 여러 가지 요인 때문에 피해야 한다. 난류는 주물의 품질을 떨어뜨리는 금속산화물의 발생을 응고 중 촉진시킨다. 또한 용탕이 흐르면서 주는 충격 때문에 주형 표면을 점차 마모시키는 주형침식 현상을 일으킨다. 대부분 용탕의 밀도는 물이나 기타 유체에 비해 매우 높고, 상온에서보다 큰 반응성이 있기 때문에 주형에서 침식이 발생하기 쉬우며, 특히 난류가 발생하면 매우 심각한 상황이 된다. 제품 형상을 결정하는 공동에서 침식이 발생하면 문제가 커진다.

5.2.3 용탕주입의 공학적 해석

주형의 탕구계를 흐르는 용탕의 흐름을 나타내는 관계식은 여럿이 있는데, 그중 유체흐름 상 두 점에서의 유체의 에너지(수두, 압력, 운동, 마찰) 합이 일정하다는 베

르누이Bernoulli 정리가 가장 중요하다. 이는 다음과 같다

$$h_1 + \frac{p_1}{\rho} + \frac{\nu_1^2}{2g} + F_1 = h_2 + \frac{p^2}{\rho} + \frac{\nu_2^2}{2g} + F_2 \qquad (5.2)$$

여기서 h=수두 cm, p=유체의 압력 N/cm^2, ρ=밀도 g/cm^3, ν=유체속도 cm/s, g=중력가속도 상수 981cm/s/s, F=마찰로 인한 수두손실 cm다. 첨자 1과 2는 유체가 흐르는 두 지점을 의미한다.

베르누이 정리는 여러 가지 방법으로 단순화될 수 있다. 마찰 손실(마찰은 모래주형을 지나가는 유체흐름에 영향을 미침)을 무시하고, 시스템 전체가 대기압 상태라 가정하면 관계식은 다음과 같이 표현된다.

$$h_1 + \frac{\nu_1^2}{2g} = h_2 + \frac{\nu_2^2}{2g} \qquad (5.3)$$

이는 주입탕구 바닥에서 용탕의 속도를 계산하는데 이용될 수 있다. 1은 주입탕구 위, 2를 주입탕구의 바닥이라 하자. 2가 기준면이라면 2에서의 수두는 0이며(h_2=0), h_1은 주입탕구의 높이다. 용탕이 용탕주입 컵에 부어져 주입탕구로 흘러 들어가면 맨 위에서의 초기속도는 0이다 (ν_1= 0). 그러므로 식 (5.3)은 다음과 같이 단순화된다.

$$h_1 = \frac{\nu_2^2}{2g}$$

이를 유속에 대한 식으로 다시 쓰면

$$\nu = \sqrt{2gh} \qquad (5.4)$$

여기서 ν=주입탕구의 바닥에서 용탕의 속도 cm/s, g=중력가속도 상수 981cm/s/s, h =주입탕구의 높이 cm다. 또 다른 중요한 관계식은 유체의 체적 유량이 항상 일정함을 나타내는 연속성 법칙continuity law이다. 체적 유량은 유체의 단면적에 속도를 곱한 값이다. 연속방정식은 다음과 같다.

$$Q = \nu_1 A_1 = \nu_2 A_2 \qquad (5.5)$$

여기서 Q=체적유량 cm^3/s, ν=유속 cm/s, A=유체의 단면적 cm^{2}이며 첨자는 유체의

두 지점을 나타낸다. 그러므로 단면적이 늘어나면 유속이 줄어들게 되며, 반대로 단면적이 줄어들면 유속이 늘어난다. 식 (5.4), (5.5)는 주입탕구가 경사져야 한다는 사실을 의미한다. 주입탕구에서부터 용탕이 가속되어 흘러들어 가면서 탕도의 단면적이 줄어들어야 한다. 그렇지 않으면 주입탕구의 바닥에서 용탕의 속도가 증가하면서 용탕에 공기가 들어가 기공을 만든다. 이러한 현상을 방지하기 위해 주입탕구는 경사지게 설계되어 체적 유량 νA가 주입탕구의 입구에서나 바닥에서도 같도록 한다. 주입탕구에서 주형 공동까지의 탕도가 수평이라고 가정하면(즉, 주입탕구 바닥에서 수두 h가 변하지 않는다면) 탕구에서 주형 공동까지의 체적 유량은 νA 값을 유지한다. 따라서 체적 V인 주형 공동을 채울 때 필요한 시간은 다음과 같다.

$$T_{MF} = \frac{V}{Q} \tag{5.6}$$

여기서 T_{MF}=주형충전시간 sec, V=주형 공동부피 cm^3, Q=체적 유량이다. 식 (5.6)으로 계산된 주형충전시간은 최소 시간이 되는데, 이는 마찰 손실을 무시했으며 탕구계에서 용탕의 흐름을 저해하는 요소를 고려하지 않았기 때문이다. 그러므로 일반적으로 주형충전시간은 식 (5.6)에서 계산된 것보다 길게 된다.

EXAMPLE 5.1 NC 용탕주입 계산

어떤 주형의 주입탕구의 길이가 20cm이고 바닥에서의 단면적이 $2.5cm^2$이다. 수평인 탕도는 주입탕구에서 주형 공동으로 연결되어 있으며 주형 공동의 체적은 $1560cm^3$이다. 이때 다음을 결정하라. (a)주입탕구의 바닥에서 용탕의 속도, (b)체적 유량, (c)주형을 채우는 시간.

▌풀이▐

(a) 주입탕구의 바닥에서 용탕의 속도는 식 (5.4)로 주어진다.

$$\nu = \sqrt{2(981)(20)} = 198.1\text{cm/s}$$

(b) 체적 유량

$$Q = (2.5\text{cm}^2)(198.1\text{cm/s}) = 495\text{cm}^3\text{/s}$$

(c) 체적이 $1,560cm^3$인 주형 공동을 채우는데 필요한 시간은

$$T_{MF} = 1560/495 = 3.2\text{s}$$

5.3 응고, 냉각

응고란 용융금속이 다시 고체 상태로 되돌아가는 변환과정을 말하며, 순수한 금속 또는 합금인가에 따라 응고과정이 다르다.

순수금속 순수한 금속은 용융점과 동일한 응고점에서 응고되기 시작한다, 순수한 금속의 용융점은 잘 알려져 있으며 이를 [표 3.10]에 나타냈다. 시간에 따른 냉각과정은 냉각곡선이라 불리며 [그림 5.2]와 같이 이뤄진다.

실제 냉각은 국소응고시간local solidification time이라 불리는 시간 동안 이뤄지며, 이 기간 동안 금속의 용융열이 주변으로 방출된다. 총응고시간total solidification time은 용탕 주입에서부터 완전응고까지의 시간을 뜻한다. 주물이 완전히 응고된 후 냉각곡선의 하향기울기와 같은 속도로 냉각이 지속된다. 주형 표면의 냉각작용으로 인해 용탕을 주입하자마자 금속의 얇은 막이 바로 형성된다. 막의 두께는 응고가 진행됨에 따라 점점 두꺼워지고 주형 공동의 중심으로 진행해 나간다. 진행속도는 주형으로의 열전달, 주조금속의 열특성에 따라 다르다.

이러한 응고과정에서 금속 조직 형성, 성장에 대해 살펴보자. 초기 금속막을 형성한 금속은 주형 표면에 의해 급속히 냉각되며 이러한 냉각과정이 조직을 세밀하게 하고, 방향성 없는 결정립을 생성하게 만든다.

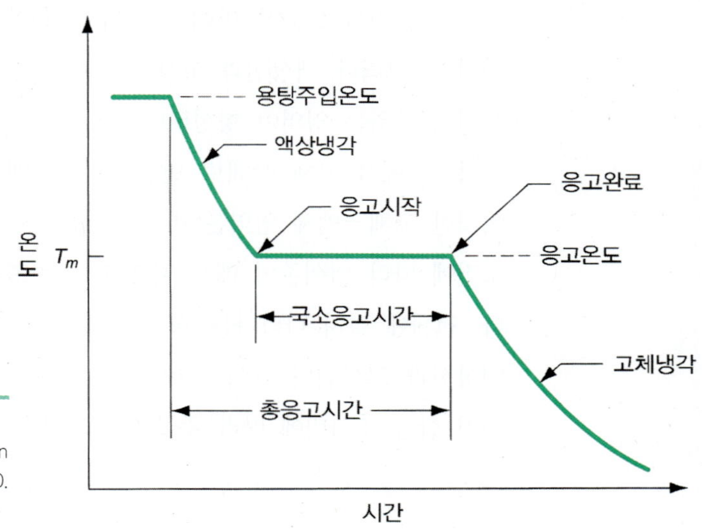

그림 5.2

순수금속에 대한 냉각곡선(출처: Fundamentals of Modern Manufacturing, 4th Edition by Mikell P. Groover, 2010. Reprinted with permission of John Wiley & Sons, Inc.).

그림 5.3

주형 벽 근처에는 방향성이 없는 작은 결정립이 생성되고, 주물 중앙으로 향함에 따라 크기가 큰 주상 결정립이 나타나는 순수금속 주물의 결정립 구조(출처: Fundamentals of Modern Manufacturing, 4th Edition by Mikell P. Groover, 2010. Reprinted with permission of John Wiley & Sons, Inc.).

냉각이 진행되면서 열전달이 되는 방향으로 입자 형성, 성장이 이뤄지므로 결정립은 내부 방향의 바늘 또는 가시와 같은 모양으로 성장하며 성장하면서 곁가지가 형성된다. 이러한 성장 형태를 수상성장dendritic growth이라 하며 순수금속뿐만 아니라 합금에서도 나타난다. 완전히 응고될 때까지 용탕이 보충되면서 이러한 나무모양의 조직이 가득 차게 된다. 이러한 수상성장으로 생긴 결정립은 방향성이 있으며 [그림 5.3]과 같이 주물의 중앙으로 향하는 막대모양 조직이 생긴다.

일반합금 대부분의 일반 합금은 단일 온도가 아닌 어떤 온도 범위 내에서 응고되며, 정확한 온도 범위는 합금, 조성에 따라 다르다. 합금의 응고는 어떤 합금의 조성비에 따른 상태도phase diagram와 냉각곡선을 보여주는 [그림 5.4]로 설명할 수 있다. 온도가 내려감에 따라 액상선liquidus 온도에서 응고가 시작되며 고상선solidus 온도에서 응고가 완료된다. 응고의 시작은 순수금속과 매우 유사하며, 주형 표면에서의 급격한 온도변화로 얇은 막이 형성되고, 중앙으로 수상조직이 성장해나가며 응고가 진행된다. 그러나 액상선과 고상선 사이의 온도가 확산되면서 수상성장 중 액상과 고상이 공존하는 영역이 형성된다.

수상조직에서 고체 상태로 변한 부분은 액체 상태의 금속을 섬처럼 가두게 되는데, 이러한 고체-액체 영역은 머쉬존mushy zone이라 부르며 걸쭉한 상태를 보인다. 응고조건에 따라 머쉬존이 매우 얇게 나타날 수 있거나 주물 전체에 걸쳐 나타날 수 있다. 전체에 걸쳐 나타나는 경우는 매우 뜨거운 용탕이 매우 천천히 냉각되는 경우나 액상선과 고상선의 차이가 매우 큰 경우다. 순차적으로, 섬 형태의 액상 부분은 주어진 합금 조성비에 따라 주물의 온도가 고상선까지 떨어지면 응고한다.

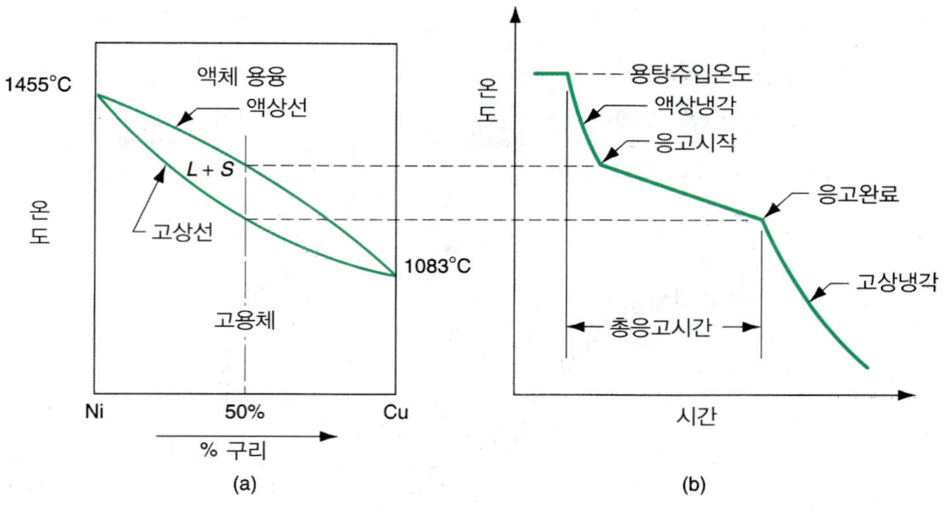

그림 5.4 (a)구리-니켈 합금의 상태도 (b)50% 니켈-50%구리의 냉각곡선(출처: Fundamentals of Modern Manufacturing, 4th Edition by Mikell P. Groover, 2010. Reprinted with permission of John Wiley & Sons, Inc.).

합금의 응고과정을 복잡하게 만드는 또 다른 요인은 수상조직의 조성이 용융온도가 더 높은 금속을 선호한다는 것이다. 응고가 진행되고 수상조직이 성장하면서 응고된 금속과 아직 응고되지 않은 금속 간의 불균형이 발생한다. 이러한 조성 불균형은 완성된 주물에서 원소들이 편석segregation된 형태로 나타난다. 미시적인 관점에서의 편석은 각 결정립에서 화학적 조성이 다른 것이다. 이는 각 수상조직의 초기 중심조직에서 합금원소 중 어느 한 원소의 비율이 더 높기 때문이다. 수상조직이 주변으로 확장될 때 첫 번째 금속이 부분적으로 감소된 나머지 액상금속을 통해 성장한다. 결국 각 결정립에서 마지막으로 응고하는 부분은 수상조직의 가지에 의해 갇히게 되고, 그것의 조성은 더 한층 평형을 잃은 것이 된다. 따라서 주물의 개별 결정립 안에서 화학적 조성의 변화가 나타나는 것이다.

그림 5.5
주물 중앙에서 합금원소의 편석 현상을 보여주는 결정립 구조도(출처: Fundamentals of Modern Manufacturing, 4th Edition by Mikell P. Groover, 2010. Reprinted with permission of John Wiley & Sons, Inc.).

편석을 거시적 관점에서 보면 화학적 조성이 주물 전체에 걸쳐 변화하게 되는데, 이는 처음 응고하기 시작한 부분(주형벽 근처)에서는 어떤 구성요소 금속이 많고, 나중 응고한 부분에서는 그 요소 금속이 없게 되기 때문이다. 그러므로 주물의 단면에는 [그림 5.5]와 같이 일반적인 편석 현상이 나타나며 이를 잉곳편석ingot segregation이라 부른다.

공정합금 공정합금eutectic alloy은 액상선과 고상선이 동일한 온도를 가지는 것으로서, 응고하는 과정에 있어 예외적 취급을 받는다. 이 경우 응고가 일정한 온도 범위에서 일어나는 것이 아니라 일정한 온도공정온도, eutectic temperature에서 일어난다. 주조에 사용되는 공정합금의 예는 알루미늄—규소(11.6% Si)와 주철(4.3% C)이다.

5.3.2 응고시간

주물이 순수금속이나 합금이건 간에 응고에는 시간이 필요하며 총응고시간은 용탕 주입부터 응고된 주물이 되기까지에 필요한 시간이다. 이는 주물의 크기와 모양에 따라 다르며 Chvorinov 법칙으로 알려진 실험식은 다음과 같다.

$$T_{TS} = C_m\left(\frac{V}{A}\right)^n \tag{5.7}$$

여기서 T_{TS}=총응고시간 min, V=주물의 부피 cm^3, A=주물의 표면적 cm^2, n=통상적으로 2인 지수, C_m=주형 상수다. n이 2라면 C_m의 단위는 min/cm^{2}이며, 주조공정의 조건에 따라 값이 달라진다. 이 조건은 주형재료(예: 비열, 열전도율), 주물재료의 열특성(예: 용융열, 비열, 열전도율), 용해온도에 대한 상대적인 용탕 주입온도 등이 포함된다. 주물의 형상이 다를지라도 주어진 주조 조건에 따른 C_m 값은 동일한 주형재료, 주조금속, 용탕주입온도에서 이전에 수행된 공정 데이터를 기초로 산정될 수 있다.

Chvorinov 법칙은 표면적 대비 체적 비율이 크면 작은 경우보다 더 천천히 냉각되고 응고됨을 의미하며, 이는 라이저 설계에 유용하게 사용된다. 주형 공동에 용탕을 보충해주기 위해 라이저의 용탕은 주물보다 긴 시간 동안 액상으로 유지되어야 한다. 즉, 라이저의 T_{TS}는 주물의 T_{TS}보다 커야 한다. 라이저, 주물의 주형 조건이 동일하기 때문에 주형상수는 동일하다. 라이저가 표면적 대비 체적 비율이 높도록 설계해 주형 공동에서 먼저 응고되어 수축의 영향을 줄일 수 있도록 해야 한다. Chvorinov 법칙을 이용해 라이저를 설계하기 전에 수축에 관해 설명한다.

5.3.3 수축

냉각과 응고에서 발생하는 수축에 대해 설명한다. 수축shrinkage은 다음과 같은 3단계로 나눠진다. (1)응고 전에 냉각과정에서의 액상수축, (2)액상에서 고상으로 변하는 과정의 응고수축solidification shrinkage, (3)상온까지 냉각과정의 고상 열수축. 이 3단계는 [그림 5.6]과 같이 원통형 주물로 설명될 수 있다. 주입한 직후의 용탕은 [그림 5.6]의 (0)과 같다. 용탕 주입온도부터 응고점까지 냉각과정에서의 액상수축은 [그림

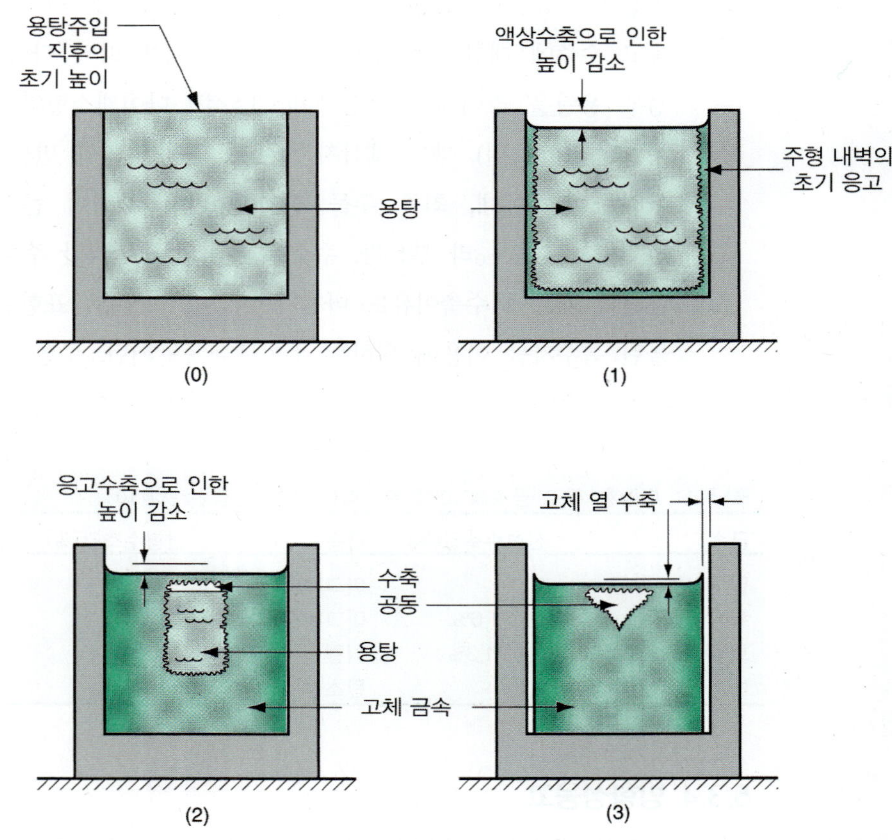

그림 5.6 응고, 냉각중의 원통형 주물의 수축 (0)용탕주입 직후 초기 높이 (1)액상수축에 의한 높이 감소 (2)응고수축에 의한 높이 감소, 수축 공동생성 (3)열수축으로 인한 높이 감소, 직경의 감소. 그림에서 크기 감소는 이해를 돕기 위해 과장되게 표현됨(출처: Fundamentals of Modern Manufacturing, 4th Edition by Mikell P. Groover, 2010. Reprinted with permission of John Wiley & Sons, Inc.).

5.6]의 (1)과 같이 용탕의 높이를 시작높이보다 낮추게 되며 이러한 액상수축의 양은 대략 0.5%다. 그림에서 (2)와 같은 응고수축은 2가지 영향을 준다. 첫째, 주물의 높이가 훨씬 더 줄어들게 되며, 둘째, 주물의 상부 중앙에 공급되는 용탕의 양이 제한된다는 점이다. 일반적으로 이 부분이 가장 늦게 응고되는 부분이며, 용탕의 부족은 주물 속에 빈 공간을 만들게 된다. 주조기술자는 이러한 수축 공동을 파이프pipe라 부른다. 한번 응고된 후에 주물은 [그림 5.6]의 (3)과 같이 높이와 직경이 줄어든다. 이는 주조 재료의 열팽창 계수에 의해 결정되며, 수축량을 계산할 때 사용된다.

고체 상태는 액체 상태보다 밀도가 크기 때문에 응고수축은 거의 모든 금속에서 나타난다. 응고에 수반되는 상변태phase transformation에 의해 금속의 단위 무게당 부피가 감소한다. 높은 탄소함량의 주철은 예외적인 경우며, 응고의 최종 단계인 흑연화 과정에서 상변화시 응고 수축을 상쇄시키는 팽창을 야기한다[7].

응고 수축에 대한 보상방법은 각 주조공정에 따라 다양하게 나타난다. 사형주조의 경우 용탕을 라이저로 주입하며(5.3.5절), 다이캐스팅의 경우 용탕이 가압상태에서 주입된다(6.3.3절). 패턴 제작자는 주형 공동을 크게 만들어 응고수축과 열수축을 감안해 설계하는데, 최종 주물 크기에 비해 주형이 큰 정도를 패턴수축여유pattern shrinkage allowance라 부른다. 수축은 부피의 단위지만 주물의 크기는 거의 길이로 표현되기 때문에 수축여유도 마찬가지로 길이단위로 표현된다. 정확한 치수보다 약간 늘린 특수자를 이용해 원하는 주형보다 큰 패턴, 주형을 제작한다. [표 5.1]에 여러 주조 금속의 선형 수축값이 예시되었는데, 이 값이 특수자 제작에 사용된다.

표 5.1 다양한 주조 금속의 고상 열수축에 의한 선형수축값[10]

금속	선형수축값(%)	금속	선형수축값(%)	금속	선형수축값(%)
알루미늄 합금	1.3%	마그네슘	2.1%	크롬강	2.1%
황동	1.3~1.6%	마그네슘 합금	1.6%	주석	2.1%
회주철	0.8~1.3%	니켈	2.1%	아연	2.6%
백주철	2.1%	탄소강	1.6~2.1%		

5.3.4 방향성응고

수축의 악영향을 최소화하기 위해 공급되는 용탕이 주입구에서 가장 먼 부분이 먼저 응고되기 시작하고, 여기로부터 라이저쪽으로 응고가 진행되는 것이 바람직하다. 수축 공동을 예방하기 위해 이러한 방식으로 라이저의 용탕이 계속 공급된다. 이러한 응고과정과 조절방식을 표현하기 위해 방향성응고directional solidification라는 용어가 사용된다. 원하는 방향의 응고는 주물 설계에 대한 Chvorinov의 법칙 적용, 주형에서의 방향성, 라이저 설계를 통해 가능하다. 예를 들면 라이저로부터 멀리 떨어진 부분에 V/A 비율(표면적 대비 부피비)이 낮은 주물부를 위치시키면 응고가 먼저 진행되어 나머지 부분은 용탕의 공급이 가능하다. 주형의 어떤 부분에서 응고가 시작되는가가 중요하며, 마찬가지로 라이저에 가까운 곳에서 먼저 응고가 일어나지 않도록 하는 것도 중요하다.

또한 중요한 관심 사항은 라이저와 주형 공동 사이의 통로이며 주조 중 먼저 통로 내의 용탕이 응고되어 라이저의 용탕이 공급될 수 없는 일이 발생하지 않도록 설계된다. 일반적으로 통로의 부피는 최소화하지만(용탕을 절약하기 위해), 응고가 시작되는 것을 막기에 충분한 단면적을 갖도록 설계된다. 또한 통로의 길이를 짧게 하여 라이저와 주물의 용탕으로부터 열을 흡수할 수 있도록 한다.

5.3.5 라이저 설계

앞에서 설명한 바와 같이 [그림 5.1(b)]의 라이저는 응고수축을 보상하기 위해 냉각 중인 주물에 용탕을 공급하기 위해 사용된다. 제 역할을 다하기 위해 주물이 응고될 때까지 라이저는 용탕을 액상으로 유지시켜야 하며 Chvorinov의 법칙이 라이저의 크기를 계산하는데 사용된다.

EXAMPLE 5.2 Chvorinov 법칙을 이용한 라이저 설계

원통형 라이저가 사형주조에 사용되며 주물은 7.5cm×12.5cm×2.0cm인 사각 강철판이다. 예전에 관찰한 바로는 이러한 주물의 총응고시간(T_{TS})은 1.6분이었다. 라이저의 높이 대비 직경비가 1.0일 때, T_{TS}가 2.0분이 되도록 라이저의 치수를 결정하라.

▌풀이▐

먼저 판의 V/A비를 계산한다. V=7.5×12.5×2.0=187.5cm^3, A=2(7.5×12.5+7.5×2.0×12.5×2.0)=267.5cm^2. T_{TS}가 1.6분이면 식 (5.7)로부터 $n=2$에 대한 주형상수 C_m을 계산할 수 있다.

$$C_m = \frac{T_{TS}}{(V/A)^2} = \frac{1.6}{(187.5/267.5)^2} = 3.26\text{min/cm}^2$$

다음으로 주물과 라이저가 동일한 주형 내에 있으므로 동일한 주형상수를 이용해 총 응고시간이 2.0분인 라이저를 설계한다. 라이저의 부피는

$$V = \frac{\pi D^2 h}{4}$$

이며, 표면적 $A = \pi Dh + \frac{2\pi D^2}{4}$, $D/H = 1.0$이므로 $D = H$이다. 부피, 표면적 식에서 H 대신 D를 대입하면

$$V = \frac{\pi D^3}{4},$$

$$A = \pi D^2 + \frac{2\pi D^2}{4} = 1.5\pi D^2$$

그러므로 V/A비$=D/6$이며 Chvorinov의 식에 대입하면

$$T_{TS} = 2.0 = 3.26\left(\frac{D}{6}\right)^2 = 0.09056 D^2$$

$$D^2 = 2.0/0.09056 = 22.086\text{cm}^2$$

$$D = 4.7\text{cm}$$

H와 D는 같으므로 $H = 4.7$cm이다.

라이저의 금속은 응고된 주물에서 분리되고, 다음 주조공정에서 다시 용융되어 사용되므로 낭비적 요소가 있기 때문에 라이저의 부피를 최소화하는 것이 바람직하다. 반면 라이저 형상의 V/A비를 최대화하기 위해 부피를 가능한 한 크게 하는 경향이 있다. 예제에서 라이저의 부피는 $V = \pi(4.7)^3/4 = 81.5cm^3$여서, 판(주물) 부피의 44% 밖에 되지 않지만 총응고시간이 25% 길다. 라이저는 여러 가지 다양한 모양으로 설계될 수 있으며 [그림 5.1(b)]는 주물의 측면에 부착되어 있는 측면라이저side riser다. 상부라이저top riser는 주물의 상부에 붙어 있다. 또한 라이저는 개방형 또는 폐쇄형으로 구분할 수 있다. 개방형라이저open riser는 상형의 윗면에 노출되어 있으며 열을 빨리 발산시킨다는 단점이 있다. 폐쇄형라이저closed riser는 [그림 5.1(b)]와 같이 주형 내에 위치한다.

참고문헌 References

[1] Amstead, B. H., Ostwald, P. F., and Begeman, M. L. *Manufacturing Processes*. John Wiley & Sons, Inc., New York, 1987.

[2] Beeley, P. R. *Foundry Technology*. Butterworths- Heinemann, Oxford, England, 2001.

[3] Black, J., and Kohser, R. *DeGarmo's Materials and Processes in Manufacturing*, 10th ed. John Wiley & Sons, Inc., Hoboken, New Jersey, 2008.

[4] Datsko, J. *Material Properties and Manufacturing Processes*. John Wiley & Sons, Inc., New York, 1966.

[5] Edwards, L., and Endean, M. *Manufacturing with Materials*. Open University, Milton Keynes, and Butterworth Scientific Ltd., London, 1990.

[6] Flinn, R. A. *Fundamentals of Metal Casting*. American Foundrymen's Society, Inc., Des Plaines, Illinois, 1987.

[7] Heine, R. W., Loper, Jr., C. R., and Rosenthal, C. *Principles of Metal Casting*, 2nd ed. McGraw-Hill Book Co., New York, 1967.

[8] Kotzin, E. L. (ed.). *Metalcasting and Molding Processes*. American Foundrymen's Society, Inc., Des Plaines, Illinois, 1981.

[9] Lessiter, M. J., and Kirgin, K. "Trends in the Casting Industry", *Advanced Materials & Processes*, January 2002, pp. 42–43.

[10] *Metals Handbook*, Vol. 15: *Casting*. ASM International, Materials Park, Ohio, 2008.

[11] Mikelonis, P. J. (ed.). *Foundry Technology*. American Society for Metals, Metals Park, Ohio, 1982.

[12] Niebel, B. W., Draper, A. B., and Wysk, R. A. *Modern Manufacturing Process Engineering*. McGraw-Hill Book Co., New York, 1989.

[13] Taylor, H. F., Flemings, M. C., and Wulff, J. *Foundry Engineering*, 2nd ed. American Foundrymen's Society, Inc., Des Plaines, Illinois, 1987.

[14] Wick, C., Benedict, J. T., and Veilleux, R. F. *Tool and Manufacturing Engineers Handbook*, 4th ed. Vol. II, Forming. Society of Manufacturing Engineers, Dearborn, Michigan, 1984.

복습문제 Review Questions

5.1 성형-주조의 중요한 이점을 서술하라.

5.2 주조의 제약조건, 단점은?

5.3 주조공정을 수행하는 공장을 영어로 무엇이라 하는가?

5.4 개방형주형과 폐쇄형주형의 차이는 무엇인가?

5.5 주조공정을 크게 구별시키는 2가지 기본적 주형 형태는 무엇인가?

5.6 상업적으로 가장 중요한 주조공정은 무엇인가?

5.7 사형주조에서 패턴과 코어의 차이점은 무엇인가?

5.8 과열(superheat)은 무엇을 의미하는가?

5.9 용탕을 주입할 때 왜 용탕의 난류를 피해야 하는가?

5.10 용탕의 흐름에서 연속방정식이란 무엇인가?

5.11 주조에서 용융열이란 무엇인가?

5.12 합금의 응고와 순수금속의 응고는 어떻게 다른가?

5.13 공정합금은 무엇인가?

5.14 주조에서 Chvorinov 법칙이란 무엇인가?

5.15 용탕을 주입한 후의 3가지 수축은 무엇인가?

연습문제 PROBLEMS

5.1 주형의 러너에 연결되는 주입탕구의 길이는 175mm이고 탕구 바닥의 단면적은 $400mm^2$이다. 주형 공동의 부피는 $0.001m^3$일 때 다음을 결정하라. (a)주입탕구의 바닥을 통해 흘러 들어가는 용탕의 속도, (b)용탕 흐름의 체적유량, (c)주형 공동을 채우는데 필요한 시간.

5.2 주형의 러너에 연결되는 주입탕구의 길이는 6in 이고 탕구 바닥의 단면적은 $0.5in^2$이다. 탕구는 수평형 러너에 연결되어 있고 주형 공동의 부피는 $75in^3$일 때 다음을 결정하라. (a)주입탕구의 바닥을 통해 흘러 들어가는 용탕의 속도, (b)용탕 흐름의 체적유량, (c)주형 공동을 채우는데 필요한 시간.

5.3 주입탕구로 주입되는 용탕의 유량은 1liter/sec이고, 주입 탕구 상부의 단면적은 $800mm^2$, 길이는 175mm다. 용탕의 기포 함유를 방지하기 위한 탕구 바닥의 단면적은 얼마인가?

5.4 주입탕구로 주입되는 용탕의 유량은 $50in^3$/sec이고, 주입 탕구 상부의 단면적은 $1.0in^2$, 길이는 8.0in이다. 용탕의 기포 함유를 방지하기 위해 유량이 일정하게 유지된다고 할 때 탕구 바닥의 단면적은 얼마인가?

5.5 모래주형의 용탕 주입컵에 $1000cm^3$/s의 일정한 유량으로 용탕이 흘러 들어가 주입탕구로 흐른다. 탕구의 입구의 직경은 3.4cm이고 길이는 25cm일 때 동일한 유량을 유지하기 위해 바닥에서의 직경은 얼마이어야 하는가?

5.6 [표 5.1]을 이용해 모형 제작자가 백주철 주조 시 사용할 수축자의 척도를 결정하라. 표준 길이자와 비교해 1ft 길이의 변화를 인치 단위로 표시하라.

5.7 [표 5.1]을 이용해 주형형 제작자가 아연 주조 시 사용할 수축자의 척도를 결정하라. 표준 길이자와 비교해 300mm 길이의 변화를 mm 단위로 표현하라.

5.8 밑면 길이가 200mm, 높이가 40mm인 정사각형 판을 개방형주형으로 제작하려 한다.
총 $1,000,000mm^3$의 알루미늄 용탕이 주형에 부어지며 응고 부피 수축이 6.0%다. [표 5.1]에서 주어진 응고 후 선형 수축량이 1.3%이며 주물이 응고가 마무리될 때까지 200mm×200mm 크기를 유지한다고 가정할 경우 주물의 최종 형상을 계산하라.

5.9 강제품을 주조하려 한다. 이전 경험으로 얻은 Chvorinov 법칙의 주형상수는 4.0min/cm^{2}이며 주물은 길이 30cm, 폭 10cm, 두께 20mm인 넓적한 판이다. 주물이 응고하기까지 필요한 시간을 구하라.

5.10 5.9번 문제에서 Chvorinov 법칙의 지수를 2.0에서 1.9로 바꾸었을 때 응고시간을 구하라. 주형상수의 단위는 어떻게 바뀌어야 하는가?

5.11 원반 형태의 알루미늄 제품을 주조하려 한다. Chvorinov 법칙의 주형상수는 2.0sec/mm^{2}이며 주물직경은 500mm, 두께 20mm로 주어졌다면 주물이 응고하기까지 필요한 시간을 구하라.

5.12 어떤 합금을 사용해 사형주조 실험을 실시했는데, 50mm 길이의 정육면체 형태의 주물이 응고하는데 155초가 소요되었다. (a)Chvorinov 법칙의 응고상수를 구하라. (b)같은 합금, 몰드가 사용된다고 할 때 직경이 30mm이고 길이가 50mm인 실린더 형상의 주물이 응고하는데 필요한 시간을 구하라.

5.13 직경 4in이고 무게가 20lb인 실린더 형상을 가진 강합금 주조 시 총응고시간이 6분이 소요되었다. 같은 직경 대 길이 비를 가지는 강합금의 무게가 12lb이고 같은 조건의 주조법이 사용되었다고 하면 가벼운 주형의 (a)Chvorinov 법칙의 주형상수, (b)형상치수(dimension), (c)총응고시간을 결정하라. 강의 밀도는 490 lb/ft^{3}이다.

5.14 다음의 3가지 주물의 총응고시간을 비교하고자 한다. (1)구, (2)길이 대 직경 비가 1.0인 원기둥, (3)정육면체. 주물의 부피는 모두 1000cm^{3}이고 동일한 주조합금을 사용한다. (a)각 주물의 상대적 응고시간을 구하라, (b)(a)의 결과를 기초로 어떤 형상이 라이저에 가장 적합한지 결정하라, (c)Chvorinov 법칙에서 C_m이 3.5min/cm^{2}이면 각 주물의 총응고시간을 계산하라.

5.15 사형주조 주형에서 원기둥 형상인 라이저의 부피가 주어지는 경우, 응고시간을 최대로 하기 위한 길이 대 직경의 비를 구하라.

5.16 모래주형에서 직경:길이의 비가 1.25인 라이저를 사용하며 주물은 정사각판 형태다(각변 길이=10in, 두께 0.75in). 주물 재료가 주철이고 Chvorinov 법칙에서 cm은 16.0min/in^{2}이라면 주물보다 응고하는데 30% 시간이 더 소요되는 라이저의 크기를 결정하라.

CHAPTER

06

금속 주조공정

METAL CASTING PROCESSES

금속 주조공정은 주형에 따라 크게 2가지 종류로 나눠진다. (1)소모성주형, (2)영구주형이다. 소모성주형 공정에서는 주물을 꺼내기 위해 주형을 파괴해야만 한다. 새로운 주물을 위해 새로운 주형이 필요하기 때문에 소모성주형 공정에서의 생산성은 주물을 만드는 시간보다 주형을 만드는 시간에 의해 결정된다. 그러나 시간당 400개 이상의 모래주형이 만들어지고 주물이 생산되는 경우도 있다.

영구주형 공정에서는 주형이 금속(또는 기타 내구성 재료)으로 제작되고 많은 주물을 연속 생산할 수 있다. 따라서 영구주형 주조는 생산성이 높다는 장점을 갖고 있다. 금속 주조공정에 관해 이 장은 다음과 같이 구성되어 있다. (1)사형주조, (2)기타 소모성주형 주조, (3)영구주형주조.

이 장에서는 주조 장비, 주물공장에서의 작업, 주물의 검사, 주조 품질에 대해서도 설명하며 마지막 절에서 제품설계 시 고려 사항에 대해서도 설명한다.

6.1 사형주조

사형주조는 전체 주조의 상당 부분을 차지할 정도로 매우 광범위하게 사용되는 주조 방법이다. 거의 모든 주물은 사형주조로 제조할 수 있다. 사실 사형주조는 강, 니켈, 티타늄과 같은 용융점이 높은 금속에 사용될 수 있는 몇 가지 제한된 방법 중 하나다. 크기는 작은 것부터 매우 큰 것까지 가능하고, 수량은 하나부터 몇 백만 개까지 가능하다.

사형주조sand casting, sand mold casting는 모래주형에 용탕을 붓고, 금속을 응고시키고, 주물을 꺼내기 위해 주형을 부수는 것이다. 주물은 반드시 세척과 검사를 거쳐야 하며 금속의 재료 특성을 향상시키기 위해 간혹 열처리를 실시한다. 모래주형 내의 주형 공동은 패턴(주조하고자 하는 제품을 흡사하게 복제한 모형) 주변에 모래를 채워서 만들며, 주형을 반쪽으로 나눠 패턴을 빼낸다. 또한 주형에는 탕구와 라이저가 포함된다. 뿐만 아니라 주물이 내면을 포함하고 있으면(즉, 빈 공간이 있거나 구멍이 있으면), 주형에 코어가 있어야 한다. 주물을 꺼내기 위해 주형을 부수어야 하기 때문에 만들어야 하는 제품마다 새로운 모래주형이 필요하다. 이러한 사실로부터 사형주조는 주조공정 자체뿐만 아니라 패턴과 주형의 제작도 포함한다는 것을 알 수 있다. 공정 절차는 [그림 6.1]과 같다.

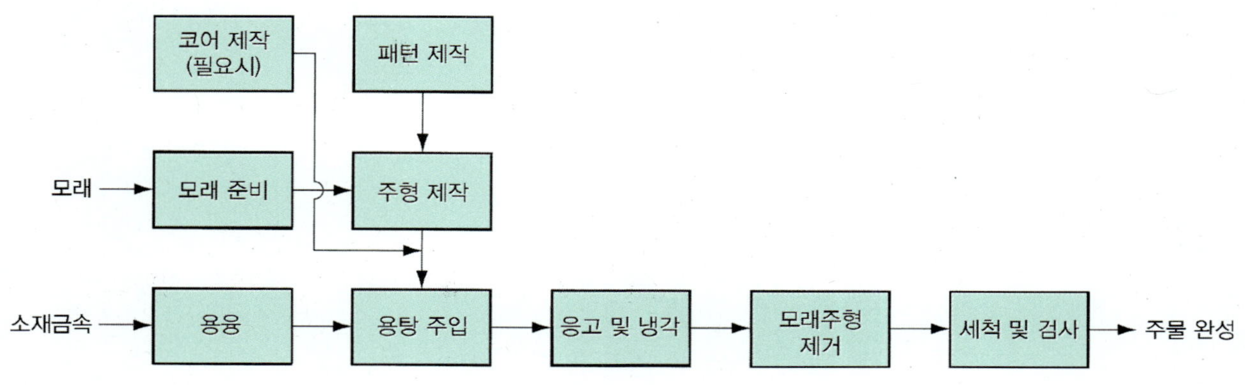

그림 6.1 사형주조에서의 주물 제조 단계. 주조공정뿐만 아니라 패턴, 주형 제작 단계 포함(출처: Fundamentals of Modern Manufacturing, 4th Edition by Mikell P. Groover, 2010. Reprinted with permission of John Wiley & Sons, Inc.).

6.1.1 패턴과 코어

사형주조는 패턴(최종 주물에서 수축, 가공 여유를 감안해 크게 만든 제품 모형)이 필요하다. 형상을 만들기에 용이하다는 이유로 나무가 패턴 재료로 많이 쓰인다. 단점은 휘기 쉽고, 주변의 모래로 마모되기 쉬워 여러 번 사용하기 어렵다는 점이다. 금속 패턴은 만들기는 어려우나 수명이 길다는 장점이 있다. 플라스틱은 나무와 금속의 중간 정도 성질을 가지고 있다. 적절한 패턴 재료의 선정은 주로 만들고자 하는 제품 수량에 달려 있으며 [그림 6.2]에서와 같이 다양한 패턴이 있다. 가장 간단한 것은 일체형 패턴solid pattern이며 수축과 가공을 감안해 크기만 다른 제품 모형이다. 패턴을 만들기 가장 쉽지만 이것으로부터 모래주형을 제작하기는 가장 어렵다. 주형의 반쪽 사이에 일체형 모형을 위치시키는 것이 문제가 될 수 있으며 탕구계와 탕도를 주형에 위치시키는 것은 주조기술자의 판단과 기술에 달려 있다. 그러므로 일체형 패턴은 일반적으로 아주 적은 수량인 경우에 사용된다.

분할 패턴split pattern은 주물을 주형의 분리선parting line을 따라 두 부분으로 나눈 패턴이다. 분할 패턴은 형상이 복잡하거나 생산량이 적당량일 때 사용하며 주형의 분리선은 작업자의 판단이 아니라 분할 패턴에 따라 미리 정해진다. 생산량이 많을 때는 매치플레이트 패턴이나 상형–하형 패턴이 사용된다. 매치플레이트 패턴match–plate pattern에서는 분할 패턴의 두 부분이 나무 또는 금속판의 양쪽 면에 부착된다. 판의 구멍은 주형의 위와 아래 부분(상형, 하형)을 정확하게 일치하도록 해준다. 상형–하형 패턴cope–and–drag pattern은 분할 패턴이 각각 판에 부착되었다는 점

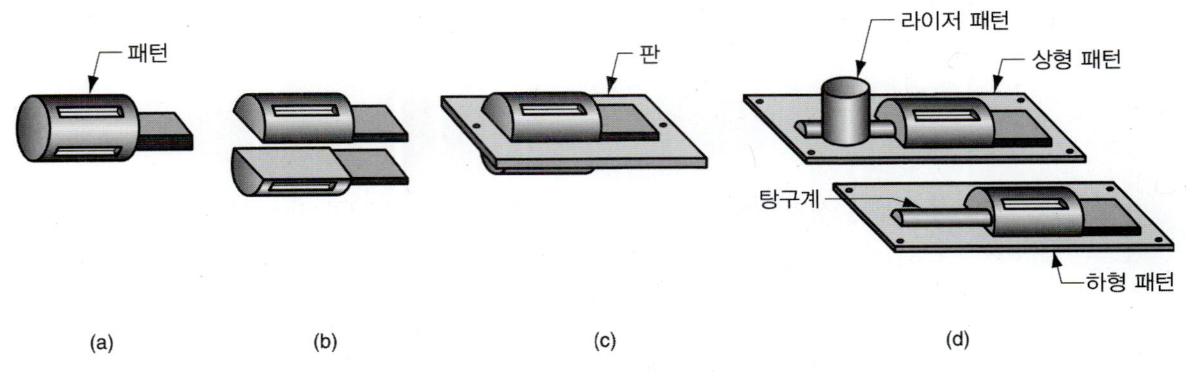

그림 6.2 사형주조에서 사용되는 패턴 종류 (a)일체형 패턴 (b)분할 패턴 (c)매치플레이트 패턴 (d)상형–하형 패턴
(출처: Fundamentals of Modern Manufacturing, 4th Edition by Mikell P. Groover, 2010. Reprinted with permission of John Wiley & Sons, Inc.).

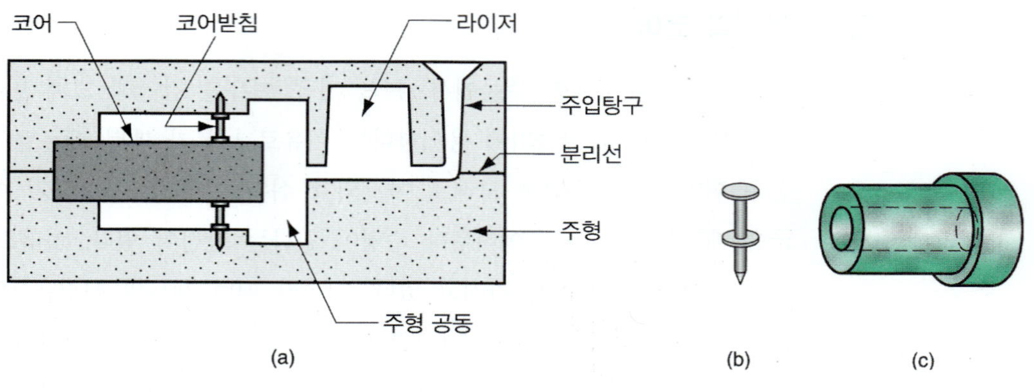

그림 6.3 (a)주형 공동에서 코어받침이 지지하는 코어, (b)코어받침, (c)내부 빈 공간이 있는 주물(출처: Fundamentals of Modern Manufacturing, 4th Edition by Mikell P. Groover, 2010. Reprinted with permission of John Wiley & Sons, Inc.).

외에는 매치플레이트 패턴과 유사하며, 상형과 하형이 각각 제작될 수 있다. [그림 6.2(d)]는 상형–하형 패턴에 탕구계와 라이저시스템도 포함시킨 것이다.

패턴은 주물의 외형을 결정하며, 주물이 내부 표면을 포함하고 있다면 코어core가 필요하다. 코어는 주물의 내면에 대한 모형이다. 용탕주입 전에 주형 공동에 삽입되어 용탕이 주형 공동과 코어 사이에 흘러들어 냉각되면서 주물의 외면과 내면을 형성한다. 일반적으로 코어는 모래를 이용해 원하는 형상으로 만들어지며 코어의 실제 크기는 수축과 가공 여유를 감안해야 한다. 주물의 형상에 따라 용탕 주입 중 코어의 위치를 잡아주는 지지대가 필요할 수 있다. 코어받침chaplet이라 불리는 지지대는 주조금속보다 용융온도가 높은 금속으로 만들어진다. 예를 들면 강철 코어받침은 주철 주조에 사용될 수 있다. 용탕 주입과 응고 중 코어받침이 주물에 달라붙게 되는데, 이러한 모습을 [그림 6.3]에 나타냈다. 주물에서 튀어나온 코어받침은 절단된다.

6.1.2 주형

주물사는 실리카(SiO_2) 또는 기타 광물과 섞인 실리카이며, 양호한 내열특성(높은 온도에서 용해되지 않고 성능이 저하되지 않는 성질)을 가져야 한다. 다른 중요 특성으로는 입자크기, 혼합물에서 입자크기 분포, 입자의 형상이 있다. 입자가 작으면 주물의 표면이 우수하고, 입자가 크면 통기성이 커진다(용탕주입 시 가스의 분출이 용이하다). 둥근 입자로 만들어진 주형보다 불규칙한 크기의 입자로 만들어진 주형은 서로 맞물리기 때문에 강도가 높은 경향이 있지만 서로 맞물리면 통기성이 줄어든다. 주형 제작 시 모래 입자는 물과 점토의 혼합물과 혼합되며 전형적인 혼합비(부피)는 90% 모래, 3% 물, 7% 점토다. 결합제로 점토 대신 유기수지(예, 페놀수지) 또는 무기결합제(예, 나트륨실리케이트, 인산염)를 사용하기도 한다. 모래와 결합제뿐만 아니라 주형의 강도 혹은 통기성을 강화하기 위해 첨가제를 섞기도 한다.

전통적으로 주형 공동을 만드는 방법은 플라스크flask: 주형상자라 불리는 용기 안에 위치한 상형과 하형 패턴 주변에 주물사를 채우는 것이며, 채우는 방법은 다양하다. 가장 간단한 방법은 작업자가 손으로 모래를 다져넣는 것이다. 또한 모래를 채우는 과정을 수행하는 다양한 기계가 개발되었으며, 다음과 같은 동작을 하는 여러 가지 기구가 있다. (1)공압을 이용해 패턴 주변에 모래를 채워 넣는다, (2)패턴 주변의 모래가 제자리를 잡도록 흔들어준다, (3)패턴 주변에 모래입자를 고속으로 불어넣는다.

사형주조에서 전통적인 플라스크를 사용하지 않고 기계시스템의 마스터플라스크를 사용해 주형을 제작하는 플라스크리스주형flaskless molding 방법이 있다. 모든 모래주형은 동일한 마스터플라스크를 이용해 제작되며, 자동화된 시스템에서는 시간당 600개의 주형을 생산할 수 있다[8]. 모래주형의 품질을 평가하기 위해 다음과 같은 척도들이 사용된다[7].

1. **강도**strength: 형태를 유지하고 용탕에 대한 침식을 막는 능력
2. **통기성**permeability: 주조공정 중 뜨거운 공기나 가스가 모래로 스며들게 하는 주형 능력
3. **열안정성**thermal stability: 용탕에 접촉하면서 금이 가거나 무너지지 않는 주형 능력
4. **붕괴성**collapsibility: 주물이 주형으로부터 분리되어 주물에 금이 가지 않으면서 수축할 수 있도록 하는 능력으로, 이는 세척 중 모래를 제거할 수 있도록 하는 능력과 관계가 있다.
5. **재사용성**reusability: 사용한 주형의 모래를 다른 주형 제작에 사용할 수 있는가?

이러한 척도들은 때로 상반될 수 있는데, 예를 들면 강도가 큰 주형이 붕괴성이 취약할 수 있다.

주물사는 종종 생사, 건조사, 표면건조사로 분류된다. 생사주형green sand mold은 모래, 점토, 물을 혼합해 만들며 '생green'이라는 말은 용탕을 주입할 때 주형이 습기를 담고 있다는 사실을 의미한다. 생사주형은 충분한 강도, 붕괴성, 통기성, 재사용성이 우수하고, 가장 경제적 방법이어서 가장 많이 사용하는 주형이지만 문제가 없는 것은 아니다. 모래의 습기는 주물재료나 부품 형상에 따라 주물에 결함을 발생시키기도 한다. 건조사주형dry sand mold은 점토 대신 유기결합제를 사용하며, 주형을

200~320°C 사이 온도의 오븐에서 구워 만든다[8]. 오븐에 구우면 주형의 강도가 커지며 주형 공동의 표면이 단단해진다. 건조사주형은 생사주형에 비해 주물의 크기를 잘 맞출 수 있으나 가격이 비싸고 굽는 시간이 필요해 생산속도가 저하되는 단점이 있다. 그러므로 일반적으로 소량에서 중간 정도 물량 생산을 하는 중형이나 대형 주물에 국한된다. 표면건조주형skin-dried mold은 건조사 주형의 장점을 얻기 위해 토치, 가열램프 등으로 생사 주형의 표면을 10~25mm 깊이로 건조시킨 주형이다. 주형 공동 표면을 강화시키기 위해 모래를 혼합할 때 특수 결합제를 첨가해야 한다.

위에서 설명한 주형의 분류 기준은 어떤 종류의 재래식 결합제(점토－물 사용 또는 가열이 필요한 결합제)를 사용하는가 여부다. 이러한 전통적 결합제 성분을 이용하지 않고 화학적 결합제를 사용한 주형이 개발되었다. 소위 '굽지 않는' 주형에 사용되는 결합물질은 퓨란수지(알코올 요쇠 포름알데히드로 구성), 페놀, 알키드기름으로 만들어진다. 굽지 않는 주형은 높은 생산속도, 우수한 치수관리 특징으로 점점 많이 이용되어진다.

6.1.3 주조공정

코어가 고정되고(코어가 사용된다면), 상형, 하형이 결합된 후에 주조가 이뤄진다. 주조는 용탕주입, 응고, 냉각으로 이뤄진다(5.2절, 5.3절). 주형의 탕구계, 라이저는 주형 공동에 용탕을 공급하고, 응고 수축 시 충분한 용탕을 공급하도록 설계된다. 공기와 가스는 빠져나갈 수 있도록 한다.

응고와 냉각이 끝나면 모래 주형은 부품을 꺼내기 위해 파괴되며, 부품은 세척된다. 탕구계와 라이저는 분리되고 모래는 제거된다. 그리고 주물을 검사한다.

6.2 기타 소모성주형 주조공정

사형주조가 유용하지만 특별한 목적을 만족시키기 위한 주조방식들이 계속 개발되었다. 이러한 방식들의 차이점은 주형재료, 주형제조 방식, 패턴제조 방식 등이다.

6.2.1 셀 주조

셀 주조shell molding는 모래와 열경화성수지 결합제로 만들어진 얇은(9mm 또는 3/8in,

정도가 대표적) 셸 주형을 이용한 주조방식이다. 이 방식은 1940년대 초에 독일에서 개발되었으며 [그림 6.4]에 나타냈다. 셸 주조공정은 많은 이점이 있다. 셸 주형 공동 표면은 재래식 생사주형의 표면보다 매끄러워 용탕을 주입할 때 용탕이 쉽게 흘러 들어가고, 주물의 표면이 더 우수하다. 2.5μm의 표면거칠기를 얻을 수 있다. 또한 소형이나 중형 주물에서는 ±0.25mm의 치수공차를 얻을 수 있다. 우수한 표면과 정밀도는 종종 추가적인 절삭공정이 필요하지 않게 하며, 주형 붕괴성도 주물의 균열과 파열을 피하기에 충분할 정도로 일반적으로 우수하다.

셸 주조의 단점은 생사주조의 패턴보다 훨씬 비싼 금속 패턴을 사용한다는 점이고, 따라서 소량의 제품 생산에는 적용하기 어렵다. 셸 주조는 대량생산을 위해 기계화할 수 있으며 10kg 이하의 강 주조에 적합하다. 기어, 밸브 몸통, 부싱, 캠축 등이 셸 주조를 사용해 생산된다.

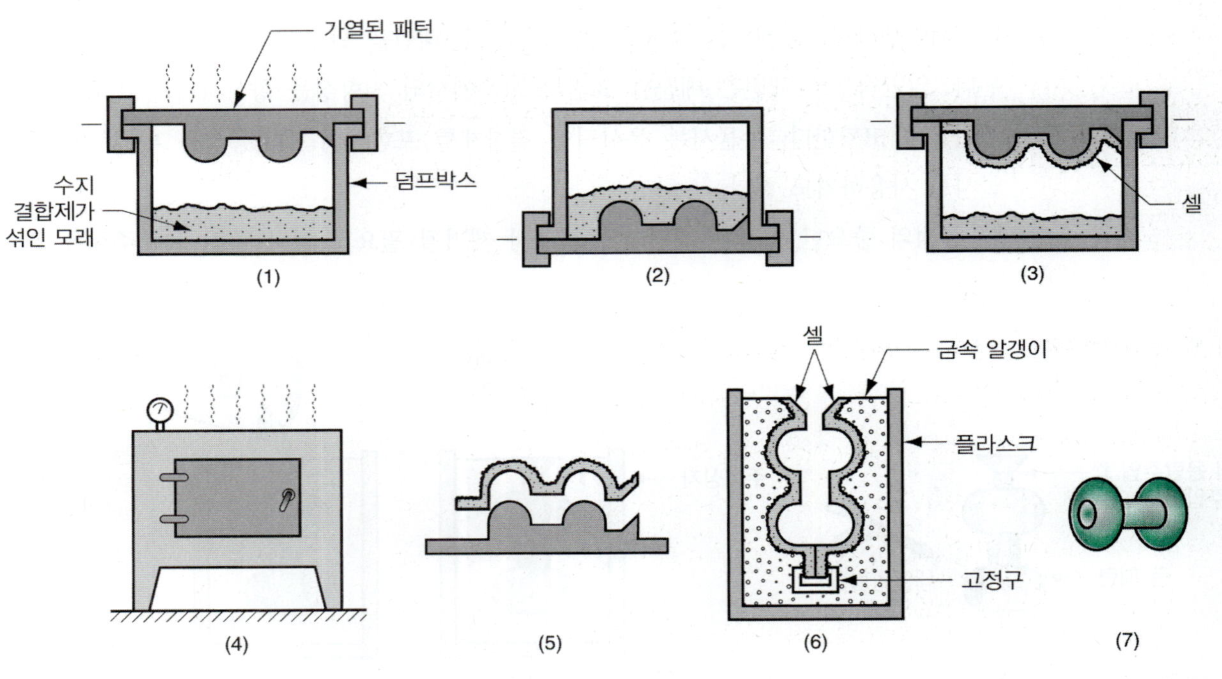

그림 6.4 셸 주조의 단계 (1)매치플라이트나 상형-하형 금속 패턴이 가열되어 열경화성 수지와 혼합된 모래를 담은 상자 위에 놓인다. (2)상자는 뒤집어져 모래와 수지가 가열된 패턴 위에 놓이며 패턴 표면에 모래와 수지의 층을 형성한다. (3)상자는 다시 원래대로 뒤집어 놓으며 경화되지 않은 입자들은 떨어진다. (4)완전하게 경화시키기 위해 모래 셸을 수분 동안 가열시킨다. (5)셸 주형을 패턴으로부터 격리시킨다. (6)셸 주형의 두 짝이 결합되고 모래나 금속 알갱이로 지지된 상자에 넣어 용탕을 주입한다. (7)은 용탕주입구가 제거된 주물의 완성품이다(출처: Fundamentals of Modern Manufacturing, 4th Edition by Mikell P. Groover, 2010. Reprinted with permission of John Wiley & Sons, Inc.).

6.2.2 발포 폴리스티렌 공정

발포 폴리스티렌 주조공정expanded polystyrene process은 폴리스티렌 패턴 주변에 모래를 채워 넣은 모래주형을 사용하며, 주형에 용탕이 주입되면 폴리스티렌 패턴은 증기로 날아가 버린다. 이러한 공정은 로스트폼공정lost-foam process, 로스트패턴공정lost pattern process, 증발폼공정evaporative-foam process, 풀몰드공정full-mold process으로도 불린다. 폴리스티렌 패턴은 주입탕구, 라이저, 탕구계를 포함하며 필요할 경우 내부 코어도 포함할 수 있어 주형에서 독립된 코어를 사용할 필요가 없다. 또한 폼 패턴이 주형의 공동이므로 패턴을 제거하기 위한 주형 구배draft, 분리선은 무시할 수 있다. 주형은 상형-하형으로 구분되지 않는다. 이러한 주조공정 단계는 [그림 6.5]에 나타냈다.

생산하는 주물의 수량에 따라 패턴을 만들기 위한 다양한 방법이 사용될 수 있다. 한 가지 방법으로, 패턴을 만들기 위해 큰 덩어리를 직접 손으로 잘라 조립할 수 있다. 대량생산시스템에서는 주형을 만들기 전에 패턴을 만드는 자동몰딩공정이 수행된다. 일반적으로 패턴은 매끈한 표면과 고온에서의 저항성을 향상시키기 위해 내열화합물을 코팅한다. 주물사는 통상적인 결합제를 포함하며 재사용성을 위해 건조주물사를 사용하기도 한다.

이 공정의 중요한 이점은 패턴이 주형에서 제거될 필요가 없다는 점이며 주형을 제

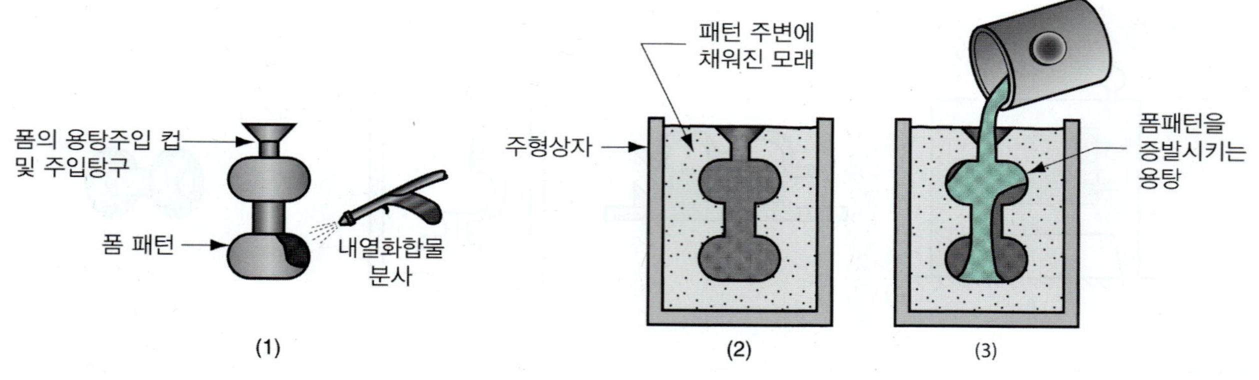

그림 6.5 발포 폴리스티렌 주조공정 (1)폴리스티렌 패턴에 내열화합물을 분사한다, (2)폼패턴을 주조상자 위에 놓고, 패턴 주변에 모래를 채운다, (3)용탕주입 컵, 주입 탕구 위치의 패턴에 용탕을 주입한다. 용탕이 주형에 주입되면 폴리스티렌 폼은 증발되고 용탕이 꽉 차게 된다(출처: Fundamentals of Modern Manufacturing, 4th Edition by Mikell P. Groover, 2010, Reprinted with permission of John Wiley & Sons, Inc.).

작하는 과정이 단순하다는 것이다. 재래식 생사주형에서는 적절한 분리선이 필요하고, 주형 구배 여유가 주형설계에 반영되어야 하며 코어가 삽입되어야 한다. 또한 탕구계, 라이저 시스템이 고려되어야 한다. 발포폴리스티렌 공정에서는 이러한 단계가 패턴에 담겨 있다. 이 공정의 단점은 새로운 주물마다 새로운 패턴이 필요하며, 경제적 타당성은 패턴의 제작비용에 달려 있다. 발포폴리스티렌 공정은 자동차엔진 부품의 대량생산에 적용되어 왔으며 이러한 경우 폴리스티렌 폼 패턴을 주조하는 자동시스템이 설치된다.

6.2.3 인베스트먼트 주조

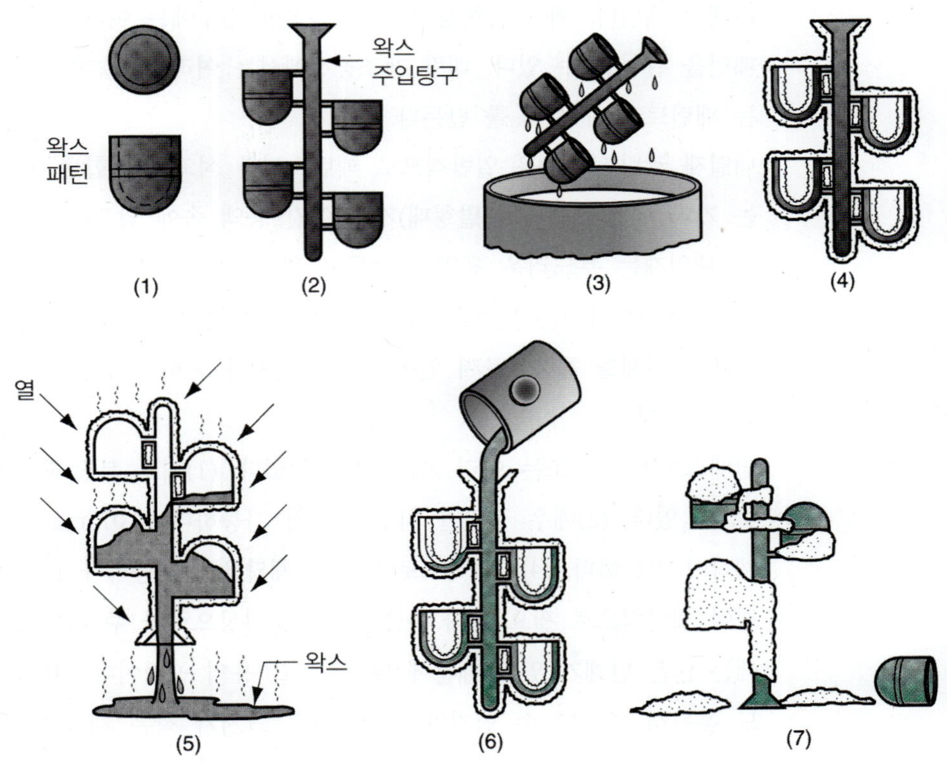

그림 6.6 인베스트먼트 주조의 단계 (1)왁스 패턴의 제작, (2)패턴트리를 만들기 위해 주입탕구에 여러 패턴을 부착한다, (3)패턴트리는 내열재로 코팅된다, (4)패턴 트리에 충분히 내열재를 도포해 주형을 완성한다, (5)주형을 거꾸로 하여 가열하면 왁스가 녹아 내려 주형 공동을 형성한다, (6)주형을 고온으로 예열해 오염물을 없애고, 용탕 주입이 용이하게 한다. 용탕이 주입되고 응고된다, (7)주형을 제거하고 제품을 얻는다(출처: Fundamentals of Modern Manufacturing, 4th Edition by Mikell P. Groover, 2010. Reprinted with permission of John Wiley & Sons, Inc.).

인베스트먼트 주조investment casting에서는 왁스로 만들어진 패턴이 주형을 만들기 위해 내열재로 코팅되며, 용탕이 주입되기 전에 왁스는 녹아 없어지게 된다. 인베스트먼트라는 용어는 인베스트invest로부터 왔으며, 완전하게 도포한다는 의미로 왁스 패턴에 내열재를 코팅한다는 것을 말한다. 매우 정밀하고 세밀한 주물을 만드는데 시용하므로 정밀주조공정에 해당한다. 고대 이집트까지 역사가 거슬러 올라가며, 주조 전에 왁스 패턴이 없어지므로 로스트왁스공정lost-wax process이라고도 한다.

인베스트먼트 주조의 각 단계를 [그림 6.6]에 나타냈다. 내열 주형이 만들어진 후 왁스 패턴이 녹아버리기 때문에 매 주물마다 독립된 패턴이 만들어져야 한다. 일반적으로 패턴은 몰딩공정으로 제작된다. 뜨거운 왁스를 마스터다이master die에 붓거나 주입하는데, 마스터다이는 왁스와 후속 주물공정 금속의 적당한 가공여유, 수축을 고려해 설계된다. 제품의 형상이 매우 복잡한 경우에는 여러 개의 왁스 조각을 결합해 패턴을 완성할 수 있다. 대량 제조공정에서는 여러 개의 패턴이 주입탕구에 붙어 있는 패턴트리pattern tree를 만든다.

내열재 코팅(단계3)은 일반적으로 패턴트리를 석고와 혼합된 고운 입자의 실리카 또는 기타 내열재(거의 분말형태)가 들어간 용액 속에 담그는 것이다. 매우 고운 입자의 내열재는 부드러운 표면을 만들고 왁스 패턴의 미세한 부분도 표현할 수 있다. 최종 주형(단계4)은 트리를 내열재 용액에 반복적으로 담그거나 용기 속의 트리 주위에 내열재를 채움으로써 얻어진다. 결합제를 굳히기 위해 8시간 동안 공기 중에서 건조시킨다.

인베스트먼트 주조는 여러 가지 장점이 있다. (1)매우 복잡하고 세밀한 제품을 주조할 수 있다, (2)매우 정밀한 치수 관리가 가능하다(±0.075mm 공차), (3)우수한 표면 제작이 가능하다, (4)일반적으로 왁스는 재활용이 가능하다, (5)부가적인 절삭가공 공정이 일반적으로 필요 없다. 이는 최종 순형상으로의 주조를 의미한다. 이 주조공정에는 많은 단계가 있기 때문에 비교적 고비용의 공정이다. 30kg 이상의 복잡한 제품도 훌륭히 주조할 수 있지만 일반적으로 크기가 작은 제품에 적용된다. 강, 스테인리스강, 기타 고온 합금 등 모든 금속이 인베스트먼트 주조에 사용할 수 있다. 복잡한 기계부품, 터빈 엔진의 블레이드, 기타 부품, 귀금속 세공, 치과보철물 등이 인베스트먼트 주조의 예다. 인베스트먼트 주조로 제작된 정밀한 형상의 부품을 [그림 6.7]에 나타냈다.

그림 6.7
인베스트먼트 주조로 제작된 컴프레서 스테이터. 108개의 분리된 에어포일 형상이 표현됨(출처: Fundamentals of Modern Manufacturing, 4th Edition by Mikell P. Groover, 2010. Reprinted with permission of John Wiley & Sons, Inc.).

6.2.4 석고 주형, 세라믹 주형 주조

주형이 모래로 만들어지지 않고 석고로 만들어졌다는 사실 외에는 석고 주형 주조 plaster-mold casting는 사형주조와 유사하다. 운모와 실리카 분말과 같은 첨가제는 수축, 응고시간을 조절하고, 균열을 줄이고, 강도를 높이기 위해 석고와 혼합된다. 주형을 만들기 위해 물이 배합된 석고혼합물은 플라스크 안의 플라스틱 또는 금속 패턴에 부어지며, 응고된다. 일반적으로 목재 패턴은 물과 과도하게 접촉하기 때문에 사용되지 않는다. 유동의 일관성으로 인해 석고혼합물이 패턴 주변에 잘 흘러들어가 세밀한 부분의 표현이 가능하고 매끄러운 표면을 얻을 수 있다. 그러므로 석고 주형 주조는 이러한 속성을 가진 주물에 주로 사용된다.

석고 주형의 경화는 이 공정의 단점 중 하나이며, 특히 대량생산에서는 더 단점이 된다. 패턴이 제거되기 전까지 대략 20분 정도 주형이 경화되어야 하고 이후 습기를 제거하기 위해 수시간 동안 주형을 굽는데, 굽더라도 모든 수분이 석고에서 제거되지는 않는다. 주조기술자가 당면하는 딜레마는 석고가 너무 수분을 잃게 되면 주형 강도를 잃게 되며, 과도한 수분은 제품에 주조 결함을 발생시킨다는 점이다. 이러한 점 때문에 수분의 균형이 맞아야 한다. 석고 주형의 또 다른 단점은 주형 공동에서의 가스배출이 제한된다는 점이며, 이는 다음과 같은 방법으로 해결될 수 있다. (1) 용탕 주입을 하기 전에 주형 공동으로부터 공기를 빼낸다, (2)주형을 만들기 전에 석고 혼합물에 공기를 통하게 하여 응고된 석고가 세밀하게 퍼진 공기방울을 포함하게 한다, (3)Antioch 공정으로 알려진 특수한 주형성분, 처리공정을 이용한다. 석고에 50% 모래를 혼합해 오토클레이브autoclave: 가압상태에서 고온의 증기를 이용하는 오븐에서 주형을 가열하고 건조시킨다. 완성된 주형은 전통적인 석고 주형에 비해 더 높은 공기 통기도를 보인다.

석고 주형은 모래주형에서와 같은 고온에 견디지 못하므로 알루미늄, 마그네슘, 기타 동합금과 같은 저용융점 합금에 국한된다. 플라스틱, 고무몰딩을 위한 금형, 펌프, 터빈 임펠라, 기타 비교적 세밀한 형상의 부품제작에 사용된다. 주물의 크기는 20g~100kg까지 가능하며 무게는 10kg 이하가 보통이다. 석고주조의 장점은 좋은 표면과 치수 정밀도를 얻을 수 있으며 얇은 단면을 제작할 수 있다는 점이다. 세라믹 주형 주조ceramic-mold casting는 석고 대신 고온에 견딜 수 있는 내열 세라믹 재료를 사용한다는 점을 제외하고는 석고 주형 주조와 유사하다. 그러므로 세라믹 주조는 주철, 주강, 고온 합금을 주조할 수 있다. 적용 예도 사용 가능 금속을 제외하고는 석고주조와 유사하며 장점도 비슷하다.

6.3 영구주형 주조공정

소모성주형 공정의 경제적 약점은 주물마다 새로운 주형이 필요하다는 점이다. 영구주형 주조에서는 주형이 여러 번 재사용된다. 이 절에서는 재사용 금속주형을 사용하는 주조공정의 기본 공정으로 영구주형 주조를 다룬다. 그 밖의 공정으로는 다이캐스팅과 원심주조가 있다.

6.3.1 기본 영구주형 주조

영구주형 주조permanent-mold casting는 쉽고 정밀한 개폐를 고려해 설계된 두 부분의 금속주형으로 구성되어 있다. 이러한 주형은 주로 강 또는 주철로 제작된다. 정밀한 치수와 좋은 표면을 얻을 수 있도록 탕구계를 포함한 주형 공동은 두 부분으로 나눠 가공된다. 영구주형으로 주조하는 금속은 주로 알루미늄, 마그네슘, 동합금, 주철 등이다. 그러나 주철은 1250~1500°C까지의 높은 용탕온도를 요구하는데, 이 온도는 주형의 수명에 악영향을 끼칠 수 있다. 주형이 내열재로 만들어지지 않았다면 주강의 높은 용탕온도 때문에 영구주형 주조가 적당하지 않을 수 있다.

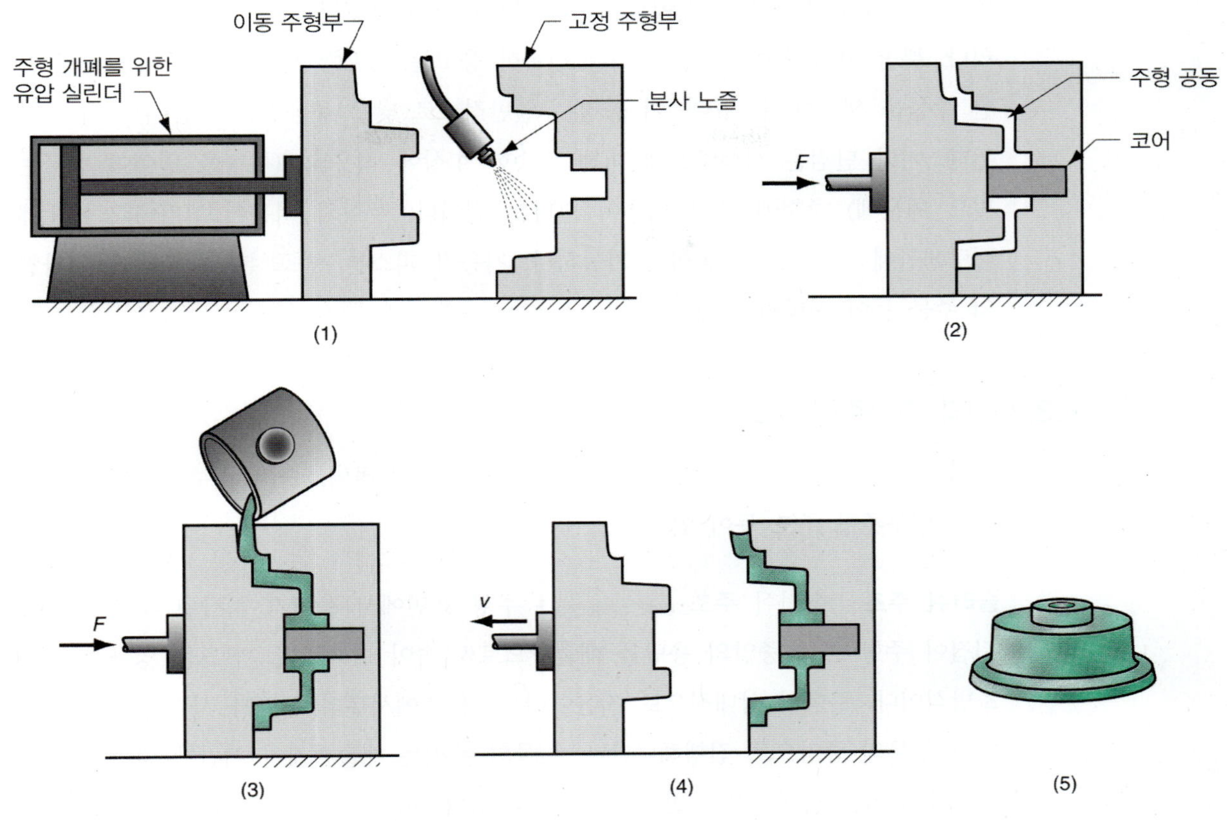

그림 6.8 영구주형 주조 단계 (1)주형이 예열되고 코팅된다, (2)코어가 삽입되고 주형이 닫힌다, (3)주형에 용탕이 부어진다, (4)주형이 열리고, 완성품은 (5)와 같다(출처: Fundamentals of Modern Manufacturing, 4th Edition by Mikell P. Groover, 2010. Reprinted with permission of John Wiley & Sons, Inc.).

주물의 내면을 만들기 위해 영구주형에서도 코어를 사용할 수 있다. 코어는 금속으로 만들어지며 주물로부터 제거될 수 있는 형상이거나, 기계적으로 접어서 제거될 수 있어야 한다. 금속 코어가 제거되기 어렵다면 모래 코어가 사용될 수 있으며, 이를 준 영구주형 주조semipermanent-mold casting라 부른다.

기본 영구주형 주조공정의 단계를 [그림 6.8]에 나타냈다. 주조를 위한 준비로서 주형은 미리 가열되고 여러 코팅제가 주형 공동에 분사된다. 예열은 탕구에서 주형 공동까지의 용탕 흐름을 용이하게 하며, 코팅은 열 확산을 도와주며 주물이 쉽게 분리될 수 있도록 윤활작용도 한다. 용탕을 주입한 후 용탕이 응고되자마자 주형을 열어 주물을 분리시킨다. 소모성주형과는 달리 영구주형은 부수지 않으므로 주물에 크랙이 발생하지 않도록 냉각수축이 일어나기 전에 주형을 열어야 한다.

영구주형 주조의 장점은 앞에서 설명한 바와 같이 우수한 표면상태, 정밀한 치수관리다. 뿐만 아니라 금속주형에 의한 신속한 응고는 조밀한 결정립 구조를 만들어 강한 주물을 생산할 수 있다. 이 공정은 일반적으로 낮은 용융점을 갖는 금속에 국한된다. 기타 단점은 사형주조에 비해 단순한 형상에 적용되며(주형을 열어야 한다는 필요 때문에) 주형에 대한 비용이 크다는 점이다. 주형의 비용이 고가이기 때문에 대량생산에 적합하며 자동화가 가능하다. 자동차 피스톤, 펌프 본체, 항공기, 미사일의 주물 등이 전형적인 예다.

6.3.2 기타 영구주형 주조

여러 주조공정들은 기본 영구주형 방식과 매우 유사하며, 슬러쉬 주조, 저압 주조, 진공 영구주형 주조 등이 있다.

슬러쉬 주조 슬러쉬 주조slush casting는 주형 표면에서 응고가 시작된 후에 주형을 뒤집어 주형 공동 중앙의 용탕을 배출함으로써 속이 빈 주물을 만드는 영구주형 주조방식이다. 주형이 상대적으로 저온이며 주형 벽에서부터 응고가 시작되며, 시간에 따라 주물의 중앙으로 진행해나간다. 주물의 두께는 배출까지의 시간에 따라 좌우된다. 이 방법은 동상, 전등 받침, 저융점 금속(납, 아연, 주석) 장난감 등을 제작하는데 사용된다. 이러한 제품은 외관이 중요하지만 강도와 내면은 별로 중요하지 않은 특징을 가진다.

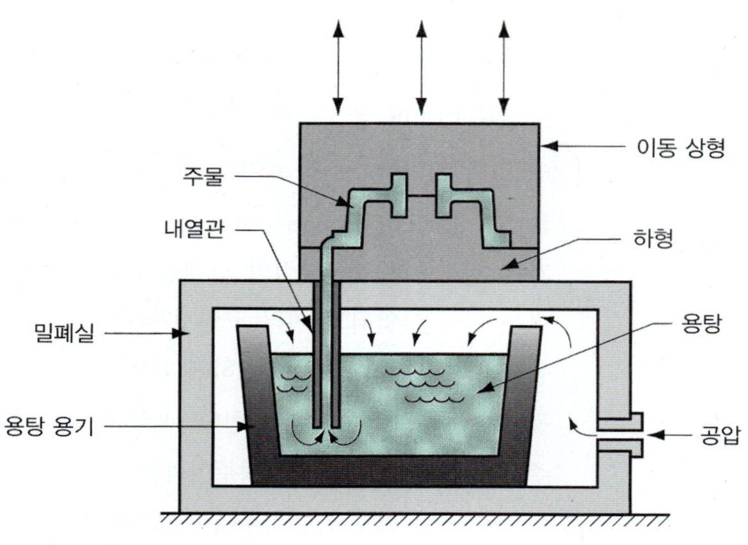

그림 6.9
저압 주조. 공압이 용탕을 주형 공동으로 밀어 올려주는 것을 보여준다. 압력은 주물이 응고될 때까지 유지된다(출처: Fundamentals of Modern Manufacturing, 4th Edition by Mikell P. Groover, 2010. Reprinted with permission of John Wiley & Sons, Inc.).

저압 주조 기본 영구주형 주조와 슬러쉬 주조에서는 중력에 의해 용탕이 주형 공동으로 흘러들어간다. 저압 주조low-pressure casting에서는 [그림 6.9]와 같이 아래에 있는 용탕이 위에 있는 주형 공동으로 저압(대략 0.1MPa)에 의해 흘러 들어간다. 재래식 주조방식과 비교하면 공기에 노출된 용탕을 주입하는 것이 아니라 용탕 저장용기 중앙의 양호한 용탕을 주입한다는 장점이 있다. 가스기공과 산화결함을 줄일 수 있으며, 기계적 성질도 개선된다.

진공 영구주형 주조 진공 영구주형 주조는 용탕을 주형 공동으로 흡입하는 용도로 진공을 사용하는 저압 주조의 변형된 공정이다. 진공 영구주형 주조의 구성은 저압 주조 공정과 유사하다. 차이점은 용탕을 낮은 압력으로 아래의 용탕을 밀어 올리는 것이 아니라 주형의 진공에 가까운 압력에 의해 용탕을 주형 공동으로 끌어올리는 것이다. 그러므로 저압 주조에 비해 여러 장점이 있다. 기공과 관련 결함을 줄일 수 있으며, 강도가 더 높은 주물을 얻을 수 있다.

6.3.3 다이캐스팅

다이캐스팅die casting은 용탕을 고압으로 주형 공동에 사출하는 영구주형 주조방식이다. 주로 7~350MPa의 압력이 사용되며 압력은 응고 중에도 유지된다. 다이캐스팅에서 주형을 다이die, 금형라 부른다. 용탕을 다이 공동에 고압으로 밀어 넣는 것은 다른 영구주형 주조방식과 구별되는 독특한 특징이다. 다이캐스팅 공정은 특수한 다이캐스팅 기계에서 수행된다.

다이캐스팅 기계는 금형의 양쪽을 모두 정확하게 밀폐시키도록 설계되며 용탕이 다이공동에 사출되는 도중에도 금형 양쪽의 밀폐를 유지시킨다. 일반적인 구성은 [그림 6.10]과 같다. 다이캐스팅 기계에는 크게 2가지 방식이 있다. (1)열가압실식, (2)냉가압실식이다. 이 2가지는 다이공동에 용탕을 사출하는 방식에 차이가 있다.

열가압실 기계hot-chamber machine에서는 기계에 붙어 있는 용기에서 금속이 용융되고, 피스톤은 다이에 고압으로 용탕을 사출한다. 일반적으로 사출압력은 7~35MPa이며 주조공정은 [그림 6.11]에 요약했다. 시간당 500개의 제품을 생산하는 것도 가능하며 사출시스템의 많은 부분이 용탕에 잠기기 때문에 사출시스템에 문제를 일으킬 소지가 많다. 그러므로 이 공정은 플런저, 기타 기계요소에 화학적 문제를 일으키지 않는 저융점 금속(아연, 주석, 납 또는 마그네슘)에 사용이 가능하다.

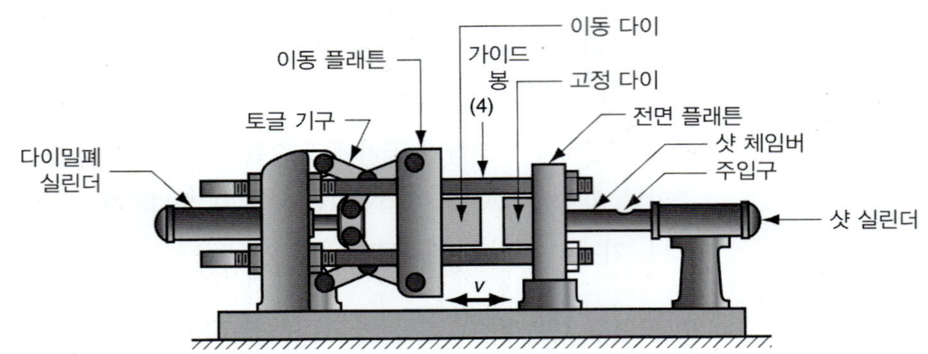

그림 6.10
냉가압실 다이캐스팅 기계의 일반적 형태(출처: Fundamentals of Modern Manufacturing, 4th Edition by Mikell P. Groover, 2010. Reprinted with permission of John Wiley & Sons, Inc.).

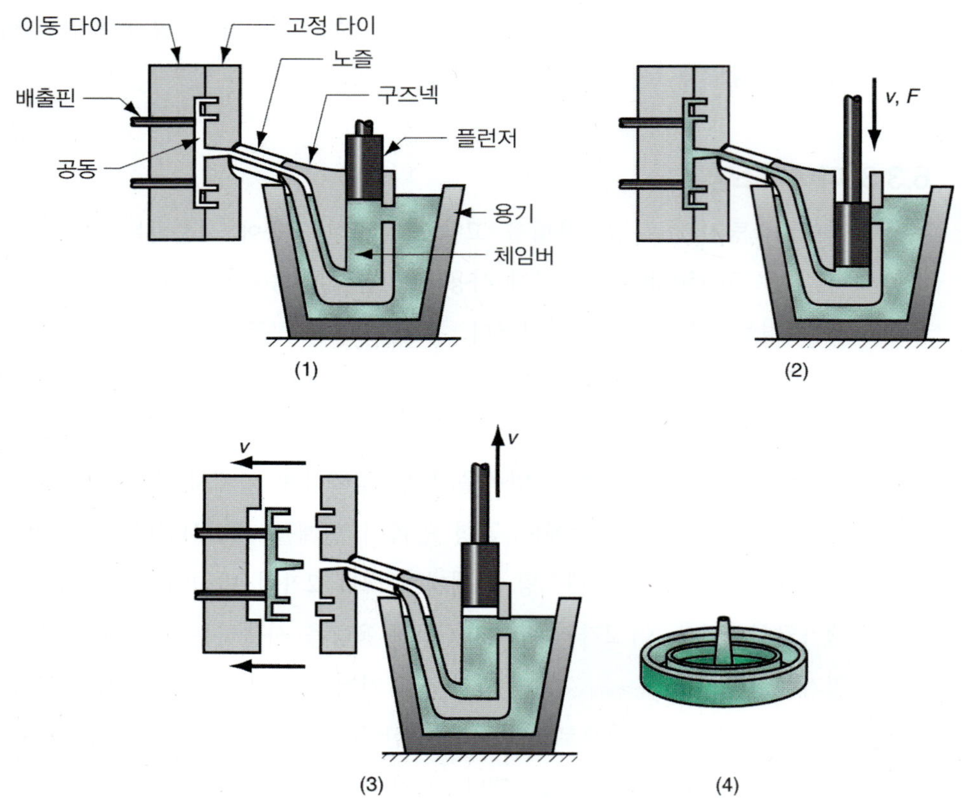

그림 6.11 열가압실 다이캐스팅 사이클 (1)다이가 닫히고 플런저가 올라가면 용탕이 체임버로 흘러 들어간다. (2)플런저가 체임버 안의 용탕을 다이로 밀어낸다. 냉각 중 압력이 유지된다. (3)플런저가 올라가고 다이가 열리면 응고된 부품이 배출된다. 완성품은 (4)와 같다(출처: Fundamentals of Modern Manufacturing, 4th Edition by Mikell P. Groover, 2010. Reprinted with permission of John Wiley & Sons, Inc.).

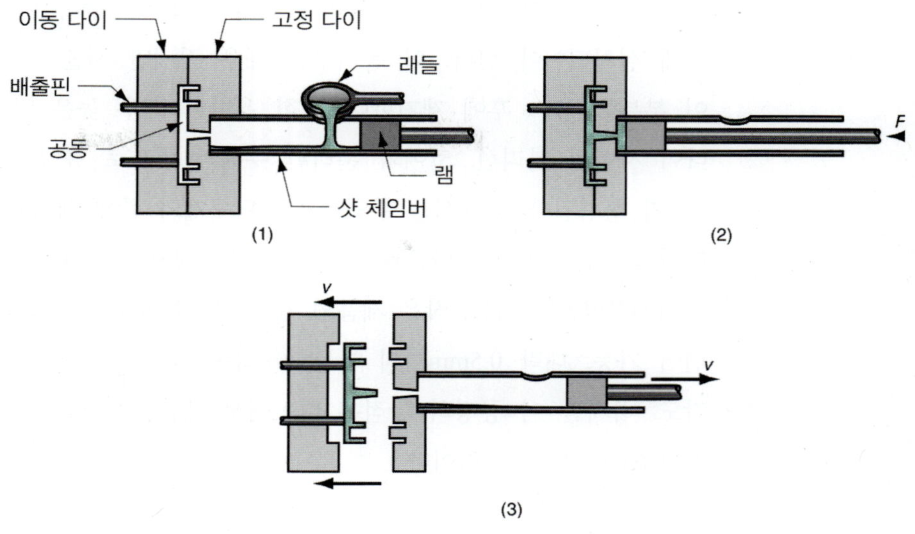

그림 6.12 냉가압실 다이캐스팅 사이클 (1)다이가 닫히고 램이 당겨지면 용탕이 체임버로 흘러 들어간다. (2)램이 용탕을 다이로 밀어낸다. 냉각, 응고 중 압력이 유지된다. (3)램이 당겨지고 다이가 열리면 부품이 배출된다(탕구계를 단순화함)(출처: Fundamentals of Modern Manufacturing, 4th Edition by Mikell P. Groover, 2010. Reprinted with permission of John Wiley & Sons, Inc.).

냉가압실 기계cold-chamber die-casting machine에서는 외부 용융용기의 용탕이 가열되지 않은 기계의 체임버로 주입되고, 피스톤을 사용해 다이 공동에 고압으로 사출한다. 사용 압력은 14~140MPa 정도이며 [그림 6.12]에 생산 공정을 나타냈다. 열가압실 기계에 비해 외부로부터 용탕을 사출실로 옮겨와야 하기 때문에 생산성이 높지는 않다. 그럼에도 불구하고 냉가압실 공정은 대량생산 공정이며, 주로 알루미늄, 황동, 마그네슘 합금의 주조에 적용된다. 저용점 합금(아연, 주석, 납)도 냉가압실 기계에서 주조될 수 있지만 열가압실 공정 사용이 더 유리하다.

다이캐스팅 공정에서 사용되는 금형은 일반적으로 공구강, 금형강 또는 머레이징강 maraging steel으로 만들어진다. 양호한 내열특성을 갖는 텅스텐과 몰리브덴이 사용되기도 하는데, 이들은 특히 강과 주철의 다이캐스팅용으로 사용된다. 다이 내 공동의 수는 단일 공동 또는 다수 공동일 수 있다. 단일 공동 다이는 [그림 6.11, 6.12]에 나타냈다. 그림에서와 같이 다이가 열리면 다이로부터 제품을 꺼내기 위해 배출핀이 필요하다. 배출핀은 주형 표면에서 제품을 밀어 제품을 분리시킨다. 또한 달라붙는 것을 방지하기 위해 윤활제가 도포되어야 한다.

다이의 재료는 모래에서와 같은 자연적인 통기구가 없고, 용탕이 다이에 급속도로 흘러들어가기 때문에 주형 공동의 공기와 가스를 배출하기 위한 통기구가 다이 분리면에 설치되어야 한다. 이 통기구는 매우 작지만 사출 중 용탕이 흘러들어가므로, 이 부분을 응고 후에 제거한다. 또한 용탕이 매우 높은 압력으로 사출되므로 양쪽 다이 사이의 분리선, 코어와 분리핀 주위의 틈으로 용탕이 흘러들어가므로 플래시flash가 형성된다. 플래시는 주입탕구와 탕구계와 함께 제거된다.

다이캐스팅의 장점은 다음과 같다. (1)높은 생산속도 가능, (2)대량생산의 경우 경제적, (3)정밀공차 가능, 작은 제품의 경우 ±0.076mm 정도, (4)우수한 표면, (5)얇은 단면이 가능. 대략 0.5mm까지 가능, (6)급속 냉각으로 인한 작은 결정립 크기, 높은 강도. 하지만 이 공정의 단점은 다이에서 제품을 꺼낼 수 있는 형상이어야 한다는 제한조건이 있다는 점이다

6.3.4 스퀴즈 주조와 반응고 주형 주조

흔히 다이캐스팅과 함께 사용되는 두 가지 공정이 있다. 스퀴즈 주조squeeze casting는 주조와 단조(13.2절)가 혼합된 형태로, 용탕이 예열된 하부 다이로 부어지며 상부 다이는 응고가 시작될 때 주형 공동을 만들기 위해 닫히게 된다. 이 공정은 다이의 양쪽 부분이 주입이나 사출 전에 닫혀 있는 영구주형 주조와 구별되는 공정이며 혼합 형태의 특성에 따라 액체금속 단조liquid-metal forging라고도 부른다. 상부다이에 작용하는 압력으로 인해 용탕 금속이 공동을 완전하게 채우게 되어 높은 표면정도와 낮은 응고수축이 가능하다.

요구압력은 고형 금속재료의 단조 시 보다 현저하게 낮으며 다이의 사용으로 단조에서 표현하기 힘든 표면의 미세한 부분까지 가공이 가능하다. 스퀴즈 주조는 철계 비철계금속 모두에 적용이 가능하며 특히 낮은 용점을 가진 알루미늄, 마그네슘 합금 제품에 주로 사용된다. 자동차 부품 등이 주요 적용 대상이다.

반응고 주형 주조semisolid metal casting는 액상선과 고상선(5.3.1절)의 중간 온도에서 금속합금의 최종 순형상net-shape 혹은 근사 순형상near net-shape을 제작할 수 있는 공정 중 하나다. 따라서 합금은 슬러리와 같이 고상과 용탕의 혼합형태(머쉬 상태)를 가지게 된다. 유동을 용이하게 하기 위해 혼합물은 용탕이 응고될 때 발생하는 전형적인 수지형태가 아닌 작은 고상 금속 구상체가 액체에 잠겨 있는 형태를 유지해야 한다. 이를 위해 강제로 슬러리를 저어주어 수지상정의 생성을 억제하고 대신 합금의 점도를 감소시키는 구상형태의 생성을 촉진시키는 방법이 사용된다. 반응고 주형

주조의 장점은 다음과 같다[15]. (1) 복잡한 주물 생산 가능 (2) 얇은 부품 벽 두께, (3) 정밀한 공차, (4) 기공이 없거나 최소화. 따라서 주물의 강도가 높아진다.

여러 가지 형태의 반응고 주형 주조가 실제 공정에 적용되고 있다. 알루미늄 주조는 틱소캐스팅thixocasting 또는 레오캐스팅rheocasting이라 하며 사용 장비는 다이캐스팅의 경우와 유사하다. 마그네슘 주조의 경우 틱소몰딩thixomolding이라 하며 장비는 사출성형 장비와 유사하다(8.6.1절).

6.3.5 원심 주조

원심 주조centrifugal casting는 주형을 빠른 속도로 회전시켜 발생하는 원심력이 용탕을 다이 외벽에 밀착시키는 주조공법이다. 이 중 진원심 주조true centrifugal casting에서는 관형 부품을 생산하기 위해 용탕이 회전하는 주형에 부어진다. 이 공법으로 제작되는 부품은 파이프, 관, 부싱, 링 등이다. [그림 6.13]은 장비 구성의 예를 보여준다. 보통 회전하는 주형의 한쪽 끝으로 용탕을 부어넣는다. 어떤 공정에서는 용탕주입 전이 아니라 주입 후에 주형이 회전하기 시작한다. 고속 회전이 원심력을 발생시켜 주물이 주형 공동의 모양이 되므로 주물의 외형은 원형, 육각형, 팔각형 등의 모양이 된다. 그러나 주물의 내형은 방사상 회전력에 의해 (이론적으로) 원형이 된다.

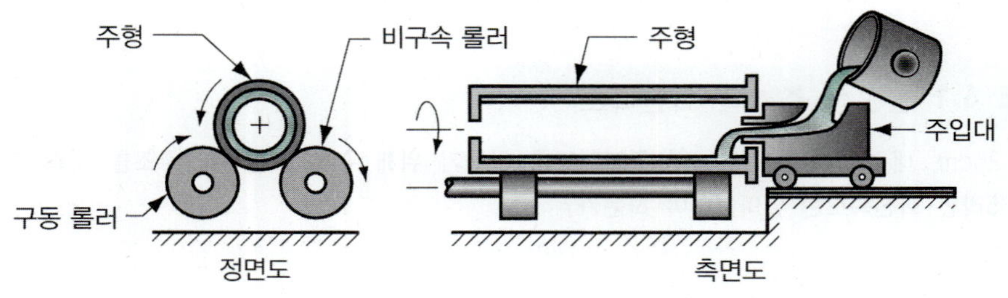

그림 6.13 진원심 주조의 구성(출처: Fundamentals of Modern Manufacturing, 4th Edition by Mikell P. Groover, 2010. Reprinted with permission of John Wiley & Sons, Inc.).

주형을 회전시키는 축은 수평 또는 수직일 수 있으나 수평형이 더 일반적이다. 수평형 원심주조에서 작업이 성공적으로 수행되기 위해 주형이 얼마나 빨리 회전해야 하는지 생각해보자. 원심력은 다음과 같이 정의된다.

$$F = \frac{m\nu^2}{R} \quad (6.1)$$

여기서 F=힘 N, m=질량 kg, V=속도 m/s, R=주형 내반경 m이다. 중량 W=mg, g는 중력가속도 9.8m/s^2, G-factor GF는 중량에 대한 원심력의 비다.

$$GF = \frac{F}{W} = \frac{m\nu^2}{Rmg} = \frac{\nu^2}{Rg} \tag{6.2}$$

속도 $\nu = 2\pi RN/60 = \pi RN/30$, N=회전속도 rev/min이다. 이를 식 (6.2)에 대입하면

$$GF = \frac{R\left(\frac{\pi N}{30}\right)^2}{\mathrm{g}} \tag{6.3}$$

반경 대신 직경 D를 이용해 회전속도 N에 대한 식을 정리하면

$$N = \frac{30}{\pi}\sqrt{\frac{2\mathrm{g}GF}{D}} \tag{6.4}$$

여기서 D=주형의 내경이다. 원심주조에서 G-factor가 너무 작으면 회전할 때의 윗벽에 용탕을 밀어붙이는 힘이 약하게 되어 주형 공동 속에서 비가 오는 것과 같이 된다. 용탕과 주형 사이에 미끄러짐이 발생하는데, 이는 용탕의 회전속도가 주형의 회전속도보다 작다는 것을 의미한다. 실험적으로 수평형 원심 주조에서 GF 값이 60~80이 적당하다고 알려져 있다. 물론 주조금속에 따라 어느 정도 변한다.

EXAMPLE 6.1 진원심 주조의 회전속도

외경 OD는 25cm, 내경 ID는 22.5cm인 동파이프를 만들기 위해 수평형 진원심 주조를 하려 한다. 관을 만들기 위한 G-factor가 65라면 회전속도는 얼마이어야 하는가?

▌풀이▐

주형의 내경 D=주물의 외경 OD=25cm=0.25m

식 (6.4)를 이용해 회전속도를 계산하면

$$N = \frac{30}{\pi}\sqrt{\frac{2(9.8)(65)}{0.25}} = 681.7\text{rev/min}$$

수직형 원심 주조에서는 용탕에 작용하는 중력이 주물의 상부보다 하부를 두껍게 만드는 경향이 있다. 주물 벽의 내부 형상은 포물선 모양이며, 실제로는 수직형 원심 주조로 만드는 제품의 길이는 일반적으로 제품 직경의 2배를 넘지 않도록 한다. 길

이에 비해 매우 큰 직경을 가진 제품이나 부싱에 알맞으며 특히 정확한 내경을 위해 내경절삭을 하는 제품에 적합하다.

진원심주조로 제작된 주물은 밀도가 높은데, 특히 원심력이 가장 커지는 제품 외부에서 그 값이 커진다. 응고 중 원심력이 용탕을 지속적으로 주형 벽으로 밀착시키기 때문에 주물관 외부의 응고 수축은 중요하지 않다. 주물에서 불순물은 내벽에 모이고 필요하면 절삭공정으로 제거한다.

6.4 주조 장비

모든 주조공정에서는 금속이 용융상태가 되어 부어지거나 사출되기 위해 가열되어야 한다. 가열과 용융은 용해로에서 이뤄지며, 이 절에서는 다양한 형태의 용융로와 용탕을 주형에 공급하는 주입도구에 대해 설명한다.

6.4.1 용융로

주물공장에서는 다음과 같은 다양한 형태의 용융로furnace가 사용된다. (1)용선로, (2)직접 연소로, (3)도가니로, (4)전기아크로, (5)전기유도로이다. 가장 적합한 노의 선택은 다음과 같은 인자에 의해 결정된다. 주조합금, 용융온도, 주입온도, 노의 용량, 투자비, 공정비용, 유지보수비용, 환경오염.

용선로 용선로cupola는 바닥 가까이에 배출구가 설치된 수직 원통형 노다. 용선로는 주철을 녹이는데만 사용된다. 주철을 위해 다른 노가 사용되기도 하지만 주철을 주로 녹이는 것은 용선로다. 용선로의 일반적 구성과 동작특성은 [그림 6.14]와 같으며, 내부에 내열재가 들어간 커다란 강재 외벽으로 구성되어 있다. 용선로의 중간보다 약간 낮은 곳에 위치한 입구를 통해 철, 코크스, 용제flux, 합금재료를 투입한다. 일반적으로 철은 선철, 스크랩(주물로부터 제거된 라이저, 탕도 주입탕구를 포함)의 혼합물이다. 코크스cokes는 노를 가열하는 연료인데, 코크스의 연소를 위해 아래 주입구를 통해 공기를 불어넣는다. 용제는 코크스 재와 기타 불순물과 반응해 슬래그slag를 형성하는 석회석과 같은 기초화합물이다. 슬래그는 용탕을 덮어 용선로 내부에서 용탕이 주위와 반응하는 것을 차단하고 열손실을 줄여준다. 혼합물이 가열되고 철이 용융되면 용탕이 주기적으로 배출된다.

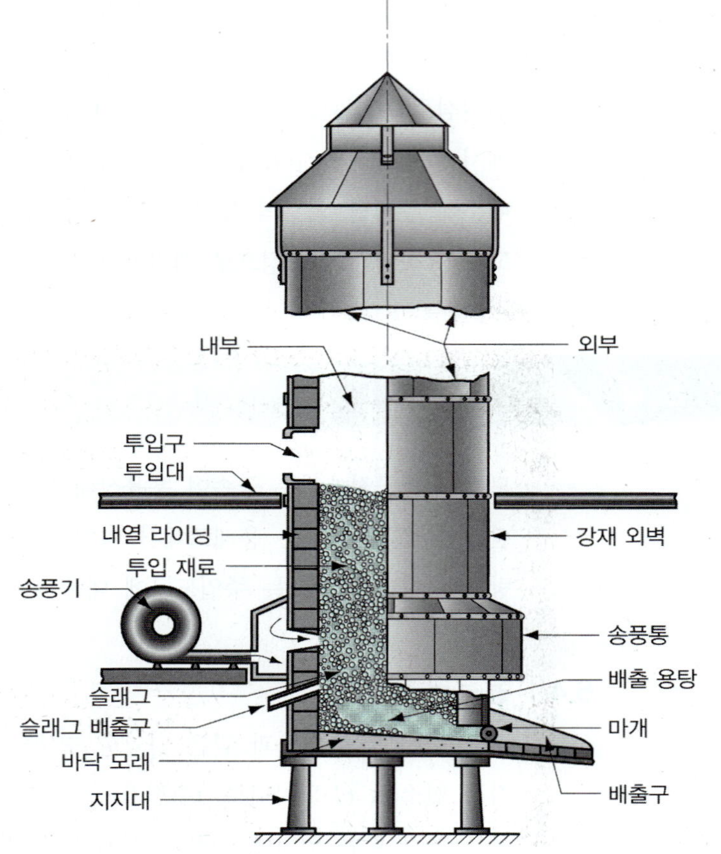

그림 6.14
주철을 용융하는데 이용되는 용선로. 소규모 주물공장의 대표적인 용선로이며 현대 용선로에 요구되는 배출물 제어시스템은 생략했다(출처: Fundamentals of Modern Manufacturing, 4th Edition by Mikell P. Groover, 2010. Reprinted with permission of John Wiley & Sons, Inc.).

직접 연소로 직접 연소로direct fuel-fired furnaces는 작은 화덕을 갖고 있으며, 그 안에 금속을 넣고 연소로 안에 위치한 버너로 가열한다. 연소로의 천장은 불꽃을 반사해 가열을 돕는다. 대표적인 연료는 천연가스이며, 연소물질은 굴뚝을 통해 연소로를 빠져나간다. 화덕의 아래에는 배출구가 있어 용탕을 배출한다. 직접 연소로는 일반적으로 구리기반 합금이나 알루미늄과 같은 비철금속의 용융에 사용된다.

도가니로 도가니로crucible furnaces는 혼합연료를 연소시켜 직접 접촉하지 않고 금속을 용융시키는 방법이며 종종 간접 연소로라고도 불린다. 주물공장에서는 [그림 6.15]와 같이 3가지 형태의 도가니로가 사용된다. (a)들어올림형, (b)고정형, (c)기울임형이다. 모든 도가니로는 적절한 내화재(예를 들면 점토와 흑연의 혼합물) 또는 고온 합금강으로 만들어진 도가니를 사용한다. 들어올림형 도가니는 노의 한가운데 위치하며, 금속을 용융시키기 위해 충분히 가열된다. 기름, 가스 또는 분말 석탄이 대

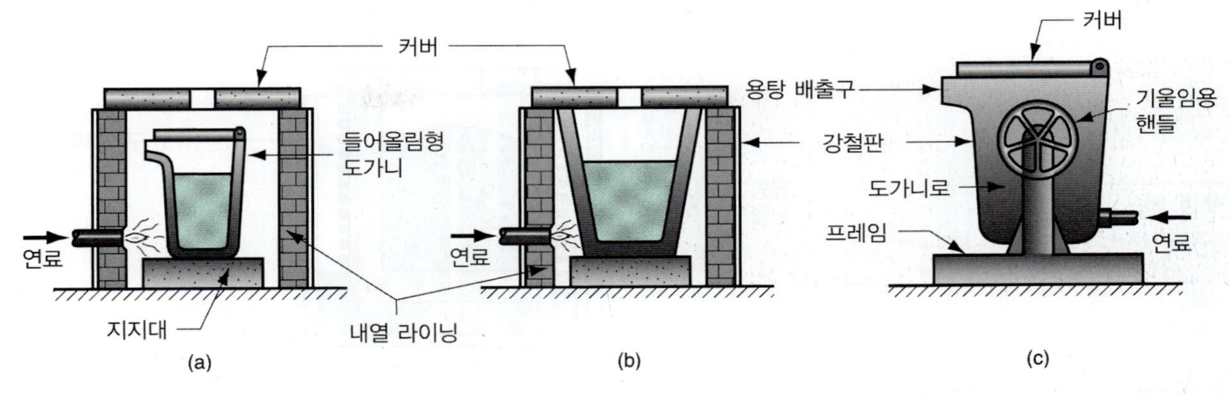

그림 6.15 3가지 형태의 도가니로 (a)들어올림형 도가니, (b)고정형 냄비로, (c)기울임형 냄비로(출처: Fundamentals of Modern Manufacturing, 4th Edition by Mikell P. Groover, 2010. Reprinted with permission of John Wiley & Sons, Inc.).

표적인 연료이며, 금속이 용융되면 도가니는 들어올려져 용탕주입 용기로 이용된다. 고정형, 기울임형 도가니로는 종종 냄비로pot furnace라 불리며 가열로와 용탕 용기가 일체형으로 이뤄져 있다. 고정형 냄비로에서 노는 고정되어 있으며 용탕은 용기로부터 꺼내어진다. 기울임형 냄비로는 전체 구조물이 용탕 주입을 위해 기울어질 수 있다. 도가니로는 청동, 황동, 아연합금, 알루미늄 합금과 같이 비철계금속에 사용되어진다. 일반적으로 도가니로의 용량은 수백 kg 정도다.

전기아크로 전기아크로electric-arc furnaces는 아크로 인해 발생하는 열로서 투입물을 용융시키며, 2개 또는 3개의 전극으로 다양한 형태를 만들 수 있다. 소모 전력은 매우 높으나 대용량(25~50tons/hr)으로 설계될 수 있고, 주로 강의 주조에 적용된다.

전기유도로 전기유도로induction furnaces는 코일을 통과하는 교반전류를 이용해 금속에 자장을 형성시키며, 유도전류로 금속을 급속히 가열, 용융시킨다. 주조공정에서 유도로의 특징을 [그림 6.16]에 나타냈다. 전자기적 힘은 용탕을 혼합시키는 역할을 한다. 또한 금속과 열 발생 요소와의 접촉이 없어서 용융이 일어나는 환경을 잘 조절할 수 있다. 이러한 이유로 용탕의 품질과 순도가 우수하며 거의 대부분의 주물에 사용될 수 있다. 강, 주철, 알루미늄 합금이 가장 보편적인 적용재료다.

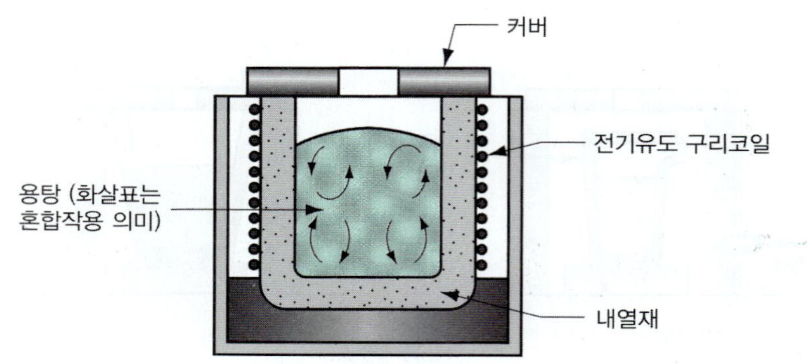

그림 6.16
전기유도로(출처: Fundamentals of Modern Manufacturing, 4th Edition by Mikell P. Groover, 2010. Reprinted with permission of John Wiley & Sons, Inc.).

6.4.2 용탕주입, 세척, 열처리

도가니를 이용해 용탕을 주형으로 옮기기도 하지만 주로 다양한 종류의 래들ladle을 이용한다. 이러한 래들은 용탕을 받아 주형에 주입하기에 편리하게 되어 있다. 2가지 래들을 [그림 6.17]에 나타냈으며, 하나는 천장크레인을 이용해 대용량 용탕을 취급하는 래들이고 다른 하나는 수동으로 적은 용량의 용탕을 이동시키고 주입하는 래들이다.

주입 시 문제점 중 하나는 산화된 용탕이 주형에 주입되는 것이다. 산화금속은 품질을 저하시키며 주물의 결함을 야기하므로 용탕주입 시 산화물의 혼입을 최소화해야 한다. 용탕이 배출구를 빠져나올 때 필터를 이용해 산화물, 기타 불순물을 걸러내기도 하며 용탕이 산화되지 않도록 용제flux를 이용해 보호하기도 한다. 또한 상층부에 산화물이 위치하기 때문에 용탕이 아래로 빠져나가도록 용기를 설계한다.

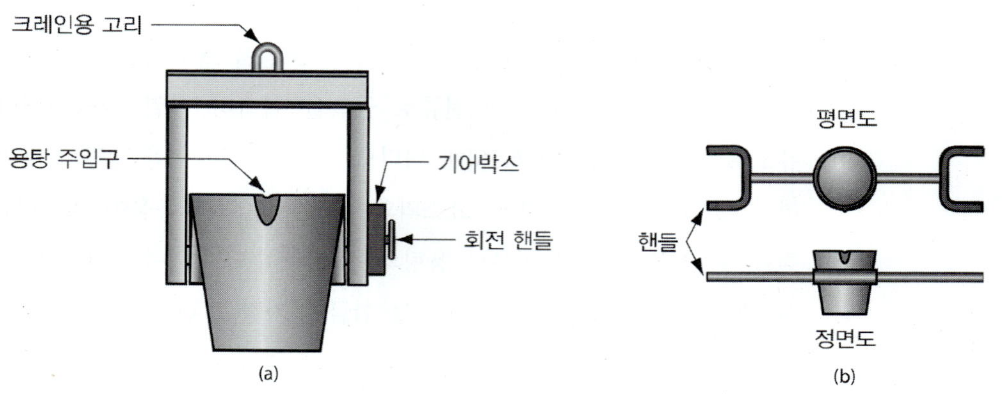

그림 6.17 2가지 형태의 래들 (a)크레인 래들, (b)2인용 래들(출처: Fundamentals of Modern Manufacturing, 4th Edition by Mikell P. Groover, 2010. Reprinted with permission of John Wiley & Sons, Inc.).

주물이 응고되고 주형에서 제거된 후에 일반적으로 필요한 절차는 다음과 같다. (1)트리밍, (2)코어제거, (3)표면세척, (4)검사, (5)보수(필요한 경우), (6)열처리. 단계 (1)~(5)까지를 주물공정에서는 '세척cleaning'이라는 용어로 사용하기도 한다. 주물공정, 금속에 따라 어떤 부가공정이 필요한 것인가가 결정되며 때로는 많은 노동력과 비용이 소요된다.

트리밍trimming은 주입탕구, 탕도, 라이저, 분리선 플래시, 핀fin, 코어받침chaplet, 기타 필요 없는 부분을 제거하는 것이다. 취성이 있는 금속합금이거나 비교적 단면이 작을 경우에 이러한 필요 없는 부분은 부서져 나가기 쉽다. 그렇지 않다면 해머, 전단기, 활톱, 띠톱, 연삭휠 절단 또는 다양한 화염 절단방법이 사용된다.

주물에 코어가 사용되었다면 제거되어야 한다. 대부분의 코어는 화학물질이나 기름으로 결합된 모래로 만들어지기 때문에 결합제가 열화되면서 주물에서 떨어져 나온다. 어떤 경우에는 주물을 수작업 또는 기계적으로 흔들어줌으로써 제거하기도 한다. 매우 드물지만 모래 코어에 사용되는 결합제를 화학적으로 용해시키기도 한다. 고체 코어는 해머를 이용하거나 눌러서 제거한다.

사형주조에서 표면 세척과정은 매우 중요하다. 기타 주조과정에서 특히 영구주형주조에서는 세척과정이 생략될 수 있다. 표면세척 과정은 주물 표면의 모래를 제거하는 것과 표면의 외양을 좋게 만드는 것을 포함한다. 표면을 세척하는 방법은 텀블링tumbling, 모래 또는 금속 샷블라스팅shot blasting, 와이어브러싱, 버핑buffing, 화학적 피클링chemical pickling 등이다(21장).

주물에서 결함이 발생될 수 있으며 결함을 찾기 위해 검사가 수행된다. 다음 절에서 품질에 관한 사항을 검토한다. 주물은 절삭공정과 같은 후속 공정을 위해 또는 사용상 바람직한 특성을 얻기 위해 열처리(20장)를 하기도 한다.

6.5 주조 품질

주조공정에서 품질을 저하시켜 주물에 결함을 발생시키는 요인은 매우 많다. 이 절에서는 주물에서 발생할 수 있는 결함과 이들을 찾아낼 수 있는 검사 방법을 설명한다.

주물 결함 어떤 결함은 일부 혹은 전체 주조공정에서 발생할 수 있으며, 이들을 [그림 6.18]에 나타냈다.

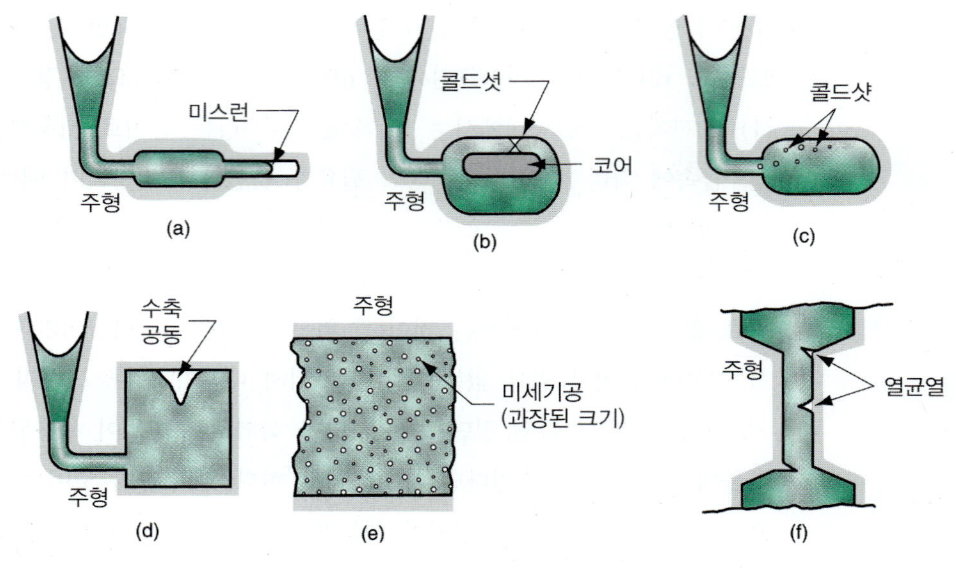

그림 6.18 주물에서 흔한 결함 (a)미스런, (b)콜드셧, (c)콜드샷, (d)수축기공, (e)미세기공, (f)열균열(출처: Fundamentals of Modern Manufacturing, 4th Edition by Mikell P. Groover, 2010. Reprinted with permission of John Wiley & Sons, Inc.).

(a) **미스런**misrun: 주형 공동을 완전히 채우기 전에 응고된 주물이다. 대표적 원인으로는 (1)용탕의 유동성이 충분하지 않다, (2)주입온도가 너무 낮다, (3)주입이 너무 천천히 이뤄졌다, (4)주형 공동의 단면이 너무 얇다 등이다.

(b) **콜드셧**cold shut: 양쪽에서 접근하는 용탕이 만났으나 이미 응고가 시작되어 용탕이 결합되기 어려운 상태가 되었을 때 발생하며 미스런의 원인과 유사하다.

(c) **콜드샷**cold shots: 용탕을 주입할 때 방울이 튀어 고체입자가 주물에 형성된 것을 의미하며, 이것을 방지하도록 용탕주입 절차와 탕구계를 설계해야 한다.

(d) **수축공동**shrinkage cavity: 용탕의 응고수축으로 인해 주물의 표면이 움푹 파지거나 내부에 빈 공간이 생기는 결함이다. 이는 주로 주물의 상부에 발생하며 '파이프'([그림 5.6(3)] 참조)라 불린다. 이 결함은 라이저를 적절히 설계함으로써 해결된다.

(e) **미세기공**micro porosity: 수상구조dendritic structure에서 용탕의 부분적인 수축공동으로 인해 주물 전체에 분포되어 있는 작은 기포들을 의미한다. 이는 응고가 오랫동안 이뤄지는 합금에서 일반적으로 발생한다.

(f) **열균열**hot tearing: 핫크래킹hot cracking이라고도 불리며 응고의 최종 단계 또는 응고 후 초기 냉각단계에서 주물의 수축이 주형 때문에 제한될 때 발생한다. 금속이 자연스럽게 수축하지 못하게 되면서 발생하는 높은 인장응력 상태에서 금속이 떨어져나감에 따라 결함이 확실하게 드러난다. 사형주조, 기타 소모성주형에서는 주형이 부서지기 때문에 이러한 결함이 방지된다. 영구주형 공정에서는 응고 즉시 주형에서 주물을 꺼냄으로써

이 결함을 방지할 수 있다.

어떤 결함은 모래주형의 사용과 관련이 있는데 모래주형을 사용할 경우에만 발생한다. 그 밖에 소모성주형도 이러한 결함에 약간 관련이 있다. 주로 사형주조에서 발견되는 결함을 [그림 6.19]에 나타냈다.

(a) **샌드블로우**sand blow: 풍선과 같은 모양의 공동으로서 용탕을 주입할 때 주형가스로 인해 발생한다. 주물의 상부 부근의 표면 바로 아래에서 발생하며 주형의 낮은 통기성, 열악한 배기, 높은 습기 함유량이 주된 원인이다.

(b) **핀홀**pin hole: 샌드블로우와 유사한 결함이며, 주물 표면 또는 바로 아래에 작은 기공이 많이 생긴 것을 의미한다.

(c) **샌드워시**sand wash: 용탕 주입 중 주물사의 침식으로 인해 주물 표면이 균일하지 못함을 의미하며, 침식된 모양이 그대로 주물의 표면에 찍혀 나온다.

(d) **스캡**scab: 모래와 금속의 딱지encrustation로 인한 주물 표면의 거친 부분을 말하며, 응고 중 주형 표면이 떨어져 나와 주물의 표면에 붙음으로써 생긴다.

(e) **침투**penetration: 용융금속이 유동성이 양호할 경우 주물사 또는 모래 코어에 스며들 수 있다. 응고된 후 주물의 표면은 모래입자와 금속의 혼합물이 되며 주물사를 단단하게 다지면 침투현상을 완화시킬 수 있다.

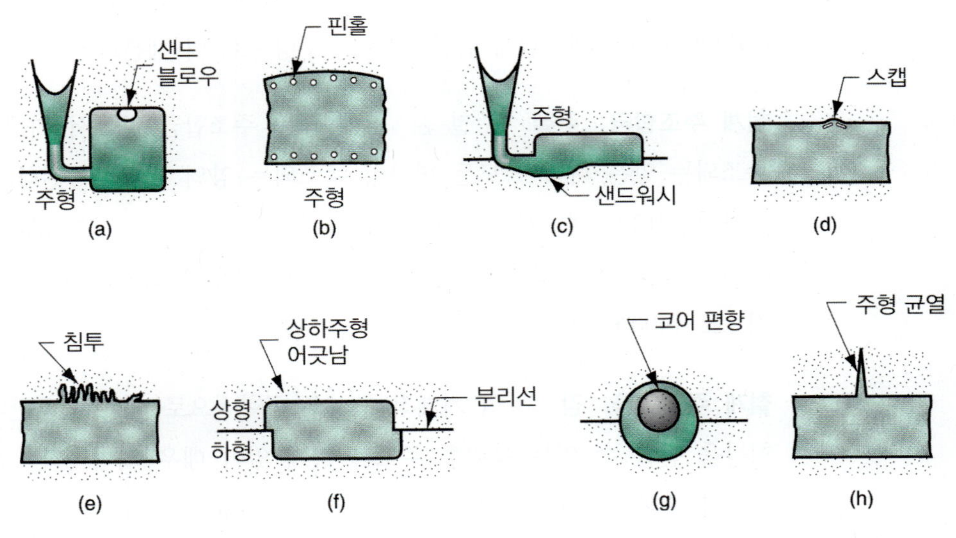

그림 6.19 모래주형에서 흔한 결함 (a)샌드블로우, (b)핀홀, (c)샌드워시, (d)스캡, (e)침투, (f)주형 어긋남, (g)코어 편향, (h)주형 균열(출처: Fundamentals of Modern Manufacturing, 4th Edition by Mikell P. Groover, 2010. Reprinted with permission of John Wiley & Sons, Inc.).

(f) **주형 어긋남**mold shift: 상형과 하형이 옆으로 어긋나면서 분리선에 단step이 만들어진다.

(g) **코어 편향**core shift: 코어에서도 유사한 문제가 발생할 수 있으나 일반적으로 어긋나는 방향은 수직이다. 코어 편향과 주형 어긋남은 용융금속의 부력에 의해 발생한다.

(h) **주형 균열**mold crack: 주형의 강도가 충분하지 않으면 균열이 발생할 수 있으며 용융금속이 스며들어 최종주물에 핀fin을 만든다.

검사 방법 주물 검사 절차는 다음과 같다[7]. (1)미스런, 콜드셧, 기타 표면결함을 찾기 위한 육안 검사, (2)공차 만족 여부를 검사하기 위한 치수 측정, (3)주물 금속의 품질검사를 위한 금속학적, 화학적, 물리적, 기타 시험. (3)번에 해당하는 시험은 다음과 같다. (a)주물에서 누설 부를 검사하는 압력시험, (b)주물의 내부, 외부의 결함을 찾는 비파괴 검사인 방사선검사, 자기입자검사, 형광침투물질 사용, 초음파검사, (c)인장강도, 경도와 같은 성질을 측정하는 기계적 시험. 결함이 발견되었으나 심각하지 않다면 용접, 연삭 또는 고객이 허용하는 보완방법으로 주물을 보강한다.

6.6 주조 금속

대부분의 상업용 주조에서는 순수금속보다 합금을 이용한다. 일반적으로 합금이 주조하기에 용이하며 제품 특성이 더 우수하다. 주조 합금은 다음과 같이 구분된다. (1)철계, (2)비철계. 철계 합금은 주철, 주강으로 더 세분화된다.

철계 주조합금: 주철 주철cast iron은 모든 주조합금 중에서 가장 중요하다. 주철이 주조되는 양은 나머지 모든 합금이 주조되는 양의 몇 배가 된다. 주철에는 여러 종류가 있다(2.1.2절). (1)회주철, (2)노듈러주철nodular cast iron, (3)백주철, (4)가단주철malleable iron, (5)주철합금이다. 주철의 용탕 주입온도는 조성에 따라 다르지만 일반적으로 1400°C이다.

철계 주조합금: 강 강의 기계적 특성은 공학적으로 매우 유용한데(2.1.1절), 복잡한 형상을 만들 수 있는 능력은 주조를 강에 있어 매우 의미 있는 공정으로 만들었다. 그러나 주물공장에서 강을 주조하는데 큰 어려움이 있다. 첫째, 일반적으로 주조되는 다른 금속에 비해 강의 용융점은 상당히 높다. 저탄소강은 1540°C에서 응고되기 시작하는데, 이는 훨씬 높은 온도에서 용탕주입이 이뤄져야 한다는 것을 의미한다(대

략 1650°C). 이러한 높은 온도에서는 화학적 반응성이 매우 크게 된다. 용융, 용탕 주입 시 쉽게 산화되기 때문에 용탕을 공기로부터 차단하기 위해 특별한 공정이 사용되어야 한다. 또한 용융된 강은 유동성이 좋지 않기 때문에 얇은 부분의 주조에 제약이 따르게 된다.

이러한 문제가 있음에도 불구하고 다음과 같은 특징 때문에 주강을 사용한다. 인장강도가 410MPa[9] 이상이기 때문에 대부분의 주조금속보다 높으며, 대부분의 주조합금보다 인성이 양호하다. 주강은 강도가 모든 방향으로 동일하기 때문에 등방성을 가지고 있다. 반면 기계적으로 성형된(예, 압연, 단조) 부품의 기계적 특성은 방향성을 보인다. 제품의 요구사항에 따라 다르지만 재료의 등방성은 바람직한 성질이다. 주강의 또 다른 장점은 용접의 용이성이다. 주물을 보수하거나 강철 구조물을 제작할 때 강도의 손실 없이 쉽게 용접할 수 있다.

비철계 주조합금 비철금속은 알루미늄, 마그네슘, 구리, 주석, 아연, 니켈, 티타늄(2.1.3절)을 포함한다. 알루미늄합금은 일반적으로 주조가 용이한 것으로 알려져 있다. 순수 알루미늄의 용융온도는 660°C이므로 알루미늄 합금의 용탕주입 온도는 주철과 강보다 낮다. 다음과 같은 성질 때문에 알루미늄이 주조에 매우 적합하다. 가벼운 무게, 열처리에 따라 다양한 강도, 절삭가공의 용이성. 마그네슘 합금은 다른 모든 주물금속보다 가벼우며, 부식에 잘 견디고 무게당 강도비, 무게당 강성비가 높다.

동합금은 청동, 황동, 알루미늄 청동을 포함한다. 바람직한 특성으로 미려한 외관, 양호한 내부식성을 갖고 있으나 구리의 비싼 가격이 사용상의 제한조건이 된다. 파이프 피팅, 배 프로펠러, 펌프 부품, 장신구에 사용된다.

주석은 주조금속 중에서 가장 용융온도가 낮으며 주석합금은 일반적으로 주조하기에 용이하다. 내부식성이 우수하나 기계적 강도는 약해 주석 컵처럼 강도가 요구되지 않는 제품에 사용된다. 아연 합금은 일반적으로 다이캐스팅에 사용되며, 낮은 용융온도, 유동성이 양호해 주조재료로 많이 사용된다. 단점으로는 크리프creep강도가 낮아 응력이 많이 걸리는 제품에 사용될 수 없다.

니켈 합금은 높은 온도에서 강도가 높으며 내부식성이 우수해 엔진, 로켓, 내열재 등 높은 온도에서 사용되는 제품에 적합하다. 용융온도가 높아 주조하기에는 용이하지 않다. 티타늄 합금은 부식에 강하며 무게당 강도비가 높다. 그러나 높은 용융온도와 낮은 유동성, 고온에서 산화되기 쉬운 단점이 있어 주조하기 어렵다.

6.7 제품설계 고려사항

제품 설계자가 어떤 제품의 초기 제조공정으로 주조를 선택했다면 생산을 쉽게 하고 6.5절에서 열거한 결함들을 피하기 위해 몇 가지 설계 지침을 따르는 것이 바람직하다. 주조에서 중요한 고려사항은 다음과 같다.

형상 단순화: 복잡한 부품형상을 생산하는데 주조가 사용될 수는 있지만 부품설계를 가급적 단순화하는 것이 바람직하다. 불필요한 복잡성을 피하는 것이 주형 제작을 용이하게 하고 코어의 사용을 줄일 수 있으며 주조의 강도를 높일 수 있다.

모서리: 날카로운 모서리는 응력이 집중될 수 있거나 주물에 열균열이 발생될 수 있으므로 피하는 것이 좋다. 부드러운 필릿(fillet)을 모서리에 적용시키는 것이 좋으며 날카로운 모서리는 무디게 해야 한다.

단면 두께: 수축공동을 피하기 위해 단면 두께는 균일하게 해야 한다. 큰 부피가 응고와 냉각에 시간이 많이 필요하기 때문에 주물의 단면이 두꺼운 부분에서는 핫스폿(hot spot)이 발생한다. 또한 수축공동이 발생하기 쉬워진다.

드래프트: 주형으로 움푹 들어간 부품에는 [그림 6.20]에서와 같이 드래프트(draft 구배)를 두어야 한다. 소모성주형 주조에서 드래프트를 두는 목적은 주형에서 패턴이 잘 빠져나오게 하는 것이다. 영구주형 주조에서 드래프트를 두는 이유는 주형에서 제품이 잘 빠져나오게 하기 위해서다. 주조공정에서 코어가 사용되는 경우도 유사한 경사면을 주어야 한다. 사형주조에서는 약 1°, 영구주형 주조에서는 2° 에서 3° 의 경사각이 요구된다.

코어의 사용: [그림 6.20]과 같이 제품설계를 조금만 바꿔도 코어의 사용을 줄일 수 있다.

치수공차: 어떤 공정을 사용했는가에 따라 주물에서 얻을 수 있는 치수공차가 상당히 차이가 난다. [표 6.1]에 이러한 변수에 따른 차이를 나타냈다.

표면 마무리: 사형주조에서 일반적인 표면거칠기 값은 대략 6μ m 정도다. 유사한 정도의 거칠기가 셸 주조에서도 얻어지며 석고 주형주조나 인베스트먼트 주조의 경우 훨씬 향상된 값을 얻을 수 있다. 0.75μ mm. 영구주형 주조의 경우 다이캐스팅이 대략 1μ m 정도의 정밀한 표면거칠기 값을 보여준다.

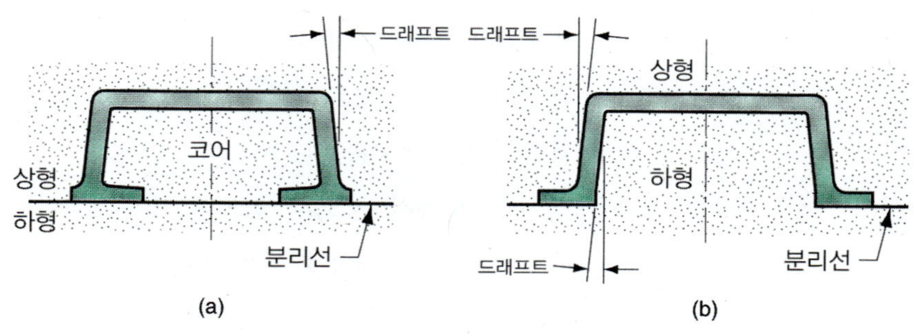

그림 6.20 코어의 사용을 줄이기 위한 설계 변경 (a)원래의 설계, (b)재설계(출처: Fundamentals of Modern Manufacturing, 4th Edition by Mikell P. Groover, 2010. Reprinted with permission of John Wiley & Sons, Inc.).

절삭 여유: 대부분의 주조공정 공차는 현장의 요구사항을 만족하기에 불충분하다. 사형주조가 이러한 문제가 있는 전형적인 예다. 이러한 경우 주물의 일정 부분은 요구되는 치수로 추가 가공되어야 한다. 거의 모든 사형주물에서 기능성이 요구되는 부분은 절삭가공되어야 한다. 그러므로 절삭이 필요한 부분에 가공을 하기 위해 주물에는 절삭 여유가 있어야 한다. 사형주조에서 절삭 여유는 일반적으로 1.5~3mm 정도다.

표 6.1 주조공정, 금속에 따른 치수공차[7][14]

주조공정	부품크기	공차		주조공정	부품크기	공차	
		mm	in			공차	in
사형주조				영구주형			
알루미늄[a]	소	±0.5	±0.020	알루미늄[a]	소	±0.25	±0.010
주철	소	±1.0	±0.040	주철	소	±0.8	±0.030
	대	±1.5	±0.060	동합금	소	±0.4	±0.015
동합금	소	±0.4	±0.015	강	소	±0.5	±0.020
강	소	±1.3	±0.050	다이캐스팅			
	대	±2.0	±0.080	알루미늄[a]	소	±0.12	±0.005
셀 주조				동합금	소	±0.12	±0.005
알루미늄[a]	소	±0.25	±0.010	인베스트먼트			
주철	소	±0.5	±0.020	알루미늄[a]	소	±0.12	±0.005
동합금	소	±0.4	±0.015	주철	소	±0.25	±0.010
강	소	±0.8	±0.030	동합금	소	±0.12	±0.005
석고 주형	소	±0.12	±0.005	강	소	±0.25	±0.010
	대	±0.4	±0.015				

[a]알루미늄에 대한 값은 마그네슘에도 적용된다.

참고문헌 References

[1] Amstead, B. H., Ostwald, P. F., and Begeman, M. L. *Manufacturing Processes*. John Wiley & Sons, Inc., New York, 1987.

[2] Beeley, P. R. *Foundry Technology*. Newnes- Butterworths, London, 1972.

[3] Black, J., and Kohser, R. *DeGarmo's Materials and Processes in Manufacturing*, 10th ed. John Wiley & Sons, Inc., Hoboken, New Jersey, 2008.

[4] Datsko, J. *Material Properties and Manufacturing Processes*. John Wiley & Sons, Inc., New York, 1966.

[5] Decker, R. F., Walukas, D. M., LeBeau, S. E., Vining, R. E., and Prewitt, N. D. "Advances in Semi-Solid Molding," *Advanced Materials & Processes*, April 2004, pp. 41-42.

[6] Flinn, R. A. *Fundamentals of Metal Casting*. American Foundrymen's Society, Inc., Des Plaines, Illinois, 1987.

[7] Heine, R. W., Loper, Jr., C.R., and Rosenthal, C. *Principles of Metal Casting*, 2nd ed. McGraw-Hill Book Co., New York, 1967.

[8] Kotzin, E. L. *Metalcasting & Molding Processes*. American Foundrymen's Society, Inc., Des Plaines, Illinois, 1981.

[9] Metals Handbook, Vol. 15, *Casting*. ASM International, Materials Park, Ohio, 2008.

[10] Mikelonis, P. J. (ed.). *Foundry Technology*. American Society for Metals, Materials Park, Ohio, 1982.

[11] Mueller, B. "Investment Casting Trends," *Advanced Materials & Processes,* March 2005, pp. 30-32.

[12] Niebel, B. W., Draper, A. B., and Wysk, R. A. *Modern Manufacturing Process Engineering*. McGraw-Hill Book Co., New York, 1989.

[13] Perry, M. C. "Investment Casting," *Advanced Materials & Processes*, June 2008, pp. 31-33.

[14] Wick, C., Benedict, J. T., and Veilleux, R. F. *Tool and Manufacturing Engineers Handbook*, 4th ed. Vol. II, *Forming*. Society of Manufacturing Engineers, Dearborn, Michigan, 1984, Chapter 16.

[15] www.wikipedia.org/wiki/semi-solid_metal_casting

복습문제 Review Questions

6.1 주조공정의 2가지 기본 범주는 무엇인가?

6.2 사형주조에서 다양한 패턴이 사용된다. 분리형 패턴과 매치플레이트 패턴의 차이점은 무엇인가

6.3 코어받침(chaplet)이란 무엇인가?

6.4 사형주조에서 모래주형의 품질을 결정하는 특성은 무엇인가?

6.5 Antioch 공정은 무엇인가?

6.6 다이캐스팅에 가장 많이 사용되는 금속은 무엇인가?

6.7 냉가압실과 열가압실 중 어떤 다이캐스팅 기계가 생산율이 더 높은가? 그 이유는?

6.8 다이캐스팅에서 플래시란 무엇인가?

6.9 용선로(cupola)란 무엇인가?

6.10 사형주조에서 주물을 주형에서 빼낸 다음 필요한 공정은 무엇인가?

6.11 주조공정에서 일반적으로 발생하는 결함은 무엇인가? 3가지 결함에 대해 간략하게 설명하라.

연습문제 PROBLEMS

6.1 동 튜브를 만들기 위해 수평 진원심주조법을 이용하려 한다. 튜브 길이는 1.5m, 파외경은 15.00cm, 내경은 12.5cm다. 파이프의 회전속도가 1000rev/min일 경우 G-factor를 구하라.

6.2 주철 파이프를 만들기 위해 수평 진원심주조법을 이용하려 한다. 파이프 길이는 42in, 외경은 8.0 in, 두께는 0.5in이다. 파이프의 회전속도가 500 rev/min일 경우 G-factor를 구하라. 이 공정은 성공적이겠는가?

6.3 길이 10cm, 외경 15cm, 내경 12cm인 황동 부싱(bushing)을 만들기 위해 수평 진원심주조공정을 이용하려 한다. (a)G-factor가 70이 되기 위해 필요한 회전속도를 구하라. (b)이러한 속도로 회전했을 때 용탕이 주형 내벽에 가하는 원심력을 m^2당 힘(Pa)으로 구하라. 황동의 밀도는 8.62g/cm^3이다.

6.4 대구경 동파이프를 수평 진원심주조법으로 만들고자 한다. 파이프 길이는 1.0m, 직경 0.25m, 파이프 두께는 15mm다. 파이프의 회전속도가 700 rev/min라면 (a)용탕의 G-factor를 구하라. (b)비와 같이 뿌려지는 현상을 피하기 위한 회전속도는? (c)응고수축과 응고 후 냉각수축을 고려한다면 주물을 만들기 위해 필요한 용탕의 양은 얼마인가? 구리의 응고수축은 4.5%, 응고 열수축은 7.5%다.

6.5 지구를 회전하는 우주선에서 진원심주조공정이 수행된다면 무중력상태가 이 공정에 어떠한 영향을 미칠까?

6.6 길이 5cm, 외경 65cm, 내경 60cm인 알루미늄 링을 만들기 위해 수평 진원심주조법을 사용하려 한다. (a)G-factor가 60이 되기 위한 회전속도는 얼마인가? (b)링을 알루미늄 대신 강으로 만든다고 가정한다. 강주조공정에 동일한 회전속도를 가했을 때 G-factor를 구하라, (c)주형벽의 m^2당 원심력(Pa)은 얼마인가? (d)이러한 회전속도를 이용하면 성공적인 공정이 될 수 있겠는가? 강의 밀도는 7.87g/cm^3이다.

6.7 [문제 6.6 (b)]에서 액상수축 0.5%, 응고수축 3%, 응고 후 냉각수축은 7.2%일 때 주형에 부어야 하는 용탕의 부피를 결정하라.

6.8 화학공장의 납 파이프를 만들기 위해 수평 진원심주조법을 사용하려 한다. 길이는 0.5m, 외경은 70mm, 두께는 6.0mm일 때, G-factor가 60이 되는 회전속도를 구하라.

6.9 어떤 기계의 본체가 알루미늄 주물로 만들어진 두 부분으로 구성되어 있다. 큰 부분은 원반형이며 두 번째 부분은 첫 번째 부분에 붙어 있으며 기계부품을 덮을 수 있도록 편평한 커버다. 이러한 주물을 생산하기 위해 사형주조법이 적용되었으며, 두 부분 모두에서 미스런과 콜드셧 형태의 결함이 발생했다. 작업자는 제품의 두께가 너무 얇아 결함의 원인이 되었다고 불평했다. 그러나 다른 주조공장에서는 이 제품들이 성공적으로 주조되었다고 알려져 있다. 이러한 결함에 대해 어떤 다른 설명이 있을 수 있겠는가?

6.10 사형주조를 이용한 대형 강주물에서 침투 결함(모래와 금속이 혼합된 표면)이 발생했다. (a)결함을 수정하기 위해 어떤 공정을 수행할 수 있는가? (b)이러한 공정을 수행함에 따라 다른 어떤 결함이 발생할 수 있겠는가?

CHAPTER

07

유리성형

GLASSWORKING

유리 제품은 상업적으로 매우 다양한 형태로 제조된다. 전구, 음료수병, 유리창 등 다양한 제품이 대량생산되고 있다. 대형 천체망원경 렌즈와 같은 제품은 개별 생산된다. 유리는 전통 세라믹, 신소재 세라믹과 함께 세라믹의 3가지 기본 종류 중 하나다(2.2절). 다른 세라믹 재료는 결정구조를 가지는데 반해 유리는 비결정 구조를 가진다는 점에서 차이가 있다.

유리가 제품으로 성형되는 방법은 다른 재료에서 사용되는 방법과 매우 다르다. 유리성형공정에서 원소재는 실리카(SiO_2)다. 이는 일반적으로 유리를 형성하는 다른 산화세라믹과 결합된다. 딱딱한 고체 상태에서 점성 유체로 변화시키기 위해 원소재를 가열해 액체 상태로 있는 동안 원하는 형상으로 성형시킨다. 냉각시켜 응고되면 결정화되는 것이 아니라 유리상이 된다. 유리성형의 전형적인 공정은 [그림 7.1]과 같은 단계들로 구성된다. 성형은 주조, 프레싱–블로잉(병, 기타 용기 제조), 압연(평유리 제조) 등의 다양한 공정으로 이뤄진다. 일부 제품에는 마무리 공정이 필요하기도 하다.

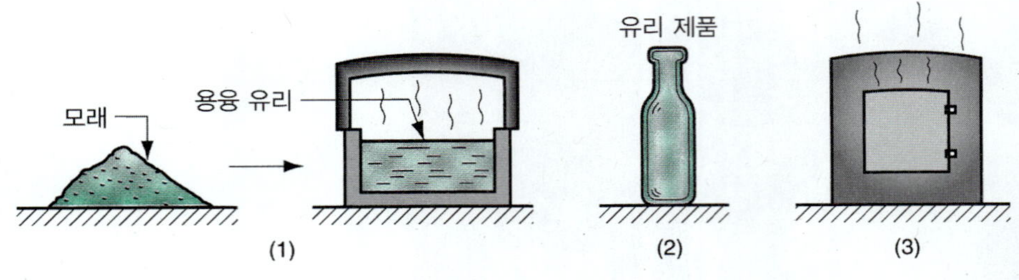

그림 7.1 유리 성형의 공정 단계 (1)원재료 준비, 용융, (2)성형, (3)열처리(출처: Fundamentals of Modern Manufacturing, 4th Edition by Mikell P. Groover, 2010. Reprinted with permission of John Wiley & Sons, Inc.).

7.1 제품원재료 준비, 용융

거의 모든 유리의 주원료는 실리카(SiO_2)인데, 실리카는 모래에 들어 있는 천연 석영에 들어 있다. 모래는 잘 세척되고 분류되어야 하며, 세척과정에서 진흙과 원하지 않은 색깔을 만드는 광물성 물질이 제거된다. 분류classifying 공정은 모래가 입자 크기별로 분류되는 것을 의미하며, 모래를 만들기에 가장 적합한 입자 크기는 0.1~0.6mm 사이의 것이다[3]. 공업용 소다재soda ash, 석회석, 산화알루미늄, 잿물potash, 기타 광물질이 원하는 조성을 위해 첨가된다. 일반적으로 혼합은 사용하는 용융로의 용량에 맞춰 뱃치batch로 이뤄진다. 통상적으로 현업에서는 재활용된 유리가 혼합물에 첨가된다. 환경을 보존한다는 의미도 있지만 재활용된 유리는 용융을 원활하게 해준다. 경우에 따라 재활용유리의 비율이 100%가 될 때도 있다.

용융될 원재료의 뱃치를 투입재charge라 부르고, 용융로에 이것들을 채우는 작업을 투입charging이라 한다. 유리 용융로는 다음과 같이 분류될 수 있다[3].

(1) **냄비로**pot furnace: 포트 벽에 열을 가함으로 유리를 녹이는 제한된 용량의 세라믹 포트.
(2) **데이탱크**day tank: 투입재 위의 연료를 태우면서 열을 가하는 대용량의 용기이며 뱃치 생산에 적합.
(3) **연속탱크로**continuous tank furnace: 긴 탱크로에서 한쪽으로 원소재가 공급되고, 다른 한쪽으로는 용융된 용탕이 나오는 방식이며 대량생산에 적합.
(4) **전기로**electric furnace: 다양한 생산율에 따라 다양하게 설계됨.

일반적으로 1500~1600°C에서 유리 용융이 이뤄지며 투입물을 녹이는 과정은 24~48시간이 소요된다. 이는 모래입자가 맑은 용탕으로 바뀌고, 정제되고 작업하기에 적당한 온도로 냉각되는데 필요한 시간이다. 녹인 유리는 점성액체인데, 점도는 온도에 반비례한다. 성형공정이 용융공정 바로 뒤에 이뤄지므로 녹은 유리가 노에서 배출되는 온도는 후속공정에서 필요한 점도에 따라 결정된다.

7.2 유리성형공정

유리 제품을 크게 나누면 창유리, 유리용기, 전구, 실험용 유리기구, 유리섬유, 광학유리로 구분될 수 있다. 이러한 목록에서 나타난 광범위한 쓰임새에도 불구하고 이러한 제품을 만드는 성형공정은 3가지로 분류된다. (1)병, 전구와 같이 단위 제품을 위한 단속공정discrete process, (2)평유리(유리창을 위한 얇고 편평한 유리), 튜브(실험용 기구, 발광용)를 만드는 연속공정continuous process, (3)단열을 위한 유리섬유, 유리복합재료, 광학유리섬유를 만드는 섬유제조공정fiber-making process.

7.2.1 단위제품 성형

블로잉blowing과 같이 고전적 수작업 유리성형 방법이, 소량이며 매우 고가인 유리 제품을 만드는데 아직도 사용되고 있다. 이 절에서 설명할 공정은 유리병, 전구 등의 단위제품을 대량으로 만드는 기계화된 기술이다.

스피닝 유리 스피닝spinning은 금속의 원심 주조와 유사하다. 텔레비전 브라운관이나 컴퓨터 모니터의 뒷부분과 같은 깔때기 모양의 제품을 만드는데 사용되며 [그림 7.2]와 같다. 강철로 만들어진 원뿔형 금형에 용융 유리 덩어리를 놓고 회전시켜 원심력이 유리를 위쪽으로 밀어 올려 주형 표면에 골고루 퍼지게 한다.

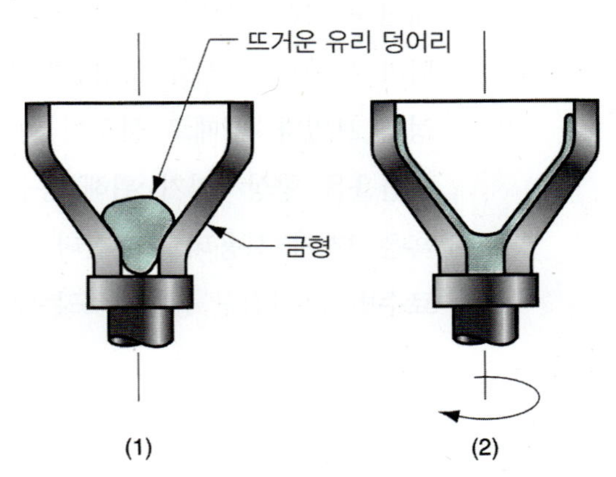

그림 7.2

깔때기형 유리 제품의 스피닝 (1)금형에 유리 덩어리 투입, (2)금형 표면에 용융 유리가 퍼지게 금형을 회전(출처: Fundamentals of Modern Manufacturing, 4th Edition by Mikell P. Groover, 2010. Reprinted with permission of John Wiley & Sons, Inc.).

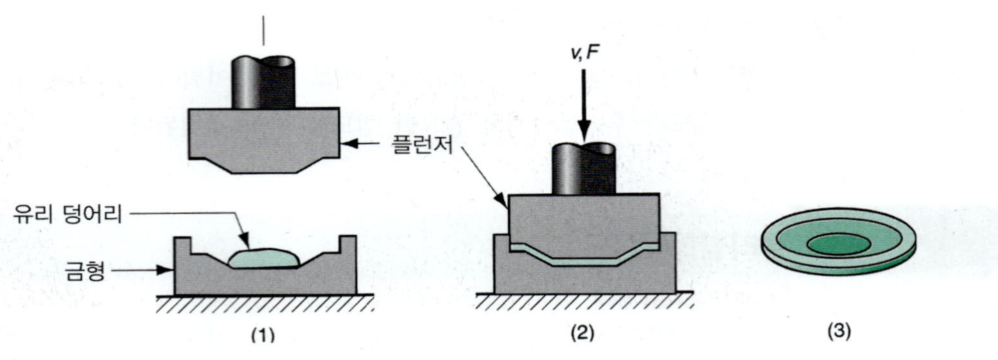

그림 7.3 편평한 유리 제품의 프레싱 (1)용융로에서 유리 덩어리를 금형에 투입, (2)플런저로 압력을 가함, (3)플런저를 후퇴시켜 제품을 빼냄. v=속도, F=힘을 의미(출처: Fundamentals of Modern Manufacturing, 4th Edition by Mikell P. Groover, 2010. Reprinted with permission of John Wiley & Sons, Inc.).

프레싱 프레싱pressing은 접시, 그릇, 헤드라이트 유리, TV 정면판과 같이 비교적 편평한 유리 제품을 대량으로 생산하는데 광범위하게 사용된다. 공정은 [그림 7.3]과 같으며, 이러한 공정은 대량생산을 하기 때문에 자동화하는 것이 바람직하다.

블로잉 여러 성형공정들은 한두 단계 정도의 블로잉blowing을 포함한다. 블로잉은 수작업이 아닌 고도로 자동화된 장비에서 수행된다. 이 절에서는 프레스—블로우, 블로우—블로우 방법을 설명한다.

프레스—블로우 방법은 이름이 의미하는 바와 같이 프레스 공정이 끝난 후 블로잉 공정이 수행되며 [그림 7.4]와 같다. 이 방법은 주둥이가 큰 제품을 생산하기에 적합하다. 블로잉 공정에서 제품을 꺼내기 위해 분할금형split mold이 사용된다.

블로우—블로우 방법은 주둥이가 작은 제품을 생산하기에 적합하며 프레스와 블로잉 대신 두 번 이상의 블로잉 공정이 사용된다는 점을 제외하고는 프레스-블로우 방법과 유사하다. 제품의 형상에 따라 다양한 공정이 있으며 [그림 7.5]에 한 가지 과정을 보였다. 때때로 블로잉 단계 사이에 재가열이 필요할 수 있다. 어떤 경우에는 생산율을 향상시키기 위해 용융 유리 덩어리를 공급하는 장치와 함께 금형이 2개 혹은 3개가 사용되기도 한다. 프레스-블로우, 블로우-블로우 방법은 유리단지, 음료수병, 유리전구 등을 만드는데 사용된다.

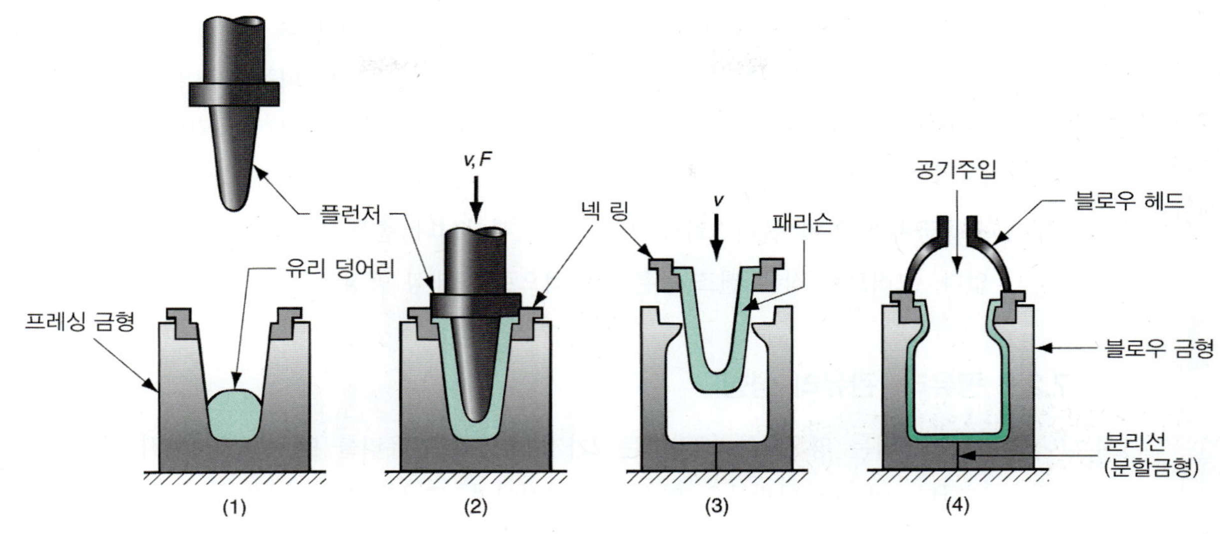

그림 7.4 프레스-블로우 성형 단계 (1)용융 덩어리를 금형 공동에 투입, (2)패리손을 만들기 위해 프레싱, (3)넥링에 매달린 패리손을 블로우 금형으로 이동, (4)최종 형상으로 불어냄(출처: Fundamentals of Modern Manufacturing, 4th Edition by Mikell P. Groover, 2010. Reprinted with permission of John Wiley & Sons, Inc.).

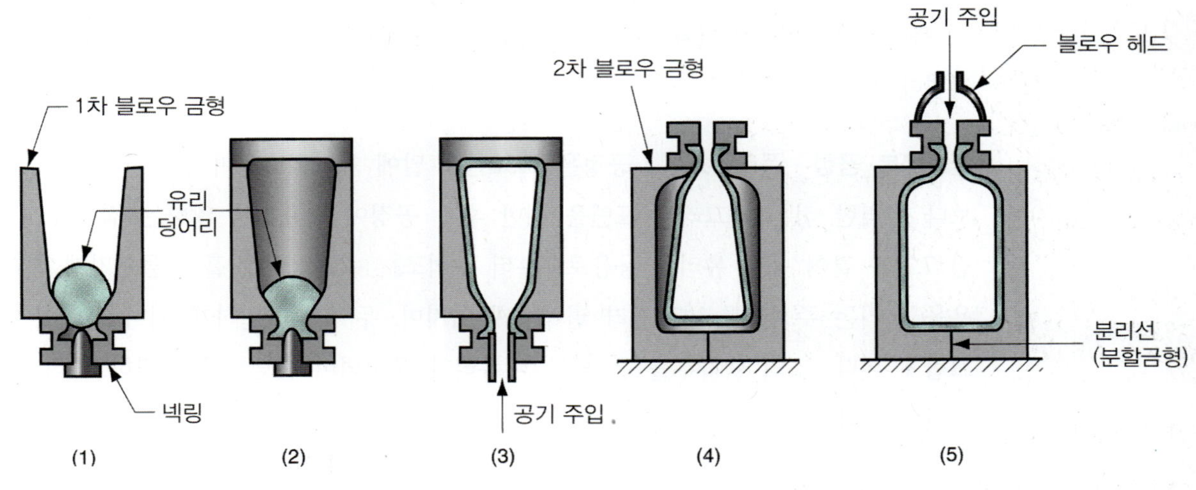

그림 7.5 블로우-블로우 성형단계 (1)유리덩어리를 뒤집은 금형 공동에 투입, (2)금형을 덮음, (3)1차 블로잉, (4)부분 성형된 부품을 방향을 다시 잡아 2차 블로우 금형으로 이동, (5)최종 형상으로 블로잉(출처: Fundamentals of Modern Manufacturing, 4th Edition by Mikell P. Groover, 2010. Reprinted with permission of John Wiley & Sons, Inc.).

주조 용융 유리가 충분하게 액체 상태가 된다면 주형에 주입할 수 있다. 천체망원경 렌즈와 거울 등 비교적 대형 제품은 이러한 방법으로 제작된다. 이러한 제품은 온도 차이로 인해 발생하는 내부응력과 균열을 방지하기 위해 매우 천천히 냉각되어야 한다. 응고와 냉각이 되면 래핑과 폴리싱으로 반드시 다듬질되어야 한다(18장). 이러한 특수한 제품을 제외하고는 주조는 유리성형에서 많이 사용되는 방법은 아니다. 냉각, 균열 문제뿐만 아니라 일반 성형온도에서 용융 유리는 비교적 점도가 커 용융금속과 가열 플라스틱과 같이 작은 부분이나 좁은 오리피스를 통과해 흐를 수 없다. 그러므로 작은 렌즈 등은 일반적으로 프레싱 공정으로 만들어진다.

7.2.2 평유리, 관유리 성형

이 절에서는 평유리를 제작하는 2가지 방법과 관유리를 만드는 한 가지 방법을 설명한다. 이러한 방법들은 연속적인 공정이며, 평유리 또는 관유리가 길게 만들어져 적당한 크기, 길이로 절단된다.

유리판의 압연 평판 유리는 [그림 7.6]과 같이 압연으로 만들어진다. 노에서 적당히 말랑말랑한 상태로 나온 유리를 롤 사이로 통과시키는데, 롤 사이의 간격이 평판 두께가 된다. 일반적으로 압연공정이 끝나면 평판 유리는 바로 풀림로annealing furnace로 들어가게 된다. 압연된 유리는 평행도와 표면정도를 위해 나중에 연마되고 폴리싱된다.

플로우트 공정 플로우트float 공정은 1950년대 말에 개발되었으며 압연과 같은 방법보다 유리한 점은 매끄러운 표면을 위한 후속 공정이 필요하지 않다는 점이다. [그림 7.7]과 같이 용융 유리는 용융로로부터 주석조tin bath로 직접 흘러 들어가게 된다. 용융 유리는 주석조를 가로질러 편평하게 펴지며, 두께가 균일하게 되며 표면이 매끄럽게 된다. 조의 냉각부를 통과한 후 유리가 응고되며 풀림로를 통과하고 적당한 크기로 잘라진다.

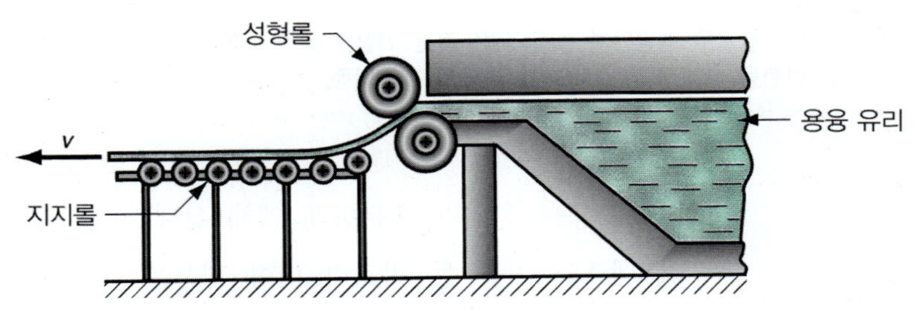

그림 7.6
평유리의 압연(출처: Fundamentals of Modern Manufacturing, 4th Edition by Mikell P. Groover, 2010. Reprinted with permission of John Wiley & Sons, Inc.).

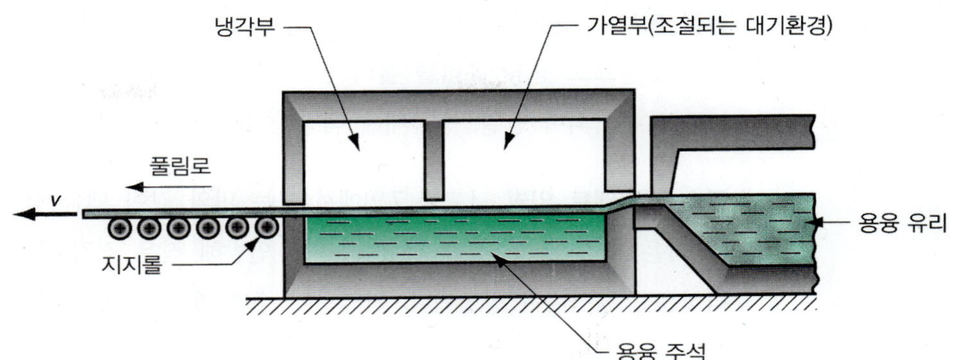

그림 7.7
박판유리 생산을 위한 플로우트 공정(출처: Fundamentals of Modern Manufacturing, 4th Edition by Mikell P. Groover, 2010. Reprinted with permission of John Wiley & Sons, Inc.).

유리관의 인발 유리관은 Danner 공정으로 알려진 인발drawing 공정으로 만들어지며 [그림 7.8]과 같다. 용융 유리는 회전하는 맨드릴mandrel 주위로 흐르게 되며, 맨드릴은 속이 비어 있어 유리가 인발되는 동안 공기를 불어넣게 된다. 인발 속도뿐만 아니라 공기온도, 유량은 유리관의 직경, 두께를 결정한다. 응고되는 동안 유리관은 맨드릴을 지나 약 30m 정도 길이에 걸쳐 롤러들에 의해 지지된다. 연속된 유리관은 표준 길이로 잘라지며, 실험실 유리기구, 유리전구, 유리온도계 등을 이러한 방법으로 만든다.

7.2.3 유리섬유 성형

유리섬유는 단열재에서부터 통신용 유리섬유에 걸쳐 광범위하게 사용된다. 유리섬유는 2가지 범주로 나눌 수 있다[6]. (1)단열, 방음, 공기필터에 사용되는 유리섬유이며, 이는 모wool와 같은 형태다, (2)섬유강화 플라스틱, 옷감, 광섬유에 적합한 길고 연속적인 필라멘트. 이 2가지 종류에는 각각 다른 생산 방식이 적용되며, 아래에 두 방법을 나타냈다.

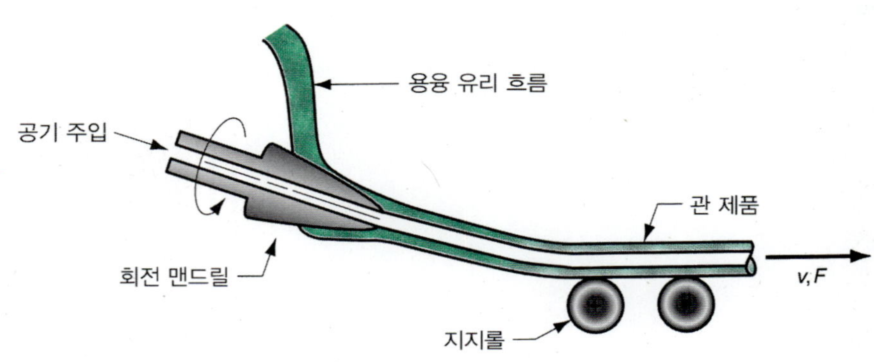

그림 7.8
Danner 공정에 의한 유리관의 인발. v=속도, F=힘(출처: Fundamentals of Modern Manufacturing, 4th Edition by Mikell P. Groover, 2010. Reprinted with permission of John Wiley & Sons, Inc.).

원심 분사 유리섬유를 만드는 대표적인 방법이며, 둘레에 작은 오리피스orifice를 가진 회전통으로 용융 유리를 흘려 들여보낸다. 용융 유리가 원심력에 의해 작은 오리피스로 분사되며 단열, 방음재에 적합한 유리섬유를 만든다.

연속 필라멘트 인발 [그림 7.9]에서 보는 바와 같이 백금 합금으로 만들어진 가열판에 작은 오리피스를 통해 용융 유리를 인발해 작은 직경(최소 0.0025mm)의 연속 유리섬유를 생산하는 방법이다. 가열판에 수백 개의 작은 오리피스가 있으며 한 오리피스가 유리섬유 하나를 만든다. 각 유리섬유를 모아 수집 스풀collection spool에 감으며, 감기 전에 윤활, 보호용으로 다양한 화학제를 코팅한다. 인발 속도는 대략 50m/s이다.

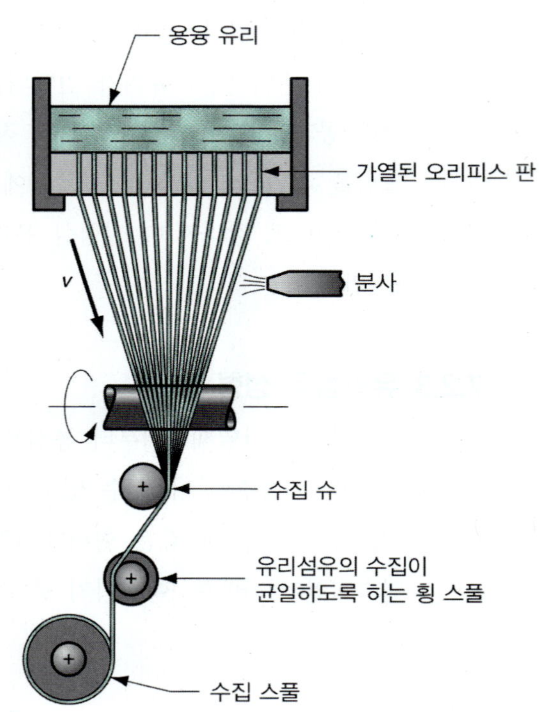

그림 7.9
연속 유리섬유의 인발(출처: Fundamentals of Modern Manufacturing, 4th Edition by Mikell P. Groover, 2010. Reprinted with permission of John Wiley & Sons, Inc.).

7.3 열처리, 마무리 공정

유리 제품의 열처리는 유리 성형공정의 세 번째 단계다. 어떤 제품에는 부가적인 마무리 공정이 수행되기도 한다.

7.3.1 열처리

유리 제품은 성형을 한 후에 강도를 감소시키는 내부 응력을 갖는다. 이러한 내부 응력을 없애기 위해 금속성형에서와 마찬가지로 유리성형에서도 어닐링(풀림)을 시킨다(20.1절). 풀림이란 유리를 어느 온도까지 가열한 후에 응력, 온도 구배를 없애기 위해 일정 시간 동안 유지하는 것을 의미한다. 그리고 응력의 형성을 억제하면서 천천히 냉각시키다가 상온까지는 더 신속히 냉각시킨다. 일반적인 풀림 온도는 대략 500°C이다. 일정 온도에서 머무르는 시간, 가열, 냉각 속도는 유리의 두께에 따라 달라지며, 일반적으로 필요한 풀림 시간은 유리 두께의 제곱에 비례한다.

현대적인 유리 제조공장의 어닐링은 레어lehr라 불리는 터널 모양의 노에서 수행되며, 제품은 컨베이어를 이용해 뜨거운 체임버를 천천히 통과한다. 체임버의 시작 부분에 가열기가 설치되어 유리가 가열과 냉각 주기를 거치게 된다.

템퍼링(뜨임)으로 알려진 열처리를 이용해 내부 응력이 제품 성질에 유리하게 분포된 유리가 개발되었으며 이를 강화유리tempered glass라 한다. 경화된 강의 열처리(20.2.2절)와 마찬가지로 템퍼링은 유리의 인성을 향상시킨다. 뜨임은 유리를 풀림 온도보다 약간 높게 소성영역까지 가열하고 공기제트로 표면을 담금질하는 것이다. 표면이 냉각될 때 내부는 아직 말랑말랑하며 표면은 수축하며 경화된다. 내부가 천천히 냉각되면서 수축하며, 경화된 표면에 압축력을 가한다. 다른 세라믹과 같이 유리는 인장력보다 압축력을 받았을 때 더 강하다. 따라서 강화유리는 표면에 압축력이 가해졌기 때문에 굽힘이나 부서지는 것에 더 강하다. 대형 빌딩의 유리창, 유리문, 안전유리, 기타 강화유리가 필요한 곳에 사용된다.

강화유리가 부서지면 일반적인 유리창보다 훨씬 작은 조각으로 부서진다. 흥미 있는 것은 자동차의 앞 유리는 부서지면서 운전자를 다치게 할 수 있기 때문에 강화유리를 사용하지 않고 일반적인 유리를 사용한다. 대신 질긴 고분자 박판의 양쪽에 유리를 붙인 안전유리를 사용한다. 이러한 복층유리가 부서진다면 유리조각들은 고분자 박판에 의해 그대로 붙어 있으며 창밖도 비교적 투명하게 보인다.

7.3.2 마무리 공정

유리 제품은 종종 마무리 공정이 필요하며, 이러한 2차공정은 연삭, 폴리싱, 절단을 의미한다. 유리판은 드로잉과 압연으로 만들어졌기 때문에 양쪽 면이 꼭 평행하지는 않으며, 표면에 생산 장비에 의한 긁힘과 결함이 나타난다. 대부분 산업용으로 사용될 때는 연삭, 폴리싱되어야 한다. 분할 금형이 사용된 프레스-블로우 공정에서는 분리선에 생긴 무늬를 폴리싱해야 한다.

판이나 관 생산과 같은 연속 유리성형공정에서는 연속된 부분을 작은 조각으로 잘라야 한다. 처음에 유리절단 휠wheel 또는 절단 다이아몬드로 유리에 금을 긋고, 금을 그은 부분을 따라 잘라낸다. 일반적으로 풀림로를 빠져나오면서 절단이 이뤄진다.

어떤 유리 제품에는 장식과 표면처리 공정이 사용된다. 이러한 공정은 기계적 절단, 폴리싱 공정, 샌드블라스팅, 화학적 에칭(불화수소산을 이용하며 종종 다른 화학제를 같이 사용한다), 코팅(예를 들면 거울을 만들기 위해 알루미늄 또는 은을 판유리에 코팅)을 포함한다.

7.4 제품설계 고려사항

유리는 일부 적용 분야에 적합한 독특한 성질을 갖고 있다. Bralla[1]은 다음과 같이 설계 고려사항을 정리했다.

- 유리는 투명하며, 공업재료 중에서 매우 독특한 광학적 특성을 가지고 있다. 투명함, 빛의 통과, 확대 등 유사한 광학특성이 필요한 적용 분야에 유리가 사용된다. 설계 요구사항에 따라 투명한 어떤 고분자가 대안이 될 수 있다.
- 유리는 인장력보다 압축력에 몇 배 강하다. 그러므로 유리부품은 인장력을 받지 않고 압축력을 받도록 설계되어야 한다.
- 유리를 포함해 세라믹은 잘 부서진다. 충격하중을 받거나 부서질 정도의 높은 응력을 받는 적용 분야에 유리 제품을 사용해서는 안 된다.
- 어떤 유리 혼합물은 매우 낮은 열팽창 계수를 가지기 때문에 열 충격에 잘 견딜 수 있다. 이러한 유리는 열 충격에 견딜 수 있는 특성이 필요한 곳에 사용된다.
- 유리 제품의 외부 모서리나 코너는 큰 반경을 갖게 하거나 모따기(chamfer)를 해야 한다. 마찬가지로 내부 코너도 큰 반경을 갖게 한다. 외부와 내부 코너 모두 응력이 집중되는 곳이다.
- 다른 세라믹 제품과 달리, 유리 제품에 나사 홈을 만들 수 있다. 기술적으로 프레스-블로우 성형공정으로 만들 수 있으나 나사산이 거친 편이다.

참고문헌 References

[1] Bralla, J. G.(Editor in Chief). *Design for Manufacturability Handbook*, 2nd ed. McGraw-Hill Book Company, New York, 1998.

[2] Flinn, R. A., and Trojan, P. K. *Engineering Materials and Their Applications*, 5th ed. John Wiley & Sons, Inc., New York, 1995.

[3] Hlavac, J. *The Technology of Glass and Ceramics*. Elsevier Scientific Publishing Company, New York, 1983.

[4] McLellan, G., and Shand, E. B. *Glass Engineering Handbook*, 3rd ed. McGraw-Hill Book Company, New York, 1984.

[5] McColm, I. J. *Ceramic Science for Materials Technologists*. Chapman and Hall, New York, 1983.

[6] Mohr, J. G., and Rowe, W. P. *Fiber Glass*. Krieger Publishing Company, New York, 1990.

[7] Scholes, S. R., and Greene, C. H. *Modern Glass Practice*, 7th ed. TechBooks, Marietta,Georgia, 1993.

복습문제 Review Questions

7.1 유리는 세라믹재료로 분류된다. 그러나 유리는 세라믹과는 다르다. 그 차이는 무엇인가?

7.2 거의 모든 유리 제품에 첨가하는 화학제는 무엇인가?

7.3 유리성형공정의 3가지 기본 단계는 무엇인가?

7.4 유리성형에서 스피닝 공정을 설명하라.

7.5 유리성형에서 프레스-블로우와 블로우-블로우 공정의 차이점은 무엇인가?

7.6 유리판을 만드는 2가지 방법이 본문에서 설명되었다. 2가지 중 하나의 이름과 공정을 설명하라.

7.7 Danner 공정에 대해 설명하라.

7.8 유리섬유를 만드는 2가지 공정이 본문에서 설명되었다. 그 이름과 공정을 설명하라.

7.9 유리성형에서 풀림의 목적은 무엇인가?

7.10 강화유리를 만들기 위해 필요한 열처리를 설명하라.

7.11 자동차 유리에 많이 사용되는 유리는 어떤 것인지 설명하라.

CHAPTER

08

플라스틱 성형

SHAPING PROCESSES FOR PLASTICS

플라스틱은 성형제품, 압출 제품, 필름, 시트, 전선의 절연피복, 직물용 섬유 등 매우 다양한 제품에 사용된다. 뿐만 아니라 플라스틱은 페인트, 니스, 접착제, 다양한 중합체 기지 복합재료와 같은 물질의 주원료가 되기도 한다. 이 장에서는 이러한 제품들을 가공하는 플라스틱 성형 기술에 대해 알아보고, 페인트, 니스, 접착제, 복합재료에 대해서는 이후의 장에서 다룬다. 많은 플라스틱 성형공정은 고무와 중합체 기지 복합재료에 적용될 수 있다(제9장).

이러한 성형공정이 상업적, 기술적으로 중요한 이유는 플라스틱의 중요성이 증가하는 것에서 비롯된다. 지난 50년 동안 플라스틱의 사용은 금속이나 세라믹보다 훨씬 빠른 속도로 늘어났다. 실제로 이전에는 금속으로 만들어지던 많은 제품들이 오늘날 플라스틱, 플라스틱 복합재로 만들어지게 되었다. 유리의 경우도 마찬가지다. 제품 포장에서 플라스틱 용기는 유리병과 유리 용기를 널리 대체했다. 전 세계에서 생산하는 중합체(플라스틱, 고무)의 총 부피는 현재 금속의 총 부피를 넘어섰다. 플라스틱 성형공정이 중요한 이유를 몇 가지 들면 다음과 같다.

성형공정이 다양하며 중합체는 공정이 쉽기 때문에 부품 형상에 제한이 거의 없다.

많은 플라스틱 부품은 몰딩으로 만들어지는데, 이것은 최종 순형상을 만들 수 있는 공정이다. 부가적인 성형공정은 보통 필요하지 않다.

일반적으로 플라스틱을 성형하기 위해서는 가열이 필요하나 플라스틱은 성형온도가 매우 낮기 때문에 금속을 성형하는 것보다 훨씬 적은 에너지가 소모된다.

낮은 온도에서 공정이 이뤄지기 때문에 생산 중 제품을 다루기 간편하다. 많은 플라스틱 공정 방법은 1단계(예, 몰딩)로 이뤄지기 때문에 금속에 비해 처리 과정이 현저히 줄어든다.

플라스틱에는 페인팅이나 도금과 같은 마무리 공정이 필요하지 않다(특별한 경우 제외).

2.3절에서 설명한 바와 같이 플라스틱에는 열가소성(thermoplastic)과 열경화성(thermoset)의 2가지 종류가 있다. 차이점은 열경화성 물질은 가열과 성형 중 경화과정을 겪는다는 것이며 이는 분자구조에서 영구적인 화학변화인 교차결합(cross-linking)을 일으킨다. 한번 경화된 열경화성 물질은 재가열을 해도 녹일 수 없다. 반면 열가소성 물질은 경화되지 않으며 재가열해도 고체 상태에서 액체 상태로 바뀔 뿐 기본적인 화학구조는 변화되지 않는다. 2가지 종류 중에서 열가소성 물질은 상업적으로 훨씬 더 중요하며 전체 플라스틱 수요의 80%를 차지한다.

플라스틱 성형공정은 제품 형상에 따라 다음과 같이 분류될 수 있다. (1)시트, 필름, 필라멘트 외의 일정한 단면을 가지는 연속 압출 제품, (2)연속 시트, 필름, (3)연속 필라멘트(섬유), (4) 대부분 속이 꽉 찬 조형 부품, (5)속이 비어 있고 비교적 얇은 벽으로 구성된 조형 부품, (6) 시트와 필름으로 만들어진 단위제품, (7)주물, (8)발포(폼) 제품.

8장에서는 이러한 분류 각각에 대해 살펴본다. 상업적으로 가장 중요한 공정은 열가소성 물질에 대한 공정이다. 가장 중요한 의미를 갖는 2가지 공정은 압출, 사출성형이다. 거의 모든 열가소성 물질의 성형 과정이 플라스틱을 유동적으로 만드는 가열 단계를 공통적으로 거치므로 용융중합체의 특성을 다루는 것에서부터 시작한다.

8.1 용융중합체의 특성

열가소성 중합체를 성형하기 위해서는 액체 상태의 농도에 이르도록 가열해야 하는데, 이러한 상태를 용융중합체polymer melt라 한다. 용융중합체는 여러 가지 독특한 특성을 가지고 있는데, 이 절에서는 그중 2가지인 점도와 점탄성에 대해 설명한다.

점도 용융중합체는 분자량이 크기 때문에 높은 점도viscosity를 가지는 걸쭉한 유체다. 3.4절에서 설명한 바와 같이 점도란 유체가 흐르면서 생기는 전단응력과 전단속도를 연관 짓는 유체 특성이다. 점도는 중합체 공정에서 매우 중요한데, 이는 대부분의 성형 방법들이 용융중합체를 작은 관이나 다이의 틈으로 흘려보내는 과정을 포함하기 때문이다. 유속은 큰 편이기 때문에 높은 전단속도를 발생시키며 결과적으로 전단응력 또한 증가한다. 따라서 이러한 공정을 수행하기 위해서는 매우 높은 압력이 필요하다.

[그림 8.1]은 2가지 종류의 유체에서 점도가 전단속도에 따라 변하는 것을 보여준다. 정해진 온도에서 뉴턴유체(물과 기름 같은 대부분의 간단한 유체를 포함)의 점도는 일정하다.

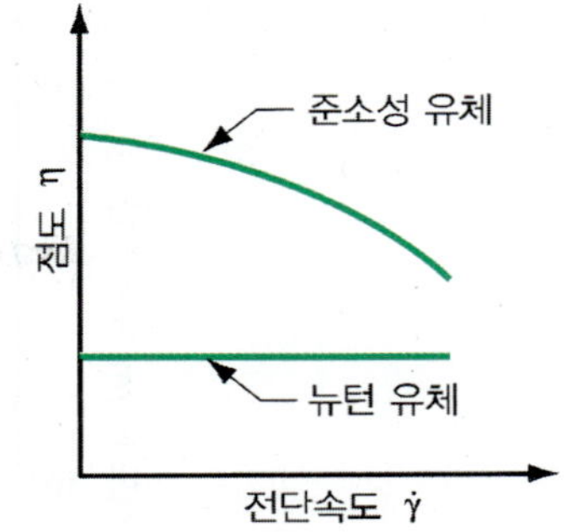

그림 8.1

뉴턴유체와 용융중합체의 점도 비교(출처: Fundamentals of Modern Manufacturing, 4th Edition by Mikell P. Groover, 2010. Reprinted with permission of John Wiley & Sons, Inc.).

즉, 전단속도에 따라 변화하지 않는다. 전단응력과 전단변형률은 점도를 비례상수로 하는 비례 관계를 가진다.

$$\tau = \eta\dot{\gamma} \quad \text{or} \quad \eta = \frac{\tau}{\dot{\gamma}} \tag{8.1}$$

여기서 τ=전단응력 Pa, η=전단점도 계수 Ns/m^2, $\dot{\gamma}$=전단속도 1/sec이다. 그러나 용융중합체에서는 전단속도가 증가함에 따라 점도가 감소한다. 이는 전단속도가 높아짐에 따라 유체가 묽어지게 된다는 것을 뜻한다. 준소성pseudoplasticity이라 불리는 이 특성은 다음과 같이 적절히 근사시킬 수 있다.

$$\tau = k(\dot{\gamma})^n \tag{8.2}$$

여기서 k=점도계수에 따른 상수, n=유동지수다. n=1이면 위의 식은 뉴턴유체에 대한 식 (8.1)과 같으며 k는 η가 된다. 용융중합체에서 n은 1보다 작은 값이다.

용융중합체의 점도는 전단속도(유속)의 효과뿐만 아니라 온도에도 영향을 받는다. 대부분의 유체와 마찬가지로 용융중합체의 점도 또한 온도가 올라감에 따라 감소한다. [그림 8.2]는 여러 중합체가 동일한 전단속도 10^3 s^{-1}에서 갖는 온도 특성을 보여준다. 이 전단속도는 사출성형과 고속 압출공정에서 나타나는 전단속도의 근사값이다. 이와 같이 용융중합체의 점도는 전단속도와 온도가 증가함에 따라 감소한다는 것을 알 수 있다. k가 [그림 8.2]에서와 같이 온도에 따라 달라진다는 것을 제외하고는 식 (8.2)가 적용될 수 있다.

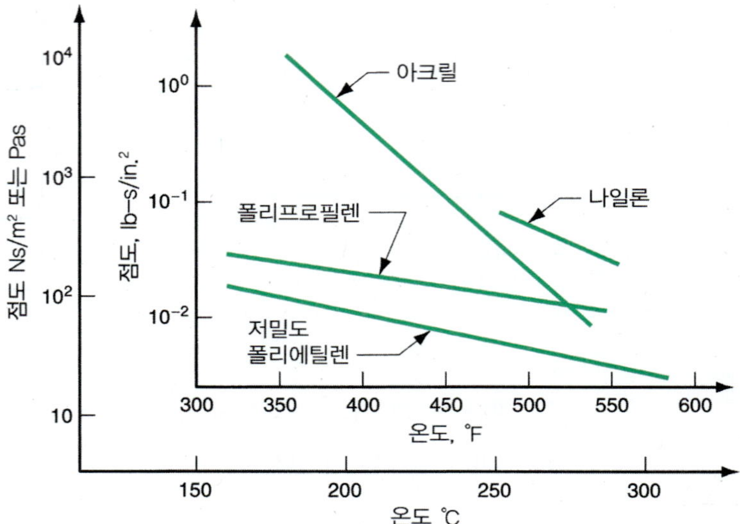

그림 8.2
전단속도 $10^3\ s^{-1}$에서 중합체의 온도에 따른 점도[12](출처: Fundamentals of Modern Manufacturing, 4th Edition by Mikell P. Groover, 2010. Reprinted with permission of John Wiley & Sons, Inc.).

점탄성 용융중합체가 가진 또 다른 특징은 점탄성viscoelasticity이다. 3.5절의 고체 중합체에 대한 설명에서 이 성질을 다루었다. 용융중합체 또한 점탄성을 보인다. 좋은 예로 압출에서의 다이 팽창die swell을 들 수 있는데, 다이 팽창이란 다이 구멍을 빠져나오는 뜨거운 플라스틱이 팽창하는 것을 말한다. [그림 8.3]은 넓은 통에 있던 중합체가 좁은 다이 채널을 통과하면서 팽창하는 것을 보여준다. 압출된 물질은 다이 오리피스를 빠져나온 후 이전의 모습을 기억하고 되돌아가려 한다. 기술적으로 말하면 좁은 다이 구멍을 지나면서 물질에 가해지는 압축응력이 바로 없어지지 않고 오리피스를 빠져나오면서 제한이 없어졌을 때 남아 있는 압축응력이 단면적을 확장시키는 것이다.

다이 팽창은 다음과 같이 정의된 팽창률swell ratio로 원형 단면에 대해 쉽게 측정될 수 있다.

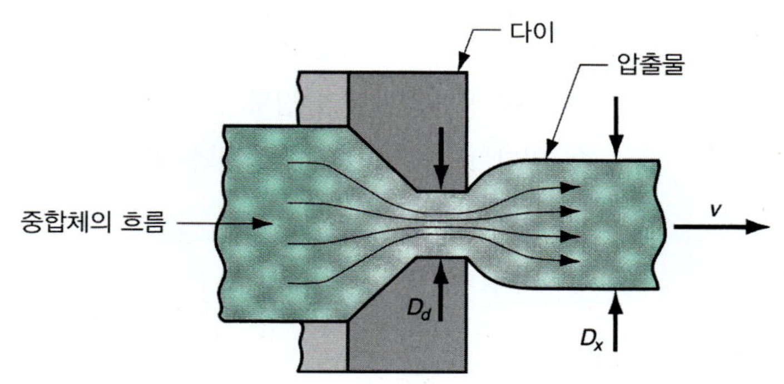

그림 8.3
압출 다이를 떠나면서 용융중합체의 점탄성 성질이 나타나는 다이 팽창(출처: Fundamentals of Modern Manufacturing, 4th Edition by Mikell P. Groover, 2010. Reprinted with permission of John Wiley & Sons, Inc.).

$$r_s = \frac{D_x}{D_d} \tag{8.3}$$

여기서 r_s=팽창률, D_x=압출된 단면의 직경 mm, D_d=다이 오리피스의 직경 mm다. 다이 팽창의 크기는 용융중합체가 다이 채널에 머무르는 시간에 달려 있다. 채널이 길어 그 안에 머무는 시간이 길어지면 다이 팽창이 줄어든다.

8.2 압출

압출extrusion은 금속과 세라믹뿐만 아니라 중합체에서도 기본적인 성형 방법 중 하나다. 압출은 길고 연속적인 제품을 만들기 위해 재료에 압력을 가해 다이 오리피스를 통과하게 하는 압축 공정이며 제품의 단면적은 오리피스의 모양에 따라 결정된다. 중합체 성형공정으로서의 압출은 튜브, 관, 호스, 구조재(창문과 문과 같은), 시트, 필름, 연속 필라멘트, 피복된 전선, 케이블 등과 같은 제품을 대량으로 생산하기 위해 열가소성 재료, 탄성 중합체elastomer에 광범위하게 사용되며 열경화성 재료에는 잘 사용되지 않는다. 이러한 제품들에 대해 압출은 연속적인 공정으로 수행되고, 그 후 압출물extrudate은 요구되는 길이로 잘라진다. 이 절에서는 기본적인 압출공정을 설명하고, 다음 절에서는 압출에 기반을 둔 공정들에 대해 학습한다.

8.2.1 공정, 장비

중합체 압출은 [그림 8.4]에서 볼 수 있듯이 펠릿pellet 또는 분말로 된 원재료를 압출 배럴에 넣어 가열해 녹인 후 회전 스크루를 이용해 다이 구멍으로 밀어내는 공정이다. 압출기의 주요 부품 2가지는 압출 배럴과 스크루다. 다이는 압출기의 부품이 아니라 생산할 제품 형상에 적합하게 제작되어야 하는 특정한 공구다.

일반적으로 압출기 배럴의 내경은 25~150mm 사이이다. 배럴의 길이는 직경에 비해 길고, 일반적인 L/D비는 일반적으로 10~30 사이이다. [그림 8.4]는 편의상 L/D비를 줄여 표현한 것이다. 열가소성 재료용 배럴은 L/D비가 높은 편인 반면 탄성 중합체용 배럴은 L/D비가 더 낮다. 원재료를 공급하는 호퍼hopper는 다이 반대편의 배럴 끝 부분에 위치한다. 펠릿은 중력에 의해 회전 스크루에 공급되며 스크루의 회전을 통해 배럴을 따라 이동한다. 처음에는 고체 상태인 펠릿을 녹이기 위해 전기히터가

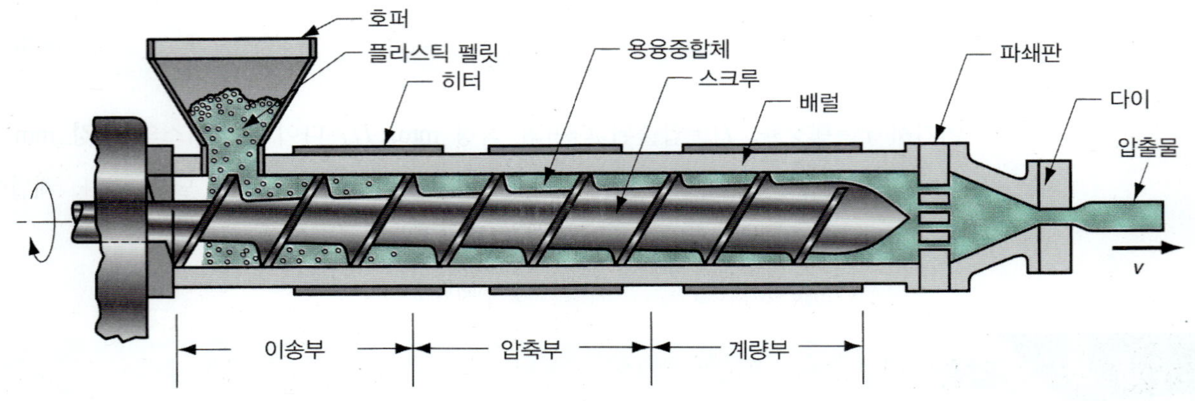

그림 8.4 플라스틱, 탄성 중합체용 (단일 스크루) 압출기의 구성, 기능(출처: Fundamentals of Modern Manufacturing, 4th Edition by Mikell P. Groover, 2010. Reprinted with permission of John Wiley & Sons, Inc.).

사용되고, 이후에는 재료의 혼합과 기계적인 동작으로 발생되는 추가적인 열이 녹은 상태를 유지한다. 어떤 경우에는 혼합과 전단 작용으로 인해 충분한 열이 발생해 외부의 가열이 필요하지 않을 수 있다. 실제로 중합체의 과열을 막기 위해 배럴 외부를 냉각시켜야 하는 경우도 있다.

원재료는 약 60rev/min의 속도로 회전하는 압출 스크루에 의해 배럴을 통해 다이 구멍으로 이동된다. 스크루는 여러 기능을 수행하며 기능에 따라 여러 부분으로 나눠진다. 각 부분의 기능은 다음과 같다.

(1) **이송부**feed section: 원재료가 호퍼로부터 이동해 예열된다.
(2) **압축부**compression section: 중합체가 액상으로 변하고, 펠릿에 포함된 공기가 중합체로부터 제거되며 압축된다.
(3) **계량부**metering section: 용융체melt가 균질해지고 다이 구멍으로 용융체를 밀어내기에 충분한 압력이 만들어진다.

스크루의 작동은 형상과 회전 속도로 결정된다. [그림 8.5]는 전형적인 압출기 스크루의 형상을 나타낸 것이다. 스크루는 나선형의 플라이트flight로 구성되어 있으며 그 사이의 채널로 용융중합체가 이송된다. 채널 폭은 w_c, 깊이는 d_c이다. 스크루가 회전함에 따라 플라이트는 재료가 호퍼로부터 다이 쪽으로의 채널을 통과하도록 밀어낸다. 그림에서는 구별할 수 없지만 플라이트의 직경은 배럴의 직경 D보다 대략 0.05mm의 극소한 차이로 더 작다. 이는 용융체가 채널 뒤쪽으로 새는 것을 막는 기능을 한다.

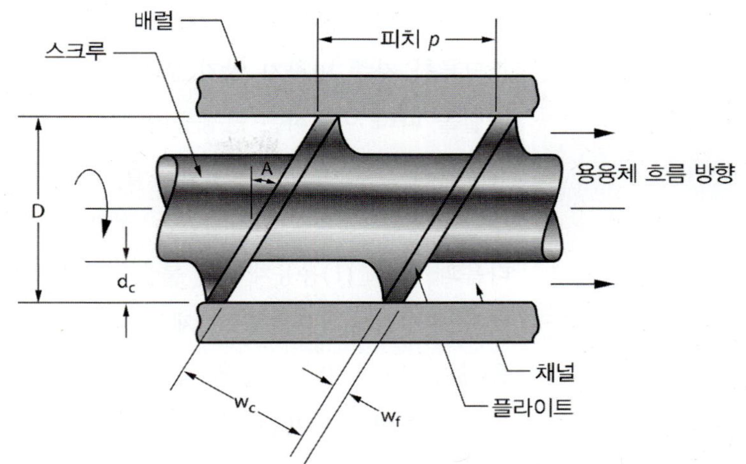

그림 8.5

배럴 안의 압출기 스크루 상세도

(출처: Fundamentals of Modern Manufacturing, 4th Edition by Mikell P. Groover, 2010. Reprinted with permission of John Wiley & Sons, Inc.).

플라이트의 두께는 w_f 이며 배럴 안에서의 회전과 마찰로 인한 마모를 견딜 수 있게 경화강으로 만들어진다. 스크루의 피치는 일반적으로 직경 D에 가깝다. 플라이트 각도 A는 스크루의 나선각이며 다음과 같은 관계식으로 결정될 수 있다.

$$\tan A = \frac{p}{\pi D} \tag{8.4}$$

여기서 p=스크루의 피치다.[1]

배럴의 세 부분에서 용융중합체에 가해지는 압력의 증가는 채널의 깊이 d_c에 따라 결정된다. [그림 8.4]에서 이송부의 d_c는 많은 양의 원재료 중합체를 받아들일 수 있도록 비교적 크게 한다. 압축부의 d_c는 점점 줄어드는데, 이로써 중합체를 녹이면서 더 높은 압력을 가할 수 있다. 계량부의 d_c는 매우 작으며 배럴의 다이 쪽 끝부분에서 흐름이 제한되기 때문에 압력이 최대가 된다. [그림 8.4]는 각 세 부분의 길이를 거의 같게 보여주고 있는데, 이는 저밀도 폴리에틸렌(LDPE)과 같이 점진적으로 용융되는 중합체에 적합하다.

중합체별로 적합한 길이는 각각 다르다. 나일론과 같이 특정 용융 온도에서 급격히 녹는 결정질 중합체에는 짧은 압축부가 적당하다. 폴리염화비닐(PVC)과 같은 비결정질 중합체는 LDPE보다 천천히 녹으므로 압축부가 전체 스크루 길이의 대부분을 차지한다. 재료마다 최적의 스크루 설계는 다르지만 일반목적용 스크루가 사용되는 것

1 여기서 p는 스크루의 피치를 나타내지만, 이장과 다른 장에서 압력을 나타낼 수도 있다.

이 보통이다. 재료마다 스크루를 바꾼다면 그에 따른 기계 정지 시간이 필요하므로 스크루를 자주 바꾸지 않기 위해 절충하는 것이다.

배럴을 따라 이동하는 용융중합체는 다이 영역에 이르게 된다. 다이에 닿기 전에 용융중합체는 스크린팩screen pack을 통과하는데, 이는 작은 구멍들이 있는 견고한 판breaker plate: 파쇄판이 지지하는 철망 여러 개가 설치된 것이다. 스크린팩의 기능은 다음과 같다. (1)용융체에서 불순물이나 딱딱한 덩어리를 걸러낸다, (2)계량부에서 압력을 형성한다, (3)용융중합체의 흐름을 직선화하고, 스크루에 의한 회전운동의 영향을 없앤다. 마지막 기능은 중합체의 점탄성과 관련된 것이다. 흐름이 직선으로 이뤄지지 않으면 중합체는 압출 배럴에서 회전하던 성질 때문에 압출물이 비틀어지거나 왜곡되게 만든다.

8.2.2 압출의 공학적 해석

이 절에서는 간단한 방법으로 중합체 압출에 관한 수학적 모델을 개발한다.

압출기 내 용융중합체의 유동 나선 양수기와 유사한 방식으로, 용융중합체는 스크루가 배럴 안에서 회전함에 따라 다이 쪽으로 이동한다. 주된 이송 메커니즘은 점성 유체와 서로 반대로 움직이는 두 표면인 (1)정지한 배럴과 (2)회전하는 스크루 사이의 마찰로 인한 드래그 유동drag flow이다. 이는 [그림 3.17]에서 보았던 정지한 판과 움직이는 판 사이의 점성 유체에서 생기는 유체흐름과 유사하다. 움직이는 판이 속도 ν를 가진다면 유체의 평균 속도는 $\nu/2$이며 유량은 다음과 같다.

$$Q_d = 0.5\nu dw \tag{8.5}$$

여기서 Q_d=드래그유동 유량 m^3/s, ν=움직이는 판의 속도 m/s, d=두 판 사이의 간격 m, w=속도 방향과 수직을 이루는 판의 폭 m이다. 이러한 변수들은 회전하는 압출스크루와 정지한 배럴 표면으로 만들어지는 채널의 변수와 비교될 수 있다.

$$\nu = \pi DN \cos A \tag{8.6}$$

$$d = d_c \tag{8.7}$$

$$w = w_c = (\pi D \tan A - w_f)\cos A \tag{8.8}$$

여기서 D=스크루 플라이트 직경 m, N=스크루 회전속도 rev/s, d_c=스크루 채널 깊이 m, w_c=스크루 채널 폭 m, A=플라이트 각, w_f=플라이트 폭 m다. 플라이트 폭이 무시할 수 있을 정도로 작다고 가정하면 식 (8.8)은 다음과 같이 축소된다.

$$w_c = \pi D \tan A \cos A = \pi D \sin A \tag{8.9}$$

식 (8.6), (8.7), (8.9)를 식 (8.5)에 대입하고 삼각함수 관계를 이용하면 다음 식을 얻는다.

$$Q_d = 0.5\pi^2 D^2 N \ d_c \sin A \ \cos A \tag{8.10}$$

유체의 전진 방향으로 저항력이 없다면 이 식을 이용해 압출기 내의 용융중합체 유량을 계산할 수 있다. 그러나 용융중합체를 다이 쪽으로 밀어내 압축하는 것은 배럴 안에서 식 (8.10)의 드래그 유동에 의한 재료의 이동을 감소시키는 배압back pressure을 발생시킨다. 배압 유동back pressure flow이라 불리는 이 유동의 감소는 스크루 크기, 용융중합체의 점도, 배럴의 압력구배에 따라 달라진다. 이러한 관계는 다음 식으로 요약된다[12].

$$Q_b = \frac{\pi D d_c^3 \sin^2 A}{12\eta} \left(\frac{dp}{dl} \right) \tag{8.11}$$

여기서 Q_b=배압 유량 m^3/s, η=점도 $N\text{-}s/m^2$, dp/dl=압력구배 MPa/m이고, 나머지 변수는 이전에 정의한 것과 동일하다. 배럴 안의 실제 압력구배는 배럴의 길이에 따른 스크루 형상과 함수관계에 있다. 전형적인 압력 곡선은 [그림 8.6]과 같다. 그림에서 점선으로 나타낸 것처럼 압력 곡선이 직선이라고 가정한다면 압력구배는 일정한 값의 p/L이 되며 위의 식은 다음과 같이 축소된다.

$$Q_b = \frac{p\pi D d_c^3 \sin^2 A}{12\eta L} \tag{8.12}$$

여기서 p=배럴의 수두압력 MPa, L=배럴의 길이 m다. 배압 유동은 실제로 존재하는 흐름이 아니라는 것을 기억하자. 배압 유동은 드래그 유동의 감소일 뿐이다. 따라서 압출기 내 용융중합체 흐름의 양은 드래그 유동과 배압 유동의 차이로 계산될 수 있다.

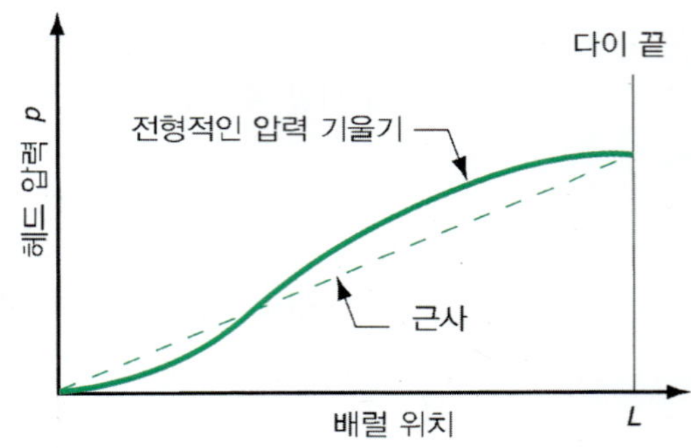

그림 8.6
압출기의 전형적인 압력구배. 점선은 계산 편의상 직선으로 근사시킨 것(출처: Fundamentals of Modern Manufacturing, 4th Edition by Mikell P. Groover, 2010. Reprinted with permission of John Wiley & Sons, Inc.).

$$Q_x = Q_d - Q_b$$
$$Q_x = 0.5\pi^2 D^2 N d_c \sin A \cos A - \frac{p\pi D d_c^3 \sin^2 A}{12\eta L} \tag{8.13}$$

여기서 Q_x=압출기 내의 용융중합체 유량이다. 식 (8.13)은 플라이트와 배럴 사이의 간격으로 누설 유동leak flow이 최소라고 가정한다. 많이 마모된 압출기가 아니라면 용융체의 누설 유동은 드래그, 배압 유동에 비해 적을 것이다.

식 (8.13)은 많은 변수들을 포함하고 있으며 이들은 (1)설계변수, (2)작동변수 2가지로 나뉠 수 있다. 설계변수는 다음과 같이 스크루와 배럴의 기하학적 형상을 표현하는 상수로, 직경 D, 길이 L, 채널 깊이 d_c, 나선각 A가 이에 해당된다. 이러한 변수들은 압출기 작동 중 변하지 않는다. 작동변수는 압출 유량에 영향을 주며 동작 중 변할 수 있는 변수로, 회전속도 N, 수두압력 p, 용융체 점도 η이 해당된다. 물론 용융체 점도는 온도와 전단속도를 제어해 변화시킬 수 있다. 다음 예제에서 이러한 변수들의 역할을 설명한다.

EXAMPLE 8.1 압출 유량

압출기 배럴의 직경 D는 75mm이고, 스크루는 N= 1rev/s의 속도로 회전한다. 채널 깊이 d_c는 6.0mm, 플라이트 각도 A는 20°이다. 배럴의 끝에서 수두압력 p는 7.0×10⁶Pa, 배럴의 길이 L은 1.9m이고, 용융중합체의 점도 η는 100 Pa-s이다. 배럴의 플라스틱 유량 Q_x를 구하라.

▌풀이▐

식 (8.3)을 이용해 드래그 유동, 배압 유동을 계산할 수 있다.

$$Q_d = 0.5\pi^2(75\times10^{-3})^2(1.0)(6\times10^{-3})(\sin 20)(\cos 20) = 53{,}525(10^{-9})\text{m}^3/\text{s}$$
$$Q_b = \frac{\pi(7\times10^6)(75\times10^{-3})(6\times10^{-3})^3(\sin 20)^2}{12(100)(1.9)} = 18.276(10^{-6}) = 18{,}276(10^{-9})\text{m}^3/\text{s}$$
$$Q_x = Q_d - Q_b = (53{,}525 - 18{,}276)(10^{-9}) = 35{,}249(10^{-9})\text{m}^3/\text{s}$$

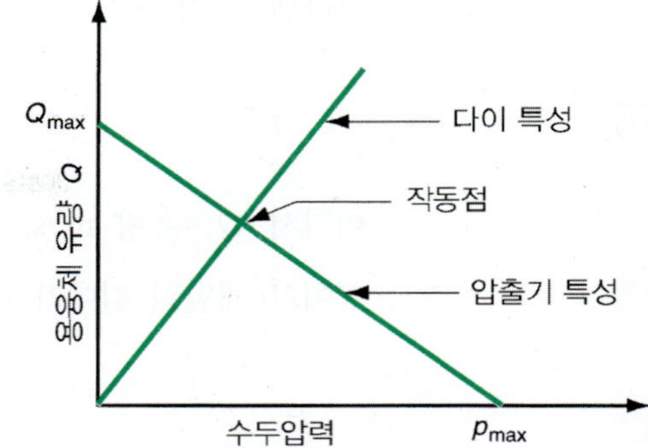

그림 8.7

압출기 특성(또는 스크루 특성), 다이 특성. 압출기 작동점은 두 직선의 교점이다(출처: Fundamentals of Modern Manufacturing, 4th Edition by Mikell P. Groover, 2010. Reprinted with permission of John Wiley & Sons, Inc.).

압출기, 다이 특성 배압이 0이고 압출기 내의 용융체 유동에 제한이 걸리지 않는다면 유동은 식 (8.10)에서의 드래그 유량 Q_d와 같을 것이다. 설계 및 작동 변수 (D, A, N 등)가 주어진다고 할 때 이는 압출기의 최대 유량 용량이다. 이를 $Q_{\max}$라고 하면

$$Q_{\max} = 0.5\pi^2 D^2 N d_c \sin A \cos A \tag{8.14}$$

반면 배압이 매우 커서 유량이 0이 된다면 배압 유동은 드래그 유동과 같게 된다. 즉,

$$Q_x = Q_d - Q_b = 0,\ \text{따라서}\ Q_d = Q_b$$

이 식과 식 (8.13)을 이용해 최대 수두압력 $p_{\max}$가 압출기 내 유량을 0으로 만들기 위한 압력 p를 구하는 식은 다음과 같다.

$$p_{\max} = \frac{6\pi D N L \eta \cot A}{d_c^2} \tag{8.15}$$

두 값 $Q_{\max}$와 $p_{\max}$는 [그림 8.7]에서와 같이 압출기 특성(또는 스크루 특성)이라 알려진 다이어그램의 두 축 위의 점이다. 이는 주어진 작동 변수 하에서 압출기가 동작할 때 수두압력과 유량 사이의 관계를 나타낸다.

압출기와 다이가 동작하고 있다면 Q_x와 p의 실제 값은 양 끝점 사이의 어느 지점에 위치할 것이며 다이의 특성에 따라 위치가 결정될 것이다. 다이를 통과하는 유량은 구멍의 크기, 형상 그리고 용융체에 가해지는 압력에 따라 달라지며 다음과 같이

나타낼 수 있다.

$$Q_x = K_s p \tag{8.16}$$

여기서 Q_x=유량 m^3/s, p=수두압력 Pa, K_s=다이 형상계수 m^5/Ns다. 다이 구멍이 원형이고 채널의 길이가 주어진 경우에 형상계수는 다음과 같이 계산된다[12].

$$K_s = \frac{\pi D_d^4}{128 \eta L_d} \tag{8.17}$$

여기서 D_d=다이 구멍 직경 m, η=용융체 점도 $N\text{-}s/m^2$, L_d=다이 구멍 길이 m다. 원형이 아닌 모양의 다이 형상계수는 같은 단면적의 원형 다이 형상계수보다 작으며 이는 같은 유량을 위해 더 큰 압력이 필요하다는 것을 의미한다.

식 (8.16)에서의 Q_x와 p의 관계는 다이 특성die characteristic이라 부른다. [그림 8.7]에 이전의 압출기 특성과 함께 다이 특성을 직선으로 그려 넣었다. 두 선이 교차하는 교차점의 Q_x와 p는 압출 공정의 작동점operating point이다.

EXAMPLE 8.2 압출기와 다이 특성

예제 8.1에서와 같이 압출기는 D=75mm, L=1.9m, N=1rev/s, d_c=6mm, A=20° 값을 가진다. 플라스틱 용융체의 전단 점도 η가 100 Pa-s일 때 다음을 구하라. (a) Q_{max}, p_{max}, (b) D_d=6.5mm, L_d=20mm인 원형 다이 구멍에 대한 형상계수 K_s, (c)작동점에서의 Q_x, p 값

▌풀이▐

(a) Q_{max}는 식 (8.14)로 구할 수 있다.

$$\begin{aligned} Q_{max} &= 0.5\pi^2 D^2 N d_c \sin A \cos A = 0.5\pi^2 (75\times10^{-3})^2 (1.0)(6\times10^{-3})(\sin 20)(\cos 20) \\ &= \mathbf{53{,}525(10^{-9})m^3/s} \end{aligned}$$

p_{max}는 식 (8.15)로 구할 수 있다.

$$p_{max} = \frac{6\pi DNL\eta \cot A}{d_c^2} = \frac{6\pi(75\times10^{-3})(1.9)(1.0)(100)\cot 20}{(6\times10^{-3})^2} = 20{,}499{,}874\text{Pa}$$

이러한 두 값은 압출기 특성의 세로축과 가로축에 대한 교점을 나타낸다.

(b) D_d=6.5mm, L_d =20mm인 원형 다이 구멍에 대한 형상계수는 식 (8.17)을 이용해 계산한다.

$$K_s = \frac{\pi(6.5\times10^{-3})^4}{128(100)(20\times10^{-3})} = \mathbf{21.9(10^{-12})m^5/Ns}$$

이러한 형상계수는 다이 특성의 기울기를 나타낸다.

(c) 작동점은 스크루 특성과 다이 특성이 교차하는 점의 Q_x와 p로 정의된다. 스크루 특성은 Q_{max}와 p_{max}를 연결하는 직선 방정식으로 표현된다.

$$\begin{aligned} Q_x &= Q_{max} - (Q_{max}/p_{max})p \\ &= 53{,}525(10^{-9}) - (53{,}525(10^{-9})/20{,}499{,}874)p = 53{,}525(10^{-9}) - 2.611(10^{-12})p \end{aligned} \tag{8.18}$$

다이 특성은 (b)에서 계산한 K_s 값을 이용해 식 (8.16)으로 구할 수 있다.

$$Q_x = 21.9(10^{-12})p$$

두 식이 같다고 하면

$$\begin{aligned} 53{,}525(10^{-9}) - 2.611(10^{-12})p &= 21.9(10^{-12})p \\ p &= \mathbf{2.184(10^{-6})pa} \end{aligned}$$

Q_x에 대해 풀면

$$Q_x = 53.525(10^{-6}) - 2.611(10^{-12})(2.184)(10^6) = 47.822(10^{-6})\text{m}^3/\text{s}$$

다른 식으로 검산하면

$$Q_x = 21.9(10^{-12})(2.184)(10^6) = 47.82(10^{-6})\text{m}^3/\text{s}$$

8.2.3 다이 형상과 압출 제품

다이 오리피스의 형상은 압출 제품의 단면 모양을 결정한다. 일반적인 다이 형상과 압출품의 형상을 나열하면 다음과 같다. (1)중실 프로파일, (2)관과 같은 중공 프로파일, (3)와이어, 케이블 피복, (4)시트, 필름, (5)필라멘트.

이 절에서는 앞의 3가지 형상에 대해 학습한다. 시트, 필름을 공정하는 방법은 8.3절, 필라멘트 생산은 8.4절에서 학습한다. 마지막 두 형상은 보통 압출이 아닌 성형 공정으로 만들어진다.

중실 프로파일 중실 프로파일은 원형, 사각형 같은 정형 단면, 건축재, 문, 창문, 자동차 내장, 외장용 자재와 같은 비정형 단면의 제품을 포함한다. 이러한 중실 프로파일에 대한 다이의 측면 단면도는 [그림 8.8]과 같다. 용융중합체는 스크루의 끝과 다이 사이에서 중합체의 흐름을 직선으로 만드는 스크린팩과 파쇄판을 통과한다. 그 후 (일반적으로) 좁아지는 다이 입구로 흘러 들어가는데, 이러한 입구는 층류를 유지하고 모서리에서 사점dead spot이 생기지 않도록 해준다. 이리하여 용융체가 다이 구멍을 통과한다.

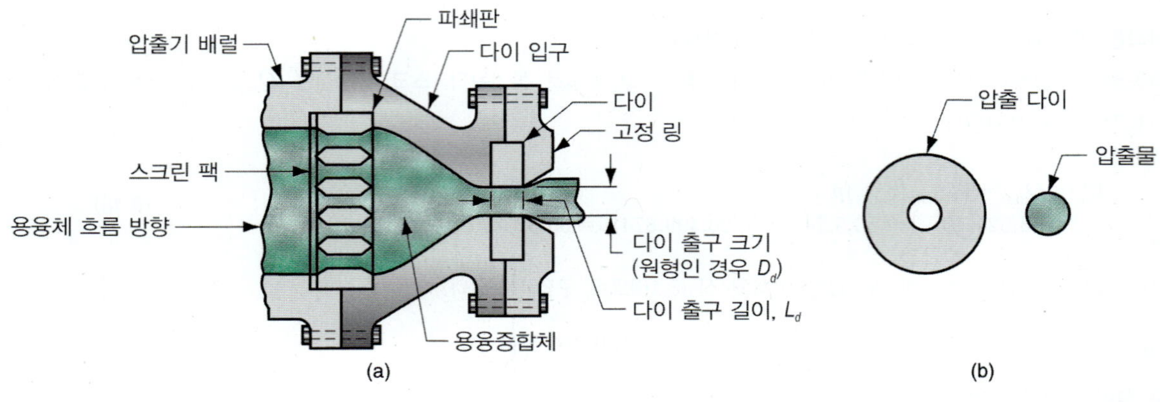

그림 8.8 (a)원형 봉재와 같은 형상을 압출하는 다이의 측면도, (b)다이, 압출물의 정면도. 두 도면에서 다이 팽창이 확인된다(다이의 상세부는 간략화 했다)(출처: Fundamentals of Modern Manufacturing, 4th Edition by Mikell P. Groover, 2010. Reprinted with permission of John Wiley & Sons, Inc.).

다이를 빠져나가는 중합체 재료는 여전히 말랑말랑하다. 높은 점도를 가지는 중합체는 냉각 중 제 모양을 잘 유지하기 때문에 압출에 가장 적합한 재료다. 냉각은 공기바람, 물 분사 또는 물통 속으로 압출물을 통과시키는 방법으로 이뤄진다. 다이 팽창을 보정할 목적으로 다이 구멍은 용융중합체의 회복력을 줄이기 위해 충분히 길게 만든다. 그리고 압출물을 당겨 다이 팽창을 감쇄시킨다.

원형이 아닌 형상일 경우 다이 구멍의 단면을 원래 원하는 모양과 약간 다르게 설계해 다이 팽창의 효과를 보정할 수 있다. 사각 단면에 대한 보정을 [그림 8.9]에 나타냈다. 재료마다 다이 팽창의 정도가 다르기 때문에 다이 모양은 압출되는 재료에 따라 달라진다. 복잡한 단면을 생산하기 위해서는 다이 설계자의 상당한 기술수준과 판단이 필요하다.

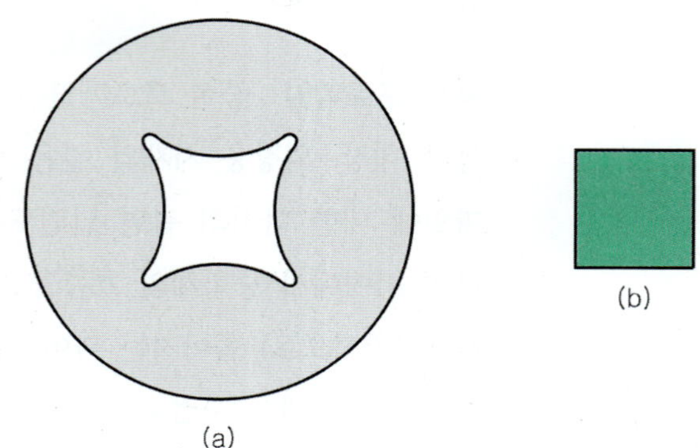

그림 8.9
(a)특정 오리피스 형상을 얻기 위한 다이 단면, (b)정사각형의 압출물 프로파일(출처: Fundamentals of Modern Manufacturing, 4th Edition by Mikell P. Groover, 2010. Reprinted with permission of John Wiley & Sons, Inc.).

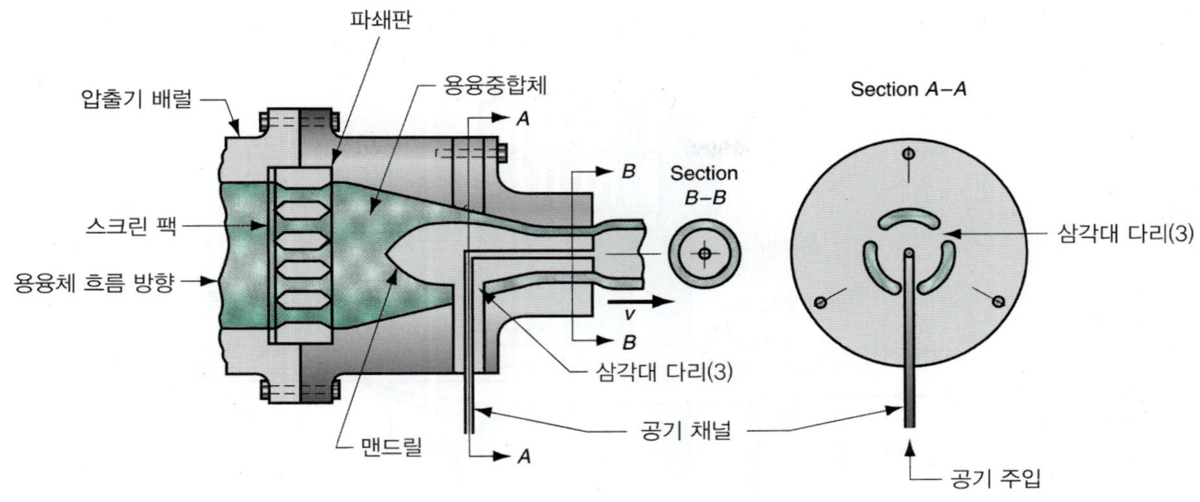

그림 8.10 튜브, 파이프와 같은 중공 단면을 위한 압출 다이의 측단면도. 단면 A–A는 맨드릴을 어떻게 위치시켜야 하는지를 보여주는 정단면도이며 단면 B–B는 다이 출구에 대한 단면을 보여준다. 다이 팽창은 직경을 확장시킨다(일부 설계도는 편의를 위해 간략화 함)(출처: Fundamentals of Modern Manufacturing, 4th Edition by Mikell P. Groover, 2010. Reprinted with permission of John Wiley & Sons, Inc.).

중공 프로파일 튜브, 파이프, 호스, 단면에 구멍이 있는 제품과 같은 중공 프로파일을 압출하기 위해서는 맨드릴mandrel; 심봉이 필요하다. 전형적인 다이 구성을 [그림 8.10]에 나타냈다. 그림의 A－A 단면에서 보는 바와 같이 맨드릴은 삼각대spider를 이용해 위치를 잡게 된다. 튜브 벽을 하나로 합쳐야 하기 때문에 용융중합체는 맨드릴을 지지하는 다리 주위를 흐르게 된다. 종종 맨드릴은 공기 채널을 포함하는데, 이는 압출물이 냉각하는 동안 내부의 모양을 유지하는 것을 도와준다. 파이프, 튜브는 물통을 이용하거나 말랑말랑한 압출물을 물통 속으로 넣어 냉각시킨다. 이때 내부의 공기압을 유지하면서 튜브의 외경을 제한하기 위해 슬리브가 사용된다.

전선과 케이블의 피복 절연을 위한 전선, 케이블의 피복은 가장 중요한 중합체 압출 공정 중 하나다. [그림 8.11]의 전선 피복에서 용융중합체는 다이를 통해 빠른 속도로 당겨지는 무피복 전선에 덮이게 된다. 이때 피복이 잘 붙도록 전선과 중합체 사이에 약간의 진공이 만들어진다. 피복된 전선은 냉각 중 단단해지는데, 일반적으로 물통을 통과시키는 것으로 냉각이 이뤄진다. 완제품은 큰 스풀에 50m/s의 속도로 감기게 된다.

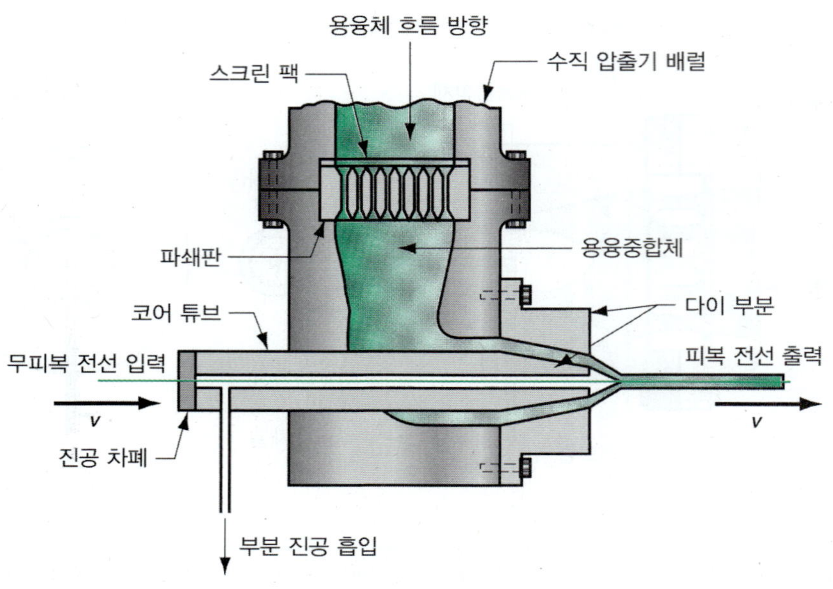

그림 8.11 압출을 이용한 전선의 피복을 위한 다이의 측단면도(출처: Fundamentals of Modern Manufacturing, 4th Edition by Mikell P. Groover, 2010. Reprinted with permission of John Wiley & Sons, Inc.).

8.2.4 압출물의 결함

여러 종류의 결함이 압출 제품에 손상을 입힌다. 최악의 결함 중 하나인 용융체 파괴melt fracture는 용융체가 다이로 흘러 들어갈 때 용융체에 가해지는 응력이 너무 높아 파괴되는 결함을 말하며 이는 압출 제품이 매우 비정형적인 형상일 경우에 특히 심하다. [그림 8.12]에서와 같이 용융체 파괴는 다이 입구가 급격하게 좁아짐에 따라 용융체를 파괴하는 난류가 발생할 때 일어난다. 이는 [그림 8.8]의 점진적으로 좁아지는 다이에서 볼 수 있는 층류와 대비된다.

압출에서 더 흔하게 볼 수 있는 결함인 샤크스킨sharkskin은 제품의 표면이 다이를 빠져나가면서 거칠어지게 되는 것을 말한다. 용융체 흐름이 다이 구멍을 통과할 때 경계에서 생기는 마찰은 [그림 8.13]에서와 같은 속도 분포를 갖는다. 빠르게 이동하는 중심 부분 때문에 재료가 당겨짐에 따라 표면에는 인장응력이 발생한다. 이러한 응력은 표면을 거칠게 만드는 미세한 파손을 만든다. 속도 구배가 더 커지면 표면에 명확한 무늬가 생기며 대나무와 같은 모양이 된다. 이렇게 심각한 결함 상태를 뱀부잉bambooing라 한다.

그림 8.12
다이 입구가 급격히 줄어들어 생기는 용융체 난류로 인한 용융체 파괴(출처: Fundamentals of Modern Manufacturing, 4th Edition by Mikell P. Groover, 2010. Reprinted with permission of John Wiley & Sons, Inc.).

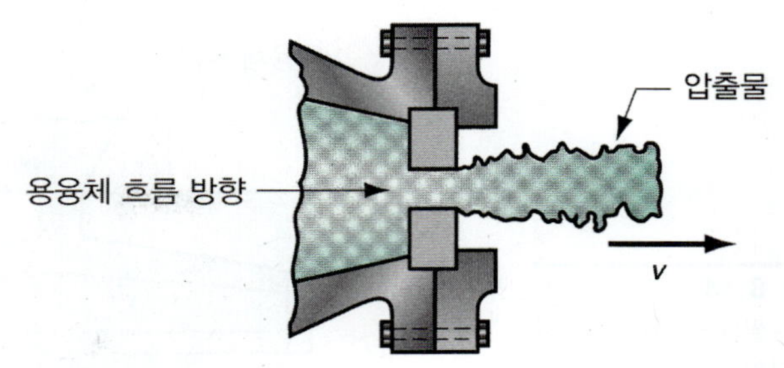

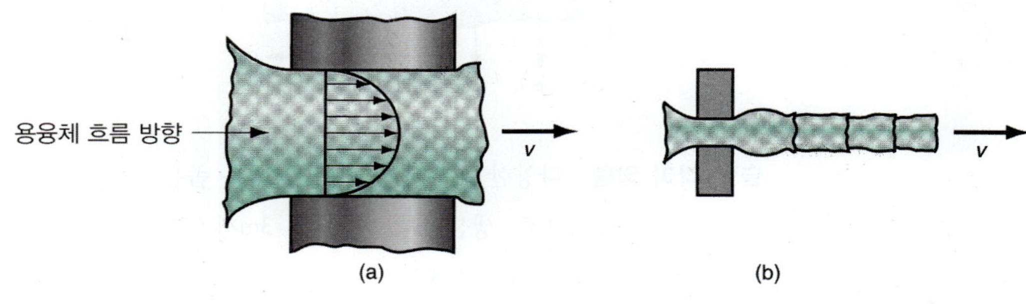

그림 8.13 다이 구멍을 통과하는 용융체의 속도 분포는 (a)샤크스킨, (b)뱀부잉 결함을 일으킬 수 있다(출처: Fundamentals of Modern Manufacturing, 4th Edition by Mikell P. Groover, 2010. Reprinted with permission of John Wiley & Sons, Inc.).

8.3 시트, 필름 제조

열가소성 시트와 필름은 여러 가지 공정으로 생산되며 그중에서 가장 중요한 방법 2가지는 압출에 기반한 것이다. 시트는 두께 0.5~12.5mm 사이의 제품을 지칭하며 창문재나 열성형을 위한 소재 등으로 사용된다(8.9절). 필름은 두께가 0.5mm 이하인 제품을 말한다. 얇은 필름은 제품 포장재, 식료품 비닐, 쓰레기봉투 등으로 사용되며 이보다 조금 더 두꺼운 필름은 커버나 라이너로 사용된다(풀장 커버나 용수로의 라이너).

이 절에서 설명하고자 하는 모든 공정은 연속 대량생산 공정이다. 오늘날 생산되는 필름의 절반 이상이 폴리에틸렌(PE)이며 그중 대부분이 저밀도 폴리에틸렌이다. 그 밖의 주요 재료는 폴리프로필렌, 폴리염화비닐, 재생 셀룰로오스(셀로판)이다. 이는 모두 열가소성 중합체다.

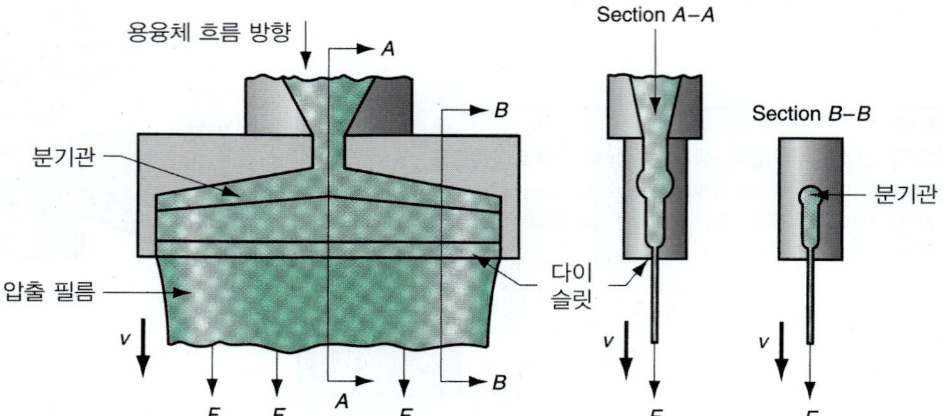

그림 8.14
시트, 필름을 압출하기 위한 다이 구성의 예(출처: Fundamentals of Modern Manufacturing, 4th Edition by Mikell P. Groover, 2010. Reprinted with permission of John Wiley & Sons, Inc.).

슬릿 다이 압출 다양한 두께의 시트와 필름은 좁은 슬릿을 다이 구멍으로 사용하는 전통적 압출공정으로 생산된다. 슬릿은 3m까지의 폭을 가질 수 있으며 크기는 0.4mm 정도로 좁다. [그림 8.14]에서 다이 구성의 한 예를 살펴보자. 다이에는 용융중합체가 슬릿(다이 오리피스)을 빠져나가기 전에 용융중합체를 펼치기 위한 분기관 manifold이 있다. 이러한 압출 방법에서 가장 어려운 문제 중 하나는 전체 폭의 두께를 균일하게 해야 한다는 점이다. 이는 용융중합체가 다이를 통해 흐를 때 큰 형상변화가 생기고, 다이 내 온도, 압력의 변동성이 크기 때문이다. 일반적으로 필름의 가장자리는 두께가 두꺼워지기 때문에 이 부분을 자르게 된다.

높은 생산성을 달성하기 위해서는 필름을 냉각시키고 감는 효과적인 방법이 압출 공정과 결합되어야 한다. 보통 [그림 8.15]와 같이 압출물을 급랭수조 안으로 통과시키거나 냉각롤을 지나가게 하는 방법이 이용된다. 상업적으로는 냉각롤을 통과시키는 것이 더 중요하다. 냉각롤과의 접촉은 압출물을 빠르게 냉각하고 응고시킨다. 사실상 압출기는 필름을 실제로 만드는 냉각롤의 공급 장치 역할을 하는 것이다. 이 공정은 5m/s의 매우 빠른 생산속도로 가동된다. 또한 필름의 두께에서 매우 작은 공차를 얻을 수도 있다. 슬릿 다이 압출은 이러한 냉각 방법 때문에 냉각롤 압출chill–roll extrusion이라고도 한다.

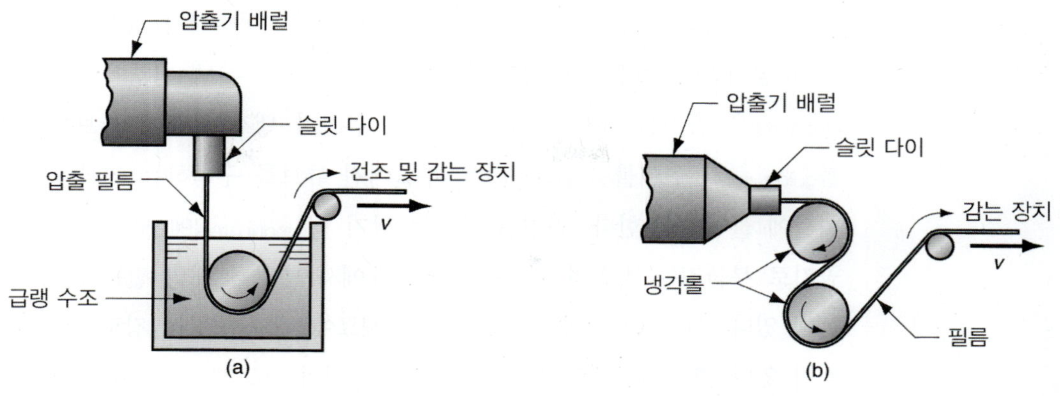

그림 8.15 압출 후 용융 필름의 신속한 응고를 위한 (a)급랭수조, (b)냉각롤(출처: Fundamentals of Modern Manufacturing, 4th Edition by Mikell P. Groover, 2010. Reprinted with permission of John Wiley & Sons, Inc.).

블로잉필름 압출 블로잉필름blown-film 압출은 얇은 포장용 폴리에틸렌 필름을 만들기 위해 광범위하게 사용되는 방법으로서, 얇은 필름 튜브를 생산하기 위해 압출과 블로잉을 결합한 복잡한 공정이다. [그림 8.16]을 보면 이 공정은 튜브의 압출로 시작해 아직 용융 상태인 튜브를 즉시 들어올리는 동시에 다이 맨드릴로 공기를 불어넣어 팽창시키는 것이다.

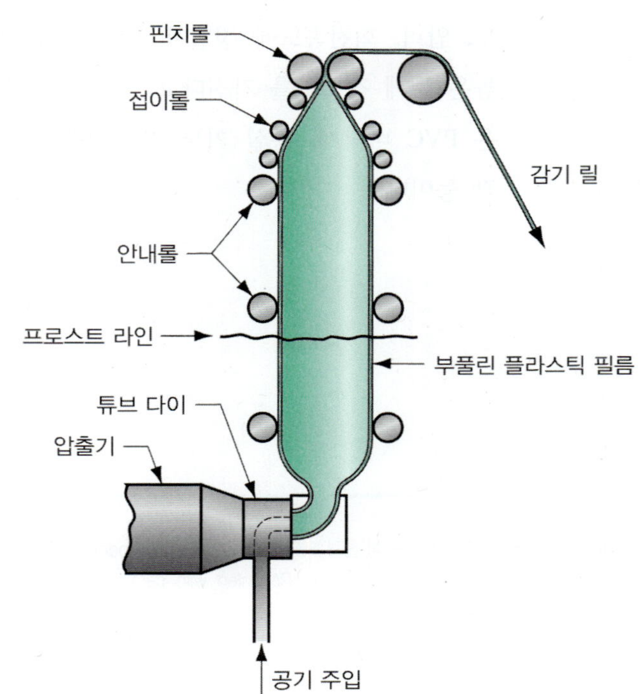

그림 8.16
얇은 튜브형 필름의 고속 생산을 위한 블로잉필름 공정(출처: Fundamentals of Modern Manufacturing, 4th Edition by Mikell P. Groover, 2010. Reprinted with permission of John Wiley & Sons, Inc.).

프로스트 라인frost line은 용융 튜브가 위쪽으로 이동하다가 응고되는 지점을 말한다. 이때 공기압이 일정하게 유지되어야 필름 두께와 튜브 반경이 균일해진다. 핀치롤pinch roll은 공기를 튜브 안에 가두는데, 튜브가 냉각된 후에 튜브를 압착한다. 안내롤guide roll과 접이롤collapsing roll은 부풀어진 튜브를 구속하는 역할을 하며 튜브를 핀치롤에 들어가게 한다. 편평한 튜브는 감기 릴windup reel에 모아지게 된다.

공기로 부풀리는 방법의 효과는 용융상태에서 냉각될 때의 필름을 양 방향으로 늘리는데 있다. 이는 한 방향으로 늘려지는 재료에 비해 등방성 강도 특성을 가진다는 장점이 있다. 또 다른 장점은 압출 속도와 공기압으로 제품의 폭과 두께를 쉽게 조절할 수 있다는 점이다. 이 공정과 슬릿 다이 압출을 비교하면 블로잉필름 압출법은 더 강한 필름을 생산할 수 있으나(그러므로 제품을 포장하는데 더 얇은 필름을 사용할 수 있다), 두께 조절능력과 생산율이 낮다. 최종 필름 제품은 튜브 형태(예를 들면 쓰레기봉투)이거나, 모서리를 잘라 두 장의 평행한 얇은 필름을 만드는데 쓰일 수 있다.

캘린더링 캘린더링calendering은 고무(9.1.4절) 또는 가소성 PVC와 같이 탄력 있는 열가소성재료에서 박판, 필름을 생산하는 방법이다. 이 공정은 원재료를 여러 롤 사이로 통과시켜 원하는 두께로 줄이는 것을 말하며 전형적인 구성은 [그림 8.17]과 같다. 캘린더링의 장비는 매우 고가이나 생산속도가 2.5m/s에 이를 정도로 빠르다. 롤 온도, 압력, 회전속도에 정밀한 제어가 요구되는 이 공정은 양호한 표면 마감 처리와 높은 두께 정밀도를 가진다고 알려져 있다. 캘린더링으로 만들어지는 플라스틱 제품은 PVC 바닥재, 욕실 커튼, 비닐 테이블보, 풀장 안감, 공기를 불어넣는 배와 장난감 등이다.

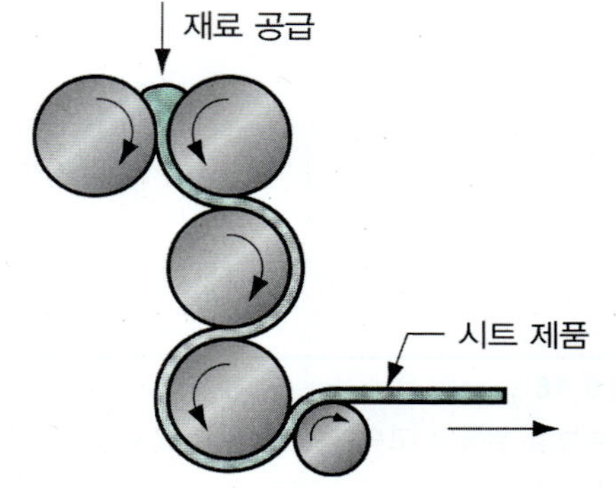

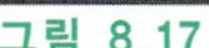
그림 8.17
캘린더링 공정에서의 전형적인 롤 구성(출처: Fundamentals of Modern Manufacturing, 4th Edition by Mikell P. Groover, 2010. Reprinted with permission of John Wiley & Sons, Inc.).

8.4 섬유, 필라멘트 제조(스피닝)

중합체 섬유와 필라멘트 제조는 섬유산업에서 가장 중요한 분야다. 이들은 플라스틱 복합재료에서 강화재료reinforcing material로서도 중요한 역할을 하지만 섬유산업에 비하면 활용이 아직 미약한 수준이다. 섬유fiber는 가늘고 길며 유한한 길이를 갖는 물질의 가닥으로 정의되고, 필라멘트filament는 연속적인 길이를 갖는 섬유를 의미한다.

섬유는 천연이거나 합성된 것일 수 있다. 현재 섬유시장의 75% 정도가 합성섬유이고, 그중에서 폴리에스터가 가장 중요하며 그밖에 나일론, 아크릴, 레이온 등이 이에 속한다. 천연섬유는 총 생산량의 25%를 차지하는데, 오늘날까지 가장 중요한 재료는 면이다(모는 면에 비해 상당히 적다).

스피닝spinning이란 용어는 천연섬유를 뽑아내고 꼬아서 실을 만드는 방법에서 유래되었다. 합성섬유의 경우 스피닝은 용융중합체 또는 용액을 방적돌기spinneret: 여러 작은 구멍이 있는 다이를 통과시켜 필라멘트를 만들고 보빈bobbin: 실패에 감는 공정을 말한다. 합성섬유의 스피닝은 중합체를 처리하는 방식에 따라 (1)용융체 스피닝, (2)건식 스피닝, (3)습식 스피닝의 3가지로 나뉜다.

용융체 스피닝melt spinning은 전형적인 압출 공정과 유사하게 중합체 재료를 용융상태로 가열해 방적돌기로 압출하는 것이다. 전형적인 방적돌기의 두께는 6mm이고, 직경이 0.25mm인 구멍이 대략 50개 정도 있다. 구멍은 접시형countersunk이며 구멍의 L/D 비율은 1/5 이하다. 다이로부터 흘러나오는 필라멘트는 당겨지는 동시에 [그림 8.18]에서와 같이 보빈에 감기기 이전에 공기로 냉각된다. 중합체가 아직 녹아 있는 상태에서 필라멘트는 늘어나고 얇아지게 되어, 최종 직경은 압출될 때 직경의 1/10이 된다. 용융체 스피닝은 폴리에스터와 나일론에 적용된다. 이들이 가장 중요한 합성섬유인 만큼 용융체 스피닝은 합성섬유의 3가지 공정 중에서 제일 중요하다.

건식 스피닝dry spinning에서 초기 중합체는 용액 상태이며 용제는 증발로 제거될 수 있다. 압출물은 용제를 제거하기 위해 가열된 체임버를 통과한다. 이것 외의 공정은 용융체 스피닝과 유사하다. 셀룰로오스 아세테이트와 아크릴 섬유가 이 공정으로 생산된다. 습식 스피닝wet spinning에서도 초기 중합체는 용액 상태이나, 용제는 비휘발성이다. 중합체를 분리시키기 위해 압출물은 중합체를 응고시키거나 침전시키는 화학 용액을 통과시켜 나오는 실을 보빈에 모은다. 이러한 방법은 레이온(재생 셀룰로오스 섬유)을 생산하는데 사용된다.

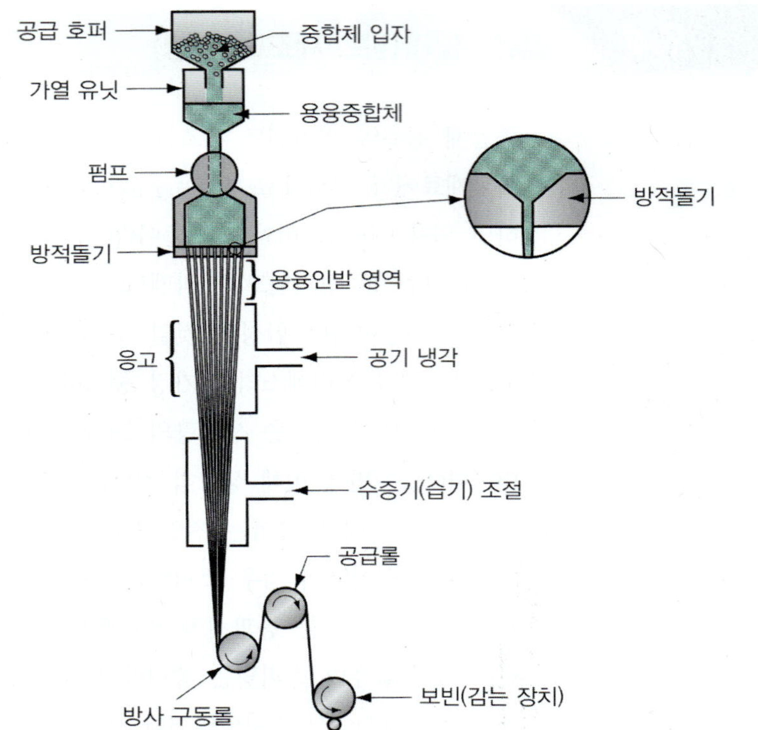

그림 8.18
연속 필라멘트의 용융체 스피닝(출처: Fundamentals of Modern Manufacturing, 4th Edition by Mikell P. Groover, 2010. Reprinted with permission of John Wiley & Sons, Inc.).

이러한 3가지 공정 중의 하나로 생산된 필라멘트는 필라멘트의 축 방향으로 결정구조를 맞추기 위해 보통 냉간 인발cold drawing을 거치게 된다. 일반적으로 2~8배까지 신장이 이뤄진다[13]. 이는 섬유의 인장강도를 획기적으로 증대시키는 효과가 있다. 인발은 두 스풀에 필라멘트를 걸고, 감는 스풀을 푸는 스풀에 비해 더 빠른 속도로 회전시키는 것으로 이뤄진다.

8.5 코팅 공정

플라스틱(또는 고무) 코팅은 기본 재료 위에 주어진 중합체의 층을 입히는 것을 말하며 (1)전선, 케이블 코팅, (2)편평한 필름 위의 코팅과 같은 평면 코팅, (3)곡면 코팅: 3차원 물체에의 코팅의 3가지로 분류될 수 있다[6]. 전선, 케이블 코팅은 8.2.3절에서 설명한 바와 같이 기본적으로 압출 공정이다. 이번에는 나머지 2가지 공정에 대해 학습한다. 그 외에도 페인트, 니스, 라커, 기타 유사한 코팅이 있다(21.6절).

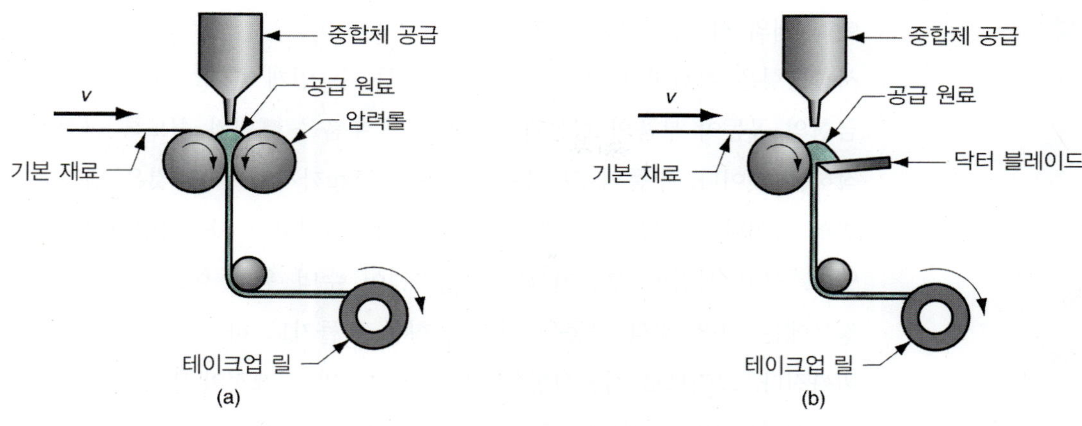

그림 8.19 평면 코팅 공정 (a)롤 방식, (b)닥터블레이드 방식(출처: Fundamentals of Modern Manufacturing, 4th Edition by Mikell P. Groover, 2010. Reprinted with permission of John Wiley & Sons, Inc.).

평면 코팅planar coating은 직물, 종이, 판지, 금속박판의 코팅에 사용된다. 이 공정에 중요한 중합체는 폴리에틸렌과 폴리프로필렌이며 나일론, PVC, 폴리에스터는 비교적 덜 중요하다. 대부분의 경우 코팅의 두께는 0.01~0.05 mm 사이이다. 2가지 주요 평면 코팅 기술은 [그림 8.19]와 같다. 롤roll 방식에서는 서로 마주보는 롤이 기본 재료에 중합체 코팅재료를 얹어서 누른다. 닥터블레이드doctor blade 방식에서는 날카로운 칼날이 기본 재료 위에 코팅되는 용융중합체의 양을 제어한다. 2가지 경우 모두 코팅재료는 슬릿 다이 압출 또는 캘린더링으로 공급된다.

3차원 물체에 대한 곡면 코팅contour coating은 담그기나 분무를 이용하는 것이다. 담그기dipping는 물체를 용융중합체 또는 용액 용기에 담갔다가 냉각시키거나 건조시키는 것이다. 분무spraying는 고체에 중합체 코팅을 하는 또 다른 방법이다.

8.6 사출성형

사출성형injection molding은 중합체를 가열해 매우 높은 소성 상태로 만들어 금형공동에 고압으로 밀어넣어 냉각시키는 방법이다. 몰딩molding이라 부르는 조형 부품은 그 후 공동에서 빼내어진다. 이 공정은 거의 대부분의 경우 순형상의 단위 제품을 생산한다. 생산주기 시간은 부품이 클 경우 1분 이상이 걸릴 수 있지만 일반적으로 약 10초에서 30초 정도다. 또한 금형이 하나 이상의 공동을 포함할 수도 있어, 한 번에 여러 개의 사출물을 생산하기도 한다.

사출성형은 복잡하고 세밀한 형상도 만들 수 있게 한다. 이러한 경우 중요한 것은 금형의 공동이 부품의 형상과 똑같으면서 부품을 빼내기 쉽도록 금형을 설계하고 제작하는 것이다. 부품의 크기는 대략 50g~25kg까지이며 큰 것은 냉장고 문과 자동차 범퍼 등이다. 금형은 부품의 형상과 크기를 결정하며 사출성형의 특정 공구라 할 수 있다. 크고 복잡한 부품에서는 금형가격이 수억 원에 이르기도 한다. 작은 부품의 경우에는 여러 개의 공동을 가진 금형을 만들기도 하지만 이렇게 하면 금형가격은 비싸진다. 그러므로 사출성형은 대량생산에서만 경제적인 방법이다.

사출성형은 열가소성 재료의 성형공정에 광범위하게 사용된다. 일부 열경화성재료와 탄성 중합체도 교차 결합을 위해 장비를 수정하고 공정 조건을 맞춰 사출성형되기도 한다. 사출성형의 다양한 경우를 8.6.4절에서 살펴본다.

8.6.1 공정과 장비

사출성형의 장비는 금속 다이캐스팅 장비에서 발전했다. [그림 8.20]에서 보는 바와 같이 사출성형기는 크게 (1)플라스틱 사출부와 (2)금형 고정부의 두 부분으로 나눠진다. 사출부injection unit는 압출기와 매우 유사하며 플라스틱 펠릿을 넣는 호퍼에서 재료를 공급받는 배럴로 이뤄져 있다. 배럴 내부에는 스크루가 있는데, 다음과 같은 측면에서 압출기 스크루의 역할을 능가한다. 우선 중합체를 혼합하고 가열하기 위해 회전할 뿐만 아니라 금형으로 용융 플라스틱을 신속하게 밀어넣는 램ram의 역할을 수행한다. 스크루 끝에 체크밸브nonreturn valve가 있어 용융체가 스크루 홈을 따라 거꾸로 흐르는 것을 막아준다. 성형 사이클 후에 램은 원래의 위치로 되돌아온다. 이러한 2가지 운동을 하기 때문에 이는 왕복 스크루reciprocating screw라 불린다. 요컨대 사출부의 기능은 중합체를 녹이고 균질하게 만들어 금형공동에 사출하는 것이다.

고정부clamping unit는 금형의 역할과 관련이 있다. 고정부의 역할은 (1)금형의 양쪽이 서로 잘 맞도록 고정하고, (2)사출압력에 대항하기 위해 충분히 큰 힘으로 금형을 고정시키고, (3)성형주기 동안 적당한 횟수로 금형을 열고 닫는 것이다. 고정부는 고정판과 이동판으로 이뤄져 있으며 이동판을 이동시키는 구조다. 기본적인 메커니즘은 유압 피스톤, 다양한 형태의 기구부로 구동되는 동력 프레스다. 대형 기계에는 수천 톤의 고정력이 가해진다.

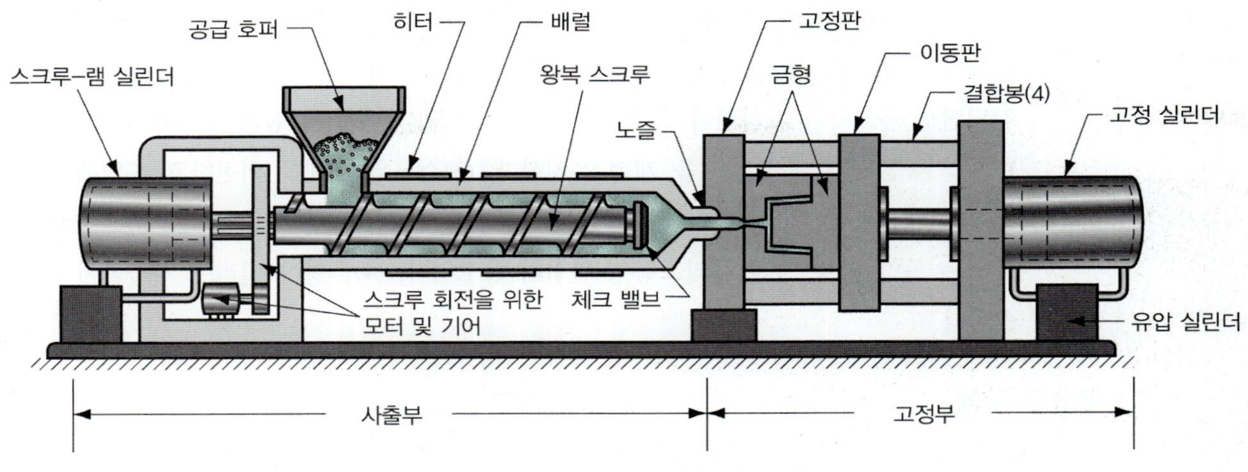

그림 8.20 왕복 스크루형 사출성형기의 개략도(기계 상세 정보는 단순화함)(출처: Fundamentals of Modern Manufacturing, 4th Edition by Mikell P. Groover, 2010. Reprinted with permission of John Wiley & Sons, Inc.).

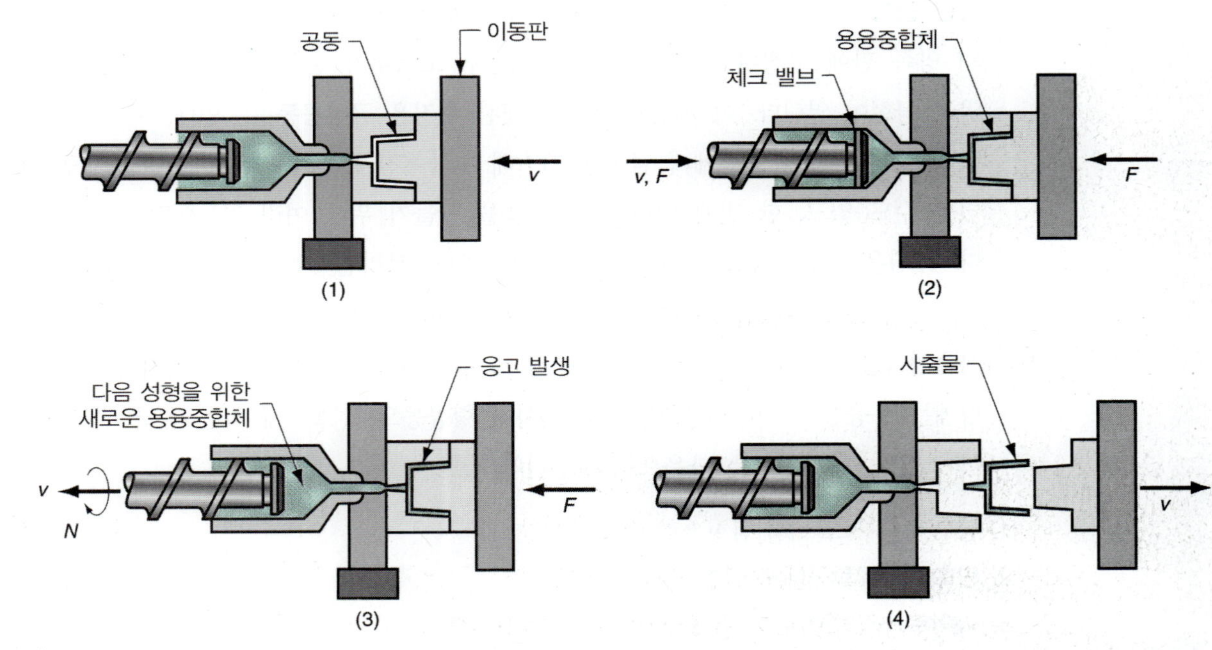

그림 8.21 전형적인 성형 사이클 (1)금형이 닫힘, (2)용융체가 공동에 사출됨, (3)스크루가 후퇴함, (4)금형이 열리고 제품이 배출됨(출처: Fundamentals of Modern Manufacturing, 4th Edition by Mikell P. Groover, 2010. Reprinted with permission of John Wiley & Sons, Inc.).

열가소성 중합체의 사출성형 사이클은 [그림 8.21]에 나타낸 순서로 진행된다. 금형이 열려 있고, 성형기는 새로운 사출을 할 준비가 되어 있다. 그러면 (1)금형이 닫히고 고정된다, (2)플라스틱이 적당한 온도와 점도로 가열되면 스크루가 동작해 용융중합체를 고압으로 금형공동에 사출한다. 용융중합체는 차가운 금형 표면에 닿으면 냉각되면서 응고하기 시작한다. 냉각은 수축을 일으키기 때문에 램은 부가적인 용융중합체를 공급하기 위해 압력을 계속 유지한다, (3)스크루는 계속 회전하고 후퇴해 체크 밸브를 열어놓아 배럴의 앞쪽으로 용융중합체가 계속 흘러들어갈 수 있게 한다. 그러는 동안 금형 안의 플라스틱은 완전히 응고된다, (4)금형이 열리고 사출물이 배출된다.

8.6.2 금형

금형mold은 사출성형에서 특별한 공구다. 금형은 생산하고자 하는 제품을 위해 주문 설계, 제작된다. 한 부품에 대한 생산이 종료되면 금형은 새로운 제품을 위해 새것으로 교체된다. 이 절에서는 사출성형을 위한 여러 가지 금형에 대해 알아보자.

양판 금형 [그림 8.22]에 나타낸 전통적인 양판 금형two-plate mold은 성형기 고정부의 양쪽 판에 고정된 금형 쌍으로 이뤄진다. 고정부가 움직이면 (b)의 그림과 같이 양쪽 금형이 열린다. 이 금형의 가장 뚜렷한 특징은 금형공동cavity인데, 이는 보통 양쪽 금형이 만나는 표면에서 금속을 제거해 만들어진다. 금형에는 하나의 금형공동이 있을 수도 있고, 한 번에 여러 개의 제품을 만들기 위해 여러 공동이 있을 수도 있다. 그림은 2개의 공동을 가진 금형을 보여준다. 분리면parting surfaces 또는 금형의 단면에서 만나는 분리선(parting line)은 제품을 꺼내기 위해 금형이 열리는 지점이다.
사출성형공정에 꼭 필요한 금형의 특징으로는 금형공동 외에도 몇 가지가 있다. 금형에는 용융중합체를 사출부의 노즐에서 금형공동으로 흐르게 하는 공급 경로가 있어야 한다. 공급경로는 다음으로 구성된다.

1. **탕구**sprue: 노즐에서 금형으로 안내
2. **탕도**runner: 탕구에서 금형공동으로 안내
3. **게이트**gate: 중합체를 금형공동으로 안내하는 입구. 금형의 각 공동에는 하나 이상의 게이트가 있을 수 있다.

성형공정이 끝나면 금형공동에서 사출물을 꺼내기 위한 배출 시스템이 필요하다. 일반적으로 배출 기능을 수행하기 위해 금형의 이동부에는 배출핀ejector pin이 설치된다. 금형공동은 양쪽으로 나눠지는데, 사출물이 수축하면서 자연스럽게 이동부에 붙어 있게 설계된다. 금형이 열리면 배출핀은 사출물을 금형공동 밖으로 밀어낸다.

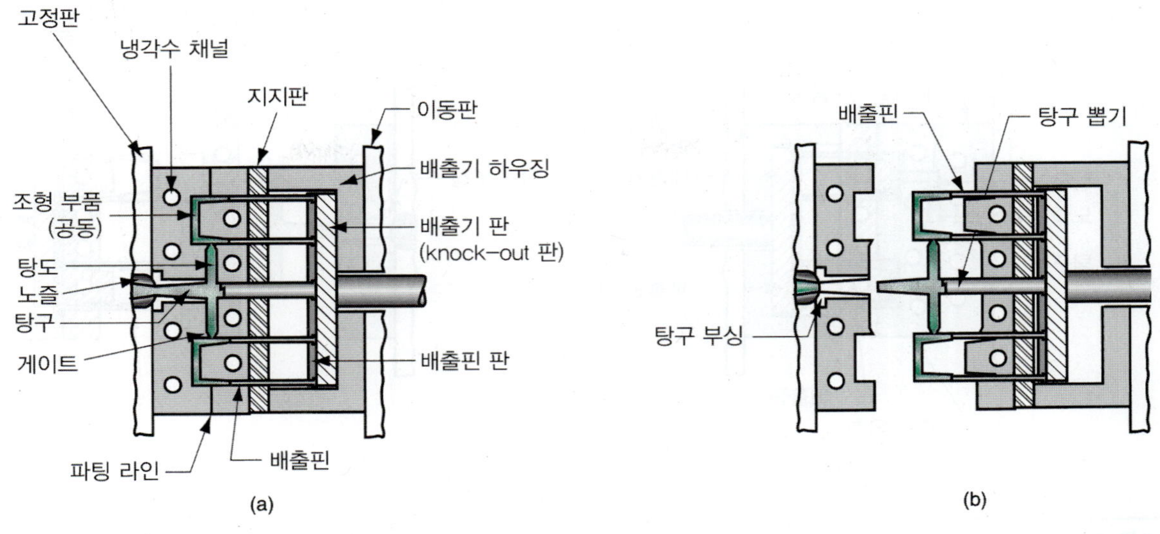

그림 8.22 열가소성 사출성형품을 위한 양판 금형의 상세도 (a)닫힘, (b)열림. 한 번의 사출에 2개의 컵 형상 제품을 만들기 위해 금형이 2개의 공동을 가진다(출처: Fundamentals of Modern Manufacturing, 4th Edition by Mikell P. Groover, 2010. Reprinted with permission of John Wiley & Sons, Inc.).

금형에는 냉각 시스템도 필요하며 이는 뜨거운 플라스틱을 식히기 위해 금형 안으로 물을 순환시키는 외부 펌프로 구성된다. 중합체가 금형공동으로 밀려들어올 때 금형 공동 안의 공기는 빠져야 하며 대부분의 공기는 작은 배출핀 틈으로 빠져나간다. 또한 종종 좁은 공기배출구가 분리면에 만들어지기도 한다. 대략 0.03mm의 깊이, 12~25mm 사이의 폭을 가지는 이러한 통로를 통해 공기는 빠져 나가지만 점성이 있는 용융중합체는 빠져나갈 수 없다.

정리하면 금형의 구성요소로는 (1)제품 형상을 결정하는 하나 이상의 금형공동, (2)용융중합체를 금형공동으로 안내하는 공급경로, (3)제품 배출시스템, (4)냉각시스템, (5)공기 배출시스템이 있다.

기타 금형 종류 양판 금형의 대안은 [그림 8.23]에서 볼 수 있는 삼판 금형three-plate mold이다. 이러한 금형은 여러 가지 장점이 있다. 첫째, 용융중합체가 옆에서 들어오지 않고 컵 모양 제품 아래에 위치한 게이트를 통해 흘러 들어온다. 이는 용융중합체가 컵의 주위로 균일하게 공급되도록 한다. [그림 8.22]의 양판 금형에서는 용융중합체가 옆으로 공급되어 코어를 돌아 반대편에서 서로 만나게 되는데, 서로 만나 연결되는 지점이 취약할 가능성이 있다. 둘째, 삼판 금형은 자동사출기에 더 적

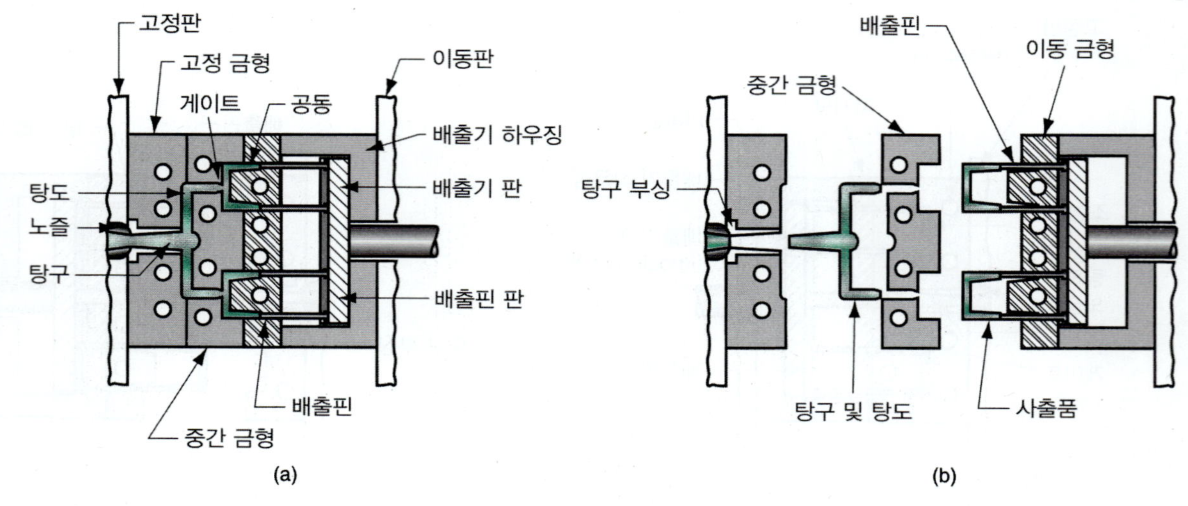

그림 8.23 삼판 금형 (a)닫힘, (b)열림(출처: Fundamentals of Modern Manufacturing, 4th Edition by Mikell P. Groover, 2010. Reprinted with permission of John Wiley & Sons, Inc.).

합하다. 금형이 열릴 때 삼판 금형은 사이에 2개의 틈이 있는 세 부분으로 나눠진다. 이는 제품을 탕도에서 분리시켜 금형 아래의 용기로 떨어지게 한다.

전통적인 양판 또는 삼판 금형에서 탕구와 탕도는 폐기물이 되며 많은 경우에 잘게 부수어 재활용된다. 그러나 어떤 경우에는 제품이 생플라스틱(예전에 성형된 적이 없는 플라스틱)으로 만들어져야 한다. 열탕도 금형hot-runner mold은 탕도 주변에 히터를 설치해 탕구와 탕도가 응고되지 않도록 한다. 금형공동의 플라스틱이 응고되는 동안 탕구와 탕도의 재료는 용융된 상태로 있어 다음 단계에서 금형공동으로 사출된다.

8.6.3 사출성형의 수축과 결함

중합체는 열팽창계수가 크며 금형에서 냉각될 경우에는 상당한 수축이 발생한다. 결정질 중합체는 비결정질 중합체보다 더 크게 수축하는 경향이 있다. 일반적으로 수축은 주어진 중합체의 성형온도에서 상온까지 냉각하는 중 일어나는 길이의 감소로 표현한다. 그러므로 적절한 단위는 mm/mm다. 몇 가지 중합체의 수축계수를 [표 8.1]에 나타냈다.

표 8.1 일부 열가소성 재료의 사출에 대한 수축계수[14]

플라스틱	수축계수, mm/mm	플라스틱	수축계수, mm/mm
ABS	0.006	폴리에틸렌	0.025
나일론-6,6	0.020	폴리스티렌	0.004
폴리카보네이트	0.007	PVC	0.005

중합체의 충진제filler는 수축을 줄이는 경향이 있다. 상업적 생산현장에서는 생산자가 성형 이전에 성형화합물의 수축계수를 제공해야 한다. 수축을 보정하기 위해 금형공동의 크기는 실제 제품 크기보다 크게 만들어져야 하며 식 (8.19)가 사용될 수 있다[14].

$$D_c = D_p + D_p S + D_p S^2 \tag{8.19}$$

여기서 D_c=공동의 크기 mm, D_p=조형 부품의 크기 mm, S=[표 8.1]에서 얻은 수축계수다. 우변의 세 번째 항은 수축에 대한 수축을 보정한다.

EXAMPLE 8.3 사출성형의 수축

폴리에틸렌으로 만들어진 제품의 길이는 80mm다. 수축을 보정하기 위한 금형공동의 길이는 얼마인가?

▮풀이▮

[표 8.1]로부터 폴리에틸렌의 수축계수 S=0.025이다. 식 (8.19)를 이용해 금형공동의 직경을 구하면

$$D_c = 80.0 + 80.0(0.025) + 80.0(0.025)^2$$

$$= 80.0 + 2.0 + 0.05 = 82.05\text{mm}$$

성형하는 중합체에 따라 수축에 차이가 있기 때문에 금형의 크기가 달라지고 다른 중합체를 동일한 금형으로 성형하면 제품의 크기가 다르게 된다.

[표 8.1]의 수축계수는 수축 문제에 대한 전체적인 요약이다. 실제로 수축은 많은 요인의 영향을 받으며 그중의 어떤 요인도 주어진 중합체의 수축량을 변화시킬 수 있다. 가장 중요한 요인은 사출압력, 가압 시간, 성형온도, 제품 두께다. 사출압력이 증가하면 금형공동에 중합체를 더 강하게 밀어 넣으므로 수축은 감소한다. 게이트에서 중합체가 응고되지 않아 금형공동을 밀봉하지 않는다고 가정하면 가압 시간이 길어질 경우 수축이 감소한다. 즉, 수축이 일어나는 동안 금형공동으로 중합체를 밀어넣는 힘이 유지된다. 그러므로 실제 수축되는 양은 감소한다.

성형온도는 사출되기 직전 실린더 안 중합체의 온도다. 성형온도는 상온과 차이가 크기 때문에 중합체의 성형온도가 높으면 수축량이 크다고 생각할 수도 있다. 그러나 실제로는 성형온도가 높을수록 수축량이 작아진다. 성형온도가 높으면 중합체의 점도가 낮아져 더 많은 재료를 밀어 넣을 수 있기 때문이다. 이는 사출압력이 높은 것과 동일한 효과다. 그러므로 온도 차이가 큰 것보다 점도의 효과가 더 크게 작용한다는 것을 알 수 있다.

끝으로, 제품의 두께가 두꺼우면 수축량이 커진다. 사출물은 외부에서부터 응고된다. 금형 표면에 닿는 고분자재료가 먼저 응고되고 점차 내부가 응고된다. 응고되는 어느 시점에 게이트가 응고되면 금형공동 안의 재료는 탕도와 압력으로부터 차단된다. 이렇게 되면 표면의 플라스틱 수축은 제품에서 발생하는 수축의 대부분을 차지한다. 제품의 두께가 두꺼워지면 용융중합체의 양이 많아지므로 더 많이 수축한다. 수축뿐만 아니라 다른 불량도 일어날 수 있다. 흔히 발생하는 사출성형물의 결함은 다음과 같다.

주입부족(short shot): 용융재료가 금형공동을 완전히 채우기 전에 응고되기 시작하는 결함이다. 온도를 높이거나 압력을 높여 이 결함을 예방할 수 있다. 부족한 용량의 사출기를 사용했기 때문에 발생할 수 있으며 더 큰 사출기를 사용하면 해결된다.

플래시(flash) 발생: 양 금형 사이의 분리면으로 용융중합체가 스며들 때 플래시가 남는다. 배출핀 주위에도 생길 수 있다. 일반적으로 플래시가 발생하는 원인은 다음과 같다. (1)금형의 통기구와 간격이 너무 크다, (2)고정력에 비해 사출압력이 너무 크다, (3)용융체 온도가 너무 높다, (4)과도한 주입량.

함몰자국, 기공: 이 결함은 일반적으로 두꺼운 사출품에 발생한다. 함몰자국(sink mark)은 사출품의 표면은 응고되고 내부가 수축하면서 표면이 내부 쪽으로 함몰되는 결함이다. 기공(void)은 기본적으로 동일한 현상이다. 그러나 표면은 형상을 유지하고, 내부의 용융 고분자재료에 높은 인장응력이 가해져 내부 기공이 발생한다는 것이 다르다. 이러한 결함은 사출 후 압력을 증가시킴으로써 해결될 수 있다. 더 바람직한 해결방안은 제품의 두께를 균일하고 얇게 설계하는 것이다.

용접선: 용융중합체가 코어 주위를 흐르면서 반대편에서 서로 만나게 될 때의 경계를 용접선이라 부르며 다른 부분에 비해 열등한 기계적 성질을 가진다. 높은 용융체 온도, 높은 사출압력, 게이트의 위치 변경, 통기구의 개선 등이 용접선 결함의 해결방안이다.

8.6.4 기타 사출성형공정

사출성형 재료의 대부분은 열가소성 중합체다. 이 절에서는 이에 대한 몇 가지 변형 공정들에 대해 설명한다.

열가소성 폼 사출성형 플라스틱 폼foam은 적용 분야가 다양한데, 8.11절에서 그 재료와 공정에 대해 설명한다. 구조용 폼 성형structural foam molding이라 부르는 공정은 사출성형공정이기 때문에 이 절에서 검토한다. 이것은 내부는 가벼운 폼이고 외부는 조밀한 표피를 가진 열가소성 부품의 성형방법이다. 이러한 부품은 구조용 소재에 적합한 높은 무게 당 강성 비율을 가진다.

구조용 폼 성형 부품은 용융 플라스틱에 가스를 불어넣거나 원재료에 가스 생성제를 섞어서 만든다. 충분하지 않은 양의 용융체를 금형공동에 사출하면 폼이 팽창(발포)해 금형을 채우게 된다. 차가운 금형 표면에 닿는 포말은 붕괴하면서 조밀한 표피를 형성하고, 내부의 포말은 셀 구조를 유지한다. 이러한 방식으로 전자제품 케이스, 기계 하우징, 가구 부품, 세탁기 수조 등을 제작한다. 폼 성형의 장점은 낮은 사출압력, 고정력으로 대형 제품을 생산할 수 있다는 점이다. 단점은 기포로 인해 제품 표면이 거칠기 때문에 양호한 표면 상태가 필요하다면 샌드 분사sanding, 페인트칠, 널빤지veneer 접착 등과 같은 후속 공정이 필요하다는 것이다.

열경화성 재료의 사출성형 교차결합을 위해 장비와 공정을 변경하면 열경화성 플라스틱도 사출성형할 수 있다. 열경화성 사출성형기도 열가소성 사출성형기와 유사하다. 왕복 스크루 사출부를 이용하지만 열경화성 플라스틱의 경화와 응고를 피하기 위해 배럴의 길이가 더 짧다. 같은 이유로 배럴의 온도는 비교적 낮게 유지시킨다. 중합체에 따라 다르지만 보통 50~125℃ 사이이다. 일반적으로 펠릿 또는 과립 형태인 플라스틱 재료는 호퍼를 통해 배럴에 공급된다. 스크루가 회전하면 재료는 노즐 방향으로 이동하면서 녹기 시작한다. 스크루 앞에 충분한 양의 용융체가 누적되면 150~230°C로 가열된 금형으로 사출되며 중합체를 경화시키는 교차결합이 일어난다. 그 후 금형이 열리고 제품이 빼내어진다. 전형적인 성형주기는 20초~2분 정도인데, 이는 중합체의 종류나 제품 크기에 따라 달라진다. 공정 중에서 경화curing에 가장 시간이 많이 소요된다.

사출성형되는 대표적인 열경화성 재료는 페놀, 불포화 폴리에스터, 멜라민, 에폭시, 요소-포름알데히드다. 현재 미국에서 생산되는 페놀 성형품의 50% 이상이 이 공정으로 생산되며[11], 이는 전통적인 열경화성 재료 성형공정인 압축과 트랜스퍼성형(8.7절)에서 변환되는 추세를 보여준다. 열경화성 성형재료의 대부분은 높은 비율(무게비율로 70% 이상)의 충진제filler, 즉 유리섬유, 점토, 목재섬유, 카본 블랙을 함유한다. 따라서 실제로 사출되고 성형되는 재료는 복합재료다.

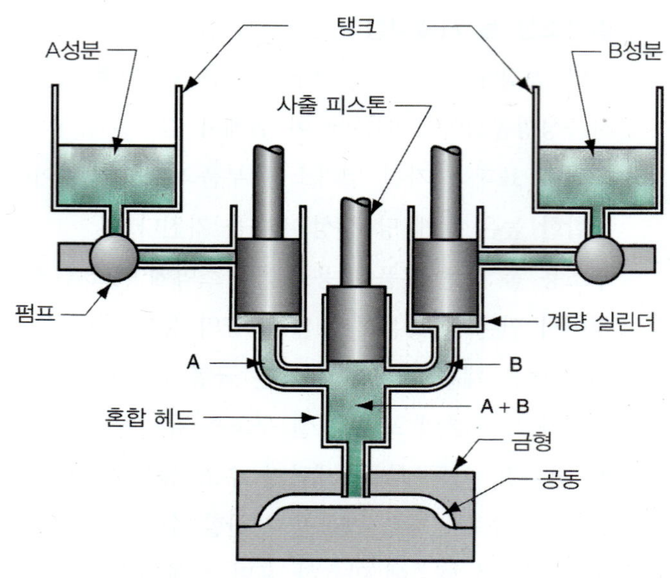

그림 8.24 반응 사출성형(RIM)시스템. 금형공동에 사출되기 전에 A성분, B성분이 혼합 헤드에 섞여 들어간 직후의 모습(일부 공정 장비는 생략됨)(출처: Fundamentals of Modern Manufacturing, 4th Edition by Mikell P. Groover, 2010. Reprinted with permission of John Wiley & Sons, Inc.).

반응 사출성형 반응 사출성형reaction injection molding: RIM은 매우 반응성이 강한 2가지 용액 성분을 섞는 즉시 혼합물을 금형공동으로 사출해 화학적 반응으로 응고시키는 방법이다. 우레탄, 에폭시, 요소-포름알데히드는 이러한 방법을 사용하는 예다. RIM은 폴리우레탄으로 범퍼, 스포일러, 펜더와 같은 큰 자동차 부품을 만들기 위해 개발되었다. 이러한 부품들은 아직도 주된 적용 분야다. 대표적인 RIM 성형 폴리우레탄 부품은 조밀한 표피로 둘러싸인 내부 폼 구조를 갖고 있다.

[그림 8.24]에 보는 바와 같이 액체 상태인 원재료들을 각각 독립된 탱크로부터 정확히 측정된 양으로 혼합 헤드mixing head에 밀어넣으면 재료들은 급격히 혼합되어 비교적 낮은 압력으로 금형공동에 사출되며 중합과 경화가 이뤄진다. 전형적인 공정 시간은 대략 2분 정도다. 비교적 큰 금형공동의 경우 RIM 금형은 전통적 사출성형 금형보다 매우 저렴하다. 이는 RIM에 필요한 고정력이 작으므로 금형에서 가벼운 부품을 사용할 가능성이 크기 때문이다.

RIM의 다른 장점은 다음과 같다[16]. (1)공정에서 적은 에너지가 소모된다, (2)장비가 사출성형에 비해 저렴하다, (3)다양한 화학적 시스템으로 특이한 성질을 가진 성형물을 만들 수 있다, (4)생산 장비가 신뢰할 수 있고, 화학적 시스템과 기계 간의 관계가 잘 알려져 있다[17].

8.7 압축성형과 트랜스퍼성형

이 절에서는 열경화성 중합체와 탄성 중합체에 광범위하게 사용되는 성형 방법 2가지를 설명한다. 열가소성 재료의 경우, 이러한 방법들은 특별한 용도를 제외하고는 사출성형보다 효율성이 높지 않다.

8.7.1 압축성형

압축성형compression molding은 오래 전부터 열경화성 플라스틱에 광범위하게 사용되어온 공정이다. 적용 분야로는 고무 타이어, 다양한 중합체 기지 복합재료 부품이 있다. [그림 8.25]에 나타낸 열경화성 플라스틱 공정은 다음과 같은 과정으로 이뤄진다. (1)충전제charge를 사용해 정확한 양의 성형화합물을 금형의 아래 부분에 채운다, (2)금형 양쪽을 모아 충전제를 압박해 금형공동의 형상대로 만든다, (3)뜨거운 금형으로 충전제를 가열해 원재료를 중합하고 경화한다, (4)금형의 양쪽을 벌려 제품을 배출한다.

성형화합물의 초기 충전제는 분말, 알갱이, 용액 또는 부분성형품 등 여러 가지 형태일 수 있다. 중합체의 양은 성형 제품의 반복 일관성을 위해 매우 정밀하게 조절되어야 한다. 일반적으로는 충전제를 금형에 넣기 전에 미리 가열한다. 예열은 중합체를 부드럽게 하고 제품 제조 시간을 단축시킨다. 예열 방법으로는 적외선 히터, 오븐에서의 대류 가열, 가열된 회전스크루 이용 등이 있다. 마지막 방법(사출성형에서 유래)은 충전제의 양을 계량하는 데도 쓰일 수 있다.

압축성형 프레스는 수직으로 향해 있고 2개의 판이 있어 금형 양쪽을 조일 수 있다. 프레스는 다음과 같은 2가지 방식으로 구동된다. (1)하판이 상향으로 이동한다, (2)상판이 하향으로 이동한다. (1)번이 더 일반적인 기계 구성이며 일반적으로 수백 톤의 고정력을 제공하도록 유압실린더로 구동된다.

일반적으로 압축성형의 금형은 사출성형의 금형보다 간단하다. 압축성형에는 탕구와 탕도가 쓰이지 않으며 초기 열경화성 소재의 낮은 유동성 때문에 더 간단한 형상을 만드는데 이용된다. 그러나 금형 가열에 필요한 장비는 반드시 필요하며 일반적으로 전기저항 가열, 증기 또는 고온 기름 순환 등의 방법이 쓰인다. 압축성형 금형은 시험생산trial run에 사용되는 수동금형hand molds, 프레스는 프로그램 사이클로 동작되나

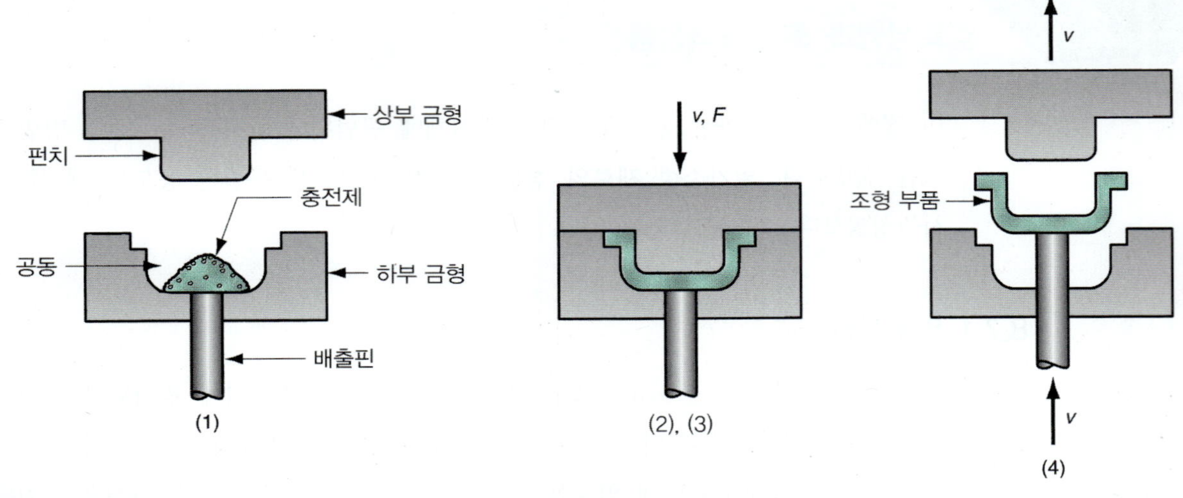

그림 8.25 열경화성 플라스틱의 압축성형 (1)재료 투입, (2)와 (3)충전제 압축, 경화, (4)제품 배출(출처: Fundamentals of Modern Manufacturing, 4th Edition by Mikell P. Groover, 2010. Reprinted with permission of John Wiley & Sons, Inc.).

작업자가 수동으로 소재를 장착하고 탈착하는 반자동semiautomatic 금형, 모두(장착, 탈착) 자동으로 구동되는 자동automatic 금형 3가지로 나눠진다.

압축성형의 재료는 페놀, 멜라민, 요소 포름알데히드, 에폭시, 우레탄, 탄성 중합체 등이다. 전형적인 열경화성 플라스틱 성형 제품은 전기플러그, 소켓, 냄비 손잡이, 접시 등이다. 이러한 적용 분야에서 압축성형은 (1)금형이 간단하고 저렴하며, (2)불량품이 적고, (3)성형제품의 잔류응력이 낮다는 장점이 있다. 대표적인 단점은 공정 시간이 길고, 사출성형에 비해 생산율이 낮다는 것이다.

8.7.2 트랜스퍼성형

트랜스퍼성형transfer molding: 이송성형은 금형공동의 바로 앞에 있는 작업실chamber에 열경화성 충전제를 넣고 가열한 다음, 부드러워진 재료에 압력을 가해 가열된 금형으로 밀어넣고 경화하는 것이다. [그림 8.26]에서 보는 바와 같이 이 공정에는 2가지 종류가 있다. (a)포트pot의 충전제가 수직 탕구를 통해 금형공동으로 사출되는 포트 트랜스퍼성형pot transfer molding, (b)가열된 공급통에서부터 수평 채널을 통해 충전제가 금형공동으로 플런저에 의해 사출되는 플런저 트랜스퍼성형plunger transfer molding 이다. 두 경우 모두 매 공정마다 공급 통과 수평 채널의 바닥에 남는 재료인 컬cull 이라는 이름의 스크랩이 생긴다. 또한 포트 트랜스퍼성형에서는 탕구도 스크랩이 된다. 재료가 열경화성이기 때문에 스크랩은 재활용될 수 없다.

트랜스퍼성형은 동일한 고분자재료(열경화성, 탄성 중합체)에 이용된다는 점에서 압축성형과 매우 밀접한 관계에 있다. 또한 충전제가 독립된 체임버에서 예열되고 금형으로 사출된다는 점에서도 사출성형과의 유사점을 찾을 수 있다. 트랜스퍼성형은 압축성형보다 훨씬 복잡한 형상을 성형할 수 있지만 사출성형의 수준에는 이르지 못한다. 트랜스퍼성형은 인서트insert: 삽입물가 있는 성형이 가능하며 이 경우 금속 또는 세라믹 인서트를 금형공동에 놓아 성형 중 뜨거운 중합체가 인서트에 달라붙게 한다.

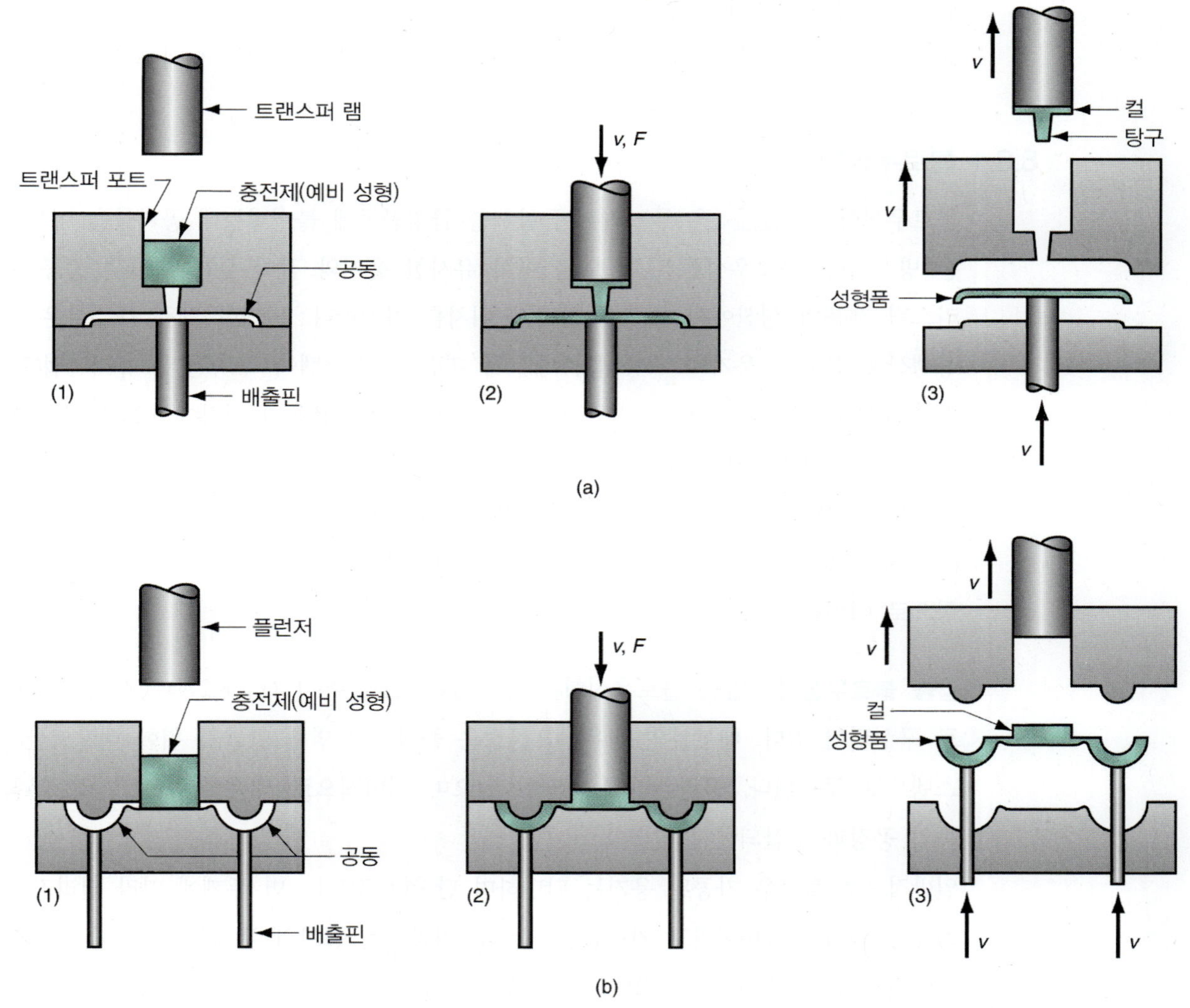

그림 8.26 (a)포트 트랜스퍼성형, (b)플런저 트랜스퍼성형. 두 공정의 사이클은 다음과 같다. (1)포트에 재료를 투입한다, (2)부드러워진 중합체 재료를 금형공동에 밀어 넣고 경화한다, (3)제품을 배출한다(출처: Fundamentals of Modern Manufacturing, 4th Edition by Mikell P. Groover, 2010. Reprinted with permission of John Wiley & Sons, Inc.).

8.8 블로우성형과 회전성형

블로우성형과 회전성형은 열가소성 중합체 재료를 이용해 속이 비고 이음매가 없는 제품을 만드는데 이용된다. 회전성형은 열경화성 재료에도 이용할 수 있다. 이 성형 방법을 이용하면 5ml 정도의 작은 플라스틱 병에서부터 38,000l에 이르는 대형 저장용기까지도 생산할 수 있다. 어떤 경우에는 2가지 방식이 서로 경쟁적인 위치에 있을 수 있지만 대개의 경우 각각의 적용 분야가 따로 있다. 블로우성형은 작은 일회용 용기의 대량생산에 적합하며 회전성형은 대형 중공 형상에 더 적합하다.

8.8.1 블로우성형

블로우성형blow molding은 부드러운 중합체를 금형공동에 불어넣는데 공기압을 이용하는 방식이다. 블로우성형은 병 또는 이와 유사한 용기와 같이 두께가 얇은 중공 플라스틱 제품의 생산에서 중요한 산업적 위치를 차지한다. 이러한 제품 대부분은 대량생산용 음료수 용기로 사용되기 때문에 대량생산시스템이 구축된다. 유리산업(7.2절)으로부터 기술을 많이 도입했으며 일회용 또는 재활용용기 시장에서의 유리와 플라스틱은 경쟁관계에 있다.

블로우성형은 두 단계로 이뤄진다. (1)용융플라스틱의 패리슨parison: 시작 튜브 제작, (2)원하는 형상으로 튜브를 팽창시키는 것이다. 패리슨 성형은 압출성형이나 사출성형으로 이뤄진다.

압출 블로우성형 압출 블로우성형extrusion blow molding은 [그림 8.27]과 같은 사이클로 구성되어 있다. 대부분의 경우 이 공정은 플라스틱 병을 만들기 위한 대량생산시스템으로 구축된다. 공정은 자동화되어 있으며 일반적으로 내용물 투입, 상표 부착 등의 공정과 통합되어 운영된다.

일반적으로 블로우 가공된 용기는 단단하며 단단한 정도는 벽 두께에 따라 달라진다. 최종 제품이 원통형이라고 가정하면 블로우 가공되는 용기의 두께와 초기 압출 패리슨의 관계를 구할 수 있다[12]. [그림 8.28]은 패리슨에 대한 다이 팽창 효과를 보여준다. 다이를 빠져나오는 튜브의 평균 직경은 다이의 평균 직경 D_d에 의해 결정된다. 다이 팽창은 패리슨의 평균 직경 D_p를 팽창시킨다. 그와 동시에 벽 두께도 t_d에서 t_p로 팽창한다. 패리슨 직경과 벽 두께의 팽창비는 다음과 같이 주어진다.

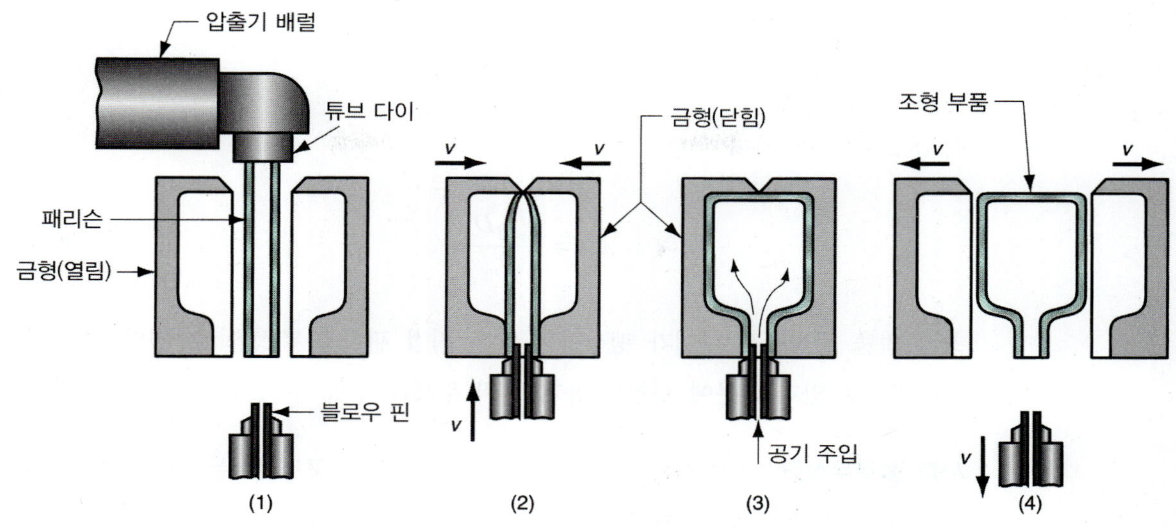

그림 8.27 압출 블로우성형 (1)패리슨 압출, (2)두 금형이 모아지면 패리슨의 상부가 조여지며 하부는 블로우 핀으로 밀봉된다, (3)금형공동의 형상으로 튜브가 팽창된다, (4)금형이 열려 응고된 제품이 배출된다(출처: Fundamentals of Modern Manufacturing, 4th Edition by Mikell P. Groover, 2010. Reprinted with permission of John Wiley & Sons, Inc.).

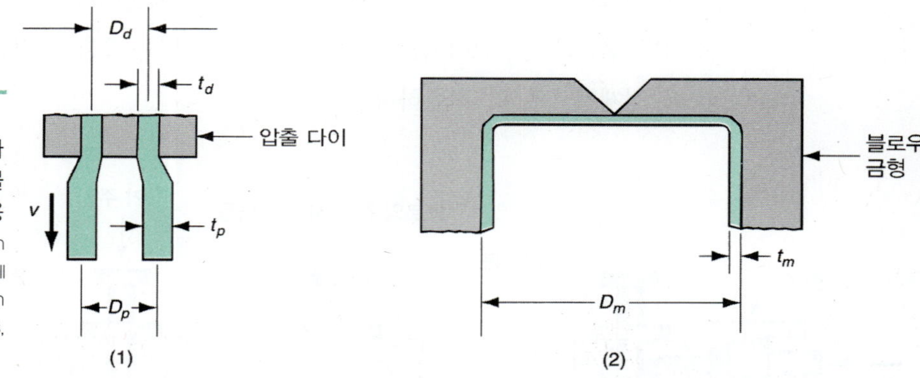

그림 8.28 (1)다이 팽창 후의 패리슨을 나타낸 압출 다이의 치수, (2)압출 블로우성형의 최종 블로우성형 용기(출처: Fundamentals of Modern Manufacturing, 4th Edition by Mikell P. Groover, 2010. Reprinted with permission of John Wiley & Sons, Inc.).

$$r_s = \frac{D_p}{D_d} = \frac{t_p}{t_d} \tag{8.20}$$

패리슨이 블로우 금형의 직경 D_m으로 팽창하면 그에 따라 벽 두께는 t_m으로 줄어든다. 단면의 부피가 일정하다고 가정하면

$$\pi D_p t_p = \pi D_m t_m \tag{8.21}$$

t_m에 대해 풀면

$$t_m = \frac{D_p t_p}{D_m}$$

식 (8.20)을 대입하면

$$t_m = \frac{r_s^2 t_d D_d}{D_m} \tag{8.22}$$

초기 압출 공정에서 다이가 팽창하는 양은 직접 관찰로 측정할 수 있다. 다이의 치수를 알 수 있기 때문에 성형된 용기의 벽 두께를 구할 수 있다.

사출 블로우성형 사출 블로우성형injection blow molding 공정에서는 초기 패리슨이 압출이 아닌 사출로 성형되며 간단한 공정 단계는 [그림 8.29]와 같다. 사출 블로우성형은 압출 기반 성형과 비교했을 때 다음과 같은 장점을 가진다. (1)생산성이 더 높다, (2)최종 형상이 더 정밀하다, (3)스크랩 비율이 더 낮다, (4)재료를 덜 낭비한다. 반면 압출 블로우성형은 큰 용기를 생산하기에 적합한데, 그 이유는 큰 패리슨의 경우에 필요한 사출성형의 금형이 매우 비싸기 때문이다. 또한 압출 블로우성형은 특정 의약품, 개인 위생용품, 다양한 화합물을 담는 2층 용기를 만들기에도 기술적으로나 경제적으로 더 적합하다.

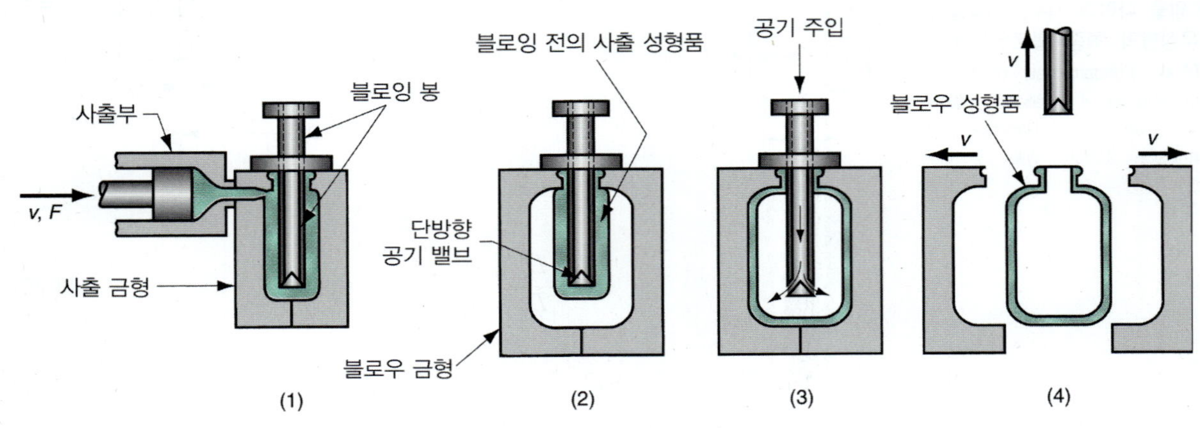

그림 8.29 사출 블로우성형 (1)패리슨을 블로잉 봉 주위로 사출성형한다, (2)사출 금형을 열고 패리슨을 블로우 금형으로 옮긴다, (3)연질 중합체를 블로우 금형 형상으로 팽창시킨다, (4)블로우 금형을 열고 제품을 빼낸다(출처: Fundamentals of Modern Manufacturing, 4th Edition by Mikell P. Groover, 2010, Reprinted with permission of John Wiley & Sons, Inc.).

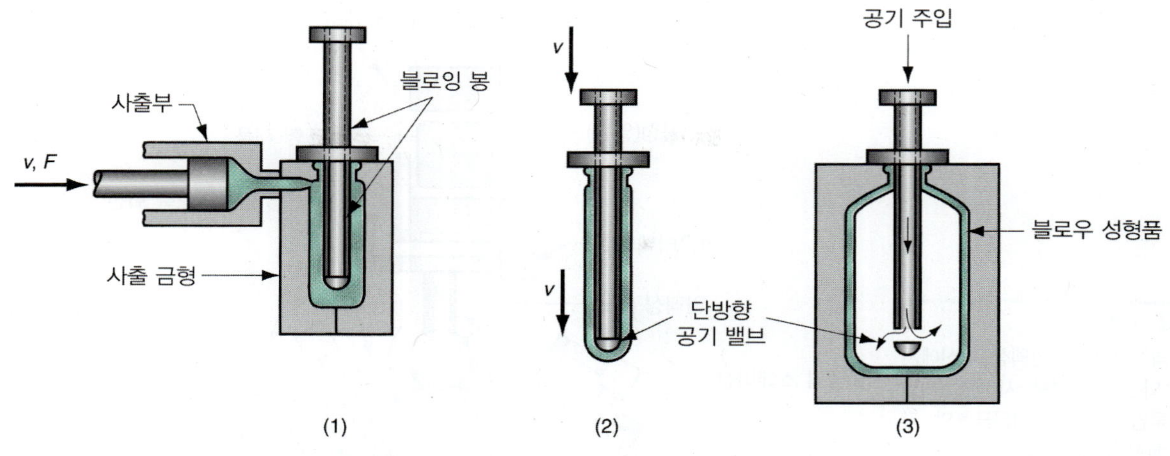

그림 8.30 인장 블로우성형 (1)패리슨의 사출성형, (2)인장, (3)블로잉(출처: Fundamentals of Modern Manufacturing, 4th Edition by Mikell P. Groover, 2010. Reprinted with permission of John Wiley & Sons, Inc.).

인장 블로우성형stretch blow molding,([그림 8.30] 참조)이라 부르는 사출 블로우성형의 파생공정에서는 단계 2에서 사출성형된 패리슨 속에 블로잉 봉을 넣어 연질 플라스틱을 인장하면서 재래식 사출 블로우성형이나 압출 블로우성형보다 더 알맞은 응력을 가해준다. 결과물은 더 견고하고, 더 투명하며 충격에 잘 견디게 된다.

재료, 제품 블로우성형은 열가소성 재료에 국한된다. 폴리에틸렌은 블로우성형에 가장 널리 사용되는 중합체로, 특히 고밀도, 고분자량 폴리에틸린(HDPE와 HMWPE)에 적합하다. 최종 제품에 강성의 요구조건이 주어졌을 경우에는 용기 두께를 얇게 만들 수 있기 때문에 저밀도 PE보다 이러한 고가의 재료를 이용하는 것이 경제적이다. 그 밖의 블로우성형 재료로는 폴리프로필렌과 폴리염화비닐을 들 수 있다. 인장 블로우성형에 가장 널리 쓰이는 재료는 폴리에틸렌 테레프탈레이트(PET)이다. 이 폴리에스터는 투과성이 매우 낮으며 인장 블로우성형공정을 통해 강화된다. 이러한 특성들로 인해 PET는 탄산음료 용기에 적합한 재료가 된다.

블로우성형으로 만드는 제품의 대다수는 액체 소비재를 담는 일회용 용기다. 그 외의 제품으로는 대형 저장탱크(7500l), 액체, 분말용 대형 용기(200l), 자동차 연료탱크, 장난감, 작은 배의 선체 등이다. 선체의 경우 한 번의 블로우성형으로 두 선체를 만든 후에 둘로 자르게 된다.

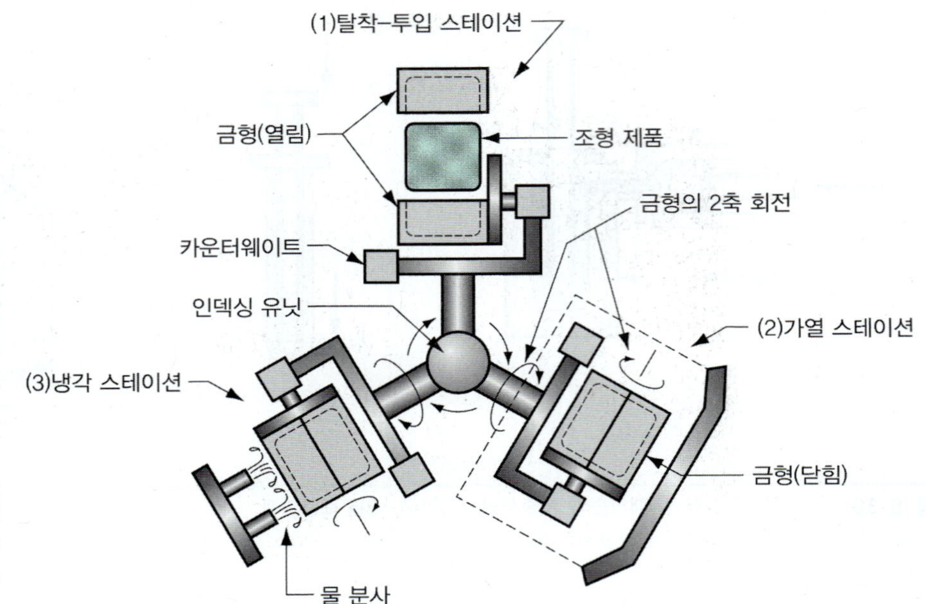

그림 8.31
3개의 스테이션 인덱싱 머신에서 수행되는 회전성형 사이클 (1)탈착-투입 스테이션, (2)금형의 가열, 회전, (3)금형 냉각
(출처: Fundamentals of Modern Manufacturing, 4th Edition by Mikell P. Groover, 2010. Reprinted with permission of John Wiley & Sons, Inc.).

8.8.2 회전성형

회전성형rotational molding은 회전하는 금형 속의 중력을 이용해 속이 빈 형상을 만든다. 로토몰딩rotomolding이라고도 불리는 이 공정은 대형 중공 형상을 만들기 위한 블로우성형의 대안이 될 수 있다. 주로 열가소성 중합체에 이용되나 열경화성이나 탄성 중합체에 대한 사용도 점차 늘고 있다. 로토몰딩은 외부 형상이 더 복잡하고, 대형이고, 소량생산일 경우 블로우성형보다 더 유리하다. 공정은 다음과 같은 단계로 이뤄진다. (1)미리 결정된 양의 중합체 분말이 분할 금형공동에 투입된다, (2)금형이 가열되고, 직각인 두 축에 대해 동시에 회전해 분말이 금형 내부에 밀착되면서 점차 균일한 두께의 층을 형성한다, (3)회전 중 금형이 냉각되고 플라스틱 층이 응고된다, (4)금형이 열리고 제품이 빼내어진다. 이 공정의 회전속도는 비교적 느리며 금형 표면에 균일한 코팅을 하는 것은 원심력이 아니라 중력이다.

회전성형의 금형은 블로우성형 또는 사출성형에 비해 간단하고 저렴하나, 생산 사이클이 10분 또는 그 이상으로 매우 길다. 생산의 장단점의 균형을 이루기 위해 [그림 8.31]과 같은 금형공동이 여러 개가 있는 인덱싱indexing, 분할 기계가 쓰인다. 기계는 3개의 워크스테이션이 3개의 금형을 순차적으로 작업할 수 있도록 설계된다. 첫 번째 스테이션은 탈착-투입 작업대로서, 완제품을 빼내고 다음 제품을 위한 분말을 금형에 투입한다. 두 번째 스테이션은 뜨거운 공기 대류로 금형을 가열하고 회전시키는 가열 체임버다. 체임버 안의 온도는 중합체와 성형하는 제품에 따라 다르지만 대략 375°C이다. 세 번째 스테이션은 플라스틱 성형품을 응고시키기 위해 찬 공기를 강제 순환시키거나 물을 분사해 금형을 냉각시킨다.

회전성형은 매우 다양한 제품을 만드는데 이용된다. 말 인형과 장난감 공 같은 속이 빈 장난감, 배와 카누의 선체, 모래상자, 물놀이통, 부표, 기타 물에 뜨는 기구, 트럭 몸체 부품, 자동차 계기판, 연료탱크, 가방, 가구, 쓰레기통, 패션 마네킹, 대형 산업용 통, 상자, 저장탱크, 이동용 화장실 등 수많은 예를 들 수 있다. 가장 흔한 성형 재료는 폴리에틸렌, 특히 HDPE이다. 그 외로는 폴리프로필렌, ABS, 내충격 폴리스티렌이 있다.

8.9 열성형

열성형thermoforming은 편평한 열가소성 박판을 가열해 원하는 형상으로 변형시키는 공정이다. 이는 제품 포장이나 욕조, 냉장고문 내부 라이너, 곡면 채광창 등과 같은 대형제품 생산에 광범위하게 사용된다.

열성형은 가열과 성형의 두 단계로 이뤄진다. 일반적으로 가열은 플라스틱 원자재 박판에서 한쪽 또는 양쪽으로 125mm 정도 떨어진 곳에 설치하는 복사열 히터로 이뤄진다. 박판을 충분히 부드럽게 하는데 필요한 가열 시간은 중합체 두께, 색상에 따라 달라진다. 성형의 방법은 3가지 종류 (1)진공 열성형, (2)압력 열성형, (3)기계적 열성형으로 분류된다. 이 중 박판성형에 관한 내용만을 설명하지만 포장산업에서 대부분의 열성형공정은 얇은 필름에 대해 이뤄진다.

진공 열성형 진공 열성형vacuum thermoforming은 가장 오래된 열성형공정이며(1950년대에 개발되었으며 간단히 진공성형이라 부른다), 예열된 박판을 금형공동으로 끌어당기는데 음압을 이용한다. [그림 8.32]는 기본적 형식의 진공 열성형공정을 보여준다. 금형에서 진공을 만드는 구멍은 직경 0.8mm 정도이기 때문에 플라스틱 표면에 미치는 영향은 미미하다.

압력 열성형 진공 성형의 대안으로서, 가열된 중합체를 금형공동에 붙이기 위해 압력을 이용하는 방법을 압력 열성형pressure thermoforming 또는 블로우포밍blow forming이

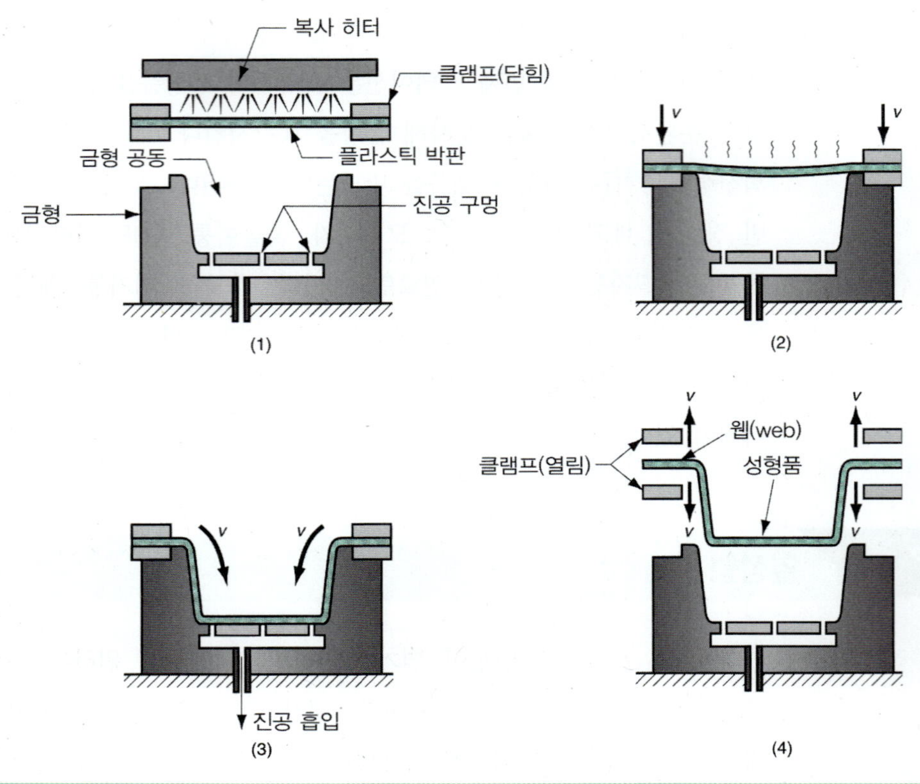

그림 8.32 진공 열성형 (1)편평한 플라스틱 박판을 가열해 부드럽게 만든다, (2)부드러운 박판을 오목한 금형공동 위에 놓는다, (3)진공을 이용해 박판을 금형공동으로 끌어들인다, (4)플라스틱이 차가운 금형 표면에 닿아 경화된 후 제품을 빼내고 웹을 다듬는다(출처: Fundamentals of Modern Manufacturing, 4th Edition by Mikell P. Groover, 2010. Reprinted with permission of John Wiley & Sons, Inc.).

라 한다. 진공 열성형은 이론적으로 최대 1기압이지만 압력 열성형은 더 높은 압력을 가할 수 있다는 장점이 있다. 압력 열성형의 압력은 3, 4기압이 보통이다. 공정 단계는 비슷하며 차이점은 박판이 위로부터 압력이 가해져 금형공동에 밀착된다는 것이다. 금형에는 갇혀 있는 공기를 빼내기 위한 통기 구멍이 있다. 성형 단계(단계 2, 단계3)는 [그림 8.33]과 같다.

이 시점에서 음 금형negative mold과 양 금형positive mold을 구분해보자. [그림 8.32]와 [그림 8.33]에 나타난 금형은 오목한 금형공동이므로 음 금형이며 양 금형은 볼록한 형상을 갖는다. 2가지 종류 모두 열성형에 사용된다. 양 금형의 경우 가열된 박판이 볼록한 형상 위에 덮이고, 음압 또는 양압이 가해져 중합체가 금형에 밀착된다. 진공 성형인 경우의 양 금형은 [그림 8.34]와 같다.

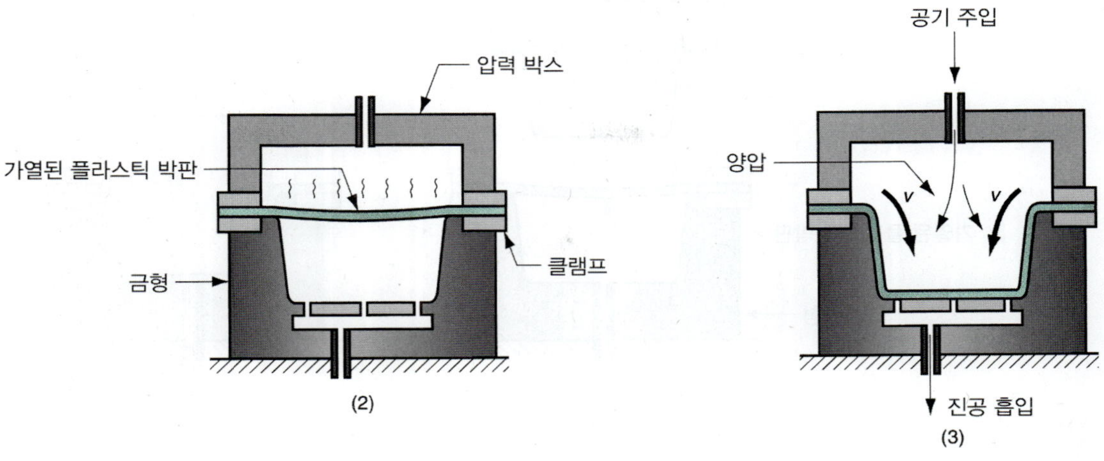

그림 8.33 압력 열성형. 이전 그림과 유사하며 차이점은 다음과 같다. (2)박판을 금형공동 위에 놓는다. (3)금형공동 쪽으로 박판에 양압을 가한다(출처: Fundamentals of Modern Manufacturing, 4th Edition by Mikell P. Groover, 2010. Reprinted with permission of John Wiley & Sons, Inc.).

그림과 같이 제품 형상이 동일하기 때문에 양 금형과 음 금형의 차이는 별로 중요하게 생각되지 않을 수 있다. 그러나 제품이 음 금형에서 제작된다면 제품의 외면은 정확히 그 금형의 표면 형상과 일치한다. 내면은 외면과 비슷한 모양이며 초기 박판의 상태 그대로일 것이다. 반면 박판이 양 금형에 덮이게 되면 제품의 내면은 볼록한 금형의 외형과 정확히 일치할 것이며 제품의 외면은 비슷한 모양일 것이다. 이 차이는 제품의 요구 사항에 따라 매우 중요할 수 있다.

또 다른 차이점은 플라스틱 박판의 두께 변화에 있으며 이는 열성형의 문제 중 하나다. 금형의 윤곽이 깊다면 박판은 금형 윤곽에 맞도록 늘려짐에 따라 상당히 얇아

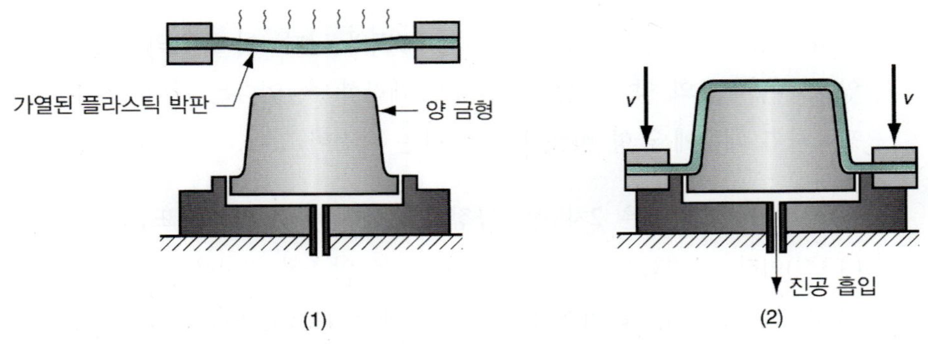

그림 8.34 진공 열성형에서 양 금형의 사용 (1)가열된 플라스틱 박판을 볼록한 양 금형에 놓는다. (2)클램프를 낮추어 박판으로 금형을 감싸고, 진공으로 금형 표면에 밀착시킨다(출처: Fundamentals of Modern Manufacturing, 4th Edition by Mikell P. Groover, 2010. Reprinted with permission of John Wiley & Sons, Inc.).

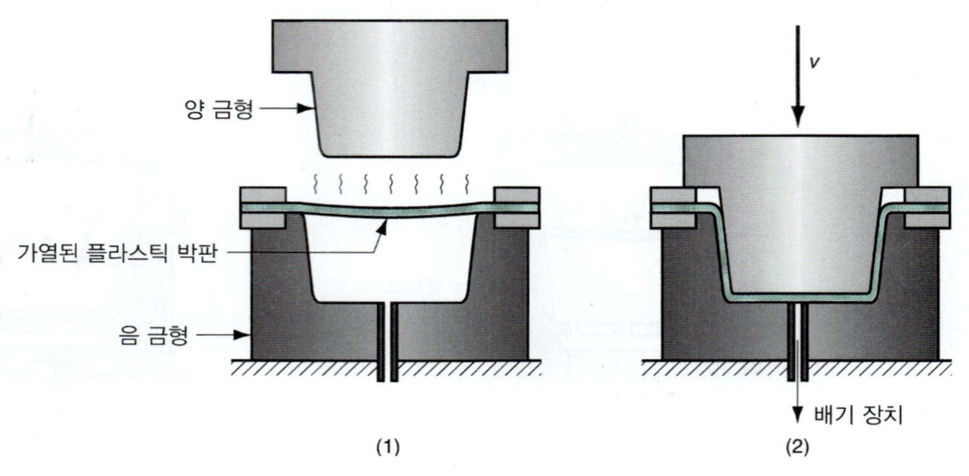

그림 8.35 기계적 열성형 (1)가열된 박판을 음 금형 위에 놓는다, (2)금형을 닫아 박판을 성형한다(출처: Fundamentals of Modern Manufacturing, 4th Edition by Mikell P. Groover, 2010. Reprinted with permission of John Wiley & Sons, Inc.).

지게 된다. 동일한 제품이라도 양 금형과 음 금형에서 얇아지는 경향은 서로 다르다. 예를 들어 욕조 모양의 제품을 생각해보자. 양 금형에서는 박판을 볼록한 형상 위에 덮으면 상부와 접하는 부분(욕조의 바닥에 해당하는 부분)이 신속히 응고하며 실제로 전혀 늘려지지 않는다. 이는 욕조 바닥이 두꺼워질 때 욕조 벽은 상당히 얇아지게 됨을 의미한다. 반면 음 금형에서는 박판이 차가운 면과 접촉하기 전에 더 균일하게 늘려지고 얇아지게 된다.

기계적 열성형 기계적 열성형mechanical thermoforming으로 불리는 세 번째 방법은 양 금형과 음 금형을 함께 사용하며 두 금형 사이에 위치한 가열된 플라스틱 박판을 눌러 원하는 형상으로 만드는 것이다. 순수 기계적 열성형 방법에서는 공기압이 전혀 사용되지 않는다. 공정은 [그림 8.35]와 같다. 이 공정의 장점은 치수 정밀도가 양호하며 제품의 양 표면을 세밀하게 제작할 수 있다는 점이다. 다만 2개의 금형이 필요하기 때문에 금형 비용이 더 든다는 단점이 있다.

적용 분야 열성형은 2차 성형공정이며 1차 공정은 박판 또는 필름을 만드는 공정(8.3절)이다. 열경화성 또는 탄성 중합체로 압출된 박판은 이미 교차결합이 되어 있어 재가열로도 부드러워지지 않기 때문에 열가소성 재료만이 열성형될 수 있다. 많이 사용하는 열성형 플라스틱은 폴리스티렌, 셀룰로오스 아세테이트(CA), 셀룰로오스 아세테이트 부티레이트(CAB), ABS, PVC, 폴리에틸렌, 폴리프로필렌 등이다.

대량생산 열성형공정은 포장산업에서 사용된다. 초기 박판 또는 필름은 가열실을 통과해 신속히 공급되며 기계적으로 원하는 형상으로 성형된다. 이러한 공정은 종종 여러 개의 펀치와 공동이 있는 금형을 장착한 프레스가 한 번 왕복 운동할 때 여러 개의 제품을 생산할 수 있도록 설계된다. 어떤 경우에는 박판 또는 필름을 생산하는 압출기를 열성형공정 전에 설치해 재가열할 필요가 없게 한다. 효율성의 극대화를 위해 음식물을 용기에 담는 공정을 열성형공정 바로 뒤에 위치시키기도 한다.

열성형으로 대량생산되는 얇은 필름 포장에는 기포막 포장blister pack과 표피 포장skin pack이 있다. 이는 화장품, 세면용품, 작은 공구, 체결구(못, 나사 등)와 같은 일용품을 포장하기에 좋은 방법이다. 더 두꺼운 박판으로 구성되는 대형제품도 열성형으로 만들 수 있다. 사무용 기기의 커버, 배 선체, 샤워 칸막이, 조명 확산기, 광고판, 욕조, 장난감 등이 그 예다.

8.10 플라스틱 주조

중합체 성형에서 주조는 액상 수지를 금형에 부어 중력으로 금형공동에 채우고 경화하는 것을 의미한다. 열가소성 수지와 열경화성 수지 모두 주조 가능한 재료다. 열가소성 수지는 아크릴, 폴리스티렌, 폴리아미드(나일론), 비닐(PVC) 등이다.

주조로 성형되는 열경화성 수지로는 폴리우레탄, 불포화 폴리에스터, 페놀, 에폭시 등이 있다. 이때의 주조공정은 열경화성 수지를 형성하는 용액들을 주형에 넣고 중합, 교차결합이 일어나는 과정을 포함한다. 중합체에 따라 열과 촉매가 필요할 수도 있다. 반응은 주형에 주입이 완료되기에 충분하도록 천천히 이뤄져야 한다. 특정한 폴리우레탄과 같이 급격히 반응하는 열경화성 재료는 반응 사출성형(8.6.4절)과 같은 대체 성형공정이 필요하다.

사출성형과 같은 공정에 비교할 때 주조가 갖는 장점은 다음과 같다. (1)금형이 더 간단하고 저렴하다, (2)주물의 잔류응력과 점탄성 복원이 비교적 적다, (3)소량생산에 더 적합하다, (2)번 장점으로 인해 아크릴 박판Plexiglas, Lucite은 일반적으로 광택 연마된 두 유리판 사이에서 주조된다. 주조공정은 투명한 플라스틱 박판에 매우 높은 수준의 편평도와 바람직한 광학특성을 부여한다. 이러한 수준의 편평도와 투명도는 박판 압출로는 얻을 수 없다. 몇몇 경우에는 주조품이 응고할 때 심각한 정도의 수축이 발생하는 단점이 있다. 예를 들어 아크릴 박판은 주조할 때 대략 20% 정도의 부피 수축이 발생한다. 이는 금형공동에 주입할 때 수축을 줄이기 위해 고압을 사용하는 사출성형에 비해 매우 큰 것이다.

전자산업에서 주조가 매우 중요하게 사용되는 분야는 밀봉공정encapsulation이다. 이는 변압기, 코일, 커넥터, 기타 전자 부품을 플라스틱 주조로 감싸는 공정이다.

8.11 중합체 폼 공정, 성형

중합체 폼polymer foam은 중합체와 가스의 혼합물이며 중합체를 다공성 또는 세포구조의 재료로 만들어준다. 가장 많이 사용되는 중합체 폼은 폴리스티렌(상표로는 스티로폼)과 폴리우레탄이다. 그 외의 재료로는 천연고무(발포고무)와 폴리염화비닐(PVC)이 있다. 중합체 폼의 특성은 (1)낮은 밀도, (2)단위무게 당 높은 강도, (3)우수한 단열, (4)우수한 에너지 흡수다. 폼의 성질을 좌우하는 것은 기초 중합체의 탄성이다. 중합체 폼은 다음과 같이 분류된다[6].

1. **탄성폼**elastomeric: 기지 중합체는 고무이며 큰 탄성변형이 가능하다.
2. **유연폼**flexible: 기지 중합체는 부드러운 PVC와 같은 높은 가소성 재료다.
3. **견고폼**rigid: 폴리스티렌과 같은 단단한 열가소성 재료 또는 페놀과 같은 열경화성 중합체가 쓰인다.

폴리우레탄은 화학적 구성, 교차결합 정도에 따라 3가지 종류 중 어느 것에도 포함될 수 있다.

중합체 폼의 특성과 기지 중합체를 선택해 탄성을 조절할 수 있는 능력으로 인해 중합체 폼은 매우 많은 분야에서 사용되는데, 뜨거운 음료 컵, 단열 구조재, 구조용 패널의 코어, 포장재, 가구, 침대 완충재, 자동차 계기판의 패딩, 부력이 필요한 제품 등이 그 예다.

중합체 폼에 많이 사용되는 가스는 공기, 질소, 이산화탄소다. 가스의 비율은 90% 이상까지 가능하다. 가스는 발포foaming 공정으로 불리는 다음의 여러 방법을 통해 주입된다. (1)기계적인 교반mechanical agitation으로 수지용액에 공기를 혼합하고, 가열 또는 화학적 반응으로 경화시킨다, (2)물리적 블로잉제physical blowing agent를 중합체와 혼합한다. 질소(N_2) 또는 펜탄(C_5H_{12})과 같은 가스에 압력을 가해 용융중합체에 용해시키고 압력을 줄이면 가스가 용액 밖으로 나오면서 팽창한다, (3)화학적 블로잉

제chemical blowing agent라 불리는 화학분말을 고분자재료에 혼합하고 온도를 올리면 블로잉제가 용융체 속에서 분해되면서 이산화탄소 또는 질소가스를 배출한다.

중합체 폼 제품의 성형공정은 여러 가지다. 폴리스티렌과 폴리우레탄이 가장 중요한 중합체 폼 재료이므로 두 재료에 대한 성형공정을 학습한다. 폴리스티렌은 열가소성이며 폴리우레탄은 열경화성 또는 탄성 중합체(열가소성이 될 수도 있지만 이 경우에는 덜 중요하다)이기 때문에 이들 재료에 대한 공정은 기타 중합체 폼에 사용되는 방법을 대표한다고 볼 수 있다.

폴리스티렌 폼polystyrene foams은 압출과 몰딩으로 성형된다. 압출과정 중 물리적, 화학적 블로잉제를 압출통의 다이 출구 부근에서 공급하면 압출물이 발포 중합체로 만들어진다. 대형 박판과 보드가 이러한 방법으로 생산되며 절단해 단열재 등으로 쓸 수도 있다.

폴리스티렌 폼에는 여러 가지 성형 방법이 사용된다. 구조용 폼 성형structural foam molding은 8.6.4절에서 설명했다. 보다 널리 사용되는 방법은 팽창 폼 성형expandable foam molding인데, 이것의 일반적인 성형재료는 폴리스티렌 프리폼 거품preform bead이다. 프리폼 거품은 물리적 블로잉제가 스며든 고체 폴리스티렌 펠릿으로 만들어진다. 프리폼 거품은 대형 탱크에서 생성되며 펠릿들을 부풀리기 위해 증기 열을 가하는 동시에 융합을 방지하기 위해 교반된다. 이후의 성형공정에서 프리폼 거품은 금형공동에 주입되고, 더 부풀고 서로 융합되어 조형부품으로 만들어진다. 폴리스티렌 폼으로 만든 뜨거운 음료용 컵이 이러한 방식으로 생산된다. 어떤 공정에서는 프리폼 단계가 생략되고, 거품을 바로 공급해 가열, 팽창, 융합한다. 다른 공정으로는 팽창 폼을 블로잉필름 압출(8.3절)을 이용해 편평한 박판으로 만든 후 열성형(8.9절)으로 계란 용기 등의 포장용기를 제조하는 것이 있다.

폴리우레탄 폼 제품은 2가지 용액polyol과 isocyanate을 혼합하고 바로 금형에 주입해 중합체를 합성하는 동시에 제품 형상을 얻는 한 단계 공정으로 생산된다. 폴리우레탄 폼 성형공정은 분무와 주입의 2가지 기본 공정으로 구성된다[11]. 분무spraying는 2가지 용액이 지속적으로 공급되고 혼합되는 스프레이건을 이용해 원하는 목표 표면에 분사하는 것이다. 중합화와 성형은 표면에 분사된 후 일어난다. 이러한 공정은 건설자재 패널, 열차, 유사한 대형 제품의 단열 폼을 만들 때 이용된다. 주입pouring은 혼합기의 용액을 반응이 일어나는 개방형 또는 밀폐형 금형에 주입하는 것이다. 개방형 금형은 원하는 곡면(예를 들어 자동차 의자 쿠션)이 있는 용기 또는 길고 연속된 폼을 만들기 위해 주입구로부터 천천히 진행하는 긴 채널이다. 밀폐형 금형은 일정한 양의 혼합액이 주입되는 완벽히 밀폐된 공동이다. 반응물질이 팽창해 금형공동을 완전히 채우면 제품의 형상이 만들어진다. 신속히 반응하는 폴리우레탄의 경우에는 반응 사출성형(8.6.4절)을 이용해 혼합물이 금형공동에 신속히 사출되게 한다. 최종 폼의 강성은 초기 성분으로 조절되는 교차결합의 정도에 따라 결정된다.

8.12 제품설계 고려사항

플라스틱은 중요한 설계 재료이지만 설계자는 플라스틱의 한계도 유념해야 한다. 이 절에서는 일반적으로 사용하는 플라스틱 부품에서부터 압출과 성형(사출성형, 압축성형, 트랜스퍼성형)으로 만드는 부품에 이르기까지의 설계 고려사항을 설명한다. 몇몇 고려사항은 성형공정에 관계없이 적용된다. 이는 대부분 설계자가 고려해야 하는 플라스틱의 한계다.

강도와 강성: 플라스틱은 금속과 같은 강도와 강성을 가지고 있지 않으므로 높은 응력이 가해지는 대상에는 사용하지 말아야 한다. 크리프 저항 또한 제한적이다. 강도는 중합체마다 매우 다르며 어떤 중합체의 무게 당 강도 비는 금속과 비슷하기도 하다.

내충격성: 플라스틱은 대부분의 금속에 비해 충격을 흡수하는 능력이 양호하다.

사용 온도: 플라스틱의 사용 온도는 금속과 세라믹에 비해 제한적이다.

열팽창: 플라스틱의 열팽창은 금속에 비해 크다. 따라서 금속에 비해 온도 변화에 따른 치수 변화가 훨씬 크다.

열화: 플라스틱은 햇빛이나 기타 다른 형태의 방사(radiation)로 인해 성능이 저하된다. 어떤 플라스틱은 산소, 오존 환경에서 열화된다. 끝으로, 플라스틱은 흔히 사용되는 용제에 용해된다. 많은 금속에 영향을 끼치는 부식에 강한 것은 긍정적 측면이다. 설계자는 특정 플라스틱의 약점을 감안해서 설계할 필요가 있다.

압출은 가장 많이 사용되는 플라스틱 성형공정 중 하나다. 전통적인 압출에 대한 몇 가지 설계 지침은 다음과 같다([3]에서 인용).

벽 두께: 벽 두께는 압출단면에서 균일한 것이 바람직하다. 벽 두께의 변화가 많으면 플라스틱의 유동이 균일하지 않고 일정한 냉각이 이뤄지지 않아 압출물이 뒤틀릴 수 있다.

중공 부분: 중공 부분은 금형 설계와 플라스틱 유동을 복잡하게 한다. 기능적 요구사항을 만족하면서 중공부가 없는 압출 단면을 설계하는 것이 바람직하다.

코너: 단면에서 내부와 외부의 날카로운 코너는 피해야 한다. 이는 공정 중 균일하지 않은 유동과 최종 제품에서의 응력집중이 발생하기 때문이다.

사출성형, 압축성형, 트랜스퍼성형에 적용할 지침은 다음과 같다([3], [10], 기타 문헌에서 인용).

경제적인 생산수량: 각 성형품은 고유한 금형을 요구하며 이러한 공정의 금형, 특히 사출 금형은 고가이다. 사출성형을 위한 최소 생산 수량은 일반적으로 10,000개 정도다. 압축성형은 금형 설계가 간단하기 때문에 최소 생산수량이 1,000개 정도다. 트랜스퍼성형은 그 중간 정도다.

제품 복잡성: 제품의 형상이 더 복잡하면 금형이 더 비싸지지만 여러 금형을 통해 나온 다수의 부품을 나중에 조립해야 한다면 복잡한 하나의 금형을 설계하는 것이 더 경제적일 수 있다. 플라스틱 성형의 장점은 한 부품에 여러 가지 기능적 특징을 부여할 수 있다는 점이다.

벽 두께: 일반적으로 두꺼운 단면은 바람직하지 않다. 이는 재료를 낭비하는 것이고, 수축할 때 뒤틀리기 쉬우며 응고하는데 시간이 많이 소요된다. 과도하게 벽 두께를 늘리지 않고도 강성을 높이려면 플라스틱 성형품에 보강리브(reinforcing rib)를 사용한다. 보강리브는 외벽에 함몰자국을 최소화하기 위해 보강하려는 벽보다 더 얇아야 한다.

코너 반경과 필릿(fillet): 외부와 내부의 날카로운 코너는 성형제품에 바람직하지 않다. 용융체의 자연스러운 흐름을 방해하고, 표면 결함을 발생시킬 가능성이 크며 최종 완성품에 응력 집중을 일으키기 때문이다.

구멍: 구멍은 플라스틱 성형으로 만들 수 있으나 금형 설계를 복잡하게 하고 제품을 꺼내기 어렵게 만든다. 용융체 흐름을 방해할 가능성도 있다.

구배(draft): 금형에서 성형물을 빼내기 위해 주물의 양쪽에 구배를 설계해야 한다. 특히 컵 모양의 성형물은 수축하면서 양 금형에 끼일 가능성이 있으므로 부품 내벽에 구배 여유를 설정하는 것이 중요하다. 열경화성 재료의 경우 경사각은 1/2~1° 정도가 좋다. 열가소성 재료의 경우는 보통 1/8~1/2° 정도다. 플라스틱성형 소재 공급자는 제품에 대한 바람직한 구배 정보를 제공한다.

공차: 공차는 허용할 수 있는 제조 편차를 말한다. 세밀하게 조절해 수축을 예견할 수 있을지라도 수축에 영향을 미치는 공정변수와 제품의 기하학적 형상의 변동성 때문에 사출성형에서 공차를 여유 있게 하는 것이 바람직하다. [표 8.2]는 몇 가지 플라스틱의 조형 부품 치수 공차를 나타냈다.

표 8.2 플라스틱으로 만든 조형 부품의 전형적인 공차

플라스틱	공차[a]		플라스틱	공차[a]	
	50mm 치수	10mm 구멍		50mm 치수	10mm 구멍
열가소성			열경화성		
ABS	±0.2mm(±0.007in)	±0.08mm(±0.003in)	에폭시	±0.15mm(±0.006in)	±0.05mm(±0.002in)
폴리에틸렌	±0.3mm(±0.010in)	±0.13mm(±0.005in)	페놀	±0.2mm(±0.008in)	±0.08mm(±0.003in)
폴리스티렌	±0.15mm(±0.006in)	±0.1mm(±0.004in)			

수치들은 전형적인 상업용 조형사례를 나타낸다. [3], [7], [14]와 [19]에서 인용.
[a]더 작은 크기에 대해 공차는 축소될 수 있고, 큰 크기에 대해서는 넓은 공차가 요구된다.

참고문헌 References

[1] Baird, D. G., and Collias, D. I. *Polymer Processing Principles and Design*. John Wiley & Sons, Inc., New York, 1998.

[2] Billmeyer, Fred, W., Jr. *Textbook of Polymer Science*. 3rd ed. John Weley & Sons, New York, 1984.

[3] Bralla, J. G. (Editor in Chief). *Design for Manufacturability Handbook*. 2nd ed. McGraw-Hill Book Company, New York, 1998.

[4] Briston, J. H. *Plastic Films*. 3rd ed. Longman Group UK Ltd., Essex, England, 1989.

[5] Chanda, M., and Roy, S. K. *Plastics Technology Handbook*. Marcel Dekker, Inc., New York, 1998.

[6] Charrier, J-M. *Polymeric Materials and Processing*. Oxford University Press, New York, 1991.

[7] *Engineering Materials Handbook*. Vol. 2. *Engineering Plastics*, ASM International, Metals Park, Ohio, 1988.

[8] Hall, C. *Polymer Materials*. 2nd ed. John Wiley & Sons, New York, 1989.

[9] Hensen, F. (Editor). *Plastic Extrusion Technology*. Hanser Publishers, Munich, FRG, 1988(Distributed in United States by Oxford University Press, New York).

[10] McCrum, N. G., Buckley, C. P., and Bucknall, C. B. *Principles of Polymer Engineering*. 2nd ed. Oxford University Press, Oxford, U.K., 1997.

[11] *Modern Plastics Encyclopedia*. Modern Plastics, McGraw-Hill, Inc. Hightstown, New Jersey, 1991.

[12] Morton-Jones, D. H. *Polymer Processing*. Chapman and Hall, London, U.K., 1989.

[13] Pearson, J. R. A. *Mechanics of Polymer Processing*. Elsevier Applied Science Publishers, London, 1985.

[14] Rubin, I. I. *Injection Molding: Theory and Practice*. John Wiley & Sons, New York, 1972.

[15] Rudin, A. *The Elements of Polymer Science and Engineering*. 2nd ed. Academic Press, Inc., Orlando, Florida, 1998.

[16] Strong, A. B. *Plastics: Materials and Processing*, 3rd ed. Pearson Educational, Upper Saddle River, New Jersey, 2006.

[17] Sweeney, F. M. *Reaction Injection Molding Machinery and Processes*. Marcel Dekker, Inc., New York, 1987.

[18] Tadmor, Z., and Costas, G. G. *Principles of Polymer Processing*. John Wiley & Sons, New York, 1979.

[19] Wick, C., Benedict, J. T., and Veilleux, R. F. *Tool and Manufacturing Engineers Handbook*. 4th ed. Volume II. *Forming*. Society of Manufacturing Engineers, Dearborn, Michigan, 1984, Chapter 18.

복습문제 Review Questions

8.1 플라스틱 성형공정이 중요한 이유를 몇 가지 제시하라.

8.2 플라스틱 성형공정을 제품 형상에 따라 분류하라.

8.3 플라스틱 성형공정에서 점도는 용융중합체의 중요 성질이다. 점도에 영향을 미치는 2가지 변수는 무엇인가?

8.4 용융중합체의 점도는 뉴턴유체의 점도와 어떻게 다른가?

8.5 용융중합체의 점탄성이란 무엇인가?

8.6 압출에서의 다이 팽창을 정의하라.

8.7 플라스틱 압출 공정을 간단히 설명하라.

8.8 압출기의 배럴과 스크루는 일반적으로 세 부분으로 나눠진다. 각 부분을 간단히 설명하라.

8.9 압출기 배럴의 다이 끝에서의 스크린팩과 파쇄판의 기능은 무엇인가?

8.10 압출물 형상과 그에 따른 다이의 다양한 형태를 설명하라.

8.11 플라스틱 시트와 필름의 차이점은 무엇인가?

8.12 필름 소재를 생산하는 블로잉필름 압출 공정은 무엇인가?

8.13 캘린더링 공정을 설명하라.

8.14 중합체 섬유와 필라멘트는 여러 분야에서 사용된다. 가장 중요한 적용 분야는 무엇인가?

8.15 섬유와 필라멘트의 기술적 차이점은 무엇인가?

8.16 사출성형공정을 간단히 설명하라.

8.17 사출성형기는 크게 두 요소로 구분된다. 이에 대해 간단히 설명하라.

8.18 사출금형의 게이트는 어떤 기능을 하는가?

8.19 사출성형에서 삼판 금형이 양판 금형보다 유리한 점은 무엇인가?

8.20 플라스틱 사출성형에서 일어날 수 있는 결함에 대해 설명하라.

8.21 열가소성과 열경화성 플라스틱에 대한 사출성형의 장비, 공정의 차이점을 설명하라.

8.22 반응 사출성형이란 무엇인가?

8.23 블로우성형으로 생산하는 제품에는 어떤 것이 있는가?

8.24 열성형에서 초기 원자재의 형태는 무엇인가?

8.25 열성형에서 양 금형과 음 금형의 차이는 무엇인가?

8.26 압력 또는 진공 열성형에 비해 기계적 열성형의 금형이 비싼 이유는 무엇인가?

8.27 플라스틱으로 부품을 설계할 때 설계자가 명심해야 하는 일반적 고려사항은 무엇인가?

연습문제 PROBLEMS

8.1 압출기 배럴의 직경은 65mm이고, 길이는 1.75m다. 스크루는 55rev/min으로 회전하고, 스크루 채널의 깊이는 5.0mm, 플라이트 각은 18°이다. 배럴의 다이 끝 수두압력은 5.0×10^6Pa이고, 용융중합체의 점도는 100Pa-s이다. 배럴 내의 플라스틱 유량을 구하라.

8.2 압출기 배럴의 직경은 110mm, 길이는 3.0m다. 스크루 채널 깊이는 7.0mm, 피치는 95mm다. 용융중합체의 점도는 105Pa-s이고 배럴의 수두압력은 4.0MPa이다. $90m^3/s$의 유량을 얻으려면 스크루는 얼마의 속도로 회전해야 하는가?

8.3 압출기의 직경은 80mm, 길이는 2.0m다. 스크루 채널의 깊이는 5mm, 플라이트 각은 18°이고, 스크루는 1rev/sec의 속도로 회전한다. 플라스틱 용융체의 전단 점도는 150Pa-s이다. Q_{max}, p_{max}를 계산하고 이를 연결하는 직선의 식을 구해 압출기의 특성을 결정하라.

8.4 스크루 피치 p가 스크루 직경 D와 같도록 하는 나선각 A를 구하라. 이는 플라스틱 압출에서 '스퀘어(square)' 각이라 부르며 스크루의 매 회전에 따라 플라이트가 직경과 같은 거리만큼 진행하게 되는 각을 말한다.

8.5 압출기 배럴의 직경은 2.5in이며 스크루는 60rev/min의 속도로 회전한다. 스크루 채널 깊이는 0.20in이며 플라이트 각은 17.5°이다. 배럴의 다이 끝 수두압력은 $800lb/in^2$이고 배럴의 길이는 50in이다. 용융중합체의 점도는 $122 \times 10^{-4}lb\text{-}sec/in^2$일 때 배럴 내의 플라스틱 유량을 구하라.

8.6 압출기 배럴의 직경은 4.0in이고, L/D비는 28이다. 스크루 채널의 깊이는 0.25in, 피치는 4.8in이며 스크루는 60rev/min의 속도로 회전한다. 용융중합체의 점도는 $100 \times 10^{-4}lb\text{-}sec/in^2$이다. 150 in^3/min의 유량을 얻기 위한 수두 압력을 구하라.

8.7 압출기 배럴의 직경은 100mm, 길이는 2.8m다. 스크루 회전속도는 50rev/min이고, 채널 깊이는 7.5mm, 플라이트 각은 17°이다. 용융중합체의 전단 점도는 175Pa-s일 때 다음을 결정하라. (a)압출기 특성, (b)직경 3.0mm, 길이 12.0mm인 원형 다이 출구의 형상계수 K_s, (c)작동점(Q와 p).

8.8 압출기 배럴의 직경은 4.5in, 길이는 11ft이다. 압출기 스크루는 60rev/min의 속도로 회전하며 스크루의 채널 깊이는 0.35in, 플라이트 각은 20°이다. 용융 플라스틱의 전단 점도는 $125 \times 10^{-4}lb\text{-}sec/in^2$일 때 다음을 결정하라. (a) Q_{max}, p_{max}, (b) D_d가 0.312in이고 L_d가 0.75in인 원형 다이 출구의 형상계수 K_s, (c)작동점의 Q값과 p값.

8.9 ABS로 만든 사출성형 제품의 치수는 225.00mm다. [표 8.1]의 수축계수를 이용해 가공되어야 하는 금형공동의 치수를 구하라.

8.10 폴리카보네이트로 만든 사출성형 제품의 치수가 3.75 in일 때 [표 8.1]의 수축계수를 이용해 가공되어야 하는 금형공동의 치수를 구하라.

8.11 사출성형 부서의 한 작업자가 폴리에틸렌 성형품이 계산값보다 더 크게 수축한다고 말했다. 이 제품의 중요 치수는 112.5±0.25mm이고, 실제 치수는 112.02mm이다. (a)첫 단계로 금형공동의 치수를 확인해야 한다. 폴리에틸렌의 수축계수가 0.025(표 8.1)일 때 금형의 치수를 정확하게 계산하라, (b)수축량을 줄이기 위해서는 공정 변수 중 어떤 값을 조절해야 하는가?

8.12 블로우성형에서 사용하는 폴리에틸렌 패리슨의 압출 다이 평균 직경은 18.0mm다. 다이의 링 출구 크기는 2.0mm이고, 다이 오리피스를 빠져나온 패리슨의 평균 직경은 21.5mm로 팽창하는 것으로 관찰되었다. 블로우성형 용기의 직경이 150mm라 할 때 다음을 구하라. (a)용기의 벽 두께, (b)패리슨의 벽 두께.

8.13 패리슨이 외경 11.5mm, 내경 7.5mm인 다이에서 압출된다. 관측된 다이 팽창비는 1.25다. 패리슨은 외경이 112mm(2l 음료수병의 표준 크기)인 음료수 용기를 블로우성형하는데 사용된다. (a)용기 벽의 두께는 얼마인가? (b)빈 2l 음료수 용기를 구해 주의 깊게 직경 방향으로 절단하라. 마이크로미터를 이용해 벽 두께를 측정하고 (a)의 답과 비교하라.

8.14 평균 직경이 27mm인 패리슨을 압출 공정으로 생산한다. 패리슨을 만드는 다이의 내경은 18 mm, 외경은 22mm다. 블로우성형으로 만든 용기의 최소 벽 두께가 0.4mm라면 블로우금형의 최대 허용 직경은 얼마인가?

8.15 폴리프로필렌(PP)으로 속이 빈 장난감 공을 성형하기 위해 회전성형을 이용하려 한다. 공의 직경은 1.25ft, 벽 두께는 3/32in가 되어야 한다. 이러한 요구 조건을 충족하려면 금형에 얼마만큼의 PP 분말을 넣어야 하는가? 여기서 PP의 비중은 0.90, 물의 밀도는 62.4lb/ft^{3}이다.

8.16 어떤 열성형공정으로 큰 컵 모양의 제품을 만드는데, 벽 두께가 너무 얇아지는 문제가 발생했다. 양 금형을 사용한 전통적인 압력 열성형공정을 이용했으며 플라스틱은 초기 두께가 3.2 mm인 ABS 박판이다. (a)컵의 두께가 얇아지는 현상이 왜 발생하는가? (b)문제를 해결하려면 공정을 어떻게 바꿔야 하는가?

CHAPTER

09

고무와 중합체 기지 복합재료 성형공정

Shaping Processes for Rubber and Polymer-Matrix Composites

대부분의 플라스틱 성형공정(8장 참조)은 고무, 중합체 기지 복합재료에도 적용될 수 있다. 그러나 이 재료들의 성형공정은 플라스틱과의 차이점을 고려해서 조정되어야 한다. 이 장에서는 이러한 조정과 차이점에 대해 검토한다.

고무 산업은 플라스틱 산업과 별개로 취급되며 고무로 만드는 제품은 타이어가 압도적으로 많다. 타이어는 자동차, 트럭, 비행기, 자전거 등에 많이 사용된다. 고무 기술의 역사는 Charles Goodyear가 가황을 발견한 1839년까지 거슬러 올라간다. 가황이란 천연고무의 중합체 분자가 서로 교차결합하면서 유용한 재료로 변환되는 과정을 말한다. 고무 산업의 초기에는 천연고무의 처리가 주를 이루었다. 2차 대전 즈음 합성고무가 개발되자 합성고무는 오늘날까지 고무 생산의 대부분을 차지한다. 타이어를 포함하는 많은 고무 제품은 카본블랙을 보강재로 사용하기 때문에 사실상 중합체 기지 복합재료라 할 수 있다. 또한 타이어와 고무 컨베이어는 철사나 기타 재료를 사용해 늘어나는 정도를 제한하기 때문에 복합재료의 구조를 가진다. 9.1절에서는 고무 공정 기술에 대해 알아보고, 9.2절에서는 타이어와 기타 고무 제품의 제조를 설명한다.

이 장은 중합체 기지 복합재료를 유용한 부품, 제품으로 만드는 제조공정도 함께 다룬다. 중합체 기지 복합재료(polymer-matrix composite: PMC)는 섬유나 분말과 같은 강화재와 중합체로 구성된 복합재료다(2.4절). PMC 공정의 기술적, 상업적 중요성은 PMC, 특히 섬유강화 중합체(fiber-reinforced polymers: FRP) 사용의 증가에서 비롯되었다. 일반적으로 PMC는 FRP를 의미한다. FRP 복합재료는 무게 당 강도, 무게 당 탄성계수 비율을 높일 수 있다. 이러한 특징이 FRP를 비행기, 자동차, 트럭, 보트, 스포츠 장비 제조에 알맞게 한다. PMC 성형공정에 대한 설명은 9.3~9.8절까지 이어진다.

9.1 고무 처리, 성형

고무 제품의 제조는 크게 두 단계, 즉 (1)고무 자체의 생산, (2)완제품으로의 고무 가공으로 나눠진다. 고무 생산공정은 고무가 천연 또는 합성 여부에 따라 달라진다. 천연고무(NR)는 농작물에서 만들어지며 대부분의 합성고무는 원유로 만들어진다.

고무 생산은 (1)합성, (2)혼합, (3)성형, (4)가황 공정을 거쳐 이뤄진다. 천연고무와 합성고무의 공정기술은 사실상 동일하나 가황(교차결합)에 사용되는 화학물질이 다르다. 열가소성 탄성 중합체는 이러한 과정을 적용할 수 없지만 그에 대한 성형기술은 여타 열가소성 중합체와 동일하다.

고무의 생산과 가공에 관련된 산업은 몇 가지로 구분된다. 천연고무의 제조는 농업으로 분류되는데, 이는 천연고무의 주성분인 라텍스latex가 열대기후의 대형농장에서 재배되기 때문이다. 반면 합성고무는 석유화학산업에서 생산된다. 또한 이러한 재료로부터 타이어, 신발류, 기타 고무 제품을 만드는 것은 제조업에서 이뤄진다. 이와 같은 제조공장은 고무 산업체라 부르며 대표적인 예로는 Goodyear사, B.F.Goodrich사, Michelin사가 있다. 이름에서부터 고무 산업 내 타이어의 중요성을 알 수 있다.

9.1.1 고무 생산

이 절은 제조공장으로 보내지기 전까지의 고무에 대해 설명한다. 천연고무와 합성고무를 구분해 설명한다.

천연고무 천연고무는 고무나무에서 라텍스의 형태로 얻어진다. 고무나무는 동남아시아, 기타 지역의 대형농장에서 재배된다. 라텍스란 중합체 폴리이소프렌(2.3.3절) 고형 입자와 물이 섞인 콜로이드 용액을 말한다. 폴리이소프렌은 고무를 이루는 화학물질이며 용액의 약 30%를 차지한다. 라텍스는 커다란 탱크에 수집되어 결과적으로 여러 나무에서 채취된 것이 서로 섞인다.

라텍스로부터 고무를 추출하는데 가장 선호되는 방법은 응고다. 먼저 라텍스를 물로 희석해 천연 농축액 농도의 반 정도가 되도록 한다. 라텍스가 12시간 정도 지나 응고될 수 있도록 포름산(HCOOH) 또는 초산(CH_3COOH)과 같은 산을 첨가한다. 그 후 부드러운 고형 판 상태가 된 응고물을 일련의 롤러로 압착해 물을 제거하고, 두께를 3mm 정도로 감소시킨다. 마지막 롤러에는 최종 시트에 십자무늬를 새겨 넣는 홈이 있다. 시트는 나무 프레임에 덮여 훈제실에서 건조된다. 뜨거운 연기는 크레오소트creosote를 포함하고 있어 곰팡이의 번식과 산화를 방지한다. 시트가 완전히 건조되는데는 보통 며칠이 소요된다. 완성된 고무는 리브형 훈연 시트ribbed smoked sheet라 불리며 큰 더미로 접혀 제조공장으로 배송된다. 이러한 고무는 독특한 짙은 갈색을 띤다. 어떤 경우에는 시트를 건조시키기 위해 훈제실 대신 뜨거운 공기를 사용하는데, 이를 통해 만들어지는 고무는 공기건조 시트air-dried sheet라 불리며 고급 고무로 취급된다. 이보다 더 좋은 등급의 고무인 페일 크레이프pale crepe는 두 단계로 응고된다. 첫 단계에서 라텍스의 불순물을 제거하고, 두 번째 단계에서는 세척, 기계적 작업을 거친 후 더운 공기로 건조한다. 페일 크레이프는 옅은 황갈색이다.

합성고무 합성고무의 여러 종류는 2.3.3절에서 설명했다. 대부분의 합성고무는 원유로 만들어지며 다른 중합체를 합성하는 중합화 기술과 동일한 방법이 사용된다. 그러나 보통 펠릿이나 수지용액으로 공급되는 열가소성, 열경화성 중합체와는 달리 합성고무는 대형 곤포의 형태로 고무 생산 장비에 공급된다. 오래 전부터 천연고무 업체는 고무를 이러한 단위 하물로 취급하는 전통 방식을 따라왔다.

9.1.2 합성

고무에는 항상 첨가제가 합성된다. 적용 분야에 맞는 성질, 비용, 가공성을 만족하는 특정 고무는 합성을 통해 만들어진다. 합성 단계에서는 가황을 위한 화학물질이 첨가되며 전통적으로 황이 많이 사용된다. 가황 공정은 9.1.5절에서 다룬다.

첨가제에는 고무의 기계적인 특성을 보강하거나(보강재 역할) 비용을 줄이기 위해 고무를 팽창시키는(비보강재 역할) 충진제filler가 있다. 고무에 가장 중요한 보강재는 카본블랙carbon black인데, 이는 탄소의 용액 형태이고 검정색을 띠며 탄화수소를 열분해해 얻어진다. 카본블랙은 최종 고무 제품의 인장 강도, 내마모성, 내파열성을 향상시키는 효과가 있다. 자외선으로부터 보호하는 기능도 있다. 이러한 보강 기능은 타이어에 특히 중요한 것이다. 대부분의 고무 제품은 카본블랙 성분 때문에 검은색을 띤다.

카본블랙이 가장 중요한 충진제이기는 하지만 다른 성분들도 사용된다. 수산화알루미늄 실리케이트($Al_2Si_2O_5(OH)_4$) 성분의 고령토china clay는 카본블랙보다 보강 능력은 떨어지지만 검은색이 어울리지 않는 적용 분야에 사용된다. 탄산칼슘($CaCO_3$)은 비보강 충진제로 분류된다. 규토(실리카, SiO_2)는 입자 크기에 따라 보강 기능이나 비보강 기능을 수행한다. 스티렌, PVC, 페놀과 같은 중합체도 충진제로 사용된다. 일부 고무 제품에는 재활용 고무가 충진제로 쓰이기도 하지만 비율은 10%를 넘지 않는다.

그 외의 고무 첨가제로는 산화에 의한 시효효과aging를 완화하는 항산화제, 피로, 오존 방지 화학제, 색소, 가소제plasticizer, 유연 오일softening oil, 고무 폼을 만드는 블로잉제blowing agent, 금형 분리용 화합물을 들 수 있다.

많은 고무 제품들은 신장성을 줄이면서도 고무의 바람직한 성질은 유지하기 위해 필라멘트 보강재를 필요로 한다. 타이어와 컨베이어 벨트가 그 예다. 이러한 목적으로 사용되는 필라멘트는 셀룰로오스, 나일론, 폴리에스터를 포함한다. 유리섬유와 강철도 보강재로 사용될 수 있다(예를 들어 스틸 벨트 타이어). 이러한 연속 섬유 재료는 성형공정에서 추가되어야 하며 다른 첨가제와 혼합되지 않는다.

9.1.3 혼합

구성 성분이 균일하게 퍼지려면 기본 고무에 첨가제가 완벽히 혼합되어야 한다. 경화되지 않은 고무는 점도가 높다. 고무의 기계적인 작업 공정은 온도가 150°C까지 오를 수 있다. 가황제가 혼합의 초기 단계부터 첨가된다면 너무 이른 경화가 이뤄지는데, 이는 고무 업체 현장에서 일어날 수 있는 가장 큰 문제가 된다. 따라서 보통 혼합 공정은 두 단계로 이뤄지고 있다. 첫 번째 단계에서는 카본 블랙, 기타 비가황 첨가제를 고무와 섞는다. 이 단계의 혼합은 마스터배치masterbatch라고도 불린다. 완

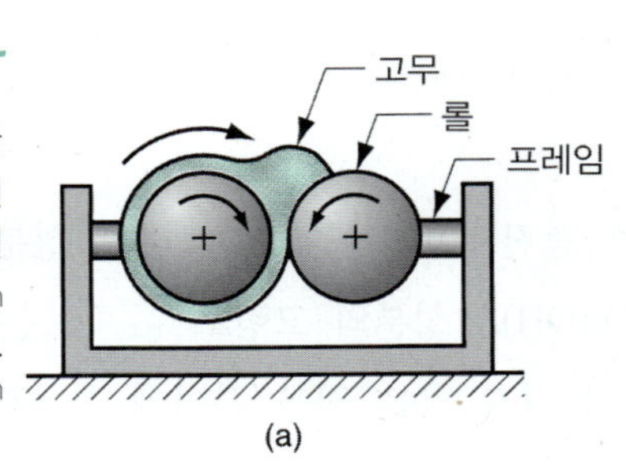

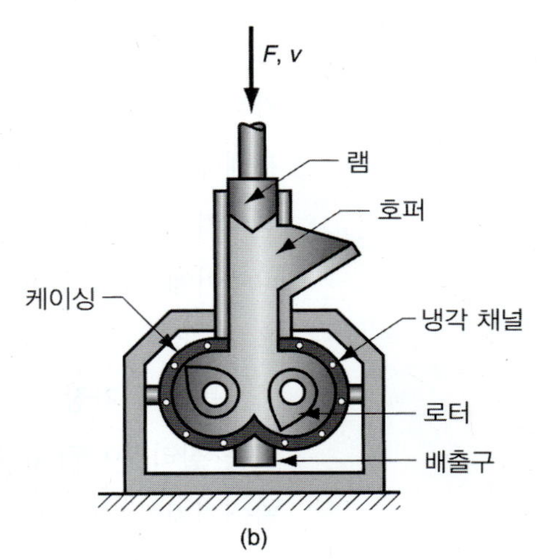

그림 9.1
고무 공정에 사용되는 혼합기 (a)2단 롤밀, (b)밴버리 믹서. 이들 기계는 천연고무를 곤죽으로 만드는데도 사용될 수 있다(출처: Fundamentals of Modern Manufacturing, 4th Edition by Mikell P. Groover, 2010. Reprinted with permission of John Wiley & Sons, Inc.).

전한 혼합이 이뤄지고 충분히 냉각되면 두 번째 단계로 넘어가 가황제를 첨가한다. 혼합에 필요한 장비로는 [그림 9.1]에서 보는 바와 같이 2단 롤밀two-roll mill 혼합기와 밴버리 믹서Banbury mixer와 같은 내부 혼합기가 있다. 2단 롤밀 혼합기는 2개의 평행한 롤과 지지 프레임으로 구성되며 지지 프레임은 롤의 간격을 적당히 유지시키며 동일한 속도 또는 약간 다른 속도로 롤을 회전시킨다. [그림 9.1(b)]의 밴버리 형식과 같은 내부 혼합기에는 재킷jacket 안에 2개의 로터가 있다. 로터에는 날이 달려 있고, 복잡한 흐름을 만들기 위해 서로 다른 속도에 반대 방향으로 회전한다.

9.1.4 성형, 관련 공정

고무 제품의 성형공정은 기본적으로 4가지 종류인 (1)압출, (2)캘린더링, (3)피복, (4)몰딩, 주조로 나눠진다. 이러한 공정의 대부분은 이전 장에서 설명했다. 이 절에서는 이러한 공정이 고무에 적용될 때 발생하는 특징적인 문제들에 대해 살펴본다. 몇몇 제품들은 기본 공정에 더해 조립 공정이 추가적으로 필요하며 타이어가 그 대표적인 예다.

압출 중합체의 압출은 8.2절에서 설명했다. 고무를 압출하는데 일반적으로 스크루 압출기를 사용한다. 압출기 배럴의 L/D비는 열경화성 수지의 경우와 같이 열가소성 수지 압출기 배럴의 L/D비보다 작다. 즉, 일반적으로 10~15 사이인데, 이는 교차결합이 너무 빨리 일어나는 것을 막기 위함이다. 중합체는 소성이 매우 높으며 형상을 기억하는 성질이 있으므로, 고무 압출물에도 다이 팽창이 발생한다. 이 압출물은 아직 가황되지 않은 상태다.

캘린더링 이 공정은 고무재료를 회전하는 롤러 사이로 통과시켜 두께를 줄이는 과정이다(8.3절). 고무 산업에서 사용되는 캘린더링 장비는 열가소성 수지에 사용되는 것보다 훨씬 크다. 고무가 더 점도가 높으며 성형하기 어렵기 때문이다. 캘린더링의 출력물은 마지막 롤러 사이의 간격과 같은 두께의 고무시트다. 앞서 말한 것처럼 시트에도 팽창이 발생하므로 실제 결과물의 두께는 원래 롤러의 간격보다 조금 더 두껍다.
압출이나 캘린더링으로 두꺼운 시트를 만드는데는 몇 가지 문제가 있다. 압출에서는 두께를 조절하기 어려우며 캘린더링에서는 공기가 들어가기 쉽다는 것이다. 이러한 문제는 [그림 9.2]와 같이 압출과 캘린더링을 롤러 다이roller die 공정에서 결합하면 해결된다. 여기서는 압출기 다이가 캘린더 롤을 움직여주는 슬릿 역할을 한다.

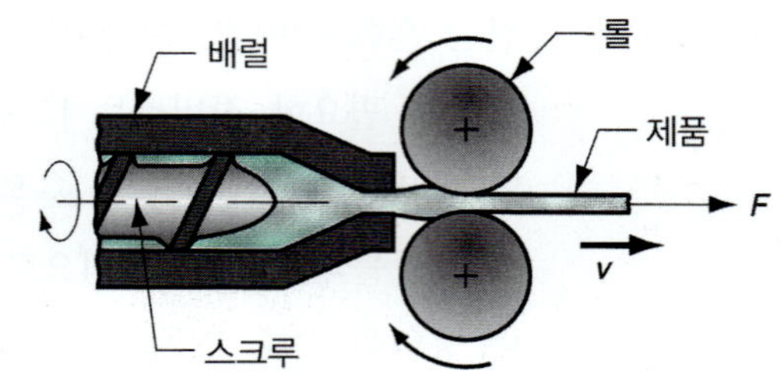

그림 9.2
롤러 다이 공정: 고무 압출과 롤링(출처: Fundamentals of Modern Manufacturing, 4th Edition by Mikell P. Groover, 2010. Reprinted with permission of John Wiley & Sons, Inc.).

피복 고무 산업에서 직물에 고무를 피복하거나 주입하는 것은 매우 중요한 공정이다. 이러한 복합재료는 자동차 타이어, 컨베이어 벨트, 고무보트, 방수포, 텐트, 우비 등에 사용된다. 기질섬유 위에 고무를 피복하는 방법은 여러 가지다. 캘린더링이 그 중 하나임은 앞에서 설명했다. [그림 9.3]은 강화고무판을 만들기 위해 직물을 캘린더 롤에 넣는 과정을 보여준다.

캘린더링의 대안으로는 스키밍, 담그기, 분무가 있다. 스키밍skimming 공정은 고무 화합물을 유기 용제에 용해시킨 걸쭉한 용액을 공급 스풀에서 풀려 나오는 직물에 도포한다. 피복된 직물은 용제를 적당한 두께로 만들어주는 닥터 블레이드doctor blade 밑을 통과한 후 열로 용제를 제거하는 증기실로 이동한다. 담그기dipping는 이름에서 알 수 있듯 직물을 고무가 농축된 용액에 담갔다가 건조하는 것을 말한다. 마찬가지로 분무spraying 공정에서는 스프레이건이 고무 용액을 분사시키는데 사용된다.

몰딩, 주조 몰딩으로 만드는 고무 제품에는 신발창, 신발 굽, 개스킷, 누설방지제, 흡입 컵, 병마개 등이 있다. 고무 폼 부품들도 상당수 몰딩으로 만들어진다. 몰딩은 타이어 제조에서도 중요한 공정이다. 고무에 있어 많이 사용되는 몰딩 방법은 (1)압축성형, (2)트랜스퍼성형, (3)사출성형이다. 압축성형은 타이어 제조에 사용되므로 가장 중요히 여겨지는 기술이다. 세 경우 모두 경화(가황)는 금형 속에서 이뤄지는데,

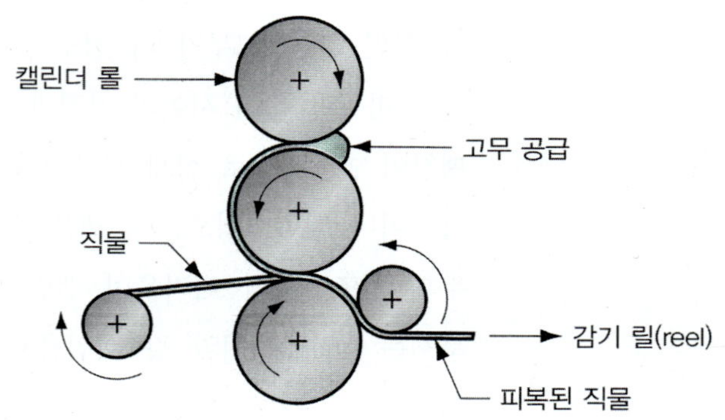

그림 9.3
캘린더링 공정을 이용한 직물의 고무 피복(출처: Fundamentals of Modern Manufacturing, 4th Edition by Mikell P. Groover, 2010. Reprinted with permission of John Wiley & Sons, Inc.).

이는 앞서 설명한 중합체 성형이 독립된 경화 단계를 필요로 하는 것과 다른 점이다. 열경화성 수지의 사출성형에서와 마찬가지로 고무의 사출성형에도 너무 이른 경화가 일어날 위험이 있다. 고무 제품을 생산하는 전통적인 방법보다 사출성형이 유리한 점은 치수 정밀도 조절이 양호하며 스크랩이 적어지고 생산주기 시간을 줄일 수 있다는 것이다. 사출성형법은 일반적인 고무뿐만 아니라 열가소성 탄성 중합체의 몰딩에도 사용될 수 있다. 사출성형은 사용하는 금형의 가격이 높으므로 대량생산에 적합하다.

딥 주조dip casting는 고무장갑이나 장화를 만드는데 이용된다. 이는 양 금형을 원하는 두께로 만들기 위해 일정 시간 동안(혹은 반복적으로) 중합체 용액에(또는 가열된 형을 플래스티졸에) 담가두는 공정이다. 이후 피복재를 금형에서 벗기고 고무가 교차결합하도록 경화하면 된다.

9.1.5 가황

가황vulcanization은 탄성 중합체 분자들의 교차결합을 이루는 공정이다. 가황 과정이 있어야 고무의 강성과 강도가 늘어나고 신장성은 유지된다. 이는 고무 생산에서 매우 중요한 단계다. 가황 공정의 미세 구조로 본 모습을 [그림 9.4]에 나타냈는데, 고무의 긴 사슬 모양 분자들이 결합하는 것을 볼 수 있다. 이는 탄성 중합체가 유동하는 성질을 줄이는 효과가 있다. 일반적인 연질고무에는 수천 단위mer 당 1개 혹은 2개의 교차결합이 있다. 교차결합의 수가 증가할수록 중합체는 더 단단해지고 열경화성 플라스틱(경질 고무)과 같은 성질을 보인다.

Goodyear사에서 처음 개발한 원래의 가황 공정은 140°C에서 약 5시간 동안 진행되었으며 황(무게 기준으로 천연고무 100에 대해 황 8의 비율)을 사용했다. 그 외의 화학물질은 사용되지 않았다. 오늘날에는 황만을 사용한 가황 공정은 경화시간이 많이 소요되기 때문에 더 이상 사용되지 않는다. 대신 산화아연(ZnO), 스테아르산($Cl_{18}H_{36}O_2$)을 포함해 다양한 화학 성분을 황과 함께 사용해 가황 처리를 빠르고 강하게 하고 있다. 결과적으로 경화시간은 15~20분 정도로 빨라졌다. 또한 황을 사용하지 않는 다양한 가황 공정이 개발되고 있기도 하다.

고무 몰딩 공정에서 가황 공정은 금형 속에서 이뤄진다. 금형의 온도는 경화에 알맞은 온도로 유지된다. 기타 성형공정에서는 가황을 제품이 성형된 후에 수행한다. 대개 가황 공정은 뱃치batch 공정과 연속 공정으로 나눠진다. 뱃치 공정에는 증기 가열

그림 9.4
고무 분자의 가황 효과. (1)생고무, (2)가황고무(교차결합). 가황고무는 (a)교차결합이 적은 연질고무와 (b)교차결합이 많은 경질고무를 포함한다(출처: Fundamentals of Modern Manufacturing, 4th Edition by Mikell P. Groover, 2010. Reprinted with permission of John Wiley & Sons, Inc.).

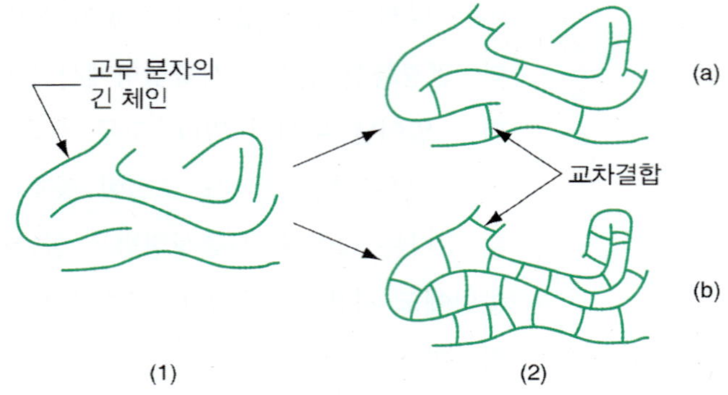

압력 용기인 오토클레이브autoclave를 사용하는 것, 질소와 같은 가열된 가스로 고무를 경화하는 가스경화법gas curing이 포함된다. 여러 기본 공정은 연속적인 제품을 생산하며 제품이 낱개로 나눠지지 않는다면 연속 가황 공정을 하는 것이 적당하다. 연속 공정에는 고무 피복된 와이어나 케이블의 경화에 적합한 고압증기법high-pressure steam, 셀형 압출물과 카펫 밑깔개를 만드는 고온공기 터널법hot-air tunnel[5], 연속적인 고무판(벨트나 바닥재 등)을 하나 이상의 가열 롤러에 통과시켜 가황하는 연속 드럼 경화법continuous drum cure이 있다.

9.2 타이어, 기타 고무 제품 제조

타이어는 전체 고무 제품 중량의 3/4을 차지할 정도로 고무 산업의 주요 품목이다. 그밖에 중요한 제품은 신발, 호스, 컨베이어 벨트, 밀봉재seal, 완충부품, 고무 폼 제품, 스포츠 용품 등이다.

9.2.1 타이어

공기 타이어는 자동차의 필수 부품이다. 타이어는 자동차, 트럭, 버스, 트랙터, 토목기계, 군용 장비, 자전거, 오토바이, 비행기 등에 사용된다. 타이어는 자동차, 승객, 화물의 무게를 지탱하며 차량을 움직이는 추진력을 전달하고, 도로의 진동과 충격을 흡수해 편안한 승차감을 제공한다.

타이어의 구조와 제조 단계 타이어는 여러 부품의 조립품으로, 제조공정이 의외로 복잡하다. 승용차 타이어는 대략 50개의 부품으로 이뤄져 있다. 대형 토목기계용 타이어의 부품은 175개에 이르기도 한다. [그림 9.5]에서 보듯이 타이어의 기본 구조는

3가지, 즉 (a)사선 플라이, (b)벨트 바이어스, (c)레이디얼 타이어로 나뉜다. 3가지 모두 카커스carcass라 불리는 타이어 내부 구조가 플라이ply라 하는 고무 피복 코드의 여러 층으로 구성되어 있다. 플라이는 나일론, 폴리에스터, 유리섬유, 강철과 같은 다양한 재료로 만들어지며 카커스의 고무를 보강해 잘 늘어나지 않게 해준다. 사선 플라이 타이어diagonal ply tire의 코드는 사선 방향으로 배열되며 인접한 층끼리는 서로 직각을 이룬다. 전형적인 사선 플라이 타이어에는 4개의 플라이가 있다. 벨트 바이어스 타이어belted bias tire는 반대 방향의 사선 플라이들로 구성되고, 카커스 외곽 원주 방향에 몇 개의 층을 더 추가한다. 이렇게 층이 추가된 벨트는 타이어 트레드tread 부분의 강성을 증가시키고 공기 주입 시 타이어가 직경 방향으로 늘어나는 것을 제한시킨다. 그림에서 보는 것처럼 벨트의 코드 방향도 사선이다.

레이디얼 타이어radial tire의 플라이는 사선 방향이 아니라 반경 방향으로 구성된다. 또한 외곽에는 지지를 위한 벨트가 있다. 스틸벨트 레이디얼steel–belted radial은 외곽 벨트의 코드가 강철로 만들어진 타이어다. 레이디얼 구조는 타이어의 옆면을 더 유연하게 하는데, 이는 타이어가 회전하는 중 편평한 바닥면과 접할 때 변형하면서 벨트와 트레드에 발생하는 응력을 줄여준다. 이러한 효과로 인해 트레드 수명이 길어지고 코너링, 운전 안정성이 향상되며 고속 주행 중의 승차감이 향상된다.

3가지 구조 모두 카커스를 단단한 고무로 덮어 트레드 부분이 최대한 두꺼워지게 만든다. 카커스의 내부 또한 고무로 피복된다. 내부에 튜브가 있는 타이어의 내부 라이너liner는 가장 안쪽 플라이의 얇은 피복이다. 튜브가 없는 타이어는 공기압을 유지하기 위해 내부 라이너의 통기성이 매우 낮아야 하며 이는 일반적으로 얇은 층상 고무로 만들어진다.

타이어 제조는 세 단계로 요약될 수 있다. (1)각 요소들을 예비성형한다, (2)카커스를 만들고 측벽과 트레드를 만들 고무판을 붙인다, (3)부품들을 하나의 몸체로 만들고 경화한다. 이것이 전형적인 단계이나 구조, 타이어의 크기, 사용될 차량의 종류에 따라 공정이 달라지기도 한다.

구성 요소들의 예비성형 [그림 9.5]에서 보는 바와 같이 카커스는 여러 요소로 구성되어 있으며 대부분은 고무 또는 강화고무로 만들어진다. 이 요소들은 측벽과 트레드 고무와 마찬가지로 연속 공정으로 생산되며 후속 조립에 맞는 크기와 모양으로 잘라진다. [그림 9.5]에 나타낸 요소들과 각각에 대한 예비성형공정은 다음과 같다.

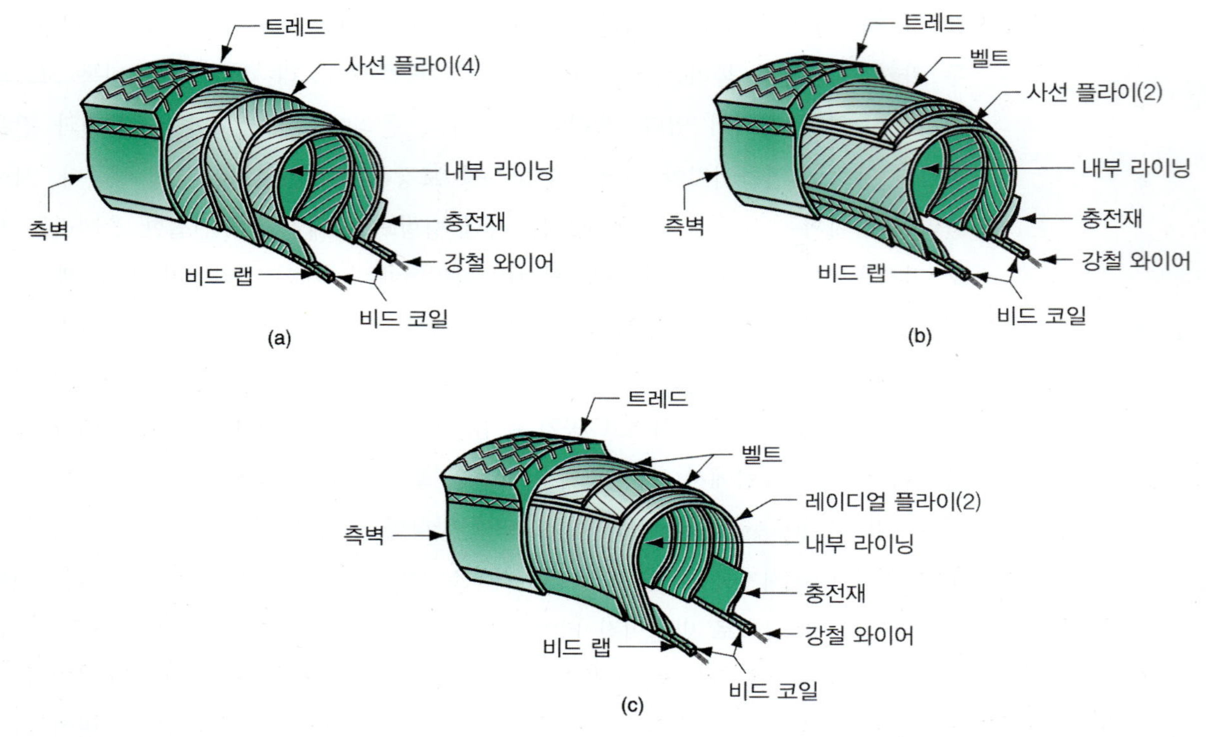

그림 9.5 주요 타이어 구조 3가지. (a)사선 플라이, (b)벨트 바이어스, (c)레이디얼 플라이(출처: Fundamentals of Modern Manufacturing, 4th Edition by Mikell P. Groover, 2010. Reprinted with permission of John Wiley & Sons, Inc.).

비드 코일(bead coil): 연속된 강철 와이어를 고무로 피복하고, 자르고, 코일 모양으로 감은 후 끝을 결합한다.

플라이(ply): 연속된 섬유(직물, 나일론, 유리섬유, 강철)를 캘린더링 공정에서 고무로 피복하고, 크기와 모양에 맞춰 자른다.

내부 라이닝(inner lining): 튜브 타이어의 경우 가장 안쪽의 플라이 위에 내부 라이너를 캘린더링한다. 튜브가 없는 타이어의 경우에는 라이너를 두 층의 합판(laminate)으로 캘린더링한다.

벨트(belt): 연속된 섬유를 고무로 피복하고(플라이와 유사), 보강을 강화하기 위해 다른 각도로 잘라 다중 플라이 벨트로 만든다.

트레드(tread): 연속된 스트립으로 압출한 후 잘라 벨트에 미리 결합해 둔다.

측벽(sidewall): 연속된 스트립으로 압출한 후 적당한 크기와 모양으로 자른다.

카커스 조립 카커스는 일반적으로 빌딩 드럼building drum이라 부르는 기계로 조립된다. 빌딩 드럼의 주요 구성품은 회전하는 원통형 축이다. 이 원통에 순서대로 카커스를 형성하기 위해 절단한 고무 스트립을 쌓아 나간다. 타이어의 단면을 형성할 적층 플라이들은 림rim의 양쪽 편에 2개의 비드 코일로 고정된다. 비드 코일은 고강도

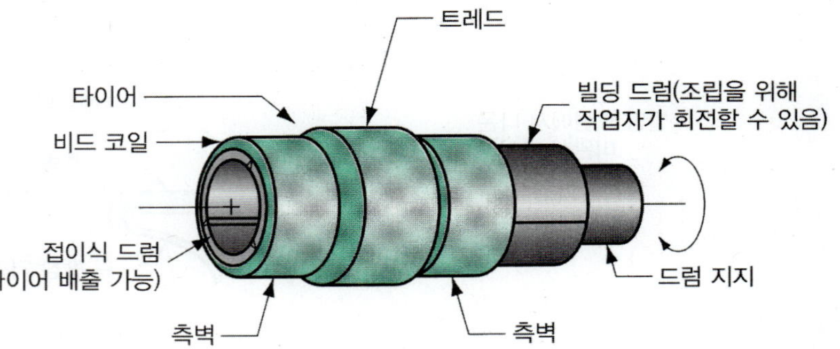

그림 9.6

빌딩 드럼에서 빼내기 직전의 타이어. 몰딩과 경화가 이뤄지기 전(출처: Fundamentals of Modern Manufacturing, 4th Edition by Mikell P. Groover, 2010. Reprinted with permission of John Wiley & Sons, Inc.).

강철 와이어로 만들어지며 타이어가 바퀴 림에 고정될 때 견고하게 지지해주는 기능을 한다. 기타 요소들은 플라이와 비드 코일에 결합한다. 기타 요소로는 타이어에 적절한 강도, 내열성, 공기보존력(함기성), 바퀴 림에의 맞춤 등을 주기 위한 다양한 포장재와 충진제가 있다. 이 요소들을 원통 축을 따라 위치시키고 적당한 수의 플라이를 추가한 후 벨트를 설치한다. 그 후 측벽과 트레드가 되는 바깥 고무를 추가한다.[2] 이 시점에서의 트레드는 균일한 단면을 가진 고무 스트립이다. 트레드 설계는 추후 성형공정에 반영된다. 빌딩 드럼은 접을 수 있어 완성된 타이어를 빼낼 수 있다. 이 단계에서 타이어는 [그림 9.6]과 같이 대략적인 튜브 모양이 된다.

몰딩과 경화 타이어 금형은 보통 두 부분으로(분할 금형) 구성되며 타이어에 각인할 트레드 무늬가 있다. 금형은 프레스에 볼트로 고정되는데, 한쪽은 위쪽 판lid에, 다른 한쪽은 아래쪽 판base에 부착된다. 경화되지 않은 타이어는 팽창시킬 수 있는 격판diaphragm 위에 놓여 [그림 9.7]에서와 같이 상하 금형 사이에 삽입된다. 프레스를 닫고 격판을 팽창시키면 부드러운 고무가 금형공동에 압착된다. 이는 고무에 트레드의 패턴을 새긴다. 그와 동시에 외부의 금형과 내부의 격판이 고무를 가열한다. 격판은 뜨거운 물이나 증기를 순환시켜 가열할 수 있다. 경화에 걸리는 시간은 타이어의 벽 두께에 따라 달라진다. 일반적인 승용차 타이어는 경화하는데 15분이 걸린다. 자전거 타이어는 4분 정도가 걸리는 반면 대형 토목기계용 타이어는 경화에 수 시간이 소요된다. 경화가 완료되면 타이어를 냉각하고 프레스에서 빼낸다.

2 기술적으로, 트레드와 측벽은 보통 카커스의 구성 요소로 간주하지 않는다.

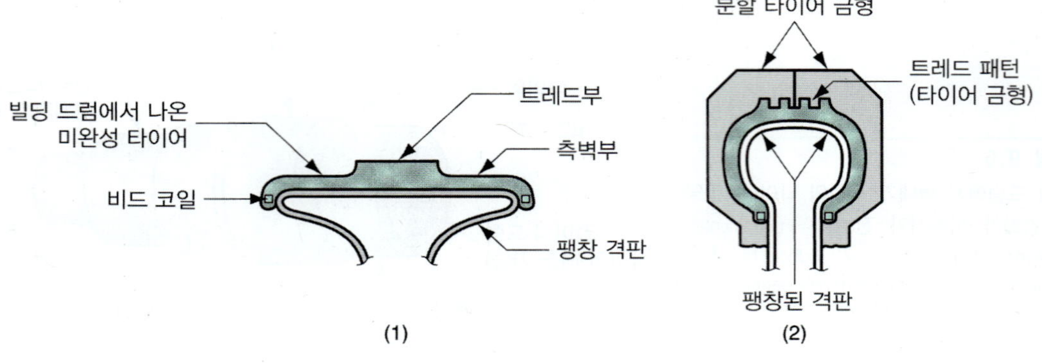

그림 9.7 타이어 몰딩(타이어는 단면도로 제시함) (1)경화되지 않은 타이어를 팽창 격판 위에 놓는다. (2)금형을 닫고 격판을 팽창시켜 고무를 금형공동에 압착한다. 압착할 때 고무에 트레드 패턴이 새겨진다. 고무를 경화시키기 위해 금형과 격판을 가열한다(출처: Fundamentals of Modern Manufacturing, 4th Edition by Mikell P. Groover, 2010. Reprinted with permission of John Wiley & Sons, Inc.).

9.2.2 기타 고무 제품

타이어를 제외한 대부분의 고무 제품은 덜 복잡한 공정으로 만들어진다. 고무벨트는 컨베이어나 기계적인 동력 전달시스템에 광범위하게 사용된다. 타이어의 경우처럼 고무는 이러한 제품에 이상적인 재료이지만 벨트의 기능을 수행하려면 유연하면서도 거의 혹은 전혀 늘어나지 않아야 한다. 따라서 고무를 폴리에스터나 나일론과 같은 섬유로 보강해 사용한다. 이러한 중합체 섬유는 보통 캘린더링으로 피복되고, 요구되는 플라이 수와 두께를 맞추기 위해 조립되며 연속 또는 배치 가열 공정으로 가황된다.

고무호스에는 일반 고무호스와 보강 고무호스가 있다. 일반 호스는 튜브로 압출된다. 보강 고무호스는 내관, 보강층(종종 카커스로 불린다), 외층으로 구성된다. 내관은 관 안으로 흘려보내지는 특수한 재료를 혼합한 고무를 압출해 만든다. 보강층은 직물의 형태로 또는 나선법spiraling, 뜨개질knitting, 매듭braiding 등의 방법으로 내관 위에 덮인다. 환경 조건을 견딜 수 있어야 하는 외층은 압출, 롤러 또는 기타 방법으로 만들어진다.

신발류에는 밑창, 굽, 고무 덧신, 기타 부분이 포함된다. 신발류의 요소를 만드는데는 다양한 고무가 쓰인다. 성형품은 사출성형, 압축성형, 신발 산업에서 개발된 특수 성형기법으로 제조된다. 고무는 고형과 폼 모두가 사용된다. 소량생산의 경우 편평한 원소재로부터 수작업으로 고무를 잘라내기도 한다.

고무는 탁구채 고무, 골프채 그립, 축구공, 다양한 종류의 스포츠 공을 포함한 운동

장비, 물품에 널리 쓰인다. 한 예로 테니스공은 엄청난 양으로 생산되는 고무 제품이다. 이러한 스포츠용품은 9.1.4절에서 설명한 다양한 성형공정이나 특정 품목에 맞춰 개발된 특수 기술로 만들어진다.

9.2.3 열가소성 탄성 중합체의 공정

열가소성 탄성 중합체thermoplastic elastomer: TPE는 고무의 특성을 가진 열가소성 중합체다(2.3절). 열가소성 고무라 불리기도 한다. TPE는 열가소성 플라스틱처럼 가공되지만 탄성 중합체처럼 쓰인다. 가장 보편적인 조형 공정은 사출성형과 압출인데, 이는 가황 공정이 필요한 고무에 사용되는 전통적 공정에 비해 경제적이고 빠르다. 성형한 TPE는 신발창, 운동화, 자동차의 펜더 부위, 코너 패널에 쓰인다(타이어는 제외, TPE는 타이어를 만들기에는 적합하지 않은 것으로 밝혀졌다). 압출한 것은 전선 절연 피복, 의료용 튜브, 컨베이어 벨트, 시트, 필름 소재로 쓰인다. TPE에 관한 기타 성형 기법으로는 블로우성형과 열성형이 있다(8.8절, 8.9절). 이러한 공정들은 가황 고무에는 쓰일 수 없는 것이다.

9.3 PMC 조형 공정과 재료

다음 절에서 설명하는 PMCpolymer-matrix composite 조형 공정은 느리고 노동집약적이다. 일반적으로 복합재료 조형 기술은 다른 재료의 제조 공정에 비해 효율이 낮다. 여기에는 다음의 2가지 이유가 있다. (1)복합재료는 다른 재료보다 훨씬 복잡하다. 따라서 둘 이상의 단위공정으로 구성되며 섬유강화 플라스틱의 경우에는 강화 위상의 방향을 맞춰야 하기도 하다, (2)복합재료 공정기술은 다른 재료에 사용되는 기술에 비해 개선의 대상이 되지 못했다.

섬유강화 중합체의 다양한 조형 방법이 처음에는 생소하게 느껴질 수도 있다. FRP 조형 공정은 다음과 같은 5가지로 구분할 수 있다. (1)개방금형 공정, (2)밀폐금형 공정, (3)필라멘트 와인딩, (4)풀트루전, (5)기타. 개방금형 공정에는 거푸집에 수지와 섬유를 배치하는 수작업이 포함된다. 밀폐금형 공정은 플라스틱 성형과 매우 흡사하다. PMC라는 단어가 쓰일 뿐 압축성형, 트랜스퍼성형, 사출성형이 쓰이는 것은 같다. 필라멘트 와인딩filament winding에서는 수지용액에 담갔던 연속 필라멘트를 회전하는 맨드릴mandrel: 심봉에 감는다. 수지가 경화되면 단단하고 속이 빈, 대체로 원통형인 모양으로 만들어진다. 풀트루전pultrusion은 단면이 일정한 곧고 긴 형상을 만드는 공정이다. 이는 압출과도 유사하지만 연속된 섬유강화재를 포함한다는 점이 다르다. 기타 조형 공정은 위의 4가지 분류에 포함되지 않은 공정을 말한다.

이러한 공정 중 일부는 연속 섬유로 복합재료를 조형하는 공정이며 나머지는 단섬유 PMC를 조형하는 공정이다. 이제 PMC를 생산하는 단계들을 각각 알아보고, 그 단계들이 성형 원료에 어떻게 결합되는지를 살펴보자.

9.3.1 PMC의 원료

PMC의 원료는 중합체와 강화재다. 이 재료들은 복합재료로 구성되기 전까지는 독립적으로 처리된다. 이 절에서는 이러한 재료가 결합되기 전까지 어떻게 제조되는지를 설명한다.

중합체 기지 중합체의 3가지 유형, 즉 열가소성 중합체, 열경화성 중합체, 탄성 중합체는 모두 PMC의 기지로 사용된다. 가장 보편적인 기지 물질은 열경화성(TS) 중합체다. 주요 TS 중합체로는 페놀, 불포화 폴리에스터와 에폭시가 있다. 페놀은 특수 강화재의 사용과 관련이 있고, 폴리에스터, 에폭시는 FRP와 관련이 깊다. 열가소성(TP) 중합체도 PMC에 사용되는데, 사실 대부분의 성형화합물은 충진제 또는 강화재를 포함하는 복합재료라 할 수 있다. 앞에서 설명한 바와 같이 고무도 거의 모두 카본블랙으로 보강되기 때문에 탄성 중합체도 대부분 복합재료다. 다음 절에서는 기지재료로 TS와 TP를 사용하는 PMC 공정에 국한해 설명한다. 8장에서 다룬 중합체 성형공정 다수가 중합체 기지 복합재료에도 적용될 수 있지만 중합체를 강화재와 결합하는 것은 종종 공정을 더 복잡하게 만든다.

강화재 강화재reinforcing agent는 다양한 기하학적 형태(섬유, 입자, 박편)와 재료(세라믹, 금속, 기타 중합체, 탄소 또는 붕소와 같은 원소)로 만들 수 있다.

FRP의 섬유재료로는 유리, 탄소, 케블라Kevlar라는 중합체가 많이 사용된다. 이러한 섬유재료는 다양한 방법으로 제조되며 그중 일부는 앞에서 설명했다. 유리섬유는 작은 오리피스를 사용하는 인발로 생산된다(7.2.3절). 탄소의 경우, 탄소 화합물을 포함하는 초기 필라멘트를 더 순수한 탄소로 변화시키기 위해 일련의 열처리 공정이 수행된다. 초기 필라멘트로는 폴리아크릴로니트릴polyacrylonitrile: PAN, 피치(콜타르, 목타

르, 석유 등을 증류해서 얻은 검은 탄소), 레이온(셀룰로오스) 등이 있다. 케블라 섬유는 압출과 방적돌기의 작은 오리피스를 사용하는 인발을 함께 이용해 제조한다(8.4절).

연속 필라멘트로부터 시작하는 섬유는 복합재료에 요구되는 성질과 성형공정 방법에 따라 다양한 형태로 중합체 기지에 결합된다. 필라멘트는 공정마다 연속적일 수도 있고, 짧은 길이로 잘라질 수도 있다. 연속된 필라멘트는 보통 조방사roving의 형태로 준비된다. 조방사란 꼬지 않은(평행인) 연속된 가닥을 모은 것으로 취급과 처리가 용이하다. 전형적인 조방사는 12~120개의 가닥으로 이뤄진다. 그와 다르게 방적사yarn는 필라멘트를 꼬아 만든 것이다. 연속된 조방사는 필라멘트 와인딩과 풀트루전 등 여러 PMC 공정에 사용된다.

연속 섬유의 가장 흔한 형태는 방적사를 짜서 만든 직물인 천cloth이다. 천과 매우 유사하나 여기서 구별해야 할 것은 직조 조방사woven roving다. 이것은 방적사가 아니라 꼬지 않은 필라멘트로 만든 직물이다. 직조 조방사는 두 방향으로 각기 다른 수의 끈을 꼬아 만들기 때문에 각 방향의 강도가 서로 다르다. 이러한 단방향성 직조 조방사는 적층 FRP 복합재료에 많이 사용된다.

섬유는 또한 매트mat의 형태를 이루기도 한다. 매트는 결합제를 사용해 짧은 섬유를 임의의 방향으로 결합한 펠트를 말한다. 매트는 다양한 무게, 두께, 폭으로 판매된다. 매트는 자르고 모양을 만들어 일부 밀폐금형 공정의 예비성형물preform로 쓸 수 있다. 성형 과정 중 수지가 예비성형물을 주입해 경화하면 섬유강화 성형물이 된다.

입자, 박편 입자particle와 박편flake은 실제로 동일한 종류다. 박편은 길이가 두께보다 상대적으로 긴 입자를 말한다. 공업용 분말의 특징은 10장에 별첨한다. 금속분말 제조방법은 10.1절에서, 세라믹 분말 공정은 11.1절에서 설명한다.

9.3.2 기지와 강화재의 결합

중합체 기지와 강화재를 결합하는 것은 성형 과정 중 혹은 그 이전에 이뤄진다. 전자의 경우 원료를 제조 공정에 각각 따로 준비해 성형 과정 중 복합재료로 결합한다. 이 경우의 예로는 필라멘트 와인딩과 풀트루전이 있다. 이러한 공정의 초기 강화재는 연속 섬유이다. 후자의 경우 2가지 재료를 성형공정에 사용하기 편리하도록 예비 형태로 만들어둔다. 플라스틱 성형공정에서 사용되는 거의 모든 열가소성, 열경화성 재료는 사실상 충진제와 혼합한 중합체다. 충진제로는 단섬유나 입자(박편 포함)가 쓰인다.

이 장은 FRP 복합재료를 위해 설계된 공정에 쓰이는 초기 폼starting form에 초점을 맞춘다. 초기 폼은 성형공정에서 사용될 수 있도록 사전에 만들어놓는 복합재료라 할 수 있다. 이러한 폼에는 성형화합물과 프리프레그가 있다.

성형화합물 성형화합물molding compound은 플라스틱 성형에서 사용되는 것과 유사하다. 성형화합물은 성형공정에서 사용되도록 설계되며 유동성이 있어야 한다. 복합재료 공정에 사용되는 성형화합물은 대부분 열경화성 중합체이므로 성형공정 이전에는 경화하지 않는다. 경화는 최종 성형 중 또는 후에 이뤄진다. FRP용 성형화합물은 짧고 임의의 방향으로 분산된 섬유가 들어간 수지 기지로 구성되는데, 몇 가지 형태가 있다.

박판 성형화합물sheet molding compound: SMC은 TS 중합체 수지, 충진제, 기타 첨가물과 두께 6.5mm의 박판으로 감아져 공급되어 잘게 분쇄된(임의의 방향으로 놓여진) 유리섬유를 결합한 것이다. 가장 많이 쓰이는 수지는 불포화 폴리에스터이다. 일반적으로 충진제로는 운모, 실리카, 석회석 등의 광물성 분말이 쓰인다. 유리섬유는 보통 길이가 12~75mm 사이이며 SMC 부피의 30% 정도를 차지한다. SMC는 취급하기 용이하며 성형공정에 맞도록 적당한 크기로 자르기 편하다. 박판 성형화합물은 일반적으로 얇은 폴리에틸렌 층 사이에서 만들어지는데, 이는 열경화성 수지에서 휘발성 물질이 증발하는 것을 막아준다. 보호 피복 또한 후속 성형 제품의 표면 상태를 양호하게 한다. 연속된 SMC 박판의 제조 공정은 [그림 9.8]과 같다.

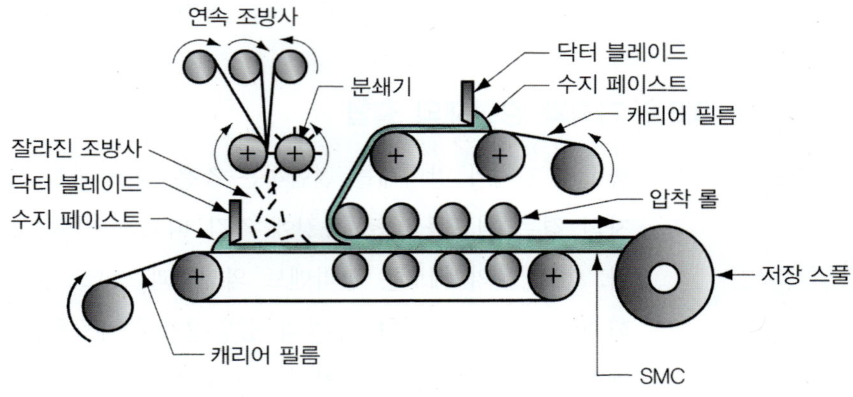

그림 9.8
박판 성형화합물(SMC)의 제조 공정(출처: Fundamentals of Modern Manufacturing, 4th Edition by Mikell P. Groover, 2010. Reprinted with permission of John Wiley & Sons, Inc.).

벌크 성형화합물bulk molding compound: BMC의 재료는 SMC와 유사하나, 화합된 중합체의 형상이 박판이 아닌 빌렛billet이다. 이러한 재료를 사용하는 성형공정에서는 큰 유동성이 필요하기 때문에 BMC의 섬유는 2~12mm 정도로 짧다. 빌렛의 직경은 보통 25~50mm다. BMC의 제조 공정은 SMC의 경우와 유사하나 최종 빌렛 형상을 만드는데 압출을 사용한다. BMC는 도우dough, 반죽와 같은 단단함을 갖기 때문에 도우 성형화합물dough molding compound: DMC이라고도 불린다. 기타 FRP 성형화합물로는 SMC와 유사하나 50mm까지 정도로 더 두꺼운 후판 성형화합물thick molding compound: TMC, 기본적으로 단섬유를 포함하는 전형적인 플라스틱 성형화합물인 펠릿 성형화합물pelletized molding compound이 있다.

프리프레그 FRP 조형 공정의 또 다른 초기 폼은 프리프레그prepreg: 수지침투 가공재다. 프리프레그는 조형공정을 용이하게 하기 위해 부분 경화된 열경화성 수지 성분을 포함한 섬유로 이뤄진다. 열경화성 수지를 사용하기 때문에 경화는 조형 중 또는 후에 완료되어야 한다. 프리프레그는 테이프, 섬유가 교차된 박판 또는 천의 형태로 사용된다. 프리프레그는 잘라진 임의 방향의 섬유가 아니라 연속 필라멘트로 제조하기 때문에 최종 제품의 강도와 강성이 증가한다는 장점이 있다. 프리프레그 테이프와 시트는 붕소, 탄소/흑연, 케블라, 유리섬유 등으로 보강되는 복합재에 사용된다.

9.4 개방금형 공정

개방금형open mold을 사용하는 FRP 조형 공정의 특징은 층상 FRP 구조를 만드는데 하나의 양 금형 또는 음 금형([그림 9.9] 참조)을 사용한다는 것이다. 개방금형 공정은 접촉 적층contact lamination, 접촉 성형contact molding으로도 불린다. 이 공정은 원료(수지, 섬유, 매트, 직조 조방사)를 원하는 정도의 두께로 금형에 쌓은 후 경화시키고 제품을 빼내는 과정으로 이뤄진다.

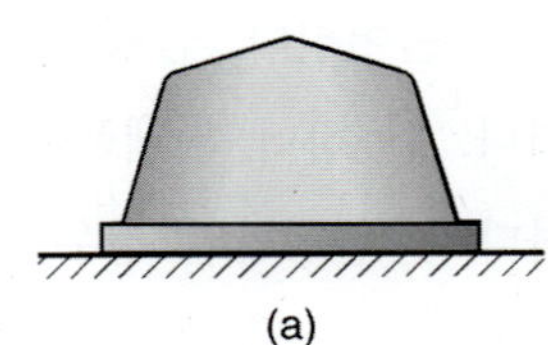

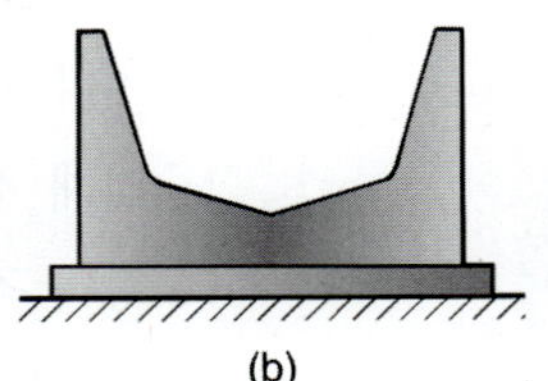

그림 9.9
개방금형의 종류 (a)양 금형, (b)음 금형
(출처: Fundamentals of Modern Manufacturing, 4th Edition by Mikell P. Groover, 2010. Reprinted with permission of John Wiley & Sons, Inc.).

흔히 쓰이는 수지로는 강화재로 유리섬유를 사용하는 불포화 폴리에스터와 에폭시를 들 수 있다. 개방금형 공정으로 만든 성형 제품은 보통 크기가 큰 것이다(보트 본체 등). 개방금형의 장점은 2개의 금형을 사용하는 것보다 훨씬 저렴한 금형 비용에 있다. 단점은 금형 표면에 닿는 부품 표면은 양호하나 다른 면은 거칠다는 것이다. 금형과 닿는 면에 최상의 결과가 나오기 위해서는 금형 자체가 매우 매끄러워야 한다.

개방금형 FRP 공정은 몇 가지 종류로 나눌 수 있다. 각 종류는 금형에 적층하는 방법과 경화기법 등에서 차이를 보인다. 이 절에서는 섬유강화 플라스틱을 성형하는 개방금형 공정의 종류 3가지인 (1)수동 적층, (2)분사 적층, (3)자동 테이프적층기에 대해 설명한다. 기본 공정은 수동 적층이며 나머지 둘은 수동 적층을 변형, 개선한 것으로 간주한다.

9.4.1 수동 적층

수동 적층hand lay-up은 개방금형을 이용한 FRP 적층 방법 중에서 가장 오래된 방법으로, 1940년대에 보트 선체를 제조하는데 처음 사용되었다. 또한 수동 적층은 가장 노동집약적인 공정 방법이기도 하다. 이름이 시사하는 바와 같이 수동 적층법은 층상 FRP 구조를 만들기 위해 수동으로 수지, 강화재 층을 연속적으로 개방금형 위에 쌓는 조형 방법이다. 기본 단계는 [그림 9.10]과 같이 5단계로 이뤄진다. 완성된 성형물은 보통 전기톱으로 다듬질해 외곽 크기를 맞춰야 한다. 이러한 5단계 공정은 모든 개방금형 공정에 쓰이며 공정마다 단계 (3)과 (4)에서 차이점을 보인다.

단계 (3)에서 각 섬유강화 층은 금형 위에 놓일 때 건조한 상태다. 여기에 (경화되지 않은) 수지용액을 붓거나 칠하거나 분사하고, 핸드롤링으로 수지를 섬유매트 또는 천에 주입한다. 이러한 방식은 습식 적층wet lay-up이라 불린다. 습식 적층의 대안으로 수지가 함유된 섬유강화 층들을 금형 밖에서 먼저 준비한 후에 금형 위에 얹는 프리프레그를 이용할 수도 있다. 프리프레그는 섬유-수지 혼합물을 세밀하게 조절할 수 있고, 적층하는 방법이 더 효율적이라는 장점이 있다[17].

개방금형 접촉 적층 방식의 금형은 석고, 금속, 유리섬유로 강화한 플라스틱 또는 기타 재료로 만들어진다. 금형의 재료는 경제성, 표면 품질, 기타 기술적 요인을 고려해 선정한다. 단 하나의 제품이 만들어지는 시제품 제작에는 일반적으로 석고 금형이 적당하다. 중량생산일 경우 금형은 유리섬유강화 플라스틱으로 만들어진다. 대량생산은 보통 금속 금형을 사용한다. 금속 금형은 알루미늄, 강, 니켈을 사용해 만

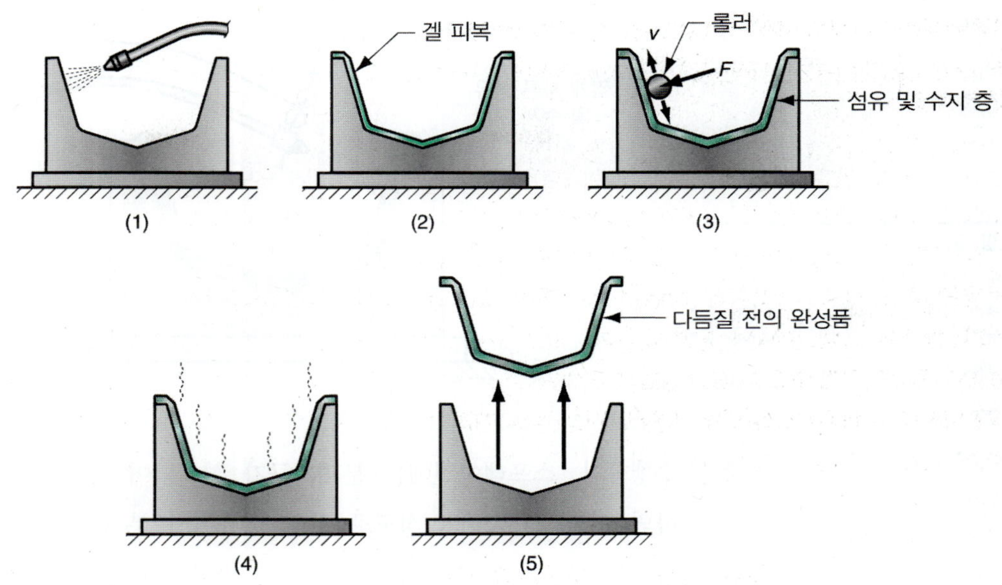

그림 9.10 수동 적층 공정 (1)금형을 세척하고 금형 분리제를 도포한다. (2)겔(안료 첨가가 가능한 수지)을 얇게 피복한다. 이 피복은 성형품의 외면이 된다. (3)겔 피복을 완료한 후에 수지, 섬유 층을 연속해서 쌓는다. 섬유는 매트 또는 천의 형태다. 각 층을 롤링해 수지가 섬유에 잘 스며들게 하고 공기를 빼낸다. (4)제품을 경화한다. (5)경화가 끝난 제품을 금형에서 빼낸다(출처: Fundamentals of Modern Manufacturing, 4th Edition by Mikell P. Groover, 2010. Reprinted with permission of John Wiley & Sons, Inc.).

들며 마모에 강하게 만들기 위해 금형 표면을 경화시키기도 한다. 금속은 내구성이 큰 것 외에 열전도율이 높다는 장점도 있기 때문에 열경화시스템에 쓰이거나 상온에서 경화시킬 때 층상으로부터 열을 빼앗는데 사용될 수 있다.

수동 적층에 적당한 제품은 일반적으로 크기가 크면서 생산량이 적은 경우다. 보트 선체, 수영 풀, 대용량 탱크, 무대 버팀목, 레이더 덮개radome, 기타 성형 시트가 그 예다. 자동차 부품도 수동 적층으로 만들 수는 있지만 이 방법은 대량생산에는 경제적이지 않다. 이 공정으로 생산한 가장 큰 성형품은 영국 해군에서 제작한 85m 길이의 선체다[3].

9.4.2 분사 적층

이 공정은 수지-섬유 적층 공정을 기계화하고 적층 시간을 줄이기 위한 방안이며 수동 적층 공정의 단계 (3)을 대체할 수 있다. 분사 적층spray-up 방식은 [그림 9.11]에서와 같이 수지 용액과 잘게 자른 섬유를 개방금형 위에 분사해 연속적으로 FRP

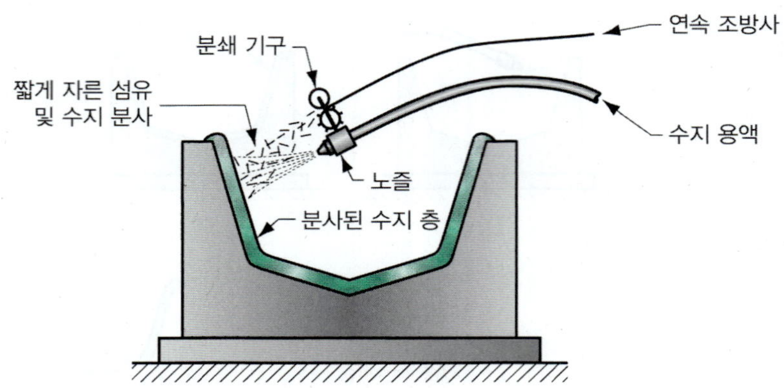

그림 9.11
분사 적층 방식(출처: Fundamentals of Modern Manufacturing, 4th Edition by Mikell P. Groover, 2010. Reprinted with permission of John Wiley & Sons, Inc.).

적층을 수행한다. 스프레이건에는 분쇄기구가 설치되어 있어 연속 필라멘트 조방사를 공급하면 이를 25~75mm 정도로 잘라 노즐에서 분사되는 수지용액에 첨가한다. 혼합 과정에서 섬유는 방향성이 없이 임의의 방향으로 놓인다. 이와 다르게 수동 적층은 필라멘트를 원하는 방향으로 놓을 수 있다. 또 다른 차이점은 수동 적층에는 섬유 성분을 대략 65% 정도까지 넣을 수 있는 반면 분사 적층에는 35% 정도 밖에 함유할 수 없다는 것이다. 이는 분사와 혼합 공정의 단점이라 할 수 있다.

분사는 휴대용 스프레이건을 사용해 수동으로 작업하거나, 스프레이건의 이동경로를 미리 프로그램화해 컴퓨터로 제어하는 자동화 기계를 이용할 수 있다. 자동화 공정은 노동효율성 측면과 환경보호 측면에서 유리하다. 수지 용액에서 나오는 휘발 성분 중에는 유해한 성분이 있는데, 경로가 제어되는 기계는 밀폐된 공간에서 작업자 없이 작동할 수 있다. 그러나 일반적으로 롤링rolling은 수동 적층에서와 마찬가지로 각 층에 해주어야 한다.

분사 적층 방식으로 만드는 제품은 보트 선체, 욕조, 샤워 칸막이, 자동차, 트럭 차체 부품, 레저 차량 부품, 가구, 대형 구조패널, 각종 용기 등이다. 극장과 무대 버팀목 등도 이 방식으로 만들 수 있다. 분사 적층으로 만든 제품은 짧은 섬유가 임의의 방향으로 배열되어 있기 때문에 섬유를 연속적이고 일정한 방향으로 배열하는 수동 적층 방식 제품에 비해 강도가 떨어진다.

9.4.3 자동 테이프적층기

자동 테이프적층기automated tape-laying machine는 적층 공정의 단계 (3)을 자동화하고 신속하게 수행하는 또 다른 대안이다. 이는 프리프레그 테이프를 정해진 경로로 개방금형 위에 배치하는 작업에 이용된다. 전형적인 자동 테이프적층기에는 오버헤드 갠트리overhead gantry가 있는데, 여기에 재료를 배치하는 헤드가 부착된다. 갠트리는 헤드의 x-y-z 위치 이동을 가능하게 하여 정해진 연속 경로를 따라 움직이고 위치할 수 있게 만든다. 헤드 자체에도 여러 회전축이 있으며 경로의 끝에서 테이프를 절단하는 전단기구를 갖는다. 프리프레그 테이프의 폭은 보통 75mm이지만 폭이 300m인 테이프가 사용된 경우도 있다[16]. 테이프의 두께는 대략 0.13mm다. 테이프는 롤에 감겨 기계에 저장되며 정해진 경로를 따라 풀리면서 부착된다. 기계가 금형 표면 위를 앞뒤로 왕복하며 테이프를 전체 층에 덮는 것으로 적층이 이뤄진다.

자동 테이프적층기의 개발은 대부분 노동비를 절감하고, 생산품의 균일화, 높은 품질을 얻고자 하는 항공 산업에 의해 시작되었다. 이와 같은 컴퓨터수치제어 방식 기계의 단점은 시간을 들여 프로그래밍해야 한다는 점이다.

9.4.4 경화

FRP 층상 복합재료에 사용되는 모든 열경화성 수지는 경화(단계 4)가 필요하다. 경화curing는 중합체에 교차결합을 일으켜 액체 상태 또는 높은 소성 조건에서 단단하게 굳은 상태로 변화시키는 것이다. 경화에는 3가지 주요한 공정 변수인 시간, 온도, 압력이 있다.

수동 적층, 분사 적층 공정에서 사용되는 열경화성 수지의 경화는 보통 상온에서 이뤄진다. 이러한 공정으로 제조되는 성형물은 종종 크기가 크기 때문에 가열하기 어렵다. 어떤 경우에는 제품을 빼낼 수 있을 정도로 상온 경화가 완전히 이뤄지기까지 며칠이 소요되기도 한다. 가능하다면 경화반응이 신속히 이뤄지도록 열을 가하기도 한다.

가열은 여러 방법으로 이뤄진다. 오븐 경화법은 온도를 세밀히 조절할 수 있는 방법이다. 일부 경화오븐은 부분적인 진공을 만들어 이용할 수 있다. 성형물을 오븐에 넣기가 불편하거나 불가능한 경우에는 적외선 가열 방법이 사용되기도 한다.

오토클레이브autoclave는 온도와 압력을 조절해 경화하는 기능이 있다. 오토클레이브는 열과 압력을 원하는 정도로 유지시킬 수 있는 밀폐된 작업실이다. FRP 복합재료 공정을 위한 오토클레이브는 대개 양쪽 끝에 개폐문이 달린 대형 수평 작업실이다. 오토클레이브 성형autoclave molding이란 프리프레그 적층물을 오토클레이브 내에서 경화시키는 것을 말한다. 이는 매우 높은 품질의 복합재료 부품을 생산하기 위해 항공 산업에서 널리 사용하는 방법이다.

9.5 밀폐금형 공정

밀폐금형closed mold 공정은 각 성형 사이클 중 열렸다 닫히는 두 부분으로 구성된 금형으로 성형공정을 수행한다. 밀폐금형의 가격을 개방금형의 2배라고 생각할 수도 있겠지만 실제로는 밀폐금형 공정에 필요한 장비가 매우 복잡하기 때문에 그 이상의 비용이 든다. 밀폐금형 공정은 비용이 높음에도 불구하고 다음과 같은 장점이 있다. (1)부품의 모든 표면 마감이 우수하다, (2)생산율이 높다, (3)세밀한 공차 관리가 가능하다, (4)복잡한 3차원 형상을 만들 수 있다.

밀폐금형 공정은 3가지 범주인 (1)압축성형, (2)트랜스퍼성형, (3)사출성형으로 나눌 수 있다. 각 공정은 전통적인 플라스틱 성형에 대응되는 것이나 용어는 다를 수도 있다.

9.5.1 PMC 압축성형공정

일반 성형화합물(8.7.1절)에 대한 압축성형은 금형부 아래에 투입물을 채운 후 금형에 압력을 가해 금형공동 모양으로 만들고, 금형을 가열해 열경화성 중합체를 충분히 경화한 후 금형을 열어 제품을 빼내는 공정이다. 압축성형을 기반으로 하는 PMC 성형공정에는 여러 가지가 있다. 대부분의 차이는 초기 원재료의 형태에서 비롯된다. 공정 중 일어나는 수지, 섬유, 기타 성분의 유동은 FRP 압축성형의 중요한 인자다.

SMC, TMC, BMC 성형 여러 가지 FRP용 성형화합물, 즉 박판 성형화합물(SMC), 벌크 성형화합물(BMC), 후판 성형화합물(TMC)은 적당한 크기로 잘라져 압축성형의 초기 투입재로 사용된다. 이러한 재료는 성형공정 이전에 종종 냉장상태로 보관되기도 한다. 성형공정의 명칭은 초기 성형화합물에 따라 정해진다(즉, SMC 몰딩이란 초기 투입재가 시트 성형화합물인 성형공정을 말하며 BMC 몰딩은 투입재 크기로 자른 BMC를 사용하는 것이다).

프리폼 성형 프리폼 성형preform molding[17]이라 부르는 압축성형은 하부 금형에 중합체 수지 투입재(예: 펠릿 또는 박판)와 미리 절단된 매트를 넣는 공정이다. 재료를 가열된 금형 사이에서 압축해 수지가 섬유 매트로 흘러 들어가면 섬유강화 성형물이 만들어진다. 열가소성 또는 열경화성 중합체를 사용하는 다양한 공정이 있다.

탄성 레저버 성형 탄성 레저버 성형elastic reservoir molding: ERM의 초기 투입재는 두 건조 섬유층 중간에 중합체 폼을 넣은 샌드위치 형상이다. 중앙의 폼은 보통 오픈셀 open-cell 폴리우레탄이며 에폭시 또는 폴리에스터와 같은 수지 용액을 함유하고 있다. 건조 섬유 층으로는 천, 직조 조방사, 기타 섬유 형태가 쓰일 수 있다. 샌드위치 형태의 소재를 하부 금형부에 놓고 0.7MPa 정도의 적절한 압력으로 눌러 중앙의 폼을 압착하면 수지가 흘러나와 건조한 표면층을 적시게 된다. 경화공정을 거치면 중앙의 밀도가 낮고 FRP 표면이 얇은 가벼운 부품을 만들 수 있다.

9.5.2 PMC 트랜스퍼성형공정

전형적인 트랜스퍼성형(8.7.2절)은 열경화성 수지를 용기 또는 작업실에 담가 가열한 후 램을 사용해 금형공동 속으로 짜내고, 금형을 가열해 수지를 경화하는 공정이다. 트랜스퍼성형이라는 이름은 중합체 용액을 용기에서 금형으로 이동시키는데서 유래했다. 이 공정은 충진제로 단섬유가 포함된 TS 수지를 성형해 FRP 복합재료 부품을 만드는데 사용될 수 있다. 또 다른 형태의 PMC 트랜스퍼성형으로는 수지 트랜스퍼 성형resin transfer molding: RTM[7], [18]이 있다. 이는 하부 금형부에 사전성형 매트를 놓고, 금형을 닫아 열경화성 수지(폴리에스터 수지 등)를 적절한 압력으로 금형에 흘려 넣는 밀폐금형 공정이다. RTM은 수지 사출성형resin injection molding이라고도 불린다[7], [18](8장에서 설명한 바와 같이 트랜스퍼성형과 사출성형의 차이는 모호하다). RTM은 욕조, 수영 풀, 벤치, 의자의 앉는 자리, 작은 보트의 선체 등의 제품을 만드는데 사용된다.

9.5.3 PMC 사출성형공정

사출성형은 대량의 플라스틱 제품을 적은 비용으로 생산할 수 있다고 알려져 왔다. 이는 열가소성 플라스틱의 경우와 매우 연관이 깊으나 열경화성 재료에도 적용될 수 있다(8.6.4절).

전통적 사출성형 PMC 성형공정에서 사출성형은 열가소성, 열경화성 FRP에 이용된다. 실제로 모든 열가소성 중합체는 섬유로 보강될 수 있다. 이 경우 섬유를 잘게 잘라 사용해야 한다. 연속 섬유를 사용해도 결과적으로는 배럴 안의 회전 스크루의 운동으로 인해 섬유가 잘리게 된다. 작업실에서 금형공동으로 사출되는 중 섬유는 노즐을 통과하면서 정렬한다. 이러한 특성은 때때로 제품설계, 게이트 위치, 공동의 상대적 방향 등을 정하는데 있어 방향 성질을 최적화하기 위해 활용된다[14].

열가소성 성형화합물은 가열된 후 찬 금형에 사출되는 반면 열경화성 중합체는 경화를 위해 가열된 금형에 사출된다. 열경화성 재료는 사출 작업실에서 미리 교차결합할 수 있는 위험이 있기 때문에 공정제어가 더 까다롭다. 이러한 위험이 있더라도 사출성형은 펠릿 성형화합물, 도우 성형화합물 형태의 섬유강화 열경화성 플라스틱 공정에 이용될 수 있다.

강화 반응사출성형 일부 열경화성 재료는 열이 아닌 화학반응으로 경화된다. 이러한 수지는 반응사출성형reaction injection molding: RIM으로 성형될 수 있다. RIM은 2가지 반응 성분을 섞고 바로 금형공동에 사출해 화학성분의 경화, 응고를 급속히 이루는 공정이다. 이와 연관이 있는 강화 반응사출성형reinforced reaction injection molding: RRIM은 혼합물에 유리섬유와 같은 강화섬유를 섞는다. 이는 RIM의 장점을 가지는 동시에 섬유를 통한 강화 성능을 얻을 수 있는 효과가 있다. RRIM은 자동차 차체, 트럭의 범퍼, 펜더, 그 외 차체 부품 등에 광범위하게 사용된다.

9.6 필라멘트 와인딩

필라멘트 와인딩filament winding은 수지를 함유한 연속 섬유를 FRP 제품의 내면 형상을 가진 회전 맨드릴 주위에 감는 공정이다. 수지가 경화되면 맨드릴을 빼낸다. 이는 속이 빈 축 대칭 제품(일반적으로는 단면이 원형)을 만드는데 주로 사용되며 불규칙한 형상에 적용되기도 한다. 이 공정의 가장 일반적인 형태는 [그림 9.12]와 같다. 섬유 조방사 끈을 수지 저장조에 통과시키자마자 바로 원통 맨드릴에 나선형으로 계속 감으면 맨드릴 위에 한 필라멘트 두께의 표면층이 만들어진다. 이전 방향과 열십자 무늬를 이루는 방향으로 필라멘트를 감는 작업을 계속하면 층을 추가해 원하는 두께로 만들 수 있다.

섬유에 수지를 주입하는 여러 가지 방법이 있다. (1)그림에서와 같이 필라멘트를 감기 전에 수지 용액에 통과시키는 습식 와인딩wet winding, (2)미리 부분적으로 경화된 수지가 함유된 필라멘트를 가열된 맨드릴에 감는 프리프레그 와인딩prepreg winding, 건식 와인딩(dry winding)이라고도 함, (3)맨드릴에 필라멘트를 다 감은 후에 브러시 또는

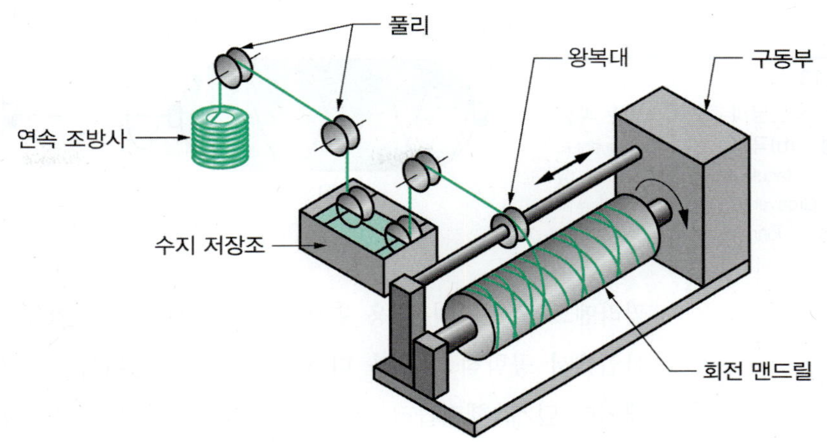

그림 9.12

필라멘트 와인딩(출처: Fundamentals of Modern Manufacturing, 4th Edition by Mikell P. Groover, 2010. Reprinted with permission of John Wiley & Sons, Inc.).

다른 방법으로 수지를 주입하는 사후주입postimpregnation.

필라멘트 와인딩에는 [그림 9.13]과 같이 2가지 와인딩 패턴, 즉 (a)나선형helical과 (b)극형polar이 있다. 나선형 와인딩은 필라멘트 끈을 나선 각도 θ로 나선형을 이루며 맨드릴 주위에 감는 방식이다. 끈이 나선 각도 90°에 가깝게 감긴다면 권선 1회전 당 진행거리는 끈의 두께가 되며 필라멘트가 맨드릴 주위를 거의 원형으로 감으므로 후프 와인딩hoop winding이라 한다. 이는 나선형 와인딩의 특수한 경우다. 극형 와인딩에서는 필라멘트가 [그림 9.13]의 (b)에서와 같이 맨드릴의 장축 주위에 감긴다. 필라멘트가 장축으로 한번 감길 때마다 맨드릴이 끈 두께만큼 분할(부분 회전)되어 점차적으로 속이 빈 형상이 만들어진다. 층마다 후프 와인딩과 극형 와인딩을 교대로 써서 접하는 층이 서로 직각을 이루게 하는 방법도 있는데, 이는 2축 와인딩bi-axial winding이라 불린다[3].

필라멘트 와인딩 기계는 선반과 유사한 운동 기능을 갖고 있다(16.2.3절). 전형적인 와인딩 기계에는 맨드릴을 회전시키는 모터와 왕복대carriage를 움직이는 동력이송장치가 있다. 기계는 다양하게 제어될 수 있다. 현대적 장비는 컴퓨터수치제어computer numerical control: CNC, 29.1절 방식을 채택하는데, 이는 맨드릴의 회전과 왕복대의 속도를 독립적으로 제어해 상대운동을 더 세밀하고 유연하게 할 수 있다.

맨드릴mandrel은 필라멘트를 감아 만드는 제품의 형상을 결정하는 특수 공구다. 감기와 경화 후에 제품을 빼내려면 맨드릴이 와해될 수 있어야 한다. 이를 위해 팽창/수축 맨드릴, 접이식 금속 맨드릴, 용해성 염salt 또는 석고로 만든 맨드릴 등 다양한 유형이 사용된다.

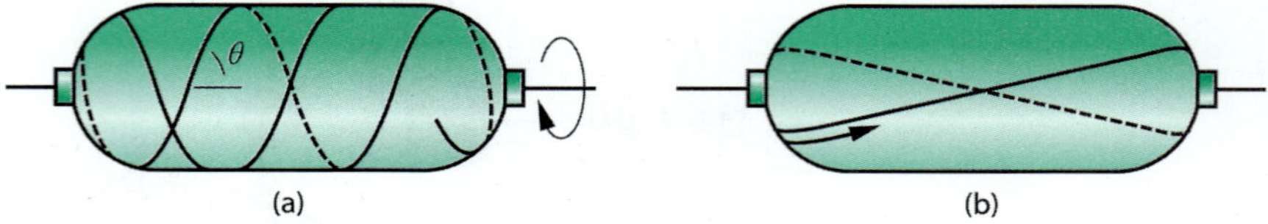

그림 9.13
필라멘트 와인딩의 2가지 기본 패턴 (a)나선형, (b)극형(출처: Fundamentals of Modern Manufacturing, 4th Edition by Mikell P. Groover, 2010. Reprinted with permission of John Wiley & Sons, Inc.).

필라멘트 와인딩의 적용 분야는 항공 산업과 상업용으로 나눌 수 있으며[9], 항공 산업에서 공학적 수요가 더 많다. 항공 산업에서는 로켓 모터 케이스, 미사일 본체, 레이더 덮개, 헬리콥터 날개, 비행기 꼬리부 등에 필라멘트 와인딩을 이용한다. 이러한 부품들은 탄소, 붕소, 케블라, 유리섬유로 강화된 에폭시 수지 등으로 만들어진다. 상업적 용도로는 저장 탱크, 강화 파이프, 튜브, 구동축, 풍차 날개, 발광봉 등을 만드는데 이용된다. 이러한 제품은 전통적인 FRP로 만들어지며 폴리에스터, 에폭시, 페놀 수지 등의 중합체가 쓰인다. 강화 섬유로는 유리가 많이 사용된다.

9.7 풀트루전 공정

기본적인 풀트루전pultrusion 공정은 1950년대에 유리섬유 강화 중합체(GFRP)로 낚시대를 만들면서 개발되었다. 이 공정은 압출과 유사하지만(이름 또한 유사하다) 공작물을 당기는 공정을 수반한다(따라서 접두사에 'ex' 대신 'pul'이 사용된다). 풀트루전은 압출의 경우처럼 일정한 단면의 연속 직선부를 생산한다. 풀포밍pulforming이라 부르는 관련 공정은 길이 방향으로 단면이 변하고 휘어지는 제품을 만들 수 있다.

9.7.1 풀트루전

풀트루전은 연속 섬유 조방사를 수지 용기에 담근 후에 주입된 수지를 경화시키는 다이를 통해 잡아당기면서 통과시키는 공정이다. 이 공정은 [그림 9.14]에 나타낸 것과 같다. 그림은 경화된 제품을 길고 곧은 조각으로 자르는 모습을 보여준다. 이 조각들은 전체 길이에 걸쳐 연속 섬유로 강화된 것이다. 압출의 경우와 같이 각 조각들은 일정한 단면을 가지며 외관은 다이 출구의 형상에 따라 결정된다.
풀트루전은(그림에서 보는 것처럼) 5단계를 연속적으로 수행하는 것으로 이뤄진다.

1. **필라멘트 공급**filament feeding **단계:** 섬유가 크릴creel: 필라멘트 실패와 회전축이 고정되어 있는 선반로부터 풀려 나온다.
2. **수지 주입**resin impregnation **단계:** 섬유를 경화되지 않은 수지 용액에 담근다.
3. **예비 다이 성형**pre–die forming: 필라멘트를 모아 원하는 단면 형상과 비슷하게 만든다.
4. **성형 및 경화**shaping and curing: 주입 섬유를 길이가 1~1.5m 정도이며 내면을 고도로 손질한 가열 다이에 통과시킨다.
5. **풀링 및 절단**pulling and cutting: 다이를 통과한 경화물을 당기고, 다이아몬드 입자 또는 탄화규소(SiC) 성분의 절단 숫돌로 자른다.

풀트루전에 많이 사용되는 수지로는 불포화 폴리에스터, 에폭시, 실리콘이 있는데, 이는 모두 열경화성 중합체다. 에폭시는 다이 표면에 달라붙기 때문에 가공하는데 어려움이 있다. 가장 널리 사용되는 강화재는 유리이며 30~70% 정도가 함유된다. 탄성계수, 인장강도는 강화재의 비율에 따라 증가한다. 풀트루전으로 만드는 제품은 막대, 관, 긴 평판, 구조재(채널, 앵글, 플랜지 보), 고전압용 공구 손잡이, 지하철 3차 레일 커버 등이다.

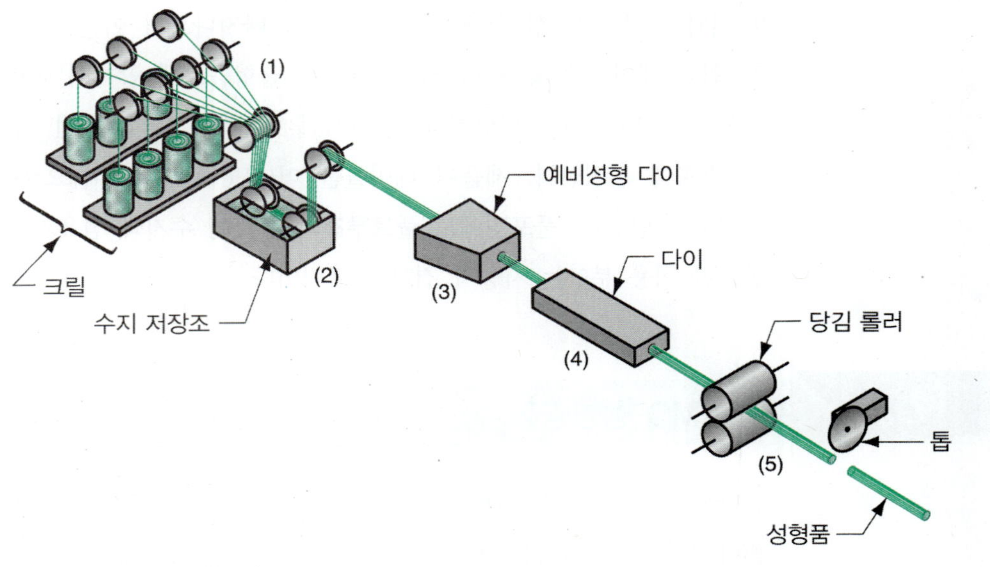

그림 9.14 풀트루전 공정(번호를 매긴 공정 순서는 본문 내에서 설명함)(출처: Fundamentals of Modern Manufacturing, 4th Edition by Mikell P. Groover, 2010. Reprinted with permission of John Wiley & Sons, Inc.).

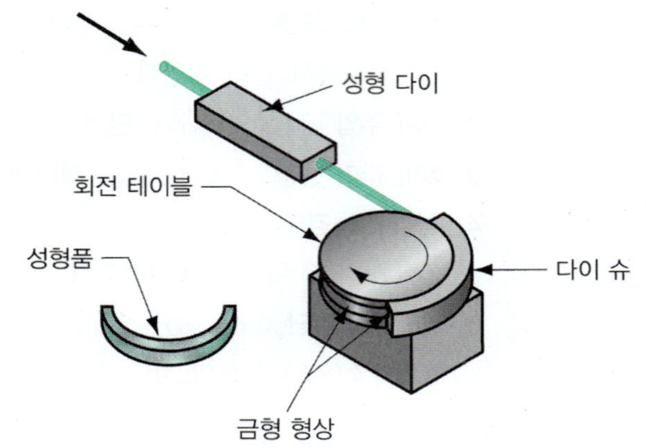

그림 9.15
풀포밍 공정(그림에는 절단 공정이 없음)(출처: Fundamentals of Modern Manufacturing, 4th Edition by Mikell P. Groover, 2010. Reprinted with permission of John Wiley & Sons, Inc.).

9.7.2 풀포밍

풀트루전 공정은 단면이 일정한 직선 조각을 생산하는 것에 국한된다. 그러나 단면이 다양하게 변하고, 직선이 아닌 곡선도 가능하며 연속 섬유로 보강된 긴 제품을 만들 필요성도 있다. 풀포밍은 이렇게 불규칙적인 형상의 제품에 적합하다. 풀포밍 pulforming은 길이 방향을 반원형 곡선으로 성형하거나 여러 지점의 단면을 변형하는 부가 단계를 갖는 풀트루전으로 정의할 수 있다. 장비의 대략적인 모습은 [그림 9.15]와 같다. 연속성 소재가 성형 다이를 빠져나오면 이를 원주상에 음각금형을 가진 회전 테이블에 놓고 다이슈die shoe로 금형공동에 압착해 여러 위치에 다양한 단면을 만들거나 길이 방향에 곡선 형태를 만들 수 있다. 회전 테이블의 직경은 제품의 반경을 결정한다. 제품이 테이블을 떠나면 원하는 부품으로 사용되도록 적당한 길이로 절단한다. 풀포밍에도 풀트루전과 유사한 수지와 섬유가 사용된다. 이 공정의 중요한 적용 분야는 자동차 겹판 스프링이다.

9.8 기타 PMC 성형공정

그밖에 주목할 PMC 성형공정으로는 원심 주조, 튜브 롤링, 연속 적층, 절단이 있다. 뿐만 아니라 전형적인 열가소성 성형공정 중 많은 부분이 열가소성 중합체(단섬유) FRP에 적용될 수도 있는데, 그 예로는 블로우성형, 열성형, 압출이 있다.

원심 주조 원심 주조는 파이프나 탱크와 같은 원통형 제품을 만들기에 이상적이며 방법은 금속 주조(6.3.5절)와 동일하다. 이 공정은 수지용액에 잘게 자른 섬유를 섞어

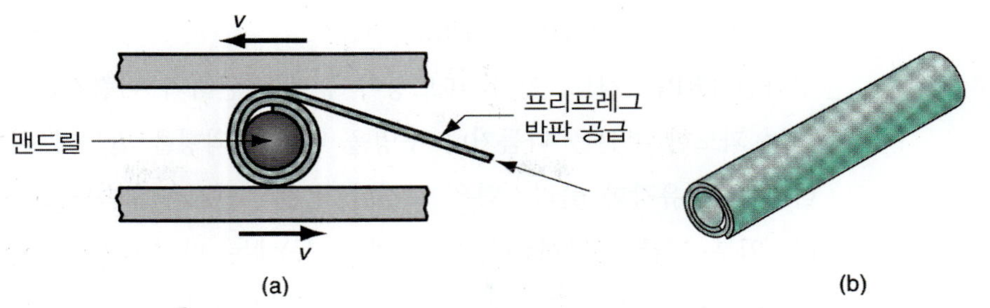

그림 9.16 튜브 롤링 (a)맨드릴 주위에 FRP 프리프레그를 감싸는 방법, (b)경화와 맨드릴 제거 후 완성된 튜브
(출처: Fundamentals of Modern Manufacturing, 4th Edition by Mikell P. Groover, 2010. Reprinted with permission of John Wiley & Sons, Inc.).

빠르게 회전하는 원통형 주형에 주입한 후 원심력으로 재료를 주형 벽에 압착하고 경화한다. 결과물의 내면은 매우 매끄럽다. 재료의 수축 현상이나 분할 주형을 이용해 제품을 빼낸다.

튜브 롤링 FRP 관은 [그림 9.16]과 같이 프리프레그 박판에 롤링기술을 적용해 생산할 수 있다. 이렇게 생산한 튜브는 자전거 프레임과 트러스 구조물로 사용할 수 있다. 이 공정은 다음과 같이 진행된다. 우선 프리프레그 박판을 원통형 맨드릴 주위에 여러 번 감아 원하는 두께로 만든다. 감은 박판을 열수축 슬리브에 넣고 오븐에서 경화시킨다. 이때 슬리브가 수축하면서 속에 있는 가스가 배출된다. 경화가 완료된 후 맨드릴을 빼내면 FRP 관이 완성된다. 이는 간단한 공정이며 생산 장비도 저렴하다. 감는 방법이 다를 수 있고, 양호한 치수정밀도를 얻기 위해 감긴 프리프레그를 감싸는 강철 금형을 사용하는 등 공정에 변화가 있을 수 있다.

연속 적층 경우에 따라서는 건설 현장에 반투명 또는 주름진 섬유 강화 플라스틱 패널이 사용될 때도 있다. 이러한 제품을 생산하는 공정으로는 (1)유리섬유 매트 또는 천으로 된 층을 수지 용액에 담그거나 닥터 블레이드 아래로 통과시켜 주입, (2)커버 필름(셀로판, 폴리에스터 또는 기타 중합체) 사이에 적층, (3)압착롤로 압축하고 경화하는 것 등이 있다, (4)주름은 성형된 롤이나 몰드 슈mold shoe를 이용한다.

절단 방법 FRP 층상 복합재료의 절단은 경화되기 전과 경화된 상태 모두에서 이뤄져야 한다. 경화되기 전의 재료(프리프레그, 프리폼, SMC, 기타 원재료)는 적층, 성형, 기타 이유로 인해 적당한 크기로 절단되어야 한다. 대표적인 절단공구는 칼, 가위, 동력전단기, 강철절단 다이이다. 레이저빔 절단이나 물분사 절단 등의 현대적인 절단 방법도 사용된다(19장 참조).

경화된 FRP는 경도, 인성, 마모성이 높아 절단하기 어렵지만 많은 FRP 성형공정에서는 과도한 부분을 다듬거나 구멍을 내거나 외형을 만들기 위해 절단을 필요로 한다. 유리섬유강화 플라스틱은 초경합금 절삭공구와 고속도강 톱날이 사용되어야 한다. 일부 고급 복합재료(붕소-에폭시 등)에는 다이아몬드 절단공구가 가장 적합하다. 물 분사 절단 또한 경화된 FRP를 절단하기에 좋은 방법이다. 이는 전통적 절단 방법의 문제점인 먼지와 소음을 줄일 수 있다.

참고문헌 References

[1] Alliger, G., and Sjothun, I. J. (eds.). *Vulcanization of Elastomers*. Kriegar Publishing Company, New York, 1978.

[2] *ASM Handbook*, Vol. 21, *Composites*. ASM International, Materials Park, Ohio, 2001.

[3] Bader, M. G., Smith, W., Isham, A. B., Rolston, J. A., and Metzner, A. B. *Delaware Composites Design Encyclopedia*. Vol. 3, *Processing and Fabrication Technology*. Technomic Publishing Co., Inc., Lancaster, Pennsylvania, 1990.

[4] Billmeyer, Fred, W., Jr. *Textbook of Polymer Science,* 3rd ed. John Wiley & Sons, New York, 1984.

[5] Blow, C. M., and Hepburn, C. *Rubber Technology and Manufacture*, 2nd ed. Butterworth-Heinemann, London, 1982.

[6] Bralla, J. G. (ed.). *Design for Manufacturability Handbook*, 2nd ed. McGraw-Hill Book Company, New York, 1999.

[7] Charrier, J-M. *Polymeric Materials and Processing*. Oxford University Press, New York, 1991.

[8] Chawla, K. K. *Composite Materials: Science and Engineering*, 3rd ed. Springer-Verlag, New York, 2008.

[9] Coulter, J. P. 'Resin Impregnation During the Manufacture of Composite Materials,' *PhD Dissertation*. University of Delaware, 1988.

[10] *Engineering Materials Handbook*. Vol. 1, *Composites*. ASM International, Materials Park, Ohio, 1987.

[11] Hofmann, W. *Rubber Technology Handbook*. Hanser-Gardener Publications, Cincinnati, Ohio, 1989.

[12] Mallick, P. K. *Fiber-Reinforced Composites: Materials, Manufacturing, and Design*, 2nd ed. Marcel Dekker, Inc., New York, 1993.

[13] Mark, J. E., and Erman, B. (eds.). *Science and Technology of Rubber*, 3rd ed. Academic Press, Orlando, Florida, 2005.

[14] McCrum, N. G., Buckley, C. P., and Bucknall, C. B. *Principles of Polymer Engineering*. Oxford University Press, Inc., Oxford, United Kingdom, 1988.

[15] Morton-Jones, D. H. *Polymer Processing*. Chapman and Hall, London, United Kingdom, 1989.

[16] Schwartz, M. M. *Composite Materials Handbook*, 2nd ed. McGraw-Hill Book Company, New York, 1992.

[17] Strong, A. B. *Fundamentals of Composites Manufacturing: Materials, Methods, and Applications,* 2nd ed. Society of Manufacturing Engineers, Dearborn, Michigan, 2007.

[18] Wick, C., Benedict, J. T., and Veilleux, R. F. (eds.). *Tool and Manufacturing Engineers Handbook,* 4th ed. Vol. II, *Forming*. Society of Manufacturing Engineers, Dearborn, Michigan, 1984.

[19] Wick, C., and Veilleux, R. F. (eds.). *Tool and Manufacturing Engineers Handbook*, 4th ed. Vol. III, *Materials, Finishing, and Coating*. Society of Manufacturing Engineers, Dearborn, Michigan, 1985.

복습문제 Review Questions

9.1 고무 산업은 어떻게 구성되어 있는가?

9.2 고무나무에서 채취한 라텍스로부터 완성된 고무 제품을 얻기 위해 필요한 처리 단계는 무엇인가?

9.3 합성 중 고무에 넣는 첨가제에는 무엇이 있는가?

9.4 고무 성형의 4가지 기본 공정은 무엇인가?

9.5 가황은 고무에 어떠한 영향을 미치는가?

9.6 타이어의 3가지 구조를 들고, 각각의 차이점을 설명하라.

9.7 공기 타이어를 제조하는 3가지 기본 단계는 무엇인가?

9.8 공기 타이어에 비드 코일(bead coil)이 있는 이유를 설명하라.

9.9 TPE란 무엇인가?

9.10 섬유강화 중합체에 사용되는 주요 중합체로는 무엇이 있는가?

9.11 조방사와 방적사의 차이는 무엇인가?

9.12 섬유 강화에 사용되는 매트란 무엇인가?

9.13 입자와 박편이 강화 재료 중 동일한 기본 범주에 속한다고 하는 이유는 무엇인가?

9.14 박판 성형화합물(SMC)이란 무엇인가?

9.15 프리프레그는 성형화합물과 어떻게 다른가?

9.16 분사 적층 방법으로 만든 적층 FRP 제품이 수동 적층 방식으로 만든 것보다 강도가 떨어지는 이유를 설명하라.

9.17 오토클레이브란 무엇인가?

9.18 PMC에 대한 밀폐금형 공정이 개방금형 공정에 비해 유리한 점은 무엇인가?

9.19 PMC 성형화합물의 몇 가지 유형을 구분하라.

9.20 프리폼 성형이란 무엇인가?

9.21 강화 반응 사출성형(RRIM)에 대해 설명하라.

9.22 필라멘트 와인딩이란 무엇인가?

9.23 풀트루전 공정을 설명하라.

9.24 풀포밍은 풀트루전과 어떻게 다른가?

9.25 FRP는 어떻게 절단하는가?

3부
금속과 세라믹의 입자 공정

Engineering Materials and Product Attributes 1

Solidification Processes 2

Particulate Processing of Metals and Ceramics 3

Metal Forming and Sheet Metalworking 4

Material Removal Processes 5

Property Enhancing and Surface Processing Operations 6

Joining and Assembly Processes 7

Special Processing and Assembly Technologies 8

Systems Topics in Manufacturing 9

CHAPTER

10

분말야금

POWDER METALLURGY

이 장은 분말형태(극미립 고체)로 존재하는 금속과 세라믹의 가공에 관한 것이다. 전통적인 세라믹의 경우, 자연에서 쉽게 구할 수 있는 규산염 광물(점토)이나 석영 같은 광물질을 분쇄하고 갈아서 분말을 생산한다. 여기서는 두 장에 걸쳐 분말제조공정과 함께 분말로부터 제품을 성형하는 방법에 대해 설명한다. 10장은 분말야금, 11장은 세라믹의 분말공정에 관한 내용이다.

분말야금법(powder metallurgy: PM)은 금속분말로부터 부품을 제조하는 공정이다. 일반적으로 PM법은 분말을 원하는 형태로 압축한 후 열을 가해 입자끼리 결합하게 하여 강하고 단단한 물질로 만드는 것이다. 프레싱이라 불리는 분말압축은 프레스 기계로 수행되는데 제조할 부품에 맞게 특별히 설계된 금형을 사용한다. 금형은 보통 1개의 다이와 몇 개의 펀치로 이뤄지고 가격이 비싸다. 따라서 PM법은 중 · 대량 생산에 가장 알맞은 방법이다. 소결이라 불리는 열처리는 금속의 용융점 이하의 온도에서 수행된다. 분말야금법이 상업적으로 중요한 기술로 간주되는 이유는 다음과 같다.

- PM 부품은 순형상 혹은 근사 순형상에 가까운 형태로 대량생산될 수 있다. 따라서 부가적 공정이 감소하거나 또는 필요 없게 된다.
- PM 공정은 재료의 낭비가 거의 없다. 대략 97%의 초기 분말이 제품으로 변환된다. 이것은 주조와 비교해서도 유리한데 주조의 경우에는 탕구, 러너, 라이저가 그대로 버려지기 때문이다.
- PM의 초기 재료의 특성 상, 원하는 수준의 공극률을 가지는 부품을 제조할 수 있다. 예를 들어 필터, 오일 함침 베어링, 기어 등의 다공성 금속 부품의 생산에 활용할 수 있다.
- 다른 방법으로는 형상을 만들 수 없는 금속 재료도 분말야금으로 제조될 수 있다. 대표적 예는 텅스텐이다. 백열등 속의 텅스텐 필라멘트는 PM법으로 만들어진다.

- 다른 방법으로는 생산해내기 불가능한 합금조합이나 서멧 등을 PM법으로 만들 수 있다.
- PM법은 제품의 치수관리에 있어서도 대부분의 주조법보다 우수하다. 공차 ±0.13mm 정도를 일상적으로 얻을 수 있다.
- PM 공정은 자동화될 수 있어 경제적 생산이 가능하다.

분말야금 공정의 한계점과 단점은 다음과 같다. (1)공구와 설비비용이 높고, (2)금속분말이 고가이고, (3)금속분말의 저장과 취급에 어려움이 있고(시간 경과에 따른 재료의 품질 저하, 입자 금속의 연소 위험 등), (4)부품 형상에 제한이 있고(가압 동안 금속분말이 옆으로 잘 퍼지지 않을 뿐만 아니라 압축 후 제품을 꺼내기 위한 치수 여유가 요구됨), (5)제품 형상이 복잡할수록 밀도 분포가 고르지 못하다.

PM법으로 22kg에 이르는 부품도 만들 수 있지만 대부분은 2.2kg 이하다. [그림 10.1]에 여러 가지 PM 부품을 나타냈다. 분말야금법에 가장 많이 쓰이는 금속은 철, 강, 알루미늄 합금이다. 기타 재료로는 동, 니켈, 내화금속(몰리브덴, 텅스텐) 등이 있다. 텅스텐카바이드 같은 금속 카바이드도 포함될 수 있지만 이것들은 세라믹에 속하므로 다음 장에서 설명한다.

분말야금의 성공 여부가 소재분말의 특성에 크게 좌우되는데 공업용 분말의 특징에 관해서는 이 장의 부록에서 설명한다. 세라믹(유리 제외)도 소재가 분말이므로 세라믹 분말의 특성도 분말야금과 매우 유사하다.

그림 10.1

분말야금법으로 제작된 여러 가지 부품들

(출처: Fundamentals of Modern Manufacturing, 4th Edition by Mikell P. Groover, 2010. Reprinted with permission of John Wiley & Sons, Inc.).

10.1 금속분말의 제조

금속분말 제조업체와 PM부품 제조업체는 일반적으로 같지 않다. 분말 제조업체는 공급자로, 부품 제조업체는 고객으로 보통 나눌 수 있다. 따라서 분말 제조법(10.1절)을 PM부품 제조법(10.2절)과 따로 나눠 설명한다. 거의 모든 금속은 분말 형태로 만들 수 있다. 에너지를 가해 금속의 표면적을 늘려 금속분말을 제조하는데 3가지 주요 방법이 있다. (1)분무법, (2)화학적 방법, (3)전기분해법이다[13]. 또한 분말입자의 크기를 줄이기 위해 가끔 기계적 방법도 사용된다. 그러나 이것은 세라믹분말 제조와 더욱 깊은 관련이 있기 때문에 다음 장에서 설명한다.

10.1.1 분무법

분무법atomization은 용융금속을 스프레이를 통해 분무해 응고시킴으로써 분말을 제조하는 것이다. 이것은 오늘날 금속분말을 만드는데 가장 널리 쓰이는 방법으로서, 순수금속과 합금을 포함하는 모든 금속에 적용 가능하다. 용융금속을 분무하는 여러 가지 방법들이 [그림 10.2]에 묘사되어 있다. 이 중 2개는 가스분무법gas atomization에 기초한 것인데, 용융금속을 분무하기 위해 고속 가스(공기 혹은 불활성 가스)를 사용하는 방법이다. [그림 10.2(a)]에서 볼 수 있듯이 확장 노즐 속으로 가스가 고속으로 흐르면 사이펀siphon 현상에 의해 용융금속이 빨려 올라와 용기 속으로 스프레이된다. 그 다음 분무된 비말이 분말의 형태로 굳어지게 된다.

[그림 10.2(b)]에서 보여지는 방법은 용융금속을 중력 방향으로 노즐을 통해 흘려 주변의 공기 제트에 의해 즉시 입자화시키는 것이다. 만들어진 금속분말(주로 구형)은 아래쪽의 체임버에 모아진다. 10.2(c) 방법은 10.2(b) 방법과 유사하며 단지 공기 대신 고속으로 흐르는 물을 사용한다는 점이 다르다. 이 방법은 물분무법water atomization으로 알려져 있고 가장 널리 쓰이는 분무법이다. 특히 1000°C 이하에서 녹는 금속의 경우에 적당하다. 냉각이 빠르지만 대신 생산된 분말 입자 형상이 불규칙하다. 물을 사용함으로써 단점은 입자표면이 산화된다는 점이다. 최근 개발된 혁신적 방법은 물 대신 합성오일을 사용함으로써 산화를 줄인다. 이 2가지 공기, 물분무법 공정에서 입자 크기는 유체의 속도에 의해 주로 조절된다. 입자 크기는 속도에 반비례한다.

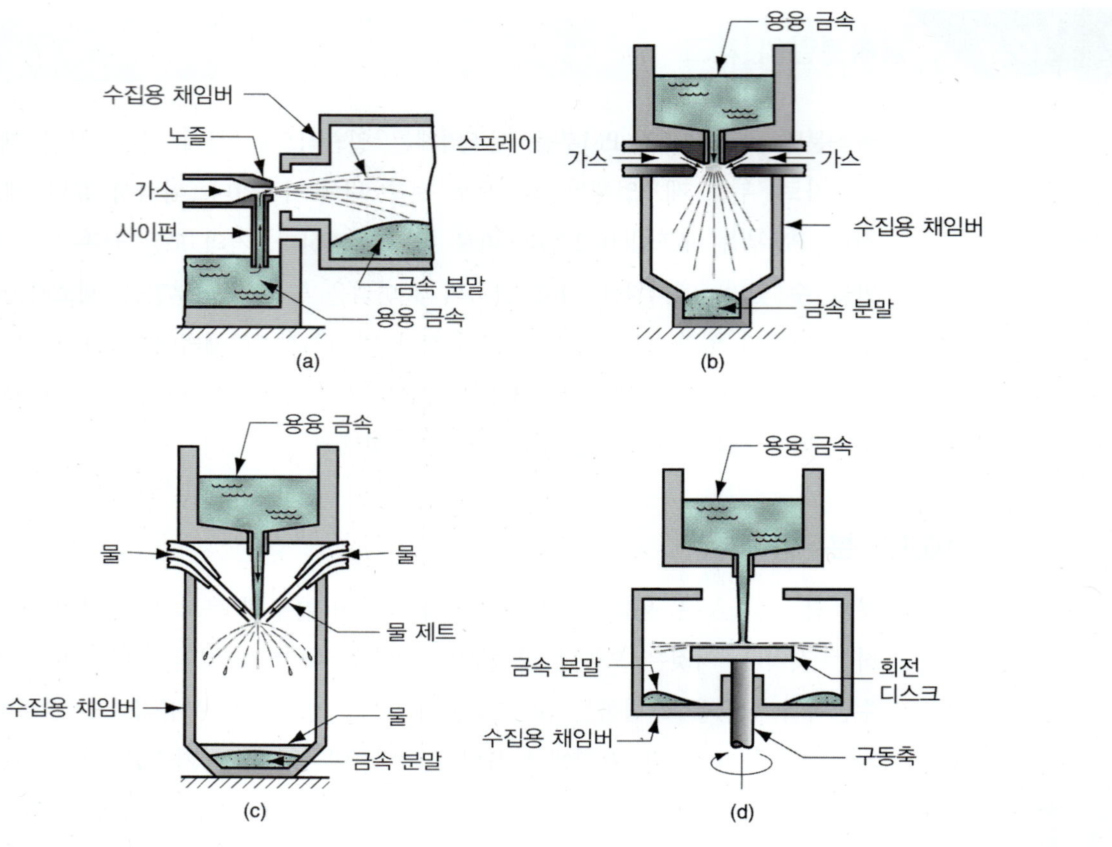

그림 10.2 금속분말을 제조하는 분무법 (a), (b)가스분무법, (c)물분무법, (d)회전디스크법에 의한 원심분무법(출처: Fundamentals of Modern Manufacturing, 4th Edition by Mikell P. Groover, 2010. Reprinted with permission of John Wiley & Sons, Inc.).

또한 원심분무법centrifugal atomization에 기반한 여러 방법이 있다. [그림 10.2(d)]에 보여진 회전디스크법rotating disk method은 용융금속을 빠르게 회전하는 디스크 위에 흘림으로써 모든 방향으로 금속이 비산되어 분말을 만드는 것이다.

10.1.2 기타 분말제조법

기타 금속분말 제조법에는 여러 가지 화학적 환원법, 석출법, 전기분해법 등이 있다. 화학적 환원법chemical reduction은 금속화합물을 금속원소 분말로 환원시키는 여러 가지 화학적 반응을 이용한다. 통상 쓰이는 공정은 금속 산화물을 수소나 이산화탄소 같은 환원제를 사용해 금속으로 유리시키는 것이다. 환원제는 혼합물 내 산소와 결합해 금속원소를 환원시킨다. 이 방법은 철, 텅스텐, 구리 분말을 생산하는데 사용된다.

그림 10.3

물분무법으로 만들어진 철분말(출처: Fundamentals of Modern Manufacturing, 4th Edition by Mikell P. Groover, 2010. Reprinted with permission of John Wiley & Sons, Inc.).

철 분말 생산을 위해 쓰이는 또 다른 화학적 방법은 오산화철iron pentacabonyl을 분해해 높은 순도의 구형 입자를 생산하는 것이다. 이 방법으로 생산된 분말을 [그림 10.3]에서 볼 수 있다. 기타 화학공정으로는 물속에 용해되어 있는 염으로부터 금속 입자를 얻는 석출법precipitation이 있다. 구리, 니켈, 코발트 분말은 이 방법으로 생산된다.

전기분해법electrolysis에서는 원하는 금속을 양극으로 하는 전해전지를 설치한다. 양극은 천천히 분해되어 전해액을 통과해 음극에 부착된다. 이 부착물을 떼어내 세척한 후 건조시키면 매우 순도 높은 금속분말을 얻을 수 있다. 이 기법을 이용해 베릴륨, 구리, 철, 은, 탄탈륨, 티타늄 분말을 제조한다.

10.2 일반적인 압축 및 소결

보편적인 PM공정은 다음의 3단계로 구성되어 있다. (1)분말의 브렌딩과 믹싱, (2)압축: 원하는 부품 형상으로 분말을 압축하는 과정, (3)소결: 용융점 이하에서 가열해 입자간 고체 상태 접착과 함께 부품 강도를 강화하는 과정이 그것이다. PM법의 1차 공정인 이 3가지 단계가 [그림 10.4]에 묘사되어 있다. 또한 치수 정밀도를 개선하고, 밀도를 높이기 위한 목적으로 2차공정도 수행될 수 있다.

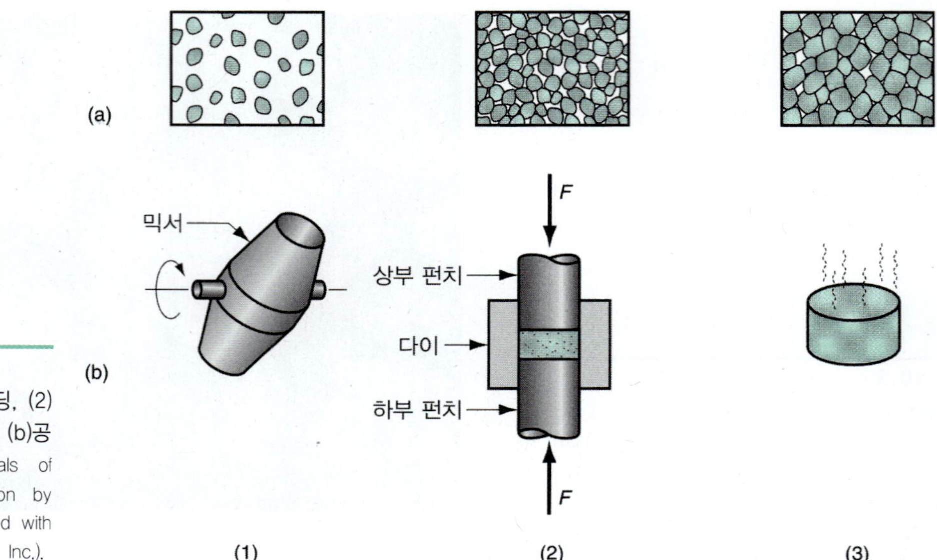

그림 10.4
일반적 분말야금 공정 (1)브렌딩, (2)압축, (3)소결: (a)입자의 상태, (b)공정과 작업물(출처: Fundamentals of Modern Manufacturing, 4th Edition by Mikell P. Groover, 2010. Reprinted with permission of John Wiley & Sons, Inc.).

10.2.1 분말의 브렌딩과 믹싱

압축과 소결 과정에서 좋은 결과를 얻기 위해 금속분말은 사전에 완벽한 균질성을 가져야만 한다. 이 절에서는 브렌딩과 믹싱이라는 두 용어가 사용된다. 브렌딩blending은 화학적 조성은 같으나 입자 크기가 다양한 분말을 섞는 것을 뜻한다. 공극률을 줄이기 위해 여러 가지 크기의 입자를 함께 섞는 경우가 많다. 믹싱mixing은 화학적 조성이 다른 분말을 섞는 것을 의미한다. 분말야금법의 장점 중 하나는 다른 방법으로는 구현하기 어렵거나 불가능한 합금을 만들 수 있다는 것이다. 실제 산업 현장에서는 브렌딩과 믹싱의 용어 구분이 분명하지 않을 때가 많다.

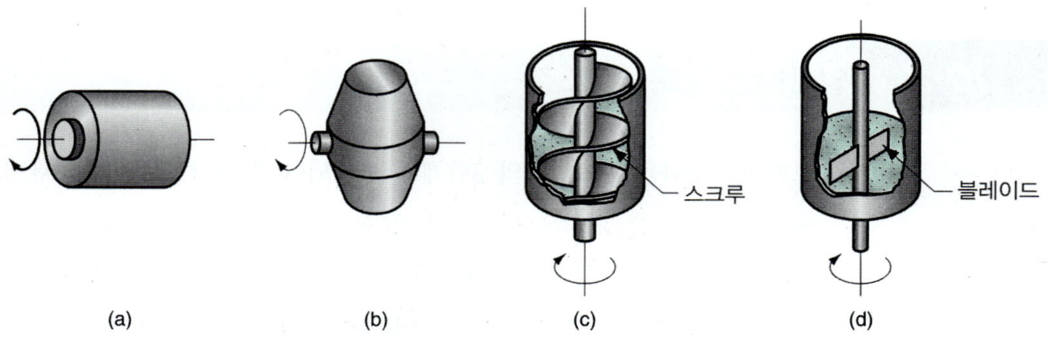

그림 10.5 브렌딩과 믹싱 기구들 (a)회전 드럼, (b)회전 이중 콘, (c)스크루 믹서, (d)블레이드 믹서(출처: Fundamentals of Modern Manufacturing, 4th Edition by Mikell P. Groover, 2010. Reprinted with permission of John Wiley & Sons, Inc.).

브렌딩과 믹싱은 기계적인 방법으로 이뤄진다. [그림 10.5]는 4가지 방법을 보여준다. (a)드럼 속 회전, (b)이중 콘형 용기 속 회전, (c)스크루 믹서 속 교반, (d)블레이드 믹서 속 교반이다. 이들 장치에는 생각하는 것 이상으로 과학적 사실이 숨겨져 있다. 가장 좋은 결과는 용기의 20~40% 정도가 차 있을 때 얻을 수 있다. 용기 속에는 브렌딩 시 여러 크기의 분말이 자유낙하를 하지 못하도록 하는 방해 장치가 설치되어 있다. 왜냐하면 낙하에 의해 용기가 진동하면 입자 분리가 일어나기 때문이다. 분말의 진동도 바람직하지 않는데, 이 또한 입자 분리를 야기하기 때문이다.

브렌딩/믹싱 단계에서는 통상적으로 금속분말에 첨가물이 들어간다. 이러한 첨가물에는 (1)입자간 마찰 감소, 가압시 금형벽에서의 마찰 감소용으로 사용되는 아연, 알루미늄 계의 스테아르산염stearate 같은 윤활제, (2)소결되기 전 압축 시 부품의 강도를 적당히 유지시키는데 필요한 결합제binder, (3)후속공정에서 보다 나은 유동 특성을 얻기 위해 분말의 응집을 막는 응집제거제deflocculant가 있다.

10.2.2 압축

압축compaction 단계에서는 원하는 형상으로 분말을 다지기 위해 높은 압력을 분말에 가한다. 일반적인 압축법은 프레싱pressing이라 부르는 방법으로서 마주보는 펀치가 다이 속에 들어 있는 분말을 압착하는 것이다. [그림 10.6]에 프레싱 사이클이 나타

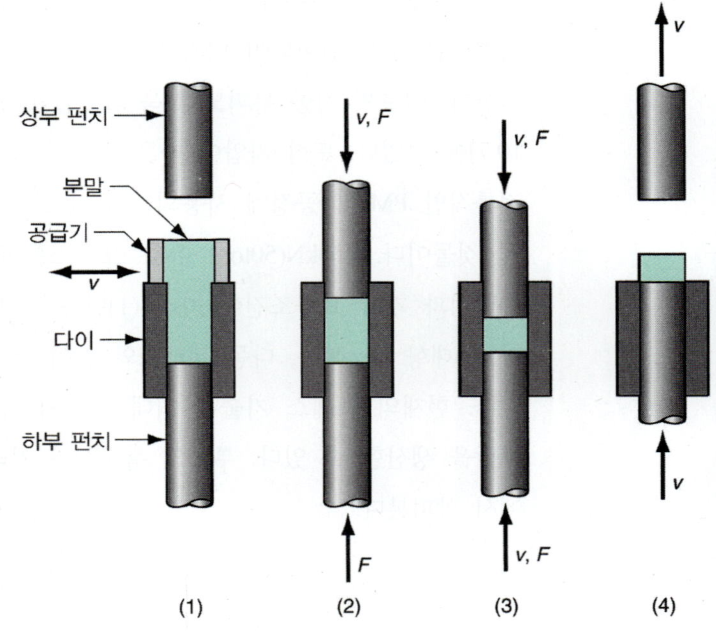

그림 10.6
프레싱, PM에서 금속분말을 압축하는 보편적 방법: (1)자동화된 방법으로 다이에 분말을 채움, (2)상부, 하부 펀치의 초기 위치, (3)최종위치, (4)작업물 배출(출처: Fundamentals of Modern Manufacturing, 4th Edition by Mikell P. Groover, 2010. Reprinted with permission of John Wiley & Sons, Inc.).

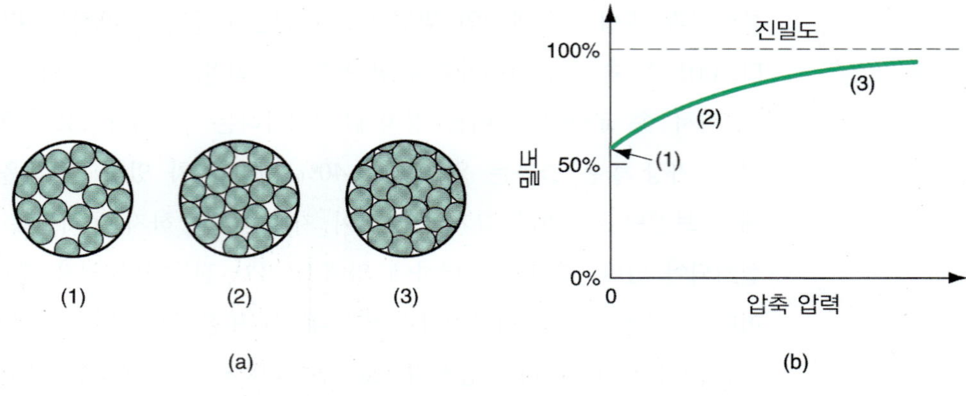

그림 10.7 (a)압축공정에서의 가압효과: (1)초기 느슨한 분말, (2)재패킹, (3)입자의 변형. (b)가압에 따른 분말 밀도의 변화. 각 단계는 [그림 10.6]의 (1), (2), (3)에 대응한다(출처: Fundamentals of Modern Manufacturing, 4th Edition by Mikell P. Groover, 2010. Reprinted with permission of John Wiley & Sons, Inc.).

나 있다. 프레싱 후 만들어진 작업물을 압축생형green compact이라 부른다. 가압의 결과로 나타난 작업물의 밀도, 즉 생형밀도green density는 초기 소재 밀도보다 매우 크다. 가압으로 만들어진 생형강도green strength는 운반과 보관에는 적당한 크기지만 소결 후 달성되는 목표 강도에는 크게 못 미친다.

압축 단계에서 압력을 가하면 처음엔 분말이 재패킹되어 좀 더 효율적으로 배치되고, 분말을 금형에 채울 동안 형성된 '다리'가 제거되고, 기공이 차지하는 공간이 줄어들고, 입자간 접촉점의 개수가 증가하는 현상이 나타난다. 압력이 점차 증가하면 입자들은 소성 변형되어 입자간 접촉 면적이 증가하고 인근 입자들과 더욱 많이 접촉한다. 이로써 기공 부피도 더욱 줄어들게 된다. 구형 입자에 대한 이 과정을 [그림 10.7]에 보였다. 또한 가압에 따른 밀도의 변화도 함께 나타냈다.

전통적인 PM압축공정에 사용되는 프레스는 기계식, 유압식 또는 이 둘의 조합으로 된 것들이다. 450kN(50ton) 유압 프레스를 [그림 10.8]에 보였다. 프레스는 부품의 복잡성과 가압 요구조건에 따라 (1)단동 프레스와 같이 한 방향으로 가압하는 유형과 (2)대향 램, 복동, 다동 프레스와 같이 두 방향으로 가압하는 프레스로 구분될 수 있다. 현재의 프레스 기술은 최대 10가지 동작을 제어해 매우 복잡한 형상을 가진 부품을 생산할 수 있다. 부품의 복잡성과 기타 설계 시 고려사항에 대해서는 10.5절에서 살펴본다.

그림 10.8
분말야금에서 부품압축에 사용되는 450kN(50ton) 유압프레스. 이 프레스는 복잡한 PM부품을 생산하기 위해 여러 레벨로 작동시킬 수 있다(Dorst America, Inc 제공)(출처: Fundamentals of Modern Manufacturing, 4th Edition by Mikell P. Groover, 2010. Reprinted with permission of John Wiley & Sons, Inc.).

PM제품 생산을 위한 프레스 용량은 일반적으로 tons, kN 혹은 MN으로 주어진다. 가압에 필요한 힘은 PM부품의 투영 면적(수직 압력에 대한 수평면의 면적)에 금속분말을 압축시키는데 필요한 압력을 곱함으로써 얻어진다. 식으로 나타내면 다음과 같다.

$$F = A_p p_c \tag{10.1}$$

여기서 F=요구되는 힘 N, A_p=부품의 투영 면적 mm^2, p_c=주어진 분말에 요구되는 압축압력 MPa이다. 압축압력은 통상적으로 알루미늄 분말에 적용되는 70Mpa로부터 철과 강 분말에 적용되는 700MPa에까지 이른다.

10.2.3 소결

가압 후 압축생형은 강도와 경도가 부족하다. 작은 응력에도 쉽게 가루가 된다. 소결sintering은 압축생형 내 금속 입자들을 접착시켜 강도와 경도를 증가시키는 일종의 열처리 공정이다. 소결 공정은 금속 용융점의 0.7~0.9배(절대온도 단위) 사이의 온도에서 수행된다. 간혹 고상소결solid-state sintering, solid- phase sintering이라는 용어를 사용하기도 하는데, 이는 소결온도에서 금속이 녹지 않은 상태로 남아 있기 때문이다.

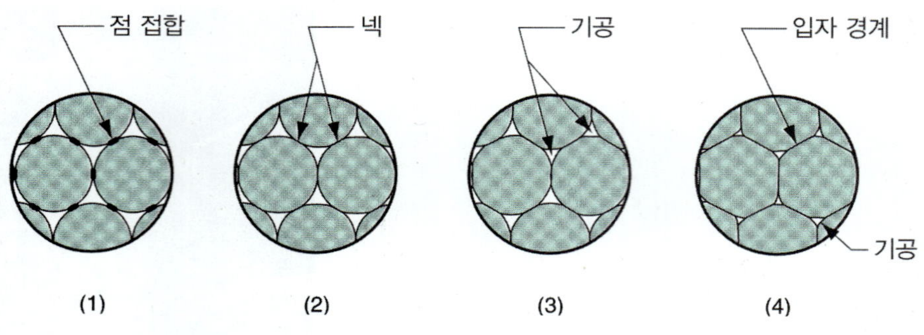

그림 10.9 현미경으로 본 소결과정 (1)접촉면에서 입자간 접합이 시작됨, (2)접촉점이 확장되어 넥을 이룸, (3)입자간 기공 크기 감소, (4)넥 대신 입자 경계가 형성됨(출처: Fundamentals of Modern Manufacturing, 4th Edition by Mikell P. Groover, 2010. Reprinted with permission of John Wiley & Sons, Inc.).

소결 과정에 대한 학자들의 일반적인 견해는 표면에너지 감소가 소결을 일으키는 주요인이라는 것이다[6][16]. 압축생형은 많은 입자들로 이뤄져 있고, 각각은 서로 다른 표면적을 가지고 있다. 따라서 압축생형에 들어 있는 총 표면적은 매우 크다. 열이 가해지면 입자 간에 접합이 시작되어 성장하면서 표면적이 줄게 되고 이로부터 표면에너지도 함께 줄게 된다. 입자가 미세할수록 전체 표면적이 더욱 커지고, 소결 추진력도 더욱 높아진다.

[그림 10.9]에 금속분말의 소결 과정 동안의 미시적 변화를 스케치로 나타냈다. 소결에 의해 질량 이동이 발생하고, 이로부터 넥neck이 형성되어 점차 발전해 입자 경계로 변화된다. 이러한 형상의 주요 메커니즘은 확산 현상이다. 또 다른 가능한 메커니즘으로서 소성 유동이 있다. 소결 과정 동안에는 기공 크기가 줄어들기 때문에 수축이 발생한다. 이것은 압축생형의 밀도에 크게 좌우되는데, 이 값은 또 압축 시의 압력에 의존한다. 수축은 공정 조건이 세밀히 제어될 경우 일반적으로 예측 가능하다.

PM법은 보통 중 · 대량 생산에 적합하기 때문에 대부분의 소결로는 작업물의 기계화된 흐름에 맞게 설계된다. 열처리는 이러한 연속로의 3개의 체임버에서 3단계로 이뤄진다. (1)윤활제와 결합제를 태워 없애는 예열부, (2)소결부, (3)냉각부. [그림 10.10]에는 이러한 열처리 방법을 나타냈고, [표 10.1]에는 이러한 몇 가지 금속에 대한 소결 온도와 시간이 나타나 있다.

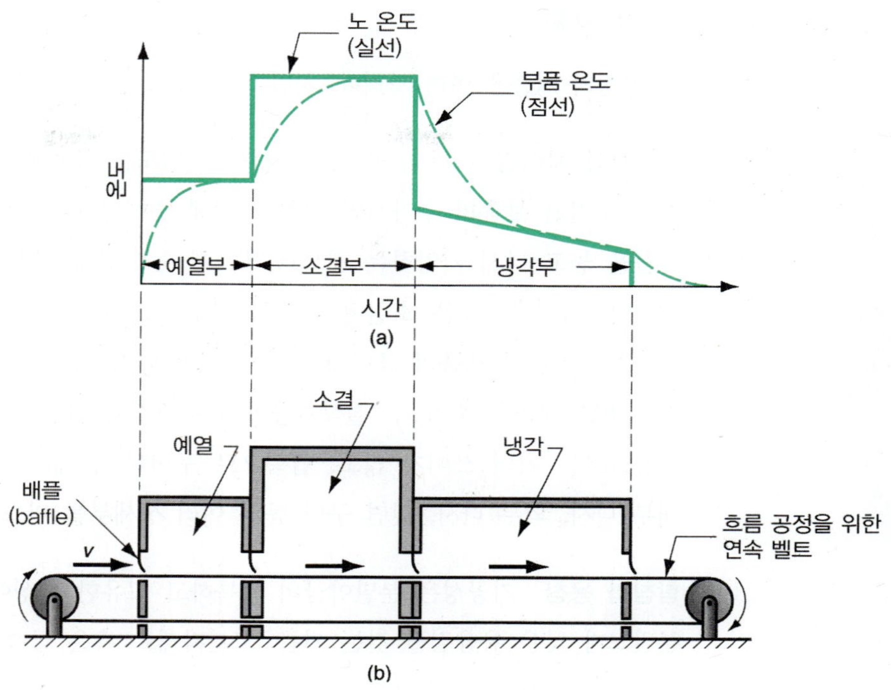

그림 10.10 (a)일반적인 소결의 열처리 곡선, (b)연속 소결로의 개략적인 단면도(출처: Fundamentals of Modern Manufacturing, 4th Edition by Mikell P. Groover, 2010. Reprinted with permission of John Wiley & Sons, Inc.).

현대의 소결공정에서는 노의 분위기atmosphere를 제어한다. 분위기를 제어하는 목적은 (1)산화 방지, (2)기존 산화물 제거를 위한 환원분위기 조성, (3)탄화처리 분위기 조성, (4)가압에 사용된 윤활제, 결합제 제거를 돕는데 있다. 소결로의 분위기는 보통 불활성 가스, 질소, 해리 암모니아, 수소, 천연가스로 조성된다[6]. 스테인리스강이나 텅스텐 금속의 경우에는 진공 분위기가 사용된다.

표 10.1 일부 분말금속의 전형적인 소결온도와 지속시간[10],[17]

금속	소결온도		시간(분)
	°C	°F	
황동	850	1600	25
청동	820	1500	15
구리	850	1600	25
철	1100	2000	30
스테인리스강	1200	2200	45
텅스텐	2300	4200	480

10.2.4 2차 공정

2차공정의 기능은 여러 가지다. 치밀화, 사이징, 함침, 용침, 열처리, 다듬질이 있다.

치밀화와 사이징 상당수의 2차 공정들이 밀도를 증가시키거나 정밀도 향상을 위해 혹은 소결된 부품의 추가적인 성형을 위해 수행된다. 재가압repressing은 폐금형 안에 제품을 놓고 다시 가압하는 것으로 밀도를 높이고 물리적 성질을 개선하기 위해 시행된다. 사이징sizing은 소결된 제품의 치수 정밀도를 높이기 위해 시행된다. 코이닝coining은 소결된 제품의 표면에 무늬를 새겨 넣기 위해 하는 프레스 작업이다.

일부 PM 제품은 소결 후 절삭가공이 요구되기도 한다. 절삭가공은 제품의 크기 조절용으로는 거의 쓰이지 않고, 압축으로 구현할 수 없는 기하학적 특징, 예를 들어 내부 나사, 외부 나사, 옆면 구멍 등의 여러 상세부를 만드는데 사용된다.

함침과 용침 기공성은 분말야금의 독특하고 고유한 특성이다. 이 기공 부분에 모재 분말보다 낮은 용융점을 갖는 기름, 고분자재료 혹은 금속을 채워 특수한 제품을 만드는 것이 시도되고 있다.

함침impregnation은 소결된 PM 부품의 기공 속으로 기름과 같은 유체를 침투시킬 때 사용하는 용어다. 이 공정이 가장 많이 쓰이는 제품은 오일함침 베어링, 기어, 유사 기계 부품들이다. 청동이나 철에 부피비로 10~30%의 오일을 넣어 만드는 자가윤활self-lubricating 베어링은 자동차산업에서 널리 사용되고 있다. 이것은 소결된 제품을 뜨거운 오일 속에 담가서 만들어낸다.

함침법의 또 다른 응용으로는 압력이 꽉 차거나 유체가 스며들지 못하는 PM 제품을 만드는 것이 있다. 이 경우 제품에 여러 종류의 고분자 수지를 액체 형태로 기공에 침투시킨 후 굳힌다. 어떤 경우에는 수지함침법을 사용해 후공정이 진행될 수 있도록 도움을 준다. 예를 들어 도금 물질과 같은 공정 용제의 사용을 가능하게 해준다든지(이 방법을 안 쓰면 용제가 기공 속으로 침투해서 제품의 질을 악화시킬 수 있음) 혹은 PM 부품의 절삭성을 향상시켜 준다.

용침infiltration은 PM 부품의 기공에 용융금속을 채우는 작업이다. 용침금속의 용융점은 반드시 PM 부품보다 낮아야 한다. 이 공정에서는 용침금속을 소결된 제품과 맞댄 후 가열해 모세관 현상에 의해 용침물이 기공 속으로 빨려 들어가게 한다. 그 결과 제품은 상대적으로 기공이 거의 없고, 더욱 균일한 밀도를 가지며 개선된 인성과 강도를 갖는다. 적용 예로 철제 분말야금 부품에 구리를 용침시키는 공정이 있다.

열처리와 다듬질 분말 금속부품에도 주조나 기타 금속가공 부품에 적용되는 대부분의 공정이 적용될 수 있다. 이에는 열처리(20장)와 다듬질(전기도금 혹은 도장, 21장) 공정이 포함된다. PM 부품의 기공 때문에 열처리 공정에서는 특별한 주의가 요구되는데, 예를 들어 PM 부품을 가열하는데는 염욕조salt bath를 사용하지 않는다. 도금과 코팅 작업은 미관과 내부식성을 위해 소결된 제품에 적용된다. 이때 기공 속에 화학 용제가 갇혀 있지 않도록 주의할 필요가 있다. 이를 예방하기 위해 함침법과 용침법이 자주 사용된다. PM 부품에 자주 쓰이는 도금물질은 구리, 니켈, 크롬, 아연, 카드뮴이 있다.

10.3 가압법 및 소결법의 대체 기술

전통적인 압축 소결 공정은 분말야금에서 가장 널리 사용되는 성형기술이다. 분말야금 제품을 만드는 또 다른 방법들에 대해 이 절에서 설명한다.

10.3.1 등방정압 가압법

재래식 가압법의 특징은 일축 방향으로 압력이 가해진다는 것이다. 이 때문에 제품 형상이 제한을 받게 된다. 그 이유는 가압 방향에 수직한 방향으로는 금속분말이 잘 흘러 들어가지 못하기 때문이다. 일축 가압법은 또한 가압 후 부품 내 밀도 차이를 수반한다. 등방정압 가압법isostatic pressing에서는 유연한 몰드에 담긴 분말을 향해 모든 방향에서 압력을 가하는데, 이 압력은 유압에서 나온다. 등방정압 가압법에는 2가지 형태가 있다. (1)냉간 등방정압 가압법과 (2)열간 등방정압 가압법이다.

냉간 등방정압 가압법cold isostatic pressing: CIP은 상온에서 압축을 수행한다. 고무나 기타 탄성물질로 만들어진 몰드는 수축을 상쇄할 수 있을 정도로 더 크게 제작된다. 물이나 오일을 사용해 체임버 내 몰드를 향해 정수압hydrostatic pressure을 가한다. [그림 10.11]에 이 공정을 나타냈다. CIP는 제품 밀도가 더 균일해지고, 덜 비싼 장비로도 가능하며 작업시간이 줄어드는 장점이 있다. 그러나 몰드가 유연하기 때문에 이 공정으로는 치수 정밀도가 높은 제품을 만들기는 어렵다. 따라서 소결 전 혹은 후에 원하는 치수를 갖도록 후속 다듬질 공정이 간혹 요구된다.

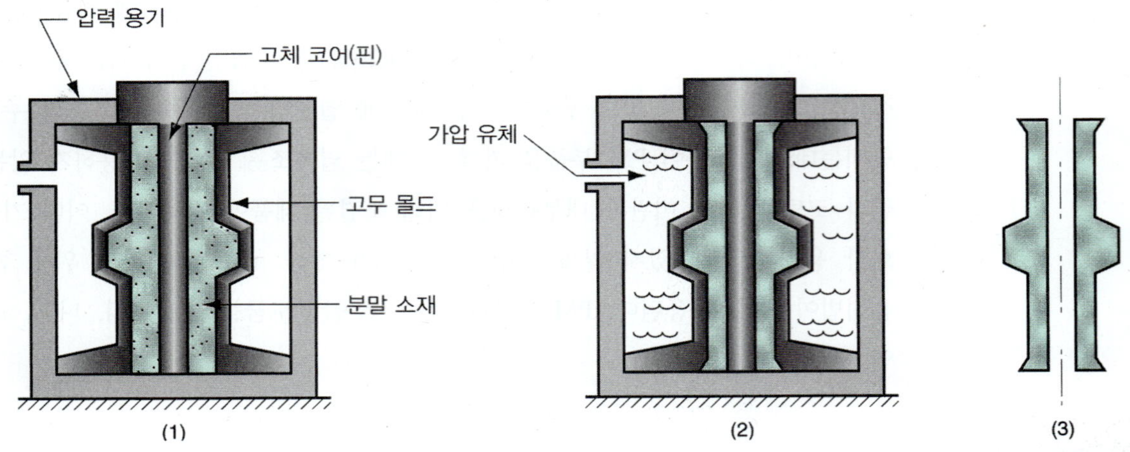

그림 10.11 냉간 등방정압 가압법 (1)분말을 유연한 몰드 속에 넣는다, (2)정수압을 가해 몰드 속에 든 분말을 압축시킨다, (3)압력을 줄이고 작업물을 꺼낸다(출처: Fundamentals of Modern Manufacturing, 4th Edition by Mikell P. Groover, 2010. Reprinted with permission of John Wiley & Sons, Inc.).

열간 등방정압 가압법hot isostatic pressing: HIP은 아르곤이나 헬륨 같은 가스를 압축 매개체로 고온, 고압에서 수행되는 공정이다. 분말을 담는 몰드는 고온에서 견딜 수 있도록 금속박판으로 만들어진다. HIP는 가압과 소결 과정이 동시에 이뤄진다. 이러한 이점에도 불구하고 상대적으로 비싼 공정이기 때문에 항공 산업에서만 집중적으로 응용되고 있다. HIP 제품은 밀도가 높고(공극률이 거의 없음), 입자간 결합이 충분해 기계적 강도가 우수한 특징이 있다.

10.3.2 분말 사출성형

사출성형injection molding은 플라스틱 산업과 밀접한 관계가 있다(8.6절). 플라스틱 제조에 쓰이는 동일한 공정이 금속 혹은 세라믹 분말을 사용한 부품을 만드는데도 적용될 수 있다. 단지 차이는 초기 고분자재료에 미립자 함량이 높다는 점이다(부피비로 50~85%). 분말야금 분야에서는 이러한 공정을 금속 사출성형metal injection molding: MIM이라 부른다. 더욱 일반화된 공정은 분말 사출성형powder injection molding: PIM으로서 금속과 함께 세라믹 분말도 사용된다. MIM 공정 단계는 다음과 같다[7]. (1)금속분말을 적당한 결합제와 섞는다, (2)혼합물로 과립형의 펠릿pellet을 만든다, (3)펠릿을 성형온도까지 가열한 후 금형공동 속에 사출한 후 이를 냉각시켜 꺼낸다, (4)용제나 열을 사용하는 방법을 이용해 결합제를 공작물로부터 제거한다, (5)공작물을 소결한다, (6)적당한 2차 공정을 적용한다.

분말 사출성형에서 결합제binder는 입자의 담체carrier 역할을 한다. 즉, 주요 기능은 성형시 유동 특성을 높이고 소결 전까지 성형된 형상을 유지시켜주는 것이다. PIM 공정에서 기본 결합제로 쓰이는 5가지 재료는 (1)페놀과 같은 열경화성 고분자재료, (2)폴리에틸린과 같은 열가소성 고분자재료, (3)물, (4)겔(gel), (5)무기재료가 있다. 이 중 고분자재료가 가장 빈번히 사용된다.

분말 사출성형은 플라스틱 사출성형품과 유사한 형상을 만들 때 적당하다. 단순한 축대칭 제품을 만드는 것은 비용 면에서 경쟁력이 없다. 왜냐하면 이러한 PM 제품은 재래식 압축, 소결 공정이 더 적합하기 때문이다. PIM은 작으면서 높은 가치를 가지는 복잡한 제품을 만드는데 가장 경제적인 공정이다. 그러나 소결 과정 동안 수축이 생기기 때문에 치수 정밀도를 높이는데 한계가 있다.

10.3.3 분말의 압연, 압출, 단조

압연, 압출, 단조 공정은 금속성형공정으로서 널리 알려져 있다(13장). 여기서는 분말야금의 관점에서 기술한다.

분말 압연 압연기를 이용해 분말을 압축시켜 금속판 제품을 만들 수 있다. [그림 10.12]에 나타낸 것처럼 이 공정은 보통 연속공정 혹은 반연속공정으로 설계된다. 금속분말은 압축롤을 통과하면서 압축된 후 바로 소결로로 들어간다. 이후 냉간 압연과 재소결 작업을 거친다.

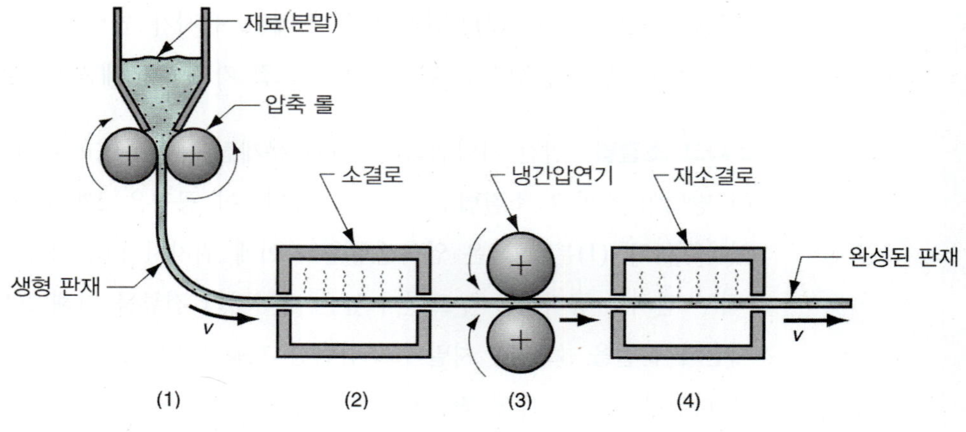

그림 10.12 분말 압연 (1)압출롤을 통과시켜 분말을 생형 판재로 만든다, (2)소결, (3)냉간압연, (4)재소결(출처: Fundamentals of Modern Manufacturing, 4th Edition by Mikell P. Groover, 2010. Reprinted with permission of John Wiley & Sons, Inc.).

분말 압출 압출은 기본 제조공정 중 하나다. 분말 압출에서 초기 분말은 여러 가지 형태일 수 있다. 가장 일반적인 방법은 금속박판으로 만든 진공 캔에 분말을 넣고 가열해 압출하는 것이다. 또 다른 응용으로는 재래식 압축, 소결법으로 먼저 빌렛같은 중간 성형물을 만든 후 이를 열간압출하는 것이다. 이러한 방법들을 사용하면 매우 높은 밀도를 가진 PM 제품을 만들 수 있다.

분말 단조 단조는 중요한 금속 성형법 중 하나다(13.2절). 분말 단조 공정에서 초기 소재는 압축과 소결을 이용해 적당한 크기로 제작된 분말야금 부품이다. 이 방법의 장점으로는 (1)PM 공작물의 치밀화 가능, (2)미리 성형된 소재의 사용에 의한 낮은 금형비용, 적은 타격 횟수(높은 생산성), (3)재료낭비 감소를 들 수 있다.

10.3.4 가압과 소결의 결합

앞서 설명한 열간 등방정압 가압법(10.3.1절)이 압축 공정과 소결 공정을 동시에 수행하는 방법이다. 또 다른 기술로서는 열간 가압법과 스파크 소결법이 있다.

열간 가압법 열간 가압법hot pressing은 재래식 PM 가압법과 매우 유사하다. 단지 차이는 압축하는 동안에 열을 가한다는 것이다. 생산된 제품은 일반적으로 치밀하고 강하고 단단하고 치수적으로 정밀하다. 이러한 장점에도 불구하고 이 공정은 몇 가지 기술적 문제로 인해 채택되는데 한계를 가진다. 주요 이유로는 (1)높은 소결온도를 견딜 수 있는 적당한 금형 재료를 선정하기 쉽지 않고, (2)소결에 이르기까지 소요되는 시간이 길고, (3)가열과 분위기 제어, 유지가 쉽지 않다는 점이다. 열간 가압법의 적용 예로서 흑연 금형을 사용한 소결 카바이드 제품의 생산이 있다.

스파크 소결법 열간 가압법의 몇 가지 문제점을 극복하고 가압과 소결을 결합한 대체 방법이 스파크 소결법spark sintering이다. 이 공정은 2개의 기본 과정으로 이뤄져 있다[2][17]. (1)분말 혹은 압축생형을 다이에 위치시키고, (2)전극 역할을 겸하는 상·하부 펀치로 공작물을 누르면서 높은 에너지의 전류를 가해 표면 불순물을 태워 없애면서 분말을 소결해, 치밀하고 단단한 제품을 약 15초 만에 만들어낸다. 이 공정은 다양한 금속에 대해 적용될 수 있다.

10.3.5 액상 소결법

일반적인 소결법(10.2.3절)은 고체 상태에서 수행된다. 즉, 금속은 용융점보다 낮은 온도에서 소결된다. 용융점이 다른 2개의 금속분말이 섞여 있는 경우 액상 소결법 liquid phase sintering이 대안으로 사용된다. 이 방법에서는 일단 두 금속분말을 혼합한 후 저융점 금속만 용융될 정도까지 온도를 올린다. 용융된 금속은 고체로 남은 금속 입자를 완전히 적셔 응고되면서 강한 결합력을 가진 치밀한 조직이 만들어진다. 사용되는 금속의 종류에 따라서는 열을 계속 유지할 경우 합금이 생기는데, 고체금속이 액체금속 속으로 조금씩 녹아 들어가거나 혹은 액체금속이 고체금속 내로 확산되면서 생겨난다. 어떤 경우라도 기공이 전혀 없는 강하고 치밀한 제품을 만들어낸다. 액상소결법이 적용되는 예로 Fe–Cu, W–Cu, Cu–Co 조합이 있다[6].

10.4 분말야금 재료 및 제품

PM 원재료는 다른 금속가공용 원자재보다 더 비싸다. 금속을 분말 형태로 만들기 위해 추가적인 에너지가 요구되기 때문이다. 따라서 PM법은 한정된 응용 범위 내에서만 경쟁력이 있다. 이 절에서는 분말야금법이 가장 적합한 것으로 간주되는 재료와 제품에 대해 설명한다.

분말야금 재료 화학성분의 관점에서 금속분말은 원소분말과 합금분말로 구별할 수 있다. 원소분말elemental powder은 순수금속으로 만들어지며 높은 순도가 요구되는 제품에 사용된다. 예를 들어 자기적 성질이 중요한 곳에는 순수 철 분말이 사용될 수 있다. 가장 잘 쓰이는 원소분말은 철, 알루미늄, 구리로 만들어진 것들이다.

원소분말은 또한 다른 금속분말과 혼합되어 재래식 공정으로는 얻기 어려운 특수한 합금을 만들 때도 사용된다. 공구강이 대표적 예다. PM을 사용하면 전통적인 합금 기술로는 어렵거나 불가능한 첨가물의 혼성이 가능하다. 특수한 합금이 필요한 경우가 아니라도 원소분말을 섞어 합금을 만드는 것은 분명 이점이 있다. 분말이 순수금속으로 이뤄져 있기 때문에 합금금속만큼 강하지는 않다. 따라서 가압공정 동안 쉽게 변형되어 압축물의 밀도와 생형강도가 합금분말 압축물보다 높다.

합금분말pre-alloyed powder의 각 입자는 원하는 화학적 조성으로 이뤄져 있는 합금이다. 합금분말은 원소분말을 섞어 만들 수 없는 합금에 대해 사용된다. 스테인리스강이 그 중요한 예다. 가장 널리 쓰이는 합금분말로서 동합금, 스테인리스강, 고속도강이 있다.

통상적으로 사용되는 원소분말과 합금분말을 소비되는 중량을 기준으로 대략 순서를 매겨 보면 다음과 같다. (1)철, 지금까지 가장 널리 사용되는 PM 금속이며 때때로 흑연과 혼합되어 강 제품이 생산됨, (2)알루미늄, (3)동과 그 합금, (4)니켈, (5)스테인리스강, (6)고속도강, (7)기타 재료, 즉 텅스텐, 몰리브덴, 티타늄, 주석, 귀금속 등.

분말야금 제품 분말야금법으로 얻을 수 있는 근본적인 이점은 제품이 순형상 혹은 준순형상 형태로 만들어진다는 것이다. 따라서 후공정이 필요 없거나 거의 요구되지 않는다. PM으로 제조되는 흔한 부품으로는 기어, 베어링, 스프라킷, 체결구, 전기 접점, 절삭공구, 기타 다양한 기계 부품이 있다. 특히 기어와 베어링은 대량생산 시 PM법이 더욱 적합한 데 그 이유는 다음의 2가지 때문이다. (1)형상이 2차원적이다, (2)재료 내 윤활제를 함유할 기공이 필요하다. 3차원 형상을 띤 더욱 복잡한 제품도 분말야금법으로 만드는 것이 가능한 데, 소결 후 절삭가공과 같은 2차 작업을 추가하거나 다음 절에서 제시한 설계 지침을 준수하면 최종적으로 원하는 형상을 얻을 수 있다.

10.5 제품설계 고려사항

분말야금법은 일반적으로 특정한 부문의 생산 환경이나 제품설계에 적합하다. 이 절에서는 분말야금법이 가장 적합한 이러한 부문의 특징에 대해 살펴본다. PM 부품의 분류체계에 대해 설명하고, 제품의 설계 지침을 설명한다.

PM 부품의 분류체계 금속분말산업협회The Metal Powder Industries Federation: MPIF는 가압의 난이도에 따라 분말야금 부품설계를 4등급으로 나누고 있다. 이 분류체계를 통해 전통적인 PM공정으로 만들 수 있는 형상의 한계가 어디까지인지를 알 수 있기 때문에 매우 유용하다. [그림 10.13]에 4가지 등급이 나타나 있다.

PM 부품의 설계 지침 MPIF 분류체계로부터 전통적인 PM가압 기술에 적합한 제품 형상에 대해 몇 가지 지침을 얻을 수 있다. 이것에 추가적인 권장 사항을 더해 정리한 설계 지침은 다음과 같다[3], [13], [17].

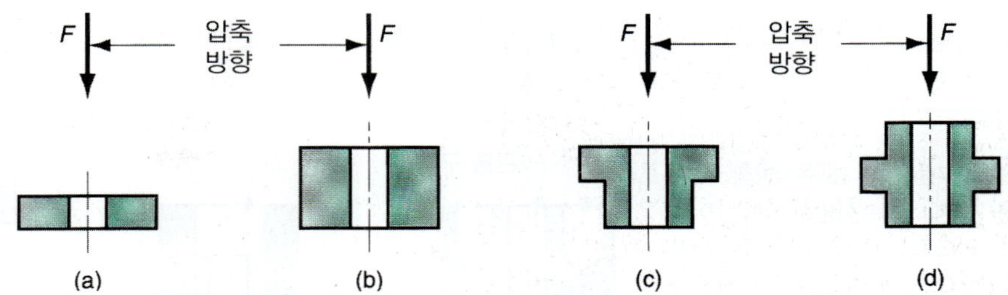

그림 10.13 PM 부품의 4등급(단면 형상이 원형인 부품의 측면도) (a)등급 I: 한 방향으로 압축할 수 있는 단순한 얇은 형상, (b)등급 II: 두 방향에서 압축해야만 하는 단순하지만 두꺼운 형상, (c)등급 III: 두 방향에서 압축해야만 하는 2층 구조를 가진 형상, (d)등급 IV: 두 방향에서 압축하면서 적정 밀도를 얻기 위해 각 층을 독립적으로 제어해야 하는 다층구조를 가진 형상(출처: Fundamentals of Modern Manufacturing, 4th Edition by Mikell P. Groover, 2010. Reprinted with permission of John Wiley & Sons, Inc.).

PM 공정의 경제성은 보통 대량생산될 때만 달성된다. 장비와 금형 비용이 만만치 않기 때문이다. 예외가 있긴 하지만 최소 10,000개 이상인 경우에 추천된다[17].

분말야금법은 공극률을 조절하면서 부품을 만들 수 있는 유일한 방법이다. 공극률은 50%까지 가능하다.

PM법을 사용하면 다른 방법으로는 힘든 특수한 금속과 합금으로도 부품을 만들 수 있다.

부품 형상은 가압 후 다이로부터 꺼낼 수 있도록 설계되어야 한다. 비록 MPIF 분류체계를 나타낸 [그림 10.13]처럼 계단 형상이 허용되기도 하지만 이것은 제품이 일반적으로 수직면 혹은 수직에 가까운 면을 가져야 함을 의미한다. [그림 10.14]에 보인 것처럼 언더컷(undercut)이나 옆면 구멍 같은 설계는 피해야 한다. 그러나 수직 언더컷이나 수직 구멍은 부품 배출을 방해하지 않기 때문에 허용된다([그림 10.15] 참조). 수직구멍의 단면 형상은 원형이 아닌 것(예, 사각형, 키홈)도 공구류나 공정에 있어 큰 어려움 없이 가능하다.

나사는 PM 가압법으로 만들 수 없다. 꼭 필요하다면 PM 부품에 절삭가공을 해야 한다.

모따기와 코너 반경은 PM 가압법으로 구현된다([그림 10.16] 참조). 각이 너무 예각이면 펀치 강성이 문제가 될 수 있다.

구멍과 구멍 사이 또는 구멍과 외벽 사이의 살 두께는 최소 1.5mm 이상 확보되어야 한다([그림 10.17] 참조). 구멍 지름은 최소 1.5mm 이상이 추천된다.

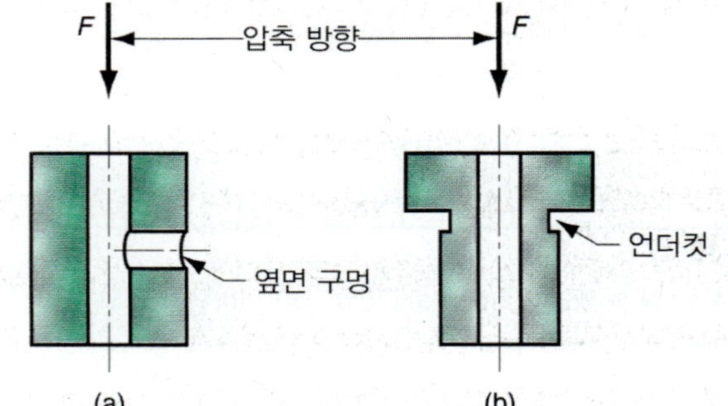

그림 10.14
PM에서 피해야만 하는 부품 형상 (a)옆면 구멍, (b)옆면 언더컷. 부품 배출이 불가능하다(출처: Fundamentals of Modern Manufacturing, 4th Edition by Mikell P. Groover, 2010. Reprinted with permission of John Wiley & Sons, Inc.).

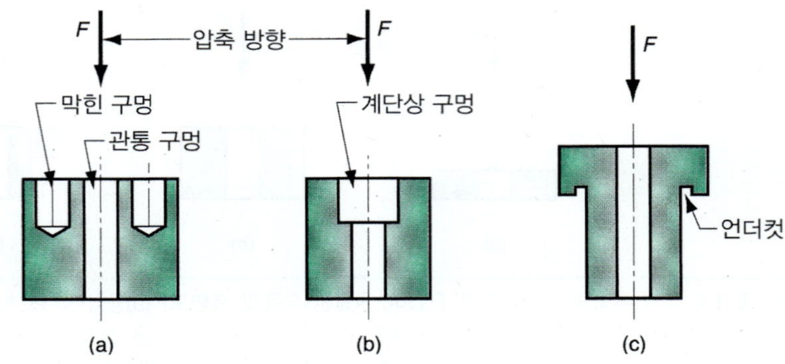

그림 10.15

PM에서 허용되는 부품형상 (a)수직방향 막힌 구멍 또는 관통 구멍, (b)수직방향 계단상 구멍, (c)수직방향 언더컷. 이러한 현상은 부품 배출을 허용한다(출처: Fundamentals of Modern Manufacturing, 4th Edition by Mikell P. Groover, 2010. Reprinted with permission of John Wiley & Sons, Inc.).

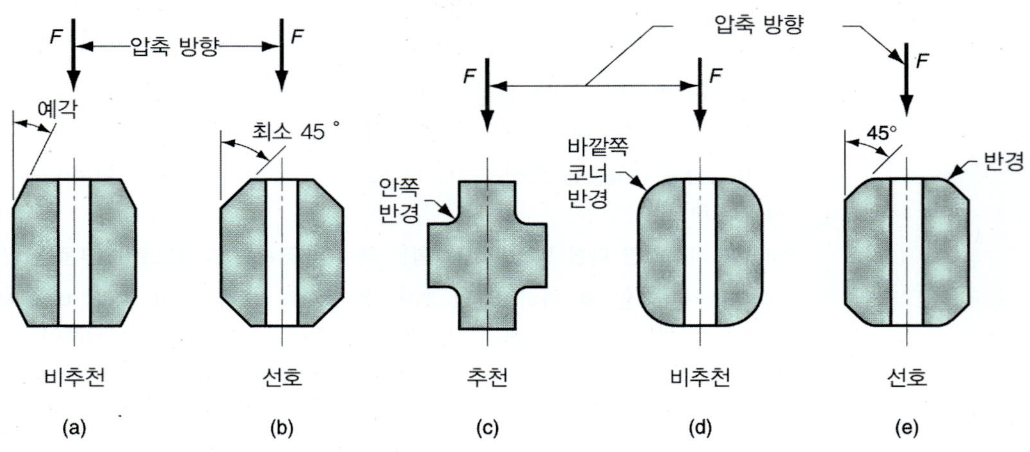

그림 10.16 모따기 코너반경은 구현이 가능하지만 몇 가지 규칙을 지켜야 한다. (a)예각 모따기는 피해야 한다. (b)펀치 강성을 위해 큰 각이 선호된다. (c)안쪽 코너 반경은 작은 것이 바람직하다. (d)바깥쪽 코너반경은 코너의 모서리부에서 펀치가 쉽게 깨질 수 있기 때문에 완전하게 만들기는 어렵다. (e)바깥쪽 코너 문제는 반경과 모따기를 조합함으로써 해결될 수 있다(출처: Fundamentals of Modern Manufacturing, 4th Edition by Mikell P. Groover, 2010. Reprinted with permission of John Wiley & Sons, Inc.).

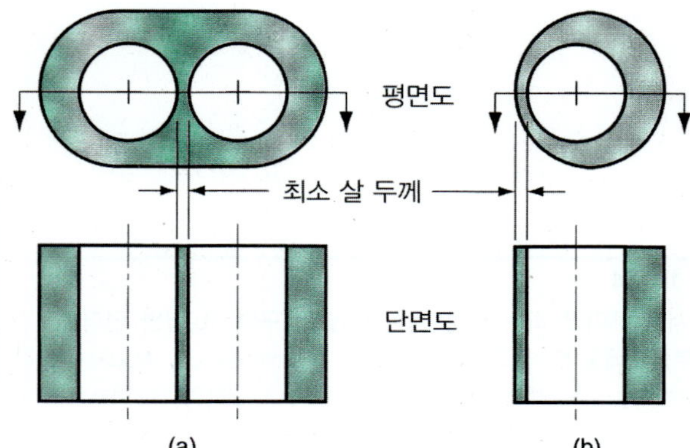

그림 10.17

추천 최소 살 두께는 1.5mm (a)구멍들 사이, (b)구멍과 외벽 사이(출처: Fundamentals of Modern Manufacturing, 4th Edition by Mikell P. Groover, 2010. Reprinted with permission of John Wiley & Sons, Inc.).

참고문헌 References

[1] *ASM Handbook*, Vol.7, *Power Metal Technologies and Application*. ASM International ,Materials Park, Ohio, 1998.

[2] Amstead, B. H. Ostwald, P. F., and Begeman, M. L. *Manufacturing Processes*, 8thed .John Wiley & Sons, New York, 1987.

[3] Bralla, J. G. (ed.) *Design for Manufacturability Handbook*, 2nd ed. McGraw-Hill Book Company, New York, 1998.

[4] Bulger, M. "Metal Injection Molding," *Advanced Materials & Processes*, March 2005, pp. 39-40

[5] Dixon, R. H. T., and Clayton, A. *Powder Metallurgy for Engineers*. The Machinery Publishing Co. Ltd., Brighton, United Kingdom, 1971.

[6] German, R. M. *Power Metallurgy Science*, 2nd ed. Metal Powder Industries Federation, Princeton, New Jersey, 1994.

[7] German, R. M. *Powder Injection Molding*. Metal Powder Industries Federation, Princeton, New Jersey, 1990.

[8] German, R. M. *A-Z of Powder Metallurgy*. Elsevier Science, Amsterdam, Netherlands, 2006.

[9] Johnson, P. K. "P/M Industry Trends in 2005," *Advanced Materials & Processes,* March 2005, pp. 25-28.

[10] *Metals Handbook*, 9thed. Vol.7, *Powder Metallurgy*. American Society for Metals, Materials Park, Ohio, 1984.

[11] Pease, L. F. "A Quick Tour of Powder Metallurgy," *Advanced Materials & Processes*, March 2005, pp. 36-38.

[12] Pease, L. F., and West, W. G. *Fundamentalsof Powder Metallurgy*. Metal Powder Industries Federation, Princeton, New Jersey, 2002.

[13] *Powder Metallurgy Design Handbook*. Metal Powder Industries Federation, Princeton, New Jersey, 1989.

[14] Schey, J. A. *Introduction to Manufacturing Processes*, 3rd ed. McGraw-Hill Book Company, New York 1999.

[15] Smyth, J. "Superalloy Powder: An Amazing History," *Advanced Materials & Processes,* November 2008, pp. 52-55.

[16] Waldron, M. B., and Daniell, B.L.*Sintering*. Heyden, London, United Kingdom, 1978.

[17] Wick, C., Benedict, J. T., and Veilleux, R. F. (eds.). *Tool and Manufacturing Engineers Handbook*, 4th ed. Vol. II, *Forming*. Society of Manufacturing Engineers, Dearborn, Michigan, 1984.

복습문제 Review Questions

10.1 분말야금 기술의 상업적 중요성에 대한 몇 가지 이유를 들어라.

10.2 PM법의 단점은 무엇인가?

10.3 금속분말 생산을 위한 주요 방법에는 무엇이 있나?

10.4 일반적인 분말야금 성형공정에서 3가지 기본 단계는 무엇인가?

10.5 분말야금법에서 브렌딩과 믹싱의 기술적 차이는 무엇인가?

10.6 브렌딩 또는 믹싱 시 금속분말에 보통 함께 넣는 첨가제에는 무엇이 있는가?

10.7 압축생형(green compact)은 무엇을 의미하나?

10.8 압축공정 동안 개개의 입자에는 어떤 일이 일어나는지 설명하라.

10.9 PM에서 소결 과정의 3가지 단계는 무엇인가?

10.10 소결을 위해 제어 가능한 노가 바람직한 이유를 몇 가지 들어라.

10.11 분말야금에서 함침법과 용침법의 차이는 무엇인가?

10.12 PM에서 등방정압 가압법은 일반 가압법, 소결법과 어떻게 다른가?

10.13 액상소결법에 대해 설명하라.

10.14 화학적 측면에서 볼 때 금속분말의 2가지 기본 종류는 무엇인가?

10.15 PM기술이 기어와 베어링 생산에 매우 적합한 이유는 무엇인가?

연습문제 PROBLEMS

10.1 프레스 공정에서 오픈 다이로 공급되는 금속분말의 패키징 인자는 0.5다. 프레스 공정은 분말의 초기 부피의 2/3를 감소시킨다. 다음의 소결 공정에서 체적 기준으로 10%의 수축이 일어난다. 이들이 최종부품의 구조에 영향을 미치는 유일한 인자인지를 설명하고 최종 공극률(porosity)을 결정하라.

10.2 간단한 형상을 갖는 베어링이 동분말로 압축되며 이때 압축압력이 207MPa이다. 베어링의 외경이 44mm, 내경이 22mm, 길이가 25mm다. 이 공정을 수행하기 위해 요구되는 압력은 얼마인가?

10.3 철 분말을 70,000 lb/in^{2}의 압축압력으로 가압할 때 [그림 10.3]과 같은 부품이 만들어진다. 치수는 in 단위이다.

(a) 가장 적합한 압축 방향

(b) 이 공정을 수행하는데 요구되는 압력

(c) 공극률이 10%라면 이 부품의 최종 무게를 결정하라. 여기서 소결 과정에서의 수축은 무시한다.

10.4 [그림 10.4]에서 보는 바와 같은 4개의 부품은 각 부품이 어떤 분말야금 분류에 속하는지, 한 방향 또는 두 방향으로 압축되어야 하는지, 프레스 제어가 필요한 층의 개수가 몇 개인지를 결정하라. 도면의 치수는 mm 단위다.

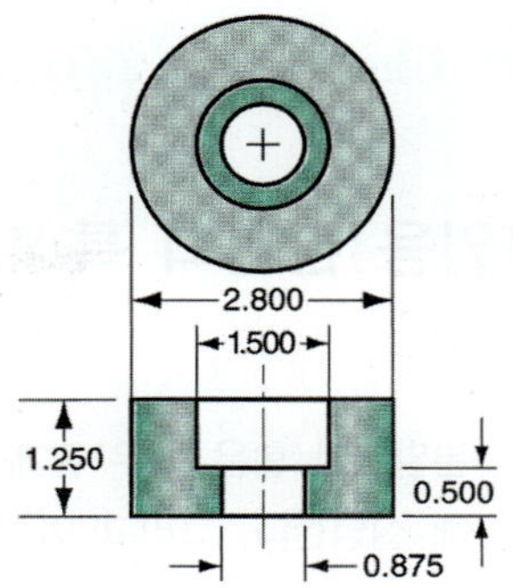

그림 P10.3

문제 10.3의 부품(치수 단위는 in)(출처: Fundamentals of Modern Manufacturing, 4th Edition by Mikell P. Groover, 2010. Reprinted with permission of John Wiley & Sons, Inc.).

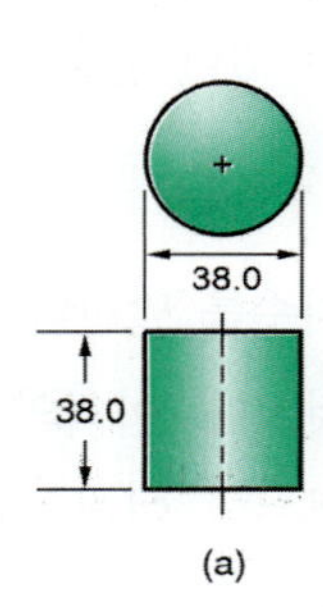

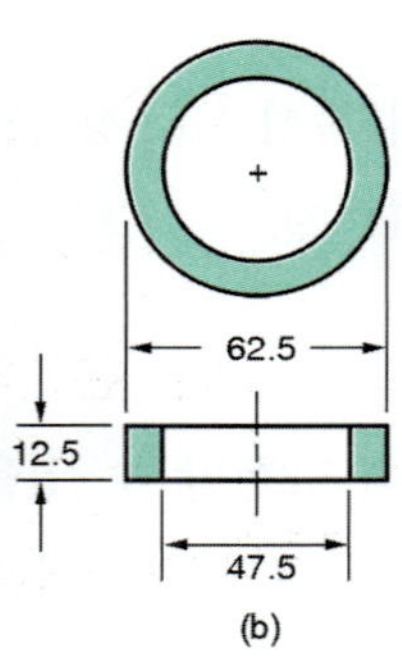

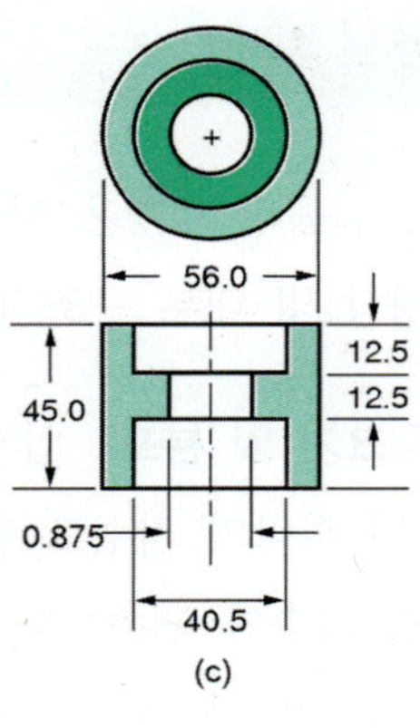

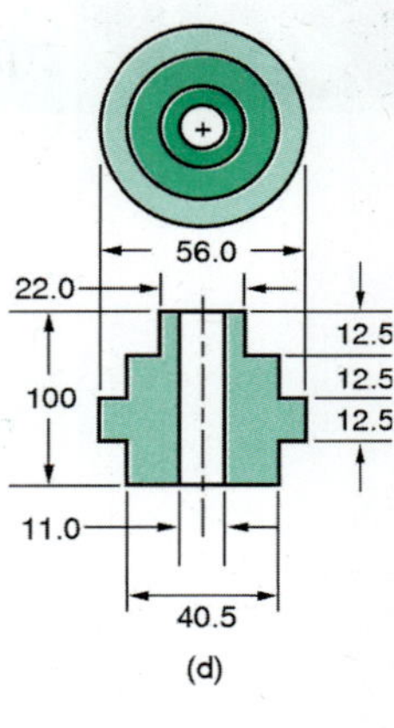

그림 P10.4

문제 10.4의 부품들(치수 단위는 mm)(출처: Fundamentals of Modern Manufacturing, 4th Edition by Mikell P. Groover, 2010. Reprinted with permission of John Wiley & Sons, Inc.).

APPENDIX A10: Characterization of Engineering Powders

부록 A10 공업용 분말의 특성

분말이라 함은 매우 잘게 나눠진 미립자형 고체를 말한다. 이 절에서는 금속분말의 특징에 대해 설명한다. 그리고 여기서 설명된 내용들은 세라믹 분말에도 그대로 적용될 수 있다.

A10.1 기하학적 특성

분말powder의 외형은 다음의 속성으로 정의될 수 있다. (1)입자 크기 및 분포, (2)입자 형상 및 내부 구조, (3)표면적.

입자 크기 및 분포 입자 크기는 개별 분말의 치수를 말한다. 만약 입자형상이 구형이라면 하나의 치수로 충분히 표현할 수 있을 것이다. 이외의 형상일 경우 2개 혹은 3개의 치수가 필요하다. 입자 크기 데이터를 얻는데 여러 가지 방법이 있다. 가장 일반적으로 사용되는 방법은 여러 눈 크기를 가진 스크린을 사용하는 것이다. 눈수mesh count라는 용어는 스크린의 인치당 구멍 개수를 말하는데 사용된다. 눈수 200이라 함은 인치당 200개의 구멍이 있다는 것을 의미한다. 눈은 보통 정사각형이므로 양 방향으로의 눈수는 같다. 그러므로 1평방인치 당 전체 구멍 개수는 200^2=40,000이다. 따라서 눈수가 높다는 것은 입자 크기가 작다는 것을 의미한다.

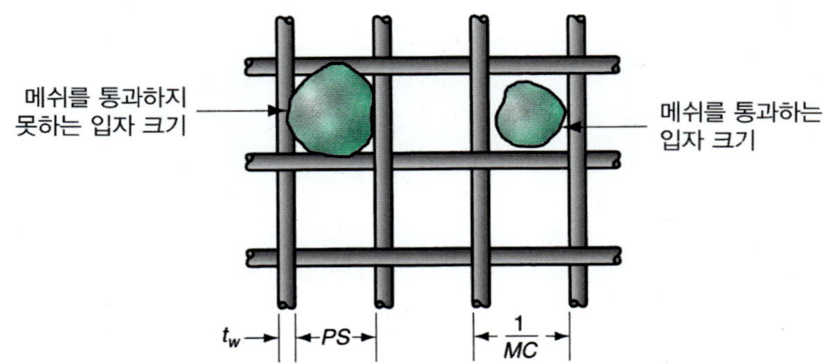

그림 A10.1
입자 크기를 분류하는데 쓰이는 스크린 메쉬
(출처: Fundamentals of Modern Manufacturing, 4th Edition by Mikell P. Groover, 2010. Reprinted with permission of John Wiley & Sons, Inc.).

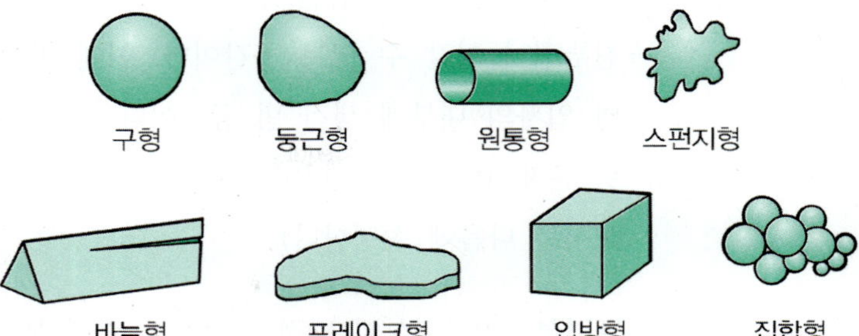

그림 A10.2
분말야금에서 가능한(이상적) 입자 형상(출처: Fundamentals of Modern Manufacturing, 4th Edition by Mikell P. Groover, 2010. Reprinted with permission of John Wiley & Sons, Inc.).

입자를 크기별로 나누려면 점진적으로 눈 크기가 작아지도록 설계된 일련의 스크린을 통과시키면 된다. 어떤 입자 크기가 230~200이라 하면 이는 눈수 200의 스크린은 통과했으나 눈수 230 스크린은 통과하지 못했음을 의미한다. 이럴 때 단순히 입자 크기가 200이라 말한다. 크기별로 입자를 분리하는 과정을 분류classification라 한다.
스크린의 구멍 크기는 눈수의 역수값보다 작다. 왜냐하면 [그림 A10.1]에서처럼 스크린의 와이어 두께가 존재하기 때문이다. 입자의 한계 치수가 스크린 구멍 크기와 같다고 가정하면

$$PS = \frac{1}{MC} - t_w \qquad \text{(A 10.1)}$$

여기서 PS=입자 크기(in), MC=눈수(인치당 구멍수), t_w=와이어 두께(in)다. 그림에서는 어떻게 작은 입자가 구멍을 통과하고, 큰 입자는 통과할 수 없는지를 보여준다. 입자가 크기별로 분류되더라도 입자 형상의 차이, 눈수 단계 사이의 크기 범위, 같은 눈수 내에서의 구멍 크기 변화로 인해 약간의 변동이 불가피하다. 또한 스크린을 사용하는 방법은 현실적으로 대략 MC=400의 상한선을 가지는데, 이는 그러한 고밀도 스크린을 제작하기 어렵고 작은 분말은 뭉치는 현상이 있기 때문이다. 입자 크기를 재는 다른 방법으로는 현미경과 X-레이 기술 등이 있다.

입자 형상 및 내부 구조 금속분말 현상은 [그림 A10.2]에 보인 것처럼 여러 가지 형태로 나눌 수 있다. 형상을 나타내는 쉽고 유용한 척도는 종횡비(최소치수에 대한 최대치수의 비율)다. 구형입자의 종횡비는 1.0이지만 그렇지 않은 입자의 경우 종횡비가 2~4까지 되기도 한다. 형상 특징은 현미경을 활용해 결정된다. 조밀하지 않은 분말에서는 입자간 기공이 존재한다. 기공 중에서 열린 기공open pole은 외부로 연결

된 통로를 가진 기공을 말한다. 열린 기공은 물, 오일 또는 용융금속 같은 유체가 침투해 들어갈 수 있는 공간이다. 이에 반해 닫힌 기공closed pole이 있는데 이는 개별 입자의 내부에 생긴 빈 공간이다. 이러한 내부 기공은 보통 극소량 존재하고, 설령 존재해도 효과가 미미하다. 그러나 밀도를 잴 때는 영향이 있을 수 있다(이에 대해서는 다음에 설명한다).

표면적 입자형상이 완전 구형이라 가정하면 면적 A와 부피 V는 다음과 같이 주어진다.

$$A = \pi D^2 \tag{A10.2}$$

$$V = \frac{\pi D^3}{6} \tag{A10.3}$$

여기서 D=구형 입자의 지름 mm이다. 면적:부피 비 A/V는 다음과 같다.

$$\frac{A}{V} = \frac{6}{D} \tag{A10.4}$$

일반적으로 면적:부피 비는 구형이건 아니건 다음과 같이 표현될 수 있다.

$$\frac{A}{V} = \frac{K_s}{D} \quad \text{or} \quad K_s = \frac{AD}{V} \tag{A10.5}$$

여기서 K_s=형상계수, D(일반적으로)=비구형 입자의 동등 부피로 계산된 구형입자의 지름 mm다. 따라서 구형 입자의 경우 K_s=6.0이다. 구형이 아닌 입자 형상에 대해서는 $K_s > 6$이다.

위 식으로부터 추론할 수 있는 것은 입자 크기가 작을수록 또한 형상계수(K_s)가 높을수록 같은 중량의 금속분말에 대해 표면적이 더 크다는 사실이다. 이것은 또한 산화가 일어날 수 있는 표면적이 더 크다는 것을 의미한다. 분말 크기가 작아지면 입자의 뭉침 현상이 더 심해지고 이것은 분말을 자동으로 이송하는데 불리하게 작용한다. 그러나 더욱 작은 입자를 사용하는 이유는 수축이 보다 균일하게 일어나고 최종 PM 제품의 기계적 성질이 더 나아지기 때문이다.

A10.2 기타 특성

공업용 분말의 기타 특징으로는 입자간 마찰력, 유동 특성, 패킹, 밀도, 공극률, 화학적 조성, 표면막이 있다.

입자간 마찰력, 유동특성 입자간 마찰력은 분말이 얼마나 쉽게 흐르고 단단히 쌓이는지에 영향을 미친다. 입자간 마찰력을 재는 일반적 척도로 휴지각angle of repose이 사용되며 [그림 A10.3]에 나타낸 바와 같이 좁은 깔때기에서 나온 분말 더미가 이루는 각을 말한다. 휴지각이 크다는 것은 입자간 마찰력이 큼을 의미한다. 입자 크기가 작을수록 일반적으로 마찰력이 더 크고 따라서 휴지각도 더 커진다. 구형 입자 사이에서 가장 낮은 마찰력이 발생하고 구형에서 벗어날수록 입자간 마찰력이 증가하는 경향이 있다.

분말의 유동 특성은 금형 내 충전과 압축에 있어 중요하다. 충전 자동화의 가능성은 분말이 얼마나 쉽고 일관되게 흐르는지에 달려 있다. 압축 시 유동 저항에 의해 밀도 변화가 발생하는데 이것은 일반적으로 바람직하지 않다. 유동 척도로서는 일정량(중량 기준)의 분말이 표준화된 크기의 깔때기를 통과하는데 걸리는 시간을 일반적으로 사용한다. 유동시간이 작으면 입자간 마찰이 작고 더욱 쉽게 흐른다는 것을 의미한다. 입자간 마찰을 줄이고 유동을 촉진시키기 위해 때때로 적은 양의 윤활제를 분말에 섞기도 한다.

패킹, 밀도, 공극률 패킹packing 특성은 2가지 밀도 척도에 의해 좌우된다. 첫째는 진밀도true density로서 재료의 실제 부피에 대한 밀도다. 이것은 분말을 녹여 고체 덩

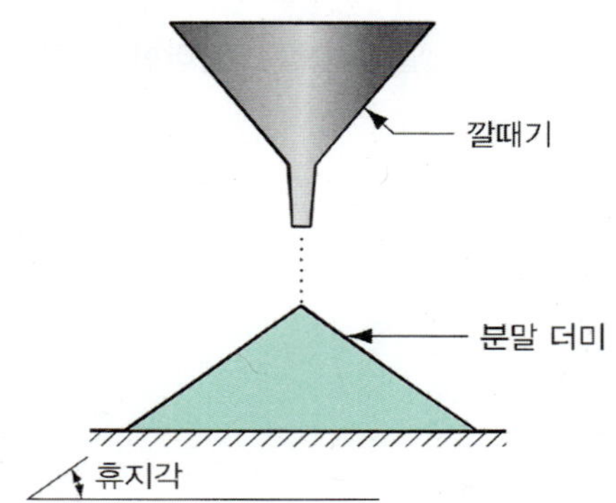

그림 A10.3
좁은 깔때기에서 쏟아진 분말 더미의 휴지각으로 판단하는 입자간 마찰력. 휴지각이 크면 입자간 마찰력도 크다(출처: Fundamentals of Modern Manufacturing, 4th Edition by Mikell P. Groover, 2010. Reprinted with permission of John Wiley & Sons, Inc.).

어리로 만든 후 잰 밀도를 말한다. [표 4.1]에 몇 가지 재료에 대한 진밀도가 나타나 있다. 두 번째는 용적밀도bulk density로서 분말을 쏟은 후 느슨한 상태에서 잰 밀도다. 이에는 기공의 영향이 포함되기 때문에 진밀도보다 낮은 값을 갖는다.

패킹지수는 용적밀도를 진밀도로 나눈 값이다. 일반적으로 조밀하지 않은 분말은 0.5~0.7 사이의 값을 갖는다. 패킹지수는 입자의 형상과 입자 크기 분포에 따라 달라진다. 여러 크기의 입자가 포함된 분말의 경우 작은 입자의 분말은 큰 입자의 분말 간극내로 들어가게 되고 따라서 패킹지수가 높아진다. 분말을 진동시킴으로써도 패킹지수를 증가시킬 수 있다. 마지막으로 압축 공정 동안에 가해지는 외부 압력에 의해 분말의 패킹은 크게 증가하는데 입자들이 재배치될 뿐만 아니라 변형도 되기 때문이다. 공극률은 분말의 패킹 특성을 나타내는 또 다른 척도다.

공극률porosity은 전체 부피에 대한 기공부피(빈 공간)의 비율로 정의된다. 따라서 다음의 관계가 성립된다.

$$\text{공극률} + \text{패킹지수} = 1.0 \qquad \text{(A10.6)}$$

개별 입자 내에 닫힌 기공이 존재할 경우에는 이를 포함해서 공극률을 계산할 때만 위 식이 정확하다.

화학적 조성, 표면막 분말의 특성을 완전히 이해하려면 화학적 조성을 알아야 한다. 금속분말은 순수금속으로 이뤄진 원소분말과 합금입자로 구성된 합금분말의 둘 중 하나다. 이에 대한 분류와 분말야금법에서 자주 사용되는 금속에 대해서는 10.4절에서 설명했다.

표면막은 분말야금의 문제점 중 하나인데 금속분말 단위중량 당 표면적이 크기 때문에 일어난다. 표면막은 산화물, 실리카, 흡수된 유기물질, 수분 등으로 만들어진다[6]. 일반적으로 이러한 표면막은 성형공정 전에 제거되어야 한다.

CHAPTER

11

세라믹과 서멧 공정

PROCESSING OF CERAMICS AND CERMETS

세라믹 재료는 다음의 세 종류로 분류된다(2.2절). (1)전통 세라믹, (2)신소재 세라믹, (3)유리. 유리 공정은 주로 고형화와 관련 있으며 7장에서 설명했다. 이 장에서는 전통 세라믹과 신소재 세라믹에 사용되는 입자 공정에 대해 설명한다. 또한 세라믹기지 복합재료, 금속기지 복합재료 공정에 관해서도 설명한다.

전통 세라믹은 자연에서 얻는 광물질로 만들어지며 도기, 자기, 벽돌, 시멘트 등이 있다. 신소재 세라믹은 합성을 통해 생산된 원료를 사용해 만들어지며, 상당히 넓은 범위에 걸쳐 사용되는데, 예로 절삭날, 인공뼈, 핵연료, 전자회로기판 등이 있다. 이 모든 것의 기초 소재는 분말이다. 전통 세라믹의 경우 분말을 물과 함께 섞어 일시적으로 입자들을 결합해 형상을 만들기에 적당한 정도의 점도를 얻는다. 신소재 세라믹의 경우에는 결합제 역할을 하는 다른 물질들을 사용한다. 성형으로 만들어진 생형부품을 소결시킨다. 이를 세라믹에서는 굽기라 하며, 그 역할은 분말야금에서와 같다. 즉, 고체 상태의 반응을 통해 단단한 물체로 변화시키는 것이다.

이 장에서 설명하는 공정들은 상업적 · 기술적으로 중요하다. 실제 모든 세라믹 제품들이 이러한 방법들로 만들어지기 때문이다(유리 제품은 제외). 전통 세라믹과 신소재 세라믹의 제조 절차는 동일하다. 왜냐하면 동일한 기초 소재, 즉 분말로부터 시작되기 때문이다. 그러나 공정은 상당히 다르기 때문에 2가지를 따로 나눠 설명한다.

11.1 전통 세라믹 공정

이 절에서는 도기, 석기, 식기류, 벽돌, 타일, 내화재와 같은 전통 세라믹 제품을 만드는 기술에 대해 설명한다. 연삭숫돌도 같은 기술로 제작된다. 이러한 제품이 가지는 공통점은 그 소재가 기본적으로 규산염 광물, 즉 점토라는 것이다. [그림 11.1]에 전통 세라믹 제품을 제작하는 과정이 나와 있다.

11.1.1 원료의 준비

전통 세라믹의 형상을 만들기 위해서는 먼저 쉽게 가공이 되는 반죽이 필요하다. 이것은 가는 세라믹 분말을 물과 함께 섞어 만드는데, 그 점도가 성형의 용이성과 제품의 품질을 결정한다. 분말의 원소재는 보통 자연적으로 구할 수 있는 암석 덩어리이고, 이를 분말로 만드는 것이 세라믹 공정의 준비 과정이다.

입자 크기를 작게 하는 기술에는 기계적 에너지를 이용해 충격, 압축, 마모와 같은 방법이 있다. 이를 세분comminution이라 하는데 시멘트, 광석, 취성 금속 같은 취성재료 가공에 매우 효율적이다. 세분 작업은 분쇄와 제분의 2가지 형태로 구분될 수 있다.

분쇄crushing는 여러 단계를 거쳐 큰 덩어리를 작은 덩어리로 줄이는 작업이다. 1차 분쇄, 2차 분쇄 등으로 이뤄져 있고, 각 단계별 축소율은 3~6 정도다. 광물 분쇄작업은 단단한 면을 이용한 압축 공정이나 운동 면을 이용한 충격 공정으로 수행된다 [1]. [그림 11.2]에 분쇄 장비를 나타냈다.

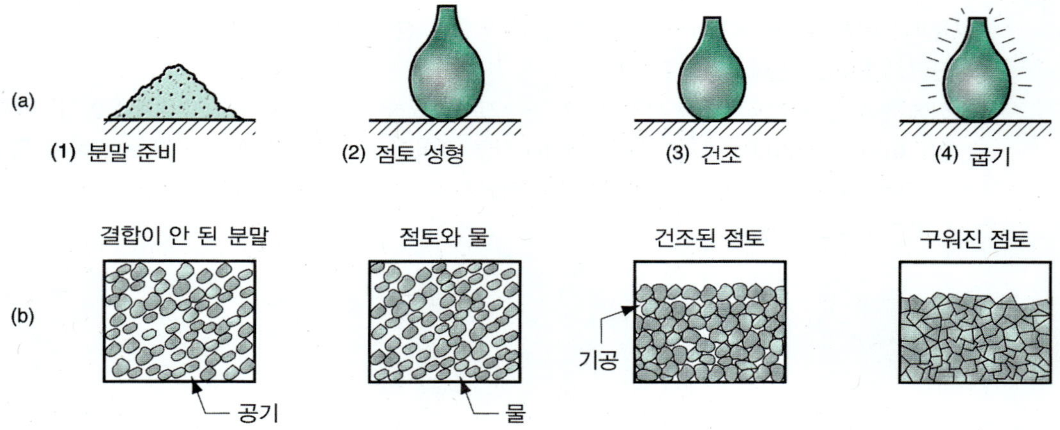

그림 11.1 전통 세라믹 공정 단계 (1)분말 준비, (2)성형, (3)건조, (4)굽기. (a)단계별 작업물, (b)단계별 분말 상태(출처: Fundamentals of Modern Manufacturing, 4th Edition by Mikell P. Groover, 2010. Reprinted with permission of John Wiley & Sons, Inc.).

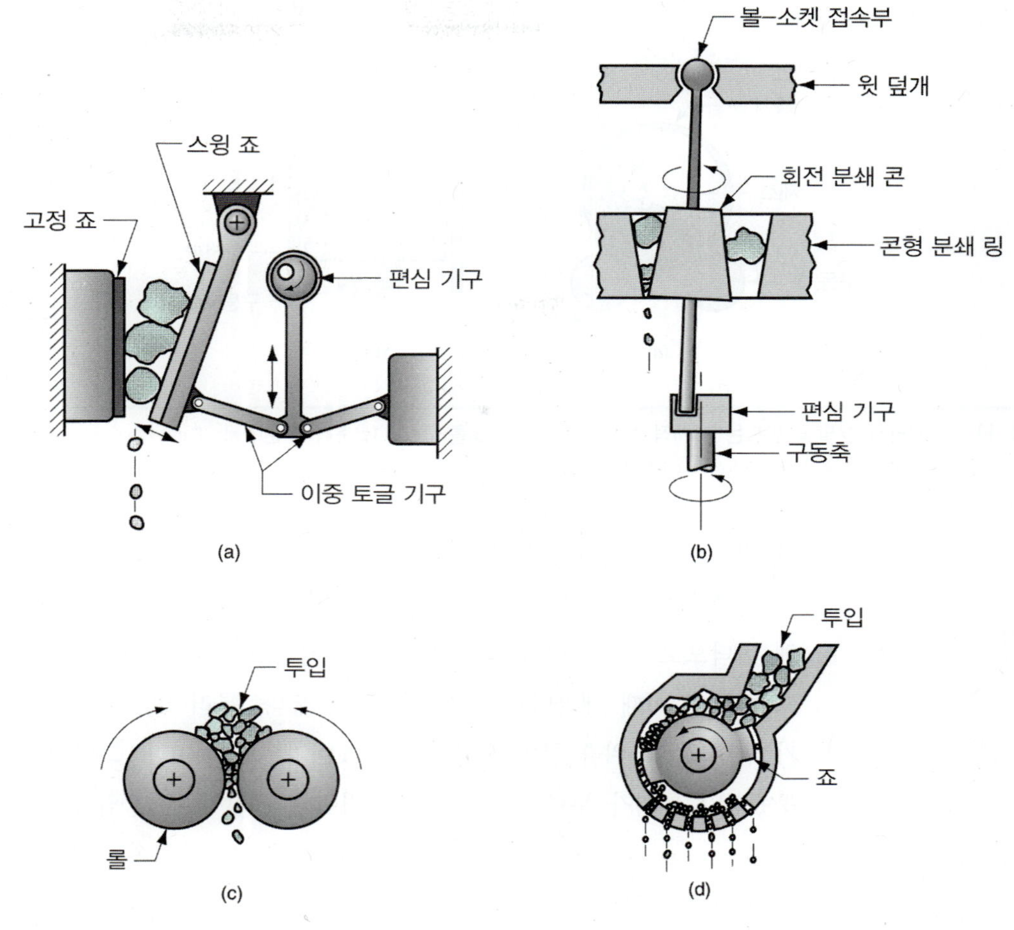

그림 11.2 분쇄 작업 (a)죠 분쇄기, (b)회전식 분쇄기, (c)롤 분쇄기, (d)해머 밀(출처: Fundamentals of Modern Manufacturing, 4th Edition by Mikell P. Groover, 2010. Reprinted with permission of John Wiley & Sons, Inc.).

(a) **죠jaw 분쇄기:** 대형 죠의 전후 운동으로 덩어리 분쇄
(b) **회전식 분쇄기:** 회전 콘cone으로 덩어리를 압축 분쇄
(c) **롤 분쇄기:** 회전 롤 사이로 덩어리를 압착 분쇄
(d) **해머 밀:** 회전하는 해머로 덩어리를 충격 분쇄

제분grinding은 분쇄로 만들어진 작은 덩어리를 가는 분말로 만드는 작업이다. 제분작업은 자유롭게 움직일 수 있는 볼, 자갈 또는 작은 막대가 일으키는 마모와 충격을 이용한다[1]. 제분의 예로 (a)볼 밀, (b)롤러 밀, (c)충격 제분이 있다(그림 11.3).

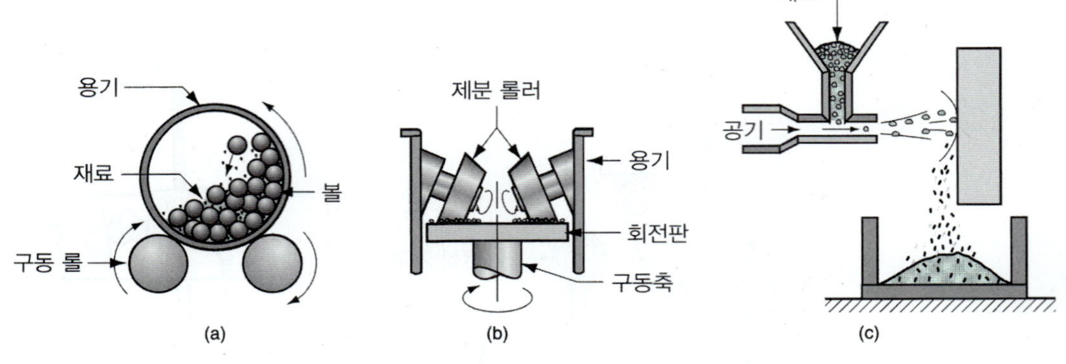

그림 11.3 세라믹 분말을 만드는 기계적 방법 (a)볼 밀, (b)롤러 밀, (c)충격 제분(출처: Fundamentals of Modern Manufacturing, 4th Edition by Mikell P. Groover, 2010. Reprinted with permission of John Wiley & Sons, Inc.).

볼 밀ball mill은 단단한 볼을 재료와 함께 섞어 큰 원통형 용기에 넣고 회전시키는 장치다. 회전에 의해 볼과 재료가 함께 용기 벽을 따라 움직여 올라가다가 자중에 의해 바닥으로 떨어지면서 충격과 마찰에 의해 제분된다. 때로는 혼합물에 물을 섞기도 하는데 이때 세라믹은 슬러리 형태가 된다. 롤러 밀roller mill은 테이블 위에 재료가 놓이고 그 위를 롤러가 굴러가며 짓이기는 방식이다. 그림에서 명확히 나타내지 못했지만 롤러가 누르는 압력은 스프링이나 유압 혹은 공압에 의해 조절된다. 충격 제분impact grinding에서는 재료를 고속 공기흐름 또는 고속 슬러리를 통해 단단한 평면을 향해 발사해 그 충격으로 제분을 수행한다. 하지만 그리 자주 사용되는 방법은 아니다.

성형에 사용되는 반죽은 세라믹 분말과 물로 이뤄져 있다. 점토는 이상적인 성형 특성을 가진 재료로서 반죽의 주재료로 사용된다. 물의 양이 많으면 많을수록 반죽이 더욱 쉽게 성형된다. 그러나 성형된 가공물을 건조시켜 구우면 수축이 일어나는데 이것은 제품 내 균열을 유발할 수 있다. 이 문제를 해결하기 위해 건조와 굽기 과정에서 잘 수축하지 않는 다른 세라믹 원료를 어느 정도로 반죽에 섞는다. 또한 특수 목적으로 혼합되는 원료도 있다. 따라서 세라믹 반죽의 구성물은 3가지로 나눌 수 있다[3]. (1)점토: 성형에 요구되는 강도와 성형성을 제공함, (2)비성형성 원료: 알루미나 혹은 실리카인데, 건조와 굽기 과정 중 수축하지 않으나 성형성을 떨어뜨림, (3)기타 첨가물: 굽기 과정 동안 녹아서 소결을 촉진시키는 용제(예로 장석), 혼합을 촉진시키는 습윤제.

이러한 구성물들은 젖은 상태로 혹은 건조한 상태로 완전히 섞여야 한다. 볼 밀은 제분 기능 외에 이러한 목적으로 간혹 사용된다. 또한 반죽 내 분말과 물은 적절한 비율로 섞여 있어야 한다. 이를 위해 반죽의 상태와 반죽이 원하는 강도에 도달했는지를 살펴 물을 첨가하거나 줄이거나 해야 한다.

11.1.2 성형공정

성형공정마다 분말과 물의 최적 혼합비율이 다르다. 어떤 성형공정에서는 유동성이 높아야 되는 반면 일부 공정에서는 물이 거의 없어야 한다. 약 50%의 물이 섞였을 때 혼합물은 액체처럼 흐르는 슬러리slurry 형태가 된다. 물의 양이 줄어들수록 점점 반죽에 가해야 하는 압력이 높아진다. 따라서 성형공정은 혼합물의 굳는 정도에 따라 다음과 같이 분류될 수 있다. (1)슬립 주조법: 슬러리 형태의 혼합물이 사용됨, (2)가소성 성형법: 가소성 조건에서 점토를 성형, (3)반건조 가압법: 촉촉하지만 가소성이 낮은 점토를 사용함, (4)건조 가압법: 물 함유비가 5% 이하인 건조된 점토를 사용함. 건조 점토는 가소성이 없다.

슬립 주조법 슬립 주조법slip casting은 보통 분말야금에서 사용되지만 세라믹 성형에 더 많이 적용된다. 슬립이라는 세라믹분말 현탁액을 다공성 석고 주형에 부어 넣으면 물이 점차 석고 속으로 흡수되면서 주형 표면에 단단한 점토층이 형성된다. 슬립의 구성성분은 물이 25~40% 정도이고, 나머지는 여러 첨가물이 혼합된 점토다. 슬립은 형틀 속으로 잘 흘러들어갈 수 있을 정도의 충분한 유동성이 있어야 하지만 생산성을 높이기 위해서는 물의 양이 적은 것이 바람직하다. 슬립 주조법에는 배액 주조법과 고형 주조법의 2가지 변종이 있다.
전통적 공정인 배액 주조법drain casting에서는 주형 표면에 반고체 층을 형성시킨 후 주형을 뒤집어 남은 슬립을 배출시킴으로써 속이 빈 제품을 만든다. 이후 주형을 열고 제품을 꺼낸다. 이 방법은 금속 슬러시 주조법과 매우 유사한 데 그 과정을 [그림 11.4]에 나타냈다. 이 방법으로 주전자, 꽃병, 예술품, 기타 속이 빈 제품을 만든다. 고형 주조법solid casting은 속이 꽉 찬 제품을 만드는데 사용된다. 충분한 시간을 주어 제품 전체가 단단해질 때까지 기다리며, 주기적으로 슬립을 추가해 물 흡수로 생긴 수축량을 메워준다.

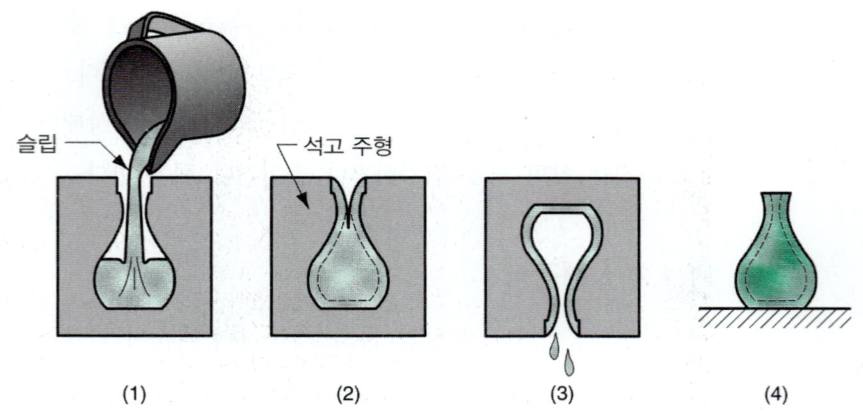

그림 11.4

슬립 주조법의 하나인 배액 주조법의 절차 (1)슬립을 주형 속에 붓는다. (2)물이 석고 속으로 흡수되면서 단단한 층을 만든다. (3)과잉 슬립을 배출한다. (4)제품을 주형에서 꺼내 다듬질한다(출처: Fundamentals of Modern Manufacturing, 4th Edition by Mikell P. Groover, 2010. Reprinted with permission of John Wiley & Sons, Inc.).

가소성 성형법 이 분류에는 수작업, 기계화된 여러 방법들이 있다. 세라믹의 가소성plasticity이란 물기를 가진 세라믹이 외부의 힘을 가해도 부서지지 않고 여러 형태로 변형되고, 그 후 외부의 힘을 제거해도 변형된 그대로의 상태를 유지하는 특성을 의미한다. 초기 혼합물은 가소성의 지속능력을 가져야 하는데, 일반적으로 물이 15~25% 함유될 때 이뤄진다. 수작업에서는 쉽게 성형될 수 있도록 물의 함량이 높은 혼합물을 사용하지만 건조 시 수축이 심해진다. 기계화된 방법에서는 물의 함량이 낮은 혼합물을 사용하기 때문에 초기 점토가 단단한 편이다.

수작업 성형법의 기원은 수천 년 전으로 거슬러 올라가지만 오늘날에도 숙련된 기술자들이 생산 혹은 예술을 위해 사용한다. 핸드모델링법hand modeling은 점토를 능숙하게 다루어 원하는 형상의 세라믹 제품을 만드는 방법이다. 예술품 외에 슬립 주조법에 사용되는 석고 주형도 이 방법으로 만들어지곤 한다. 핸드몰링법hand molding도 유사한 방법인데, 외형의 일부를 주형이나 틀을 사용해 만든다. 물레 위에서 행해지는 핸드스로잉법hand throwing은 수공예의 또 다른 세분화된 방법이다. 물레wheel는 수직축을 중심으로 회전하는 둥근 테이블로서, 모터나 발로 작동된다. 회전형 단면을 가진 세라믹 제품은 이 방법으로 만들어지며, 내부 형상을 만들기 위해 틀이 사용되기도 한다.

엄밀히 말해 모터로 작동되는 물레를 사용하는 것은 일종의 기계화된 방법이다. 그러나 대부분의 기계화된 점토 성형법은 핸드스로잉법보다도 수작업이 별로 없다. 이러한 기계화된 방법에는 지거링법, 가소성 가압법, 압출법 등이 있다. 지거링법jiggering은 물레법의 연장으로서, 핸드스로잉 대신 기계화된 방법을 사용한다. 이 방법은 가정용 그릇과 사발 같은 동일 형상의 제품을 대량생산하는데 사용한다. 비록 사용되는 도구나 방법에서 약간의 차이가 있긴 하지만 지거링법의 통상적인 절차는 [그림 11.5]에서 보듯이 다음과 같다. (1)볼록면 형틀 위에 점토 슬러그를 위치시킨다, (2)성형 도구로 슬러그를 눌러 대강의 초기 형상을 만든다. 이 작업을 배팅batting이라 하고 이렇게 해서 만든 작업물을 뱃bat이라 한다, (3)가열된 지거jigger 공구를 회전하는 작업물에 대고 눌러 최종 형상을 만든다. 가열된 공구를 사용하는 이유는 증기를 발생시켜 들러붙지 않게 하기 위함이다. 지거링법과 매우 관련이 깊은 방법으로 졸링법jolleying이 있다. 이 방법에서는 볼록면 대신 오목면을 가진 형틀을 사용한다[7]. 이 두 방법에서 비회전 지거(혹은 졸리) 공구 대신 회전 공구를 사용하기도 한다. 이렇게 하면 슬러그를 먼저 뱃으로 만드는 작업을 생략할 수 있다.

가소성 가압법plastic pressing은 가소성 점토 슬러그를 금속 링으로 둘러싸인 상 · 하 형틀 사이에 넣고 누르는 방법이다. 형틀은 석고 같은 다공성 재질로 만들어져 형틀 뒤에서 진공을 만들어 점토 속 수분을 제거한다. 형틀을 열 때 다시 공기압을 가해 제품이 형틀과 들러붙지 않도록 한다. 가소성 가압법은 지거링법보다 생산성이 높고 비대칭 제품에도 적용할 수 있다.

압출법extrusion은 균일한 단면 형상을 가진 긴 제품을 생산하는데 사용된다. 압출 장비에 스크루형 부품을 설치해 점토를 섞고 이를 다이 구멍으로 밀어낸다. 이 방법은 속이 빈 벽돌, 타일, 배수 파이프, 튜브, 절연물을 만드는데 널리 사용된다. 또한 이 방법은 지거링법이나 가소성 가압법 같은 다른 세라믹 가공법에 사용될 초기 점토 슬러그를 만드는데도 사용된다.

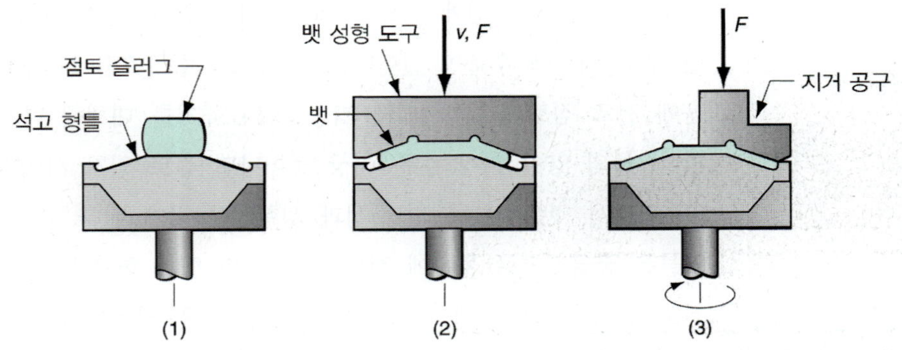

그림 11.5 지거링법의 절차 (1)점토 슬러그를 볼록면 형틀에 위치시킨다, (2)배팅, (3)지거 공구로 최종 형상을 만든다. 기호 v와 F는 각각 운동속도와 힘을 나타낸다(출처: Fundamentals of Modern Manufacturing, 4th Edition by Mikell P. Groover, 2010. Reprinted with permission of John Wiley & Sons, Inc.).

반건조 가압법 반건조 가압법에서 사용되는 초기 점토는 수분 함량비가 보통 10~15% 정도다. 이 때문에 가소성이 낮아 가소성 성형법은 적용할 수 없다. 반건조 가압법에서는 높은 압력을 가해 재료가 낮은 가소성을 극복해 강제로 금형 공동으로 흘러 들어가게 만든다. 금형 분할면으로 끼어 들어간 점토는 플래시flash가 된다.

건조 가압법 반건조 가압법과 건조 가압법의 주요 차이점은 초기 혼합물의 수분 함량이다. 건조 가압법에 사용되는 초기 점토의 수분 함량은 보통 5% 이하다. 이 때문에 다음 공정에서 취급이 용이하도록 건조 분말에 결합제를 함께 섞어 성형해 충분한 강도를 가지게 한다. 윤활제도 함께 넣어 금형에 들러붙는 것을 방지한다. 건조 점토는 가소성이 없고 매우 마모적이므로 반건조 가압법과 비교했을 때 금형 설계와 제작 절차에 있어 다른 점이 많다.

금형은 마모를 줄이기 위해 경화 공구강이나 텅스텐카바이드로 제작되어야 한다. 또한 건조 점토는 가압을 퍼지지 않기 때문에 제품 형상이 상대적으로 단순해야 한다. 초기 분말의 양과 분포도 적절해야 한다. 이 방법으로는 플래시와 수축이 발생하지 않는다. 따라서 건조 시간이 필요 없고 최종 제품의 치수 정확도도 우수하다. 건조 가압법의 절차는 반건조 가압법과 비슷하다. 건조 가압법으로 만들어지는 제품으로는 타일, 전기절연체, 내화벽돌 등이 있다.

11.1.3 건조

성형공정에서 물은 매우 중요한 역할을 수행하지만 이후 공정에서는 전혀 필요 없기 때문에 굽기 공정 전에 반드시 제거되어야 한다. 건조 과정에서는 물이 차지하고 있던 부피 때문에 수축이 일어나는데, 그 효과를 [그림 11.6]에서 볼 수 있다. 물은 처음에 건조 점토에 혼합될 때 기공 속의 공기를 대체해 나가기 때문에 부피 변화가 없다. 물의 양이 일정 수준 이상 늘어나면 점토 입자 사이가 벌어져 부피가 증가하고, 따라서 젖은 점토는 가소성과 성형성을 갖게 된다. 더욱 많은 물이 더해지면 혼합물은 궁극적으로 물속에 점토 입자가 떠 있는 현탁액 형태가 된다.

건조 상태에서는 반대 현상이 일어난다. 젖은 점토에서 물이 제거됨에 따라 제품의 부피는 줄어든다. 건조 과정은 [그림 11.7]에 나타낸 것처럼 2단계로 일어난다. 1단계에서는 건조율이 높고 일정하다. 즉, 점토 표면에 있는 물은 공기 중으로 증발하고 점토 내부에 있는 물은 모세관 현상에 의해 표면 쪽으로 향해 이동한다. 이 단계

듬질이다. 이것은 전통 세라믹의 제조 절차와 거의 유사하지만 세부적인 내용은 매우 다르다. 다음 절에서 이에 대해 살펴본다.

11.2.1 원료의 준비

전통 세라믹에 비해 신소재 세라믹의 경우 매우 높은 강도가 요구되므로 초기 분말은 입자 크기와 화학 조성에 있어 더욱 균질해야 하고, 입자 크기는 더욱 작아져야 한다(세라믹 제품의 강도는 입자 크기에 반비례한다). 따라서 초기 분말을 잘 조절할 필요가 있다. 이에는 기계적 방법, 화학적 방법 등이 있다.

기계적 방법으로는 전통 세라믹에 사용되는 볼 밀 제분법이 있다. 이 제분법의 문제점은 볼과 제분기 소재에서 떨어져 나온 입자 때문에 세라믹 분말이 오염된다는 것이다. 이 때문에 세라믹 분말의 순도가 떨어져 결국 최종 제품의 강도를 떨어뜨리는 결함이 나타난다.

신소재 세라믹 분말의 균질성을 높이는 화학적 방법으로는 냉동건조법과 침전법의 2가지 방법이 있다. 냉동건조법freeze drying에서는 물에 적당한 염을 녹인 후 이를 스프레이로 뿌려 작은 물방울 모양으로 만들면서 급속 냉동시킨다. 이후 진공 체임버에 넣어 물을 승화시키면 냉동 건조된 염이 만들어지고 추가로 열을 가해 세라믹 파우더를 분해해낸다. 냉동건조법은 모든 세라믹 재료에 적용되는 것은 아니다. 왜냐하면 어떤 재료에 대해서는 알맞은 수용성 염을 찾기가 쉽지 않기 때문이다.

침전법precipitation from solution에서는 초기 광물에서 원하는 세라믹 조성을 가진 부분을 용해해 불순물을 걸러낸다. 침전을 통해 중간 화합물을 만든 후 열을 가해 최종 분말을 얻는다. 침전법의 예로 베이어공정Bayer process을 들 수 있는데 이를 이용해 고순도의 알루미나와 알루미늄을 생산해낼 수 있다. 이 공정에서는 보크사이트 광물에서 철 등 불순물이 제거된 산화알루미늄을 얻고, 이를 침전시켜 수산화알루미늄을 만든 후 건조시키면 알루미나를 만들 수 있다.

분말은 성형에 들어가기 전에 크기별로 분류되고 혼합된다. 신소재 세라믹 응용 분야에는 매우 미세한 분말이 요구된다. 그러므로 입자들을 크기에 따라 나누고 분류해야만 이것이 가능해진다. 또한 입자들이 편석되는 것을 방지하기 위해 여러 크기의 입자들을 잘 혼합해야 한다.

여러 가지 첨가물이 초기 분말에 소량 혼합된다. 이러한 첨가물로는 (1)가소성과 작업성을 높이는 가소성제, (2)세라믹 입자를 결합하는 결합제, (3)혼합이 잘되게 하는 습윤제, (4)분말이 뭉치는 것을 방지하는 응집제거제, (5)성형 시 입자간 마찰을 줄이고, 금형과 잘 떨어지도록 하는 윤활제다.

11.2.2 성형

신소재 세라믹 성형공정 대부분은 분말야금법과 전통 세라믹 공정에서 가져왔다. 10.3절에서 설명한 가압법, 소결법도 신소재 세라믹 재료에 그대로 적용된다. 그리고 몇 가지 전통 세라믹 성형법도(11.1.2절) 신소재 세라믹 성형법으로 사용되는데, 대표적으로 슬립 주조법, 압출법, 건조 가압법 등이 있다. 다음에 설명하는 공정들은 전통 세라믹 성형법에서는 쓰이지 않는 것들이다. 이 중 몇 가지는 분말야금법과 관련이 있다.

고온 가압법 고온 가압법hot pressing은 건조 가압법과 유사하지만 높은 온도에서 공정이 수행되기 때문에 가압과 함께 소결이 동시에 이뤄진다는 점이 다르다. 이로써 굽기 과정을 따로 수행하지 않아도 된다. 고온 가압법을 이용하면 밀도가 높고 입자크기가 미세한 제품이 얻어지는 장점이 있는 반면 고온연마로 인해 금형 수명이 짧아진다는 단점이 있다.

등방정압 가압법 등방정압 가압법isostatic pressing은 분말야금법에서 사용된 것과 똑같은 공정이다(10.3.1절). 전통적인 일축 가압법으로는 제품의 밀도가 불균일해지는 문제가 발생하지만 정수압을 사용해 세라믹 분말을 모든 방향에서 고르게 압축하는 등방정압가 압법을 이용하면 균일한 밀도의 최종 제품을 얻을 수 있다.

닥터블레이드 공정 이 공정을 이용하면 세라믹의 얇은 박판을 만들 수 있다. 한 가지 대표적인 적용 예는 전자산업 분야에서 집적회로(IC)를 만들기 위해 사용되는 박판의 제조다. [그림 11.8]에 이 공정의 내용을 보였다. 셀로판 같은 필름을 프레임 위에서 이송시키면서 그 위에 세라믹 슬러리를 붓는다. 세라믹의 두께는 닥터블레이드doctor-blade라 불리는 와이퍼wiper로 조절된다. 슬러리는 필름과 함께 이송되면서 건조되어 유연한 세라믹 테이프가 된다. 프레임 끝에는 테이크업 릴take-up reel이 있어 완성된 테이프를 감는다. 테이프는 생형 상태에서 절단되어 사용되거나 다른 공정을 거친 후 굽기 과정으로 들어간다.

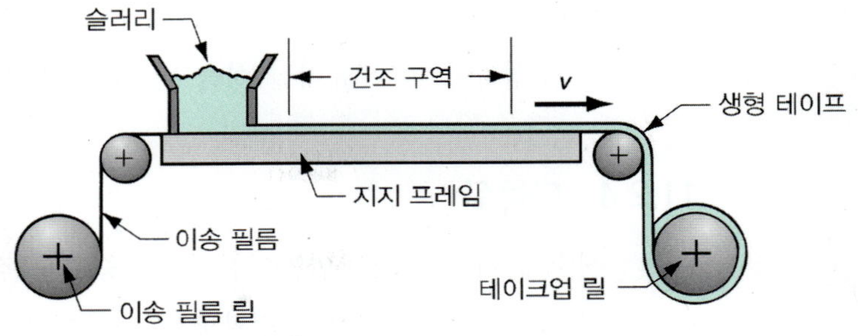

그림 11.8
얇은 세라믹 박판을 만드는데 사용되는 닥터블레이드 공정. v는 운동방향 속도를 나타낸다(출처: Fundamentals of Modern Manufacturing, 4th Edition by Mikell P. Groover, 2010. Reprinted with permission of John Wiley & Sons, Inc.).

분말 사출성형법(PIM) 분말 사출성형법powder injection molding은 분말야금법에서와 동일(10.3.2절)하지만 분말이 금속이 아닌 세라믹이라는 점이 다르다. 세라믹 입자에 열가소성 고분자재료를 혼합해 성형 온도에서 적당한 유동 특성을 갖도록 한다. 이 혼합물을 가열한 후 금형을 통해 사출한다. 냉각 후 고분자가 굳으면 금형을 열어 제품을 꺼낸다. 혼합물의 가열 온도는 세라믹을 소결시키는데 필요한 온도보다 훨씬 낮기 때문에 성형된 제품은 생형 상태다. 소결 공정으로 넘어가기 전에 고분자를 제거해야 한다. 이것은 디바인딩debinding이라 하며 보통 열처리와 용제처리를 조합해 수행한다.

세라믹 PIM법은 디바인딩과 소결 과정이 쉽지 않기 때문에 적용이 잘 안 된다. 고분자재료를 태워 없애는 속도가 상대적으로 느리고 고분자가 제거됨으로써 생형의 강도도 매우 약해진다. 소결 과정에서는 제품이 휘어지거나 부서지기도 한다. 더욱이 PIM법으로 만들어진 세라믹 제품은 특히 미세한 결함에 취약해 높은 강도를 기대할 수 없다.

11.2.3 소결

신소재 세라믹의 경우 물을 사용하지 않기 때문에 건조 과정이 생략된다. 그러나 소결 과정은 제품의 강도와 경도를 최대한으로 끌어올리기 위해 꼭 필요하다. 소결의 기능은 (1)각각의 입자들을 결합해 한 덩어리로 만들고, (2)밀도를 증가시키고, (3)공극률을 줄이거나 없애는 것이다.

소결 온도는 재료의 녹는점의 80~90% 범위의 온도로 결정된다. 소결 메커니즘은 신소재 세라믹의 종류, 즉 화학적 구성이 단일한 신소재 세라믹(예로 Al_2O_3)인가 혹은 녹는점이 각각 다른 여러 물질이 섞인 점토와 유사한 신소재 세라믹인가에 따라 조금씩 다르다. 신소재 세라믹의 소결 메커니즘은 입자들 간 간격이 좁아져 제품의 밀도가 높아지게 된다. 전통 세라믹의 경우에는 메커니즘이 더 복잡한데, 이는 몇 가지 구성물이 녹아 유리질 상을 형성해 결합제 역할을 하기 때문이다.

11.2.4 다듬질

신소재 세라믹으로 만들어진 부품 중 다듬질이 요구되는 것들이 있다. 일반적으로 이러한 작업은 (1)치수 정확도를 높이기 위해, (2)외관을 향상시키기 위해, (3)제품 형상에 약간의 변화를 주기 위해 이뤄진다. 다듬질 작업을 위해 연삭이나 연마공정이 보통 사용된다. 경화 세라믹 재료를 자르는 데에는 다이아몬드 연마제가 반드시 필요하다.

11.3 서멧 공정

대부분의 금속기지 복합재료(MMC)와 세라믹기지 복합재료(CMC)는 입자 공정으로 만들어진다. 가장 대표적인 예로는 초경합금cemented carbide과 여러 가지 서멧cermet이 있다.

11.3.1 시멘트 카바이드

시멘트 카바이드cemented carbide: 초경합금는 복합재료에 속하는데, 탄소계 세라믹 입자가 금속성 결합제에 함입된 형태로 구성되어 있다. 금속성 결합제가 모재 역할을 하기 때문에 시멘트 카바이드는 금속기지 복합재로 분류된다. 그러나 카바이드 입자가 복합재의 대부분을, 즉 보통 부피비로 80~96% 정도 차지한다. 초경합금은 기술적으로는 서멧으로 분류된다.

가장 중요한 초경합금은 코발트 결합제를 사용한 텅스텐카바이드(WC–Co)다. 이것은 일반적으로 Co 모재에 WC, TiC, TaC가 혼합된 것인데 텅스텐 카바이드가 주재료다. 또 다른 초경합금으로는 니켈모재 티탄 카바이드(TiC–Ni)와 니켈모재 크롬 카바이드(Cr_3C_2–Ni)가 있다. 이들 복합재에 대해서는 2.4.2절에서 설명했으며, 카바이드 성분들에 대해서는 2.2.2절에서 설명했다. 이 절에서는 분말공정 기술에 기반한 시멘트 카바이드 생산 공정에 대해 설명한다.

기공이 없고 강한 제품을 얻기 위해 카바이드 분말은 금속 결합제와 함께 소결되어야 한다. 코발트는 WC와 가장 잘 맞는 반면 니켈은 TiC와 잘 맞다. 금속 결합제의 비율은 통상 4~20%까지 이른다. 카바이드와 결합용 금속분말은 볼 밀(혹은 다른 적당한 혼합기계)에서 습식으로 완전히 섞여 균질의 슬러지sludge를 형성한다. 또한 입자 크기도 작아진다. 이렇게 만들어진 슬러지는 산화를 막기 위해 진공 또는 조절된 분위기의 노에서 건조된 후 압축 공정으로 넘어간다.

압축 분말 혼합물을 압축해 원하는 형상의 생형을 만드는데 여러 가지 방법이 사용된다. 가장 일반적으로 많이 사용되는 방법은 앞에서 설명한 냉간가압법으로 절삭용 인서트 등에 사용되는 초경합금 제품을 대량생산하는데 사용된다. 냉간가압용 금형은 소결 시 발생하는 수축을 고려해 더 크게 만들어져야 한다. 수축은 대략 20% 정도 혹은 그 이상이 될 수 있다. 대량생산을 위해 금형에 WC−Co로 만들어진 라이너를 대어야 카바이드 입자에 의한 마모를 견뎌낼 수 있다. 소량생산을 위해 넓고 편편한 부분을 가압한 후 정해진 크기의 작은 조각으로 절단한다.
또 다른 압축 방법으로는 인발용 다이나 볼밀용 볼 같은 큰 제품을 만들기 위해 쓰이는 등방정압가압법, 고온가압법과 원형 혹은 사각형 단면의 길이가 긴 제품을 만드는데 쓰이는 압출법이 있다. 이들 방법에 대한 내용은 앞에서 이미 설명했다.

소결 WC나 TiC는 결합용 금속 분말이 없이도 소결이 가능하지만 100%의 진밀도에는 도달하지 못한다. 결합제를 사용함으로써 공극이 없는 제품이 만들어진다.
WC−Co의 소결은 액상 소결을 포함한다(10.3.5절). 이 공정은 [그림 11.9]에서 보는 바와 같이 이들 요소들의 상태도를 참고해 설명될 수 있다. 상업용 초경합금 제품이 만들어지는 조성비 영역이 그림에 표시되어 있다. WC−Co의 소결 온도는 1370~1425°C 범위다. 코발트의 용융점이 1495°C이므로 소결온도에서는 녹지 않는다. 그러나 상태도에서 볼 수 있듯이 WC는 고체 상태로 Co에 용해되어 들어간다. 열처리 중 WC는 점차 감마 상으로 용해되어 들어가면서 용융점이 낮아져 결국 녹게 된다. 형성된 액체는 WC 입자 속으로 흘러들어 추가로 용해시킨다. 용융금속이 흘러 들어감에 따라 생형 내부에 남아 있던 가스도 제거된다. 이로 인해 남아 있던 WC 입자들은 더욱 조밀한 패킹 상태로 재배열되어 밀도가 아주 높아지면서 수축이 일어난다. 냉각 시에는 용해된 카바이드가 결정구조 속에서 석출해 WC 골격 구조가 Co 결합제 전체에 걸쳐 형성된다.

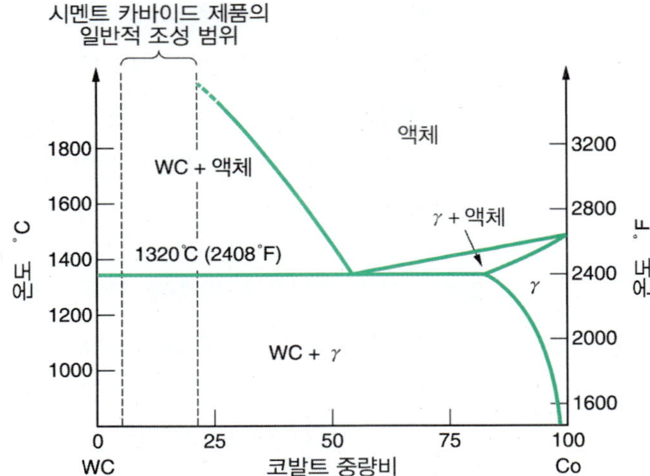

그림 11.9
WC–Co 상태도[7](출처: Fundamentals of Modern Manufacturing, 4th Edition by Mikell P. Groover, 2010. Reprinted with permission of John Wiley & Sons, Inc.).

2차 가공 초경합금 제품은 소결 후 치수 조절을 위해 2차 가공이 보통 필요하다. 이러한 목적으로 적당한 것은 다이아몬드 혹은 이에 준하는 매우 단단한 연삭 입자로 만들어진 숫돌로 수행하는 연삭 가공이다. 경화된 시멘트 카바이드에 어떤 형상을 만들기 위해서는 19장에서 설명하는 방전가공과 초음파가공 등이 사용된다.

11.3.2 기타 서멧 및 세라믹기지 복합재

시멘트 카바이드 외에 Al_2O_3와 MgO 같은 산화물 세라믹에 기반한 서멧들이 있다. 이러한 복합재의 금속 결합제로는 크롬이 주로 쓰인다. 세라믹/금속 혼합비는 시멘트 카바이드보다도 더 넓고, 때에 따라서는 금속이 주재료가 되는 경우가 있다. 이러한 서멧도 시멘트 카바이드에서와 같은 성형법을 사용해 만들어진다.

세라믹기지 복합재(CMC)의 최근 기술(2.4.2절)에는 탄소, SiC, 섬유조직으로 강화된 세라믹 재료(예, 유리)가 포함된다. 만약 섬유가 휘스커whisker: 단결정으로 이뤄진 섬유라면 신소재 세라믹 가공에 쓰이는 입자 가공법으로 이러한 CMC들을 만들 수 있다(11.2절).

11.4 제품설계 고려사항

세라믹 재료는 올바르게 적용될 경우 설계자들에게 매력을 주는 여러 특별한 성질을 가지고 있다. Bralla[2]와 여러 자료에서 가져온 다음의 설계 지침은 신소재 세라믹, 전통 세라믹 재료 모두 적용 가능하다. 일반적으로 시멘트 카바이드에 대해서도 동일한 설계 지침이 적용될 수 있다.

- 세라믹 재료는 인장보다 압축에 대해 수배 이상 강하다. 제품은 인장응력이 아니라 압축응력을 받도록 설계되어야 한다.
- 세라믹은 취성이 높고 연성이 거의 없다. 세라믹 제품은 파괴를 유발할 수 있는 충격 하중이나 높은 응력이 가해지는 부분에 적용되어서는 안 된다.
- 복잡한 기하학적 형상의 제품 생산이 가능하지만 경제적, 기술적 문제로 인해 보다 단순한 형상 설계가 바람직하다. 깊은 구멍, 채널, 언더컷, 긴 외팔보 형태는 피해야 한다.
- 바깥쪽 코너에는 코너반경이나 모따기(chamfer)를 만들어야 한다. 마찬가지로 안쪽 코너에도 반경이 필요하다. 이를 위해 절삭날에 매우 작은 반경을 주어 가공 시 미세한 치핑이 발생하는 것을 막는다.
- 건조 및 굽기 과정(전통 세라믹의 경우)과 소결 과정(신소재 세라믹의 경우)에서 제품 수축이 심각하게 일어날 수 있기 때문에 설계자는 미리 이 점을 고려해야 한다. 최종 치수가 규정된 공차 범위에 들 수 있도록 크기 여유를 어느 정도로 결정하느냐는 생산 기술자에게 주어진 매우 큰 문제다.
- 세라믹 제품에서 나사부는 피해야만 한다. 이것은 만들기도 어려울 뿐만 아니라 만들어도 적정 강도를 내기 어렵기 때문이다.

참고문헌 References

[1] Bhowmick, A. K. Bradley Pulverizer Company. Allentown, Pennsylvania, personal communication, February, 1992.

[2] Bralla, j. G. (Editor in Chief). *Design for Manufacturability Handbook*. 2nd ed. McGraw-Hill Book company, New York, 1998

[3] Halvac, J. *The Technology of Glassand Ceramics*. Elsevier Scientific Publishing Company, New York, 1983.

[4] Kingery, W. D., Bowen, H. K., and Uhlamnn, D.R. *Introduction to Ceramics*. 2nd ed. John Wiley & Sons, Inc.,New York, 1995.

[5] Rahaman, M. N. *Ceramic Processing*. CRC Taylor & Francis, Boco Raton, Florida, 2007.

[6] Richerson, D. W. *Modern Ceramic Engineering: Properties, Processing, and Use in Design,* 3nd ed. CRC Taylor &Francis. Boca Raton, Florida, 2006.

[7] Schwarzkopf, P. and Kieffer, R. *Cemented Carbides*. The Macmillan Company, New York, 1960.

[8] Singer, F., and Singer, S. S. *Industrial Ceramics*. Chemical Publishing Company, New York, 1963.

[9] Somiya, S., (ed.). *Advanced Technical Ceramics*. Academic Press, Inc., San Diego, Calif., 1989.

복습문제 Review Questions

11.1 원료 물질에 관한 한 전통 세라믹과 신소재 세라믹의 차이점은 무엇인가?

11.2 전통 세라믹 공정 절차를 나열하라.

11.3 전통 세라믹 공정에서 분쇄와 제분의 기술적 차이점은 무엇인가?

11.4 전통 세라믹 공정 중 슬립 주조법에 대해 설명하라.

11.5 전통 세라믹 제품을 성형하는데 사용되는 방법들을 나열하고 간단히 기술하라.

11.6 지거링 공정은 무엇인가?

11.7 전통 세라믹 제품을 만드는데 쓰이는 건조 가압법과 반건조 가압법의 차이점은 무엇인가?

11.8 세라믹 재료가 소결되는 동안 어떤 일이 일어나는가?

11.9 세라믹 제품을 굽는데 쓰이는 노의 이름은 무엇인가?

11.10 신소재 세라믹 공정에서는 일반적으로 필요치 않은 건조 공정이 왜 전통 세라믹 공정에서는 매우 중요한가?

11.11 신소재 세라믹 분말을 만드는데 사용되는 냉동건조법이란 무엇인가?

11.12 닥터블레이드법에 대해 설명하라.

11.13 세라믹 제품에 대한 설계 지침 사항을 몇 가지 들어라.

4부
금속성형과 금속박판가공 공정

Engineering Materials and Product Attributes 1

Solidification Processes 2

Particulate Processing of Metals and Ceramics 3

Metal Forming and Sheet Metalworking 4

Material Removal Processes 5

Property Enhancing and Surface Processing Operations 6

Joining and Assembly Processes 7

Special Processing and Assembly Technologies 8

Systems Topics in Manufacturing 9

CHAPTER

12

금속성형의 기초

FUNDAMENTALS OF METAL FORMING

금속성형(metal forming)은 소성 변형을 이용해 공작물의 형상을 변화시키는 제조공정의 큰 그룹을 의미한다. 금속성형에서는 금형(다이, die)이라 불리는 공구를 사용해 금속에 항복강도 이상의 응력을 가함으로써 변형을 유발시킨다. 따라서 금속은 금형 형상에 맞게 변형한다. 금속성형은 1장에서 형상가공공정 중 변형공정([그림 1.3] 참조)으로 분류된 부문을 주도하는 방법이며 소성가공이라고도 불린다.

금속을 소성적으로 변형시키는 응력은 주로 압축응력이다. 그러나 일부 공정에서는 금속을 잡아당기거나 구부리거나 전단응력을 가하기도 한다. 가공이 제대로 이뤄지기 위해 금속은 특정한 성질을 지녀야 한다. 바람직한 특성으로는 낮은 항복강도와 높은 연성 등이 있다. 이러한 성질들은 온도의 영향을 받는다. 온도가 올라가면 연성이 좋아지고 항복강도는 낮아진다. 온도의 영향에 따라 냉간가공, 온간가공, 열간가공으로 구분한다. 변형률 속도와 마찰도 성능에 영향을 주는 인자다. 이 장에서는 이러한 주제를 모두 다룰 것이지만 먼저 금속성형공정의 개요부터 설명한다.

12.1 금속성형의 개요

금속성형공정은 (1)용적변형 공정, (2)박판가공 공정으로 분류된다. 이 두 공정에 대해서는 13장과 14장에서 각각 자세히 다룬다.

용적변형 공정 일반적인 용적변형bulk deformation 공정은 상당한 변형량과 큰 형상 변화의 특징을 가지고 있다. 그리고 공작물의 체적에 대한 표면적의 비가 상대적으로 작다. 용적bulk이라는 용어는 이러한 낮은 값의 체적 당 표면적의 비를 가진 공작물을 의미한다. 초기 소재 형상은 원통형 빌렛billet이나 직사각형 바bar 등이다. [그림 12.1]은 다음과 같은 용적변형의 기본 공정들을 보여준다.

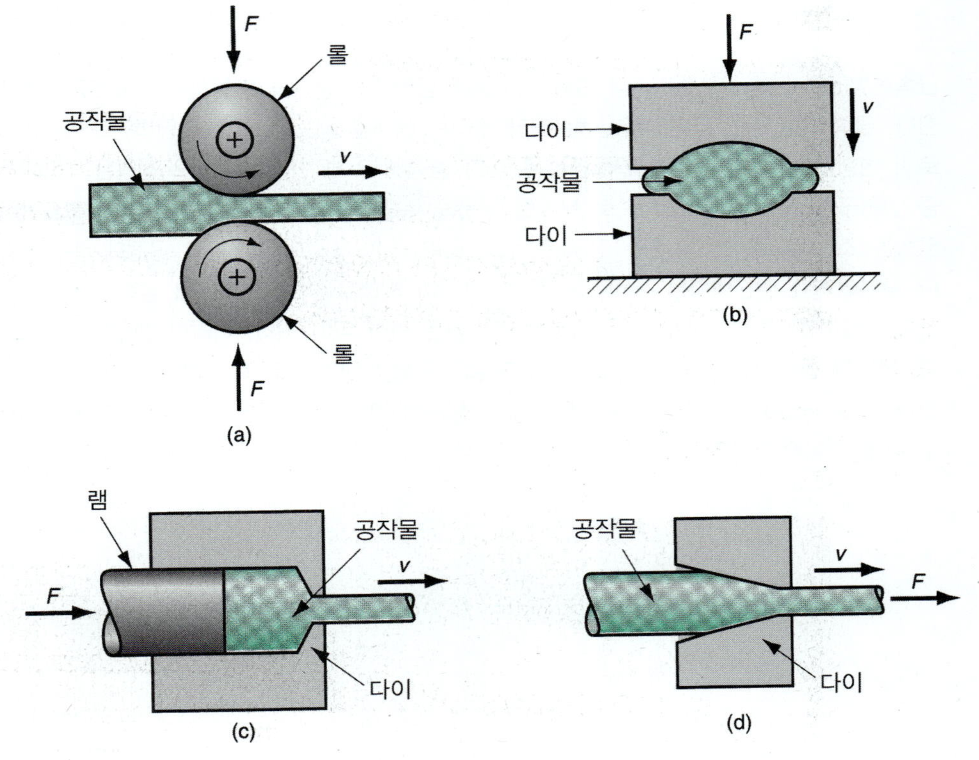

그림 12.1 기본 용적변형 공정 (a)압연, (b)단조, (c)압출, (d)인발. 공정의 상대운동은 v로 표시되고, 힘은 F로 나타낸다(출처: Fundamentals of Modern Manufacturing, 4th Edition by Mikell P. Groover, 2010. Reprinted with permission of John Wiley & Sons, Inc.).

압연: 이것은 압축변형 공정으로서 롤(roll)이라 불리는 2개의 마주보는 원통형 공구에 의해 슬랩(slab)이나 판(plate)의 두께를 줄이는 것이다. 롤들은 돌면서 그 틈새로 공작물을 잡아 당겨 압착한다.

단조: 공작물을 2개의 마주보는 금형으로 눌러 금형 형상을 공작물에 새기는 공정이다. 단조는 전통적으로 열간가공 공정이지만 냉간에서 이뤄지는 단조 작업도 많다.

압출: 금속을 다이 구멍 속으로 강제로 밀어 넣어 구멍 형상의 단면을 가진 제품을 만드는 압출변형 공정이다.

인발(드로잉): 다이 구멍을 통해 선재나 봉재를 잡아당김으로써 직경을 줄이는 성형공정이다.

박판가공 공정 박판가공sheet metalworking은 금속판재, 스트립, 코일을 대상으로 성형이나 그와 관련된 작업을 수행하는 것을 말한다. 이러한 공정에서는 공작물의 체적당 표면적의 비가 높다. 이 비율은 박판가공과 용적변형을 구분하는 좋은 척도가 된다. 프레스 가공이라는 용어가 박판가공 작업에 자주 쓰이는데, 이는 박판가공 작업이 프레스 기계를 이용해 주로 이뤄지기 때문이다(다른 제조공정에서도 여러 가지 형태의 프레스가 사용된다). 박판가공으로 생산된 부품을 스탬핑stamping이라 부르기도 한다.

박판가공은 항상 냉간에서 펀치와 다이라 불리는 공구를 사용해 이뤄진다. 펀치는 양각 부분을, 다이는 음각 부분을 지칭한다. 박판가공의 기본 공정을 [그림 12.2]에 나타냈고 그 정의는 다음과 같다.

굽힘: 굽힘은 [그림 12.2(a)]처럼 금속 박판이나 판재를 잡아당겨 직선 축을 따라 특정 각을 가지도록 만드는 작업이다.

드로잉: 박판가공에서의 드로잉은 편평한 금속을 컵과 같은 중공(hollow)이나 오목 형상 속으로 잡아당겨 성형하는 것을 말한다. [그림 12.2(b)]처럼 펀치가 금속박판을 밀면서 성형하는 동안 블랭크홀더(blankholder)가 박판을 누르고 있다. 와이어나 바의 드로잉(인발) 공정과 구별하기 위해 컵드로잉(cup drawing) 또는 딥드로잉(deep drawing)이라는 용어를 쓰기도 한다.

전단: 이 공정은 변형 공정과는 조금 거리가 있는데 금속을 변형시키기보다는 자르는 것과 관련이 있기 때문이다. 전단 공정은 [그림 12.2(c)]처럼 펀치와 다이를 이용해 공작물을 자르는 공정이다. 성형공정이 아닌데도 여기에 포함된 이유는 이 작업이 박판가공에 있어 매우 필요하고 일반적인 작업이기 때문이다.

금속박판 가공에 포함되는 기타 가공으로는 펀치와 다이를 사용하지 않는 여러 가지 박판, 튜브 성형공정이 있다. 예를 들어 스트레치성형, 롤 벤딩, 스피닝, 튜브 벤딩 등이 있다.

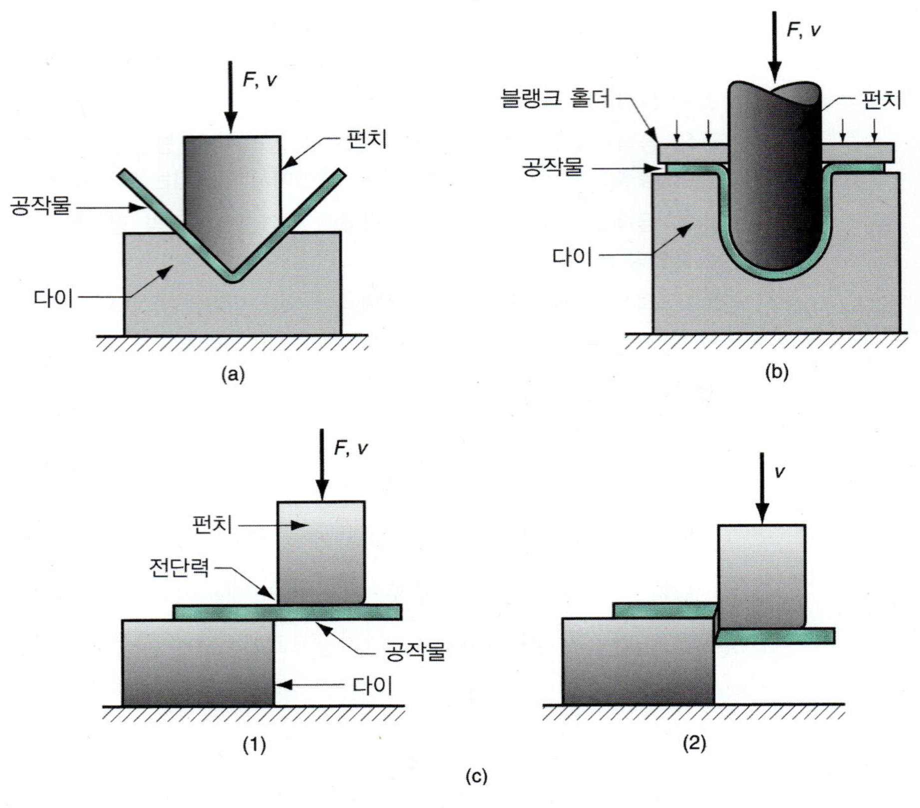

그림 12.2 기본 박판가공 공정 (a)굽힘, (b)드로잉, (c)전단: (1)펀치가 박판에 접촉하는 순간, (2)절단 후 이 공정에서 힘과 상대운동은 각각 F와 v로 표시된다(출처: Fundamentals of Modern Manufacturing, 4th Edition by Mikell P. Groover, 2010. Reprinted with permission of John Wiley & Sons, Inc.).

12.2 금속성형에서의 재료 거동

응력–변형률 곡선을 이용하면 성형 중 금속 거동에 대한 많은 정보를 얻을 수 있다. 일반적으로 대부분의 금속재료에 대한 응력–변형률 곡선은 탄성역과 소성역으로 나눈다(3.1.1절). 금속성형에서는 소성역이 주목의 대상인데 이를 이용해 재료에 영구적 변형을 일으킬 수 있기 때문이다.

금속재료의 응력–변형률 관계에서 항복점 이하는 탄성을 나타내고 그 이상은 변형 경화를 나타낸다. [그림 3.4와 3.5]는 이 거동을 선형축과 로그축 상에서 각각 나타냈다. 소성역에서는 금속 거동을 다음의 유동곡선으로 표현할 수 있다.

$$\sigma = K\epsilon^n$$

여기서 K = 강도계수 MPa, n = 변형경화지수다. 유동곡선에서의 응력과 변형률은 각각 진응력과 진변형률을 의미한다. 일반적으로 유동곡선은 냉간가공 시 금속의 소성거동을 나타내는 관계식으로 유용하게 사용된다. 상온에서 측정된 여러 금속재료의 통상적인 K와 n값이 [표 3.4]에 나열되어 있다.

유동응력 유동곡선은 금속성형이 일어나고 있는 영역에서의 응력-변형률 관계를 나타낸다. 이것은 금속의 유동응력flow stress, 즉 특정 성형공정을 수행하는데 요구되는 힘과 동력을 결정하는 강도 특성을 의미한다. 상온에서 대부분의 금속은 [그림 3.5]의 응력-변형률 곡선이 의미하는 바와 같이 변형될수록 변형경화 현상 때문에 강도가 증가한다. 즉, 변형을 계속 일으키기 위해 응력도 계속 증가해야 한다. 유동응력은 재료를 계속 변형시키는데 필요한, 즉 금속을 '유동 상태'로 지속시키기 위해 필요한 순간 응력값으로 정의된다. 이것은 변형률의 함수로 표시된 금속의 항복강도이며 다음과 같이 표현될 수 있다.

$$Y_f = K\epsilon^n \qquad (12.1)$$

여기서 Y_f = 유동응력(MPa)

다음의 두 장에서 설명될 각각의 성형공정에서는 순간 유동응력이 공정을 해석하는데 이용된다. 예를 들어 단조공정에서 압축하는 동안의 순간 성형력을 유동응력 값으로부터 결정할 수 있다. 또한 최대 성형력은 단조 행정 끝에서 최종 변형률로부터 나온 유동응력을 근거로 계산된다.

어떤 경우에는 순간값보다는 평균 응력, 변형률을 근거로 해석을 수행한다. [그림 12.1(c)]에 나타낸 압출이 이러한 경우에 해당된다. 빌릿billet이 압출 다이를 통과하면서 단면적이 감소할 때 금속재료는 점차 변형경화를 일으키며 최대값에 도달한다. 단면이 감소함에 따라 순간 응력-변형률 값도 계속 변하는데, 이 값을 매번 결정하기는 매우 어렵고 또한 의미도 별로 없다. 이럴 경우 변형 동안의 평균 유동응력에 근거해 공정을 해석하는 것이 더 유용하다.

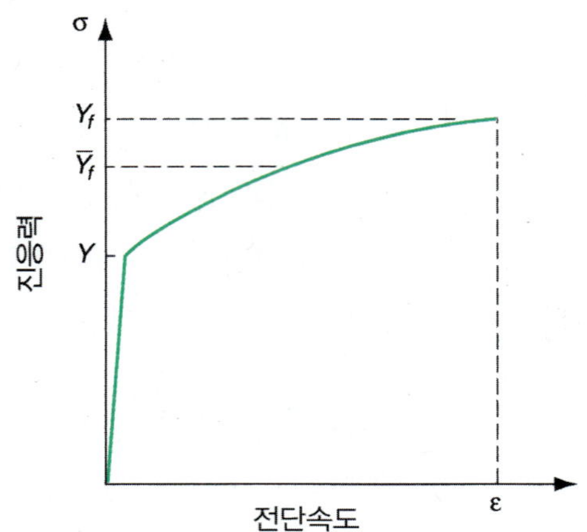

그림 12.3
항복강도 Y와 최종 유동응력 Y_f와 관계된 평균 유동응력 $\overline{Y}_f$의 위치를 보여주는 응력-변형률 곡선(출처: Fundamentals of Modern Manufacturing, 4th Edition by Mikell P. Groover, 2010. Reprinted with permission of John Wiley & Sons, Inc.).

평균 유동응력 평균 유동응력은 응력－변형률 곡선에서 변형률의 시작점에서 끝점(최대점)까지 분포하고 있는 응력값을 평균한 것이다. 이 값은 [그림 12.3]의 응력－변형률 곡선에 설명되어 있다. 평균 유동응력은 유동곡선식인 식 (12.1)을 적분함으로써 얻을 수 있다.

$$\overline{Y}_f = \frac{K\epsilon^n}{1+n} \tag{12.2}$$

여기서 $\overline{Y}_f$＝평균 유동응력 MPa, ϵ＝성형공정 동안의 최대 변형률 값이다.

다음 장의 용적변형 공정에서는 평균 유동응력을 보다 확장해 사용한다. 공작물 재료의 K와 n값이 주어지면 최종 변형률을 계산하는 방법을 각 공정마다 전개할 것이다. 이 변형률을 근거로 식 (12.2)를 사용해 공정 중 금속이 받는 평균 유동응력을 결정할 수 있다.

12.3 금속성형에서의 온도

유동곡선은 소성변형 동안 금속의 응력－변형률 거동을 잘 나타내는데, 특히 냉간가공 공정에 잘 적용된다. 금속의 K와 n값은 온도에 의존한다. 높은 온도에서 강도와 변형경화는 감소하고 연성은 증가한다. 따라서 높은 온도에서는 더욱 작은 힘과 동력으로도 변형가공을 수행할 수 있는 점에서 이러한 성질은 매우 중요하다. 다음과 같은 3가지 중요한 온도 영역에 따라 냉간, 온간, 열간가공으로 구별된다.

냉간가공 냉간가공cold working 또는 냉간성형은 상온 또는 그보다 약간 높은 온도에서 일어나는 금속성형을 말한다. 열간가공에 비해 냉간가공이 가지는 중요한 장점은 (1)정확도 향상, (2)표면거칠기 향상, (3)변형경화에 의한 제품의 강도, 경도 증가, (4)변형 중의 결정립 유동으로 인한 바람직한 방향성 획득 가능, (5)가열할 필요가 없어 가열로와 연료비용 절감, 높은 생산율 달성 등이다. 이러한 장점들 때문에 냉간가공 공정들 대부분이 대량생산용으로 개발되어 왔다. 치수향상, 표면향상, 기계가공 최소화 등으로 이들 공정은 순형상 혹은 근사 순형상 공정으로 분류된다(1.2.1절).

냉간가공의 한계점 또는 단점으로는 (1)높은 성형력과 동력이 요구되고, (2)초기 소재의 표면에 산화물이나 오물이 없도록 주의하고, (3)재료의 변형경화로 인해 성형하는데 한계가 있다는 점을 들 수 있다. 금속을 어닐링(20.1절)해야 추가적인 변형이 가능해지는 작업도 있다. 어떤 경우에는 금속재료가 냉간가공을 할 수 없을 만큼 연성이 작을 때도 있다.

변형경화 문제를 극복하고 성형력과 동력을 줄이기 위해 더 높은 온도에서 수행되는 공정들이 있다. 2개의 온도 범위, 즉 온간가공과 열간가공으로 구분된다.

온간가공 공작물의 온도가 올라가면 소성변형 특성이 향상되기 때문에 몇몇 성형공정은 상온보다 높지만 재결정 온도보다 낮은 범위의 온도에서 수행된다. 온간가공 warm working이라는 용어는 이러한 온도 범위에 적용되는 것이다. 냉간가공과 온간가공을 구분하는 선은 금속 용융점의 함수로 표현되기도 한다. 보통 이 선은 $0.3\,T_m$으로 표현되는데 여기서 T_m은 특정 금속의 용융점(절대 온도)을 의미한다.

금속재료가 낮은 강도, 낮은 변형경화, 높은 연성을 갖게 됨으로써 온간가공은 냉간가공에 비해 다음과 같은 이점이 있다. (1)성형력, 동력이 작아지고, (2)더욱 복잡한 기하학적 형상이 가능해지고, (3)어닐링 작업이 줄거나 필요 없게 된다.

열간가공 열간가공hot working 또는 열간성형은 재결정 온도 이상의 온도에서 변형시키는 것을 의미한다. 금속의 재결정 온도는 절대온도 척도로 볼 때 용융점의 절반 정도의 값이다. 실제로 열간가공은 통상 $0.5\,T_m$ 이상의 온도에서 수행된다. $0.5\,T_m$ 이상으로 온도가 올라가면 금속은 더 부드러워져 열간가공의 이점을 더욱 살릴 수 있다. 그러나 변형 그 자체로 인해 추가적인 열이 발생하기 때문에 공작물의 일부분의 온도가 증가한다. 그런 영역에서는 금속이 녹게 되는데 이것은 매우 바람직하지 못하다. 또한 높은 온도에서는 표면의 산화물 발생이 가속화된다. 따라서 열간가공 온도는 보통 $0.5\,T_m$~$0.75\,T_m$의 범위로 유지된다.

열간가공의 가장 중요한 이점은 금속재료를 대폭적으로 소성변형시킬 수 있는 능력에 있다. 이것은 냉간가공이나 온간가공에서 보다 훨씬 크다. 그 이유는 열간 가공되는 금속의 강도계수는 상온에서보다 훨씬 작고 변형경화지수는 0(적어도 이론적으론)이고 연성은 대단히 증가하기 때문이다. 이러한 이유로 냉간가공에 비해 다음과 같은 이점이 있다. (1)공작물의 형상을 크게 변화시킬 수 있고, (2)요구되는 성형력과 동력이 작고, (3)냉간가공으로는 파괴가 일어나는 금속도 성형할 수 있고, (4)결정립 구조의 방향성이 사라져 등방성 성질을 가지며, (5)가공경화(변형경화)가 일어나지 않는다. 냉간가공에서는 가공경화가 이점으로 간주된다는 점에서 마지막 항목은 모순이 있어 보인다. 그러나 가공경화로 인해 연성이 작아지기 때문에 어떤 때는 가공경화가 바람직하지 않은 경우가 있다.

열간가공의 불리한 점으로는 치수 정확도가 떨어지고, 전체 소요 에너지가 높고(공작물을 가열하는데 필요한 열에너지로 인해), 표면에 산화물이 발생하고, 표면거칠기가 나쁘고, 금형 수명이 짧다는 것 등이 있다.

열간가공에서 금속의 재결정은 원자의 확산과 관계가 있는데, 이것은 시간에 관련된 과정이다. 금속성형공정은 높은 속도로 진행되기 때문에 변형 사이클 동안 결정립구조가 완전히 재결정되기 위한 충분한 시간이 허용되지 않는다. 그러나 높은 온도 때문에 궁극적으론 재결정이 일어난다. 재결정은 성형공정이 끝나고 공작물이 식으면서 일어날 수도 있다. 성형 후에 재결정이 일어난다 해도 재결정과 금속의 연화는 열간가공의 특징으로서 온간가공, 냉간가공과 구별되는 점이다.

등온성형 합금강(예, 고속도강), 티타늄합금, 고온 니켈합금과 같은 금속은 고온 경도가 좋기 때문에 고온용으로 유용하다. 그러나 이러한 좋은 특성 때문에 기존의 방법으로는 성형이 어렵다는 단점이 발생한다. 즉, 이러한 금속을 열간가공 온도까지 가열한 후 상대적으로 낮은 온도의 성형공구를 접촉시키면 재빨리 열이 이동하면서 접촉부의 강도가 높아진다. 이에 따라 공작물의 부분 부분마다 온도와 강도가 달라지기 때문에 성형공정 동안 불규칙한 소성흐름 패턴이 발생하고 이것은 높은 잔류응력과 표면균열을 가져온다.

등온성형isothermal forming은 작업물의 표면냉각과 이로 인한 온도구배를 제거한 방식으로 수행되는 성형공정을 말한다. 이를 위해 공작물과 접촉하는 공구를 공작물의 온도에 이를 때까지 미리 가열한다. 이 때문에 공구의 수명이 짧아진다. 하지만 위에 설명한 문제를 피할 수 있게 해준다. 어떤 경우에는 등온성형만이 유일한 해결책인 재료도 있다. 이 성형법은 단조 공정과 매우 깊은 관련이 있다. 등온단조에 대해서는 다음 장에서 설명한다.

12.4 금속성형에서의 마찰과 윤활

금속성형에서는 금형과 공작물 간의 접촉이 불가피하고, 가압을 통해 접촉이 더욱 심화되기 때문에 마찰 문제를 생각하지 않을 수 없다. 대부분의 금속성형 공정에서 마찰 발생은 다음과 같은 이유로 바람직하지 않다. (1)공작물의 금속 유동이 방해받기 때문에 잔류응력이나 제품 결함의 원인이 되고, (2)요구되는 성형력과 동력이 증가하고, (3)금형 마모로 인해 치수 정밀도가 나빠져 불량품이 생기고 금형도 교체해야 한다. 금속성형에 사용되는 금형은 일반적으로 고가이기 때문에 이것은 주요 관심 사항이다. 마찰과 금형 마모는 가혹한 환경에서 행해지는 열간가공 시 더욱 심각하다.

금속성형에서의 마찰은 기어, 샤프트, 베어링 등과 같은 기계시스템에서 마주치는 것과는 다르다. 기계시스템에서의 마찰 특징으로는 낮은 접촉압력, 적당한 온도, 금속 간 접촉을 최소화시켜주는 충분한 윤활 등이 있다. 반면 금속성형이 이뤄지는 환경에서는 단단한 금형과 상대적으로 부드러운 공작물 간의 높은 접촉압력, 공작물의 소성 변형, 높은 온도(적어도 열간가공에서)가 특징이다. 이러한 조건에서는 윤활이 되더라도 마찰계수가 상대적으로 높다. 3가지 금속성형온도 범위에서의 통상적인 마찰계수 값을 [표 12.1]에 나타냈다.

표 12.1 냉간, 온간, 열간가공에서의 적용온도와 마찰계수

분 류	온도범위	마찰계수
냉간가공	$\leq 0.3T_m$	0.1
온간가공	$0.3T_m - 0.5T_m$	0.2
열간가공	$0.5T_m - 0.75T_m$	0.4 − 0.5

마찰계수가 높아지면 고착 현상이 발생한다. 금속성형에서 고착sticking 또는 고착마찰은 상대 운동하는 2개의 표면이 미끄러지지 않고 서로 들러붙는 것을 의미한다. 이것은 두 표면 간 마찰 응력이 공작물 금속의 전단 유동응력 수준을 초과한다는 것을 의미한다. 즉, 표면에서 미끄러지기보다는 표면 바로 아래에서 전단 현상이 발생하면서 변형하는 것이다. 고착은 금속성형공정에서 발생하고, 특히 압연 공정에서 현저하게 발생하는 문제다. 다음 장에서 이 문제에 대해 설명한다.

마찰의 영향을 줄이기 위해 많은 성형공정에서 금속 가공용 윤활제를 금형-공작물 접촉부에 적용한다. 이로써 얻을 수 있는 이점은 고착, 성형력, 동력, 금형마모의 감소, 제품 표면 향상이 있다. 금형의 열 발산은 윤활제의 또 다른 기능이다. 금속성형용 윤활제를 선정할 때 고려할 점은 성형공정의 유형(압연, 단조, 금속박판 드로잉, 기타), 냉간 혹은 열간 가공 여부, 공작물 재료. 금형과 공작물과의 화학적 반응 여부(마찰을 효율적으로 줄이기 위해 윤활제가 접촉 표면에 잘 달라붙는 것이 바람직하다), 적용의 용이성, 가연성, 비용 등이 있다.

냉간가공용 윤활제로는 광물성 오일, 지방 혹은 지방성 오일, 유상액, 비누, 기타 코팅재 등이 있다[4][7]. 열간가공의 종류, 사용 재료에 따라서는 윤활제 없이 가공이 이뤄진다(예로 강의 열간압연과 알루미늄의 압출). 열간가공에서 사용되는 윤활제로는 광물성 오일, 흑연, 유리 등이 있다. 용융 상태의 유리는 강 합금을 열간압출하는데 효율적인 윤활제로 사용된다. 물이나 광물성 오일에 흑연을 혼합해 만든 윤활제는 열간단조용으로 자주 쓰인다. 금속성형에 사용되는 윤활제에 대한 자세한 내용은 참고문헌 [7]과 [9]에서 찾아볼 수 있다.

참고문헌 References

[1] Altan, T., Oh, S.-I., and Gegel, H. L. *Metal Forming: Fundamentals and Applications*. ASM International, Materials Park, Ohio, 1983.

[2] Cook, N. H. *Manufacturing Analysis*. Addison-Wesley Publishing Company, Inc.,Reading, Massachusetts, 1966.

[3] Hosford, W. F., and Caddell, R. M. *Metal Forming: Mechanics and Metallurgy*, 3rd ed. Cambridge University Press, Cambridge, United Kingdom, 2007.

[4] Lange, K. *Handbook of Metal Forming*. Society of Manufacturing Engineers, Dearborn, Michigan, 2006.

[5] Lenard, J. G. *Metal Forming Science and Practice*. Elsevier Science, Amsterdam, The Netherlands, 2002.

[6] Mielnik, E. M. *Metalworking Science and Engineering*. McGraw-Hill, Inc., NewYork, 1991.

[7] Nachtman, E. S., and Kalpakjian, S. *Lubricants and Lubrication in Metalworking Operations*. Marcel Dekker, Inc., New York, 1985.

[8] Wagoner, R. H., and Chenot, J.-L. *Fundamentals of Metal Forming*. John Wiley & Sons, Inc., New York, 1997.

[9] Wick, C.,et al. (eds.). *Tool and Manufacturing Engineers Handbook*, 4th ed., Vol. II, *Forming*. Society of Manufacturing Engineers, Dearborn, Michigan, 1984.

복습문제 Review Questions

12.1 박판가공 공정과 용적변형 공정을 구별할 수 있는 특징은 무엇인가?

12.2 압출은 기본적인 성형공정이다. 그 내용을 설명하라.

12.3 박판가공 공정에 대해 왜 프레스가공이라는 용어를 자주 사용하는가?

12.4 딥드로잉과 바드로잉의 차이점은 무엇인가?

12.5 유동곡선을 표현하는 수학식을 적어라.

12.6 온도가 올라가면 유동곡선 식의 인자들에 어떤 영향을 주는지 설명하라.

12.7 냉간가공이 온간가공, 열간가공에 비해 어떤 이점이 있는지 기술하라.

12.8 등온성형법은 무엇인가?

12.9 금속성형공정에서 마찰이 왜 일반적으로 바람직하지 않은가?

12.10 금속성형에서 발생하는 고착마찰이란 무엇인가?

연습문제 PROBLEMS

12.1 $K=550$ MPa, $n=0.22$인 금속이 있다. 성형되는 동안 최종 진변형률이 0.85에 이르렀다. 이 변형률에서의 유동응력과 성형 동안의 평균 유동 응력을 결정하라.

12.2 어떤 금속의 거동이 $K=700$, MPa, $n=0.30$인 유동곡선을 따른다. 게이지 길이가 100mm인 인장시편을 157mm까지 잡아 당겼다. 최종 길이에서의 유동응력과 변형 과정 동안의 평균 유동응력을 결정하라.

12.3 강성계수=35,000 lb/in^2, 변형경화지수 $n=0.26$인 재료에서 인장시편이 2in에서 3.3in로 늘어났다. 이때 유동응력과 평균응력을 결정하라.

12.4 강성계수=40,000 lb/in^2, 변형경화지수 $n=0.19$. 원통시편의 초기직경=2.5in, 길이=3.0in이며 길이=1.5in로 압축되었다. 이때 유동응력과 평균응력을 결정하라.

12.5 어떤 금속이 $K=700$MPa, $n=0.27$이다. 만약 이 금속이 강성계수 K와 같은 응력을 받는다면 평균 유동응력은 얼마인가?

12.6 평균 유동응력이 변형이 끝난 시점의 최종 유동응력의 3/4이 되도록 하려면 변형경화지수는 얼마여야 하는가?

12.7 강성계수=35,000 lb/in^2, 변형경화지수 $n=0.40$이다. 시편의 단면은 인장으로 인해 감소했다. 만약 평균유동응력이 20,000lb/in^{2}이라면 이 시편의 단면감소량은 얼마인가 결정하라.

12.8 인장시험에서 구해진 두 쌍의 응력과 변형률값인 (1)진응력=217MPa, 진변형률=0.35, (2)진응력=259MPa, 진변형률=0.68일 때 강성계수와 변형경화지수를 구하라.

12.9 새로운 재료의 인장시험에서 소성영역에서의 응력과 변형률을 측정했다.

(1)진응력 =43,608lb/in^2, 진변형률=0.27in/in,

(2)진응력 =52,048lb/in^2, 진변형률=0.85in/in일 때 강성계수와 변형경화지수를 구하라.

CHAPTER

13 용적변형 공정

BULK DEFORMATION PROCESSES IN METALWORKING

이 장에서 설명되는 변형 공정들은 박판형이 아닌 용적형 공작물에 상당한 형상 변화를 유발시키는 것들이다. 초기 소재는 원통형 바와 빌릿, 사각형 빌릿과 슬랩, 기타 이들과 유사한 기본 형상을 취하고 있다. 용적변형 공정들은 원재료의 형상을 바꾸고, 기하학적 특징을 더하고, 기계적 성질을 향상시키고, 부가가치를 높이는데 사용된다. 용적변형 공정은 공작물에 충분한 응력을 가해 원하는 형상 속으로 재료가 흘러 들어가게 하는 형식으로 수행된다.

용적변형 공정은 냉간, 온간, 열간에서 수행된다. 냉간과 온간 공정은 형상 변화가 작을 때, 기계적 성질을 향상시킬 필요가 있을 때, 다듬질 정도를 좋게 할 때 사용된다. 열간 공정은 일반적으로 큰 공작물에 대규모 변형이 요구될 때 사용된다. 용적변형 공정이 상업적 · 기술적으로 중요한 것은 다음의 이유에 근거한다.

- 열간에서 작업할 경우 공작물에 상당한 형상 변화를 일으킬 수 있다.
- 냉간에서 작업할 경우 형상 변형뿐 아니라 강도를 증가시킬 수 있다.
- 공정의 부산물로서 남는 재료가 거의 혹은 아예 발생하지 않는다. 일부 용적변형 작업은 순형상 혹은 근사 순형상 공정이다. 최종 제품을 만들기 위해 부가적인 절삭가공 공정이 거의 혹은 아예 필요하지 않다.

이 장에서 설명하는 용적변형 공정은 (1)압연, (2)단조, (3)압출, (4)선재, 봉재인발이다. 또한 4가지 기본 공정과 관련되어 지금까지 개발돼 온 기타 공정들에 대해서도 설명한다.

13.1 압연

압연rolling은 2개의 마주보는 회전 롤이 압축력을 가해 소재의 두께를 감소시키는 변형 공정이다. 롤은 [그림 13.1]에 나타낸 것처럼 회전하면서 공작물을 잡아당기고 동시에 압착한다. 그림에 나타낸 공정은 평압연flat rolling이라는 기본 공정으로서 사각형 단면의 두께를 줄이는데 사용된다. 이와 매우 가까운 공정으로는 형압연shape rolling이 있다. 이것은 정사각형 단면을 I−형강과 같은 형상으로 성형한다.

대부분의 압연 공정은 매우 자본 집중적인데, 압연기rolling mill라 부르는 대형 장비가 요구된다. 높은 투자비용 때문에 압연기는 박판과 판재 같은 표준품 양산에 주로 사용된다. 압연은 또한 요구되는 변형량이 많기 때문에 대부분 열간 공정, 즉 열간압연hot rolling으로 수행된다. 열간압연으로 생산된 제품은 일반적으로 잔류응력이 없고 등방성을 지닌다. 열간압연의 단점으로는 작은 공차범위를 만들기 어렵고 표면에 산화물이 생성된다는 점이다.

제강업은 압연기를 사용하는 가장 일반적인 적용 분야다. 다양한 제강품에 대해 이해하기 위해 강재 생산 절차를 살펴본다. 다른 기본 금속산업의 생산 절차도 이와 유사하다. 막 고형화를 마친 강재 잉곳ingot이 출발점이다. 고온의 잉곳을 그대로 가열로에 넣어 전체에 걸쳐 균일한 온도가 될 때까지 수시간 이상 가열한다. 이렇게 함으로써 압연 중 금속 공작물이 균일하게 변형될 수 있도록 한다. 강재의 경우 압연 온도는 약 1200°C이다. 이러한 가열 작업을 소킹soaking이라 한다. 그리고 이에 사용되는 노를 소킹피트soaking pit라 한다.

소킹 후 잉곳은 압연기로 옮겨져 3가지 형태의 중간재(블룸, 슬랩, 빌릿) 중 하나로 압연된다. 블룸bloom은 150×150mm 혹은 그보다 큰 정사각형 단면을 가진 중간재다.

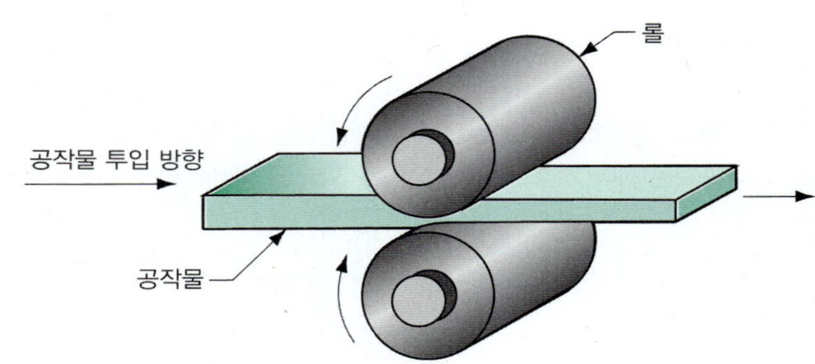

그림 13.1
압연 공정(평압연)(출처: Fundamentals of Modern Manufacturing, 4th Edition by Mikell P. Groover, 2010. Reprinted with permission of John Wiley & Sons, Inc.).

슬랩slab은 잉곳 혹은 블룸으로부터 압연되어 생산되는 것으로 폭이 250mm 혹은 그 이상, 두께는 40mm 혹은 그 이상의 직사각형 단면을 가지고 있다. 빌릿billet은 블룸에서 만들어지며 한 변의 길이가 40mm 혹은 그 이상인 정사각형 단면을 가지고 있다. 이러한 중간재를 계속 압연해 최종 제품 형상을 만든다.

블룸은 압연되어 구조용 형강과 기차 레일로 가공된다. 빌릿은 봉과 바bar로 압연된다. 이것들은 절삭가공, 선재 인발, 단조, 기타 금속가공을 위한 원자재로 사용된다. 슬랩은 압연되어 판재, 박판, 스트립이 된다. 열간압연 판재는 선박, 교량, 보일러, 중장비용 용접 구조물, 튜브, 파이프, 기타 여러 가지 제품에 사용된다. [그림 13.2]에서 몇 가지 압연된 강 제품을 볼 수 있다. 열간압연 판재와 박판을 더욱 얇게 만들기 위해 냉간압연이 수행되기도 한다.

이를 통해 만든 제품은 여러 가지 금속박판 작업(14장)에 사용된다. 냉간압연을 통해 금속은 강도가 높아지고 두께 공차도 더욱 좋아진다. 또한 냉간압연의 박판의 표면은 산화물이 없고 일반적으로 열간압연 제품보다 우수하다. 이러한 특성으로 인해 냉간압연 박판, 스트립, 코일은 스탬핑용, 외장 패널용뿐만 아니라 자동차에서 전기제품, 사무용 가구에 이르기까지 광범위한 제품의 부품으로 사용된다.

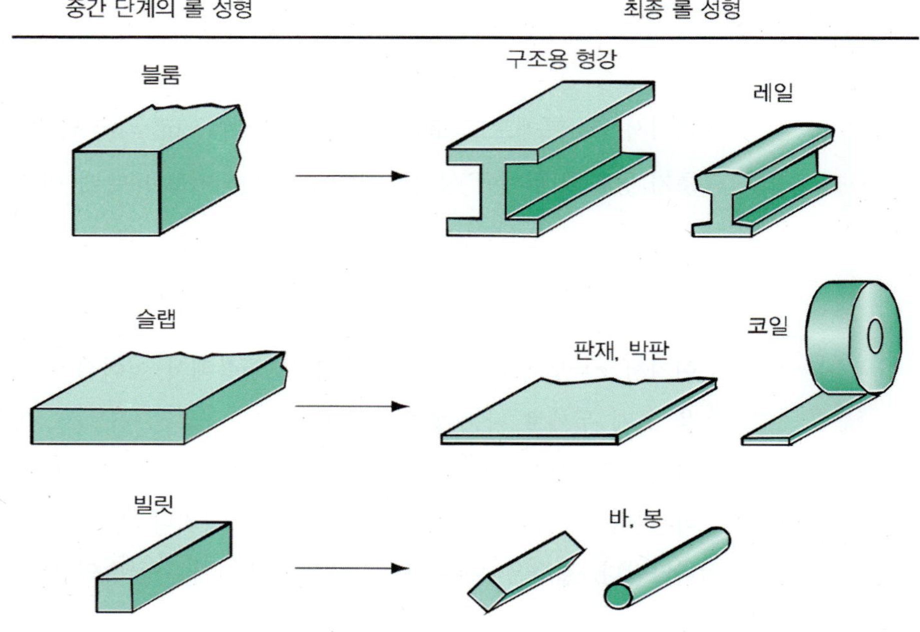

그림 13.2
압연기로 생산되는 여러 가지 강 제품(출처: Fundamentals of Modern Manufacturing, 4th Edition by Mikell P. Groover, 2010, Reprinted with permission of John Wiley & Sons, Inc.).

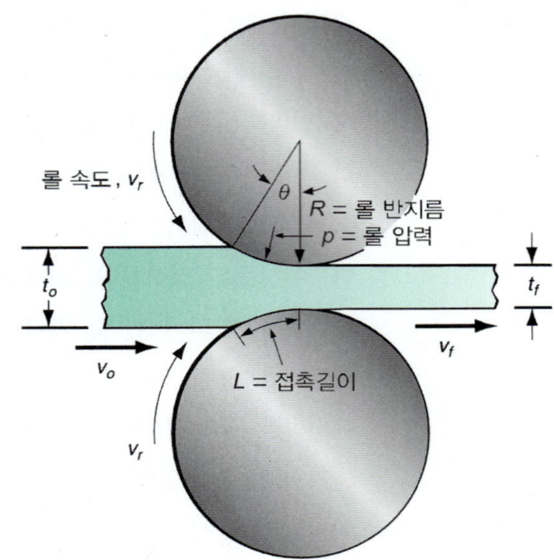

그림 13.3
평압연의 측면도. 압연 전후 두께, 공작물속도, 롤 접촉각, 기타 특징을 보여준다(출처: Fundamentals of Modern Manufacturing, 4th Edition by Mikell P. Groover, 2010. Reprinted with permission of John Wiley & Sons, Inc.).

13.1.1 평압연의 공학적 해석

평압연은 [그림 13.1과 13.3]에 나타나 있다. 평압연은 슬랩, 스트립, 박판, 판재 등 두께보다 폭이 큰 단면을 가진 소재의 압연과 관련이 있다. 평압연에서는 2개의 롤 사이에서 공작물을 압착해 두께를 드래프트draft만큼 줄인다.

$$d = t_o - t_f \tag{13.1}$$

여기서 d = 드래프트 mm, t_o = 초기 두께 mm, t_f = 최종 두께 mm이다. 드래프트는 초기 공작물 두께에 상대한 비율로 표현되기도 하는데 이를 압하율reduction이라 한다.

$$r = \frac{d}{t_o} \tag{13.2}$$

여기서 r = 압하율이다. 압연 공정이 연속해서 이어질 경우 압하율은 드래프트 총압을 초기 두께로 나눈 값으로 한다.

압연으로 인해 두께 감소와 함께 공작물의 폭이 증가한다. 이를 스프레딩spreading이라 한다. 이 현상은 두께 당 폭의 비가 작거나 마찰계수가 작으면 매우 두드러지게 나타난다. 질량은 보존되므로 롤을 빠져나가는 금속의 부피는 들어가는 부피와 같다.

$$t_o w_o L_o = t_f w_f L_f \tag{13.3}$$

여기서 w_o와 w_f=전후의 공작물 폭 mm, L_o와 L_f=전후의 공작물 길이 mm이다. 마찬가지로 전후의 부피 유동속도도 같아야 하기 때문에 전후의 속도는 다음과 같은 관계가 있다.

$$t_o w_o \nu_o = t_f w_f \nu_f \tag{13.4}$$

여기서 ν_o와 ν_f=각각 입구속도와 출구속도이다.

롤은 각도 θ로 정의되는 접촉 호를 따라 공작물과 접촉한다. 각 롤의 반경은 R, 롤 회전속도를 표면 선속도로 나타낸 것은 ν_r이다. 이 속도는 공작물의 입구속도 ν_o보다 크고 출구속도 ν_f보다는 작다. 금속의 흐름이 연속적이므로 공작물의 속도는 롤 사이에서 연속적으로 변한다. 따라서 공작물속도가 롤 속도와 일치하는 한 점이 접촉 호 내에 있다. 이 점을 무슬립점no-slip point 혹은 중립점neutral point이라 한다. 이 점을 중심으로 어느 쪽에서도 롤과 공작물 사이에 미끄러짐과 마찰이 존재한다. 롤과 공작물 사이의 미끄러지는 양은 다음과 같이 정의되는 전방향 슬립forward slip으로 측정될 수 있다.

$$s = \frac{\nu_f - \nu_r}{\nu_r} \tag{13.5}$$

여기서 s =전방향 슬립, ν_f =최종(출구) 속도 m/s, ν_r =롤 속도 m/s이다.

압연 공정 중 공작물의 진변형률은 전후의 두께 변화를 기준으로 계산된다. 식으로 표현하면 다음과 같다.

$$\epsilon = \ln \frac{t_o}{t_f} \tag{13.6}$$

진변형률은 공작물에 가해진 평균 유동응력 $\overline{Y}_f$를 결정하는데 사용된다. 앞 장의 식 (12.2)로부터,

$$\overline{Y_f} = \frac{K\epsilon^n}{1+n} \tag{13.7}$$

평균 유동응력은 압연에 소요되는 압하력rolling force과 동력을 추정하는데 유용하게 사용될 수 있다.

압연에서 마찰은 일정한 마찰계수를 가지고 발생하며 롤의 압축력에 이 마찰계수를 곱하면 골과 공작물 사이에 발생하는 마찰력이 나온다. 무슬립점을 기준으로 볼 때 입구 쪽의 마찰력 방향과 출구 쪽 마찰력 방향은 서로 반대다. 그러나 두 힘의 크기는 같지 않다. 입구 쪽의 마찰력이 더 크므로 공작물을 롤 사이로 끌어당기는 것이다. 만약 그렇지 않다면 압연 공정 자체가 불가능할 것이다. 마찰계수가 주어진 평압연에서 최대한으로 가능한 드래프트는

$$d_{max} = \mu^2 R \tag{13.8}$$

여기서 d_{max} =최대 드래프트 mm, μ =마찰계수, R =롤 반경 mm이다. 이 식이 의미하는 바는 만약 마찰이 0이라면 드래프트가 0이고 따라서 압연이 불가능하다는 것이다.

압연에서 마찰계수는 윤활, 공작물 재료, 가공온도에 의존한다. 냉간압연의 경우 그 값은 대략 0.1, 온간가공에서는 대략 0.2. 열간압연에서는 대략 0.4[16] 정도다. 열간압연 중 고착sticking이 발생하기도 하는데 이것은 고온의 공작물이 접촉 호를 따라 롤에 달라붙은 현상을 말한다. 이러한 현상은 강재가 고온의 합금을 압연할 때 가끔 발생한다. 고착이 발생하면 마찰계수는 0.7 정도까지 높아진다. 고착이 되면 공작물의 표면은 롤 속도 ν_r과 같은 속도로 움직이고, 표면 바로 아래 부분에 심한 변형이 발생한다.

압연하기에 충분한 마찰계수가 주어졌을 때 압하력 F는 단위 롤 압력([그림 13.3]에서 p)을 접촉 면적에 걸쳐 적분해 구할 수 있다. 이것을 식으로 표현하면

$$F = w\int_0^L p\,dL \tag{13.9}$$

여기서 F =롤 압하력 N, w =공작물의 폭 mm, p =롤 압력 MPa, L =접촉 길이 mm이다. 적분은 2개의 구간, 즉 중립점을 중심으로 양쪽에 대해 수행된다. 접촉 길이 방향에 따른 롤 압력의 변화가 중요한데 [그림 13.4]의 곡선에서 이러한 변화를 알 수 있다. 중립점에서 압력이 최대값이고, 입구 쪽이나 출구 쪽으로 갈수록 줄어든다. 마찰이 증가함에 따라 최고 압력은 상대적으로 증가한다. 마찰이 감소함에 따라 중립점은 출구 쪽으로 가까워지는데 압연 방향으로 당기는 힘을 유지시키기 위함이다. 그렇지 않으면 작은 마찰 속에서 공작물은 미끄러지기만 할 것이다.

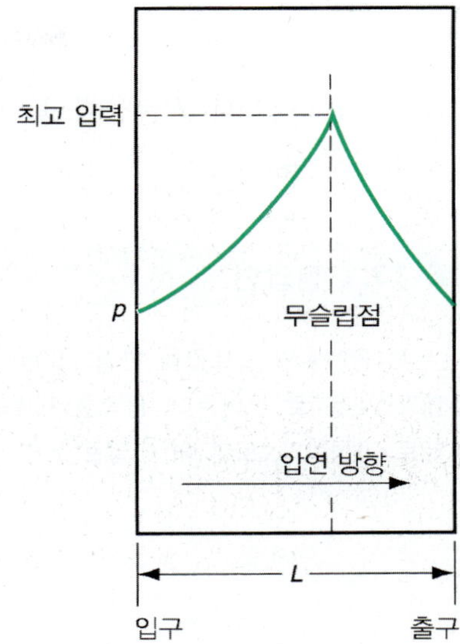

그림 13.4
평압연에서 접촉 길이에 따른 압력의 전형적인 변화. 최고 압력은 중립점에서 생긴다. 곡선 아래 면적(식 13.9)은 압하력 F다(출처: Fundamentals of Modern Manufacturing, 4th Edition by Mikell P. Groover, 2010. Reprinted with permission of John Wiley & Sons, Inc.)

식 (13.9)의 대략적인 값은 롤 사이에 있는 공작물의 평균 유동응력을 기반으로 계산될 수 있다. 즉

$$F = \overline{Y_f} w L \tag{13.10}$$

여기서 $\overline{Y}_f$ =식 (13.7)의 평균 유동응력 MPa, wL =롤－공작물 간 접촉 면적 mm^2이다. 접촉 길이는 근사적으로 다음과 같다.

$$L = \sqrt{R(t_o - t_f)} \tag{13.11}$$

압연 시 발생하는 토크는 공작물이 롤 사이를 지나갈 때 롤 압하력이 공작물 중심에서 생기고 그것은 접촉 길이 L의 절반에 해당하는 팔 길이를 가진다고 가정해 계산될 수 있다. 따라서 각 롤에 발생하는 토크는 다음과 같다.

$$T = 0.5FL \tag{13.12}$$

각 롤을 움직이는데 필요한 동력은 토크와 각속도를 곱함으로써 구할 수 있다. 각속도는 $2\pi N$이며 여기서 N은 롤의 회전속도다. 따라서 각 롤의 동력은 $2\pi NT$이다. 식 (13.12)를 이 식에 대입하고 압연기가 2개의 동력 롤로 구성되어 있다는 사실을 고려해 2배로 하면 다음과 같은 식을 얻을 수 있다.

$$P = 2\pi NFL \qquad (13.13)$$

여기서 P=동력 J/s(또는 W), N=회전속도 1/s, F=롤 압하력 N, L=접촉 길이 m이다.

EXAMPLE 13.1 평압연

폭 300mm, 두께 25mm의 스트립을 반경 250mm인 2개의 롤 사이로 이송한다. 롤 속도 50rev/min에서 1회의 압연으로 공작물의 두께가 22mm로 줄어든다. 공작물 재료는 $K=275$Mpa, $n=0.15$의 유동곡선을 따른다. 롤과 공작물 사이의 마찰계수는 0.12로 가정한다. 또한 이 마찰로 압연 작업이 가능하다고 가정한다. 이때 압하력, 토크, 동력(마력 단위)을 계산하라.

❚ 풀이 ❚

드래프트는

$$d = 25 - 22 = 3\text{mm}$$

식 (13.8)로부터 주어진 마찰계수에서 가능한 최대 드래프트는

$$d_{\max} = (0.12)^2(250) = 3.6\text{mm}$$

최대 허용 드래프트가 시도된 값보다 크므로 압연 작업은 가능하다. 압하력을 계산하기 위해 접촉 길이 L과 평균 유동응력 $\overline{Y}_f$가 필요하다. 접촉 길이는 식 (13.11)로 계산된다.

$$L = \sqrt{250(25-22)} = 27.4\text{mm}$$

$\overline{Y}_f$는 진변형률로부터 결정된다.

$$\epsilon = \ln\frac{25}{22} = 0.128$$

$$\overline{Y}_f = \frac{275(0.128)^{0.15}}{1.15} = 175.7\text{MPa}$$

롤 압하력은 식 (13.10)으로부터 결정된다.

$$F = 175.7(300)(27.4) = 1{,}444{,}786\text{N}$$

각 롤을 돌리는데 필요한 토크는 식 (13.12)로 계산된다.

$$T = 0.5(1{,}444{,}786)(27.4)(10^{-3}) = 19{,}786\text{N-m}$$

그리고 필요한 동력은 식 (13.13)으로부터 얻을 수 있다.

$$P = 2\pi(50)(1{,}444{,}786)(27.4)(10^{-3}) = 12{,}432{,}086\text{N-m/min} = 207{,}201\text{N-m/s}(W)$$

이를 마력으로 변환하면 (1마력=745.7 W)

$$HP = \frac{207,201}{745.7} = 278\text{hp}$$

이 예제로부터 압연을 하기 위해서는 큰 힘과 동력이 요구됨을 알 수 있다. 식 (13.10)과 (13.13)을 살펴보면 폭과 재료가 주어진 스트립을 압연하기 위해 필요한 힘 또는 동력은 다음의 조치를 취하면 줄일 수 있음을 알 수 있다. (1)공작물 재료의 강도와 변형경화(K와 n)를 줄일 수 있도록 냉간압연 대신 열간압연함, (2)각 압연 패스의 드래프트를 줄임, (3)압하력을 줄이기 위해 반경 R이 작은 롤을 사용함, (4)동력을 줄이기 위해 압연속도 N을 낮춤.

13.1.2 형압연

형압연shape rolling을 통해 공작물은 윤곽을 가진 단면으로 변형된다. 형압연으로 만들어지는 제품으로는 I－빔, L－빔, U－채널 같은 구조용 형강, 철로, 원형, 정사각형 바 또는 봉이 있다(그림 13.2). 이 공정은 가공하고자 하는 형상과 반대의 모양을 가진 롤 사이로 공작물을 통과시킴으로써 수행된다.

평압연에 적용되는 대부분의 원리가 형압연에도 적용될 수 있다. 롤 형상은 더 복잡하다. 보통 정사각형 단면인 초기 공작물은 여러 개의 롤을 거치면서 점진적으로 변형되어 최종 단면 형상에 이른다. 공작물의 중간 형상과 이를 위한 롤들의 설계를 롤패스 설계라 한다. 그것의 목적은 각 단계를 넘어갈 때마다 단면 전체에 걸쳐 균일한 변형이 일어나도록 하는 것이다. 그렇지 않으면 공작물의 특정 부위에 변형이 집중되어 그 부분에서 신장이 많이 되기 때문이다. 불균일한 압연은 압연 제품이 휘어지고 깨어질 수 있는 원인이 될 수 있다. 공작물을 균일하게 압연하기 위해 수평롤과 수직롤 모두 사용된다.

13.1.3 압연기

압연 공정의 기술적 문제를 해결하기 위해 또한 응용 범위를 넓히기 위해 여러 가지 형태의 압연기가 개발되었다. 기본 압연기는 2개의 마주보는 롤로 구성된 2단식two-high 압연기인데, [그림 13.5(a)]에서 볼 수 있다. 이 압연기의 롤 직경은 0.6~1.4m 범위다. 2단 압연기는 역회전이 가능한 것과 불가능한 것으로 구분된다. 비역회전 압연기에서 롤은 항상 같은 방향으로 회전하고 공작물은 항상 같은 방향으로 지나간다. 역회전 압연기는 롤의 회전 방향을 거꾸로 할 수 있기 때문에 공작물은 어느 쪽으로든 지나갈 수 있다. 따라서 하나의 롤 세트를 사용해 여러 번의 압연을 행할 수 있는데 단순히 공작물이 통과하는 방향만 여러 번 바꿔주면 되기 때문이다. 역회전 압연기의 단점으로는 큰 회전 롤 때문에 생기는 상당한 크기의 각운동량과 방향을 바꾸기 위한 기술적 문제를 들 수 있다.

[그림 13.5]에 그 밖의 압연기 유형이 나타나 있다. [그림 13.5(b)]의 3단식three-high 압연기에서는 수직 축을 따라 3개의 롤이 있고 각 롤의 회전 방향은 변하지 않는다. 연속적으로 압연하기 위해 한 패스를 마친 후 공작물의 위치를 높이거나 낮춰 다른 경로로 통과시킨다. 3단식 압연기는 공작물을 높이거나 낮추는 승강 메커니즘이 필요하기 때문에 구조가 더 복잡하다.

앞에서 여러 수식들이 말해주듯이 롤 직경을 줄이면 이점이 생긴다. 롤-공작물 간 접촉 길이가 짧아지기 때문에 압하력, 토크, 동력이 줄어든다. 4단식four-high 압연기에서는 [그림 13.5(c)]에서 보듯 작은 직경을 가진 2개의 롤은 공작물과 직접 접촉하고 나머지 2개는 그 뒤를 받쳐준다. 만약 받쳐주는 큰 롤이 없다면 공작물과 직접 접촉하는 작은 롤은 높은 압하력 때문에 탄성 변형되어 휘어질 수 있다. 작은 롤을 사용하는 또 다른 압연기로는 [그림 13.5(d)]의 클러스터형cluster 압연기가 있다.

표준 제품을 빠른 속도로 생산하기 위해 탠덤tandem 압연기 혹은 연속압연기가 자주

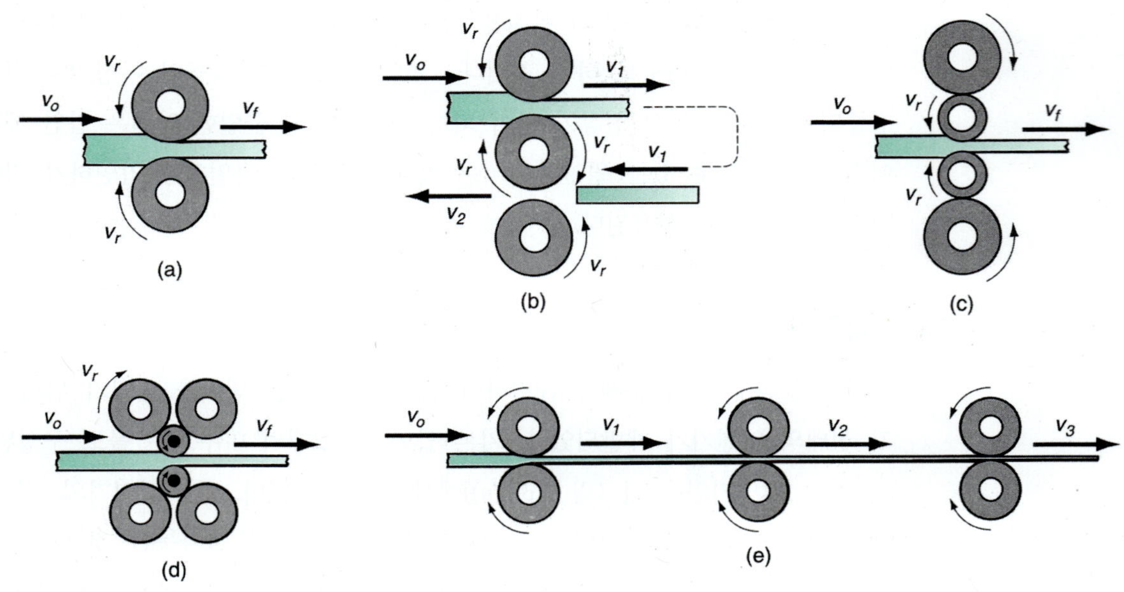

그림 13.5 압연기의 유형 (a)2단식, (b)3단식, (c)4단식, (d)클러스터형, (e)탠덤압연기(출처: Fundamentals of Modern Manufacturing, 4th Edition by Mikell P. Groover, 2010. Reprinted with permission of John Wiley & Sons, Inc.).

쓰인다. 이것의 구조는 [그림 13.5(e)]에서처럼 롤 스탠드가 연속적으로 배치되어 있는 형태다. 그림에서는 단지 3개의 롤 스탠드만 보였지만 전형적인 탠덤압연기는 8개 혹은 10개의 스탠드를 가지고 있고, 각각은 두께를 줄이거나 혹은 공작물의 모양을 다듬는 용도로 사용된다. 각 압연 단계에서 공작물의 속도가 증가하므로 각 스탠드에서 롤 속도를 이에 맞춰야 하고 또한 압연기 전체적으로 흐름을 동기화시키는 것이 중요한 문제 중 하나다.

최신의 탬덤압연기는 연속주조 공정과 직접 연결되기도 한다. 이것은 초기 원재료부터 최종 제품에 이르기까지 필요한 모든 공정들을 고도로 통합한 시스템이다. 얻을 수 있는 이점으로는 소킹피트가 불필요, 바닥면적 축소, 제조 리드타임의 단축 등이 있다. 주조와 압연을 연속적으로 수행할 수 있는 압연기는 이러한 기술적 이점을 곧 경제적 이익으로 변환시켜준다.

13.1.4 압연 관련 기타 공정

롤을 사용해 공작물을 가공하는 또 다른 용적변형 공정으로서 나사전조, 링 압연, 기어전조, 롤 피어싱 등이 있다.

나사전조 나사전조thread rolling는 한 쌍의 금형 사이에서 원통형 공작물을 압연해 나사를 만드는 공정이다. 이것은 수나사 부품(예로 볼트와 나사)을 대량 생산하는데 쓰이는 상업적으로 대단히 중요한 공정이다. 이와 경쟁하는 공정으로 나사 절삭(16.2.2절)이 있다. 나사전조 작업의 대부분은 냉간에서 수행된다. 나사전조용 기계는 나사의 크기와 형태를 조절할 수 있는 특수 금형을 장착하고 있다. 금형은 2가지 형태로서 (1)서로 왕복 운동하는 평금형([그림 13.6] 참조), (2)서로 회전하면서 전조 작업을 하는 원형금형이 있다.

나사전조 공정의 생산속도는 작은 볼트나 나사의 경우 초당 8개까지 생산할 수 있을 정도로 높다. 빠른 생산속도 외에도 나사 절삭가공보다 나은 점으로는 (1)재료 활용률이 우수하고, (2)가공경화로 인해 나사산이 더 강해지고, (3)표면이 더 매끄럽고, (4)전조 공정으로 인해 발생된 압축응력 때문에 피로에 대한 저항성이 더 좋다.

링 압연 링 압연ring rolling은 작은 직경과 두꺼운 벽을 가진 링을 압연해 큰 직경과 얇은 벽을 가지는 링으로 변형시키는 공정이다. [그림 13.7]에 공정 전후의 모습을 보였다. 두꺼운 벽을 가진 링을 압축하면 재료는 늘어나면서 링의 직경을 키운다.

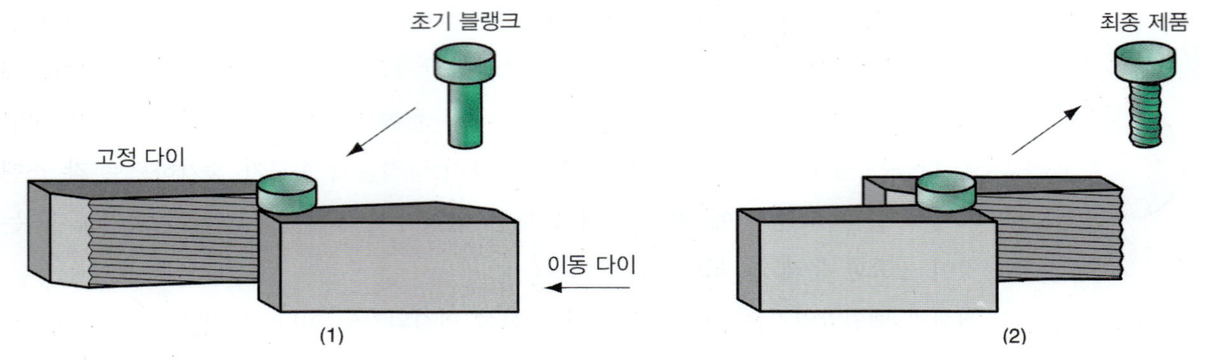

그림 13.6 평금형을 이용한 나사전조 (1)공정 시작, (2)공정 완료(출처: Fundamentals of Modern Manufacturing, 4th Edition by Mikell P. Groover, 2010. Reprinted with permission of John Wiley & Sons, Inc.).

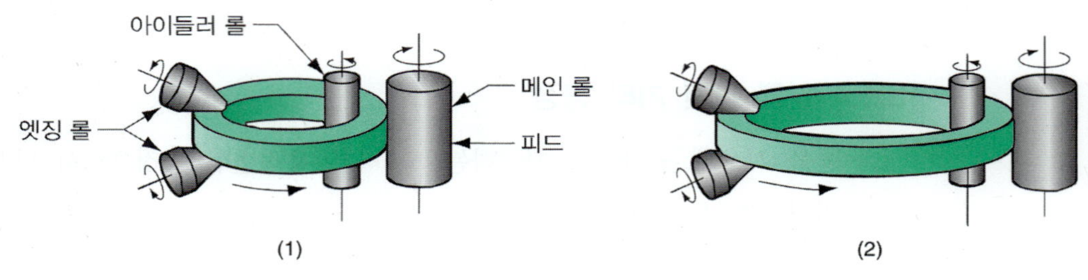

그림 13.7 링의 벽 두께를 줄이고 직경을 확대하는데 쓰이는 링 압연 (1)공정 시작, (2)공정 완료(출처: Fundamentals of Modern Manufacturing, 4th Edition by Mikell P. Groover, 2010. Reprinted with permission of John Wiley & Sons, Inc.).

큰 링의 경우에는 열간가공을, 작은 링의 경우에는 냉간가공을 주로 한다.

링 압연이 적용되는 제품으로는 볼, 롤러 베어링용 레이스, 기차 바퀴용 강철 타이어, 파이프용 링, 압력 용기, 회전 기계류 등이 있다. 링의 벽 단면은 사각형 외의 더 복잡한 형상도 가능하다. 링 압연의 장점으로는 원소재의 절약, 적용 분야에 알맞은 이상적인 결정립 배열, 냉간가공으로 인한 강도 증가 등이 있다.

기어전조 기어전조gear rolling는 냉간가공으로 기어를 생산하는 공정이다. 자동차 공업이 이러한 제품의 최대 수요처다. 기어전조는 장비는 나사전조 장비와 비슷한데, 단지 변형의 방향이 소재가 되는 원통형 블랭크 혹은 디스크의 축과 평행(헬리컬 기어의 경우 각도를 가짐)하다는 점만이 다르다. 기어의 절삭가공에 비해 기어전조가 가지는 이점은 나사전조의 이점과 비슷하다. 높은 생산속도, 높은 강도와 피로 저항성, 재료 낭비 감소 등이다.

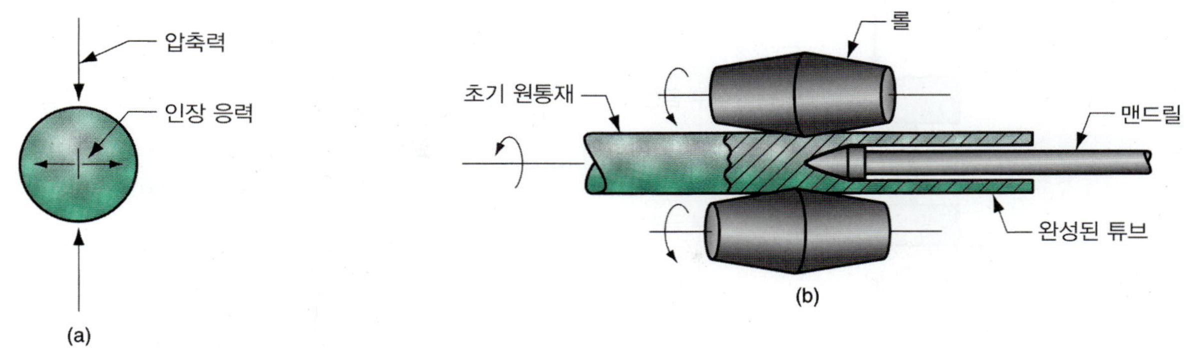

그림 13.8 롤 피어싱 (a)원통 공작물을 가압함으로써 발생하는 내부 응력, 공동, (b)이음매 없는 튜브를 생산하는 만네스만 압연기 장치(출처: Fundamentals of Modern Manufacturing, 4th Edition by Mikell P. Groover, 2010. Reprinted with permission of John Wiley & Sons, Inc.).

롤 피어싱 롤 피어싱roll piercing: 회전천공법은 이음매 없는 두꺼운 벽을 가진 튜브를 만드는 특수 열간가공 공정이다. 이것은 2개의 마주보는 롤을 사용해 이뤄지기 때문에 압연 공정의 범주에 속한다. 이 공정의 원리는 다음과 같다. 속이 찬 원통형 공작물의 원주를 따라 [그림 13.8(a)]처럼 압축하면 공작물의 중심에 높은 인장응력이 형성된다. 압축이 충분히 높으면 내부에 균열이 발생한다. [그림 13.8(b)]처럼 장치가 그 원리를 구현한 것이다. 2개의 롤로 원통형 빌릿에 압축응력을 가한다. 이때 롤의 축은 빌릿의 축으로부터 약간 기울어져 있다(약 6°). 이에 따라 롤을 회전시키면 빌릿이 롤 사이로 당겨 들어온다. 맨드릴을 사용해 구멍의 크기와 다듬질 정도를 조절한다. 회전튜브 피어싱rotary tube piercing 또는 만네스만 공정mannesmann process이라는 용어가 함께 사용되고 있다.

13.2 단조

단조forging는 2개의 금형을 이용해 공작물에 충격 또는 점진적 압력을 가해 형상을 만드는 변형 공정이다. 이것은 가장 오래된 금속 성형공정으로서, 추정키로 BC 5000년 전까지 거슬러 올라간다. 오늘날에도 단조는 중요한 공정으로서 자동차, 항공기, 기타 산업 분야의 고강도 부품 제조에 사용되고 있다. 예로 엔진 크랭크축, 커넥팅 로드, 기어, 항공기 구조물, 제트엔진 터빈 부품 등이 있다. 또한 강재, 기타 금속 산업에서는 단조를 사용해 큰 부품의 기본 형상을 만든 후 후속 절삭가공으로 최종 형상을 만드는 방법을 쓰고 있다.

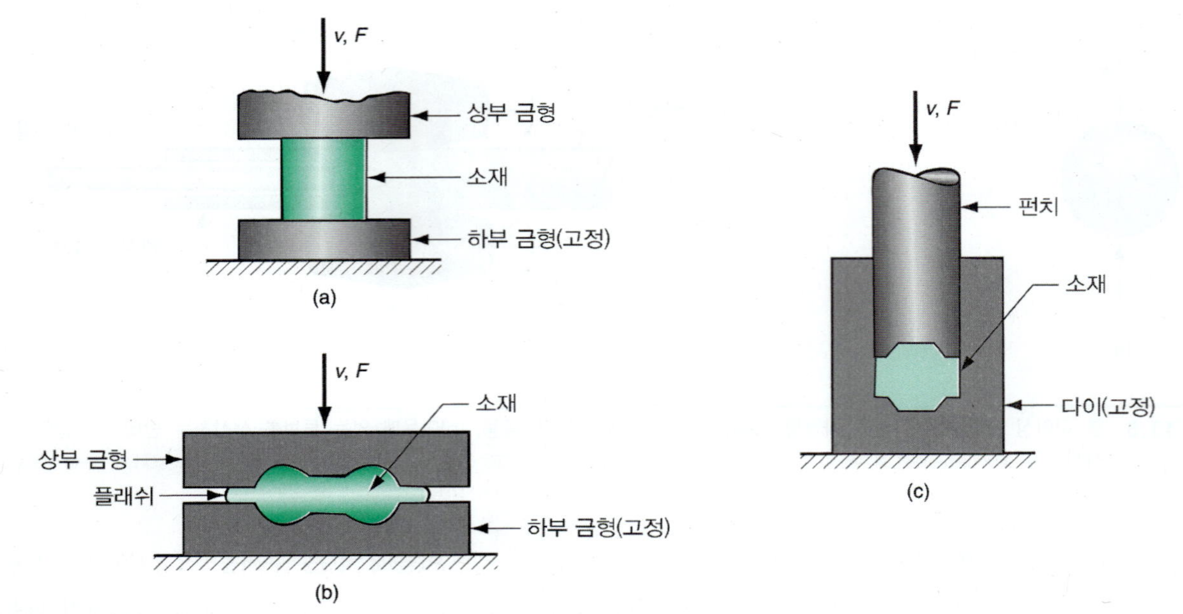

그림 13.9 3가지 형태의 단조 작업 (a)자유단조, (b)형단조, (c)무플래시단조(출처: Fundamentals of Modern Manufacturing, 4th Edition by Mikell P. Groover, 2010. Reprinted with permission of John Wiley & Sons, Inc.).

단조 공정은 여러 가지 종류로 나눌 수 있다. 한 가지 방법은 단조를 작업온도를 기준으로 분류하는 것이다. 대부분의 단조 작업은 열간 또는 온간에서 이뤄지는데 그 이유는 변형량이 상당히 많이 요구되므로 공작물의 강도를 줄이고 연성을 증가시켜야 하기 때문이다. 그러나 냉간단조도 상당히 흔하게 사용된다. 냉간단조의 이점은 변형경화로 인해 강도가 증가된다는 것이다.

단조는 충격 또는 점진적 가압으로 수행된다. 그러나 이 2가지는 기술적 차이보다는 장비의 형태로 구분한 것이다. 충격 하중을 가할 수 있는 단조 기계를 단조 해머forging hammer, 점진적 가압을 할 수 있는 장비를 단조 프레스forging press라 한다.

또 다른 분류 기준으로서 단조 작업 중 공작물의 흐름이 금형에 의해 구속받는 정도를 들 수 있다. 이 기준에 따르면 [그림 13.9]에 보인 바와 같이 3가지 형태의 단조 작업이 있다. (a)자유단조, (b)형단조, (c)무플래시단조. 자유단조open-die forging에서는 공작물이 2개의 평면(또는 거의 평명) 금형으로 압축되기 때문에 측면 방향으로 아무런 구속을 받지 않고 변형된다. 형단조impression-die forging에서는 특정한 내부 형상이 있는 금형으로 눌러 그 형상을 공작물에 새기기 때문에 금속 유동이 상당히 제약된다. 이 경우 일부 재료는 금형 밖으로 흘러나와 그림에서 보인 것처럼 플래시

flash를 만든다. 플래시는 후작업으로 제거되어야 한다. 무플래시단조flashless forging: 밀폐단조에서는 공작물이 금형 내를 완전히 채우면서 플래시도 생성되지 않는다. 따라서 초기 소재의 부피는 금형의 공동부 부피와 일치하도록 매우 엄격히 조절되어야 한다.

3.2.1 자유단조

개금형단조open-die forging라고도 불리는 자유단조의 가장 단순한 형태는 원통형 단면을 가진 공작물을 2개의 개방형 평금형으로 압축하는 것이다. 이것은 압축시험과 매우 유사하다(3.1.2절). 업세팅upsetting 또는 업셋단조upset forging라 불리는 이 단조 작업은 공작물의 높이를 줄이고 직경을 늘리는데 사용된다.

자유단조의 공학적 해석 공작물과 금형 표면 사이에 마찰이 없는 이상적인 상태에서 자유단조 작업이 수행되면 [그림 13.10]에 나타낸 것처럼 균질한 변형, 즉 어떤 높이에서도 재료가 반경 방향으로 균일하게 변형된다. 이러한 이상적 상태 하에서 공작물의 진변형률은 다음과 같이 계산된다.

$$\epsilon = \ln \frac{h_o}{h} \tag{13.14}$$

여기서 h_o =공작물의 초기 높이 mm, h =공정 도중의 높이 mm이다. 압축 완료시 h는 최종 높이 h_f가 되고 진변형률은 최대값에 도달한다.

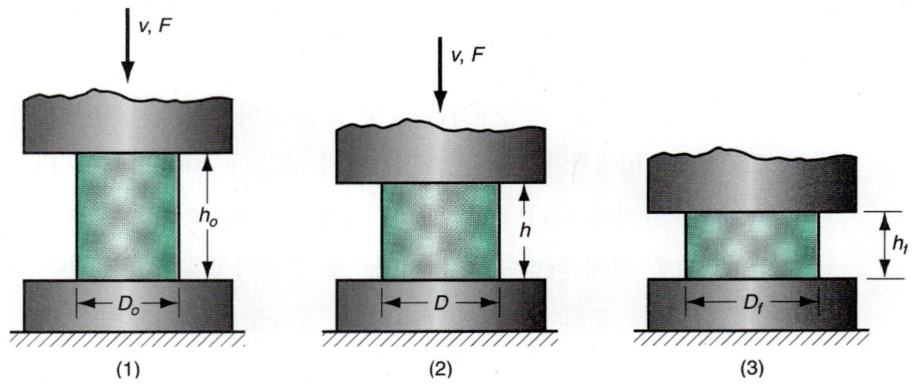

그림 13.10 자유단조 작업에서 무마찰의 이상적인 조건일 때 원통형 공작물이 균일하게 변형하는 과정 (1)초기 공작물로 공정 시작, (2)압축 도중, (3)최종 크기(출처: Fundamentals of Modern Manufacturing, 4th Edition by Mikell P. Groover, 2010. Reprinted with permission of John Wiley & Sons, Inc.).

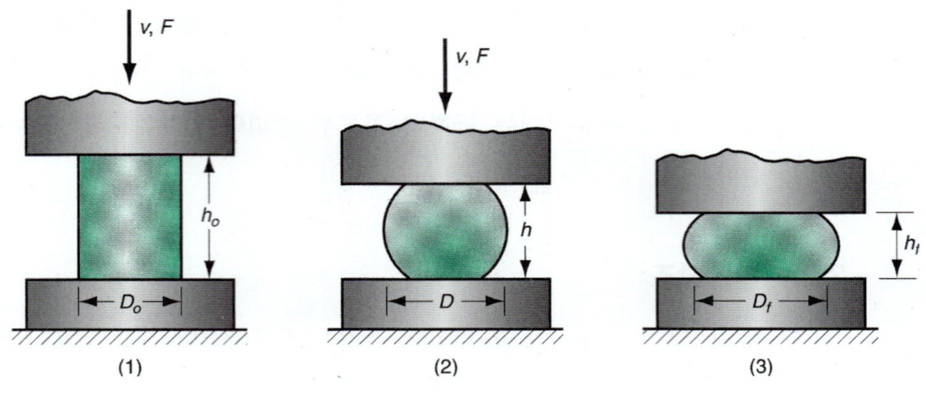

그림 13.11 자유단조 작업에서 원통형 공작물이 배럴링 효과를 뚜렷이 보이며 변형하는 모습 (1)초기 공작물로 공정 시작, (2)압축 도중, (3)최종 크기(출처: Fundamentals of Modern Manufacturing, 4th Edition by Mikell P. Groover, 2010. Reprinted with permission of John Wiley & Sons, Inc.).

자유단조 시 성형력은 다음과 같이 평가된다. 어떤 높이 h에서 압축을 계속하기 위해 요구되는 성형력은 그때의 단면적에 유동응력을 곱해 구할 수 있다.

$$F = Y_f A \tag{13.15}$$

여기서 F=성형력 N, A=단면적 mm^2, Y_f=식 (13.14)의 변형률에 해당하는 유동응력 MPa이다. 단면적 A는 높이가 줄어듦에 따라 계속 늘어난다. 공작물의 변형경화지수 $n=0$이고 유동응력 Y_f가 금속의 항복응력 Y와 같은 완전 소성체인 경우(예, 열간가공)가 아니라면 유동응력 Y_f 또한 가공경화 때문에 증가한다. 성형력은 단조 행정의 마지막에서 최대값에 이른다. 이때 면적과 유동응력 모두 각각 최대값 상태다.

그러나 실제 단조 작업에서는 금형 표면에 마찰이 있어 공작물의 변형을 방해하므로 [그림 13.10]에서와 같은 형태로 되지 않는다. 대신 [그림 13.11]에서 보인 배럴링barrelling 효과가 나타난다. 고온의 공작물을 저온의 금형으로 작업할 경우 배럴링 효과는 더욱 크게 나타난다. 일반적으로 열간가공에서 마찰계수가 클 뿐만 아니라 금형 표면, 그 근처에서 열전달에 의해 공작물이 냉각되므로 변형 저항성이 증가하기 때문이다. 공작물의 높이 대 지름의 비가 커질수록, 즉 공작물과 금형의 접촉 면적이 증가할수록 더 심하게 나타난다.

이 모든 인자들 때문에 실제 단조 성형력은 식 (13.15)로 예측되는 것보다 더 크다.

근사적 방법으로 D/h 비와 마찰 효과를 고려할 수 있는 형상인자를 식 (13.15)에 적용한다.

$$F = K_f Y_f A \tag{13.16}$$

여기서 F, Y_f, A는 앞 식의 정의와 같고 K_f는 단조형상인자로서 다음과 같이 정의된다.

$$K_f = 1 + \frac{0.4\mu D}{h} \tag{13.17}$$

여기서 μ=마찰계수, D=공작물 직경 또는 접촉 길이를 나타내는 치수 mm, h= 공작물 높이 mm이다.

EXAMPLE 13.2 자유단조

원통형 공작물로 냉간 업셋단조 작업을 한다. 공작물의 초기 형상은 높이 75mm, 직경 50mm다. 단조 작업으로 높이를 36mm까지 줄인다. 재료의 유동곡선은 $K=350$MPa, $n=0.17$이다. 마찰계수는 0.1로 가정한다. 공정을 시작할 때 중간 높이가 62mm, 49mm일 때 그리고 최종높이 36mm일 때의 성형력을 구하라.

▌풀이▐

(a) 공작물의 부피는 $V=75\pi(50^2/4)=147{,}262\text{mm}^3$이다. 상부 금형이 접촉을 시작하는 순간 $h=75$mm이고 성형력은 $F=0$이다. 재료가 항복점에 도달할 때 h는 75mm보다 약간 작다. 이때의 변형률=0.002라 가정하면 유동응력은

$$Y_f = K\epsilon^n = 350(0.002)^{0.17} = 121.7\text{MPa}$$

직경은 약 $D=50$mm, 면적 $A=\pi(50^2/4)=1963.5\text{mm}^2$으로 계속 유지된다. 이 조건하에서 단조형상인자 K_f는

$$K_f = 1 + \frac{0.4(0.1)(50)}{75} = 1.027$$

단조 성형력은

$$F = 1.027(121.7)(1963.5) = 245{,}410\text{MPa}$$

높이 $h=62$mm에서

$$\epsilon = \ln\frac{75}{62} = \ln(1.21) = 0.1904$$

$$Y_f = 350(0.1904)^{17} = 264.0\text{MPa}$$

부피가 일정하다고 가정하고 배럴링도 무시하면

$$A = 147{,}262/62 = 2375.2\text{mm}^2 \text{ and } D = \sqrt{\frac{4(2375.2)}{\pi}} = 55.0\text{mm}$$

$$K_f = 1 + \frac{0.4(0.1)(55)}{62} = 1.035$$

$$F = 1.035(264)(2375.2) = 649{,}303\text{N}$$

비슷한 방법으로 $h=49$mm일 때 $F=955{,}642$N이고, $h=36$mm일 때 $F=1{,}467{,}422$N이다. 이들 데이터로부터 [그림 13.12]의 하중-행정 곡선을 그릴 수 있다.

자유단조 공정의 수행 열간 자유단조는 중요한 산업공정 중 하나다. 자유단조 작업으로 얻을 수 있는 형상은 단순하다. 예로 축, 디스크, 링 등이 있다. 어떤 응용작업에서는 금형표면에 약간의 윤곽을 주어 공작물에 간단한 형상을 만들기도 한다. 또한 형상을 원하는 대로 변화시키기 위해 가끔 공작물에 조작(예로 회전시킴)을 가해 주기도 한다. 작업자의 숙련도도 성공의 한 요소다. 철강 산업에서 쓰이는 자유단조의 큰 예로 큰 정사각형 주조 잉곳을 원형 단면의 제품으로 성형하는 것을 들 수 있다. 자유단조 공정은 대략적인 형상을 만드는데 쓰이고 최종 형상과 치수를 갖는 제품으로 다듬기 위해서는 추가적인 절삭가공 공정이 요구된다. 열간 자유단조가 중요하게 기여하는 바는 공작물 내에 원하는 단류선grain flow과 금속학적 조직을 생성한다는 점이다.

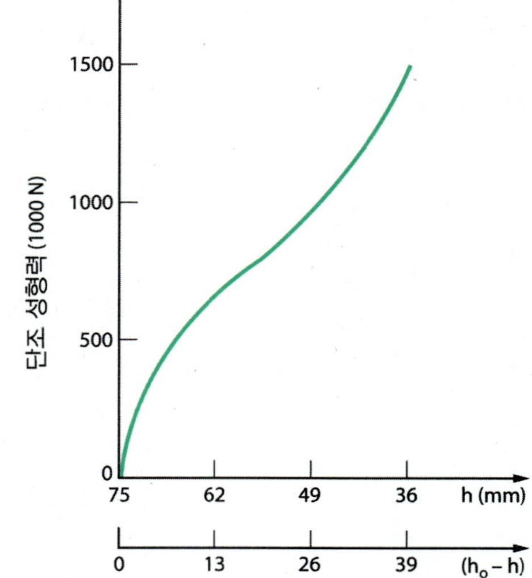

그림 13.12
높이 h와 높이 감소 $(h_o - h)$의 함수로 표현된 업세팅 성형력 곡선. 이를 하중-행정 곡선이라고도 부른다(출처: Fundamentals of Modern Manufacturing, 4th Edition by Mikell P. Groover, 2010. Reprinted with permission of John Wiley & Sons, Inc.).

13.2.2 형단조

폐금형단조closed-die forging라고도 불리는 형단조impression-die forging는 제품 형상의 반대 형상을 가진 금형으로 수행된다. 이 공정의 3단계 절차를 [그림 13.13]에 나타냈다. 공작물은 원통형으로서 자유단조에 사용되는 것과 유사하다. 금형이 최종 위치까지 내려오면 금형공동을 채우고도 남는 재료가 빠져나와 플래시를 만든다. 플래시는 후가공으로 절단해야 하지만 그 자체가 형단조에서 중요한 역할을 한다. 플래시가 만들어지기 시작하면 마찰로 인해 금속 흐름이 저항을 받아 대부분의 재료가 금형공동 내에 남아 있도록 구속된다. 열간단조에서는 얇은 플래시 부분이 빨리 냉각되어 변형 저항성을 증가시키기 때문에 금속 유동이 더욱 제약된다. 이러한 구속 때문에 공작물에 가해지는 압력은 상당히 증가한다. 이에 따라 재료가 강제로 금형 내 복잡한 세부 부분에까지 채워지게 되어 높은 품질의 제품이 얻어질 수 있다.

형단조에서는 최종 형상을 만들기 위해 여러 번의 성형 단계가 요구되기도 한다. 각 단계를 위해 금형 내 분리된 공동이 필요하다. 첫 번째 단계의 금형은 공작물 재료를 재분배해 다음 단계에서 균일한 변형과 원하는 금속학적 조직을 얻을 수 있도록 설계된다. 최종 단계에서는 공작물이 최종 형상을 가질 수 있도록 금형이 설계된다. 또한 드롭(낙하)단조를 사용할 경우 각 단계마다 여러 번의 해머 타격이 요구된다. 폐금형 드롭단조를 수동으로 행할 경우 일관된 결과를 얻기 위해서는 작업자의 숙련도가 무엇보다 크게 요구된다.

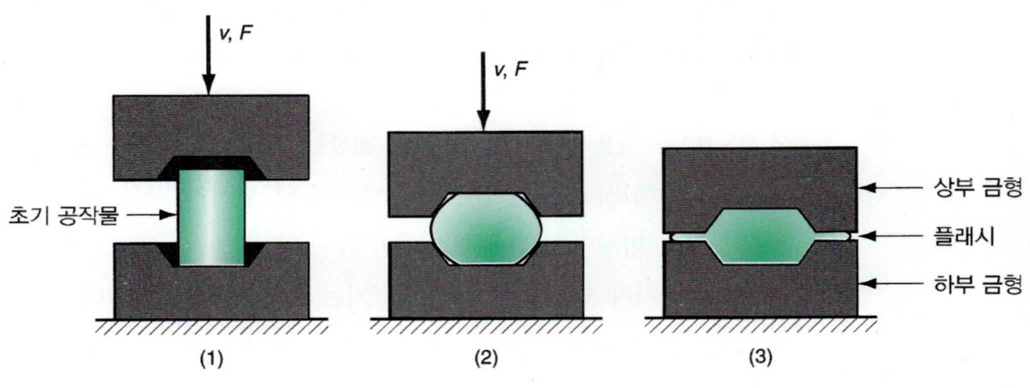

그림 13.13 형단조 절차 (1)초기 공작물과 접촉하기 직전, (2)부분 압축, (3)금형 닫힘, 금형 틈새에 플래시가 형성됨(출처: Fundamentals of Modern Manufacturing, 4th Edition by Mikell P. Groover, 2010. Reprinted with permission of John Wiley & Sons, Inc.).

형단조에서 성형력은 자유단조에 비해 매우 클 뿐만 아니라 해석하기도 더 어렵다. 공정 중 플래시가 형성되고 더욱 복잡한 모양을 만드는데 적용되기 때문이다. 그러나 상대적으로 단순화한 수식과 설계 인자를 사용해 성형력을 평가하기도 한다. 성형력 수식은 앞서의 자유단조와 관계된 식 (13.16)과 같지만 해석에는 약간 차이가 있다.

$$F = K_f Y_f A \tag{13.18}$$

여기서 F=최대 성형력 N, A=플래시를 포함한 공작물의 투영 면적 mm^2, Y_f= 재료의 유동응력 MPa, K_f=단조형상인자다. 열간단조에서 Y_f의 적정 값은 높은 온도에서의 재료의 항복강도다. 그 외의 경우에 유동응력을 적정하게 선택하기는 어렵다. 왜냐하면 복잡한 형상의 공작물 전체에 걸쳐 변형률이 변하기 때문이다. 식 (13.18)에서 K_f는 형상의 복잡성을 반영해 성형력을 증가시켜주는 인자다. [표 13.1]에 여러 가지 형상에 대한 K_f 값의 범위를 나타냈다. 주어진 형상의 공작물에 대해 적정한 K_f 값을 선정해야 하는 문제 때문에 계산된 성형력의 정확도는 제한적일 수 밖에 없다.

표 13.1 형단조, 폐금형단조에서 제품의 여러 가지 형상에 따른 전형적인 K_f 값[13],[19]

형단조	K_f	무플래시단조	K_f
플래시 있는 단순 형상	6.0	코이닝 (윗면과 아랫면)	6.0
플래시 있는 복잡한 형상	8.0	복잡한 형상	8.0
플래시 있는 매우 복잡한 형상	10.0		

식 (13.18)을 사용해 최대 성형력을 계산할 수 있다. 이것은 프레스나 해머의 용량을 결정하기 위해 사용된다. 최대 성형력은 투영 면적이 가장 크고 마찰이 최대가 되는 단조 공정의 마지막 시점에서 발생한다.

형단조로 공차가 엄밀한 제품을 만들기는 어렵고 이를 달성하기 위해 절삭가공이 요구되기도 한다. 단조공정으로 제품의 기본 형상을 만들고, 정밀 다듬질이 필요한 부분(예로 구멍, 나사, 다른 부품과의 맞춤면)에 대해 절삭가공을 수행한다. 부품을 완전히 절삭가공으로 만드는 것에 비해 단조가 가지는 장점은 높은 생산속도, 재료낭비 방지, 고강도, 적절한 방향성을 띤 결정립 등이 있다.

형단조 기술이 발전함에 따라 얇은 단면 더욱 복잡한 형상, 드래프트의 제거, 엄밀한 공차, 가공 여유를 실질적으로 없앤 단조품을 생산할 수 있게 되었다. 이러한 특징은 가진 단조공정을 정밀단조precision forging라 한다. 정밀단조에 사용되는 재료는 알루미늄, 티타늄 등이 있다. 정밀형단조를 재래식 형단조와 비교하면 정밀단조에서 플래시는 작아졌을 뿐 없어지지 않는다. 플래시를 만들지 않는 정밀단조 작업도 있다. 제품 완성을 위해 기계가공이 필요한지 여부에 따라 정밀단조는 근사 순형상 또는 순형상 공정의 범주에 속한다.

13.2.3 무플래시단조

앞에서 설명했듯이 현장 용어로 형단조는 폐금형단조라고도 불린다. 그러나 형단조와 진정한 의미의 폐금형단조에는 기술적 차이점이 있다. 폐금형단조에서는 공작물이 금형공동을 완전히 채울 뿐 플래시는 발생하지 않는다. [그림 13.14]에 그 단계를 나타냈다. 이 공정에는 무플래시단조flashless forging라는 용어가 더욱 적당하다.

무플래시단조는 형단조에 비해 공정 제어가 더욱 요구된다. 가장 중요한 점은 공작물의 부피가 주어진 공차 내에서 금형공동의 부피와 같아야만 한다는 것이다. 초기 블랭크(소재)가 너무 크면 과도한 압력이 걸려 금형 또는 프레스에 손상을 입힐 수 있다. 블랭크가 너무 작으면 공동을 채울 수 없다. 이러한 특별한 요구 때문에 무플래시 공정은 제품의 형상이 보통 단순하고 대칭일 때 또한 공작물 재료가 알루미늄, 마그네슘, 그들의 합금일 때 적합하다. 무플래시단조는 정밀단조 공정의 하나로 분류되기도 한다[5].

무플래시단조에서 성형력은 형단조와 유사해, 형단조에서 사용된 것과 같은 방법, 즉 식 (13.18)과 [표 13.1]로 계산될 수 있다.

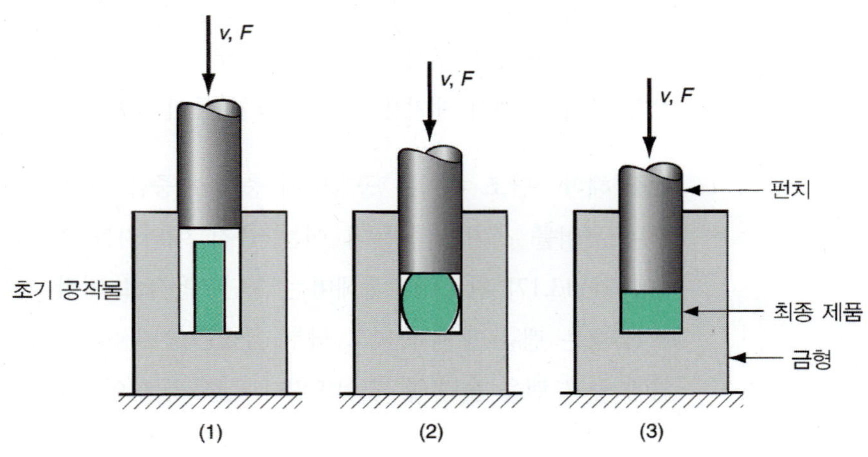

그림 13.14
무플래시단조 (1)공작물과 접촉 직전, (2)부분 압축, (3)펀치와 금형 닫힘. v와 F는 각각 속도와 성형력을 의미한다(출처: Fundamentals of Modern Manufacturing, 4th Edition by Mikell P. Groover, 2010. Reprinted with permission of John Wiley & Sons, Inc.).

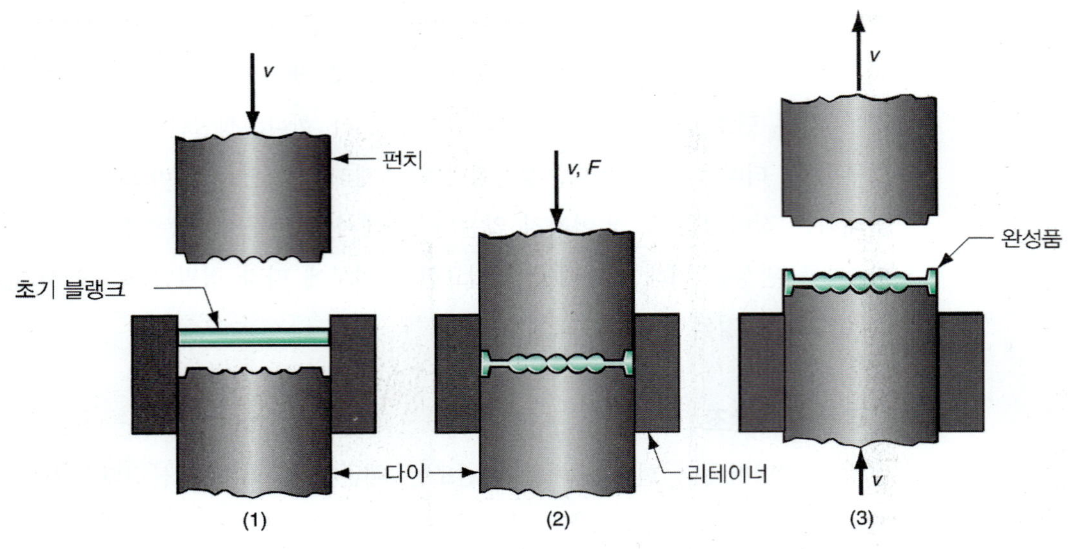

그림 13.15 코이닝 작업 (1)공정 시작, (2)압축 행정, (3)완성품 배출(출처: Fundamentals of Modern Manufacturing, 4th Edition by Mikell P. Groover, 2010. Reprinted with permission of John Wiley & Sons, Inc.).

코이닝coining은 폐금형단조의 특수한 응용으로서 금형의 매우 세세한 형상이 공작물의 윗면과 아랫면에 새겨진다. 코이닝에서 금속유동은 거의 없고, [표 13.1]의 K_f 값에서 알 수 있듯이 금형의 세부 모양을 새기기 위한 압력은 높다. 코이닝의 상용 분야는 물론 동전 제조다([그림 13.15] 참조). 이 공정은 또한 다른 공정으로 만들어진 공작물의 표면 다듬질과 치수 정밀도 향상을 위해 사용되기도 한다.

13.2.4 단조용 해머, 프레스, 금형

단조 장비는 해머와 프레스로 분류되는 단조기계와 이 기계에 사용되는 특수한 공구인 단조 금형으로 구성되어 있다. 또한 보조 장비로서 공작물 가열로, 공작물 장·탈착 장치, 플래시 제거용 트리밍 장치 등이 필요하다.

단조 해머 단조 해머는 공작물에 충격 하중을 가하는 장비다. 드롭해머drop hammer라는 용어를 쓰기도 하는데 이는 충격 에너지를 전달하는 수단에 기인한다([그림 13.16과 13.17] 참조). 드롭해머는 형단조용으로 가장 자주 쓰이는 기계다. 상부 단조 금형은 램ram에 부착되고 하부 금형은 앤빌anvil에 고정된다. 공작물을 하부 금형 위에 놓고 램을 올린 후 떨어뜨린다. 상부 금형이 공작물을 타격하면 충격에너지로

그림 13.16
오른쪽의 컨베이어, 가열부와 연결되어 있는 단조용 드롭해머(Chambersburg Engineering Company 제공)(출처: Fundamentals of Modern Manufacturing, 4th Edition by Mikell P. Groover, 2010. Reprinted with permission of John Wiley & Sons, Inc.).

인해 공작물이 금형공동의 모양대로 찍힌다. 원하는 형상을 얻기 위해 여러 번의 해머 타격이 필요할 때도 있다. 드롭해머는 중력 드롭해머와 동력 드롭해머로 분류된다. 중력 드롭해머에서는 무거운 램을 자중으로 떨어뜨림으로써 에너지를 만든다. 타격력은 드롭 높이와 램 무게로 계산된다. 동력 드롭해머에서는 램을 압축 공기나 증기로 가속시킨다. 드롭해머의 단점 중 하나는 충격에너지의 많은 부분이 앤빌과 바닥으로 전달된다는 것이다.

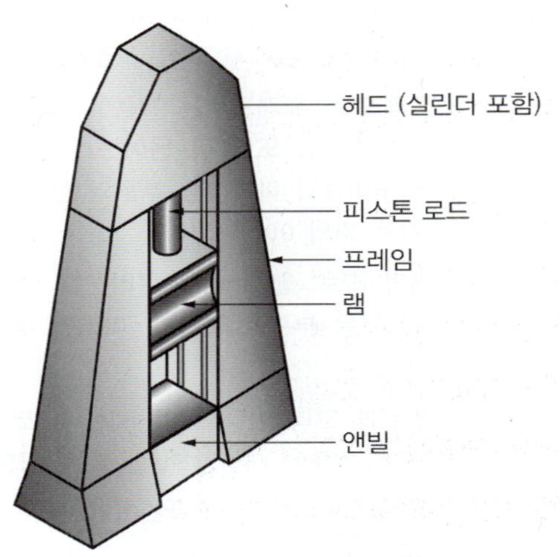

그림 13.17
형단조를 위한 드롭해머의 구성도
(출처: Fundamentals of Modern Manufacturing, 4th Edition by Mikell P. Groover, 2010. Reprinted with permission of John Wiley & Sons, Inc.).

단조 프레스 프레스는 갑작스런 충격보다는 점진적으로 압력을 가해 단조 작업을 수행한다. 단조 프레스에는 기계식 프레스, 유압식 프레스, 나사식 프레스가 있다. 기계식 프레스는 모터의 회전운동을 램의 병진 운동으로 바꿔주는 편심기구, 크랭크 혹은 너클 조인트를 사용해 작동된다. 이 메커니즘은 스탬핑 프레스의 작동 방법과 매우 유사하다(14.5.2절). 기계식 프레스는 단조 행정의 하사점에서 매우 큰 힘을 얻을 수 있다. 유압식 프레스는 유압으로 가동되는 피스톤으로 램을 움직이는 방식으로 작동된다. 나사식 프레스는 나사 메커니즘을 이용해 수직 램을 움직여 힘을 가한다. 나사식과 유압식 프레스에서는 램이 상대적으로 낮은 속도로 움직이고 행정 전체에 걸쳐 일정한 힘을 얻을 수 있다. 따라서 이들 프레스는 긴 행정이 요구되는 단조나 기타 성형공정에 적합하다.

단조 금형 단조 공정이 성공적으로 수행되기 위해서는 금형(다이)을 잘 설계하는 것이 중요하다. 단조품은 단조 공정의 원리와 그 한계에 대한 이해를 기반으로 설계되어야 한다. 여기에 단조품과 단조 금형 설계에 사용되는 몇 가지 용어와 지침에 대해 설명한다. 개금형 설계는 그 형상이 상대적으로 단순하기 때문에 일반적으로 간단하다. 따라서 여기서는 폐금형 설계에 국한해서 설명한다. [그림 13.18]은 폐금형에 사용되는 몇 가지 용어에 대한 정의를 보여준다.

단조품을 설계하거나 단조를 제조공정으로 채택할 때 반드시 고려해야 할 몇 가지 원칙과 그 한계에 대해 다음의 단조 금형 용어와 함께 설명한다[5].

분리선: 분리선(parting line)은 상부 금형과 하부 금형을 나누는 평면이다. 형단조에서는 플래시선이라 부르기도 한다. 설계자가 분리선을 어디에 두느냐에 따라 부품 내 결정립 유동, 소요하중, 플래시 생성이 영향을 받는다.

드래프트: 드래프트는 제품을 금형으로부터 분리하기 위해 부품 옆면에 설치한 테이퍼의 양을 말한다. 또한 이 용어는 금형 쪽의 옆면 테이퍼에도 적용된다. 전형적인 드래프트 각은 알루미늄과 마그네슘 부품의 경우 3°, 강 제품의 경우 5~7° 이다. 정밀 단조품의 드래프트 각은 거의 0에 가깝다.

웹과 리브: 웹(web)은 분리선과 평행한 얇은 부분을 말한다. 반면 리브(rib)는 분리선과 수직한 얇은 부분을 말한다. 이러한 부분들의 특징은 얇아질수록 금속 흐름을 어렵게 한다는 것이다.

필릿과 코너 반경: 필릿(fillet)과 코너 반경은 [그림 13.18]에 설명되어 있다. 반경이 작으면 금속 흐름이 제약받고, 단조 시 금형 표면의 응력이 증가한다.

플래시: 플래시는 형단조에서 아주 중요한 역할을 한다. 플래시로 인해 금형 내에 높은 압력이 유발되어 금형공동을 꽉 채울 수 있도록 돕는다. 이러한 압력 형성은 [그림 13.18]에서

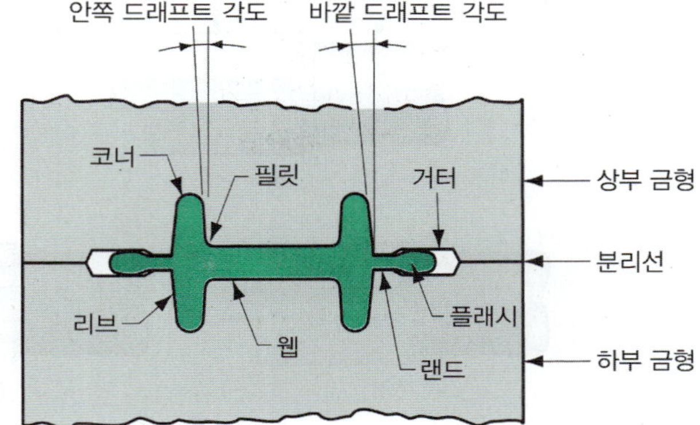

그림 13.18

단조용 폐금형에 사용되는 용어

(출처: Fundamentals of Modern Manufacturing, 4th Edition by Mikell P. Groover, 2010. Reprinted with permission of John Wiley & Sons, Inc.).

보인 것처럼 금형 내 플래시 랜드와 거터 설계로 조절된다. 랜드(land)는 금속의 횡방향 흐름이 일어나는 표면적을 결정해 금형 내 압력 증가를 조절한다. 거터(gutter)는 여분의 금속이 빠져나올 수 있는 부분으로 단조 하중이 극한값에 이르는 것을 방지한다.

13.2.5 단조 관련 변형공정

앞 절에서 설명한 일반적인 단조 공정 외에 단조와 관련성이 많은 다른 금속성형공정들이 있다.

업세팅, 헤딩 업세팅(또는 업셋단조)은 원통형 공작물의 직경을 늘리고 길이를 줄이는 변형 작업이다. 이 공정에 대해서는 자유단조(13.2.1절)에서 해석한 바 있다. 그러나 업세팅은 [그림 13.19]에서 보인 것처럼 폐금형 단조로도 사용되고 있다.

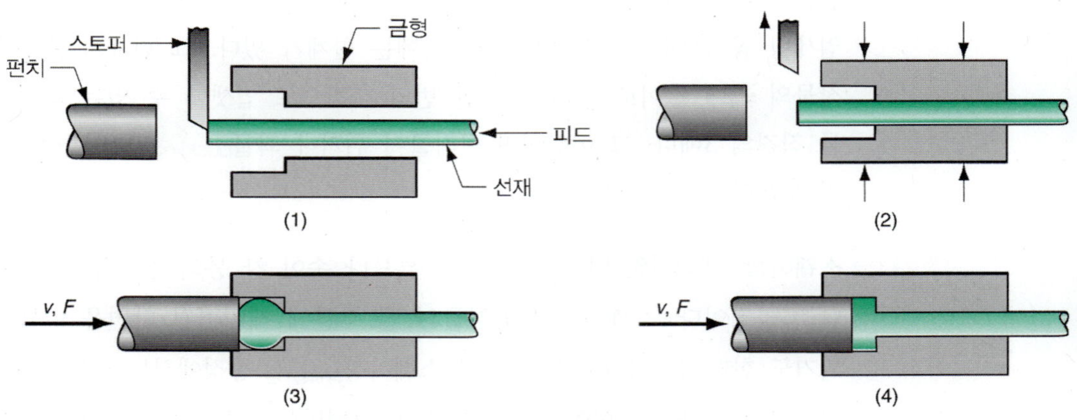

그림 13.19 볼트 혹은 유사 제품의 머리를 만드는 업셋단조 공정. 공정 순서는 다음과 같다. (1)선재를 스토퍼까지 이송한다, (2)금형을 닫고 스토퍼를 뒤로 뺀다, (3)펀치가 전방으로 움직이고, (4)최대 전진점에서 머리가 완성된다(출처: Fundamentals of Modern Manufacturing, 4th Edition by Mikell P. Groover, 2010. Reprinted with permission of John Wiley & Sons, Inc.).

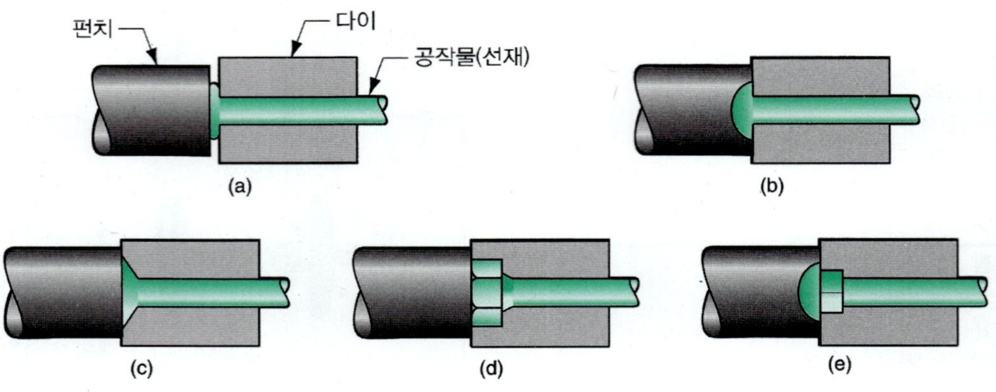

그림 13.20 헤딩(업셋단조) 공정 (a)개금형을 사용한 못 머리내기, (b)펀치를 이용한 둥근 머리내기, (c)와 (d)다이를 이용한 머리내기, (e)펀치와 다이를 이용한 볼트 머리내기(출처: Fundamentals of Modern Manufacturing, 4th Edition by Mikell P. Groover, 2010. Reprinted with permission of John Wiley & Sons, Inc.).

업세팅은 못, 볼트, 그 유사 부품과 같은 체결구의 머리부를 만드는 산업체에서 널리 사용된다. 이 경우 헤딩heading이라는 용어를 사용하기도 한다. [그림 13.20]은 여러 가지 종류의 헤딩 작업과 가능한 금형 조합을 보여준다. 이 그림의 응용작업에서 알 수 있듯이 업세팅은 다른 단조 작업과 달리 많은 양의 부품을 만드는데 사용될 수 있다. 특수 업셋단조 기계를 사용해 냉간, 온간, 열간에서 제품의 대량생산이 가능하다. 이러한 기계들은 수직 슬라이드를 갖고 있는 재래식 단조 해머나 프레스와는 달리 수평 슬라이드를 장착하고 있다. 긴 선재(와이어)나 봉재를 기계로 이송해 그 끝을 업셋 단조한 후 절단해 제품을 만든다. 볼트와 나사에 대해서는 나사산을 만들기 위해 나사전조(13.1.4절) 작업을 후속으로 수행한다.

업세팅 공정으로 할 수 있는 변형량에는 한계가 있다. 그 한계치는 주로 단조될 공작물의 최대 길이로 정의된다. 한 번의 타격으로 업셋할 수 있는 최대 길이는 공작물 직경의 3배다. 그 이상이면 공작물이 휘거나 좌굴buckling되어 금형을 적절히 채우지 못한다.

스웨이징, 레이디얼 단조 이것들은 튜브나 속이 찬 봉의 직경을 줄이는데 사용되는 단조 공정이다. 스웨이징은 공작물의 끝 부분에 테이퍼진 단면을 만들기 위해 사용되기도 한다. [그림 13.21]에 보인 스웨이징swaging 공정에서는 공작물이 금형으로 들어오면 회전하는 금형이 공작물을 안쪽 반경방향으로 타격해 테이퍼지게 만든다. 레이디얼 단조radial forging는 스웨이징과 유사한 작업이 이뤄지고 또한 비슷한 형상의 제품을 만드는데 쓰인다. 다른 점이 있다면 레이디얼 단조에서는 금형이 공작물 주

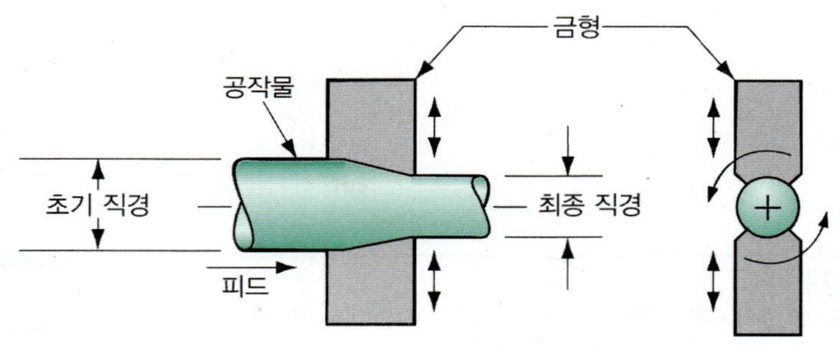

그림 13.21
중실 봉의 직경을 줄이는 스웨이징 공정. 금형은 회전하면서 공작물을 타격한다. 레이디얼 단조에서는 공작물이 회전하고 금형은 고정된 채로 공작물을 타격한다(출처: Fundamentals of Modern Manufacturing, 4th Edition by Mikell P. Groover, 2010. Reprinted with permission of John Wiley & Sons, Inc.).

위를 회전하지 않고 대신 공작물이 금형으로 들어가면서 회전한다는 점이다.

허빙 허빙hubbing은 연강(또는 다른 연질 금속) 블록에 경화강으로 만들어진 특정 형상의 다이를 압입시켜 변형을 일으키는 공정이다. 이 공정을 사용해 플라스틱 성형용 금형이나 다이캐스팅용 다이를 만든다. 개략도를 [그림 13.22]에 나타냈다. 허브hub라 불리는 경화강 다이는 성형이나 주조될 제품의 형상대로 기계가공된다. 연성재 블록에 찍는데 필요한 압력이 상당하기 때문에 보통 허빙작업은 유압 프레스로 수행된다. 완성을 위해서는 간혹 몇 단계를 더 거치기도 한다. 허빙 후 어닐링(풀림) 열처리를 하여 변형경화된 금속을 회복시킨다. 그림에서 보인 것처럼 상당한 양의 재료가 변형되면 과도한 부분은 절삭가공으로 제거해야 한다. 일반적으로 양각이 음각보다 절삭가공으로 만들기 쉬운데, 이것이 허빙의 장점이 된다. 허빙으로 제작할 다이에 하나 이상의 공동 형상을 만들 경우 허빙의 장점은 배가 된다.

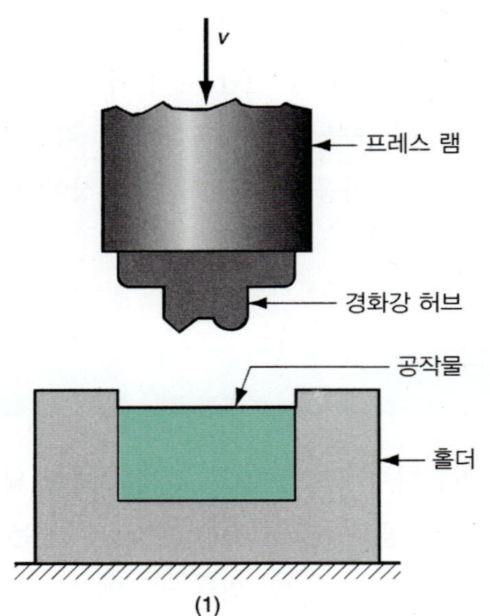

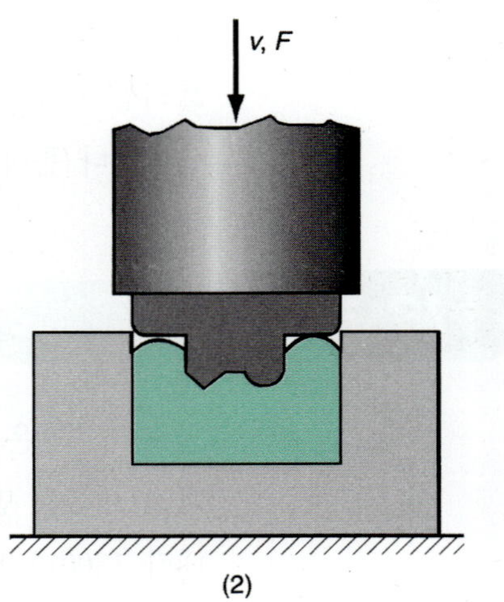

그림 13.22
허빙 (1)변형 전, (2)공정 완료. 허브로 누름으로써 생기는 과도한 재료는 절삭가공으로 없애야 한다(출처: Fundamentals of Modern Manufacturing, 4th Edition by Mikell P. Groover, 2010. Reprinted with permission of John Wiley & Sons, Inc.).

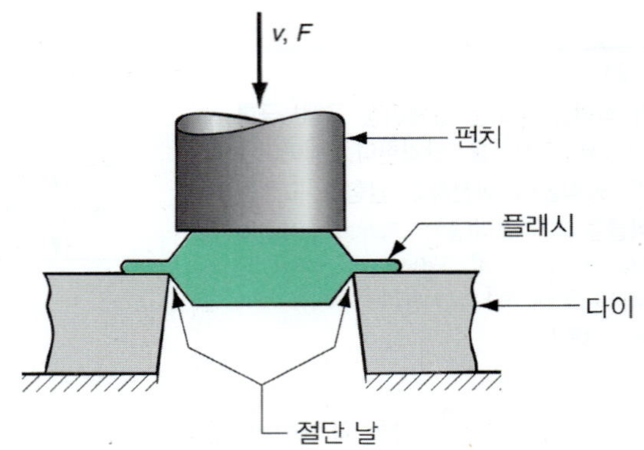

그림 13.23
형단조 후 플래시를 제거하기 위한 트리밍 작업(전단가공)(출처: Fundamentals of Modern Manufacturing, 4th Edition by Mikell P. Groover, 2010, Reprinted with permission of John Wiley & Sons, Inc.).

등온단조, 고온금형단조 등온단조isothermal forging는 변형 동안 공작물의 온도가 초기 온도 또는 그 근처 온도로 계속 유지되면서 열간단조가 이뤄지는 것을 말한다. 이때 일반적으로 단조 금형도 같은 온도로 가열한다. 이로써 차가운 금형과 맞닿아 공작물 표면이 냉각되는 것을 방지할 수 있어 금속이 쉽게 유동하고 성형력도 감소한다. 등온단조는 재래식 단조에 비해 비용이 높으므로 단조가 어려운 금속, 즉 티타늄, 초합금이나 복잡한 형상을 가진 부품 생산용으로 보통 사용된다. 이 공정은 금형이 빨리 산화되는 것을 피하기 위해 진공 속에서 행해지기도 한다. 등온단조와 유사한 것이 고온금형단조hot-die forging이다. 이 공정에서는 금형을 공작물의 온도보다 약간 낮은 온도까지 가열한다.

트리밍 트리밍trimming은 형단조로 만든 공작물에 생성된 필요 없는 플래시를 제거하기 위해 사용되는 작업이다. 대부분의 경우 트리밍은 [그림 13.23]에서처럼 전단가공으로 수행된다. 즉, 펀치로 공작물을 전단 다이 쪽으로 밀어 최종 형상을 얻는다. 트리밍은 공작물이 뜨거울 때 보통 수행되기 때문에 각 단조 해머 또는 프레스에 트리밍 프레스가 포함된다. 전단가공으로 공작물에 손상이 우려될 경우 트리밍 대신 연삭이나 톱작업을 한다.

13.3 압출

압출extrusion은 금속 소재를 다이 구멍 속으로 강제로 밀어 넣어 원하는 단면 형상을 가진 제품을 만드는 압축성형공정이다. 이것은 치약을 짜내는 것과 유사하다. 압출은 대략 1800년경부터 시작되었다. 현대적인 압출 공정에서는 다음과 같은 여러 장점을 찾을 수 있다. (1)다양한 형상이 가능하다, (2)냉간, 온간 압출로 강도와 조직 구조가 향상된다, (3)엄격한 공차관리가 가능하다. 특히 냉간 압출의 경우 더욱 그렇다, (4) 몇몇 압축 공정에서는 낭비되는 재료가 거의 혹은 전혀 없다.

13.3.1 압출 형식

압출은 여러 가지 방법으로 수행된다. 압출 작업을 분류하는 한 가지 방법은 물리적 구조에 의한 것이다. 즉, 2가지 주요 형식으로서 직접압출, 간접압출이 있다. 다른 분류 기준으로는 작업 온도에 따라 냉간, 온간, 열간압출로 분류하는 것이다. 마지막으로 압출은 연속 공정 혹은 단속 공정 중의 하나로 수행된다.

직접압출 대 간접압출 직접압출(또는 전방압출)을 [그림 13.24]에 나타냈다. 여러 개의 구멍으로 강제로 재료를 밀어내는 작업이다. 램이 다이에 접근해도 빌릿의 일부분은 용기 속에 남는다. 이 남는 부분을 버트butt라 하는데 절단되어 제품에서 분리된다.

직접압출의 문제점 중 하나는 공작물의 표면과 용기 벽 사이에 상당한 마찰이 있다는 것이다. 이로 인해 램 성형력이 상당히 증가한다. 열간압출의 경우 빌릿의 표면에 생기는 산화물 층 때문에 마찰문제는 더욱 심각하다. 이 산화물 층은 압출 제품에 결함을 유발시킬 수 있다. 이 문제를 해결하기 위해 램과 공작물 빌릿 사이에 압출판dummy block이 자주 사용된다. 압출판의 직경은 빌릿 직경보다 약간 작아서 좁은 링의 공작물 금속(거의 산화물 층)을 용기 속에 남겨 산화물이 없는 최종 제품이 생산되도록 돕는다.

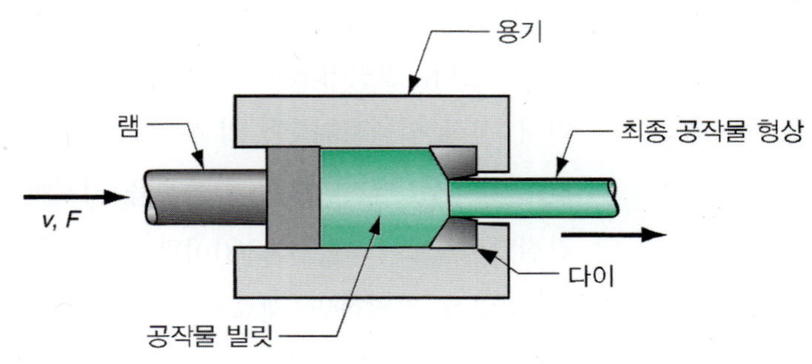

그림 13.24
직접압출(출처: Fundamentals of Modern Manufacturing, 4th Edition by Mikell P. Groover, 2010. Reprinted with permission of John Wiley & Sons, Inc.).

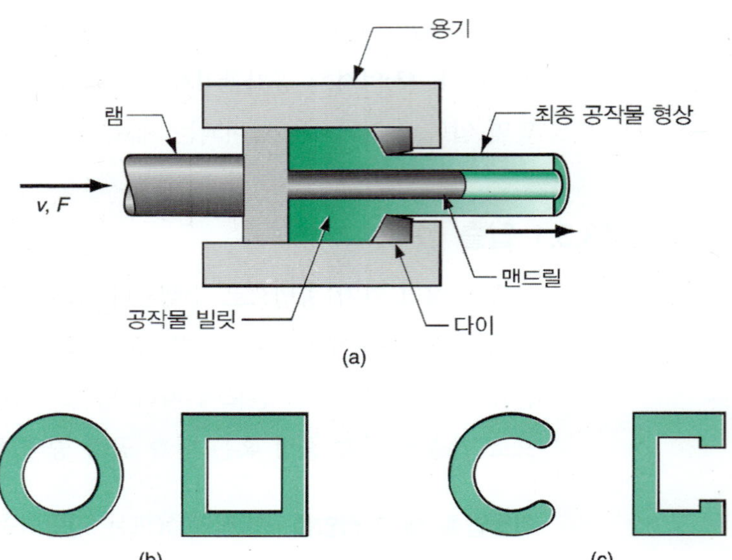

그림 13.25

(a)중공 또는 준중공 단면을 만드는 직접 압출. (b)중공 단면. (c)준중공 단면(출처: Fundamentals of Modern Manufacturing, 4th Edition by Mikell P. Groover, 2010. Reprinted with permission of John Wiley & Sons, Inc.).

중공 단면(예, 튜브)도 [그림 13.25]에서처럼 직접압출로 만들 수 있다. 초기 빌릿에 구멍을 축 방향으로 뚫는다. 이 구멍에 압출판이 붙은 맨드릴을 통과시킨다. 빌릿을 압축하면 재료가 맨드릴과 다이 구멍 사이의 틈새를 통해 강제로 흐른다. 이로부터 튜브 형태의 단면이 만들어진다. 준중공 단면 형상도 이와 같은 방법으로 만들어진다.

직접압출에서 초기 빌릿의 단면 형상은 일반적으로 원형이다. 그러나 최종 형상은 다이 구멍 모양에 의해 결정된다. 다이 구멍의 가장 큰 치수는 빌릿의 직경보다 작아야 함은 분명한 사실이다.

[그림 13.26(a)]의 간접압출(또는 후방압출, 역방압출)에서는 다이가 램 쪽에 설치된다. 램을 공작물 쪽으로 밀면 금속이 틈새를 통해 램의 진행 방향과 반대 방향으로 빠져나온다. 빌릿이 용기와 상대운동을 하지 않기 때문에 마찰이 발생하지 않고, 따라서 직접 압출보다 램 압출력이 낮다. 간접압출의 제한점으로는 중공 램의 강성이 낮고 다이를 빠져나오는 압출품을 지지하기가 어렵다는 점이다.

간접압출로도 [그림 13.26(b)]과 같은 중공(튜브형) 단면 제품을 만들 수 있다. 램으로 빌릿을 가압하면 재료가 램 주변으로 빠져나와 컵 형상을 만든다. 이 방법으로 만들 수 있는 압출품의 길이에는 실제적으로 제한이 있다. 공작물의 길이가 길어지면 램을 지지하는 것이 문제가 되기 때문이다.

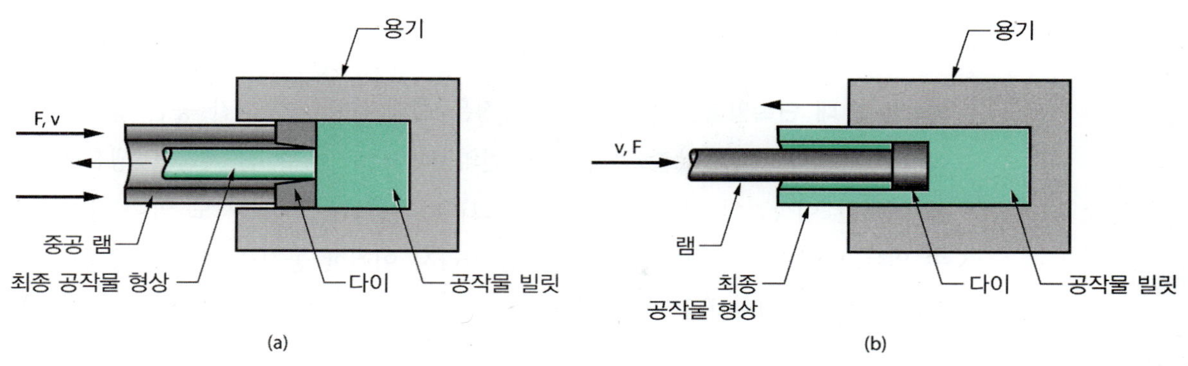

그림 13.26 간접압출 (a)중실 단면 제품용, (b)중공 단면 제품용(출처: Fundamentals of Modern Manufacturing, 4th Edition by Mikell P. Groover, 2010. Reprinted with permission of John Wiley & Sons, Inc.).

열간압출 대 냉간압출 압출은 금속에 따라 또는 변형량의 크기에 따라 열간 또는 냉간에서 수행될 수 있다. 열간에서 압출되는 전형적인 금속으로는 알루미늄, 구리, 마그네슘, 아연, 납, 이들의 합금이 있다. 이러한 금속들이 냉간에서 압출될 때도 있다. 강 합금은 보통 열간에서 압출된다. 그보다 부드럽고 연성이 높은 강 합금은 냉간 압출되기도 한다(예: 저탄소강, 스테인리스강). 알루미늄은 압출(열간, 냉간)하기에 가장 이상적인 금속일 것이다. 상업용 알루미늄 제품 대부분이 이 공정으로 생산된다(예, 구조용 자재, 방문, 창문 프레임).

열간압출hot extrusion에서는 먼저 빌릿을 재결정 온도 이상으로 가열한다. 이로써 강도를 낮추고 연성을 증가시킴으로써 크기를 더 많이 줄일 수 있고 더욱 복잡한 형상을 만들어낼 수 있게 된다. 또 다른 이점으로는 램 압출력의 감소, 램 속도의 증가, 제품 내 결정립 유동의 감소 등이 있다. 빌릿이 용기와 접촉하면서 냉각되는 문제를 극복하기 위해 등온압출isothermal extrusion이 사용되기도 한다. 열간압출을 적용하는 일부 금속(예, 강)의 경우 윤활이 매우 중요하다. 따라서 가혹 조건 하에서도 효과적인 특수 윤활제가 개발되어왔다. 유리가 윤활제로서 열간압출에 사용된다. 이것은 마찰을 감소시킬 뿐만 아니라 빌릿과 압출 용기 사이에 단열재 역할을 한다.

냉간압출cold extrusion과 온간압출은 일반적으로 최종 제품(혹은 거의 최종 제품) 형태로 단속적 제품을 만드는데 사용된다. 충격압출impact extrusion이라는 용어는 고속 냉간압출은 가리킬 때 사용된다. 이 방법에 대해서는 13.3.4절에서 더욱 상세히 설명한다. 냉간압출의 몇 가지 중요한 이점으로는 변형경화에 의한 강도증가, 엄밀한 공차 관리, 표면거칠기의 향상, 산화물 층 부재, 높은 생산속도, 공작물 가열의 불필요 등이 있다.

연속압출 대 단속압출 진정한 연속 공정은 정해지지 않은 기간 동안 정상상태로 동작하는 것이다. 일부 압출 공정은 한 번의 사이클로 매우 긴 제품을 생산하기 때문에 이러한 이상적인 상태에 근접한다. 그러나 이러한 공정에서도 압출 용기에 넣을 수 있는 빌릿의 크기에는 한계가 있다. 따라서 이러한 공정을 준연속 공정으로 표현하는 것이 더 정확하다. 거의 모든 경우에 있어 긴 제품은 후작업인 톱작업이나 전단 작업으로 작은 길이의 제품으로 절단된다.

단속압출 공정에서는 각 압출 사이클마다 하나씩의 제품이 생산된다. 충격압출이 단속압출 공정의 한 예다.

13.3.2 압출의 공학적 해석

[그림 13.27]을 기초로 압출에서의 몇 가지 공정 인자에 대해 설명한다. 이 그림에서 빌릿과 압출품이 둥근 단면을 가진다고 가정한다. 중요한 한 가지 인자는 압출비(또는 축소비)다. 이 비율은 다음과 같이 정의된다.

$$r_x = \frac{A_o}{A_f} \tag{13.19}$$

여기서 r_x =압출비, A_o =초기 빌릿의 단면적 mm^2, A_f =압출품의 단면적 mm^2이다. 이 비율은 직접, 간접압출 모두에 적용된다. 마찰과 과잉 일이 없는 이상적인 변형조건 하에서 r_x는 진변형률을 구하는데 사용될 수 있다.

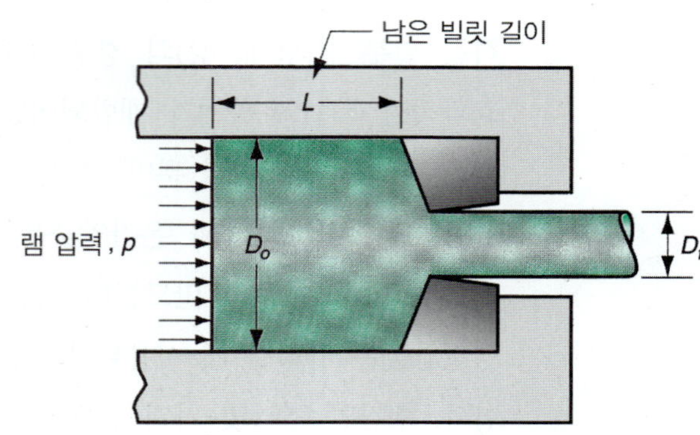

그림 13.27
직접압출에서 압력과 기타 변수들(출처: Fundamentals of Modern Manufacturing, 4th Edition by Mikell P. Groover, 2010. Reprinted with permission of John Wiley & Sons, Inc.).

$$\epsilon = \ln r_x = \ln \frac{A_o}{A_f} \tag{13.20}$$

이상적인 변형조건 하에서 빌릿을 다이 구멍으로 밀어내는 램에 작용하는 압력은 다음과 같이 계산된다.

$$p = \overline{Y}_f \ln r_x \tag{13.21}$$

여기서 $\overline{Y}_f$ =변형 동안 평균 유동응력 MPa이다. 앞 장의 식 (12.2)를 다시 적으면

$$\overline{Y}_f = \frac{K\epsilon^n}{1+n}$$

사실 압출은 무마찰 공정이 아니므로 위 식은 압출 공정의 변형률과 압력을 저평가하게 된다. 압출 중 다이와 공작물 사이에는 마찰이 존재한다. 직접압출에서는 마찰이 용기 벽과 빌릿 표면 사이에 존재한다. 마찰의 효과로 금속의 변형률이 증가한다. 따라서 실제 압력은 무마찰을 가정한 식 (13.21)에서 계산되는 값보다 더 크다. 압출에 있어 실제 진변형률과 램 압력을 계산할 수 있는 몇 가지 방법이 제안되어 왔다[1], [3], [6], [11], [12], [19]. Johnson[11]에 의해 제안된 다음의 실험식이 압출에서의 변형률을 추정할 수 있는 것으로 받아들여지고 있다.

$$\epsilon_x = a + b \ln r_x \tag{13.22}$$

여기서 ϵ_x =압출변형률, a와 b=주어진 다이각도에 대한 실험상수다. 이 상수의 전형적인 값은 $a = 0.8$, $b = 1.2 \sim 1.5$이다. 금형 각이 증가하면 a와 b의 값도 증가하는 경향이 있다. 간접압출에서의 램 압력도 Johnson의 압출변형률 식을 근거로 다음과 같이 추정될 수 있다.

$$p = \overline{Y}_f \epsilon_x \tag{13.23a}$$

여기서 $\overline{Y}_f$는 식 (13.22)의 압출변형률이 아니라 식 (13.20)의 이상적 변형률을 기초로 계산된다. 직접압출에서는 용기 벽과 빌릿 사이의 마찰 때문에 램 압력이 간접압출 때보다 더 커진다. 다음 식으로부터 직접압출 용기 내에서의 마찰력을 이끌어낼 수 있다.

$$\frac{p_f \pi D_o^2}{4} = \mu p_c \pi D_o L$$

여기서 p_f =마찰을 이기기 위해 요구되는 추가 압력 MPa, $(\pi D_o{}^2)/4$ =빌릿 단면적 mm^2, μ =용기 벽에서의 마찰계수, p_c =용기 벽에 대한 빌릿의 압력 MPa, $\pi D_o L$ = 빌릿과 용기 벽 사이의 접촉면적 mm^2이다. 식의 오른쪽 항은 빌릿과 용기 사이의 마찰력이고, 왼쪽 항은 마찰을 이기기 위해 추가되는 램 압출력이다. 최악의 경우 용기 벽에서 고착이 일어나면 마찰에 의한 응력은 공작물 금속의 전단 항복강도와 같다.

$$\mu p_c \pi D_o L = Y_s \pi D_o L$$

여기서 Y_s =전단 항복강도 MPa이다. 만약 $Y_s = \overline{Y}_f / 2$라면 p_f는 다음과 같다.

$$p_f = \overline{Y}_f \frac{2L}{D_o}$$

이러한 이유로 직접압출에서의 램 압력을 다음의 식으로 계산할 수 있다.

$$p = \overline{Y}_f \left(\epsilon_x + \frac{2L}{D_o} \right) \tag{13.23b}$$

여기서 $2L/D_o$ 항=용기와 빌릿 접촉부에서의 마찰 때문에 추가되는 압력, L=빌릿의 잔여길이, D_o=빌릿의 초기 직경이다. 남은 빌릿의 길이가 줄어들면 p도 줄어듦을 식에서 알 수 있다. 직접, 간접압출에서 램 행정에 따른 램 압력의 변화를 [그림 13.28]에 나타냈다. 식 (13.23b)는 램 압력을 과대평가한다고 볼 수 있다. 윤활이 좋으면 램 압력은 이 식으로 계산된 값보다 작을 수 있다.
직접, 간접압출에서 램 압출력은 식 (13.23a) 또는 (13.23b)의 압력 p와 빌릿 면적 A_o를 단순히 곱함으로써 구할 수 있다.

$$F = pA_o \tag{13.24}$$

여기서 F=램 압출력 N이다. 압출에 소요되는 동력은

$$P = F\nu \tag{13.25}$$

여기서 P=동력 J/s, F=램 압출력 N, ν=램의 속도 m/s이다.

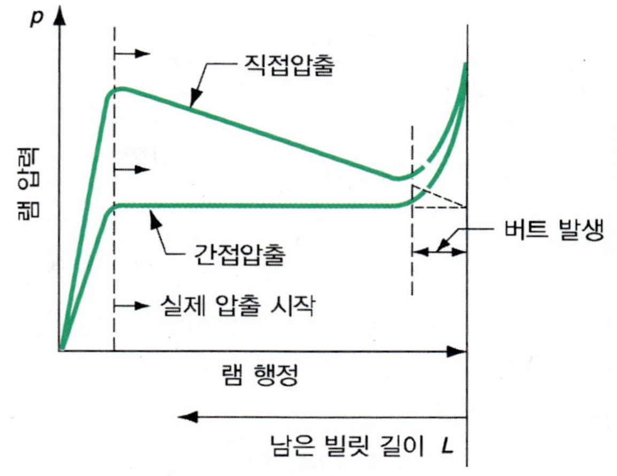

그림 13.28

직접, 간접압출에서의 램 압력 대 램 행정(그리고 남은 빌릿 길이)의 전형적인 곡선. 직접압출이 더 높은 값을 나타낸 것은 용기 벽에서의 마찰에 기인한다. 곡선의 시작부에서 초기 압력의 증가 정도는 다이각도에 의존한다(다이각도가 클수록 압력 증가가 더 급격하다). 행정 끝에서의 압력 증가는 버트 발생과 관계가 있다(출처: Fundamentals of Modern Manufacturing, 4th Edition by Mikell P. Groover, 2010. Reprinted with permission of John Wiley & Sons, Inc.).

EXAMPLE 13.3 압출 압력

길이 75mm, 직경 25mm인 빌릿이 압출비 $r_x = 4.0$으로 직접압출된다. 압출품은 둥근 단면을 가지고 있다. 다이각(반각)은 90°이다. 공작물 금속의 강도계수=415MPa, 변형경화지수=0.18이다. $a = 0.8$, $b = 1.5$일 때 Johnson식을 사용해 압출변형률을 계산하라. 또한 램이 전방으로 움직일 때 빌릿의 끝에서 작용하는 압력을 계산하라.

▌풀이▐

빌릿 초기 길이 $L = 75$mm, $L = 50$mm, $L = 25$mm, $L = 0$일 때의 램 압력을 계산해보자. 이상적 진변형률, Johnson식을 사용한 압출변형률, 평균 유동응력을 계산하면 다음과 같다.

$$\epsilon = \ln r_x = \ln 4.0 = 1.3863$$

$$\epsilon_x = 0.8 + 1.5(1.3863) = 2.8795$$

$$\overline{Y}_f = \frac{415(1.3863)^{0.18}}{1.18} = 373\text{MPa}$$

$L = 75$mm. 90°의 다이각도에서 빌릿 금속은 거의 즉각적으로 다이 구멍을 통과한다고 가정한다. 따라서 빌릿 길이 75mm에서 최대 압력에 도달한다고 가정하고 계산한다. 90° 이하의 다이각에서는 [그림 13.28]에서처럼 초기 빌릿이 압출 다이의 원뿔 부위로 압착되어 들어갈 때 압력이 최대값에 도달한다. 식 (13.23b)를 사용하면 다음과 같다.

$$p = 373\left(2.8795 + 2\frac{75}{25}\right) = 3312\text{MPa}$$

$$L = 50\text{mm}: p = 373\left(2.8795 + 2\frac{50}{25}\right) = 2566\text{MPa}$$

$$L = 25\text{mm}: p = 373\left(2.8795 + 2\frac{25}{25}\right) = 1820\text{MPa}$$

$L=0$: 직접압출에서 0의 길이는 가상적이다. 공작물 전부를 다이 구멍으로 밀어 압출하는 것은 불가능하기 때문이다. 대신 빌릿의 일부분(버트)이 압출되지 않은 채 남게 되고 L이 0에 근접함에 따라 압력도 빠르게 증가한다. 행정 끝에서 압력이 이렇게 증가하는 모습을 [그림 13.28]의 램압력 대 램행정 곡선에서 볼 수 있다. 다음에 계산되는 값은 $L=0$일 때 램 압력의 가상적인 최소값이다.

$$p = 373\left(2.8795 + 2\frac{0}{25}\right) = 1074\text{MPa}$$

이 값은 빌릿 길이에 걸쳐 간접압출과 관련된 램 압력값이기도 하다.

13.3.3 압출 다이, 프레스

압출 다이의 중요한 인자는 다이각과 구멍 형상이다. 다이각(더 정확히는 다이 반각)은 [그림 13.29(a)]에서 α로 표시된다. 각이 작으면 다이의 표면적이 크다. 따라서 금형－빌릿 접촉부에서의 마찰이 증가한다. 높은 마찰은 큰 압출력을 유발한다. 반대로 큰 다이각은 단면이 줄어들 때의 금속유동에서 난류를 더 유발시켜 필요한 압출력을 증가시킨다. 따라서 램 압출력에 미치는 다이각의 효과는 [그림 13.29(b)]에서처럼 U자형 함수이고, 최적 다이각을 찾을 수 있다. 최적 다이각은 여러 가지 인자(예, 공작물 재료, 빌릿온도, 윤활)에 영향을 받기 때문에 구하기 쉽지 않다. 실제로 다이 설계자는 적정 각을 결정하는데 경험적 판단에 의존한다.

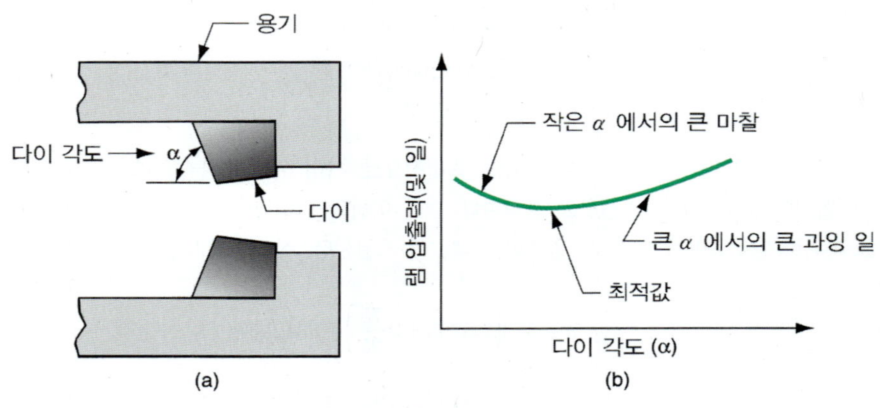

그림 13.29 (a)직접압출에서 다이각의 정의, (b)램 압출력에 미치는 다이각의 효과(출처: Fundamentals of Modern Manufacturing, 4th Edition by Mikell P. Groover, 2010. Reprinted with permission of John Wiley & Sons, Inc.).

그림 13.30
복잡한 압출단면을 가진 열 발산용 히트싱크 부품(Aluminum Company of America 제공)(출처: Fundamentals of Modern Manufacturing, 4th Edition by Mikell P. Groover, 2010. Reprinted with permission of John Wiley & Sons, Inc.).

앞서 설명한 램 압력에 관한 식 (13.23a, b)는 원형 구멍의 다이에 적용된다. 다이 구멍의 형상에 따라 압출에 필요한 램 압력이 달라진다. [그림 13.30]에 보인 것 같은 복잡한 단면의 제품을 생산하기 위해서는 원형 구멍에서보다 더 높은 압력과 더 큰 압출력이 필요하다. 다이 구멍의 형상이 미치는 영향은 다이의 형상인자shape factor로 평가될 수 있다. 형상인자는 같은 면적의 원형 단면에 대비해 주어진 단면 형상을 압출하는데 필요한 압력비로 정의된다. 형상인자를 다음 식으로 표현할 수 있다.

$$K_x = 0.98 + 0.02\left(\frac{C_x}{C_c}\right)^{2.25} \tag{13.26}$$

여기서 K_x = 다이 형상인자, C_x = 압출 단면의 둘레 길이 mm, C_c = 같은 면적의 원주 길이 mm이다. 식 (13.26)은 Altan 등[1]의 실험 결과에서 C_x/C_c 범위가 1.0~6.0까지의 데이터를 근거로 만들어진 것이다. 따라서 이 범위를 많이 넘어설 경우 식이 틀릴 수 있다.

식 (13.26)에서 알 수 있듯이 형상인자는 압출 단면의 둘레 길이를 동일한 면적을 가진 원주 길이로 나눈 값의 함수다. 원형 형상이 가장 간단한 것으로서 $K_x = 1.0$이다. 얇은 벽을 가진 중공 단면의 경우 형상인자 값이 높고, 따라서 압출하기가 더 어렵다. 원형 단면에만 적용되는 식 (13.23)의 압력 식에는 압력의 증가가 포함되지

않았다. 원형 단면이 아닌 일반적인 단면 형상의 경우 간접압출을 위한 식은

$$p = K_x \overline{Y}_f \epsilon_x \tag{13.27a}$$

직접압출에는

$$p = K_x \overline{Y}_f \left(\epsilon_x + \frac{2L}{D_o} \right) \tag{13.27b}$$

여기서 p = 압출압력 MPa, K_x = 형상인자이며 기타 항목은 앞의 의미와 동일하다. 이 식으로 계산된 압력과 함께 식 (13.24)를 사용해 램 압출력을 구할 수 있다.

열간압출에 사용되는 다이 재료로 공구강과 합금강 등이 쓰인다. 이러한 다이 재료가 가져야 할 중요한 성질로는 높은 내마모성, 높은 고온경도, 높은 열전도성 등이다. 냉간 압출용 다이 재료로는 공구강과 초경합금(WC) 등이 있다. 내마모성과 높은 응력 하에서의 형상 유지 능력이 바람직한 성질이다. 초경합금은 높은 생산속도, 긴 다이 수명, 정밀한 치수가 요구될 때 주로 사용된다.

압출 프레스는 공작물의 축 방향에 따라 수평형 또는 수직형이 될 수 있는데, 수평형 프레스가 보다 일반적이다. 압출 프레스는 보통 유압식이다. 이것은 직접압출처럼 긴 제품을 생산하는 준연속 공정에 특별히 적합한 방식이다. 기계식 프레스는 충격압출처럼 단품을 냉간압출하는데 자주 쓰인다.

13.3.4 기타 압출 공정

압출에서 주요 공정은 직접압출과 간접압출이다. 다음에 직접, 간접압출의 특별한 경우에 해당되는 공정을 설명하는데, 각기 여러 가지 이름이 주어진다. 이 절에서 몇 가지 압출의 특별한 형식과 이와 관련된 공정에 대해 설명한다.

충격압출 충격압출impact extrusion은 일반 압출에 비해 높은 속도와 짧은 행정으로 수행된다. 이것은 개별 단품을 만드는데 사용된다. 이름이 말해주듯이 펀치는 공작물에 충격을 가한다. 전방압출, 후방압출 또는 그 조합이 모두 가능하다. [그림 13.31]에 몇 가지 대표적인 예를 보였다.

충격압출은 여러 가지 금속을 사용해 보통 냉간에서 수행된다. 후방 충격압출이 가장 일반적이다. 이 방법으로 만들어지는 제품으로는 치약튜브와 건전지용 원통용기 등이 있다. 예에서 보듯 충격압출된 제품은 매우 얇은 벽을 가질 수 있다. 충격이란

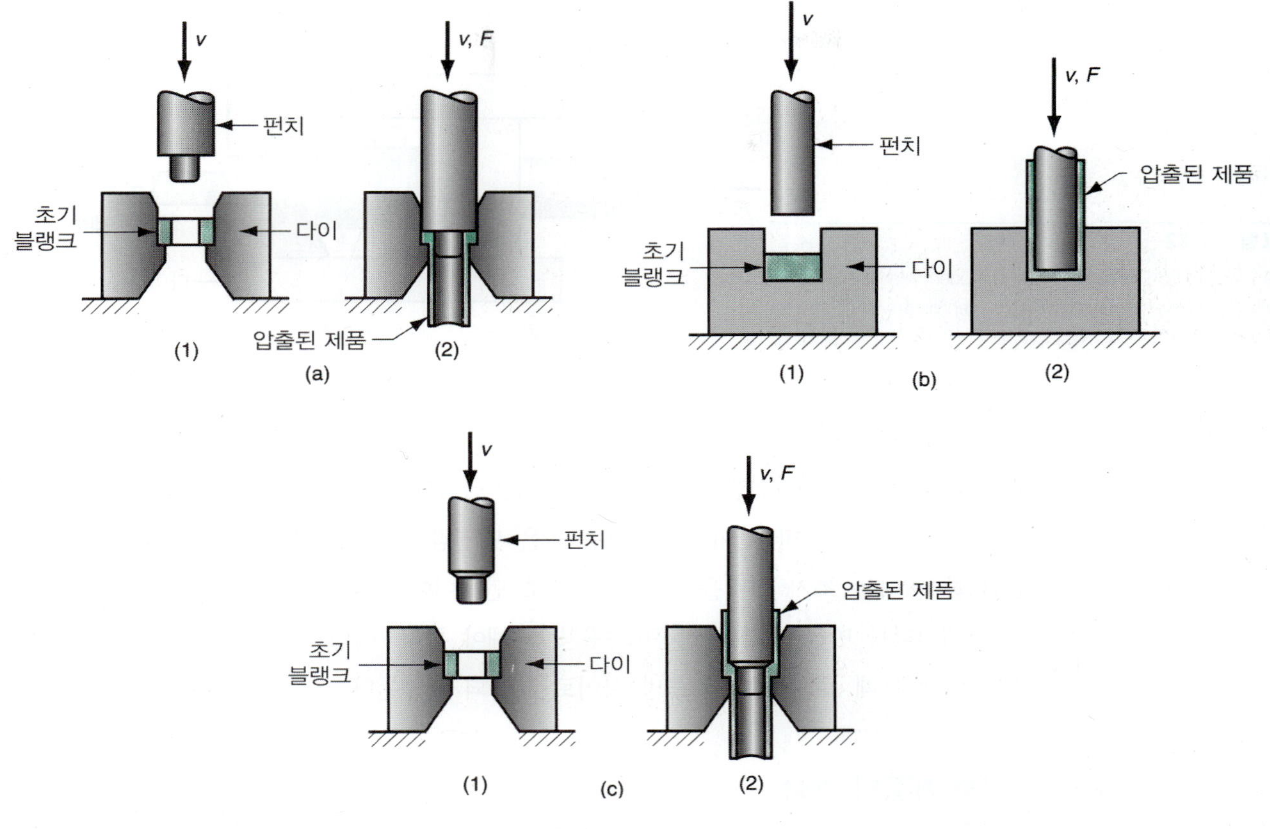

그림 13.31 충격압출의 몇 가지 예 (a)전방, (b)후방, (c)전방과 후방의 조합(출처: Fundamentals of Modern Manufacturing, 4th Edition by Mikell P. Groover, 2010. Reprinted with permission of John Wiley & Sons, Inc.).

고속을 의미하므로 높은 생산속도와 큰 단면감소율을 이룰 수 있기 때문에 충격압출은 상업적으로 중요한 공정으로 간주된다.

정수압압출 직접압출의 문제점 중 하나는 빌릿-용기 접촉면에서의 마찰이다. 이에 대한 해결책으로 [그림 13.32]에서처럼 유체가 들어 있는 용기 속에 빌릿을 넣은 후 램을 움직여 유체에 압력을 가하는 방법이 정수압압출hydrostatic extrusion이다. 이 방법으로 용기 내에 마찰을 완전히 없애고, 다이 구멍에서의 마찰을 줄일 수 있다. 따라서 램 압출력이 직접 압출에 비해 상당히 적게 된다. 빌릿 전면에 걸쳐 유체 압력이 작용하기 때문에 이러한 이름이 붙게 되었다. 이 방법은 상온 또는 고온에서 수행될 수 있다. 고온에서는 특수 유체와 공정을 사용해야만 한다. 정수압압출은 직접압출의 변종이라 할 수 있다.

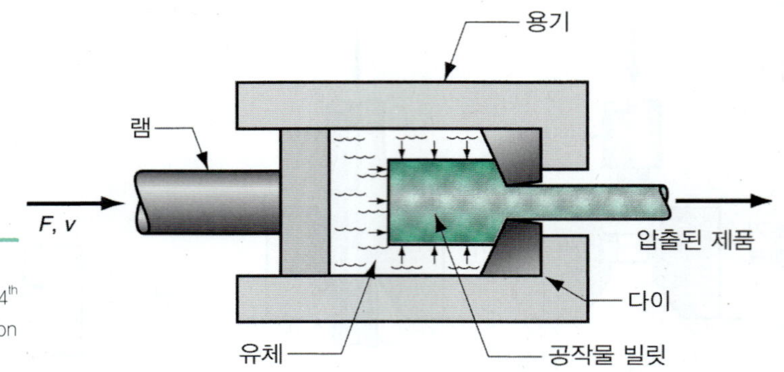

그림 13.32
정수압압출(출처: Fundamentals of Modern Manufacturing, 4th Edition by Mikell P. Groover, 2010. Reprinted with permission of John Wiley & Sons, Inc.).

공작물에 작용하는 정수압은 재료의 연성을 증가시킨다. 따라서 이 공정은 재래식 압출 공정으로는 불가능한 취성이 매우 높은 금속에 적용할 수 있다. 연질 금속도 정수압 압출이 가능하며 이 경우 매우 높은 단면감소율을 얻을 수 있다. 이 공정의 단점 중 하나는 초기 빌릿을 알맞은 형태로 만들어야 한다는 것이다. 즉, 빌릿의 한쪽에 테이퍼를 만들어 다이 입구에 꼭 맞게 해야 한다. 이렇게 해야만 용기 내에 압력이 발생할 때 유체가 다이 구멍 사이로 분출되지 않는다.

13.3.5 압출 제품의 결함

압출 공정은 상당한 변형을 동반하기 때문에 압출된 제품에 많은 결함이 발생할 수 있다. 결함은 [그림 13.33]에 설명된 것처럼 다음과 같은 종류로 분류될 수 있다.

(a) **중심부 파열**centerburst: 이 결함은 압출되는 동안 공작물의 중심선을 따라 발생하는 인장응력으로 인해 내부 균열이 발생하는 것이다. 압출 같은 압축 공정에 인장응력이 발생한다는 것이 이상하게 느껴질 수도 있지만 공작물의 중심축에서 멀리 떨어진 영역에서 큰 변형이 발생할 경우 이러한 조건이 성립된다. 외곽부에서 재료가 상당하게 변형할 경우 공작물의 중심을 따라 재료를 잡아당기기 때문이다. 응력이 정도 이상으로 커지면

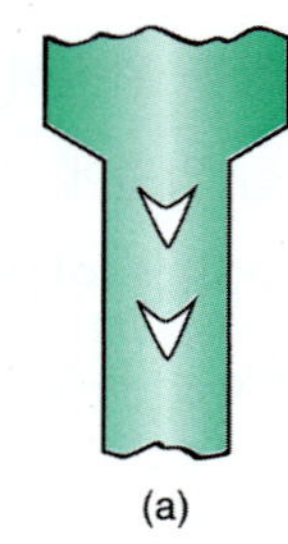

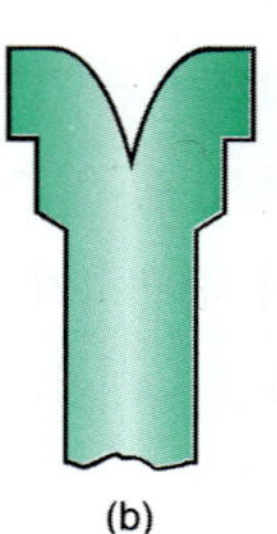

그림 13.33
압출의 일반적인 결함 (a)중심부 파열, (b)파이핑, (c)표면 균열(출처: Fundamentals of Modern Manufacturing, 4th Edition by Mikell P. Groover, 2010. Reprinted with permission of John Wiley & Sons, Inc.).

파열이 발생한다. 중심부 파열을 유발하는 조건으로는 큰 다이각, 낮은 압출비, 균열의 시작점이 될 공작물 내 불순물 등이 있다. 중심부 파열을 탐지해내기는 쉽지 않다. 육안 검사로는 알 수 없는 내부 결함이기 때문이다. 이 결함의 다른 이름으로는 화살머리형 파단, 중심부 균열, 세브론 균열chevron cracking 등이 있다.

(b) **파이핑**piping: 직접압출과 관련된 결함이다. [그림 13.33(b)]에서처럼 이것은 빌릿의 끝에서 발생하는 함몰 구멍이다. 빌릿의 직경보다 약간 작은 압출판을 사용하면 파이핑을 방지하는데 도움이 된다. 이 결함에 대한 다른 이름으로는 테일파이프tailpipe와 피시테일링fishtailing이 있다.

(c) **표면 균열**: 이 결함은 공작물의 온도가 높아 표면에 균열이 발생하는 것을 말한다. 이것은 압출속도가 너무 높아 변형률 속도가 높아지고 따라서 열이 발생될 때 일어난다. 기타 요인으로는 큰 마찰과 열간압출에서 고온 빌릿 표면에서의 냉각을 들 수 있다.

13.4 인발

용적변형 공정인 인발drawing은 [그림 13.34]에서처럼 바, 봉재 또는 선재를 다이 구멍을 통해 잡아당김으로써 단면적을 줄이는 공정이다. 이 공정의 일반적인 특징은 압출에서의 그것과 유사하다. 다른 점은 압출이 공작물을 다이를 통해 밀어내는 반면 인발에서는 공작물을 다이를 통해 잡아당긴다는 것이다. 인발에서는 인장응력이 분명하게 발생하지만 압축응력 또한 중요한 역할을 한다. 왜냐하면 공작물이 금형 구멍을 통과할 때 압착되기 때문이다. 이러한 이유로 인발에서의 변형은 간접 압축으로 설명되기도 한다. 인발의 영문 용어인 drawing을 금속판박의 drawing(14.3장)과 구별하기 위해 이 공정을 영문으로는 wire and bar drawing으로 표기한다.

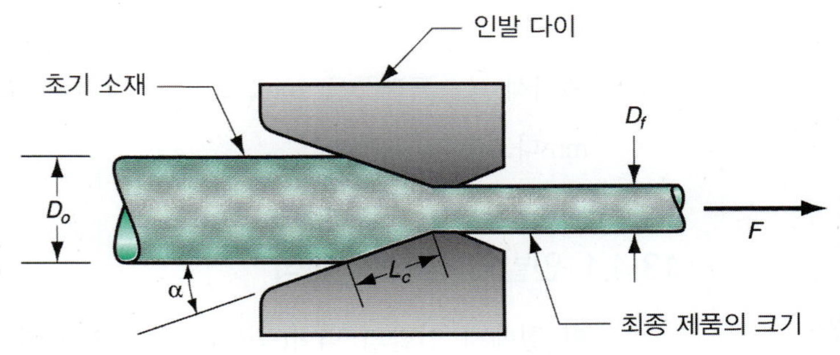

그림 13.34

인발 공정(출처: Fundamentals of Modern Manufacturing, 4th Edition by Mikell P. Groover, 2010. Reprinted with permission of John Wiley & Sons, Inc.).

봉재 인발과 선재 인발의 기본적인 차이점은 공작물의 크기에 있다. 봉재 인발bar drawing은 큰 직경의 봉과 바에 대해 사용되는 용어이고, 선재 인발wire drawing은 작은 직경에 대해 사용된다. 선재 직경 0.03mm까지 인발이 가능하다. 비록 두 인발 공정의 역학은 동일하지만 방법, 장비, 심지어 사용 용어까지 약간씩 차이가 있다.

봉재 인발은 일반적으로 단일 드래프트 공정(공작물이 한번 다이 구멍을 통과)으로 수행된다. 큰 직경을 가진 소재를 사용하기 때문에 공작물은 코일 형태로 감겨 있지 않고 곧은 원통형이다. 이 때문에 인발될 공작물의 길이가 제한되므로 뱃치형 작업이 필요하다. 이에 반해 선재 인발은 수백(또는 수천) 미터 길이의 와이어로 된 코일과 일련의 인발 다이들로 수행된다. 다이 수는 보통 4~12개이다. 연속 인발 continuous drawing이라는 용어는 이러한 형태의 작업을 가리킬 때 사용된다. 왜냐하면 와이어 코일이 사용되고, 또한 맞대기 용접으로 다음 코일을 앞의 코일과 연결시키기 때문에 진정한 의미에서의 연속 공정이 되기 때문이다.

인발 공정에서 공작물의 크기 변화는 보통 다음과 같이 정의되는 단면감소율로 표현된다.

$$r = \frac{A_o - A_f}{A_o} \tag{13.28}$$

여기서 r = 단면감소율, A_o = 공작물의 초기 면적 mm^2, A_f = 최종 면적 mm^2이다. 단면감소율은 백분율로 표현되기도 한다.

봉재 인발, 바 인발, 굵은 직경의 선재 인발(업세팅과 헤딩 공정용)에 있어 드래프트라는 용어는 소재의 전후 크기 차이를 나타내기 위해 사용된다. 드래프트는 단순히 초기 직경과 최종 직경의 차다.

$$d = D_o - D_f \tag{13.29}$$

여기서 d = 드래프트 mm, D_o = 공작물의 초기 직경 mm, D_f = 공작물의 최종 직경 mm다.

13.4.1 인발의 공학적 해석

이 절에서 인발의 역학(응력과 인발력)에 대해 설명한다. 또한 인발 공정에서 얼마나 큰 단면감소율이 가능한지도 설명한다.

인발 역학 인발에서 마찰과 과잉일이 없으면 진변형률은 다음과 같이 계산될 수 있다.

$$\epsilon = \ln \frac{A_o}{A_f} = \ln \frac{1}{1-r} \tag{13.30}$$

여기서 A_o, A_f= 앞에서 정의된 공작물의 초기·최종 단면적, r=식 (13.28)로 주어진 인발 단면감소율이다. 이러한 이상적 변형으로 얻어지는 응력은 다음과 같이 주어진다.

$$\sigma = \overline{Y}_f \epsilon = \overline{Y}_f \ln \frac{A_o}{A_f} \tag{13.31}$$

여기서 $\overline{Y}_f = \dfrac{K\epsilon^n}{1+n}$=식 (13.30)으로 주어진 변형률에 기초한 평균 유동응력이다.

인발에서 마찰이 존재하고 작업 금속은 불균일한 변형을 받게 되므로 실제 응력은 식 (13.31)에서 계산되는 것보다 더 크다. A_o/A_f 비 외에 인발응력에 영향을 끼치는 변수는 다이각과 공작물-빌릿 접촉부의 마찰계수다. 이러한 인자들을 기반으로 인발응력을 예측하는 방법이 많이 제안되어왔다[1], [3]. [19]. 여기서는 Schey[19]에 의해 제안된 식을 사용한다.

$$\sigma_d = \overline{Y}_f \left(1 + \frac{\mu}{\tan\alpha}\right) \phi \ln \frac{A_o}{A_f} \tag{13.32}$$

여기서 σ_d =인발응력 MPa, μ =다이-공작물 간 마찰계수, α =[그림 13.34]에 정의된 다이각(반각), ϕ =불균일 변형을 나타내는 인자로서 원형 단면에 대해 다음 식으로 계산된다.

$$\phi = 0.88 \pm 0.12 \frac{D}{L_c} \tag{13.33}$$

여기서 D =인발 공정 동안 공작물의 평균 직경 mm, L_c =[그림 13.34]에서 공작물과 인발 다이 간 접촉 길이 mm이다. D와 L_c는 다음 식으로 결정된다.

$$D = \frac{D_o + D_f}{2} \tag{13.34a}$$

$$L_c = \frac{D_o - D_f}{2\sin\alpha} \tag{13.34b}$$

인발력은 인발 단면적에 인발응력을 곱해 얻을 수 있다.

$$F = A_f \sigma_d = A_f \overline{Y}_f \left(1 + \frac{\mu}{\tan\alpha}\right) \phi \ln\frac{A_o}{A_f} \tag{13.35}$$

여기서 F=인발력 N이고 다른 항목들은 위에서 정의된 것이다. 인발 공정에서 요구되는 동력은 인발력에 공작물의 출구 속도를 곱함으로써 계산된다.

EXAMPLE 13.4 인발응력과 인발력

입구 각 15°인 인발 다이를 통해 선재가 인발된다. 초기 직경은 2.5mm이고 최종 직경은 2.0mm다. 공작물-금형 접촉부의 마찰계수는 0.07이다. 금속 소재의 강도계수는 K=205MPa이고 변형경화지수는 n=0.20이다. 인발응력과 인발력을 계산하라.

▌풀이▐

(a) 식 (13.34)를 사용해 식 (13.33)의 D와 L_c를 결정할 수 있다. D=2.25mm이고 L_c=0.966mm다. 따라서

$$\phi = 0.88 + 0.12\frac{2.25}{0.966} = 1.16$$

인발 전후의 면적은 $A_o = 4.91\text{mm}^2$, $A_f = 3.14\text{mm}^2$이다. 따라서 진변형률 $\epsilon = \ln(4.91/3.14) = 0.446$이다. 그리고 평균 유동응력은 다음과 같이 계산된다.

$$\overline{Y}_f = \frac{205(0.446)^{0.20}}{1.20} = 145.4\text{MPa}$$

인발응력은 식 (13.32)를 사용해 계산된다.

$$\sigma_d = (145.4)\left(1 + \frac{0.07}{\tan 15}\right)(1.16)(0.446) = 94.1\text{MPa}$$

마지막으로 인발력은 인발응력에 출구쪽 선재의 단면적을 곱함으로써 얻을 수 있다.

$$F = 94.1(3.14) = 295.5\text{N}$$

패스 당 최대 단면감소율 인발에 대해 가질 수 있는 의문 중 한 가지는 다음과 같다. 선재 인발에서 원하는 단면감소율을 얻기 위해 왜 한 번 이상의 단계를 거쳐야 하는가? 압출처럼 하나의 다이로 한 번에 전체 단면감소율을 이룰 수 없는가? 그 해답은 다음과 같이 설명될 수 있다. 앞에서의 식에서 분명히 알 수 있는 사실은 단면

감소율이 증가하면 인발응력도 증가한다는 것이다. 단면감소율이 너무 크면 인발응력이 배출되는 금속의 항복강도를 초과할 것이다. 이렇게 되면 인발된 선이 단지 늘어나기만 할 뿐 새 재료가 다이 구멍을 통해 빠져나오지 않게 된다. 선재 인발이 성공하기 위해서는 최대 인발응력이 배출되는 금속재료의 항복강도보다 반드시 작아야 한다.

최대 인발응력과 한 번의 패스 당 가능한 최대 단면감소율을 몇 가지 가정 하에서 간단하게 계산할 수 있다. 완전소성 금속($n = 0$), 무마찰, 무과잉일을 가정한다. 이러한 이상적인 경우에 가능한 최대 인발응력은 작업 재료의 항복강도와 같다. 이상적 변형조건 하에서 인발응력을 나타내는 식 (13.31)을 사용하고 $\overline{Y}_f = Y$(왜냐하면 $n = 0$)라고 두면

$$\sigma_d = \overline{Y}_f \ln \frac{A_o}{A_f} = Y \ln \frac{A_o}{A_f} = Y \ln \frac{1}{1-r} = Y$$

이것은 $\ln(A_o/A_f) = \ln(1/(1-r)) = 1$을 의미한다. 즉 $\epsilon_{\max} = 1.0$. 따라서 가능한 최대 면적비는

$$\frac{A_o}{A_f} = e = 2.7183 \tag{13.36}$$

가능한 최대 단면감소율은

$$r_{\max} = \frac{e-1}{e} = 0.632 \tag{13.37}$$

이다. 식 (13.28)로 주어진 값은 최대값을 낮추는 역할을 하는 마찰, 과잉일과 최대값을 올리는 역할을 하는 변형강화를 무시했음에도 불구하고 한 번의 인발에서 이론적으로 가능한 최대 단면감소율로 자주 인용된다. 변형경화가 되면 출구쪽 선재의 강도가 초기 금속 강도보다 높기 때문에 가능한 최대 단면감소율을 올리는 것이다. 실제에 있어 패스 당 단면감소율은 이론적 한계치보다 많이 낮다. 산업 현장에서는 단일 드래프트 봉재 인발의 경우 0.5, 복수 드래프트 선재 인발의 경우 0.3의 단면감소율을 상한값으로 간주한다.

13.4.2 인발 공정의 수행

인발은 보통 냉간에서 행해진다. 원형 단면의 제품을 만드는데 가장 많이 쓰이고, 정사각형, 기타 형상의 제품도 인발로 만들어진다. 선재 인발은 산업적으로 중요한 공정으로서 전선, 케이블. 울타리, 양복걸이, 쇼핑용 카트 등을 위한 선재, 못, 나사, 리벳, 스프링 등을 위한 봉소재의 제품을 생산하는데 사용된다. 바 인발은 절삭가공, 단조, 기타 공정에 쓰일 금속 바를 생산하는데 사용된다.

이러한 적용 분야에서 인발의 장점으로는 (1)정밀한 치수 관리, (2)우수한 표면거칠기, (3)강도나 경도와 같은 기계적 성질의 개선, (4)경제적인 뱃치생산 또는 대량생산의 융통성 등이 있다. 인발속도는 매우 가는 선의 경우 50m/s에 이른다. 절삭가공용 소재를 만드는 봉재인발의 경우, 인발 공정은 봉의 절삭성을 좋게 해준다(17.5절).

인발 장비 바 인발은 인발벤치draw bench라는 기계로 수행된다. 인발벤치는 [그림 13.35]에서처럼 입구 테이블, 다이스탠드(인발 다이를 포함), 이송대, 출구 랙으로 이뤄져 있다. 이송대는 공작물을 인발 다이를 통해 당기는 역할을 하는 것으로 유압 실린더 또는 모터가동 체인으로 움직인다. 다이스탠드는 1개 이상의 다이를 수용할 수 있도록 설계되기 때문에 여러 개의 바를 동시에 각각의 금형을 통해 잡아당길 수 있다.

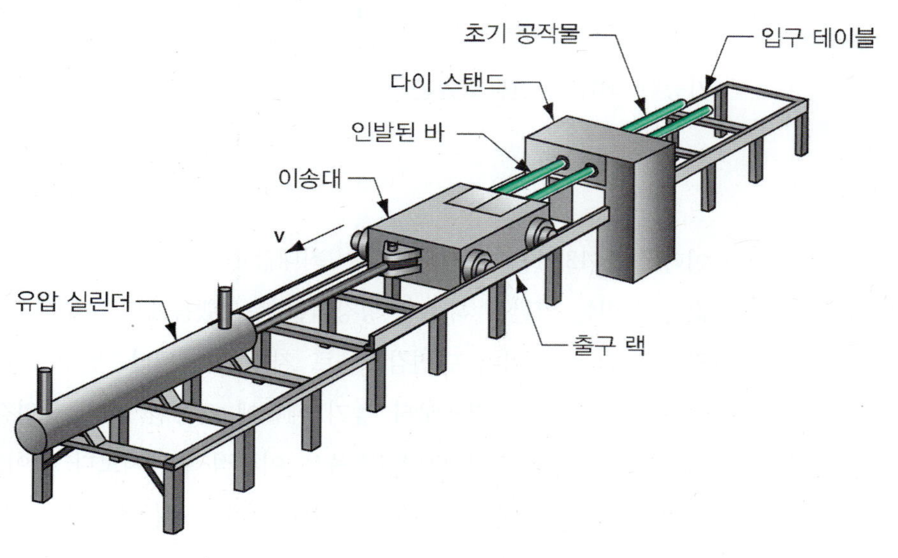

그림 13.35 금속 바 인발을 위한 유압식 인발벤치(출처: Fundamentals of Modern Manufacturing, 4th Edition by Mikell P. Groover, 2010. Reprinted with permission of John Wiley & Sons, Inc.).

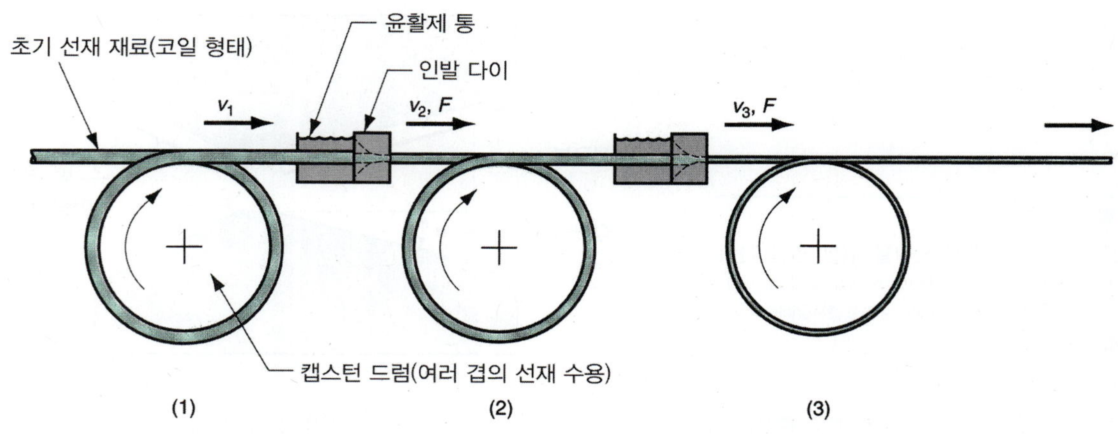

그림 13.36 연속 선재 인발(출처: Fundamentals of Modern Manufacturing, 4th Edition by Mikell P. Groover, 2010. Reprinted with permission of John Wiley & Sons, Inc.).

선재 인발은 [그림 13.36]처럼 복수의 인발 다이와 각 다이 사이의 드럼으로 구성된 연속 인발기계로 수행된다. 이러한 드럼을 캡스턴capstan이라고도 부르는데, 이들은 모터로 작동되며 앞 쪽의 다이를 통해 선을 인발하는데 적당한 인장력을 제공한다. 또한 다음 다이로 들어가는 선에 알맞은 장력을 유지시킨다. 각 다이는 각기 정해진 양의 단면감소율을 달성하게 설계되어 있고, 따라서 연속된 다이를 통해 원하는 양의 전체 단면감소율을 얻을 수 있다. 가공되는 금속과 전체 단면감소율 크기에 따라 다이 그룹 사이에 선재를 어닐링하는 장치가 필요할 때도 있다.

인발 다이 [그림 13.37]은 전형적인 인발 다이의 특징을 보여준다. 다이에는 4가지 영역이 있다. (1)입구, (2)접근부, (3)베어링면(랜드), (4)백 릴리프다. 입구 영역은 보통 나팔형으로서 공작물과 접촉하지 않는다. 이것의 목적은 다이 속으로 윤활제를 흘려 넣어 다이 표면과 공작물이 서로 긁히지 않게 하는 것이다. 접근부는 인발 공정이 실제 일어나는 영역이다. 이것은 원뿔 형상으로 보통 약 6~20° 범위의 각(반각)을 가진다. 작업 재료에 따라 적정 각이 달라진다. 베어링 면 또는 랜드는 최종 인발 제품의 크기를 결정한다. 마지막으로 백 릴리프back relief는 출구 영역이다. 이것은 약 30°의 백 릴리프 각(반각)을 가진다. 인발 다이는 공구강 또는 초경합금으로 만들어진다. 고속 선재인발용 다이에는 마모 면에 다이아몬드(합성 또는 천연)로 만들어진 인서트가 흔히 사용된다.

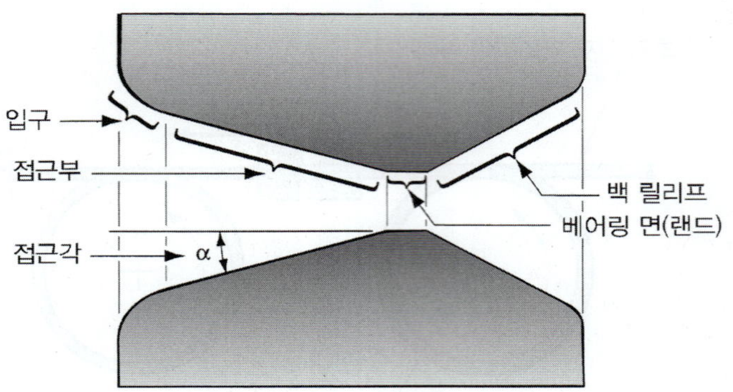

그림 13.37
둥근 봉재 또는 선재 인발을 위한 인발 다이
(출처: Fundamentals of Modern Manufacturing, 4th Edition by Mikell P. Groover, 2010. Reprinted with permission of John Wiley & Sons, Inc.).

공작물 준비 인발을 하기 전에 초기 소재를 알맞게 준비해야 한다. 여기에는 3가지 단계가 있다. (1)어닐링, (2)청정, (3)포인팅이다. 어닐링(풀림)의 목적은 인발 과정에서 변형이 제대로 일어나도록 재료의 연성을 증가시키는 것이다. 앞서 설명했듯이 연속 인발에서는 각 단계 사이에 어닐링이 필요할 때가 있다. 청정은 공작물 표면과 인발 다이에 생길 수 있는 손상을 막기 위해 필요하다. 표면 불순물(예, 산화물과 녹) 제거를 위해 화학적 처리 또는 샷블라스팅을 수행한다. 어떤 경우에는 청정 후 공작물 표면에 윤활유 처리를 하기도 한다.

포인팅pointing은 공작물 시작 부위의 직경을 줄여 인발 다이에 쉽게 삽입될 수 있도록 가공하는 작업이다. 이것은 주로 스웨이징, 압연 또는 선삭으로 수행된다. 가공된 공작물의 뾰족 부분을 이송대 죠 또는 기타 장치로 잡은 다음 인발 공정이 시작된다.

참고문헌 References

[1] Altan, T., Oh, S-I., and Gegel, H. L. *Metal Forming: Fundamentals and Applications*. ASM International, Materials Park, Ohio, 1983.

[2] *ASM Handbook*, Vol. 14A, *Metalworking: Bulk Forming*. ASM International, Materials Park, Ohio, 2005.

[3] Avitzur, B. *Metal Forming: Processes and Analysis*. Robert E. Krieger Publishing Company, Huntington, New York, 1979.

[4] Black, J. T., and Kohser, R. A. *DeGarmo's Materials and Processes in Manufacturing*, 10th ed. John Wiley & Sons, Inc., Hoboken, New Jersey, 2008.

[5] Byrer, T. G., et al. (eds.). *Forging Handbook*. Forging Industry Association, Cleveland, Ohio. and American Society for Metals, Materials Park, Ohio, 1985.

[6] Cook, N. H. *Manufacturing Analysis*. Addison-Wesley Publishing Company, Inc., Reading, Massachusetts, 1966.

[7] Groover, M. P. "An Experimental Study of the Work Components and Extrusion Strain in the Cold Forward Extrusion of Steel." *Research Report*. Bethlehem Steel Corporation, 1966.

[8] Harris, J. N. *Mechanical Working of Metals*. Pergamon Press, Oxford, England, 1983.

[9] Hosford, W. F., and Caddell, R. M. *Metal Forming: Mechanics and Metallurgy,* 3rd ed. Cambridge University Press, Cambridge, United Kingdom, 2007.

[10] Jensen, J. E. (ed.). *Forging Industry Handbook.* Forging Industry Association, Cleveland, Ohio, 1970.

[11] Johnson, W. "The Pressure for the Cold Extrusion of Lubricated Rod Through Square Dies of Moderate Reduction at Slow Speeds." *Journal of the Institute of Metals,* Vol. 85, 1956.

[12] Kalpakjian, S. *Mechanical Processing of Materials.* D. Van Nostrand Company, Inc., Princeton, New Jersey, 1967, Chapter 5.

[13] Kalpakjian, S., and Schmid, S. R. *Manufacturing Processes for Engineering Materials,* 6th ed. Pearson Prentice Hall, Upper Saddle River, New Jersey, 2010.

[14] Lange, K. *Handbook of Metal Forming.* Society of Manufacturing Engineers, Dearborn, Michigan, 2006.

[15] Laue, K., and Stenger, H. *Extrusion: Processes, Machinery, and Tooling.* American Society for Metals, Materials Park, Ohio, 1981.

[16] Mielnik, E. M. *Metalworking Science and Engineering.* McGraw-Hill, Inc., New York, 1991.

[17] Roberts, W. L. *Hot Rolling of Steel.* Marcel Dekker, Inc., New York, 1983.

[18] Roberts, W. L. *Cold Rolling of Steel.* Marcel Dekker, Inc., New York, 1978.

[19] Schey, J. A. *Introduction toManufacturing Processes,* 3rd ed. McGraw-Hill Book Company, New York, 2000.

[20] Wick, C., et al. (eds.). *Tool and Manufacturing Engineers Handbook,* 4th ed., Vol. II, Forming. Society of Manufacturing Engineers, Dearborn, Michigan, 1984.

복습문제 Review Questions

13.1 용적변형 공정이 왜 상업적 · 기술적으로 중요한가?

13.2 용적변형 공정 4가지를 기술하라.

13.3 용적변형 공정에서의 압연의 역할은 무엇인가?

13.4 압연기로 만들 수 있는 제품 몇 가지를 나열하라.

13.5 압연 공정 중 드래프트란 무엇인가?

13.6 열간압연 공정 중 고착이란 무엇인가?

13.7 평압연에서의 압하력을 줄일 수 있는 방법 몇 가지를 밝혀라.

13.8 2단식 압연기란 무엇인가?

13.9 역회전 압연기란 무엇인가?

13.10 단조란 무엇인가?

13.11 단조 공정을 분류하는 한 가지 방법으로 공작물이 금형에 의해 얼마나 구속되는가가 있다. 이 분류에 따른 3가지 기본 형식을 들어라.

13.12 형단조에서 플래시 생성이 바람직한 이유는 무엇인가?

13.13 형단조에서 트리밍 공정이란 무엇인가?

13.14 단조 장비의 2가지 기본 유형은 무엇인가?

13.15 등온단조란 무엇인가?

13.16 압출이란 무엇인가?

13.17 직접압출과 간접압출을 구별하라.

13.18 압출로 생산되는 제품의 몇 가지를 들어라.

13.19 직접압출에서는 마찰계수가 램하중을 결정하는 인자인가?

13.20 봉재인발과 선재인발이란 무엇인가?

13.21 선재인발공정에서 인발응력은 소재의 항복응력을 넘어서는 안 되는가?

13.22 인발 작업에서 인발 응력이 왜 공작물 금속의 항복강도를 넘으면 안 되는가?

연습문제 PROBLEMS

13.1 42mm 두께의 판재가 한 번의 압연 작업으로 34mm로 줄어든다. 입구속도=15m/min, 롤 반경=325mm, 회전속도=49rev/min이다. (a)압연이 가능할 수 있도록 하는 최소 요구 마찰계수, (b)판재의 넓이가 4% 늘어난다고 가정할 때 출구속도, (c)전방향 슬립을 결정하라.

13.2 두께 2.0in, 폭 10in, 길이 12ft인 슬라브를 3스텝으로 압연한다. 각 스텝에서 전 스텝의 75% 두께로 압연하며 폭은 각 스텝에서 3% 확장된다. 첫 스텝에서 슬라브의 입구속도가 40ft/min이며 각 스텝에서의 속도는 같다면 마지막 스텝에서의 (a)길이, (b)출구속도를 구하라.

13.3 역회전 2단식 압연기를 사용해 여러 번의 냉간 작업으로 판재의 두께를 50mm에서 25mm로 줄인다. 롤 직경=700mm이고 롤과 공작물 간 마찰계수=0.15이다. 각 패스마다 드래프트가 같아야 한다는 조건을 만족해야 한다. (a)최소 요구 패스 수, (b)각 패스 당 드래프트를 결정하라.

13.4 앞 문제에서 드래프트 대신 백분율로 표시된 단면감소율이 각 패스마다 같아야 한다고 가정하면 (a)최소 요구 패스 수, (b)각 패스 당 드래프트는 얼마인가?

13.5 250mm 넓이, 25mm 두께를 가진 판재가 2단식 압연기에서 한 번의 패스로 두께 20mm로 줄어든다. 롤의 반경=500mm, 속도=30m/min이다. 작업 재료의 강도계수=240MPa, 변형경화지수=0.2를 가지고 있다. 다음을 결정하라. (a)롤 압하력, (b)롤 토크, (c)작업 수행에 필요한 동력.

13.6 롤 반경=250mm로 두고 문제 13.5를 다시 풀어라.

13.7 두께 4.5in, 폭 9in, 길이 24in인 슬라브를 2단 롤에서 싱글 패스로 두께 3.87in로 압연하고자 한다. 롤 속도는 5.50rev/min, 롤 반경은 17.0in이며 강성계수=30,000lb/in^2, 변형경화지수 $n=$ 0.15일 때 (a)롤 압하력, (b)롤 토크, (c)필요 파워를 구하라.

13.8 한 번의 압연 패스로 20mm 두께의 판재를 18mm로 줄인다. 초기 판재의 넓이는 200mm다. 롤 반경=250mm, 회전 속도=12rev/min이다. 작업 재료는 강도계수=600MPa, 변형경화지수=0.22를 가지고 있다. 다음을 결정하라. (a)롤 압하력, (b)롤 토크, (c)작업 수행에 필요한 동력.

13.9 열간압력 롤 직경=24in, 최대 압연력=40,000lb, 최대마력=100hp, 한 번의 압연 패스로 1.5in 두께로 압연한다. 초기 강판두께=10in, 가열조건 하에서 강도계수=20,000lb/in^2 변형경화지수=0일 때, (a)최대 구배(draft), (b)진변형률, (c)롤의 최대속도를 구하라.

13.10 원통형 공작물이 개금형으로 온간 업셋단조된다. $D_0=45$mm, $h_0=40$mm다. 최종 높이는 25mm다. 금형-공작물 간 마찰계수는 0.20이다. 작업 재료의 유동곡선은 $K=600$MPa, $n=$ 0.12이다. (a)항복점에 도달했을 때(항복변형률이=0.002), (b)$h=35$mm 일 때 (c)$h=30$mm 일 때의 성형력을 계산하라. (d)$h=25$mm일 때의 성형력을 계산하라.

13.11 원통형 공작물은 직경 d=2.5in, 높이 h=2.5in이다. 이것은 개금형으로 업셋단조되며, h_1= 1.5in, 금형-공작물 간 마찰계수=0.10이다. 작업 소재의 유동곡선 K=40,000lb/in^{2}이고, 변형경화지수 n=0.15이며 항복강도=15.750lb/in^{2}이다. (a)항복점에 도달했을 때(항복변형률=0.002), (b)$h=2.3$in일 때, (c)$h=2.1$in일 때, (d)h=1.9in일 때, (e)h=1.7in일 때, (f)h=1.5in일 때의 성형력을 계산하라.

13.12 강철못의 머리를 만들기 위해 냉간 헤딩 작업이 수행된다. 강철의 강도계수 K=600MPa, 변형경화지수 n=0.22이다. 금형-공작물 간 마찰계수=0.14이다. 못이 만들어지는 선 재료의 직경은 5mm다. 못 머리는 직경=9.5mm, 두께=1.6mm의 크기를 가질 예정이다. 마지막 길이가 120mm라고 할 때 (a)이 작업에 충분한 부피를 제공하기 위해 어느 정도 길이의 선재 재료가 금형 밖으로 나와야 하는가? (b)머리를 성형하기 위해 펀치가 가해야 할 최대 성형력을 계산하라.

13.13 일반적으로 쓰이는 큰 못(평머리)을 준비하라. 못 몸통 직경뿐만 아니라 머리의 직경과 두께를 측정하라. (a)못을 만들기 위한 충분한 부피를 제공하기 위해 어느 정도 길이의 선재 재료가 금형 밖으로 나와야 하는가? (b)못 금속에 대해 적당한 값의 강도계수와 변형경화지수를 사용해(표 3.4), 머리를 만드는데 필요한 최대 성형력을 계산하라.

13.14 열간 업셋단조 공정이 개금형으로 수행된다. 공작물의 최초 크기는 D_0=25mm, h_0=50mm다. 공작물이 직경 50mm까지 업셋된다. 높은 온도에서 작업 금속은 85MPa에서 항복한다(n=0). 금형-공작물 간 마찰계수는 0.40이다. (a)공작물의 최종 높이 (b)최대 성형력을 구하라.

13.15 최대 성형력=1,000,000N을 낼 수 있는 유압식 단조프레스가 있다. 원통형 공작물이 냉간 업셋단조될 예정이다. 초기 공작물의 직경=30mm, 높이=30mm다. 금속의 유동곡선은 K=400MPa, n=0.2로 정의된다. 만약 마찰계수=0.1이라면 이 단조프레스로 압축할 수 있는 최대 높이 감소율을 구하라.

13.16 임프레션 다이를 이용해 열간단조를 할 제품을 설계한다. 플래시를 포함해 제품의 투영면적은 16in^2, 트리밍 후 제품의 투영면적은 10in^{2}이다. 가열된 소재는 10,000 lb/in^{2}에서 항복되며 가공경화는 없다. 실온에서 소재는 항복응력이 25,000 lb/in^{2}이다. 단조에 필요한 최대 단조력을 계산하라.

13.17 커넥팅 로드가 폐금형을 사용해 열간단조로 만들어지도록 설계되었다. 제품의 투영 면적은 6,500mm^{2}이다. 단조 과정 중 플래시가 생길 수 있도록 금형 설계가 이뤄졌다. 플래시를 포함한 투영 면적은 9,000mm^{2}이다. 제품 형상은 복잡한 것으로 간주된다. 고온에서 작업 재료는 75MPa에서 항복하고 변형경화되지 않는다. 작업을 수행하는데 필요한 최대 성형력을 구하라.

13.18 길이 100mm, 직경 50mm인 원통형 빌릿이 간접(후방) 압출로 직경 20mm로 줄어든다. 다이각은 90°이다. Johnson 식에서 a=0.8, b=1.4이고 작업 금속의 유동곡선이 K=850MPa, n=0.13으로 정의될 때 (a)압출비, (b)진변형률(균일 변형), (c)압출변형률, (d)램 압력, (e)램 압출력을 구하라.

13.19 길이 3in, 직경 1.5in인 원통 빌렛을 직경 0.375in, 다이각도 90°인 직접압출로 가공한다. Johnson 방정식의 a=0.8, b=1.4, 금속의 유동곡선에서 K=75,000lb/in^2, n=1.5일 때 (a)압출비, (b)진변형률 (c)압출변형률, (d)램 압력 (e)램 하중 (f)램 속도=20in/min에서의 파워를 구하라.

13.20 길이 75mm, 직경 35mm인 빌릿이 직접압출로 직경 20mm의 제품이 된다. 압출 다이의 다이각=75°이다. 작업 금속은 K=600MPa, n=0.25이고 Johnson 압출 변형률 식에서 a=0.8, b=1.4이다. 다음을 구하라. (a)압출비, (b)진변형률(균일 변형), (c)압출변형률, (d)L=70, 60, 50, 40, 30, 20, 10mm일 때의 램 압력을 구하라.

13.21 길이 2in, 직경 1.25in인 원통 빌렛을 직경 0.5 in, 다이각도 90°인 직접압출로 가공한다. 금속의 유동곡선에서 K=75,000lb/in^2, n=1.5, Johnson 방정식의 a=0.8, b=1.5일 때, (a)압출비, (b)진변형률 (c)압출변형률, (d)램 압력(L=2.0, 1.0, 0.5, 0in)를 구하라.

13.22 직경 2.0in, 길이 3.0in 알루미늄 빌렛으로 간접압출을 한다. 압출 후 최종 단면적은 1.0in^2 강성계수 K=26,000lb/in^2, n=0.20이며, Johnson 방정식의 a=0.8, b=1.2일 때, (a)압출비, 진변형률, 압출변형률, (b)제품의 형상인자, (c)행정 끝에서 컨테이너 내에 버트(butt)가 0.5in 남는다면 압출된 부분의 길이는 얼마인가?, (d)램 압력을 구하라.

13.23 컵 형상 제품이 직경 50mm의 알루미늄 슬러그(slug)를 사용해 후방 압출로 만들어진다. 컵의 최종치수는 OD=50mm, ID=40mm, 높이=100mm, 바닥 두께=5mm다. (a)출비, (b)형상인자, (c)최종 치수를 달성하기 위해 필요한 초기 슬러그의 높이, (d)금속이 K=400MPa, n=0.25의 유동곡선을 따르고 Johnson의 변형률 식에서 a=0.8, b=1.4일 때 압출력을 구하라.

13.24 [그림 P13.24]의 다양한 압출 구멍 형상에 대해 각각의 형상인자를 구하라.

13.25 [그림 P13.24(a)]와 같이, 길이 350mm, 직경 125mm인 동(brass)빌렛이 직접압출된다. 금속은 K=700MPa, n=0.35이고 Johnson 압출 변형률 식에서 a=0.7, b=1.4이다. 다음을 구하라. (a)압출비, (b)형상인자, (c)압출력.

13.26 [그림 P13.24(b)]와 같이, 길이 500mm, 직경 100mm인 동(copper)빌렛이 직접압출된다. 동의 유동곡선에서 K=300MPa, n=0.50이고 Johnson 압출 변형률 식에서 a=0.8, b=1.5이다. 다음을 구하라. (a)압출비, (b)형상인자, (c)압출력.

13.27 [그림 P13.24(c)]와 같이, 길이 500mm, 직경 150mm인 알루미늄 빌렛으로 직접압출 한다. 알루미늄의 유동곡선에서 K=240MPa, n=0.16이고 Johnson 압출 변형률 식에서 a=0.8, b=1.2이다. 다음을 구하라. (a)압출비, (b)형상인자, (c)압출력.

13.28 [그림 P13.24(d)]와 같이, 길이 900mm, 직경 150mm인 알루미늄 빌렛으로 직접압출된다. 동의 유동곡선에서 K=240MPa, n=0.15이고 Johnson 압출 변형률 식에서 a=0.8, b=1.2이다. 다음을 구하라. (a)압출비, (b)형상인자, (c)압출력.

13.29 초기 직경=2.5mm인 선을 입구각=18°인 다이를 사용해 2.1mm로 인발한다. 공작물-다이 간 마찰계수=0.08이다. 공작물 금속은 K=500MPa, n=0.30의 유동 곡선을 따른다. 다음을 결정하라. (a)단면감소율, (b)인발응력, (c)인발력.

13.30 rod stock의 초기 직경=0.5in, 입구각=13°, rod의 최종 직경=0.375in이다. K=40,000lb/in^2, n=0.20, 소재-다이간 마찰계수=0.1일 때, (a)단면감소량, (b)인발력, (c)출구속도=2ft/sec에서의 마력을 구하라.

13.31 초기 직경=90mm인 봉재가 드래프트=15mm로 인발된다. 인발 다이의 입구각=18°이고 공작물-다이 간 마찰계수=0.08이다. 금속은 항복응력=105MPa인 완전소성 재료로 거동한다. 다음을 결정하라. (a)단면감소율, (b)인발응력, (c)인발력, (d)출구 속도=1.0m/min일 때 필요한 동력을 구하라.

13.32 초기 직경=0.125in, 0.2의 단면감소율을 갖는 와이어 인발에서, K=40,000lb/in^2, n=0.15이고 입구각=12°, 소재-다이 마찰계수=0.1, 다이 출구에서의 캡스턴 모터는 마력 1.50hp, 효율 90%이다. 두 번째 다이에서 얻을 수 있는 최대 속도는 얼마인가?

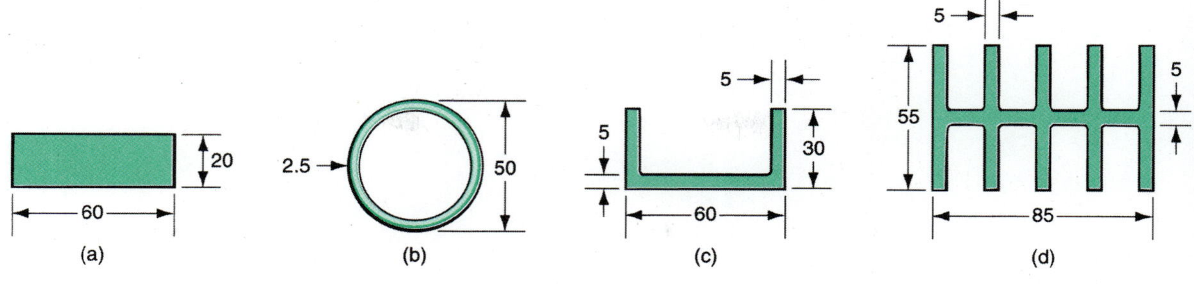

그림 P13.24 문제 13.24, 25, 26, 27, 28에 대한 단면 형상(치수는 mm). (a)사각 봉, (b)튜브, (c)채널, (d)냉각 핀(출처: Fundamentals of Modern Manufacturing, 4th Edition by Mikell P. Groover, 2010. Reprinted with permission of John Wiley & Sons, Inc.).

CHAPTER

14

금속박판가공

SHEET METALWORKING

금속박판가공(판금가공)에는 비교적 얇은 금속박판을 이용한 절단, 성형작업 등이 포함된다. 전형적인 금속박판의 두께는 0.4mm~6mm 사이이다. 두께가 약 6mm를 넘어가면 박판이라는 이름 대신 보통 판재라 불린다. 금속박판가공에 쓰이는 박판 또는 판재는 압연으로 생산된다(13.1.1절).

금속박판가공의 상업적 중요성은 상당하다. 박판이나 판재금속 부품이 포함된 소비재, 산업용 제품을 살펴보면 자동차 차체, 비행기, 철도 차량, 농업, 건설장비, 가전제품, 사무용 가구, 컴퓨터, 그 외 많은 제품들이 있다. 이러한 예는 외장으로 금속박판이 사용되어 겉으로 쉽게 드러나는 것이지만 많은 내부 부품도 또한 박판이나 판재로 만들어진다. 금속박판 제품은 일반적으로 높은 강도, 높은 치수 정밀도, 우수한 표면 상대적으로 저렴한 비용이라는 특징을 갖고 있다. 대량생산이 필요한 부품의 경우 금속박판을 사용해 경제적인 대량생산 작업이 가능하도록 설계될 수 있다.

대부분의 금속박판가공은 상온에서 수행된다(냉간 작업). 예외인 경우에는 재료가 두꺼울 때, 취성 금속일 때 또는 심한 변형이 요구될 때다. 이럴 때도 열간보다는 온간에서 주로 작업이 이뤄진다.

금속박판가공의 3가지 주요 유형은 절단, 굽힘, 드로잉이다. 절단은 큰 박판을 작은 것으로 나누거나, 부품의 외곽부를 잘라내거나 부품에 구멍을 뚫을 때 사용된다. 굽힘과 드로잉은 금속박판을 원하는 형상으로 성형하는 데 사용된다.

금속박판 가공에 쓰이는 도구는 펀치-다이이다. 대부분의 금속박판 공정은 프레스기계로 수행된다. 단조와 압연용 프레스와 구별하기 위해 스탬핑 프레스라는 용어를 사용한다. 금속박판 제품을 스탬핑이라고 부르기 때문이다. 대량생산을 위해 금속박판은 긴 스트립이나 코일의 형태로 프레스에 보내진다. 여러 가지 종류의 펀치-다이 공구와 스탬핑 프레스가 14.5절에 설명되어 있다. 이 장의 마지막 절은 재래식 펀치-다이 공구를 사용하지 않고, 스탬핑 프레스로도 수행되지 않는 여러 가지 공정에 관해 다룬다.

14.1 절단 공정

금속박판의 절단은 2개의 날카로운 절단 날에 의한 전단shearing 작용으로 수행된다. 전단작용은 [그림 14.1]의 4단계 스케치로 묘사되어 있듯이 상부 절단날(펀치)이 고정된 하부 절단날(다이)을 아래로 스쳐 지나가면서 이뤄진다. 펀치가 공작물로 밀고 들어갈 때 박판 표면에서 소성변형이 발생한다. 펀치가 아래로 더 움직이면 진입penetration이 일어나 펀치가 박판을 압축하면서 자른다. 이 진입 영역은 일반적으로 박판 두께의 1/3 정도다. 펀치가 공작물 쪽으로 더 전진하면 양쪽 절단 날에서 파단fracture이 시작된다. 만약 펀치와 다이 사이의 간극이 정확하다면 2개의 파단선이 서로 만나 공작물은 2개의 조각으로 깨끗하게 분리된다.

박판의 전단부는 [그림 14.2]에서와 같은 특징을 가지고 있다. 절단면의 위쪽 영역을 롤오버rollover: 눌린 부위라 부른다. 이것은 절단되기 전에 펀치에 의해 만들어진 함몰과 관계가 있다. 또한 이것을 공작물에서 초기 소성변형이 생기는 지점이기도 하다. 롤오버 바로 밑은 상대적으로 매끄러운 영역으로 광택부burnish라 불린다. 이것은 파단이 시작되기 전 펀치가 공작물 속으로 진입하면서 생긴 것이다. 광택부 바로 아래는 파단구역fractured zone으로서 펀치가 계속 전진하면서 파단이 발생한 부분이므로 상대적으로 거친 면을 가지고 있다. 마지막으로 절단면의 밑바닥에는 버burr가 발생한다. 이것은 금속이 두 조각으로 분리될 때 일부분이 늘어나면서 생긴 날카로운 모서리다.

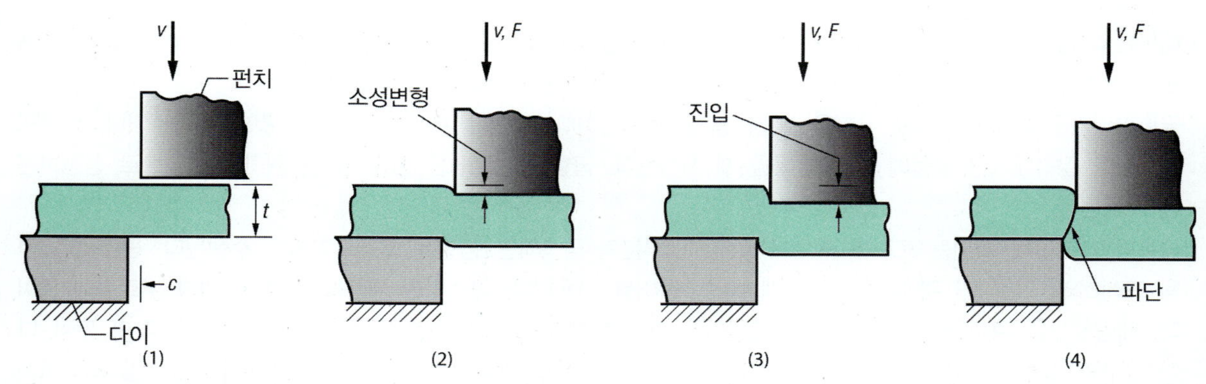

그림 14.1 2개의 절단날에 의한 금속의 전단. (1)펀치가 공작물과 접촉하기 직전, (2)펀치가 공작물로 밀고 들어가면서 소성변형을 일으킴, (3)펀치가 공작물에 진입하면서 매끄러운 절단면을 만듦, (4)절단날에서 파단이 시작되어 박판이 분리됨. v와 F는 각각 운동과 작용력을 의미하고 t=재료 두께, c=간극이다(출처: Fundamentals of Modern Manufacturing, 4th Edition by Mikell P. Groover, 2010. Reprinted with permission of John Wiley & Sons, Inc.).

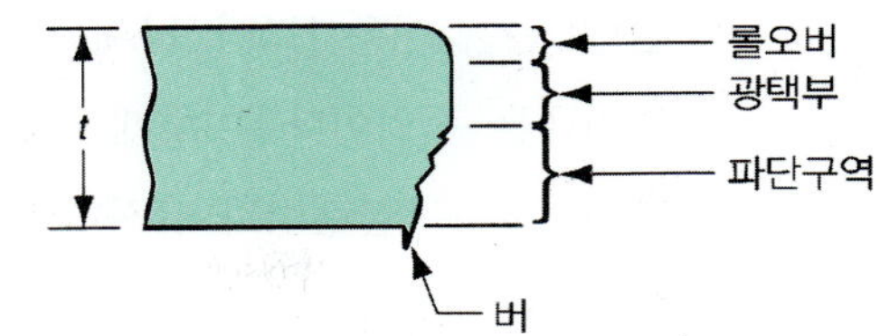

그림 14.2

전단부의 특징(출처: Fundamentals of Modern Manufacturing, 4th Edition by Mikell P. Groover, 2010. Reprinted with permission of John Wiley & Sons, Inc.).

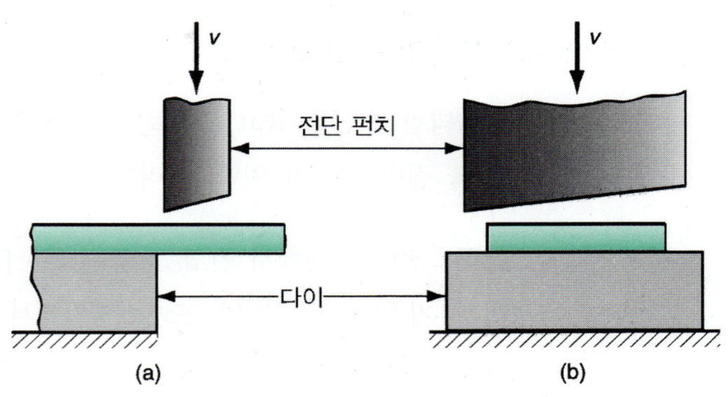

그림 14.3

전단 공정 (a)공정의 측면도, (b)기울어진 상부 절단날을 구비한 동력전단기의 정면도. v는 운동속도를 의미한다(출처: Fundamentals of Modern Manufacturing, 4th Edition by Mikell P. Groover, 2010. Reprinted with permission of John Wiley & Sons, Inc.).

14.1.1 전단, 블랭킹, 펀칭

전단 메커니즘으로 금속을 자르는 프레스 공정에는 3가지 주요 작업 방법이 있다. 전단, 블랭킹, 펀칭이다.

전단shearing은 [그림 14.3(a)]에서 볼 수 있듯이 2개의 절단날 사이의 직선을 따라 금속박판 절단을 수행하는 것이다. 전단은 전형적으로 큰 박판을 후공정에 쓰일 작은 박판으로 나누는데 쓰인다. 이것은 동력전단기power shears 또는 사각전단기squaring shears라 불리는 기계로 수행된다. 동력전단기의 상부 날은 절단력을 줄이기 위한 목적으로 [그림 14.3(b)]처럼 보통 경사지게 설계된다.

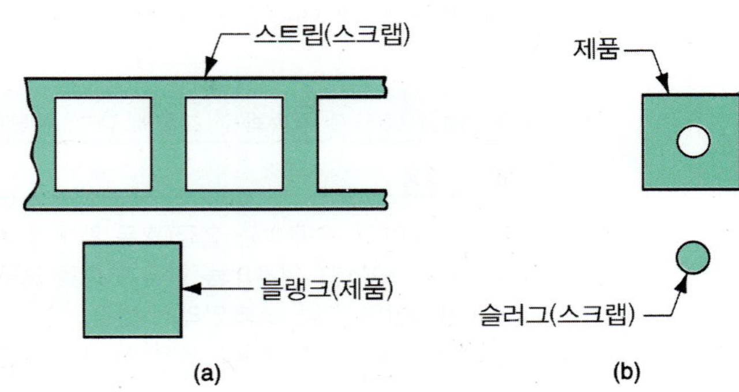

그림 14.4

(a)블랭킹, (b)펀칭(출처: Fundamentals of Modern Manufacturing, 4th Edition by Mikell P. Groover, 2010. Reprinted with permission of John Wiley & Sons, Inc.).

블랭킹blanking은 [그림 14.4(a)]처럼 소재로부터 닫힌 외곽선을 가진 부분을 한 번에 잘라내는 작업이다. 이렇게 잘린 부분은 제품이 되며 이를 블랭크blank라 부른다. 펀칭punching은 블랭킹과 유사하나 잘려 나온 부분이 슬러그라 부르는 스크랩이 된다는 점이 다르다. 즉, 남은 부분이 제품이 된다. [그림 14.4(b)]에 그 차이점을 나타냈다.

14.1.2 절단의 공학적 해석

금속박판 절단의 중요 인자로는 펀치와 다이 사이의 간극, 소재 두께, 금속 종류, 그 강도, 절단 길이가 있다. 이러한 인자의 여러 측면에 대해 살펴본다.

간극 전단 공정에서 간극clearance c는 [그림 14.1(a)]에 보인 것처럼 펀치와 다이 사이의 거리다. 일반적인 프레스작업에서 전형적인 간극 길이는 금속박판 두께 t의 4~8% 범위다. 만약 간극이 너무 작으면 파단선이 서로 만나지 못하고 지나가게 되어 이중의 광택부가 형성되고 절단력도 더 커진다. 만약 간극이 너무 크면 재료가 절단 날 사이에 꽉 끼게 되고 과도한 버가 발생한다. 쉐이빙이나 정밀 블랭킹처럼 매우 곧은 모서리를 만드는 특수 가공에서는 간극이 단지 두께의 약 1% 정도에 지나지 않는다.

올바른 간극 길이는 금속박판 종류와 두께에 의존한다. 권장되는 간극 길이는 다음 식으로 계산된다.

$$c = A_c t \tag{14.1}$$

여기서 c = 간극 mm, A_c = 전단여유, t = 소재두께 mm다. 전단여유는 금속의 종류에 따라 결정된다. 편의를 위해 [표 14.1]에 주어진 3가지 그룹으로 분류된 각 금속그룹에 맞춰 전단 여유값을 부여한다.

표 14.1 3가지 금속박판 그룹에 대한 전단여유값[3]

금속 그룹	A_c
1100S, 5052S 알루미늄 합금(모두 템퍼링 처리)	0.045
2024ST, 6061ST 알루미늄 합금과 황동(모두 템퍼링 처리) 냉간압연 연강, 스페인리스 연강.	0.060
냉간압연 강(반경화 처리), 스테인리스강(반경화, 완전경화 처리)	0.075

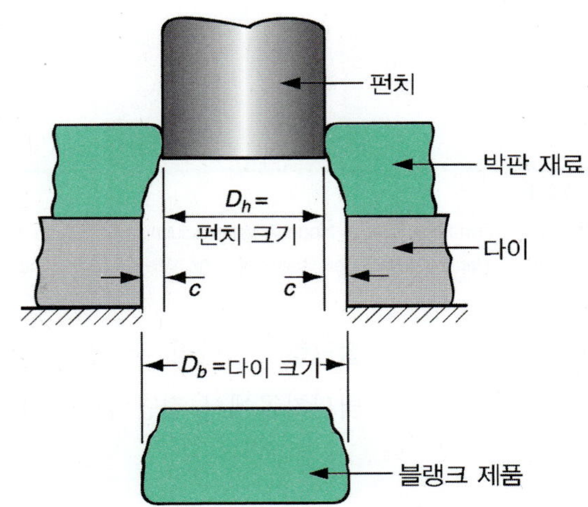

그림 14.5
다이 크기가 블랭크 크기 D_b를 결정한다. 펀치 크기가 구멍 크기 D_h를 결정한다. c =간극(출처: Fundamentals of Modern Manufacturing, 4th Edition by Mikell P. Groover, 2010. Reprinted with permission of John Wiley & Sons, Inc.).

계산된 간극값을 일반적인 블랭킹과 펀칭작업에 적용해 적정한 크기의 펀치와 다이를 설계할 수 있다. 다이 구멍은 펀치 크기보다 항상 커야 한다. 간극값을 다이 구멍 크기에 더하느냐 아니면 펀치 크기에서 빼느냐는 [그림 14.5]의 원형 제품에 대해 설명된 것처럼 절단되는 제품이 블랭크인가 아니면 슬러그인가에 따라 결정된다. 전단날의 형상 때문에 박판에서 따내지는 제품의 외곽 치수는 구멍 크기보다 더 크다. 따라서 직경 D_b의 원형 블랭크를 따내기 위한 펀치와 다이의 크기는 다음과 같이 결정된다.

$$\text{블랭킹 펀치 직경} = D_b - 2_c \quad (14.2a)$$

$$\text{블랭킹 다이 직경} = D_b \quad (14.2b)$$

직경 D_h의 원형 구멍을 따내기 위한 펀치와 다이의 크기는 다음과 같이 결정된다.

$$\text{구멍 펀치 직경} = D_h \quad (14.3a)$$

$$\text{구멍 다이 직경} = D_h + 2c \quad (14.3b)$$

슬러그나 블랭크가 다이에서 떨어져 나오기 위해서는 다이 구멍 양쪽에 0.25~1.5°의 각 간극angular clearance이 필요하다([그림 14.6] 참조).

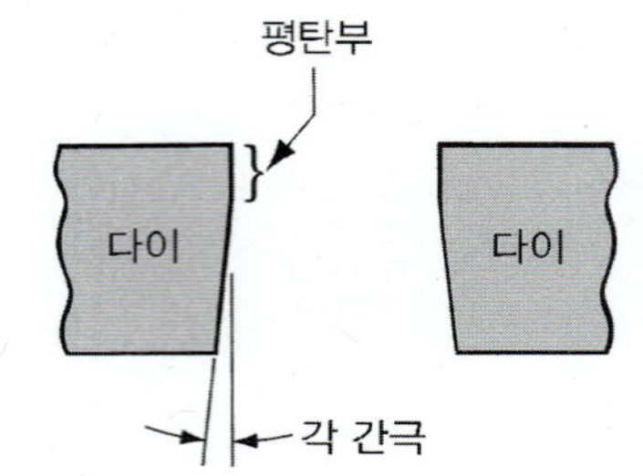

그림 14.6
각 간극(출처: Fundamentals of Modern Manufacturing, 4th Edition by Mikell P. Groover, 2010. Reprinted with permission of John Wiley & Sons, Inc.).

절단력 절단력 추정은 프레스 용량을 결정하는데 필요하기 때문에 중요하다. 금속박판가공에서 절단력 F는 다음과 같이 결정된다.

$$F = StL \tag{14.4}$$

여기서 S =금속박판의 전단강도 MPa, t =재료 두께 mm, L =절단날 길이 mm다. 블랭킹, 펀칭, 슬로팅, 이와 유사한 공정에서 L은 절단되는 블랭크나 구멍의 둘레 길이다. L값을 결정하는데 간극 크기의 효과는 미미하므로 무시된다.
만약 전단강도를 알 수 없으면 절단력을 평가하는 또 다른 방법으로 인장강도를 다음과 같이 이용할 수 있다.

$$F = 0.7(TS)tL \tag{14.5}$$

여기서 TS =인장강도 MPa이다.
절단력을 계산하는 이 식들은 전체 전단길이 L에 걸쳐 동시에 절단이 일어난다고 가정하고서 유도된 것이다. 이럴 경우 절단력은 최대가 된다. [그림 14.3(b)]처럼 펀치나 다이의 절단 날에 각도를 주면 최대 절단력을 낮출 수 있다. 이 각(전단각이라 함)으로 인해 절단부가 조금씩 확대되기 때문에 절단력을 줄일 수 있게 된다. 그러나 전체 소요된 에너지는 그와 상관없이 동일하다.

EXAMPLE 14.1 블랭킹 간극과 블랭킹력

150mm 직경의 원형 디스크가 3.2mm 두께의 반경화 냉간압연강 스트립으로부터 블랭킹된다. 이 재료의 전단강도는 310MPa이다. 다음을 결정하라. (a)적절한 펀치, 다이 지름, (b)블랭킹력.

▌풀이▐

(a) [표 14.1]로부터, 반경화 냉간압연강의 간극여유는 $A_c = 0.075$이다. 따라서,

$$c = 0.075(3.2\text{mm}) = 0.24\text{mm}$$

블랭크의 직경이 150mm이고 다이 크기가 블랭크 크기를 결정하므로 다음과 같다.

$$\text{다이 구멍 지름} = 150.00\text{mm}$$

$$\text{펀치 지름} = 150 - 2(0.24) = 149.52\text{mm}$$

(b) 블랭킹력을 구하기 위해 제품의 전체 둘레가 한 번에 절단된다고 가정한다. 절단 길이는

$$L = \pi D_b = 150\pi = 417.2\text{mm}$$

힘은

$$F = 310(471.2)(3.2) = 467{,}469\text{N (약 53ton)}$$

14.1.3 기타 금속박판 절단 공정

전단, 블랭킹, 펀칭 가공 외에 여러 다른 절단 공정이 있다. 그것의 절단 메커니즘은 위에서 설명된 전단 작용과 동일하다.

컷오프, 파팅 컷오프cutoff는 [그림 14.7(a)]에 보인 바와 같이 제품의 서로 마주보는 면을 차례로 절단함으로써 박판 스트립으로부터 블랭크를 얻는 작업이다. 절단이 한 번 이뤄질 때마다 제품이 만들어진다. 일반 전단 작업과 구별되는 컷오프 작업의 특징은 (1)절단날이 직선일 필요가 없고, (2)스크랩이 발생하지 않도록 스트립에 블랭크가 분할 배치된다는 점이다.

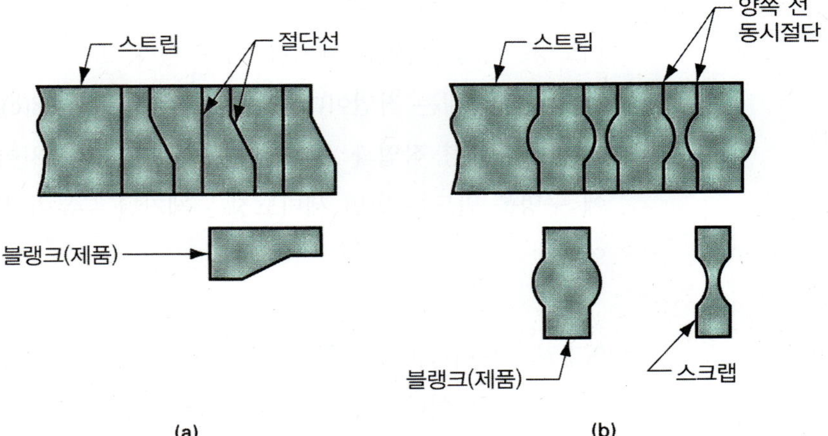

그림 14.7
(a)컷오프, (b)파팅(출처: Fundamentals of Modern Manufacturing, 4th Edition by Mikell P. Groover, 2010. Reprinted with permission of John Wiley & Sons, Inc.).

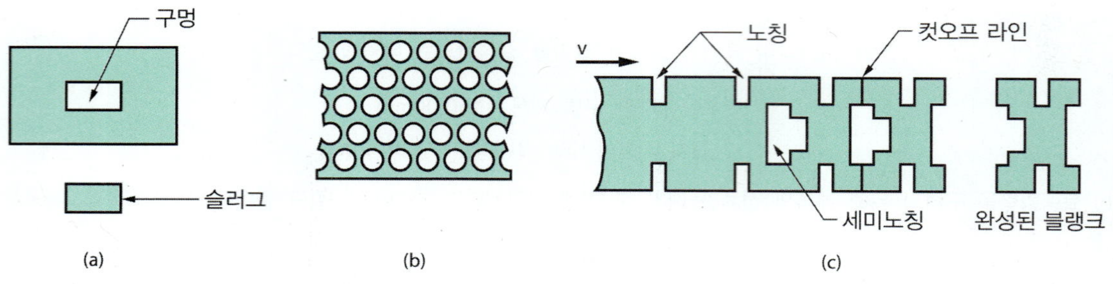

그림 14.8 (a)슬로팅, (b)퍼포레이팅, (c)노칭, 세미노칭. v는 스트립의 이송속도를 나타낸다(출처: Fundamentals of Modern Manufacturing, 4th Edition by Mikell P. Groover, 2010. Reprinted with permission of John Wiley & Sons, Inc.).

파팅parting은 [그림 14.7(b)]에 보인 것처럼 블랭크의 서로 마주보는 면과 일치되는 2개의 절단 날을 가진 펀치를 사용해 박판 스트립을 절단하는 작업이다. 이 작업은 비정형 형상의 외곽선 때문에 블랭크가 완벽하게 분할 배치되지 않는 제품을 만드는데 쓰일 수 있다. 파팅은 재료 일부가 버려진다는 점에서 컷오프보다 덜 효율적이다.

슬로팅, 퍼포레이팅, 노칭 슬로팅slotting은 펀칭 작업의 하나로 [그림 14.8(a)]에서 보여주는 것처럼 길게 늘어진 구멍 또는 직사각형 구멍을 잘라내는데 쓰인다. 퍼포레이팅perforating은 [그림 14.8(b)]처럼 금속박판에 구멍들의 패턴을 한 번에 펀칭하는 작업이다. 구멍들의 패턴은 보통 장식적 목적이나 빛, 가스 또는 유체의 통로로 사용된다.

원하는 외곽선을 가진 블랭크를 만들기 위해 박판의 일부분이 노칭notching 또는 세미노칭seminotching으로 제거될 때가 있다. 노칭은 박판이나 스트립의 옆면 쪽 금속 일부를 잘라내는 작업이다. 이 작업은 [그림 14.8(c)]에 나타나 있다. 세미노칭은 펀칭이나 슬로팅 작업과 동일하게 보일 수 있다. 차이점은 펀칭이나 슬로팅이 블랭크에 구멍을 만드는 반면 세미노칭은 제거된 부분이 블랭크의 외곽선을 형성한다는 점이다.

트리밍 트리밍trimming은 성형된 제품에서 과도한 금속 부분을 제거해 치수를 맞추는 절단 작업이다. 이 용어는 기본적으로 단조(13.2.5절)에서와 같은 의미다. 전형적인 예는 딥드로잉된 컵의 상부를 원하는 치수만큼만 남기고 트리밍하는 것이다.

14.2 굽힘 공정

금속박판 가공에서 굽힘bending은 [그림 14.9]에서처럼 직선 축 주위로 금속에 변형을 가하는 것으로 정의된다. 굽힘 공정에서 중립면 안쪽의 재료는 압축되고 중립면 바깥쪽은 인장된다. 이러한 변형 조건을 [그림 14.9(b)]에서 볼 수 있다. 금속은 소성변형되기 때문에 외부 응력이 제거되더라도 영구 변형된 상태를 유지한다. 굽힘은 박판 두께를 거의 또는 전혀 변화시키지 않는다.

14.2.1 V-벤딩, 모서리벤딩

굽힘 작업은 펀치와 다이로 수행된다. V자형 금형을 사용하는 V-벤딩과 와이핑 금형wiping die으로 수행되는 모서리벤딩의 2가지가 가장 보편적인 굽힘 방법이다. [그림 14.10]에서 이 두 방법을 보여준다.

V-벤딩V-bending에서는 V자형 펀치와 다이를 사용해 금속박판을 구부린다. V-금형을 사용해 둔각에서 예각에 이르기까지 어떤 내부 각도 만들 수 있다. V-벤딩은 일반적으로 생산 수량이 적을 때 알맞다 이 작업은 주로 프레스 브레이크(14.5.2절)에서 수행된다. V-금형은 상대적으로 단순한 모양이어서 가격이 저렴하다.

모서리벤딩edge bending의 원리는 외팔보 형태의 박판에 하중을 가하는 것이다. 압력패드로 힘 F_h를 가해 제품을 고정시킨 후 펀치로 다이 모서리를 따라 제품 테두리를 구부린다. [그림 14.10(b)]에 보인 장치에서 모서리벤딩이 낼 수 있는 각도는 90° 또는 그 이하 각으로 제한된다. 더 복잡한 와이핑 금형을 사용하면 90° 이상의 굽힘각을 낼 수 있다. 압력패드 때문에 와이핑 금형은 V-금형보다 더 복잡하고 비싸다. 따라서 이 공정은 일반적으로 생산수량이 많은 작업에 사용된다.

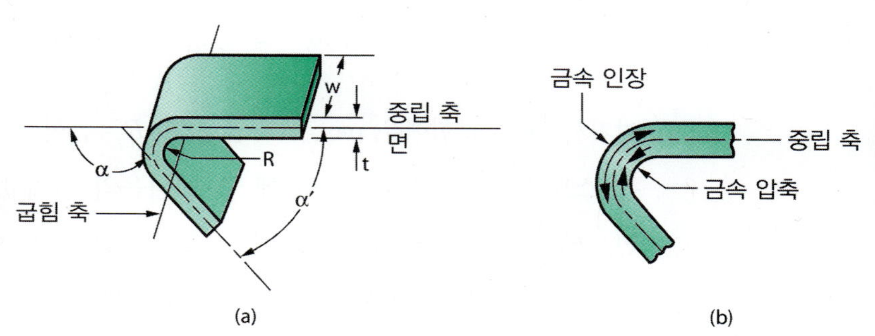

그림 14.9
(a)금속박판의 굽힘, (b)굽힘에서는 압축과 인장이 동시에 발생한다(출처: Fundamentals of Modern Manufacturing, 4th Edition by Mikell P. Groover, 2010. Reprinted with permission of John Wiley & Sons, Inc.).

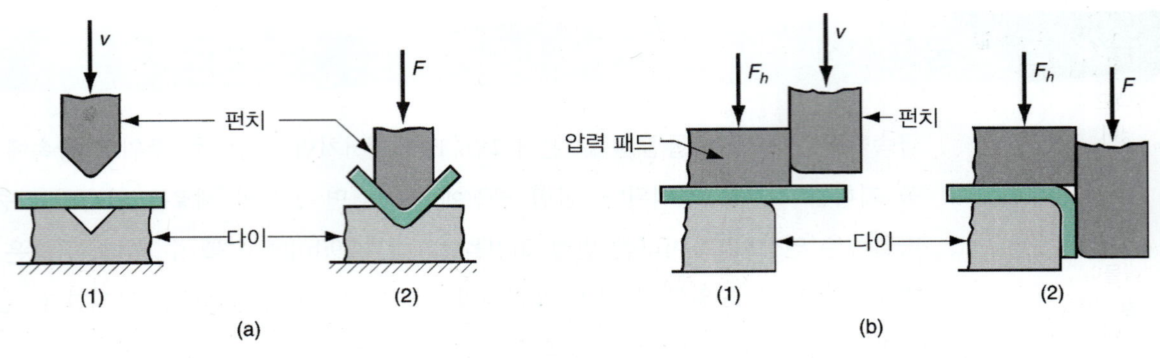

그림 14.10 2가지 일반적인 굽힘가공 (a)V-벤딩, (b)모서리벤딩. (1)굽힘 전, (2)굽힘 후. v=운동, F=굽힘력, F_h=블랭크 고정력(출처: Fundamentals of Modern Manufacturing, 4th Edition by Mikell P. Groover, 2010. Reprinted with permission of John Wiley & Sons, Inc.).

14.2.2 굽힘의 공학적 해석

금속박판 굽힘가공에 쓰이는 몇 가지 중요한 용어를 [그림 14.9]에서 볼 수 있다. 두께 t의 금속이 굽힘 각 α로 굽혀진다. 이로써 내각 α'을 가진 금속박판 제품이 만들어진다. 여기서 $\alpha + \alpha' = 180°$이다. 굽힘 반경 R은 통상적으로 제품 안쪽 치수로 정의되며 굽힘에 사용되는 공구의 반경에 의해 결정된다. 굽힘은 공작물의 폭 w 전체에 걸쳐 수행된다.

굽힘여유 만약 굽힘 반경이 재료의 두께에 비해 상대적으로 작으면 굽힘 동안 금속은 스트레칭되는 경향이 있다. 최종 제품 길이를 특정 값으로 맞추기 위해서는 스트레칭 양을 계산할 수 있어야 한다. 문제는 최종 굽힘 단면의 신장량과 직접적으로 관계되는 굽힘 전 중립축 길이를 결정하는 것이다 이 길이를 굽힘여유bend allowance라 하고 다음과 같이 계산한다.

$$A_b = 2\pi \frac{\alpha}{360}(R + K_{ba}t) \qquad (14.6)$$

여기서 A_b =굽힘여유 mm, α =굽힘각, R=굽힘 반경 mm, t=소재 두께 mm, K_{ba}는 스트레칭 추정계수다. K_{ba}에 대해 다음의 설계값이 추천된다[3]. 만약, $R < 2t$이면, $K_{ba} = 0.33$이고, $R \geq 2t$이면 $K_{ba} = 0.50$이다. 이것으로부터 굽힘 반경이 박판 두께에 비해 작을 경우에만 스트레칭이 일어남을 예측할 수 있다.

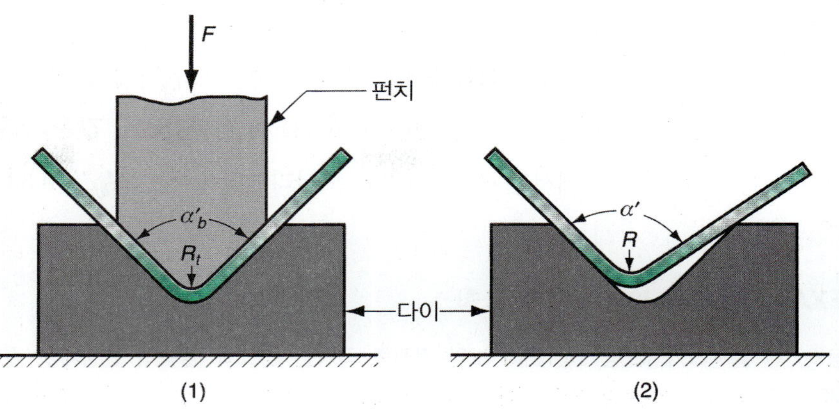

그림 14.11
스프링백으로 인해 굽힘각이 줄어들고 굽힘 반경이 증가한다. (1)굽힘가공 동안 공작물이 공구(V-벤딩에서의 펀치)에 의해 강제적으로 반경 R_b, 내각 α_b'으로 성형됨, (2)펀치가 제거된 후 스프링백으로 인해 공작물이 반경 R, 내각 α'의 최종 형상이 됨. F=굽힘력(출처: Fundamentals of Modern Manufacturing, 4th Edition by Mikell P. Groover, 2010. Reprinted with permission of John Wiley & Sons, Inc.).

스프링백 변형과정이 끝난 후 굽힘력이 제거되면 굽혀진 공작물 내에 남아 있는 탄성에너지로 인해 변형량의 일부분이 복원된다. 이러한 탄성 복원을 스프링백springback이라 부른다. 이것은 굽힘 공구의 내각에 대한, 공구제거 후 구부러진 부품의 증가량의 비로 정의된다. [그림 14.11]에 이를 나타냈다. 식으로 표현하면

$$SB = \frac{\alpha' - \alpha'_b}{\alpha'_b} \tag{14.7}$$

여기서 SB=스프링백, α'=금속박판 부품의 내각, α'_b=굽힘 공구의 내각이다. 탄성 회복으로 인해 굽힘 반경도 또한 증가한다. 스프링백 양은 작업 금속의 탄성계수 E와 항복강도 Y가 클수록 증가한다.

스프링백은 여러 가지 방법으로 보정될 수 있다. 일반적으로 쓰이는 방법으로 과도굽힘과 바터밍이 있다. 과도굽힘overbending은 펀치 각과 반경을 최종 제품의 그것보다 조금 작게 만들어 스프링백이 일어난 후 원하는 치수가 나오도록 하는 방법이다. 바터밍bottoming은 펀치 행정의 말기에 공작물을 강하게 눌러 소성변형시키는 방법이다.

굽힘력 굽힘력은 펀치, 다이 형상, 소재 금속의 강도, 두께, 길이의 함수다. 최대 굽힘력은 단순보의 굽힘 역학으로부터 계산된다.

$$F = \frac{K_{bf}(TS)wt^2}{D} \tag{14.8}$$

여기서 F=굽힘력 N, TS=금속박판의 인장강도 MPa, w=부품폭(굽힘축 방향)

mm, t = 소재 두께 mm, D = [그림 14.12]에서 정의된 다이 구멍 치수 mm이다. 식 (14.8)은 역학에서 다뤄지는 단순보의 굽힘에 근거한 것이므로 실제 굽힘 공정을 반영할 수 있는 상수인 K_{bf}를 도입한다. 이 값은 굽힘 형태에 따라 달라진다. V-벤딩에서는 $K_{bf} = 1.33$, 모서리벤딩에서는 $K_{bf} = 0.33$이다.

EXAMPLE 14.2 금속박판 굽힘

금속박판 블랭크가 [그림 14.13]에 보인 것처럼 굽혀진다. 소재 금속의 탄성계수 $E = 205(10^3)$MPa, 항복강도 $Y = 275$ MPa, 인장강도 $TS = 450$MPa이다. 다음을 결정하라. (a)초기블랭크 크기, (b)V-금형을 사용하고 다이 구멍 폭=25mm일 때의 굽힘력.

▌풀이▐

(a) 초기 블랭크 폭=44.5mm, 길이=$38 + A_b + 25$mm다. 내각 $\alpha' = 120°$ 이므로 굽힘 각 $\alpha = 60°$ 이다.

$R/t = 4.75/3.2 = 1.48$ (< 2.0)이므로 식 (14.6)의 K_{ba}값은 0.33이다.

$$A_b = 2\pi \frac{60}{360}(4.75 + 0.33 \times 3.2) = 6.08\text{mm}.$$

따라서 블랭크 길이 $= 38 + 6.08 + 25 = 69.08$mm다.

(b)굽힘력은 $K_{bf} = 1.33$을 사용해 식 (14.8)로부터 계산된다.

$$F = \frac{1.33(450)(44.5)(3.2)^2}{25} = 10{,}909\text{N}$$

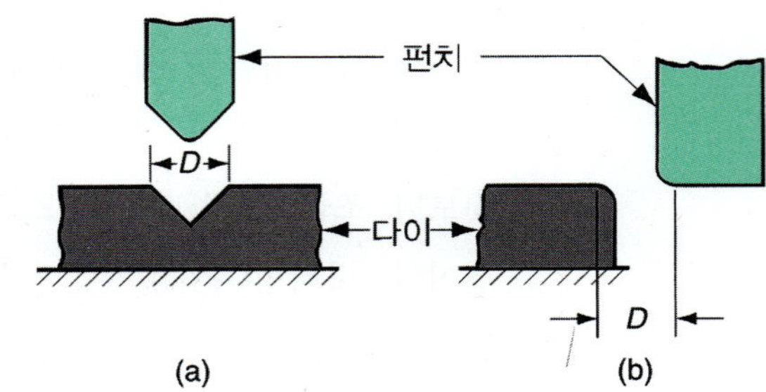

그림 14.12

다이 구멍 치수 D (a)V-금형, (b)와이핑 금형(출처: Fundamentals of Modern Manufacturing, 4th Edition by Mikell P. Groover, 2010. Reprinted with permission of John Wiley & Sons, Inc.).

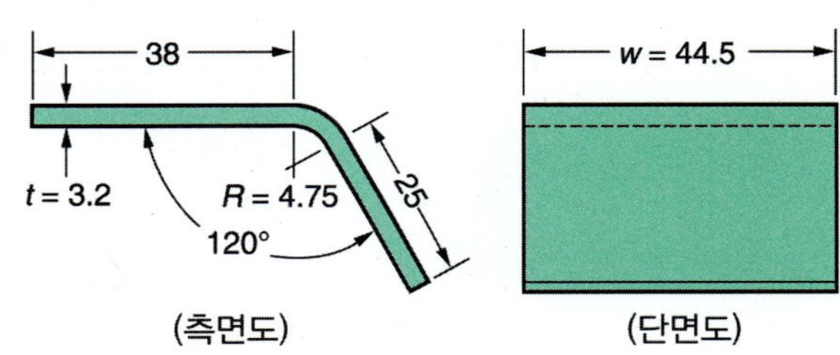

그림 14.13

예제 14.2의 금속박판 제품 (치수 단위는 mm)

(출처: Fundamentals of Modern Manufacturing, 4th Edition by Mikell P. Groover, 2010. Reprinted with permission of John Wiley & Sons, Inc.).

14.2.3 굽힘 관련 성형공정

곡선 축을 따라 굽힘을 행하는 공정이 몇 가지 있다. 또한 이미 설명된 기본 작업과 구별되는 특징을 가진 굽힘 공정도 있다.

플랜징, 헤밍, 시밍, 컬링 플랜징flanging은 금속박판 공작물의 모서리를 90°(주로) 각도로 굽혀 림rim 또는 플랜지를 만드는 굽힘 작업이다. 이것은 금속박판을 강화하기 위해 주로 쓰인다. 플랜지는 [그림 14.14(a)]처럼 직선 굽힘축을 따라 성형되기도 하고 (b), (c)처럼 스트레칭이나 수축이 동반되면서 만들어지기도 한다.
헤밍hemming은 박판의 모서리를 한 번 이상 굽혀 포개는 작업이다. 이것은 제품의 날카로운 모서리를 없애고 강성을 증가시키고 외관을 미려하게 하기 위해 수행된다. 시밍seaming은 이와 관련 있는 작업으로서, 2개의 박판이 시밍을 통해 서로 결합된다. 헤밍과 시밍을 [그림 14.15(a), (b)]에 나타냈다.

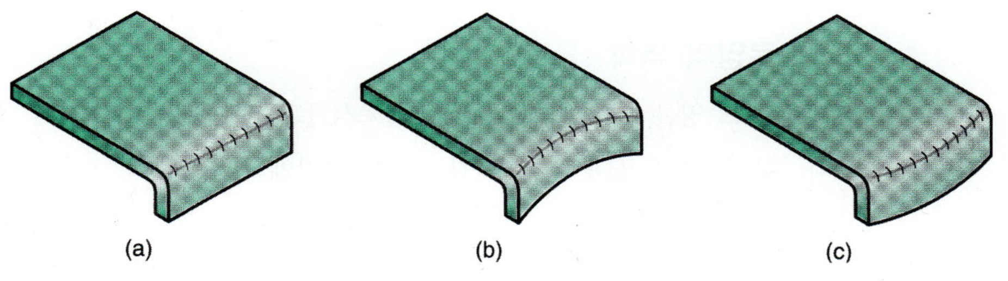

그림 14.14 플랜징 (a)직선 플랜징, (b)스트레치 플랜징, (c)수축 플랜징(출처: Fundamentals of Modern Manufacturing, 4th Edition by Mikell P. Groover, 2010. Reprinted with permission of John Wiley & Sons, Inc.).

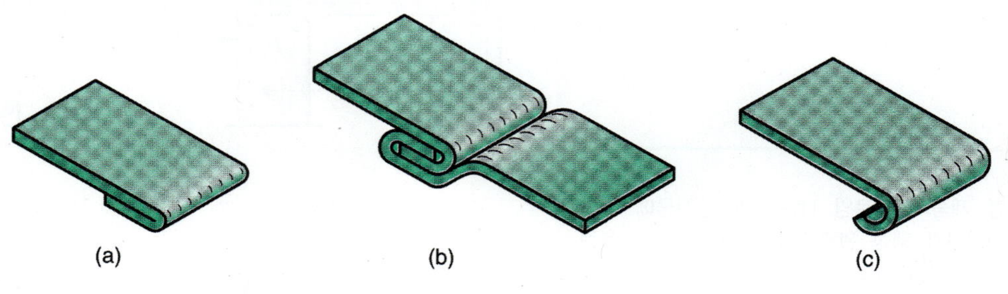

그림 14.15 (a)헤밍, (b)시밍, (c)컬링(출처: Fundamentals of Modern Manufacturing, 4th Edition by Mikell P. Groover, 2010. Reprinted with permission of John Wiley & Sons, Inc.).

컬링curling 또는 비딩beading은 [그림 14.15(c)]에서처럼 공작물의 모서리를 둥글게 하거나 마는 작업이다. 헤밍처럼 이것도 안전, 강성, 미적 목적으로 행해진다. 컬링이 사용되는 제품의 예로 경첩, 냄비와 팬, 회중시계 케이스 등이 있다. 이러한 예에서 보듯이 컬링은 직선 또는 곡선 굽힘축을 따라 수행될 수 있다.

14.3 드로잉

드로잉drawing은 컵 혹은 박스 형상이나 복잡한 곡선을 갖는 중공 형상의 제품을 만드는데 사용되는 금속박판 성형공정이다. 이것은 [그림 14.16]에서처럼 금속박판 블랭크를 다이 위에 놓고 펀치로 이를 다이 속으로 밀어넣음으로써 수행된다. 블랭크는 블랭크 홀더에 의해 편평하게 고정된다. 드로잉 작업으로 만들어지는 제품으로 음료수 캔, 탄피, 싱크대, 요리용 냄비, 자동차 차체 패널 등을 들 수 있다.

14.3.1 드로잉의 역학

컵형 드로잉은 기본 드로잉 작업으로서 [그림 14.16]에 표시된 치수와 인자를 가진다. 직경 D_b의 블랭크가 직경 D_p의 펀치에 의해 다이 속으로 드로잉된다. 펀치와

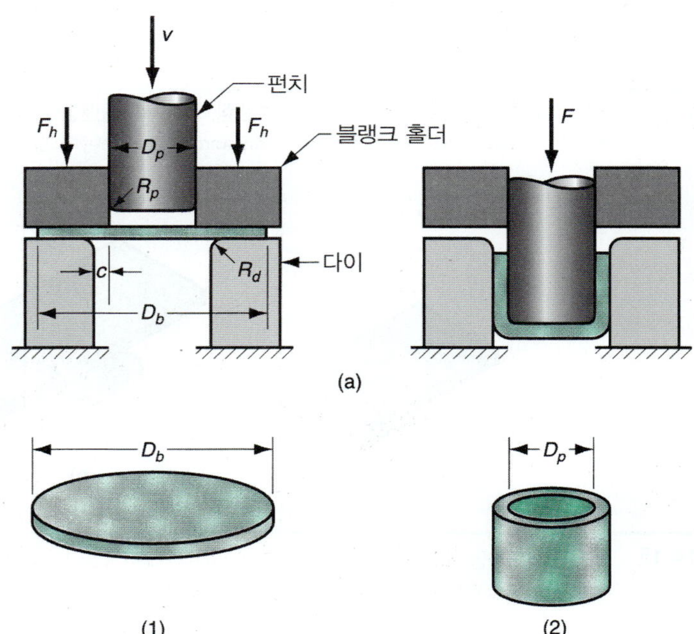

그림 14.16
(a)컵형 제품의 드로잉 (1)펀치가 공작물에 닿기 직전, (2)펀치 행정 완료, (b)공작물 (1)초기 블랭크, (2)드로잉된 제품 c=간극, D_b=블랭크 직경, D_p=펀치 직경, R_d=다이 코너 반경, R_p=펀치 코너 반경, F=드로잉 성형력, F_h=고정력(출처: Fundamentals of Modern Manufacturing, 4th Edition by Mikell P. Groover, 2010. Reprinted with permission of John Wiley & Sons, Inc.).

다이는 코너 반경 R_p와 R_d를 각각 가진다. 만약 펀치와 다이가 날카로운 코너($R_p = R_d = 0$)를 가진다면 드로잉 대신 (별로 좋지 않은) 펀칭 작업이 이뤄질 수 있다. 펀치와 다이는 간극 c의 크기만큼 떨어져 있다. 드로잉에서 간극은 소재 두께보다 10% 더 크다.

$$c = 1.1t \tag{14.9}$$

그림에서 보인 것처럼 블랭크 홀더가 고정력 F_h를 가하고 있는 동안 펀치는 성형력 F를 가해 금속을 변형시킨다.

펀치가 아래로 진행하면서 공작물이 펀치와 다이의 형상으로 점차 성형되어감에 따라 공작물 내 응력과 변형률이 복잡하게 변해 간다. [그림 14.17]에 변형 과정이 단계별로 나타나 있다. 먼저 펀치가 공작물을 누르기 시작하면 금속은 굽힘 작용을 받는다. 박판은 [그림 14.17(2)]에서처럼 펀치와 다이의 코너부에서 굽혀진다. 블랭크의 외곽 둘레는 이 첫 단계에서 안쪽으로 매우 약간 움직인다.

펀치가 더 내려가면 [그림 14.17(3)]처럼 다이 반경에 걸쳐 굽혀져 있던 부분이 평탄화straightening 작용을 받게 된다. 컵의 바닥부와 펀치 반경에 걸쳐 있는 금속 부분은 펀치에 붙어 아래로 움직이지만 다이 반경에 걸쳐 굽혀져 있던 금속 부분은 펀치와 다이 사이의 간극을 통과하면서 바로 펴지며 컵 벽을 형성한다. 동시에 블랭크의 외곽부에 있는 금속이 빨려 들어와 컵 벽 형성에 사용된 부분만큼 이를 대체한다. 이러한 금속 흐름 때문에 드로잉이라는 이름이 사용된다.

공정 동안 블랭크의 플랜지부에서 마찰과 압축이 중요한 역할을 한다. 플랜지부의 재료가 다이 쪽으로 움직이기 위해서는 두 접촉부, 즉 금속박판과 블랭크 홀더 표면 사이, 금속박판과 다이 표면 사이에 발생하는 마찰을 이겨내야 한다. 초기에 금속이 움직이기 전까지 정지마찰이 작용하다가 금속이 움직이면 동적마찰로 대체된다. 드로잉 작업이 성공하기 위해서는 두 접촉부에서의 마찰 조건뿐만 아니라 블랭크 홀더가 가하는 고정력의 크기도 매우 중요하다. 마찰 저감을 위해 윤활제 또는 드로잉 컴파운드가 일반적으로 사용된다. 마찰과 함께 압축도 블랭크 외곽부에서 발생한다. 블랭크 외곽부의 금속이 중심으로 빨려 들어옴에 따라 외곽 둘레가 점점 줄어든다. 따라서 금속은 압축되어 점점 두꺼워진다. 금속의 부피가 일정하기 때문이다. 이러한 현상으로 인해 블랭크의 플랜지부에 주름이 종종 발생한다. 특히 얇은 금속일 경우 또는 블랭크 고정력이 너무 작을 경우에 더 그렇다. 이것은 한번 발생하면 보정이 쉽지 않다. [그림 14.17(4)]에 마찰과 압축의 효과를 나타냈다.

블랭크 홀더의 고정력은 딥드로잉에서 결정적인 인자로 평가되고 있다. 만약 고정력이 너무 작으면 주름이 발생한다. 또한 너무 크면 금속이 다이 쪽으로 빨려 들어가는 것을 막아서 금속박판의 스트레칭이나 파열을 유발한다. 따라서 적정한 고정력을 결정하는 것은 이러한 상반된 결과들을 모두 고려해 균형을 맞춰야 하기 때문에 매우 어려운 문제다.

펀치가 계속 아래로 움직이면 드로잉과 압축에 의해 성형이 계속된다. 또한 [그림 14.17(5)]에서처럼 컵 벽이 얇아진다. 드로잉 작업이 성공적으로 수행될 경우 컵 벽은 25%까지 얇아진다. 이것은 대부분 컵 바닥 근처에서 일어난다.

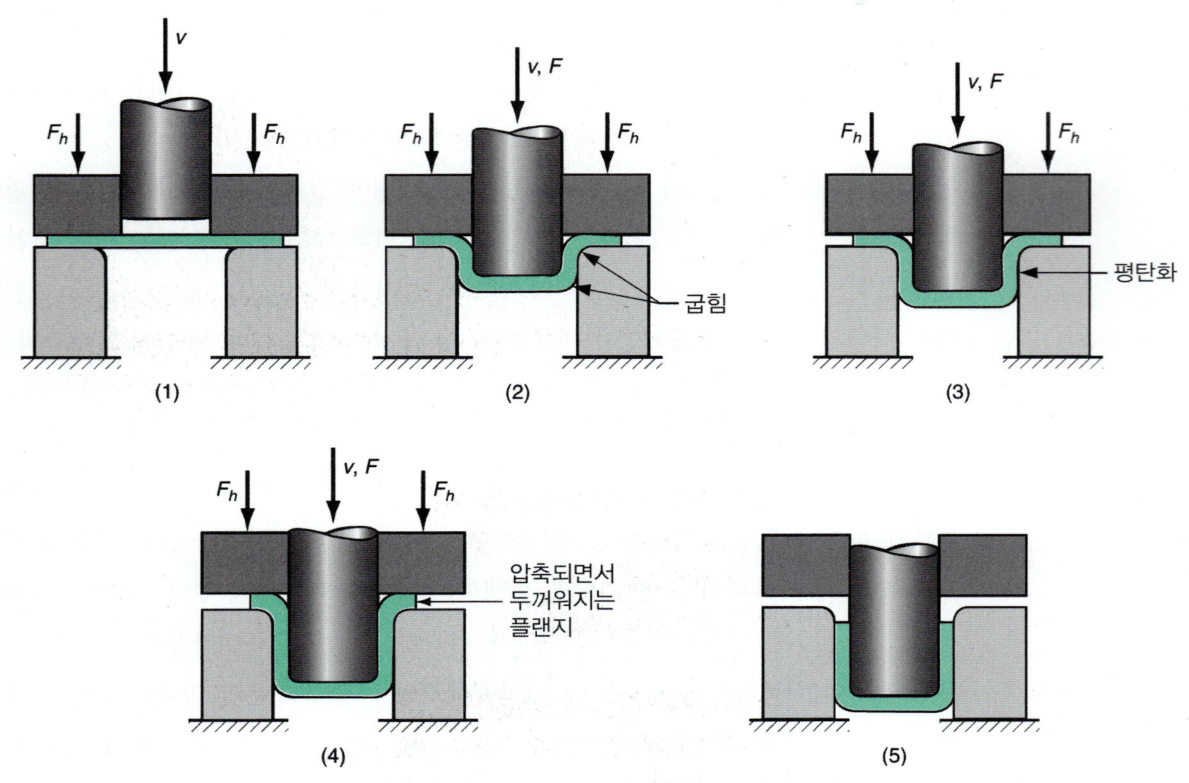

그림 14.17 딥드로잉에서 공작물의 변형 단계 (1)펀치가 공작물과 접촉함, (2)굽힘, (3)평탄화, (4)마찰과 압축, (5)컵 벽이 얇아진 것을 보여주는 최종 컵 형상. v=펀치 성형력, F_h =블랭크 고정력(출처: Fundamentals of Modern Manufacturing, 4th Edition by Mikell P. Groover, 2010. Reprinted with permission of John Wiley & Sons, Inc.).

14.3.2 드로잉의 공학적 해석

실제 가능한 드로잉 양을 평가하는 것은 매우 중요하다. 이것은 쉽게 계산될 수 있는 단순한 형태의 척도를 도입해 수행되는 경우가 많다 또한 드로잉력과 고정력도 중요한 공정 변수들이다. 마지막으로 초기 블랭크 크기가 정해져야 한다.

드로잉의 척도 딥드로잉의 난이도를 측정하는 한 가지 방법은 드로잉비drawing ratio DR을 이용하는 것이다. 이것은 원통형상의 경우 펀치 직경 D_p에 대한 블랭크 직경 D_b의 비로 매우 간단히 정의된다. 식으로 표현하면

$$DR = \frac{D_b}{D_p} \tag{14.10}$$

드로잉비는 주어진 드로잉 작업의 난이도를 대략적이나마 표시해준다. 비가 커질수록 작업은 더 어렵다. 근사적으로 드로잉비의 상한값은 2.0이다. 주어진 작업에 대한 실제 한계값은 펀치, 다이 코너 반경(R_p와 R_d), 마찰 조건, 드로잉 깊이, 금속박판의 특성(예, 연성, 강도 방향성)에 따라 달라진다. 드로잉 작업을 평가하는 다른 방법으로 감소율 r이 있다. 감소율은 다음과 같다.

$$r = \frac{D_b - D_p}{D_b} \tag{14.11}$$

이것은 드로잉비와 매우 깊은 관계가 있다. DR의 한계치 ($DR \leq 2.0$)를 그대로 사용하면 감소율 r값은 0.50 이하여야 한다.

딥드로잉을 평가하는 세 번째 척도는 직경당 두께 비 t/D_b(초기 블랭크 두께 t를 블랭크 지름 D_b로 나눈 값)이다. 보통 백분율로 표현되는 t/D_b비는 1% 이상이 바람직한 값이다. t/D_b 비가 감소할수록 주름이 더 많이 발생하는 경향이 있다(14.3.4절).

어떤 설계된 제품의 드로잉비, 감소율, t/D_b 비가 한계를 초과하면 두 번 혹은 그 이상의 단계로 블랭크를 드로잉해야 한다. 때로는 각 단계 사이에 어닐링 열처리가 필요할 수도 있다.

EXAMPLE 14.3 컵 드로잉

드로잉 작업으로 내경=75mm, 높이=50mm인 원통형 컵을 만든다. 초기 블랭크 크기=138mm이고 소재 두께=2.4mm다. 이러한 데이터로 볼 때 드로잉 작업이 가능한가?

▌풀이▐

가능성을 평가하기 위해 드로잉비, 감소율, 직경 당 두께 비를 계산한다.

$$DR = 138/75 = 1.84$$

$$r = (138 - 75)/138 = 0.457 = 45.7\%$$

$$t/D_b = 2.4/138 = 0.017 = 1.7\%$$

위의 계산 결과로 볼 때 드로잉 작업은 가능하다. 드로잉비는 2.0보다 작고, 감소율은 50%보다 작으며 T/D_b 비는 1%보다 크기 때문이다. 이것은 기술적 가능성을 검토하는데 자주 쓰이는 방법으로서 일반적인 지침으로 활용될 수 있다.

드로잉에서의 힘 드로잉 작업을 수행하기 위해 필요한 드로잉력은 다음 식으로 대략 계산될 수 있다.

$$F = \pi D_p t (TS) \left(\frac{D_b}{D_p} - 0.7 \right) \tag{14.12}$$

여기서 F=드로잉력 N, t=초기 블랭크 두께 mm, TS=인장강도 MPa, D_b=초기 블랭크 직경 mm, D_p=펀치 직경 mm이다. 상수 0.7은 마찰을 고려한 보정 인자다. 식 (14.12)를 이용해 최대 드로잉력을 계산할 수 있다. 드로잉력은 펀치의 진행에 따라 변하며 보통 펀치 행정의 약 1/3 위치에서 최대값에 도달한다.

고정력은 드로잉 작업에서 중요한 인자 중 하나다. 대략적인 근사에 따르면 고정압력은 금속박판 항복장도의 0.015 값으로 설정될 수 있다[8]. 이 값에 블랭크 홀더가 성형 초기에 누르고 있던 면적을 곱하면 고정력을 구할 수 있다. 식으로 나타내면

$$F_h = 0.015\,Y \pi D_b{}^2 - (D_p + 2.2t + 2R_d)^2 \tag{14.13}$$

여기서 F_h=고정력 N, Y=금속박판의 항복강도 MPa, t=초기 소재 두께 mm, R_d=다이 코너 반경 mm이며, 기타 항은 앞에서 정의된 바와 같다. 고정력은 보통 드로잉력의 약 1/3 정도다[10].

EXAMPLE 14.4 드로잉력

예제 14.3의 드로잉 작업에서 다음을 결정하라. (a)드로잉력, (b)금속박판(저탄소강)의 인장강도=300MPa일 때의 고정력. 다이 코너반경=6mm다.

❚ 풀이 ❚

(a) 최대 드로잉력은 식 (14.12)를 사용해 구할 수 있다.

$$F=\pi(75)(2.4)(300)\left(\frac{138}{75}-0.7\right)=193{,}396\text{N}$$

(b) 고정력은 식 (14.13)으로 계산된다.

$$F_h=0.015(175)\pi(138^2-(75+2.2\times2.4+2\times6)^2)=86{,}824\text{N}$$

블랭크 크기 결정 원통형 컵을 제 치수대로 만들기 위해서는 초기 블랭크 직경에 대한 데이터가 필요하다. 초기 블랭크는 컵을 완성하기 위해 충분히 커야 한다. 그러나 너무 크면 소재 낭비가 심해진다. 원통형 컵 형상이 아닌 형상에 대해서도 똑같은 문제가 발생한다. 이때는 초기 블랭크의 크기뿐만 아니라 형상도 계산되어야 한다.

다음에 설명할 내용은 원형 제품을 만들기 위한 딥드로잉 작업에서 초기 블랭크 크기를 결정하는데 쓰일 수 있는 타당한 방법이다. 최종 제품의 부피와 초기 금속박판의 부피는 같기 때문에 이들을 같게 둠으로 해서 초기 블랭크 직경 D_h를 구할 수 있다. 계산의 편의를 위해 벽 두께가 얇아지는 현상은 무시한다.

14.3.3 기타 드로잉 공정

지금까지는 일반적 컵 드로잉 공정에 설명의 초점이 맞춰졌다. 여기서는 이 기본 공정의 몇 가지 변종에 대해 설명한다.

재드로잉 만약 제품을 만들기 위해 필요한 형상 변화가 너무 심하면(드로잉비가 너무 높으면) 한 번 이상의 드로잉 작업을 거쳐야 제품 형성이 완료될 수 있다. 두 번째 드로잉 작업 혹은 그 이상의 드로잉 작업을 재드로잉redrawing이라 부른다. 이 작업을 [그림 14.18]에 나타냈다.

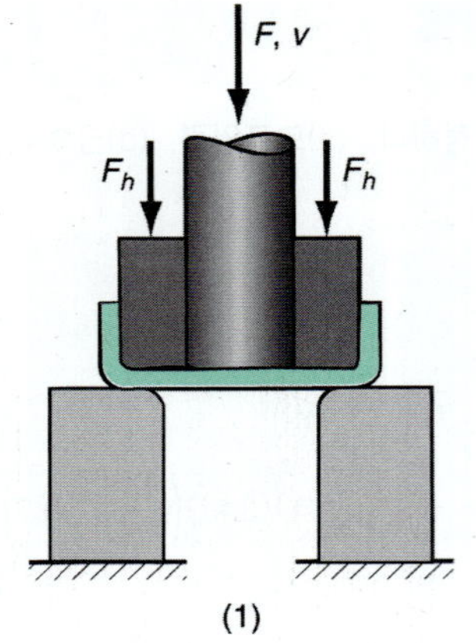

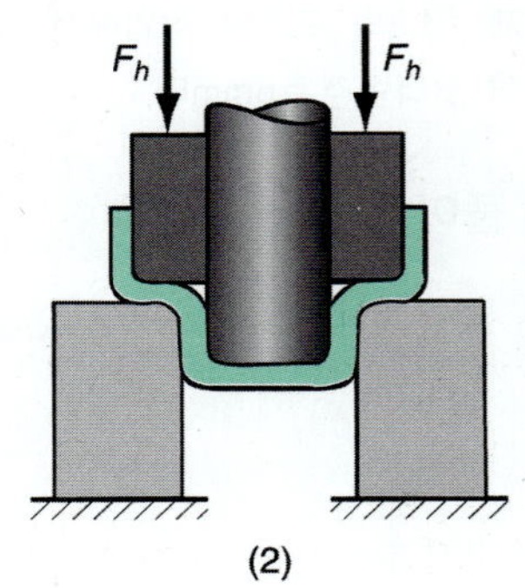

그림 14.18

컵의 재드로잉 (1)재드로잉 시작, (2)펀치 행정 완료, v=펀치 속도, F=펀치력, F_h=블랭크 고정력
(출처: Fundamentals of Modern Manufacturing, 4th Edition by Mikell P. Groover, 2010. Reprinted with permission of John Wiley & Sons, Inc.).

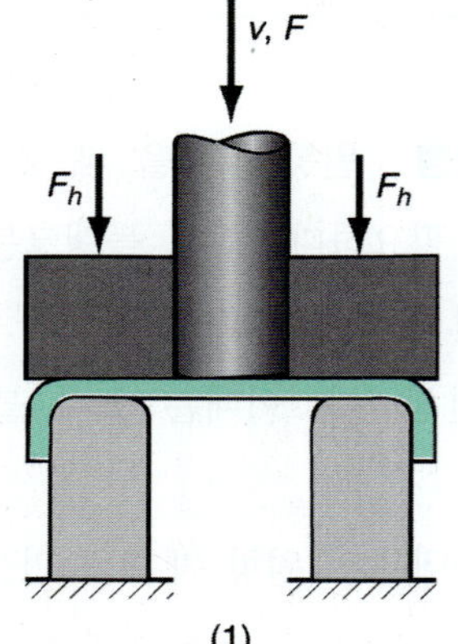

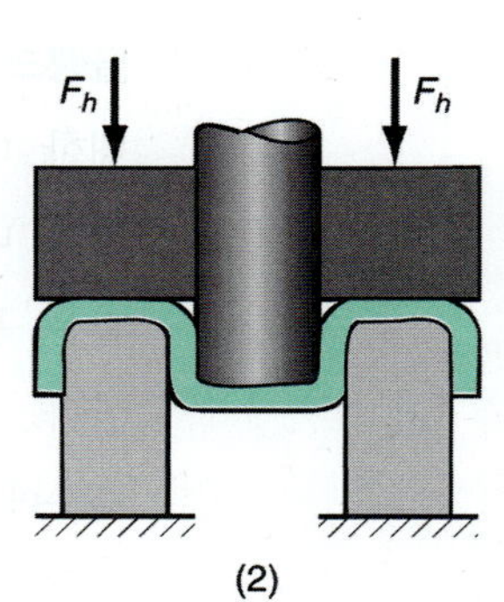

그림 14.19

역드로잉 (1)시작, (2)완료, v=펀치 속도, F=펀치력, F_h=블랭크 고정력(출처: Fundamentals of Modern Manufacturing, 4th Edition by Mikell P. Groover, 2010. Reprinted with permission of John Wiley & Sons, Inc.).

이와 관련된 작업으로 역드로잉reverse drawing이 있는데 이것은 첫 번째 드로잉된 공작물의 바닥이 위를 향하도록 다이에 올린 후 [그림 14.19]와 같이 두 번째 드로잉 작업을 수행하는 것이다, 언뜻 보기에 역드로잉이 재드로잉보다 소재 금속에 더 심한 변형을 유발할 것으로 보이지만 실제로는 더 쉽게 수행된다. 그 이유는 다음과 같다. 역드로잉에서는 금속박판이 다이의 안쪽, 바깥쪽 코너에서 같은 방향으로 굽혀지지만 재드로잉에서는 서로 반대 방향으로 굽혀지기 때문이다. 이러한 차이로 인해 역드로잉에서 금속의 변형경화가 덜 일어나고 드로잉력도 낮아진다.

원통형 외 형상의 드로잉 많은 제품들이 원통형이 아닌 여러 다른 형상을 가지고 있으므로 이를 위한 드로잉 공정이 필요하다. 이러한 제품으로는 정사각형 또는 직사각형 박스(싱크대와 같은), 단이 진 컵, 원뿔형, 구형 바닥을 가진 컵, 불규칙한 곡면형(자동차 차체 패널과 같은) 등을 들 수 있다. 각각의 드로잉 가공마다 기술적으로 어려운 문제점이 있다. Eary와 Reed는 이와 같은 종류의 형상을 드로잉하기 위해 필요한 자세한 기술적 내용을 제시했다[2].

14.3.4 드로잉 결함

드로잉 공정은 절단이나 굽힘보다 더 복잡한 금속가공 공정이므로 그만큼 문제가 생길 여지가 많다. 드로잉 제품에는 여러 가지 결함이 발생할 수 있으며 이미 몇 가지에 대해서는 앞에서 설명했다. 다음에 나열하는 것들은 자주 발생하는 결함들로서 [그림 14.20]에 표현했다.

(a) **플랜지부 주름**wrinkling: 드로잉 제품의 주름은 압축으로 인한 좌굴 발생 때문에 공작물의 드로잉되지 않은 플랜지부에 방사상으로 형성되는 일련의 융기된 형상을 말한다.

(b) **벽에서의 주름**: 플랜지가 컵 속으로 빨려 들어가면 이러한 융기된 형상이 수직 벽에도 나타난다.

(c) **파열**tearing: 파열은 수직 벽에 누출된 균열을 말한다. 이것은 보통 드로잉 컵 바닥 부근에서 발생한다. 이곳에서는 인장력이 걸리기 때문에 금속이 얇아져 결국 파단되는 것이다. 이러한 결함은 또한 날카로운 다이 코너에서도 발생할 수 있다.

(d) **이어링**earing, 귀발생: 이것은 드로잉 컵의 상부 모서리에 생기는 불규칙한 형상으로서 금속박판의 이방성 때문에 발생한다. 만약 재료가 완전히 등방성이라면 귀가 발생하지 않는다.

(e) **표면 스크래치**: 펀치와 다이 표면이 매끄럽지 못하거나 윤활이 불충분하면 드로잉 제품 표면에 스크래치가 발생한다.

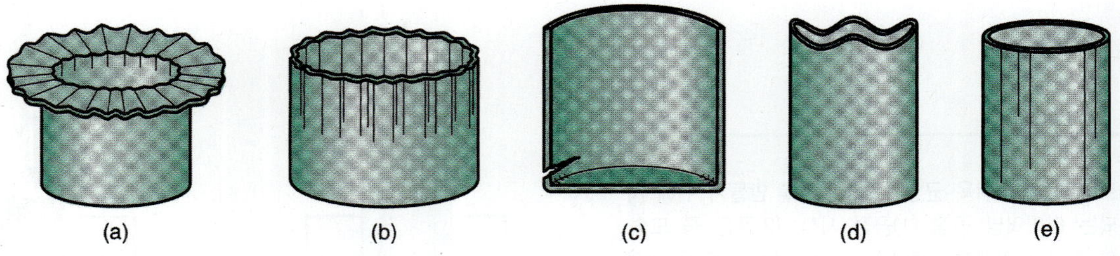

그림 14.20 드로잉 제품에 자주 발생하는 결함 (a)플랜지부 주름, (b)벽에서 주름, (c)파열, (d)이어링, (e)표면 스크래치(출처: Fundamentals of Modern Manufacturing, 4th Edition by Mikell P. Groover, 2010. Reprinted with permission of John Wiley & Sons, Inc.).

14.4 기타 금속박판 성형공정

이 절에서는 금속 공구로 수행되는 공정과 고무 공구로 수행되는 공정을 설명함으로써 일반 프레스로 행해지는 금속박판 성형공정에 대한 설명을 마무리한다.

14.4.1 금속공구 공정

금속공구로 수행되는 공정으로 (1)아이어닝, (2)코이닝, 엠보싱, (3)랜싱, (4)트위스팅 등을 들 수 있다.

아이어닝 딥드로잉에서 재료가 다이 속으로 빨려 들어감에 따라 플랜지부에 압축력이 발생되고 이로부터 블랭크 외곽부의 두께가 두꺼워진다. 만약 이 두께가 펀치와 다이 사이의 간극보다 더 크면 이 부분이 간극을 지나갈 때 압착되면서 간극 두께로 줄어든다. 이러한 공정을 아이어닝irioning이라 한다.

아이어닝은 드로잉 후 따로 수행되기도 한다. 이러한 경우를 [그림 14.21]에 나타냈다. 아이어닝으로 원통형 컵의 벽 두께는 보다 균일하게 성형된다. 따라서 컵의 길이가 길어진다. 이는 재료의 활용도 관점에서 더 효율적이다. 생산량이 매우 많은 음료수 캔과 포탄 탄피 가공공정에는 아이어닝이 포함되어 있어 재료 사용 면에서 경제성을 갖출 수 있게 된다.

코이닝, 엠보싱 코이닝coining은 앞 장에서 설명된 용적변형 공정 중 하나다. 이것은 또한 금속박판 공작물에도 적용되어 압인이나 돌출 부위를 만드는데 쓰인다. 압인 형식에서는 금속박판이 얇아지는 반면 돌출부위 형성에서는 두꺼워진다.

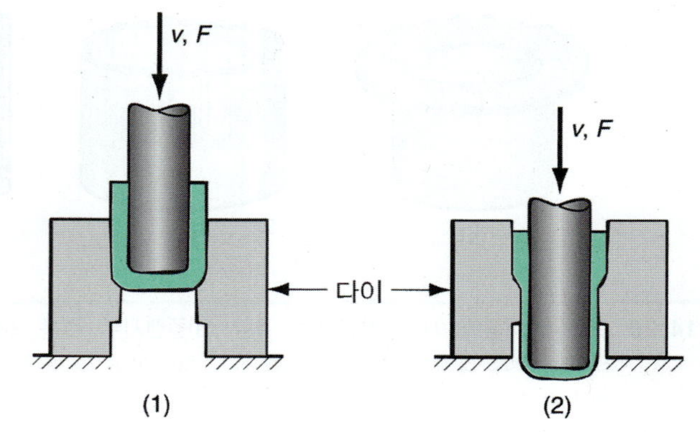

그림 14.21
드로잉된 컵에 더욱 균일한 벽 두께를 만들기 위해 사용되는 아이어닝 공정 (1)공정 시작, (2)공정 중 모습. 벽의 길이가 길어지고 얇아지는 것을 볼 수 있다. v와 F는 각각 운동속도와 성형력을 의미한다
(출처: Fundamentals of Modern Manufacturing, 4th Edition by Mikell P. Groover, 2010. Reprinted with permission of John Wiley & Sons, Inc.).

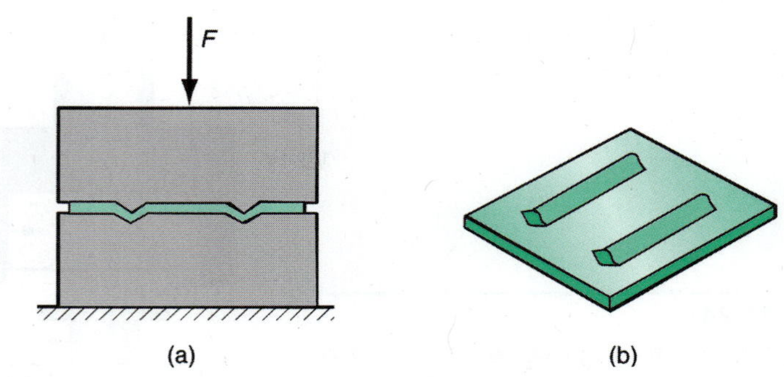

그림 14.22
엠보싱 (a)펀치와 다이 조합의 단면도, (b)엠보싱 리브를 가진 완성품(출처: Fundamentals of Modern Manufacturing, 4th Edition by Mikell P. Groover, 2010. Reprinted with permission of John Wiley & Sons, Inc.).

엠보싱embossing은 [그림 14.22]에 나타나 있는 것처럼 돌출된 문자 또는 보강 리브rib를 박판에 새기는 성형공정이다. 금속의 일부분이 스트레칭되고 얇아진다. 이 공정은 코이닝과 유사하게 보일 수 있다. 하지만 엠보싱은 펀치의 양각 부분과 다이의 음각 부분이 딱 맞게 설계된 금형으로 수행되는 반면 코이닝 금형은 그렇지 않기 때문에 엠보싱보다 금속 변형이 더 심하다.

랜싱 랜싱lancing은 절단과 굽힘의 조합 또는 절단과 성형의 조합으로 이뤄지는 공정으로서 박판의 일부를 한 번에 잘라 분리한다. 몇 가지 예를 [그림 14.23]에 나타냈다. 랜싱은 전자제품의 내부 열을 배출하기 위한 통풍구를 만드는데 효과적으로 쓰인다.

트위스팅 트위스팅twisting은 박판에 굽힘 하중이 아닌 비틀림 하중을 가해 제품의 길이를 따라 비틀리게 만드는 공정이다. 이 공정이 응용되는 예로는 선풍기 날개나 프로펠러 날개와 같은 제품이 있다. 트위스팅은 비틀림 형상을 만들 수 있도록 설계된 펀치와 다이를 이용해 수행된다.

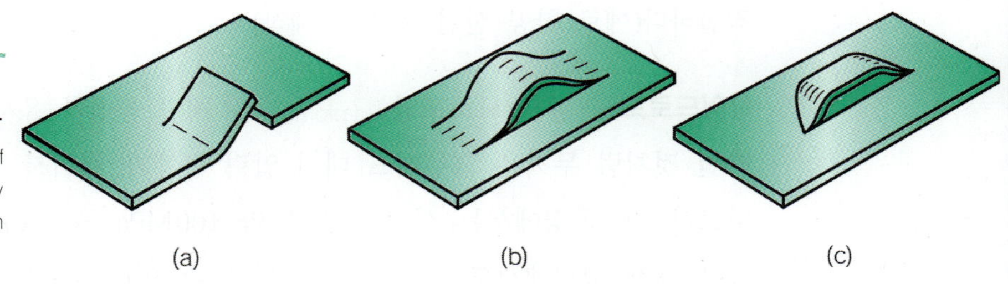

그림 14.23
여러 형태의 랜싱 (a)절단, 굽힘, (b)와 (c)절단, 성형(출처: Fundamentals of Modern Manufacturing, 4th Edition by Mikell P. Groover, 2010. Reprinted with permission of John Wiley & Sons, Inc.).

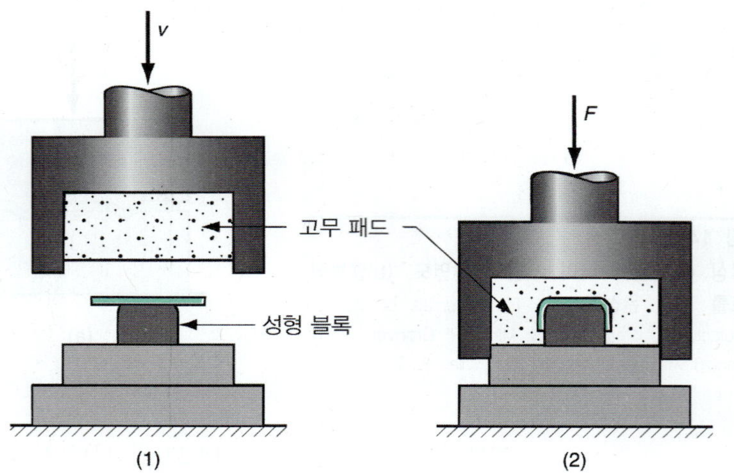

그림 14.24
게린 공정 (1)공정 전, (2)공정 후. v와 F는 각각 운동속도와 작용력을 의미한다(출처: Fundamentals of Modern Manufacturing, 4th Edition by Mikell P. Groover, 2010. Reprinted with permission of John Wiley & Sons, Inc.).

14.4.2 고무 성형공정

이 절에서 설명할 2가지 공정은 일반 프레스로 수행되지만 유연한 재료(고무 또는 유사 재료)를 공구로 사용한다. 이 공정은 (1)게린 공정, (2)하이드로포밍이다.

게린 공정 게린Guerin 공정은 [그림 14.24]에서처럼 두꺼운 고무 패드(또는 다른 유연한 재료)를 사용해 양각의 성형 블록 위에 놓은 금속박판을 성형하는 공정이다. 고무 패드는 강철 용기 속에 담겨 있다. 램이 아래로 내려가면 고무는 점진적으로 박판을 둘러싸서 압력을 가해 형 블록의 모양대로 공작물을 성형한다. 이것은 상대적으로 깊이가 얕은 제품 생산에 한정된다. 왜냐하면 고무에 의해 발생되는 압력(최대 10MPa)이 불충분해 깊이가 깊을 경우 주름 발생을 막을 수 없기 때문이다.
게린 공정의 장점은 공구를 만드는데 드는 비용이 상대적으로 저렴한데 있다. 형 블록은 나무, 플라스틱 혹은 기타 가공이 쉬운 재료로 만들 수 있다. 고무패드는 어떠한 형태의 형 블록과도 조합될 수 있다. 이러한 이유 때문에 이 공정은 소량생산에 적합하다(예로 항공 산업, 시제품 제작).

하이드로포밍 하이드로포밍hydroforming은 게린 공정과 유사하지만 [그림 14.25]에 나타낸 것처럼 두꺼운 고무패드 대신 압력 유체가 채워진 고무막을 사용한다는 점이 다르다. 이 공정에서는 성형 압력을 약 100MPa까지 올릴 수 있기 때문에 깊이가 깊은 제품 성형에서도 주름 발생을 막을 수 있다. 사실상 깊은 드로잉은 일반적인 딥드로잉보다는 하이드로포밍 공정으로 수행되는 경우가 많다. 그 이유는 하이드로

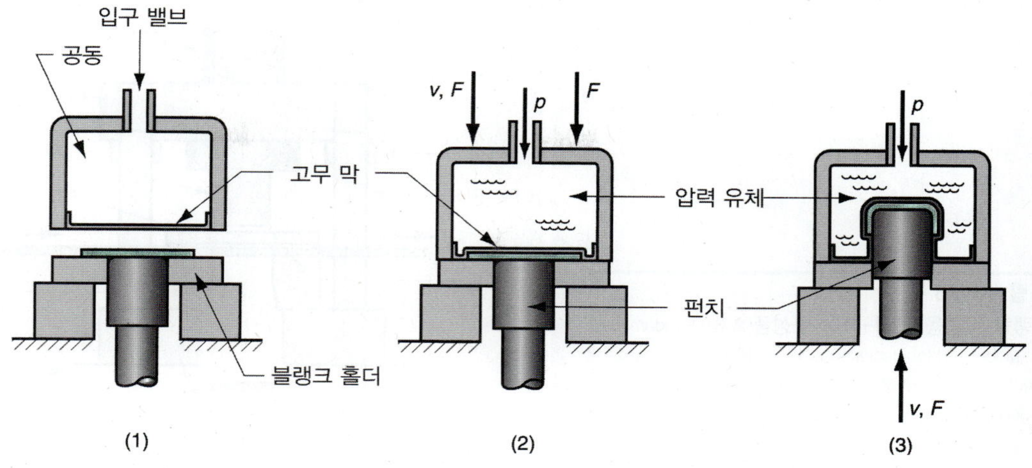

그림 14.25 하이드로포밍 공정 (1)공정 시작, 공동 내 유체 없음, (2)프레스 닫힘, 유체로 인해 공동에 압력 발생, (3)펀치로 공작물 가압. v =속도, F=작용력, p =유체압력(출처: Fundamentals of Modern Manufacturing, 4th Edition by Mikell P. Groover, 2010. Reprinted with permission of John Wiley & Sons, Inc.).

포밍에서는 균일한 압력으로 공작물 펀치가 접촉하므로 마찰이 증가해 컵 바닥에서의 파열을 유발하는 인장응력이 작아지기 때문이다.

14.5 금속박판 가공용 금형 및 프레스

이 절에서는 일반 금속박판 공정에 사용되는 펀치, 다이 공구와 생산 장비에 대해 설명한다.

14.5.1 금형

앞에서 설명한 거의 모든 프레스 가공공정에는 전통적인 펀치–다이 조합 금형이 사용된다. 금형은 펀치와 다이가 조합된 세트를 일컫는데, 생산 제품 별로 특별히 제작되는 공구라 할 수 있다. 고속생산용 금형을 종종 스탬핑stamping금형이라 부른다.

스탬핑 금형의 구성품 단순 블랭킹 작업용 스탬핑 금형의 구성품을 [그림 14.26]에 나타냈다. 실제 절단 작업은 펀치와 다이에 의해 수행된다. 이들은 금형 세트의 상부와 하부에 각각 부착되는데, 이를 각각 펀치 홀더(상부 슈)와 다이 홀더(하부 슈)라 부른다. 금형 세트에는 안내 핀과 부싱이 포함되어 있어 스탬핑 작업 시 펀치와

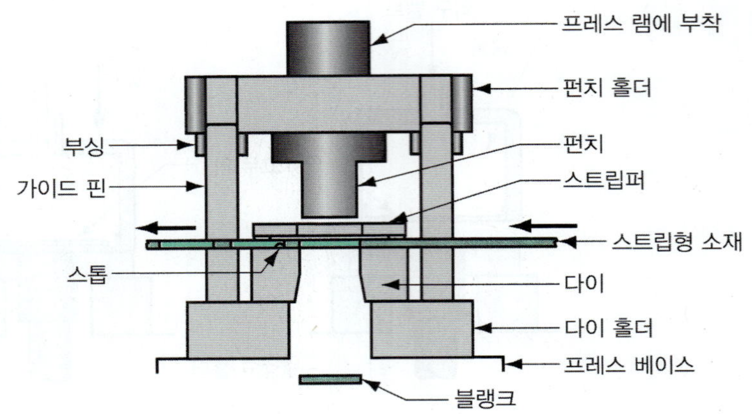

그림 14.26
블랭킹 작업용 펀치-다이 구성품(출처: Fundamentals of Modern Manufacturing, 4th Edition by Mikell P. Groover, 2010. Reprinted with permission of John Wiley & Sons, Inc.).

다이가 똑바로 정렬될 수 있다. 다이 홀더는 프레스의 베이스에 펀치 홀더는 램에 각각 부착된다. 따라서 램을 움직이면 프레스가공 공정이 수행된다.

이러한 구성품 외에 블랭킹 또는 펀칭용 금형에는 공정이 끝나고 펀치가 다시 위로 올라갈 때 금속박판이 펀치에 들러붙지 않도록 하는 장치가 포함되어야 한다. 이는 소재에 생성된 구멍의 크기가 펀치의 크기와 같기 때문이다. 금속박판을 펀치로부터 떼어내는 장치를 스트립퍼stripper라 한다. 이것은 [그림 14.26]에서처럼 다이에 부착된 단순한 형태의 판이다. 이 판에는 펀치 직경보다 약간 큰 구멍이 가공되어 있다.

스트립 또는 코일 형태의 금속박판을 가공하는 금형에서는 박판이 필요한 양만큼 전진하고 멈출 수 있도록 하는 장치가 필요하다. 이 장치를 스톱stop이라 부른다. 스톱 장치는 스트립의 전진 운동을 단순히 막는 핀 형태에서부터 프레스 운동과 연동되어 움직이는 복잡한 기구에 이르기까지 다양하다.

스탬핑 금형 형식 공정 종류(예로 절단, 굽힘, 드로잉)에 따라 스탬핑 금형이 달라질 뿐만 아니라 한 번의 프레스 작동으로 몇 개의 공정이 함께 수행되는지, 또한 어떻게 수행되는지에 따라서도 달라진다.

앞서 설명한 금형의 경우 한 번의 프레스 행정마다 한 번의 블랭킹 작업이 이뤄지므로 이를 단순 금형simple die이라 부른다. V-금형(14.2.1절)이 이 범주에 속한다. 더 복잡한 프레스가공용 금형으로는 컴파운드 금형, 컴비네이션 금형, 프로그레시브 금형 등이 있다. 컴파운드 금형compound die은 하나의 위치에서 2가지 작업이 동시에 이뤄지도록 만들어진 것으로 블랭킹과 펀칭 또는 블랭킹과 드로잉 등이 가능하다[2]. 컴비네이션 금형combination die은 자주 쓰이지 않는데, 2개의 다른 위치에서 2가지 작업이

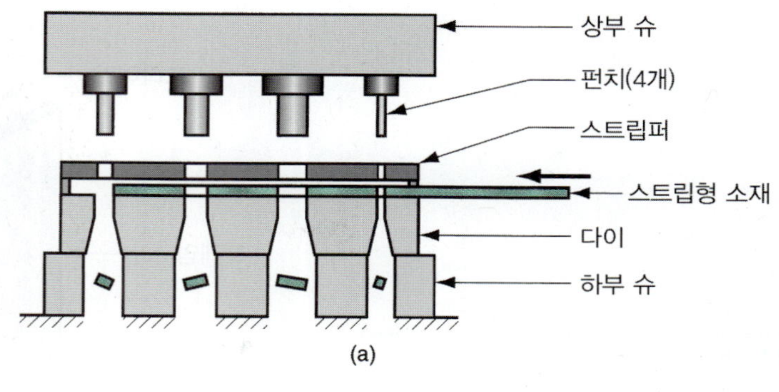

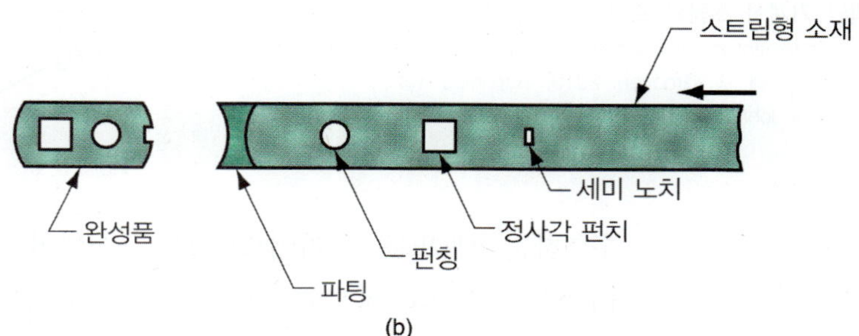

그림 14.27
(a)프로그레시브 금형, (b)스트립 전개(출처: Fundamentals of Modern Manufacturing, 4th Edition by Mikell P. Groover, 2010. Reprinted with permission of John Wiley & Sons, Inc.).

이뤄지도록 만들어진 것이다. 응용 예로는 2개의 다른 부품을 블랭킹을 하거나 같은 부품에 블랭킹 후 굽힘을 행하는 경우를 들 수 있다[2].

프로그레시브 금형progressive die은 한 번의 프레스 행정으로 여러 위치에서 여러 작업이 금속박판 코일에 행해지도록 설계된 것이다. 제품은 순차적으로 만들어진다. 코일이 한 위치에서 다음 위치로 이송되고, 각 위치마다 다른 작업(예로 펀칭, 노칭, 굽힘, 블랭킹)이 이뤄진다. 공작물이 마지막 위치를 빠져나올 때 제품이 완성되어, 남은 코일로부터 분리(절단) 된다. 프로그레시브 금형 설계는 스트립 또는 코일에 제품을 어떻게 배치하고 어느 위치에서 어느 작업이 이뤄질 것인가를 설계하는 것으로부터 시작된다. 이렇게 해서 나온 결과물을 스트립 전개strip development라 부른다. [그림 14.27]에 프로그레시브 금형과 스트립 전개의 예를 보였다.

프로그레시브 금형은 10개 이상의 가공 위치를 가질 수도 있다. 따라서 가장 복잡하고 가장 비용이 많이 드는 스탬핑 금형이다. 때문에 여러 번의 작업이 필요한 복잡한 제품을 고속으로 생산할 때만 경제적 타당성을 확보할 수 있다.

14.5.2 프레스

금속박판 가공용 프레스는 고정된 베드와 아래위로 움직이며 절단, 성형 등의 공정을

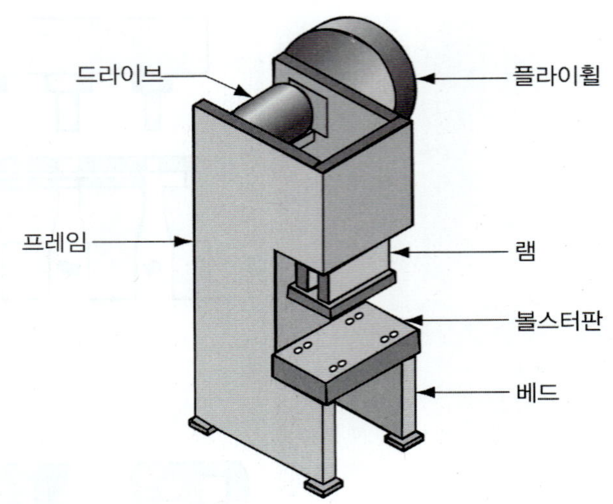

그림 14.28

전형적인 기계식 스탬핑 프레스의 구성품
(출처: Fundamentals of Modern Manufacturing, 4th Edition by Mikell P. Groover, 2010. Reprinted with permission of John Wiley & Sons, Inc.).

수행하는 램(또는 슬라이드)으로 구성되어 있다. 전형적인 프레스 모습을 [그림 14.28]에 보였다. 베드와 램의 상대적 위치는 프레임에 의해 정해진다. 램은 기계식 또는 유압식 동력으로 움직인다. 금형을 프레스에 설치할 때 펀치 홀더는 램에, 다이 홀더는 프레스 베드의 볼스터판bolster plate에 부착된다.

프레스에는 용량, 동력시스템, 프레임 형식에 따라 여러 종류가 있다. 프레스 용량이란 스탬핑 공정을 수행하기 위해 필요한 힘과 에너지를 발생시키는 능력을 뜻한다. 이것은 프레스의 물리적 크기와 동력 시스템에 의해 결정된다. 동력 시스템이란 기계적 또는 유압식 동력을 사용하는지 여부와 이 동력을 램에 전달하는 구동 형식이 무엇인지를 설명할 때 쓰는 용어다. 생산속도는 용량을 나타내는 또 다른 중요한 요소다. 프레스 프레임 형식이란 프레스의 물리적 구조를 의미한다. 주로 사용되는 프레임에는 2가지 형식이 있다. 갭프레임과 일자형 프레임이다.

갭프레임 프레스 갭프레임gap frame은 문자 C의 구조로 되어 있기 때문에 C-프레임이라 불리기도 한다. 갭프레임은 금형에 대한 접근성이 좋고, 일반적으로 스탬핑 제품이나 스크랩을 쉽게 빼낼 수 있도록 뒤쪽으로 개방된 부분이 있다. 갭프레임 프레스의 주요 형식으로는 (a)일체형 갭프레임, (b)조정가능 베드프레임, (c)후개방 경사, (d)프레스 브레이크, (e)터릿 프레스가 있다.

일체형 갭프레임solid gap frame 프레스는 [그림 14.28]에서 보인 것처럼 단일 몸체 구조로 되어 있다. 갭프레임 프레스라 함은 바로 일체형을 의미하는 것이 보통이다. 이것은 강성이 좋으면서도 C자형으로 되어 있기 때문에 측면에서 스트립이나 코일

소재를 공급하기에 편리한 구조다. 용량이 최고 9,000kN(1,000톤)까지 가능하다. 조정가능 베드프레임adjustable bed frame 프레스는 캡프레임의 변종으로서, 조정 가능한 베드가 설치되어 있어 여러 가지 크기의 금형을 수용할 수 있는 프레스다. 조정할 수 있다는 특징 때문에 용량이 줄어드는 것을 감수해야 한다. 후개방 경사open back inclinable: OBI 프레스는 여러 각도로 뒤쪽으로 기울일 수 있도록 바닥과 조립되어 있는 C-프레임을 가지고 있어 스탬핑 제품이 자중에 의해 뒤쪽 구멍으로 떨어질 수 있게 되어 있는 프레스다. OBI 프레스의 용량은 1톤부터 약 250톤(2,250kN) 범위다. 이 프레스는 최고 분당 1,000행정까지 고속으로 작동될 수 있다.

프레스 브레이크press brake는 매우 넓은 폭의 베드가 있는 갭프레임 프레스의 일종이다. [그림 14.29]에 나와 있는 모델은 베드 폭이 9.15m(30ft)에 이른다. 베드에는 독립된 여러 개의 금형(전형적으로 단순한 V-벤딩용 금형)이 설치되어 있어 작은 수량의 스탬핑 제품을 경제적으로 생산할 수 있다. 생산수량이 적고 여러 번의 굽힘 작업이 종종 필요하기 때문에 프레스 브레이크는 수작업용 장비다. 여러 번의 굽힘 작업이 필요한 제품의 경우 작업자가 필요한 굽힘 금형을 따라 박판 소재를 옮겨 다니며 성형해 제품을 완성한다.

그림 14.29
프레스 브레이크(Photo courtesy of Strippit, Inc.)

그림 14.30
터릿 프레스로 생산된 금속박판 부품들. 여러 구멍 형상을 볼 수 있다(출처: Fundamentals of Modern Manufacturing, 4th Edition by Mikell P. Groover, 2010. Reprinted with permission of John Wiley & Sons, Inc.).

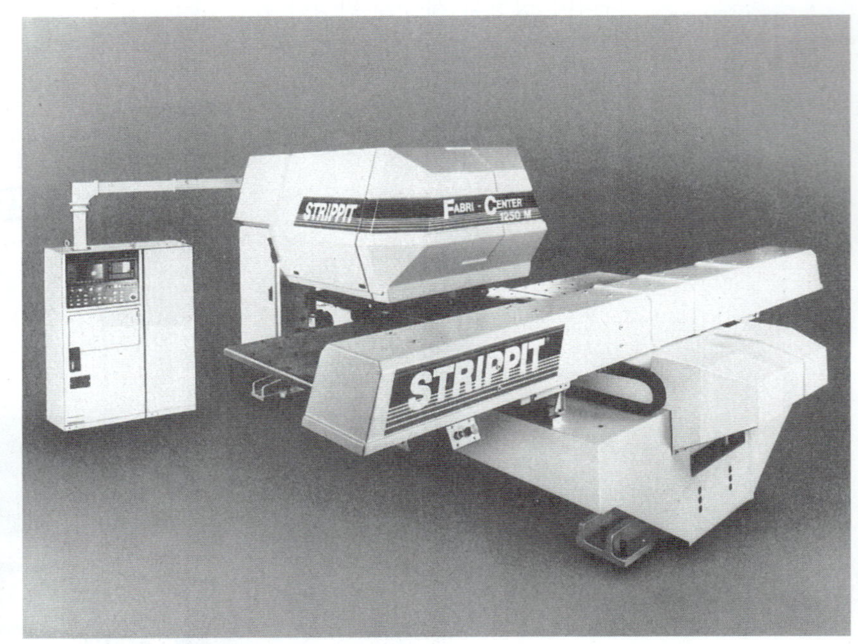

그림 14.31
CNC 터릿 프레스(Strippit, Inc. 제공)(출처: Fundamentals of Modern Manufacturing, 4th Edition by Mikell P. Groover, 2010. Reprinted with permission of John Wiley & Sons, Inc.).

프레스 브레이크가 굽힘 공정에 특화되어 있는 반면 터릿 프레스turret press는 [그림 14.30]에서처럼 금속박판에 여러 번의 펀칭, 노칭, 절단 공정을 수행해야 할 때 적합하다. [그림 14.31]에서 그 구조가 명확하게 보이지는 않지만 터릿 프레스는 C-프레임을 가지고 있다. 재래식 램과 펀치를 대신해 여러 가지 크기와 형상을 가진 다수의 펀치가 내장된 터릿이 사용된다. 터릿은 인덱싱(회전식) 기구로 필요한 펀치를 선택한다. 펀치 터릿 아래에는 각 펀치에 해당하는 다이 구멍을 가진 다이 터릿이 있다. 펀치와 다이 사이에는 금속 박판 블랭크가 놓이는데 이것은 CNC(컴퓨터수치제어)(29.1절)로 작동되는 $x-y$ 위치제어시스템에 의해 그 위치가 제어된다.

일자형 프레임 프레스 큰 프레스 용량이 요구되는 공정에서는 구조적으로 강성이 높은 프레임이 필요하다. 일자형 프레임straight-sided frame 프레스는 [그림 14.32]에서처럼 박스형 외관을 가지고 있다. 이 구조는 프레임의 강도와 강성을 증가시킨다. 따라서 최대 35,000kN(4,000톤)의 용량까지 가능하다. 이러한 프레임 형식을 가진 큰 프레스는 단조에서 사용된다(13.2절).

C자형 프레스와 일자형 프레스의 크기는 용량과 밀접하게 관계된다. 프레스 크기는 또한 작동 속도와도 관계가 있다. 작은 프레스일수록 일반적으로 고속 생산에 대응할 수 있다.

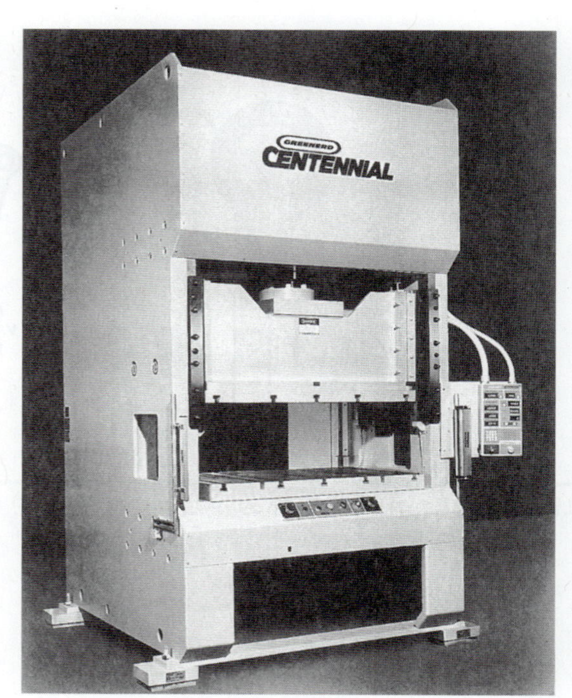

그림 14.32

일자형 프레임 프레스(Greenerd Press & Machine Company, Inc. 제공)(출처: Fundamentals of Modern Manufacturing, 4th Edition by Mikell P. Groover, 2010. Reprinted with permission of John Wiley & Sons, Inc.).

동력, 구동시스템 프레스의 동력 시스템은 유압식 또는 기계식이다. 유압 프레스는 큰 피스톤과 실린더를 사용해 램을 구동한다. 이 동력 시스템은 전형적으로 기계식 구동보다 더 긴 램 행정과 행정 전체에 걸쳐 충분한 힘을 낼 수 있는 구조다. 하지만 느린 편이다. 이것으로 통상 행할 수 있는 금속박판 공정은 딥드로잉과 위의 특성이 장점으로 작용하는 성형공정들이다. 이 프레스는 1개 또는 여러 개의 독립적으로 움직이는 슬라이드, 즉 단동(슬라이드 1개), 복동(슬라이드 2개) 등의 형식을 가질 수 있다. 복동 프레스는 펀치력과 블랭크 고정력을 따로 제어해야 할 필요가 있는 딥드로잉 공정에 유용하다.

기계식 프레스에 사용되는 구동 메커니즘에는 여러 형식이 있는데 [그림 14.33]에 나타낸 것처럼 편심축, 크랭크축, 너클 조인트 등이 있다. 이를 통해 구동 모터의 회전운동이 램의 직선 운동으로 바뀐다. 구동 모터의 에너지를 축적하기 위해 플라이휠이 사용된다. 이러한 구동 방식을 갖는 기계식 프레스에서는 행정의 하사점에서 매우 높은 힘을 얻을 수 있다. 따라서 블랭킹과 펀칭 공정에 적합하다. 너클 조인트는 하사점에 도달했을 때 매우 큰 힘을 발생하기 때문에 코이닝 공정에 주로 사용된다.

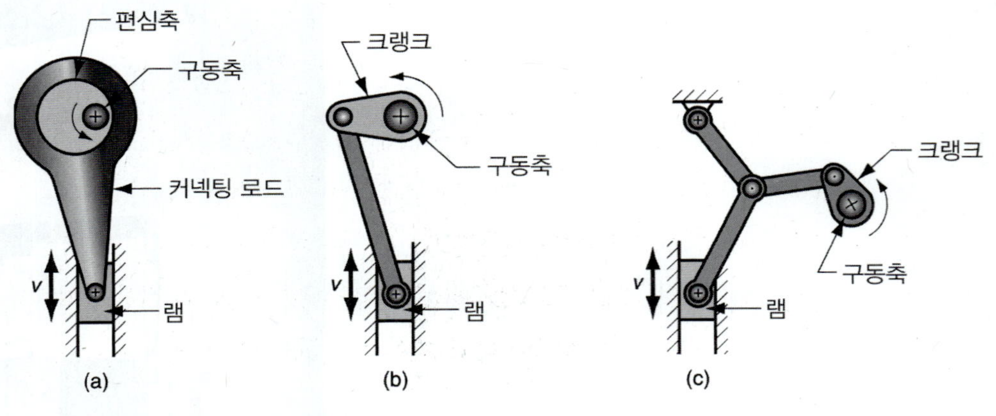

그림 14.33 금속박판용 프레스에 쓰이는 구동 형식 (a)편심축, (b)크랭크축, (c)너클 조인트(출처: Fundamentals of Modern Manufacturing, 4th Edition by Mikell P. Groover, 2010. Reprinted with permission of John Wiley & Sons, Inc.).

14.6 프레스를 사용하지 않는 금속박판 공정

일반 스탬핑 프레스를 사용하지 않고 수행되는 금속박판 공정도 많이 있다. 이 절에서는 이러한 공정인 (1)스트레치 성형, (2)롤 벤딩, 롤 성형, (3)스피닝, (4)고에너지 속도 성형공정에 대해 설명한다.

14.6.1 스트레치 성형

스트레치 성형stretch forming은 박판 소재를 의도적으로 당기면서, 동시에 굽혀서 형상을 만드는 금속박판가공 공정이다. 이 공정은 [그림 14.34]에 보인 것처럼 상대적으로 단순한 점진적인 굽힘을 만드는데 사용된다. 1개 또는 여러 개의 죠jaw를 사용해 공작물을 잡은 상태에서 원하는 형상을 가진 양각 다이를 공작물 쪽으로 전진시킨다. 금속은 인장되어 응력이 항복점 이상까지 다다른다. 인장 하중을 제거하면 성형이 완료된다. 스트레칭과 굽힘을 동시에 수행하면 스프링백이 상대적으로 줄어든다. 스트레치 성형에 요구되는 성형력은 박판의 단면적에 금속의 유동응력을 곱함으로써 구해진다. 식으로 표현하면 다음과 같다.

$$F = L t Y_f \qquad (14.14)$$

여기서 F=스트레칭력 N, L=스트레칭 방향에 수직한 방향으로의 박판 길이 mm, t=성형 중 순간 소재두께 mm, Y_f=소재 금속의 유동응력 MPa이다. 그림에서 보인 다이력 F_{die}는 수직방향 힘 성분의 평형조건으로부터 구할 수 있다.

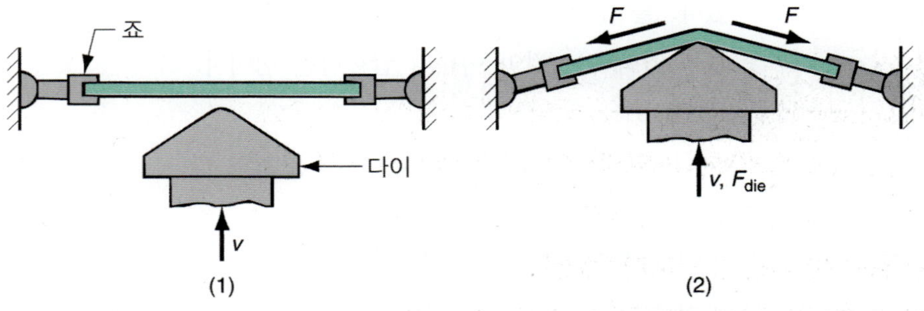

그림 14.34 스트레치 성형 (1)공정 시작, (2)다이가 진행하면서 F_{die}의 힘으로 공작물을 눌러 인장과 함께 굽힘을 일으킴. F=스트레칭력(출처: Fundamentals of Modern Manufacturing, 4th Edition by Mikell P. Groover, 2010. Reprinted with permission of John Wiley & Sons, Inc.).

그림에서 보인 것보다 더 복잡한 형상도 스트레치 성형으로 만들 수 있다. 그러나 날카로운 곡선을 만드는데는 한계가 있다. 스트레치 성형으로 생산량이 많지 않은 큰 박판 제품을 경제적으로 만들 수 있기 때문에 이 공정은 항공우주산업에서 널리 쓰이고 있다.

14.6.2 롤 벤딩, 롤 성형

이 절에서 설명되는 작업은 금속박판 가공을 위해 롤을 사용한다. 롤 벤딩roll bending은 롤을 사용해 일반적으로 큰 박판 소재를 곡선형으로 가공하는 공정이다. [그림 14.35]에 가능한 롤 조합의 예를 보였다. 박판이 롤 사이로 지나가면 롤이 서로를 향해 움직이면서 공작물에 원하는 곡률 반경을 만들 수 있도록 구성된다. 롤 벤딩으로 큰 저장탱크와 압력 용기를 만들 수 있다. 이 작업은 또한 판재 제품, 구조용 형강, 철도 레일, 튜브의 굽힘에 사용된다.

롤을 사용하는 공정과 관련된 작업으로 롤 평탄화roll straightening 공정이 있다. 이것은 편평하지 않은 박판(또는 기타 단면 형상)을 롤 사이로 통과시킴으로써 바르게 펴는 작업이다. 즉, 롤들이 마주보면서 공작물에 작은 굽힘을 연속적으로 점점 줄여서 가함으로써 편평하게 펴진 공작물이 출구에서 나오게 된다.

롤 성형roll forming 또는 contour roll forming은 연속 굽힘공정으로서, 마주보는 롤을 사용해 코일 또는 스트립 소재로부터 길이가 긴 성형된 제품을 만드는 작업이다. 원하는 형상을 순차적으로 만들어 가기 위해 여러 쌍의 롤이 보통 필요하다. [그림 14.36]는 U자형 단면을 만드는 롤 성형 과정을 보여주고 있다. 롤 성형으로 만들어지는 제품으로는 가정용 건축자재, 이음매를 가지는 파이프나 튜브, 기타 구조용 부품 등이 있다. 롤 성형이 압연 작업과 비슷한 모습을 하고 있지만 차이점은 롤 성형은 공작물을 압축하는 것이 아니라 굽힌다는 점이다.

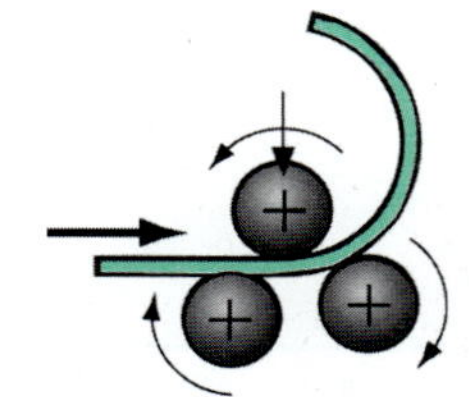

그림 14.35

롤 벤딩(출처: Fundamentals of Modern Manufacturing, 4th Edition by Mikell P. Groover, 2010. Reprinted with permission of John Wiley & Sons, Inc.).

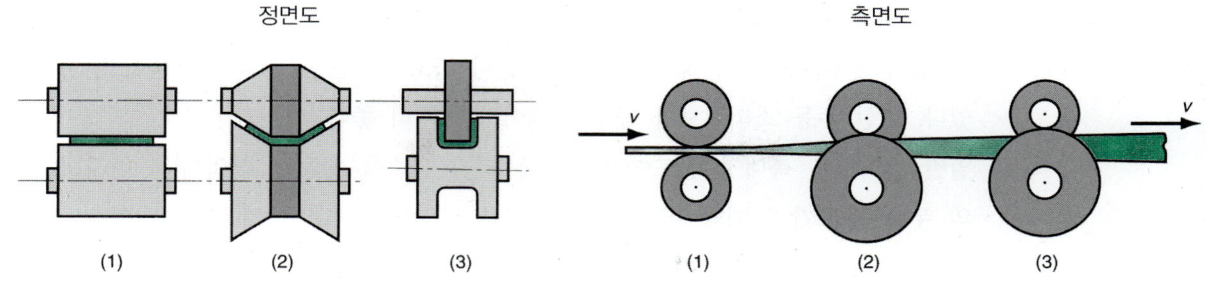

그림 14.36 긴 채널을 만드는 롤 성형 (1)평 롤, (2)부분 성형, (3)최종 성형(출처: Fundamentals of Modern Manufacturing, 4th Edition by Mikell P. Groover, 2010. Reprinted with permission of John Wiley & Sons, Inc.).

14.6.3 스피닝

스피닝spinning은 둥근 공구 또는 롤러를 사용해 맨드릴 또는 형 위에서 박판을 점진적으로 성형시켜 축대칭 제품을 만드는데 쓰이는 금속성형공정이다. 성형 공구 또는 롤러는 공작물의 축 방향, 반경 방향으로 움직이면서 매우 국소적인 압력(거의 점접촉)으로 공작물을 성형한다. 스피닝으로 생산되는 전형적인 기본 형상에는 컵형, 원뿔형, 반구형, 튜브형, 실린더형 등이 있다. 여기서는 일반 스피닝을 설명한다. [그림 14.37]에 나타낸 것처럼 최종 제품의 내부 형상을 가진 맨드릴의 끝에 금속박판 디스크를 고정하고 이를 회전시키면서 성형공구 또는 롤러로 금속을 맨드릴 쪽으로 밀어 성형한다. 초기 공작물이 평판 디스크가 아닌 경우도 종종 있다. 그림에 보인 것처럼 성형을 완료하기 위해 여러 단계가 필요하다. 공구의 위치는 작업자가 지렛대 원리를 이용해 수동으로 조절하거나, NC 같은 자동화된 방법으로 조절된다.

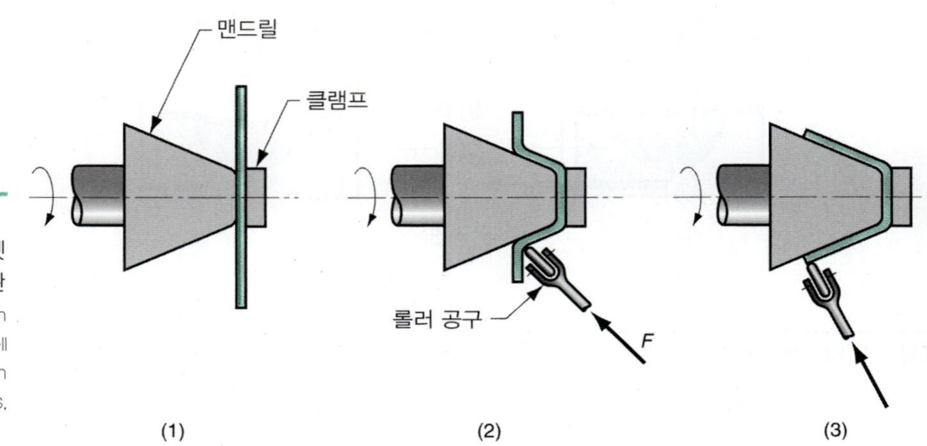

그림 14.37
일반 스피닝 (1)공정 시작 시 셋업, (2)스피닝 공정 중, (3)공정 완료(출처: Fundamentals of Modern Manufacturing, 4th Edition by Mikell P. Groover, 2010. Reprinted with permission of John Wiley & Sons, Inc.).

이를 각각 수동 스피닝과 동력 스피닝이라 부른다. 동력 스피닝으로는 작업 시 더 큰 힘을 가할 수 있기 때문에 성형 시간이 줄고 더 큰 크기의 공작물이 성형될 수 있다. 또한 수동 스피닝보다 공정을 제어하기가 더 좋다.

일반 스피닝은 축대칭 맨드릴의 표면을 따라 금속을 굽히는 작업이다. 따라서 금속의 두께는 초기 두께와 비교해 거의 변하지 않는다. 디스크의 직경은 최종 제품의 직경보다 조금 더 커야 한다. 초기 직경은 스피닝 전후의 부피가 일정하다는 가정에 의해 계산될 수 있다.

일반 스피닝은 원뿔형과 곡선형 제품을 소량생산하는데 응용된다. 5m 또는 그 이상의 매우 큰 직경을 가진 제품을 스피닝 공정으로 만들 수 있다. 이를 다른 금속박판 가공 방법으로 만든다면 금형 비용이 지나치게 높을 것이다. 스피닝용 맨드릴은 나무 또는 쉽게 가공이 가능한 부드러운 재료로 만들어진다. 따라서 몇 가지 제품에서 대체 공정으로 쓰일 수 있는 딥드로잉과 비교할 때 공구 제작비용은 매우 저렴한 편이다.

14.6.4 고에너지속도 성형

매우 짧은 시간에 많은 양의 에너지를 사용해 금속을 성형하는 여러 가지 방법이 개발되어왔다. 이러한 특징을 가진 작업을 고에너지속도 성형high-energy-rate forming: HERF이라 부른다. 여기에는 폭발 성형, 전기수압 성형, 전자기 성형이 있다.

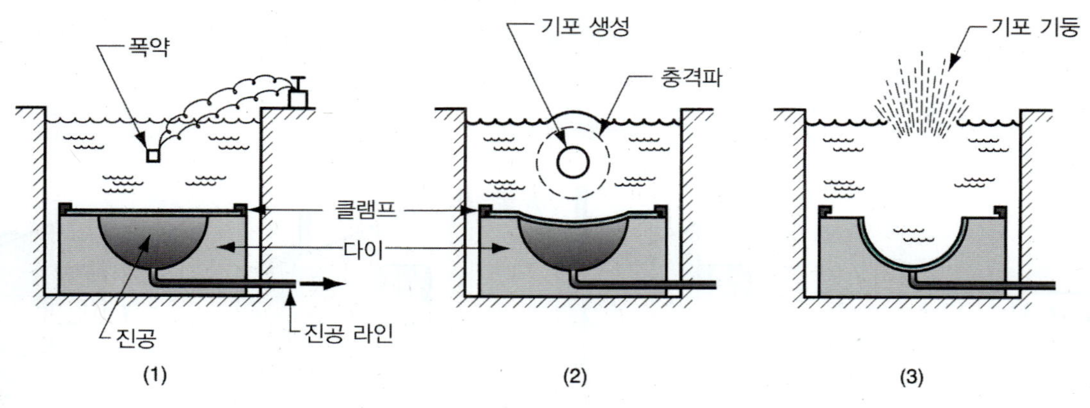

그림 14.38 폭발성형 (1)장치, (2)폭약 폭발, (3)충격파가 공작물을 성형하고 기포 기둥이 수면 위로 튀어 오름(출처: Fundamentals of Modern Manufacturing, 4th Edition by Mikell P. Groover, 2010. Reprinted with permission of John Wiley & Sons, Inc.).

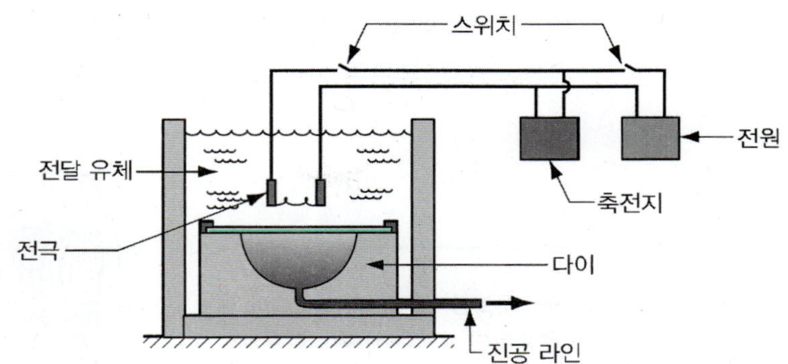

그림 14.39
전기수압 성형 장치(출처: Fundamentals of Modern Manufacturing, 4th Edition by Mikell P. Groover, 2010. Reprinted with permission of John Wiley & Sons, Inc.).

폭발 성형 폭발 성형explosive forming은 금속박판(또는 판재)을 성형하기 위해 폭약을 사용하는 공정이다. [그림 14.38]에 그 한 가지 방법을 보였다. 다이에 공작물을 고정시키고 밀봉한 후 아래쪽의 공동을 진공으로 만든다. 이 장치를 물이 들어 있는 큰 용기에 설치한다. 폭약을 공작물과 어느 정도 떨어지게 물속에 설치한다. 폭약이 폭발하면서 충격파가 발생하고 이것이 물에 의해 전달되면서 공작물이 빠르게 성형된다. 폭약의 크기와 위치는 경험에 크게 의존한다. 폭발성형은 항공 산업에서 큰 제품을 만드는데 주로 사용된다.

전기수압 성형 전기수압 성형electrohydraulic forming은 전달 유체(물) 속에 설치된 2개의 전극 사이에서 전기에너지를 방전시킴으로써 충격파를 만들고 이를 이용해 공작물을 성형하는 공정이다. 이러한 동작원리 때문에 전기방전 성형electric discharge forming이라고도 불린다. 이 공정을 위한 장치를 [그림 14.39]에 나타냈다. 큰 축전기에 전기에너지를 축적한 후 전극 쪽으로 한꺼번에 방출한다. 전기수압 성형은 폭발 성형과 유사하다. 차이점은 에너지를 만드는 방법과 상대적으로 작은 양의 에너지가 방출된다는 점이다. 이 때문에 전기수압 성형은 보다 작은 크기의 제품을 만드는데 사용된다.

전자기 성형 전자기 성형electromagnetic forming 또는 자기펄스 성형magnetic pulse forming은 전압이 인가된 코일로 인해 공작물 내에서 유도된 전자기장의 기계적 힘을 이용해 금속박판을 성형하는 공정이다. 축전기에 의해 전압이 인가된 코일은 자기장을 만든다. 이 자기장이 공작물 내에 와전류를 만들고, 이것으로부터 자체적인 자기장이 생성된다. 유도된 자기장이 원래의 자기장과 대항하면서 기계적 힘이 만들어진다. 이 힘으로 공작물이 성형된다. 전자기 성형은 1960년대에 개발되었으며 HERF

공정 중에서 가장 널리 사용된다[10]. 이 공정은 [그림 14.40]에 나타나 있는 것처럼 전형적으로 튜브형 제품을 만드는데 쓰인다.

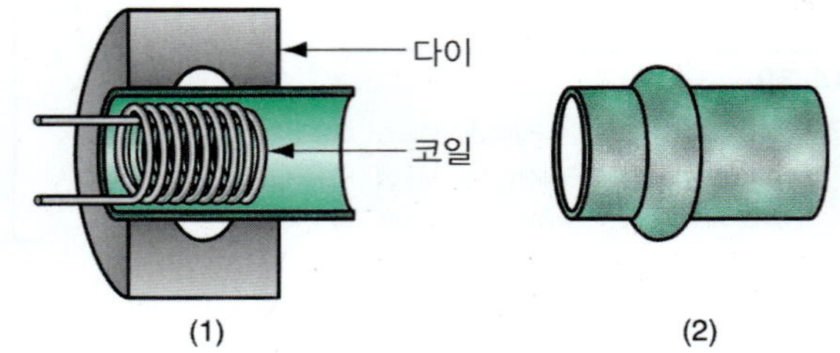

그림 14.40
전자기 성형 (1)다이로 둘러싸인 튜브형 공작물 속에 코일이 들어 있는 셋업, (2)성형된 제품(출처: Fundamentals of Modern Manufacturing, 4th Edition by Mikell P. Groover, 2010. Reprinted with permission of John Wiley & Sons, Inc.).

참고문헌 References

[1] *ASM Handbook,* Vol. 14B, *Metalworking: Sheet Forming.* ASM International, Materials Park, Ohio, 2006.

[2] Eary, D. F., and Reed, E. A. *Techniques of Pressworking Sheet Metal,* 2nd ed. Prentice-Hall, Inc., Englewood Cliffs, New Jersey, 1974.

[3] Hoffman, E. G. *Fundamentals of Tool Design,* 2nd ed. Society of Manufacturing Engineers, Dearborn, Michigan, 1984.

[4] Hosford, W. F., and Caddell, R. M. *Metal Forming: Mechanics and Metallurgy,* 3rd ed. Cambridge University Press, Cambridge, United Kingdom, 2007.

[5] Kalpakjian, S. *Manufacturing Processes for Engineering Materials,* 4th ed. Prentice Hall/Pearson, Upper Saddle River, New Jersey, 2003.

[6] Lange, K., et al. (eds.). *Handbook of Metal Forming.* Society of Manufacturing Engineers, Dearborn, Michigan, 1995.

[7] Mielnik, E. M. *Metalworking Science and Engineering.* McGraw-Hill, Inc., New York, 1991.

[8] Schey, J. A. *Introduction to Manufacturing Processes,* 3rd ed. McGraw-Hill Book Company, New York, 2000.

[9] Spitler, D., Lantrip, J., Nee, J., and Smith, D. A. *Fundamentals of Tool Design,* 5th ed. Society of Manufacturing Engineers, Dearborn, Michigan, 2003.

[10] Wick, C., et al. (eds.). *Tool and Manufacturing Engineers Handbook,* 4th ed., Vol. II, Forming. Society of Manufacturing Engineers, Dearborn, Michigan, 1984.

복습문제 Review Questions

14.1 금속박판가공 공정의 3가지 기본 형식을 밝혀라.

14.2 일반 금속박판가공에 사용되는 공구의 이름과 장치의 이름은 무엇인가?

14.3 원형 박판 제품을 블랭킹하는데 있어 간극 크기를 펀치와 다이 직경에 어떻게 적용해야 하는지 기술하라.

14.4 컷오프 작업과 파팅 작업의 차이점은 무엇인가?

14.5 노칭 작업과 세미노칭 작업의 차이점은 무엇인가?

14.6 V-벤딩과 모서리벤딩을 설명하라.

14.7 보정할 목적의 굽힘여유는 무엇인가?

14.8 굽힘에서 스프링백은 무엇인가?

14.9 금속박판가공에서의 드로잉이란 무엇인가?

14.10 계획된 드로잉 작업이 가능한지를 평가하는데 사용되는 간단한 척도 몇 가지를 들어라.

14.11 재드로잉과 역드로잉의 차이점을 기술하라.

14.12 드로잉된 금속박판 제품에서 일어날 수 있는 결함에는 어떤 것들이 있는가?

14.13 엠보싱 공정이란 무엇인가?

14.14 스트레치 성형이란 무엇인가?

14.15 스탬핑 프레스에 사용되는 2가지 기본 프레임은 무엇인가?

14.16 금속박판가공에 있어 기계식 프레스와 유압 프레스의 상대적 장단점은 무엇인가?

14.17 게린 공정이란 무엇인가?

14.18 롤 벤딩과 롤 성형의 차이점을 밝혀라.

연습문제 PROBLEMS

14.1 동력 전단기를 사용해 두께 4.75mm의 냉간 압연 연강을 절단하고자 한다. 전단기의 간극을 얼마로 설정해야 최적 절단을 이룰 수 있나?

14.2 두께 2.0mm의 냉간압연 강(반 경화)에 블랭킹 작업을 수행하려 한다. 제품은 직경=75mm의 원형이다. 이 작업에 적절한 펀치와 다이 크기를 결정하라.

14.3 컴파운드 금형을 사용해 두께 3.5mm의 알루미늄합금 박판 소재에서 큰 와셔를 블랭킹, 펀칭하고자 한다. 와셔의 외경=50mm, 내경=15mm다. 다음을 결정하라. (a)블랭킹 작업에 적절한 펀치와 다이 크기, (b)펀칭 작업에 적절한 펀치와 다이 크기.

14.4 직사각형 부분이 공백으로 설계될 블랭킹 다이의 치수는 105mm와 37.5mm다. 재료는 두께 4mm의 스테인리스강(반 경화)이다. 블랭킹 펀치와 다이 구멍의 크기를 결정하라.

14.5 문제 14.2에서 만약 강의 전단강도가 325MPa이고 인장강도가 450MPa이라면 요구되는 블랭킹력을 결정하라.

14.6 문제 14.3에서 만약 알루미늄 금속박판의 인장강도=310MPa, 인장강도=350MPa이라면 블랭킹과 펀칭 작업을 수행할 수 있는 프레스의 최소 용량을 결정하라. (a)블랭킹과 펀칭은 동시에 발생한다고 가정한다, (b)펀칭이 엇갈려 있으며 그 펀칭이 블랭킹보다 먼저 발생한다고 가정한다.

14.7 문제 14.4에서 만약 스테인리스강의 항복강도=500MPa, 전단강도=600MPa, 인장강도=700MPa이라 할 때 블랭킹 공정에 대한 톤수를 결정하라.

14.8 [그림 14.13]의 굽힘공정의 치수를 두께=3.2 mm 대신 5mm, 굽힘반경=4.75mm 대신 8mm, 내각=120° 대신 65°이고 다른 치수는 모두 같다고 할 때 필요한 블랭크 크기를 결정하라.

14.9 문제 14.8의 굽힘반경 R=11mm로 두고 다시 풀어라.

14.10 두께 4.0mm, 폭 25mm, 길이 100mm의 냉간 압연강판을 이용하여 굽힘작업을 한다. 굽힘은 25mm×25mm이뤄진다. 굽힘각도 30°, 굽힘반경 6mm일 때, (a)굽힘 허용치, (b)굽힘 후 중립축의 길이(힌트: 굽힘 전 중립축의 길이는 100.0 mm)를 구하라.

14.11 문제 14.8에서 다이 구멍 폭 W=30mm인 V-금형을 이용해 굽힘이 수행되고 또한 재료의 인장강도=600MPa, 전단강도=430MPa일 때 요구되는 굽힘력을 결정하라.

14.12 문제 14.11에서 다이 오프닝 치수=22mm를 갖는 wiping die를 사용할 때 굽힘력을 구하라.

14.13 V-금형을 사용해 두께 3mm, 길이 20mm의 금속박판을 내각=60°, 굽힘반경=7.5mm로 굽히려 한다. 금속의 항복강도=220MPa이고 인장강도=340MPa이다. 다이 구멍=15mm로 주어질 때 공작물을 굽히는데 드는 힘을 계산하라.

14.14 드로잉비 DR의 함수로 감소율 r값을 구하는 식을 유도하라.

14.15 딥드로잉 공정으로 컵을 만든다. 컵의 높이는 75mm, 내경은 100mm다. 금속박판의 두께는 2mm다. 블랭크 직경이 225mm일 때 다음을 결정하라. (a)드로잉비, (b)감소율, (c)드로잉력, (d)블랭크 홀더력.

14.16 문제 14.15에서 초기 블랭크 직경을 175mm로 두고 다시 풀어라.

14.17 딥드로잉의 실린더형상 컵 내경 4.25in, 높이 2.65in, 소재 두께 3/16in, 초기 블랭크 직경 7.7in, 펀치-다이 반경 5/32in, 인장강도 65,000 lb/in^2, 항복강도 32,000lb/in^2, 전단강도 40,000 lb/in^{2}일 때 (a)드로잉 비, (b)감소비, (c)드로잉력 (d)블랭크홀더력을 구하라.

14.18 문제 4.17에 소재두께 t=1/8in에 대해 구하라.

14.19 컵-드로잉이 내경=80mm, 높이=50mm, 소재두께=3.0mm, 초기 블랭크 직경=150mm, 펀치-다이 반경=4mm, 인장강도=400Mpa, 항복응력 180Mpa에서 이뤄진다. (a)드로잉비, (b)감소율, (c)드로잉력, (d)블랭크홀더력을 구하라.

14.20 딥드로잉이 1/8in 두께 소재로 이뤄진다. 컵 높이 3.8in, 내경 5.0in인 제품을 만들 때 펀치 반경이 0일 때, 초기 블랭크 소재의 직경을 계산하라.

14.21 문제 14.20에서 펀치 반경=0.375in인 경우에 대해 계산하라.

14.22 두께 3mm의 소재로 드로잉 작업을 수행한다. 제품은 높이=50mm, 내경=70mm인 원통형 컵이다. 펀치의 코너 반경이 0이라고 가정한다. (a)초기 블랭크 크기 D_b는 얼마여야 하는가? (b)이 작업은 가능성이 있는가?

14.23 문제 14.22에서 컵의 높이=60mm로 두고 다시 풀어라.

14.24 문제 14.23에서 펀치 코너 반경=10mm로 두고 다시 풀어라.

14.25 드로잉부의 책임자가 당신에게 그 부서에서 만든 몇 가지 제품 샘플을 가져왔다. 샘플은 여러 가지 결함을 갖고 있었다. 하나에는 이어링, 다른 하나에는 주름 그리고 세 번째 샘플은 바닥에 파열이 있었다. 각각의 결함이 발생한 원인은 무엇인가? 그리고 당신이 제시할 수 있는 해결책은 무엇인가?

5부
재료제거 공정

Engineering Materials and Product Attributes 1

Solidification Processes 2

Particulate Processing of Metals and Ceramics 3

Metal Forming and Sheet Metalworking 4

Material Removal Processes 5

Property Enhancing and Surface Processing Operations 6

Joining and Assembly Processes 7

Special Processing and Assembly Technologies 8

Systems Topics in Manufacturing 9

CHAPTER

15

절삭가공의 이론

THEORY OF METAL MACHINING

재료제거 공정은 형상가공 공정([그림 1.3] 참조)의 일종으로서, 원소재로부터 불필요한 재료를 제거해 남은 재료가 원하는 형상이 되도록 하는 공정이다. 이 가운데서 가장 중요한 것은 절삭가공(machining)으로서, 원하는 형상을 얻기 위해 날카로운 절삭날을 사용해 기계적으로 소재를 제거하는 것이다.

3가지 주요 절삭공정은 선삭, 드릴링, 밀링이다. 그 밖의 절삭가공 공정으로는 형삭, 평삭, 브로칭, 톱작업이 있다. 이 장을 시작으로 17장까지 절삭가공을 다룬다.

재료제거공정의 또 다른 그룹으로 연마공정(abrasive processes)을 들 수 있는데, 경한 연마입자의 작용으로 소재를 기계적으로 제거하는 것이다. 연삭을 포함하는 이 공정은 18장에서 다룬다. 마지막으로 소재를 제거하기 위해 날카로운 절삭날이나 연삭입자를 사용하는 것 대신 여러 형태의 에너지를 사용하는 특수가공이 있다. 이러한 에너지 형태로는 기계적, 전기화학적, 열적, 화학적 에너지가 있다. 19장에서 특수가공을 설명한다.

절삭가공은 원하는 부품 형상을 얻기 위해 날카로운 절삭날을 사용해 재료를 절삭하는 제조공정이다. 절삭가공에서 가장 중요한 작용은 칩을 형성하기 위한 공작물 재료의 전단변형이다. 이때 칩이 제거됨에 따라 새로운 표면이 생성된다. 절삭가공은 금속을 형상화하는데 가장 많이 적용된다. [그림 15.1]에 이 공정을 나타냈다.

절삭가공은 가장 중요한 제조공정 중 하나다. 산업혁명과 생산 관련 세계 경제성장은 여러 가지 절삭가공 공정의 발전과 많은 관련이 있다. 절삭가공은 다음의 여러 가지 이유로 상업적으로나 기술적으로 중요하다.

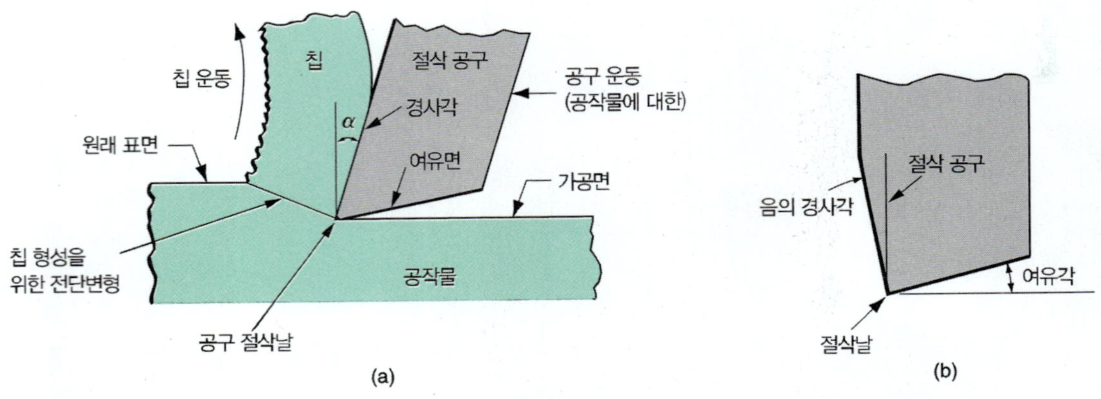

그림 15.1 (a)절삭가공 공정의 단면도, (b)음의 경사각을 가진 공구. 양의 경사각을 가진 (a)와 비교(출처: Fundamentals of Modern Manufacturing, 4th Edition by Mikell P. Groover, 2010. Reprinted with permission of John Wiley & Sons, Inc.).

공작물 재료의 다양성: 여러 가지 재료에 절삭가공을 적용할 수 있다. 사실상 모든 고체 금속은 절삭가공이 가능하다. 플라스틱, 플라스틱 복합재료 또한 절삭가공이 가능하다. 세라믹은 높은 경도와 취성으로 인해 절삭가공이 어렵지만 대개의 세라믹은 연마가공 공정에 의해 성공적으로 절삭이 가능하다(18장).

부품 형상, 기하학적 특징의 다양성: 절삭가공으로 평판, 원형 구멍, 실린더 형태와 같은 정형화된 형상의 가공이 가능하다. 또한 공구형상, 공구경로를 변화시킴으로써 나사산이나 T형 홈 같은 비정형 형상의 가공도 가능하다. 형상이 다소 복잡하고 다양하더라도 여러 절삭가공 공정을 연속적으로 배치함으로써 거의 모든 형상의 가공이 가능하다.

치수 정확성: 절삭가공은 매우 작은 공차를 갖는 치수로 제품을 생산할 수 있다. 대부분의 다른 공정보다 훨씬 정확한 ±0.025mm의 공차를 얻을 수도 있다.

우수한 표면정도: 절삭가공으로 매우 좋은 표면정도를 갖는 가공면을 얻을 수 있다. 보통의 절삭가공으로 거칠기 값이 0.4μ m인 가공면을 얻을 수 있고 연마공정을 통해서는 훨씬 더 좋은 가공면을 얻을 수 있다.

한편으로는 절삭가공, 기타 재료제거공정의 단점으로 다음과 같은 것들이 있다.

재료 낭비: 절삭가공은 재료의 낭비가 불가피하다. 절삭가공 공정에서 생성되는 칩은 폐기될 재료다. 비록 이러한 칩들이 재활용될 수 있다 해도 제거된 재료는 해당 공정에서 일단은 버려진다.

시간 소모: 절삭가공 공정은 일반적으로 다른 성형공정인 주조나 단조에 비해 주어진 형상을 얻기 위해 더 많은 시간이 소모된다.

절삭가공은 일반적으로 주조, 단조, 인발 등의 다른 제조공정 후에 수행된다. 다른 공정들이 원래의 공작물로부터 일반적인 형상을 만들고, 절삭가공이 마지막 형상, 치수, 표면거칠기를 만들게 된다.

15.1 절삭가공 기술의 개요

절삭가공은 단순히 하나의 공정이 아니라 여러 공정들을 포함한다. 공통된 특징으로 공작물로부터 제거되는 칩을 형성하는 절삭공구를 사용하는 것이다. 공정수행을 위해 공구와 공작물 사이에 상대운동이 존재한다. 대개의 절삭가공 공정에서 이러한 상대운동은 절삭속도cutting speed로 부르는 1차 운동과 이송feed으로 부르는 2차 운동에 의해 이뤄진다. 이러한 운동과 결합해 공구의 형태와 공작물로의 침입 깊이가 최종 공작물의 형태를 결정한다.

절삭공정의 유형 어떤 특정 부품의 형상과 표면을 생성하는 많은 종류의 절삭가공 공정이 있다. 이러한 공정들에 대해 16장에서 자세히 설명하고, 여기서는 [그림 15.2]에 나타낸 것처럼 3가지의 가장 중요한 공정인 선삭, 드릴링, 밀링에 대해 정의한다.

선삭에서는 [그림 15.2(a)]에 나타낸 것처럼 원통형의 형상을 얻기 위해 회전하는 공작물로부터 재료를 제거하는 1개의 절삭날(단인)을 가진 공구를 사용한다. 선삭에서

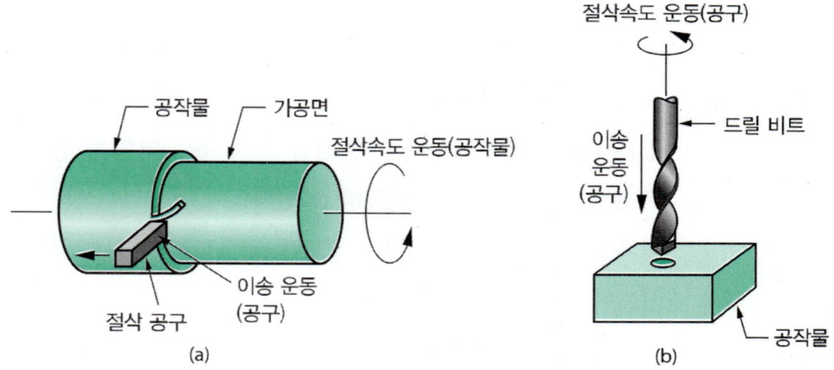

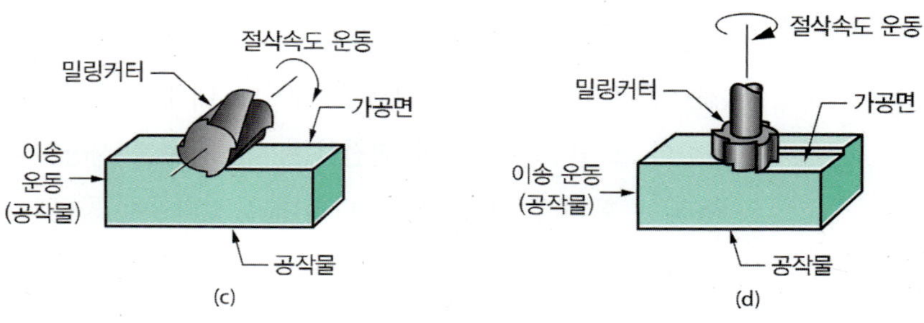

그림 15.2

4가지 중요한 절삭가공 공정 (a)선삭, (b)드릴링, (c)평밀링, (d)정면밀링(출처: Fundamentals of Modern Manufacturing, 4th Edition by Mikell P. Groover, 2010. Reprinted with permission of John Wiley & Sons, Inc.).

의 절삭속도는 회전하는 공작물에 의해 제공되며 이송은 공작물의 회전축에 평행한 방향으로 천천히 움직이는 절삭날에 의해 제공된다. 드릴링은 원형 구멍을 생성하는 공정으로 일반적으로 2개의 절삭날을 가진 회전하는 공구에 의해 수행된다. [그림 15.2(b)]에 나타낸 바와 같이 공구는 회전축에 평행한 방향으로 이송하면서 원형 구멍을 생성한다. 밀링에서는 여러 개의 절삭날(다인)을 가진 회전하는 공구가 공작물에 대해 상대적으로 천천히 움직이면서 수평면이나 수직면을 생성한다. 이송운동 방향은 공구의 회전축에 수직이다. 절삭속도는 회전하는 밀링커터에 의해 제공된다. 밀링의 가장 기본적인 형태로는 평밀링과 정면밀링이 있다([그림 15.2(c), (d)] 참조).

기타 전통적인 절삭가공 공정으로 형삭, 평삭, 브로칭, 톱작업을 들 수 있다(16.6절). 때때로 연삭과 기타 연마공정을 절삭공정에 포함시키기도 한다. 이러한 공정들은 보통 전통적인 절삭가공 후에 수행되며 매우 우수한 표면정도를 얻기 위해 수행된다.

절삭공구 절삭공구는 1개나 그 이상의 날카로운 절삭날을 가지며 공작물보다 단단한 재료로 만들어진다. 절삭날은 모재로부터 칩을 분리하는 역할을 한다([그림 15.1] 참조). 경사면rake face과 여유면flank으로 불리는 2개의 면이 절삭날에 접해 있다. 새롭게 생성된 칩이 유동하는 경사면은 경사각rake angle α라 불리는 각도로 위치하고 있다. 이 경사각은 공작물 표면에 수직인 면으로부터 측정된다. 이 경사각은 양([그림 15.1(a)] 참조)이 될 수도 있고 음([그림 15.1(b)] 참조)이 될 수도 있다. 공구 여유면은 공구와 새롭게 생성되는 가공면 사이에 틈새를 두어서, 표면정도를 해칠 수 있는 마모작용으로부터 가공면을 보호하는 역할을 한다. 여유면은 여유각relief angle으로 불리는 각을 갖고 위치하고 있다.

실제로 대개의 절삭공구는 [그림 15.1]에 나타낸 것보다 훨씬 복잡한 형상을 갖고 있으며 2개의 기본적인 유형이 있다([그림 15.3]의 (a)단인공구 (b)다인공구). 단인공구single-point tool는 1개의 절삭날을 가지는데, 선삭 같은 공정에 주로 사용된다. 가공 중 공구선단은 공작물 초기 표면 아래로 물려 들어간다. 이 선단은 노즈반경nose radius이라 불리는 반지름을 가지는 원형으로 되어 있다. 다인공구multiple cutting edge tool는 둘 이상의 많은 절삭날을 가지며 대체로 공작물에 대해 상대적으로 회전운동을 한다. 드릴링과 밀링이 회전하는 다인공구를 사용한다. [그림 15.3(b)]는 평밀링에 사용되는 헬리컬 밀링커터를 나타내고 있다. 이 공구의 형상은 단인공구와 많이 다르지만 공구날 형상의 많은 부분은 유사하다. 단인공구, 다인공구, 이들에 사용되는

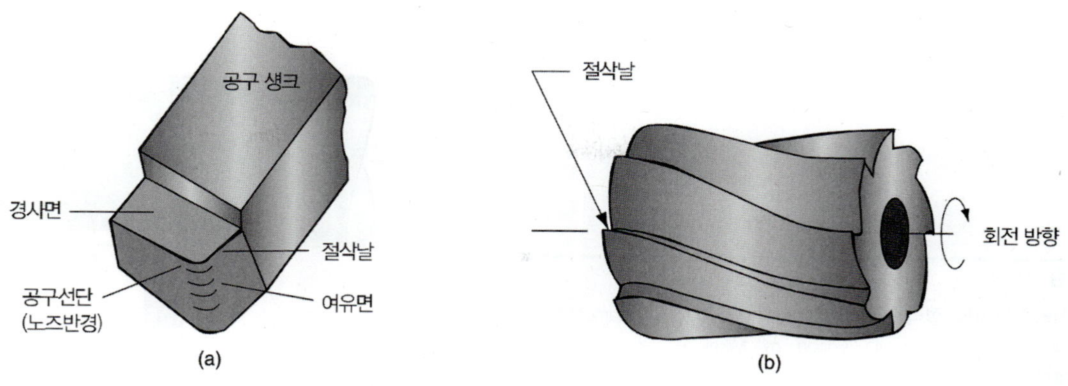

그림 15.3 (a)경사면, 여유면, 공구선단을 나타낸 단인공구, (b)다인공구를 대표하는 헬리컬 밀링커터(출처: Fundamentals of Modern Manufacturing, 4th Edition by Mikell P. Groover, 2010. Reprinted with permission of John Wiley & Sons, Inc.).

재료에 대해 17장에서 자세히 설명한다.

절삭조건 절삭가공 공정을 수행하기 위해서는 공구와 공작물 사이에 상대운동이 존재해야 한다. 어떤 절삭속도 ν로 주운동이 수행되며 추가적으로 공구가 공작물을 가로질러 측면으로 이동해야 한다. 이 운동은 훨씬 느린 속도이며 이송 f라 한다. 그 외의 용어로서 원래의 공작물 아래로 절삭공구가 깊이방향으로 파고드는 거리를 절삭깊이 d라 한다. 절삭속도, 이송, 절삭깊이를 종합해 절삭조건이라 한다. 이들은 절삭가공 공정의 3차원적인 특징을 결정하며 어떤 공정(예를 들면 대개의 단인공구 공정)에 대해 이들의 곱은 그 공정의 소재제거율material removal rate을 나타냈다.

$$R_{MR} = \nu f d \tag{15.1}$$

여기서 R_{MR}=소재제거율 mm^3/s, ν=절삭속도 m/s(이는 mm/s로 변환되어야 함), f=이송 mm, d=절삭깊이 mm다.

선삭공정에서의 절삭조건을 [그림 15.4]에 나타냈다. 절삭속도에 보통 사용되는 단위는 m/s이다. 이송은 mm/rev, 절삭깊이는 mm로 나타냈다. 다른 절삭가공 공정에서 이 단위들은 달라질 수 있다. 예를 들면 드릴링공정에서의 깊이는 보통 드릴링된 구멍의 깊이를 지칭한다.

절삭가공은 보통 절삭 목적, 조건에 따라 황삭과 정삭으로 구분할 수 있다. 황삭roughing cut은 가능한 한 빨리 초기 공작물로부터 많은 양의 재료를 제거하는 것으로서, 최종 형상에 근접한 형상으로 가공하고 뒤따르는 정삭 공정을 위해 절삭할 재료

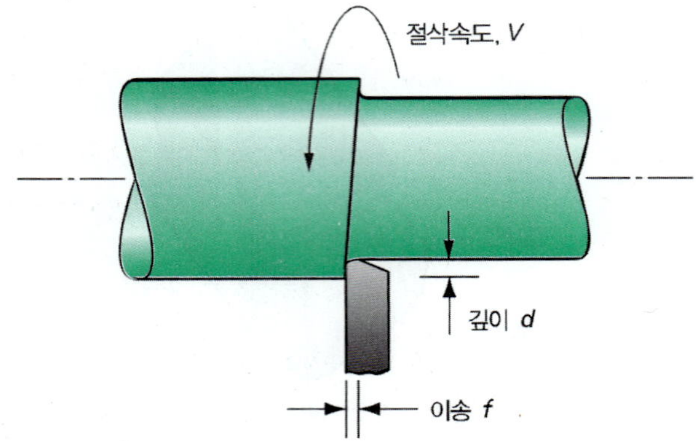

그림 15.4

선삭공정에서의 절삭속도, 이송, 절삭깊이(출처: Fundamentals of Modern Manufacturing, 4th Edition by Mikell P. Groover, 2010. Reprinted with permission of John Wiley & Sons, Inc.).

를 조금 남겨 놓게 된다. 정삭finishing cut은 공작물을 완성하기 위해 수행되며 최종적인 치수, 공차, 표면정도를 얻게 된다. 일반적으로 절삭가공 공정에서 보통 한 번이나 그 이상의 황삭 공정이 수행되고, 한두 번의 정삭 공정이 뒤따르게 된다. 황삭 공정은 높은 값의 이송과 절삭깊이(이송 0.4~1.25mm/rev, 절삭깊이 2.5~20mm)로, 정삭 공정은 낮은 값의 이송과 절삭깊이(이송 0.125~0.4mm/rev, 절삭깊이 0.75~2.0mm)로 보통 수행된다. 절삭속도는 황삭이 정삭보다 낮다.

절삭유가 절삭날을 냉각하고 윤활하기 위해 절삭공정 중 공급된다(17.4절에서 자세히 설명함). 적절한 절삭유의 선택은 보통 절삭조건과 많은 관련이 있다. 주어진 공작물 재료와 공구에 대해, 이러한 절삭조건의 선정은 성공적인 절삭가공 공정을 위해 매우 중요하다.

공작기계 공작물을 고정하고, 공작물에 대한 공구의 상대위치를 결정하고, 미리 정해진 절삭속도, 이송, 절삭깊이의 절삭공정을 위한 동력을 제공하기 위해 공작기계가 사용된다. 공구, 공작물, 절삭조건을 적절하게 조절함으로써, 공작기계는 매우 좋은 정확도, 반복성을 가지고 0.025mm 이하의 공차를 가진 부품을 가공할 수 있다. 공작기계machine tool라는 용어는 연삭공정을 포함해 모든 절삭공정을 수행하는 동력 구동기계를 지칭한다. 또한 금속성형공정과 프레스공정(13, 14장)을 수행하는 기계를 포함하기도 한다.

선삭, 드릴링, 밀링을 수행하기 위한 전통적인 공작기계는 각각 선반, 드릴프레스, 밀링머신이다. 전통적으로 공작기계는 보통 사람에 의해 공작물 취급, 절삭공구 교환, 절삭조건 선정을 한다. 현대적인 공작기계는 컴퓨터수치제어라 불리는 자동화 형태로 이와 같은 공정이 가능하도록 설계된다(29.1절).

15.2 칩 형성 이론

대부분의 실제 절삭가공 공정의 기하학적 문제는 조금 복잡하다. 따라서 기하학적으로 복잡한 부분을 많이 무시하고는 있지만 공정의 역학을 상당히 정확하게 묘사하는 단순화된 절삭가공 모델을 사용한다. [그림 15.5]에 나타낸 것처럼 이를 직교절삭 모델orthogonal cutting model이라 부른다. 실제 절삭가공 공정은 3차원적이지만 직교절삭 모델은 2차원적인 운동을 해석한다.

15.2.1 직교절삭 모델

정의에 의하면 직교절삭 모델은 절삭날이 절삭방향에 수직하게 놓여 있는 쐐기 형상의 공구를 사용한다. 공구가 재료에 힘을 가함에 따라 공작물 표면과 각도 ϕ를 이루고 있는 전단면shear plane이라 불리는 평면을 따라서 전단변형이 일어나 칩이 형성된다. 공구의 날카로운 절삭날 끝에서 재료의 파단이 일어나 결국 소재로부터 칩이 분리된다. 전단평면을 따라서 기계적 에너지의 많은 부분이 소모되어 재료는 소성변형이 발생한다.

직교절삭에서 공구는 오직 경사각과 여유각으로 2가지 기하학적 요소만을 가진다. 앞에서 기술한 바와 같이 경사각은 칩이 공작물로부터 형성되어 유동하는 방향을

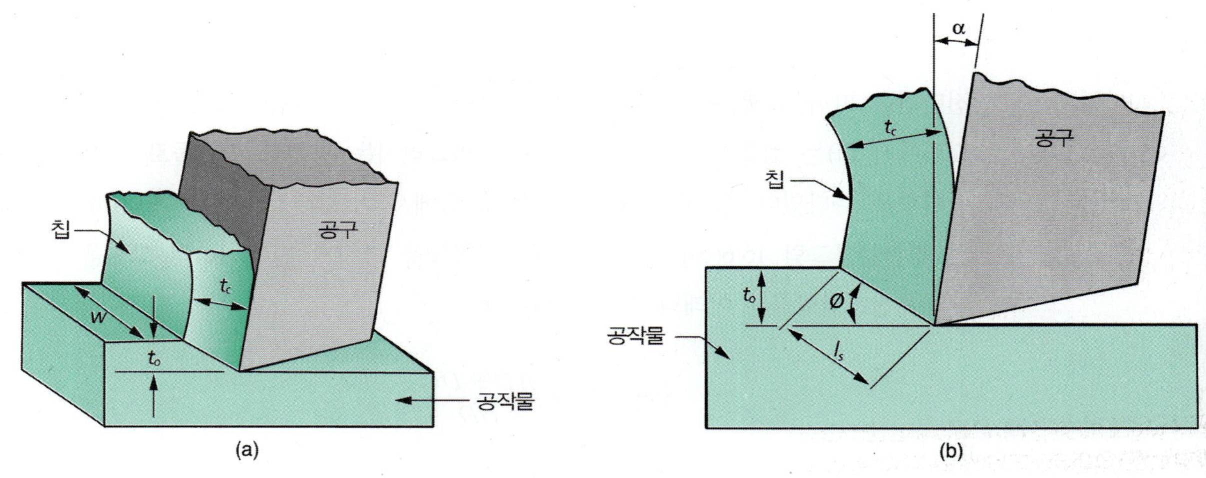

그림 15.5 직교절삭 (a)3차원적 형상, (b)2차원적 형상으로 단순화(측면)(출처: Fundamentals of Modern Manufacturing, 4th Edition by Mikell P. Groover, 2010. Reprinted with permission of John Wiley & Sons, Inc.).

결정하며 여유각은 공구 여유면과 새롭게 생성된 가공면 사이의 작은 틈새를 제공한다.

절삭 중 공구 절삭날은 원래의 공작물 표면 아래로 어떤 깊이를 가지고 위치한다. 이것은 칩이 형성되기 전의 칩두께 t_o와 대응한다. 전단면을 따라 칩이 형성됨에 따라 이 두께는 t_c로 증가한다. t_o와 t_c의 비를 칩두께비혹은 칩비, chip ratio r이라 한다.

$$r = \frac{t_o}{t_c} \tag{15.2}$$

절삭 후 칩두께가 대응되는 절삭 전 칩두께보다 항상 크기 때문에 칩비는 항상 1.0보다 작다.

t_o 외에도 직교절삭에는 [그림 15.5(a)]에 나타낸 것처럼 절삭폭 w가 존재하지만 이 크기는 직교절삭의 해석에 많은 역할을 하지 못한다. 직교절삭의 기하학적 형상으로부터 칩두께비, 경사각, 전단각 사이에 중요한 관계를 만들 수 있다. l_s를 전단면의 길이라 하면 $t_o = l_s \sin\phi$, $t_c = l_s \cos(\phi - \alpha)$가 된다. 그러므로

$$r = \frac{l_s \sin\phi}{l_s \cos(\phi - \alpha)} = \frac{\sin\phi}{\cos(\phi - \alpha)}$$

이 식은 ϕ를 결정하기 위해 다음과 같이 바꿀 수 있다.

$$\tan\phi = \frac{r\cos\alpha}{1 - r\sin\alpha} \tag{15.3}$$

전단면을 따라 발생하는 전단변형률은 [그림 15.6]을 분석함으로써 산정할 수 있다. 그림에서 (a)는 칩을 형성하기 위해 서로 미끄러지는 평행한 평판들로 근사화된 전단변형을 나타냈다. 전단변형률에 대한 앞 절에서의 정의(3.1.4절)와 일치하게, 각각의 평판은 [그림 15.6(b)]에 나타낸 전단변형률을 가지게 된다. (c)의 그림을 참조하면 이 전단변형률은 아래와 같이 표현된다.

$$\gamma = \frac{AC}{BD} = \frac{AD + DC}{BD}$$

이 식은 절삭가공에서 전단변형률의 정의로서 다음과 같이 된다.

$$\gamma = \tan(\phi - \alpha) + \cot\phi \tag{15.4}$$

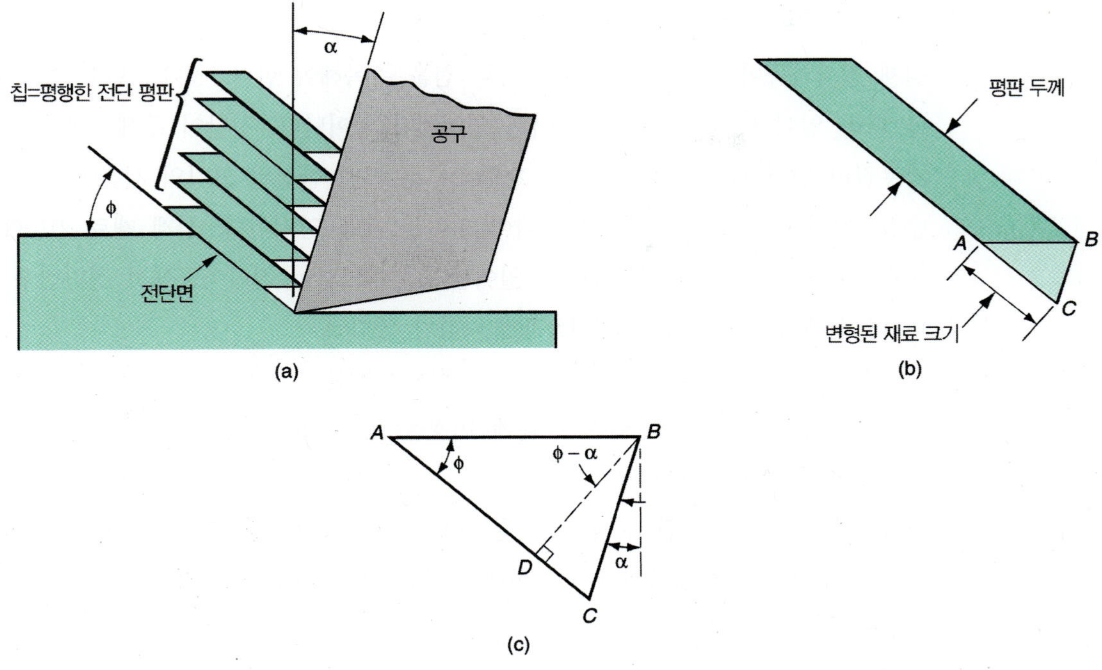

그림 15.6 칩 형성 중의 전단변형률 (a)서로 미끄러지는 평판들로 나타낸 칩 형성, (b)전단변형률의 정의를 나타내기 위한 1개의 평판, (c)식 (15.4)를 유도하기 위해 사용된 전단변형률 삼각형(출처: Fundamentals of Modern Manufacturing, 4th Edition by Mikell P. Groover, 2010. Reprinted with permission of John Wiley & Sons, Inc.).

EXAMPLE 15.1 직교절삭

직교절삭으로 근사화한 절삭가공 공정에서 절삭날은 경사각 10˚를 가진다. 절삭 전 칩두께 t_0=0.50mm, 절삭 후 칩두께 t_c=1.125mm다. 이 공정에서 전단각과 전단변형률을 계산하라.

▌풀이▐

칩두께비는 식 (15.2)로부터 계산된다.

$$r=\frac{0.50}{1.125}=0.444$$

전단각은 식 (15.3)으로부터 주어진다.

$$\tan\phi=\frac{0.444\cos 10}{1-0.444\sin 10}=0.4738$$

$$\phi=25.4^{\circ}$$

마지막으로 전단변형률은 식 (15.4)로부터 계산된다.

$$\gamma=\tan(25.4-10)+\cot 25.4$$

$$\gamma=0.275+2.111=2.386$$

15.2.2 실제의 칩 형성

실제 절삭가공이 직교절삭 모델과 다른 점을 주목해야 한다. 첫째, 전단변형이 평면을 따라 일어나는 것이 아니라 어떤 영역에서 일어난다. 전단이 두께가 0인 평면을 가로질러 일어난다고 가정하면 이 전단작용은 어떤 한정된 크기의 시간이라기보다는 순간적으로 평면을 가로질러 일어나야 한다는 것을 암시한다. 실제 재료 거동에서는 전단변형은 얇은 전단영역 내에서 일어난다. 이와 같이 절삭가공에서 전단변형 과정의 더 실제적인 모델이 [그림 15.7]에 나타나 있다.

금속절삭 실험에 의하면 전단영역의 두께는 수백분의 1mm 정도밖에 되지 않는다. 전단영역의 두께가 매우 얇기 때문에 이것을 평면으로 가정한다 해도 대개의 경우 정확성의 손실이 그다지 크지 않다.

둘째, 칩이 일단 형성된 후에 또 다른 전단작용이 칩에 생긴다. 이 전단작용을 주전단과 구분하기 위해 2차전단이라 한다. 2차전단은 칩이 공구 경사면을 따라 미끄러질 때 칩과 공구 사이의 마찰로부터 생긴다. 공구와 칩 사이의 마찰이 커짐에 따라 이 효과는 커진다. 주전단 영역과 2차전단 영역을 [그림 15.7]에서 볼 수 있다.

셋째, 칩 형성은 가공되는 재료 종류와 절삭 공정조건에 의존한다. [그림 15.8]에 나타낸 바와 같이 4가지 기본적인 칩 형태가 있다.

(a) **불연속칩:** 취성이 상대적으로 큰 재료(예를 들면 주철)를 낮은 절삭속도로 가공할 때 칩이 별개의 단편으로 분리되어 형성된다(때론 단편들이 느슨하게 붙어 있다). 이는 불규칙적인 가공표면을 초래한다. 높은 공구−칩 마찰, 큰 이송과 절삭깊이가 이러한 유형의 칩 형태를 유발한다.

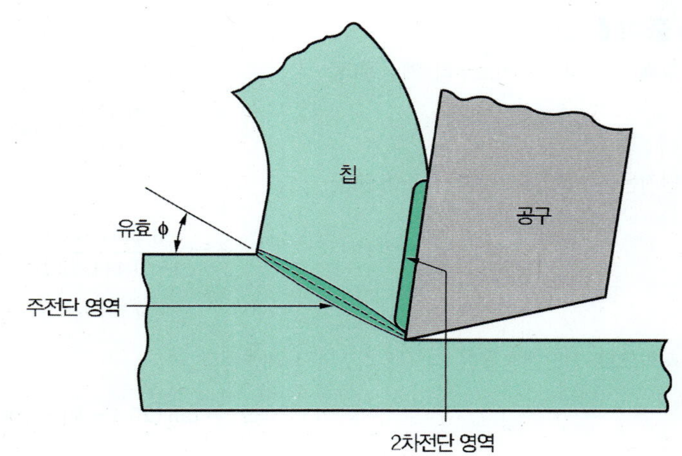

그림 15.7

실제 칩 형성 모델(전단평면이 아닌 전단영역, 공구−칩 마찰로 인한 2차전단 영역)(출처: Fundamentals of Modern Manufacturing, 4th Edition by Mikell P. Groover, 2010. Reprinted with permission of John Wiley & Sons, Inc.).

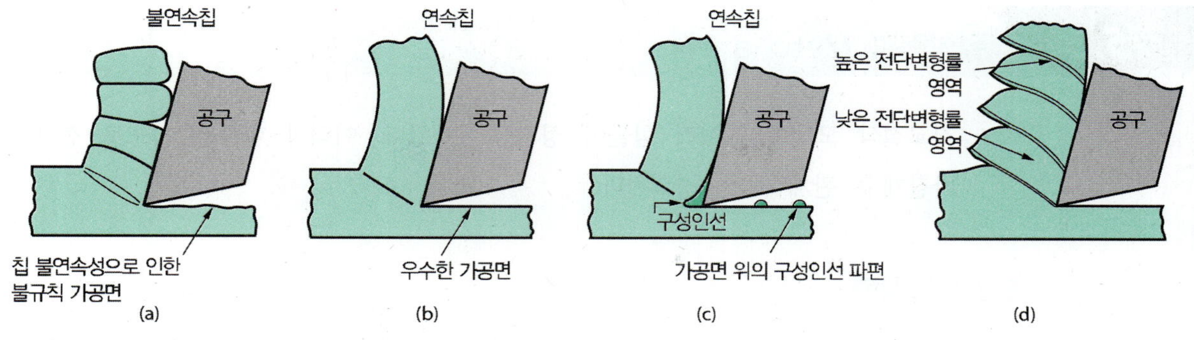

그림 15.8 금속절삭에서의 4가지 칩 형태 (a)불연속칩, (b)연속칩, (c)구성인선을 가진 연속칩, (d)톱니형칩(출처: Fundamentals of Modern Manufacturing, 4th Edition by Mikell P. Groover, 2010. Reprinted with permission of John Wiley & Sons, Inc.).

(b) **연속칩:** 연성 재료가 높은 속도, 작은 이송과 절삭깊이로 절삭될 때 길고 연속인 칩이 형성된다. 이러한 형태의 칩이 형성될 때 일반적으로 좋은 표면정도가 얻어진다. 날카로운 공구 절삭날과 낮은 공구-칩 마찰이 연속칩 형성을 돕는다. 길고 연속적인 칩(선삭에서처럼)은 칩 처리와 공구에 엉키는 문제를 야기할 수 있다. 이러한 문제점을 해결하기 위해 선삭공구에서는 칩브레이커를 갖추게 된다(17.3.1절).

(c) **구성인선을 가진 연속칩:** 낮거나 보통인 절삭속도로 연성재료를 가공하면 공구와 칩 사이의 마찰로 인해 공작물 재료의 일부분이 절삭날 근처의 경사면에 들러붙게 된다. 이렇게 해서 생성된 것을 구성인선built-up edge: BUE이라 한다. 구성인선의 형성은 주기적이다. 이것은 형성되어 자라다가 불안정하게 되면 떨어져나간다. 분리된 구성인선의 대부분은 칩과 함께 배출되는데 때로는 공구 경사면의 일부분과 함께 배출되어 공구수명을 단축시키기도 한다. 칩과 함께 배출되지 못한 일부 구성인선은 새롭게 생성된 공작물 표면에 남게 되어 가공면을 거칠게 한다.

앞에 기술한 칩 유형은 1930년대 후반 Ernst에 의해 처음으로 분류되었다[13]. 이후 새로운 공작물 재료와 공구가 출현하고 절삭속도가 증가함에 따라 다음의 네 번째 칩 형태가 확인되었다.

(d) **톱니형칩:** 높고 낮은 전단변형률이 교대로 존재하는 주기적인 칩 형성에 의해 생성된 톱니 형상을 하고 있다는 점에서 이와 같은 칩 형태를 반연속형으로 볼 수 있다. 이 칩 형태는 티타늄합금, 니켈계 초합금, 오스테나이트계 스테인리스강과 같은 난삭재 금속을 높은 절삭속도로 가공할 때 생성된다. 그러나 이와 같은 현상은 보통의 금속(예를 들면 강)을 고속으로 가공할 때도 발견된다[13].

15.3 절삭력과 Merchant식

직교절삭 모델에서 여러 힘들이 정의될 수 있다. 이러한 힘들을 기초로 전단응력, 마찰계수, 관계식들이 정의된다.

15.3.1 절삭력

[그림 15.9(a)]의 직교절삭에서 칩에 작용하는 힘들을 고려해보자. 공구에 의해 칩에 작용하는 힘들을 2개의 서로 수직하는 분력들로 나눌 수 있다. 마찰력 F는 공구와 칩 사이의 마찰로 인한 공구 경사면의 칩 유동에 저항하는 힘이다. 수직마찰력 N은 마찰력에 수직한 힘이다. 이 2가지 절삭분력들은 공구와 칩 사이의 마찰계수를 정의하기 위해 사용될 수 있다.

$$\mu = \frac{F}{N} \tag{15.5}$$

마찰력과 수직마찰력은 합력 R을 구하기 위해 벡터 합을 만들 수 있다. R은 마찰각으로 불리는 각 β만큼 위치하고 있다. 마찰각은 마찰계수와 다음과 같은 관계가 있다.

$$\mu = \tan\beta \tag{15.6}$$

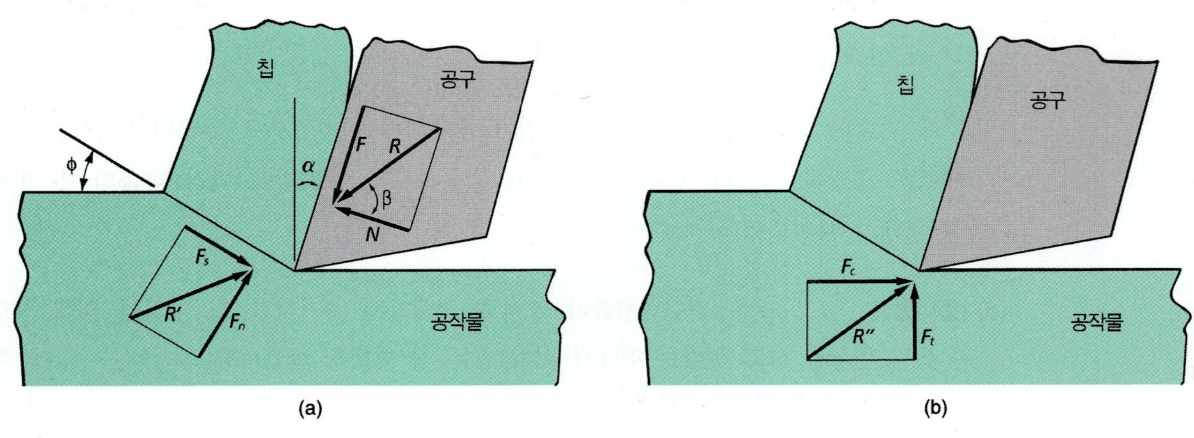

그림 15.9 금속절삭에서의 힘 (a)직교절삭에서 칩에 작용하는 힘, (b)공구에 작용하는 측정 가능한 힘(출처: Fundamentals of Modern Manufacturing, 4th Edition by Mikell P. Groover, 2010. Reprinted with permission of John Wiley & Sons, Inc.).

공구에 의해 칩에 작용하는 힘들에 추가해, 공작물에 의해 칩에 작용하는 2개의 절삭분력들이 있다. 전단력 F_s는 전단면에서 일어나는 전단변형을 일으키는 힘이다. 수직전단력 F_n은 전단력에 수직한 힘이다. 전단력으로부터 공작물과 칩 사이의 전단면을 따라 작용하는 전단응력을 다음과 같이 정의할 수 있다.

$$\tau = \frac{F_s}{A_s} \tag{15.7}$$

여기서 A_s=전단면의 면적이다. 전단면 면적은 다음과 같이 주어진다.

$$A_s = \frac{t_o w}{\sin \phi} \tag{15.8}$$

식 (15.7)에서의 전단응력은 절삭가공 공정을 수행하기 위해 요구되는 응력의 크기를 표현한다. 따라서 이 응력은 절삭 작용이 일어나는 조건하에서 공작물의 전단강도와 일치한다($\tau = S$).

F_s와 F_n, 2개의 분력들의 벡터 합은 합력 R'를 만든다. 칩에 작용하는 힘들이 평형을 이루기 위해 합력 R'는 합력 R과 크기는 같고 방향은 반대이고 동일 직선상에 놓여 있어야 한다.

4개의 분력 F, N, F_s, F_n들은 절삭가공 공정에서 직접 측정할 수 없다. 왜냐하면 이 힘들이 작용하는 방향들이 공구형상과 절삭조건에 따라 변하기 때문이다. 그러나 절삭공구에 공구동력계dynamometer라 불리는 기기를 장치해 공구에 작용하는 2개의 추가적인 힘들을 측정하는 것이 가능하다. 절삭력cutting force F_c는 절삭속도 ν와 같은 방향으로 절삭방향으로 작용한다. 배분력thrust force F_t는 절삭 전 칩두께와 관련되며 절삭력에 수직 방향이다.

절삭력과 배분력을 합력 R''와 함께 [그림 15.9(b)]에 나타냈다. 이 힘들의 각각의 방향이 알려져 있기 때문에 공구동력계를 이에 맞춰 설치한다.

측정할 수 없는 4개의 힘들을 측정이 가능한 2개의 힘으로부터 다음과 같은 관계식을 유도할 수 있다.

$$F = F_c \sin\alpha + F_t \cos\alpha \tag{15.9}$$

$$N = F_c \cos\alpha - F_t \sin\alpha \tag{15.10}$$

$$F_s = F_c \cos\phi - F_t \sin\phi \qquad (15.11)$$

$$F_n = F_c \sin\phi + F_t \cos\phi \qquad (15.12)$$

절삭력과 배분력을 알고 있으면 4개의 식으로부터 마찰력, 수직마찰력, 전단력, 수직전단력을 계산해낼 수 있다. 이로부터 전단응력과 마찰계수가 계산될 수 있다.

직교절삭에서 경사각 $\alpha = 0$이 되는 특별한 경우를 살펴보자. 이때 식 (15.9)와 (15.10)은 각각 $F = F_t$, $N = F_c$가 된다. 그러므로 이와 같은 특별한 경우에 마찰력과 수직마찰력은 공구동력계에 의해 직접 측정이 가능하다.

EXAMPLE 15.2 절삭가공에서의 전단응력

예제 15.1에서 절삭력과 배분력이 직교절삭 공정 동안 F_c=1559N, F_t=1271N으로 측정된다고 가정한다. 직교절삭 모델에서의 절삭폭은 w=3.0mm다. 이 자료를 근거로 공작물의 전단강도를 결정하라.

▮ 풀이 ▮

예제 15.1로부터 경사각 α=10˚, 전단각 ϕ=25.4˚이다. 전단력은 식 (15.11)로부터

$$F_s = 1559\cos 25.4 - 1271\sin 25.4 = 863\text{N}$$

전단면의 면적은 식 (15.8)로 주어진다.

$$A_s = \frac{(0.5)(3.0)}{\sin 25.4} = 3.497\text{mm}^2$$

그러므로 공작물의 전단강도와 일치하는 전단응력은

$$\tau = S = \frac{863}{3.497} = 247\text{N/mm}^2 = 247\text{Mpa}$$

이 예제는 절삭력과 배분력이 공작물의 전단강도와 관련되어 있다는 것을 증명하고 있다. 이와 같은 관련성을 더 직접적으로 유도할 수 있다. 전단력 $F_s = S\ A_s$인 식 (15.7)로부터 다음과 같은 식들을 유도할 수 있다.

$$F_c = \frac{St_o w\cos(\beta-\alpha)}{\sin\phi\cos(\phi+\beta-\alpha)} = \frac{F_s\cos(\beta-\alpha)}{\cos(\phi+\beta-\alpha)} \qquad (15.13)$$

$$F_t = \frac{St_o w\sin(\beta-\alpha)}{\sin\phi\cos(\phi+\beta-\alpha)} = \frac{F_s\sin(\beta-\alpha)}{\cos(\phi+\beta-\alpha)} \qquad (15.14)$$

이와 같은 식들은 직교절삭 공정에서 공작물의 전단강도를 알고 있을 때 절삭력과 배분력을 계산할 수 있게 한다.

15.3.2 Merchant식

금속절삭에서 매우 중요한 관계식 중 하나가 Eugene Merchant[10]에 의해 유도되었다. 직교절삭을 가정해 유도되었지만 3차원 절삭가공에 연장해 적용해도 타당한 식이다. Merchant는 식 (15.7), (15.8), (15.11)을 결합해 다음과 같은 전단응력을 정의했다.

$$\tau = \frac{F_c \cos\phi - F_t \sin\phi}{(t_o w / \sin\phi)} \tag{15.15}$$

전단변형이 일어날 때 공구 절삭날로부터 파생될 수 있는 많은 각들 중에서 1개의 각 ϕ가 주된 역할을 한다고 그는 추론했다. 이 각은 전단응력이 공작물의 전단강도와 일치하게 될 때의 각으로서, 이 각에서 전단변형이 일어난다. 모든 다른 가능한 전단각에서는 전단응력이 전단강도보다 작게 되어 이들 각에서는 칩 형성이 일어날 수 없다. 결과적으로 공작물은 에너지를 최소화하는 전단각을 선택하게 되는 것이다. 이 각은 식 (15.15)의 전단응력 S를 ϕ에 관해 미분한 후 0으로 놓음으로써 구할 수 있다. 이렇게 하여 Merchant식이라고 하는 ϕ에 관한 관계식을 다음과 같이 구할 수 있다.

$$\phi = 45 + \frac{\alpha}{2} - \frac{\beta}{2} \tag{15.16}$$

Merchant식의 가정들 중에서 공작물의 전단강도는 일정해 전단변형률, 온도 등의 영향을 받지 않는다는 가정이 있다. 실제 절삭공정에서 이와 같은 가정은 맞지 않기 때문에 식 (15.16)은 정확한 수학식이라기보다는 근사식으로 간주되어야 한다. 다음 예제에서 이를 적용해보자.

EXAMPLE 15.3 마찰각 계산

앞 예제의 자료와 결과로부터 (a)마찰각, (b)마찰계수를 계산하라.

▌풀이▐

(a) 예제 15.1로부터, $\alpha = 10°$, $\phi = 25.4°$이다. 식 (15.16)을 다시 쓰면 마찰각을 계산할 수 있다.

$$\beta = 2(45) + 10 - 2(25.4) = 49.2°$$

(b) 마찰계수는 식 (15.6)으로 주어진다.

$$\mu = \tan 49.2 = 1.16$$

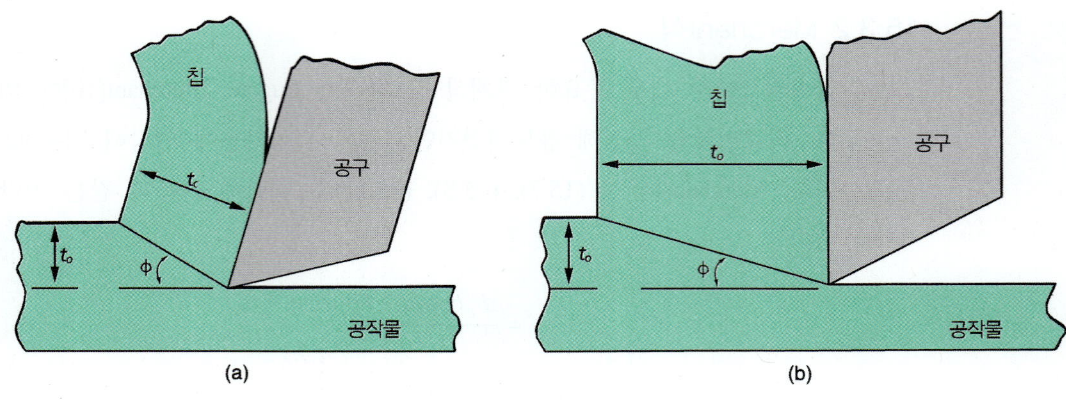

그림 15.10 전단각 ϕ의 영향 (a)ϕ의 증가는 전단면의 면적 감소를 초래, (b)ϕ의 감소는 전단면의 면적 증가를 초래. (a)에서 경사각 증가는 Merchant식에 의해 전단각 증가를 초래한다(출처: Fundamentals of Modern Manufacturing, 4th Edition by Mikell P. Groover, 2010. Reprinted with permission of John Wiley & Sons, Inc.).

Merchant식의 의미 Merchant식은 경사각, 공구—칩 마찰, 전단각 사이의 일반적인 관계를 정의한다는 점에서 많은 가치가 있다. 전단각의 증가는 다음에 기인한다. (1) 경사각의 증가, (2)마찰각(마찰계수)의 감소. 경사각은 적절한 공구 설계로 증가시킬 수 있고 마찰각은 절삭유를 사용해 감소시킬 수 있다.

전단각 증가의 중요성이 [그림 15.10]에 나타나 있다. 다른 인자들이 같다면 전단각이 커질수록 전단면의 면적이 감소한다. 전단강도가 이 면적에 적용되기 때문에 전단면의 면적이 감소함에 따라 칩을 형성하기 위해 요구되는 전단력은 감소한다. 전단각이 증가할수록 절삭에너지, 소요 동력, 절삭온도가 감소한다. 따라서 절삭가공 동안에 전단각을 되도록 크게 하려 하는 이유가 이 때문이다.

직교절삭에 의한 선삭의 근사화 이송이 절삭깊이에 비해 상대적으로 작다면 선삭과 다른 단인공구 절삭가공 공정을 직교절삭 모델을 이용해 근사화시킬 수 있다. 따라서 대부분의 절삭이 이송 방향으로 일어나고 공구선단 부근에서의 절삭은 무시된다. [그림 15.11]은 선삭으로부터 대응하는 직교절삭 모델로의 변환을 보여준다.

그림의 두 경우에 있어 절삭조건의 해석은 다르다. 직교절삭에서 절삭 전 칩두께 t_o는 선삭에서 이송 f에 대응하고, 직교절삭에서 절삭폭 w는 선삭에서 절삭깊이 d에 대응한다. 또한 직교절삭에서 배분력 F_t는 선삭에서 이송력 F_f에 대응한다. 절삭속도와 절삭력은 두 경우에 똑같이 해석된다. [표 15.1]에 이러한 변환을 요약했다.

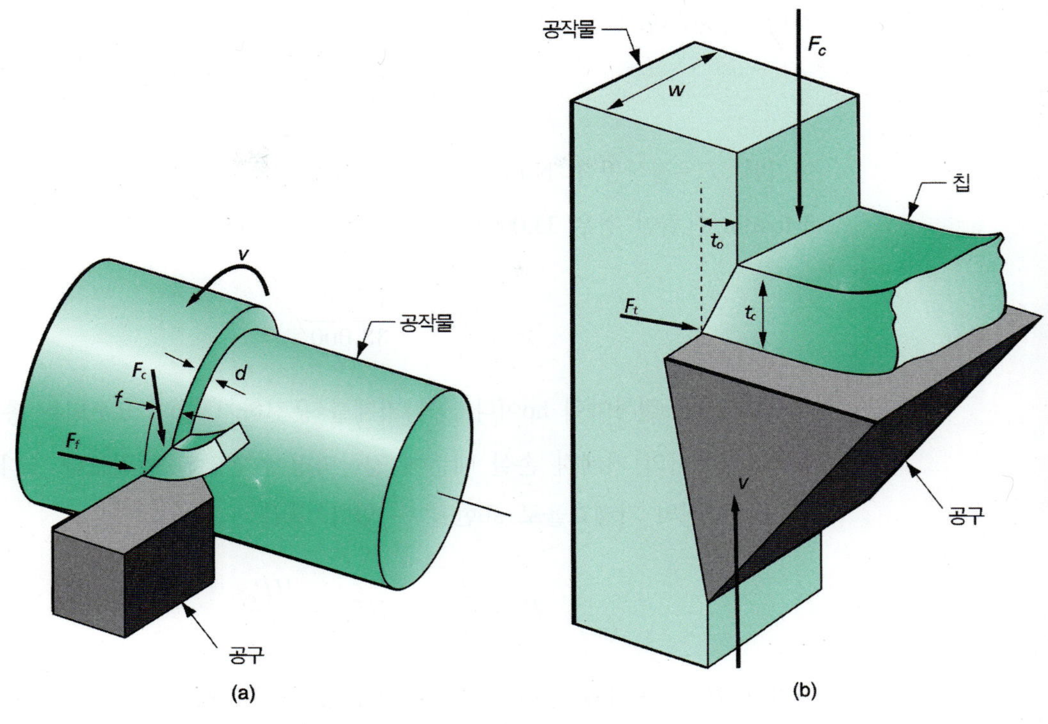

그림 15.11 직교절삭 모델에 의한 선삭의 근사화 (a)선삭공정, (b)대응하는 직교절삭(출처: Fundamentals of Modern Manufacturing, 4th Edition by Mikell P. Groover, 2010. Reprinted with permission of John Wiley & Sons, Inc.).

표 15.1 선삭공정과 직교절삭의 변환

선삭공정	직교절삭 모델
이송 $f=$	절삭 전 칩두께 t_o
절삭깊이 $d=$	절삭폭 w
절삭속도 $\nu=$	절삭속도 ν
절삭력 $F_c=$	절삭력 F_c
이송력 $F_f=$	배분력 F_t

15.4 절삭동력과 에너지

절삭가공 공정은 동력을 요구한다. 절삭가공에서 절삭력은 [예제 15.2]에서 제시된 것처럼 1,000N을 초과할 수도 있다. 보통의 절삭속도는 수백 m/min이다. 절삭력과 절삭속도의 곱은 절삭가공 공정을 수행하기 위해 요구되는 동력(단위 시간당 에너지)을 나타낸다.

$$P_c = F_c \nu \tag{15.17}$$

여기서 P_c=절삭동력 N-m/s(혹은 W), F_c=절삭력 N, ν=절삭속도 m/s다. 동력이 ft-lb/min 단위인 경우 33,000으로 나눠 마력으로 나타내기도 한다.

$$HP_c = \frac{F_c \nu}{33,000} \tag{15.18}$$

여기서 HP_c=절삭마력 hp이다. 공작기계를 운전하기 위해 요구되는 총동력은 모터와 구동장치에서의 기계적 손실 때문에 절삭과정에 전달된 동력보다 크다. 이러한 손실은 공작기계의 기계효율로 표현될 수 있다. 혹은

$$P_g = \frac{P_c}{E} \text{ or } HP_g = \frac{HP_c}{E} \tag{15.19}$$

여기서 P_g=공작기계 모터의 총동력 W, HP_g=총동력, E=공작기계의 기계효율이다. 공작기계의 E 값은 보통 90% 정도다.
동력을 제거되는 소재의 단위 부피당 동력으로 변환하는 것이 유용할 때가 있다. 이를 단위동력 P_u(혹은 단위마력 HP_u)라 하고 다음과 같이 정의한다.

$$P_u = \frac{P_c}{R_{MR}} \text{ or } HP_u = \frac{HP_c}{R_{MR}} \tag{15.20}$$

여기서 R_{MR}=소재제거율 mm^3/s이다. 소재제거율은 $\nu t_o w$로 계산된다. 이것은 [표 15.1]에 의해 변환한 식 (15.1)이다. 단위동력은 비에너지 U로도 알려져 있다.

$$U = P_u = \frac{P_c}{R_{MR}} = \frac{F_c \nu}{\nu t_o w} = \frac{F_c}{t_o w} \tag{15.21}$$

비에너지의 단위는 보통 N-m/mm^{3}이다. 그러나 식 (15.21)의 마지막 식 단위는 N/mm^{2}가 될 수 있다. 단위를 N-mm/mm^{3}이나 J/mm^{3}으로 하는 것이 더 의미가 있다.

EXAMPLE 15.4 절삭가공에서의 동력

앞에서의 예제들과 연속해 절삭속도=100m/min일 때의 절삭가공 공정을 수행하기 위해 요구되는 절삭동력과 비에너지를 구하라. 앞 예제들의 자료와 결과를 요약하면 t_o=0.50mm, w=3.0mm, F_c=1557N이다.

▮풀이▮

식 (15.18)로부터, 이 공정에서의 동력은

$$P_c = (1557\text{N})(100\text{m/min}) = 155{,}700\text{N-m/min} = 155{,}700\text{J/min} = 2595\text{J/s} = 2595\text{W}$$

비에너지는 식 (15.21)로부터 계산된다.

$$U = \frac{155{,}700}{100(10^3)(3.0)(0.5)} = \frac{155{,}700}{150{,}00} = 1.038\text{N-m/mm}^3$$

단위동력과 비에너지는 절삭가공 동안에 단위 부피의 소재를 제거하기 위해 얼마만큼의 동력(혹은 에너지)이 요구되는지를 알 수 있는 유용한 척도가 된다. 이러한 척도를 이용해 서로 다른 공작물들을 동력과 에너지의 관점에서 비교할 수 있다. [표 15.2]는 몇 개의 선정된 공작물에 대해 단위마력과 비에너지 값들을 보여준다.

[표 15.2]의 값들은 2개의 가정에 기초한다. (1)날카로운 절삭날, (2)절삭 전 칩두께 t_o=0.25mm다. 이 가정들을 만족하지 못하면 어떤 보정이 필요하다. 마모된 공구로 절삭을 수행하면 요구되는 동력이 커지며 이는 증가된 비에너지와 단위마력으로 나타난다. 근사적으로 공구의 무딘 정도에 따라 표에 나타난 값에 1.00~1.25 사이의 값을 곱해야 한다. 날카로운 절삭날에 대해서는 이 값은 1.00이다. 많이 마모된 공구에 대해 이 값은 정삭에서 1.10이고 황삭에서 1.25이다.

절삭 전 칩두께 t_o 또한 비에너지와 단위마력에 영향을 미친다. t_o가 감소함에 따라 요구되는 동력이 증가한다. 이와 같은 관계를 치수효과size effect라 한다. 예를 들면 대부분의 절삭가공 공정에 비해 칩의 크기가 매우 작은 연삭은 매우 큰 비에너지 값을 요구한다. t_o가 0.25mm가 아닌 경우에 절삭 전 칩두께의 차이를 보정하기 위해 보정계수를 적용함으로써 [표 15.2]의 U와 HP_u 값들을 마력과 에너지를 산정하기 위해 여전히 사용할 수 있다. [그림 15.12]는 이 보정계수를 t_o의 함수로서 나타내고 있다. t_o가 0.25mm가 아닌 경우에 [표 15.2]에서 단위마력과 비에너지 값들은 적당한 보정계수로 곱해져야 한다.

공구의 날카로움과 치수효과에 추가해, 주어진 공정에서 비에너지와 단위마력에 영

표 15.2 날카로운 절삭날을 사용하고 절삭 전 칩두께 t_o=0.25mm일 때의 서로 다른 공작물에 대한 단위마력과 비에너지 값[6][8][11]

재료	브리넬 경도	비에너지, U 혹은 단위동력 P_u N-m/mm³	비에너지, U 혹은 단위동력 P_u (in-lb/in³)	단위마력, HP_u (hp/in³/min)
탄소강	150–200	1.6	(240,000)	(0.6)
	201–250	2.2	(320,000)	(0.8)
	251–300	2.8	(400,000)	(1.0)
합금강	200–250	2.2	(320,000)	(0.8)
	251–300	2.8	(400,000)	(1.0)
	301–350	3.6	(520,000)	(1.3)
	351–400	4.4	(640,000)	(1.6)
주철	125–175	1.1	(160,000)	(0.4)
	175–250	1.6	(240,000)	(0.6)
스테인리스강	150–250	2.8	(400,000)	(1.0)
알루미늄	50–100	0.7	(100,000)	(0.25)
알루미늄 합금	100–150	0.8	(120,000)	(0.3)
황동	100–150	2.2	(320,000)	(0.8)
청동	100–150	2.2	(320,000)	(0.8)
마그네슘 합금	50–100	0.4	(60,000)	(0.15)

향을 미치는 인자들이 있다. 이 인자들은 경사각, 절삭속도, 절삭유다. 경사각과 절삭속도가 증가하거나, 절삭유가 공급되면 U와 HP_u 값들이 조금 감소한다. 이 장의 끝에 나오는 연습문제들의 목적상, 이러한 부수적인 영향들은 무시될 수 있다.

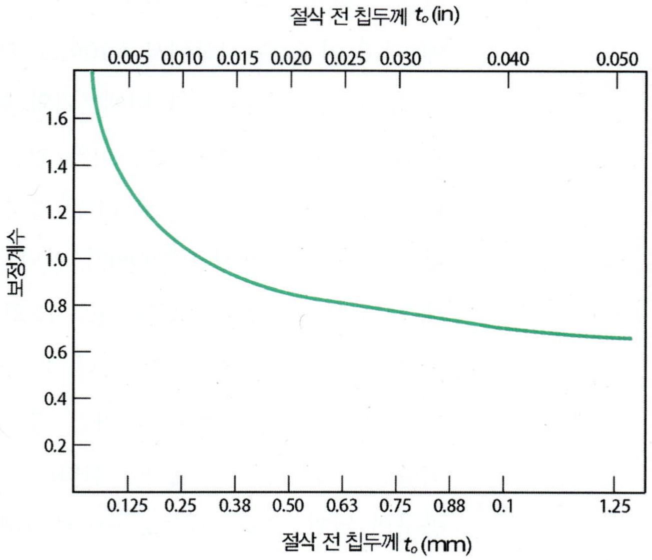

그림 15.12

절삭 전 칩두께 t_o가 0.25mm가 아닐 때 단위마력과 비에너지에 대한 보정계수(출처: Fundamentals of Modern Manufacturing, 4th Edition by Mikell P. Groover, 2010. Reprinted with permission of John Wiley & Sons, Inc.).

15.5 절삭온도

절삭가공에서 소모되는 총에너지 중에서 거의 모두(약 98%)가 열로 변환된다. 이 열은 공구－칩 접촉면에서의 온도를 600°C 이상까지 매우 높게 한다. 나머지 에너지(약 2%)는 칩의 탄성에너지로 남는다.

절삭온도는 매우 중요한데 그 이유로는 높은 절삭온도는 (1)공구의 수명을 단축시키고, (2)작업자의 안전에 해가 되는 고온의 칩을 형성하고, (3)공작물의 열팽창으로 인해 치수 부정확성을 초래할 수 있기 때문이다. 이 절에서는 절삭공정에서 절삭온도를 계산하고 측정하는 방법들을 설명한다.

15.5.1 절삭온도의 해석

절삭온도를 계산하는 해석적 방법들이 몇 가지 있다. 참고문헌 [3], [5], [9], [15]이 이러한 방법들을 기술하고 있다. 여기서는 결과식에 대한 매개변수 값들을 알기 위해 여러 가지 공작물에 대한 실험 결과로부터 유도한 Cook[5]에 의해 제시된 방법을 기술한다. 이 식은 절삭가공 동안에 공구—칩 접촉면에서의 온도 상승을 예측하기 위해 사용될 수 있다.

$$\Delta T = \frac{0.4U}{\rho C}\left(\frac{\nu t_o}{K}\right)^{0.333} \tag{15.22}$$

여기서 ΔT=공구—칩 접촉면에서의 평균 온도 상승 °C, U=비에너지 N-m/mm^3(혹은 J/mm^3), ν=절삭속도 m/s, t_o=절삭 전 칩두께 m, ρC=공작물의 체적비열 J/mm^3-C, K=공작물의 열확산율 m^2/s이다.

EXAMPLE 15.5 절삭온도

[예제 15.4]에서 구한 비에너지에 대해 20℃의 대기온도를 고려해 절삭온도를 계산하라. 이 장의 앞 예제들의 주어진 자료들을 이용하라. ν=100m/min, t_o=0.5mm. 추가적으로 이 공작물에 대해 체적비열=3.0(10^{-3})J/mm^3, 열확산율=50 (10−6) m^2/s(=50mm^2/s).

▌풀이▐

절삭속도는 mm/s로 변환되어야 한다. ν=(100m/min)(10^3mm/m)/(60s/min)=1667mm/s. 평균 온도 상승을 계산하기 위해 식 (15.22)를 사용한다.

$$\Delta T = \frac{0.4(1.038)}{3.0(10^3)}℃\left(\frac{1667(0.5)}{50}\right)^{0.333} = (138.4)(2.552) = 353℃$$

15.5.2 절삭온도의 측정

절삭가공에서 온도를 측정하기 위해 실험적 방법들이 발전되어왔다. 가장 널리 쓰이는 측정 방법이 공구-칩 열전대tool-chip thermocouple이다. 이 열전대의 접합점을 형성하는 2개의 서로 다른 금속은 공구와 칩이 된다. 공구와 공작물(칩과 연결된)에 적당히 전기도선을 연결해 절삭 중 공구-칩 접촉면 사이에서 발생한 전압을 기록 가능한 전위차계potentiometer 혹은 기타 데이터 수집장치를 사용해 측정할 수 있다. 공구-칩 열전대의 출력전압(mV)은 특정 공구-공작물 조합을 이용한 보정calibration을 통해 이에 상응하는 온도 값으로 변환될 수 있다.

공구-칩 열전대는 온도와 절삭조건(즉 절삭속도와 이송)과의 연관성을 연구하기 위해 이용되어왔다. Trigger[14]는 절삭속도-온도 관계를 다음과 같은 일반적인 식으로 나타냈다.

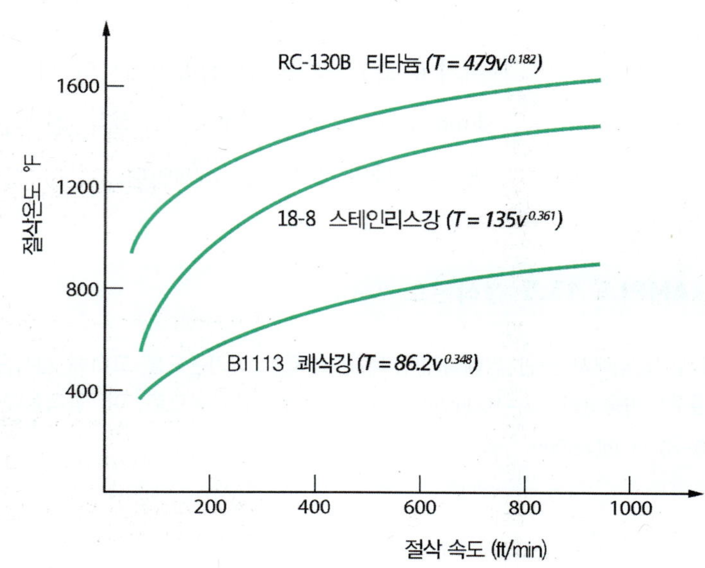

그림 15.13
3개의 공작물에 대해 실험적으로 측정된 절삭온도와 절삭속도의 관계(식 15.23과 잘 일치)(출처: Fundamentals of Modern Manufacturing, 4th Edition by Mikell P. Groover, 2010. Reprinted with permission of John Wiley & Sons, Inc.).

$$T = K\nu^m \tag{15.23}$$

여기서 T=측정된 공구-칩 접촉면 온도, ν=절삭속도다. 매개변수 K와 m은 절삭조건(ν는 예외)과 공작물에 의존한다. [그림 15.13]은 식 (15.23)에 따라 여러 공작물에 대해 온도와 절삭속도의 관계를 나타내고 있다. 절삭온도와 이송도 비슷한 관계를 나타냈다. 그러나 온도에 대한 이송의 영향은 절삭속도만큼 크지 않다. 이러한 실험 결과들은 Cook에 의해 제안된 식 (15.22)를 잘 뒷받침하고 있다.

참고문헌 References

[1] *ASM Handbook*, Vol. 16, *Machining*. ASM International, Materials Park, Ohio, 1989.

[2] Black, J, and Kohser, R. *DeGarmo' Materials and Processes in Manufacturing,* 10th ed. John Wiley & Sons, Inc. Hoboken, New Jersey, 2008.

[3] Boothroyd, G., and Knight, W. A. *Fundamentals of Metal Machining and Machine Tools,* 3rd ed. CRC Taylor and Francis, Boca Raton, Florida,2006.

[4] Chao, B. T., and Trigger, K. J. "Temperature Distribution at the Tool-Chip Interface in Metal Cutting," *ASME Transactions,* Vol. 77, October 1955, pp. 1107–121.

[5] Cook, N. "Tool Wear and Tool Life," *ASME Transactions, J. Engrg. for Industry,* Vol. 95, November 1973, pp. 931–38.

[6] Drozda, T. J., and Wick, C. (eds.). *Tool and Manufacturing Engineers Handbook,* 4th ed., Vol. I, Machining. Society of Manufacturing Engineers, Dearborn, Michigan, 1983.

[7] Kalpakjian, S., and Schmid, R. *Manufacturing Processes for Engineering Materials,* 4th ed. PrenticeHall/ Pearson, Upper Saddle River, New Jersey, 2003.

[8] Lindberg, R. A. *Processes and Materials of Manufacture,* 4th ed. Allyn and Bacon, Inc., Boston, Massachusetts, 1990.

[9] Loewen, E. G., and Shaw, M. C. "On the Analysis of Cutting Tool Temperatures," *ASME Transactions,* Vol. 76, No. 2, February 1954, pp. 217–25.

[10] Merchant, M. E. "Mechanics of the Metal Cutting Process: II. Plasticity Conditions in Orthogonal Cutting," *Journal of Applied Physics,* Vol. 16, June 1945 pp. 318–24.

[11] Schey, J. A. *Introduction to Manufacturing Processes,* 3rd ed. McGraw-Hill Book Company, New York, 1999.

[12] Shaw,M. C. *Metal Cutting Principles,* 2nd ed. Oxford University Press, Inc., Oxford, England, 2005.

[13] Trent, E. M., and Wright, P. K. *Metal Cutting,* 4th ed. Butterworth Heinemann, Boston, Massachusetts, 2000.

[14] Trigger, K. J. "Progress Report No. 2 on Tool-Chip Interface Temperatures," *ASME Transactions,* Vol. 71, No. 2, February 1949, pp. 163–74.

[15] Trigger, K. J., and Chao, B.T. "An Analytical Evaluation of Metal Cutting Temperatures," *ASME Transactions,* Vol. 73, No. 1, January 1951, pp. 57–8.

복습문제 Review Questions

15.1 재료제거 공정의 3가지 기본 분야를 나열하라.

15.2 절삭가공과 다른 제조공정과의 차이점은 무엇인가?

15.3 절삭가공이 상업적, 기술적으로 중요한 이유를 나열하라.

15.4 3가지의 가장 보편적인 절삭가공 공정을 나열하라.

15.5 절삭가공에서 절삭공구의 2가지 기본적인 종류는 어떤 것인가? 이와 같은 종류를 사용하는 절삭가공 공정의 예를 들어라.

15.6 절삭조건의 범주에 들어가는 절삭가공 공정의 매개변수들을 나열하라.

15.7 절삭가공에서 황삭과 정삭의 차이점을 정의하라.

15.8 공작기계란 무엇인가?

15.9 직교절삭 모델이란 무엇인가?

5.10 금속절삭의 해석에서 직교절삭 모델이 유용한 이유는 무엇인가?

15.11 금속절삭에서 일어나는 4가지 종류의 칩에 대해 열거하고 간단히 설명하라.

15.12 직교절삭 모델에서 칩에 작용하지만 직접 측정할 수 없는 힘 4가지를 나열하라.

15.13 직교절삭 모델에서 직접 측정할 수 있는 힘 2가지를 나열하라.

15.14 직교절삭 모델에서 마찰계수와 마찰각 사이의 관계는 무엇인가?

15.15 Merchant식이 의미하는 바를 설명하라.

15.16 절삭력과 관련해 절삭공정에 요구되는 동력에 대해 설명하라.

15.17 절삭가공에서 비에너지란 무엇인가?

15.18 금속절삭에서 치수효과가 의미하는 것은 무엇인가?

15.19 공구-칩 열전대란 무엇인가?

연습문제 PROBLEMS

15.1 직교절삭 공정에서 공구 경사각=15°, 절삭 전 칩두께 0.30mm, 절삭 후 칩두께=0.65mm다. 이 공정에 대해 (a)전단각, (b)전단변형률을 계산하라.

15.2 직교절삭 공정에서 절삭폭=0.250in, 공구 경사각=5°, 절삭 전 칩두께=0.010in, 절삭 후 칩두께=0.027in이다. 이 공정에 대해 (a)전단각, (b)전단변형률을 계산하라.

15.3 선삭공정에서 절삭조건이 v=1.8m/s, f=0.30 mm, d=2.6mm다. 공구 경사각=8°이고 절삭 후 칩두께=0.49mm일 때 직교절삭 모델을 가정해 (a)전단각, (b)전단변형률, (c)소재제거율을 계산하라.

15.4 직교절삭 공정에서 절삭력=1470N, 배분력=1589N이다. 경사각=5°, 절삭폭=5.0mm, 절삭 전 칩두께=0.6, 칩두께비=0.38일 때 이 공정에 대해 (a)공작물의 전단강도, (b)마찰계수를 결정하라.

15.5 직교절삭 공정에서 절삭력=300lb, 배분력=291lb 이다. 경사각=10°, 절삭폭=0.200in, 절삭 전 칩두께=0.015, 칩두께비=0.4일 때 이 공정에 대해 (a)공작물의 전단강도, (b)마찰계수를 결정하라.

15.6 직교절삭 공정에서 경사각=-5°, 절삭 전 칩두께 =0.2mm, 절삭폭=4.0mm다. 칩비=0.4일 때 (a) 절삭 후 칩두께, (b)전단각, (c)마찰각, (d)마찰계수, (e)전단변형률을 계산하라.

15.7 전단강도 50,000lb/in^{2}인 공작물에 대해 다음과 같은 조건으로 직교절삭 공정이 수행된다. 경사각=20°, 절삭속도=100ft/min, 절삭 전 칩두께 = 0.015in, 절삭폭=0.015in 칩비가 0.50일 때 (a)전단각, (b)전단력, (c)절삭력과 배분력, (d)마찰력을 구하라.

15.8 직경 7.64in인 탄소강 바의 인장강도가 65,000 lb/in^{2}이고 전단강도가 45,000lb/in^{2}이다. 선삭을 통해 다음과 같은 조건으로 직경이 감소된다. 절삭속도=400ft/min, 이송=0.011in/rev, 절삭깊이 = 0.120in, 경사각=13°, 칩비=0.52. 직교절삭 모델을 가정해 (a)전단각, (b)전단력, (c)절삭력과 이송력, (d)마찰력을 구하라.

15.9 인장강도 300MPa와 전단강도 220MPa을 갖는 저탄소강이 절삭속도 3.0m/s에서 선삭공정에 의해 절삭된다. 이송=0.20mm/rev, 절삭깊이=30.0mm 다. 공구 경사각이 5°이고 칩비가 0.45일 때 직교절삭 모델을 가정해 (a)전단각, (b)전단력, (c) 절삭력과 이송력을 계산하라.

15.10 선삭공정에서 경사각=10°, 이송=0.010in/rev, 절삭깊이=0.100in이다. 공작물의 전단강도= 50,000lb/in^{2}이고 절삭 후 칩두께비는 0.40으로 측정되었다. 직교절삭 모델을 가정해 절삭력과 이송력을 계산하라.

15.11 경도=200HB인 스테인리스강에 대한 선삭공정에서 절삭속도=200m/min, 이송=0.25mm/rev, 절삭깊이=7.5mm다. 기계효율이 90%라고 하면 이 공정에 필요한 동력은 얼마인가? 적당한 비에너지 값을 위해 [표 15.2]를 사용하라.

15.12 연습문제 15.11에서 이송이 0.50mm/rev라고 할 때 소요 동력을 구하라.

15.13 알루미늄 선삭공정에서 절삭속도=900ft/min, 이송=0.020in/rev, 절삭깊이=0.250in이다. 만일 기계효율이 87%라고 하면 이 공정에 필요한 구동모터의 마력은 얼마인가? 적절한 단위 마력 값을 위해 [표 15.2]를 사용하라.

15.14 브리넬경도=275HB인 일반탄소강에 대한 선삭 공정에서 절삭속도=200m/min, 절삭깊=6.0mm 다. 선반의 모터가 25kW이고 기계효율이 90%라고 하면 [표 15.2]를 사용해 이 공정에 필요한 최대 이송을 구하라. 필요한 반복 계산을 위해 스프레드시트 계산기의 사용을 추천한다.

15.15 효율이 87%인 20hp의 선반으로 선삭공정이 수행된다. 경도가 325~335HB인 합금강에 대해 절삭속도=375 ft/min, 이송=0.030in/rev, 절삭깊이=0.150in인 조건에서 황삭이 수행된다. 이 자료를 바탕으로 볼 때 20hp에서 이 작업이 가능한가? 적절한 단위마력 값을 위해 [표 15.2]를 사용하라.

15.16 저탄소강 선삭공정에서 경도=175BHN, 절삭속도=400ft/min, 이송=0.010in/rev, 절삭깊이=0.075in이다. 선반의 기계효율은 0.85이다. [표 15.2]의 단위마력 값에 근거해 (a)선삭공정에 의해 소모된 마력, (b)선반에 의해 생성되어야 하는 마력을 구하라.

15.17 연습문제 15.16에서 이송=0.0075in/rev, 공작물인 스테인리스 경도=240HB로 가정해 계산하라.

15.18 알루미늄(100BHN)에 대한 선삭공정에서 절삭속도=5.6m/s, 이송=0.25mm/rev, 절삭깊이=2.0mm다. 기계효율이 0.85라고 하면 [표 15.2]의 비에너지 값을 참조해, (a)절삭동력, (b)선삭공정의 총동력(Watt)을 구하라.

15.19 선삭공정이 공구 경사각=0°로 수행된다. 공작물인 합금강의 경도=325HB이고 절삭조건은 이송=0.015in/rev, 절삭깊이=0.125in, 절삭속도=300ft/min이다. 절삭 후 칩두께비는 0.45로 측정되었다. (a)[표 15.2]의 비에너지 값을 사용해 선반효율이 85%일 때 구동모터의 마력을 계산하고, (b)마력 값으로부터 이 선삭공정의 가장 근사한 절삭력을 계산하라. 직교절삭 모델을 가정한다.

15.20 알루미늄 합금에 대한 선삭에서 이송=0.020in/rev, 절삭깊이=0.250in이다. 선반 모터의 마력이 20hp이고 기계효율이 92%이다. 이 알루미늄에 대해 단위마력=0.25hp/(in^3/min)이다. 이 작업에서 사용될 수 있는 최대 절삭속도를 계산하라.

15.21 질량비열=1.0J/g-C, 밀도=2.9g/cm^3, 열확산율=0.8cm^2/s인 공작물에 대해 직교절삭을 수행한다. 절삭속도=4.5m/s, 절삭깊이=0.25mm, 절삭폭=2.2mm이고, 절삭력=1170N으로 측정될 때 Cook식을 이용해 대기온도가 22°C일 때 절삭온도를 계산하라.

15.22 경도=225HB인 강에 대해 절삭속도=3.0m/s, 이송=0.25mm, 절삭깊이=4.0mm로 선삭공정을 수행한다. 3.6과 3.7절의 열적물성에 대한 표와 정의와 함께 [표 15.2]의 비에너지 값들을 참조해, Cook식을 이용해 절삭온도를 계산하라. 대기온도는 20°C로 가정한다.

15.23 체적비열=110in-lb/in^3-F, 열확산율=0.140in^2/sec인 어떤 금속에 대해 직교절삭을 수행한다. 절삭속도=350ft/min, 절삭깊이=0.008in, 절삭폭=0.100in이고, 절삭력=200lb로 측정될 때 Cook식을 이용해 대기온도가 70°F일 때 절삭온도를 계산하라.

15.24 선삭공정 중 공구-칩 열전대로 절삭온도를 측정했다. 3개의 다른 절삭속도에서 다음과 같은 온도 데이터가 얻어졌다(이송과 절삭깊이는 일정하게 유지됨). (1)v=100m/min, T=505°C, (2)v=130m/min, T=552°C, (3)v=160m/min, T=592°C. 식 (15.23)의 Trigger식과 같이 절삭속도의 함수로 온도에 관한 식을 구하라.

CHAPTER

16 절삭공정과 공작기계

MACHINING OPERATIONS AND MACHINE TOOLS

절삭가공은 여러 유형의 부품 형상과 기하학적 특징을 가공하는 능력 면에서 모든 제조공정 중에서 가장 다양하고 정확한 공정이다. 주조 또한 다양한 형상을 제조할 수 있지만 절삭가공의 정밀도와 정확도에는 미치지 못한다. 이 장에서는 중요한 절삭가공 공정들과 이 공정들을 수행하기 위한 공작기계들을 기술한다.

16.1 절삭가공과 부품 형상

가공된 부품은 회전형과 비회전형으로 [그림 16.1]과 같이 분류할 수 있다. 회전형rotational 부품은 원통형이나 원판형 형상을 가진다. 이와 같은 기하학적 형상을 생산하기 위한 공정은 절삭공구가 회전하는 공작물로부터 재료를 제거하는 것이 특징이다. 선삭과 보링을 예로 들 수 있다. 드릴링은 원통 내면이 만들어지고 대개의 드릴링 공정에서 공구(공작물보다는)가 회전한다는 점이 다르다. 비회전형nonrotational 혹은 각주형prismatic 부품은 [그림 16.1(b)]와 같이 블록이나 평판 형상이다. 이와 같은 기하학적 형상은 회전하거나 직선으로 움직이는 공구 운동과 함께, 공작물의 직선 운동으로 얻어진다. 이 범위에 들어가는 공정으로 밀링, 형삭, 평삭, 톱작업이 있다.

각 절삭가공은 2가지 요인에 의해 특징적인 형상을 만든다. (1)공구와 공작물 사이의 상대적인 운동, (2)절삭공구의 형상. 이 공정들은 부품 형상이 만들어지는 방법에 따라 생성가공과 총형가공으로 분류된다. 생성가공generating에서 부품 형상은 절삭공구의 이송 궤적에 따라 결정된다. 형상을 만들기 위해 이송 운동 동안에 공구에 의한 경로가 공작물 표면에 구현된다. 절삭가공에서 공작물 형상을 생성하는 예는 [그림 16.2]에 나타낸 것처럼 직선선삭, 테이퍼선삭, 윤곽선삭, 평밀링, 윤곽밀링이 있다. 각 공정에서 소재 제거는 절삭속도 운동으로 얻어지고 부품 형상은 이송 운동으로 결정된다. 공정 중 이송 궤적은 절삭깊이와 절삭폭의 변화를 수반할 수 있다. 예를 들면 그림에 나타난 윤곽선삭과 윤곽밀링에서 이송 운동은 절삭이 진행됨에 따라 각각 깊이와 폭의 변화를 초래한다.

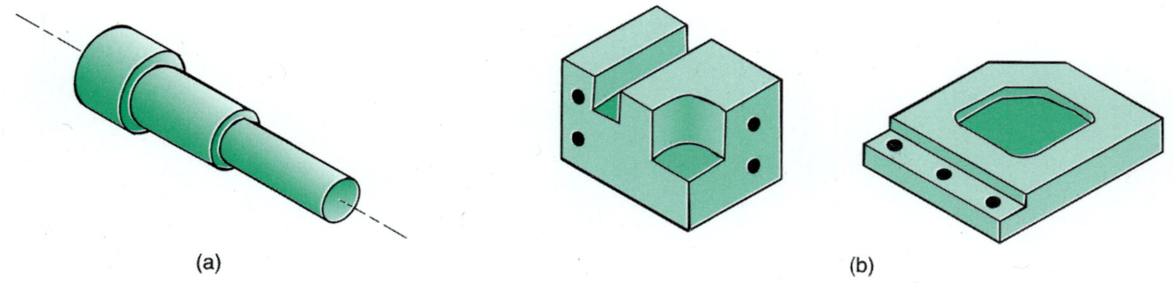

그림 16.1 가공부품의 분류 (a)회전형, (b)비회전형(출처: Fundamentals of Modern Manufacturing, 4th Edition by Mikell P. Groover, 2010. Reprinted with permission of John Wiley & Sons, Inc.).

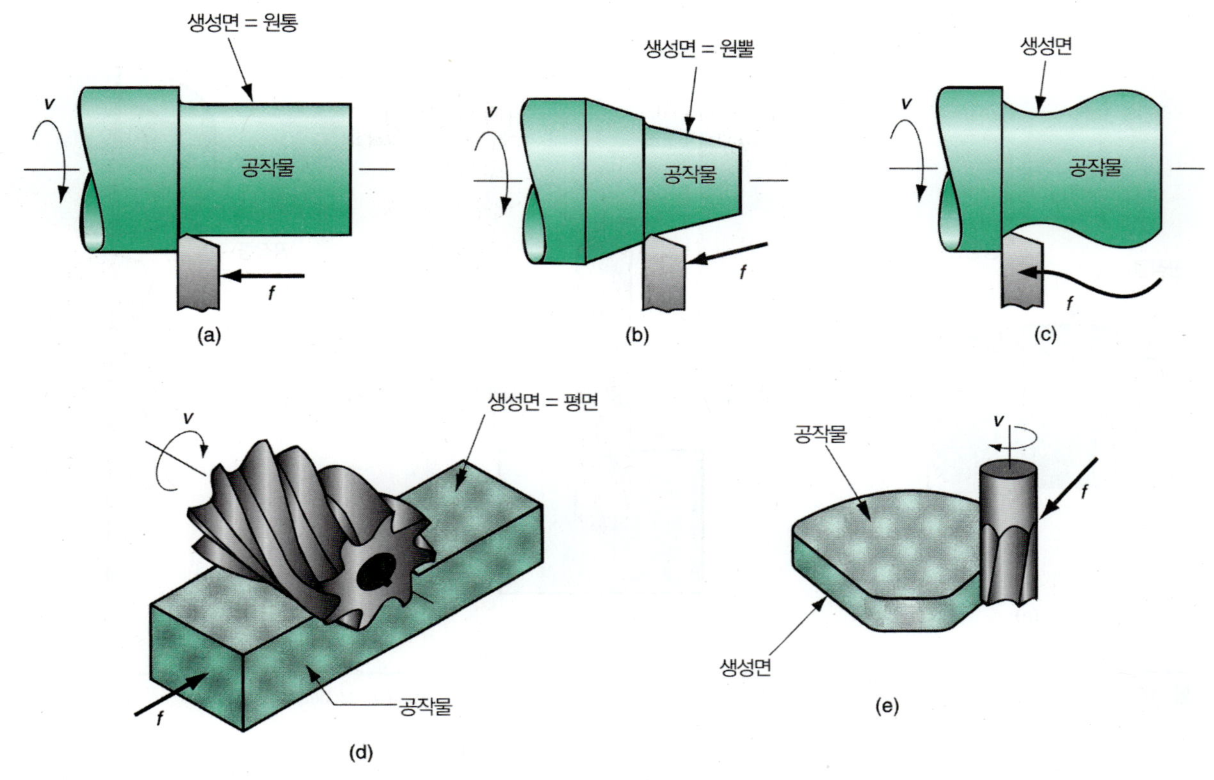

그림 16.2 절삭가공에서의 생성가공 (a)직선선삭, (b)테이퍼선삭, (c)윤곽선삭, (d)평밀링, (e)윤곽밀링(출처: Fundamentals of Modern Manufacturing, 4th Edition by Mikell P. Groover, 2010. Reprinted with permission of John Wiley & Sons, Inc.).

총형가공forming에서 부품 형상은 절삭날의 기하학적 형태에 따라 결정된다. 실제로 공구 절삭날은 생산되고자 하는 부품 표면의 형상과 정반대되는 형상을 가진다. 총형선삭, 드릴링, 브로칭을 예로 들 수 있다. [그림 16.3]에 나타낸 것처럼, 이 공정에서 부품 형상을 얻기 위해 절삭날의 형태가 공작물에 구현된다. 총형가공에서 일반적으로 절삭조건은 공작물로 향하는 이송 운동과 결합된 주속도 운동으로 볼 수 있다. 보통 여기서의 절삭깊이는 이송 운동이 완료되었을 때 공작물을 파고들어간 양으로 볼 수 있다.

때때로 총형가공과 생성가공이 1개의 공정에서 조합되어 나사선삭, 슬롯밀링과 같은 작업을 할 수 있다([그림 16.4] 참조). 나사선삭에서 절삭공구의 선단 형상이 나사 형상을 결정하고 높은 이송률이 나사를 생성한다. 슬롯밀링(슬로팅)에서 커터의 폭이 슬롯의 폭을 결정하고 이송 운동이 슬롯을 생성한다.

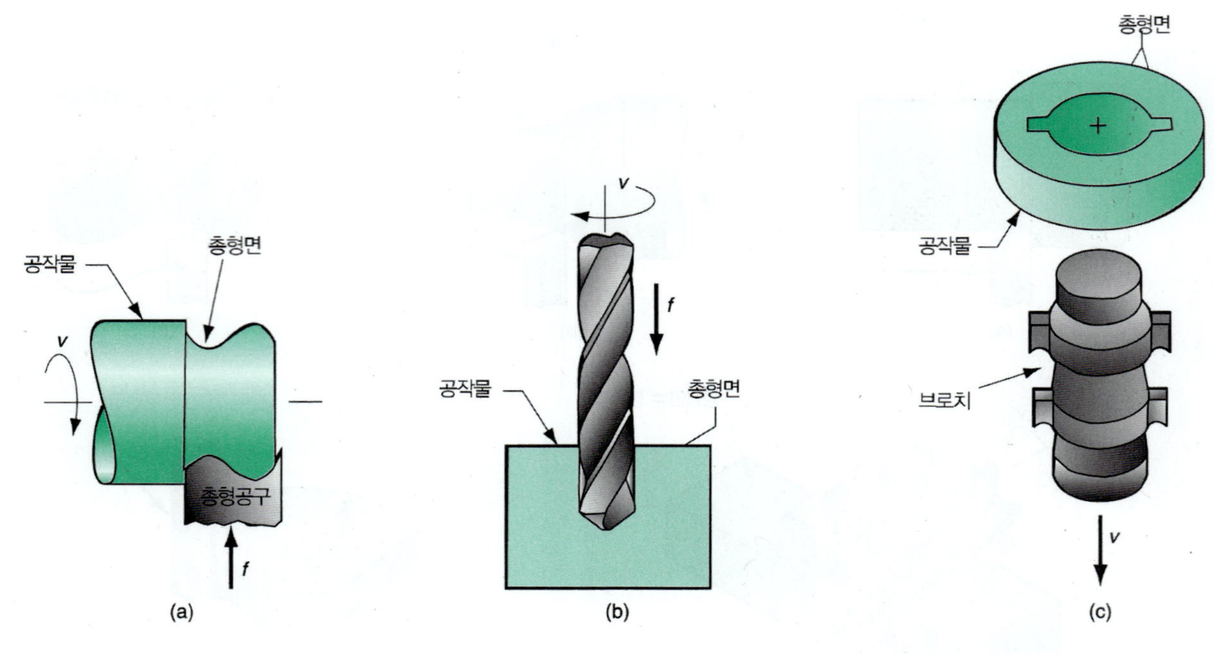

그림 16.3 절삭가공에서의 총형가공 (a)총형선삭, (b)드릴링, (c)브로칭(출처: Fundamentals of Modern Manufacturing, 4th Edition by Mikell P. Groover, 2010. Reprinted with permission of John Wiley & Sons, Inc.).

그림 16.4

총형가공과 생성가공의 조합 (a)나사선삭, (b)슬롯밀링(출처: Fundamentals of Modern Manufacturing, 4th Edition by Mikell P. Groover, 2010. Reprinted with permission of John Wiley & Sons, Inc.).

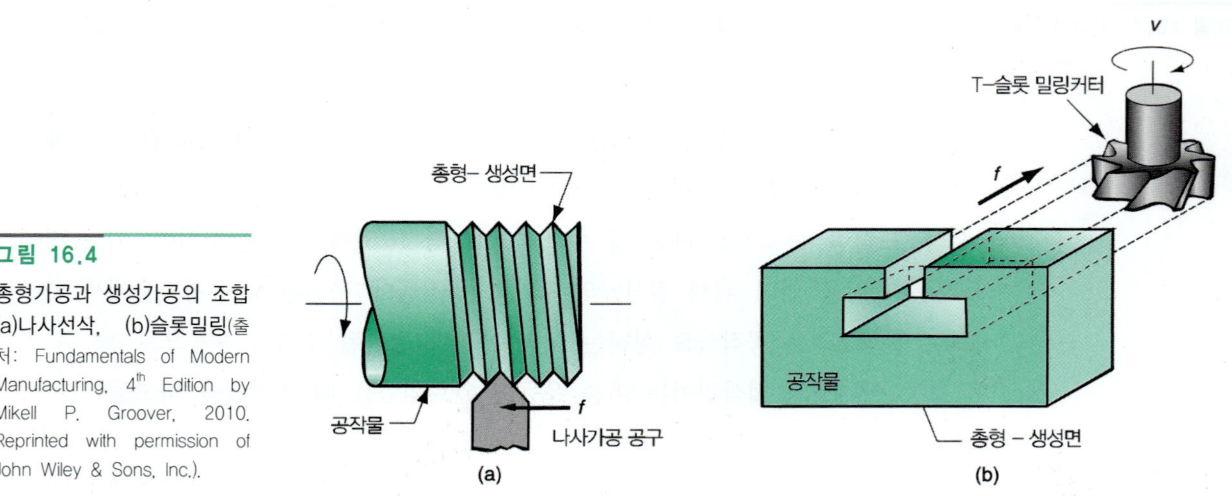

절삭가공은 2차공정으로 분류된다. 일반적으로 2차공정은 공작물의 초기 형태를 결정하는 기초 공정의 후속 공정이다. 기초 공정의 예로는 주조, 단조, 압연이 있다. 이와 같은 공정으로 생산된 형태를 2차공정으로 정교하게 할 필요가 있는 경우가 많다. 절삭공정은 초기 형태를 부품 설계자가 지정한 최종 형태로 변환시킨다. 예를 들면 초기 형태의 봉bar이 여러 번의 절삭가공을 거치면서 최종 형태의 축shaft이 된다.

16.2 선삭과 관련 공정

선삭turning은 회전하는 원통형 공작물의 표면으로부터 단인공구가 소재를 제거하는 절삭가공 공정이다. [그림 16.2(a), 16.5]에 나타낸 것처럼 공구는 회전축에 평행한 방향으로 선형으로 이송된다. 선삭과 기타 절삭가공 공정에서 사용되는 단인공구는 17.3.1절에서 설명한다. 선삭은 전통적으로 선반lathe이라 불리는 공작기계에서 수행되는데, 이 기계는 주어진 회전속도로 공작물을 회전시키고 특정 속도와 절삭깊이로 공구를 이송시키기 위한 동력을 제공한다.

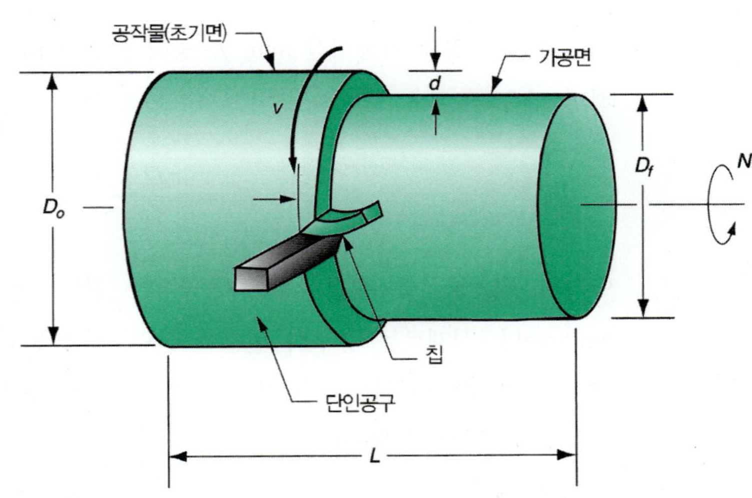

그림 16.5
선삭 공정(출처: Fundamentals of Modern Manufacturing, 4th Edition by Mikell P. Groover, 2010. Reprinted with permission of John Wiley & Sons, Inc.).

16.2.1 선삭의 절삭 조건

선삭에서의 회전속도는 원통형 공작물의 표면에서 얻고자 하는 절삭속도와 다음과 같은 관련이 있다.

$$N = \frac{v}{\pi D_o} \tag{16.1}$$

여기서 N=회전속도 rev/min, ν=절삭속도 m/min, D_o=공작물의 초기직경 m다.

선삭 공정으로 공작물의 직경 D_o는 최종직경 D_f로 감소된다. 직경의 변화는 절삭 깊이 d에 의해 결정된다.

$$D_f = D_o - 2d \tag{16.2}$$

선삭에서의 이송은 일반적으로 mm/rev으로 표현된다. 이와 같은 이송은 다음 식에 의해 mm/min의 선속도로 변환될 수 있다.

$$f_r = Nf \tag{16.3}$$

여기서 f_r=이송속도 mm/min, f=이송 mm/rev이다.

원통형 공작물의 한쪽 끝에서 다른 쪽 끝까지의 가공시간은 다음과 같이 주어진다.

$$T_m = \frac{L}{f_r} \tag{16.4}$$

여기서 T_m=실제 가공시간 min, L=공작물 길이 mm다. 직접적으로 가공시간을 계산하면 다음과 같다.

$$T_m = \frac{\pi D_o L}{f\nu} \tag{16.5}$$

여기서 D_o=공작물 직경 mm, L=공작물 길이 mm, f=이송 mm/rev, v=절삭속도 mm/min다. 실제로는 공구의 원활한 진입, 진출을 위해 공작물의 처음과 끝의 길이에 여유길이를 더하는 것이 보통이다. 그러므로 공작물을 지나는 이송 운동의 지속시간은 T_m 보다 길어진다.

소재제거율은 다음 식에 의해 간단하게 결정된다.

$$R_{MR} = \nu f d \tag{16.6}$$

여기서 R_{MR}=소재제거율 mm^3/min이다. 이 식을 사용할 때 f의 단위는 선삭의 회전 특성을 무시하고 단순히 mm로 표시한다. 또한 속도의 단위는 f와 d의 단위와 일치해야 하는 것에 주의한다.

16.2.2 선삭관련 작업

선삭 공정에 추가해 선반에서 수행할 수 있는 여러 가지 많은 절삭가공 작업들이 있다(그림 16.6).

(a) **단면가공**facing: 한쪽 끝의 단면에 평면을 만들기 위해 회전하는 공작물에 공구가 반경 방향으로 이송한다.

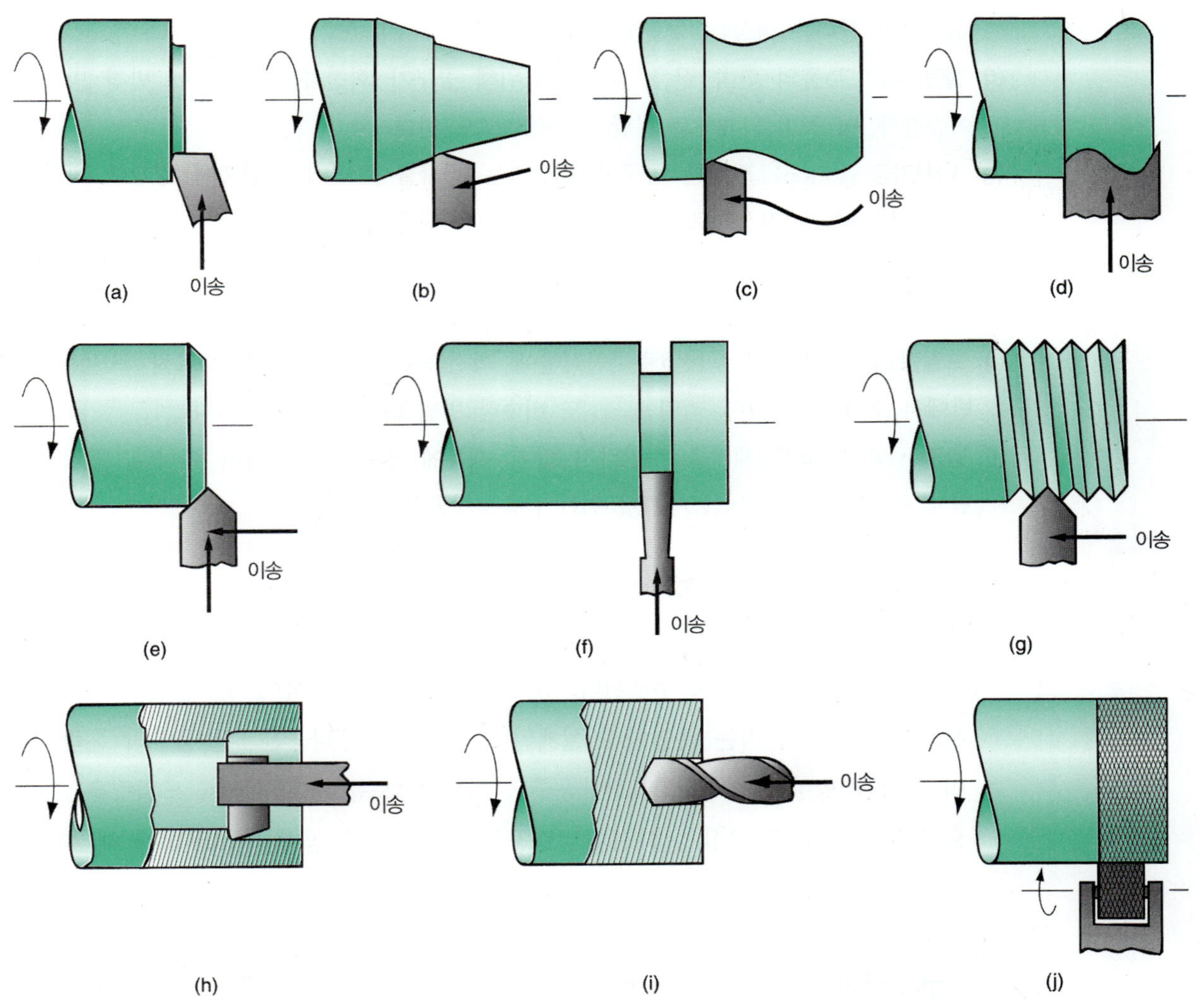

그림 16.6 선반에서 수행되는 선삭 외의 절삭가공 작업 (a)단면가공, (b)테이퍼선삭, (c)윤곽선삭, (d)총형선삭, (e)모따기, (f)절단 (g)나사가공, (h)보링, (i)드릴링, (j)널링(출처: Fundamentals of Modern Manufacturing, 4th Edition by Mikell P. Groover, 2010. Reprinted with permission of John Wiley & Sons, Inc.).

(b) **테이퍼선삭**taper turning: 공구가 공작물의 회전축에 평행하게 이송하지 않고, 어떤 각을 두고 이송해 테이퍼형이나 원뿔형을 만든다.

(c) **윤곽선삭**contour turning: 선삭처럼 공구가 공작물의 회전축을 따라 직선으로 이송하지 않고, 어떤 곡선을 따라 이송해 공작물에 윤곽을 만든다.

(d) **총형선삭**form turning: 총형가공forming이라고도 하며 공구가 공작물에 반경 방향으로 이송하면서 공작물에 공구형상이 그대로 전달된다.

(e) **모따기**chamfering: 원통형 공작물의 모서리가 각이 지도록 공구 절삭날을 사용해 챔퍼chamfer라 불리는 형상을 가공한다.

(f) **절단**cutoff: 부품의 한쪽 끝을 절단하기 위해 공구가 회전하는 공작물에 반경 방향으로 이송한다. 이 공정을 때때로 분할parting이라고도 한다.

(g) **나사가공**threading: 뾰족한 공구가 회전하는 공작물 표면에 회전축에 평행한 방향으로 높은 이송속도로 직선으로 이송해 원통면에 나사산을 생성한다.

(h) **보링**boring: 단인공구가 회전축에 평행하게 공작물의 이미 존재하는 구멍의 내면에 직선으로 이송한다.

(i) **드릴링**drilling: 드릴을 회전하는 공작물에 회전축을 따라 이송시킴으로써 드릴링이 선반에서 수행될 수 있다. 리밍reaming도 비슷한 방법으로 수행될 수 있다.

(j) **널링**knurling: 소재 제거를 수반하지 않기 때문에 절삭가공 공정이 아니라, 공작물 표면에 교차된 해칭 무늬를 새기기 위한 금속성형공정이다.

대개의 선반 공정은 17.3.1절에서 설명하는 단인공구를 사용한다. 선삭, 단면가공, 테이퍼선삭, 윤곽선삭, 모따기, 보링이 모두 단인공구로 수행된다. 나사가공은 나사형상으로 설계된 단인공구로 수행된다. 단인공구가 아닌 공정들이 몇 개 있다. 총형선삭은 총형공구로 불리는 특별하게 설계된 공구로 수행된다. 연삭된 공구의 윤곽 형상이 공작물 형상을 결정한다. 절단공구도 기본적으로는 총형공구다. 드릴링은 드릴비트로 수행된다(17.3.2절). 널링은 널링공구로 수행되며 공작물에 무늬가 새겨지도록 충분히 높은 압력으로 공구를 회전하는 공작물에 누른다.

16.2.3 보통선반

선삭과 관련 공정을 위한 기본적인 선반이 보통선반engine lathe이다. 이것은 중소 규모의 생산에 널리 사용되는 다양한 공정이 가능한 수동 공작기계다.

보통선반의 구조 [그림 16.7]은 보통선반을 구성하고 있는 주요 부품들을 보여준다. 주축대headstock는 공작물과 함께 주축spindle을 회전시키는 구동장치를 가지고 있다. 주축대의 반대쪽에는 공작물의 다른쪽 끝을 센터로 지지하기 위한 심압대tailstock가 있다.

절삭공구는 공구대tool post에 고정되어 있고, 공구대는 왕복대carriage에 설치된 가로이송대cross-slide에 고정되어 있다. 왕복대는 회전축에 평행하게 공구를 이송하기 위해 선반의 안내면way을 따라 미끄러지도록 설계되어 있다. 안내면은 왕복대가 이동하는 궤도처럼 되어 있고, 주축에 대해 높은 평행도를 얻기 위해 매우 정확하게 설계되어 있다. 안내면은 공작기계의 단단한 뼈대를 이루는 선반의 베드bed에 설치되어 있다.

원하는 이송속도를 얻기 위해 왕복대는 적당한 속도로 회전하는 이송나사leadscrew에 의해 구동된다. 가로이송대는 왕복대가 이동하는 방향에 수직한 방향으로 이송하도록 설계되어 있다. 따라서 왕복대 이동으로 인해 공구가 공작물 축에 평행한 방향으로 이송해 직선선삭을 수행할 수 있고, 가로이송대 이동으로 인해 공구가 공작물에 대해 반경 방향으로 이송해 단면가공, 총형선삭, 절단공정을 수행할 수 있다.

전통적인 보통선반과 이 절에서 기술하는 대부분의 기계들은 수평선반이다. 즉, 주축이 수평하다. 이것은 공작물의 길이가 직경보다 큰 대부분의 선삭 공정에 적당하다. 공작물의 직경이 길이보다 크고 무거우면 공작물이 수직축에 대해 회전하도록 되어 있는 수직선반을 사용하는 것이 편리하다.

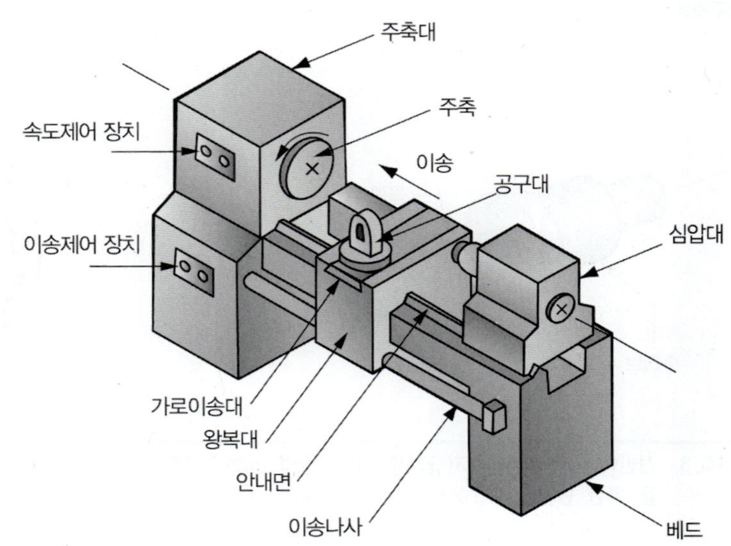

그림 16.7

보통선반의 주요 구성 요소
(출처: Fundamentals of Modern Manufacturing, 4th Edition by Mikell P. Groover, 2010. Reprinted with permission of John Wiley & Sons, Inc.).

선반의 크기는 스윙과 센터간 최대거리로 나타낸다. 스윙은 주축과 함께 회전할 수 있는 공작물의 최대직경으로, 주축의 중심선과 안내면 사이의 거리의 2배가 된다. 선반이 수용할 수 있는 원통형 공작물의 실제 최대직경은 왕복대와 가로이송대가 안내면에 있기 때문에 스윙보다 작다. 센터 간 최대거리는 주축대와 심압대 사이에 놓일 수 있는 공작물의 최대길이를 나타냈다. 예를 들면 350mm×1.2m 선반은 스윙이 350mm이고, 센터간 최대거리가 1.2m가 됨을 나타냈다.

공작물 고정 방법 선삭에서 공작물을 고정하는 방법에는 보통 4가지가 있다. 이 방법들은 공작물을 잡고, 주축을 따라 센터링 및 지탱을 하고, 회전시키는 여러 가지 장치들로 구성되어 있다. [그림 16.8]에 이 방법들을 나타냈다. (a)센터 사이 공작물 고정, (b)척, (c)콜릿, (d)면판이다.

센터 사이 공작물 고정은 2개의 센터를 주축대와 심압대에 각각 사용한다([그림 16.8(a)] 참조). 이 방법은 직경에 비해 길이가 긴 부품에 적당하다. 주축대 센터에 돌리개dog라 불리는 장치가 공작물의 외면에 부착되어 주축 회전을 전달시키는데 사용된다.

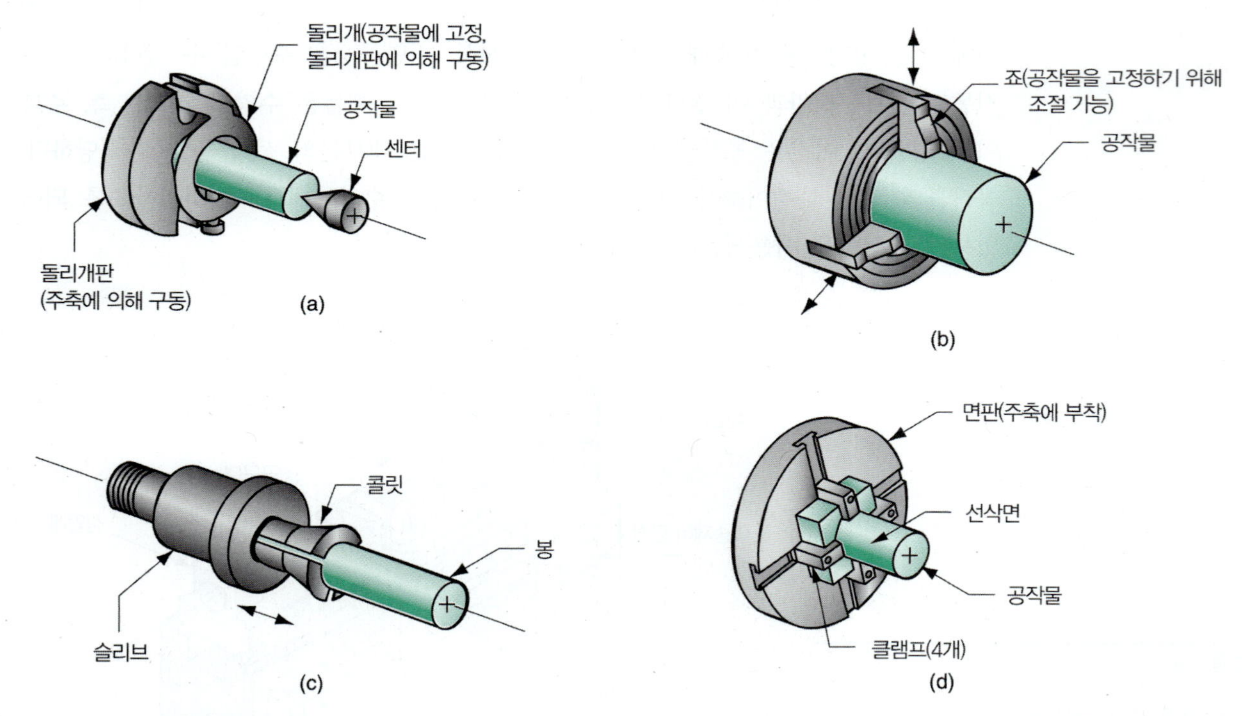

그림 16.8 선반에 사용되는 4가지 공작물 고정 방법 (a)돌리개를 이용한 센터 사이 공작물 고정, (b)척, (c)콜릿, (d)비원통형 부품을 위한 면판(출처: Fundamentals of Modern Manufacturing, 4th Edition by Mikell P. Groover, 2010. Reprinted with permission of John Wiley & Sons, Inc.).

심압대 센터는 공작물 끝의 테이퍼가 된 구멍에 들어갈 수 있도록 원뿔형상을 하고 있다. 심압대 센터는 회전센터와 정지센터가 있다. 회전센터live center는 심압대의 베어링 안에서 회전하기 때문에 공작물과 회전센터와의 사이에 상대적 운동이 없어서 마찰이 없다. 반면 정지센터dead center는 심압대에 고정되어서 회전할 수 없고 공작물이 이 센터를 중심으로 회전한다. 정지센터는 마찰열이 발생할 수 있기 때문에 보통 낮은 회전속도에서 사용되고, 회전센터는 높은 회전속도에서 사용된다.

척chuck은 여러 종류가 있는데 3개나 4개의 죠jaw가 있어 원통형 공작물의 외면을 잡을 수 있게 되어 있다([그림 16.8(b)] 참조). 때로는 죠가 관형 부품의 내면을 잡을 수 있게 설계되기도 한다. 연동식self-centering척은 죠가 동시에 움직이도록 되어 있어 공작물이 주축의 중심에 오도록 한다. 이외에 각각의 죠가 독립적으로 움직이는 단동식 척이 있다. 척은 심압대 센터와 같이 사용될 수도 있고, 아닐 수도 있다. 직경에 비해 길이가 짧은 부품에 대해서는 외팔보처럼 부품을 척으로 지지하는 것이 절삭력을 지지하기에 대체로 충분하다. 길이가 긴 봉형 공작물을 지지하기 위해서는 심압대 센터가 필요하다.

콜릿collet은 전체 길이의 반 정도가 길이 방향으로 갈라진 슬릿이 원주를 따라 같은 간격으로 배열된 관형으로 되어 있다([그림 16.8(c)] 참조). 콜릿의 안쪽 면은 봉과 같은 원통형 공작물을 고정하기 위해 사용된다. 콜릿의 한 끝을 슬릿을 통해 누르게 하여 반경을 감소시켜 공작물을 단단히 압착해 고정한다. 주어진 반경의 콜릿이 얻을 수 있는 감소량에는 한계가 있기 때문에 이 장치는 작업하는 특정 공작물에 대응해 여러 가지 크기가 필요하다.

면판face plate은 선반 주축에 부착되어 불규칙한 형상의 부품을 고정하기 위해 사용되는 장치다([그림 16.8(d)] 참조). 불규칙한 형상의 부품은 다른 공작물 고정 방법으로는 고정시킬 수 없다. 그러므로 면판은 특정 형상의 부품을 위해 이에 맞게 설계된 클램프를 갖고 있다.

16.2.4 기타 선반들

보통선반에 추가해 특별한 기능을 필요로 하거나 선삭 공정을 자동화하기 위해 다음과 같은 새로운 선반들이 개발되어왔다. (1)공구선반, (2)속도선반, (3)터릿선반, (4)척킹머신, (5)자동나사기계, (6)CNC선반이다.

공구선반과 속도선반은 보통선반과 매우 밀접한 관계가 있다. 공구선반toolroom lathe

은 크기가 상대적으로 작고, 선택할 수 있는 속도와 이송의 범위가 넓다. 또한 공구, 고정구, 기타 고정밀 장치들의 가공이 가능하도록 매우 높은 정밀도로 만들어졌다.

속도선반speed lathe은 구조면에서 보통선반보다 간단하다. 왕복대와 가로이송대가 없고, 왕복대를 구동하는 리드스크루도 없다. 절삭공구의 지지는 작업자가 선반에 부착된 받침대를 사용한다. 속도는 높지만 설정된 속도들의 개수는 한정적이다. 목재 선삭, 금속 스피닝(14.6.3절), 폴리싱(18.2.4절) 공정에 적용되고 있다.

터릿선반turret lathe은 심압대가 6개까지의 절삭공구를 보유할 수 있는 터릿으로 교체된 수동 선반이다. 공구들이 터릿을 분할indexing해 공작물에 대해 1개씩 빠르게 위치를 잡는다. 또한 보통선반에 사용되는 전통적인 공구대가 4개의 공구로 분할될 수 있는 4면의 터릿으로 대체되기도 한다. 터릿선반은 1개의 공구로부터 다른 공구로 빠르게 교환될 수 있는 능력 때문에 여러 절삭공정이 필요한 부품의 대량생산 공정에 많이 사용된다.

척킹머신chucking machine은 공작물을 고정하기 위해 주축에 척을 사용한다. 심압대가 없기 때문에 센터 사이에 공작물을 지지할 수 없다. 따라서 척킹머신은 짧고 가벼운 공작물에만 사용할 수 있다. 절삭공구의 이송이 수동이라기보다는 자동이라는 점 외에는 터릿선반과 비슷하다. 작업자의 역할은 부품을 올려놓고 내려놓는 일이다.

바머신bar machine은 긴 봉이 주축대를 통해 고정되기 위해 콜릿(척 대신)이 사용된다는 것 외에는 척킹머신과 비슷하다. 주기적인 각 절삭가공 공정의 끝에서 절단 공정이 공작물을 분리한 다음, 새 공정을 위해 봉이 앞으로 밀어넣어진다. 공구 분할, 이송뿐만 아니라 재료 이송이 자동적으로 수행된다. 높은 수준의 자동화 공정으로 인해 자동바머신automatic bar machine으로 자주 불린다. 나사류 등의 작은 부품의 생산에 중요하게 적용된다. 자동나사기계automatic screw machine가 이와 같은 작업에 자주 사용된다.

바머신을 단축single spindle과 다축multiple spindle으로 분류할 수 있다. 단축바머신은 1개의 공작물 가공을 위해 보통 1개의 절삭공구를 사용하는 1개의 주축을 가진다. 따라서 각 공구가 공작물을 가공할 때 다른 공구들은 쉬고 있다(터릿선반과 척킹머신 또한 동시적 공구 공정이라기보다는 연속적 공구 공정으로 제한되어 있다). 절삭공구의 가동률과 생산속도를 높이기 위해 다축바머신이 사용된다. 이 기계는 1개 이상의 주축을 가지고 있어 여러 개의 부품이 여러 개의 공구에 의해 동시에 가공이 가능하다.

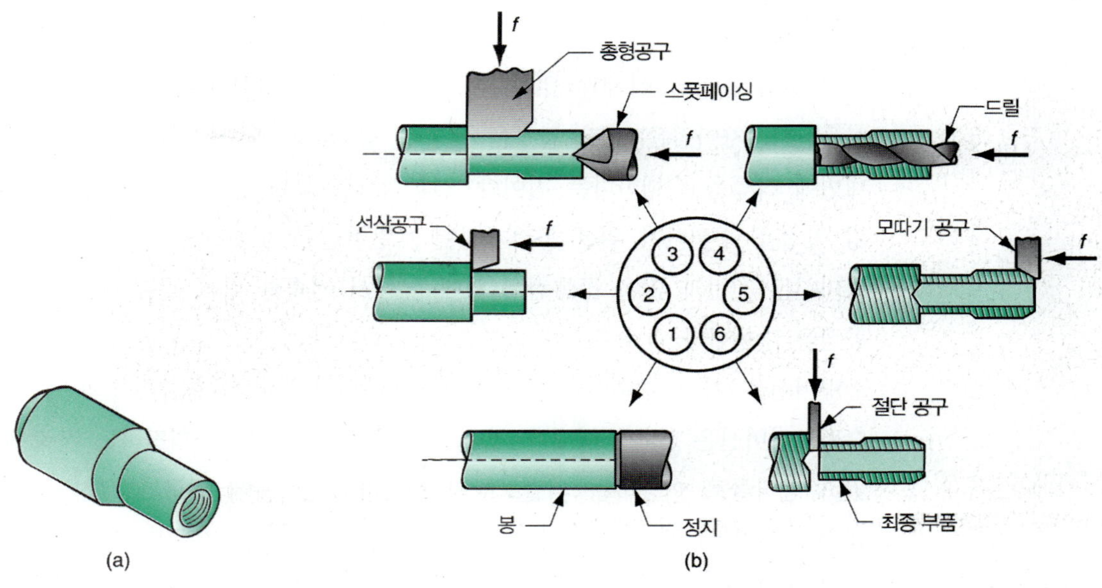

그림 16.9 (a)6축자동바머신에서 생산된 부품, (b)이 부품 생산을 위한 연속 공정: (1)소재진입 정지, (2)주 외경 선삭, (3)2차 선삭, 스폿페이싱, (4)드릴링, (5)모따기, (6)절단(출처: Fundamentals of Modern Manufacturing, 4th Edition by Mikell P. Groover, 2010. Reprinted with permission of John Wiley & Sons, Inc.).

예를 들면 [그림 16.9]에 나타난 것처럼 6축자동바머신이 한번에 6개의 부품을 가공한다. 주기적인 각 가공 공정의 끝에서는 주축(콜릿과 바를 포함하는)이 다음 위치로 분할(회전)한다. 그림에서 각 부품은 6번의 주기를 가지는 5개의 절삭공구(위치 1에서는 바의 진입을 정지함)에 의해 연속적으로 절삭된다. 결과적으로 매우 높은 생산속도를 달성할 수 있다.

바머신과 척킹머신의 연속적인 운동은 전통적으로 캠과 같은 기계적 장치에 의해 수행되어왔다. 현대의 제어 형태는 CNCcomputer numerical control: 컴퓨터수치제어로서, 공작기계가 프로그래밍된 지령에 따라 움직인다(29.1절). CNC는 기계적 장치보다 더욱 복잡하고 다양한 제어 수단을 제공한다. CNC는 복잡한 절삭가공, 공작물 형상 가공, 고도의 자동화 공정이 가능한 공작기계의 개발을 가능하게 했다. 선삭에서 이러한 절삭가공의 예로 CNC선반이 있다. 윤곽선삭 공정과 작은 공차가 필요한 공정에 유용하게 적용된다. 오늘날 자동척킹머신과 바머신은 CNC로 작동된다.

16.2.5 보링머신

보링boring 공정은 선삭과 유사하다. 이 공정은 회전하는 공작물에 대해 단인공구를 사용한다. 차이점은 보링 공정은 원통형 공작물의 외면보다는 이미 존재하는 구멍 내면에 작업을 수행한다는 점이다. 결과적으로 보링 공정은 내면 선삭 공정이다. 보링 공정을 수행하기 위한 공작기계를 보링머신boring machine, boring mill이라 한다. 보링머신은 선반과 많은 공통점이 있어 앞에서 기술한 바와 같이 선반이 때때로 보링 공정을 수행한다.

보링머신은 기계 주축이나 공작물의 회전축 방향에 따라 수평형과 수직형이 있다. 수평보링머신은 2가지 형태가 있다. 첫 번째는 공작물은 회전하는 주축에 고정되어 있고 공작물로 이송하는 외팔보형의 보링바boring bar에 공구가 부착되어 있다([그림 16.10(a)] 참조). 이 장치에서 보링바는 절삭 중 변형과 진동을 피하기 위해 매우 강성이 좋아야 한다. 높은 강성을 얻기 위해 보링바는 보통 탄성계수가 620×103 MPa에 이르는 초경합금으로 만들어진다. [그림 16.11]은 초경 보링바를 보여준다.

두 번째 가능한 방법은 공구가 보링바에 부착되어 있고, 보링바가 센터 사이에 지지되어 회전한다. 공작물은 공구를 지나 이송하도록 이송 장치에 고정되어 있다([그림 16.10(b)] 참조). 이 방법으로 보통선반에서 보링 공정을 수행할 수 있다.

수직보링머신은 크고 무겁고, 길이에 비해 직경이 큰 공작물에 보통 사용된다. [그림 16.12]에서처럼 기계 베이스에 대해 회전하는 작업테이블에 공작물이 고정되어 있다.

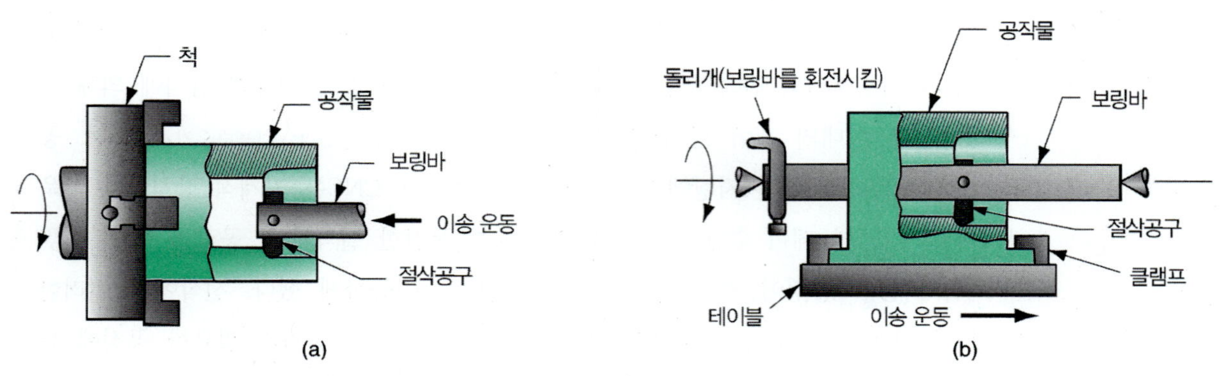

그림 16.10 2가지 형태의 수평보링 공정 (a)보링바가 회전하는 공작물로 이송, (b)회전하는 보링바를 지나 공작물이 이송(출처: Fundamentals of Modern Manufacturing, 4th Edition by Mikell P. Groover, 2010. Reprinted with permission of John Wiley & Sons, Inc.).

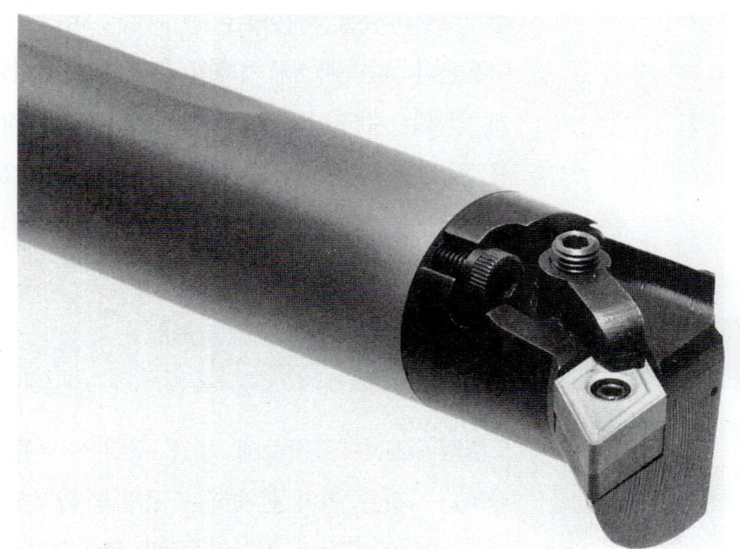

그림 16.11
초경 인서트를 장착하고, 몸체는 초경합금(WC-Co)으로 만든 보링바(출처: Fundamentals of Modern Manufacturing, 4th Edition by Mikell P. Groover, 2010. Reprinted with permission of John Wiley & Sons, Inc.).

작업테이블의 직경이 12m가 넘는 것도 있다. 보통의 보링머신은 여러 절삭공구들을 장착해 동시에 이송할 수 있다. 공구는 작업테이블에 대해 수평이나 수직으로 이송하는 공구대에 장착된다. 1개나 2개의 공구대가 작업테이블 위의 수평 가로대에 장착된다. 공작물 위에 장착된 절삭공구는 단면가공이나 보링 공정에 사용된다. 가로대의 공구 외에 추가적으로 1~2개의 공구대가 칼럼에 장착되어 공작물의 외경 선삭 공정을 수행할 수 있다.

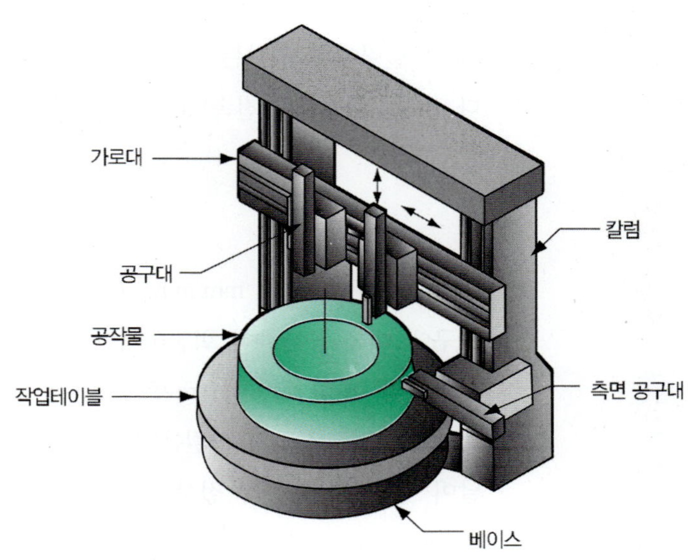

그림 16.12
수직보링머신(출처: Fundamentals of Modern Manufacturing, 4th Edition by Mikell P. Groover, 2010. Reprinted with permission of John Wiley & Sons, Inc.).

수직보링머신에 사용되는 공구대는 여러 절삭공구들을 수용하기 위해 자주 터릿을 이용한다. 따라서 이 기계와 수직터릿 선반과의 차이가 없어지게 된다. 일부 공작기계 업체는 수직터릿선반을 2.5m까지의 공작물 직경에 사용하고, 수직보링머신은 더 큰 직경에 사용하는 것으로 차이를 두고 있다. 또한 수직보링머신은 보통 한 가지 부품의 한 가지 가공에 사용되는 반면 수직터릿선반은 뱃치생산에 사용된다.

16.3 드릴링과 관련 공정

드릴링drilling은 공작물에 둥근 구멍을 만들어내는 절삭가공 공정이다([그림 16.3(b)] 참조). 이것은 이미 존재하는 구멍을 확장하는 보링 공정과 비교된다. 드릴링 공정은 보통 끝단에 2개의 절삭날을 가지는 회전하는 원통형 공구에 의해 수행된다. 이 공구를 드릴drill이나 드릴비트drill bit라 부른다(17.3.2절). 회전하는 공구가 드릴 직경과 같은 크기의 구멍을 공작물에 만들기 위해 정지된 공작물로 이송한다. 드릴링 공정을 수행할 수 있는 공작기계는 많지만 전통적으로 드릴링 공정은 드릴프레스drill press에서 수행된다.

16.3.1 드릴링의 절삭조건

드릴링 공정의 절삭속도는 드릴 외면의 표면속도다. 절삭속도가 편의상 이러한 식으로 설정되기는 하지만 실제로 절삭의 대부분은 회전축에 가까운 낮은 속도로 수행된다. 드릴링에서 원하는 절삭속도를 얻기 위해 드릴의 회전속도를 결정할 필요가 있다. N을 주축의 회전속도(rev/min)라고 하면

$$N = \frac{v}{\pi D} \tag{16.7}$$

여기서 v=절삭속도 mm/min, D=드릴 직경 mm다. 일부 드릴링 공정에서는 정지된 공구에 대해 공작물이 회전하지만 같은 식이 적용된다.

드릴링의 이송 f는 mm/rev로 표시된다. 추천되는 이송의 크기는 대략 드릴 직경에 비례한다. 큰 직경의 드릴은 높은 이송으로 사용된다. 드릴 선단에 보통 2개의 절삭날이 있기 때문에 각 절삭날에 의해 제거되는 미절삭 칩두께칩부하: chip load는 이송의 반이 된다. 이송은 선삭에서와 같은 식을 이용해 이송속도로 변환될 수 있다.

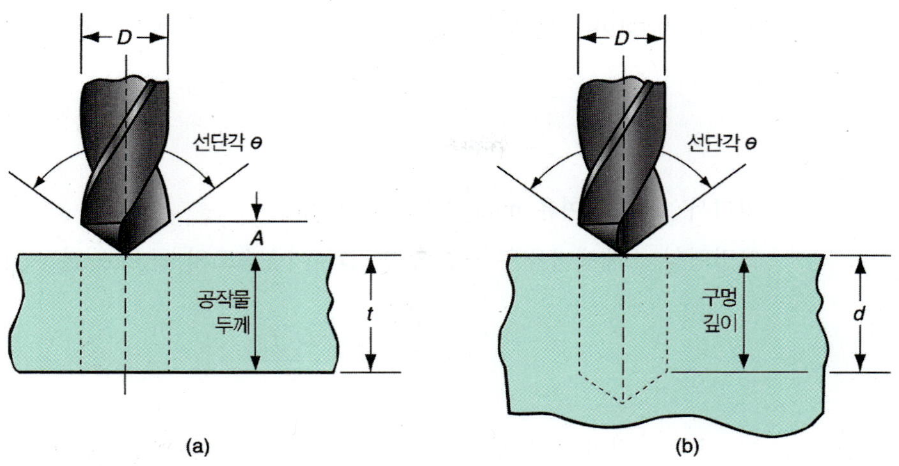

그림 16.13 2가지 구멍 종류 (a)관통 구멍, (b)막힌 구멍(출처: Fundamentals of Modern Manufacturing, 4th Edition by Mikell P. Groover, 2010. Reprinted with permission of John Wiley & Sons, Inc.).

$$f_r = Nf \tag{16.8}$$

여기서 f_r=이송속도 mm/min이다.

드릴링 구멍은 관통 구멍이거나 막힌 구멍이다([그림 16.13] 참조). 관통 구멍through hole에서 드릴은 공작물의 반대쪽 면을 빠져나오지만 막힌 구멍blind hole에서는 그렇지 못하다. 관통 구멍을 뚫기 위해 요구되는 가공시간은 다음 식으로 결정될 수 있다.

$$T_m = \frac{t + A}{f_r} \tag{16.9}$$

여기서 T_m=가공(드릴링)시간 min, t=공작물 두께 mm, f_r=이송속도 mm/min, A= 드릴 선단각에 대한 진입여유([그림 16.13(a)] 참조)다. 이 여유는 다음과 같이 주어진다.

$$A = 0.5D\tan(90 - \frac{\theta}{2}) \tag{16.10}$$

여기서 A=진입여유 mm이며, θ=드릴 선단각이다. 관통 구멍에서 이송 운동은 공작물 반대쪽을 조금 지나는 것이 보통이다. 따라서 실제 절삭 지속시간은 식 (16.9)의 T_m 보다 조금 길게 된다.

막힌 구멍에서 구멍깊이 d는 공작물 표면으로부터 구멍 끝점까지의 거리로 정의된다

([그림 16.13(b)] 참조). 따라서 막힌 구멍에 대해 가공시간은 다음과 같이 주어진다.

$$T_m = \frac{d+A}{f_r} \tag{16.11}$$

여기서 A=진입여유 mm(식 16.10 참조)다.

드릴링의 소재제거율은 드릴 단면적과 이송속도의 곱으로 결정된다.

$$R_{MR} = \frac{\pi D^2 f_r}{4} \tag{16.12}$$

이 식은 드릴이 외경까지 완전히 진입한 후에 타당하며 드릴이 공작물에 처음 진입할 때는 맞지 않는다.

16.3.2 드릴링 관련 작업

여러 가지 작업들이 드릴링과 관련되어 있다. 이를 [그림 16.14]에 나타냈고 이 절에서 설명한다. 대개의 공정들이 드릴링의 후속 공정이다. 일단 구멍이 드릴링 공정에 의해 만들어져야 하고, 이 구멍이 다른 공정들 중의 하나에 의해 수정된다. 센터링과 스폿페이싱은 예외다. 모든 공정이 회전하는 공구를 사용한다.

(a) **리밍**reaming: 리밍은 구멍을 조금 확장시켜 치수정확도와 표면정도를 향상시키는데 사용된다. 사용되는 공구를 리머reamer라 하며 보통 직선형 홈flute을 가진다.

(b) **태핑**tapping: 이 공정은 탭tap에 의해 수행되며 이미 존재하는 구멍의 내면에 나사산을 만든다.

(c) **카운터보링**counterboring: 카운터보링은 단이 진 구멍을 만들어 작은 지름의 구멍에 부분적으로 큰 지름의 구멍이 만들어진다. 볼트 머리가 구멍으로 들어가서 돌출되지 않도록 한다.

(d) **카운터싱킹**countersinking: 접시머리 나사와 볼트를 사용하기 위해 단이 진 구멍 형상이 원뿔형상이라는 것을 제외하고는 카운터보링과 유사하다.

(e) **센터링**centering: 센터드릴링centerdrilling이라고도 하며 후속되는 드릴링 공정을 위해 정확하게 위치를 잡아주기 위한 시작 구멍을 만드는 작업이다. 사용되는 공구를 센터드릴centerdrill이라 한다.

(f) **스폿페이싱**spotfacing: 밀링과 비슷한 공정으로 공작물에 국부적으로 편평한 가공면을 만든다.

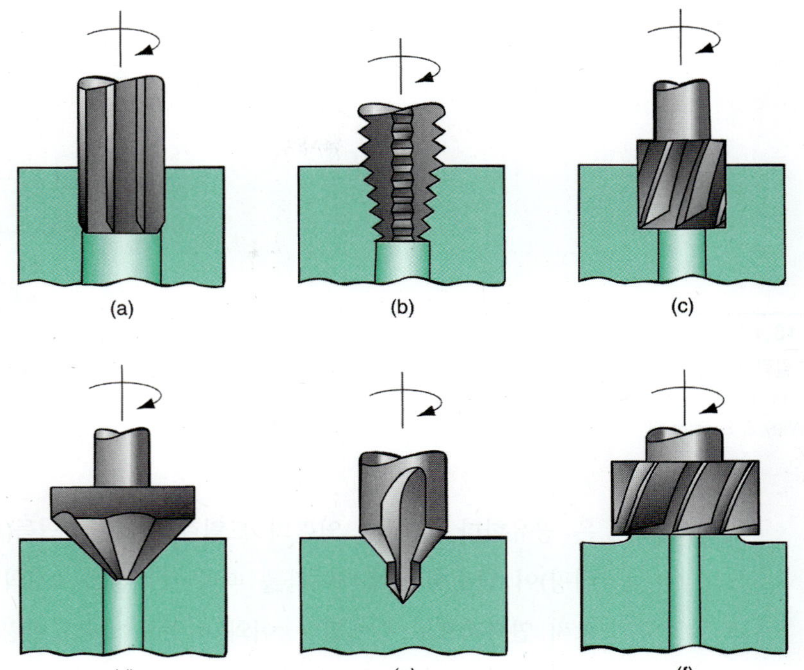

그림 16.14
드릴링 관련 가공 공정 (a)리밍, (b)태핑, (c)카운터보링, (d)카운터싱킹, (e)센터드릴링, (f)스폿페이싱(출처: Fundamentals of Modern Manufacturing, 4th Edition by Mikell P. Groover, 2010. Reprinted with permission of John Wiley & Sons, Inc.).

16.3.3 드릴프레스

드릴프레스는 드릴링 공정을 위해 널리 쓰이는 공작기계다. 여러 종류의 드릴프레스가 있는데 이 중에서 가장 기본적인 것이 직립드릴링머신이다([그림 16.15] 참조). 직립드릴링머신upright drill은 바닥에 세워서 사용하며 공작물을 고정하는 테이블, 드릴링비트를 위한 주축이 붙어 있는 드릴링 헤드, 베이스, 칼럼으로 구성되어 있다. 작지만 유사한 드릴프레스인 탁상드릴링머신bench drill은 바닥이 아닌 작업대에 설치된다.

레이디얼드릴링머신radial drill은 큰 공작물의 구멍을 뚫기 위해 설계된 대형의 드릴프레스다([그림 16.16] 참조). 드릴링 헤드를 이송하고 고정할 수 있는 방사형 팔을 가지고 있다. 따라서 큰 공작물을 가공하기 위해 칼럼으로부터 상당한 거리의 팔의 위치에 헤드를 고정시킬 수 있다. 방사형 팔은 또한 작업 테이블의 양 옆에 있는 부품의 가공을 위해 칼럼을 중심으로 선회할 수도 있다.

갱드릴링머신gang drill은 기본적으로 2~6개까지의 직립드릴링머신이 한 줄로 연결되어 있는 드릴프레스다. 각 주축에 동력이 공급되어 독립적으로 작동되며 작업테이블

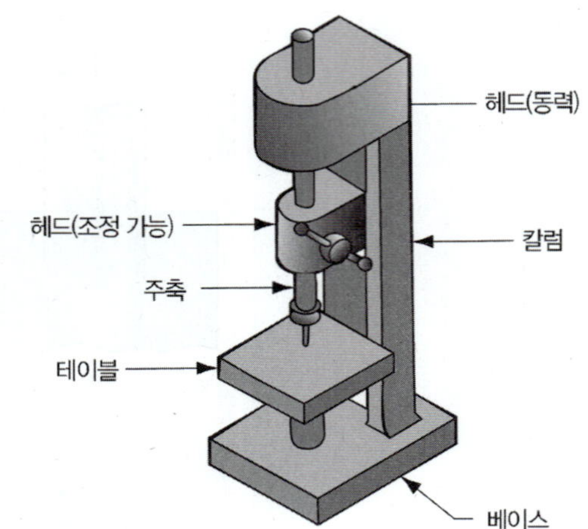

그림 16.15
직립드릴링머신(출처: Fundamentals of Modern Manufacturing, 4th Edition by Mikell P. Groover, 2010. Reprinted with permission of John Wiley & Sons, Inc.).

은 공유한다. 따라서 일련의 드릴링, 관련 작업들(예를 들면 센터링, 드릴링, 리밍, 태핑)이 단순히 작업테이블을 따라 공작물을 1개의 주축에서 다음 주축으로 옮김으로써 연속적으로 수행된다. 이와 비슷한 다축드릴링머신multiple-spindle drill은 공작물에 동시에 여러 개의 구멍을 뚫기 위해 여러 개의 드릴 주축이 연결되어 있다.

그림 16.16
레이디얼드릴링머신(출처: Fundamentals of Modern Manufacturing, 4th Edition by Mikell P. Groover, 2010. Reprinted with permission of John Wiley & Sons, Inc.).

추가적으로 공작물의 구멍 위치들을 제어하는 CNC드릴프레스가 있다. 이 드릴프레스는 보통 CNC 프로그램에 의해 위치가 분할되는 여러 공구들을 보유한 터릿을 장착하고 있다. 이와 같은 공작기계에 대해 CNC터릿드릴링머신이라는 용어도 쓰인다. 드릴프레스에서서는 공작물을 바이스, 고정구, 지그에 고정시킨다. 바이스vise는 2개의 죠가 공작물을 잡고 있는 다목적 공작물 고정 장치다. 고정구fixture는 보통 특정 공작물에 맞도록 설계된 공작물 고정 장치다. 고정구는 가공 공정에 대한 높은 정확도를 갖는 공작물 고정, 높은 생산속도, 작업자의 사용 편의성을 얻을 수 있도록 설계된다. 지그jig 또한 공작물에 맞게 특별히 설계된다. 지그와 고정구의 뚜렷한 차이점은 지그는 드릴링 공정 중 공구를 안내할 수 있다는 점이다. 고정구는 이러한 공구를 안내하는 특징이 없다. 드릴링에 사용되는 지그를 드릴지그라 한다.

16.4 밀링

밀링milling은 [그림 16.2(d)와 (e)]에 보인 바와 같이 여러 절삭날을 가진 회전하는 원통형 공구가 공작물을 지나 이송하게 하는 절삭가공 공정이다(드문 경우, 플라이커터라 불리는 1개의 절삭날을 가진 공구를 사용한다). 절삭공구의 회전축은 이송 방향에 수직한다. 이와 같은 공구축과 이송방향 사이의 관계는 밀링이 드릴링과 구별되는 특징 중 하나다. 드릴링에서의 절삭공구는 공구 회전축에 평행한 방향으로 이송된다. 밀링에서의 절삭공구를 밀링커터라 하고 절삭날을 이teeth라 한다. 밀링커터의 기하학적 형상에 대해 17.3.2절에서 설명한다. 전통적으로 이와 같은 공정을 수행하는 공작기계를 밀링머신이라 한다.

밀링에 의해 만들어지는 기하학적 형상은 평면이다. 커터 경로나 커터 형상에 따라 다른 공작물 형상이 만들어질 수 있다. 가능한 형상의 다양성과 높은 생산속도로 인해 밀링은 가장 용도가 많고 널리 쓰이는 절삭가공 공정 중 하나다.

밀링은 단속절삭interrupted cutting 공정이다. 밀링커터의 이가 회전 중 공작물에 진입과 진출을 반복한다. 이와 같은 단속절삭으로 인해 이는 회전 중 주기적인 충격력과 열 충격을 받게 된다. 공구재료와 커터 형상이 이러한 조건을 견디게 설계되어야 한다.

16.4.1 밀링 공정의 종류

[그림 16.17]은 2가지 기본적인 밀링 공정을 나타내고 있다. (a)평밀링, (b)정면밀링. 대부분의 밀링 공정은 형상을 생성하는 생성가공이다(16.1절).

평밀링 평밀링peripheral milling, plain milling에서 공구축은 가공면에 평행하고, 공정은 커터 원통 옆면에 있는 절삭날에 의해 수행된다. [그림 16.18]에 여러 종류의 평밀링 작업을 나타내고 있다.

(a) **평판밀링**slab milling: 밀링의 기본적인 형태. 커터 폭이 공작물 양 옆을 지나 연장되어 있다.

(b) **슬로팅**slotting, slot milling: 커터 폭이 공작물 폭보다 작아 공작물에 홈을 만든다. 매우 얇은 커터 폭은 좁은 홈을 만들거나 공작물을 2개로 절단할 때saw milling 사용된다.

(c) **사이드밀링**side milling: 커터가 공작물의 측면을 가공한다.

(d) **스트래들밀링**straddle milling: 사이드밀링과 유사하며 다만 절삭이 공작물의 양쪽 측면에서 일어난다.

(e) **총형밀링**form milling: 밀링 커터의 이가 공작물의 홈 형상을 결정하는 특수한 형태로 되어 있다. 따라서 총형밀링은 총형가공으로 분류된다(16.1절).

평밀링에서 커터의 회전 방향은 [그림 16.19]에 나타낸 것처럼 두 형태의 밀링 공정으로 구분된다. 상향절삭up milling, conventional milling은 커터의 회전 방향이 커터가 공작물에 물릴 때의 이송 방향과 반대 방향이다. 이송을 '거스르는' 밀링 공정이다.

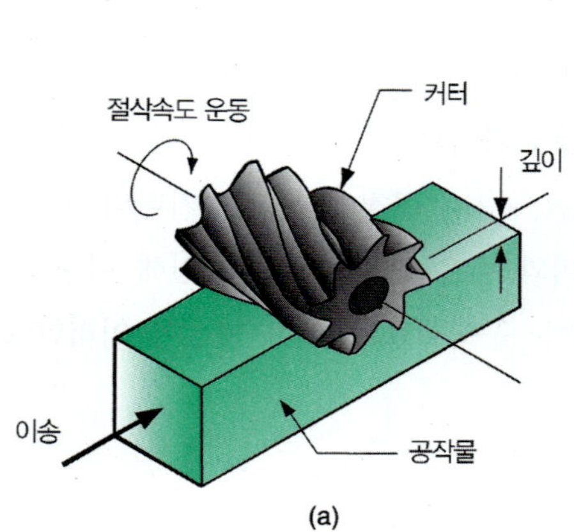

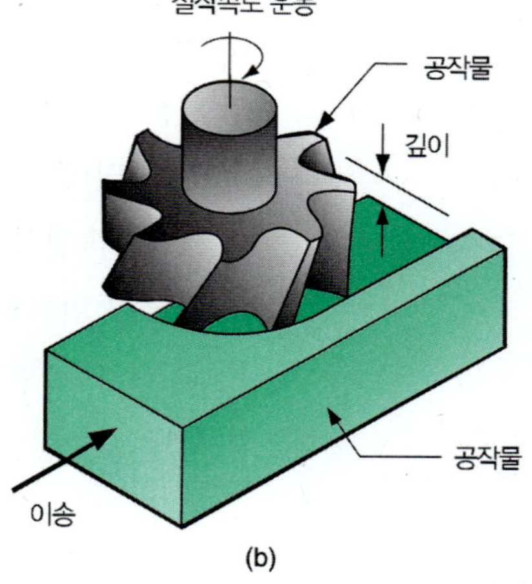

그림 16.17
2가지 기본적인 밀링 공정 (a)평밀링, (b)정면밀링(출처: Fundamentals of Modern Manufacturing, 4th Edition by Mikell P. Groover, 2010. Reprinted with permission of John Wiley & Sons, Inc.).

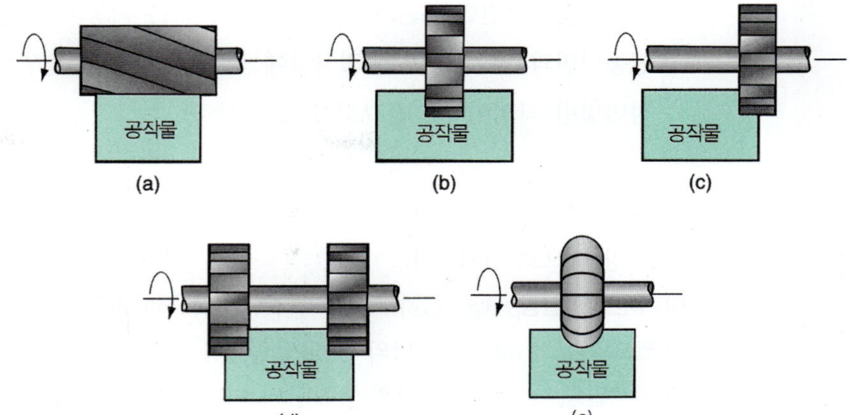

그림 16.18

평밀링 작업 (a)평판밀링, (b)슬로팅, (c)사이드밀링, (d)스트래들밀링, (e)총형밀링(출처: Fundamentals of Modern Manufacturing, 4th Edition by Mikell P. Groover, 2010. Reprinted with permission of John Wiley & Sons, Inc.).

하향절삭down milling, climb milling은 커터의 회전 방향이 커터가 공작물에 물릴 때의 이송 방향과 같은 방향이다. 이송을 '따르는' 밀링 공정이다.

이와 같이 상대적으로 다른 2가지 기하학적 형태의 밀링 공정은 절삭공정의 차이를 초래한다. 상향절삭에서 커터가 회전하는 동안에 각 절삭날에 의해 생성되는 칩은 매우 얇게 시작해 점점 두께가 증가한다. 하향절삭에서 생성되는 칩은 두껍게 시작해 절삭이 진행되면서 점점 두께가 감소한다. 하향절삭의 칩 길이는 상향절삭보다 짧다(그림에서 차이점이 과장되어 있다). 이는 하향절삭에서 커터가 절삭부피당 공작물에 물려 있는 시간이 짧기 때문에 공구수명이 증가한다는 것을 의미한다.

절삭력 방향은 공작물에 물려 있는 날에 대해 커터 외면에 접하는 방향이다. 따라서 상향절삭에서는 커터 날이 재료로부터 진출할 때 공작물을 들어올리는 경향을 가진다. 하향절삭에서는 절삭날 방향이 아래로 향하기 때문에 작업테이블에 공작물을 고정하려는 경향을 가진다.

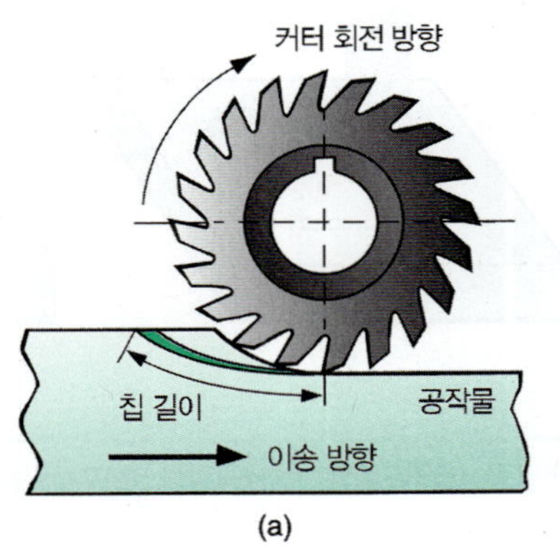

커터 회전 방향
칩 길이
이송 방향
(b)

그림 16.19

2가지 형태의 밀링 방향 (a)상향절삭, (b)하향절삭(출처: Fundamentals of Modern Manufacturing, 4th Edition by Mikell P. Groover, 2010. Reprinted with permission of John Wiley & Sons, Inc.).

정면밀링 정면밀링face milling에서 커터 축은 가공되는 면에 수직하고, 작업은 커터의 원통밑면과 옆면에 있는 절삭날에 의해 수행된다. 평밀링 공정에서처럼 여러 종류의 정면밀링 작업이 있다([그림 16.20] 참조).

(a) **보통정면밀링**conventional face milling: 커터의 직경이 공작물 폭보다 커서 커터가 공작물 양 옆으로 걸쳐진다.
(b) **부분정면밀링**partial face milling: 커터가 공작물의 한쪽 옆에만 걸쳐진다.
(c) **엔드밀링**end milling: 커터의 직경이 공작물 폭보다 작아서 공작물에 홈이 만들어진다.
(d) **윤곽밀링**profile milling: 편평한 부품의 외주면을 가공하는 엔드밀링의 한 형태다.
(e) **포켓밀링**pocket milling: 편평한 부품에서 얇게 오목한 곳을 파내는 엔드밀링의 또 다른 형태다.
(f) **표면윤곽가공**surface contouring: 3차원적인 표면 형상을 만들어내기 위해 볼 형태의 커터가 짧은 간격을 두고 곡선 경로를 따라 공작물 상을 앞뒤로 이송한다. 금형이나 다이의 윤곽가공을 위해 기본적으로 같은 방법으로 커터 이송을 제어해야 하는데 이 경우의 공정을 다이싱킹die sinking이라 한다.

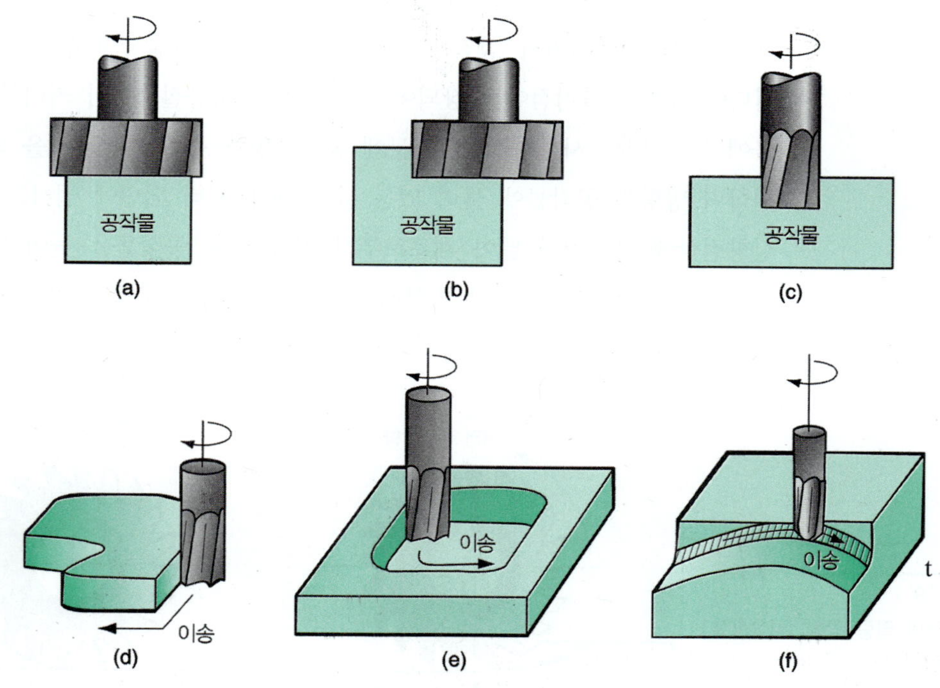

그림 16.20 정면밀링 작업 (a)보통정면밀링, (b)부분정면밀링, (c)엔드밀링, (d)윤곽밀링, (e)포켓밀링, (f)표면윤곽가공(출처: Fundamentals of Modern Manufacturing, 4th Edition by Mikell P. Groover, 2010. Reprinted with permission of John Wiley & Sons, Inc.).

16.4.2 밀링의 절삭조건

절삭속도는 밀링커터의 외면에서 결정된다. 이것은 익숙해진 다음 식을 이용해 주축 회전속도로 변환될 수 있다.

$$N = \frac{\nu}{\pi D} \tag{16.13}$$

밀링에서 이송 f는 커터의 날당 이송으로 보통 주어지고 칩부하chip load로 불리며 각 절삭날에 의해 생성된 칩의 크기를 표현한다. 이것은 주축속도와 커터의 날수를 고려해 다음과 같이 이송속도로 변환될 수 있다.

$$f_r = N n_t f \tag{16.14}$$

여기서 f_r=이송속도 mm/min, N=주축속도 rev/min, n_t=커터의 날수, f=칩부하 mm/날이다.

밀링에서 소재제거율은 절삭단면적과 이송속도의 곱으로 결정된다. 따라서 평판밀링 공정이 폭 w와 깊이 d로 공작물을 절삭한다면 소재제거율은

$$R_{MR} = wdf_r \tag{16.15}$$

이 식은 완전하게 물리기 전의 커터의 초기 진입 상태는 무시한다. 식 (16.15)는 절삭단면적의 적절한 계산을 통해 엔드밀링, 사이드밀링, 정면밀링 등에 적용될 수 있다.

길이가 L인 공작물을 가공하기 위해 소요되는 시간은 커터가 완전하게 물리기 위해 요구되는 진입거리를 고려해야 한다. 먼저 [그림 16.21]의 평판밀링의 경우를 고려한다. 평판밀링 공정에 필요한 시간을 결정하기 위해 완전 물림이 되기 위한 진입거리

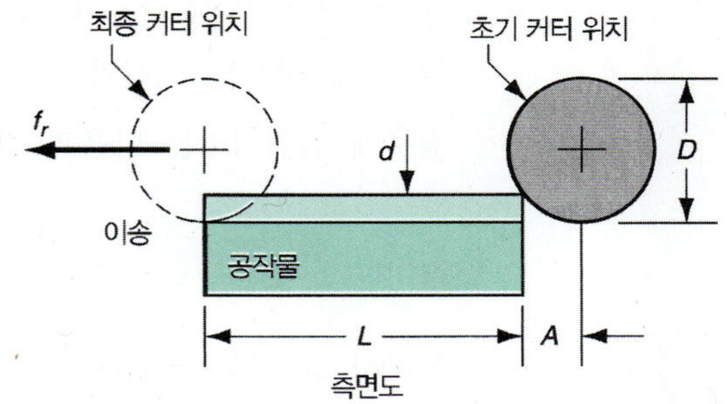

그림 16.21
공작물에 대한 커터의 진입을 나타내는 평판밀링(출처: Fundamentals of Modern Manufacturing, 4th Edition by Mikell P. Groover, 2010. Reprinted with permission of John Wiley & Sons, Inc.).

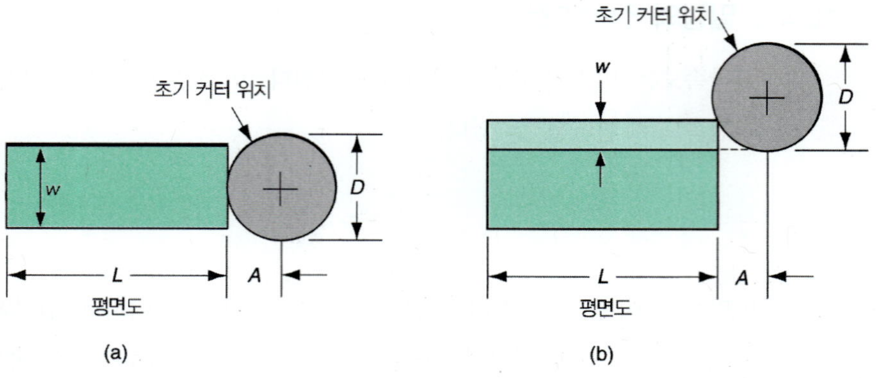

그림 16.22 2가지 경우의 진입거리를 나타내는 정면밀링 (a)커터가 공작물의 중심을 지날 때, (b)커터가 공작물의 한쪽으로 치우쳐 지날 때(출처: Fundamentals of Modern Manufacturing, 4th Edition by Mikell P. Groover, 2010. Reprinted with permission of John Wiley & Sons, Inc.).

A는 다음과 같이 주어진다.

$$A = \sqrt{d(D-d)} \qquad (16.16)$$

여기서 d=절삭깊이 mm, D=밀링커터의 직경 mm다. 그러므로 공작물 가공시간 T_m은

$$T_m = \frac{L+A}{f_r} \qquad (16.17)$$

정면밀링에 대해서는 [그림 16.22]에 2가지 가능한 경우를 나타냈다. 첫 번째 경우는 커터가 직사각형 공작물의 중심을 오른쪽에서 왼쪽으로 지난다([그림 16.22(a)] 참조). 커터가 공작물의 전체 폭을 지난다고 하면 진입거리가 다음과 같이 주어진다.

$$A = 0.5\left(D - \sqrt{D^2 - w^2}\right) \qquad (16.18)$$

여기서 D=커터 직경 mm, w=공작물 폭 mm이다. 만약 D=w라 하면 식 (16.18)은 A=0.5D가 되고, $D < w$라고 하면 공작물에 홈이 파이고 A=0.5D가 된다.

두 번째 경우는 커터가 공작물의 한쪽으로 치우쳐 지난다([그림 16.22(b)] 참조). 이 경우에 진입거리는 다음과 같이 주어진다.

$$A = \sqrt{w(D-w)} \qquad (16.19)$$

여기서 w=절삭 폭 mm이다. 두 경우에 있어 가공시간은 다음과 같다.

$$T_m = \frac{L+A}{f_r} \tag{16.20}$$

여기서 강조되어야 할 것은 T_m은 커터 이가 공작물에 물려서 칩을 만드는 시간이다. 일반적으로 공작물을 올려놓거나 내려놓기 위해 절삭 초기와 종료시에 공작물을 취급하기 위해 진입거리와 진출거리가 더해진다. 그러므로 커터 이송 운동의 실제 지속 시간은 T_m보다 더 길어진다.

16.4.3 밀링머신

밀링머신은 커터를 회전시키는 주축과 공작물 고정과 이송에 필요한 테이블이 있어야 한다. 이러한 요구가 만족되도록 설계된 여러 공작기계가 있다. 먼저 밀링머신은 수평형과 수직형이 있다. 수평밀링머신horizontal milling machine은 수평 주축을 가지고 있고, 입방체와 비슷한 공작물에 대해 평밀링 공정(예를 들면 평판밀링, 슬로팅, 사이드밀링, 스트래들밀링)이 가능하도록 설계되었다. 수직밀링머신vertical milling machine은 수직 주축을 가지고 있고, 상대적으로 편평한 공작물에 대해 정면밀링, 엔드밀링, 표면윤곽가공, 다이싱킹 공정이 가능한 구조다.

주축 방향 외에도 밀링머신은 다음과 같이 분류될 수 있다. (1)니형, (2)베드형, (3)플레이너형, (4)모방밀링머신, (5)CNC밀링머신.

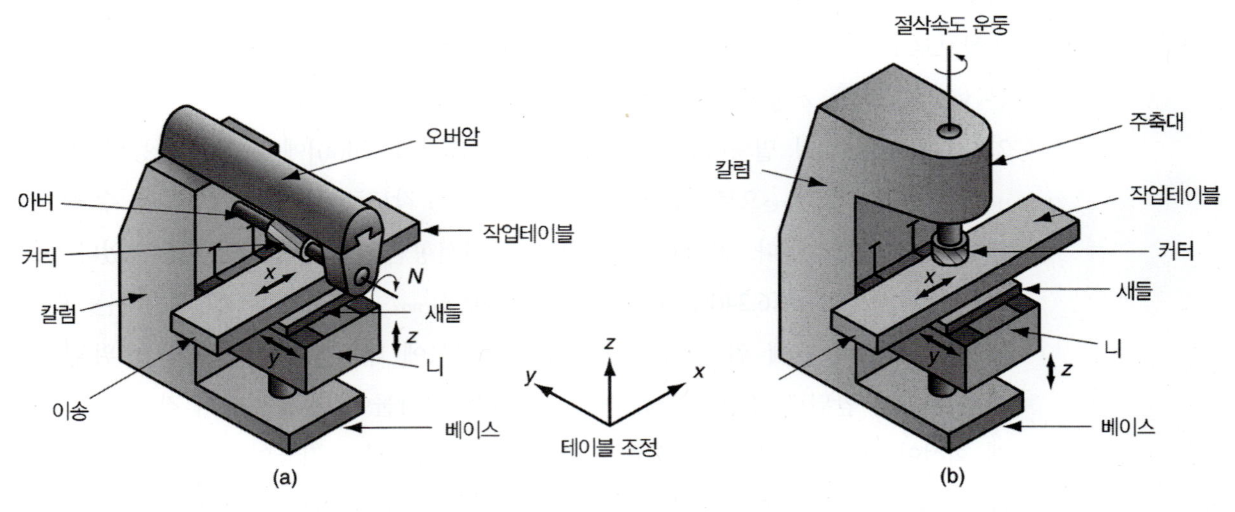

그림 16.23 2가지 기본적인 니형 밀링머신 (a)수평형, (b)수직형(출처: Fundamentals of Modern Manufacturing, 4th Edition by Mikell P. Groover, 2010. Reprinted with permission of John Wiley & Sons, Inc.).

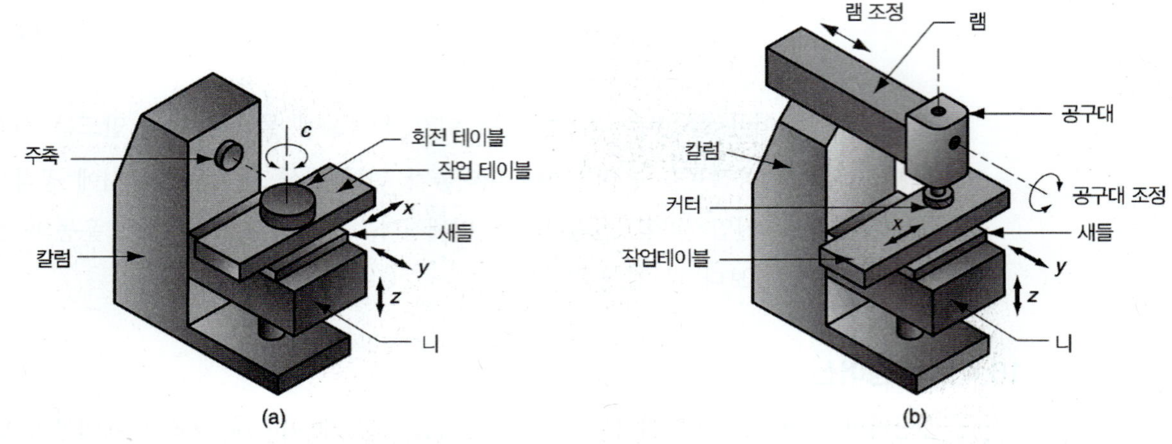

그림 16.24 특별한 형태의 니형 밀링머신 (a)만능형: 오버암, 아버, 커터를 생략해 나타냄, (b)램형(출처: Fundamentals of Modern Manufacturing, 4th Edition by Mikell P. Groover, 2010. Reprinted with permission of John Wiley & Sons, Inc.).

니형knee–and–column type 밀링머신은 기본적인 밀링용 공작기계다. 주축을 지지하는 칼럼column과 작업테이블을 지지하는 니knee가 주요 구성 부품이다. 수평형과 수직형이 있다([그림 16.23] 참조). 수평형에서는 보통 아버가 커터를 지지한다. 아버arbor는 기본적으로 밀링커터를 고정하고 주축에 의해 구동된다. 아버를 지지하기 위해 수평형 기계는 오버암overarm을 갖추고 있다. 니형 수직밀링머신은 아버없이 밀링커터가 직접 주축에 장착된다.

다양한 작업을 가능하게 하는 니형 밀링머신의 특징 중의 하나는 x–y–z 축의 어떤 방향으로도 이송이 가능한 작업테이블의 이송 능력이다. 작업테이블은 x–방향, 새들은 y–방향, 니는 z–방향으로의 운동이 가능하다.

2가지 특별한 니형 밀링머신이 있다. 하나는 [그림 16.24(a)]에 나타낸 만능밀링머신universal milling machine으로, 수직축에 관해 주어진 각도로 마음대로 회전할 수 있는 테이블을 가지고 있다. 따라서 각이 있거나 나선형인 공작물을 가공할 수 있다. 또 다른 형태가 [그림 16.24(b)]에 나타낸 램밀링머신ram mill으로, 주축을 포함하는 공구대가 수평 램의 끝에 위치하고 있다. 램은 공작물에 대해 커터를 고정하기 위해 테이블 위에서 앞뒤로 조정이 가능하다. 공구대는 공작물에 대한 커터의 각 운동을 위해 회전이 가능하다. 따라서 매우 다양한 형태의 공작물을 가공할 수 있다.

베드형bed type 밀링머신은 대량생산을 위해 설계되었다. 니형 밀링머신보다 강성이 높기 때문에 높은 이송속도와 절삭깊이로 높은 소재제거율을 달성할 수 있다. [그림

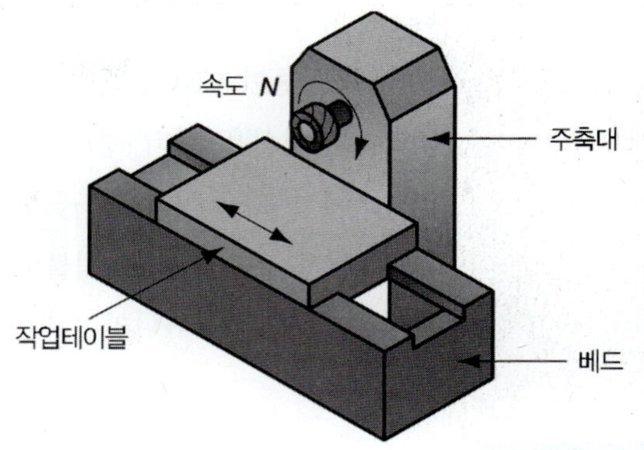

그림 16.25

수평 주축을 가진 단두식 베드형 밀링머신(출처: Fundamentals of Modern Manufacturing, 4th Edition by Mikell P. Groover, 2010. Reprinted with permission of John Wiley & Sons, Inc.).

16.25]에 나타낸 것처럼, 작업테이블이 공작기계의 베드에 직접 연결되어 있는 것이 강성이 약한 니형 설계와 다르다. 이와 같은 구조는 공작물이 밀링커터를 지나 세로 방향으로 이송되도록 하는 테이블의 운동을 제한한다. 커터는 칼럼을 따라 수직으로 조정되도록 주축대에 설치되어 있다. 주축이 하나인 것을 단두식 밀링머신simplex mill이라 하고, 수평형과 수직형이 있다. 양두식 밀링머신duplex mill은 2개의 주축대를 가지고 있다. 주축대는 보통 공작물의 한번 이송으로 동시 공정이 가능하도록 베드의 반대 방향에 수평으로 위치하고 있다. 삼두식 밀링머신triplex mill은 가공 능력을 키우기 위해 베드 위에 수직으로 세 번째 주축을 설치한 것이다.

플레이너형planer type 밀링머신은 가장 큰 밀링머신이다. 일반적인 외형과 구조는 대형 플레이너([그림 16.31] 참조)와 똑같고, 평삭(플레이닝) 공정 대신 밀링 공정이 수행된다는 점이 다르다. 따라서 1개나 그 이상의 밀링 헤드가 플레이너의 단인공구를 대체하며 공구를 지나는 공작물 이송이 절삭속도 운동이 아니라 이송속도 운동이다. 플레이너형 밀링머신은 매우 큰 부품을 가공한다. 작업테이블과 베드는 무거우며 바닥에 낮게 위치하고 있고, 밀링 헤드는 테이블에 걸쳐 있는 다리형 구조물에 의해 지지된다.

모방밀링머신tracer mill, profiling mill은 모방용 형판template으로 불규칙한 부품 형상을 재생하도록 설계되었다. 작업자에 의한 수동 이송이나 공작기계에 의한 자동 이송으로 트레이싱 탐침tracing probe이 형판을 따라가도록 제어해, 탐침에 의해 생성된 경로를 밀링 헤드가 모방해 원하는 형상을 가공한다. 모방밀링머신은 다음과 같은 종류로 나눌 수 있다. (1)x-y 트레이싱(형판의 외형이 2축 제어로 윤곽밀링된 평판), (2)x-y-z 트레이싱(탐침이 3축 제어로 3차원 모형을 따라감). 모방밀링머신은 밀링커터를 향한 공작물의 단순한 이송으로는 쉽게 생성될 수 없는 형상을 만드는데 사용되어왔다. 주형과 금형의 가공에도 적용될 수 있다. 최근에는 모방밀링머신으로 수행되던 많은 공정들이 CNC밀링머신으로 대체되고 있다.

CNC밀링머신은 커터 경로가 형판 대신 데이터에 의해 제어되는 공작기계다. 윤곽밀링, 포켓밀링, 표면윤곽가공, 다이싱킹 공정에 잘 적용할 수 있으며 원하는 커터 경로를 얻기 위해 작업테이블의 2축이나 3축이 동시에 제어되어야 한다. 일반적으로 공작물 취급뿐만 아니라 커터 교환에 한 명의 작업자가 필요하다.

16.5 머시닝센터와 터닝센터

머시닝센터machining center는 고도로 자동화된 공작기계로서 인간이 최소한으로 개입해 설정된 조건으로 여러 가지 절삭가공 공정을 CNC 제어로 수행할 수 있다([그림 16.26] 참조). 부품 취급을 위해 작업자가 필요하지만 일반적으로 기계 사이클 타임보다 훨씬 적은 시간을 소비하기 때문에 1인 작업자가 1개 이상의 기계를 관리할 수 있다. 전형적인 공정은 밀링과 드릴링 같은 회전하는 절삭공구를 사용하는 공정이다.

머시닝센터가 전통적인 공작기계와 차별이 되고 생산성이 좋은 것은 다음과 같은 특징들에 기인한다.

한 번의 셋업으로 많은 작업 가능: 대부분의 공작물은 특정 형상으로 완벽하게 가공하기 위해 여러 번의 공정이 필요하다. 복잡한 부품은 10개 이상의 별도의 가공 공정이 필요하고 각각의 공정은 별도의 공작기계, 셋업, 절삭공구를 필요로 한다. 머시닝센터는 한 번의 위치에서 대부분의 작업을 할 수 있어 셋업 시간과 생산 리드타임을 최소화할 수 있다.

그림 16.26
5축 만능머시닝센터(출처: Fundamentals of Modern Manufacturing, 4th Edition by Mikell P. Groover, 2010. Reprinted with permission of John Wiley & Sons, Inc.).

자동공구교환: 한 작업에서 다른 절삭 작업으로 전환될 때 공구가 교환되어야 한다. 머시닝센터에서는 CNC 프로그램을 수행해 자동공구교환장치(automatic tool changer)에 의해 기계 주축과 공구수납고(tool storage carousels) 사이에서 커터를 교환한다. 이 수납고는 보통 16개부터 80개까지의 절삭공구를 보유할 수 있다. [그림 16.26]의 기계는 왼쪽 칼럼에 2개의 공구수납고를 갖고 있다.

팰릿 셔틀(pallet shuttle): 주축과 공작물을 올려놓는 위치 사이에서 자동으로 전달되는 팰릿 셔틀을 장착한 머시닝센터가 있다([그림 16.26] 참조). 부품이 셔틀에 붙어 있는 팰릿에 고정되어 있다. 2개의 셔틀을 이용해, 공작기계가 가공을 하고 있는 중에도, 작업자는 가공이 끝난 부품을 셔틀로부터 들어내고 새로운 부품을 장착할 수 있다. 이는 기계의 비생산시간을 감소시킨다.

공작물의 자동위치결정: 대개의 머시닝센터는 3축 이상을 가진다. 추가적인 축들 중의 하나가 주축에 대해 주어진 각도로 공작물을 위치시키기 위해 회전테이블로 설계되기도 한다. 회전테이블은 한 번의 셋업으로 커터가 부품의 4개의 면을 가공할 수 있도록 한다.

머시닝센터는 주축 방향에 따라 수평형, 수직형, 만능형으로 분류된다. 수평머시닝센터horizontal machining center는 보통 4개의 수직면들이 커터에 의해 접근이 가능한 입방체형 부품을 가공한다. 수직머시닝센터vertical machining center는 공구가 윗면을 가공할 수 있는 편평한 부품에 적당하다. 만능머시닝센터universal machining center는 수평축과 수직축의 어떤 각으로도 주축을 회전시킬 수 있다([그림 16.26] 참조).

CNC머시닝센터의 성공으로 CNC터닝센터를 개발하게 되었다. [그림 16.27]에 나타낸 CNC터닝센터CNC turning center는 여러 종류의 선삭과 관련 작업들, 윤곽선삭, 자동공구 인덱싱을 컴퓨터 제어로 할 수 있다. 또한 정교하게 만들어진 터닝센터는 다음과 같은 공정들이 가능하다. (1)공작물 측정(가공 후 주요 치수 검사), (2)공구감시tool monitoring, (3)공구 마모 시의 자동공구교환, (4)가공 후 자동공작물교환 [16].

머시닝센터와 터닝센터와 관련된 또 다른 공작기계로 CNC밀링터닝센터CNC mill-turn center가 있다. 이 기계의 일반적인 형태는 터닝센터이고, 추가적으로 원통형 공작물을 주어진 각으로 고정시키고, 회전하는 절삭공구(예를 들면 밀링커터)가 부품의 외면을 특정 형상으로 가공한다([그림 16.28] 참조). 보통의 터닝센터는 공작물을 특정 각으로 고정시킬 수 없고 회전하는 공구 주축을 가지고 있지 않다.

공작기계 기술의 발달로 밀링터닝센터는 1개의 기계에 기능을 추가해 더욱 발전하게 되었다. 추가적인 기능으로는 (1)밀링, 드릴링, 선삭을 연삭, 용접, 검사와 1개의 기계로 통합, (2)1개나 2개의 공작물에 대해 다축 동시 가공, (3)산업용 로봇을 추가해 공작물 취급을 자동화함[2], [16].

그림 16.27
4축 CNC터닝센터(출처: Fundamentals of Modern Manufacturing, 4th Edition by Mikell P. Groover, 2010. Reprinted with permission of John Wiley & Sons, Inc.).

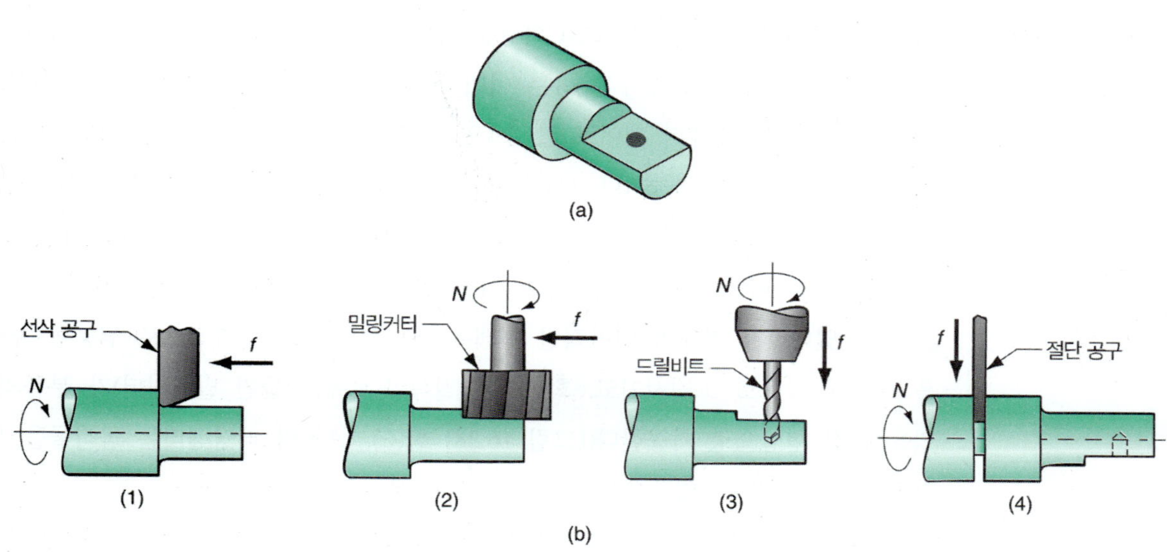

그림 16.28 밀링터닝센터의 작업 (a)선삭, 밀링, 드릴링이 필요한 부품의 예, (b)밀링터닝센터에서의 연속적인 작업들: (1)2차 외경 선삭, (2)특정각에서의 밀링, (3)같은 위치에서의 드릴링, (4)절단(출처: Fundamentals of Modern Manufacturing, 4th Edition by Mikell P. Groover, 2010. Reprinted with permission of John Wiley & Sons, Inc.).

16.6 기타 절삭가공 공정들

선삭, 드릴링, 밀링 공정에 추가해 다음과 같은 다른 절삭가공 공정들을 살펴본다. (1)형삭과 평삭, (2)브로칭, (3)톱작업.

16.6.1 형삭, 평삭

형삭과 평삭은 공작물에 대해 직선으로 움직이는 단인공구를 사용하는 서로 유사한 공정이다. 이와 같은 운동에 의해 보통의 형삭과 평삭 공정에서 직선의 평면이 얻어진다. 이 두 공정의 차이가 [그림 16.29]에 나타나 있다. 형삭 공정에서의 절삭속도 운동은 절삭공구의 움직임으로 얻어진다. 평삭 공정에서는 절삭속도 운동이 공작물의 움직임으로 일어난다.

형삭과 평삭에 사용되는 절삭공구는 단인공구다(17.3.1절). 선삭과 달리 형삭과 평삭에서는 단속절삭이 일어나며 공구가 공작물에 충격 하중을 주면서 진입한다. 또한 공구의 시작, 정지 운동으로 인해 공구는 낮은 속도로 제한된다. 이와 같은 조건 때문에 고속도강 공구를 보통 사용한다.

형삭 형삭shaping은 셰이퍼shaper라 불리는 공작기계로 수행된다([그림 16.30] 참조). 셰이퍼의 주요 부품으로 칼럼에 대해 상대적으로 움직이는 램이 있어 절삭속도 운동을

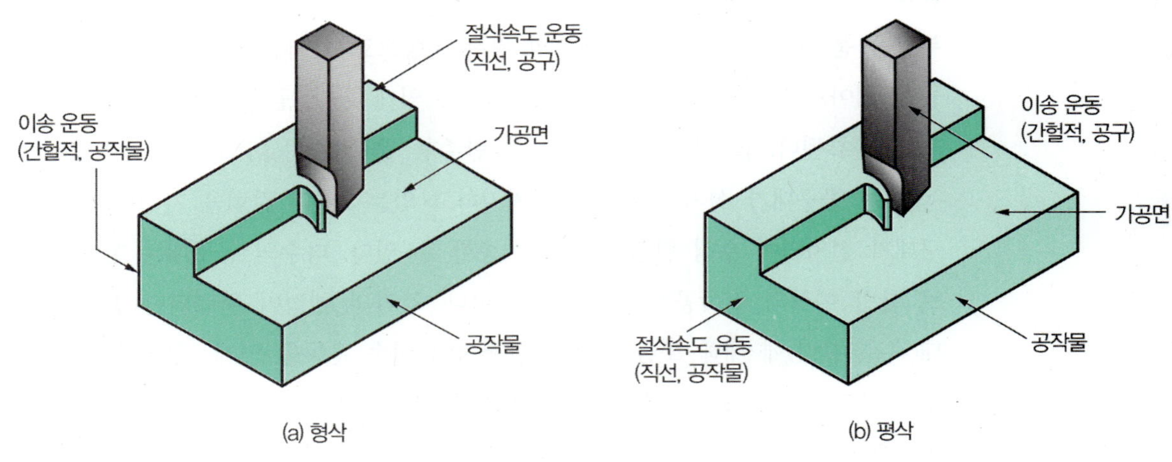

그림 16.29 (a)형삭, (b)평삭(출처: Fundamentals of Modern Manufacturing, 4th Edition by Mikell P. Groover, 2010. Reprinted with permission of John Wiley & Sons, Inc.).

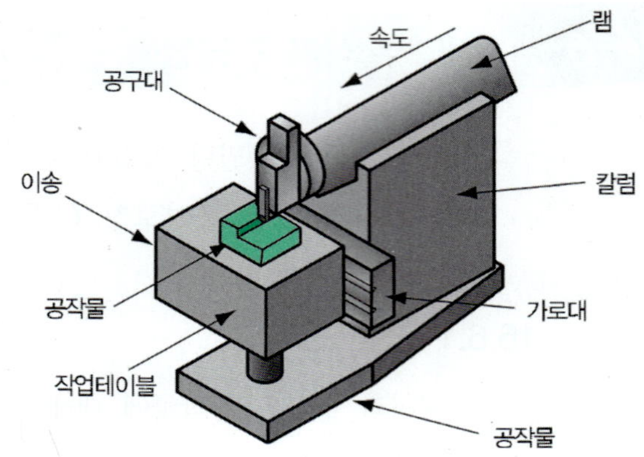

그림 16.30
셰이퍼의 주요 구성요소(출처: Fundamentals of Modern Manufacturing, 4th Edition by Mikell P. Groover, 2010. Reprinted with permission of John Wiley & Sons, Inc.).

제공하고, 공작물을 고정하는 작업테이블이 이송 운동을 제공한다. 램의 운동은 절삭을 수행하기 위해 전방으로 움직이는 절삭행정과, 공구가 공작물과 여유를 두기 위해 조금 들리면서 움직이고 다음 이동을 준비하는 귀환행정이 있다. 각 귀환행정이 완료될 때마다 작업테이블은 공작물에 이송을 주기 위해 램 운동에 대해 옆으로 이동한다. 이송은 mm/stroke로 표시된다.

램을 구동하는 장치는 유압식이거나 기계식이다. 유압식은 행정 길이를 조절하기 쉽고 절삭행정 동안에 일정한 속도를 유지할 수 있지만 기계식보다 비싸다. 두 방식 모두 절삭행정보다 귀환행정(비절삭행정)에서 더 높은 속도가 되도록 설계해, 절삭에 소요되는 시간이 상대적으로 많아지도록 한다.

평삭 평삭planing을 위한 공작기계는 플레이너planer다. 절삭속도는 단인공구를 지나 부품을 움직이게 하는 작업테이블의 왕복 운동으로 얻어진다. 플레이너의 구조와 운동은 셰이퍼보다 훨씬 큰 부품을 가공할 수 있게 한다. 플레이너는 단주형과 쌍주형으로 분류된다. [그림 16.31]에서처럼 단주형 플레이너open side planer, single column planer는 공구대가 설치된 가로대를 지지하고 있는 1개의 칼럼을 가진다. 또 다른 공구대가 설치되어 수직 칼럼을 따라 이송할 수 있다. 다수의 공구대는 한번의 이동으로 한번 이상의 절삭공정을 가능하게 한다. 각각의 행정이 완료되면 공구대는 가로대(혹은 칼럼)에 대해 조금 이동해 간헐적인 이송 운동을 얻게 된다. 구조적으로 단주형 플레이너는 폭이 매우 넓은 공작물을 가공할 수 있다.

쌍주형 플레이너double-column planer는 베이스와 작업테이블 양쪽으로 2개의 칼럼을 가지고 있다. 칼럼들은 1개 이상의 공구대가 설치된 가로대를 지지한다. 2개의 칼럼은 이 기계에 더 큰 강성을 부여하지만 취급할 수 있는 공작물의 폭을 제한한다.

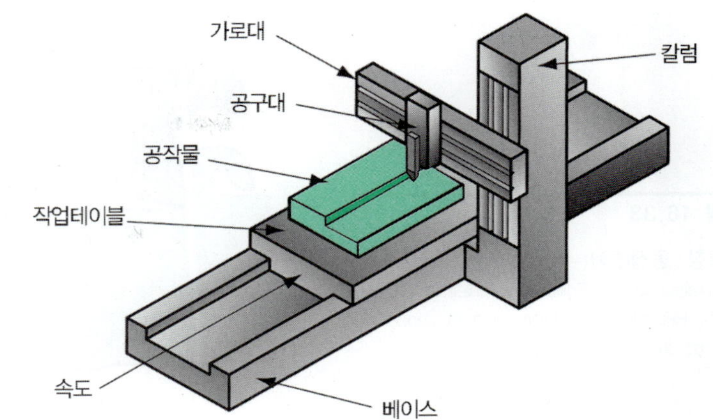

그림 16.31

단주형 플레이너(출처: Fundamentals of Modern Manufacturing, 4th Edition by Mikell P. Groover, 2010. Reprinted with permission of John Wiley & Sons, Inc.).

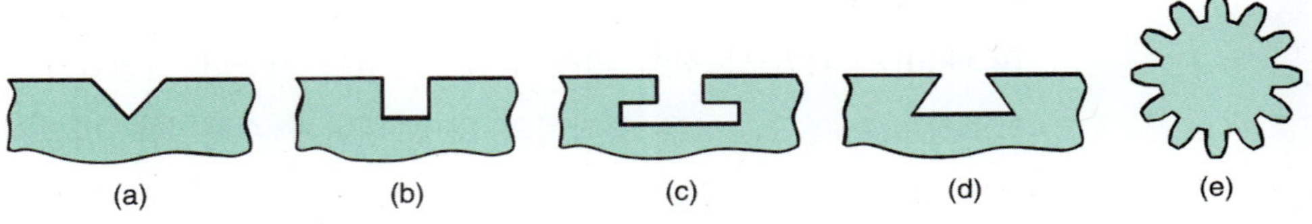

그림 16.32 형삭과 평삭으로 가공이 가능한 형상 (a)V자형 그루브, (b)각형 그루브, (c)T 슬롯, (d)더브테일(dovetail) 슬롯, (e)기어 이(출처: Fundamentals of Modern Manufacturing, 4th Edition by Mikell P. Groover, 2010. Reprinted with permission of John Wiley & Sons, Inc.).

형삭과 평삭으로 평판 이외의 형상도 가공할 수 있다. 다만 가공면은 직선이어야 한다. 즉, [그림 16.32]와 같은 그루브groove, 슬롯slot, 기어 이gear tooth 등을 가공할 수 있다. 이와 같은 형상을 가공하기 위해서는 기본적인 단인공구 형상 외의 특별한 공구형상이 필요하다. 실제로 이러한 형상의 가공을 위해 전용 공작기계가 사용되기도 한다. 기어셰이퍼gear shaper가 좋은 예다. 이 기계는 특별히 설계된 회전하는 이송테이블과 평기어를 생성하기 위한 동기식 공구대를 가진 수직 셰이퍼다.

16.6.2 브로칭

브로칭broaching은 다인공구를 공작물에 대해 공구 축 방향으로 직선으로 이동시켜 수행된다([그림 16.33] 참조). 절삭공구를 브로치broach라 하고, 공작기계를 브로칭머신broaching machine이라 한다. 브로칭 공정은 매우 생산성이 좋은 절삭가공 공정이다. 이외의 장점으로 좋은 표면정도, 정확한 치수, 공작물 형상의 다양성이 있다. 공구는 복잡하고 특별 주문된 형상으로 가공되어야 하기 때문에 비싼 편이다.

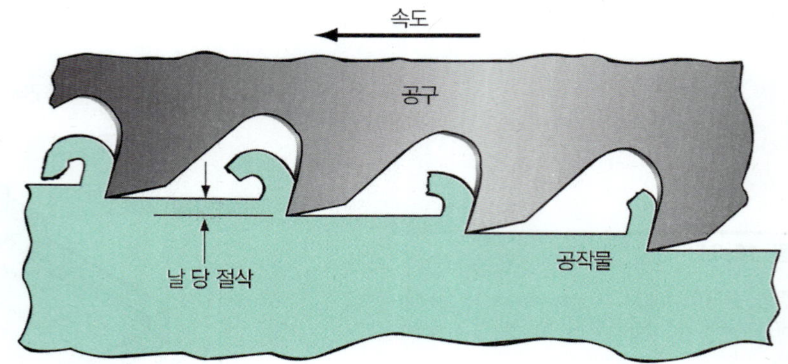

그림 16.33

브로칭 공정(출처: Fundamentals of Modern Manufacturing, 4th Edition by Mikell P. Groover, 2010. Reprinted with permission of John Wiley & Sons, Inc.).

브로칭에는 다음의 2가지 유형이 있다. 외면(또는 표면)과 내면이다. 외면브로칭external broaching은 어떤 단면형상을 얻기 위해 공작물의 외면에 수행된다. [그림 16.34(a)]는 외면브로칭에 의해 얻을 수 있는 가능한 단면들을 나타내고 있다. 내면브로칭internal broaching은 공작물의 구멍 내면에 수행된다. 따라서 브로칭 행정을 시작할 때 브로치를 삽입하기 위한 초기 구멍이 공작물에 준비되어 있어야 한다. [그림 16.34(b)]는 내면브로칭으로 얻을 수 있는 형상들을 나타내고 있다.

브로칭머신의 기본적인 기능은 정지하고 있는 공작물을 지나 공구를 정확하게 직선운동을 시키는 것인데, 여러 가지 방법이 있다. 대개의 브로칭머신은 수직형과 수평형으로 분류된다. 수직브로칭머신은 브로치를 수직으로 움직이도록 설계되었고, 수평브로칭머신은 수평의 공구 경로를 가진다. 대개의 브로칭머신은 공작물에 대해 브로치를 당긴다.

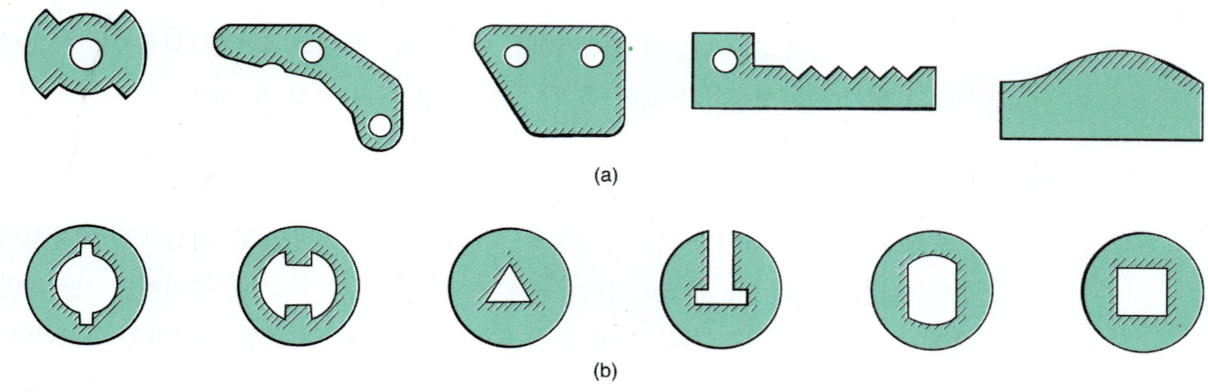

그림 16.34 브로칭 공정으로 얻을 수 있는 형상 (a)외면브로칭, (b)내면브로칭. 빗금친 부분이 가공면이다(출처: Fundamentals of Modern Manufacturing, 4th Edition by Mikell P. Groover, 2010. Reprinted with permission of John Wiley & Sons, Inc.).

그러나 예외가 있는데, 공작물에 대해 공구를 미는 브로칭프레스broaching press라 불리는 것으로 내면브로칭으로만 사용된다. 또 다른 예외가 연속브로칭머신continuous broaching machine으로, 공작물이 무한 벨트에 고정되어 있고, 정지되어 있는 브로치를 지나 이동한다. 연속 공정이기 때문에 표면브로칭으로만 사용된다.

16.6.3 톱작업

톱작업sawing은 좁은 간격으로 배열된 날로 구성된 공구로 공작물을 두 조각으로 나누거나 불필요한 부분을 잘라내는 공정으로, 절단 공정이라고도 한다. 제조공정에 있어 절단 작업은 자주 필요한 과정이기 때문에 톱작업은 중요한 제조공정 중 하나다. 대개의 톱작업에서 공작물은 정지되어 있고, 톱날saw blade이 공작물에 대해 이동한다. [그림 16.35]에서처럼 날이 이동하는 방식에 따라 3가지 종류의 기본적인 톱작업이 있다. (a)활톱작업, (b)띠톱작업, (c)둥근톱작업이다.

활톱작업hacksawing은 공작물에 대해 톱이 직선 왕복 운동을 한다([그림 16.35(a)] 참조). 이 톱작업은 절단 공정으로 자주 사용된다. 절삭은 톱날이 오직 전방으로 이동할 때만 수행된다. 이와 같은 간헐적인 절삭작용 때문에 활톱작업은 연속적인 다른 두 공정에 비해 효율적이지 못하다. 활톱날은 한쪽 가장자리에 절삭날이 있는 얇은 직선 공구다. 활톱작업은 수동 혹은 동력에 의해 구동된다. 동력활톱power hacksaw은 원하는 속도로 톱날을 구동하는 장치를 가지고 있고, 주어진 이송속도와 톱작업에 필요한 압력을 제공한다.

띠톱작업bandsawing은 한쪽 가장자리에 날을 가진 무한궤도로 만들어진 유연한 띠톱날을 사용하며 연속적인 직선 운동을 한다. 띠톱은 공작물에 대해 띠톱날을 연속적으로 이동시키고 안내하기 위해 풀리와 같은 구동장치를 사용한다. 띠톱은 톱날의 운동 방향에 따라서 수직식과 수평식이 있다. 수직띠톱은 절단 공정뿐만 아니라 윤곽가공과 슬로팅가공으로도 사용된다. 띠톱에서의 윤곽가공contouring은 평판형 소재로부터 부품 윤곽을 잘라내는 것이다. 슬로팅slotting은 부품에 가는 홈을 만들어내는 것으로, 띠톱작업으로 잘 수행될 수 있다. 윤곽가공과 슬로팅은 공작물이 톱날로 이송되는 공정이다.

수직띠톱에서 수동으로 작업자가 톱날에 대해 공작물을 안내하고 이송하거나 또는 자동으로 동력을 사용해 공작물을 이송할 수 있다. 최근에는 복잡한 외면의 윤곽가공을 위해 CNC를 사용하기도 한다. 수직띠톱작업을 [그림 16.35(b)]에 나타냈다. 수평띠톱

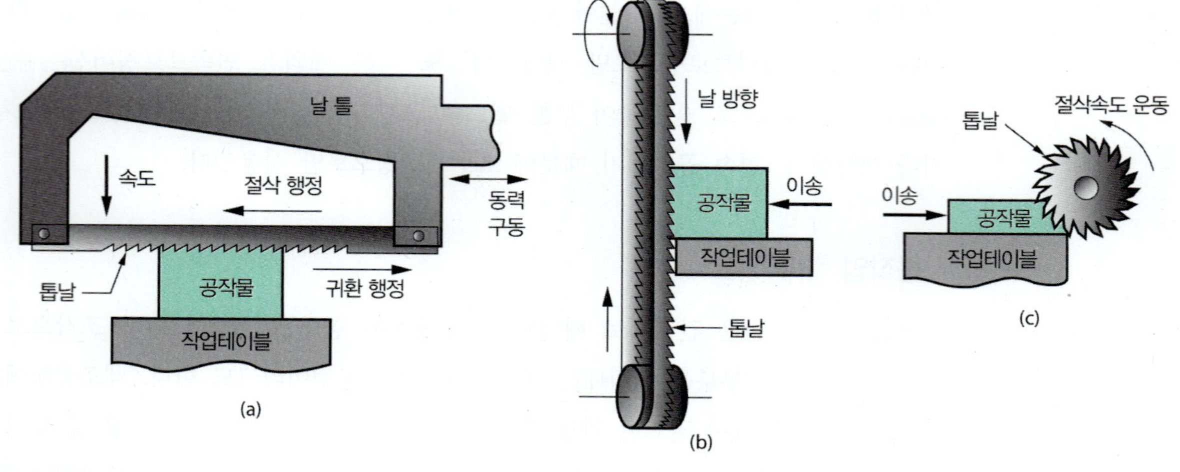

그림 16.35 3가지 종류의 톱작업 (a)활톱, (b)띠톱(수직), (c)둥근톱(출처: Fundamentals of Modern Manufacturing, 4th Edition by Mikell P. Groover, 2010. Reprinted with permission of John Wiley & Sons, Inc.).

은 동력활톱의 대안으로서 보통 절단 공정으로 사용된다.

둥근톱작업circular sawing은 공작물에 대해 공구의 연속적인 운동을 제공하기 위해 회전하는 톱날을 사용한다([그림 16.35(c)] 참조). 둥근톱작업은 길이가 긴 봉, 관 등을 특정 길이로 자르는데 자주 사용된다. 둥근톱의 절삭작용은 톱날이 얇고 많은 절삭날을 보유하는 것 외에는 슬롯밀링작업과 유사하다. 둥근톱은 톱날을 회전시키기 위해 동력으로 구동되는 주축과 회전하는 날을 공작물로 이동시키는 이송장치를 가진다.

연마제절단과 마찰톱작업이 둥근톱작업과 연관되어 있다. 연마제절단abrasive cutoff은 원판숫돌abrasive disk을 사용해 전통적인 톱작업이 어려운 경한 재료에 대한 절단 공정을 수행한다. 마찰톱작업friction sawing은 강으로 되어 있는 원판을 공작물에 대해 매우 고속으로 회전시켜 마찰열을 발생시킴으로써, 원판이 공작물에 들어가기에 충분하도록 공작물을 연화시킨다. 이 두 공정의 절삭속도는 둥근톱작업에 비해 훨씬 고속이다.

16.7 고속가공

금속 절삭가공의 역사에서 지속적인 경향은 절삭속도를 계속 올리는 것이다. 최근에는 생산속도 증대, 리드타임 단축, 비용 감소, 품질 향상의 측면에서 더욱 관심을 가지게 되었다. 고속가공high-speed machining: HSM은 전통적인 절삭가공 공정에서 사용된 절삭속도보다 훨씬 빠른 속도로 가공하는 것을 의미한다. 전통적인 가공과 고속가공의 절삭속도가 [표 16.1]에 비교되어 있다.

절삭가공에 사용되는 다양한 공작물과 공구재료들을 다루기 위해 고속가공의 또 다른 정의들이 발전되어왔다. 고속가공에 대해 널리 쓰이는 정의 중의 하나가 DN비로, 베어링 구멍bearing bore 직경(mm)에 최대주축속도(rev/min)를 곱한 값이다. 고속가공의 DN비는 보통 500,000~1,000,000 사이의 범위에 있다. 이 정의에 의하면 직경이 큰 베어링을 사용하면 작은 베어링을 사용할 때보다 회전속도가 낮더라도 고속가공의 범위에 들어가게 된다. 고속가공을 위한 전형적인 주축속도는 8,000~35,000 rpm 사이의 범위에 있고, 최근에는 100,000rpm까지 회전하는 주축도 있다.

표 16.1 여러 공작물에 대한 일반가공속도와 고속가공속도의 비교[3]

공작물 재료	일체형 공구(엔드밀링, 드릴링)		분할형 공구(정면밀링)	
	일반가공속도	고속가공속도	일반가공속도	고속가공속도
	m/min	m/min	m/min	m/min
알루미늄	300+	3000+	600+	3600+
주철(연한)	150	360	360	1200
연주철	105	250	250	900
쾌삭강	105	360	360	600
합금강	75	250	210	360
티타늄	40	60	45	90

또 다른 고속가공의 정의는 최대주축속도에 대한 마력의 비, 즉 hp/rpm비가 있다. 일반 공작기계는 고속가공이 가능한 공작기계보다 보통 높은 hp/rpm비를 가진다. 일반 공작기계와 고속가공 공작기계를 구분하는 값은 약 3.75W/rpm다. 그러므로 10,000rpm으로 회전하는 37.5kW의 주축(3.75W/rpm)과 30,000rpm으로 회전하는 10.5kW의 주축(0.35W/rpm)은 고속가공에 포함된다.

고속가공을 위한 요구 조건은 다음과 같다. (1)높은 rpm을 위해 특별히 설계된 베어링을 사용하는 고속주축, (2)높은 이송속도, 약 50m/min, (3)원하는 공구 경로로부터 벗어나는 것을 예측하고 보정하는 CNC 운동제어, (4)진동의 영향을 최소화하기 위해 균형이 잘 잡힌 절삭공구, 공구홀더, 주축, (5)고압으로 공급이 가능한 냉각유 공급장치, (6)매우 높은 소재제거율에 대응하는 칩 처리장치. 또한 중요한 것이 절삭공구 재료다. [표 16.1]에 나타난 것처럼 고속가공을 위해 여러 공구재료들이 사용되며 이 재료들에 대해 다음 장에서 설명한다.

16.8 공차와 표면정도

절삭가공은 설계자가 지정한 공차와 표면정도로 정의된 형상으로 부품을 생산하는 것이다. 이 절에서는 절삭가공에서의 공차와 표면정도에 대해 설명한다.

16.8.1 절삭가공의 공차

어떠한 제조공정에도 변이성은 있게 마련이고, 공차는 이 변이성의 한계를 설정하는 데 사용된다(4.1.1절). 절삭가공 공정은 대개의 다른 공정에 비해 높은 정확성을 제공하기 때문에 공차가 엄격한 경우에 자주 선호된다. [표 16.2]는 대부분의 절삭가공 공정들로 얻을 수 있는 전형적인 공차를 나타냈다. 이 표의 값들은 이상적인 조건을 대표하지만 이는 현대의 공장에서 쉽게 얻을 수 있는 조건이다. 공작기계가 오래되고 마모가 심하면 공정의 변화성은 이상적인 경우보다 클 것이고 이러한 공차를 유지하기 어렵다. 한편으로 신형 공작기계는 열거한 값들보다 작은 공차를 얻을 수 있다.

작은 공차는 보통 많은 비용을 의미한다. 예를 들어 설계자가 6.0mm의 구멍 직경에 ±0.10mm의 공차를 지정한다면 [표 16.2]에 의해 이러한 공차는 드릴링 공정으로 얻을 수 있다. 그러나 설계자가 ±0.025mm의 공차를 지정한다면 엄격해진 공차를 만족하기 위해 추가적인 리밍 공정이 필요하다. 이것은 공차가 큰 것이 항상 좋다는 것을 의미하는 것은 아니다. 각 부품들을 작은 공차와 낮은 변동성으로 절삭가공했을 때 조립 공정, 최종 제품 시험, 고장 서비스, 고객만족 측면에서 별 문제가 없다는 것은 자주 있는 일이다. 이러한 비용이 직접 제조비용으로 쉽게 정량화되지는 않지만 그럼에도 불구하고 매우 중요하다. 공장의 제조공정에 대해 보다 더 관리가 잘 되게 해주는 엄격한 공차가, 길게 볼 때 그 회사의 총 공정비용을 낮출 수 있다.

표 16.2 절삭공정으로 얻을 수 있는 일반적인 공차와 표면거칠기(산술평균)[8][9][10][21]					
절삭공정	공차	표면거칠기(AA)	절삭공정	공차	표면거칠기(AA)
	mm	μm		mm	μm
선삭, 보링		0.8	리밍		0.4
직경 *D*〈25mm	±0.025		직경 *D*〈12mm	±0.025	
25mm〈*D*〈50mm	±0.05		12mm〈*D*〈25mm	±0.05	
직경 *D*〉50mm	±0.075		직경 *D*〉25mm	±0.075	
드릴링		0.8	밀링		0.4
직경 *D*〈25mm	±0.05		평밀링	±0.025	
25mm〈*D*〈6mm	±0.075		정면밀링	±0.025	
6mm〈*D*〈12mm	±0.10		엔드밀링	±0.05	
12mm〈*D*〈25mm	±0.125		형삭, 슬로팅	±0.025	1.6
직경 *D*〉25mm	±0.20		평삭	±0.075	1.6
브로칭	±0.025	0.2	톱작업	±0.50	6.0

16.8.2 절삭가공의 표면정도

절삭가공은 부품의 최종 형상과 치수를 결정하는 경우가 많은 제조공정이기 때문에 부품의 표면구조surface texture를 결정하게 되는 경우도 자주 있다(4.2.2절). [표 16.2]는 절삭가공 공정으로 얻을 수 있는 전형적인 표면거칠기를 나열하고 있다. 이 정도의 표면거칠기는 현대식 공작기계로 쉽게 성취할 수 있다.

절삭가공 공정에서 어떻게 표면정도가 결정되는지를 살펴본다. 절삭가공면의 거칠기는 다음과 같이 분류되는 많은 요인들에 의해 영향을 받는다. (1)기하학적 요인, (2)공작물 재료, (3)진동과 공작기계다. 이 절에서는 표면정도에 대한 이러한 요인과 그 영향에 대해 설명한다.

기하학적 요인 이것은 가공부품의 표면형상을 결정하는 절삭가공의 인자로서 다음과 같은 것이 있다. (1)절삭공정의 유형, (2)절삭공구 형상, 특히 노즈반경, (3)이송, 이러한 요인들에 의해 결정되는 표면 형상을 '이상적ideal' 혹은 '이론적theoretical' 표면거칠기라 하며 공작물, 진동, 공작기계의 영향이 없는 상태에서 얻을 수 있는 표면정도다.

공정 유형은 표면을 생성하기 위해 사용되는 절삭가공 공정을 지칭한다. 예를 들면 평밀링, 정면밀링, 형삭은 모두 편평한 표면을 만들어낸다. 그러나 표면형상은 각 공정 유형에 따라서 다른데, 공구 형상의 차이점과 공구와 표면과의 상호작용의 차이점

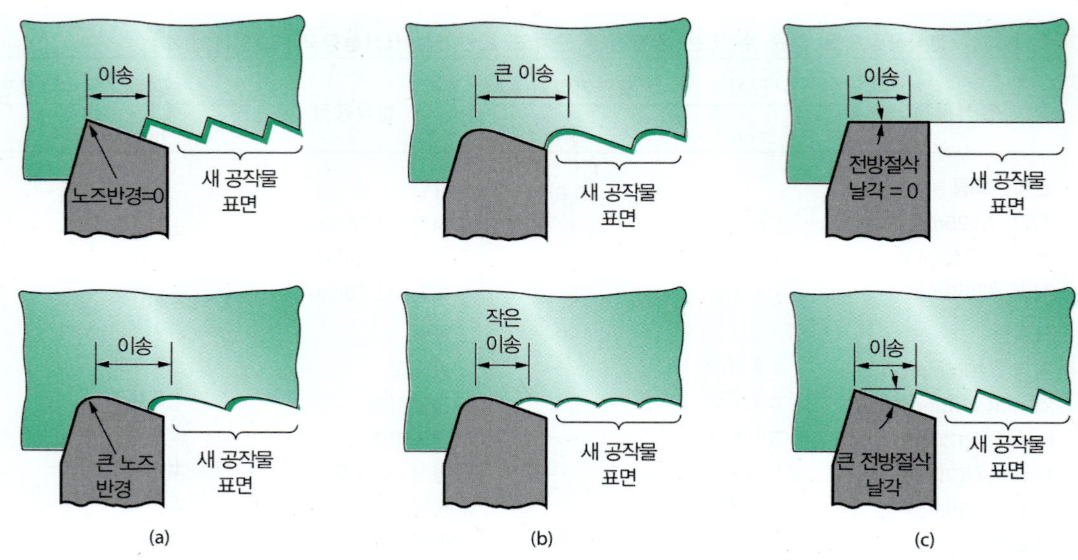

그림 16.36 단인공구에 대해 공작물의 이상적 표면거칠기를 결정하는 기하학적 요인의 영향 (a)노즈반경의 영향, (b)이송의 영향, (c)전방절삭날각의 영향(출처: Fundamentals of Modern Manufacturing, 4th Edition by Mikell P. Groover, 2010. Reprinted with permission of John Wiley & Sons, Inc.).

때문이다([그림 4.4] 참조).

공구형상과 이송이 결합해 표면형상을 만든다. 공구형상 중에서 공구 끝의 형상이 가장 중요하다. 단인공구에 대해 이 영향이 [그림 16.36]에 나타나 있다. 같은 크기의 이송에서 노즈반경이 커질수록 이송자국feed mark이 덜 뚜렷해져 표면정도가 좋아진다. 같은 크기의 노즈반경에서는 이송이 커질수록 이송자국이 더 뚜렷해져 이상적 표면거칠기의 값이 증가한다. 이송속도가 충분히 크고 노즈반경이 충분히 작아서 전방절삭날이 새로운 표면을 생성하는데 참여한다면 전방절삭날각end cutting edge angle이 표면형상에 영향을 미칠 것이다. 이 경우에 전방절삭날각이 커질수록 표면거칠기의 값이 증가한다. 이론적으로 전방절삭날각이 영이 되면 완전 평면을 얻게 된다. 그러나 공구, 공작물, 가공공정의 불완전성이 이와 같은 완전 평면의 생성을 불가능하게 한다.

단인공구에 의해 생성된 표면의 이상적 표면거칠기를 예측하기 위해 노즈반경과 이송의 영향을 1개의 식으로 결합할 수 있다. 이 식은 선삭, 형삭, 평삭과 같은 공정에 적용된다.

$$R_i = \frac{f^2}{32NR} \tag{16.21}$$

여기서 R_i=이론적 평균거칠기 mm, f=이송 mm, NR=노즈반경 mm다.

이 식은 노즈반경이 0이 아니라, 이송과 노즈반경이 공구형상을 결정하는 주된 요인이라고 가정한다. R_i의 값은 mm 단위가 될 것이고 μm로 전환될 수 있다. 식 (16.21)은 인서트를 가진 정면밀링의 이상적 표면거칠기를 구할 때 사용될 수 있으며 이때 f는 칩부하날당 이송, chip load를 의미한다.

식 (16.21)은 날카로운 절삭날을 가정한다. 공구가 마모됨에 따라 절삭날 끝의 형상이 바뀌게 되고, 이것이 공작물의 표면 형상에 반영된다. 공구마모가 작으면 이 영향이 잘 나타나지 않지만 공구마모(특히 노즈반경 마모)가 커짐에 따라 표면거칠기는 위의 식에서 주어지는 이상적인 값에 비해 나빠진다.

공작물 재료 공작물 재료에 관련된 요인들과 공작물-공구와의 상호작용 때문에 대개의 절삭가공 공정에서 이상적 표면거칠기를 달성하는 것은 가능하지 않다. 공작물 재료에 관련된 다음과 같은 요인들이 표면정도에 영향을 미친다. (1)구성인선-구성인선이 주기적으로 형성되고 떨어져 나가면서 입자들이 새롭게 생성된 공작물 표면에 부착되어 표면을 거칠게 한다, (2)칩이 말리면서 공작물 표면에 입히는 손상, (3) 연성재료를 가공할 때 칩 형성 중 공작물 표면의 파열, (4)취성재료를 가공할 때 불연속칩의 형성으로 인한 공작물 표면의 균열, (5)공구 여유면과 새롭게 생성된 공작물 표면 사이의 마찰. 이러한 요인들은 절삭속도와 경사각의 영향을 받기 때문에 일반적으로 절삭속도나 경사각을 증가시키면 표면정도를 향상시킬 수 있다.

이와 같은 요인들은 일반적으로 이상적인 표면정도보다 실제 표면정도를 더 나쁘게 한다. 이상적 표면거칠기를 실제 표면거칠기로 변환하기 위해 실험적으로 어떤 비ratio를 구할 수 있다. 이것은 구성인선의 형성, 파열 등의 요인들을 고려했고, 공작물 재질뿐만 아니라 절삭속도에 의존한다. [그림 16.37]은 여러 공작물에 대해 이상적 표면거칠기에 대한 실제 표면거칠기의 비를 절삭속도의 함수로 나타내고 있다.

절삭가공 공정에서 실제 표면거칠기를 예측하려면 이상적 표면거칠기를 구한 다음에 이 값에 앞에서 설명한 비의 값을 곱하면 된다.

$$R_a = r_{ai} R_i \quad (16.21)$$

여기서 R_a=실제 표면거칠기, r_{ai}=이상적 표면거칠기에 대한 실제 표면거칠기의 비 ([그림 16.37] 참조), R_i=이상적 표면거칠기(식 (16.21))이다.

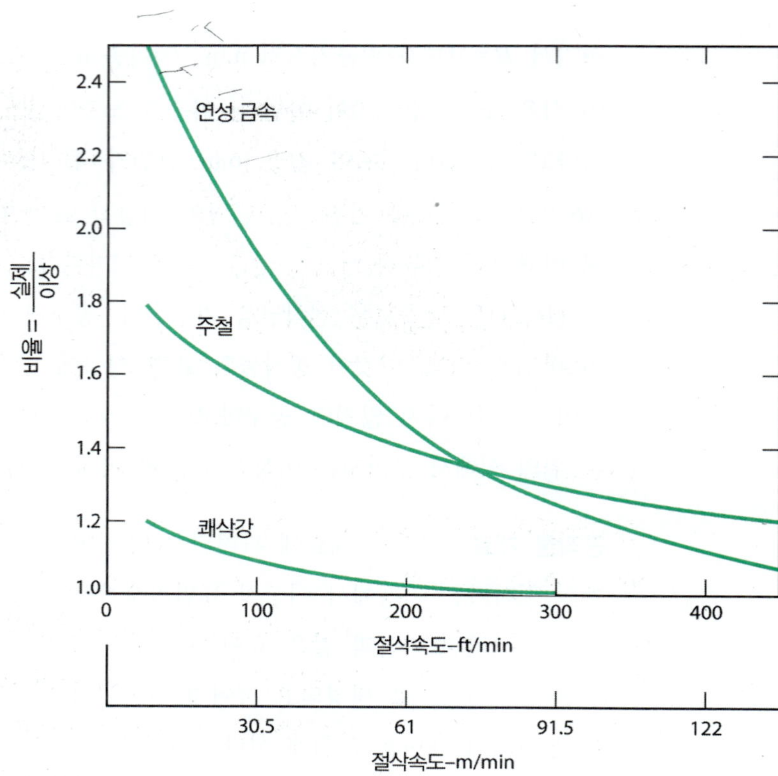

그림 16.37
이상적 표면거칠기에 대한 실제 표면거칠기의 비(출처: Fundamentals of Modern Manufacturing, 4th Edition by Mikell P. Groover, 2010. Reprinted with permission of John Wiley & Sons, Inc.).

EXAMPLE 16.1 표면거칠기

노즈반경=1.2mm인 공구를 사용해 C1008강(연성재료)을 선삭한다. 절삭조건은 속도=100m/min, 이송=0.25mm/rev이다. 이 공정에서 실제 표면거칠기를 예측하라.

▮풀이▮

이상적 표면거칠기는 식 (16.21)로부터 계산될 수 있다.

$$R_i = (0.25)^2/(32 \times 1.2) = 0.0016\text{mm} = 1.6\mu\text{m}$$

[그림 16.37]에서 100m/min의 절삭속도에서 연성금속에 대한 비는 약 1.25이다. 따라서 이 공정에 대한 실제 표면거칠기는 다음과 같이 계산된다.

$$R_a = 1.25 \times 1.6 = 2.0\mu\text{m}$$

진동과 공작기계 이 요인들은 공작기계, 공구, 셋업과 관련되어 있고, 다음과 같은 것들이 있다. 기계나 공구의 채터chatter나 진동. 고정구의 변형(진동을 유발). 특별히 오래된 공작기계 이송기구의 백래쉬backlash. 이러한 요인들이 최소화되거나 제거된다면 절삭가공에서의 표면거칠기는 이미 기술한 기하학적 요인들과 공작물에 관련된 요인들에 의해 주로 결정될 것이다.

절삭공정의 채터나 진동은 공작물 표면에 뚜렷한 표면파형waviness을 남긴다. 채터가 발생하면 경험있는 기계기술자가 인식할 수 있는 독특한 소리가 난다. 진동을 줄이거나 제거할 수 있는 다음과 같은 방법들이 있다. (1)강성과 댐핑의 추가, (2)공작기계의 고유진동수를 피하는 속도에서의 작업, (3)절삭력을 감소시키기 위한 이송과 깊이의 감소, (4)절삭력 감소를 위한 커터 설계 변경. 공작물 형상이 때로는 채터에 중요한 역할을 한다. 얇은 단면은 채터 발생 가능성을 높이기 때문에 채터를 줄이기 위해서는 부품을 추가적으로 지지하는 것이 필요하다.

16.9 절삭 고려설계

공차와 표면정도를 기술하면서 부품설계에 관한 몇 가지 중요한 점들을 설명했다. 이 절에서는 절삭가공으로 제조되는 부품에 대한 설계 지침을 설명한다[5, 8, 21].

가능하다면 절삭가공이 필요하지 않도록 부품을 설계한다. 이것이 불가능하다면 부품에 필요한 절삭가공의 양을 최소화한다. 일반적으로 정밀주조, 폐금형단조, 플라스틱성형 같은 순형상 공정이나 형단조와 같은 근사 순형상 공정을 이용하는 것이 비용이 적게 든다. 다음과 같은 요인들이 절삭가공을 필요로 한다. 엄격한 공차. 좋은 표면정도. 특별한 기하학적 형상(나사산, 정밀한 구멍, 높은 진원도를 가진 원통형 등).

공차는 기능적인 요구조건을 만족하도록 정해져야 하지만 공정능력이 또한 고려되어야 한다. 절삭가공의 공차능력에 대한 [표 16.2]를 참조하라. 지나치게 엄격한 공차는 비용이 많이 들고 제품의 가치를 높이지도 않는다. 공차가 엄격할수록 추가적으로 생기는 공정, 고정구, 검사, 분류, 재가공, 폐기물 등으로 인해 제품 비용이 보통 증가한다.

표면정도는 기능적·미적 요구조건을 만족하도록 정해져야 하지만 좋은 표면정도는 연삭과 래핑 같은 추가 공정이 필요하기 때문에 공정비용을 증가시킨다.

날카로운 코너, 모서리, 끝점 등은 가공하기 어렵기 때문에 피해야 한다. 날카로운 안쪽 코너를 가공하기 위해서는 날카로운 절삭공구가 필요한데, 이는 절삭 중 파손되기 쉽다. 날카로운 끝과 모서리는 버를 발생시키기 쉽고 취급하기가 어렵다.

깊은 구멍의 보링 공정은 긴 보링바가 필요하기 때문에 피해야 한다. 보링바는 강성이 좋아야 하고, 일반적으로 높은 탄성계수를 가진 비싼 재료(예를 들면 초경합금)를 필요로 한다.

가공되는 부품은 표준규격으로 나와 있는 재료로부터 제작될 수 있도록 설계되어야 한다. 절삭가공을 최소화하기 위해 표준 제품에 꼭 맞거나 비슷한 외형 치수를 선택한다. 이미 시중에 나와 있는 제품 표준규격과 같은 직경을 갖는 회전축의 설계를 예로 들 수 있다.

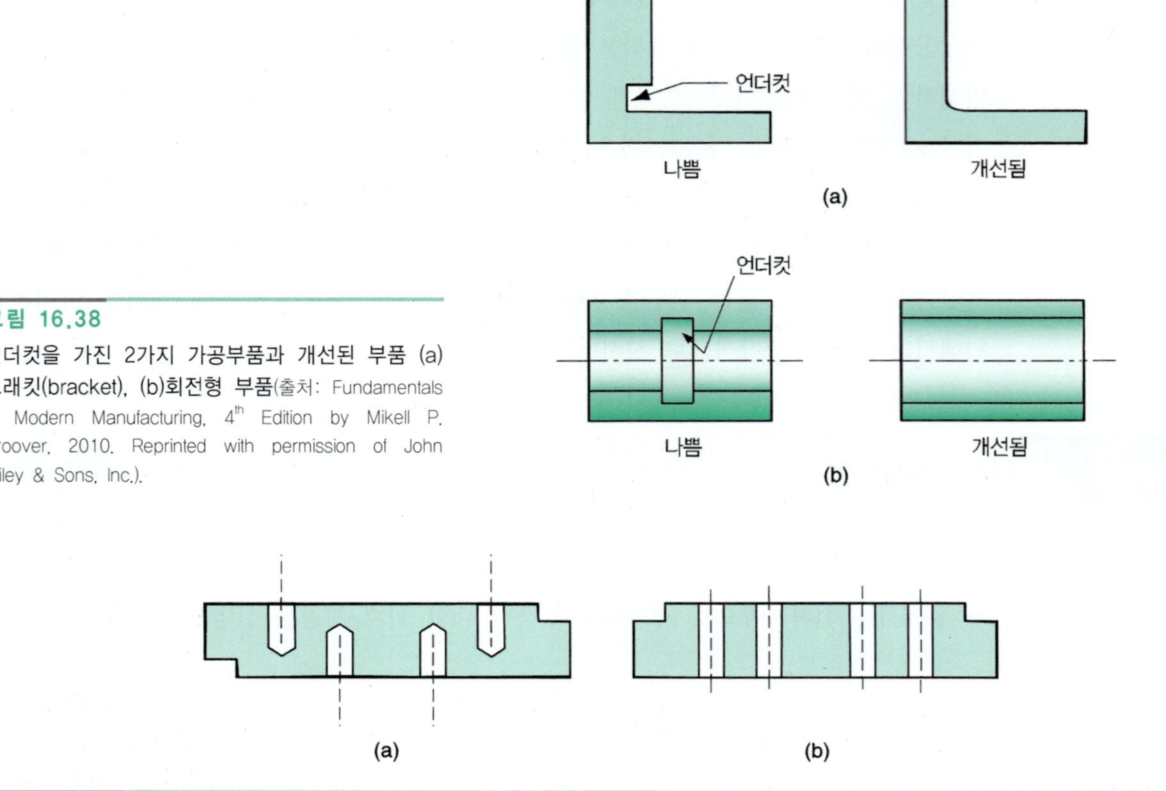

그림 16.38
언더컷을 가진 2가지 가공부품과 개선된 부품 (a) 브래킷(bracket), (b)회전형 부품(출처: Fundamentals of Modern Manufacturing, 4th Edition by Mikell P. Groover, 2010. Reprinted with permission of John Wiley & Sons, Inc.).

그림 16.39 유사한 구멍을 가진 2가지 부품 (a)두 면으로부터 가공되어야 하는 구멍(두 번의 공작물 고정 작업이 필요), (b)한 면으로부터 모두 가공될 수 있는 구멍(출처: Fundamentals of Modern Manufacturing, 4th Edition by Mikell P. Groover, 2010. Reprinted with permission of John Wiley & Sons, Inc.).

부품은 절삭력과 공작물을 고정하는 힘을 견디기에 충분한 강성을 가지도록 설계되어야 한다. 길고 가는 부품, 넓고 편평한 부품, 얇은 벽을 가진 부품 등의 절삭가공은 가능한 한 피한다.

[그림 16.38]과 같은 언더컷은 대체로 추가적인 셋업, 공정, 공구가 필요하기 때문에 피해야 한다. 또한 이것은 사용 중 응력집중을 일으키기도 한다.

절삭성이 좋은 재료를 선택해 설계해야 한다(17.5절). 대체적으로 재료의 절삭성 등급은 가능한 절삭속도와 생산속도에 연관되어 있다. 그러므로 낮은 절삭성을 가진 재료로 만든 부품은 가공하기에 비용이 많이 든다. 열처리로 경화된 부품은 최종 치수와 공차를 맞추기 위해 일반적으로 연삭공정을 하거나 비싼 공구로 절삭작업을 해야 한다.

절삭가공 부품은 최소한(가능하면 한 번)의 공작물 고정 작업으로 가공될 수 있는 형상을 가지도록 설계되어야 한다. 이것은 보통 한쪽 면만으로 충분히 접근할 수 있는 기하학적 형상을 의미한다([그림 16.39] 참조).

절삭가공 부품은 표준 절삭공구로 얻을 수 있는 형상을 가지도록 설계되어야 한다. 특별한 치수를 가진 구멍과 나사산, 특별한 형상의 공구가 필요한 부품 형상 등은 피해야 한다는 의미다. 또한 절삭가공에 필요한 개개의 절삭공구들의 수가 최소화되도록 부품을 설계하는 것이 좋다. 이것은 다수의 공구수용 능력을 가진 머시닝센터와 같은 공작기계로 한 번의 공정으로 가공이 완료될 수 있도록 한다(16.5절).

참고문헌 References

[1] Aronson, R. B. "Spindles are the Key to HSM," *Manufacturing Engineering,* October 2004, pp. 67–80.

[2] Aronson, R. B. "Multitalented Machine Tools," *Manufacturing Engineering,* January 2005, pp. 65–75.

[3] Ashley, S. "High-speed Machining Goes Mainstream," *Mechanical Engineering,* May 1995 pp.56–61.

[4] *ASM Handbook,* Vol. 16, Machining. ASM International, Materials Park, Ohio, 1989.

[5] Bakerjian, R. (ed.). *Tool and Manufacturing Engineers Handbook,* 4th ed., Vol. VI, Design for Manufacturability. Society of Manufacturing Engineers, Dearborn, Michigan, 1992.

[6] Black, J., and Kohser, R. *DeGarmo's Materials and Processes in Manufacturing,* 10th ed. John Wiley & Sons, Inc., Hoboken, New Jersey, 2008.

[7] Boston, O. W. *Metal Processing,* 2nd ed. John Wiley & Sons, Inc., New York, 1951.

[8] Bralla, J. G. (ed.). *Design for Manufacturability Handbook,* 2nd ed. McGraw-Hill Book Company, New York, 1998.

[9] Drozda, T. J., and Wick, C. (eds.). *Tool and Manufacturing Engineers Handbook,* 4th ed. Vol. I, Machining. Society of Manufacturing Engineers, Dearborn, Michigan, 1983.

[10] Early, D. F., and Johnson, G. E. *Process Engineering for Manufacturing.* Prentice-Hall, Inc., Englewood Cliffs, New Jersey, 1962.

[11] Kalpakjian, S., and Schmid, S. R. *Manufacturing Engineering and Technology,* 4th ed. Prentice Hall, Upper Saddle River, New Jersey, 2003.

[12] Kalpakjian, S., and Schmid, S. R. *Manufacturing Processes for Engineering Materials,* 6th ed. Pearson Prentice Hall, Upper Saddle River, New Jersey, 2010.

[13] Krar, S. F., and Ratterman, E. *Superabrasives: Grinding and Machining with CBN and Diamond.* McGraw-Hill, Inc., New York, 1990.

[14] Lindberg, R. A. *Processes and Materials of Manufacture,* 4th ed. Allyn and Bacon, Inc., Boston, 1990.

[15] Marinac, D. "Smart Tool Paths for HSM," *Manufacturing Engineering,* November 2000, pp. 44–50.

[16] Mason, F., and Freeman, N. B. "Turning Centers Come of Age," Special Report 773, *American Machinist*, February 1985, pp. 97–116.

[17] *Modern Metal Cutting.* AB Sandvik Coromant, Sandvik, Sweden, 1994.

[18] Ostwald, P. F., and Munoz, J. *Manufacturing Processes and Systems,* 9th ed. John Wiley & Sons, Inc. New York, 1997.

[19] *Surface Finish.* Machining Development Service, Publication A-5, General Electric Company, Schenectady, New York (no date).

[20] Trent, E. M., and Wright, P. K. *Metal Cutting,* 4th ed. Butterworth Heinemann, Boston, 2000.

[21] Trucks, H. E., and Lewis, G. *Designing for Economical Production,* 2nd ed. Society of Manufacturing Engineers, Dearborn, Michigan, 1987.

[22] Witkorski, M., and Bingeman, A. "The Case for Multiple Spindle HMCs," *Manufacturing Engineering,* March 2004, pp. 139–148.

복습문제 Review Questions

16.1 절삭가공에서 회전형 부품과 각주형 부품의 차이점을 설명하라.

16.2 공작물을 가공할 때 생성가공과 총형가공을 구별하라.

16.3 생성가공과 총형가공이 조합하는 절삭가공 공정의 예를 2가지 나열하라.

16.4 선삭 공정을 설명하라.

16.5 나사가공과 태핑의 차이점은 무엇인가?

16.6 보링 공정이 선삭 공정과 다른 점이 무엇인가?

16.7 30cm×90cm 선반은 무엇을 의미하는가?

16.8 공작물을 선반에 고정하는 여러 방법들을 설명하라.

16.9 선반에서 회전센터와 정지센터의 차이점은 무엇인가?

16.10 터릿선반은 보통선반과 어떻게 다른가?

16.11 Blind hole이란 무엇인가?

16.12 레이디얼드릴링머신의 특징은 무엇인가?

16.13 평밀링과 정면밀링의 차이점은 무엇인가?

16.14 윤곽밀링을 설명하라.

16.15 포켓밀링은 무엇인가?

16.16 상향절삭과 하향절삭의 차이점을 설명하라.

16.17 만능밀링머신은 니형밀링머신과 어떻게 다른가?

16.18 머시닝센터란 무엇인가?

16.19 머시닝센터와 터닝센터의 차이점은 무엇인가?

16.20 밀링터닝센터는 터닝센터가 할 수 없는 어떤 것을 할 수 있는가?

16.21 형삭과 평삭은 어떻게 다른가?

16.22 내면브로칭과 외면브로칭의 차이점은 무엇인가?

16.23 톱작업의 3가지 기본적인 종류를 설명하라.

16.24 절삭가공 부품에 좋은 표면정도가 요구되면 비용이 증가하는 이유는 무엇인가?

16.25 절삭가공에서 표면정도에 영향을 주는 기본적인 요인들은 어떤 것이 있는가?

16.26 선삭에서 이상적 표면거칠기를 결정하는데 중요하게 영향을 미치는 것은 어떤 것인가?

16.27 절삭가공의 진동을 줄이거나 제거하기 위한 방법들을 나열하라.

연습문제 PROBLEMS

16.1 직경 200mm, 길이 700mm인 원통형 공작물이 보통선반에서 선삭된다. 절삭속도=2.30m/s, 이송=0.32mm/rev, 절삭깊이=1.80mm다. (a)절삭시간, (b)소재제거율을 구하라.

16.2 선삭 공정으로 원통형 공작물을 한번 이동으로 가공하려 한다. 길이 400mm이고 직경 150mm다. 이송=0.30mm/rev, 절삭깊이=4.0mm로 5분만에 공정을 끝내기 위한 절삭속도를 구하라.

16.3 테이퍼진 표면을 자동선반으로 선삭하려 한다. 공작물의 길이는 750mm이고, 최소직경과 최대직경은 각각 100mm, 200mm다. 선반의 자동제어 장치는 공작물 직경에 대해 회전속도를 조절함으로써 200m/min의 일정한 표면속도를 유지하게 한다. 이송=0.25mm/rev, 절삭깊이=3.0mm일 때 (a)테이퍼를 가공하기 위한 시간, (b)절삭 시작과 끝에서의 회전속도를 구하라.

16.4 4.5in 직경과 52in 길이를 가진 봉을 보통선반의 척과 회전센터로 지지한다. 46.0in 만큼을 4.25in 직경으로 절삭속도=450ft/min로 한번 이동해 가공하려 한다. 소재제거율은 6.75in^3/min이다. (a)요구되는 절삭깊이, (b)이송, (c)절삭시간을 구하라.

16.5 관형 공작물의 끝이 CNC수직보링머신으로 이송된다. 공작물의 외경은 38.0in, 내경은 24.0in이다. 회전속도=40.0rev/min, 이송=0.015in/rev, 절삭깊이=0.180in로 단면가공이 수행된다면 (a)절삭시간, (b)절삭 시작과 끝에서의 절삭속도와 소재제거율을 구하라.

16.6 12.7mm 직경의 트위스트 드릴로 드릴작업을 한다. 구멍은 막힌 구멍으로 깊이=60mm, 선단각=118°이다. 절삭속도=25m/min, 이송=0.30mm/rev이다. (a)절삭시간, (b)소재제거율을 구하라.

16.7 9/64in 직경의 구멍을 어떤 특정 깊이까지 가공하기 위해 건드릴링 공정을 수행한다. 주축속도=4000rev/min, 이송=0.0017in/rev일 때 공정시간은 4.5분이 걸린다. 표면정도를 향상시키기 위해 속도를 20% 증가시키고 이송을 25% 감소시킨다면 새로운 가공조건에서의 공정시간을 구하라.

16.8 길이 400mm, 폭 60mm인 직사각형 공작물에 평밀링 공정을 수행한다. 직경이 80mm이고 5개의 날을 가진 밀링커터가 공작물 폭 양쪽으로 걸쳐 있다. 절삭속도=70m/min, 칩부하=0.25mm/날, 절삭깊이=5.0mm라 할 때 (a)실제 가공시간, (b)소재제거율을 구하라.

16.9 길이 300mm, 폭 125mm인 직사각형 알루미늄 공작물의 표면으로부터 6.0mm를 가공하기 위해 정면밀링 공정을 수행한다. 커터는 공작물의 중심을 지난다. 커터는 4개의 날을 가지고 직경이 150mm다. 절삭속도=2.8m/s, 칩부하=0.27mm/날이라 할 때 (a)실제 가공시간, (b)소재제거율을 구하라.

6.10 길이 12.0in, 폭 2.5in인 직사각형 공작물에 평판밀링 공정을 수행한다. 직경이 3.0in이고 10개의 날을 가진 헬리컬 밀링커터가 공작물 폭 양쪽으로 걸쳐 있다. 절삭속도=125ft/min, 이송=0.006in/날, 절삭깊이=0.300in이라 할 때 (a)실제 가공시간, (b)소재제거율을 구하라. (c)추가 진입거리 0.5in가 절삭 초기에 주어지고, 절삭 종료 시의 진출거리는 커터반경 +0.5in로 주어진다면 이송운동의 지속 시간을 구하라.

16.11 길이 12.0in, 폭 2.5in인 직사각형 공작물에 정면밀링 공정을 수행한다. 커터는 공작물의 중심을 지난다. 밀링커터는 5개의 날을 가지고 있고 직경이 3.0in이다. 절삭속도=250ft/min, 이송=0.006in/날, 절삭깊이=0.150in라고 할 때 (a)실제 가공시간, (b)소재제거율을 구하라. (c)추가 진입거리 0.5in가 절삭 초기에 주어지고, 절삭 종료 시의 진출거리는 커터반경 +0.5in로 주어진다면 이송 운동의 지속 시간을 구하라.

16.12 공작물 폭이 5.0in이고, 커터가 공작물 한쪽으로 치우쳐 지나가고 이때의 절삭폭이 1.0in라 하고 연습문제 16.11을 풀어라.

16.13 주철의 선삭가공에서 공구 노즈반경=1.5mm, 이송속도=0.22mm/rev, 속도=1.8m/s이다. 이 공정에서 표면거칠기를 추정하라.

16.14 쾌삭강의 선삭 공정에 2/64in의 노즈반경을 가진 공구를 사용한다. 이송속도는 0.010in/rev이고 절삭속도는=300ft/min이다. 이 공정의 표면거칠기를 결정하라.

16.15 연강의 형삭 공정에 3/64in의 노즈반경을 가진 고속도강공구를 사용한다. 절삭속도=120ft/min, 이송=0.014/stroke, 절삭깊이=0.135in 이 공정의 표면거칠기를 결정하라.

16.16 보통선반으로 1.6μm의 표면정도를 얻으려 한다. 부품은 쾌삭 알루미늄합금이다. 절삭속도=150m/min, 절삭깊이=4.0mm. 노즈반경=0.75mm. 주어진 표면정도를 얻기 위한 이송을 구하라.

16.17 부품이 쾌삭 알루미늄합금이 아니라 주철이고 절삭속도가 100m/min으로 감소되었다고 가정하고 연습문제 16.16을 풀어라.

16.18 정면밀링으로 주철을 36μin의 표면으로 다듬질 가공하려 한다. 커터는 4개의 인서트를 사용하고 직경은 3.0in이다. 커터는 475rev/min로 회전한다. 최선의 표면정도를 얻기 위해 4/64in 노즈반경을 갖는 초경 인서트를 사용한다. 36μin의 표면정도를 얻기 위한 이송속도를 구하라

16.19 어떤 정면밀링 공정에서 원하는 표면정도를 얻지 못하고 있다. 커터는 4개의 인서트를 가지고 있다. 이러한 문제점의 원인이 공작물이 너무 연성이라고 작업자가 생각하지만 시험을 통해 얻은 이 재료의 성질은 설계자가 지정한 이 재료의 연성 범위 안에 충분히 놓여 있다. 표면정도를 향상시키기 위해 절삭조건과 공구에 어떤 변화가 필요한가?

CHAPTER

17 절삭공구 기술

CUTTING-TOOL TECHNOLOGY AND RELATED TOPICS

절삭공정은 절삭공구를 이용해 이뤄진다. 절삭이 이뤄지는 동안 발생하는 큰 절삭력과 높은 온도 때문에 공구는 매우 가혹한 환경에 놓이게 된다. 만약 절삭력이 너무 크면 공구는 파괴되며 절삭 온도가 너무 높으면 공구재료는 연화되어 파손된다. 이외에도 절삭날의 지속적인 마모도 결국은 파손을 초래한다.

절삭공구 기술은 크게 공구재료와 공구형상 관점으로 나눠 생각할 수 있다. 첫째는 절삭이 일어나는 동안 발생하는 절삭력, 온도, 마모작용을 견딜 수 있는 재료를 개발하는 것이다. 둘째는 주어진 작업과 공구재료를 가지고 공구형상을 최적화하는 것이다. 먼저 공구수명을 설명하고 공구재료에 대해 순차적으로 설명한다. 나아가 절삭공구 기술과 연관된 절삭유, 절삭성, 절삭 경제성에 대해서도 기술한다.

17.1 공구수명

서론에서 설명한 것처럼 절삭에서 공구는 다음 3가지 모드로 파손된다.

1. **파괴파손**fracture failure: 절삭날에 작용하는 절삭력이 너무 커서 취성파괴에 의해 갑자기 파손된다.
2. **온도파손**temperature failure: 절삭온도가 너무 높아서 절삭날의 재료가 연화되어 소성변형과 함께 예리한 날 끝이 손실된다.
3. **점진적 마모**gradual wear: 절삭날의 마모 진행에 따라 공구형상의 손실, 절삭효율의 감소, 마모작용의 가속화를 가져와 마침내 온도파손과 비슷한 모드로 공구가 파손된다.

파괴파손과 온도파손은 절삭공구의 조기 손실을 초래하므로 이 2가지 파손 모드는 바람직하지 않다. 따라서 가능한 점진적 마모로 진행되도록 해야 하는데, 이는 공구를 장시간 사용할 수 있고 이와 관련된 경제적인 이점이 있기 때문이다.

공구파손 모드를 제어할 때 제품의 품질 또한 고려되어야 한다. 절삭날이 절삭 중 갑자기 파손되면 공작물 표면에 손상을 입힐 수 있다. 이러한 손상은 표면을 재가공하거나 부품을 못 쓰게 만들어 버리기 때문이다. 파괴파손이나 온도파손보다는 공구의 점진적 마모를 유발하는 절삭조건을 선택하고, 절삭날의 돌발적인 손실이 일어나기 전에 공구 교환을 함으로써 이러한 표면손상을 피할 수 있다.

17.1.1 공구마모

점진적 마모는 절삭공구상의 경사면과 여유면의 두 곳에서 일어난다. 따라서 공구마모는 [그림 17.1]의 단인공구상에서 크레이터마모과 플랭크마모로 구분할 수 있다. 크레이터마모crater wear는 공구 경사면에 대해 칩의 미끄럼 운동으로 오목하게 형성되면서 성장한다. 높은 응력과 온도가 공구－칩 접촉면에 작용하고 마모작용을 일으킨다. 크레이터는 그 깊이나 면적으로 측정된다. 플랭크마모flank wear는 공구 여유면에 형성되며 새롭게 생성된 공작물 표면과 절삭날 근처의 여유면이 서로 문질러지면서 발생한다. 플랭크마모는 마모영역wear band or land의 폭으로 측정된다.

플랭크마모에서는 특이한 현상도 일어난다. 첫째, 원래의 공작물 표면과 마주보는 절삭날에서 플랭크마모가 심하게 일어나는 경우를 노치마모라 한다. 노치마모notch wear

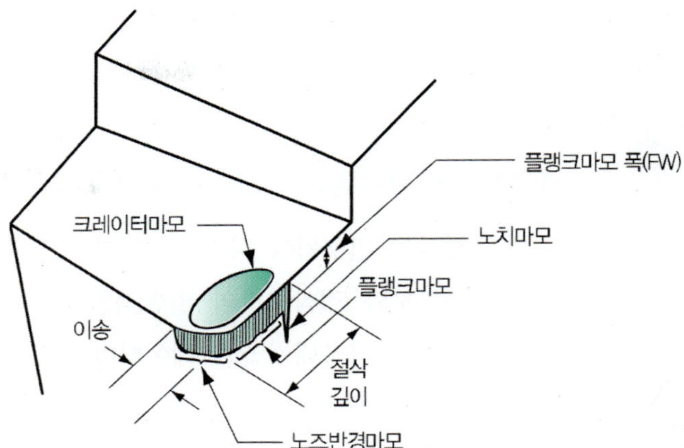

그림 17.1

절삭공구에 나타난 마모가 일어나는 위치와 마모 유형 (출처: Fundamentals of Modern Manufacturing, 4th Edition by Mikell P. Groover, 2010. Reprinted with permission of John Wiley & Sons, Inc.).

는 공작물이 선행 공정인 냉간 인발이나 절삭에 의해 가공경화가 되었거나, 주조에서 표면에 모래 입자가 남았거나 하는 등의 원인에 의해, 공작물 표면이 내부보다 더 경하고 연마성이 강하기 때문에 발생한다. 공작물의 표면경도가 증가함에 따라 절삭날의 마모가 가속화되는 것이다. 둘째, 공구의 전방절삭날로 이르는 노즈반경에서 발생하는 노즈반경마모nose radius wear를 들 수 있다.

절삭을 할 때 공구–칩과 공구–공작물 접촉면에서 발생하는 마모 메커니즘은 다음과 같이 요약할 수 있다.

연마마모(abrasion): 공작물에 존재하는 경한 입자가 공구 표면을 미세하게 파내고 제거하는 기계적 마모작용이다. 이러한 연마마모는 플랭크마모와 크레이터마모 모두에서 일어나지만 대부분 플랭크마모를 일으키는 주요 원인이 된다.

응착(adhesion): 2개의 금속이 고온 고압하에서 접촉하게 되면 응착(용접)이 계면에서 일어난다. 유사한 양상이 칩과 공구 경사면 사이에서 존재한다. 칩이 공구를 따라 유동함에 따라 공구의 작은 입자들이 표면으로부터 떨어져나가면서 표면이 마모된다.

확산(diffusion): 두 물질 사이의 밀착된 접촉면을 통해 원자들이 상호 이동하는 현상이다. 공구마모의 경우, 공구-칩 경계에서 확산이 일어나서 공구면의 원자들이 고갈된다. 이 과정이 진행됨에 따라 공구면이 연마마모와 응착에 더 민감해지게 된다. 확산은 크레이터마모를 일으키는 주요 요인으로 알려져 있다.

화학반응(chemical reaction): 고속절삭 시 공구-칩 접촉면의 고온상태와 청정 표면은 공구 경사면에 화학반응, 주로 산화를 일으킨다. 이러한 산화층은 공구 모재보다 연해 쉽게 제거되며 새 표면이 노출되면서 화학반응이 반복된다.

소성변형(plastic deformation): 절삭날의 소성변형도 공구마모를 일으키는 원인이 된다. 고온에서 절삭날에 작용하는 절삭력은 절삭날의 소성변형을 일으켜, 공구면의 연마마모를 용이하게 한다. 소성변형은 주로 플랭크마모에 영향을 미친다.

대부분의 마모 메커니즘은 높은 절삭속도와 온도에서 가속화된다. 확산과 화학반응은 높은 온도에 특히 민감하다.

17.1.2 공구수명과 Taylor 공구수명식

절삭이 진행됨에 따라 여러 마모 메커니즘들이 절삭공구의 마모량을 증가시킨다. 공구마모와 절삭시간의 일반적인 관계를 [그림 17.2]에 나타냈다. 플랭크마모에 대한 관계를 나타내지만 크레이터마모에 대해서도 비슷하다. 일반적으로 세 영역으로 전형적인 마모성장 곡선을 설명할 수 있다. 처음 영역은 사용 초기에 날카로운 절삭날이 빠르게 마모되는 길들임 기간break-in period이다. 이 영역은 절삭 초기 수 분 안에 일어난다. 길들임 기간이 지나면 꽤 균일한 속도로 마모가 일어나는 영역이 뒤따른다. 이를 정상상태steady-state 마모영역이라 한다. 실제 절삭에서 직선으로부터 약간 벗어나기는 하지만 여기서는 시간에 선형으로 비례하는 것으로 표시했다. 마지막으로, 마모속도가 가속되기 시작하는 상태까지 마모가 진행된다. 이 상태가 파손영역의 시작으로, 이 영역에서 절삭온도가 높아지고, 절삭공정의 일반적인 효율이 감소된다. 계속 진행되면 공구는 결국 온도파손에 의해 파손된다.

정상상태 영역에서 공구마모 곡선의 기울기는 공작물 재료와 절삭조건의 영향을 받는다. 단단한 공작물 재료는 공구의 마모속도(곡선 기울기)를 증가시킨다. 속도, 이송, 절삭깊이의 증가도 비슷한 영향을 미치지만 이 중에서 속도의 영향이 가장 크다.

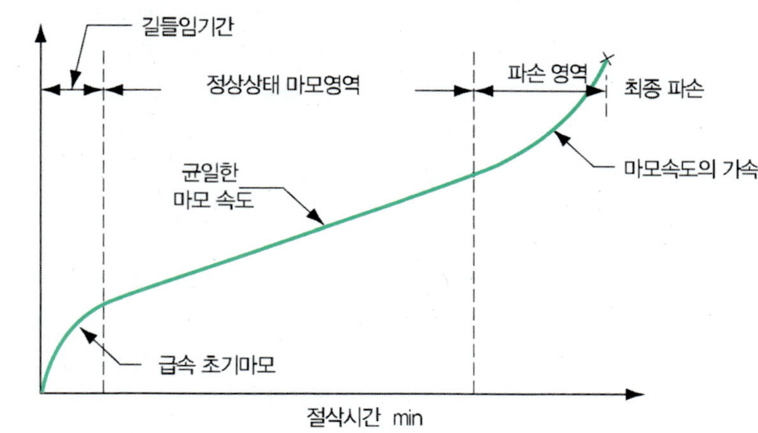

그림 17.2
절삭시간에 따른 공구마모. 공구마모 측정은 플랭크마모 폭(FW)이 사용되었지만 크레이터마모도 유사한 성장곡선을 나타낸다(출처: Fundamentals of Modern Manufacturing, 4th Edition by Mikell P. Groover, 2010. Reprinted with permission of John Wiley & Sons, Inc.).

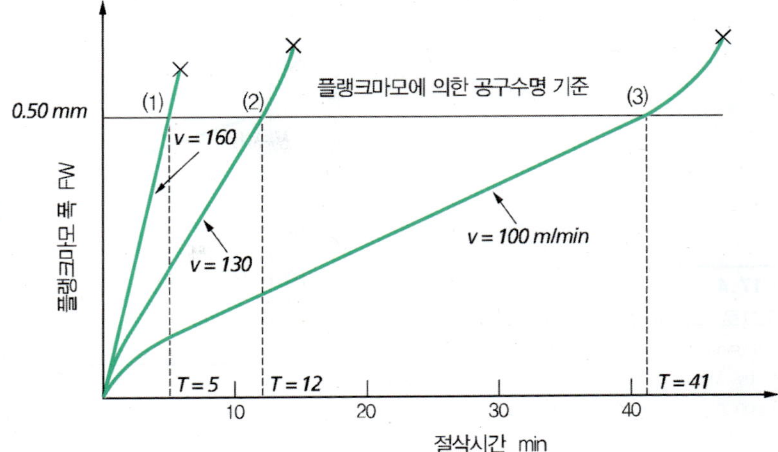

그림 17.3

3개의 절삭속도에서 절삭속도가 공구 플랭크마모에 미치는 영향. 플랭크마모 0.5mm 공구수명 기준에 대해 속도와 공구마모값이 예시되어 있다(출처: Fundamentals of Modern Manufacturing, 4th Edition by Mikell P. Groover, 2010. Reprinted with permission of John Wiley & Sons, Inc.).

절삭속도에 따른 공구마모 곡선을 구하면 [그림 17.3]과 같이 된다. 절삭속도가 증가함에 따라 마모속도도 증가하므로, 더 짧은 시간에 같은 마모량에 도달한다.

공구수명tool life은 공구를 사용할 수 있는 절삭시간으로 정의된다. 공구가 최종 파손에 이를 때까지 공구를 사용하는 것이 공구수명을 구하는 한 방법이다. 즉, 각 공구마모 곡선이 끝나는 최종점으로 [그림 17.3]에 표시되어 있다. 그러나 생산현장에서 이러한 파손이 일어날 때까지 공구를 사용하는 것은 공구를 재연마하기 어려워진다든가 공작물 품질이 나빠지는 문제 때문에 비현실적이다. 그 대안으로 공구마모의 정도를 공구수명기준으로 선정해 마모가 이 기준에 도달했을 때 공구를 교체하는 것이다. 그림의 수평선으로 나타난 0.5mm와 같은 어떤 플랭크마모 값을 공구수명기준으로 사용하는 것이 편리하다. 각 마모 곡선이 이 선과 교차할 때 대응하는 공구가 수명이 다한 것으로 정의된다. 교차점을 시간 축으로 투영해, 공구수명 값을 구할 수 있다.

[그림 17.3]의 세 마모 곡선에 대한 공구수명 값을 자연로그 그래프 상에 절삭속도에 대해 그리면 [그림 17.4]에서처럼 직선의 관계가 된다. 이와 같은 관계를 1900년경에 F. W. Taylor가 발견했으며 Taylor 공구수명식이라 한다.

$$\nu T^n = C \tag{17.1}$$

여기서 ν=절삭속도 m/min, T=공구수명 min이다. n과 C는 이송, 절삭깊이, 공작물 재료, 공구(특히 재료), 공구수명 기준에 의존하는 매개변수다. n값은 주어진 공구재료에 대해 일정한 반면 C값은 공구 재질, 공작물 재질, 절삭조건에 의존한다.

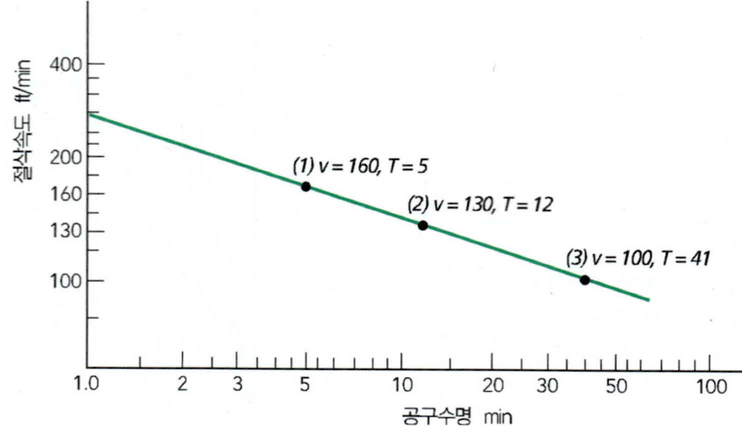

그림 17.4

자연로그로 도시한 절삭속도와 공구수명의 관계

(출처: Fundamentals of Modern Manufacturing, 4th Edition by Mikell P. Groover, 2010. Reprinted with permission of John Wiley & Sons, Inc.).

기본적으로 식 (17.1)은 절삭속도가 높을수록 공구수명은 짧아진다는 것을 의미한다. [그림 17.4]에서 n은 기울기를 나타내고, C는 속도 축과의 절편을 나타낸다. C는 공구수명이 1분일 때의 절삭속도다.

식 (17.1)은 식의 오른쪽과 왼쪽의 단위가 일치하지 않는 문제가 있다. 단위를 일치시키기 위해 이 식을 다음과 같이 표현해야 한다.

$$\nu T^{n} = C(T_{ref}^{n}) \tag{17.2}$$

여기서 $T_{ref}=C$의 기준값이다. m/min와 min이 각각 ν와 T에 대해 사용된다면 T_{ref}는 단순히 1분이 된다. Taylor식을 m/min와 min 외의 단위를 가지고 사용하려 할 때 식 (17.2)의 이점이 있다. 예를 들면 절삭속도가 m/sec로 표현되고 공구수명이 sec로 표현된다고 하자. 이 경우에 T_{ref}는 60초이고 C는 m/sec 단위로 전환되지만 식 (17.1)과 같은 값이 된다. 기울기 n도 식 (17.1)과 같은 값을 가진다.

EXAMPLE 17.1 Taylor 공구수명식

[그림 17.4]의 C와 n값을 구하기 위해 그림에서 3개의 점 중에서 2개를 선택해 식 (17.1) 형태의 연립방정식을 풀어라.

▌풀이▐

양쪽 끝점을 선택한다. ν=160m/min, T=5min ν=100m/min, T=41min

$$160(5)^n = C$$

$$100(41)^n = C$$

따라서

$$160(5)^n = 100(41)^n$$

각 항에 자연로그를 취하면

$$\ln(160) + n\ln(5) = \ln(100) + n\ln(41)$$

$$5.0752 + 1.6094n = 4.6052 + 3.7136n$$

$$0.4700 = 2.1042n$$

$$n = \frac{0.4700}{2.1042} = 0.223$$

이 n값을 처음 식에 대입하면 C값을 얻을 수 있다.

$$C = 160(5)^{0.223} = 229$$

$$\text{혹은} \quad C = 100(41)^{0.223} = 229$$

따라서 [그림 17.4]의 Taylor 공구수명식은 다음과 같다.

$$\nu T^{0.223} = 229$$

이송, 절삭깊이, 공작물 경도의 영향까지 고려한다면 식 (17.2)를 다음과 같이 확장할 수 있다.

$$\nu T^n f^m d^p H^q = K T_{ref}^n f_{ref}^m d_{ref}^p H_{ref}^q \qquad (17.3)$$

여기서 f=이송 mm, d=절삭깊이 mm, H=경도, m, p, q는 공정조건에 따라 실험적으로 결정된 지수, K=식 (23.2)의 C와 유사한 상수, $f_{ref,}$ $d_{ref,}$ H_{ref}=이송, 절삭깊이, 경도에 따른 기준값이다. 이송과 절삭깊이의 지수 m과 p는 1.0보다 작다. 이는 ν의 지수가 1.0이기 때문에 절삭속도가 공구수명에 더 큰 영향을 미친다는 것을 의미한다. 속도 다음으로는 이송이 중요하다. 그러므로 m이 p보다 큰 값을 가진다. 공작물 경도에 대한 지수, q 또한 1.0보다 작다.

아마도 식 (17.3)을 실제 절삭공정에 적용할 때 가장 어려운 점은, 매개변수들을 결정하기 위해 요구되는 엄청나게 많은 양의 절삭 데이터다. 공작물 재료와 시험조건의 변화 또한 데이터의 통계적 변화를 가져오기 때문에 어려움을 준다.

식 (17.3)은 변수들 간의 일반적인 경향을 나타내기는 좋지만 공구수명을 정확하게 예측하지는 못한다. 이러한 문제들을 감소시키고 식을 간단히 하기 위해 몇 개의 항들을 제거한다.

$$\nu T^n f^m = K T_{ref}^n f_{ref}^m \qquad (17.4)$$

여기서 각 항들은 식 (17.3)에서와 같은 의미를 가진다. 다만 상수 K는 조금 다른 해석이 필요하다.

플랭크마모가 앞에서 기술한 Taylor 공구수명식의 기준으로 사용되지만 생산현장에서는 플랭크마모를 측정하는 어려움과 시간 때문에 이 기준을 실제로 적용하기가 어렵다. 생산현장에서 편리하게 공구수명을 판별할 수 있는 기준으로서는 (1)작업자의 육안에 의한 절삭날 검사, (2)공작물 표면상태의 열화 정도, (3)절삭한 공작물의 개수, (4)누적 절삭시간 등이 있다.

17.2 공구재료

공구재료에 요구되는 3가지 중요한 성질들을 이용해 공구파손의 3가지 모드를 설명하면 다음과 같다.

인성(toughness): 파괴파손을 피하기 위해 공구재료는 높은 인성을 가져야 한다. 인성은 파손되지 않고 에너지를 흡수할 수 있는 재료의 능력이다. 이는 보통 재료의 강도와 연성이 조합된 특징으로 나타난다.

고온경도(hot hardness): 고온경도는 높은 온도에서 경도를 유지할 수 있는 재료의 능력이다. 이것은 공구를 사용하는 환경의 온도가 매우 높기 때문에 요구된다.

내마모성(wear resistance): 경도는 연마마모에 저항하는 매우 중요한 성질이다. 모든 절삭공구 재료는 경도가 높아야 한다. 그러나 금속절삭에서의 내마모성은 다른 마모 메커니즘으로 인해 공구 경도만에 의존하지는 않는다. 내마모성에 영향을 미치는 다른 특성들로는 공구의 표면정도(매끄러운 표면은 낮은 마찰계수를 의미한다), 공구와 공작물 간의 화학적 친화성, 절삭유 사용 유무가 있다.

절삭공구 재료는 이러한 성질들을 다양하게 조합해 얻을 수 있다. 이 절에서 다음의 절삭공구 재료에 대해 설명한다. (1)고속도강과 그 이전 재료들, 일반탄소강, 저합금강, (2)주조코발트합금, (3)초경합금, 서멧, 코팅초경합금, (4)세라믹, (5)합성다이아몬드와 입방정질화붕소. 이러한 각각의 재료들을 설명하기 전에 간단한 개요와 기술적인 비교가 도움이 될 것이다. 상업적으로 가장 중요한 공구재료에는 고속도강과 함께 초경합금, 서멧, 코팅초경합금이 있으며, 전체 절삭공구의 90% 이상을 차지한다. [표 17.1]과 [그림 17.5]는 여러 공구재료의 성질을 나타내고 있다. 이 성질은 공구재료의 요구조건인 경도, 인성, 고온경도와 관계가 깊다. [표 17.1]은 주요 공구재료의 상온 경도, 횡방향 파단강도를 비교하고 있다. 횡방향 파단강도(3.1.3 절)는 경질 재료의 인성을 타나내는데 사용되는 성질이다. [그림 17.5]는 이 절에서 서술하는 여러 공구재료에 대해 온도의 함수로서 경도를 나타내고 있다.

표 17.1 여러 공구재료의 경도(상온)와 횡방향 파단강도[7][12][20]

공구재료	경도	횡방향 파단강도	
		Mpa	lb/in²
일반탄소강	60HRC	5200	750,000
고속도강	65HRC	4100	600,000
주조코발트합금	65HRC	2250	325,000
초경합금(WC)			
낮은 Co함유량	93HRA, 1800HK	1400	200,000
높은 Co함유량	90HRA, 1700HK	2400	350,000
서멧(TiC)	2400HK	1700	250,000
알루미나(Al_2O_3)	2100HK	400	60,000
입방정질화붕소	5000HK	700	100,000
다결정 다이아몬드	6000HK	1000	150,000
천연 다이아몬드	8000HK	1500	215,000

이러한 성질의 비교와 함께, Taylor 공구수명식의 n과 C값의 관점에서 재료들을 비교하는 것도 유익하다. 일반적으로 새로운 절삭공구 재료의 개발에 의해 이 두 값들이 증가한다. [표 17.2]는 몇 가지 공구재료에 대해 Taylor 공구수명식의 대표적인 n과 C값들을 제공하고 있다.

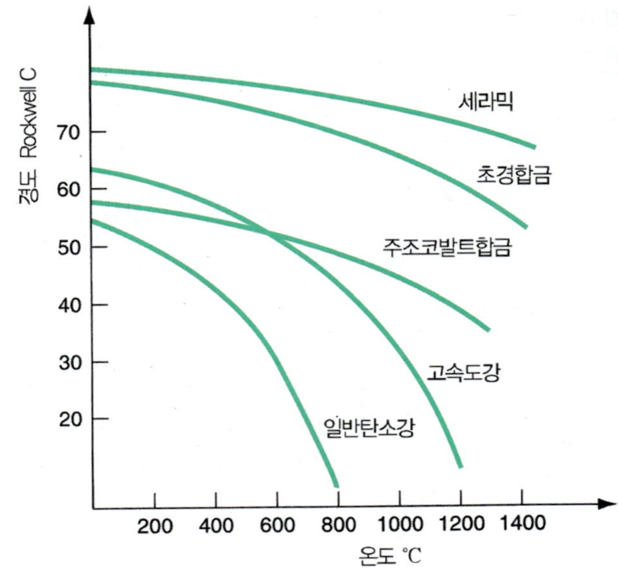

그림 17.5

여러 공구재료의 고온경도. 일반탄소강은 온도가 증가함에 따라 급속한 경도 감소가 일어나지만 고속도강은 크게 완화된다. 반면 초경합금, 세라믹은 고온에서도 매우 높은 경도를 유지한다(출처: Fundamentals of Modern Manufacturing, 4th Edition by Mikell P. Groover, 2010. Reprinted with permission of John Wiley & Sons, Inc.).

표 17.2 Taylor 공구수명식의 대표적인 n값과 C값(선삭작업, 이송 0.25mm/rev, 절삭깊이 2.5mm)[7][12]

		C			
		비강 절삭		강 절삭	
공구재료	n	m/min	(ft/min)	m/min	ft/min
일반탄소공구강	0.1	70	(200)	20	60
고속도강	0.125	120	(350)	70	200
초경합금	0.25	900	(2700)	500	1500
서멧	0.25			600	2000
코팅초경합금	0.25			700	2200
세라믹	0.6			3000	10,000

비강 절삭은 알루미늄, 황동, 주철과 같은 쾌삭금속을 지칭하며, 강 절삭은 경화되지 않은 연강을 지칭한다.

표 17.3 여러 공구재료의 최초 사용연도와 허용 절삭속도[12][16][19][21]

		허용 절삭속도			
		비강 절삭		강 절삭	
공구재료	최초 사용연도	m/min	ft/min	m/min	ft/min
일반탄소공구강	1800s	10이하	30이하	5이하	15이하
고속도강	1900	25-65	75-200	17-33	50-100
주조코발트합금	1915	50-200	150-600	33-100	100-300
초경합금(WC)	1930	330-650	1000-2000	100-300	300-900
서멧(TiC)	1950s			165-400	500-1200
알루미나(Al2O3)	1955			330-650	1000-2000
인조다이아몬드	1954, 1973	390-1300	1200-4000		
입방정질화붕소	1969			500-800	1500-2500
코팅초경합금	1970			165-400	500-1200

일반적으로 새로운 공구재료는 더 높은 절삭속도가 가능하도록 계속 발전되어왔다. [표 17.3]은 여러 공구재료의 대략적인 최초 사용연도와 최대 허용 절삭속도를 나타내고 있다. 표에 나타난 바와 같이 공구재료 기술의 발전은 절삭의 생산성을 극적으로 증가시켰다. 실제로는 공작기계가 절삭공구 기술의 발전을 따라가지 못하고 있다. 마력, 공작기계 강성, 주축 베어링의 한계성과 산업현장에서 아직도 광범위하게 사용되고 있는 재래식 기계 때문에 공구재료의 가능한 최대절삭속도를 제대로 발휘하지 못하고 있다.

17.2.1 고속도강과 그 이전 재료들

고속도강이 개발되기 전에는 일반탄소강과 Mushet강이 금속절삭을 위해 주로 사용된 공구재료였다. 오늘날 이러한 강들은 절삭에서 공구재료로 거의 사용되지 않는다. 절삭공구로 사용된 일반탄소강은 높은 탄소량으로 인해 열처리하면 상대적으로 높은 경도(로크웰 C 60)를 얻을 수 있다. 그러나 적은 합금량으로 인해 고온경도가 좋지 않기 때문에([그림 17.5] 참조), 비실용적인 매우 낮은 속도 외에는 금속절삭에 적용하기 어렵다. Mushet강은 탄소에 텅스텐 (4~12%)과 망간 (2~4%)을 함금원소로 가지며 고속도강의 전신이라 할 수 있다.

고속도강high-speed steel: HSS은 높은 온도에서 경도를 유지할 수 있기 때문에 고탄소강이나 저합금강보다 우수한 고합금공구강이다. 고온경도가 좋기 때문에 고속도강으로 만든 공구는 높은 절삭속도에서 사용될 수 있다. 개발되었을 당시의 다른 공구재료들과 비교해보면 공구 이름을 고속이라 할 만했다. 고속도강을 미국 철강연구소(AISI)에 의해 2가지 기본적인 종류인 (1)텅스텐계(T-grade), (2)몰리브덴계(M-grade)로 구분할 수 있다.

텅스텐계 고속도강은 텅스텐(W)을 주요 합금 성분으로 하고 있다. 다른 합금 성분으로 크롬(Cr), 바나듐(V)이 있다. 가장 잘 알려진 초창기 고속도강 중의 하나가 T1(18-4-1 고속도강)으로, 18% W, 4% Cr, 1% V을 함유하고 있다. 몰리브덴계 고속도강은 텅스텐과 몰리브덴(Mo)과 함께 텅스텐계와 같은 추가 합금 성분을 가지고 있다. 때로는 코발트(Co)를 첨가해 고온경도를 높이기도 한다. 물론 고속도강도 모든 강과 마찬가지로 탄소를 함유하고 있다. 고속도강에서 전형적인 합금량과 각 합금원소들의 기능이 [표 17.4]에 나열되어 있다.

상업적으로 고속도강은 한 세기 전에 소개되었지만 오늘날 사용되고 있는 가장 중요한 절삭공구 중의 하나다. 고속도강은 드릴, 탭, 밀링커터, 브로치와 같이 특별히 복잡한 공구형상을 수반하는 공정에 잘 맞는다. 일반적으로 이러한 복잡한 공구들은 다른 공구재료보다는 고속도강으로 생산하는 것이 더 쉽고 더 싸다. 열처리가 가능해서 절삭날의 경도가 매우 높고(Rockwell C 65), 공구 내부의 인성 또한 우수하다. 고속도강 커터는 절삭에 사용되는 경도가 더 높은 비철 공구재료인 초경합금과 세라믹보다 더 높은 인성을 가지고 있다. 단인공구까지도 고속도강이 작업자들에게 인기가 좋은데, 원하는 공구형상으로 연삭하기가 쉽기 때문이다. 수년에 걸친 고속도강의 금속학적 품질 향상으로, 아직 경쟁력을 갖고 많이 사용되고 있다. 또한 고속도강

공구, 특히 드릴은 특별히 얇은 티타늄질화물titanium nitride: TiN로 코팅해 절삭 능력을 향상시켰다. 물리증착법(21.5.1절)인 스퍼터링sputtering과 이온도금ion plating이 고속도강공구를 코팅하기 위해 보통 사용된다.

표 17.4 고속도강에서 전형적인 함금량과 각 합금원소들의 기능[1][10][12]

합금원소	함유량(무게 %)	기능
텅스텐	T-유형 HSS: 12-20	고온경도 증가
	M-유형 HSS: 1.5-6	경질 탄화물 형성으로 내연마마모성 향상
몰리브덴	T-유형 HSS: 없음	고온경도 증가
	M-유형 HSS: 5-10	질 탄화물 형성으로 내연마마모성 향상
크롬	3.75-4.5	경화능 향상
		경질 탄화물 형성으로 내연마마모성 향상
		내부식성(작은 효과)
바나듐	1-5	내마모성을 위해 탄소와 결합
코발트	0-12	고온경도 증가
탄소	0.75-1.5	주된 경화 원소
		내마모성을 위해 다른 함금원소와 탄화물 형성을 위한 탄소 제공

17.2.2 주조코발트합금

주조코발트합금 절삭공구는 코발트(40~50%), 크롬(25~35%), 텅스텐(15~20%)과 약간의 다른 원소들을 포함한다. 이 공구는 흑연 주형에서 원하는 형상으로 주조된 다음 최종 크기와 절삭날로 연삭된다. 높은 경도를 주조로 얻기 때문에 열처리로 얻는 고속도강보다 유리하다. 주조코발트합금의 내마모성은 고속도강보다 높지만 초경합금보다는 낮다. 주조코발트공구의 인성은 초경합금보다 높지만 고속도강보다는 낮다. 고온경도 또한 이 두 재료의 중간에 있다.

이러한 성질로부터, 주조코발트공구는 일반적으로 고속도강과 초경합금의 중간 범위에 적용된다. 이 공구는 고속도강보다 높은 절삭속도와, 초경합금보다 높은 이송의 중절삭 조건에서 황삭이 가능하다. 공작물로는 강과 비강nonsteel뿐만 아니라 플라스틱과 흑연 같은 비금속재료가 있다. 주조코발트합금은 1915년경에 고속도강보다 높은 절삭속도가 가능한 공구재료로 처음 소개되었는데, 지금은 고속도강이나 초경합금보다 상업적 중요도가 낮아졌다. 이후에 개발된 초경합금이 대부분의 절삭 환경에서 주조코발트합금보다 우수하다는 것이 판명되었기 때문이다.

17.2.3 초경합금, 서멧, 코팅초경합금

서멧cermet은 ceramic과 metallic material의 합성어다(2.4.2절). 기술적으로 말하면 초경합금이 이 범주에 포함되지만 WC−TiC−TaC−Co를 포함하는 WC−Co계 서멧을 보통 초경합금이라 한다. 절삭공구 용어에서 서멧이라는 용어는 TiC와 TiN을 포함하고 WC는 포함하지 않으면서 다른 세라믹을 포함하는 세라믹−금속 복합물에 적용된다. 최신 절삭공구 재료 기술 중의 하나가 매우 얇은 층을 WC−Co 모재에 코팅할 수 있다는 것이다. 이 공구를 코팅초경합금이라 한다.

초경합금 초경합금cemented carbide or sintered carbide은 분말야금기술을 이용해 코발트(Co)를 결합제(11.3.1절)로 하여 텅스텐카바이드(WC)로부터 만들어진 경질 공구재료다. 텅스텐카바이드 외에도 티타늄카바이드(TiC)와 탄탈륨카바이드(TaC) 같은 카바이드 화합물이 있다.

최초의 초경 절삭공구는 WC−Co로 만들어졌고, 고속도강과 주조코발트합금보다 높은 절삭속도로 주철과 비강 재료를 가공할 수 있었다. 그러나 순수 WC−Co 공구로 강을 가공하면 크레이터마모가 빠르게 발생해 공구의 조기 파손을 가져왔다. 이와 같은 공작물−공구 조합에서는 강과 텅스텐카바이드의 탄소 사이에 강한 화학적 친화성이 존재해, 공구−칩 접촉면에서의 확산과 화학반응으로 마모가 가속되었기 때문이다. 결과적으로, 순수 WC−Co 공구는 강을 효과적으로 가공할 수 없었다. 이후 WC−Co 혼합물에 티타늄카바이드와 탄탈륨카바이드를 첨가하면, 강을 절삭할 때 크레이터마모 속도를 상당히 지연시킨다는 것을 발견했다. 비로소 이 새로운 WC−TiC−TaC−Co 공구가 강을 가공하는데 사용될 수 있었다. 결과적으로 초경합금을 (1)비강절삭 등급: 순수 WC−Co, (2)강절삭 등급: WC−Co에 첨가된 TiC와 TaC의 조합이라는 2가지 종류로 나눌 수 있다.

두 종류 초경합금의 일반적인 성질은 유사하다. (1)높은 압축강도(그러나 인장강도는 낮거나 중간), (2)높은 경도(90~95HRA), (3)우수한 고온경도, (4)우수한 내마모성, (5)높은 열전도성, (6)높은 탄성계수(최대 약 600×10^3MPa의 E 값). (7)고속도강보다 낮은 인성 등이다.

비강절삭 등급은 알루미늄, 황동, 구리, 마그네슘, 티타늄 등의 비철금속들을 가공하기에 적당한 초경합금을 지칭한다. 이례적으로 회주철이 공작물 재료의 범주에 들어간다. 비강절삭 등급에서 결정립 크기와 코발트 함유량은 초경합금의 성질에 영향을 미치는 요인들이다. 초경합금의 전형적인 결정립 크기는 0.5~5μm다. 결정립 크기가 증가함에 따라 경도와 고온경도는 감소하지만 횡방향 파단강도(TRS, 3.1.3절)는 증가한다. 절삭공구로 사용되는 초경합금의 전형적인 코발트 함유량은 3~12%이다. 코발트 함유량이 증가함에 따라 경도와 내마모성은 감소하지만 횡방향 파단강도는 증가한다. 낮은 코발트 함유량(3~6%)을 가진 초경합금은 높은 경도와 낮은 횡방향 파단강도를 가지는 반면 높은 코발트 함유량(6~12%)을 가진 초경합금은 높은 횡방향 파단강도와 낮은 경도를 가진다([표 17.1] 참조). 따라서 높은 코발트 함유량을 가진 초경합금은 황삭과 단속절삭(예를 들면 밀링)에 사용되고, 낮은 코발트 함유량(높은 경도와 내마모성)을 가진 초경합금은 정삭에 사용된다.

강절삭 등급은 저탄소강과 스테인리스강, 기타 합금강 절삭에 사용된다. 이것은 티타늄카바이드와 탄탈륨카바이드가 텅스텐카바이드의 일부를 대체한 것이다. TiC가 대개의 경우에 더 많이 사용되는 첨가제다. 일반적으로 10~25%의 WC가 TiC와 TaC의 조합으로 대체된다. 이와 같은 합성물은 강절삭에 대한 크레이터마모 저항성을 증가시키지만 비강절삭의 경우에는 플랭크마모 저항성에 역으로 작용한다. 이 사실이 초경합금에서 2가지 기본적인 종류가 필요한 이유다.

최근의 초경합금 기술에서 중요한 변화는 여러 탄화물(WC, TiC, TaC)의 결정립 크기가 매우 미세화된 것이다. 미세 결정립은 보통 높은 경도와 낮은 횡방향 파단강도와 관련되지만 매우 미세한 입자 크기로 인해 횡방향 파단강도의 감소가 경감되거나 반대가 된다. 그러므로 이와 같은 극도로 미세한 결정립의 탄화물은 높은 경도와 함께 높은 인성을 가지는 것이다.

2가지 기본적인 초경합금이 1920년대와 1930년대에 처음 소개된 이후 공업재료의 종류가 다양화되면서 가장 적합한 초경합금을 선택하기가 복잡하게 되었다. 등급 선정의 문제를 다루기 위해 다음의 2가지 분류 시스템이 발전되어왔다. (1)1942년경을 시작으로 미국에서 개발된 ANSIAmerican National Standards Institute C-등급 시스템, (2)1964년경에 ISOInternational Organization of Standardization에 의해 제안된 ISO R513-1975(e) 시스템이다. [표 17.5]에 요약된 C-등급 시스템에서 초경합금의 절삭가공 등급을 비강절삭과 강절삭의 두 그룹으로 나눈다. 각 그룹 안에 황삭, 일반 절삭, 정삭, 정밀 정삭의 4단계가 있다.

표제가 [칩 제거 절삭에 초경합금의 적용]인 ISO R513-1975(e) 시스템은 초경합금의 모든 절삭 등급을 각기 고유 문자와 색깔을 가진 3가지 기본적인 그룹으로 나눈다([표 17.6] 참조). 각 그룹 안에서 등급을 최대 경도에서 최대 인성까지 숫자로 단계를 표시했다. 경도가 높은 등급은 정삭(높은 속도, 낮은 이송과 깊이)에 사용되고, 인성이 높은 등급은 황삭에 사용된다. ISO 분류시스템은 서멧과 코팅초경합금에 대해서도 사용할 수 있다.

표 17.5 초경합금의 ANSI-C 등급 분류 시스템[12]

적용 대상	비강절삭 등급	강절삭 등급	코발트와 성질
황삭	C1	C5	고 Co(최대 인성)
일반용	C2	C6	중-고 Co
정삭	C3	C7	중-저 Co
정밀정삭	C4	C8	저 Co
가공물 재질	알루미늄, 황동, 티타늄, 주철	탄소와 합금강	
성분	WC-Co	WC-TiC-TaC-Co	

표 17.6 ISO 5513-1975(E) '칩제거 절삭에 초경합금의 적용' [12]

그룹	초경 종류	가공물	코발트와 성질
P(청색)	고합금된 WC-TiC-TaC-Co	강, 주강, 연주철(긴 칩을 갖는 철금속)	P01(저 Co, 최대경도)에서 P50(고 Co, 최대인성)
M(황색)	합금된 WC-TiC-TaC-Co	쾌삭강, 회주철, 오스테나이트계 스테인리스강, 초합금	M01(저 Co, 최대경도)에서 M40(고 Co, 최대인성)
K(적색)	순수 WC-Co	비철금속과 합금, 회주철(짧은 칩 갖는 철합금), 비금속	K01(저 Co, 최대경도)에서 K40(고 Co, 최대인성)

서멧 초경합금이 기술적으로는 서멧 복합물로 분류될 수 있지만 절삭공구에서 서멧cermet이라는 용어는 니켈과 몰리브덴을 결합제로 하는 TiC, TiN, TiCNtitanium carbonitride의 조합을 지칭한다. 일부 서멧의 화학적 성질은 매우 복잡하다(예를 들어 Ta_xNb_yC와 같은 세라믹과 Mo_2C와 같은 결합제). 그러나 서멧은 WC-Co를 주된 기반으로 하는 금속 복합물은 제외한다. 서멧은 고속정삭이나 강, 스테인리스강, 주철의 준정삭semifinishing에 주로 적용된다. 이 공구는 강절삭 초경등급과 비교해 일반적으로 더 높은 절삭속도를 얻을 수 있다. 보통 낮은 이송속도로 작업해 표면거칠기가 향상되므로, 때때로 연삭할 필요가 없다.

코팅초경합금 1970년경의 코팅초경합금의 개발은 절삭공구 기술에 많은 발전을 가져왔다. 코팅초경합금coated carbide은 티타늄 탄화물(TiC), 티타늄 질화물(TiN), 알루미늄산화물(Al_2O_3)과 같은 내마모성 재료로 1개 이상의 얇은 층으로 코팅된 초경합금 인서트다. 코팅은 화학증착법이나 물리증착법(21.5절)에 의해 모재에 적용된다. 코팅층의 두께는 2.5~13μm다. 두께가 두꺼울수록 취성이 커지므로 균열, 치핑, 모재와의 분리가 일어나기 쉽다.

초기의 코팅초경합금은 오직 단층코팅(TiC, TiN, Al_2O_3)이었고 아직 사용되고 있다. 최근에는 다층코팅된 인서트가 개발되었다. WC−Co 모재에 적용되는 첫 번째 층은 보통 응착성이 좋고 유사한 열팽창계수를 가지는 TiN이나 TiCN을 사용한다. 추가적인 층은 TiN, TiCN, Al_2O_3, TiAlN을 조합해 연속적으로 적용된다([그림 21.5] 참조).

코팅초경합금은 주철과 강을 선삭과 밀링할 때 사용된다. 이 공구는 동하중과 열 충격이 적은 환경에서 고속가공할 때 가장 적합하다. 일부 단속절삭에는 인성이 커야 하므로 코팅되지 않은 초경합금 공구를 사용하는 것이 바람직하다. 적절히 사용한다면 코팅초경합금은 코팅되지 않은 초경합금에 비해 허용 절삭속도를 높일 수 있다.

코팅초경합금 절삭공구의 사용이 공구수명 향상과 절삭속도의 고속화로 인해 비철금속과 비금속으로 확대되고 있다. 크롬탄화물(CrC), 지르코늄질화물(ZrN), 다이아몬드와 같은 다른 종류의 코팅재료들이 요구된다[15].

17.2.4 세라믹

세라믹으로 만든 절삭공구는 1900년대 초반에 유럽에서 처음 개발되었지만 상업적으로 사용된 것은 1950년대 중반 미국에서였다. 오늘날의 세라믹 절삭공구는 주로 산화알루미늄(알루미나라고도 함, Al_2O_3) 미세 입자를 결합제 없이 고압과 고온으로 압축 소결해 인서트 형태로 만든 것이다. 산화알루미늄은 일부 생산자들이 다른 산화물(지르코늄산화물)을 소량 첨가하기는 하지만 일반적으로 순도가 매우 높다(보통 99%). 재료의 낮은 인성을 향상시키기 위해 세라믹공구를 생산할 때 알루미나 분말을 매우 미세한 결정립 크기로 사용하고, 높은 압력으로 압축해 혼합물의 밀도를 최대화하는 것이 중요하다.

산화알루미늄 절삭공구는 주철이나 강의 고속선삭에 효과적으로 사용된다. 높은 절삭속도, 낮은 이송과 절삭깊이, 공작물의 견고한 고정하에서는 경화강의 정삭 선삭에 사용될 수 있다. 세라믹공구 대부분의 조기 파괴파손은 공구의 기계적 충격을 초래하는 공작물의 약한 고정으로부터 비롯되기 때문이다. 적절히 사용하면 세라믹 공구는 매우 좋은 표면거칠기를 얻을 수 있다. 세라믹은 낮은 인성으로 인해 가혹한 단속절삭(예를 들면 밀링 황삭)에는 추천할 만하지 않다. 전통 절삭공정에 인서트로 사용되는 것 외에 산화알루미늄은 연마재로서 연마공정에 광범위하게 사용된다(18장).

기타 상업적으로 적용 가능한 세라믹 공구재료로는 실리콘질화물(SiN), 사이알론(Sialon, SiN−Al_2O_3), 알루미나와 티타늄 탄화물 (Al_2O_3–TiC), 탄화규소 단섬유 강화 알루미나 등이 있다.

17.2.5 합성다이아몬드와 CBN

다이아몬드는 현재 알려진 재료 중에서 가장 단단하다. 경도를 비교해보면 다이아몬드는 텅스텐카바이드나 산화알루미늄보다 3~4배 높다. 높은 경도는 절삭공구의 중요한 성질이기 때문에 다이아몬드를 절삭이나 연삭에 적용하려는 것은 당연하다. 합성다이아몬드 절삭공구는 1970년대 초반에 소결다결정 다이아몬드sintered polycrystalline diamond: SPD로 만들어졌다. 이는 미세한 다이아몬드 결정을 고온과 고압에서 원하는 형상으로 소결해 제조된다. 결합제는 거의 사용하지 않는다. 결정들이 불규칙한 방향을 가지기 때문에 단결정 다이아몬드에 비해 상당이 인성이 높아진다. 공구 인서트는 초경 모재의 표면에 보통 SPD층을 0.5mm 두께로 증착해 만든다. 매우 작은 인서트는 100% SPD로 만들 수도 있다.

다이아몬드 절삭공구는 비철금속이나 유리섬유, 흑연, 나무와 같은 내마모성 비금속 재료의 고속가공에 사용된다. 강, 철계금속, 니켈계 합금을 SPD공구로 가공하는 것은 이 금속들과 탄소(다이아몬드는 결국 탄소다) 간의 화학적 친화성으로 인해 실용적이지 못하다.

다이아몬드 다음으로 단단한 재료로 알려진 것이 입방정질화붕소cubic boron nitride: CBN다. 기본적으로 SPD와 같이 WC−Co 인서트 표면에 코팅해 사용된다. CBN은 SPD처럼 철과 니켈에 화학적 반응을 하지 않는다. 그러므로 CBN 코팅공구는 강과 니켈계 합금을 절삭할 수 있다. SPD와 CBN은 비싸기 때문에 이를 이용하려면 공구비용 지출을 정당화시킬 수 있어야 한다.

17.3 공구형상

절삭공구는 절삭공정에 맞춘 형상을 갖추어야 한다. 절삭공구를 분류하는 중요한 방법 중의 하나가 절삭공정에 따르는 것이다. 그러므로 사용되는 공정에 따라서 선삭공구, 절단공구, 밀링커터, 드릴비트, 리머, 탭 등으로 분류될 수 있고, 각 공구는 고유하고 때로는 유일한 공구형상을 가지고 있다.

15.1절에서 설명한 것처럼 절삭공구를 단인공구와 다인공구의 2가지 유형으로 나눌 수 있다. 단인공구는 선삭, 보링, 형삭, 평삭 공정에 사용되고, 다인공구는 드릴링, 리밍, 태핑, 밀링, 브로칭, 톱작업에 사용된다. 두 번째 유형의 대부분의 공정들은 회전하는 공구를 사용한다. 칩형성 메커니즘은 기본적으로 모든 절삭가공 공정에 대해 똑같이 때문에 단인공구에 적용되는 많은 법칙들이 다른 공구 유형에 적용될 수 있다.

17.3.1 단인공구 형상

단인공구의 일반적인 형상은 [그림 15.3(a)]에 있지만 더 자세하게 [그림 17.6]에 나타냈다. 2차원 절삭모델(15.2.1절)에서 절삭공구의 경사각을 하나의 인자로 고려했다. 단인공구에서 경사면의 방향은 두 각으로 정의된다. 후방경사각back rake angle α_b과 측면경사각side rake angle α_s이다. 이 각들은 경사면을 따라 칩이 유동하는 방향을 결정한다. 공구의 여유면은 전방여유각end relief angle: ERA과 측면여유각side relief angle: SRA으로 정의된다. 이 각들은 공구와 새롭게 가공된 면 사이의 여유량을 결정한다. 단인공구의 절삭날은 측면절삭날side cutting edge과 전방절삭날end cutting edge의 두 부분으로 나눌 수 있다. 이 두 부분은 노즈반경으로 불리는 일정한 반경을 가지고 있는 공구 끝점에 의해 분리되어 있다. 측면절삭날각side cutting edge angle: SCEA은 공작물에 대한 공구 진입을 결정하고, 공구가 공작물에 접촉할 때 공구가 받는 충격하중을 감소시키기 위해 사용된다. 노즈반경nose radius: NR은 생성되는 가공면 형상에 결정적으로 영향을 미친다. 매우 뾰족한 공구(작은 노즈반경)는 가공면에 매우 뚜렷한 이송자국feed mark을 남긴다. 이러한 표면거칠기에 대해 16.8.2절에서 기술하였다. 전방절삭날각end cutting edge angle: ECEA은 공구의 뒤따르는 부분과 새롭게 생성되는 가공면 사이에 여유를 제공해 면에 작용하는 마찰을 감소시킨다.

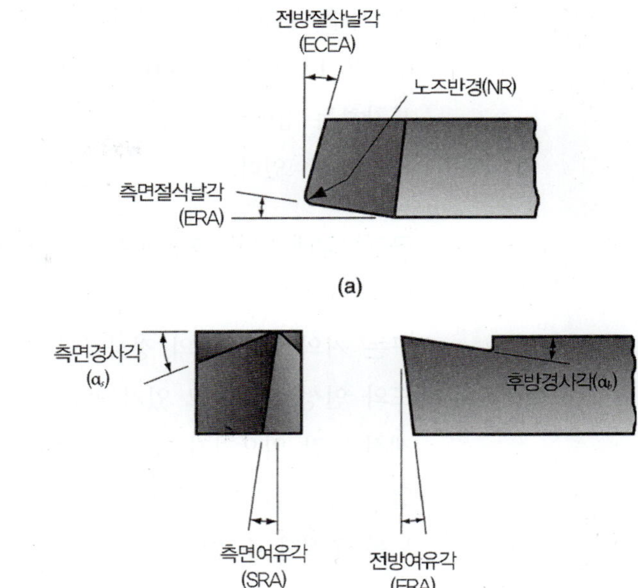

그림 17.6
(a)단인공구 형상의 7요소, (b)표시 관례(출처: Fundamentals of Modern Manufacturing, 4th Edition by Mikell P. Groover, 2010. Reprinted with permission of John Wiley & Sons, Inc.).

결과적으로 단인공구의 형상은 7개의 요소로 구성된다. 후방경사각, 측면경사각, 전방여유각, 측면여유각, 전방절삭날각, 측면절삭날각, 노즈반경과 같은 순서로 공구형상 표시를 할 수 있다. 예를 들면 선삭에 사용되는 단인공구는 5, 5, 7, 7, 20, 15, 2/64in로 표시된다.

칩브레이커 칩 처리는 선삭과 같은 연속절삭에서 자주 일어나는 문제다. 특히 연성재료를 고속으로 선삭할 때 긴 실오리형 칩이 자주 발생한다. 이러한 칩들은 작업자와 공작물 표면정도에 나쁜 영향을 미치고, 선삭공정의 자동화 공정을 간섭하기도 한다. 칩브레이커chip breaker는 칩을 원래보다 더 말아서 절단할 목적으로 단인공구

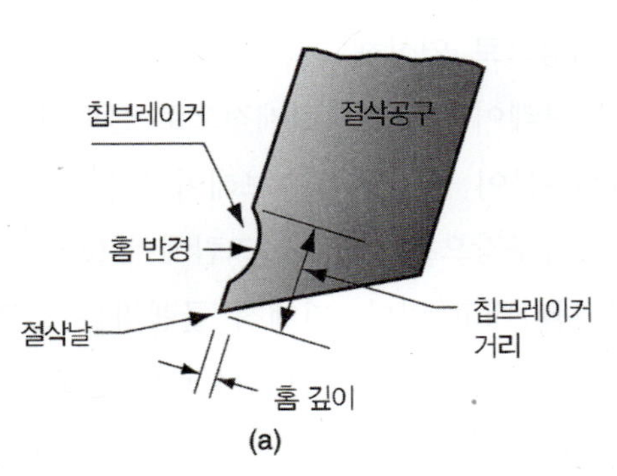

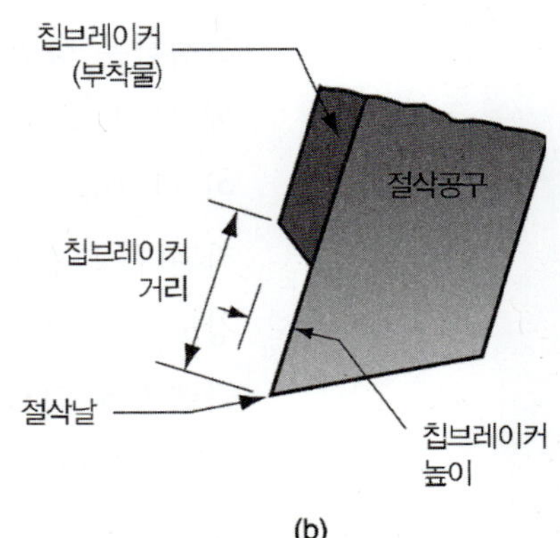

그림 17.7
단인공구에서 2가지 유형의 칩브레이커 (a)홈형, (b)장애물형
(출처: Fundamentals of Modern Manufacturing, 4th Edition by Mikell P. Groover, 2010. Reprinted with permission of John Wiley & Sons, Inc.).

에 자주 사용된다. 단인선삭공구에 보통 사용되는 2가지 유형의 칩브레이커가 있다([그림 17.7] 참조). (a)절삭공구 자체에 설계된 홈형 칩브레이커, (b)공구 경사면에 부착하는 장애물형 칩브레이커. 장애물형에서는 칩브레이커 거리가 절삭조건에 따라 조정될 수 있다.

공구형상에 대한 공구재료의 영향 Merchant식(15.3.2절)에 따르면 양의 경사각이 일반적으로 절삭력, 온도, 소요동력을 감소시키기 때문에 더 바람직하다. 고속도강 공구는 거의 항상 양의 경사각인 +5°~+20°로 연삭되어 제작된다. 고속도강은 좋은 강도와 인성을 가지고 있기 때문에 큰 양의 경사각으로 제작되더라도 공구 파손의 문제점을 잘 일으키지 않는다. 고속도강 공구는 주로 일체형으로 제작된다. 고속도강의 열처리는 재료의 중심부는 인성이 좋도록 유지하면서 절삭날은 단단하게 얻을 수 있도록 조절할 수 있다.

매우 단단한 공구재료의 발전으로 (초경합금과 세라믹), 공구형상의 변화가 요구되었다. 대체로 이러한 재료들은 고속도강보다 높은 경도와 낮은 인성을 가지고 있다. 또한 전단강도와 인장강도가 압축강도에 비해 낮고, 고속도강처럼 열처리로 성질을 조절할 수 없다. 그리고 이러한 고경도 재료들은 단위무게 당 가격이 고속도강보다 높다. 이러한 요인들이 공구를 설계할 때 고려되어야 한다.

첫째, 고경도 재료는 음의 경사각이나 작은 양의 경사각으로 설계되어야 한다. 이러한 변화는 공구에 대해 압축하중 증가와 전단하중 감소를 초래하는데, 고경도 재료가 갖는 높은 압축강도 때문에 가능하다. 예를 들면 초경합금은 보통 −5°~+10°인 경사각으로 사용된다. 세라믹은 보통 −5°~−15° 경사각을 가진다. 여유각은 절삭날을 가능한 한 많이 지지할 수 있도록 가능한 한 작게 만든다(5°가 보통).

또 공구의 절삭날을 고정하는 방법에서도 차이가 있다. 단인공구에 대해 절삭날을 고정하는 방법들을 [그림 17.8]에 나타냈다. 고속도강 공구의 형상은 그림의 (a)부분에 보인 것처럼 일체형으로 연삭해 만든다. 고경도 공구재료는 비싸고 성질과 공정이 다양하기 때문에 브레이징하거나 기계적으로 클램핑할 수 있는 인서트insert로 제작된다. 그림에서 (b)부분이 공구섕크에 브레이징된 초경 인서트를 나타냈다. 섕크는 강도와 인성을 위해 공구강으로 만든다. 그림에서 (c)부분은 공구홀더에 기계적으로 클램핑된 인서트를 나타내고 있다. 기계적 클램핑은 초경합금과 세라믹 등의 경한 재료에 사용된다. 기계적으로 클램핑된 인서트의 중요한 장점은 각 인서트가 여러 절삭날을 가진다는 것이다. 1개의 날이 마모되어 못쓰게 되면 다음 날로 회전시켜

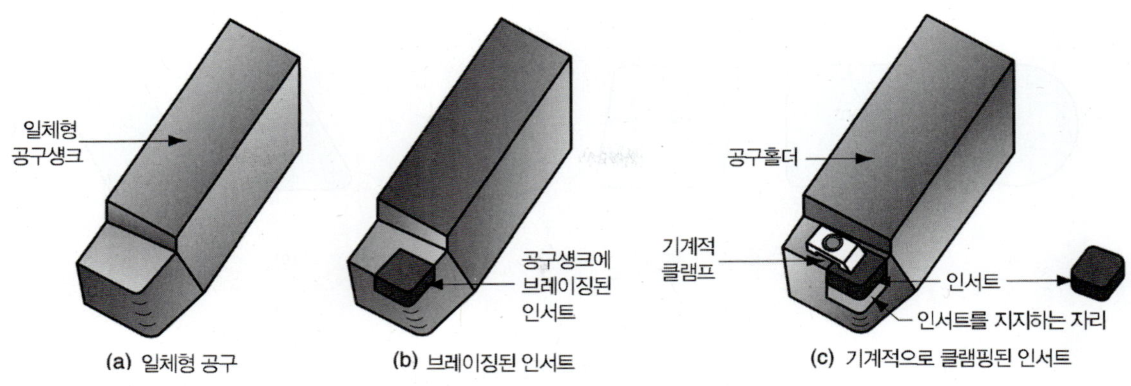

그림 17.8 단인공구에 대해 절삭날을 고정하는 3가지 방법 (a)일체형 공구: 일반 고속도강, (b)브레이징된 인서트: 초경 인서트를 고정하는 방법, (c)기계적으로 클램핑된 인서트: 초경과 세라믹 등의 고경도 공구재료에 사용(출처: Fundamentals of Modern Manufacturing, 4th Edition by Mikell P. Groover, 2010. Reprinted with permission of John Wiley & Sons, Inc.).

계속 사용할 수 있다. 모든 절삭날들이 마모되어 못쓰게 되면 인서트는 폐기되어 대체된다.

인서트 절삭공구 인서트는 경제적이고 선삭, 보링, 나사가공, 밀링, 드릴링 등의 여러 절삭공정에 적용할 수 있기 때문에 광범위하게 사용된다. 실제 여러 절삭 환경을 고려해 다양한 형상과 크기로 이용이 가능하다. 사각 인서트를 [그림 17.8(c)]에서 볼 수 있다. 선삭 공정에 사용되는 다른 형태들이 [그림 17.9]에 나타나 있다. 일반적으로 강도와 경제성 측면에서 가장 큰 선단각이 선정되어야 한다. 원형 인서트가 그 형상으로부터 가장 큰 선단각(또한 큰 노즈반경)을 갖는다. 큰 선단각을 갖는 인서트는 강하고 절삭 중 치핑과 파손의 가능성이 적지만 소요동력이 커지고 진동의 가능성이 있다.

원형 인서트의 경제적 이점은 1개의 인서트로 여러 번 분할해 사용할 수 있다는 것이다. 사각 인서트는 4개의 절삭날, 삼각 인서트는 3개의 절삭날을 가지는 반면 마름모형 인서트는 오직 2개를 가진다. 비용의 관점에서 날이 적을수록 불리하다. 인서트의 양면을 사용할 수 있다면(대부분의 음의 경사각으로 응용), 절삭날 수는 2배가 된다. 여러 종류의 공정을 수행하려면 다기능성과 접근성 측면에서 마름모 형상(특히 날카로운 선단각을 가진)이 사용된다. 이러한 형상은 단단하게 쉽게 고정시킬 수 있고, 선삭뿐만 아니라 단면가공([그림 16.6(a)] 참조)과 윤곽선삭([그림 16.6(c)] 참조)에도 사용할 수 있다.

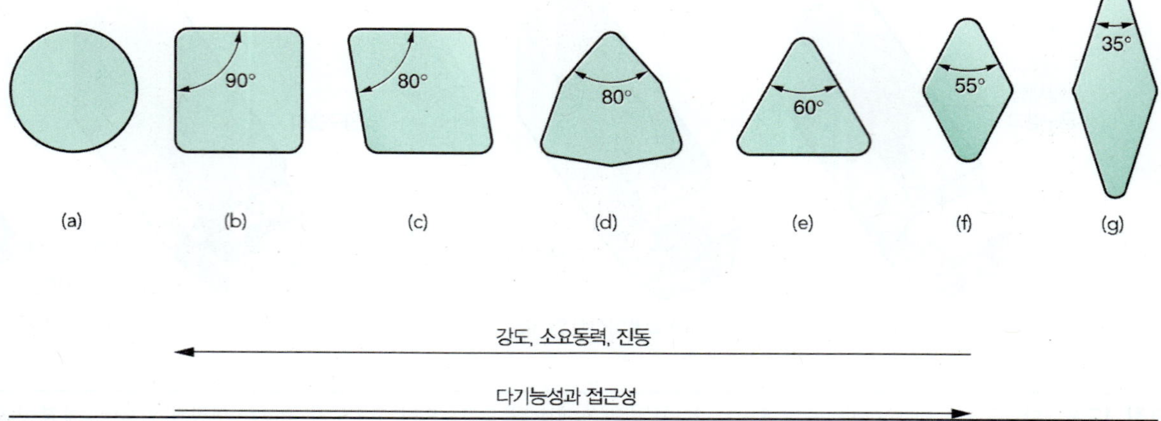

그림 17.9 인서트 형태 (a)원형, (b)사각형, (c)2개의 80° 선단각을 갖는 마름모형, (d)3개의 80° 선단각을 갖는 육각형, (e)삼각형, (f)2개의 55° 선단각을 갖는 마름모형, (g)2개의 35° 선단각을 갖는 마름모형(출처: Fundamentals of Modern Manufacturing, 4th Edition by Mikell P. Groover, 2010. Reprinted with permission of John Wiley & Sons, Inc.).

17.3.2 다인공구

대부분의 다인공구는 공구가 회전하는 절삭공정에서 사용된다. 이 절에서는 드릴링과 밀링을 위한 대표적인 절삭공구를 소개한다.

드릴 구멍가공을 위한 여러 절삭공구가 나와 있지만 트위스트드릴twist drill이 가장 널리 쓰인다. 직경이 약 0.15~75mm까지 나와 있다. 트위스트드릴은 빠르고 경제적인 구멍가공을 위해 산업현장에서 광범위하게 사용된다. 표준형 트위스트드릴 형상이 [그림 17.10]에 나타나 있다. 드릴 본체는 2개의 나선형 홈flute을 가진다. 나선형

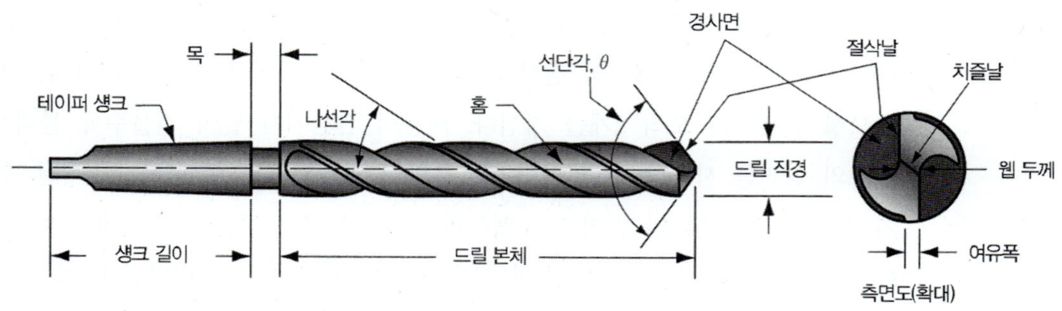

그림 17.10 트위스트드릴의 표준 형상(출처: Fundamentals of Modern Manufacturing, 4th Edition by Mikell P. Groover, 2010. Reprinted with permission of John Wiley & Sons, Inc.).

홈들의 각도를 나선각helix angle이라 하고 보통 약 30°이다. 드릴링할 때 이 홈들은 구멍으로부터 칩의 배출 통로 역할을 한다. 칩이 잘 배출되도록 홈의 통로가 크면 좋겠지만 드릴 본체가 길이 방향에 걸쳐 지지되어야 한다. 홈들 사이의 드릴 두께인 웹web이 이를 지지한다.

트위스트드릴의 끝은 원뿔형 형상을 가진다. 전형적인 선단각point angle은 118°이다. 공구 끝은 여러 형상으로 설계되지만 가장 흔한 설계가 치즐날chisel edge이다([그림 17.10] 참조). 홈과 통해 있는 2개의 절삭날lip이 치즐날에 연결되어 있다. 절삭날에 근접하고 있는 홈 부분은 공구의 경사면으로 작용한다.

트위스트드릴의 절삭작용은 복잡하다. 드릴비트의 회전과 이송이 절삭날과 공작물 사이의 상대적인 운동을 초래해 칩을 생성한다. 각 절삭날을 따라 절삭속도는 회전축으로부터의 거리의 함수로 변화한다. 따라서 절삭작용의 효율은 드릴의 외경에서 최대이고 중심부에서 최소가 된다. 실제로 드릴 끝의 상대속도는 0이 되어 절삭이 일어나지 않는다. 대신 드릴 끝의 치즐날이 구멍으로 들어감에 따라 중심부의 재료를 옆에서 밀어낸다. 트위스트드릴을 구멍 쪽으로 밀어넣기 위해 큰 추력thrust force이 필요하다. 또한 공정 초기에 회전하는 치즐날이 공작물 표면으로부터 탈선하려 해서 위치 정확성을 잃을 수 있다. 이러한 문제를 해결하기 위해 여러 가지로 설계한 드릴 끝이 개발되고 있다.

칩 제거가 드릴링에서 문제가 될 수 있다. 절삭작용은 구멍 내부에서 일어나고, 홈은 칩이 구멍으로부터 배출될 수 있도록 길이 방향으로 충분한 통로를 제공해야 한다. 칩이 생성됨에 따라 칩은 홈을 따라 공작물 표면으로 밀어 올려지는데, 마찰이 이를 어렵게 만든다. 금속절삭에서 칩과 절삭날의 경사면 사이에 존재하는 보통의 마찰 외에 드릴 비트의 외면과 새롭게 생성된 구멍 사이에도 마찰이 존재한다. 이 마찰은 드릴과 공작물의 온도를 증가시킨다. 마찰과 열을 감소시키기 위해 드릴 끝에 절삭유를 공급하는 것은 칩이 반대 방향으로 유동하기 때문에 어렵다. 칩 제거와 열로 인해, 트위스트드릴은 일반적으로 직경의 약 4배인 구멍깊이의 제한을 받는다. 트위스트드릴 중에는 길이 방향으로 내부 구멍을 가지고 있어 절삭유를 드릴 끝으로 직접 공급하도록 설계된 것도 있다. 내부 구멍을 가지고 있지 않는 트위스트드릴은 대신 드릴링 중 '쪼기pecking' 공정을 할 수도 있다. 이 공정은 구멍이 더 깊어지기 전에 칩을 배출하기 위해 드릴을 구멍으로부터 주기적으로 잡아당기는 것이다.

트위스트드릴은 보통 고속도강으로 만든다. 드릴 형상을 열처리 전에 제작한 다음에 드릴 내부 중심부는 상대적으로 높은 인성을 유지하도록 하고 드릴의 외부(절삭날과 마찰면)만을 경화시킨다. 연삭을 통해 절삭날을 날카롭게 하고 드릴 끝의 형상을 만든다. 트위스트드릴과 같은 구멍가공용 공구에 대한 보다 많은 정보는 참고문헌 [3]과 [12]로부터 얻을 수 있다.

밀링커터 밀링커터의 분류는 16.4.1절에 기술한 밀링공정과 깊은 관련이 있다. 밀링커터의 유형은 다음과 같다.

평밀링커터(plain milling cutter): 평밀링이나 평판밀링에 사용되며 여러 줄의 날을 가진 원통형을 하고 있다([그림 16.17(a), 16.18(a)] 참조). 일반적으로 절삭날은 공작물에 물릴 때의 충격을 완화하기 위해 나선각으로 되어 있는데, 이를 헬리컬 밀링커터(helical milling cutter)라 한다. 평밀링커터의 공구형상이 [그림 17.11]에 나타나 있다.

총형밀링커터(form milling cutter): 특별한 절삭날의 윤곽이 공작물에 그대로 전달되는 평밀링커터다. 총형밀링커터는 기어 가공에 중요하게 적용된다. 커터가 인접한 기어 치홈을 가공해 결국 기어 형상을 남긴다.

정면밀링커터(face milling cutter): 커터의 원주면뿐만 아니라 측면에도 절삭날을 가지도록 설계되었다. 정면밀링커터는 [그림 17.12(b)]처럼 고속도강으로 만들거나, 초경 인서트를 사용할 수 있도록 설계된다. [그림 17.12]는 인서트를 사용하는 4개의 날을 가진 정면밀링커터를 나타낸다.

엔드밀링커터(end milling cutter): [그림 16.20(c)]의 엔드밀링커터는 드릴비트처럼 생겼으나, 자세히 보면 끝에 있는 날보다는 원주면에 있는 날이 주로 절삭하도록 설계되었다. 드릴비트는 공작물로 들어감에 따라 오직 끝의 날로 절삭한다. 엔드밀은 사각형, 반경형, 볼형으로 제작된다. 엔드밀은 정면밀링, 윤곽밀링, 포켓밀링, 홈가공, 조각가공, 표면윤곽가공, 금형가공에 사용될 수 있다.

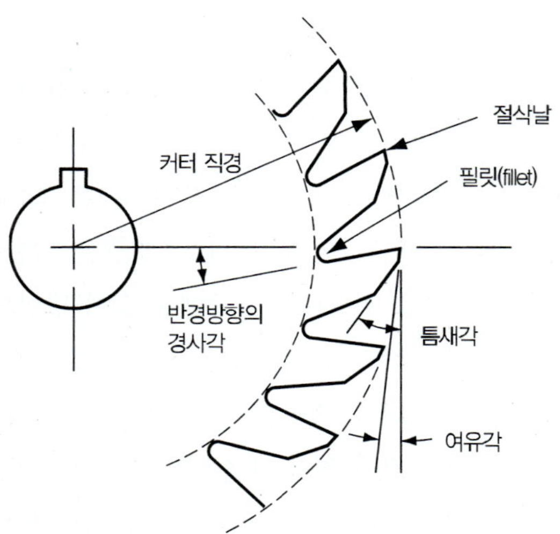

그림 17.11
18개의 날을 가진 평밀링커터의 공구형상(출처: Fundamentals of Modern Manufacturing, 4th Edition by Mikell P. Groover, 2010. Reprinted with permission of John Wiley & Sons, Inc.).

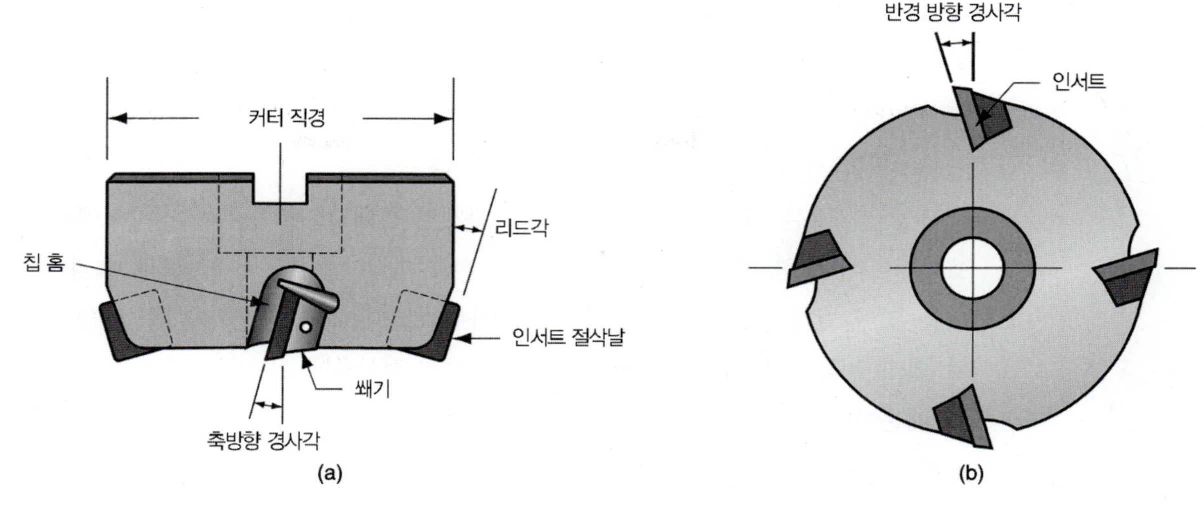

그림 17.12 4개의 날을 가진 정면밀링커터의 공구형상 (a)측면도, (b)배면도(출처: Fundamentals of Modern Manufacturing, 4th Edition by Mikell P. Groover, 2010. Reprinted with permission of John Wiley & Sons, Inc.).

17.4 절삭유

절삭유cutting fluid는 절삭 성능을 향상시키기 위해 절삭공정에 직접 공급되는 액체나 기체를 말한다. 절삭유는 2가지 주된 문제를 해결한다. (1)전단영역과 마찰영역에서 발생하는 열, (2)공구－칩과 공구－공작물 접촉면의 마찰열을 제거하고 마찰을 감소시키는 역할 외에도, 절삭유는 칩을 씻어내고(특히 연삭과 밀링에서), 공작물 온도를 낮춰 작업을 쉽게 하고, 절삭력과 소요동력을 감소시키고, 공작물의 치수 안정성을 향상시키고, 표면정도를 향상시킨다.

17.4.1 절삭유의 종류

여러 종류의 절삭유가 있는데, 먼저 기능에 따라 서술한 다음에 화학적 구성에 따라 분류한다.

절삭유의 기능 일반적으로 기능에 따라서는 냉각제와 윤활제의 2가지 종류가 있다. 냉각제coolant는 절삭공정에서 열의 영향을 감소시키기 위한 절삭유다. 이것은 절삭에 발생하는 열에너지의 양에는 제한적인 영향을 미치지만 발생된 열을 가져가서 공구와 공작물의 온도를 낮춘다. 따라서 절삭공구의 수명이 연장된다. 절삭유가 절삭가공에서 온도를 낮추는 능력은 절삭유의 열적 성질에 의존한다. 비열과 열전도율이 가장 중요한 성질이다(3.7.1절). 물은 다른 액체에 비해 비열과 열전도율이 높기 때문에 냉각성 절삭유의 기본 용액으로 사용된다. 이 성질들은 냉각제가 공정으로부터 열을 가져가서 절삭공구의 온도를 낮추게 한다.

냉각성 절삭유는 열 발생과 높은 온도가 문제인 상대적으로 높은 절삭속도에서 가장 효과적이다. 또한 고속도강과 같은 온도파손에 매우 민감한 공구재료에 효과적이고, 많은 열이 발생하는 선삭과 밀링공정에 자주 사용된다. 냉각제는 보통 물을 기반으로 하거나 물 유상액emulsion인데, 물이 이 같은 절삭유에 잘 맞는 열적 성질을 가졌기 때문이다.

윤활제lubricant는 공구–칩과 공구–공작물 접촉면의 마찰을 감소시키기 위해 보통 오일을 기반으로 한 용액이다. 이는 오일이 좋은 윤활 성질을 가지기 때문이다. 윤활성 절삭유는 극압윤활에 의해 수행된다. 극압윤활extreme pressure lubrication은 윤활제와의 화학반응을 통해 고온의 깨끗한 금속표면에 생기는 얇은 고체층을 수반하는 특별한 윤활 방식이다. 윤활제에 있는 황, 염소, 인 화합물이, 두 금속표면(예를 들면 칩과 공구)을 분리하는 작용을 하는 표면층을 형성시킨다. 이 극압층은 두 표면 사이에 유막이 존재하는 전통 윤활에 비해 금속절삭에서 마찰을 줄이는데 매우 효과적이다.

윤활성 절삭유는 낮은 절삭속도에서 가장 효과적이다. 높은 절삭속도(120m/min 이상)에서는 빠른 칩의 운동이 공구–칩 접촉면에 절삭유가 도달하는 것을 막기 때문에 효과적이지 못하다. 또한 높은 속도에서의 높은 절삭온도가 윤활작용을 하기 전에 오일을 기화시킨다. 드릴링과 태핑 같은 절삭가공 공정은 일반적으로 윤활제를 사용하는 것이 좋다. 구성인선의 생성이 억제되고 공구 회전력이 감소된다.

윤활제의 주요 목적은 마찰을 감소시키는 것이지만 또한 여러 메카니즘에 의해 가공 온도를 감소시킨다. 첫째, 윤활제의 비열과 열전도율이 가공 부위로부터 열을 제거해 온도를 낮춘다. 둘째, 마찰이 감소하기 때문에 마찰로부터 생기는 열이 또한 감소한다. 셋째, 마찰계수가 감소한다는 것은 마찰각이 감소한다는 것을 의미한다. Merchant식 (식 15.16)에 따르면 마찰각이 감소하면 전단각이 증가해 전단영역에서 발생되는 열에너지의 양을 감소시킨다.

일반적으로 두 종류의 절삭유에 중복되는 효과가 있다. 냉각제에도 마찰을 감소시키는 성분이 있으며 윤활제는 물만큼 우수하지는 않지만 절삭 중 열을 제거하는 특성을 갖는다. 절삭유(냉각제와 윤활제)는 C 값을 높여 Taylor 공구수명식에 영향을 주는데, 일반적으로 10에서 40%가 증가하며 기울기 n은 별로 영향받지 않는다.

절삭유의 화학적 구성 화학적 구성에 따라 4가지 종류의 절삭유가 있다. (1)절삭오일, (2)유화오일, (3)준화학용액, (4)화학용액이다. 이 모든 절삭유는 냉각기능과 윤활기능 모두를 제공한다. 절삭오일은 윤활제로서 가장 효과적이고, 다른 세 종류는 주성분이 물이기 때문에 냉각제로서 더 효과적이다.

절삭오일cutting oil은 석유, 동물, 해양, 식물로부터 얻은 오일을 기반으로 한다. 원유를 기반으로 한 광유mineral oil가 자원이 풍부하고 바람직한 윤활 특성을 가지고 있기 때문에 주로 사용된다. 최대 윤활 효과를 얻기 위해 여러 종류의 오일을 조합해 사용되기도 한다. 또한 황, 염소, 인 화합물을 포함하는 화학첨가제를 사용하기도 하는데, 금속 간의 접촉을 피하기 위한 고체층을 형성하기 위해 칩, 공구 표면과 화학적으로 반응하게 한다(극압윤활).

유화오일emulsified oil은 물에 떠도는 작은 오일 방울로 구성되어 있다. 유상액의 혼합성과 안정성을 높이기 위해 유화제를 사용해 물에 오일(보통 광유)을 섞은 것이다. 일반적으로 물:오일의 비는 30:1이다. 극압윤활을 이루기 위해 황, 염소, 인을 기반으로 하는 화학첨가제를 사용하기도 한다. 오일과 물을 모두 포함하고 있기 때문에 유화오일은 냉각성과 윤활성을 모두 가지고 있다.

화학용액chemical fluid은 물에 유화된 오일이라기보다는 물에 용해된 화학물질이다. 용해되는 화학물질로는 황, 염소, 인 화합물과 함께 습윤제wetting agent가 있다. 화학물질은 어느 정도의 윤활작용을 제공한다. 화학용액은 좋은 냉각성을 가지고 있으나, 윤활성은 다른 절삭유에 비해 떨어진다. 준화학용액semichemical fluid은 윤활특성을 증가시키기 위해 소량의 유화오일이 첨가된다. 실제로 이것은 화학용액과 유화오일의 중간 수준에 위치한다.

17.4.2 절삭유의 공급

절삭유는 여러 가지 방법으로 절삭공정에 공급되는데, 이 절에서는 이러한 공급 기술들을 서술한다. 또한 절삭유의 오염 문제와 이를 해결하기 위한 방법들도 고려한다.

공급방법 가장 흔한 방법은 유동공급flooding으로, 냉각성 절삭유를 보통 사용하기 때문에 유동냉각flood cooling이라고도 한다. 유동공급에서 정상상태의 절삭유가 절삭가공 중의 공구-공작물이나 공구-칩 접촉면을 향해 유동한다. 두 번째 공급방법으로 물을 기반으로 하는 절삭유에 보통 사용되는 분무공급mist application이 있다. 절삭유가 고압의 공기와 함께 분무 형태로 공정 부위에 공급된다. 분무공급은 일반적으로 공구를 냉각하는데 있어 유동공급만큼 효과적이지 못하다. 그러나 분무 형태가 고속이기 때문에 분무공급은 전통적인 유동공급으로 접근이 어려운 지역에 절삭유를 공급하는데 있어 더 효과적이다.

수동공급manual application은 분무기나 붓으로 절삭속도가 낮고 마찰이 문제인 태핑과 같은 공정에 윤활제를 공급하는 것이다. 공급의 변화성이 너무 커서 잘 쓰이고 있지 않다.

절삭유 여과와 건식절삭 절삭유는 기름(윤활유, 유압오일 등), 불순물(담배꽁초, 음식물 등), 작은 칩, 곰팡이, 박테리아와 같은 외부 물질에 의해 시간이 갈수록 오염되어 간다. 냄새가 나고 건강에 해로운 것 외에도 오염된 절삭유는 윤활 기능을 제대로 수행하지 못한다. 이러한 문제들을 해결하는 방법으로는 (1)규칙적으로 자주(한 달에 두 번 정도) 절삭유를 교환한다, (2)절삭유를 깨끗이 하기 위해 연속적이거나 주기적으로 여과시스템을 사용한다, (3)절삭유를 사용하지 않고 절삭가공한다(건식가공). 공해와 관련된 입법화에 대한 관심이 고조되면서, 절삭유 폐기는 비용이 많이 들고 일반 공공복지에 상반되어 가고 있다.

오늘날 오염 문제를 해결하기 위해 많은 공장이 여과시스템을 설치하고 있다. 이 시스템의 장점은 (1)절삭유 수명 연장: 한 달에 한두 번 교환하는 것이 아니라 1년을 사용할 수 있다, (2)절삭유 폐기비용 감소: 필터를 사용하면 폐기 횟수가 훨씬 감소하기 때문이다, (3)깨끗해진 절삭유: 작업환경이 좋아지고 건강상의 해로움이 감소된다, (4)공작기계 유지비용의 감소, (5)공구수명의 연장. 절삭유를 여과하는 여러 가지 종류의 여과시스템이 있다. 참고문헌 [12]에 이러한 여과시스템에 대한 자세한 설명이 있다.

세 번째 방법을 건식절삭dry machining이라 하는데, 절삭유를 사용하지 않는다는 의미다. 건식절삭은 절삭유의 오염, 폐기, 여과에 관한 문제를 피할 수 있지만 다음과 같은 본질적인 문제를 초래한다. (1)공구 과열, (2)공구수명 연장을 위한 저속가공과 낮은 생산속도, (3)연삭과 밀링에서의 칩 제거가 안 된다. 한편 공구 제조업자들은 건식절삭이 가능한 등급의 초경합금과 코팅초경합금을 개발해왔다.

17.5 절삭성

공작물 재료의 성질은 성공적인 절삭공정을 위해 매우 중요하다. 이 성질들과 공작물의 다른 특성들이 절삭성이라는 용어로 요약될 수 있다. 절삭성machinability은 적당한 공구와 절삭조건을 사용해 재료(보통 금속)를 가공할 수 있는 상대적 용이성을 말한다.

절삭성을 평가하기 위해 사용되는 여러 가지 중요한 기준들이 있다. (1)공구수명, (2)절삭력과 동력, (3)표면거칠기, (4)칩 처리의 용이성. 일반적으로 절삭성이 공작물에 대한 것이지만 재료에만 의존하는 것은 아니다. 재료 성질뿐만 아니라 절삭공정의 종류, 공구, 절삭조건들이 중요한 요인들이다.

그 외에도 절삭성의 기준 또한 변수가 될 수 있다. 공구수명이 연장되는 공작물 재료가 있는가 하면 우수한 표면정도를 얻을 수 있는 재료가 있을 수 있다. 이러한 요인들 모두 절삭성 평가를 어렵게 하고 있다.

일반적으로 절삭성 시험은 공작물 재료를 비교하는 것이다. 표준 재료에 대해 시험 재료의 상대적인 절삭성능이 측정된다. 절삭성 시험에서 다음과 같은 성능 측정이 가능하다. (1)공구수명, (2)공구마모, (3)절삭력, (4)소요동력, (5)절삭온도, (6)표준시험 조건에서의 소재제거율 등이다. 상대적인 성능은 절삭성 등급machinability rating: MR이라 불리는 값으로 표현된다. 표준재료의 절삭성 등급은 1.00으로 주어진다. B1112 강이 절삭성 시험의 표준 재료로 자주 사용된다. 표준 재료보다 절삭가공이 쉬운 재료는 1.00보다 높은 등급을 갖고, 절삭가공이 어려운 재료는 1.00보다 낮은 등급을 갖는다. 절삭성 등급은 숫자보다 퍼센트(%)로 표현되기도 한다. 공구수명 시험을 통해 어떻게 절삭성 등급이 결정되는지를 알아보자.

EXAMPLE 17.12 절삭성 시험

2가지 공작물 재료에 대해 속도만 변하고 다른 절삭조건들은 일정하게 하여 공구수명시험을 한다. 표준재료로 정해진 재료의 Taylor 공구수명식은 $\nu T^{0.28} = 350$, 다른 재료(시험재료)의 Taylor 공구수명식은 $\nu T^{0.27} = 440$인 결과를 얻었다. 여기서 속도=m/min, 공구수명=min이다. 60min의 공구수명에 대한 절삭속도를 사용해 시험 재료의 절삭성 등급을 결정하라. 이 속도를 ν_{60}으로 표시한다.

▌풀이▐

표준재료의 절삭성 등급은 1.0이다. 이 재료에 대한 ν_{60}은 Taylor 공구수명식으로부터,

$$\nu_{60} = (350/60^{0.28}) = 111\text{m/min}$$

시험 재료의 60min 공구수명에 대한 절삭속도를 유사하게 구할 수 있다.

$$\nu_{60} = (440/60^{0.27}) = 146\text{m/min}$$

따라서 절삭성 등급은 다음과 같이 계산된다.

$$\text{MR(시험재료에 대한)} = \frac{146}{111} = 1.31\text{(혹은 131\%)}$$

공작물 재료의 많은 요인들이 절삭가공 성능에 영향을 미친다. 절삭성에 영향을 미치는 공작물의 기계적 성질로 경도와 강도가 있다. 경도가 증가함에 따라 공구의 연마마모가 증가해 공구수명이 감소한다. 절삭가공이 전단응력을 수반하기는 하지만 강도는 보통 인장강도를 지칭한다. 물론 전단강도와 인장강도는 서로 연관되어 있다. 공작물의 강도가 증가함에 따라 절삭력, 비에너지, 절삭온도가 증가해 재료의 가공을 어렵게 한다. 한편 매우 낮은 경도는 절삭가공 성능에 나쁜 영향을 미친다. 예를 들면 상대적으로 낮은 경도를 가지는 저탄소강은 절삭가공을 하기에 연성이 너무 높다. 높은 연성은 칩이 생성됨에 따라 재료의 파열을 야기시켜, 표면거칠기가 나빠지고 칩 처리가 어려워진다. 저탄소강의 표면경도를 증가시키고 절삭 중의 칩 절단을 촉진시키기 위해 냉간 인발이 자주 사용된다.

금속의 화학적 성분은 공작물 재료의 성질에 중요한 영향을 미칠 뿐만 아니라, 공구재료에 작용하는 마모 메커니즘에 영향을 미치기도 하며 절삭성에도 영향을 미친다. 탄소 함유량은 강의 성질에 중요한 영향을 미친다. 탄소가 증가함에 따라 강의 강도와 경도는 증가하지만 역으로 절삭성을 감소시킨다. 성질을 향상시키기 위해 강에 첨가되는 많은 합금 원소들은 절삭성에 오히려 해가 된다. 강에서 크롬, 몰리브덴, 텅스텐은 공구마모를 증가시키고 절삭성을 감소시키는 탄화물을 형성한다. 망간과 니켈은 강의 강도와 인성을 증가시켜 절삭성을 감소시킨다. 납, 황, 인과 같은 원소들을 강에 첨가해 절삭성을 증가시킬 수도 있다. 이러한 첨가제들은 공구와 칩 사이의 마찰계수를 감소시키는 효과가 있기 때문에 절삭력, 온도, 구성인선의 형성이 감소된다. 이로 인해 공구수명이 연장되고 표면정도가 좋아진다. 절삭성을 화학적으로 향상시켜 제조된 합금강을 쾌삭강free machining steel이라 한다.

표 17.7 공작물 재료에 대한 브리넬 경도와 절삭성 등급[2][5][6][12]					
공작물 재료	브리넬 경도	절삭성 등급[a]	공작물 재료	브리넬 경도	절삭성 등급[a]
표준강:B1112	180–220	1.00	공구강(경화되지 않은)	200–250	0.30
저탄소강	130–170	0.50	주철		
C1008, C1010, C1015			연한	60	0.70
중탄소강	140–210	0.65	중간 경도	200	0.55
C1020, C1025, C1030			경한	230	0.40
고탄소강	180–230	0.55	초합금		
C1040, C1045, C1050			인코넬	240–260	0.30
			인코넬 X	350–370	0.15
합금강			Waspalloy	250–280	0.12
1320,1330,3130,3140	170–230	0.55			
4130	180–200	0.65	티타늄		
4140	190–210	0.55	순수	160	0.30
4340	200–230	0.45	합금	220–280	0.20
4340(주조)	250–300	0.25			
6120,6130,6140	180–230	0.50	알루미늄		
8620,8630	190–200	0.60	2-S, 11-S, 17-S	soft	5.00
B1113	170–220	1.35	알루미늄합금(연한)	soft	2.00
쾌삭강	160–220	1.50	알루미늄합금(경한)	hard	1.25
스텐인리스강			구리	soft	0.60
301,302	170–190	0.50	황동	soft	2.00
304	160–170	0.40	청동	soft	0.65
316,317	190–200	0.35			
403	190–210	0.55			
416	190–210	0.90			

등급은 주어진 공구수명에 대한 상대적인 절삭속도를 나타낸다(예제 17.2 참조).
[a]등급은 퍼센트로 표현되기도 한다(지수×100%).

다른 공작물 재료에 대해서도 비슷하다. [표 17.7]은 몇 가지 금속들의 근사적인 절삭성 등급을 나타냈다. 이 등급은 공구수명기준을 강조하면서 재료의 절삭성을 정리한 것이다.

17.6 절삭 경제성

절삭가공에서 실제적인 문제는 주어진 공정에 대해 적당한 절삭조건을 선정하는 것이다. 이는 공정계획 기능 중의 하나다(28.2절). 각 공정에 대해 공작물의 절삭성, 부품 형상, 표면거칠기 등을 기초로 공작기계, 절삭공구, 절삭조건에 관한 사항들을 결정해야 한다.

17.6.1 이송과 절삭깊이의 선정

절삭가공의 절삭조건은 속도, 이송, 절삭깊이, 절삭유(절삭유의 사용 유무, 절삭유의 종류)로 구성된다. 일반적으로 공구의 선정은 절삭유의 결정에 중요하게 작용한다(17.4절). 절삭깊이는 공작물 형상과 공정순서에 따라 미리 정해지는 경우가 많다. 일반적으로 일련의 황삭 작업을 한 후에 최종 정삭 작업을 수행한다. 황삭에서 절삭깊이는 동력, 기계 강성, 절삭공구 강도 등의 한도 내에서 가능한 한 크게 정해진다. 정삭에서 절삭깊이는 부품의 최종 치수를 얻도록 정해진다.

그 다음 이송과 절삭속도 선정의 문제가 남는다. 일반적으로 우선 이송을 정하고 그 다음 절삭속도를 정하는 순서로 행해진다. 주어진 절삭가공 공정에서 적당한 이송속도의 결정은 다음과 같은 인자들에 의존한다.

공구: 어떤 공구를 사용할 것인가? 경질 공구재료(초경, 세라믹 등)는 고속도강보다 더 쉽게 파괴되는 경향이 있다. 이러한 공구들은 보통 낮은 이송속도에서 사용된다. 고속도강은 인성이 크기 때문에 높은 이송을 견딜 수 있다.

황삭 혹은 정삭: 황삭은 높은 이송을 수반한다(선삭에 대해 0.5~1.25mm/rev). 정삭은 낮은 이송을 수반한다(선삭에 대해 0.125~0.4mm/rev).

황삭에서의 이송 조건: 황삭이라면 이송속도는 얼마까지 가능한가? 최대 소재제거율을 위해 이송은 가능한 한 크게 정해져야 한다. 이송의 최대치는 절삭력, 기계 강성, 마력에 따라 정해진다.

정삭에서 요구되는 표면정도: 정삭이라면 원하는 표면정도는 얼마인가? 이송이 표면정도의 중요한 요인이 된다. 예제 16.1과 같은 계산을 이용해 원하는 표면거칠기를 산출할 수 있는 이송을 얻을 수 있다.

17.6.2 절삭속도

절삭속도의 선정은 절삭공구의 효과적 사용을 위해 가장 중요하다. 즉, 적당하게 긴 공구수명과 함께 높은 소재제거율을 제공할 수 있는 속도를 선택하는 것을 의미한다. 주어진 절삭공정의 시간과 비용에 관한 정보를 알고 있는 경우, 최적 절삭속도를 결정할 수 있는 수학적인 식이 유도되었다. W. Gilbert[13]가 절삭의 경제성에 관한 식을 처음으로 유도했다. 이 식에서 최적 절삭속도가 2가지 목적 (1)최대 생산속도production rate, (2)최소 단위비용unit cost으로 계산된다. 2가지 목적함수 모두 소재제거율과 공구수명 사이에서 적절한 균형을 찾는 것이다. 이 식은 공정에 사용되는 공구에 대한 Taylor 공구수명식을 알고 있어야 한다. 따라서 이송, 절삭깊이, 공작물은 이미 정해져 있다. 선삭의 경우에 대해 식을 유도하겠지만 다른 종류의 절삭공정에도 비슷한 식을 유도할 수 있다[4].

최대 생산속도 생산속도를 최대로 하기 위해 단위부품당 가공시간을 최소로 하는 절삭속도를 결정한다. 단위 절삭시간을 최소로 하는 것은 생산속도를 최대로 하는 것과 같기 때문이다. 이는 생산 주문이 가능한 한 빨리 완료되어야 하는 경우에 특히 중요하다.

선삭에서 1개의 부품에 대한 총 생산시간은 다음의 3가지 시간요소를 갖는다.

1. **부품취급시간** T_h: 작업자가 초기에 공작기계에 부품을 장착하고 가공이 완료된 후에 부품을 탈착하는데 걸리는 시간이다.
2. **가공시간** T_m: 공구가 실제로 가공하는데 소요되는 시간이다.
3. **공구교환시간** T_t: 공구수명이 끝나서, 공구를 교환하려면 시간이 걸린다. 이 시간은 공구수명이 다할 때까지 절삭을 한 부품들에 배분되어 있다. n_p=공구수명당 절삭한 부품 수(공구를 교환할 때까지 1개의 절삭날로 가공한 부품 수)라고 하면 부품당 공구교환시간=T_t/n_p이다.

이 3가지 시간요소의 합이 주어진 공정사이클에 대한 단위부품당 총 생산시간이다.

$$T_c = T_h + T_m + \frac{T_t}{n_p} \tag{17.5}$$

여기서 T_c=부품당 생산시간 min이며 절삭속도의 함수다. 절삭속도가 증가함에 따라 T_m은 감소하고 T_t/n_p는 증가한다. T_h는 속도의 영향을 받지 않는다. 이 3가지 관계가 [그림 17.13]에 나타나 있다.

어떤 절삭속도에서 부품당 생산시간이 최소가 된다. 이 최적절삭속도를 식 (17.5)를 속도의 함수로 변환해 구할 수 있다. 직선 선삭공정에서 가공시간은 식 (16.5)에서 주어진다.

$$T_m = \frac{\pi DL}{\nu f}$$

여기서 T_m=가공시간 min, D=공작물 직경 mm, L=공작물 길이 mm, f=이송 mm/rev, ν=절삭속도 mm/min다.

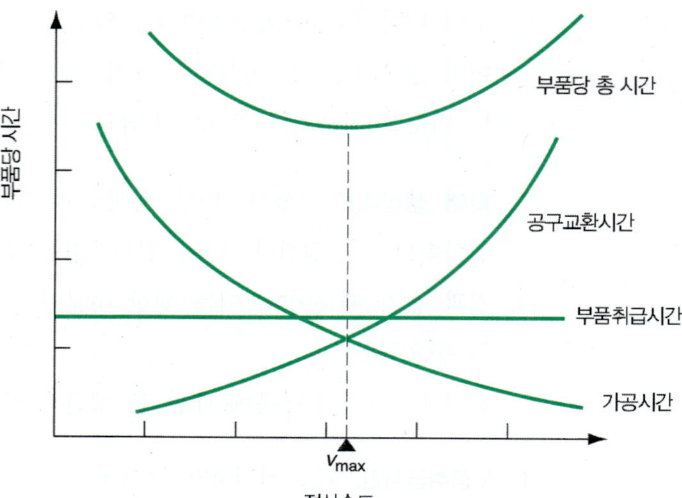

그림 17.13

절삭속도의 함수로 나타낸 절삭에서의 시간요소. 어떤 절삭속도에서 부품당 총 생산시간이 최소가 된다. 이것이 최대 생산속도를 위한 절삭속도이다(출처: Fundamentals of Modern Manufacturing, 4th Edition by Mikell P. Groover, 2010. Reprinted with permission of John Wiley & Sons, Inc.).

공구당 부품 수 n_p 또한 속도의 함수로서 다음과 같다.

$$n_p = \frac{T}{T_m} \tag{17.6}$$

여기서 T=공구수명 min/tool, T_m=부품당 가공시간 min/pc이다. T와 T_m 모두 속도의 함수이므로 식 (17.6)도 속도의 함수다.

$$n_p = \frac{f C^{1/n}}{\pi D L \nu^{1/n-1}} \tag{17.7}$$

이 식에 의하면 절삭속도가 증가함에 따라 식 (17.5)의 T_t/n_p가 증가한다. 식 (16.5)와 식 (17.7)을 식 (17.5)에 대입하면 다음과 같다.

$$T_c = T_h + \frac{\pi D L}{f \nu} + \frac{T_t (\pi D L \nu^{1/n-1})}{f C^{1/n}} \tag{17.8}$$

식 (17.8)을 미분한 식이 0이 되는 절삭속도에서 부품당 시간이 최소가 된다. 이 식을 풀면 주어진 공정의 최대 생산속도를 위한 절삭속도를 구할 수 있다.

$$\nu_{\max} = \frac{C}{\left[\left(\frac{1}{n} - 1\right) T_t\right]^n} \tag{17.9}$$

여기서 v_{max}은 m/min으로 표현된다. 최대 생산속도에 대응하는 공구수명은 다음과 같다.

$$T_{max} = \left(\frac{1}{n} - 1\right) T_t \tag{17.10}$$

최소 단위비용 부품 단위당 비용을 최소로 하기 위해 주어진 공정의 단위당 생산비용을 최소로 하는 절삭속도를 결정한다. 이 경우에 대한 식을 유도하기 위해 선삭공정에서 1개의 부품 생산에 필요한 총비용을 결정하는 4가지 비용요소를 고려한다.

1. **부품 취급비용:** 작업자가 부품을 장착하고 탈착하는데 필요한 시간에 대한 비용이다. C_o를 작업자와 기계의 시간당 비용이라 하면 부품취급 비용은 $C_o T_h$가 된다.
2. **가공비용:** 공구가 가공하는 시간에 대한 비용이다. 따라서 가공비용은 $C_o T_m$이 된다.
3. **공구 교환비용:** 공구교환에 필요한 시간에 대한 비용은 $C_o T_t/n_p$가 된다.
4. **공구비용:** 공구교환비용에 추가해 공구 자체의 비용이 총 공정비용에 더해져야 한다. 이것은 절삭날당 비용 C_t를 한 절삭날이 가공한 부품 수 n_p로 나눈 값이다. 따라서 단위부품당 공구비용은 C_t/n_p가 된다.

공구비용은 공구 유형에 따라 영향을 받기 때문에 더 설명이 필요하다. 사용 후 버리는 인서트(예를 들면 초경 인서트)의 공구비용은 다음과 같다.

$$C_t = \frac{P_t}{n_e} \tag{17.11}$$

여기서 C_t=절삭날당 비용, P_t=인서트 비용, n_e=인서트당 절삭날 수다. 이것은 인서트 형태에 의존한다. 예를 들면 한 면만 사용(양의 경사각)할 수 있는 삼각 인서트는 3개의 절삭날이 있고, 이 인서트의 양 면을 사용(음의 경사각)할 수 있다면 6개의 절삭날이 된다.

재연삭이 필요한 일체형 공구(예를 들면 고속도강, 브레이징된 초경)에 대한 공구비용은 구입비용과 재연삭비용이 포함된다.

$$C_t = \frac{P_t}{n_g} + T_g C_g \tag{17.12}$$

여기서 C_t=공구수명당 비용, P_t=공구 구입비용, n_g=공구당 공구수명 수(더 이상 사용할 수 없을 때까지의 재연삭 횟수, 황삭용은 5~10회, 정삭용은 10~20회)다. T_g=공

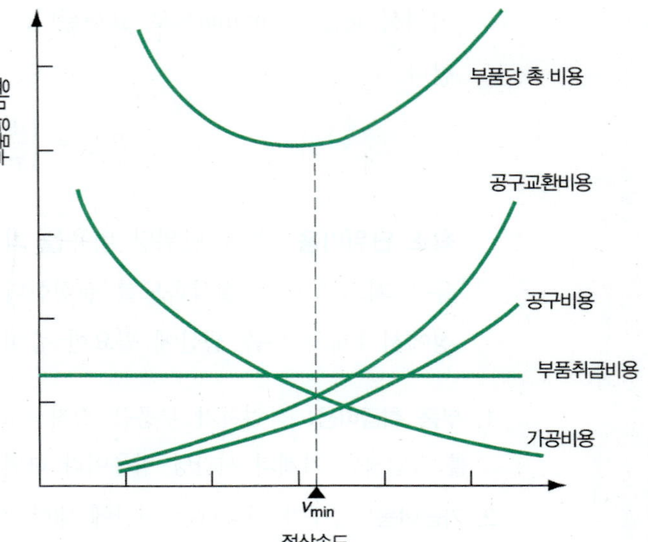

그림 17.14

절삭속도의 함수로 나타낸 절삭에서의 비용요소. 어떤 절삭속도에서 부품당 총비용이 최소가 된다. 이것이 부품당 최소비용을 위한 절삭속도이다(출처: Fundamentals of Modern Manufacturing, 4th Edition by Mikell P. Groover, 2010. Reprinted with permission of John Wiley & Sons, Inc.).

구 연삭시간, C_g=시간당 연삭비용이다.

4가지 비용요소들의 합이 주어진 공정에 대한 단위부품당 총 비용은 C_c이다.

$$C_c = C_o T_h + C_o T_m + \frac{C_o T_t}{n_p} + \frac{C_t}{n_p} \tag{17.13}$$

C_c는 절삭속도의 함수로서, T_c가 절삭속도의 함수인 것과 유사하다. 각 항들과 총 비용과의 관계가 절삭속도의 함수로서 [그림 17.14]에 나타나 있다. 식 (17.13)은 다음과 같이 ν의 함수로 변환될 수 있다.

$$C_c = C_o T_h + \frac{C_o \pi DL}{f\nu} + \frac{(C_o T_t + C_t)(\pi DL\nu^{1/n-1})}{fC^{1/n}} \tag{17.14}$$

주어진 공정에 대한 부품당 최소비용을 얻기 위한 절삭속도는 식 (17.14)를 ν에 관해 미분해 0으로 놓으면 구할 수 있다. 이렇게 해서 구한 $\nu_{\min}$은 다음과 같다.

$$\nu_{\min} = C\left(\frac{n}{1-n} \cdot \frac{C_o}{C_o T_t + C_t}\right)^n \tag{17.15}$$

이에 대응하는 공구수명은 다음과 같다.

$$T_{\min} = \left(\frac{1}{n} - 1\right)\left(\frac{C_o T_t + C_t}{C_o}\right) \tag{17.16}$$

EXAMPLE 17.3 절삭 경제성 관점에서 절삭속도의 결정

고속도강 공구로 연강을 다음과 같은 조건으로 선삭한다. Taylor 공구수명식의 n=0.125, C=70m/min(표 23.2). 공작물의 길이=500mm, 직경=100mm, 이송=0.25mm/rev, 부품취급시간=5.0min, 공구교환시간=2.0min, 기계와 작업자의 비용=$30/hr, 절삭날당 공구비용=$3. (a)최대 생산속도를 위한 절삭속도를 구하라. (b)최소비용을 위한 절삭속도를 구하라.

▮풀이▮

(a)최대 생산속도를 위한 절삭속도는 식 (17.9)로 주어진다.

$$\nu_{\max} = 70\left(\frac{0.125}{0.875} \cdot \frac{1}{2}\right)^{0.125} = 50\text{m/min}$$

(b) C_0=$30/hr를 $0.5/min으로 변환하고, 최소비용을 위한 절삭속도를 식 (17.15)를 이용해 계산한다.

$$\nu_{\min} = 70\left(\frac{0.125}{0.875} \cdot \frac{0.5}{0.5(2)+3.00}\right)^{0.125} = 42\text{m/min}$$

EXAMPLE 17.4 절삭 경제성 관점에서 생산속도와 비용

예제 17.3에서 계산된 2가지 절삭속도에 대해 시간당 생산속도(생산율)와 단위당 비용을 결정하라.

▮풀이▮

(a) 최대 생산속도를 위한 절삭속도, $\nu_{\max}$=50m/min에 대해 부품당 가공시간과 공구수명을 다음과 같이 구한다.

$$T_m = \frac{\pi(0.5)(0.1)}{(0.25)(10^{-3})(50)} = 12.57\text{분/개}$$

$$T = \left(\frac{70}{50}\right)^8 = 14.76\text{분/절삭날}$$

이로부터 공구당 부품 수 n_p=14.76/12.57=1.17. n_p=1.0으로 한다. 식 (17.5)로부터 이 공정에 대한 평균 생산시간은 다음과 같다.

$$T_c = 5.0 + 12.57 + 2.0/1 = 19.57\text{분/개}$$

대응하는 시간당 생산속도 R_p=60/19.57=3.1개/시간. 식 (17.13)으로부터 이 공정에 대한 부품당 평균 비용은 다음과 같다.

$$C_c = 0.5(5.0) + 0.5(12.57) + 0.5(2.0)/1 + 3.00/1 = \$12.79/\text{개}$$

(b) 부품당 최소 생산비용을 위한 절삭속도 $\nu_{\min}$=42m/min에 대해 부품당 가공시간과 공구수명을 다음과 같이 구한다.

$$T_m = \frac{\pi(0.5)(0.1)}{(0.25)(10^{-3})(42)} = 14.96\text{분/개}$$

$$T = \left(\frac{70}{42}\right)^8 = 59.54\text{분/절삭날}$$

공구당 부품 수 n_p=59.54/14.96=3.98. 공정 중의 파손을 피하기 위해 n_p=3.0으로 한다. 이 공정에 대한 평균 생산시간은 다음과 같다.

$$T_c = 5.0 + 14.96 + 2.0/3 = 20.63\text{분/개}$$

대응하는 시간당 생산속도 R_p=60/20.63=2.9개/시간

이 공정에 대한 부품당 평균 비용은 다음과 같다.

$$C_c = 0.5(5.0) + 0.5(14.96) + 0.5(2.0)/3 + 3.00/3 = \$11.32/\text{개}$$

생산속도는 ν_{max}에서 가장 높고, 부품당 비용은 ν_{min}에서 최소화된다는 것에 주목하라.

절삭의 경제성 위와 같은 최적 절삭속도에 관한 식에 대해 실제적으로 몇 가지 고려할 점들이 있다. 첫째, 식 (17.9)나 식 (17.15)에 의하면 Taylor 공구수명식의 C와 n값들이 증가함에 따라 최적 절삭속도가 증가한다. 상대적으로 높은 절삭속도에서는 고속도강보다는 초경합금과 세라믹 절삭공구가 사용되어야 한다.

둘째, 절삭속도식에 따르면 공구교환시간과 공구비용(T_t와 C_t)이 증가하게 되면 절삭속도가 감소한다. 낮은 절삭속도에서는 공구수명이 길어지기 때문에 공구교환시간이나 공구비용이 크다면 공구를 자주 교환하는 것은 낭비다. 사용 후 버리는 인서트가 재연삭하는 공구보다 일반적으로 상당한 경제적 이점이 있다는 것은 공구비용에 있어 중요한 사실이다. 인서트당 비용은 크지만 인서트당 날 수가 충분히 많고 절삭날을 교환하는 시간이 비교적 적기 때문에 사용 후 버리는 공구는 일반적으로 높은 생산속도와 적은 단위부품당 비용을 성취할 수 있다.

셋째, ν_{max}은 항상 ν_{min}보다 크다. 식 (17.15)의 C_t/n_p 항은 [그림 17.14]에서 최적 속도값을 왼쪽으로 미는 효과를 가지고 있어, [그림 17.13]에서보다 낮은 값을 초래한다. 대개의 기계공장에서는 ν_{max}보다 높거나 ν_{min}보다 낮은 속도로 절삭하는 위험성보다는 ν_{min}과 ν_{max} 사이의 속도로 작업하려 노력한다. 이 속도 간격을 '고효율구간'이라 지칭하기도 한다.

절삭가공에서 이송과 속도를 선정하기 위해 여기서 기술한 과정은 실제로 적용되기 어려운 경우가 많다. 각 공작기계에 대해 표면정도, 절삭력, 마력 등이 이송과 어떤 관계가 있는지를 쉽게 규명하기가 어렵기 때문에 최적 이송속도를 결정하는 것은 어렵다. 적당한 이송을 선정하기 위해서는 경험, 판단, 실험이 필요하다. 또한 최적 절삭속도는 Taylor 식의 C와 n이 보통 시험을 통해 알 수 있는 것이기 때문에 계산하기 어렵다. 그리고 생산현장에서 이와 같은 시험은 비용이 많이 든다.

참고문헌 References

[1] *ASM Hanbook,* Vol. 16, *Machining.* ASM International, Materials Park, Ohio, 1989.

[2] Bajerjian, R. (ed.), *Tool and manufacturing Engineers Handbook* 4th ed., Vol. VI, *Design for Manufacturability.* Society of Manufacturing Engineers, Dearborn, Michigan, 1992.

[3] Black, J., Kosher, R., *DeGarmo's Materials and Processes in Manufacturing,* 10th ed. John Wiley and Sons, Inc., Hoboken, New Jersey, 2008.

[4] Boothroyd, G., and Knight, W. A. *Fundamentals of Metal Machining and Machine Tools,* 3rd ed. CRC Taylor and Francis, Boca Raton, Florida, 2006.

[5] Boston, O.W. *Metal Processing,* 2nd ed. John Wiley & Sons, Inc. New York, 1951.

[6] Bralla, J. G. (ed.). *Design for Manufacturability Handbook,* 2nd ed. McGraw-Hill Book Company, New York, 1998.

[7] Brierley, R. G., and Siekman, H. J. *Machining Principles and Cost Control.* McGraw-Hill Book Company, New York, 1964.

[8] Carnes, R., and Maddock, G. 'Tool Selection,' *Advanced Materials & Processes,* June 2004, pp. 37-40.

[9] Cook, N. H. 'Tool Wear and Tool Life,' *ASME Transaction, J. Engrg. for Industry,* Vol. 95, November 1973, pp. 931-938.

[10] Davis, J. R. (ed.), *ASM Specialty Handbook: Tool Materials.* ASM International, Materials Park, Ohio, 1995.

[11] Destephani, J. 'The Science of pCBN,' *Manufacturing Engineering,* January 2005, pp.53-62.

[12] Drozda, T. J. and Wick, C. (eds.). *Tool and Manufacturing Engineers Handbook,* 4th ed. Vol. I, Machining. Society of Manufacturing Engineers, Dearborn, Michigan, 1983.

[13] Gilbert. W. W. 'Economics of Mchining,' *Machining-Theory and Practice.* American Society for Metals, Materials Park, Ohio, 1950. pp. 465-485.

[14] Groover, M. P. 'A Survey on the Machinability of Metals,' *Technical Paper MR76-269.* Society of Manufacturing Engineers, Dearborn, Michigan, 1976.

[15] Koelsch, J. R. 'Beyond TiN,' *Manufacturing Engineering,* October 1992, pp.27-32.

[16] Krar, S. F. and Ratterman, E. *Superabrasives: Grinding and Machining with CBN and Diamond,* McGraw-Hill Book Company, New York, 1990.

[17] *Machining Data Handbook,* 3rd ed., Vols. I and II. Metcut Research Associates, Inc., Cincinati, Ohio, 1980.

[18] *Modern Metal Cutting.* AB Sandvik Coromant, Sandvik, Sweden, 1994.

[19] Owen, J. V. 'Are Cermets for Real?' *Manufacturing Engineering,* October 1991, pp.28-31.

[20] Pfouts, W. R. 'Cutting Edge Coatings,' *Manufacturing Engineering,* July 2000, pp.98-107.

[21] Shaw, M. C. *Metal Cutting Principles,* 2nd ed. Oxford University Press, Inc., Oxford, England, 2005.

[22] Spitler, D., Lantrip, J., Nee, J., and Smith, D. A., *Fundamentals of Tool Design,* 5th ed. Society of Manufacturing Engineers, Dearborn, Michigan, 2003.

[23] Van Voast, J. *United States Air Force Machinability Report,* Vol.3. Curtis-Wright Corporation, 1954.

복습문제 Review Questions

17.1 절삭공구 기술의 2가지 기본적인 사항은 무엇인가?

17.2 절삭에서 3가지 모드의 공구파손을 열거하라.

17.3 절삭공구에서 공구마모가 일어나는 주요 위치 두 곳은 어디인가?

17.4 절삭가공에서 절삭공구의 마모 메커니즘을 열거하라.

17.5 Taylor 공구수명식에서 매개변수 C의 물리적 의미는 무엇인가?

17.6 생산현장에 사용되는 공구수명 기준은 어떤 것들이 있는가?

17.7 절삭공구 재료에 요구되는 3가지 주요 성질을 기술하라.

17.8 고속도강의 주된 합금 성분들은 무엇인가?

17.9 초경합금의 강절삭 등급과 비강절삭 등급의 성분 차이는 무엇인가?

17.10 코팅초경합금 인서트의 표면에 얇은 코팅층을 형성하는 합성물을 열거하라.

17.11 단인공구의 공구형상에 대한 7가지 요소를 열거하라.

17.12 절삭공구를 고정하는 대안을 제시하라.

17.13 절삭유를 기능에 따라 2가지로 분류하라.

17.14 절삭유를 화학적 성질에 따라 4가지로 분류하라.

17.15 절삭유를 공급하는 방법은 어떤 것들이 있는가?

17.16 건식절삭이 선호되고 있는 이유는 절삭유를 사용할 때 생기는 문제점 때문이다. 절삭유의 사용과 관련된 문제점들은 무엇인가?

17.17 건식절삭으로 생기는 새로운 문제점들은 무엇인가?

17.18 절삭성을 정의하라.

17.19 절삭성을 평가하는 기준은 보통 어떤 것이 있는가?

17.20 절삭의 이송값을 선정하기 위한 근거는 어떤 것이 있는가?

17.21 절삭의 단위비용은 4가지 비용요소들의 합이다. 처음 3가지는 부품취급비용, 가공비용, 공구교환비용이다. 네 번째 요소는 무엇인가?

17.22 주어진 절삭공정에서 최소 비용을 위한 절삭속도와 최대 생산속도를 위한 절삭속도 중에서 어떤 것이 항상 작은 값을 가지는가? 왜 그런가?

연습문제 PROBLEMS

17.1 경화된 합금강에 코팅초경공구를 사용해 이송속도 0.30mm/rev, 절삭깊이 4.0mm로 선삭해 얻은 플랭크마모 데이터는 다음과 같다. 125m/min 절삭속도에서 1분 후 0.12mm, 5분 후 0.27mm, 11분 후 0.45mm, 15분 후 0.58mm, 20분 후 0.73mm, 25분 후 0.97mm이며 165m/min 절삭속도에서 1분 후 0.22mm, 5분 후 0.47mm, 9분 후 0.70mm, 11분 후 0.80mm, 13분 후 0.99mm다. 마지막 마모 데이터는 최종 공구손상이 일어났을 때다. (a)플랭크마모를 시간의 함수로 하여 그래프로 나타내라. 0.75mm의 플랭크마모를 공구수명 기준으로 해서 2개의 절삭속도에 대한 공구수명을 결정하라. (b)앞에서 구한 결과들을 자연로그 그래프로 나타내라. 그림으로부터, Taylor 공구수명식의 n과 C값을 결정하라. (c)비교를 위해 연립방정식을 풀어 Taylor 공구수명식의 n과 C값을 결정하라. n과 C의 결과 값들이 같은가?

17.2 공구수명 기준을 0.50mm의 플랭크마모로 하여 연습문제 17.1을 풀어라.

17.3 선반에서의 공구수명 시험으로 다음과 같은 데이터를 얻었다. (1)ν=375ft/min, T=5.5min (2)ν=275ft/min, T=53min (a)Taylor 공구수명식의 n과 C값을 결정하라. (b)n과 C값으로 판단할 때 이 공정에 사용된 공구재료는 어떤 것인가? (c)식으로부터, 절삭속도 ν=300ft/min에 대응하는 공구수명을 계산하라. (d)공구수명 T=10min에 대응하는 절삭속도를 계산하라.

17.4 선삭 공구수명 시험으로 다음과 같은 데이터를 얻었다. (1)ν=100m/min, T=10min (2)ν=75 m/min, T=30min (a)Taylor 공구수명식의 n과 C값을 결정하라. (b)식으로부터, 절삭속도 ν=110m/min에 대응하는 공구수명을 계산하라. (c)공구수명 T=15min에 대응하는 절삭속도를 계산하라.

17.5 선삭 시험으로 절삭속도 ν=4.0m/s에 대해 1min의 공구수명, 절삭속도 ν=2.0m/s에 대해 20min의 공구수명을 얻었다. (a)Taylor 공구수명식의 n과 C값을 결정하라. (b)절삭속도 ν=1.0m/s일 때 공구수명을 구하라.

17.6 선삭공정에서 공작물 직경이 125mm이고 길이가 300mm다. 이송속도는 0.225mm/rev이다. 절삭속도=3.0m/s라고 하면 매번 5개의 공작물마다 공구가 교환되어야 하고, 절삭속도=2.0m/s라고 하면 매번 25개의 공작물마다 공구가 교환되어야 한다. 이 공정에 대한 Taylor 공구수명식을 결정하라.

17.7 [그림 17.4]에서 가운데 데이터 점(ν=130m/min, T=12min)이 예제 17.1에서 결정된 Taylor 식과 일치함을 보여라.

17.8 [그림 17.3]에서 공구의 완전 파손은 각 마모 곡선의 끝으로 표시된다. 0.50mm의 플랭크마모 대신 완전 파손을 공구수명 기준으로 하면 다음과 같은 데이터를 얻는다. (1)ν=160m/min, T=5.75min (2)ν=130m/min, T=14.25min (3)ν=100m/min, T=47min 이 데이터를 이용해 Taylor 공구수명식의 n과 C값을 결정하라.

17.9 Taylor 식의 확장식 (17.4)에서 n, m, K를 구하기 위해 선삭 시험을 수행한다. 시험을 통해 다음과 같은 데이터가 얻어졌다. (1)ν=1.9m/s, f=0.22mm/rev, T=10min (2)ν=1.3m/s, f=0.22mm/rev, T=47min (3)ν=1.9m/s, f=0.32mm/rev, T=8min (a)n, m, K를 결정하라. (b)식을 이용해, ν=1.5m/s, f=0.28mm/rev일 때의 공구수명을 구하라.

17.10 1.0in 두께의 주철판을 0.5in의 직경으로 뚫기 위해 드릴링공정을 수행한다. 공구수명을 결정하기 위해 2가지 속도로 가공 시험을 한다.

80ft/min의 속도로 50개의 구멍, 120ft/min의 이송속도는 0.003in/rev이다(드릴 진입과 진출의 영향을 무시하라. 절삭깊이는 판 두께인 1.0in로 한다). 이 데이터를 이용해 Taylor 공구수명식의 n과 C값을 결정하라. 여기서 절삭속도 v=ft/min, 공구수명 T=min으로 표현된다.

17.11 티타늄합금으로 만든 원통형 공작물이 선삭된다. 초기 직경=400mm, 길이=1100mm다. 절삭조건은 f=0.35mm/rev, d=2.5mm다. Taylor 식에서 n=0.24, C=450인 초경합금으로 가공된다. Taylor식의 단위는 공구수명은 min, 절삭속도는 m/min이다. 공구수명이 이 공작물의 절삭시간과 정확히 일치하기 위한 절삭속도를 계산하라.

17.12 직경이 88mm이고 길이가 400mm인 원통형 공작물이 선삭된다. 이송은 0.25mm/rev이다. 절삭속도가 3.5m/s이고, 3개를 가공한 후에 공구는 교체된다. 그러나 만약 절삭속도가 2.5 m/s가 되면 20개까지 가공 후에 공구는 교체될 수 있다. 50개까지 가공 후에 공구가 교체되려면 절삭속도는 얼마가 되어야 하나?

17.13 강합금으로 된 실린더의 외경이 선삭된다. 초기 직경은 300mm이고 길이는 625mm다. 이송은 0.35mm/rev이며 절삭깊이는 2.5mm다. n=0.24, C=450인 초경공구로 가공된다. 이 제품 3개를 선삭하기 위해 요구되는 시간을 공구수명이라 한다면 이 공구수명과 일치하기 위한 절삭속도를 결정하라.

17.14 고속도강을 사용하는 선삭공정에서 절삭속도 v=110m/min이다. 건식절삭일 때 Taylor식에서 n=0.140, C=150(m/min)이다. 냉각제가 사용되면 C의 값이 15% 증가한다. 절삭속도 v가 110m/min으로 유지된다고 하면 공구수명의 증가를 %로 나타내라.

17.15 강의 선삭공정은 고속도강을 사용해 보통 125ft/min의 절삭속도로 절삭유를 사용하지 않고 수행된다. Taylor 식에서 적당한 n과 C값은 [표 17.2]에서 주어진다. 냉각성 절삭유를 사용하면 공구수명에 영향을 주지 않고 절삭속도를 25ft/min만큼 증가시킬 수 있다고 한다. 절삭유의 효과가 단순히 상수 C를 25만큼 증가시키는 것이라 하면 초기 절삭속도 125ft/min이 유지된다고 할 때 공구수명은 얼마만큼 증가하는가?

17.16 새 공작물 재료의 절삭성 등급을 60min 공구수명을 기준으로 한 절삭속도를 사용해 결정하려 한다. 표준재료(B1112강)의 시험결과는 Taylor식에서 n=0.29, C=500이다. 여기서 속도는 m/min이고 공구수명은 min이다. 새 공작물은 n=0.21, C=400이다. 이 결과들은 초경공구를 사용해 얻었다. (a)새 공작물의 절삭성 등급을 계산하라. (b)절삭성이 10min 공구수명에 대한 절삭속도를 기준으로 한다고 가정하고, 이 경우에 대한 절삭성 등급을 계산하라. (c)이 두 결과들은 절삭성 측정에 있어 어떤 어려움을 나타내고 있는가?

17.17 새 공작물에 대한 절삭성 등급을 결정하려 한다. 표준재료(B1112강)의 시험결과는 Taylor 식에서 n=0.29, C=490이다. 새 공작물은 n=0.23, C=430을 갖는다. 속도는 m/min이고 공구수명은 min이다. 이 결과들은 초경공구를 사용해 얻었다. (a)30min 공구수명에 대한 절삭속도를 사용해 새 공작물의 절삭성 등급을 계산하라. (b)절삭성이 150m/min의 절삭속도에 대한 공구수명을 기준으로 할 때 새 공작물에 대한 절삭성 등급을 계산하라.

17.18 길이 300mm, 직경 80mm인 강 공작물을 고속도강 공구로 선삭한다. 이송=0.4mm/rev에 대해 Taylor 식에서 n=0.13, C=75(m/min)이다. 작업자와 기계 비용=$30/hr, 절삭날당 공구비용=$4, 부품취급시간=2.0min, 공구교환시간=3.5min이라면 (a)최대생산속도를 위한 절삭속도, (b)공구수명, (c)단위부품당 생산시간, 비용을 계산하라.

17.19 연습문제 17.18(a)를 최소 비용을 위한 절삭속도로 바꿔 문제를 풀어라.

17.20 길이 14in, 직경 4in인 공작물을 초경공구로 선삭한다. Taylor 식에서 n=0.25, C=1000, 작업자와 기계 비용=$45/hr, 절삭날당 공구비용=$2.5, 부품취급시간=2.5min, 공구교환시간=1.5 min, 이송=0.015in/rev. 이라면 (a)최대 생산속도를 위한 절삭속도, (b)공구수명, (c)단위부품당 생산시간, 비용를 계산하라.

17.21 연습문제 17.20(a)를 최소 비용을 위한 절삭속도로 바꿔서 문제를 풀어라.

17.22 사용 후 버리는 공구와 재연삭 공구를 선삭공정에서 비교한다. 모두 같은 등급의 초경합금으로 만든 2가지 공구를 준비한다. 사용 후 버리는 인서트와 브레이징된 인서트. 이에 대해 Taylor 식은 n=0.25, C=300(m/min). 사용 후 버리는 인서트에 대해, 각 인서트 비용은 $6이고 인서트당 4개의 절삭날이 있으며 공구교환시간은 1min이다. 인서트를 분할하는 시간과 모든 날을 다 사용한 다음 교환하는 시간의 평 공구비용은 $30이고 폐기될 때까지 15번을 사용할 수 있으며 공구교환시간은 3min이다. 공구 연삭시간=5min, 공구 연삭비용=$20/hr, 기계 비용=$24/hr. 공작물은 길이=375mm, 직경=62.5mm, 부품취급시간=2min, 이송=0.3mm/rev. 이 두가지 공구에 대해 다음을 비교하라. (a)최소 비용을 위한 절삭속도, (b)공구수명, (c)단위부품당 생산시간, 비용. 어떤 공구를 추천할 수 있을 것인가?

17.23 연습문제 17.22(a)를 최대 생산속도를 위한 절삭속도로 바꿔서 문제를 풀어라.

17.24 150개의 강 공작물을 선삭하면서 3가지 공구재료를 비교한다. 고속도강, 초경, 세라믹. 고속도강공구에 대해, Taylor 식의 n=0.13, C=80(m/min), 공구가격=$20, 재연삭 횟수=15, 연삭비용=$2.0, 공구교환시간=3min 초경공구와 세라믹공구는 인서트 형태이고 공구홀더에 기계적으로 고정된다. 브레이징 된 인서트에 대해, Taylor 식의 n=0.3, C=650(m/min). 세라믹공구에 대해, n=0.6, C=3,500(m/min), 초경의 인서트당 비용=$8, 세라믹의 인서트당 비용 $10, 두 경우 모두 인서트당 절삭날 수=6, 공구교환시간=1min, 부품교환시간=2.5min, 이송=0.3mm/rev, 깊이=3.5mm, 기계비용=$40/hr, 공작물의 직경=73mm, 길이=250mm, 공정설정시간=2hr. 3가지 공구재료에 대해 다음을 비교하라. (a)최소 비용을 위한 절삭속도, (b)공구수명, (c)생산시간, (d)단위부품당 비용, (e)공정 완료시간과 생산속도, (f)총 공정 시간에 대한 실제 가공시간의 비율.

17.25 연습문제 17.24 (a), (b)를 최대 생산속도를 위한 절삭속도와 공구수명으로 바꿔 문제를 풀어라.

17.26 수직보링머신으로 관형 부품의 내면을 가공한다. 구멍의 직경=28in, 길이=14in, 절삭조건은 속도=200ft/min, 이송=0.015in/rev, 깊이=0.125 in 이 공구에 대해 Taylor 식은 n=0.23, C=850(ft/min). 공구교환시간=3min, 절삭날당 공구비용=$3.50, 부품취급시간=12.0min, 기계비용=$42/hr. 생산속도를 25% 증가시키려 한다. 이것이 가능한가? 이송은 일정하다고 가정한다. 이 공정에 대한 현재의 생산속도와 최대 가능한 생산속도를 구하라.

17.27 17.4절에서 기술한 바와 같이 절삭유의 영향은 Taylor 식에서 C의 값을 증가시키는 것이다. 고속도강을 사용하는 어떤 절삭가공 공정에서 절삭유의 사용으로 C의 값이 200에서 225로 증가되었다. n값은 절삭유 사용 유무에 상관없이 n=0.125로 같다. 절삭조건은, 절삭속도=125 ft/min, 이송=0.010in/rev, 깊이=0.100in 절삭유의 영향은 절삭속도 증가(같은 공구수명에서)이거나 공구수명 증가(같은 절삭속도에서)이다.

(a)공구수명이 절삭유를 사용하지 않을 때와 같다고 하면 절삭유를 사용할 때의 절삭속도를 구하라. (b)절삭속도가 125ft/min으로 유지될 때 공구수명을 구하라. (c)경제적으로 어떤 것이 유리한가? 절삭날당 공구비용=$2, 공구교환시간=2.5min, 작업자와 기계 비용=$30/hr. 절삭된 소재체적(in.^{3})당 비용을 이용해 비교하라. 부품취급시간은 무시한다.

CHAPTER

18 연삭과 기타 연마공정

GRINDING AND OTHER ABRASIVE PROCESSES

연마가공(abrasive machining)은 보통 숫돌의 고정입자 혹은 연마액의 자유입자 형태로 재료를 제거하는 공정이다. 그중에서 연삭가공은 가장 중요한 연마공정이다. 기타 연마공정으로는 호닝, 래핑, 슈퍼피니싱, 폴리싱, 버핑 등이 있다. 일부 연마공정은 절삭공정에 견줄 만큼 높은 소재제거율을 갖고 있지만 일반적으로 연마공정은 다듬질에 사용된다.

부품 가공을 위해 입자를 사용한 연마는 아마도 가장 오래된 재료제거공정이다. 연마공정은 다음 이유들로 인해 상업적으로나 기술적으로 중요하다.

- 연한 금속부터, 경화강, 경한 비금속재료(세라믹, 규소 등)에 이르기까지 모든 종류의 재료 가공에 사용될 수 있다.
- 매우 우수한 표면거칠기(0.025μm까지)를 얻을 수 있다.
- 일부 연마공정은 치수 정확도가 매우 우수하다.

연마재 워터제트절단과 초음파가공도 연마입자로 가공을 하기 때문에 때로는 연마가공으로 분류되기도 한다. 그러나 이 공정들은 일반적으로 특수가공으로 알려져 있기 때문에 다음 장에서 설명한다.

18.1 연삭

연삭은 고속으로 회전하는 연삭숫돌에 존재하는 연마입자에 의해 재료를 제거하는 공정이다. 연삭숫돌은 보통 원판형이고, 고속 회전이 가능하도록 밸런스가 잘 잡혀 있다.

연삭가공은 밀링공정과 유사하다. 연삭숫돌의 원주면이나 밑면에서 제거가 일어나기 때문에 평밀링이나 정면밀링과 비슷하다. 원주면을 이용하는 평연삭이 밑면을 이용하는 정면연삭보다 훨씬 많이 사용되고 있다. 회전하는 연삭숫돌은 많은 절삭날(연마입자들)로 구성되어 있고, 연삭숫돌에 대해 공작물이 이송해 재료제거가 이뤄진다. 연삭과 밀링 사이에 유사한 점이 많기는 하지만 몇 가지 차이점이 있다. (1)연삭숫돌의 연마입자들이 밀링커터의 날보다 훨씬 작고 수가 훨씬 많다, (2)연삭의 절삭속도가 밀링보다 훨씬 높다, (3)연삭숫돌의 연마입자들은 불규칙적으로 배열되어 있고 평균적으로 매우 높은 음의 경사각을 가진다, (4)연삭숫돌은 자생작용을 한다. 즉, 숫돌이 마모되어 무뎌짐에 따라 연마입자들이 파괴되어 새로운 절삭날이 생기거나 안쪽에 있던 연마입자들이 숫돌 표면으로 나와 새 절삭날이 된다.

18.1.1 연삭숫돌

연삭숫돌은 연마입자들과 결합제로 구성되어 있다. 결합제는 입자들을 제 위치에 고정시키고, 숫돌의 형상과 조직을 형성한다. 이 두 성분들과 결합 방법이 다음과 같은 연삭숫돌의 파라미터들을 결정한다. (1)입자재료, (2)입자크기, (3)결합제, (4)숫돌등급, (5)숫돌조직. 주어진 조건에서 원하는 성능을 얻기 위해서는 각 파라미터들을 신중히 선정해야 한다.

입자재료 공작물 재료에 따라 적당한 연마입자재료를 선정해야 한다. 연삭숫돌에 사용되는 연마입자는 일반적으로 높은 경도, 내마모성, 인성, 파쇄성을 가지고 있어야 한다. 경도, 내마모성, 인성은 어떤 절삭공구 재료라도 가지고 있어야 할 성질이다. 파쇄성friability은 날카로운 새 절삭날을 생기게 하기 위해 입자의 절삭날이 무뎌져 파괴되는 연마입자의 능력을 말한다.

연마입자의 발전은 역사적 고찰에서 다루어졌다. 현재 상업적으로 중요하게 쓰이고 있는 연마입자재료와 그 경도값을 [표 18.1]에 나타냈다.

표 18.1 연삭에 적용되는 연마입자재료[11]

연마입자	특 성	누프 경도
산화알루미늄 (Al_2O_3)	가장 흔한 연마입자이며 강이나 고강도 철합금의 연삭 시 사용된다.	2100
탄화규소 (SiC)	산화알루미늄보다 단단하나 인성은 그만큼 높지 못하다. 알루미늄, 황동, 스테인리스강 같은 연성금속뿐만 아니라 주철, 세라믹 같은 취성재료에 적용할 수 있다. SiC의 탄소와 철 사이의 화학적 친화성이 크기 때문에 강을 연삭하기에는 효과적이지 못하다.	1800
입방정질화붕소 (CBN)	GE에 의해 Borazon이라는 상품명을 가지고 연마입자로 사용되었다. CBN으로 만든 연삭숫돌은 경화된 공구강과 항공기용 합금 같은 단단한 재료에 적용된다.	5000
다이아몬드	다이아몬드 연마입자는 자연산이거나 혹은 합성해 만들 수 있다. 다이아몬드 숫돌은 세라믹, 초경합금, 유리처럼 단단하고 연마마모에 강한 재료의 연삭에 보통 사용된다.	7000

입자크기(입도) 연마재의 입자크기grain size는 표면거칠기와 소재제거율을 결정하는 데 많은 영향을 미친다. 입자가 작으면 표면거칠기가 좋아지고, 입자가 크면 소재제거율이 커진다. 그러므로 연마입자의 크기를 선택할 때 2가지 목표 사이에서 결정이 되어야 한다. 또한 입자크기의 선택은 어느 정도 공작물 재료의 종류에 의존한다. 단단한 공작물 재료는 효율적인 제거를 위해 작은 입자가 필요한 반면 연한 재료는 큰 입자를 필요로 한다.

입자크기는 제10장 부록에서 설명한 것처럼 체screen mesh를 사용해 측정한다. 입자크기가 작을수록 체눈 번호가 커진다. 연삭숫돌에 사용되는 입자크기는 보통 8~250 사이에 있다. 입자크기 8은 매우 조대하고 250은 매우 미세하다. 미세한 입자크기는 래핑이나 슈퍼피니싱에 사용된다(18.2절).

결합제 결합제bonding material는 연마입자들을 결합시켜 연삭숫돌의 형상과 조직을 형성한다. 결합제의 바람직한 성질로는 강도, 인성, 경도, 내열성이 있다. 결합제는 연삭숫돌에 의해 발생되는 원심력과 높은 온도를 견딜 수 있어야 하고, 충격하중에 부수어지지 말아야 하고, 연삭이 잘 수행되도록 연마입자들을 단단히 고정하면서도 입자가 마모되면 새 입자가 노출되기 쉽도록 해주어야 한다. 연삭숫돌에 보통 사용되는 결합제를 정리하면 [표 18.2]와 같은 것들이 있다.

표 18.2 연삭숫돌에 사용되는 결합제[11]

연마입자	특 성
비트리파이드(vitrified) 결합제	주로 점토와 세라믹으로 되어 있고 가장 널리 사용된다. 강도, 강성, 내열성이 있고, 연삭액으로 보통 사용되는 물이나 오일의 영향에 상대적으로 강하다.
실리케이트(silicate) 결합제	주성분은 물유리(water glass: Na_2SO_3)다. 일반적으로 절삭공구를 연삭할 때와 같이 열 발생이 최소화되어야 하는 곳에 제한적으로 사용된다.
고무 결합제	결합제 중에서 가장 유연하다. 절단용 숫돌의 결합제로 사용된다.
레지노이드(resinoid) 결합제	여러 종류의 열경화성 수지로 만든다. 높은 강도를 가지고 있고, 거친 연삭이나 절단 공정에 사용된다.
셸락(shellac) 결합제	강도는 상대적으로 높으나 강성은 그렇지 못하다. 좋은 표면 정도가 필요한 공정에 주로 사용된다.
금속 결합제	다이아몬드와 CBN 연삭숫돌의 결합제로는 보통 금속이 사용되는데, 주로 청동이 사용된다. 분말 공정기술을 이용해 연마입자와 결합제를 금속 숫돌의 원주면에 결합해 비싼 연마입자를 절약한다.

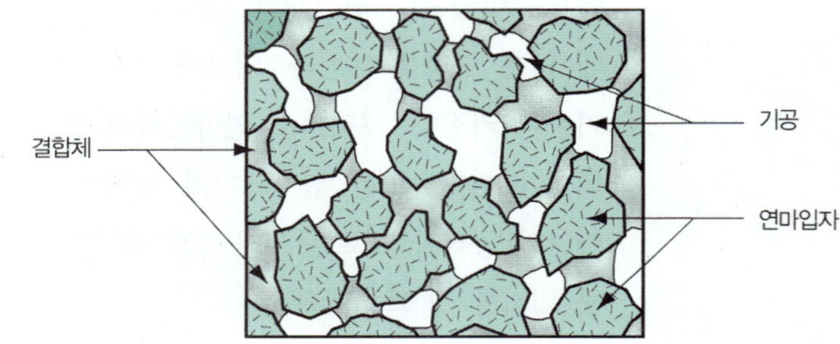

그림 18.1
전형적인 연삭숫돌의 조직(출처: Fundamentals of Modern Manufacturing, 4th Edition by Mikell P. Groover, 2010. Reprinted with permission of John Wiley & Sons, Inc.).

숫돌조직과 숫돌등급 숫돌조직wheel structure은 숫돌에서 연마입자들의 상대적인 간격을 말한다. 연삭숫돌은 연마입자와 결합제 외에 기공pore을 포함하고 있다([그림 18.1] 참조). 입자, 결합제, 기공의 부피 비율은 다음과 같이 표현된다.

$$P_g + P_b + P_p = 1.0 \tag{18.1}$$

여기서 P_g=숫돌의 총 부피 중에서 연마입자의 비율, P_b=결합제의 비율, P_p=기공의 비율이다.

숫돌조직은 성긴open 조직과 조밀dense 조직 사이의 범위로 측정된다. 성긴 조직은 P_p가 상대적으로 크고 P_g가 상대적으로 작은 조직이다. 즉, 성긴 조직의 숫돌은 단위 부피당 많은 기공과 적은 입자들이 존재한다. 반대로 조밀 조직은 P_p가 상대적으로 작고 P_g가 상대적으로 큰 조직이다. 일반적으로 성긴 조직은 원활한 칩의 배출이 필요할 때 사용되고, 조밀 조직은 좋은 표면정도와 정확한 치수를 얻기 위해 사용된다.

숫돌등급wheel grade은 연삭 중 연마입자들을 지탱할 수 있는 연삭숫돌의 결합 강도를 말한다. 이것은 숫돌조직에 존재하는 결합제의 양(P_b)에 크게 의존하고, 무른soft 등급과 단단한hard 등급 사이의 범위에서 측정된다. 무른 숫돌은 입자들이 쉽게 떨어져 나가는 반면 단단한 숫돌은 입자들을 잘 지탱하고 있다. 무른 숫돌은 낮은 소재제거율과 단단한 공작물의 연삭에 주로 사용되고, 단단한 숫돌은 높은 소재제거율과 무른 공작물의 연삭에 주로 사용된다.

연삭숫돌의 표기 앞의 파라미터들은 ANSIAmerican National Standards Institute에서 정한 연삭숫돌 표기법에 의해 간결하게 표시될 수 있다[3]. 이 표기법은 숫자와 문자를 사용해 연마입자, 입자크기, 등급, 조직, 결합제를 나타냈다. [표 18.3]은 숫자와 문자에 대해 해석한 ANSI 표준의 약어표기다. 이 표기법에서는 연삭숫돌 제조업체에서 사용되는 부가적인 정보를 제공한다. 다이아몬드와 CBN과 같은 초경질입자Superabrasives에 대한 표기법은 종래의 연삭숫돌과는 약간 다르다. [표 18.4]는 이러한 새로운 연삭숫돌에 대한 표기법을 나타냈다.

[그림 18.2]에서처럼 연삭숫돌은 여러 가지 형상과 크기로 사용되고 있다. 그림에서 (a), (b), (c)는 숫돌의 원주면에 의해 재료가 제거되는 평면연삭숫돌이다. 전형적인 연마절단 숫돌은 (d)에 나타나 있는데, 이것 또한 원주면 절삭을 수반한다. 숫돌 (e), (f), (g)는 정면연삭숫돌로서, 숫돌의 편평한 면에 의해 재료를 제거한다.

표 18.3 전통적인 연삭숫돌의 표기법(ANSI 표준 B74.13-1977)

30	A	46	H	6	V	XX

- XX — **제조업자 고유기호**(선택사항)
- V — **결합제 종류:** B=레지노이드, BF=강화레지노이드, E=셸락, R=고무, RF=강화고무, S=실리케이트, V=비트리파이드
- 6 — **조직:** 1~15까지(1=매우 조밀한 조직, 15=매우 성긴 조직)
- H — **등급:** A~Z까지(A=무름, M=중간, Z=단단함)
- 46 — **입자크기:** 조대=8~24, 중간=30~60, 미세=70~180, 매우 미세=220~600
- A — **연마입자의 종류:** A=산화알루미늄, C=탄화규소
- 30 — **머리기호:** 연마입자에 대한 제조업체의 기호(선택사항)

표 18.4 다이아몬드와 CBN 연삭숫돌의 표기법(ANSI 표준 B74.13-1977)

XX	D	150	P	YY	M	ZZ	3

- **입자층 깊이**: 단면에서 입자층의 유효깊이(mm)(그림 18.2(c) 참조)
- **결합제 수정**: 특별한 결합제의 종류나 수정에 대한 제조업자의 표시
- **결합제 종류**: B=수지, M=금속, V=비트리파이드
- **집중도**: 제조업자가 지정(숫자나 기호)
- **등급**: A~Z까지(A=무름, M=중간, Z=단단함)
- **입자크기**: 조대=8~24, 중간=30~60, 미세=70~180, 매우 미세=220~600
- **연마입자의 종류**: D=다이아몬드, B=cBN
- **머리기호**: 연마입자에 대한 제조업체의 기호(선택사항)

18.1.2 연삭공정의 해석

연삭에서 가공조건의 특징은 밀링 등의 전통 절삭에 비해 매우 높은 속도와 매우 적은 절삭량이라 할 수 있다. [그림 18.3(a)]에 나타낸 평면연삭이 연삭공정의 기본적인 특징을 보여준다. 연삭숫돌의 원주속도는 숫돌의 회전속도로 결정된다.

$$\nu = \pi DN \tag{18.2}$$

여기서 ν=숫돌의 표면속도 m/min, N=주축속도 rev/min, D=숫돌 직경 m이다.

인피드infeed로 불리는 연삭깊이 d는 초기 공작물 표면 아래로 숫돌이 파고 들어간 깊이를 말한다. 공정이 진행됨에 따라 연삭숫돌은 매 행정마다 표면 위를 가로질러 옆으로 이송한다. 이를 가로이송crossfeed이라 하며 [그림 18.3(a)]에서 폭 w를 결정한다. 이 폭에 깊이 d를 곱한 값이 절삭 단면적을 결정한다. 대부분의 연삭에서 공작물이 숫돌에 대해 어떤 속도 ν_w로 지나가므로 소재제거율은 다음과 같이 계산된다.

$$R_{MR} = \nu_w w d \tag{18.3}$$

연삭숫돌의 각 입자는 개개의 칩을 잘라낸다. 절삭 전의 길이방향의 형상은 [그림 18.3(b)]에 나타나 있고 단면의 형상은 [그림 18.3(c)]에서처럼 삼각형으로 가정한다. 공작물로부터 입자가 빠져나올 때 칩의 단면적이 최대가 되는데, 이때의 삼각형은 높이 t와 폭 w'를 가진다.

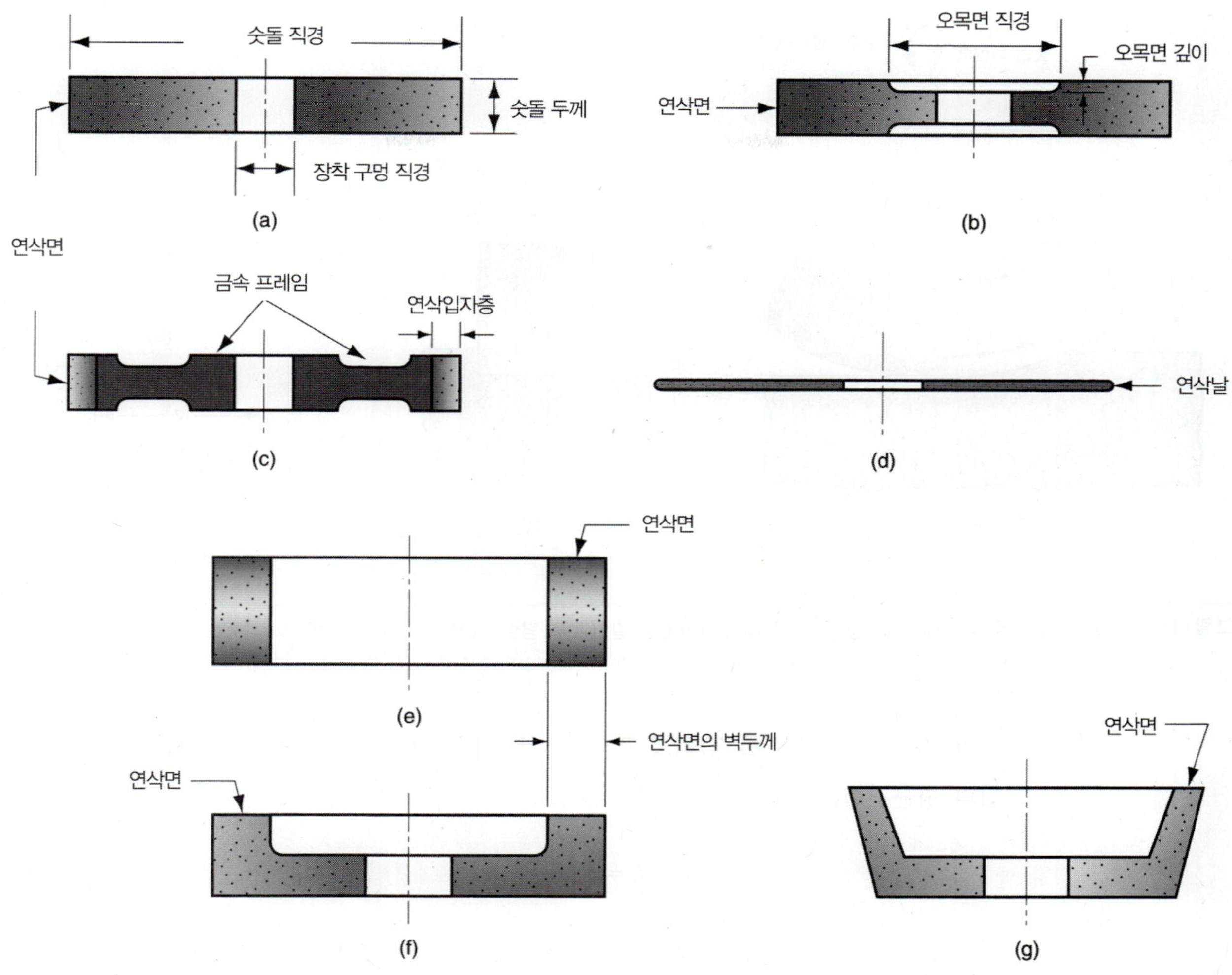

그림 18.2 연삭숫돌의 형상 (a)직선형, (b)오목형, (c)금속 프레임 원주면의 연마입자층, (d)연마절단 숫돌, (e)원통형, (f)직선컵형(straight cup), (g)플레어컵형(flaring cup)(출처: Fundamentals of Modern Manufacturing, 4th Edition by Mikell P. Groover, 2010. Reprinted with permission of John Wiley & Sons, Inc.).

연삭의 가공조건들이 연삭숫돌 파라미터들과 조합해 (1)표면거칠기, (2)힘과 에너지, (3)공작물 표면온도, (4)숫돌마모 등에 영향을 미친다.

표면거칠기 상업적으로 널리 쓰이는 대부분의 연삭은 전통 절삭으로 얻을 수 있는 것보다 우수한 표면거칠기를 얻기 위해 수행된다. 공작물의 표면거칠기는 연삭 중 형성된 각 칩의 크기에 영향을 받는다. 칩의 크기를 결정하는 것은 명백하게 입자크기다. 입자크기가 작을수록 표면거칠기가 향상된다.

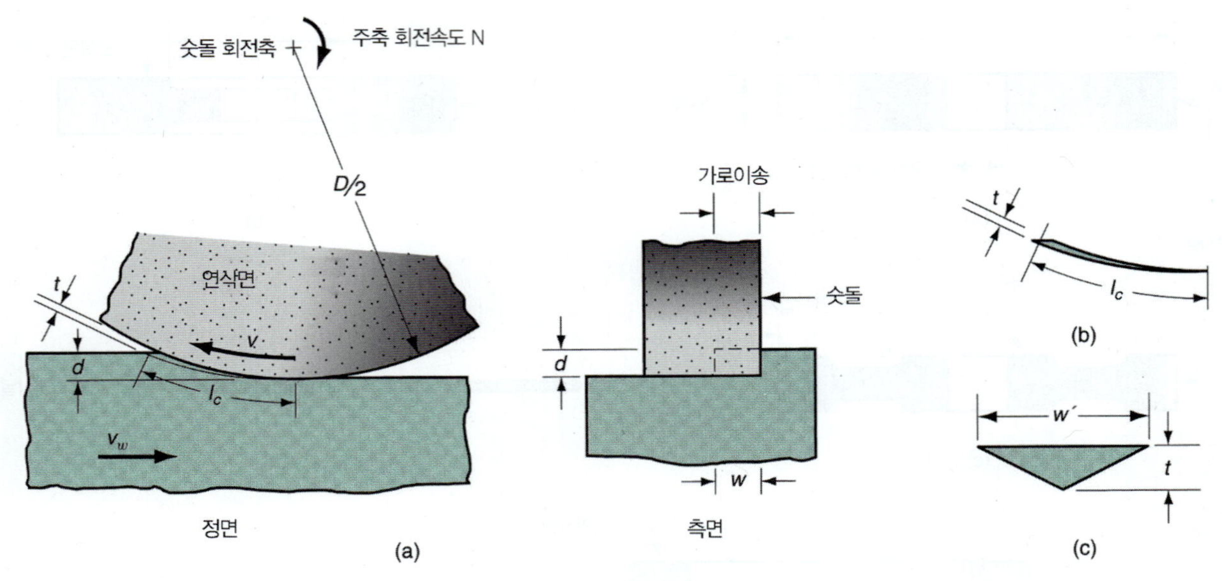

그림 18.3 (a)가공조건을 나타내는 평면연삭의 기하학, (b)칩의 길이방향 형상, (c)칩의 가정된 단면(출처: Fundamentals of Modern Manufacturing, 4th Edition by Mikell P. Groover, 2010. Reprinted with permission of John Wiley & Sons, Inc.).

개별 칩에 대한 치수를 살펴보자. [그림 18.3]의 연삭공정의 기하학적 형상으로부터 칩의 평균길이는 다음과 같이 주어진다.

$$l_c = \sqrt{Dd} \tag{18.4}$$

여기서 l_c=칩의 길이 mm, D=숫돌 직경 mm, d=연삭깊이(인피드) mm이다. 여기서는 칩이 전체 호의 길이를 통해 작용하는 입자에 의해 형성된다고 가정한다. [그림 18.3(c)]는 연삭으로 형성된 칩의 가정된 단면을 보이고 있다. 단면 형상은 삼각형이고, 폭 w'는 입자 세장비grain aspect ratio r_g라 불리는 비율만큼 t보다 크다.

$$r_g = \frac{w'}{t} \tag{18.5}$$

일반적으로 입자 세장비의 값은 10~20 사이에 있다.

연삭숫돌의 원주면의 단위면적당 활성 입자(절삭날)들의 수를 C라 한다. C값은 보통 입자크기에 반비례하고, 숫돌조직과 연관되어 있다. 조밀 조직은 단위면적당 더 많은 입자를 의미한다. C의 값을 기준으로 하여, 단위시간당 형성된 칩의 수 n_c는 다음과 같이 주어진다.

$$n_c = \nu w C \tag{18.6}$$

여기서 ν=숫돌속도 mm/mm, w=가로이송 mm, C=연삭숫돌 표면의 단위면적당 입자들의 수 grits/mm^{2}이다. 표면정도는 주어진 폭 w에 대해 공작물 표면에 단위시간당 형성되는 칩의 수를 증가시킴으로써 향상된다. 그러므로 식 (18.6)에 따라 ν와 C를 증가시키면 표면정도가 향상된다. 입자크기를 작게 하면 C가 증가된다.

힘과 에너지 연삭숫돌에 대해 공작물을 이동시키는데 필요한 힘을 알고 있다면 연삭가공의 비에너지는 다음과 같이 결정된다.

$$U = \frac{F_c \nu}{\nu_w w d} \tag{18.7}$$

여기서 U=비에너지 J/mm^3, F_c=연삭력, 숫돌에 대해 공작물을 이동시키는 힘 N, ν=숫돌속도 m/min, ν_w=공작물속도 mm/mm, w=연삭폭 mm, d=연삭깊이 mm다.

연삭의 비에너지는 전통적인 절삭보다 훨씬 크다. 여기에는 여러 이유들이 있다. 첫째, 치수효과다. 앞에서 기술한 바와 같이 연삭의 칩두께는 밀링 같은 다른 절삭가공 공정에 비해 훨씬 작다. 치수효과로 인해, 연삭의 작은 칩은 단위부피의 재료를 제거하는데 있어 전통적 절삭보다 훨씬 많은 에너지의 소모를 초래한다(대체적으로 10배 정도).

둘째, 연삭숫돌의 각 입자들은 매우 큰 음의 경사각을 가진다. 경사각의 크기는 평균적으로 약 $-30°$이고, 일부 입자들은 $-60°$인 것도 있다. 이와 같이 낮은 경사각은 낮은 전단각과 높은 전단변형률을 초래해 연삭가공의 에너지를 높게 한다.

셋째, 각 입자들이 절삭에 모두 참여하는 것이 아니기 때문에 연삭의 비에너지가 높다. 숫돌에서 입자들의 위치와 방향이 불규칙하기 때문에 일부 입자들은 공작물에 충분히 물리지 못해서 절삭을 수행하지 못한다. [그림 18.4]에서처럼 입자들은 3가지 종류의 작용을 한다.

(a) **절삭**cutting: 입자가 공작물에 물려 들어가 칩을 형성하고 재료를 제거한다.

(b) **긁음**plowing: 입자가 공작물에 물려 있기는 하지만 절삭을 수행하기에는 충분하지 못해 재료는 제거되지 않고 공작물 표면이 변형되고 에너지가 소모된다.

(c) **마찰**rubbing: 입자가 공작물 표면에 접촉해 오직 미끄럼 마찰만이 일어나 재료는 제거되지 않고 에너지가 소모된다.

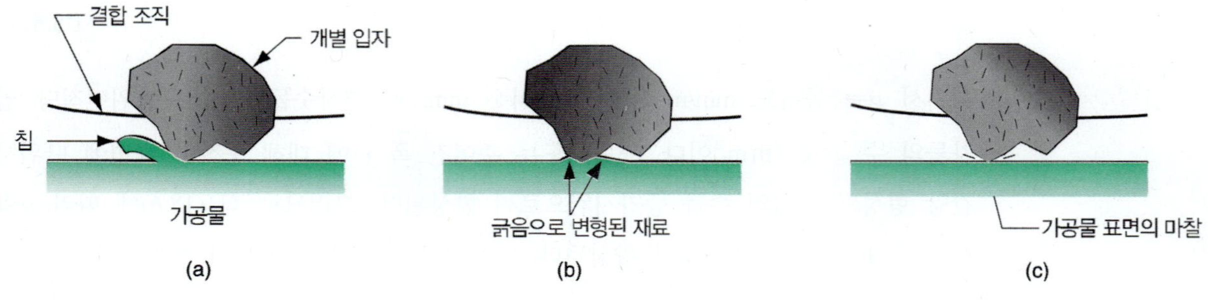

그림 18.4 연삭에서 입자의 3가지 작용 (a)절삭, (b)긁음, (c)마찰(출처: Fundamentals of Modern Manufacturing, 4th Edition by Mikell P. Groover, 2010. Reprinted with permission of John Wiley & Sons, Inc.).

치수효과, 음의 경사각, 입자의 비효과적인 작용의 3가지가 조합되어 제거된 재료의 단위부피당 에너지 소모의 관점에서 연삭공정을 비효율적으로 만든다.

비에너지에 관한 식 (18.7)을 이용하고 연삭숫돌의 1개의 입자에 작용하는 절삭력이 $r_g t$에 비례한다고 가정하면 다음과 같은 식을 얻을 수 있다[10].

$$F'_c = K_1\left(\frac{r_g \nu_w}{\nu C}\right)^{0.5}\left(\frac{d}{D}\right)^{0.25} \tag{18.8}$$

여기서 F_c'=1개의 입자에 작용하는 절삭력, K_1=공작물의 강도와 입자의 날카로움에 의존하는 비례상수다. 이 식이 실제적으로 중요한 것은 각 입자들이 연삭숫돌로부터 떨어져나갈지의 여부를 F_c'가 결정한다는 것이다. 이는 자생작용에 대한 숫돌의 성능을 판단할 수 있는 중요한 요인이 된다. 식 (18.8)에서 ν_w, ν, d의 값을 적당히 조절해 각 입자에 작용하는 절삭력을 증가시키면 단단한 숫돌을 무르게 사용할 수 있다.

공작물 표면의 온도 연삭의 특징은 치수효과, 높은 음의 경사각, 공작물에 대한 입자들의 긁음, 마찰 작용으로 인한 높은 온도와 높은 마찰이다. 공정 중 발생된 열에너지의 대부분이 칩과 함께 배출되는 전통적 절삭과는 다르게, 연삭에서 발생되는 대부분의 열은 연삭면에 남아서, 높은 공작물 표면온도를 초래한다. 높은 표면온도는 표면소손surface burn과 표면균열과 같은 표면손상을 가져온다. 소손 자국은 산화작용에 의해 표면이 변색되어 보인다. 연삭의 표면소손은 표면 아래에서 발생하는 금속학적 손상을 나타내는 신호가 되기도 한다. 표면균열은 숫돌속도의 방향에 수직으로 나타난다. 이것은 공작물 표면의 매우 심한 열 손상을 나타낸다.

두 번째로 해로운 열 영향은 공작물 표면이 연화되는 현상이다. 대부분의 연삭공정은 높은 경도를 얻기 위해 열처리된 부품에 수행된다. 높은 연삭온도는 표면의 경도를 떨어뜨린다. 세 번째의 열 영향은 공작물 표면에 잔류응력을 유발한다는 것이다. 이것은 부품의 피로강도를 감소시킨다.

연삭가공에서 공작물의 표면온도에 영향을 미치는 요인들을 살펴보자. 표면온도는 연삭된 표면적당 에너지(비에너지 U와 밀접한 관계가 있는)에 의존한다는 것이 실험적으로 관찰되었다. 이것은 칩두께에 반비례하기 때문에 표면온도 T_s는 다음과 같이 주어진다[10].

$$T_s = K_2 d^{0.75}\left(\frac{r_g C\nu}{\nu_w}\right)^{0.5} D^{0.25} \tag{18.9}$$

여기서 K_2=비례상수다. 이 식의 실질적인 의미는 연삭깊이 d, 숫돌속도 ν, 연삭숫돌의 단위면적당 활성 입자 수 C를 감소시키거나 공작물속도 ν_w를 증가시키면 높은 공작물 온도로 인한 표면손상을 줄일 수 있다는 것이다. 또한 무딘 연삭숫돌, 강한 등급과 조밀 조직의 연삭숫돌은 열 영향을 초래한다. 물론 연삭액을 사용하면 연삭온도가 감소한다.

숫돌마모 절삭공구가 마모되는 것처럼 연삭숫돌도 마모된다. 연삭숫돌에서 일어나는 마모의 주요 원인으로 3가지 마모 메커니즘을 들 수 있다. (1)입자파괴, (2)소모마모, (3)결합파괴다. 입자파괴grain fracture는 입자의 일부가 떨어져나가고 일부가 남아서 숫돌에 붙어 있을 때 발생한다. 파괴된 면의 모서리는 연삭숫돌의 새로운 절삭날이 된다. 입자가 파괴되는 성질을 파쇄성이라 한다. 높은 파쇄성은 입자에 작용하는 절삭력 F_c'에 의해 입자가 쉽게 파괴되는 것을 의미한다.

소모마모attritious wear은 개개의 입자가 무디어져 편평하고 둥그렇게 되는 것을 말한다. 소모마모는 절삭공구의 공구마모와 유사하다. 마찰과 확산을 포함하는 유사한 물리적 요인뿐만 아니라 매우 높은 온도로 인한 연마입자와 공작물 재료와의 화학반응에 의해 이와 같은 마모가 초래된다.

결합파괴bond fracture는 개개의 입자들이 결합제로부터 떨어져나갈 때 발생한다. 이러한 경향은 숫돌등급에 많이 의존한다. 입자가 소모마모로 무디어지고 결과적으로 절삭력이 커지게 되면 결합파괴가 자주 일어난다. 낮은 절삭력으로 효율적인 절삭을 하는 날카로운 입자들이 결합 조직에 잘 붙어 있다.

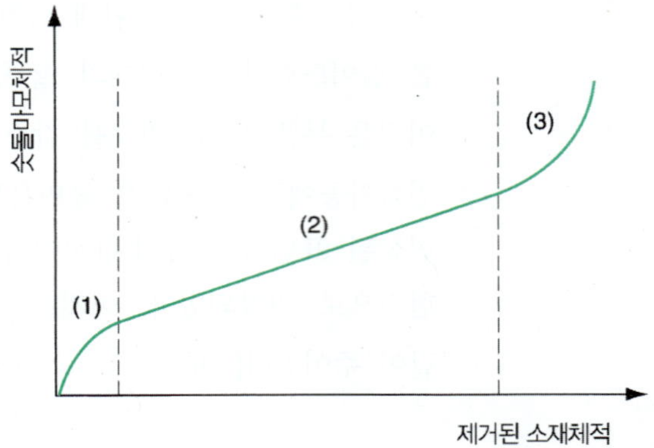

그림 18.5

연삭숫돌의 전형적인 마모 곡선(출처: Fundamentals of Modern Manufacturing, 4th Edition by Mikell P. Groover, 2010. Reprinted with permission of John Wiley & Sons, Inc.).

3가지 마모 메커니즘이 조합해 [그림 18.5]에 나타난 것처럼 연삭숫돌을 마모시킨다. 3가지 마모영역을 볼 수 있다. 첫 번째 영역에서 초기의 날카롭던 입자들이 입자파괴에 의해 마모가 가속된다. 이것은 전통적인 공구마모의 길들임 기간break-in period에 대응한다. 두 번째 영역에서 마모속도가 꽤 일정해서 숫돌마모와 제거된 소재체적과 비례관계를 이룬다. 이 영역에서는 약간의 입자파괴와 결합파괴와 함께 주로 소모마모가 일어난다. 세 번째 영역에서 입자들이 무디어지고 절삭에 비해 긁음과 마찰 작용이 증가한다. 또한 일부 칩들이 숫돌의 기공에 끼인다. 이것을 숫돌 눈막힘wheel loading이라 하며 절삭 작용을 어렵게 하고 높은 열과 높은 공작물 표면온도를 야기시킨다. 결과적으로 연삭효율이 감소하고 제거된 소재체적에 비해 제거된 숫돌체적이 증가한다.

연삭비grinding ratio는 숫돌 마모 곡선의 기울기를 나타내기 위해 사용되며 다음과 같이 정의된다.

$$GR = \frac{V_w}{V_g} \tag{18.10}$$

여기서 GR=연삭비, V_w=제거된 소재체적, V_g=숫돌의 마모체적이다. 연삭비는 [그림 18.5]의 선형인 관계의 마모영역에서 중요한 의미를 갖는다. GR의 값은 보통 95~125 사이에 있고[5], 절삭가공의 유사한 값보다 약 10^5배 만큼 작은 값이다. 일반적으로 숫돌속도 v가 증가하면 연삭비가 증가한다. 이것은 높은 속도로 인해 각 입자에 의해 형성된 칩의 크기가 작아져 입자파괴되는 양이 감소하기 때문이다. 또한 높은 숫돌속도는 표면거칠기를 향상시키기 때문에 높은 연삭속도로 가공하는 것이 일반적으로 유리하다. 그러나 속도가 너무 높으면 소모마모와 표면온도가 증가한다. 결과적으로 연

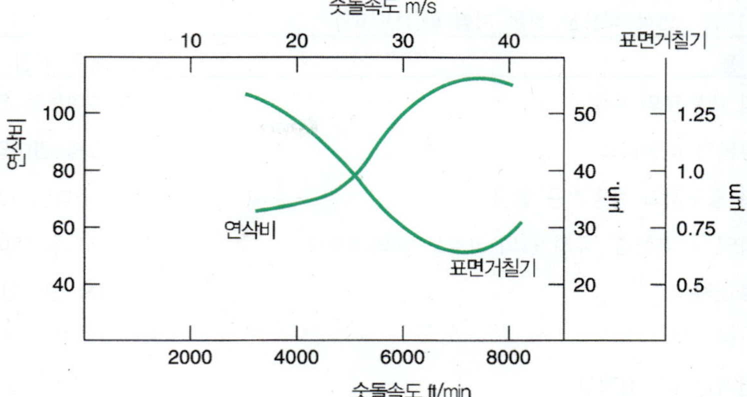

그림 18.6

숫돌속도의 함수로 나타낸 연삭비와 표면거칠기
(출처: Fundamentals of Modern Manufacturing, 4th Edition by Mikell P. Groover, 2010. Reprinted with permission of John Wiley & Sons, Inc.).

삭비가 감소하고 표면거칠기가 나빠진다. 이 같은 현상은 Krabacher[14]에 의해 처음으로 보고되었다([그림 18.6] 참조).

숫돌이 마모 곡선의 세 번째 영역에 있을 때 드레싱dressing이라 불리는 과정에 의해 날카로운 숫돌을 다시 얻게 된다. 드레싱은 (1)날카로운 새 입자를 노출시키기 위해 연삭숫돌의 원주면에 있는 무딘 입자를 파쇄하며, (2)숫돌에 끼여 있는 칩들을 제거한다. 드레싱이 필요한 숫돌을 회전시키면서 회전 디스크나 스틱 혹은 고속 회전하는 다른 연삭숫돌을 이용해 드레싱을 수행한다. 비록 드레싱이 숫돌을 날카롭게 하기는 하지만 숫돌의 형상을 보장하지는 않는다. 트루잉truing은 숫돌을 날카롭게 할 뿐만 아니라 숫돌의 원형 형상과 직선 원주면을 복원시키는 공정이다. 회전하는 숫돌면을 가로질러 저속으로 정밀하게 이송하는 다이아몬드공구(또는 다른 트루잉 공구)에 의해 수행된다. 매우 낮은 절삭깊이로 작업이 진행된다.

18.1.3 연삭 적용시 고려사항

이 절에서는 숫돌의 파라미터에 대한 내용과 연삭가공의 이론적인 해석을 토대로 연삭의 실제적인 적용에 대해 설명한다. 또한 연삭에 흔하게 사용되는 연삭액에 대해서도 기술한다.

적용 지침 성공적인 연삭공정의 수행을 위해 많은 변수들이 영향을 미친다. [표 18.5]에 나오는 지침은 적당한 숫돌 파라미터와 연삭조건을 선정하는데 도움을 준다.

표 18.5 연삭 적용을 위한 지침[8][11][16]

적 용	추천 혹은 지침
강과 대부분의 주철	산화알루미늄을 연마입자로 선택
대부분의 비철금속	탄화규소를 연마입자로 선택
경화 공구강과 항공기용 합금	CBN을 연마입자로 선택
세라믹, 초경합금, 유리 등의 고경도 내마모재료	다이아몬드를 연마입자로 선택
무른 금속	큰 입자와 단단한 등급의 숫돌을 선택
단단한 금속	작은 입자와 무른 등급의 숫돌을 선택
표면거칠기의 최적화	작은 입자, 조밀 조직의 숫돌과 높은 숫돌속도(ν), 낮은 공작물속도(ν_w)를 선택
소재제거율의 최대화	큰 입자, 성긴 조직, 비트리파이드 결합제를 선택
공작물 표면의 열 손상, 균열, 뒤틀림의 최소화	숫돌을 날카롭게 유지. 자주 드레싱. 또한 작은 절삭깊이(d), 낮은 숫돌속도(ν), 높은 공작물속도(ν_w)를 선택.
연삭숫돌이 반들반들해지고 타게 될 시	무른 등급과 성긴 조직의 숫돌을 선택
연삭숫돌이 너무 빨리 부서질 시	단단한 등급과 조밀 조직의 숫돌을 선택

연삭액 절삭유를 적당히 사용하면 앞에서 기술한 열 영향과 높은 공작물 표면온도를 효과적으로 감소시킬 수 있다. 절삭유가 연삭공정에 사용될 때 연삭액이라 한다. 연삭액의 기능은 절삭유와 유사하다. 마찰 감소와 열 제거가 2가지 주요 기능이다. 추가적으로, 칩을 씻어내고 공작물 표면온도를 낮추는 것도 연삭에서는 중요하다.

화학적으로 연삭액을 분류하면 연삭오일과 유화오일emulsified oil이 있다. 연삭오일은 주로 석유로부터 제조된다. 이것은 마찰이 중요한 연삭가공에서 유용해보이지만 화재와 작업자의 건강을 해치는 위험성이 있고, 유화오일에 비해 비싸다. 또한 열을 빼앗아 가는 능력도 물이 주성분인 용액에 비해 떨어진다. 따라서 물에 오일을 섞은 혼합물이 연삭액으로 가장 많이 추천된다. 전통 절삭유로 사용되는 유화오일보다 높은 농도로 혼합된다. 이렇게 하여 마찰을 감소하는 기능을 증가시킨다.

18.1.4 연삭공정과 연삭기

전통적으로 연삭은 다른 공정에 의해 기하학적 형상이 이미 만들어진 부품의 다듬질 공정으로 사용되었다. 따라서 연삭기는 단순한 평면 원통의 외면과 내면 나사선 같은 윤곽을 연삭하기 위해 발전되어왔다. 윤곽가공은 원하는 공작물의 형상과 반대형상을 가지도록 특별히 제작된 숫돌로 수행되기도 한다. 연삭은 또한 절삭공구의 형상 가공을 위해 공구실에서 사용될 때도 있다. 이와 같은 전통적인 용도 외에도 연삭은 높은 가공속도, 높은 소재제거율이 필요한 상황으로 적용범위를 넓히고 있다. 이 절에서 다룰 연삭공정과 연삭기는 다음과 같은 종류들이 있다. (1)평면연삭기, (2)원통연삭기, (3)센터리스연삭기, (4)크리프피드연삭기, (5)기타 연삭 공정.

평면연삭 평면연삭surface grinding은 단순한 평면을 연삭하기 위해 사용된다. 이것은 연삭숫돌의 원주면이나 편평한 밑면을 사용해 수행된다. 공작물이 보통 수평으로 고정되기 때문에 평연삭은 수평축에 대해 숫돌이 회전하고, 정면연삭은 수직축에 대해 숫돌이 회전한다. 두 경우 모두 공작물의 상대운동은 연삭숫돌에 대해 공작물을 왕복 운동시키거나 회전시킨다. 숫돌 방향과 공작물 운동의 가능한 조합에 따라 평면연삭기는 4가지 종류가 있다([그림 18.7] 참조).

네 종류 중에서 [그림 18.8]과 같이 수평 주축과 왕복 운동하는 작업 테이블을 가진 연삭기가 가장 널리 쓰인다. 연삭가공은 공작물을 숫돌 아래로 매우 작은 깊이infeed에서 길이방향으로 왕복 운동시키면서 매 행정마다 숫돌을 횡방향으로 어떤 거리만큼

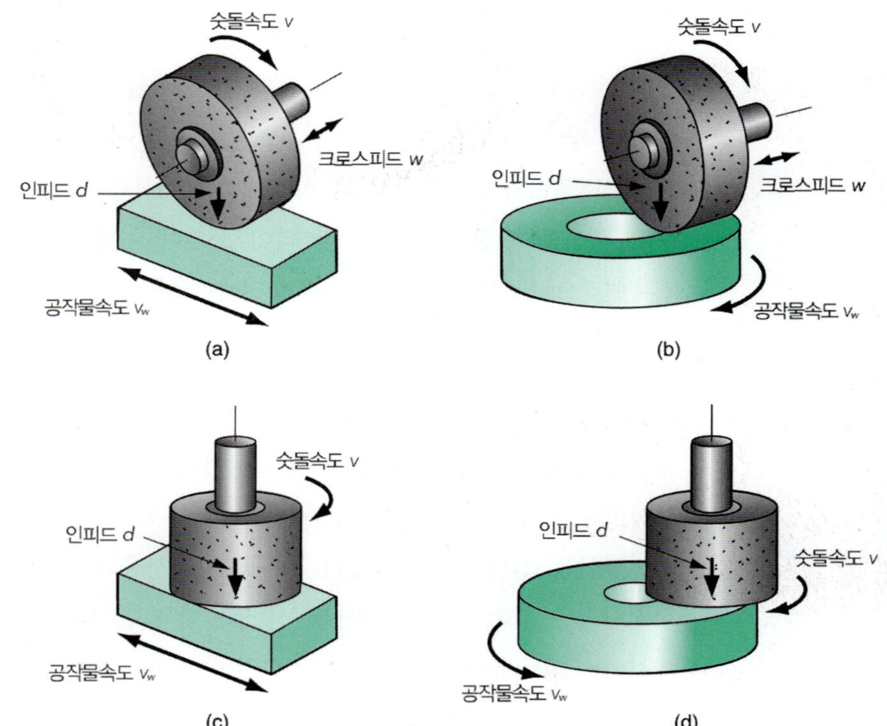

그림 18.7
평면연삭의 4가지 종류 (a)수평주축과 왕복운동하는 작업테이블, (b)수평주축과 회전하는 작업테이블, (c)수직주축과 왕복운동하는 작업테이블, (d)수직주축과 회전하는 작업테이블(출처: Fundamentals of Modern Manufacturing, 4th Edition by Mikell P.Groover, 2010, Reprinted with permission of John Wiley & Sons, Inc.).

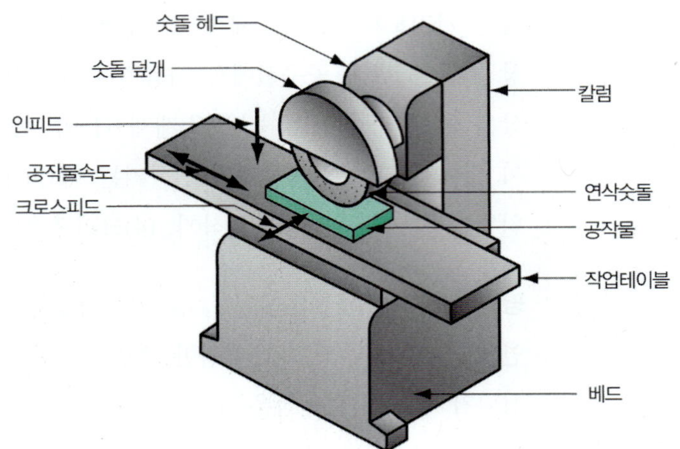

그림 18.8
수평주축과 왕복운동하는 작업테이블을 가진 평면연삭기(출처: Fundamentals of Modern Manufacturing, 4th Edition by Mikell P. Groover, 2010. Reprinted with permission of John Wiley & Sons, Inc.).

이송crossfeed시켜 수행된다. 이 공정에서 숫돌의 폭은 공작물의 폭보다 작은 것이 보통이다. 전통적인 공정 외에도 수평 주축과 왕복 운동하는 테이블을 가진 연삭기는 특별한 형상의 윤곽가공을 할 수 있다. 숫돌이 공작물을 가로질러 횡방향으로 이송하는 것 대신 공작물에 대해 수직으로 플런지이송plunge-feed한다. 이렇게 하여 숫돌의 형상이 공작물 표면에 전달된다.

수직 주축과 왕복 운동하는 테이블을 가진 연삭기에서는 숫돌 직경이 공작물 폭보다 크다. 따라서 이 공정은 횡방향 이송 운동이 필요 없다. 대신 공작물이 숫돌에 대해 왕복 운동하고, 원하는 크기만큼 숫돌이 공작물로 수직 이송한다. 이 공정으로 매우 편평한 평면을 얻을 수 있다.

[그림 18.7(b)와 (d)]에 나타낸 회전하는 테이블을 가진 2가지 종류의 연삭기 중에서 수직 주축을 가진 연삭기가 더 많이 쓰인다. 숫돌과 공작물 사이의 상대적으로 큰 접촉면적으로 인해, 수직 주축과 회전하는 테이블을 가진 연삭기는 적절한 연삭숫돌을 사용할 때 높은 소재제거율을 달성할 수 있다.

원통연삭 원통연삭cylindrical grinding은 회전하는 부품을 연삭가공하는 것이다. 이 연삭공정은 2가지 기본 종류로 나눌 수 있다([그림 18.9] 참조). (a)외면연삭과 (b)내면연삭이다.

외면연삭은 선삭처럼 수행된다. 이 공정에 사용되는 연삭기의 공구대는 연삭숫돌을 회전시키는 고속 모터로 대체된 선반과 매우 흡사하다. 원통형 공작물이 센터 사이에서 18~30m/min의 표면속도로 회전하고[16], 연삭숫돌이 1200~2000m/min의 속도로 회전하며 가공한다. [그림 18.10]에 보인 것처럼, 횡이송과 플런지이송의 2가지

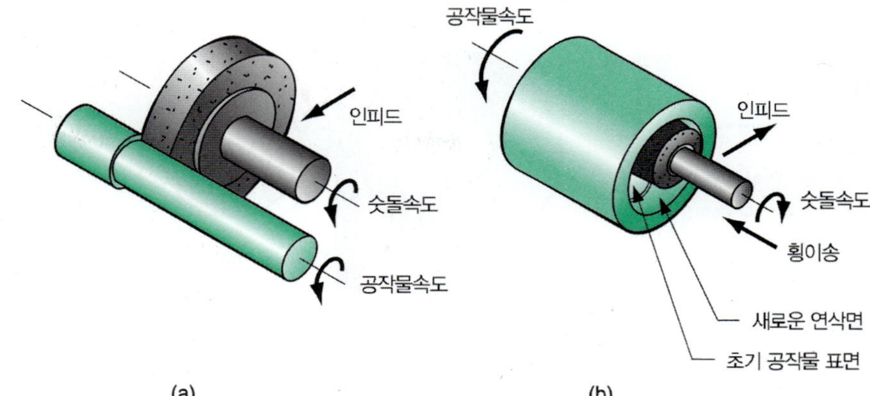

그림 18.9
2가지 종류의 원통연삭 (a)외면, (b)내면(출처: Fundamentals of Modern Manufacturing, 4th Edition by Mikell P. Groover, 2010. Reprinted with permission of John Wiley & Sons, Inc.).

이송 운동이 가능하다. 횡이송traverse feed에서 연삭숫돌은 공작물의 회전축에 평행한 방향으로 이송된다. 인피드는 보통 0.0075~0.075mm의 범위 내에서 정해진다. 표면거칠기를 향상시키기 위해 길이방향의 왕복 운동이 공작물이나 숫돌에 주어지기도 한다. 플런지이송에서 연삭숫돌은 공작물에 반경 방향으로 이송된다. 총형 연삭숫돌이 이러한 유형의 이송 운동을 한다.

외면연삭은 최종 치수에 근접한 크기로 가공되고, 원하는 경도로 열처리된 부품의 다듬질 공정에 사용된다. 차축, 크랭크축, 스핀들, 베어링, 부싱, 압연기의 롤 등에 적용된다. 연삭에 의해 경화된 부품의 최종 치수와 원하는 표면거칠기를 얻을 수 있다.

내면연삭은 보링공정과 유사하다. 공작물은 보통 척으로 고정되고 20~60m/min의 표면속도로 회전한다[16]. 숫돌의 표면속도는 외면연삭과 비슷하다. 숫돌은 횡이송([그림 18.9(b)] 참조)과 플런지이송의 2가지 방법으로 이송된다. 내면연삭에서 숫돌의

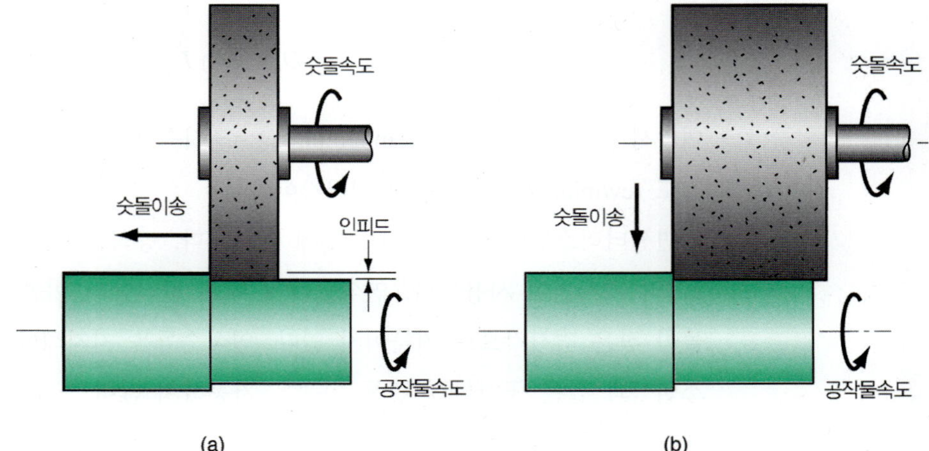

그림 18.10
외면연삭에서 2가지 종류의 이송운동 (a)횡이송, (b)플런지이송 (출처: Fundamentals of Modern Manufacturing, 4th Edition by Mikell P. Groover, 2010. Reprinted with permission of John Wiley & Sons, Inc.).

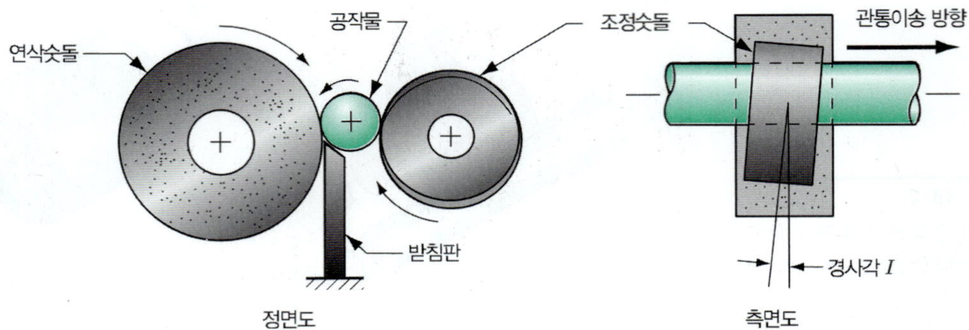

그림 18.11
외면 센터리스 연삭(출처: Fundamentals of Modern Manufacturing, 4th Edition by Mikell P. Groover, 2010. Reprinted with permission of John Wiley & Sons, Inc.).

직경은 공작물의 구멍보다 작아야 한다는 것은 명백하다. 따라서 숫돌의 직경이 아주 작으면 원하는 표면속도를 얻기 위해 매우 높은 회전속도가 필요하다. 내면연삭은 베어링 레이스나 부싱의 경화된 내면 등의 다듬질 공정에 적용된다.

센터리스연삭 센터리스연삭centerless grinding은 원통형 공작물의 외면과 내면을 연삭할 수 있는 또 다른 공정이다. 이름이 뜻하는 바와 같이 공작물이 센터 사이에 고정되어 있지 않다. 이로 인해 공작물 취급시간을 단축시킬 수 있다. 따라서 센터리스연삭은 높은 생산성이 필요한 공정에 자주 사용된다. 외면센터리스연삭은 연삭숫돌과 조정숫돌의 2개의 숫돌로 구성되어 있다([그림 18.11] 참조). 공작물이 받침판rest blade으로 지지되어 2개의 숫돌 사이로 관통 이송through feed된다. 공작물은 여러 개의 짧은 원통형이거나 긴 막대형(3~4m)이다. 연삭숫돌이 1200~1800m/min의 표면속도로 회전하면서 연삭을 수행한다. 조정숫돌은 훨씬 낮은 속도로 회전하며 공작물의 이송을 조절하기 위해 작은 경사각 I로 기울어져 있다. 관통 이송속도를 예측하기 위해 다음 식을 이용할 수 있다[16].

$$f_r = \pi D_r N_r \sin I \quad (18.11)$$

여기서 f_r=관통 이송속도 mm/min, D_r=조정숫돌의 직경 mm, N_r=조정숫돌의 회전속도 rev/min, I=조정숫돌의 경사각이다.

내면센터리스연삭을 [그림 18.12]에 나타냈다. 공작물을 지지하기 위해 받침판 대신 2개의 지지롤이 사용된다. 연삭숫돌에 대해 공작물의 이송을 조절하기 위해 조정숫돌이 작은 경사각으로 기울어져 있다. 연삭숫돌을 지지해야 되기 때문에 외면센터리스연삭과 같은 공작물의 관통 이송은 가능하지 않다. 그러므로 이 연삭공정은 외면센터리스연삭과 같은 높은 생산속도를 얻기는 힘들다. 장점으로는 롤러베어링 레이스

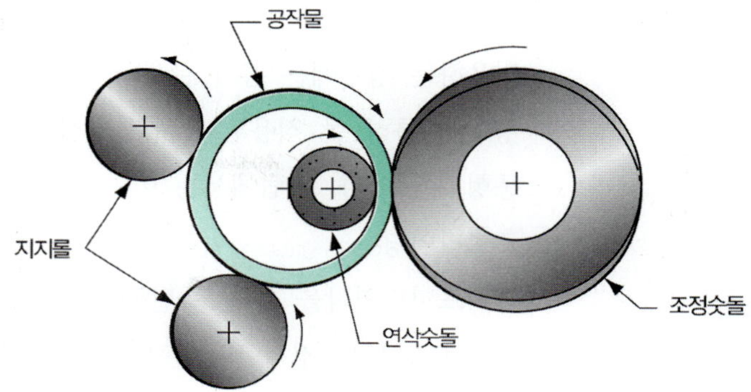

그림 18.12
내면 센터리스 연삭(출처: Fundamentals of Modern Manufacturing, 4th Edition by Mikell P. Groover, 2010. Reprinted with permission of John Wiley & Sons, Inc.).

같은 관형 부품에서 내측과 외측 원주면 사이의 매우 정확한 동심도를 얻을 수 있다는 것이다.

크리프피드연삭 비교적 새로운 형식의 연삭이 1958년경에 개발된 크리프피드연삭 creep feed grinding이다. 크리프피드연삭은 매우 큰 절삭깊이와 매우 낮은 이송속도로 수행된다. 일반적인 평면연삭과 비교해 [그림 18.13]에 나타나 있다.

크리프피드연삭에서의 절삭깊이는 일반 평면연삭보다 1,000~10,000배 만큼 더 크고, 이송속도는 거의 같은 비율만큼 작다. 그러나 소재제거율과 생산성은 숫돌이 연속적으로 절삭하기 때문에 크리프피드연삭이 높다. 이것은 일반 평면연삭의 경우 공작물의 왕복 운동에 의해 매 행정마다 시간 소비가 많기 때문이다.

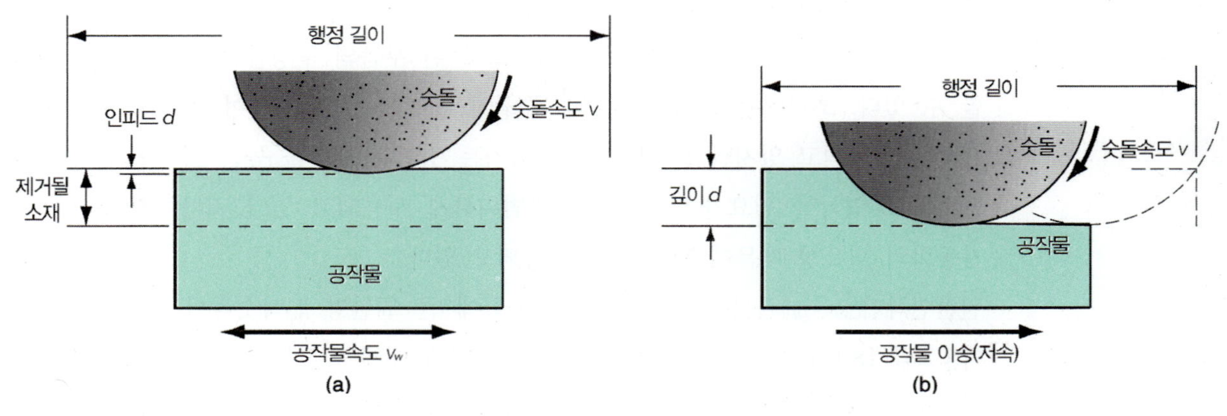

그림 18.13 일반 평면연삭(a)과 크리프피드연삭(b)의 비교(출처: Fundamentals of Modern Manufacturing, 4th Edition by Mikell P. Groover, 2010. Reprinted with permission of John Wiley & Sons, Inc.).

크리프피드연삭은 평면연삭이나 외면원통연삭에 모두 적용될 수 있다. 평면연삭에 적용하는 경우에는 홈과 윤곽의 연삭가공이 있다. 이 공정은 폭에 비해 깊이가 깊은 경우에 특히 잘 적용된다. 원통연삭에 적용하는 경우는 나사산, 기어 형상, 기타 원통형 부품이다. 유럽에서는 이와 같은 외면원통 크리프피드연삭을 지칭하기 위해 디프그라인딩deep grinding이라는 용어를 사용한다.

크리프피드연삭을 위해 특별하게 설계된 연삭기에 관심이 많아졌다. 특징은 다음과 같다[11]. 높은 정적 및 동적 안정성, 스틱슬립stick-slip이 별로 없는 매우 정확한 슬라이드, 증가된 주축 동력(전통 연삭기의 두세 배), 낮은 이송속도에서 안정된 테이블 속도, 고압의 연삭액 공급시스템, 작업 중 가능한 연삭숫돌 드레싱 시스템. 일반적으로 크리프피드연삭의 장점으로는 (1)높은 소재제거율, (2)윤곽가공의 정확성, (3)공작물 표면온도의 감소를 들 수 있다.

기타 연삭 공정들 기타 연삭 공정에는 공구연삭, 지그연삭, 원판연삭, 스내그연삭, 연마벨트연삭 등이 있다.

절삭공구는 경화된 공구강이나 다른 단단한 재료로 만든다. 공구연삭기tool grinder는 절삭날을 세우고 수리하는 특수한 연삭기다. 원하는 면을 특정 각과 반경으로 연삭할 수 있도록 공구를 고정하는 장치를 가지고 있다. 범용성을 가지는 연삭기도 있는 반면 특정 공구의 고유 형상만을 가공하는 전용 연삭기도 있다. 범용 공구연삭기는 여러 종류의 공구 형상을 연삭할 수 있는 특별한 장치를 갖고 있다. 전용 공구연삭기에는 기어커터, 밀링커터, 브로치, 드릴 등을 전용으로 가공하는 연삭기들이 있다.

지그연삭기jig grinder는 전통적으로 경화강으로 된 부품의 구멍을 높은 정밀도로 연삭할 수 있다. 초기에는 프레스 금형과 공구에 많이 적용되었다. 아직도 이 분야에 중요하게 적용되고 있지만 오늘날 지그연삭기는 경화된 부품을 높은 정밀도와 좋은 표면정도로 연삭할 필요가 있는 곳에 광범위하게 사용되고 있다. 최신 지그연삭기는 자동화의 필요성 때문에 NC기술도 사용되고 있다.

원판연삭기disk grinder는 수평 주축의 양 끝에 큰 원판형 연삭숫돌이 장착된 연삭기다([그림 18.14] 참조). 숫돌 측면의 편평한 면에 대해 공작물을 보통 수동으로 조작해 연삭공정을 수행한다. 주축이 반대 방향으로 2개인 원판연삭기도 있다. 원판형 숫돌들을 원하는 거리만큼 분리해 위치시키면 공작물이 자동으로 2개의 원판 사이로 이송이 되고 양쪽 면이 동시에 연삭된다. 원판연삭기의 장점은 좋은 평면도와 평행도를 높은 생산속도로 얻을 수 있다는 점이다.

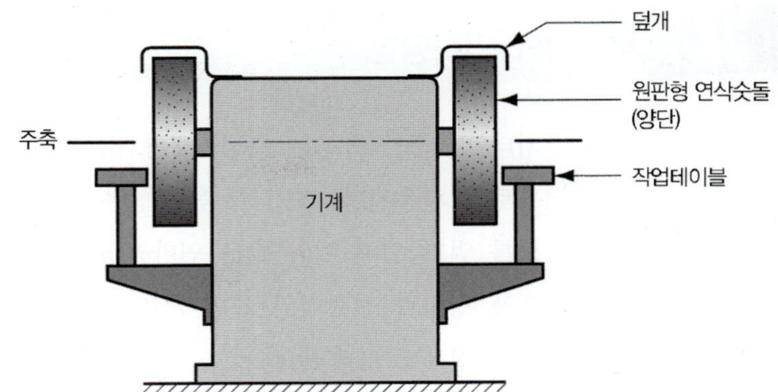

그림 18.14
원판연삭기(출처: Fundamentals of Modern Manufacturing, 4th Edition by Mikell P. Groover, 2010. Reprinted with permission of John Wiley & Sons, Inc.).

스내그연삭기snag grinder는 원판연삭기와 유사한 형태를 가진다. 차이점은 숫돌 측면의 편평한 면 대신 바깥 원주면을 사용한다는 점이다. 그러므로 여기에 쓰이는 연삭숫돌은 원판연삭기의 연삭숫돌과 다르게 설계된다. 스내그연삭기는 보통 수동으로 작동되며 주조나 단조의 플래시 제거, 용접 접합부의 평탄화 같은 거친 연삭 공정에 사용된다.

연마벨트연삭abrasive belt grinding은 유연한 천 벨트에 결합된 연마입자들을 사용한다([그림 18.15] 참조). 공작물을 압착할 때 벨트를 지지하기 위해 벨트 뒤에 롤이나 압반platen을 위치시킨다. 편평한 면이 필요한 공작물에는 평면 압반이 사용된다. 연삭 중 연마벨트가 부품의 대체적인 윤곽을 따라갈 필요가 있을 때는 연한 압반을 사용할 수 있다. 벨트 속도는 연삭되는 재료에 의존하며 대체적으로 750~1700m/min의 범위를 가진다[13]. 전통적으로 가벼운 공정에 사용되었던 연마벨트연삭은 연마입자와 결합제의 발전으로 매우 높은 소재제거율이 필요한 공정에 점차 사용되고 있다. 공작물을 수동으로 벨트에 압착해 버나 높은 지점을 제거해 좋은 표면정도를 빠르게 얻을 수 있는 가벼운 연삭공정을 벨트샌딩belt sanding이라 한다.

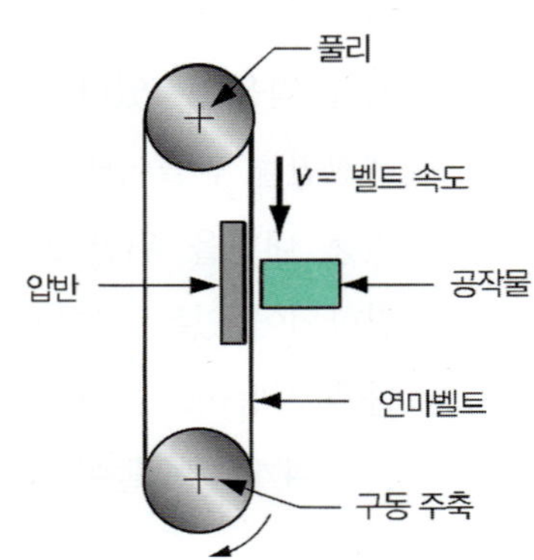

그림 18.15
연마벨트연삭(출처: Fundamentals of Modern Manufacturing, 4th Edition by Mikell P. Groover, 2010. Reprinted with permission of John Wiley & Sons, Inc.).

18.2 기타 연마공정

기타 연마공정으로는 호닝, 래핑, 슈퍼피니싱, 폴리싱, 버핑 등이 있고, 다듬질 공정으로만 사용된다. 초기 부품 형상은 다른 공정으로 만들어지고 아주 우수한 표면정도를 얻기 위해 이와 같은 연마공정으로 마무리를 한다. 이 공정이 적용되는 보통의 부품 형상과 전형적인 표면거칠기 값이 [표 18.6]에 나열되어 있다. 비교를 위해 연삭의 경우도 나타냈다.

또 다른 다듬질 공정으로 대량다듬질mass finishing이라 불리는 공정은 부품들을 한꺼번에 다듬질할 때 사용된다(21.1.2절). 이 방법은 청정과 버 제거deburring를 위해 사용되기도 한다.

표 18.6 호닝, 래핑, 슈퍼피니싱, 폴리싱, 버핑 적용 대상 부품형상과 표면거칠기[4][7][16]

공 정	부품 형상	표면거칠기 μm
연삭, 중간크기 입자	평면, 원통 외면, 둥근 구멍	0.4~1.6
연삭, 미세입자	평면, 원통 외면, 둥근 구멍	0.2~0.4
호닝	둥근 구멍	0.1~0.8
래핑	평면, 반구형(렌즈 등)	0.025~0.4
슈퍼피니싱	평면, 원통 외면	0.013~0.2
폴리싱	다양한 형상	0.025~0.8
버핑	다양한 형상	0.013~0.4

18.2.1 호닝

호닝honing은 연마입자들이 부착되어 있는 막대형 숫돌에 의해 수행되는 연마공정이다. 내연기관 실린더 내면의 다듬질 공정에 많이 사용되고 있다. 또한 베어링, 유압실린더, 총신에도 적용된다. 이 공정으로 약 0.12μm이나 그보다 조금 좋은 표면거칠기를 얻을 수 있다. 또한 호닝은 부품의 작동 중 윤활유를 간직할 수 있도록 교차된 해칭면을 만들어낼 수 있어 부품의 성능과 수명에 도움을 준다.

원통 내면을 위한 호닝공정이 [그림 18.16]에 나타나 있다. 호닝공구는 연마입자가 결합되어 있는 막대형 숫돌들로 구성되어 있다. 그림에 나타난 공구는 4개의 막대숫돌을 사용하고 있지만 막대숫돌의 수는 구멍 크기에 의존한다. 작은 구멍(총신 같은)은 2~4개의 숫돌이 사용되고 큰 구멍에는 12개 이상의 숫돌이 사용된다. 호닝공구의

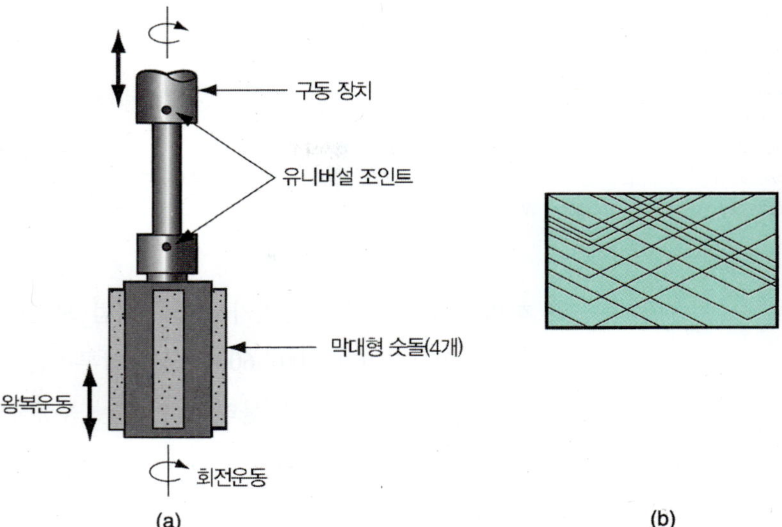

그림 18.16
호닝 공정 (a)원통 내면을 위한 호닝공구, (b)호닝공구로 생성된 교차 해칭면(출처: Fundamentals of Modern Manufacturing, 4th Edition by Mikell P. Groover, 2010. Reprinted with permission of John Wiley & Sons, Inc.).

운동은 숫돌의 한 점이 같은 경로를 반복해 따라가지 않도록 조절된, 회전운동과 직선 왕복운동의 조합이다. 이 같은 꽤 복잡한 운동이 구멍 내면에 교차된 해칭면을 생기게 한다. 호닝속도는 15～150m/min이다[4]. 필요한 연삭작용을 위해 공정 중 막대 숫돌은 구멍 내면에 대해 바깥쪽으로 압력이 가해진다. 1~3MPa의 압력이 보통이고 이 범위를 벗어나는 경우도 가끔 있다. 호닝공구는 2개의 유니버설 조인트로 구멍 안에서 지지되어, 공구가 앞에서 정해진 구멍 축을 따라가도록 되어 있다. 호닝은 구멍을 확장하고 다듬질하지만 구멍 축 위치를 변경하지는 않는다.

호닝의 입자크기는 30~600 사이의 범위에 있다. 연삭가공과 마찬가지로 좋은 표면정도와 높은 소재제거율 사이에서 적절한 절충이 필요하다. 호닝으로 공작물 표면으로부터 제거되는 소재의 양은 많아야 0.5mm 정도이고, 보통 이보다 훨씬 작다. 공구의 냉각, 윤활과 칩 제거를 돕기 위해 호닝에서는 절삭유가 사용된다.

18.2.2 래핑

래핑lapping은 정밀하고 매끄러운 표면정도를 얻기 위해 사용되는 연마공정이다. 광학렌즈, 베어링 표면 게이지, 기타 정밀 부품의 생산에 적용된다. 피로하중을 받는 금속 부품이나 기밀을 요하는 표면에 자주 래핑이 사용된다.

결합된 연마입자로 된 공구를 사용하는 것 대신 래핑은 공작물과 래핑공구 사이에 존재하는 매우 작은 연마입자들이 섞여 있는 용액이 사용된다. 렌즈에 적용된 래핑공정이 [그림 18.17]에 나타나 있다. 연마입자들이 섞여 있는 용액을 랩제lapping compound

그림 18.17

렌즈에 적용된 래핑 공정(출처: Fundamentals of Modern Manufacturing, 4th Edition by Mikell P. Groover, 2010. Reprinted with permission of John Wiley & Sons, Inc.).

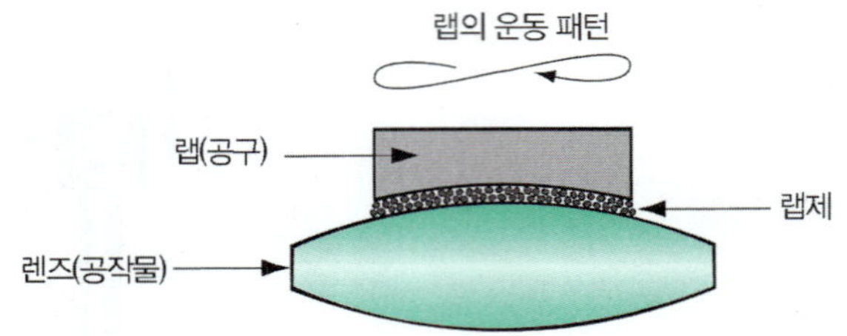

라 하며 일반적으로는 분필가루 반죽처럼 보인다. 사용되는 용액으로는 오일과 등유가 있다. 입자크기가 300~600인 산화알루미늄과 탄화규소가 연마입자로 보통 쓰인다. 래핑공구는 랩lap이라 불리며 원하는 공작물의 형상과 반대되는 형상을 가진다. 랩은 공작물에 대해 압력이 가해지면서 표면의 모든 부분이 같은 작용을 받도록 8자형이나 다른 운동패턴을 가지고 앞뒤로 움직인다. 래핑은 손으로 수행되기도 하지만 래핑머신을 사용하면 일관성 있고 효율적인 작업이 가능하다.

랩의 재료는 강과 주철에서부터 구리와 납까지 다양하다. 나무로 된 랩도 사용된다. 결합된 연마입자로 된 공구를 사용하는 것 대신 랩제를 사용하기 때문에 이 공정이 진행되는 과정은 연삭과 호닝과는 어느 정도 다르다. 래핑에는 2가지 상반되는 절삭 메커니즘이 존재한다고 알려져 있다[4]. 첫 번째가 연마입자들이 랩과 공작물 사이에서 구르고 미끄러지면서 양면에 매우 작은 제거를 일으킨다는 것이다. 두 번째는 연마입자가 랩 표면에 묻혀 있게 되고 연삭과 유사한 제거작용이 일어난다는 것이다. 래핑은 공작물과 랩의 상대적인 경도에 따라 이 2가지 메커니즘의 조합으로 일어난다고 볼 수 있다. 무른 재료로 만든 랩에 대해서는 묻혀 있는 입자에 의한 절삭 메커니즘이 강조되며 단단한 랩은 구르고 미끄러지는 메커니즘이 지배적이 된다.

18.2.3 슈퍼피니싱

슈퍼피니싱superfinishing은 호닝과 비슷한 연마공정이다. 두 공정 모두 왕복 운동하면서 공작물 표면에 압력을 가하는 막대형 숫돌을 사용한다. 슈퍼피니싱은 호닝과는 다음과 같은 차이점이 있다[4]. (1)행정이 짧다(5mm), (2)높은 진동수가 사용된다(최대 1,500행정/분), (3)낮은 압력이 공구와 공작물 사이에 가해진다(0.28 MPa 이하), (4)공작물속도가 더 낮다(15m/min), (5)입자크기가 보통 작다.

막대숫돌과 공작물 표면 사이의 상대 운동이 변하기 때문에 각 입자들이 같은 경로를 따라가지 않는다. 공작물 표면을 냉각시키고 칩을 제거하기 위해 절삭유가 사용

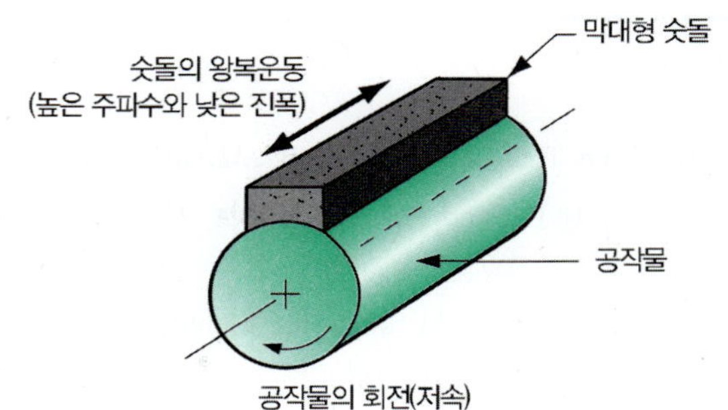

그림 18.18
원통 외면의 슈퍼피니싱(출처: Fundamentals of Modern Manufacturing, 4th Edition by Mikell P. Groover, 2010. Reprinted with permission of John Wiley & Sons, Inc.).

된다. 또한 절삭유는 어떤 수준의 표면정도에 도달하면 숫돌을 공작물 표면으로부터 분리하는 역할을 하기 때문에 더 이상의 절삭작용을 막을 수 있다. 이 공정으로 표면거칠기가 0.025μm인 거울 같은 표면을 얻을 수 있다. 슈퍼피니싱은 평면과 원통 외면을 다듬질하기 위해 사용된다([그림 18.18] 참조).

18.2.4 폴리싱과 버핑

폴리싱polishing은 고속(약 2300m/min)으로 회전하는 폴리싱 휠에 부착된 연마입자에 의해 흠집과 버를 제거하고 거친 표면을 매끄럽게 하기 위해 사용된다. 휠은 천, 가죽, 펠트felt, 종이로 만들어져 있고, 어느 정도 유연하다. 연마입자들은 휠의 바깥 면에 접착되어 있다. 연마입자들이 닳아 없어지게 되면 휠이 새로운 입자들로 보충이 되어야 한다. 거친 폴리싱에 사용되는 입자크기는 20~80 정도이고, 마무리 폴리싱은 90~120, 미세 마무리 공정은 120 이상이다. 폴리싱은 수동으로 수행하는 경우가 많다.

버핑buffing은 외형상 폴리싱과 유사하지만 기능은 다르다. 버핑은 표면에 광택을 내기 위해 사용된다. 버핑 휠은 가죽, 펠트, 천 등과 같이 폴리싱 휠과 비슷한 재료로 만들지만 버핑 휠이 보통 더 연하다. 연마입자들은 매우 미세하며 버핑제에 포함되어 있다. 버핑제는 휠이 회전하는 동안 휠의 바깥면에 압력을 가한다. 이것은 연마입자들이 휠 표면에 접착되어 있는 폴리싱과 대조된다. 폴리싱에서처럼 연마입자가 정기적으로 충진된다. 자동으로 수행되는 기계도 있지만 버핑은 보통 수동 공정이 더 많다. 버핑은 보통 2,400~5,200m/min의 속도로 수행된다.

참고문헌 References

[1] Aronson, R. B. 'More Than a Pretty Finish,' *Manufacturing Engineering,* February 2005, pp.57-69.

[2] Andrew, C., Howes, T. D., and Pearce, T. R. A. *Creep Feed Grinding.* Holt, Rinehart and Winston, Ltd., London, 1985.

[3] *ANSI Standard B74. 13-1977*, 'Markings for Identifying Grinding Wheels and Other Bonded Abrasives,' American National Standards Institute, New York, 1977.

[4] Armarego, E. J. A., and Brown. R. H. *The Machining of Metals,* Prentice-Hall, Inc., Englewood Cliffs, New Jersey, 1969.

[5] Bacher, W. R., and Merchant, M. E. 'On the Basic Mechanics of the Grinding Process,' *Transactions ASME,* Series B, Vol. 80, No.1, 1958, pp.141.

[6] Black, J., and Kosher, R. *DeGarmo's Materials and Processes in Manufacturing,* 10th ed. John Wiley & Sons, Inc., Hoboken, New Jersey, 2008.

[7] Black, P. H. *Theory of Metal Cutting.* McGraw-Hill Book Company, Inc., New York, 1961.

[8] Boothroyd, G., and Knight, W. A. *Fundamentals of Metal Machining and Machine Tools,* 3rd ed. CRC Taylor and Francis, Boca Raton, Florida, 2006.

[9] Boston, O. W. *Metal Processing,* 2nd ed. John Wiley & Sons, Inc., Hoboken, New Jersey, 1951.

[10] Cook, N. H. *Manufacturing Analysis.* Addison Wesley Publishing Company, Inc., Reading, Massachusetts, 1966

[11] Drozda, T. J., and Wick, C. (eds.). *Tool and Manufacturing Engineers Handbook,* 4th ed., Vol. Ⅰ, *Machining.* Society of Manufacturing Engineers, Dearborn, Michigan, 1983

[12] Early, D. F., and Johnson, G. E. *Process Engineering for Manufacturing,* Vol.125, No.3, September 2000, pp.78-85.

[13] Kaiser, R. 'The Facts about Grinding,' *Manufacturing Engineering,* Vol. 125, No.3, September 2000, pp.78-85.

[14] Krabacher, E. J. 'Factors Influencing the Performance of Grinding Wheels,' *Transactions AMSE,* Series B, Vol.81, No.3, 1959, pp. 187-199.

[15] Krar, S. F. *Grinding Technology,* 2nd ed. Delmar Publishers, 1995.

[16] *Machining Data Handbook,* 3rd ed., Vol. Ⅰ and Ⅱ. Metcut Research Associates, Inc., Cincinati, Ohio, 1980.

[17] Malkin, S. *Grinding Technology: Theory and Application of Machining with Abrasives,* 2nd ed. Industrial Press, New York, 2008.

[18] Phillips, D. 'Creeping Up,' *Cutting Tool Engineering,* Vol. 52, No.3, March 2000, pp. 32-43.

[19] Rowe, W. *Principles of Modern Grinding Technology.* William Andrew, Elsevier Applied Science Publishers, New York, 2009.

[20] Salmon, S. 'Creep-Feed Grinding Is Surprisingly Versatile,' *Manufacturing Engineering,* November 2004, pp. 59-64.

복습문제 Review Questions

18.1 연마공정이 기술적으로나 상업적으로 왜 중요한가?

18.2 연삭숫돌의 5가지 주요 파라미터는 무엇인가?

18.3 연삭숫돌에 사용되는 주요 입자 재료들은 무엇인가?

18.4 숫돌조직이란 무엇인가?

18.5 숫돌등급이란 무엇인가?

18.6 비에너지 값이 전통 금속절삭보다 연삭에서 왜 높은가?

18.7 연삭은 높은 온도를 초래한다. 온도가 연삭에서 왜 해로운가?

18.8 연삭숫돌의 3가지 마모 메커니즘은 무엇인가?

18.9 연삭숫돌에서 드레싱이란 무엇인가?

18.10 연삭숫돌에서 트루잉이란 무엇인가?

18.11 초경절삭공구를 연삭하기 위해 어떤 연마입자를 선택해야 하나?

18.12 연삭액의 기능은 무엇인가?

18.13 센터리스연삭이란 무엇인가?

18.14 크리프피드연삭은 전통 연삭과 어떻게 다른가?

18.15 연마벨트연삭은 전통 평면연삭과 어떻게 다른가?

18.16 매우 좋은 표면정도를 얻기 위한 연마공정들을 열거하라.

연습문제 PROBLEMS

18.1 평면연삭에서 숫돌직경=150mm, 인피드=0.07 mm, 숫돌속도=1450m/min, 공작물속도=0.25 m/s, 크로스피드=5mm, 숫돌 원주면의 단위면적당 활성 입자수 C=0.75grits/mm^{2}이다. (a)칩 당 평균 길이, (b)소재제거율, (c)단위시간당 형성된 칩의 수를 각각 결정하라.

18.2 다음 조건으로 평면연삭을 한다. 숫돌직경=6.0in, 인피드=0.003in, 숫돌속도=4750ft/min, 공작물속도=50ft/min, 크로스피드=0.20in, 숫돌 면적당 활성 입자수 C=500grits/in^{2}이다. (a)칩 당 평균 길이, (b)소재제거율, (c)단위시간당 형성된 칩의 수를 각각 결정하라.

18.3 내면원통연삭기로 원통 내면을 다듬질 가공해 초기 직경 250.00mm를 최종 직경 252.5mm로 만든다. 구멍 길이=125mm다. 초기 직경=150.00mm이고 폭=20.00mm인 연삭숫돌을 사용한다. 공정 후에 연삭숫돌의 직경=149.75mm로 감소되었다. 이 공정의 연삭비를 결정하라.

18.4 경화된 일반탄소강에 평면연삭이 수행된다. 숫돌의 직경=200mm, 폭=25mm, 회전속도=2400 rev/min 절삭깊이(인피드)=0.05mm/pass, 크로스피드=3.5mm, 공작물의 왕복 속도=6m/min 연삭액은 사용하지 않는다. (a)숫돌과 공작물 사이의 접촉 길이를 구하라. (b)소재제거율을 구하라. (c)C=64 active grits/cm^{2}이라고 하면 단위시간당 형성된 칩의 수를 구하라. (d)칩당 평균 체적을 구하라. (e)공작물의 접선 절삭력이 25N이라고 하면 비에너지를 구하라.

18.5 열처리된 4340강에 평면연삭 공정이 수행된다. 숫돌의 직경=8.0in, 폭=1.0in, 표면속도=5000ft/min 절삭깊이(인피드)=0.002in/pass, 크로스피드=0.15in 공작물의 왕복속도=20ft/min 연삭액은 사용하지 않는다. (a)숫돌과 공작물 사이의 접촉 길이를 구하라. (b)소재제거율을 구하라. (c)C=300active grits/ in^{2}이라고 하면 단위시간당 형성된 칩의 수를 구하라. (d)칩 당 평균 체적을 구하라. (e)공작물의 접선 절삭력이 7.3lb이라고 하면 비에너지를 구하라.

18.6 6150강(풀림, 200BHN)에 평면연삭 공정이 수행된다. 연삭숫돌의 표시=51-C-24-D-5-V-23. 숫돌 직경=7.0in, 폭=1.00in, 회전속도=3000rev/min 절삭깊이(인피드)=0.002in/pass, 크로스피드=0.5 in 공작물속도=20ft/min 표면거칠기가 16μ-in로 좋지 못하고 표면에 금속학적 손상이 나타난다. 또한 공정이 시작하자마자 숫돌이 거의 메워진다. 다시 말해서 거의 모든 것이 최악의 상태다. (a)소재제거율을 구하라, (b)C=200 active grits/in^{2}이라고 하면 평균 칩 길이와 시간당 형성된 칩의 수를 구하라. (c)발생된 문제들을 해결하기 위해 연삭숫돌에 어떤 변화가 필요한가?

18.7 센터리스연삭에서 연삭숫돌의 직경=200mm, 조정숫돌의 직경=125mm, 연삭숫돌의 회전속도=3000rev/min, 조정숫돌의 회전속도=200rev/min, 조정숫돌의 경사각=2.5°, 직경이 25.0mm이고 길이가 175mm인 원통형 공작물의 관통 이송속도를 구하라.

18.8 센터리스연삭에서 조정숫돌의 직경=150mm, 조정숫돌의 회전속도=500rev/min 직경이 18mm이고 길이가 3.5m인 원통형 공작물을 30초 동안 이송하기 위해 필요한 조정숫돌의 경사각을 구하라.

18.9 센터리스연삭에서 연삭숫돌의 직경=8.5in, 조정숫돌의 직경=5.0in, 연삭숫돌의 회전속도=3500 rev/min, 조정숫돌의 회전속도=150rev/min, 조정숫돌의 경사각=3°, 직경이 1.25in이고 길이가 8.0in 인 원통형 공작물의 관통 이송속도를 구하라.

18.10 전통 평면연삭과 크리프피드연삭의 생산속도를 비교하려 한다. 공작물의 길이=200mm, 폭=30 mm, 두께=75mm. 두 경우 모두에 사용되는 연삭숫돌의 직경=250mm, 폭=35mm, 회전속도=1500rev/min 표면으로부터 25mm의 소재를 제거하려 한다. 전통 평면연삭이 사용될 때 인피드는 0.025mm이고, 인피드가 새로 적용되기 전에 각 행정마다 숫돌이 두 번(앞뒤로) 이동한다. 숫돌의 폭이 공작물의 폭보다 크기 때문에 크로스피드는 없다. 각 행정에서 공작물속도는 12m/min이지만 숫돌이 공작물의 양 끝에서 지나치게 된다. 가속과 감속으로 숫돌은 각 행정시간의 50% 동안만 공작물에 물려 있게 된다. 크리프피드연삭이 사용될 때 절삭깊이는 1000배 증가하고 공작물 이송은 1000배 감소한다. 연삭공정을 완료하기 위한 시간을 구하라. (a)일반 평면연삭, (b)크리프피드연삭.

18.11 좋은 표면정도를 얻기 위해 알루미늄합금을 외면원통연삭을 한다. 이 공정에 필요한 적당한 연삭숫돌 파라미터와 연삭조건을 지정하라.

18.12 좋은 표면정도를 얻기 위해 고속도강 브로치(경화된)를 재연삭한다. 이 공정에 필요한 적당한 연삭숫돌 파라미터를 지정하라.

CHAPTER

19

특수가공

NONTRADITIONAL MACHINING PROCESSES

전통적인 기계적 제거공정(예, 선삭, 드릴링, 밀링 등)은 단단한 절삭공구를 사용해 전단변형에 의해 공작물로부터 칩을 형성시켜 제거시킨다. 전통적인 방법 외에 재료를 제거하는 다른 메커니즘을 사용하는 공정들이 있다. 특수가공(nontraditional machining)은 기계적, 열적, 전기적, 화학적 에너지(혹은 이들의 조합)에 관련된 다양한 기술에 의해 재료를 제거하는 공정 그룹에 대한 통칭이다. 이 그룹은 전통적인 절삭공구를 사용하지 않는다.

특수가공은 재래식 방법으로는 만족스럽지 못한 결과가 발생하는 새롭고 특이한 가공요구 사항을 맞추기 위해 2차 대전 이후 개발되기 시작했다. 이러한 요구사항, 다시 말해 특수가공의 상업적 · 기술적 중요성은 다음과 같다.

- 새롭게 개발된 재료를 가공해야 한다. 이러한 신소재는 재래식 가공으로는 힘들거나 불가능하게 만드는 특별한 특성(예, 고강도, 고경도, 고인성)을 가지고 있다.
- 전통적인 가공법으로는 얻기가 어렵거나 불가능한 독특하고 복잡한 부품 형상이 요구된다.
- 전통적인 방법을 사용할 경우 발생하는 응력에 따른 표면손상의 방지가 요구된다.

이러한 요구사항은 최근 급속 성장한 항공산업과 전자산업에서 특히 많이 출현했다. 특수가공 공정의 종류는 상당히 많은데, 각자가 독특한 영역을 갖고 있다. 이 장에서는 상업적으로 중요한 공정에 대해 설명한다.

특수가공은 재료 제거에 사용되는 에너지의 유형에 따라 다음과 같이 4가지로 분류된다.

1. **기계적:** 전통적인 절삭공구의 작용과는 전혀 다른 형태의 기계적 에너지가 특수가공에서 사용된다. 고속의 연마제 혹은 유체(혹은 2가지 모두)에 의한 재료의 침식erosion이 이러한 유형의 기계적 작용이다.
2. **전기적:** 재료를 제거하기 위해 전기화학적 에너지를 사용한다. 이 메커니즘은 전기도금의 역과정이다.
3. **열적:** 열에너지를 이용해 공작물을 자르고 성형한다. 일반적으로 열에너지는 공작물 표면의 매우 작은 영역에 작용해 재료의 융해 혹은 증발에 의해 그 영역이 제거된다.
4. **화학적:** 대부분의 재료(특히, 금속)는 산이나 다른 식각액에 의한 화학적 공격에 약하다. 화학적 가공법에서는 공작물의 일부분이 화학물질에 의해 선택적으로 제거되고, 나머지 부분은 마스크에 의해 보호받는다.

19.1 기계적 에너지 공정

이 절에서는 기계적 에너지를 이용하는 다음과 같은 특수가공 공정을 살펴본다. (1)초음파가공, (2)워터제트가공, (3)기타 연마입자가공이다.

19.1.1 초음파가공

초음파가공ultrasonic machining: USM은 저진폭(약 0.075mm), 고주파(약 20,000Hz)로 진동하는 공구에 의해, 슬러리에 함유된 연마입자를 고속으로 공작물에 충돌시키는 가공법이다. 공구가 공작물 표면에 수직 방향으로 진동하면서 공작물 쪽으로 서서히 이송하면 공구의 형상이 공작물에 형성된다. 하지만 가공을 수행하는 것은 공구가 아니라 공작물에 부딪히는 연마입자의 동작이다. [그림 19.1]은 USM의 원리를 보여준다. 초음파가공에 사용되는 대표적인 공구재료는 연강과 스테인리스강이다. 연마입자는 질화붕소(BN), 탄화붕소(BC), 산화알루미늄, 탄화규소, 다이아몬드 등이다. 입도(제10장, 부록 A10.1)는 100~2000 사이의 수준인데, 진폭을 입도와 거의 같은 값으로 설정해야 한다. 생성되는 표면거칠기를 가장 크게 결정짓는 요소가 입도이다.

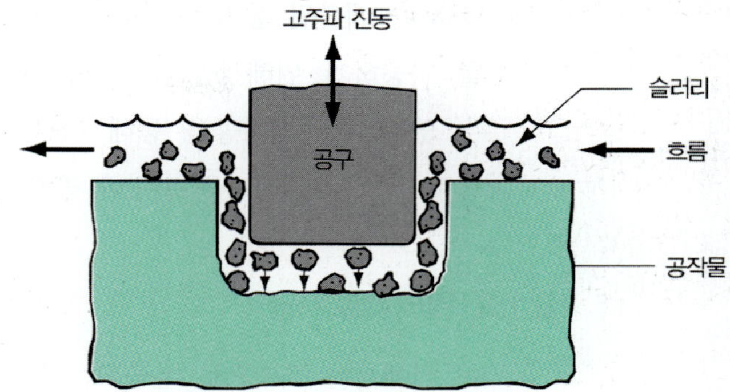

그림 19.1
초음파가공(출처: Fundamentals of Modern Manufacturing, 4th Edition by Mikell P. Groover, 2010. Reprinted with permission of John Wiley & Sons, Inc.).

표면거칠기에 추가해 소재제거율이 USM의 중요한 성능변수다. 주어진 공작물 재료에 대해, 주파수와 진폭이 증가함에 따라 소재제거율이 증가한다.

제거 효과는 공작물뿐만 아니라 공구에서도 나타난다. 즉, 연마입자가 공작물 표면을 침식시킴과 동시에 공구 또한 침식시켜 결국 공구 형상에 영향을 끼친다. 따라서 공정 중 제거되는 공작물 재료와 공구 재료의 상대적인 부피비를 알고 있는 것이 중요한데, 이것은 연삭비와 유사하다(18.1.2절). 공작물제거량 대 공구마모량의 비는 공작물 재질에 따라 다르게 나타나는데, 유리의 경우 100:1로부터 공구강의 경우 1:1까지 범위가 넓다. USM의 슬러리는 물과 연마입자의 혼합물이다. 물 속의 연마제 농도는 20~60% 정도다[5]. 공구와 공작물 사이에 새로운 입자를 가져와서 작용하게 하려면 슬러리가 계속 순환되어야 한다. 또한 이것이 발생된 칩과 마모된 입자를 씻겨 나가게 해준다.

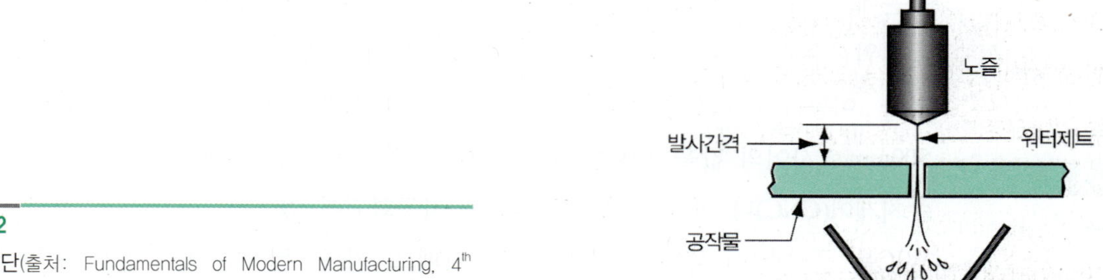

그림 19.2
워터제트절단(출처: Fundamentals of Modern Manufacturing, 4th Edition by Mikell P. Groover, 2010. Reprinted with permission of John Wiley & Sons, Inc.).

USM이 개발된 동기는 세라믹, 유리, 카바이드 등과 같이 단단하고 취성이 큰 재료를 가공하기 위해서였다. 또한 스테인리스강과 티타늄과 같은 금속에도 잘 사용할 수 있다. 초음파가공을 통해 비원형 구멍과 굽은 구멍 등의 형상을 얻을 수 있고, 공구의 이미지 패턴을 편평한 공작물 표면으로 옮기는 코이닝작업도 가능하다.

19.1.2 워터제트가공

이 절에서는 고속으로 분출되는 물 혹은 물과 연마입자의 혼합액에 의한 제거가공을 기술한다.

워터제트절단 워터제트절단water jet cutting: WJC은 [그림 19.2]와 같이 고압 고속의 미세한 물 제트를 공작물 표면으로 향하게 하여 대상물을 절단하는 방법이다. 미세한 흐름을 얻기 위해 출구 직경이 0.1~0.4mm 정도 되는 작은 노즐을 사용한다. 절단을 위한 충분한 에너지가 나오기 위해서는 압력이 400Mpa 정도, 유체속도가 900m/s 정도가 되어야 한다. 유압펌프로 고압을 만들며 노즐부는 스테인리스강으로 만든 홀더와 사파이어, 루비, 다이아몬드 등으로 만드는 노즐로 구성된다. 다이아몬드가 수명이 가장 길지만 비용이 가장 많이 든다. 절단 시 발생하는 부스러기를 분리하기 위해 필터시스템이 필요하다.

WJC에 사용되는 절삭유는 응집된 흐름을 얻기가 수월한 고분자용액이 적합하다. 절삭유에 대한 구체적인 설명은 이미 절삭(17.4절)에서 기술했다.

중요한 공정 파라미터로는 발사간격, 노즐출구직경, 유체압력, 절단이송속도 등을 들 수 있다. 발사간격standoff distance은 노즐출구와 공작물 표면 간의 간격이다. 유체흐름이 표면을 타격하기 전에 흩어지는 것을 막기 위해서는 이 간격을 최소화함이 바람직하다. 일반적인 발사간격은 3.2mm다. 노즐출구의 직경은 절단의 정밀도에 영향을 주는데, 출구가 작아질수록 더 얇은 재료의 더 미세한 절단이 가능하다. 공작물이 두꺼워질수록 굵은 유체흐름과 고압이 요구된다. 절단이송속도는 노즐이 절단경로를 따라 이동하는 속도를 말하는데, 공작물 재질과 두께에 따라 보통 5mm/s에서 500mm/s 사이의 값을 사용한다[5]. WJC 공정은 노즐경로 제어를 위해 대개 컴퓨터 수치제어(CNC)나 산업용 로봇을 사용해 자동화되어 있다.

WJC는 플라스틱, 섬유, 복합재, 타일, 카페트, 가죽, 두꺼운 종이 등의 편평한 재료를 가는 홈으로 절단하기 위한 효과적인 방법이다. 노즐을 장착한 산업용 로봇으로 구성되는 로봇 셀의 사례도 있는데, 이것은 자동차 대쉬보드의 조립 전에 절단과 트리밍을 위해 3차원 상의 불규칙한 경로를 찾아가기 위해 사용된다[9]. 이러한 응용분야들에서 나타나는 워터제트절단의 장점은 (1)다른 기계적 혹은 열적 공정에서 나타나는 표면의 부서짐과 연소가 없고, (2)좁은 절단 홈 덕분에 재료 손실이 적으며 (3)환경오염이 거의 없고, (4)NC나 로봇을 적용하는 자동화가 용이하다는 점이다. 워터제트절단의 단점은 절단 시 금이 가는 경향 때문에 취성이 큰 재료(예, 유리)에 사용하기 어렵다는 점이다.

연마입자 혼합 워터제트절단 워터제트절단을 금속 부품에 사용할 경우, 절단을 원활하게 하기 위해 연마입자를 섞어 사용하게 되면 연마입자 혼합 워터제트절단 abrasive water jet cutting: AWJC이라 한다. 물 제트에 연마입자를 섞게 되면 통제해야 할 파라미터(연마입자 종류, 입자크기, 유량 등)가 늘어나 공정을 복잡하게 만든다. 알루미나(Al_2O_3), 실리카(SiO_2), 가넷garnet, 규산염광물질 등이 일반적으로 첨가되는 연마입자이고, 입도는 60~120 정도다. 연마입자는 물이 노즐로부터 발사될 때 0.25kg/min 정도 되도록 첨가된다.

나머지 공정 파라미터는 워터제트절단과 동일한 노즐출구직경, 수압, 발사간격 등이다. 노즐출구직경은 0.25~0.63mm 정도여서 워터제트절단보다 다소 큰 편이다. 그 이유는 발사 직전의 유량과 에너지를 증가시켜주기 위함이다. 수압은 워터제트절단과 거의 비슷하다. 발사간격은 약간 작은 편인데, 입자를 포함한 절단액의 흩어짐을 줄여주기 위함이다. 일반적인 발사간격은 워터제트절단의 1/4~1/2 수준이다.

19.1.3 기타 연마입자 특수가공

연마입자에 기계적 에너지를 가해 특수가공에 적용한 경우로 연마입자 제트가공(AJM)과 연마입자 흐름가공(AFM)이 있으며 주로 디버링deburring이나 폴리싱과 같이 극미량의 재료를 표면으로부터 제거하는 곳에 적용된다.

연마입자 제트가공 연마입자 제트가공abrasive jet machining: AJM은 [그림 19.3]과 같이 연마입자가 첨가된, 고속의 가스 흐름으로 재료를 제거하는 공정이다. 사용되는 가스는 0.2~1.4Mpa 정도의 압력으로 건조한 상태여야 하고, 직경 0.075~1.0mm의 노즐 출구를 2.5~5.0m/s의 속도로 빠져나가야 한다. 가스의 성분은 건조공기, 질소, 이산화탄소, 헬륨 등이다.

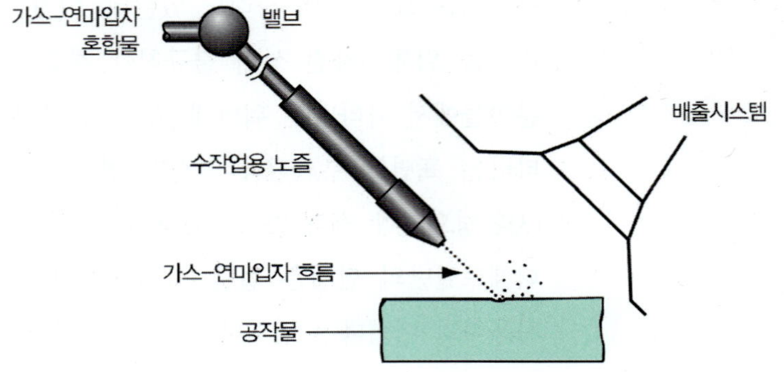

그림 19.3
연마입자 제트가공(AJM)(출처: Fundamentals of Modern Manufacturing, 4th Edition by Mikell P. Groover, 2010. Reprinted with permission of John Wiley & Sons, Inc.).

AJM에서 작업자의 역할은 노즐을 공작물에 향하게 하는 것이다. 보편적인 발사간격은 3~75mm 정도다. 작업자를 위해 환기가 잘 되는 작업장을 만들어야 한다.

AJM은 형상가공보다는 디버링, 트리밍, 플래시 제거 등의 다듬질 공정에 많이 사용된다. 경도와 취성이 높은 재질(예, 유리, 실리콘, 미카, 세라믹 등)의 얇은 평판 형태의 재료에서 효과가 있다. 연마입자로 알루미나(알루미늄과 황동 가공용), 탄화규소(스테인리스강과 세라믹 가공용), 유리(폴리싱 용) 등이 사용된다. 입자크기는 직경 15~40μm 정도로 작은 편이며 크기가 균일해야 한다. 사용한 입자는 깨지거나(크기의 감소), 마모되거나, 오염되었기 때문에 재활용해서는 안 된다.

연마입자 유동가공 연마입자 유동가공abrasive flow machining: AFM은 1960년경에 점탄성 폴리머에 혼합된 연마입자를 강제 유동시켜 접근성이 어려운 영역의 디버링이나 폴리싱에 적용하기 위해 개발되었다. 폴리머로는 유리 접합제인 퍼티putty가, 연마입자로는 탄화규소가 각각 주로 사용된다. AFM은 전통적인 방법으로는 접근하기 힘든 내부 통로를 다듬질 제거하기 위해 매우 적합하다. 연마입자-폴리머 혼합물, 즉 미디어media가 0.7~20Mpa 정도의 압력하에서 원하는 영역을 흘러 지나가면서 제거가 일어난다. 버 제거나 폴리싱 외에 AFM은 항공, 자동차, 금형 산업분야에서 날카로운 모서리의 라운딩, 주조물의 거친 표면 다듬질 등에도 활용되고 있다. 이 공정은 시간당 수백 개의 부품을 경제적으로 다듬질하기 위해 자동화되어 가고 있다.

일반적인 셋업은 미디어를 저장한 실린더와 빈 실린더를 서로 마주보게 한 다음, 미디어를 강제 유동시켜 부품을 지나친 후에 빈 실린더로 모이게 된다. 이어 반대 방향으로 미디어가 이동하고 이를 여러 번 반복하면서 표면 제거가 일어나고 원하는 표면 상태를 얻게 되는 것이다.

19.2 전기화학 공정

특수가공 중 중요한 것 중 하나로 재료를 제거하기 위해 전기적 에너지를 사용하는 그룹을 들 수 있다. 이 그룹을 전기화학 공정이라 부르는데, 재료제거를 위해 전기 에너지가 화학반응과 결합해 사용된다. 실제로 이 공정은 전기도금(21.3.1절)의 역과정이다. 전기화학 공정의 공작물 재질은 전기도체여야 한다.

19.2.1 전해가공

전기화학 공정의 가장 기본적 유형인 전해가공electrochemical machining: ECM은 전해액에 의해 전기도체 공작물로부터 재료를 제거하는 가공법이다. 부품의 형상은 전해액이 빠르게 지나가는 약간의 간격만큼 공작물과 떨어져 있고, 원하는 형상으로 만들어진 전극공구에 의해 만들어진다. 전해가공은 기본적으로 전기분해 과정이다. [그림 19.4]와 같이 공작물은 양극, 공구는 음극이 된다. 재료가 양극으로부터 전기분해되어 전해액 속의 음극에 쌓여가는 것이 전기도금의 원리다. 전기분해와 다른 점은 분해된 재료가 탈락이 쉽게 되고 공구에 도금이 되지 않게 하기 위해 전해액이 두 전극 사이에서 빠르게 흐른다는 점이다.

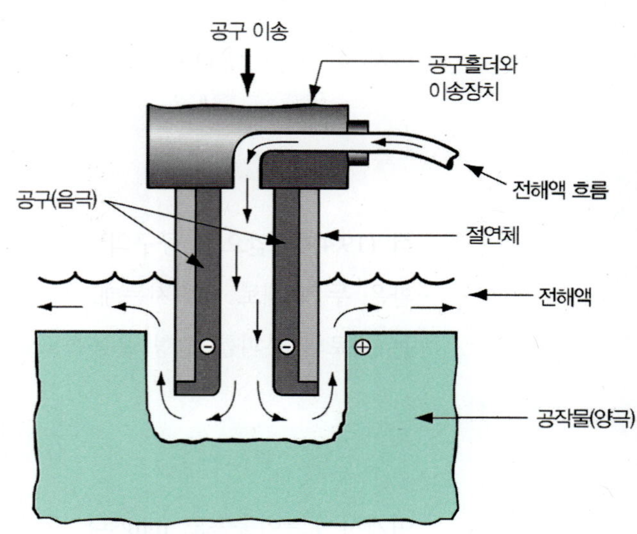

그림 19.4

전해가공(출처: Fundamentals of Modern Manufacturing, 4th Edition by Mikell P. Groover, 2010. Reprinted with permission of John Wiley & Sons, Inc.).

동, 황동, 스테인리스강 등으로 만드는 전극공구는 원하는 부품형상의 반대 형상으로 설계된다. 공구와 공작물 사이의 간격을 고려해 공구 크기를 조정한다. 재료를 깎아내기 위해서는 공작물의 소재제거율과 동일한 속도로 공구가 이송되어야 한다. 전류에 의해 생성되는 화학적 변화량(분해되는 금속량)은 지나가는 전기량(전류×시간)에 비례한다는 Faraday의 제1법칙에 의해 소재제거율이 결정된다.

$$V = Cit \tag{19.1}$$

여기서 V=제거되는 금속부피 mm^3, C=공작물 재료의 원자량, 원자가, 밀도에 따라 다른 고유 소재제거율 상수 $\mathrm{mm}^3/\mathrm{amp-s}$, I=전류 amps, t=시간 sec이다.
Ohm의 법칙에 의하면 전류 $I = E/R$(E: 전류, R: 저항)이 된다. 전해가공의 조건에서 저항은 다음과 같이 주어진다.

$$R = \frac{gr}{A} \tag{19.2}$$

여기서 g=전극과 공작물 사이 간극 mm, r=전해액의 저항 ohm-mm, A=공작물과 공구 간극에 형성되는 공구전면의 단면적 mm^2이다. 이 식을 Ohm의 법칙에 대입하면

$$I = \frac{EA}{gr} \tag{19.3}$$

다시 이 식을 식 (19.1)에 대입하면

$$V = \frac{CEAt}{gr} \tag{19.4}$$

식 (19.4)를 얻으면 공구의 이송속도에 관한 식으로 변환하는 것이 용이하다. 이 변환은 두 단계로 이뤄지는데, 첫 단계로 식 (19.4)를 At(면적×시간)으로 나눠 제거되는 재료의 부피를 선형 운동속도로 바꿔준다.

$$\frac{V}{At} = f_r = \frac{CE}{gr} \tag{19.5}$$

여기서 f_r=이송속도 mm/s다. 두 번째로 식 (19.3)으로부터 $E/(gr)$ 대신 I/A를 넣어주면 전해가공의 이송속도는 다음과 같이 된다.

$$f_r = \frac{CI}{A} \quad (19.6)$$

여기서 A=공작물 안으로 들어가는 전극공구의 전면부 면적이다. [표 19.1]은 다양한 공작물 재질에 대한 고유 소재제거율 C값을 보여준다. 위의 식은 재료제거에 있어 100%의 효율을 가정한 결과다. 실제 효율은 90~100% 사이의 값을 가지게 되는데, 공구형상, 전압, 전류 등의 인자에 따라 달라진다.

표 19.1 일부 재료에 대한 전해가공의 고유 소재제거율 C[8]

	고유 소재제거율 C			고유 소재제거율 C	
재질	mm^3/amp-sec	in^3/amp-min	재질	mm^3/amp-sec	in^3/amp-min
알루미늄(3)	3.44×10^{-2}	1.26×10^{-4}	강		
동(1)	7.35×10^{-2}	2.69×10^{-4}	저합금	3.0×10^{-2}	1.1×10^{-4}
철(2)	3.69×10^{-2}	1.35×10^{-4}	고합금	2.73×10^{-2}	1.0×10^{-4}
니켈(2)	3.42×10^{-2}	1.25×10^{-4}	스테인리스	2.46×10^{-2}	0.9×10^{-4}
			티타늄(4)	2.73×10^{-2}	1.0×10^{-4}

EXAMPLE 19.1 전해가공

12mm 두께의 알루미늄 판에 가로 10mm, 세로 30mm의 직사각형 구멍을 내기 위해 전해가공 공정을 사용하고자 한다. 전류값은 1200amps이고, 기대 효율은 95%일 때 이송속도와 판재를 완전히 관통하는 구멍을 만들 때까지 걸리는 시간을 구하라.

▮풀이▮

[표 19.1]로부터 알루미늄의 C값은 $3.44\times10^{-2}mm^3/A-s$임을 알 수 있다. 전극 전면부 면적은 A=10×30=300mm^2이다. 따라서 1200amps 전류상태에서 이송속도는

$$f_r = 0.0344\,\mathrm{mm^3/A\text{-}s}\left(\frac{1200}{300}A/\mathrm{mm^2}\right) = 0.1376\mathrm{mm/s}$$

효율이 95%이므로 실제 이송속도는

$$f_r = 0.1376\mathrm{mm/s}(0.95) = 0.1307\mathrm{mm/s}$$

12mm 판재를 뚫기 위해 필요한 시간은

$$T_m = \frac{12.0}{0.1307} = 91.8s = 1.53\min$$

앞의 식들은 ECM에서 소재제거율과 이송속도에 영향을 미치는 중요한 파라미터들이 간극 g, 전해액의 저항 r, 전류 I, 전극 전면면적 A라는 것을 말해준다. 간극은

세심히 제어되어야 할 필요가 있는데, 간극이 너무 크면 전해 공정이 느려진다. 그러나 전극이 공작물에 닿게 되면 회로가 단락되어 공정 전체를 멈추게 만든다. 실제 적용되는 간극값은 0.075~0.75mm 수준이다.

전해가공 전해액의 기초 구성물질은 물이다. 전해액의 저항을 줄이기 위해서는 NaCl 혹은 $NaNO_3$와 같은 염분이 용액에 첨가된다. 공작물로부터 탈락된 재료를 멀리 보내기 위해 전해액을 흐르게 하는데, 이것이 화학반응 시 발생하는 열과 거품을 제거하는 역할도 해준다. 탈락된 재료는 미세한 입자의 형태인데, 이들을 전해액으로부터 걸러내기 위해 원심력, 침전 혹은 다른 방법들을 이용한다. 걸러낸 입자는 두꺼운 슬러지sludge 형태를 가지는데 이것의 처리가 전해가공이 가지고 있는 환경문제다.

전해가공을 수행하기 위해서는 많은 전력이 요구된다. 위의 식들에 나타나 있듯이 소재제거율은 공정에 공급되는 전류밀도에 의해 결정된다. 간극에서의 아크발생을 막기 위해 전압은 상대적으로 작게 유지시킨다.

ECM은 일반적으로 재질이 매우 단단하거나 가공하기 어려운 혹은 재래식 가공법으로 만들기 어려운 복잡한 형상을 가지는 부품에 적합하다. 공정이 기계적인 것이 아니기 때문에 가공경화는 발생하지 않는다. 전해가공이 자주 적용되는 대상은 (1)단조금형, 플라스틱용 금형 혹은 기타 성형 공구류의 불규칙한 내면 형상이나 윤곽 등을 만드는 다이싱킹, (2)여러 구멍 동시 가공, (3)공구가 회전하지 않으므로 원형이 아닌 구멍가공도 가능하다.

전해가공의 장점은 (1)공작물 표면의 손상이 거의 없고, (2)재래식 가공에서 발생하는 버가 발생하지 않고, (3)공구마모가 거의 없으며(전해액 흐름에 의한 마모 정도밖에 없음), (4)경도가 높은 재료나 난삭재에 대해서도 비교적 높은 소재제거율이 나온다는 것이다. 단점으로는 (1)많은 전력 비용, (2)전해액 찌꺼기인 슬러지의 폐기 문제를 들 수 있다.

19.2.2 전해디버링과 전해연삭

전해디버링electrochemical deburring: ECD은 전해가공법을, 버를 제거하거나 날카로운 모서리를 둥글게 하기 위한 목적으로 약간 변형한 공정이다. 전해디버링의 한 예를 [그림 19.5]에 나타냈다. 그림의 공작물에는 드릴링 공정에 의해 만들어진 날카로운 버가 있다. 전극공구가 버 부분의 금속만을 집중해 제거하도록 설계된다. 공구 몸체에서 가공에 사용되지 않는 부분은 절연처리가 된다. 전해액은 구멍 속을 통과하면서

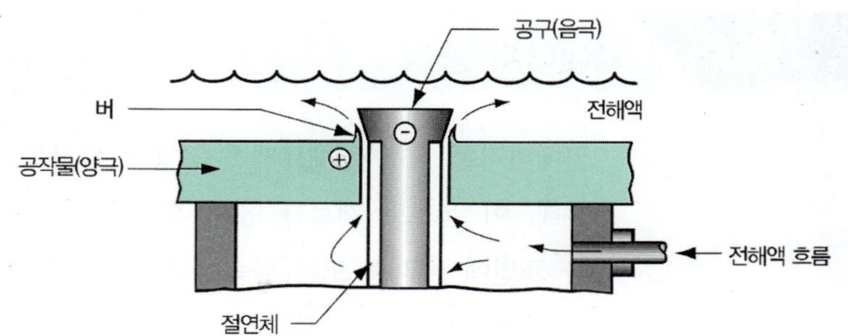

그림 19.5
전해디버링(출처: Fundamentals of Modern Manufacturing, 4th Edition by Mikell P. Groover, 2010, Reprinted with permission of John Wiley & Sons, Inc.).

흘러 버에서 떨어진 입자를 내보낸다. 원리는 전해가공과 동일하지만 ECD에서는 훨씬 적은 재료가 제거되기 때문에 사이클시간이 1분이 안될 정도로 매우 짧다. 디버링에 추가해 코너의 라운딩 작업을 수행하면 사이클시간은 길어진다.

전해연삭electrochemical grinding: ECG은 전기도체 결합제로 만든 회전 연삭숫돌이 공작물 표면에 전기분해를 일으키는 연삭법이다([그림 19.6] 참조). 연마입자는 알루미나 혹은 다이아몬드가 사용된다. 결합제로는 금속(다이아몬드 연마입자의 경우)이나 금속입자를 함유한 수지(알루미나 연마입자의 경우)가 사용된다. 공작물과 접촉한 부분에서 숫돌로부터 튀어나와 있는 연마입자들이 간극을 형성한다. 전해액이 그 입자들 사이의 간극을 통해 흘러서 전기분해의 역할을 수행한다.

ECG에서 재료제거의 95% 이상이 전기분해에 의해 이뤄지고, 접촉된 연삭숫돌 입자에 의한 제거는 나머지 5% 미만이다. 따라서 연삭숫돌의 수명이 재래식 연삭법보다 상당히 길어지고, 더 높은 연삭비와 더 낮은 빈도의 드레싱dressing효과가 나타난다. 이러한 점이 이 공정의 장점이 된다. 전해연삭은 초경공구를 날카롭게 하거나 수술용 바늘 혹은 다른 얇은 벽 두께의 관과 깨지기 쉬운 부품을 연삭하려는 경우 이용할 수 있다.

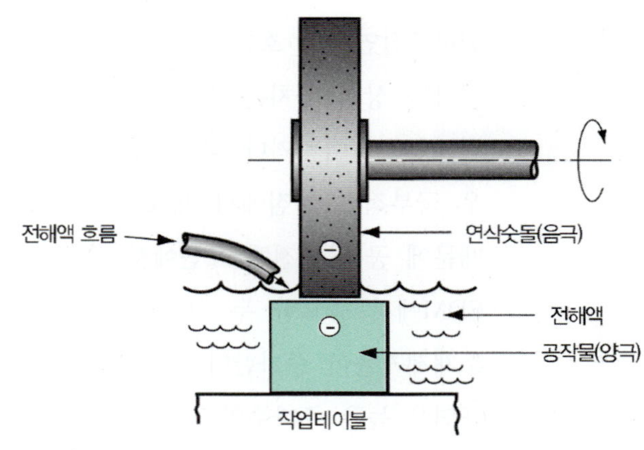

그림 19.6
전해연삭(출처: Fundamentals of Modern Manufacturing, 4th Edition by Mikell P. Groover, 2010, Reprinted with permission of John Wiley & Sons, Inc.).

19.3 열에너지 공정

열에너지를 이용한 재료제거 공정의 특징은 국부적으로 매우 높은 온도라 할 수 있는데, 이 온도로 재료를 융해 혹은 증발시킨다. 고온 때문에 이러한 공정들은 공작물 표면에 물리적 또는 금속학적 손상을 입힌다. 어떤 경우 표면정도를 너무 떨어뜨려 표면을 향상시킬 부수적인 공정이 필요할 수도 있다. 이 절에서는 상업적으로 중요한 다음의 몇 가지 열에너지 공정에 대해 기술한다. (1)방전가공과 방전와이어커팅, (2)전자빔가공, (3)레이저가공, (4)플라즈마아크가공, (5)재래식 열절단공정.

19.3.1 방전 공정

이러한 공정들은 단속적인 전기방전(스파크)을 일으켜 방전 발생 지점의 국부적인 고온으로 금속을 녹이거나 증발시키는 재료제거 방법이다. 크게 2가지의 범주로 나눌 수 있는데, (1)방전가공, (2)와이어방전가공이다. 방전을 위해서는 공작물이 반드시 전기도체여야만 한다.

방전가공 방전가공electric discharge machining: EDM은 가장 많이 사용되는 특수가공법 중의 하나다. [그림 19.7]에서와 같이 부품의 최종 형상이 전극공구의 모양대로 형성된다. 스파크가 직류 전원이 공급되는 공구와 공작물 표면 사이의 작은 간극에서 발생한다. EDM공정은 절연액 속에서 수행되어야만 한다.

[그림 19.7(b)]는 간극을 확대한 것이다. 방전은 두 면이 가장 가까운 곳에서 발생하는데, 절연액이 이 방전의 경로를 만들어주기 위해 이온화된다. 방전이 발생하는 지역은 극도의 고온으로 가열되어, 공작물 표면의 미세한 부분이 갑자기 녹아서 제거된다. 절연액의 흐름이 이 입자(칩이라고 부름)를 방출시킨다. 한번 방전이 일어난 공작물 상의 위치는 방전 후 공구로부터 가장 먼 거리에 떨어져 있게 되므로, 주변이 이와 같아지거나 더 낮아질 때까지는 방전이 일어날 수 없다. 각각의 방전이 매우 국부적인 지점에서 재료를 제거할지라도, 1초당 수백, 수천 번 방전이 일어나기 때문에 공작물 전체 표면에서 점진적인 침식이 일어나게 되는 것이다.

EDM에서 중요한 두 파라미터는 전류와 방전 주파수다. 이 값들이 증가함에 따라 소재제거율이 증가한다. 표면거칠기는 또한 전류와 주파수의 영향을 받는다. 최상의 표면은 높은 주파수와 낮은 전류에서 얻을 수 있다. 전극공구가 공작물 속으로 들어

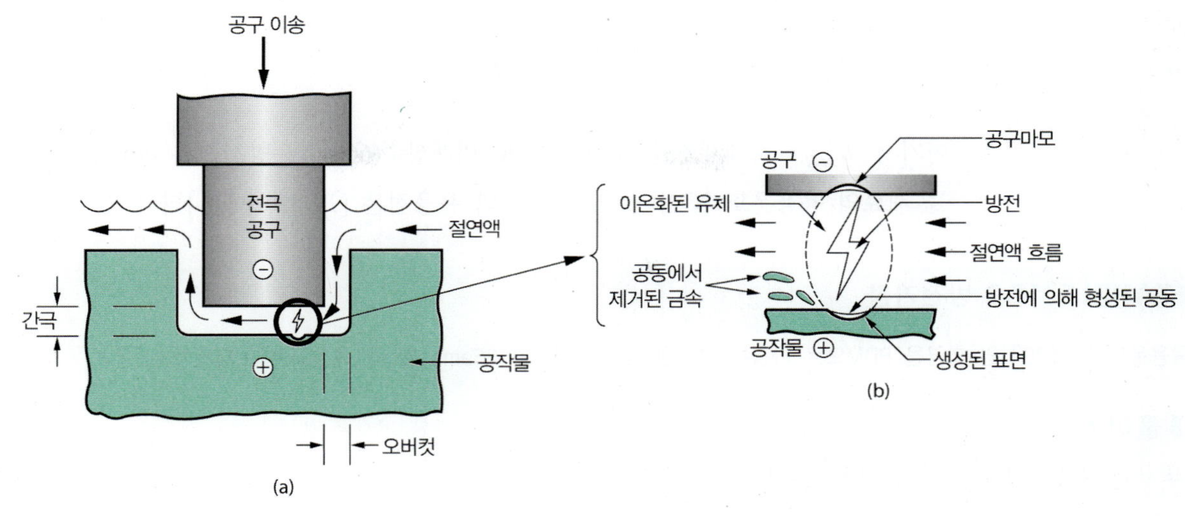

그림 19.7 방전가공(EDM) (a)전체 구조, (b)확대한 간극(출처: Fundamentals of Modern Manufacturing, 4th Edition by Mikell P. Groover, 2010. Reprinted with permission of John Wiley & Sons, Inc.).

감에 따라 오버컷이 발생한다. EDM의 오버컷은 [그림 19.7(a)]에 있듯이 방전이 공작물 안의 옆면에서도 발생하기 때문에 생기는 현상이다. 오버컷도 전류와 주파수의 함수이고, 보통 수백분의 1mm 정도의 값이다.

고온의 스파크 온도가 공작물뿐만 아니라 공구도 녹여서, 공작물에 형성되는 공동의 반대편에도 작은 공동이 형성됨을 주의할 필요가 있다. 공구마모는 일반적으로 공구재료 제거량에 대한 공작물재료 제거량의 비율(연삭비와 유사)로 평가한다. 이 마모비는 1.0~100 혹은 이보다 약간 큰 값을 갖는데, 공작물과 전극의 재질에 따라 다르게 나타난다. 전극은 흑연, 동, 황동, 동-텅스텐합금, 은-텅스텐합금 등으로 만들어지는데, EDM 기계 전원회로의 유형, 공작물 재질, 적용 공정의 황삭 혹은 정삭 여부 등에 따라 재질을 선택한다. 흑연이 용융특성이 우수해 많이 사용된다. 실제로 흑연은 용융하지 않고 고온에서 기화되기 때문에 스파크에 의해 만들어지는 공구 공동이 다른 전극 재료보다 작게 나온다. 결과적으로 흑연을 사용할 경우 공구재료 제거량에 대한 공작물재료 제거량의 비율이 높게 나온다.

EDM은 공구와 공작물 간에 단단함을 경쟁하는 공정이 아니기 때문에 공작물의 경도와 강도가 중요한 인자가 되지 못한다. 다만 공작물의 용융온도가 중요한 변수가 되는데, 소재제거율과 용융점 사이의 근사적인 관계를 경험식으로 표현한 다음의 Weller식이 많이 사용된다[16].

$$R_{MR} = \frac{KI}{T_m^{1.23}} \tag{19.7}$$

여기서 R_{MR} = 소재제거율 mm^3/s, K=비례상수(664), I=방전전류 amps, T_m=공작물 재료의 용융온도 °C이다. 일부 재료의 용융점은 [표 3.10]에 나타나 있다.

EXAMPLE 19.2 방전가공

용융온도가 1100℃인 합금을 EDM으로 가공하고자 한다. 방전전류가 25amps일 때 예상되는 소재제거율은?

▌풀이▐

[표 3.10]에서 구리의 용융점은 1083℃이며 식 (19.7)을 적용하면

$$R_{MR} = \frac{664(25)}{1083^{1.23}} = 3.07 mm^3/s$$

방전가공의 절연액으로 탄화수소기름, 석유, 증류수, 탈이온수deionized water 등이 사용된다. 절연액의 역할은 스파크가 발생되는 이온화 시점이 아닌 경우에 간극에서의 절연 작용이다. 다른 기능은 간극으로부터 부스러기를 씻어내는 것과 공구와 공작물로부터 열을 제거하는 것이다.

EDM의 용도로는 공구류의 제조와 부품의 생산 모두에서 찾을 수 있다. 기계적인 공정들에 필요한 대부분의 공구류는 EDM으로 만들 수 있는데, 플라스틱사출성형금형, 압출다이, 와이어인발다이, 단조금형, 헤딩금형, 판재스탬핑다이 등을 예로 들 수 있다. 이러한 공구재료는 재래식 절삭 방법으로는 가공이 어렵거나 불가능한 경우가 많다. EDM 공정을 요하는 부품의 예로는 재래식 가공의 절삭력을 견디지 못하는 약한 부품, 구멍 중심축이 표면과 예각을 이뤄 드릴링 작업이 어려운 구멍을 가지는 부품, 단단하거나 특이한 금속 부품 등이다.

방전와이어커팅 방전와이어커팅electric discharge wire cutting: EDWC은 보통 와이어EDM이라 불리기도 하는데, 공작물에 좁은 절단폭kurf을 내기 위해 전극으로서 작은 직경의 와이어를 사용하는 방전가공의 특수한 형태다. 전극와이어와 공작물 사이의 전기방전 시 나오는 열에너지에 의해 절단이 이뤄진다. [그림 19.8]을 보면 공작물이 연속적으로 이송되면서 마치 띠톱절단과 같이 원하는 경로를 그리며 서서히 와이어를

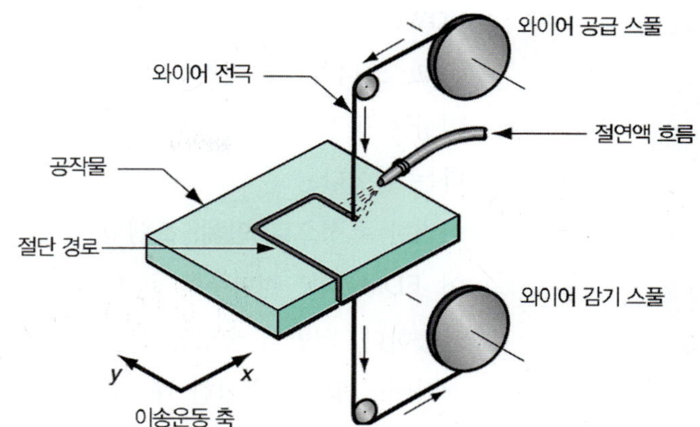

그림 19.8
방전와이어커팅(출처: Fundamentals of Modern Manufacturing, 4th Edition by Mikell P. Groover, 2010. Reprinted with permission of John Wiley & Sons, Inc.).

지나가게 된다. 절단 중의 이송운동을 위해 NC기술이 사용된다. 와이어는 공정 중 공급 스풀로부터 감기 스풀로 연속적으로 풀려 지나가는데, 이렇게 하여 일정한 직경을 가지는 전극을 유지할 수 있고, 결과적으로 절단폭이 일정하게 유지된다. EDM과 마찬가지로, 방전와이어커팅에도 절연액이 필요하다. 그림과 같이 노즐을 통해 공구－공작물의 경계점에 절연액이 뿌려질 수도 있고, 공작물을 절연액에 담가서 사용할 수도 있다.

와이어 직경은 보통 0.076~0.3mm 정도인데, 요구되는 절단폭에 따라 달라진다. 와이어 재료로는 황동, 동, 텅스텐, 몰리브덴 등이 사용된다. 절연액은 탈이온수나 기름이 이용된다. EDM처럼 와이어EDM에서도 [그림 19.9]에 나타나듯이 와이어 직경보다 더 큰 절단폭을 만드는 오버컷이 존재한다. 오버컷 범위는 보통 0.02~0.05mm 수준이다. 일단 주어진 대상에 대한 모든 가공조건들이 정해지면 오버컷은 일정하고 예측가능한 값이 된다.

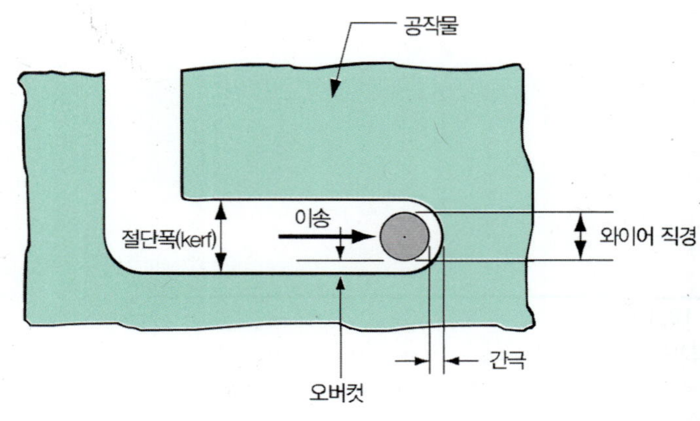

그림 19.9
방전와이어커팅에서 절단폭과 오버컷(출처: Fundamentals of Modern Manufacturing, 4th Edition by Mikell P. Groover, 2010. Reprinted with permission of John Wiley & Sons, Inc.).

EDWC가 띠톱절단과 비슷해 보일지라도 정밀도 수준은 훨씬 높다. 즉, 절단폭이 더 좁고, 코너가 더 예리하며 공작물에 대한 절삭저항은 없다. 더욱이 재료의 경도와 인성은 공정에 아무 영향도 못 미친다. 유일한 필요조건은 재료가 전기도체여야 한다는 점이다.

이러한 특성으로 인해, 스탬핑 금형 부품을 만드는데 이상적인 공정이 바로 이 와이어 EDM이다. 절단폭이 좁기 때문에 한번 가공으로 펀치와 다이를 제작하는 것이 가능하다. 선반의 총형공구, 압출다이, 형판 등 외형이 복잡한 공구류나 부품들도 방전와이어커팅이 적합한 대상들이다.

19.3.2 전자빔가공

전자빔가공electron beam machining: EBM은 전자빔을 이용하는 공정 중 하나인데, 전자빔은 가공 외에도 열처리와 용접에도 응용된다. 전자빔가공은 고속의 전자들을 공작물 표면에 집중시켜 용융과 기화에 의해 재료를 제거하는 가공법이다. EBM 공정의 개략도를 [그림 19.10]에 나타냈다. 전자빔 건이 광속의 약 75% 수준으로 가속이 된 전자들의 연속된 흐름을 발생시켜, 전자석 렌즈를 통해 물체 표면에 집중되게 한다. 이 렌즈는 빔의 면적을 0.025mm 직경 수준까지 줄여줄 수 있다. 빔에 표면이 닿게 되면 전자의 운동에너지가 열에너지로 변화되는데, 이 열에너지의 밀도가 상당히 높아서 미소 영역의 재료를 녹이거나 기화시킬 수 있다.

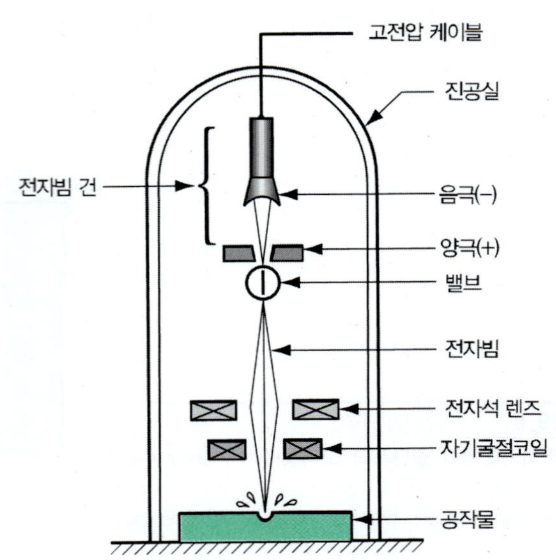

그림 19.10

전자빔가공(출처: Fundamentals of Modern Manufacturing, 4th Edition by Mikell P. Groover, 2010. Reprinted with permission of John Wiley & Sons, Inc.).

EBM은 모든 재료에 대한 고정밀 가공을 위해 사용된다. 적용 예는 극소 구멍(직경 0.05mm까지)의 가공, 깊이:직경 비가 매우 높은 구멍(100:1 이상)의 가공, 약 0.025mm 폭의 홈 가공 등을 들 수 있다. EBM은 이와 같이 미세가공에 적합한데, 얇은 재료(0.25~6.3mm)의 가공에는 일반적으로 제한을 받는다. EBM은 진공실에서 수행되어야만 하는데, 이는 기체분자와 전자들의 충돌을 방지하기 위함이다. 다른 단점으로는 높은 에너지와 고가의 장비를 들 수 있다.

19.3.3 레이저빔가공

레이저는 열처리, 용접, 측정, 조각, 절단 드릴링 등 산업의 다양한 영역에서 응용된다. 레이저laser는 Light Amplification by Stimulated Emission of Radiation의 약자로 전기에너지를 고도로 집중된 광에너지로 바꿔주는 일종의 광변환기다. 레이저빔은 다른 광과 구별되는 몇 가지 특성을 가지고 있는데, 단색광(이론적으로 단일 파장을 가지는 빛)이고, 높은 직선성(빔의 광선들의 거의 완벽한 평행)을 가진다는 것이 특징적이다. 이러한 특성이 있어 레이저에 의해 생성된 빛을 광렌즈를 사용해 매우 작은 점에 집중시켜 고밀도의 에너지를 얻는 것이 가능하다. 빔의 에너지양을 조절해 위에서 설명한 다양한 레이저 공정들에 적용할 수 있다.

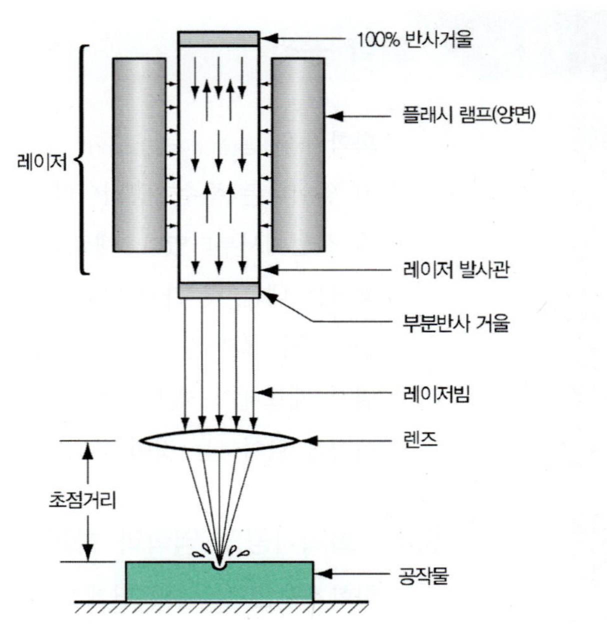

그림 19.11
레이저빔가공(출처: Fundamentals of Modern Manufacturing, 4th Edition by Mikell P. Groover, 2010. Reprinted with permission of John Wiley & Sons, Inc.).

레이저빔가공laser beam machining: LBM은 기화나 용융에 의해 재료를 제거하기 위해 레이저로부터 나오는 광에너지를 사용하는 가공법이다([그림 19.11] 참조). LBM에서 사용되는 레이저의 종류는 주로 이산화탄소 레이저와 고상 레이저(여기에도 다양한 종류가 있음)이다. 레이저가공에서 광빔 에너지의 집중은 광학적으로 뿐만 아니라 시간에 따라서도 이뤄진다. 즉, 펄스 형태의 빔을 통해 방출된 에너지가 공작물 표면에 충격을 가해 기화와 용융을 같이 만들어내고, 용융된 재료가 빠르게 표면으로부터 탈락되게 해준다.

LBM은 다양한 유형의 구멍가공, 홈가공, 조각, 마킹 등의 공정에 적용될 수 있다. 작은 직경(0.025mm까지)의 구멍 가공이 가능하며 더 큰 직경(0.50mm까지)의 구멍은 레이저빔으로 구멍의 윤곽을 가공함으로써 만들 수 있다. LBM은 대량생산용 공정은 아니며 일반적으로 얇은 두께의 재료에 적용된다. 레이저가공은 거의 모든 재료에 대해 가능하지만 이상적인 재료는 광에너지의 흡수율이 우수하고, 반사도가 낮고, 열전도성이 좋고, 비열이 작고, 용융열과 기화열이 적은 특성을 갖는 것이라 할 수 있다. 물론 어떤 재료도 이 모든 특성을 만족하는 것은 없다. 실제로 LBM에 의해 가공되는 재료로는 고경도와 고강도의 금속, 연금속, 세라믹, 유리, 유리에폭시, 플라스틱, 고무, 직물, 목재 등을 들 수 있다.

19.4 화학 공정

화학가공chemical machining: CHM 공정은 강한 화학 식각액과의 접촉에 의해 재료제거가 일어나는 특수가공법이다. 산업용 공정으로서 실용화된 것은 2차 대전 이후 항공기 산업에서부터였다. 재료로부터 원하지 않는 부분을 제거하기 위해 화학약품을 사용하는 데는 몇 가지 방법이 있는데, 이들 방법을 구분하기 위해 몇 가지 용어가 만들어졌다. 화학밀링, 화학블랭킹, 화학조각, 광화학가공 등이다. 이들 모두에게는 동일한 재료제거 메커니즘이 적용되는데, 개별공정의 정의에 앞서 화학가공의 일반적 특성을 알아보는 것이 적합하다.

19.4.1 화학가공의 역학과 화학

화학가공 공정은 몇 단계로 구성되는데, 각 단계 실행에 있어 방법의 차이로 CHM의 여러 종류들이 설명된다.

1. **세척**: 첫 단계는 식각될 표면으로부터 재료가 균일하게 제거되도록 하는 세척 공정이다.
2. **마스킹**masking: 마스칸트maskant라 불리는 보호코팅을 재료 표면의 일부분에 덮는다. 마스칸트는 식각액에 강한 내식성이 있는 물질로 만드는데, 레지스트resist라는 용어도 마스킹 재료를 부르기 위해 사용된다. 따라서 식각이 되지 않을 공작물 표면부에 레지스트를 덮는다.
3. **식각**etching: 재료제거 단계다. 마스킹이 안 된 재료 표면부를 화학적으로 제거하기 위해 식각액 속에 재료를 담근다. 일반적인 원리는 재료(예, 금속)를 식각액에서 분해되는 염salt으로 변화시켜 표면으로부터 제거되게 하는 것이다. 원하는 양의 재료가 제거되면 재료를 식각액으로부터 꺼내 공정진행을 멈추도록 세척한다.
4. **마스크 제거**demasking: 마스칸트가 재료로부터 제거된다.

화학가공에서 방법, 재료, 공정파라미터 등에 많은 다양성이 있는 단계가 마스킹과 식각 단계다.

마스칸트 재료로 네오프렌neoprene, PVC, 폴리에틸렌 혹은 다른 고분자 화합물들이 사용될 수 있다. 마스킹은 다음의 3가지 방법으로 수행될 수 있다. (1)컷앤필, (2)포토레지스트, (3)스크린레지스트. 컷앤필cut and peel 방법에서는 마스칸트를 침적dipping이나 페인팅 혹은 스프레이 등을 통해 0.025~0.125mm 두께로 부품 전체에 바른다. 마스칸트가 굳게 되면 조각칼을 이용해 식각이 될 표면부를 절단하고 제거한다. 절단과정은 형판template을 대고 수작업으로 수행된다. 일반적으로 이 방법은 대형 부품, 소량생산과 정확성이 그다지 요구되지 않을 경우에 사용된다. ±0.125mm 보다 더 좁은 공차 범위는 극도의 주의를 기울이지 않는 한 얻기 힘들다.

포토레지스트photoresist or photographic resist 방법은 마스킹 단계에 사진현상 기술을 응용하는 것이다. 마스크 재료는 빛에 민감한 화학물질, 즉 감광제를 포함한다. 공작물 표면에 감광제를 도포한 후, 식각될 영역의 음화negative images를 통해 빛에 노출시킨다. 노출된 마스칸트 부분을 사진형상 방법으로 표면으로부터 제거한다. 이렇게 해서 부품에 남겨 놓고자 하는 부분은 마스칸트의 보호를 받게 하고, 그외의 부분(식각시킬 부분)은 보호를 받지 않게 한다. 포토레지스트 방법은 소형의 부품을 대량으로, 높은 공차수준으로 생산할 때 적용된다. ±0.0125mm 보다 좁은 공차도 가능하다 [16].

스크린레지스트screen resist 방법은 실크스크린silk screening 방법을 응용한 것으로, 실크 혹은 스테인리스 망을 통해 마스칸트를 공작물 표면에 도포하는 것이다. 망에 어떤 형상을 새겨 넣은 것을 스텐실stencil이라 하는데, 식각되지 않을 부분에 마스칸트가 도포되게 해준다. 이 방법은 정확도, 부품 크기, 생산수량 등의 측면에서 위 두 방법의 중간 정도된다. ±0.075mm 정도의 공차를 얻을 수 있다.

식각액etchant의 선정은 식각대상 재질, 재료제거 깊이와 속도, 원하는 표면거칠기 수준 등에 따라 결정된다. 또한 식각액은 마스칸트 재료와 잘 맞아서, 마스칸트 재료가 식각액의 화학적 공격을 견뎌낼 수 있어야 한다. [표 19.2]에 화학가공이 적용되는 재질과 이들의 적합한 식각액을 나타냈다.

표 19.2 화학가공의 재료와 식각액, 침투속도와 식각계수[5][8][16]

공작물	식각액	침투속도		식각계수
		mm/min	in/min	
알루미늄과 그 합금	$FeCl_3$	0.020	0.008	1.75
	NaOH	0.025	0.001	1.75
동과 그 합금	$FeCl_3$	0.050	0.002	2.75
마그네슘과 그 합금	H_2SO4	0.038	0.0015	1.0
실리콘	HNO_3:HF:H_2O	매우 느림		데이터 없음
연강	HCl:HNO_3	0.025	0.001	2.0
	$FeCl_3$	0.025	0.001	2.0
티타늄과 그 합금	HF	0.025	0.001	1.0
	HF:HNO_3	0.025	0.001	1.0

CHM의 소재제거율은 보통 침투속도penetration rates,mm/min로 표시되는데, 식각액에 의한 화학적 공격이 표면에 직접 가해지기 때문이다. 침투속도는 표면적에 영향을 받지 않는다. [표 19.2]에 주어진 재료와 식각액에 대한 침투속도 값을 수록했다.

금속판재로 만드는 항공기 패널에 화학가공을 작용할 때 12.5mm까지의 가공깊이도 가능하지만 대개의 경우 수백 분의 1mm 정도의 깊이를 화학가공을 통해 얻는다. 식각은 재료 안쪽 방향으로 일어날 뿐만 아니라 [그림 19.12]에서처럼 마스칸트 아래의 측면 방향으로도 일어난다. 이러한 형상을 언더컷undercut이라 하는데, 마스크 설계 시 이것이 충분히 고려되어야만 공정 후의 치수가 원하는 값에 맞게 된다. 언더컷은 가공깊이에 비례하는데, 각 재질에 대한 이들 사이의 비례상수를 식각계수etch factor라 한다. 즉,

$$F_e = \frac{d}{u} \tag{19.8}$$

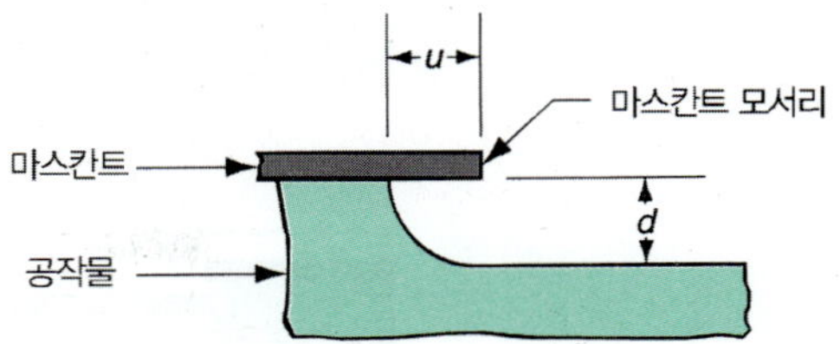

그림 19.12
화학가공의 언더컷(출처: Fundamentals of Modern Manufacturing, 4th Edition by Mikell P. Groover, 2010. Reprinted with permission of John Wiley & Sons, Inc.).

여기서 F_e=식각계수, d=가공깊이 mm, u=언더컷 mm이고, u와 d는 [그림 19.12]에 정의되어 있다. 화학가공에서 식각계수는 재료에 따라 다른 값을 갖는데, 일부를 [표 19.2]에서 소개하고 있다. 식각계수는 마스칸트의 제거 영역을 결정하는데 이용되어, 결과적으로 설계에 명시된 치수를 갖는 식각영역을 달성하도록 해준다.

19.4.2 화학가공

이 절에서는 다음 화학가공 공정들의 원리에 대해 설명한다. (1)화학밀링, (2)화학블랭킹, (3)화학조각, (4)광화학가공.

화학밀링 화학가공 공정 중 가장 처음으로 산업에 응용된 것이 화학밀링chemical milling이다. 2차 대전 중 미국의 항공기 제작사에서 비행기 부품의 가공을 위해 화학밀링법을 사용하기 시작했고, 그 당시 이러한 공정을 'Chem-Mill'이라고 불렀다. 오늘날도 화학밀링이 항공기 산업체에서 널리 사용되는데, 비행기 날개와 동체 패널로부터 재료를 제거해 무게를 줄여주는 목적으로 사용된다. 주로 큰 부품에 적용되어 공정을 통해 효과적인 양을 제거할 수 있게 한다. 컷앤필 마스킹 방법이 적용되고, 형판이 에칭 후의 언더컷을 고려해 사용된다. 공정의 각 단계를 [그림 19.13]에 나타냈다.

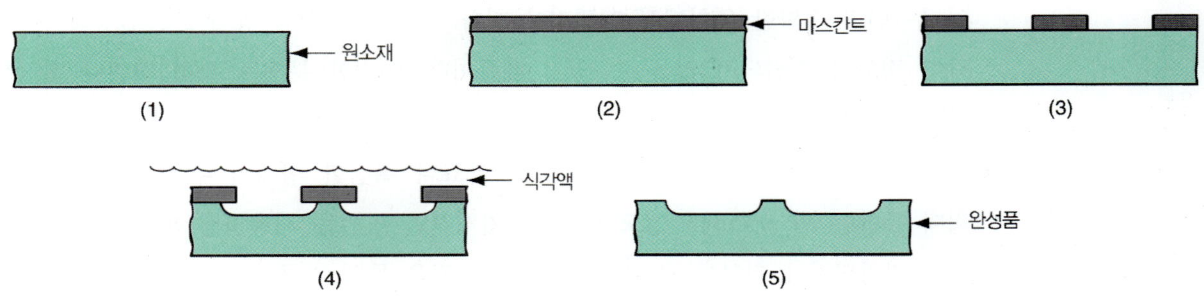

그림 19.13 화학밀링의 공정 순서 (1)원소재 세척, (2)마스칸트 도포, (3)식각될 부분을 컷앤필, (4)식각, (5)마스칸트 제거, 세척(출처: Fundamentals of Modern Manufacturing, 4th Edition by Mikell P. Groover, 2010. Reprinted with permission of John Wiley & Sons, Inc.).

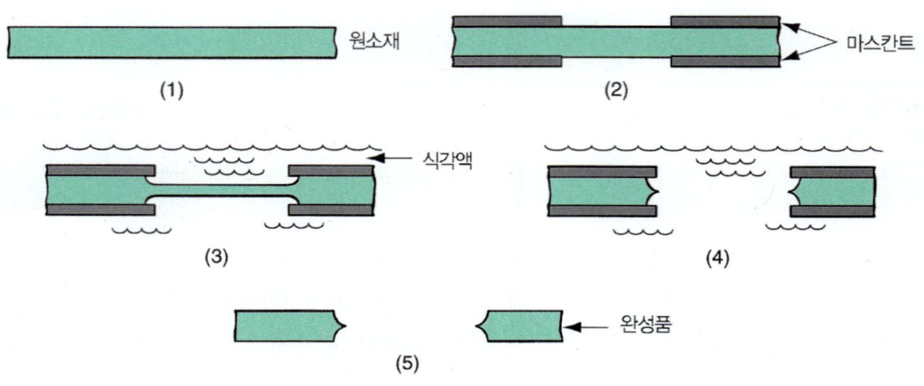

그림 19.14 화학블랭킹의 공정 순서 (1)원소재 세척, (2)스크린을 통한 레지스스트(마스칸트) 도포, (3)진행중인 식각, (4)완료된 식각, (5)레지스스트 제거, 세척(출처: Fundamentals of Modern Manufacturing, 4th Edition by Mikell P. Groover, 2010. Reprinted with permission of John Wiley & Sons, Inc.).

화학블랭킹 화학블랭킹chemical blanking은 매우 얇은 금속박판(두께 0.025mm 정도까지)을 절단하거나 복잡한 절단 패턴을 만들기 위해 화학적 식각을 이용하는 공정이다. 전통적인 펀치-다이 방법을 사용할 경우 스탬핑 하중이 박판을 손상시키거나, 과다한 공구 비용이 우려되는 상황에서 이보다 화학블랭킹을 선택한다. 화학블랭킹은 버를 생성하지 않아 이것이 전통적인 전단공정보다 우수한 장점 중 하나가 된다. 화학블랭킹에서 마스칸트를 도포하기 위해 포토레지스트 혹은 스크린레지스트 방법이 사용된다. 작거나 복잡한 절단 패턴, 작은 공차를 위해서는 포토레지스트를, 그렇지 않은 경우는 스크린레지스트를 선택한다. 작은 부품의 화학블랭킹에서는 컷앤필 방법은 배제한다.

스크린레지스트를 사용하는 화학블랭킹의 공정 순서를 [그림 19.14]에 나타냈다. 화학블랭킹에서는 화학적 식각이 부품의 상하 양면에서 발생되기 때문에 마스킹 공정이 두 면의 정확한 위치에서 이뤄져야 한다. 그렇지 않으면 양면에서 진행해 온 식각이 정확히 정렬되지 않을 수 있기 때문이다. 이러한 문제는 특히 작거나 복잡한 패턴을 가지는 부품의 경우 중요하다.

화학블랭킹의 일반적 적용 대상은 얇은 재료나 복잡한 형태의 부품이다. 적용가능 최대 두께는 약 0.75mm 정도다. 또한 기계적인 방법을 사용하면 파단이 일어나기 쉬운 경화되거나 취성이 큰 재료도 화학블랭킹을 통해 가공할 수 있다. [그림 19.15]는 화학블랭킹 공정으로 얻어진 부품들의 예다.

그림 19.15
화학블랭킹 공정을 거친 부품의 예 (Buckbee-Mears St. Paul 제공)(출처: Fundamentals of Modern Manufacturing, 4th Edition by Mikell P. Groover, 2010. Reprinted with permission of John Wiley & Sons, Inc.).

화학조각 화학조각chemical engraving은 명판이나 한 면에 문자 혹은 그림이 새겨진 평판을 만들어주는 화학가공법이다. 화학조각법을 사용하지 않으면 이러한 제품들은 재래식 조각기나 이와 유사한 기계로 제작될 것이다. 화학조각을 통해 음각과 양각 모두 가능한데, 이것은 단지 식각될 부분을 바꿔 줌으로써 전환이 가능하다. 마스킹 방법으로는 스크린레지스트와 포토레지스트가 사용된다. 화학조각법은 다른 화학가공 공정과 유사한데, 유일한 차이점은 충진filling공정이 식각 후에 적용된다는 것이다. 충진이란 식각 후에 생긴 음각부에 페인트나 기타 코팅재를 채우는 일이다. 그 다음에 레지스트는 용해시키면서 코팅재에는 영향을 주지 않는 용액 속에 재료를 집어넣는다. 이렇게 하여 레지스트는 제거되고, 코팅재는 식각부에 남아 있게 되어 패턴을 뚜렷하게 보여주는 효과가 나타난다.

광화학가공 포토레지스트 마스킹 방법을 사용하는 화학가공을 광화학가공photochemical machining: PCM이라 부른다. 따라서 화학블랭킹이나 화학조각에서도 포토레지스트를 사용하는 경우에는 이 명칭을 사용할 수 있다. PCM은 편평한 재료에 작은 공차와 복잡한 패턴을 요할 때 사용된다. 광화학공정은 전자산업에서 반도체 웨이퍼 상에 복잡한 회로를 만들 때도 사용된다.

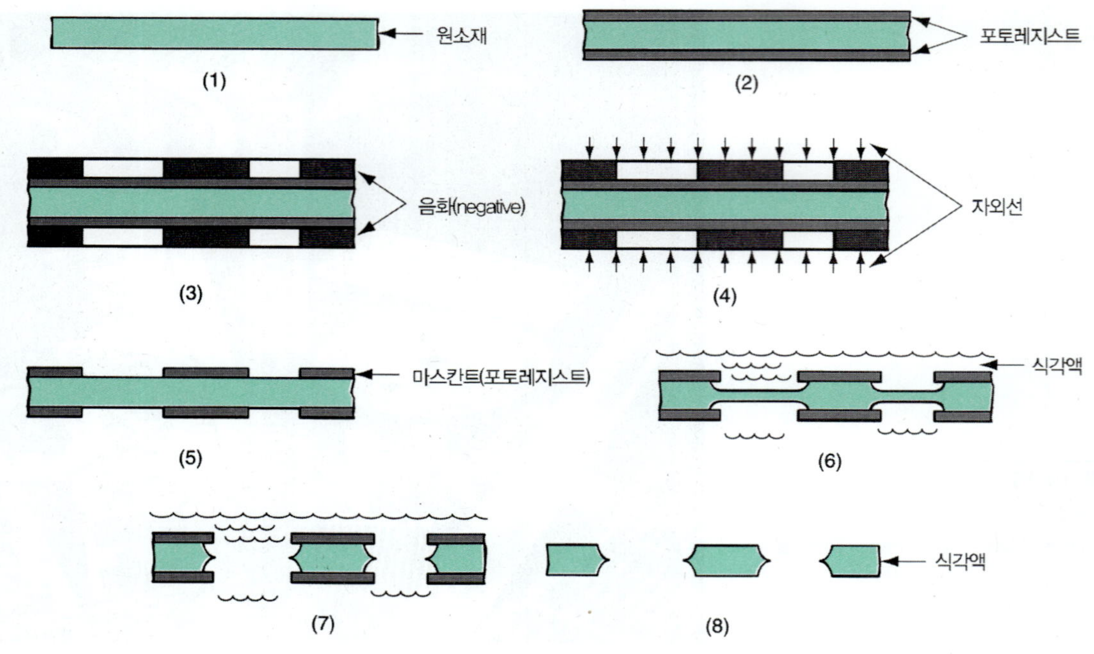

그림 19.16 광화학가공의 공정 순서 (1)원소재 세척, (2)담금, 스프레이, 페인팅 등에 의한 레지스트(마스칸트) 도포, (3)레지스트 위에 음화 설치, (4)자외선 노출, (5)식각될 부분으로부터 레지스트를 제거하는 현상과정, (6)진행 중인 식각, (7)완료된 식각, (8)레지스트 제거, 세척(출처: Fundamentals of Modern Manufacturing, 4th Edition by Mikell P. Groover, 2010. Reprinted with permission of John Wiley & Sons, Inc.).

[그림 19.16]은 광화학공정이 화학블랭킹에 응용될 때의 공정 단계를 보여준다. 원하는 이미지를 레지스트 상에 마치 사진처럼 노출시키는 방법은 다양하다. 그림에서는 노출과정에서 레지스트 표면과 접촉하고 있는 음화negative를 보여준다. 이것이 접촉인쇄방식인데 이밖에 렌즈 시스템을 통해 레지스트 표면에 인쇄될 패턴의 크기를 늘리거나 줄이는 노출 방법도 있다. 현재 사용되고 있는 포토레지스트 물질은 자외선에 반응하고, 다른 파장의 빛에는 반응하지 않는다. 그러므로 공장 내의 적절한 조명만 있다면 공정을 암실에서 수행해야 할 필요는 없다. 마스킹 공정 이후의 나머지 단계는 화학가공과 유사하다.

광화학가공에서 식각계수와 상응하는 용어는 이방성anisotropy지수인데, 이는 가공깊이 d를 언더컷 u로 나눈 비로 정의된다([그림 19.12] 참조). 즉, 식 (19.8)과 동일하게

$$A = F_e = \frac{d}{u} \tag{19.8}$$

여기서 A=이방성지수, F_e=식각계수, d=가공깊이, u=언더컷이다.

19.5 특수가공의 적용

특수가공 공정이 적용되는 전형적인 경우는 특수한 부품형상을 가질 때나 공작물 재질이 전통적인 기술로는 가공하기 힘들 때다. [표 19.3]은 특수가공에 적합한 특수 형상을 열거한다.

특수가공은 금속과 비금속의 거의 모든 재료에 적용될 수 있다. 하지만 각 공정마다 적용될 수 없는 재질들이 있다. [표 19.4]는 여러 유형의 재료에 대해 특수가공의 적용 가능성을 보여준다. 일부 공정은 금속에만 사용되고 비금속에는 적용할 수 없다. 예를 들어 ECM, EDM에서는 재질이 전기도체여야만 하기 때문에 적용 대상을 금속으로만 제한한다. CHM의 경우 주어진 공작물 재질에 대해 적합한 식각액의 존재 여부가 제한조건이 된다. 금속이 다양한 식각액을 통해 화학적인 공격을 받기 쉽기 때문에 CHM은 일반적으로 금속가공에 이용된다. 일부 예외적인 경우를 제외하고는 USM, AJM, EBM, LBM 등은 금속과 비금속 둘 다 적용 가능하다. WJC는 일반적으로 플라스틱, 판지, 직물 등 금속만큼의 강도를 갖지 못하는 재료에만 사용된다.

표 19.3 공작물 형상 특징과 적합한 특수가공 공정

형상 특징	특수가공법
미소구멍: 직경이 0.125mm 이하, 경우에 따라서는 0.025mm 이하의 구멍. 일반적인 드릴공구로 가공할 수 있는 직경보다 작음.	EBM, LBM
직경 대 깊이 비율이 큰 구멍: (예, $d/D > 20$). 건 드릴링을 제외한 전통적인 드릴링으로는 불가능한 구멍.	ECM, EDM
비원형 구멍: 회전하는 드릴공구로 가공할 수 없는 구멍.	EDM, ECM
좁은 홈: 다양한 재료의 후판(slab)과 평판(plate)에 좁은 홈을 내는 경우로, 홈이 반드시 곡선이거나 매우 복잡한 형상일 수 있음.	EBM, LBM, WJC, 와이어EDM, AWJC
미세가공(micromachining): 작은 구멍과 좁은 홈 외에도 부품을 매우 미세하게 제거해야 할 경우.	PCM, LBM, EBM
편평한 부품의 얇은 포켓과 표면의 세부 형상: 반도체 칩으로부터 대형 항공기 패널까지 부품 크기가 넓은 범위에 걸쳐 있음.	CHM
주형과 금형의 특수한 윤곽: 이러한 경우 다이싱킹(die-sinking)이란 용어도 사용됨.	EDM, ECM

표 19.4 다양한 재질에 대한 특수가공 공정의 적용[16]

공작물	특수가공								전통적인 가공	
	기계적		전기적	열적				화학적		
	USM	WJC	ECM	EDM	EBM	LBM	PAC	CHM	밀링	연삭
알루미늄	C	C	B	B	B	B	A	A	A	A
강	B	D	A	A	B	B	A	A	A	A
슈퍼합금	C	D	A	A	B	B	A	B	B	B
세라믹	A	D	D	D	A	A	D	C	D	C
유리	A	D	D	D	B	B	D	B	D	C
실리콘(반도체)			D	D	B	B	D	B	D	B
플라스틱	B	B	D	D	B	B	D	C	B	C
판지(종이류)	D	A	D	D			D	D	D	D
직물(가죽포함)	D	A	D	D			D	D	D	D

A: 매우 적합, B: 적합, C: 미흡, D: 적용불가, 빈 칸은 데이터 없음.

참고문헌 References

[1] Aronson, R. B. 'Waterjets Move into the Mainstream,' *Manufacturing Engineering,* April 2005, pp.69-74

[2] Bellows, G., and Kohls, J. B. 'Drilling without Drills.' Special Report 743, *American Machinist,* March 1982, pp. 173-188.

[3] Benedict, G. F. *Nontraditional Manufacturing Processes*. Marcel Dekker, Inc., New York, 1987.

[4] Dini, J. W. 'Fundamentals of Chemical Milling.' Special Report 768, *American Machinist,* July 1984, pp. 99-114.

[5] Drozda, T. J., and Wick, C. *Tool and Manufacturing Engineers Handbook*. 4th ed. Vol. 1, *Machining*. Soc. of Manufacturing Engineers, Dearborn, Michingan, 1983, Chapter 14.

[6] El-Hofy, H. *Advanced Machining Processes: Nontraditional and Hybrid Machining Processes,* McGraw-Hill Professional, New York, 2005

[7] Guitrau, E. 'Sparking Innovations,' *Cutting Tool Engineering,* Vol.52, No.10, October 2000, pp. 36-43.

[8] *Machining Data Handbook*. 3rd ed. Vol. 2, Machinability Data Center, Metcut Research Associates Inc., Cincinnati, Ohio, 1980.

[9] Mason, F. 'Water Jet Cuts Instrument Panels.' *American Machinist & Automated Manufacturing,* July 1988, pp. 126-127.

[10] McGeough, J. A. *Advanced Methods, of Machining*. Chapman and Hall, London, England, 1988.

[11] Pande, P. C., and Shan, H. S. *Modern Machining Processes*. Tata McGraw-Hill Publishing Company, New Delhi, India, 1980.

[12] Vaccari, J. A. 'The Laser's Edge in Metalworking.' Special Report 768, *American Machinist,* August 1984, pp. 99-114.

[13] Vaccari, J. A. 'Thermal Cutting.' Special Report 778, *American Machinist.* July 1985, pp. 111-126.

[14] Vaccari, J. A. 'Advances in Laser Cutting.' *American Machinist & Automated Manufacturing.* March 1988, pp. 59-61.

[15] Waurzyniak, P. 'EDM's Cutting Edge,' *Manufacturing Engineering,* Vol.23, No.5, November 1999, pp. 38-44

[16] Weller, E. J. (ed.). *Nontraditional Machining Process.* 2nd ed. Society of Manufacturing Engineers, Dearborn, Mich, 1984.

[17] www.engineershandbook.com/MfgMethods

복습문제 Review Questions

19.1 특수가공 공정의 중요성을 설명하라.

19.2 적용 에너지의 형태에 따라 특수가공을 분류할 때 4가지 유형의 이름은 각각 무엇인가?

19.3 초음파가공의 원리를 설명하라.

19.4 워터제트절단 공정에 대해 설명하라.

19.5 워터제트절단, 연마제워터제트절단, 연마제제트절단의 차이점은 무엇인가?

19.6 전기화학적인 가공법의 3가지 주요 공정의 이름을 들어라.

19.7 전해가공의 주요 단점은 무엇인가?

19.8 방전가공에서 방전전류가 증가함에 따라 소재제거율과 표면거칠기에 어떠한 영향을 미치는가?

19.9 방전가공에서 오버컷이란 무엇인가?

19.10 화학가공에서 주요 4단계의 이름을 적어라.

19.11 화학가공에서 마스킹을 위해 사용되는 3종류의 방법을 설명하라.

19.12 화학가공에서 포토레지스트란 무엇인가?

연습문제 PROBLEMS

19.1 다음의 각 작업 내용에 대해 적용 가능한 특수 가공공정을 하나 혹은 그 이상 선택하고, 합당한 이유를 기술하라. 부품형상과 재질 모두 전통적인 절삭가공을 적용하기에 부적합하다고 가정한다. 두께 3.2mm의 경화공구강판에 직경 0.1mm의 구멍의 배열을 가공. 배열은 가로 75mm, 세로 125mm의 직사각형이고, 구멍 간의 간격은 1.6mm다.

19.2 다음의 각 작업 내용에 대해 적용 가능한 특수 가공 공정을 하나 혹은 그 이상 선택하고, 합당한 이유를 기술하라. 부품형상과 재질 모두 전통적인 절삭가공을 적용하기에 부적합하다고 가정한다. 가로 275mm, 세로 350mm의 포스터 제작을 위한 옵셋 인쇄기계에 사용될 알루미늄 인쇄원판의 조판이다.

19.3 다음의 각 작업 내용에 대해 적용 가능한 특수 가공 공정을 하나 혹은 그 이상 선택하고, 합당한 이유를 기술하라. 부품형상과 재질 모두 전통적인 절삭가공을 적용하기에 부적합하다고 가정한다. 두께 12.5mm의 유리판에 L자형의 관통 구멍을 형성. L자의 크기는 높이 25mm, 폭 15mm이고, 구멍의 폭은 3mm다.

19.4 다음의 각 작업 내용에 대해 적용 가능한 특수 가공 공정을 하나 혹은 그 이상 선택하고, 합당한 이유를 기술하라. 부품형상과 재질 모두 전통적인 절삭가공을 적용하기에 부적합하다고 가정한다. 한 변이 50mm인 강재질의 정육면체에 G자형의 홈을 가공. G자의 크기는 높이 25mm, 폭 19mm이고, 홈의 깊이는 3.8mm, 홈 폭은 3mm다.

19.5 안락의자와 소파를 만드는 가구공장에서 대량의 직물을 자르는 공정이 필요하다. 이 직물의 대부분은 강하고 내마모성이 있어 절단이 쉽지 않다. 이 경우에 추천할 수 있는 특수가공 공정은 무엇인가? 그 공정을 적합하게 해준 공정특성을 제시해 답을 작성하라.

19.6 전류 1800amps, 전압 12volts로 수행되는 ECM 공정에서 전극 끝 면적은 2000mm^{2}이다. 가공할 재료는 니켈(원자가 2)인데 [표 19.1]에 고유 소재제거율 C가 나타나 있다. (a)공정의 효율이 90%일 경우 소재제거율을 mm^2/min의 단위로 구하라. (b)전극의 비저항이 140ohm-mm일 경우 가공 간격을 결정하라.

19.7 전극의 가공 면적이 2.5in^{2}인 ECM공정에서 인가전류는 1500amps, 전압은 12volts이다. 공작물 재질은 순수 알루미늄이다. (a)공정의 효율이 90%일 경우 소재제거율을 in^3/hr의 단위로 구하라. (b)전극의 비저항이 6.2ohm-in일 경우 가공 간격을 결정하라.

19.8 두께가 20mm인 순수한 구리(원자가 1) 판재에 정사각형 구멍을 ECM을 통해 만들고자 한다. 구멍의 한 변의 길이는 25mm이지만 전극의 크기는 오버컷을 고려해 이보다 약간 작다. 또한 전극 중심부에는 구멍이 있어 전해액이 흘러가고 가공 단면적도 줄일 수 있다. 이러한 설계 결과 공구선단면의 면적은 200mm^{2}이다. 가해지는 전류가 1000amps이고 효율이 95%라면 구멍을 완성시키기 까지 걸리는 시간은 얼마인가?

19.9 두께가 2in인 순철(원자가 2) 블록에서 직경이 3.5in인 구멍이 ECM에 의해 관통된다. 가공속도를 올리기 위해 내경이 3in인 중심구멍을 갖는 전극 공구를 이용한다. 공구가 블록을 관통한 후에 공구중심에 남은 코어는 제거된다. 전극의 외경은 overcut을 고려해 약간 작아야 한다. overcut은 한쪽에 0.005in로 예상된다. 공정의 효율이 90%일 경우, 20분에 관통시키기 위해 필요로 하는 전류값을 구하라.

19.10 텅스턴과 주석 재료에 방전가공을 실시하고자 한다. (a)방전 전류가 20amps일 때 공정 시작 1시간 후 제거된 금속량을 구하라. (b)재료가 주석인 경우 위와 동일한 조건 하에서의 제거된 금속량을 구하라. 미터 단위들을 사용하고 답을 mm^3으로 표기하라.

19.11 철과 아연에 대해 방전 전류가 15amps일 때 방전가공에 의해, 공정 시작 1시간 후 제거된 금속량을 각각 구하라.

19.12 문제 19.9에서 구멍이 EDM에 의해 관통된다고 하자. 방전 전류가 20amps(가장 전형적인 값)일 때 구멍을 관통하기 위해서는 어느 정도 시간이 소요될까? 순철의 용융점을 결정하기 위해 [표 3.10]을 사용하라.

19.13 순수 동 재질을 갖는 부품을 EDM에 의해 $0.01 in^3/min$의 소재제거율을 얻었다. 이러한 EDM공정을 니켈에 적용해 같은 방전전류를 인가한다면 소재제거율을 얼마 얻을 수 있을까? 구리와 니켈의 용융점을 얻기 위해 [표 3.10]을 사용하라.

19.14 두께 7mm의 C1080강 공작물을 대상으로 와이어방전을 수행하고자 한다. 와이어 전극은 텅스텐 재질이고 직경은 0.125mm다. 과거의 경험에 의하면 오버컷은 0.02mm로 예상되고, 따라서 절단폭(kerf)은 0.165mm가 될 것이다. 10amps의 방전 전류를 사용할 경우, 공정에서 사용가능한 이송속도는 얼마인가? C1080강의 용융점은 1500℃이다.

19.15 3/4in 두께를 갖는 알루미늄 후판을 직경이 0.005in인 황동 와이어 전극을 이용해 와이어방전을 수행한다. 과거의 경험에 의하면 오버컷은 0.001in로 예상되고, 따라서 절단폭은 0.007in가 될 것이다. 7amps의 방전 전류를 사용할 경우, 공정에서 사용가능한 이송속도는 얼마인가? 알루미늄의 용융점은 1220°F이다.

19.16 어떤 항공기 제작공장에서 알루미늄 합금 재료의 날개부에 몇 개의 포켓 형상을 형성시키기 위해 화학밀링을 사용하고 있다. 재료의 초기 두께는 20mm다. 직사각형 포켓들의 치수는 가로 200mm, 세로 400mm이고, 깊이는 12mm다. 포켓 꼭짓점은 반경 15mm의 라운딩 처리된다. 재질이 알루미늄 합금이어서 식각액은 NaOH를 사용한다. [표 19.2]를 이용해 침투속도와 식각계수를 결정하라. 이 공정에 대해 다음 사항을 결정하라. (a)mm^2/min단위의 소재제거율, (b)규정된 깊이를 가공하는데 걸리는 시간, (c)원하는 포켓 크기를 얻기 위해 필요한 컷앤필 마스칸트의 치수.

19.17 편평한 연강 판상에서 0.4in 깊이로 타원형 포켓을 화학밀링으로 형성하려 한다. 타원의 장축 a는 9in, 단축 b는 6in이다. 염산, 질산수용액을 식각액으로 사용한다. [표 19.2]에서 침투속도와 식각계수를 결정하라. 그리고 이 공정에 대해 다음 사항을 결정하라. (a)in^3/hr 단위의 소재제거율, (b)규정된 깊이를 가공하는데 걸리는 시간, (c)원하는 포켓 크기를 얻기 위해 필요한 컷앤필 마스칸트의 치수.

19.18 두께 0.25mm의 마그네슘 합금 박판을 대상으로 황산을 이용하는 화학블랭킹을 실시하고 있다. 마스킹 방법은 높은 생산성을 위해 스크린 레지스트법을 사용한다. 공정 수행 결과 많은 양의 스크랩이 발생하고 있고, 규정 공차인 ±0.025mm의 달성이 어려웠다. CHM부서의 현장 책임자는 이 원인이 황산에 구체적으로 농도에 있을 것이라 설명했다. 이 문제를 분석하고 해결책을 제시하라.

19.19 두께 0.015in의 알루미늄 박판을 화학블랭킹하려 한다. 박판으로부터 잘려져 나가는 구멍 패턴은 0.1in의 직경을 갖는다. 이러한 구멍을 절단하기 위해 광화학가공(PCM)을 적용하고, 레지스트(마스칸트) 패턴을 만들기 위해 접촉식 인쇄기술이 이용된다. 이 패턴 상에 만들어져야 하는 구멍의 직경을 결정하라.

6부

성질향상 공정과 표면처리 공정

Engineering Materials and Product Attributes 1

Solidification Processes 2

Particulate Processing of Metals and Ceramics 3

Metal Forming and Sheet Metalworking 4

Material Removal Processes 5

Property Enhancing and Surface Processing Operations 6

Joining and Assembly Processes 7

Special Processing and Assembly Technologies 8

Systems Topics in Manufacturing 9

CHAPTER

20

금속의 열처리

HEAT TREATMENT OF METALS

이전의 장들에서는 원하는 형상의 부품을 제조하는 제조공정들을 설명했다. 지금부터는 부품의 성질을 향상시키는 공정(20장)과 청정법이나 코팅과 같은 표면처리 공정(21장)에 관해 다룬다. 성질향상 공정은 공작물 재료의 기계적–물리적 성질을 향상시키기 위해 수행되는 공정이다. 이러한 공정은 적어도 의도적으로 부품의 형상을 바꾸지는 않는다.

가장 대표적 성질향상 공정은 열처리를 들 수 있다. 열처리는 다양한 가열과 냉각공정을 통해 재료의 미세조직을 변화시킴으로써 기계적 성질을 바꾸는 과정이며 이 장에서 다루는 바와 같이 금속에 널리 적용된다. 이와 유사한 처리가 유리–세라믹(2.2.3장), 강화유리(7.3.1장), 분말금속과 세라믹(10.2.3장과 11.2.3장)에도 적용된다.

열처리 공정은 금속부품의 제조 시 여러 차례 적용될 수 있으며 성형 전에(즉, 미리 연하게 만들어 열간에서 쉽게 성형이 가능토록) 실시하는 경우도 있다. 또 다른 경우로 성형 중 발생한 변형경화 효과를 완화시켜주는 목적으로 열처리를 실시해 이후 공정에서의 추가 변형을 가능토록 하기도 한다. 열처리는 최종 제품에서 요구되는 강도와 연성을 부여하기 위해 최종 공정단계에서 실시하기도 한다. 대표적인 열처리로는 어닐링, 강의 마르텐사이트 형성, 석출경화, 표면경화를 들 수 있다.

20.1 어닐링

어닐링annealing: 풀림은 금속을 적정 온도로 가열하고 그 온도에서 일정 시간 유지soaking한 후 서서히 냉각시키는 공정이다. 금속의 어닐링은 (1)경도와 취성의 감소, (2)원하는 기계적 성질을 얻기 위한 미세조직 변화, (3)절삭성과 성형성을 개선시키기 위한 연화처리, (4)냉간가공(변형경화)금속의 재결정화, (5)이전 공정에서의 잔류응력 완화 등을 목적으로 실시한다. 대상 재료의 재결정 온도에 대한 열처리 온도와 열처리 목적에 따라 어닐링이 아닌 다른 명칭으로 불리기도 한다.

완전어닐링full annealing은 철계합금(대개 저탄강, 중탄강)에 주로 적용하는데 합금을 오스테나이트 영역으로 가열한 후 가열로 내에서 서서히 냉각해 조대한 펄라이트를 얻는 처리를 말한다. 노말라이징normalizing: 불림도 유사한 가열, 유지조건에서 실시하지만 냉각속도가 보다 빠르다. 강을 공기 중에서 상온까지 냉각시켜 미세한 펄라이트 조직을 얻게 되며 완전어닐링에 비해 높은 강도와 경도를 보이는 반면 연신율은 낮다.

냉간가공한 부품은 변형경화 효과를 감소시키고 연성을 개선시키기 위해 어닐링 처리를 하기도 한다. 어닐링 과정 동안 변형 경화된 금속은 어닐링온도, 유지시간, 냉각속도에 따라 부분적으로 혹은 완전히 재결정화 한다. 부품의 추가적인 냉간가공을 위해 행하는 어닐링처리는 공정어닐링process anneal이라 한다. 최종적인 냉간가공 완료 후 더 이상의 부가적인 공정 없이 단순히 변형경화 효과를 제거하기 위한 처리는 단순히 어닐링이라 한다. 위의 어닐링 공정들은 공정상의 차이는 거의 없지만 열처리의 목적에 따라 다른 명칭이 부여된다.

만약 어닐링 조건이 냉간가공된 금속의 본래 입자구조로 완전 회복을 가능하게 해주면 재결정recrystallization이 일어난다. 금속이 이러한 형태의 어닐링 공정을 거치면 성형공정 중 발생된 새로운 방위를 갖게 되지만 입자구조와 물성은 냉간가공 이전의 상태와 유사한 특성을 갖는다. 재결정은 온도가 높을수록, 유지시간이 길수록, 냉각속도가 느릴수록 잘 일어난다. 어닐링 공정을 통해 입자구조가 부분적으로 본래의 특성으로 복귀되는 것을 회복어닐링recovery anneal이라 한다. 냉간가공에 의해 금속 내에 축적된 변형경화효과는 상당 부분 유지되지만 회복은 인성을 개선시켜주는 효과가 있다.

위의 어닐링 공정은 응력제거 외의 다른 목적이 주가 되는 것들이다. 응력완화어닐링stress-relief annealing은 성형공정 중 발생한 부품 내의 잔류응력을 완화시키기 위한 목적만으로 실시한다. 이를 통해 응력이 가해진 상태에서 발생할 수 있는 변형이나 치수오차를 줄일 수 있게 된다.

20.2 강의 마르텐사이트 형성

[그림 2.1]의 철-탄소 상태도는 평형조건에서 철과 철탄화물(시멘타이트: cementite) 상들을 나타내고 있다. 이는 오스테나이트가 페라이트와 시멘타이트(Fe_3C)의 혼합상으로 분리 형성될 수 있도록 고온에서 상온으로 냉각 시 냉각이 느리게 진행된다는 것을 가정한 것이다.

이러한 분리형성 반응은 최종 상으로의 변태를 위한 확산과 시간-온도 의존적 공정들을 필요로 한다. 그러나 칭의 경우 평형반응이 저지되므로 오스테나이트가 마르텐사이트라 하는 비평형상으로 변태한다. 마르텐사이트는 단단하고 취성이 큰 상인데 이로 인해 강의 강도를 상당 수준으로 올릴 수 있는 능력을 갖는다.

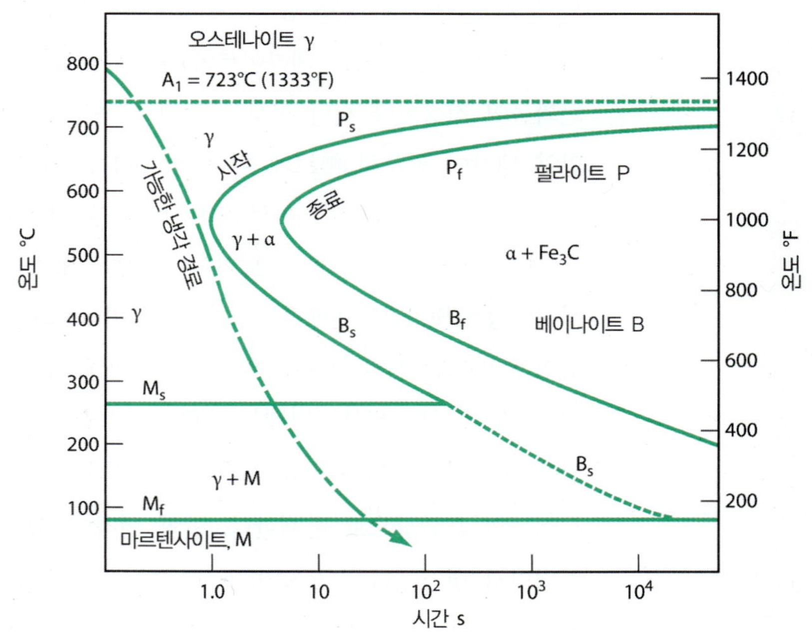

그림 20.1

0.8% 탄소강에서 오스테나이트로부터 다른 상으로의 변태를 보여주는 TTT 선도(출처: Fundamentals of Modern Manufacturing, 4th Edition by Mikell P. Groover, 2010. Reprinted with permission of John Wiley & Sons, Inc.)

20.2.1 등온변태곡선(시간–온도 변태곡선)

마르텐사이트 변태양상은 [그림 20.1]에 나타낸 공석강eutectoid steel의 시간–온도 변태곡선(TTT 곡선)을 보면 잘 알 수 있다. TTT 곡선은 오스테나이트로부터 다른 상으로 변태 시 냉각속도가 미치는 영향을 잘 보여준다. 상은 (1)페라이트와 시멘타이트가 교대로 배열된 구조, (2)마르텐사이트로 나눈다. 가로축은 시간(로그좌표)을, 세로축은 온도를 나타내며 주어진 조성하에 A_1 온도 이상의 오스테나이트 영역에서 냉각이 시작되어 시간에 따른 우하향의 온도냉각이력을 통해 최종 변태상을 분석한다. 그림에 보인 TTT 곡선은 0.8% 탄소를 갖는 경우를 나타내고 있으며 조성이 변함에 따라 곡선의 모양도 변한다.

낮은 냉각속도에서는 냉각곡선이 페라이트–시멘타이트 혼합상인 펄라이트나 베이나이트bainite로 변태한다. 변태 시 시간이 걸리므로 TTT 곡선은 변태시작과 변태종료를 알리는 2개의 곡선으로 이뤄지며 하첨자 s와 f 로 각각 표기한다. 펄라이트는 페라이트pearlite와 시멘타이트의 얇은 층이 서로 교대로 나타나는 구조를 보인다. 이 상은 오스테나이트를 서냉할 때, 즉 TTT 곡선의 노즈nose 상부의 P_s를 통과할 때 얻어진다. 베이나이트는 TTT곡선의 노즈부를 통과하지 않을 정도로 비교적 빠른 속도로 M_s보다 높은 온도영역으로 냉각한 후 이 온도영역에서 B_s를 통과하게 서서히 냉각시키면 얻게 되는 페라이트와 시멘타이트의 또 다른 형태의 혼합상으로서 미세 탄화물이 침상이나 깃털 형상을 보이는 구조를 갖는다.

만약 냉각이 충분히 빠르게 된다면([그림 20.1]의 점선으로 표시) 오스테나이트는 마르텐사이트로 변태한다. 마르텐사이트는 철–탄소로 구성된 독특한 상으로 그 조성은 변태 이전의 오스테나이트와 동일하다. 오스테나이트의 면심입방구조(FCC)는 체심정방정계(BCT)로 변태하는데 이전의 변태들과 달리 페라이트와 시멘타이트의 분리 형성에 필요한 시간 의존적 확산공정이 필요 없으므로 순간적인 변태가 일어난다.

냉각 시 마르텐사이트 변태는 TTT 곡선에서 보인 바와 같이 M_s에서 시작해 보다 낮은 온도인 M_f에서 종료되는데 이 2가지 온도 사이에서는 오스테나이트와 마르텐사이트의 혼합상으로 존재한다. 만약 냉각이 M_s와 M_f 사이 온도에서 중단되어 유지되면서 냉각곡선이 B_s영역을 지나게 된다면 오스테나이트는 베이나이트로 변태한다. M_s온도는 탄소와 같은 합금성분에 영향을 받으며 어떤 경우에는 M_s온도가 상온 이하로 떨어질 수도 있는데 이러한 강의 경우 전통적인 열처리 방법으로는

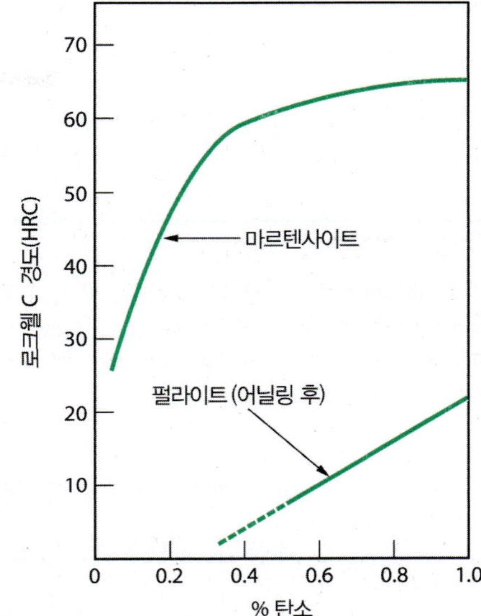

그림 20.2

일반탄소강에서 (경화된) 마르텐사이트와 (어닐링한)펄라이트의 탄소함량에 따른 경도변화(출처: Fundamentals of Modern Manufacturing, 4th Edition by Mikell P. Groover, 2010. Reprinted with permission of John Wiley & Sons, Inc.).

마르텐사이트를 얻지 못한다.

마르텐사이트의 높은 경도는 체심정방정계(BCT)에 끼어든 탄소원자의 격자변형으로 인한 슬립slip 저지효과에 기인한다. [그림 20.2]는 탄소함량에 따른 강의 경도증가에 마르텐사이트 변태가 미치는 중요성을 보여준다.

20.2.2 마르텐사이트화 열처리공정

마르텐사이트를 얻기 위해서는 오스테나이타이징austenitizing과 칭quenching: 담금질의 2가지 열처리과정을 거치며 템퍼드 마르텐사이트tempered martensite를 얻기 위해 템퍼링tempering: 뜨임을 하기도 한다. 오스테나이타이징은 조직의 전체 또는 일부를 오스테나이트로 만들기 위해 강을 충분히 높은 온도로 가열하는 것을 의미하며 주어진 성분계에서 상태도를 통해 오스테나이타이징 온도를 정할 수 있다. 오스테나이트로의 변태는 상변화를 의미하므로 시간과 열을 필요로 하며 새로운 상이 형성되고 성분이 균질화될 수 있도록 고온에서 충분한 시간 동안 유지해야 한다.

칭은 [그림 20.1]의 냉각곡선에 보인 바와 같이 TTT 곡선의 노즈부를 피할 수 있을 정도로 오스테나이트를 급속하게 냉각시키는 것을 말한다. 냉각속도는 냉각매체와 강 소재의 열전달 속도에 의해 결정되며 공업적으로 다음과 같은 냉각매체들이 사용되고 있다. (1)염수(보통 교반시킴), (2)담수－교반하지 않음, (3)교반하지 않은 기름, (4)공기. 교반시킨 염수를 이용한 칭은 가열표면을 가장 빠르게 냉각시키는

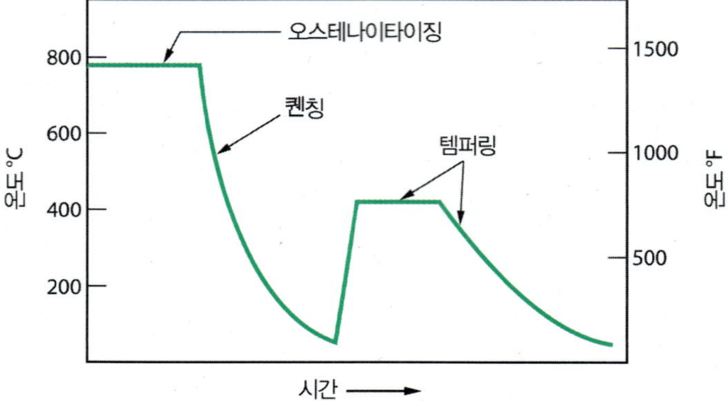

그림 20.3

강의 전형적인 열처리과정: 오스테나이타이징, 퀜칭, 템퍼링(출처: Fundamentals of Modern Manufacturing, 4th Edition by Mikell P. Groover, 2010. Reprinted with permission of John Wiley & Sons, Inc.).

반면 공기 속에서의 냉각은 냉각속도가 가장 느리다. 냉각매체의 냉각효과가 클수록 제품의 내부응력, 변형, 균열가능성이 증가하는 문제점이 있다. 부품의 열전달속도는 체적과 형상에 크게 의존하는데, 대형의 정육면체 형상은 작고 얇은 판재에 비해 더욱 느리게 냉각될 것이다. 특정 조성에서의 열전도도(k)는 당연히 금속 내 열흐름에 의존하며 강의 종류에 따라 k값은 변한다. 예를 들어 일반 탄소강의 경우 k값이 0.046J/sec-mm-C인 반면 합금강은 그 값이 1/3 정도에 지나지 않는 경우도 있다.

마르텐사이트는 단단하고 취성이 강하다. 템퍼링은 경화된 강의 취성을 감소시키고 연성과 인성을 개선시키고 마르텐사이트 구조의 응력을 완화시키기 위해 행하는 열처리다. 오스테나이타이징 온도보다 낮은 온도로 가열해 1시간 정도 유지한 후 서서히 냉각한다. 아주 미세한 탄화물 입자가 마르텐사이트 철－탄소 고용체에서 석출하게 되는데 이 과정에서 결정구조가 BCT에서 BCC로 점점 바뀌며 이렇게 얻어진 새로운 조직을 템퍼드 마르텐사이트라 한다. 다소간의 강도와 경도 저하가 일어나지만 연성과 인성이 개선되게 된다. 템퍼링 온도와 시간에 따라 경화된 강의 연화 정도가 좌우되는데 이는 마르텐사이트의 템퍼링 시 확산공정이 관여하기 때문이다.

템퍼드 마르텐사이트를 얻기 위한 3가지 단계를 [그림 20.3]에 종합적으로 나타냈다. 두 번의 가열－냉각 사이클을 나타냈는데 첫 번째는 마르텐사이트를 생성시키는 사이클이고 두 번째는 마르텐사이트를 템퍼링하는 사이클이다.

20.2.3 경화능

경화능hardenability은 강이 마르텐사이트 변태를 통해 강해질 수 있는 상대적인 능력을 의미한다. 퀜칭을 통해 얻어진 경화 층에 대해 표면으로부터의 경화 깊이로 평가

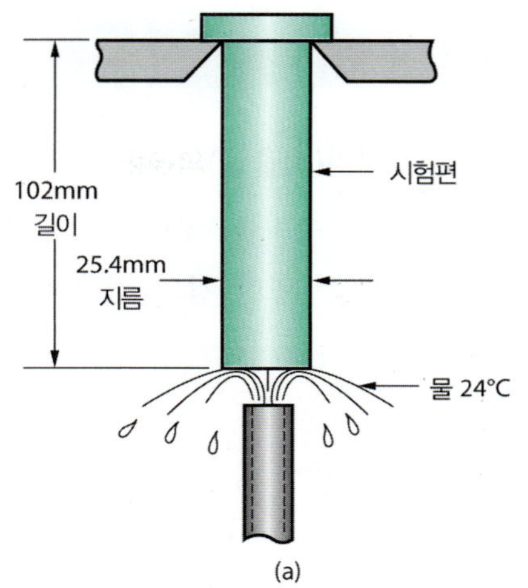

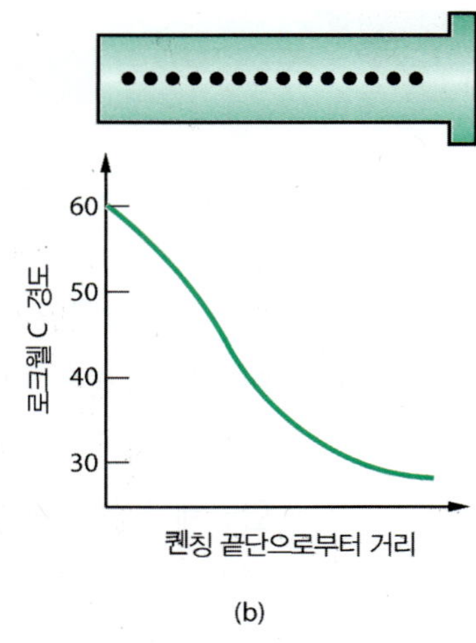

그림 20.4 저미니 담금질시험법 (a)끝단 퀜칭을 보여주는 시험장비, (b)퀜칭 끝단으로부터 거리에 따른 전형적인 경도분포(출처: Fundamentals of Modern Manufacturing, 4th Edition by Mikell P. Groover, 2010. Reprinted with permission of John Wiley & Sons, Inc.).

하거나, 일정 수준의 경화층을 얻는데 요구되는 퀜칭의 정도 등으로 평가할 수 있다. 우수한 경화능을 가진 강은 표면으로부터 더욱 깊게 경화되며 높은 냉각속도를 필요로 하지 않는다. 경화능은 얻을 수 있는 최대경도를 의미하지 않는다. 강의 최대경도는 탄소함량에 의존한다.

강의 경화능은 합금에 의해 증가하는데 크롬, 망간, 몰리브덴, 니켈 순으로 영향도가 크다. 합금성분으로 인한 경화능 개선효과는 TTT 곡선에서 오스테나이트의 펄라이트 변태개시시간을 연장시키는데 기인하며 실제로 합금성분이 증가할수록 TTT 곡선이 오른쪽으로 이동하게 되어 보다 낮은 냉각속도에서도 마르텐사이트를 얻을 수 있게 된다. 즉, 느린 냉각곡선에서도 TTT 곡선의 노즈부를 거치지 않고 M_s 선을 지날 수 있게 된다. 가장 보편적인 경화능 측정방법은 저미니 담금질시험법Jominy end–quench test이다. 이 시험은 [그림 20.4(a)]에 보인 바와 같이 25.4mm 직경과 102mm 길이의 표준 봉상시험편을 오스테나이트 영역으로 가열한 후 시험편을 수직으로 지지한 상태에서 하부 끝단을 냉각수류로 퀜칭시키는 방법으로서 퀜칭 끝단부로부터 멀어질수록 냉각속도가 낮게 된다. 경화능은 [그림 20.4(b)]에 보인 바와 같이 퀜칭 끝단으로부터의 거리에 따른 경도분포를 통해 평가한다.

20.3 석출경화

석출경화precipitation hardening는 미세입자(석출물)의 형성을 통해 전위의 이동을 저지해 금속을 강하게 하는 것을 말하며 알루미늄, 구리, 마그네슘, 니켈, 기타 비철금속의 주요 강화열처리 원리다. 석출경화는 또한 강의 강화를 위해 적용하기도 하는데 이러한 공정을 마르에이징maraging: 마르텐사이트와 에이징의 약어이라 하고 이때 얻어진 강을 마르에이징 강이라 부른다.

합금계가 석출경화를 통해 강화될 수 있기 위한 전제조건은 [그림 20.5(a)]의 상태도에 나타낸 바와 같이 경사진 고용한계선solvus의 존재 여부다. 석출경화가 가능한 합금조성은 상온에서 2개의 상으로 존재하지만 가열하면 하나의 상으로 고용이 가능한 조성이어야 한다. 조성 C가 이러한 조건을 만족시킴을 알 수 있으며 열처리공정은 [그림 20.5(b)]에 나타낸 바와 같이 다음의 3가지 단계, 즉 (1)합금을 고상선보다 높은 온도인 T_s로 가열한 후 유지해 β상을 α 단일상으로 고용시키는 용체화 처리solution treatment, (2)과포화 고용체를 형성하기 위한 퀜칭, (3) T_s보다 낮은 T_p온도로 가열해 미세한 β상 입자가 석출하게 하는 석출처리precipitation treatment를 거친다. 세 번째 공정은 시효aging라 부르며 이로부터 전체 열처리공정을 시효경화age hardening라 부르기도 한다. 그러나 어떤 합금은 상온에서도 시효가 일어나므로 여기서 설명한 3단계 열처리를 석출경화로 부르는 것이 보다 정확하다. 시효단계가 상온에서 일어나는 것을 자연시효natural aging라 하며 설명과 같이 고온에서 일으키면 인공시효artificial aging라 부르기도 한다.

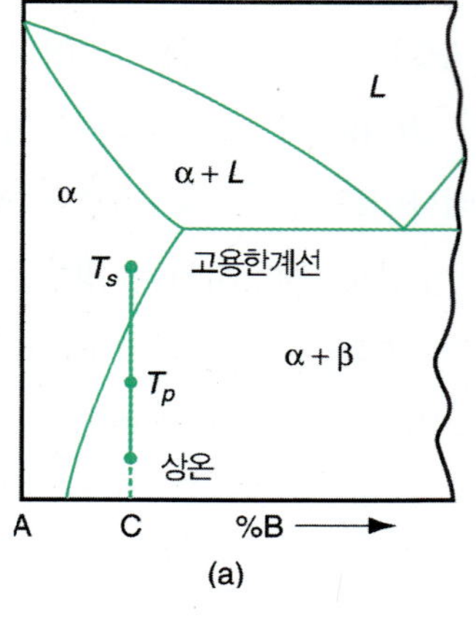

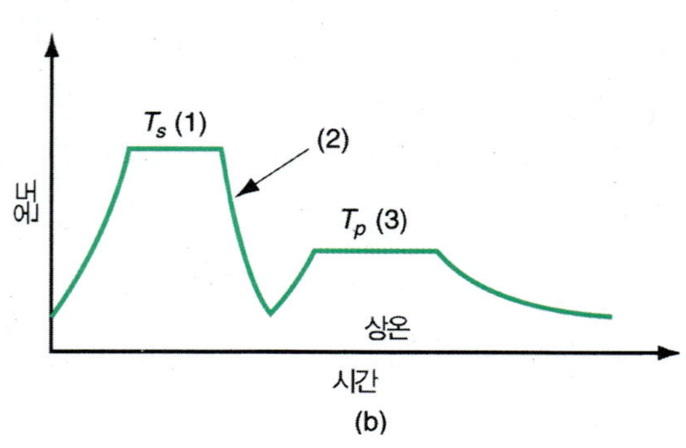

그림 20.5
석출경화 (a)금속 A와 B로 구성된 석출경화형 합금계의 상태도, (b)열처리: (1)용체화처리, (2)퀜칭, (3)석출경화
(출처: Fundamentals of Modern Manufacturing, 4th Edition by Mikell P. Groover, 2010. Reprinted with permission of John Wiley & Sons, Inc.).

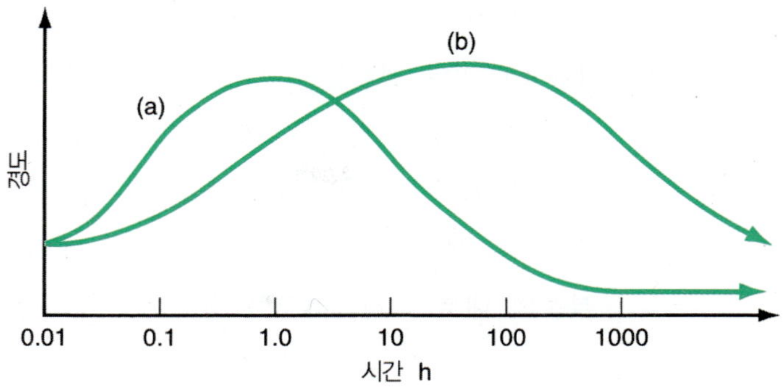

그림 20.6

석출경화 시 온도와 시간의 효과(시효) (a)높은 석출온도, (b)낮은 석출온도(출처: Fundamentals of Modern Manufacturing, 4th Edition by Mikell P. Groover, 2010. Reprinted with permission of John Wiley & Sons, Inc.).

이러한 합금에서 고강도와 고경도는 시효단계에서 얻어지는데 원하는 물성을 얻을 수 있는 온도와 시간의 조합이 아주 중요하다. [그림 20.6(a)]와 같이 너무 높은 석출온도에서는 최대경도가 비교적 빨리 얻어지는 반면 낮은 온도에서는 [그림 20.6(b)]에 보인 바와 같이 최대경도를 얻기 위한 시간이 더 소요되면서 최대경도값은 더욱 높아진다. 그림에 보였듯이 최대경도 이후까지도 계속 시효를 계속하면 강도와 경도가 감소하는데 이를 과시효overaging라 하며 전반적인 효과는 어닐링과 유사하다.

20.4 표면경화법

표면경화법은 강 표면의 화학조성을 탄소, 질소, 기타원소 등으로 조절하는 열화학적 처리를 통해 표면을 경화시키는 것으로 가장 대표적인 것이 침탄법, 질화법, 침탄질화법이다. 이러한 공정들은 대개 저탄소강 부품 내부의 인성은 유지하면서 외부 표면은 강하게 하여 내마모성을 부여할 목적으로 실시하는데 이러한 처리들은 케이스 경화case hardening라 불린다.

침탄carburizing 공정은 가장 일반적인 표면경화 방법으로 저탄소강의 일부분을 탄소 분위기에서 가열해 탄소가 표면에 침투하도록 하여 표면을 고탄소강으로 바꿔 내부에 비해 높은 경도를 부여하는 공정이다. 침탄을 위한 탄소 분위기를 만드는 방법으로는 밀폐 용기에 숯이나 코크스와 같은 탄소질 재료를 부품과 함께 넣어 가열하는 고체침탄법 혹은 팩pack 침탄법을 들 수 있으며 0.6~4mm 정도의 비교적 두꺼운 침탄층을 얻을 수 있다. 또 다른 방법으로는 보호된 가열로에 놓인 부품에 탄소를 확산시키기 위해 프로판(C_3H_8)과 같은 탄화수소를 불어넣는 가스침탄법이 있으며

0.13~0.75mm 정도의 침탄층을 얻을 수 있다. 나트륨 시안화물(NaCN), 바륨염화물($BaCl_2$), 기타 첨가물을 함유한 염욕조를 이용해 탄소를 침투시키는 액체침탄법도 있는데 이 공정은 전술한 2가지 침탄법의 중간 정도의 침탄깊이를 얻을 수 있다. 침탄은 875~925°C 사이의 오스테나이트 영역온도에서 실시한다.

침탄 후 퀜칭처리를 하면 표면경도를 60HRC 수준까지 높일 수 있는데, 침탄 처리 부품의 내부가 저탄소강일 경우에는 경화능이 낮아 퀜칭처리에도 경화가 되지 않아 인성과 연성을 가지므로 충격, 피로저항이 유지된다.

질화nitriding처리는 특수합금강의 표면으로 질소를 침투시켜 퀜칭 공정없이 얇고 단단한 표면을 형성하는 방법이다. 알루미늄(0.855~1.5%)이나 크롬(5% 이상)을 함유하는 강에 질화처리를 하면 이러한 원소들이 표면에 아주 미세한 질화물을 형성해 석출함으로써 경화효과가 극대화되게 된다. 질화처리는 암모니아(NH_3)나 질소함유 혼합가스 분위기에서 부품을 가열하는 가스질화법과 부품을 시안화물 염욕에 넣어 질화시키는 액체질화법이 있다. 두 공정 모두 500°C 온도 부근에서 실시하며 질화층 두께는 0.025mm~0.5mm 정도이며 HRC70의 경도까지 얻을 수 있다.

이름이 의미하듯이 침탄질화carbonitriding 처리는 탄소와 질소를 강의 표면에 침투시키는 것으로 대개 탄소와 암모니아가 공존하는 가열로에서 부품을 가열해줌으로써 0.07~0.5mm의 침투깊이와 침탄, 질화처리와 비슷한 수준의 경도를 얻는 방법이다.

참고문헌 References

[1] *ASM Handbook,* Vol. 4, *Heat Treating.* ASM International, Materials Park, Ohio, 1991.

[2] Babu, S. S., and Totten, G. E. *Steel Heat Treatment Handbook,* 2nd ed. CRC Taylor & Francis, Boca Raton, FL, 2006.

[3] Brick, R. M., Pense, A.W., and Gordon, R. B. *Structure and Properties of Engineering Materials,* 4th ed. McGraw-Hill Book Company, New York, 1977.

[4] Chandler, H. (ed.). *Heat Treater's Guide: Practices and Procedures for Irons and Steels.* ASM International, Materials Park, Ohio, 1995.

[5] Chandler, H. (ed.). *Heat Treater's Guide: Practices and Procedures for Nonferrous Alloys.* ASM International, Materials Park, Ohio, 1996.

[6] Dossett, J. L., and Boyer, H.E. *Practical Heat Treating,* 2nd ed. ASM International, Materials Park, Ohio, 2006.

[7] Flinn, R. A., and Trojan, P. K. *Engineering Materials and Their Applications,* 5th ed. John Wiley & Sons, Inc., New York, 1995.

[8] Guy, A. G., and Hren, J. J. *Elements of Physical Metallurgy,* 3rd ed. Addison-Wesley Publishing Co.,Reading, Massachusetts, 1974.

[9] Ostwald, P. F., and Munoz, J. *Manufacturing Processes and Systems,* 9th ed. John Wiley & Sons, New York, 1997.

[10] Vaccari, J. A. "*Fundamentals of Heat Treating,*" Special Report 737, American Machinist, September 1981, pp. 185-200.

[11] Wick, C. and Veilleux, R. F. (eds.). *Tool and Manufacturing Engineers Handbook,* 4th ed., Vol. 3, *Materials, Finishing, and Coating.* Section 2: Heat Treatment. Society of Manufacturing Engineers, Dearborn, Michigan, 1985.

복습문제 Review Questions

20.1 금속을 열처리하는 이유는?

20.2 금속을 어닐링처리하는 중요한 이유를 설명하라.

20.3 강을 경화시키는 용도로서 가장 중요한 열처리는 무엇인가?

20.4 열처리 시 탄소가 강을 강화시키는 주요 기구에 대해 설명하라.

20.5 TTT 곡선으로 얻을 수 있는 정보에는 어떤 것이 있는가?

20.6 마르텐사이트를 템퍼링해서 얻게 되는 기능은 무엇인가?

20.7 경화능을 정의하라.

20.8 강의 경화능에 크게 영향을 미치는 합금원소를 열거하라.

20.9 강의 경화능을 증가시키는 합금원소가 TTT 곡선에 미치는 효과를 설명하라.

20.10 석출경화를 설명하라.

20.11 침탄법의 수행방법을 설명하라.

CHAPTER

21 표면처리 공정

SURFACE PROCESSING OPERATIONS

이 장에서 설명하는 공정들은 부품이나 생산품의 표면에 적용되는 것으로서 주로 (1)표면청정, (2)표면처리, (3)코팅, 박막증착 등을 들 수 있다. 표면청정은 이전 공정이나 조업 환경에서 비롯된 오염물을 제거하는 것을 의미하는데 화학적 청정법과 기계적 청정법이 있다. 표면처리는 표면 다듬질 상태를 개선시키거나 외부 재료의 원자를 표면에 침투시켜 표면의 화학적 · 물리적 성질을 바꿔주는 등 부품의 표면을 변화시켜주는 일련의 기계적 · 물리적 처리를 말한다.

코팅과 박막증착은 표면에 특정 재료층을 형성시켜주는 다양한 공정들을 포함한다. 금속으로 만들어진 부품들은 대개 전기도금(예, 크롬도금), 페인팅, 기타 공정으로 코팅처리를 한다. 금속을 코팅하는 근본 원인은 (1)내부식성 부여, (2)제품 외관 개선(예, 특정 색상이나 무늬), (3)내마모성 또는 표면 마찰감소, (4)전기전도도 개선, (5)전기저항 부여, (6)후공정을 위한 금속성 표면형성 등을 들 수 있다. 비금속 재료들도 종종 코팅처리를 하는데 (1)금속성 외관을 위해 플라스틱을 코팅, (2)광학유리 렌즈의 반사방지 코팅, (3)반도체 칩이나 인쇄회로기판의 제조 시 코팅, 증착공정 적용 등을 들 수 있다. 이 경우 모재와 코팅부의 치밀한 밀착이 이뤄져야 하므로 모재 표면이 아주 청결해야 한다.

21.1 공업적 청정공정

대부분의 생산품들은 제조과정에서 수차례 청정공정을 거치는데 이를 위해 화학적 청정공정, 기계적 청정공정이 적용된다. 화학적 청정공정은 표면에 부착된 기름, 오염물 등을 화학적으로 처리하는 것이며 기계적 청정공정은 여러 종류의 기계적 방법을 이용해 제거하는 공정을 의미한다. 이러한 청정 공정은 세척의 기능 외에도 버 제거, 표면 평탄도 개선, 표면광택, 표면물성 개선효과를 준다.

21.1.1 화학적 청정법

공작물의 표면에는 다양한 막, 오일, 먼지, 기타 오염물로 덮여 있다고 볼 수 있다(4.2.1절). 이들 중 일부는 유익한 역할을 하기도 하지만(알루미늄의 산화피막처럼) 대개 표면에서 제거되는 것이 바람직하다. 이 장에서는 공업적으로 사용되고 있는 화학적 청정법에 관해 살펴본다.

제조된 부품(또는 생산품)이 청정공정을 거쳐야 하는 주요 이유로는 (1)코팅이나 접착제 접합과 같은 후속공정을 위한 표면준비, (2)작업자나 수요자의 위생상태 개선, (3)표면과 화학적인 반응을 일으킬 수 있는 오염원의 제거, (4)제품의 외관과 성능 개선 등을 들 수 있다.

모든 청정 용도에 적용 가능한 만능의 청정법은 없다. 여러 가정용 세척(세탁, 설거지, 욕조 세척 등) 작업에는 용도별로 필요한 비누와 세제가 다르듯이 산업현장에서의 청정 문제 또한 다양한 청정법을 필요로 한다. 최적의 청정 방법을 선택하기 위해서는 청정할 대상을 명확하게 정하는 것이 중요하다. 공장에서 발견되는 주요 표면 오염물들로는 (1)금속가공 시 윤활제로 사용되는 오일, 그리스, (2)금속 칩, 연마입자, 현장오물, 먼지 등과 같은 고체 입자들, (3)버핑과 폴리싱 연마재, (4)산화막, 녹, 스케일 등을 들 수 있다.

주요 화학적 청정법에는 (1)알칼리 세척, (2)유제 세척, (3)용제 세척, (4)산 세척, (5)초음파 세척 등이 있다. 어떤 경우에는 화학적 반응이 다른 에너지 형태들에 의해 촉진되기도 하는데, 화학적 청정과 함께 기계적인 고주파 진동을 사용하는 초음파 세척을 예로 들 수 있다.

(1) **알칼리 세척**alkaline cleaning은 공업적으로 가장 널리 사용되는 청정 방법이다. 이름이

의미하듯 오일, 그리스, 왁스, 여러 형태의 입자(금속 칩, 실리카, 탄소, 스케일류)를 금속 표면에서 제거하기 위해 알칼리 용액을 사용한다. 알칼리성 청정용액은 수산화나트륨(NaOH)이나 수산화칼륨(KOH), 탄산나트륨(Na_2CO_3), 붕산나트륨($Na_2B_4O_7$), 인산염phosphates, 나트륨과 칼륨계 실리케이트와 같은 수용성 염류를 분산제와 계면활성제와 함께 물에 녹여 만든다. 공정은 50~95°C 사이의 온도에서 담그거나 분무해 실시한다. 알칼리성 용액을 사용한 후 잔여 알칼리를 제거하기 위해 물로 세척한다. 알칼리로 세척된 청정한 금속표면은 대개 전기도금이나 변환코팅conversion coating을 한다.

전해세정electrolytic cleaning 혹은 전기세정electrocleaning은 알칼리성 청정용액에 3~12V의 직류를 인가해 이때의 전기적인 반응으로 청정 표면에 가스 거품을 발생시킴으로써 잘 떨어지지 않는 오염층을 쉽게 제거토록 하는 공정을 말한다.

(2) **유제 세척**emulsion cleaning은 수성용액에 유기성 용제(기름)를 분산시켜 사용한다. 적절한 유화제(비누)가 2상의 세척용액(물과 기름)을 만들고, 이것이 부품 표면의 오염층을 분해시키거나 유화시켜준다. 이러한 공정은 금속, 비금속 부품에 적용가능하며 도금 전 유기성 용제의 잔여물을 제거하기 위해서는 알칼리 세척을 해야 한다.

(3) **용제 세척**solvent cleaning은 화학약품을 이용해 오일이나 그리스와 같은 유기성 오염물을 녹여내 금속표면에서 제거하는 공정으로 수작업, 담금, 분무, 증기탈지 등과 함께 널리 사용된다. 증기탈지vapor degreasing는 용제의 고온증기를 사용해 부품 표면의 오일과 그리스를 제거하는 방법이다. 주로 사용되는 용제는 트리클로로에틸렌(C_2HCl_3), 염화메틸렌(CH_2Cl_2), 염화에틸렌(C_2Cl_4)과 같이 상대적으로 끓는점이 낮은 것을 사용한다.[3]

증기탈지 공정은 컨테이너 내의 액체 용제를 끓는점 이상으로 가열해 세척부위가 고온증기에 노출되도록 한다. 증기는 오염물을 용해시킨 후 상대적으로 차가운 부품표면에서 응결되어 컨테이너 바닥으로 흘러내린다. 컨테이너의 상부 근처에 있는 응축코일은 컨테이너 내의 증기가 대기 중으로 누출되지 않도록 하는데 1992년 발효된 대기청정법Clean Air Act[10]에서 본 공정에서 사용되는 용제가 대기오염 물질로 분류되었기 때문이다.

(4) **산 세척**acid cleaning은 침잠, 분무, 수동 브러싱, 와이핑 등을 통해 금속표면의 기름과 경미한 산화물을 제거하는 방법으로 상온, 상승된 온도조건에서 실시한다. 주로 사용하는 세척액은 산 용액에 수용성 용제와 유화제를 혼합한 용액이다. 산 용액으로는 염산(HCl), 질산(HNO_3), 인산(H_3PO_4), 황산(H_2SO_4) 등이 있으며 사용모재, 청정 목적에 따라 사용액을 선택한다. 예를 들면 인산은 얇은 인산염막을 금속표면에 형성하는데 이는 페인팅 시 유용한 표면이다. 아주 밀접한 청정 공정인 산 피클링acid pickling은 보다 두꺼

3 C_2Cl_4가 121°C로 가장 높은 끓는점을 갖는다.

운 산화물, 먼지, 스케일들을 제거하기 위해 더욱 심하게 제거하는 공정이다. 이 공정으로 인해 금속표면이 에칭되는데 이는 유기성 페인트의 흡착성을 개선시켜준다.

(5) **초음파 세척**ultrasonic cleaning은 화학적 청정과 용액의 기계적 교반 효과가 결합되어 표면의 오염물을 아주 효율적으로 제거하는 공정이다. 청정 용액은 대개 알칼리성 세제를 함유하는 수용성 용액을 사용한다. 저압 기포의 캐비테이션cavitation을 일으킬 수 있을 정도의 충분한 진폭을 갖는 고주파 진동을 통해 기계적 교반을 해야 한다. 진동파가 용액 속에서 임의의 위치를 통과하면 저압영역 뒤에 기포를 터뜨려줄 수 있는 고압영역이 따르게 되어 금속표면에 존재하는 오염물질을 관통할 수 있는 충격파를 발생시킨다. 이러한 캐비테이션과 내파의 빠른 사이클이 액체 매질 속에서 빠르게 일어나므로 초음파 세척은 복잡한 형상의 청정에도 좋은 효과를 발휘한다. 주로 20~45kHz의 주파수에서 청정 작업을 하며 청정용액의 온도는 대개 65~85°C를 유지한다.

21.1.2 기계적 청정법과 표면처리

기계적 청정법은 연마입자의 운동이나 기타 유사한 기계적 동작을 통해 표면에 형성되어 있는 오염물, 스케일 또는 얇은 막 등을 물리적으로 제거하는 것을 말한다. 기계적 청정을 위해 적용되는 공정들은 이러한 세척의 기능 외에도 버 제거, 표면정도 개선효과를 주기도 한다.

분사 다듬질과 숏피닝 분사 다듬질blast finishing은 표면을 청정하게 개선하기 위해 고속의 입자를 매개체로 하여 충격을 가하는 방법을 말하며 가장 대표적인 방법이 모래(SiO_2)를 분사 매개체로 사용한 샌드블라스팅sand blast이다. 분사 다듬질을 위해 다양한 종류의 매개체를 사용하며 강한 분사제로는 알루미늄산화물(Al_2O_3)과 실리콘카바이드(SiC)가 사용되고 연한 분사제로는 나일론 구슬이나 분쇄된 호두껍질 등을 사용한다. 분사 매개체는 압축공기나 원심력을 이용해 표면으로 충돌시킨다. 경우에 따라 젖은 상태에서 분사하기도 하는데 현탁액 속의 미세한 입자가 수압을 받아 표면에서 충돌한다.

숏피닝shot peening은 금속표면에 작은 주철 알갱이를 고속으로 발사해 냉간가공 효과를 주고 표면층에 압축잔류응력을 부여하는 것을 말하며 주로 금속부품의 피로강도를 개선시키기 위해 실시한다. 분사 다듬질과는 다른 목적으로 실시하지만 표면 청정 효과도 부수적으로 얻을 수 있다.

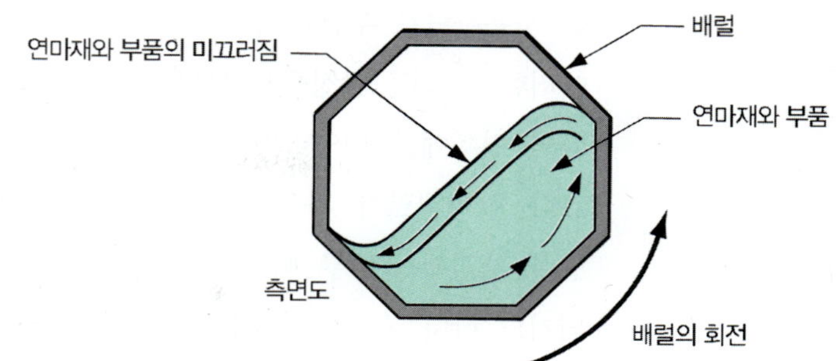

그림 21.1

텀블링(배럴피니싱) 공정 시 부품과 연마재의 '산사태형 미끄러짐' 거동(출처: Fundamentals of Modern Manufacturing, 4th Edition by Mikell P. Groover, 2010. Reprinted with permission of John Wiley & Sons, Inc.).

텀블링과 기타 대량 다듬질 텀블링, 진동다듬질과 이와 유사한 다듬질 공정들은 대량 다듬질 방법의 부류에 속한다. 대량 다듬질mass finishing은 연마재가 들어 있는 컨테이너에 부품들을 섞어 넣어 다듬질하는 방법으로 연마재와 부품의 상대적인 접촉으로 비벼져 표면이 다듬어지는 원리다. 이러한 방법은 버 제거deburring, 스케일 제거descaling, 플래쉬 제거deflashing, 연마polishing, 라디우싱radiusing, 버니싱burnishing, 청정cleaning에 적용된다. 스탬핑, 주조, 단조, 압출, 절삭가공 부품의 대량 다듬질에 적용할 수 있다. 플라스틱과 세라믹 부품의 경우에도 원하는 다듬질 수준을 위해 이러한 방법을 적용하기도 한다. 대개 소형 부품이고 개별 다듬질의 비용이 큰 부품에 대해 이러한 방법을 적용한다.

대량 다듬질 방법으로는 텀블링, 진동피니싱, 원심력을 이용하는 여러 방법 등이 있다. 텀블링tumbling, 배럴다듬질barrel finishing 혹은 텀블링 배럴피니싱tumbling barrel finishing은 수평으로 배열된 육각 또는 팔각 단면형상의 통barrel에 부품을 넣은 후 10~50rev/min의 속도로 회전시켜주는데, 통이 회전할 때 부품과 연마재 사이의 '산사태' 효과에 의해 표면이 다듬어지게 되는 방법이다. [그림 21.1]에 보인 바와 같이 회전에 의해 내용물의 상부로 올라온 부품이 중력에 의해 다시 낙하하는 상승과 낙하의 반복 사이클로 인해 부품의 표면이 원하는 수준으로 다듬어지게 된다. 그러나 내용물의 상부에 위치한 부품들에 연마가 집중되게 되므로 다른 대량 다듬질법에 비해 상대적으로 느린 공법이며 여러 시간에 걸쳐 실시해야 하는 경우도 있다. 작업 시 소음이 크고 넓은 공간이 필요한 점도 이 공법의 단점이다.

진동다듬질vibratory finishing은 1950년대 후반에 텀블링의 대체 공정으로 적용된 공법이다. 배럴다듬질의 경우 내용물의 상부에 위치한 부품만이 주로 다듬어지는 반면 진동다듬질은 배럴의 진동교반을 통해 모든 부품이 동시에 연마재에 의해 다듬어지도록 했다. 결과적으로 진동다듬질의 경우 공정시간이 현저히 줄어들며 개방형 용기를 사용하므로 부품의 검사가 용이하고 소음도 작다.

이러한 다듬질 공정들은 대개 연마용 매개체media를 사용하지만 광택연마와 표면경화의 경우에는 비연마형 매개체를 이용해 다듬질 작업을 하기도 한다. 주로 자연재료나 합성재료가 사용된다. 금강사, 화강암 석회석, 경재hardwood와 같은 자연재는 연한 재질특성(너무 빠르게 마모됨)과 불균일한 치수(때때로 부품연마 방해)가 문제되기도 한다. 합성재의 경우 치수, 경도측면에서 보다 일관되게 만들 수 있다. Al_2O_3와 SiC를 폴리머수지와 같은 결합제를 이용해 원하는 치수형상으로 제작하는데 구형, 원뿔형, 각 절단된 원통형, 기타 정형화된 형상으로 만든다. 광택, 표면경화, 경미한 디버링작업을 위한 대량 다듬질에는 철계 연마재가 사용되기도 하는데 연마제의 선택은 부품의 크기와 형상 그리고 다듬질 요구조건에 따라 결정한다.

대부분의 대량다듬질 공정에서 컴파운드compound가 매개체와 함께 사용된다. 여기서의 컴파운드란 청정, 냉각, 녹방지(강부품과 강매개체의 경우), 부품의 명암과 색상의 조정(특히 광택 작업의 경우) 등과 같은 특정한 기능을 위한 화학약품들이 혼합된 것을 말한다.

21.2 확산법과 이온주입법

이 장에서는 외부 원자를 표면에 침투시켜 표면의 화학적·물리적 성질을 바꿔주는 2가지 공정에 대해 다룬다.

21.2.1 확산법

확산법은 다른 재료(대개 원소)의 원자를 표면으로 침투시켜 재료의 표면층을 변화시키는 공정이다. 확산공정은 재료의 표면층에 외부 원자를 침투시키긴 하지만 표면 원래 재료의 주요 조성은 유지되고 있는 상태다. 확산 침투 표면은 확산하는 원소가 표면에서 가장 높고 표면에서 내부로 들어갈수록 농도가 급격히 감소하는 특징을 보인다. 확산법은 야금공정과 반도체 제조공정에서 중요하게 사용되는 공정이다.

야금공정의 경우 확산법은 여러 공정, 처리과정에서 표면의 화학성분을 조절하는데 사용된다. 중요한 예로 침탄, 질화, 침탄질화(20,4절) 처리와 같은 표면경화를 들 수 있는데 하나 또는 그 이상의 원소(탄소나 질소)가 철이나 강의 표면으로 확산되는 공정이다. 또 다른 확산 공정의 예로는 내부식성이나 고온산화저항성을 부여하는 공정을 들 수 있는데 알루미나이징aluminizing 또는 캐러라이징calorizing은 탄소강, 합금강, 니켈과 코발트 합금 내에 알루미늄을 확산시키는 것이며, 실리코나이징siliconizing은 철계 부품의 표면에 실리콘을 확산시켜 우수한 내부식성, 내마모성, 양호한 열저항성을 갖는 표면층을 만드는 것을 말한다. 반도체 공정의 경우 실리콘칩의 표면으로의 불순물 원자의 확산을 통해 표면의 전기적 성질을 변화시키며 이를 이용해 트랜지스터와 다이오드 등을 제작한다.

21.2.2 이온주입법

이온주입법ion implantation은 확산을 위한 고온가열이 어려운 경우 확산법의 대안 공정으로 볼 수 있다. 이온주입법은 외부의 하나 또는 그 이상의 원자를 이온화된 입자의 고에너지 빔을 이용해 대상재 표면에 주입시켜 대상재 표면층의 화학적·물리적 성질을 변화시키는 공법이다. 원자의 침투 깊이는 확산법에 비해 상당히 작다. 이온주입법의 장점은 (1)저온 공정, (2)침투원소의 침투깊이의 제어, 재현이 용이, (3)잉여원소의 석출 없이 고용한도를 증대시킬 수 있다는 점이다. 이온주입법은 코팅공정을 대체하기 위해 적용되기도 하는데 (4)전기도금이나 기타 코팅공정과 달리 폐기물 처리문제가 없으며 (5)코팅 층과 대상재 사이의 불연속점이 존재하지 않는 장점이 있다. 이온주입법은 금속표면의 물성 개선을 위한 개질처리와 반도체 부품제조 등에 주로 적용된다.

21.3 도금, 연관공정

도금은 대상 부품의 표면에 얇은 금속막을 코팅하는 것을 말한다. 도금은 플라스틱, 세라믹 부품도 가능하긴 하지만 대개 금속을 대상으로 한다. 가장 널리 사용되는 도금방법은 전기도금이다.

21.3.1 전기도금

전기도금electroplating은 전기화학 도금electrochemical plating이라고도 하며 전해질용액 속의 금속이온이 음극의 공작물에 부착되도록 하는 전기분해공정이다. [그림 21.2]에 장치원리를 나타냈는데 양극은 일반적으로 도금이 될 금속으로 만들어 대상재에

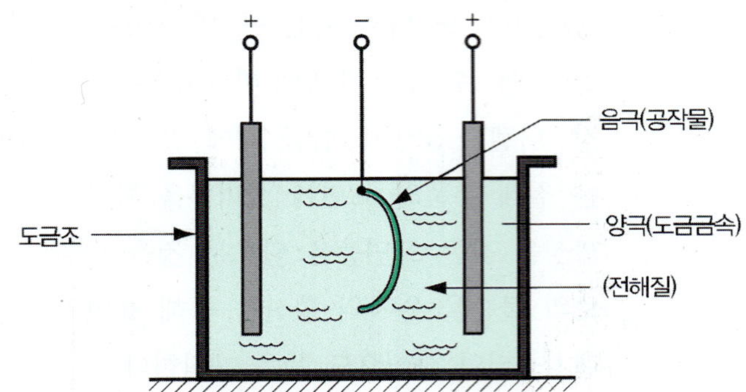

그림 21.2
전기도금 장치(출처: Fundamentals of Modern Manufacturing, 4th Edition by Mikell P. Groover, 2010. Reprinted with permission of John Wiley & Sons, Inc.).

도금금속을 공급하는 역할을 한다. 외부 전원공급기에서 직류전류가 양극과 음극 사이에 흐른다. 전해질 용액은 산성, 염기성 또는 염류의 수용액이며 용액 속에서 도금용 금속이온을 이동시켜 전류를 통하게 한다. 최적의 공정을 위해서는 부품을 전기도금 전에 화학적으로 세정해야 한다.

전기도금 원리 전기화학적 도금은 영국의 고학자인 마이클 패러데이에 의해 주창된 2가지 물리법칙에 근거하는데 이 법칙을 간단하게 표현하면 (1)전기 분해되어 방출되는 물질의 양은 전해조를 통과하는 전기량에 비례한다, (2)방출되는 물질의 양은 전기화학적 원자당량(원자가에 대한 원자량의 비율)에 비례한다는 것이다. 이러한 효과는 다음의 식으로 요약된다.

$$V = CIt \tag{21.1}$$

여기서 V=도금금속의 부피 mm^3, C=전기화학적 당량과 밀도에 의존하는 도금상수 mm^3/amp-s, I=전류 amps, t=전류가 가해진 시간 s(min)이다. It (전류×시간)=전해조를 통과한 전하량, C=단위 전하량당 음극 공작물에 부착된 도금금속량을 의미한다. 대부분의 금속 도금 시 공정에 사용된 전기에너지가 전부 도금반응에 사용되지는 않고 일부 에너지는 음극에서의 수소방출과 같은 다른 반응에도 소모되는데 이것은 도금량을 감소시킨다. 음극(대상재)에 부착되는 실제 도금량을 식 (21.1)에 나타낸 이론적 음극부착 도금량으로 나눈 것을 음극효율cathode efficiency이라 한다. 음극효율을 고려하면 보다 실제적인 부착되는 도금량을 계산할 수 있는 다음과 같은 수식을 얻는다.

$$V = ECIt \tag{21.2}$$

여기서 다음 항목은 이전과 동일하며 E=음극효율을 의미한다. 여러 금속의 음극효율 E와 도금상수 C는 [표 21.1]에 나타나 있다. 평균 도금두께는 식 (21.3)으로 구한다.

$$d = \frac{V}{A} \tag{21.3}$$

여기서 d=도금깊이 또는 두께 mm, V=식 (21.2)에서 얻어지는 도금금속체적, A=도금부 표면적 mm^2이다.

표 21.1 전기도금의 음극효율과 도금상수 C의 대표값[17]

도금금속[a]	전해액	음극효율	도금상수 C^a	
			mm^3/amp-s	in^3/amp-min
카드늄(2)	시안화물	90	6.73×10^{-2}	2.47×10^{-4}
크롬(3)	크롬-산-황산염	15	2.50×10^{-2}	0.92×10^{-4}
구리(1)	시안화물	98	7.35×10^{-2}	2.69×10^{-4}
금(1)	시안화물	80	10.6×10^{-2}	3.87×10^{-4}
니켈(2)	산성 황산염	95	3.42×10^{-2}	1.25×10^{-4}
은(1)	시안화물	100	10.7×10^{-2}	3.90×10^{-4}
주석(4)	산성 황산염	90	4.21×10^{-2}	1.54×10^{-4}
아연(2)	염화물	95	4.75×10^{-2}	1.74×10^{-4}

[a]가장 보편적인 원자가를 괄호()에 표기. 전기도금상수 C를 결정하는 값으로 가정. 다른 원자가에 대한 C값은 보편적 원자가를 새로운 원자가로 나눈 값을 표에 나타낸 C값에 곱해 새로운 C를 계산한다.

EXAMPLE 21.1 전기도금

강재 부품의 표면을 A=125cm^2 면적만큼 니켈로 도금하려 한다. 만약 황산염 전해조에서 12amp의 전류를 15분간 흘려 보낸다면 도금두께는 평균적으로 얼마나 되는가?

▌풀이▐

[표 21.1]에서 니켈의 음극효율 E=0.95이고 도금상수 C=3.42(10^{-2})mm^3/amp-s이다. 식 (21.2)를 이용해 15분 동안 도금되는 총 도금량을 계산하면

$$V = 0.95(3.42\times10^{-2})(12)(15)(60) = 350.9\text{mm}^3$$

이 도금량이 A=125cm^2=12,500mm^2 면적을 통해 부착되므로 평균 도금두께는

$$d = \frac{350.9}{12500} = 0.028\text{mm}$$

방법과 적용 전기도금은 다양한 기기를 이용하는데 부품크기와 형상, 처리요구량, 도금금속에 따라 선택하며 대표적 방법들로는 (1)배럴 도금, (2)랙 도금, (3)스트립 도금 등이 있다.

배럴 도금barrel plating은 수평하게 또는 비스듬한 각도(35°)로 기울어진 배럴을 회전시켜 도금을 하며 많은 수의 소형 부품을 일괄적으로 도금하는데 적용한다. 전기적 접촉은 부품들의 상호 텀블링작용과 외부에서 배럴 내로 연결된 전도체에 의해 유지된다. 배럴도금은 공정 본연의 텀블링 작용 때문에 연한 금속부품, 나사형 부품, 우수한 표면을 요구하는 부품, 예리한 가장자리를 갖는 무거운 부품 등에는 적용에 한계가 있다.

랙 도금rack plating은 배럴도금을 하기에는 너무 크고 무겁고 복잡한 부품에 적용한다. 랙은 굵은 구리선을 이용해 부품을 걸 수 있고 전류를 흘릴 수 있는 형상으로 제조하는데 후크나 클립을 이용해 걸어 매다는 방식이나 바스켓에 넣어질 수 있도록 만들어진다. 구리 자체의 도금을 방지하기 위해 랙은 부품과의 접촉부를 제외하고는 모두 절연시킨다. 부품을 매단 랙은 일련의 도금용 탱크들을 통과하며 전기도금을 일으킨다.

스트립 도금strip plating은 생산성이 높은 공정으로 감는 릴take-up reel을 이용해 도금용액에서 연속적으로 스트립을 당겨내어 공정을 진행하며 도금된 선재가 적절한 적용 사례다. 긴 스트립에 스탬핑된 작은 부품을 매단 상태로 공정을 진행하는 공정으로 도금할 수도 있다. 이 공정은 부품의 특정 부위만 도금되도록 설정할 수도 있는데 전기 커넥터 접점에 대한 금 도금이 그 예라 하겠다.

보편적인 전기도금용 도금금속은 아연, 니켈, 주석, 크롬을 들 수 있고 강이 가장 대표적인 도금 대상재다. 귀금속(금, 은, 플라티늄)은 장신구의 도금에 이용되고 특히 금은 전기 커넥터 도금재로 자주 사용된다. 아연도금zinc-plated 강재는 체결구, 선 제품, 전기 스위치 박스, 다양한 판재부품에 사용된다. 아연코팅은 하부의 강재 부식을 막는 보호막 역할을 한다. 강에 아연을 도금하는 다른 방법으로 갈바나이징galvanizing이 있다(21.3.4절). 니켈 도금nickel plating은 부식저항과 외관 장식의 목적으로 강, 황동, 아연 다이케스팅, 기타 재료에 적용한다. 자동차 부품, 소비재 등에 많이 적용되고 있으며 보다 얇은 크롬도금을 위한 하부코팅 기반층 도금으로도 니켈이 사용된다. 주석도금tin plate은 주석 캔과 여러 음식저장용기의 부식방지 목적으로 널리 사용되며 전기부품의 연납땜성을 개선시키는 목적으로 사용된다. 크롬도금chromium plate

은 화려한 외관으로 가치를 지니며 자동차 부품, 사무용품, 주방용 가전제품 등에 널리 사용한다. 전기도금된 코팅층 중에서도 가장 단단하므로 내마모성을 요하는 부품(즉 유압 피스톤과 실린더, 피스톤 링, 항공기 엔진 부품, 직조기계의 나사 가이드)에 널리 적용된다.

21.3.2 전해성형

이 공정은 전기도금과 같은 원리이나 그 목적이 다르다. 전해성형electroforming은 패턴에 금속을 원하는 두께까지 전해질 도포를 한 후 패턴을 제거하여 원하는 형상을 얻는 것이다. 일반적인 형상 두께는 0.05mm 정도이며 전해성형 부품이 두꺼울수록 생산 사이클은 길어진다.

전해성형용 패턴은 고체나 소모성을 사용하는데 고체 패턴은 전해 성형된 부품이 잘 탈착되도록 경사지게 하거나 탈착이 용이한 형상을 갖도록 한다. 소모성 패턴은 부품 탈착 시 패턴을 파손해체하므로 고체패턴의 적용이 어려운 패턴형상에 사용한다. 소모성 패턴은 가열해서 녹이거나 용해시켜 해체한다. 가열형으로는 플라스틱, 왁스 등과 같이 가열을 통해 녹여내는 것을 들 수 있다. 비전도성 패턴재료의 경우 전해도금 코팅이 가능하도록 패턴에 도전성을 부여해야 한다. 용해형으로는 화학제에 의해 쉽게 녹아야 하는데 알루미늄은 가성소다(NaOH)에 의해 쉽게 녹아난다.

전해성형 부품은 대개 구리, 니켈, 니켈-코발트 합금으로 만들며 렌즈, 콤팩트디스크(CDs), 비디오디스크(DVDs)를 제작하는 미세 몰드의 제작, 인쇄회로기판(PCB) 제조를 위한 구리박막, 엠보싱과 인쇄용 평판의 제조 등에 적용된다. 콤팩트디스크나 비디오디스크 제작용 몰드의 경우 표면요철이 제품에 그대로 각인되므로 수 미크론($1\mu m=10^{-6}m$)의 정밀도가 요구되며 이는 전해성형에 의해 제작가능한 정밀도다.

21.3.3 무전해도금

무전해도금electroless plating은 화학적 반응만으로 도금을 하는 것으로 외부 전류를 전혀 가하지 않는다. 부품 표면에의 도금은 원하는 도금물질의 이온을 포함하는 수용액에서 일어나는데 환원성 용액을 사용하며 부품표면이 반응을 위한 촉매 역할을 하도록 한다.

무전해도금이 가능한 금속은 정해져 있으며 전기화학적 도금에 비해 공정비용이 일반적으로 높다. 가장 대표적인 무전해도금용 금속은 니켈과 니켈합금(Ni-Co, Ni-P, Ni-B)을 들 수 있다. 구리와 조금 덜하긴 하지만 금도 도금금속으로 사용된다. 니켈을 이용한 무전해도금은 내부식과 내마모성을 요구하는 부위에 적용된다. 구리의 경우 인쇄회로기판의 홀부위의 도금에 적용한다. 구리는 장식 목적으로 플라스틱에 도금하기도 한다. 무전해도금의 장점으로는 (1)복합부품형상에도 균일한 도금두께(전기도금의 문제점), (2)금속과 비금속 대상재에 적용가능, (3)공정을 위한 직류전원이 불필요하다는 것이다.

21.3.4 핫딥핑

핫딥핑hot dipping은 도금 대상재를 도금금속이 녹아 있는 용융조에 담근 후 끄집어내 도금금속이 대상재에 부착토록 하는 방법으로 대상재의 용융점이 도금금속보다 높아야 한다. 가장 많이 쓰이는 도금 대상재는 철과 강이며 아연, 알루미늄, 주석, 납 등이 도금금속으로 사용된다. 핫딥핑 시 다양한 조성의 금속 전이층이 형성된다. 대상재 위에 먼저 두 금속의 금속간 화합물이 덮히고 그 위를 코팅하고자 하는 금속의 고용체 합금으로 도금하는데 전이층이 코팅층의 접착이 잘 되도록 한다.

핫딥핑의 목적은 부식방지이며 2가지 기구에 의해 부식이 방지된다. (1)방벽 보호: 코팅층이 내부금속을 단순히 보호하는 역할, (2)희생 보호: 코팅부가 전기화학적 반응에 의해 서서히 부식되어 내부금속을 보호하는 역할을 한다.

핫딥핑은 코팅물질에 따라 여러 이름으로 불리는데 갈바나이징galvanizing은 철이나 강위에 아연을 도금하는 것이고, 알루미나이징aluminizing은 대상재 위에 알루미늄을 도금하는 것이며, 티닝tinning은 주석을 도금하는 것이다. 갈바나이징이 핫딥핑에서 가장 중요시되며 200년 전부터 이용되어왔고, 최종 다듬질된 철과 강부품의 일괄도금공정, 판재, 스트립, 파이프, 튜브, 선재의 자동연속도금공정을 통해 적용되고 있다. 코팅 두께는 대개 0.04~0.09mm 수준이며 두께는 함침시간에 크게 의존한다. 도금용융조의 온도는 약 450°C 정도다.

알루미나이징의 상용화도 증가일로에 있으며 갈바나이징에 대한 시장점유율도 점점 증가하고 있다. 핫딥핑된 알루미늄은 뛰어난 내부식성을 부여하며 갈바나이징에 비해 5배 이상의 내부식효과를 보이기도 한다[17]. 핫딥핑에 의한 강의 주석도금은 무독성의 내부식 효과를 나타내므로 음식저장용기, 낙농장비, 연납땜을 목적으로 널리 사용되고 있다. 핫딥핑을 이용한 강의 주석도금보다는 전기도금을 이용한 방법이 상업적으로 확대 추세에 있다.

21.4 변환코팅

변환코팅conversion coating은 화학적 또는 전기화학적 반응을 통해 금속표면에 산화물, 인산염 또는 크롬산염 등의 얇은 박막을 형성시키는 일련의 공정을 말한다. 금속표면을 반응시킬 화학제와 접하도록 하는데는 침잠법과 분무법의 2가지 방법이 있다. 변환코팅처리를 하는 금속으로는 강(갈바나이징된 강을 포함), 아연, 알루미늄을 들 수 있으며 다른 대부분의 금속들도 이러한 처리를 통해 여러 이점을 얻을 수 있다. 변환코팅을 이용하는 중요한 이유로는 (1)부식 방지, (2)페인팅을 위한 표면준비, (3)내마모성 부여, (4)금속성형 시 표면 윤활제의 효능 증대, (5)표면의 전기저항 개선, (6)장식적인 다듬질 면을 얻을 수 있기 때문이다[17].

변환코팅공정은 다음의 2가지로 나눌 수 있는데 (1)화학 반응만을 이용한 화학적 처리, (2)전기화학적 반응을 통해 산화층을 코팅하는 산화피막법이 있다.

21.4.1 화학적 변환코팅

이 공정은 대상재를 어떤 화학용액에 노출시켜 얇은 비금속 표면 막을 형성시키는 것이다. 자연현상인 철과 알루미늄의 산화에서도 비슷한 반응이 일어난다. 철의 경우에는 산화녹이 점진적인 파괴를 의미하지만 알루미늄을 둘러싸고 있는 얇은 산화막(Al_2O_3)은 모재를 보호하는 역할을 한다. 후자의 효과를 부여하고자 하는 것이 화학적 변환코팅 처리의 목적이라 할 수 있다. 2가지 주요 공정으로 인산염코팅과 크롬산염코팅을 들 수 있다.

인산염phosphate코팅은 모재금속의 표면을 인산염 염류(예, 아연, 마그네슘, 칼슘)를 묽은 인산(H_3PO_4)과 혼합한 용액에 노출시켜 보호성의 인산염막으로 변화시키는 것이다. 코팅 두께는 0.0025~0.05mm 수준이다. 많이 사용되는 대상재로는 아연과 철(갈바나이징된 철 포함)을 들 수 있다. 자동차와 대형 산업설비의 페인팅을 하기 위한 인산염 코팅처리는 아주 유용한 사전처리 공정이다.

크롬산염chromate코팅은 모재금속의 표면을 크롬산, 크롬산염 염류, 기타 화학제의 수용액을 이용해 다양한 형태의 크롬산염막으로 변화시키는 것이다. 많이 사용되는 대상재로는 알루미늄, 카드뮴, 구리, 마그네슘, 아연(아연합금 포함)을 들 수 있다. 대상재를 용액에 담그는 방법으로 코팅을 하며 인산염 코팅에 비해 코팅두께가 얇아서 0.0025mm 이하 수준이다. 크롬산염 코팅을 하는 주된 이유는 (1)부식방지, (2)페인팅 사전처리, (3)장식 목적 등을 들 수 있다. 크롬산염 코팅은 색상을 부여할 수도 있으며 가능한 색으로는 녹갈색, 청동색, 노란색, 연청색 등이 있다.

21.4.2 산화피막법

이전의 공정들은 대개 전기분해 없이 행해지지만 산화피막법anodizing: 에노다이징은 전해공정을 통해 안정적인 산화물 피막을 금속표면에 형성시킨다. 알루미늄과 마그네슘에 널리 적용되며 아연, 티타늄, 다른 금속에도 적용가능하다. 주로 장식 목적으로 표면을 에노다이징하지만 내식성도 부여된다. 두 공정이 모두 전해반응이라는 측면에서 산화피막법과 전기도금을 비교하는 것은 의미가 있다. (1)전기화학적 도금에서는 코팅되는 대상재가 반응에서 음극이지만 에노다이징에서는 대상재가 양극이고 공정용 용기가 음극이다, (2)전기도금에서는 코팅이 도금금속이온이 대상재의 표면에 흡착되면서 진행되는 반면 산화피막법에서는 대상금속이 산화층과의 화학반응을 일으키면서 표면코팅부가 형성된다.

에노다이징된 부분의 코팅두께는 0.0025~0.075mm 수준이다. 염료를 에노다이징 시 혼용하면 다양한 색상의 표면을 얻게 되는데 알루미늄 에노다이징 시 많이 적용한다. 하드에노다이징hard anodizing이라 불리는 특수공정을 통해 0.25mm 수준의 두꺼운 코팅두께를 얻을 수 있으며 이러한 코팅은 마모와 부식에 대한 높은 저항성을 보인다.

21.5 증착

증착공정은 응축이나 가스의 표면화학반응을 통해 대상재에 박막을 코팅하는 것으로, 물리증착법과 화학증착법의 2가지 공정을 설명한다.

21.5.1 물리증착법

물리증착법Physical Vapor Deposition: PVD은 코팅재료를 진공 체임버에서 증기 상태로 전환한 후 대상재의 표면에 얇은 층으로 응축시키는 일련의 박막공정을 말한다.

PVD는 금속, 합금, 세라믹, 기타 유기화합물, 심지어 폴리머를 포함하는 다양한 코팅재료에 적용할 수 있고 코팅 가능한 대상재로는 금속, 유리, 플라스틱이 있다. 따라서 PVD는 다방면에 사용가능한 코팅기술이며 코팅재료와 대상재의 무한한 조합이 가능한 코팅기술이라 할 수 있다.

PVD의 적용 예로 트로피, 장난감, 팬과 연필, 시계 케이스, 자동차 내부 트림 등과 같은 플라스틱이나 금속의 표면에 실시하는 얇은 장식성 코팅을 들 수 있는데 알루미늄의 얇은 막(약 150nm)에 고광택 은(銀) 또는 크롬외관을 부여하기 위한 래커lacquer처리를 한다. PVD의 다른 용도로 광학렌즈에 마그네슘 불화물(MgF_2)을 이용한 반사방지막의 코팅을 들 수 있다. PVD는 전자부품의 제조에도 적용되는데 증착된 금속으로 집적회로의 전기접점을 형성하기도 한다. PVD는 내마모성을 위해 절삭공구나 플라스틱 사출금형의 표면에 티타늄 질화물(TiN)을 코팅하는데도 사용한다.

모든 물리적 증착공정들은 (1)코팅 증기의 발생, (2)대상재로의 증기의 이송, (3)대상재 표면에서의 증기의 응축과정을 거친다. 이러한 과정은 진공 체임버 내에서 진행시키므로 PVD 공정 전에 반드시 진공으로 만들어야 한다.

코팅증기의 합성을 위한 여러 방법들이 있으며 고체(또는 액체)를 기화시키기 위해 전기저항 가열 또는 이온 충돌법을 이용하기도 한다. 이러한 다양성 때문에 여러 가지 PVD 방법이 개발되었으며 (1)진공기화, (2)스퍼터링, (3)이온도금 등의 3가지 형태로 나눌 수 있다.

진공기화 어떤 재료(대개 순수금속)들은 진공에서 먼저 고체상에서 기체상으로 변태한 후 대상재 표면에 응착시킴으로써 대상재에 증착된다. 진공기화vacuum evaporation를 위한 설비는 [그림 21.3]에 나타냈다. '소스source'라 부르는 부착시킬 재료는 매우 고온에서 기화시키는데 진공 분위기이므로 기화를 위한 열은 대기 하에서의 기화열보다 훨씬 낮다. 또한 진공 분위기이므로 고온의 가열온도에서 소스재료의 산화가 방지된다.

재료를 가열하고 기화시키기 위해 다양한 방법이 사용되는데 기화가 일어나기 전에 소스재료를 담을 수 있는 용기가 있어야 한다. 주요 기화법 중은 저항가열과 전자빔 충돌법 등이 있다. 저항가열resistance heating은 가장 간단한 방법으로서 내화금속(즉, W, Mo)으로 만든 용기에 소스금속을 넣은 후 전류를 인가함으로써 용기에 접촉된 재료를 가열시키는 방법이다. 전자빔충돌electron beam evaporation은 고속의 전자 스트림이 소스금속의 표면에 충돌함으로써 기화를 일으키게 한다.

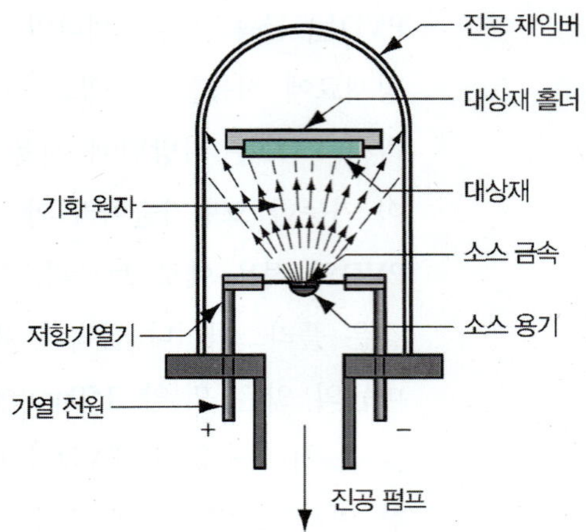

그림 21.3
진공기화 PVD 장치(출처: Fundamentals of Modern Manufacturing, 4th Edition by Mikell P. Groover, 2010. Reprinted with permission of John Wiley & Sons, Inc.).

기화방법이 무엇이든 기화된 원자는 소스를 떠나게 되고 직선경로로 다른 기체분자와 충돌할 때까지 직진하거나 금속 표면과 부딪히게 된다. 체임버 내의 진공 분위기는 근원적으로 다른 기체분자들을 제거한 상태이므로 소스 증기원자가 충돌할 확률은 낮다. 코팅하고자 하는 대상재 표면은 대개 소스를 기준으로 배열시켜 기화된 원자가 고체표면에 잘 증착되도록 한다. 기계적 조종장치로 대상재를 회전시켜 전체 표면이 코팅되게 하기도 한다. 상대적으로 차가운 대상재 표면에 닫게 되면 충돌원자의 에너지 레벨이 증기로 존재할 수 있는 에너지수준 이하로 급속히 낮아지게 되어 고체표면에 응결 증착해 얇은 박막을 형성한다.

스퍼터링 고체(또는 액체) 표면이 충분히 높은 에너지를 가진 원자입자에 의해 충돌된다면 표면의 개개 원자들은 충돌로 인해 충분한 에너지를 갖게 되며 운동량 전달을 통해 표면에서 떨어져 나온다. 이러한 현상을 스퍼터링sputtering이라 하며 가장 손쉬운 형태의 고에너지 입자는 이온화된 가스인데 아르곤에 전기장으로 에너지를 부여해 플라즈마를 형성해 얻는 방법이 있다. PVD 공정으로 스퍼터링은 음극의 코팅재료를 아르곤이온(Ar+)으로 충돌시켜 빠져나간 표면원자가 대상재에 증착해 표면에 얇은 박막을 형성토록 하는 것이다. 대상재는 반드시 음극에 가까이 위치하게 하여 코팅원자의 결합을 개선하도록 한다. 대표적 장치를 [그림 21.4]에 나타냈다.
진공증착법이 금속에 국한되는데 반해 스퍼터링은 금속과 비금속, 합금, 세라믹, 폴리머 등 거의 모든 재료에 적용가능하다. 합금과 화합물의 필름을 이용하면 화학조성을 변하지 않고 스퍼터링할 수 있다. 스퍼터링된 금속과 산화물, 탄화물 또는 질화물을 형성할 수 있는 반응용 가스를 사용하면 화합물 형태의 필름을 얻을 수 있다.

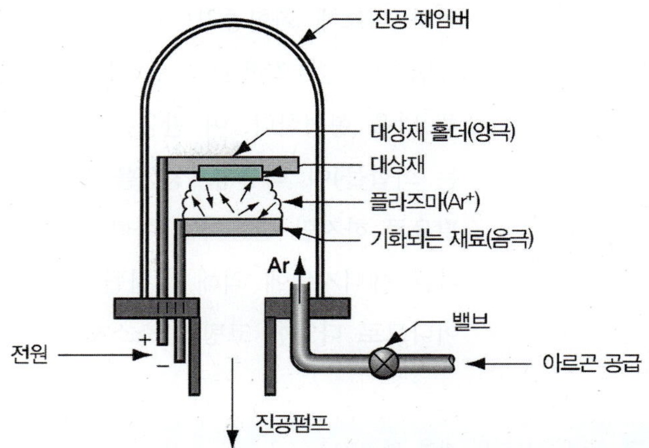

그림 21.4
물리적 증착형태의 스퍼터링 장치 예(출처: Fundamentals of Modern Manufacturing, 4th Edition by Mikell P. Groover, 2010. Reprinted with permission of John Wiley & Sons, Inc.).

스퍼터링 PVD의 단점은 (1)낮은 증착속도, (2)표면에 충돌하는 이온이 가스이므로 코팅된 필름에 가스의 흔적이 남아 있는 경우가 많으며 잔류 가스는 기계적 성질에 악영향을 준다.

이온도금 이온도금ion plating은 스퍼터링과 진공기화의 조합공정을 통해 대상재에 박막을 생성시킨다. 체임버의 상부에 대상재를 음극상태로 설정한 후 소스재료를 그 아래에 놓고 진공상태로 만든다. 아르곤가스가 전기장에 의해 이온화해 Ar+로 되고 플라즈마가 형성된다. 대상재의 이온충돌(스퍼터링)로 인해 대상재의 표면이 원자적 견지에서 청정(완전청정) 상태가 된다. 다음으로 소스재료가 코팅 증기를 발생할 수 있도록 충분히 가열한다. 가열방법은 진공기화의 저항가열과 전자빔 충돌법과 유사하다. 증기입자는 플라즈마를 통과해 대상재에 증착된다. 증착 과정 동안 스퍼터링은 계속되며 이온충돌이 초기 아르곤이온뿐만 아니라 아르곤과 동일한 에너지필드로 에너지를 갖게 된 소스재료의 이온에 의해서도 일어난다. 이러한 공정조건의 영향으로 균일한 두께의 막이 얻어지고 대상재에 강한 밀착력으로 증착된다.
이온도금은 플라즈마 필드에 존재하는 스캐터링 효과로 인해 불규칙한 형상에도 적용가능하며 고속도강 절삭공구(예, 드릴 끝날)에 TiN 코팅이 좋은 예다. 코팅의 균일도와 우수한 밀착력은 물론 빠른 증착속도, 높은 막밀도, 구멍의 내벽과 중공형상에 대한 코팅능력 등 부가적인 장점을 갖는다.

21.5.2 화학증착법

PVD는 증기 상태로부터 대상재에 소스재료를 증착시켜 코팅하는 물리적 공정이다.

이와 비교해 화학증착법chemical vapor deposition: CVD은 가스혼합물과 가열된 대상재 표면과의 상호작용에 기인하는데, 가스성분의 일부가 분해되어 대상재의 표면에 고체 막을 형성한다. 이 반응은 밀폐된 반응 체임버에서 일어나며 반응생성물(금속 또는 화합물)이 핵생성, 성장을 통해 대상재 표면에 코팅된다. 대부분의 CVD는 열을 필요로 하지만 반응하는 화학성분에 따라서는 화학반응이 자외선이나 플라즈마 같은 다른 에너지원에 의해 촉진될 수도 있다. CVD는 넓은 범위의 압력과 온도에서 일어나므로 다양한 코팅과 소스재료에 대해 적용이 가능하다.

표 21.2 화학증착법의 반응 예[6][13][17]

1. 몬드(Mond)공정은 니켈광석의 정련 시 생성되는 중간화합물인 니켈카보닐($Ni(CO)_4$)에서 니켈을 분해하는 CVD 공정

$$Ni(Co)_4 \xrightarrow{200℃(400°F)} Ni + 4CO \tag{21.4}$$

2. 고성능 절삭공구를 생산하기 위해 초경 텅스텐탄화물(WC–Co) 모재 위에 티타늄탄화물(TiC) 코팅

$$TiCl_4 + CH_4 \xrightarrow[\text{excess } H_2]{1000℃(1800°F)} TiC + 4HCl \tag{21.5}$$

3. 고성능 절삭공구를 생산하기 위해 초경 텅스텐탄화물(WC–Co) 모재 위에 티타늄질화물(TiN) 코팅

$$TiCl_4 + 0.5N_2 + 2H_2 \xrightarrow{900℃(1650°F)} TiN + 4HCl \tag{21.6}$$

4. 고성능 절삭공구를 생산하기 위해 초경 텅스텐탄화물(WC–Co) 모재 위에 산화알루미늄 (Al_2O_3) 코팅

$$2AlCl_3 + 3CO_2 + 3H_2 \xrightarrow{500℃(900°F)} Al_2O_3 + 3CO + 6HCl \tag{21.7}$$

5. 반도체 제조공정에서 실리콘(Si) 위에 실리콘 질화물(Si_3N_4)의 코팅

$$3SiF_4 + 4NH_3 \xrightarrow{1000℃(1800°F)} Si_3N_4 + 12HF \tag{21.8}$$

6. 반도체 제조공정에서 실리콘(Si) 위에 실리콘 산화물(SiO_2)의 코팅

$$2SiCl_3 + 3H_2O + 0.5O_2 \xrightarrow{900℃(1600°F)} 2SiO_2 + 6HCl \tag{21.9}$$

7. 제트엔진 터빈 블레이드와 같은 모재 위에 내화성 금속 텅스텐(W)의 코팅

$$WF_6 + 3H_2 \xrightarrow{600℃(1100°F)} W + 6HF \tag{21.10}$$

화학증착법에 근거한 산업적 야금공정은 1800년대([표 21.2]의 Mond 공정)로 거슬러 올라간다. 근래 CVD의 관심은 코팅기술의 적용 부품에 집중되고 있는데 코팅된 초경합금공구, 태양전지, 제트엔진 터빈블레이드의 내화금속 도포, 마모, 부식, 마식, 열 충격에 대한 저항이 중요한 부품 등을 들 수 있으며 CVD는 집적회로의 제조에도 중요시되는 기술이다.

알려진 CVD의 장점으로는 (1)용융온도나 소결온도 이하의 온도에서 내화금속을 도포할 수 있는 능력, (2)결정립크기의 조절 가능, (3)대기압 하에서 공정 진행: 진공장비 불필요, (4)우수한 코팅 접착력 등을 들 수 있다[1]. 단점으로는 (1)부식성 또는 독성의 화학제로 인해 일반적으로 특수 펌프와 후처리 시설이 있는 밀폐된 체임버 필요, (2)상대적으로 고가의 반응용 원소, (3)낮은 재료 활용도를 들 수 있다.

CVD 재료와 반응 일반적으로 전기도금이 용이한 금속은 사용될 유해 화학물질과 이의 보호를 위한 비용 등을 고려해 CVD 공법을 적용하지 않는다. CVD 코팅으로 적합한 금속은 텅스텐, 몰리브덴, 티타늄, 바나듐, 탄탈륨 등을 들 수 있다. 화학증착법은 알루미늄 산화물(Al_2O_3), 실리콘 이산화물(SiO_2), 실리콘 질화물(Si_3N_4), 티타늄 탄화물(TiC), 티타늄 질화물(TiN)과 같은 화합물의 증착에 적합하다. [그림 21.5]는 CVD와 PVD를 동시 적용한 다층 내마모 코팅된 초경합금 절단공구의 예를 보여준다.

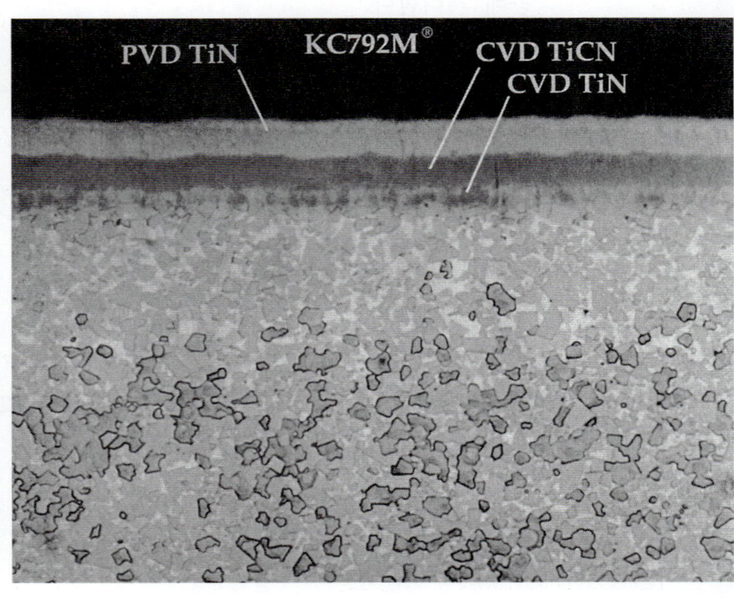

그림 21.5
코팅된 초경합금 절삭공구(Kennametal Grade KC792M)의 단면 사진. WC-Co 대상재 표면에 TiN과 TiCN 코팅은 CVD가 사용되었고 TiN 코팅은 PVD로 실시(출처: Fundamentals of Modern Manufacturing, 4th Edition by Mikell P. Groover, 2010. Reprinted with permission of John Wiley & Sons, Inc.).

흔히 사용되어지는 반응가스 또는 증기는 금속 수소화물(MH_x), 염화물(MCl_x), 불화물(MF_x), 탄산화물($M(CO)_x$) 등을 들 수 있으며 여기서 M은 증착할 금속이고 x는 화합물의 원자가를 맞추는 계수다. 이외에도 수소(H_2), 질소(N_2), 메탄(CH_4), 이산화탄소(CO_2), 암모니아(NH_3) 등이 특정 반응을 위해 사용된다. [표 21.2]는 대상재에 금속이나 세라믹 코팅을 증착시키는 CVD 반응의 예를 나타냈으며 이러한 반응이 일어나는 전형적인 온도도 함께 나타냈다.

공정장치 화학 증착법공정은 반응로에서 일어나는데 이는 (1)반응물 공급시스템, (2)증착 체임버, (3)재생/후처리시스템으로 구성된다. 반응로의 배치는 적용물에 따라 다를 수 있지만 CVD 반응로의 한 예를 [그림 21.6]에 나타냈다.

반응물 공급시스템의 주요 목적은 반응제를 적정 비율로 증착 체임버에 공급해주는 것인데 공급해 줄 반응제가 가스, 액체 또는 고체(예, 펠렛, 분말) 중 어느 상태인가에 따라 공급시스템의 형태는 달라진다. 증착 체임버에는 대상재와 대상재 표면에 증착시키고자 하는 화학생성물을 형성시킬 수 있는 화학반응제가 들어 있다. 도포는 고온에서 일으키는데 대상재를 유도가열이나 반사열 등으로 가열한다. 다양한 CVD 반응에서 증착온도는 대개 250°C~1950°C 범위이므로 이에 맞는 체임버가 필요하다. 반응로의 세 번째 시스템이 재생, 후처리 시스템인데 그 기능은 CVD 반응의 부산물을 무해하게 해주는 것으로 독성, 부식성, 가연성의 물질을 포집해 적절한 공정을 통해 처리한다.

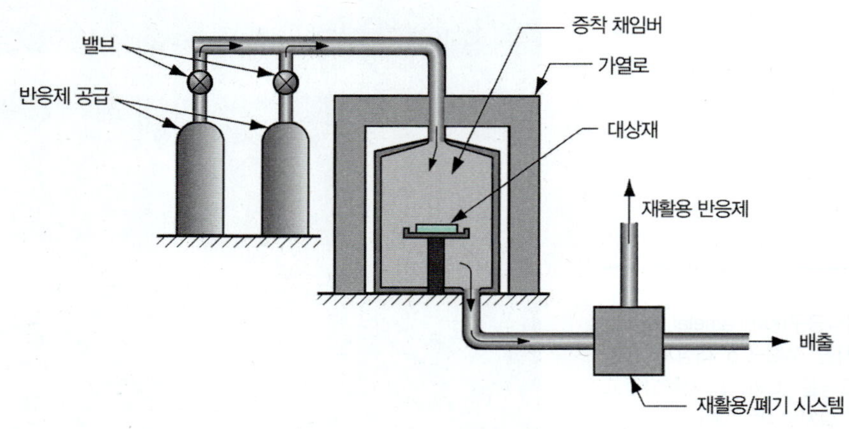

그림 21.6 화학증착용 대표적 반응로(출처: Fundamentals of Modern Manufacturing, 4th Edition by Mikell P. Groover, 2010. Reprinted with permission of John Wiley & Sons, Inc.).

21.6 유기코팅

유기코팅organic coating은 자연적으로나 인공적으로 얻어진 폴리머와 수지를 액체 상태에서 배합한 후 대상재의 표면에 얇은 막으로 입힌 후 건조시키거나 경화시키는 것을 말한다. 이러한 코팅은 다양한 색상과 질감의 표면을 코팅할 수 있고 대상재의 표면을 저비용으로 손쉽게 코팅한다는 측면에서 가치가 크다. 이 절에서는 유기코팅의 조성과 그 적용방법을 고찰한다. 비록 대부분의 유기코팅이 액체 상태로 사용하지만 경우에 따라서는 분말로 사용하기도 하는데 이는 21.6.2절에서 다룬다.

유기코팅은 다음 성분을 포함해 구성한다. (1)코팅에 그 특성을 부여하는 결합제, (2)코팅부의 색깔을 결정하는 염료나 안료, (3)폴리머나 수지를 용해시켜 액상의 유동성을 개선시키는 용제 및, (4)첨가제.

유기코팅에서 결합제binders는 코팅부의 고체 상태 물성인 강도, 물리적 성질, 대상재에 대한 밀착성 등을 결정짓는 폴리머와 수지를 말한다. 결합제는 표면에 사용 시 색소나 다른 첨가물을 함유한다. 유기코팅에서 가장 널리 사용되는 결합제로는 천연기름(유성 페인트를 생산하는데 사용)과 폴리에스터, 폴리우레탄, 에폭시, 아크릴, 셀룰로오즈 수지 등이 있다.

염료와 안료는 코팅부에 색상을 부여한다. 염료dyes는 코팅용 액체의 색깔을 부여하는 가용성 화학제로서 표면 아래를 보이지 않게는 하지 않는다. 따라서 염료색 코팅은 일반적으로 투명하거나 반투명하다. 안료pigment는 코팅용 액체에 균일하게 분산된 미세한 고체입자로서 비수용성이다. 코팅부의 색을 입힐 뿐 아니라 표면 아래를 감추어준다. 안료는 입자형태이므로 코팅부를 강하게 해주는 효과가 있다.

용제solvents는 결합제와 액체 코팅조성 중 일부 첨가물을 분해시키는데 사용한다. 유기 코팅에 사용되는 일반적인 용제는 지방족, 방향족 탄화수소, 알코올, 에스테르, 케톤, 염소처리된 용제 등이 있다. 결합제 별로 다른 용제를 필요로 한다. 유기코팅용 첨가제additives로는 계면활성제(표면퍼짐성 개선), 살생제, 살균제, 두께증진제, 결빙/해동 안정제, 열/광 안정제, 합착제, 가소제, 거품제거제, 교차결합용 촉매 등이 있다. 이러한 첨가제는 페인트, 래커, 니스와 같은 광범위한 코팅부를 얻기 위해 배합한다.

21.6.1 적용 방법

표면에 유기코팅하는 방법은 코팅액체의 조성, 요구두께, 생산속도, 비용, 부품크기, 환경적 요구사항 등 여러 인자를 고려해 결정한다. 어떤 방법을 적용하든 표면의 사전 준비가 매우 중요한데 표면세척과 인산염처리와 같은 표면처리도 이에 해당한다. 어떤 경우에는 내부식성을 극대화하기 위해 유기코팅 전에 금속표면을 도금하기도 한다.

어떤 코팅방법에서도 이동효율이 중요한 척도다. 이동효율transfer efficiency은 공정을 위해 공급되는 페인트에 대한 실제 대상재에 부착되는 페인트의 비율로서 어떤 경우에는 이 값이 30% 정도까지 낮아지기도 한다(70%의 페인트가 낭비되었다는 의미).

액체 유기코팅을 적용하기 위한 방법으로 브러싱과 롤링, 분무, 침잠코팅, 유동코팅 등이 있으며 어떤 경우에는 여러 가지 코팅법을 대상재 표면에 연속적으로 적용해 원하는 수준의 코팅을 얻기도 한다. 자동차 차체는 중요한 예가 되는데 대량 자동차 생산라인에서 판재 성형된 차체의 공정은 다음과 같다. (1)인산염처리를 위한 침잠, (2)초벌코팅을 위한 침잠, (3)분사형 코팅을 통한 색상페인트 코팅, (4)분무를 통한 투명코팅(고광택, 보호용).

브러싱brushing과 롤링rolling은 가장 익숙한 2가지 코팅방법으로서 100%에 근접하는 높은 전달효율을 갖는다. 수동 브러싱과 롤링법은 낮은 생산속도에는 적합하나 대량용으로는 부적합하다. 브러싱은 자유자재로 코팅이 가능하지만 롤링은 편평한 표면에만 적용가능하다.

분무코팅spray coating은 널리 사용되는 유기코팅용 방법으로 코팅용 액체를 미세한 안개 형태로 미세화분사atomize해 대상재 표면에 코팅하는 것이다. 표면에 분사된 액체가 닿으면 국부적인 영역에 액이 퍼지면서 균일한 코팅을 형성한다. 분사코팅이 잘 이뤄지면 전체 대상재 표면에 균일한 코팅을 얻을 수 있다. 분사형 코팅은 분사 페인팅 부스에서 수동적으로 진행하거나 자동화할 수도 있지만 전달효율은 약 30% 정도로 낮은 수준이다. 대상재를 전기적으로 접지시키고 페인팅 입자를 미립화시켜 정전기장을 통해 분사도장시키는 정전분무electrostatic spraying를 적용하면 전달효율이 개선되는데 분사된 미립자가 대상재 표면에 잘 부착되어 전달효율이 약 90% 정도로 증가한다[17]. 분사법은 차체의 외부 페인팅을 위해 자동차산업에서 널리 적용되며 이 방법은 여러 설비와 소비재의 코팅에도 사용된다.

침잠immersion은 다량의 액체코팅을 대상재에 가해준 후 잉여분을 배수해 재활용하는 것을 말한다. 가장 간단한 방법으로 침잠코팅dip coating을 들 수 있는데 부품을 액체 코팅재료가 담겨 있는 개방형 탱크에 담근 후 끄집어낸 후 잉여 코팅액이 탱크로 흘러들게 하는 방법이다. 침잠코팅의 변형형태로 전기코팅electrocoating을 들 수 있는데 전기적으로 부하된 부품을 전기적으로 역부하된 페인트 저장조에 담그는 방법을 말한다. 코팅의 밀착성이 개선되고 수용성 페인트에 적용가능하다(화재, 오염재해 감소효과).

유동코팅flow coating은 둘러싸진 페인트 부스를 대상재가 이동하면서 다수의 노즐샤워를 통해 코팅용 액체가 표면에 코팅되도록 하는 것으로 이때 흘러내린 여분의 액체는 배출구에서 모아져 다시 사용된다. 유기코팅은 적용 후 액체가 고체로 변하며 건조drying가 이러한 변환공정을 표현하기 위해 사용된다. 많은 유기코팅은 용제의 기화에 의해 건조된다. 그러나 대상재 표면에 견고한 막을 형성시키려면 또 다른 전환공정인 경화공정이 필요하다. 경화curing는 유기수지의 화학적 변화를 말하는데 중합이나 교차결합을 통해 코팅부가 단단하다.

경화 시 일어나는 화학반응의 형태는 사용된 수지에 의해 결정되는데 유기코팅에서 영향을 미치는 경화에는 다음과 같은 것이 있다. (1)상온경화는 용제의 증발과 수지의 산화(대부분의 래커의 경화방법), (2)고온경화는 용제의 증발을 촉진시키고 중합체화, 교차결합을 촉진하기 위해 고온에서 경화, (3)촉매경화는 적용 직전에 혼합해 사용할 반응제를 필요로 하는 경우로 중합체화, 교차결합을 일으키기 위함(예, 에폭시와 폴리우레탄 페인트), (4)방사 경화는 수지의 경화를 일으키기 위해 마이크로파, 자외선, 전자빔과 같은 다양한 형태의 방사물에 사용된다[17].

21.6.2 분말코팅

앞에서 설명한 유기코팅은 용제에 가용성(아니면 적어도 혼합하기 쉬운)의 수지로 구성된 액상시스템인 데 반해 분말코팅은 이와 다르다. 건조 상태의 미세하게 갈아진 고체 입자가 대상재의 표면에서 녹아 얇은 액체 막을 균일하게 형성한 후 다시 재응고해 건조코팅 상태로 된다.

분말코팅 시스템은 1970년대 중반 이후 유기코팅의 상업적 중요성으로 인해 크게 성장했다. 분말코팅은 열가소성과 열경화성으로 분류한다. 열가소성 분말로는 폴리염화비닐, 나일론, 폴리에스터, 폴리에틸렌, 폴리프로필렌 등이 있는데 비교적 0.08~0.30mm 두께의 두꺼운 코팅에 적용한다. 열경화성 분말로는 에폭시, 폴리에스터 등이 있는데 경화되지 않은 수지에 적용되어 가열이나 다른 첨가물과의 반응을 통해 중합이나 교차 결합된다. 코팅두께는 대개 0.025~0.075mm 수준이다.

분말코팅을 위한 적용 방법에는 분무와 유동화베드의 2가지가 있다. 분무spraying 방법은 정전기장을 걸어줌으로써 각각의 분말들이 전기적으로 접지된 부품 표면으로 부착되도록 한다. 분말에 전하를 걸어주기 위한 여러 형태의 분무건spray gun 이 있으며 분무건은 압축공기를 이용해 분말을 노즐로 추진시키는데 사용하며 수동 또는 산업용 로봇으로 작동된다.

분무 시에는 분말이 건조 상태이며 표면에 부착되지 못한 잉여 입자들은 재활용된다(동일 분무작업장에서 여러 가지 색의 도료가 사용되지 않는 한). 실온에서 분말을 대상재로 분무한 후 대상재를 가열해 분말을 녹이거나, 녹는점 이상으로 가열된 분말을 대상재에 분무하는데 이 경우에는 코팅이 두껍게 된다.

유동화베드fluidized bed 방법은 정전기 분무법의 대체 공법이긴 하지만 많이 사용되지는 않는데 코팅될 대상재를 미리 예열한 후 분말이 기류에 의해 유동하고 있는 유동화베드를 통과시키는 방법이다. 분말은 대상재의 표면에 부착되어 코팅되며 경우에 따라서는 분말이 전기적으로 접지된 대상재에 잘 부착되도록 정전기장을 걸어주기도 한다.

참고문헌 References

[1] *ASM Handbook,* Vol. 5, *Surface Engineering.* ASM International, Materials Park, Ohio, 1993.

[2] Budinski, K. G. *Surface Engineering for Wear Resistance.* Prentice Hall, Inc., Englewood Cliffs, New Jersey, 1988.

[3] Durney, L. J. (ed.). *The Graham's Electroplating Engineering Handbook,* 4th ed. Chapman & Hall, London, 1996.

[4] Freeman, N. B. "A New Look at Mass Finishing," Special Report 757, *American Machinist,* August 1983, pp. 93–104.

[5] George, J. *Preparation of Thin Films.* Marcel Dekker, Inc., New York, 1992.

[6] Hocking, M. G.,Vasantasree, V.,and Sidky, P.S. *Metallic and Ceramic Coatings.* Addison-Wesley Longman, Ltd., Reading, Massachusetts, 1989.

[7] *Metal Finishing,* Guidebook and Directory Issue.Metals and Plastics Publications, Inc., Hackensack, New Jersey, 2000.

[8] Morosanu, C. E. *Thin Films by Chemical Vapour Deposition.* Elsevier, Amsterdam, Holland, 1990.

[9] Murphy, J. A. (ed.). *Surface Preparation and Finishes for Metals.* McGraw-Hill Book Company, New York, 1971.

[10] Sabatka,W. "Vapor Degreasing." www.pfonline.com.

[11] Satas, D. (ed.). *Coatings Technology Handbook,* 2nd ed. Marcel Dekker, Inc., New York, 2000.

[12] Stuart, R. V. *Vacuum Technology, Thin Films, and Sputtering.* Academic Press, New York, 1983.

[13] Sze, S. M. *VLSI Technology,* 2nd ed. McGraw-Hill Book Company, New York, 1988.

[14] Tracton, A. A. (ed.). *Coatings Technology Handbook,* 3rd ed. CRC Taylor & Francis, Boca Raton, Florida, 2006.

[15] Tucker, Jr., R. C. "Surface Engineering Technologies," *Advanced Materials & Processes,* April 2002, pp. 36–38.

[16] Tucker, Jr., R. C. "Considerations in the Selection of Coatings," *Advanced Materials & Processes,* March 2004, pp. 25–28.

[17] Wick, C., and Veilleux, R. (eds.). *Tool and Manufacturing Engineers Handbook,* 4th ed., Vol III, *Materials, Finishes, and Coating.* Society of Manufacturing Engineers, Dearborn, Michigan, 1985.

복습문제 Review Questions

21.1 만들어진 부품을 청정법을 실시하는 중요한 이유는 무엇인가 ?

21.2 기계적 표면처리를 청정 목적 외에 혹은 청정에 추가되는 목적으로 수행되는데 그 목적은 무엇인가?

21.3 제조공정에서 금속표면에서 청정되어야 할 오염물은 분류 형태별로 어떤 것이 있는가?

21.4 주요 화학적 청정법을 들어보라.

21.5 표면 청정 외에 숏피닝을 실시해 얻게 되는 주요 효과는?

21.6 대량 다듬질의 의미는 무엇인가?

21.7 확산법과 이온주입법의 차이는 무엇인가?

21.8 캐러라이징이란 무엇인가?

21.9 금속을 코팅하는 이유는?

21.10 가장 보편적인 코팅공정에는 어떤 것이 있는가?

21.11 가장 널리 도금해 사용되는 모재금속은 무엇인가?

21.12 전해성형용 맨드릴의 한 형태로 속이 꽉 찬 맨드릴이 있다. 부품은 이 맨드릴로부터 어떻게 탈착하는가?

21.13 무전해도금은 전기화학도금과 어떻게 다른가?

21.14 변환코팅은 무엇인가?

21.15 아노다이징은 다른 변환코팅과 어떻게 다른가?

21.16 물리증착법은 무엇인가?

21.17 물리증착법과 화학증착법의 차이는 무엇인가?

21.18 PVD를 이용해 절삭공구를 코팅할 때 널리 사용되는 코팅재료는?

21.19 화학증착법의 장점은 무엇인가?

21.20 유기코팅에 첨가되는 4가지 주요 원소는 무엇인가?

21.21 유기코팅 시 이동효율의 의미는?

21.22 표면에 유기코팅하는 방법들을 설명하라.

21.23 건조(drying)와 경화(curing)는 다른 의미다. 그 차이를 설명하라.

연습문제 PROBLEMS

21.1 만약 10amp의 전류가 1시간 동안 가해지면 음극 대상재에 도금되는 아연의 체적(cm^3)과 중량(g)은 얼마인가?

21.2 표면적이 $100cm^2$인 강판부품을 아연 도금하고자 한다. 염화물 전해용액에서 15amp의 전류를 12분간 가해주면 평균도금두께는 얼마인가?

21.3 표면적이 $15in^2$인 강판부품을 크롬도금하려 한다. 크롬산-염욕에서 15amp의 전류를 10분간 가해주면 평균 도금두께는 얼마인가?

21.4 각각의 표면적이 $0.5in^2$인 25개의 장신구 조각을 배치형 도금공정을 통해 금으로 도금하려 한다. (a)시안화물로 8amp의 전류를 10분간 가해주면 평균도금두께는 얼마인가? (b)금의 가격이 온스당 $1000이라면 각각의 조각에 도금된 금의 가격은 얼마인가? 금의 밀도는 $0.698lb/in^3$이다.

21.5 판재 성형된 부품을 니켈도금하고자 한다. 부품은 직사각형 형태인데 판 두께는 0.075cm이고 각 면의 치수는 세로 14cm, 가로 19cm다. 도금공정이 산-황산염 전해용액에서 20amp의 전류를 30분간 가해주면 이 공정을 통해 얻게 되는 평균도금두께는 얼마인가?

21.6 표면적이 $36in^2$인 강판부품이 있다. 표면에 두께 0.001in의 구리(원자가=+1)도금을 하려면 15amp의 전류 하에서 얼마 동안 도금해야 하는가?

7부
접합과 조립 공정

Engineering Materials and Product Attributes 1

Solidification Processes 2

Particulate Processing of Metals and Ceramics 3

Metal Forming and Sheet Metalworking 4

Material Removal Processes 5

Property Enhancing and Surface Processing Operations 6

Joining and Assembly Processes 7

Special Processing and Assembly Technologies 8

Systems Topics in Manufacturing 9

CHAPTER

22

용접의 기초

FUNDAMENTALS OF WELDING

이 장에서는 여러 부품을 접합하여 조립된 일체품을 만드는 공정을 다룬다. 이러한 공정들은 [그림 1.3]의 아래쪽 가지로 분류된다. 접합(joining)은 용접, 경납땜, 연납땜, 접착제 결합과 같이 부품 간의 영구적 접합을 통해 쉽게 분리되지 않도록 하는 것이다. 조립(assembly)은 서로 기계적으로 묶어 밀착시키는 것을 의미하며 어떤 조립공정은 해체가 쉬운 반면 어떤 공정은 그렇지 않다. 여기서는 접합과 조립공정을 용접 관점에서 2개 장에 걸쳐 설명한다. 경납땜, 연납땜, 접착제 결합은 24장에서, 기계적 조립은 25장에서 다룬다.

용접(welding)은 2개 또는 그 이상의 부품 접촉부를 열과 압력 등을 적절하게 가해주어 접합시키는 것을 말한다. 많은 경우 용접은 압력을 가하지 않고 열만을 이용하는 반면 경우에 따라서는 외부에서 열을 가하지 않고 압력만으로 접합한다. 어떤 용접공정은 접합을 위해 용가재(filler material)를 사용한다. 용접에 의해 접합된 부품을 용접물(weldment)이라 한다. 용접은 대부분 금속부품과 관련되어 있지만 플라스틱 접합에도 사용된다. 여기서는 금속의 용접을 다룬다.

용접의 상업적 · 기술적 중요성은 다음과 같이 정리된다.

- 용접을 통해 영구적인 접합부를 얻을 수 있다. 용접된 부품은 하나의 일체품이 된다.
- 용접 이음부는 모재보다 강한 용가재를 사용하거나 적절한 용접 기술을 사용하면 모재보다 강하게 할 수 있다.
- 용접은 일반적으로 재료 활용도와 비용 측면에서 부품을 접합시키는 가장 경제적인 방법으로 볼 수 있다. 다른 기계적 체결법의 경우는 복잡한 형상 변화(예. 구멍 드릴링)가 수반되고 체결 장치(예. 리벳, 볼트)가 필요하고 결과적으로 용접품에 비해 무거운 것이 일반적이다.
- 용접은 공장에서만 할 수 있는 것이 아니라 현장에서도 할 수 있다.

용접이 위의 장점을 가진 반면 다음과 같은 한계와 단점(또는 잠정적인 단점)도 가지고 있다.

- 대부분의 용접공정은 수동으로 이뤄지므로 인건비 차원에서 비용이 많이 든다. 많은 경우에 용접공정은 기술을 가진 인력이 해야 하는데 이러한 기술보유 인력이 풍부하지 않다.
- 대개 용접공정은 고에너지를 사용하므로 위험한 경우가 많다.
- 용접은 부품을 영구적으로 접합하기 때문에 분해가 용이하지 않다. 자주 분해(즉, 수리, 정비)가 필요한 제품의 경우에는 용접으로 접합해서는 안 된다.
- 용접 이음부의 검출하기 어려운 품질 결함을 보일 수 있고, 이러한 결함들은 이음부의 강도를 낮춘다.

22.1 용접기술의 개요

용접은 서로 맞닿은 두 금속면을 국부적으로 접합시키는 공정이다. 접합을 위해 접촉 또는 근접시켜 놓은 면을 접합면faying surfaces이라 한다. 용접은 대개 동일 금속재에 대해 행하지만 다른 재질 간의 접합에도 적용한다.

22.1.1 용접공정의 종류

미국용접학회American Welding Society: AWS 에 등재된 용접공정의 수는 50개에 이르며 소요되는 파워를 공급하기 위한 다양한 형태 또는 조합의 에너지를 사용한다. 용접공정은 (1)융접, (2)고상용접의 2가지 그룹으로 분류한다.

융접 융접fusion welding, 융합용접은 모재를 녹이기 위해 열을 사용한다. 많은 융접의 경우, 공정 안정화, 소재공급, 용접부 강도 부여 목적으로 용가금속을 용융부에 공급한다. 용가금속을 사용하지 않는 융접 공정을 자생autogeneous용접이라 한다. 용접공정에서 널리 사용되는 용융법 분류는 다음과 같다(괄호 안의 약자는 미국용접학회의 표기임).

- **아크용접(arc welding: AW)** [그림 22.1]에 보인 바와 같이 전기적 아크를 이용해 금속을 가열하는 일련의 용접공정을 말한다.
- **저항용접(resistance welding: RW)** 붙이고자 하는 두 부품의 접합면에 압력을 가한 상태에서 전류를 흘려 이때 발생된 저항열로 접합하는 공정.
- **산소용접(oxyfuel gas welding: OFW)** 산소-아세틸렌 혼합물과 같은 연료가스를 사용해 모재와 용가재를 녹일 고온의 화염을 형성해 접합하는 공정.

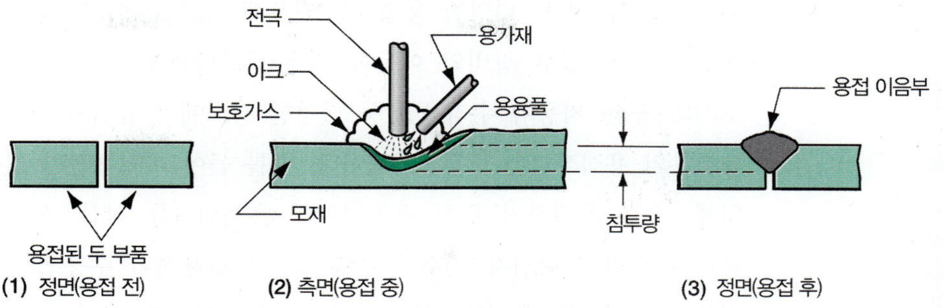

그림 22.1 아크용접의 원리 (1)용접 전, (2)용접 중(모재가 녹고 용가재를 용융부에 투입), (3)완성된 용접품. 아크용접 공정에는 많은 변수가 있다(출처: Fundamentals of Modern Manufacturing, 4th Edition by Mikell P. Groover, 2010. Reprinted with permission of John Wiley & Sons, Inc.).

- **기타 용접 공정** 이외에도 접합부를 용융을 통해 접합하는 공정으로는 전자빔용접(electron beam welding)과 레이저빔용접(laser beam welding) 등이 있다.

고상용접 고상용접solid-state welding은 압력만을 사용하거나 열과 압력을 동시에 사용해 접합시키는 방법이다. 열이 가해지는 경우에도 그 온도는 용접되는 금속의 녹는 점보다 낮으며 용가재는 따로 사용하지 않는다. 이러한 그룹의 대표적 용접공정은 다음과 같다.

- **확산용접(diffusion welding: DFW)** 고온에서 두 면을 압력을 가한 상태로 유지하면 고상확산을 통해 접합이 형성된다.
- **마찰용접(friction welding: FRW)** 두 면 사이의 마찰열을 이용해 접합이 형성된다.
- **초음파용접(ultrasonic welding: USW)** 두 면에 압력을 가한 상태에서 초음파 발진을 통한 진동을 통해 접촉면에 접합시킨다. 수직력, 진동력의 조합으로 표면막을 제거시킬 정도의 전단응력이 발생되며 맞닿은 접촉면 사이에 원자결합이 일어난다.

제23장에서 다양한 용접공정들을 보다 자세히 다룬다. 이 장에서는 이에 앞서 용접 전문용어와 원리에 대한 기본 이론을 살펴본다.

22.1.2 용접의 산업 응용

용접공정이 적용되는 분야로는 (1)빌딩이나 교량과 같은 구조건축물, (2)파이프, 압력용기, 보일러, 저장용기, (3)조선, (4)항공우주, (5)자동차, 철도 등을 들 수 있다. 다양한 장소와 산업분야에서 용접을 한다. 상용 제품의 조립기술 측면에서의 적용성 때문에 공장에서도 다양한 용접이 진행된다. 그러나 아크용접, 산소용접과 같은 전통적인 공정의 경우 장비의 이동이 쉬우므로 정해진 공장이 아닌 건설현장, 조선소, 고객의 공장, 자동차 수리공장 등 다양한 장소에서 용접할 수 있다.

대부분의 용접작업은 노동집약적이다. 예를 들어 아크용접의 경우, 각각의 부품을 큰 일체형으로 용접하기 위한 용접경로와 용접위치를 직접 조절하는 용접공welder이라 불리는 숙련된 작업자가 주로 수행한다. 아크용접이 수동으로 진행되는 공장작업의 경우 용접공들은 용접보조공fitter이라 불리는 조수와 함께 일을 하기도 한다. 용접보조공은 용접공이 용접을 하기 위한 제반 준비를 하는 것이 주요 임무다. 용접고정구나 용접위치결정구를 이러한 목적으로 사용한다. 용접고정구welding fixture는 용접을 위해 고정시킬 위치에 부품을 체결해주는 장치를 말한다. 이는 용접품의 특정 형상에 따라 맞춤 제조되므로 생산할 제품량에 근거해 경제성이 판단되어야 한다. 용접위치결정구welding positioner는 부품을 잡아줌은 물론 용접할 수 있도록 정해진 위치로 이동시켜주는 장치로 정해진 위치에서만 대상품을 고정해주는 고정물과 다르다. 대개 원하는 위치란 평평하고 수평적인 용접경로의 한 위치인 경우가 많다.

안전 문제 용접공은 안전에 매우 유의해야 한다. 용접 시 고온의 용융금속은 극히 위험하다. 가스용접의 경우 아세틸렌과 같은 연료는 화재 위험이 높다. 대부분의 공정이 접합부를 녹여야 하므로 높은 에너지를 사용한다. 특히 용접에서는 열에너지를 전기를 이용해 얻게 되므로 작업자들은 전기충격의 위험에 노출된다. 어떤 용접공정은 고유의 위험요소를 갖고 있는데 그 예로서 아크용접은 자외선을 방출하며 이는 인간의 눈에 극히 위험하다. 짙은 창모양의 필터가 있는 특별한 헬멧을 착용해야 한다. 필터는 이러한 빛을 보호시켜주지만 너무 어두워 아크가 일어나기 전까지는 작업자는 아무것도 볼 수 없게 된다. 스파크, 용융금속의 비산, 연기, 악취 등도 용접공정의 위험성을 높인다. 용접 시 용제와 용융금속에 의해 발생된 유독가스를 제거하기 위한 환기시설이 설치되어야 한다. 만약 용접이 밀폐된 공간에서 진행된다면 특수한 환기장치와 후드가 필요하다.

용접 자동화 수작업 용접의 위험성을 줄이고 생산성 및 품질 향상을 위해 다양한 형태의 기계화, 자동화기술이 개발되었다. 기계용접, 자동용접, 로봇용접이 이러한 범주에 해당한다.

기계용접machine welding은 작업자의 지속적인 입회하에 공정을 수행하는 장치를 이용해 기계화된 용접을 하는데 고정된 대상품에 대해 용접 헤드부를 기계적으로 이동시키거나 정적인 용접 헤드부에 대상품을 이동시키는 방법을 사용한다. 사람은 지속적으로 공정을 관찰하면서 작업을 조정한다.

자동용접automatic welding은 작업자의 도움 없이 용접 작업을 수행하는 경우를 말하는데 작업자는 공정을 감시하고 정상 작동 여부를 점검하는 역할을 한다. 자동용접을 기계용접과 구분하는 것은 사람의 지속적인 개입 없이도 아크 이동, 대상재 위치 등을 제어해주는 용접사이클 제어기가 있다는 것이다. 자동용접은 용접헤드에 대해 용접 대상재의 위치제어를 위해 용접고정구나 위치결정구가 요구되며 용접품을 구성하는 부품의 형상 일관성과 정밀도도 요구된다. 이러한 이유로 자동용접은 대량생산에 적합한 공정이다.

로봇용접robot welding에서는 용접 헤드부의 이동을 자동제어하기 위한 산업용 로봇이나 프로그램이 가능한 조종 장치가 사용된다. 로봇팔의 이동반경에 따라 비교적 단순한 고정 장치가 사용되며 새로운 형상의 용접을 위한 재프로그램 능력으로 인해 비교적 생산량이 적은 제품에도 이 방법을 적용할 수 있다. 대표적 로봇 아크용접 셀은 2개의 용접 고정장치와 로봇이 용접을 수행할 동안 용접품을 장착/탈착해 주는 작업자로 구성된다. 아크용접 외에도 차체에 저항용접을 수행하는 자동차 최종 조립 공장에도 산업용 로봇이 사용된다.

22.2 용접 이음부

용접은 용접 이음부를 통해 두 부품을 견고하게 접합시킨다. 용접 이음부weld joint는 용접에 의해 접합되는 면이나 모서리 부위를 말한다. 이 절에서는 용접 이음부와 관련하여 (1)이음부의 유형, (2)이음부를 형성하기 위한 용접 유형을 다룬다.

22.2.1 이음부의 유형

두 부위를 접합해주는 용접 이음부는 5가지 유형이 있다. 이러한 5가지 이음부의 유형은 용접뿐만 아니라 다른 유형의 접합, 일체화 공정에도 적용된다. [그림 22.2]를 참고로 5가지 이음부는 다음과 같다.

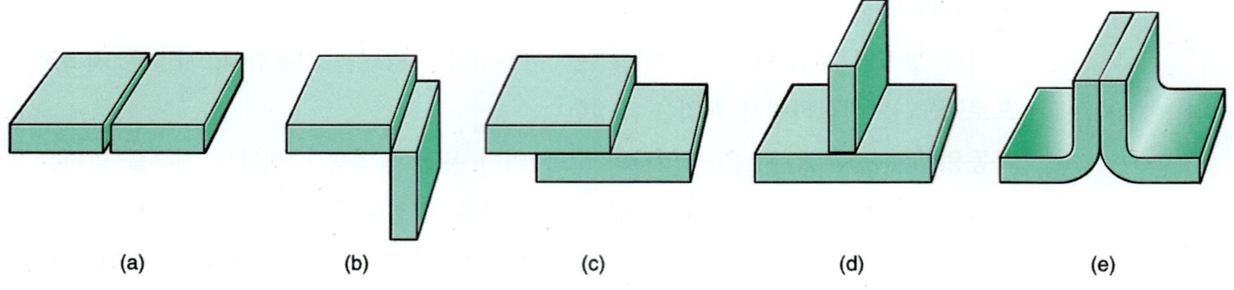

그림 22.2 이음부의 5가지 유형 (a)맞대기이음, (b)모서리이음, (c)겹치기이음, (d)T자이음, (e)끝단이음(출처: Fundamentals of Modern Manufacturing, 4th Edition by Mikell P. Groover, 2010. Reprinted with permission of John Wiley & Sons, Inc.).

(a) **맞대기이음**butt joint: 접합 부분이 동일한 평면에 놓이고 모서리에서 접합.
(b) **모서리이음**corner joint: 접합 부분이 직각을 이루며 모서리에서 접합.
(c) **겹치기이음**lap joint: 두 부품이 서로 겹치는 영역이 존재.
(d) **T자이음**tee joint: 한 부품이 다른 부품에 직각으로 놓여 T자 형태로 접합.
(e) **끝단이음**edge joint: 두 부품이 적어도 하나의 모서리를 공유하고 이음부가 공유모서리(들)에서 형성.

22.2.2 용접의 유형

용접 이음부는 용접을 통하여 만들 수 있다. 용접 이음부 유형과 그것들이 용접되는 방식, 즉 용접 유형weld type을 구분할 필요가 있는데, 이는 이음부 유형과 용접공정에 따라 다르다.

필릿용접fillet weld은 [그림 22.3]에 보인 바와 같이 모서리, 겹치기, T자 이음부에서 면의 모서리를 채우는데 적용한다. 용가재를 이용해 근사적으로 직각 형태의 단면을 갖는 용접부를 형성한다. 아크용접과 산소용접에서 보편적으로 나타나는 유형인데, 이는 용접용 모서리가 사각 형태이므로 모서리 준비 작업이 최소화되기 때문이다.

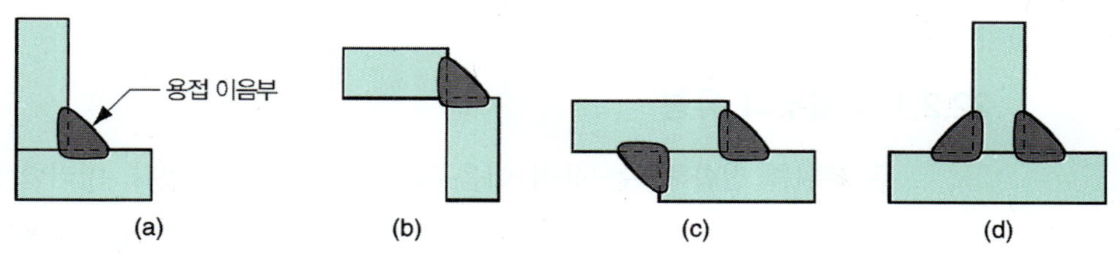

그림 22.3 필릿용접의 형태 (a)모서리이음 내부의 단일 필릿, (b)모서리이음 외부의 단일 필릿, (c)겹치기이음의 이중 필릿, (d)T자 이음의 이중 필릿(출처: Fundamentals of Modern Manufacturing, 4th Edition by Mikell P. Groover, 2010. Reprinted with permission of John Wiley & Sons, Inc.).

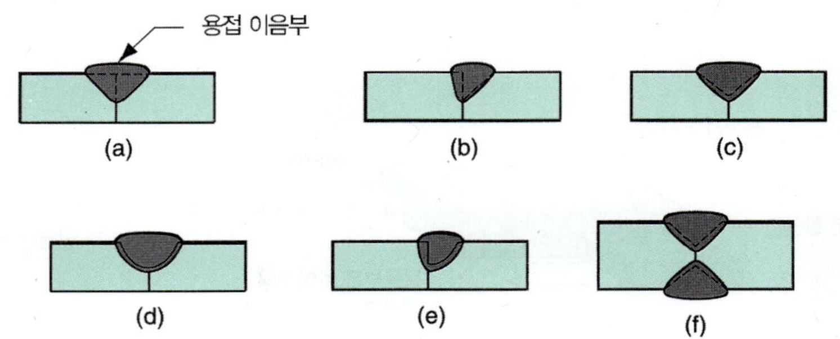

그림 22.4
홈용접 형태 (a)사각 홈용접. (b)경사 홈용접. (c)V자 홈용접. (d)U자 홈용접. (e)J자 홈용접. (f)두꺼운 단면의 이중 V자 홈용접. 점선은 용접 전의 초기 이음부 모서리 모양을 나타냄(출처: Fundamentals of Modern Manufacturing, 4th Edition by Mikell P. Groover, 2010. Reprinted with permission of John Wiley & Sons, Inc.).

필릿용접은 단일 또는 이중으로 할 수 있으며 전체 길이를 따라 하거나 그 길이의 중간 중간을 선택적으로 용접이 되지 않는 형태로 할 수 있다.

홈용접groove weld은 이음부 모서리에 홈 형상을 만들어 용입을 용이하게 하기 위한 방법이다. [그림 22.4]에 보인 바와 같이 단면 또는 양면에 사각형, 경사형, V자형, U자형, J자형의 형태가 있다. 아크용접이나 산소용접을 통해 용가재를 이음부에 채운다. 모서리가 사각 형태가 아닌 경우에 모서리 준비에 추가적인 부담은 있지만 용접부의 강도 개선, 두꺼운 부위의 용접을 위해 적용한다. 홈용접은 맞대기이음과 가장 잘 어울리지만 겹치기이음을 제외한 모든 이음부에도 적용할 수 있다.

플러그용접plug welds과 슬롯용접slot welds은 [그림 22.5]에 보인 바와 같이 평판을 붙이는데 적용한다. 상부에 하나 또는 그 이상의 구멍이나 슬롯을 만든 후 용가재로 그 부분을 채워줌으로써 접합하는 방식이다. 겹치기 용접에 사용하는 점용접과 심용접을 [그림 22.6]에 나타냈다. 점용접spot weld은 2장의 박판이나 후판 사이에 국부적으로 작은 용접부를 형성시키는 것으로 일반적으로 다수의 점용접을 실시하며 원리적으로 저항용접에 해당한다. 심용접seam weld은 점용접과 유사하나 2장의 박판이나 후판 사이에 보다 연속적인 용융부를 형성한다는 차이가 있다.

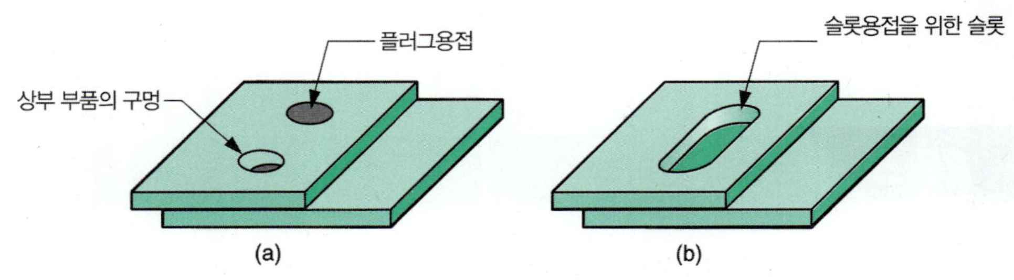

그림 22.5 (a)플러그용접, (b)슬롯용접(출처: Fundamentals of Modern Manufacturing, 4th Edition by Mikell P. Groover, 2010. Reprinted with permission of John Wiley & Sons, Inc.).

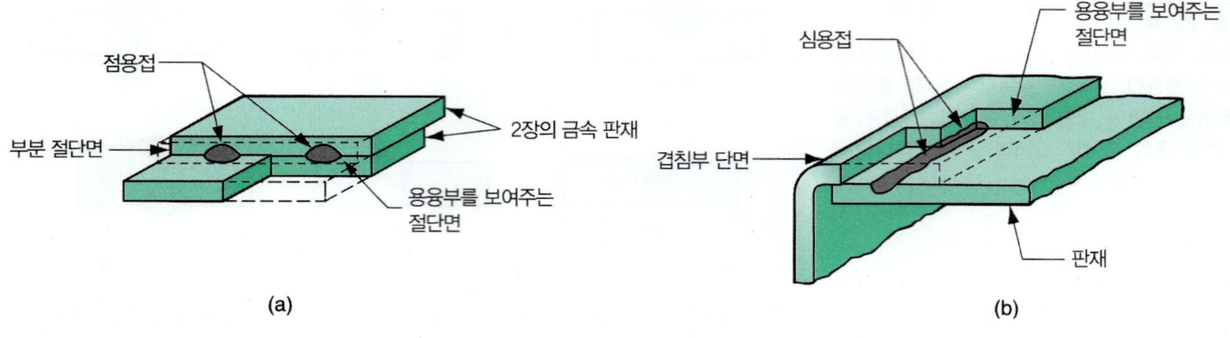

그림 22.6 (a)점용접 (b)심용접(출처: Fundamentals of Modern Manufacturing, 4th Edition by Mikell P. Groover, 2010. Reprinted with permission of John Wiley & Sons, Inc.).

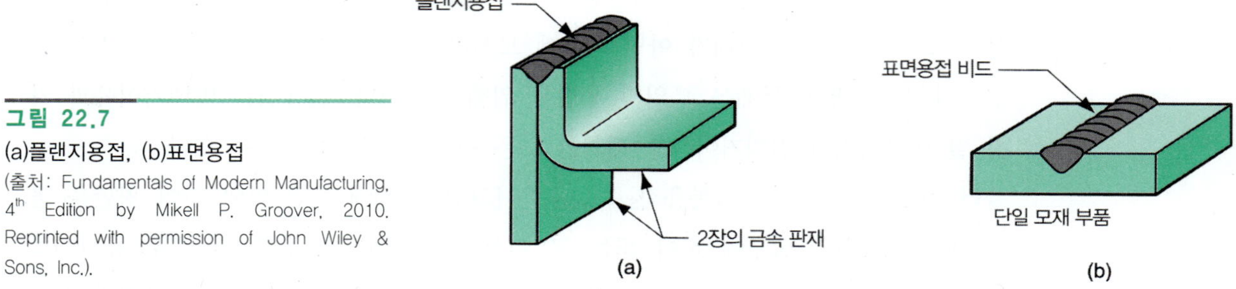

그림 22.7
(a)플랜지용접, (b)표면용접
(출처: Fundamentals of Modern Manufacturing, 4th Edition by Mikell P. Groover, 2010. Reprinted with permission of John Wiley & Sons, Inc.).

플랜지용접과 표면용접을 [그림 22.7]에 나타냈다. 플랜지용접flange weld은 [그림 22.7(a)]에 보인 바와 같이 2개 또는 그 이상의 박판 또는 후판의 모서리를 용접하는 것을 말한다. 표면용접surface weld은 접합의 목적이 아니라 모재의 표면을 용가금속으로 덮어주려는 목적으로 하는 용접이다. 용접패스를 평행하게 오버랩시켜 용접비드를 넓게 형성시켜주는데 주로 평판의 두께를 증가시키거나 표면 보호용 코팅의 목적으로 실시한다.

22.3 용접의 물리학

용접을 위한 여러 접합 방법이 있겠지만 융합법이 가장 일반적이다. 이 절에서는 용접과 관련한 물리적 이론을 설명한다. 먼저 출력밀도와 이것의 중요성을 검토하고 용접공정을 나타내는 열과 에너지 관련 수식을 다룬다.

22.3.1 출력밀도

융합을 이루기 위해서는 고밀도의 열에너지가 접합면에 공급되고, 이 결과로 발생하는 온도가 모재의 국부적인 용융을 일으키기에 충분히 높아야 한다. 만일 용가재가 첨가되면 이것도 함께 녹일 수 있도록 더욱 열밀도가 높아져야 한다. 출력밀도power density는 단위표면당 전해지는 가열출력 W/mm^2으로 정의된다. 금속을 녹이는 시간은 출력밀도에 반비례한다. 낮은 출력밀도에서는 용융을 위해 많은 시간이 소요된다. 만약 출력밀도가 너무 낮으면 가해지는 열만큼 빠르게 열이 용접재를 따라 빠져나가면서 용융이 일어나지 않게 된다. 용접 시 금속을 녹이는데 필요한 최소한의 출력밀도는 약 $10W/mm^2$ 정도로 알려져 있다. 출력밀도가 증가함에 따라 녹이는 시간이 감소하며 만약 출력밀도가 $10^5W/mm^2$ 수준 이상으로 너무 높아지면 국부적 온도가 열영향부 금속을 기화시키게 된다. 따라서 용접을 위한 실용적인 범위의 출력밀도가 존재한다. 용접공정별로 출력밀도의 차이는 (1)용접이 되는 속도, (2)용접되는 영역의 치수에 따라 다르다. [표 22.1]에 주요 용접 공정별 출력밀도를 비교했다.

표 22.1 여러 용접 공정의 출력밀도[1]

용접공정	출력밀도의 근사치	
	W/mm^2	$Btu/sec\text{-}in^2$
산소용접	10	6
아크용접	50	30
저항용접	1000	600
레이저빔용접	9000	5000
전자빔용접	10,000	6000

산소용접은 많은 양의 열을 만들어내지만 넓은 면적으로 열이 분산되어 상대적으로 출력밀도가 낮다. 산소용접 연료 중에서 산소-아세틸렌 가스용접은 온도가 최고 3500°C에 이른다. 아크용접은 보다 좁은 면적에서 고출력을 만들어내는데 국부적으로 최고온도가 5500~6600°C에 이른다. 금속학적 측면에서는 가능한 낮은 출력으로 용융하는 것이 바람직하며 높은 출력밀도가 선호된다.

출력밀도는 표면에 가해진 출력을 가열된 표면적으로 나눠 구한다.

$$PD = \frac{P}{A} \tag{22.1}$$

여기서 PD=출력밀도 W/mm^2, P=표면에 가해진 출력 W/sec, A=가해준 출력으로 인해 가열된 표면적 mm^{2}이다. 하지만 실제는 수식 (22.1)보다는 복잡하다. 한 가지 예로, 에너지원(즉 아크)이 대부분의 용접 시 이동하므로 용접 전에는 예열 효과가, 용접 후에는 후열 효과가 있다. 또한 출력밀도가 가열시키는 면적에서 균일하지 않다는 점인데 다음 예제에서 보여주듯이 면적의 함수로 밀도가 분포한다.

EXAMPLE 22.1 용접의 출력밀도

어떤 열원이 금속표면에 3000W의 열을 전달한다. 열은 표면에 원형으로 가해지며 원형 내에서 그 세기는 다르다. 그 분포는 다음과 같다. 출력의 70%는 직경 5mm 원에 전달, 90%는 직경 12mm 원에 전달된다. (a)5mm 직경의 내부 원, (b) 내부 원과 접하는 12mm 직경의 링의 출력밀도는 얼마인가?

▌풀이▐

(a) 내부 원의 면적은 $A=\dfrac{\pi(5)^2}{4}=19.63\text{mm}^2$이다. 이 면적 내부의 출력은 $P=0.70\times 3000=2100\,W$이다.

따라서

$$\text{출력밀도는 } PD=\frac{2100}{19.63}=107\text{W/mm}^2$$

(b) 내부 원과 접하는 링 면적은 $A=\dfrac{\pi(12^2-5^2)}{4}=93.4\text{mm}^2$이다. 이 영역 내의 출력은 $P=0.9(3000)-2100=600\text{W}$이다. 따라서

$$\text{출력밀도는 } PD=\frac{600}{93.4}=6.4\text{W/mm}^2$$

결론 출력밀도는 내부 원은 녹일 정도로 충분히 높으나 내부 원과 접하는 링 부분은 불충분할 것으로 보인다.

22.3.2 용접의 열 균형

주어진 체적의 금속을 녹이는데 필요한 열의 양은 (1)고체금속을 녹는 온도까지 가열하는데 소요되는 열로서 이는 금속의 비열과 관련되고, (2)금속의 녹는 온도, (3)녹는 온도에서 금속을 고상에서 액상으로 변태시키기 위한 용융열heat of fusion 등에 의존한다. 근사적으로 열의 양은 다음 수식으로 가늠할 수 있다[5].

$$U_m = KT_m^2 \qquad (22.2)$$

여기서 U_m=용융을 위한 단위에너지(즉, 단위체적의 금속을 실온으로부터 가열해 녹이는데 소요되는 열의 양) J/mm^3, T_m=절대온도로 나타낸 금속의 녹는 온도 °K, K

=Kelvin 온도스케일을 사용할 때 3.33×10^{-6} 값을 갖는 상수(Rankine 온도스케일 사용 시 1.467×10^{-5})이다. [표 22.2]에 대표적 금속의 녹는 온도를 나타냈다.

표 22.2 절대온도로 나타낸 대표적 금속의 용융 온도[2]

금속	용융온도		금속	용융온도	
	°K[a]	°R[b]		°K[a]	°R[b]
알루미늄 합금	930	1680	강철		
주철	1530	2760	저탄소	1760	3160
구리 합금			중탄소	1700	3060
순도	1350	2440	고탄소	1650	2960
놋쇠	1160	2090	저합금	1700	3060
청동	1120	2010			
인코넬	1660	3000	스테인리스 강		
			오스테나이트계	1670	3010
마그네슘	940	1700	마르텐사이트계	1700	3060
니켈	1720	3110	티타늄	2070	3730

[a] Kelvin 스케일=섭씨온도 +273
[b] Rankine 스케일=화씨온도 +460

열원에서 만들어진 모든 에너지가 용접금속을 녹이는데 사용되지는 않는다. 여기에는 2가지 열전달 기구가 관여하는데 2가지 모두 용접공정에 소모되는 열의 양을 감소시키게 한다. 첫 번째 기구는 열원과 용접재 표면 사이의 열전달로서 열전달효율 f_1으로 나타내고 열원에서 만들어진 총 에너지에 대한 용접재가 실제 받아들인 실제 열의 분율로 정의한다. 두 번째 기구는 용접부를 통해 전도되어 용접금속을 통해 분산되는 열로서 용접재가 실제 받아들인 실제 열의 일부만이 용해에 관여한다. 이러한 용융효율 f_2는 용접재 표면에서 받아들여진 열 중에서 용해에 직접 사용된 열의 비율로 정의한다. 이 2가지 인자의 조합으로 용접을 위한 열에너지는 수식 (22.3)과 같이 감소한다.

$$H_w = f_1 f_2 H \tag{22.3}$$

여기서 H_w=순수 용접을 위한 열 J, f_1=열전달효율, f_2=용융효율, H=용접 시 열원에서 만들어진 전체 열 J이다.

f_1과 f_2는 0~1 사이의 값을 가진다. 개념적으로 f_1과 f_2를 분리하는 것이 적절하지

만 용접공정에서는 동시에 작용한다. 열전달효율 f_1은 용접공정과 에너지원(전기에너지)을 용접재 표면에 유용한 열로 변환시키는 능력에 의해 결정된다. 이러한 관점에서 아크용접은 비교적 효율적 공정이나 산소용접은 비효율적 공정이라 하겠다. 용융효율 f_2도 용접공정에 의존하지만 금속의 열적 성질, 이음부 형상, 용접재 두께에도 영향을 받는다. 알루미늄, 구리와 같이 열전도도가 높은 금속은 용접 시 열접촉영역에서 열이 너무 빠르게 분산되는 문제가 있다. 이러한 문제는 낮은 출력밀도를 갖는 열원(예 산소용접)의 경우 가해진 열이 넓은 영역으로 퍼지게 되어 열의 전도를 촉진시키므로 더욱 심각해진다.

일반적으로 낮은 열전도도를 갖는 용접재를 높은 출력밀도로 용접 시 높은 용융효율을 갖는다. 입력된 에너지와 용접에 필요한 에너지 사이의 평형식은

$$H_w = U_m V \tag{22.4}$$

여기서 H_w=용접공정에 의해 사용된 순 열에너지 J, U_m=금속을 녹이는데 필요한 단위에너지 J/mm^3, V=녹은 금속의 체적 mm^{3}이다.

대부분의 용접공정은 속도와 관련되는데, 순 열에너지 H_w가 주어진 속도로 공급된다는 것이고 결국 용접비드가 일정한 이동속도로 형성된다. 이러한 특성은 대부분의 아크용접, 산소용접, 저항용접공정에 해당한다. 따라서 수식 (22.4)를 속도평형식으로 나타내는 것이 적절하다.

$$R_{Hw} = U_m R_{WV} \tag{22.5}$$

여기서 R_{Hw}=용접공정에 의해 사용된 순 열에너지속도 J/s=W, R_{WV}=용접되는 금속의 시간당 체적 mm^3/s이다.

연속 비드의 용접 시 용접되는 금속의 체적속도는 용접부 단면적 A_w과 이송속도 ν의 곱으로 나타냈다. 이 항을 위 식에 치환하면 속도평형식은 다음과 같이 된다.

$$R_{Hw} = f_1 f_2 R_H = U_m A_w \nu \tag{22.6}$$

여기서 f_1과 f_2=열전달효율과 용융효율, R_H=용접에너지원에 의해 발생하는 입력열에너지속도 W, A_w=용접부 단면적 mm^2, ν=는 용접공정 이송속도 mm/s이다. 23장에서 식 (22.1)의 출력밀도와 식 (22.6)의 입력열에너지속도가 각각의 용접공정에서 생성되는지를 설명한다.

EXAMPLE 22.2 용접 이송속도

특정 용접장치의 열원은 열전달효율이 0.7인 용접재 표면에 3500W의 열을 발생시킨다. 용접될 재료는 저탄소강이며 이 재료의 녹는 온도는 [표 22.2]에서 1760°K이며 용융효율은 0.5다. 20mm²의 단면에 걸쳐 연속적인 필릿용접을 실시하기 위한 용접속도를 결정하라.

▌풀이▐

먼저 금속을 녹이는데 필요한 단위에너지 U_m을 식 (22.2)로 계산한다.

$$U_m = 3.33(10^{-6}) \times 1760^2 = 10.3\text{J/mm}^3$$

용접속도를 풀기 위해 식 (22.6)을 재정리하면

$\nu = \dfrac{f_1 f_2 R_H}{U_m A_w}$이 되며 문제의 조건을 대입하면

$$\nu = \frac{0.7(0.5)(3500)}{10.3(20)} 5.95\text{mm/s}$$

22.4 용접 이음부의 특징

위에서 설명한 대부분의 용접 이음부는 융접의 경우다. [그림 22.8(a)]의 단면 형상에 보였듯이 용가재 금속이 첨가되는 전형적인 융합접합 부위는 (1)융합부, (2)용접경계부, (3)열영향부, (4)무영향 모재부 등의 영역으로 나눠진다.

융합부fusion zone는 완전 용융된 용가재 금속과 모재의 혼합물로서 용접 시 녹은 구성 원소들이 비교적 높은 균질도로 혼합되어 있으며 이러한 구성원소의 혼합은 용해된 용융부의 대류현상에 크게 영향을 받는다. 융합부에서의 응고는 주조공정과 유사

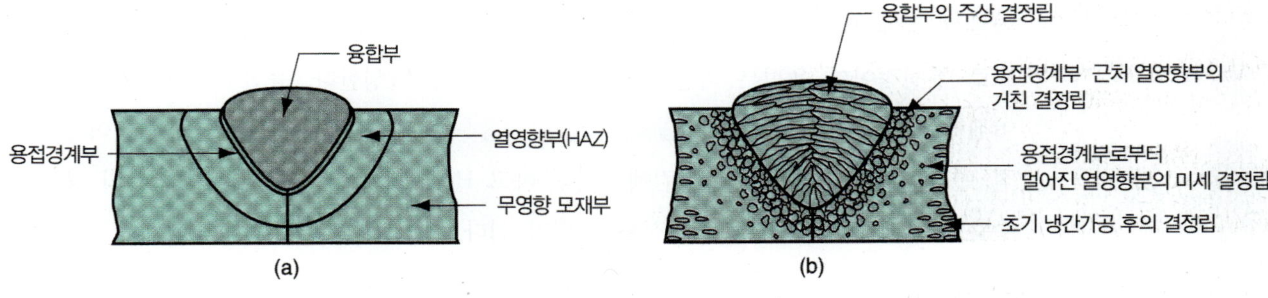

그림 22.8 용접 이음부의 대표적 단면형상 (a)이음부의 중요 영역, (b)전형적 결정립 구조(출처: Fundamentals of Modern Manufacturing, 4th Edition by Mikell P. Groover, 2010. Reprinted with permission of John Wiley & Sons, Inc.).

하다. 용접에서 녹지 않은 가장자리나 용접부재의 표면이 주형 역할을 한다. 주조에서의 응고와 용접의 가장 큰 차이는 용접에서는 결정립이 층을 이루면서 성장한다는 점이다. 주조의 경우에는 주형 벽면에서 금속입자가 고체입자의 핵생성에 의해 형성된 후 입자성장 과정을 거친다. 이와 달리 용접의 경우에는 용융상태의 원자가 고체상태의 모재부에 이미 존재하는 격자구조에서 응고되는 결정립 적층성장epitaxial grain growth 기구에 의해 응고의 핵생성 단계가 생략된다. 결과적으로 열영향부에 인접한 융합부의 입자구조는 인접한 열영향부의 결정학적 배열과 유사하다. 또한 융합부의 입자구조는 입자가 용접경계에 대해 대체적으로 직각으로 놓이는 방향성이 나타난다. 응고된 융합부의 결과적인 구조는 [그림 22.8(b)]에 나타낸 바와 같이 조대한 주상columnar 결정립 형태를 갖는다. 입자구조는 용접공정, 용접재료(예, 동일재료와 서로 다른 재료용접), 용가재 사용 유무, 용접 시 이송속도와 같은 여러 인자들의 영향을 받는다. 보다 자세한 용접야금학적 고찰은 이 책의 범위를 벗어나므로 관심 있는 독자는 참고문헌 [1], [4], [5]를 참조하라.

용접 이음부의 두 번째 영역은 용접경계부weld interface로서 융합부를 열영향부로부터 구분해주는 좁은 경계를 말한다. 경계는 용접 열에 의해 녹거나 또는 부분적으로 녹은(부분적으로 녹은 입자) 모재가 융합부의 금속과 섞이기 전에 급속히 응고된 모재의 얇은 층으로 이뤄져 있다. 따라서 이 부분의 화학조성은 모재부와 동일하다.

용접 이음부의 세 번째 영역은 열영향부heat affected zone: HAZ다. 이 영역의 금속은 녹는점 이상으로 가열되진 않았지만 온도가 충분히 높아 고체금속의 미세조직이 변화한 영역이다. 열영향부의 화학조성은 모재부와 동일하지만 용접온도로 인한 열처리 효과로 인해 물성과 미세조직은 변화된 영역이다. HAZ부의 야금학적인 열화는 입력열량, 최고온도, 융합부와의 거리, 금속이 고온에 유지된 시간, 냉각속도, 금속의 열물성 등에 의해 영향을 받는다. 열영향부의 기계적 성질에 미치는 효과는 대체적으로 부정적이며 용접부 파단도 이 영역에서 종종 발생한다. 융합부에서 거리가 멀어짐에 따라 무영향 모재부unaffected base metal zone에 이르며 여기는 어떠한 야금학적 변화가 없는 영역이다. 그럼에도 불구하고 HAZ를 둘러싼 모재는 융합부의 응고수축으로 인해 높은 잔류응력 상태가 되기 쉽다.

참고문헌 References

[1] *ASM Handbook,* Vol. 6, *Welding, Brazing, and Soldering.* ASMInternational, Materials Park, Ohio, 1993.

[2] Cary, H. B., and Helzer, S. C. *Modern Welding Technology,* 6th ed. Pearson/Prentice-Hall, Upper Saddle River, New Jersey, 2005.

[3] Datsko, J. *Material Properties and Manufacturing Processes.* John Wiley & Sons, Inc., New York, 1966.

[4] Messler, R. W., Jr. *Principles of Welding: Processes, Physics, Chemistry, and Metallurgy.* John Wiley & Sons, Inc., New York, 1999.

[5] *Welding Handbook,* 9th ed. Vol. 1, *Welding Science and Technology.* American Welding Society, Miami, Florida, 2007.

[6] Wick, C., and Veilleux, R. F. *Tool and Manufacturing Engineers Handbook,* 4th ed., Vol. IV, *Quality Control and Assembly.* Society of Manufacturing Engineers, Dearborn, Michigan, 1987.

복습문제 Review Questions

22.1 다른 조립공정에 비해 용접이 갖는 장점과 단점은 무엇인가?

22.2 접합면(faying surface)이 의미하는 것은 무엇인가?

22.3 융접(fusion weld)을 정의하라.

22.4 융접(fusion weld)과 고상용접(solid state weld)의 근본 차이는 무엇인가?

22.5 자생용접이란 무엇인가?

22.6 용접이 원천적으로 위험한 이유는 무엇인가?

22.7 기계용접과 자동용접의 차이점은 무엇인가?

22.8 5가지 이음부의 유형을 그린 후 설명하라.

22.9 필릿용접을 그린 후 설명하라.

22.10 홈용접을 그린 후 설명하라.

22.11 표면용접이 다른 용접형태와 다른 이유는?

22.12 높은 열 밀도를 갖는 에너지원이 바람직한 이유는?

22.13 용접에서 단위용해에너지는 무엇이며 어떤 인자에 영향을 받는가?

22.14 열전달효율과 용융효율을 정의하고 설명하라.

22.15 용접에서 열영향부(HAZ)란 무엇인가?

22.1 금속표면에 3500J/sec의 열원이 있다. 열은 표면에 원형으로 가해지며 열의 세기는 원형의 반경이 증가할수록 감소한다. 에너지의 70%가 직경 3.75mm 원에 전달된다면 이때의 출력밀도는 금속을 용해시킬 정도로 충분한가?

22.2 열원은 금속표면에 150Btu/min의 열을 전달한다. 열은 표면에 원형으로 가해지며 열의 세기는 원형의 반경이 증가할수록 감소한다. 가열영역은 원형으로 가해지며 원형 내에서 그 세기는 다르다. 그 분포는 다음과 같다. 에너지의 50%는 직경 0.1in 원에 전달, 75%는 직경 0.25in 원에 전달된다. (a)0.1in 직경의 내부 원, (b)내부 원과 접하는 0.25in 직경의 링의 출력밀도는 얼마인가? (c)이러한 출력밀도는 금속을 용해시킬 정도로 충분한가?

22.3 (a)알루미늄, (b)일반탄소강의 단위용해에너지(unit melting energy)를 계산하라.

22.4 (a)구리, (b)티타늄의 단위용해에너지(unit melting energy)를 계산하라.

22.5 필릿용접부의 단면적은 25.0mm^2이고 길이는 300mm다. (a)만약 일반 탄소강을 가정한다면 용접을 하기 위해서는 어느 정도의 열(joule)이 필요한가? (b)만약 열전달효율이 0.75이고 용융효율이 0.63이라면 용접열원을 통해 얼마나 많은 열이 만들어져야 하는가?

22.6 홈용접부의 단면적은 0.045in^2이고 길이는 10in이다. (a)만약 중탄소강의 용접을 가정한다면 용접을 하기 위해서는 어느 정도의 열(Btu)이 필요한가? (b)만약 열전달효율이 0.9이고 용융효율이 0.7이라면 용접열원을 통해 얼마나 많은 열이 만들어져야 하는가?

22.7 앞의 문제를 용접 대상재가 알루미늄이고 용융효율이 철의 1/2이라고 가정해 풀어라.

22.8 특정 아크용접장치의 열원이 3000W의 열을 발생시켜 0.9의 열전달효율을 갖는 용접재에 열이 전달된다. 용접될 재료는 구리이며 이 재료의 녹는 온도는 [표 22.2]에 나타나 있다. 용융효율이 0.25라 가정하고 15mm^2의 단면에 걸쳐 연속적인 필릿용접을 실시하기 위한 용접속도를 결정하라.

22.9 앞의 문제를 용접 대상재가 고탄소강이고 용접단면적은 25mm^2, 용융효율은 0.6이라 가정해 풀어라.

22.10 홈용접을 통해 알루미늄합금을 용접한다. 용접부의 단면적은 30.0mm^2이고 용접속도는 4.0 mm/sec이다. 열전달효율이 0.92이고 용융효율이 0.48이며 알루미늄 합금의 녹는점이 650°C 라면 용접원이 용접수행을 위한 입력열에너지속도는?

22.11 특정 용접공정의 에너지원이 125Btu/min의 에너지를 생성해 0.8의 열전달효율을 갖는 용접재에 열이 전달된다. 용접될 합금의 녹는점이 1800°F이고 용융효율이 0.5이다. 0.04in^2의 단면적을 갖는 연속필릿 용접부를 얻을 수 있는 용접속도를 결정하라.

22.12 필릿용접을 만들기 위한 용접부의 단면적은 0.025in^2이고 용접속도는 15in/min이다. 용접할 재료의 열전달효율은 0.95이고 용융효율이 0.5이며 녹는점이 2000°F 라면 용접원이 용접수행을 위한 입력열에너지속도는?

CHAPTER

23

용접공정

WELDING PROCESSES

용접공정은 다음의 2가지로 크게 나눈다.

(1) 용접: 2개의 부분을 용융에 의해 붙이는 방식이며 경우에 따라서는 용가재를 첨가한다.
(2) 고상용접: 열, 압력을 이용해 붙이는 방식이며 대상 모재를 녹이지 않고 용가재도 사용하지 않는다.

아직까지 용접이 보다 중요한 기술로 볼 수 있으며 (1)아크용접, (2)저항용접, (3)산소가스용접, (4)기타 용접 공정 등이 있다. 용접 공정은 이 장의 전반부 4개의 절에서 설명하고 23.5절에서는 고상접합을 다룬다. 마지막 2절에서는 용접부 품질과 설계부분을 설명한다.

23.1 아크용접

아크용접(AW)은 전극과 용접재 간의 전기적 아크열을 이용해 금속을 접합시키는 용접 공정이다. 아크절단도 동일한 원리가 적용된다. AW공정의 공정도를 [그림 23.1]에 나타냈다. 전기적 아크는 회로상의 갭을 통한 전류의 방출을 의미한다. 전류 흐름에 따라 열적으로 이온화된 가스기둥(플라즈마)에 의해 아크는 유지된다. AW공정에서 아크를 일으키기 위해서는 전극을 용접재에 가까이 접촉시킨 후 신속하게 좁은 간격으로 분리시키면 된다. 아크로부터 생겨난 전기적 에너지는 5500°C 이상으로 온도를 상승시키며 어떠한 금속도 녹일 수 있게 된다. 모재와 용가재로 구성된 용융금속이 전극의 끝단에서 형성된다. 대부분의 아크용접 공정은 용접 이음부의 체적과 강도를 증가시키기 위해 용가재를 사용한다. 전극이 이음부를 따라 움직임에 따라 녹은 용융금속은 응고한다.

용접 시 전극은 용접공(수동용접)이나 기계적 수단(기계용접, 자동용접, 로봇용접)에 의해 이동된다. 수동용접의 어려움 중의 하나는 용접 이음부의 품질이 용접공의 기술과 직업윤리에 좌우된다는 점인데, 종종 전체 근로시간 중 아크용접을 수행한 시간비율인 아크시간arc time 또는 arc-on time을 측정하기도 한다.

$$\text{아크시간}=(\text{아크발생 시간})/(\text{작업시간}) \tag{23.1}$$

이 정의를 용접공 또는 기계화된 작업장에 개별적으로 적용시킬 수 있다. 수동용접의 경우 아크시간은 대개 20% 정도다. 용접공이 수동용접의 피로를 회복하기 위해서는 잦은 휴식시간이 필요한데 스트레스가 많은 조건에서 눈과 손의 조화가 필요하다. 기계용접, 자동용접 또는 로봇용접의 경우 약 50%(작업에 따라 다소 차이가 남) 수준의 아크시간을 보인다.

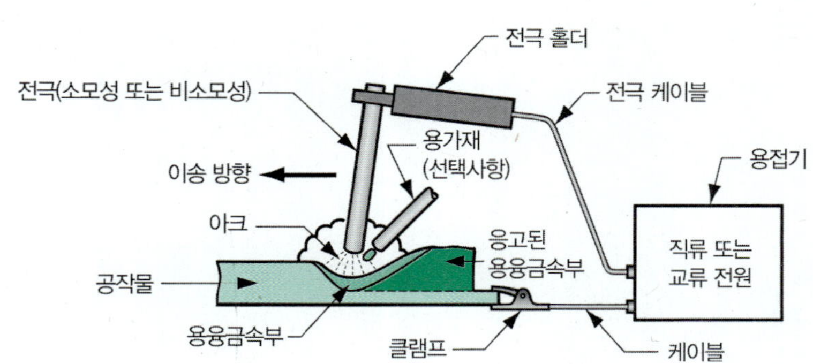

그림 23.1
아크용접용 장치와 전기회로(출처: Fundamentals of Modern Manufacturing, 4th Edition by Mikell P. Groover, 2010. Reprinted with permission of John Wiley & Sons, Inc.).

23.1.1 아크용접의 일반 기술

각각의 아크용접법을 소개하기 전에 이러한 공정들에 적용되는 일반적 기술사항들을 고찰한다.

전극 아크용접에 사용되는 전극electrode은 소모성과 비소모성으로 분류한다. 소모성 전극은 아크용접의 용가재 공급 역할을 한다. 이러한 전극들은 봉과 와이어의 2가지 형태가 있다. 용접봉의 길이는 대개 450mm 이하다. 생산현장의 용접공정의 경우만 보더라도 소모성 전극의 문제점은 잦은 교체로 인한 용접공의 아크시간을 감소시킨다는 점이다. 반면 소모성 용접와이어는 와이어가 감겨 있는 스풀에서 용융부로 연속공급이 가능하므로 용접봉 교체를 위한 잦은 공정중단을 피할 수 있는 장점이 있다.

봉과 와이어 두 경우 모두 전극은 용접공정 중 아크에 의해 소모되면서 용가재로서 용접 이음부에 붙게 된다. 비소모성 전극은 아크로 인한 용해를 방지하기 위해 텅스텐(또는 드물게는 탄소)으로 만든다. 비소모성이라 하지만 실제로는 용접공정으로 인해 전극이 점점 닳게 되며(기화현상이 주요 기구임) 이는 절삭공정에서 절삭공구의 점진적 마모와 유사하다. 비소모성 전극을 사용하는 아크용접 공정의 경우 용융부에 공급할 용가재 금속은 별도의 와이어를 이용해 공급해야 한다.

아크보호 아크용접의 높은 온도에서는 접합될 금속이 공기 중의 산소, 질소, 수소 등과 화학적으로 활발하게 반응하므로 용접 이음부의 기계적 성질이 이로 인해 심각하게 저하될 수 있다. 따라서 거의 대부분의 아크용접 공정에서는 주변 공기 분위기로부터 아크를 보호하기 위한 여러 방법이 사용되고 있다. 아크보호arc shielding는 전극끝단, 아크, 용융금속부를 가스나 용제 또는 2가지 모두 사용해 덮어줌으로써 용접금속이 공기에 노출되는 것을 막아준다.

보통의 보호가스로는 아르곤이나 헬륨을 사용하는데 모두 불활성이다. 어떤 아크용접에서는 철계금속의 용접 시 산소와 이산화탄소를 아르곤, 헬륨 등과 조합해 사용하기도 하는데 이는 산화성 분위기를 만들거나 용접부 형상을 제어하기 위함이다.

용제flux는 산화물이나 기타 원치 않는 오염물의 형성을 방지하거나 또는 이러한 것을 용해시켜 쉽게 제거하기 위해 사용되는 물질이다. 용접 중에 용제는 녹게 되고 액상상태의 슬래그가 되면서 용융된 금속부를 보호하고 덮어주는 역할을 한다. 슬래그는 냉각되면서 경화되는데 칩핑이나 브러싱으로 이를 완전히 제거한다. 용제는 이

외에도 다음과 같은 몇 가지 기능들을 갖는다. (1)용접을 보호하는 기체 환경 조성, (2)아크의 안정화, (3)비산의 감소.

각각의 공정별로 용제를 사용하는 방법은 다르다. 용제 공급방법으로는 (1)용접부에 입자 모양의 용제를 부어서 사용, (2)용접금속에 용제를 코팅한 스틱형 용접봉을 이용해 공정과 함께 코팅된 용제가 용해되면서 작용, (3)코어에 용제가 들어 있는 튜브형의 전극을 사용해 전극소모와 함께 작용시키는 것이 있는데 각각의 아크용접 공정을 기술할 때 자세히 설명한다.

아크용접의 전원 직류(DC)와 교류(AC) 2가지 모두 아크용접에 사용한다. AC 장비는 구매, 가동비용이 낮지만 철계금속의 용접에만 주로 적용된다. DC 장비는 모든 종류의 금속에 좋은 품질의 용접이 가능하고 아크의 제어가 용이한 것으로 알려져 있다. 모든 아크용접에서 공정을 위한 에너지는 아크를 통과하는 전류(I)와 전압(E)의 곱을 말한다. 이러한 에너지는 열로 전환되지만 모든 열이 용접재 표면으로 전달되지는 못한다.

표 23.1 여러 아크용접 공정들에 대한 열전달효율[a][1]

아크용접 공정	열전달효율, f_1
피복금속 아크용접	0.9
가스금속 아크용접	0.9
유심용제 아크용접	0.9
서브머지드 아크용접	0.95
가스텅스텐 아크용접	0.7

[a]아크용접 공정은 23.1.2절, 21.1.3절에 기술되어 있다.

대류, 전도, 복사, 비산 등이 사용가능한 열량 감소를 일으키는 손실요인이다. 이러한 손실의 효과는 열전달효율 f_1(22.3절)으로 표현된다. 여러 아크용접에 대한 f_1의 대표적인 값을 [표 23.1]에 나타냈다. 소모성전극을 사용하는 아크용접 공정의 경우 열의 대부분이 전극을 용해시키는데 사용되고 곧바로 용융금속 형태로 용접부에 공급되므로 열전달효율이 크다. [표 23.1]에서 가장 낮은 f_1 값을 갖는 공정은 비소모성 전극을 갖는 가스텅스텐 아크용접이다. 용융효율 f_2 (22.3절)는 용접의 사용 가능한 열을 더욱 감소시키는데 아크용접에서 최종적인 전력식은 다음과 같다.

$$R_{Hw} = f_1 f_2 IE = U_m A_w \nu \quad (23.2)$$

여기서 E=전압 V, I=전류 A이며 다른 항들은 22.3절에 나타나 있다. R_{Hw}의 단위는 와트(전류와 전압의 곱) J/s이다.

EXAMPLE 23.1 아크용접의 에너지

300A의 전류와 20V의 전압으로 가스텅스텐 용접을 한다. 용융효율 f_2가 0.5이고 금속의 단위용해에너지는 U_m= 10J/mm^{3}이다. (a)공정을 위한 에너지, (b)용접부의 열에너지속도, (c)용접되는 금속의 체적속도를 구하라.

▮풀이▮

(a) 공정을 위한 동력: $P = IE = (300A)(20V) = 6000W$

(b) [표 23.1]로부터 열전달효율 f_1이 0.7이다. 용접에 사용되는 순 열에너지속도

$$R_{Hw} = f_1 f_2 IE = (0.7)(0.5)(6000) = 2100W = 2100\text{J/s}$$

(c) 용접부 금속의 체적속도: $R_{VW} = (2100\text{J/s})/(10\text{J/mm}^3) = 210\text{mm}^3/\text{s}$

23.1.2 아크용접 공정–소모성 전극

주요 아크용접은 주로 소모성 전극을 사용하는데 이러한 공정들을 이 절에서 다룬다. 용접공정에 대한 표기는 AWS 기준을 따른다.

피복금속 아크용접 피복금속 아크용접Shielded Metal Arc Welding; SMAW은 용제와 보호 역할을 하는 화학 피복재를 코어 금속봉에 코팅한 소모성 전극을 이용한 아크용접이다. 공정을 [그림 23.2와 23.3]에 나타냈다. 용접봉SMAW는 stick welding 이라고도 함은 225~450mm 길이와 2.5~9.5mm 직경을 갖는다. 용접봉에 사용되는 코어금속은 용접될 모재와 화학조성이 비슷한 것을 주로 사용한다. 피복재는 분말형태의 섬유소(면이나 목분)에 산화물, 탄화물, 기타 첨가물을 실리게이트계 결합재로 배합해 만든다. 경우에 따라서는 모재에 금속성분, 합금성분을 첨가시킬 목적으로 금속분말을 피복재에 추가하기도 한다. 용접공정으로 인한 열로 피복재가 녹으면서 보호성 분위기와 용접슬래그를 형성한다. 피복재는 아크를 안정시키고 전극의 용해속도를 조정하는데도 도움이 된다.

용접봉의 피복되지 않은 반대쪽 끝단을 전극홀더로 잡아줌으로써 전원을 연결한다.

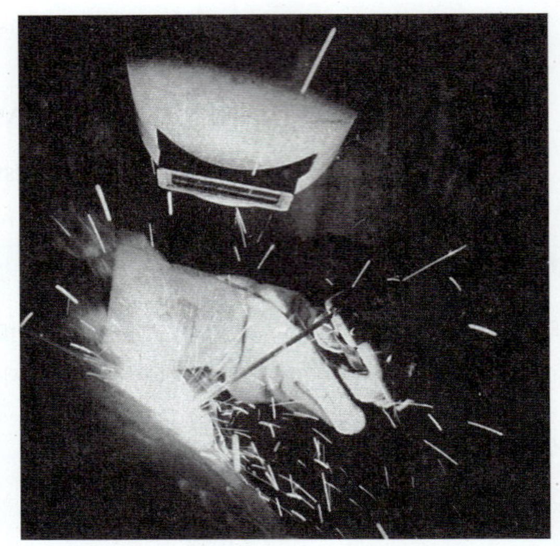

그림 23.2

피복금속 아크용접 작업의 모습(출처: Fundamentals of Modern Manufacturing, 4th Edition by Mikell P. Groover, 2010. Reprinted with permission of John Wiley & Sons, Inc.).

홀더는 용접공이 잡고 작업할 수 있도록 절연된 핸들로 이뤄진다. SMAW용 전류는 대개 30~300A, 전압은 15~45V 범위에서 작업한다. 적정한 전기적 인자는 용접될 금속, 전극형태, 길이, 요구되는 용입깊이 등에 따라 정한다. 피복금속 아크용접은 대개 수동으로 작업하며 건설, 배관, 기계구조물, 조선, 공장구조물, 보수작업 등에 널리 사용한다. 두꺼운 부위, 즉 5mm 이상의 용접부는 높은 출력밀도로 인해 산소아세틸렌용접에 비해 선호된다. 용접 장비가 휴대가능하고 저렴하므로 아크용접 공정 중 가장 다방면에 널리 사용되고 있다. 모재 금속으로는 강, 스테인리스강, 주철, 일부 비철합금을 들 수 있으며 알루미늄과 그 합금, 구리합금, 티타늄은 잘 사용하지 않는다.

생산 공정으로서의 피복금속 아크용접의 단점은 소모성 전극봉을 사용한다는 점이다. 전극이 소모되면 주기적으로 전극봉을 교체해야 하므로 아크시간이 감소한다.

소모성 전극
이송 방향
전극 코팅
전극 코팅부로부터의
보호가스
슬래그
응고된
용융금속부
모재
용융금속부

그림 23.3

피복금속 아크용접(SMAW)(출처: Fundamentals of Modern Manufacturing, 4th Edition by Mikell P. Groover, 2010. Reprinted with permission of John Wiley & Sons, Inc.).

다른 한계점은 사용할 수 있는 전류인데 전극봉의 길이가 작업중에 변하므로 전극봉의 저항발열이 길이에 따라 변한다. 전류범위가 적정 범위 내에 유지되지 않으면 피복재가 과열되어 미리 녹아버릴 수 있다. 다른 일부 아크용접 공정들은 와이어 형태의 전극을 연속적으로 공급함으로써 SMAW의 한계를 극복하기도 한다.

가스금속 아크용접 가스금속 아크용접Gas Metal Arc Welding; GMAW은 전극으로 피복 없는 소모성 코어금속을 사용하고 가스를 아크에 흘려줌으로써 용접부를 보호시킨다. 와이어는 [그림 23.4]에 보인 바와 같이 스풀로부터 자동으로 용접건을 통해 연속적으로 공급된다. GMAW용 와이어의 직경은 0.8~6.5mm 정도인데 용접재의 두께와 용착속도에 따라 결정한다. 보호가스는 아르곤이나 헬륨과 같은 불활성 가스와 이산화탄소와 같은 활성가스를 사용한다. 가스의 선택(그리고 가스의 혼합)은 다른 인자들과 마찬가지로 용접금속에 의존한다. 알루미늄 합금과 스테인리스강은 불활성 가스를 사용하고 저탄소강, 중탄소강의 경우에는 CO_2를 주로 사용한다. 피복 없는 금속와이어와 보호가스의 사용으로 용접비드 위에 슬래그가 생기지 않으므로 수동 그라인딩이나 슬래그 제거작업이 필요 없다. 그러므로 GMAW 공정은 동일한 이음부에 다수의 용접비드를 적층하기에 적합한 공정이다.

GMAW 공정을 사용하는 여러 금속과 공정이 갖는 다양성 때문에 가스금속 아크용접은 여러 이름으로 불렸다. 1940년대에 처음 소개된 후 불활성가스(아르곤)를 보호가스로 사용해 알루미늄 용접에 적용했다. 이때의 공정은 MIG용접Metal Inert Gas Welding이라 불렀다. 동일 공정을 강에 적용했을 때 불활성가스의 비용을 줄이기 위해 CO_2를 대신 적용했는데 이 공정은 CO_2 용접CO2 welding이라 불렀다. 강의 GMAW 공정에서 정련효과를 위해 CO_2와 아르곤 또는 산소와 아르곤 혼합가스를 사용하기도 한다.

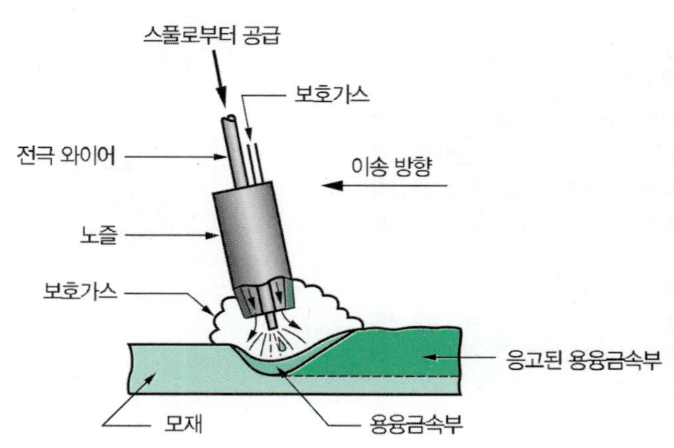

그림 23.4
가스금속 아크용접(GMAW)(출처: Fundamentals of Modern Manufacturing, 4th Edition by Mikell P. Groover, 2010. Reprinted with permission of John Wiley & Sons, Inc.).

생산과정에서 GMAW는 철계와 비철계 재료의 용접에 널리 사용되는데, 용접봉을 사용하는 수동 SMAW 공정에 비해 연속적인 와이어를 사용하므로 아크시간 측면에서 큰 장점을 가지며 자동화도 용이하다. SMAW 공정에서 생기는 사용 후 전극봉은 활용할 수 없는데 비해 GMAW 공정은 전극재료 활용률도 높다. GMAW의 또 다른 특징으로는 SMAW에 비해 높은 용착률과 적용성을 들 수 있다.

유심용제 아크용접 1950년대 초반에 용접봉을 사용하는 피복금속 아크용접의 한계를 극복하기 위한 대체 공정으로 개발되었다. 유심용제 아크용접Flux Cored Arc Welding: FCAW은 전극이 연속적인 소모성 튜브로서 용제와 탈산제나 합금원소와 같은 다른 첨가제가 튜브코어에 담겨 있다. 튜브형의 유심용제 '와이어'는 신축성이 있어 코일 형태로 아크 용접건에 의해 연속적으로 공급된다. FCAW는 (1)자체보호, (2)가스보호형으로 분류한다. 자체보호 유심용제 아크용접self-shielded FCAW은 용제 코어에 의해 아크가 보호되는 것을 말한다. 이러한 형태의 FCAW 용제 코어에는 용제뿐만 아니라 아크보호용 보호가스를 생성시키는 첨가제가 포함되어 있다.

가스보호 유심용제 아크용접gas-shielded FCAW은 강의 용접을 위해 개발되었다고 할 수 있는데, GMAW와 유사하게 외부에서 공급되는 가스에 의해 아크가 보호되는 것을 말한다. 이러한 형태는 자체의 용제를 포함하는 용접봉을 보호가스와 함께 사용하므로 SMAW와 GMAW의 혼합 공정으로 볼 수 있다. 보호가스로는 일반강의 경우 이산화탄소를 사용하고 스테인리스강의 경우에는 아르곤과 이산화탄소를 섞어 사용한다. [그림 23.5]는 2가지 형태의 FCAW 공정을 보여준다.

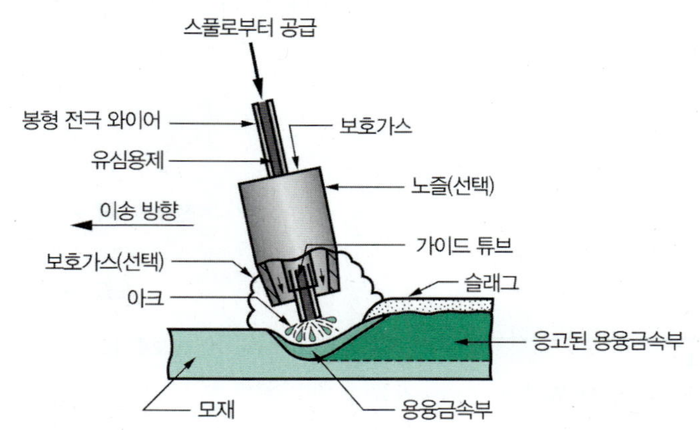

그림 23.5

유심용제 아크용접(FCAW). 외부 공급 가스의 유무에 의해 2가지 형태로 구분 (1)코어가 보호용 첨가제를 공급하는 자체보호형, (2)외부공급 가스로 보호하는 가스보호형(출처: Fundamentals of Modern Manufacturing, 4th Edition by Mikell P. Groover, 2010. Reprinted with permission of John Wiley & Sons, Inc.).

FCAW는 전극을 연속 공급하는 측면에서 GMAW와 유사한 장점을 갖는다. 다양한 두께를 갖는 강과 스테인리스강의 용접에 널리 사용되며 평탄하고 균일한 고품질의 용접 이음부를 얻을 수 있다.

전기가스용접 연속적인 소모성 전극(유심용제 와이어나 외부 보호가스공급용 비코팅 와이어)과 용융금속을 담기 위한 막음판molding shoes을 사용하는 공정이다. [그림 23.6]에 보인 바와 같이 주로 수직한 맞대기 용접부에 적용한다. 외부가스의 공급 없는 유심용제 전극와이어를 사용하면 이 공정은 자체보호 FCAW의 특수한 적용 형태로 볼 수 있다. 비코팅 전극와이어가 외부에서 공급된 보호가스와 함께 사용되면 GMAW로 볼 수 있다.

막음판이 녹아서 용융부와 혼입되는 것을 방지하기 위해 막음판은 수냉한다. 막음판은 용접될 부품들과 함께 하나의 용기(주형 공동과 거의 유사)를 형성해 전극과 모재부에서 녹은 용융금속이 점점 더해지면서 응고한다. 이 공정은 자동으로 수행되며 이동하는 용접헤드부가 수직으로 상승하면서 한 패스에 공동 속을 채우는 공정이다. 전기가스용접Electro Gas Welding; EGW은 주로 대형 저장탱크와 선박제조를 위한 강(저탄소강, 중탄소강, 일부 스테인리스강)의 용접에 적용된다. EGW 공정으로 용접 가능한 두께는 12~75mm 수준이다. 맞대기 용접에 부가해 필릿이나 홈용접에도 적용할 수 있지만 반드시 수직 방향이어야 하며 이음부 형상에 따라서는 특수 설계된 막음판을 사용해야 한다.

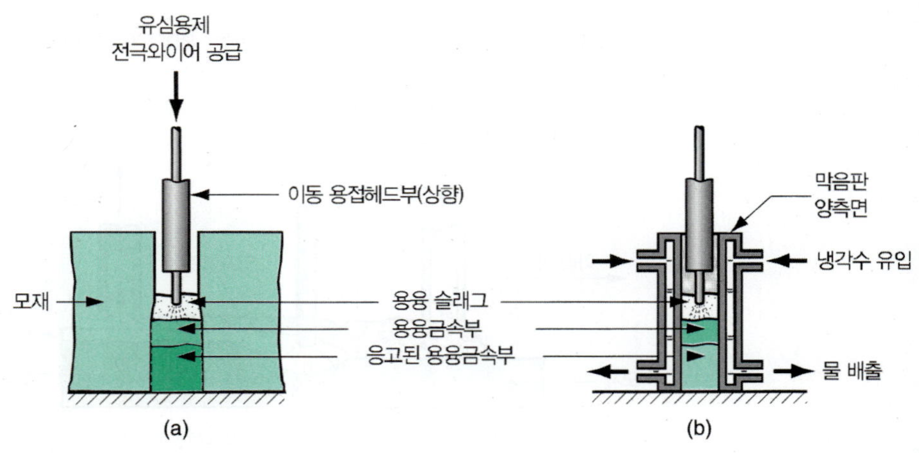

그림 23.6 유심용제 전극와이어를 이용한 전기가스용접 (a)막음판을 제거한 공정의 정면 모습, (b)마주보는 막음판을 보여주는 공정의 측면 모습(출처: Fundamentals of Modern Manufacturing, 4th Edition by Mikell P. Groover, 2010. Reprinted with permission of John Wiley & Sons, Inc.).

서브머지드 아크용접 1930년대에 개발된 공정으로 자동화된 최초의 아크용접 공정이다. 서브머지드 아크용접Submerged Arc Welding: SAW은 연속적인 소모성 와이어를 전극으로 사용하는 아크용접으로 입자형의 용제를 덮어 아크를 보호한다. 전극와이어는 코일로부터 자동으로 용접부 아크로 공급된다. 용제는 [그림 23.7]에 보인 바와 같이 용접아크 진행 전방부의 용접 이음부에 호퍼를 통해 공급한다. 입자형 용제는 용접부를 완전히 덮어줌으로써 스파크, 비산, 복사와 같은 아크용접 공정의 해로운 부분을 원천적으로 방지해준다. 따라서 SAW 작업자는 다른 용접에서 필요로 하는 거추장스러운 보호물을 착용하지 않아도 된다(안전 보안경, 보호 장갑은 당연히 필요).

아크에 근접한 용제 부분은 녹게 되어 용융된 용접금속과 섞이게 되어 불순물을 제거하게 되고 용착부 상부에 유리 형태의 슬래그로 응고된다. 상부의 슬래그와 녹지 않은 용제 입자는 용접부의 주변 분위기로부터 보호 및 단열효과를 부여하여 냉각속도를 낮춰주므로 인성과 연성을 보유한 우수한 용접부를 얻을 수 있다. 그림에서 보인 바와 같이 용접 후에 녹지 않은 용제는 회수해 다시 사용한다. 용접부를 덮고 있는 고화된 슬래그는 수작업으로 대개 제거한다.

서브머지드 아크용접은 강구조물(예, 용접된 *I*-빔) 대구경 파이프, 탱크, 압력용기의 길이방향과 원주방향 용접부, 대형기계의 용접부 제조에 널리 사용하는데 이러한 경우 25mm 두께 이상의 후판용접에 이 공정이 적용된다. 저탄소, 저합금, 스테인리스강은 SAW로 쉽게 용접할 수 있으나 고탄소강, 공구강, 대부분의 비철금속은 용접이 어렵다. 입자형 용제를 중력을 이용해 공급하므로 부품은 반드시 수평으로 놓아야 하고 용접 동안 이음부 밑에 지지판을 필요로 하기도 한다.

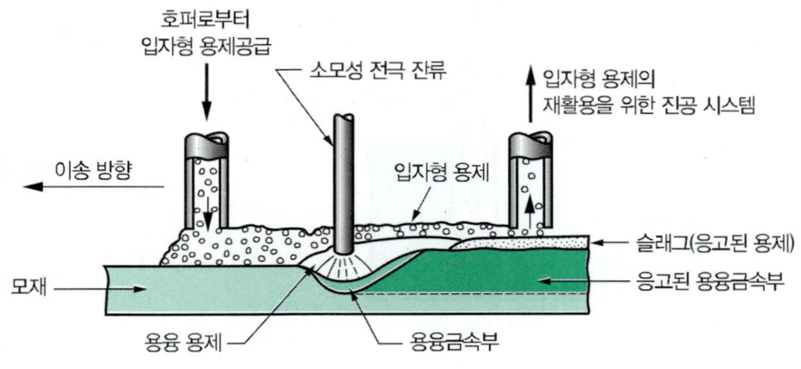

그림 23.7 서브머지드 아크용접(SAW)(출처: Fundamentals of Modern Manufacturing, 4th Edition by Mikell P. Groover, 2010. Reprinted with permission of John Wiley & Sons, Inc.).

23.1.3 아크용접 공정–비소모성 전극

지금까지 설명한 것은 소모성 전극을 이용하는 아크용접 공정이었다. 가스텅스텐 아크용접과 플라즈마 아크용접은 비소모성 전극을 사용한다.

가스텅스텐 아크용접 가스텅스텐 아크용접Gas Tungsten Arc Welding; GTAW은 비소모성 텅스텐 전극과 아크보호를 위한 불활성가스를 이용하는 아크용접 공정으로 TIG용접 Tungsten Inert Gas Welding이라고도 한다(유럽에서는 WIG용접, 텅스텐의 화학기호가 W(Wolfram)이다). GTAW는 용가재를 사용하기도 하고 사용하지 않기도 하는데 [그림 23.8]은 후자의 경우를 나타내고 있다. 용가재를 사용하는 경우 아크용접 공정처럼 소모성전극을 아크를 통해 공급해주는 것과 달리 별도의 봉이나 와이어를 용접부에 공급해 아크열로 녹여 붙인다. 텅스텐은 3410°C에 이르는 높은 용융온도 때문에 좋은 전극 재료가 된다. 대표적 보호가스로는 아르곤, 헬륨 또는 그 혼합가스가 사용된다. GTAW는 거의 대부분의 재료에서 넓은 두께 범위에 걸쳐 용접이 가능하다. 또한 다양한 이종금속의 접합에도 사용할 수 있다. 알루미늄과 스테인리스강의 용접에 널리 사용되며 주철, 연철과 텅스텐 등은 GTAW로 용접이 어렵다.

강의 용접 측면에서는 얇은 용접 부분이 포함되거나 아주 고품질의 용접이 요구되지 않는 한 소모성 전극을 이용하는 아크용접 공정보다는 GTAW가 용접속도가 느리고 고비용 공정이다. 얇은 박판을 작은 공차로 TIG용접을 실시해야 할 경우에는 대개 용가재를 사용하지 않는다. 공정은 대부분의 이음부에 대해 수동 또는 기계 자동화 방법으로 수행할 수 있다. GTAW의 장점은 고품위의 용접부를 얻을 수 있다는 점이고 아크를 통해 용융금속이 전달되는 것이 아니므로 비산이 발생하지 않고 용제를 사용하지 않으므로 용접 후 세척 작업이 불필요하다.

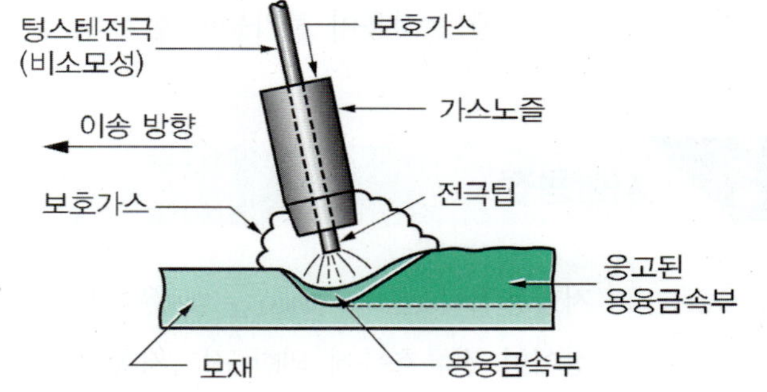

그림 23.8
가스텅스텐 아크용접(GTAW)(출처: Fundamentals of Modern Manufacturing, 4th Edition by Mikell P. Groover, 2010. Reprinted with permission of John Wiley & Sons, Inc.).

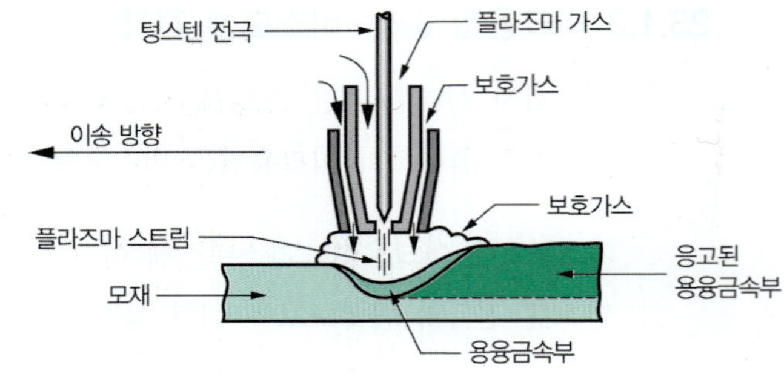

그림 23.9
플라즈마 아크용접(PAW)(출처: Fundamentals of Modern Manufacturing, 4th Edition by Mikell P. Groover, 2010. Reprinted with permission of John Wiley & Sons, Inc.).

플라즈마 아크용접 플라즈마 아크용접Plasma Arc Welding: PAW은 가스텅스텐 아크용접의 특수한 형태로 집약시킨 플라즈마 아크로 용접부를 녹인다. [그림 23.9]에 보인 바와 같이 PAW에서는 텅스텐 전극이 특수하게 설계된 노즐에 들어 있어 불활성가스(아르곤 또는 아르곤-수소 혼합가스)가 고속으로 아크 영역으로 흐르면서 고속 고열의 플라즈마 아크 스트림을 형성한다.

플라즈마 아크용접의 온도는 17,000°C 수준이므로 모든 금속을 녹일 수 있다. PAW에서 온도가 그렇게 높아지는 이유는(GTAW에 비해 월등히 높음) 아크의 집약에 기인한다. 비록 PAW의 전형적인 에너지 레벨이 GTAW보다 낮지만 에너지가 작은 직경의 플라즈마 제트를 형성해 아주 높은 에너지 밀도를 만든다.

플라즈마 아크용접은 1960년대에 소개된 후 소강 상태를 보이다가 근래에 들어 GTAW의 대체 공정으로 자동차 조립부품, 도어, 윈도우 프레임, 가정용 기구의 수요가 늘고 있다. PAW의 특별한 특성으로 이러한 용도에 적용될 수 있는 장점으로는 우수한 아크 안정성, 다른 아크용접 공정에 비해 용이한 용입깊이 조절, 높은 주행속도, 월등한 용접품질 등을 들 수 있다. 공정은 텅스텐을 포함한 거의 모든 재료의 용접에 적용이 가능하다. PAW로 용접이 어려운 재료로는 청동, 주철, 납, 마그네슘이 있다. 높은 설비가격과 다른 아크용접 공정 대비 대형의 토치치수 때문에 어떤 이음부에는 적용이 불가능한 한계가 있기도 하다.

23.2 저항용접

저항용접Resistance Welding: RW은 접합을 위해 열과 압력을 이용하는 일련의 융접 공정이며 전류흐름에 의한 전기저항에 의해 맞붙일 접합부에서 열이 발생된다. 저항용접의 주요 부분은 대표적인 저항용접 공정인 점용접 공정을 대상으로 [그림 23.10]

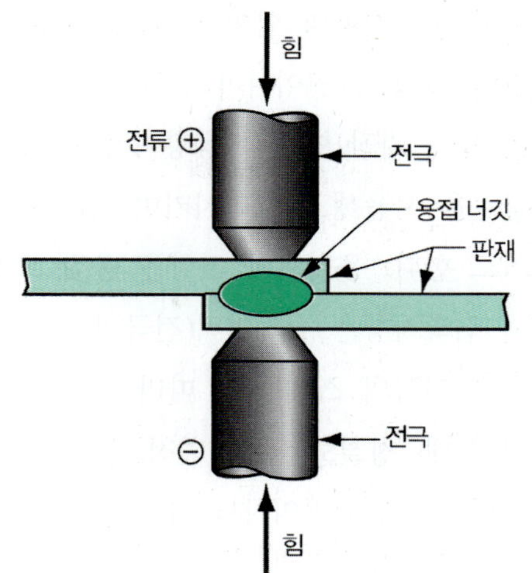

그림 23.10
대표적 RW 공정인 점용접 공정을 보여주는 저항 용접(resistance welding: RW)(출처: Fundamentals of Modern Manufacturing, 4th Edition by Mikell P. Groover, 2010. Reprinted with permission of John Wiley & Sons, Inc.).

에 나타냈는데, 구성요소로 용접 대상재(대개 금속판재), 2개의 전극부, 전극 사이의 대상재에 압력을 가하는 수단, 전류를 제어해주는 AC 전원 등이 있다.

용접공정으로 인해 두 대상재 사이에 용융부가 형성되는데 이를 점용접에서는 용접 너깃weld nugget이라 한다. 아크용접과 비교해 저항용접은 보호가스, 용제, 용가재 등을 사용하지 않으며 공정을 위해 전기에너지를 전달하는 전극도 비소모성이다. RW는 가해진 열이 접합면을 녹여주므로 융접으로 분류된다.

23.2.1 저항용접의 전원

용접 작업을 위해 가해주는 열에너지는 전류, 회로의 저항, 전류가 통전시간에 의존하며 다음 식으로 나타낸다.

$$H = I^2 Rt \qquad (23.3)$$

여기서 H=생성열 J(1055로 나누면 Btu), I=전류 A, R=전기저항 Ω, t=시간 s이다.

저항용접에 사용되는 전류는 아주 높은(대개 5,000~20,000A) 반면 전압은 상대적으로 낮다(대개 10V 이하). 전류가 흐르는 시간 t는 대부분의 경우 짧은데 대표적인 점용접 작업의 경우 0.1~0.4sec 정도다.

RW에 이러한 높은 전류가 사용되는 이유는 (1)식 (23.3)의 제곱 항으로 인해 전류의 효과가 높고, (2)저항이 아주 낮기 때문이다(대개 0.0001Ω). 용접회로의 저항은 (1)전극의 저항, (2)용접재의 저항, (3)전극과 용접재 사이의 접촉저항, (4)접합면 사이의 접촉저항의 합이다. 따라서 전기저항이 있는 이러한 모든 부위에서 열이 발생한다. 용접이 일어나야 할 부위라는 이유에서 접합면이 가장 높은 전기저항을 보이는 것이 가장 이상적 상황이라 할 수 있다. 전극의 저항은 구리와 같이 저항이 낮은 금속을 사용해 최소화시키며 전극에 생성된 열을 분산시키기 위해 전극을 수냉시키기도 한다. 용접재의 저항은 용접 모재의 고유저항과 두께의 함수다. 전극과 용접재의 접촉저항은 접촉면적(전극의 치수와 형상)과 표면의 조건(즉, 용접재 표면의 청결도와 전극의 스케일)에 따라 결정된다. 최종적으로 접합면 사이의 저항은 표면 다듬질 상태, 청결도, 접촉 면적, 압력에 의존한다. 페인트, 기름, 먼지, 다른 오염물이 제거되어야 접촉면의 분리가 일어나지 않는다.

EXAMPLE 23.2 저항용접

1.5mm 두께의 박판 2장을 12,000A의 전류를 0.2sec 동안 통전시켜 저항 점용접 작업을 수행했다. 직경 6mm의 접촉면적, 0.0001Ω 저항을 갖는 전극을 사용해 6mm 직경과 2.5mm 두께의 용접너깃을 얻었다. 금속의 단위 용융에너지 U_m은 12.0J/mm^{3}이다. 발열량의 몇 %가 용접너깃을 형성하는데 사용되었고 몇 %가 용접재, 전극, 주변 공기로 분산되었는가?

▮풀이▮

공정 중 생성된 열은 식 (23.3)으로부터 $H=(12{,}000)^2(0.0001)(0.2)=2880$J

용접너깃(디스크 형태를 가정)의 체적 $V=2.5\dfrac{\pi(6)^2}{4}=70.7$mm^3

이러한 체적을 녹일 수 있는 열 $H_w=70.7(12.0)=848$J

나머지 열 2880−848 =2032J (전체의 70.6%)이 용접재, 전극, 주변 공기로 분산되었다.
실제로 손실은 열전달효율 f_1과 용해인자 f_2(22.3절)의 복합효과로 볼 수 있다.

저항용접의 성공 여부는 열과 마찬가지로 압력에도 크게 영향을 받는다. RW에서 압력은 (1)전극과 용접재 접촉부, 전류가 가해진 맞닿은 용접면 접촉부, (2)적당한 용접 온도에 도달했을 때 맞닿은 용접재의 접합을 위해 압착하는 역할을 한다.

저항용접의 일반적 장점은 (1)용가재가 불필요, (2)높은 생산속도 가능, (3)기계화와 자동화 가능, (4)아크용접에 비해 기술자의 낮은 기술수준, (5)우수한 재현성과 신뢰성을 들 수 있다. 단점으로는 (1)높은 설비비용(대부분의 아크용접보다 고비용), (2)용접할 이음부의 형태가 대부분의 RW 공정에서 겹치기이음에 국한된다는 점이다.

23.2.2 저항용접 공정

상용화된 주요 저항용접 공정으로 점, 심, 프로젝션 용접이 있다.

점용접 저항용접 중에서 가장 널리 사용하는 공정이다, 자동차, 가전, 금속가구, 판재로 만든 기타 제품의 대량생산에 널리 사용된다. 보통의 차체에 약 10,000개의 점용접부가 있다면 세계의 자동차 연생산량이 수천만 대에 이르므로 저항 점용접의 경제적 중요성을 가늠할 수 있다. 점용접Resistance Spot Welding: RSW은 겹치기 이음부의 맞닿은 용접 대상면을 서로 반대 극성의 전극으로 한 부분을 녹여 붙이는 RW 공정으로 밀폐조립이 요구되지 않는 3mm 두께 이하의 판재를 일련의 점용접으로 붙이는 공정이다. 점용접의 크기와 형상은 전극의 끝단에 의해 결정되며 보통 원형의 형상을 갖지만 육각, 사각, 여타 형상도 사용된다. 용접 너깃은 5~10mm 직경을 가지며 열영향부가 너깃 아래 모재부에 형성된다. 만약 용접이 제대로 되었다면 강도가 주변 금속에 버금가는 수준을 갖는다. [그림 23.11]에 점용접 사이클의 단계를 나타냈다.

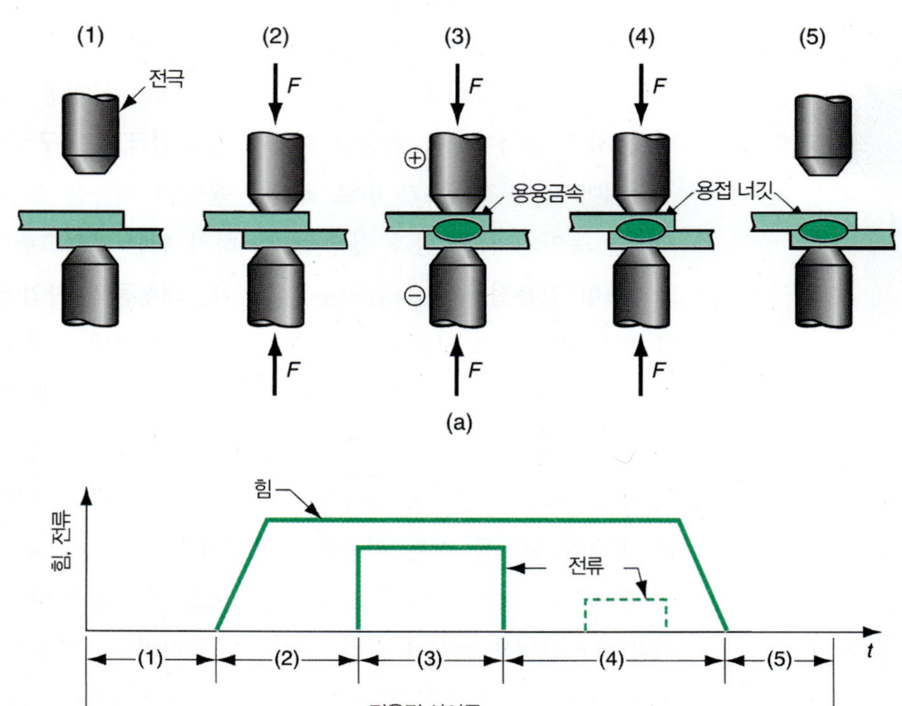

그림 23.11
(a)점용접 사이클의 단계, (b)사이클 동안의 압착력과 전류: (1) 열린 전극 사이에 대상재 삽입, (2)전극으로 압착 실시, (3)전류가 가해지는 용접기간, (4)전류 차단 후 압착력 유지 또는 증가(이 단계의 후반부에 응력완화를 위해 낮은 전류를 가하기도 함), (5)전극 개방과 용접재 제거
(출처: Fundamentals of Modern Manufacturing, 4th Edition by Mikell P. Groover, 2010. Reprinted with permission of John Wiley & Sons, Inc.).

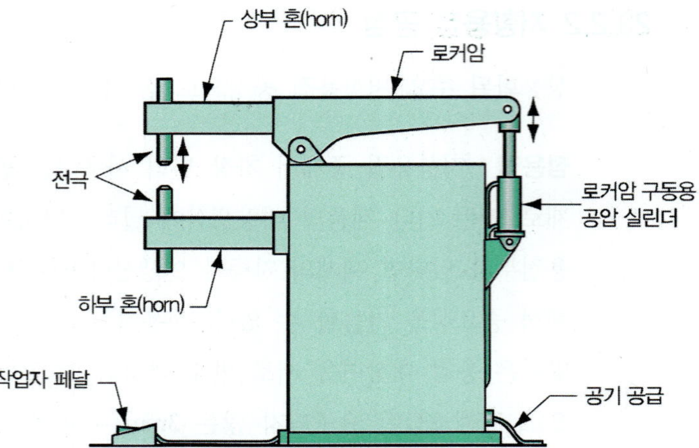

그림 23.12
로커암 점용접기(출처: Fundamentals of Modern Manufacturing, 4th Edition by Mikell P. Groover, 2010. Reprinted with permission of John Wiley & Sons, Inc.).

RSW 전극에 사용되는 재료는 (1)구리합금, (2)구리와 텅스텐 조합과 같은 내열성 금속조성을 갖는 합금으로 나눈다. 두 번째 그룹은 월등한 내마모성을 갖는다. 대부분의 제조공정이 그러하듯이 점용접의 공구도 사용과 함께 점점 마모가 된다. 전극은 수냉을 위한 내부 통로를 고려해 설계한다.

산업적으로 널리 적용되므로 점용접 공정을 위한 다양한 기계와 공법이 있다. 관련 장비로는 로커 암과 프레스형 점용접기, 이동식 점용접 건이 있다. [그림 23.12]에 나타낸 로커암 점용접기rocker-arm spot welders는 고정형 하부전극과 용접재의 장착과 탈착 시에 상하이동이 가능한 이동형 상부전극으로 구성된다. 상부전극은 로커암에 장착되어 있어 작업자가 발로 페달을 움직여 이동을 조절한다. 현대식 기계는 용접 사이클 동안의 압축 힘과 전류를 제어하기 위한 프로그램이 가능하도록 되어 있다.

프레스형 점용접기press-type spot welders는 대형물의 작업에 적합하다. 상부전극은 공압 또는 유압으로 구동되는 수직형 프레스에 의해 직선운동한다. 프레스는 큰 힘을 가할 수 있으며 복잡한 용접 사이클도 프로그램에 의해 조절이 가능하다.

이 2가지 장비는 용접재를 장비에 투입하는 고정형 점용접기다. 대형의 중량 용접재의 경우 고정형 장비에 용접재를 이동, 투입시키기가 어렵다. 이러한 경우 여러 가지 치수와 형태를 갖는 이동형 점용접건portable spot-welding guns을 사용할 수 있다. 이 장비들은 집게 형태의 2개의 전극으로 이뤄져 있다. 각각의 유닛은 경량이어서 사람이나 산업용 로봇에 의해 지지되고 움직일 수 있어야 한다. 용접건은 자체 전원에 연결되어 있고 신축적인 전선케이블과 공기호스를 이용해 전원을 조절한다. 만약 필요하다면 물 호스를 이용해 전극의 수냉도 가능하다. 이동형 점용접 건은 자동차의 최종 조립공장에서 차체 점용접을 위해 널리 사용된다. 사람이 건을 사용해 작업하기도 하지만 대부분의 경우 산업용 로봇이 수행한다.

심용접 [그림 23.13]에 보인 바와 같이 점용접에서의 스틱 형상의 전극을 회전휠로 대체한 공정으로서 맞대기 이음부를 따라 점용접부가 연속해서 오버랩된 용접으로 볼 수 있다. 공정은 밀폐형 이음부를 만들 수 있으며 산업적으로 가솔린 탱크, 자동차 머플러, 다양한 박판용기의 제조에 적용된다. 기술적으로 심용접Resistance Seam Welding: RSEW은 휠 전극이 약간의 복잡성을 야기한다는 점을 제외하면 점용접과 동일하다. 작업이 불연속적이기보다는 연속적으로 진행되므로 용접 심은 직선 또는 곡선 형상을 가진다. 예리한 코너와 불연속부위의 용접에는 적용이 어렵다. 또한 용접재의 휨이 심용접의 문제가 될 수 있으므로 용접재를 정위치시키고 변형을 최소화시킬 수 있는 고정구가 필요하다.

심용접에서 용접너깃 사이의 간격은 용접전류의 적용에 대한 전극 휠의 이동에 의존한다. 연속운동용접continuous motion welding이라 불리는 보통의 작업방법에서는 휠이 일정 속도로 연속 회전하고 용접 심을 형성하는 점용접부의 목표 간격에 상응하는 시간 간격으로 전류를 가한다. 전류 단락의 주파수는 대개 오버랩된 점용접부가 만들어지도록 설정한다. 그러나 주파수를 충분히 감소시킨다면 점용접부 사이에 간격이 생겨나게 되는데 이러한 방법을 롤 점용접roll spot welding이라 한다. 다른 변형으로는 용접전류를 일정한 수준으로(펄스로 하기보다는) 유지해 완전히 연속적인 용접 심을 만들 수 있는데 [그림 23.14]에 이것을 나타냈다.

연속동작 용접의 대체 공정으로 단속운동용접intermittent motion welding이 있는데 전극 휠이 주기적으로 정지해 점용접부를 형성한다. 정지구간 사이의 휠의 회전량에 의해 점용접부의 간격이 결정되는데[그림 23.14]의 (a), (b)와 유사한 형태를 보인다.

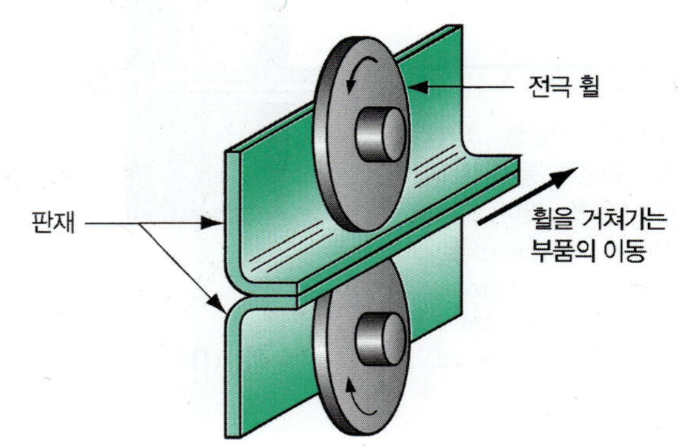

그림 23.13

심용접(RSEW)(출처 Fundamentals of Modern Manufacturing, 4th: Edition by Mikell P. Groover, 2010. Reprinted with permission of John Wiley & Sons, Inc.).

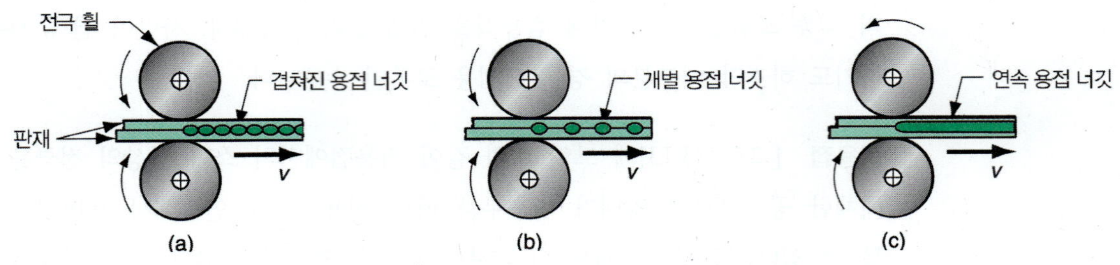

그림 23.14 전극 휠에 따라 얻어지는 여러 형태의 심 (a)겹치는 부분이 생성되는 일반적인 저항 심용접, (b)롤 점용접, (c)연속 심용접(출처: Fundamentals of Modern Manufacturing, 4th Edition by Mikell P. Groover, 2010. Reprinted with permission of John Wiley & Sons, Inc.).

심용접 장비는 봉상의 전극 대신 전극 휠을 사용한다는 것을 제외하면 프레스형 점용접기와 유사하다. RSEW에서 용접재와 휠의 냉각이 필요할 경우에는 전극 휠에 인접한 용접재의 위 아래 표면으로 물을 뿌려준다.

프로젝션용접 프로젝션용접Resistance Projection Welding: RPW은 하나 또는 다수의 작은 접촉점을 통해 용접재를 접합시키는 RW 공정이다. 이러한 접촉점은 접합시킬 용접재에 따라 설계되는데 프로젝션, 돌기부 또는 부품 간의 국부 교차점 등이 접촉점이 될 수 있다. 2장의 판재가 용접되는 대표적 경우를 [그림 23.15]에 나타냈는데 상부 판은 공정 초기에 2개의 돌기점으로 하부 판과 접촉하도록 만들어져 있다. 돌기부를 만드는 엠보싱 공정이 부품의 원가를 상승시킬 수도 있지만 용접비용의 절감을 통해 상쇄시킬 수도 있다.

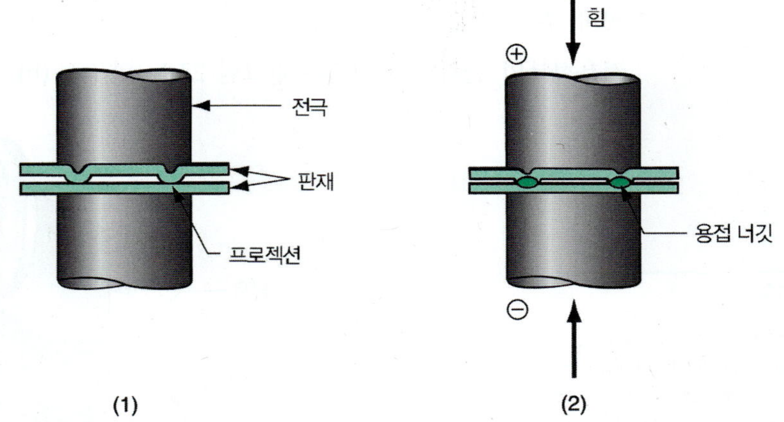

그림 23.15
프로젝션용접(RPW) (1)공정 초기의 프로젝션 접촉, (2)전류 통전 시 점용접부와 비슷한 용접너깃이 프로젝션부에서 형성(출처: Fundamentals of Modern Manufacturing, 4th Edition by Mikell P. Groover, 2010. Reprinted with permission of John Wiley & Sons, Inc.).

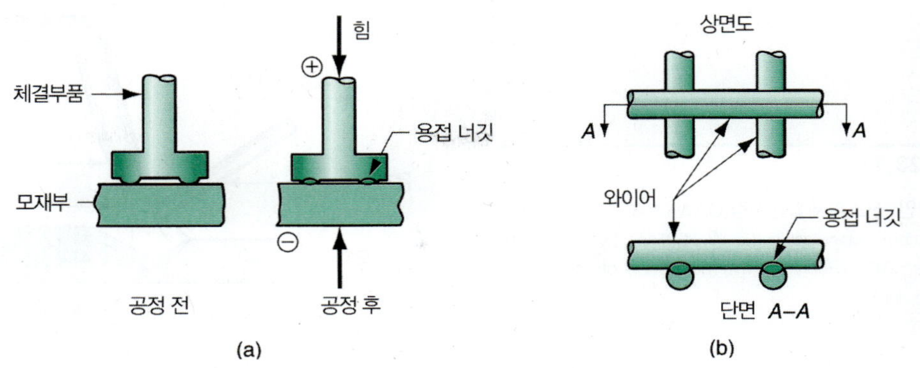

그림 23.16 저항 프로젝션용접(RPW)의 2가지 응용 형태 (a)기계가공 또는 성형된 패스너를 판재부품에 용접, (b)교차와이어용접 (출처: Fundamentals of Modern Manufacturing, 4th Edition by Mikell P. Groover, 2010. Reprinted with permission of John Wiley & Sons, Inc.).

저항 프로젝션용접의 2가지 응용 형태를 [그림 23.16]에 나타냈다. 첫 번째 경우는 기계가공 또는 성형된 프로젝션을 갖는 체결 부품을 판재나 후판에 RPW로 영구 결합시켜 후속 조립공정을 용이하게 하는 것을 보여준다. 또 다른 형태는 교차와이어용접cross-wire welding으로서 와이어팬스, 쇼핑카트, 석쇠와 같은 와이어 제품의 용접에 적용하는 것으로 둥근 와이어의 접촉면이 용접을 위한 저항 열을 국부적으로 집약시키는 프로젝션의 역할을 한다.

23.3 산소용접

산소용접Oxyfuel Gas Welding: OFW은 여러 연료를 산소와 섞어 연소시켜 용접하는 용접 공정을 말한다. OFW 공정은 여러 종류의 가스를 사용하며 이것이 이러한 공정을 구분하는 기준이 된다. 산소아세틸렌가스는 또한 절단용 토치나 다른 부품에서 금속판을 분리할 때도 많이 사용된다. 가장 중요한 OFW 공정은 산소아세틸렌 용접이다.

23.3.1 산소아세틸렌용접

산소아세틸렌용접Oxyacethylene Welding: OAW은 아세틸렌과 산소의 연소를 통한 고온의 화염을 이용한 용접 공정이다. 화염은 용접토치로 조절한다. OAW의 경우 용가재를 공급하는 경우도 있으며 접촉면 사이에 압력을 가해주기도 한다. 대표적인 OAW 공정을 [그림 23.17]에 나타냈다.

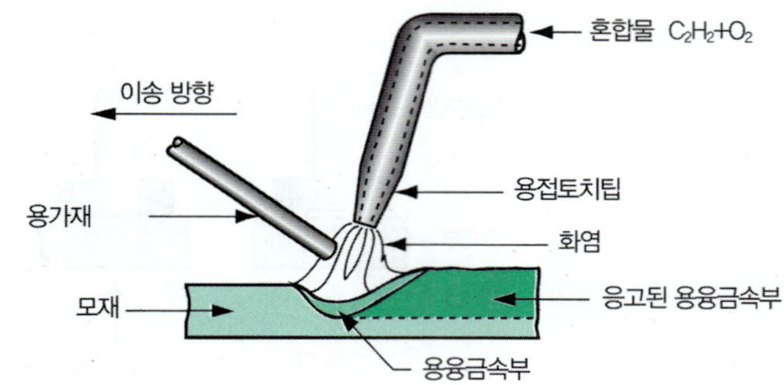

그림 23.17

대표적인 산소아세틸렌공정(OAW)(출처: Fundamentals of Modern Manufacturing, 4th Edition by Mikell P. Groover, 2010. Reprinted with permission of John Wiley & Sons, Inc.).

용가재를 사용할 경우에는 1.6~9.5mm 직경을 갖는 봉의 형태로 공급된다. 용가재의 화학조성은 모재와 유사한 것을 사용한다. 용제로 코팅된 용가재를 사용하기도 하는데 표면청정, 산화 방지 효과가 있어 보다 나은 용접 이음부를 얻을 수 있다.

아세틸렌(C_2H_2)은 온도를 3480°C까지 올릴 수 있는 장점이 있어 다른 연료에 비해 OFW 공정 중에서 가장 많이 쓰인다. OAW의 화염은 아세틸렌과 산소의 두 단계 화학반응에 의해 생긴다.

1단계 반응은 다음과 같다.

$$C_2H_2+O_2 \rightarrow 2CO+H_2+\text{열} \quad (23.4a)$$

화학생성물이 모두 가연성이므로 2단계 반응이 일어난다.

$$2CO+H_2+1.5O_2 \rightarrow 2CO_2+H_2O+\text{열} \quad (23.4b)$$

두 번째 단계의 연소는 토치에서 뿜어 나오는 산소아세틸렌 화염으로 볼 수 있다. 아세틸렌과 산소의 화합물이 식 (23.4)에 보인 바와 같이 1:1일 경우 [그림 23.18]에 보인 중성염neutral flame이 얻어진다. 반응의 1단계는 중성염의 내염inner cone: 백심에서 볼 수 있는데 색깔은 백색이다. 반면 2단계의 연소는 외염outer envelope에 나타나고 이의 색깔은 연한 청색과 연한 오렌지색의 거의 무색이라 할 수 있다. 화염의 최대온도는 내염의 끝에서 얻어지며 외염의 온도는 내염보다 작다. 용접 동안 화염은 외부로 퍼져나가 접합할 용접재의 표면을 덮게 되어 외부 분위기를 보호해주는 역할을 한다.

두 단계의 연소를 통한 총 아세틸렌 발열량은 $55\times10^6 J/m^3$이다. 그러나 산소아세틸렌 용접에서는 화염의 온도분포, 용접재의 화염 퍼짐, 공기 손실 때문에 출력밀도와 열전달효율(f_1이 0.10~0.30)이 상대적으로 낮다.

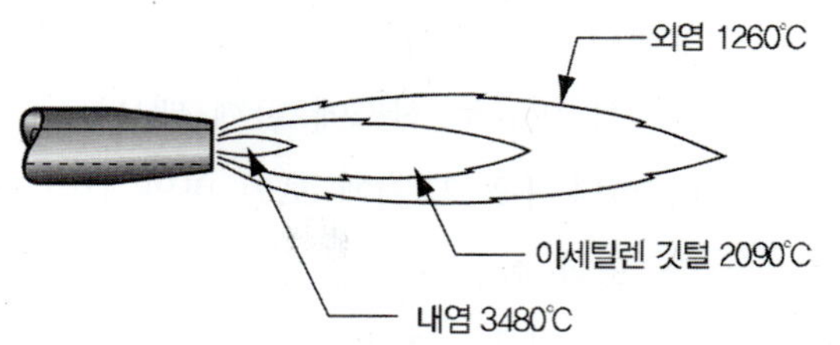

그림 23.18
산소아세틸렌 토치의 중성염과 영역온도(출처: Fundamentals of Modern Manufacturing, 4th Edition by Mikell P. Groover, 2010. Reprinted with permission of John Wiley & Sons, Inc.).

아세틸렌과 산소가 만나면 가연성이 아주 크므로 OAW 주변은 위험하다. 아세틸렌과 연관되어 위험한 것은 순수 C_2H_2는 무색, 무취의 가스라는 점인데, 안전을 위해 상용 아세틸렌은 마늘 향을 내도록 제조한다. 가스의 물리적 한계는 1atm(0.1 MPa) 이상의 압력에서 불안정하다는 점이다. 따라서 아세틸렌 저장용기 속에 아세톤(CH_3COCH_3)으로 포화시킨 다공질의 재료(석면, 발사목, 기타 재료)를 채워 아세틸렌을 충전시키면 액체 아세톤에 용해되어 아세틸렌이 저장된다. 실제로 아세톤은 아세틸렌 체적의 25배까지도 용해시키므로 용접용 가스의 안전한 저장수단으로 사용된다. 용접공은 안전 예방장비로서 눈과 피부 보호장구(고글, 장갑, 보호복)를 입으며 아세틸렌과 산소용기와 호스에는 서로 다른 나사산을 표준화시켜 가스의 연결 오류를 피하도록 한다. 적절한 장비유지는 중요하다. OAW 장비는 비교적 싸고 이동이 가능하다. 따라서 경제적이고 적용성이 좋은 공정으로서 소량생산, 보수작업 등에 적합하다. 이 공정은 6.4mm보다 두꺼운 판재, 후판의 용접에는 잘 사용하지 않는데 이 경우에는 아크용접이 훨씬 장점이 많기 때문이다. OAW는 기계화할 수는 있지만 주로 수작업을 하게 되는데 고품질의 용접부는 용접공의 기술에 크게 의존하기 때문이다.

23.3.2 산소아세틸렌용접의 대체가스

OFW 계열의 일부 공정들은 아세틸렌이 아닌 다른 가스를 사용한다. 이러한 대체가스를 [표 23.2]에 연소온도와 연소열과 함께 나타냈으며 비교를 위해 아세틸렌도 함께 나타냈다. 산소아세틸렌이 OFW 연료로 널리 사용되지만 대체용 가스들도 용도에 따라 사용하는데 박판이나 저용점금속의 용접과 경납땜(24.1절)에 주로 사용한다. 또한 안전의 이유로 대체가스를 선호하는 경우도 있다.

아세틸렌과 연소온도, 연소열 측면에서 가장 유사한 것으로 메틸아세틸렌 프로파디엔methylacetylene propadiene이 있다. 다우케미컬회사에서 개발해 MAPP라는 상품명으로 판매되는데 MAPP(C_3H_4)는 아세틸렌과 유사한 가열특성을 지니며 가압하면 액체 상태로 저장할 수 있으므로 C_2H_2에서의 저장문제를 피할 수 있다.

수소를 연료로 산소에 함께 태우는 공정을 산소수소용접Oxy-Hydrogen Welding: OHW이라 한다. [표 23.2]에 보인 바와 같이 OHW의 용접온도는 산소아세틸렌 용접보다 낮다. 또한 화염의 색깔이 수소와 산소의 혼합차에 따라 변하지 않으므로 용접공이 토치를 조정하는 것이 쉽지 않다.

표 23.2 산소용접, 절단에 사용되는 가스의 화염온도와 연소열[10]

연료	온도[a]		연소열	
	°C	°F	MJ/m^3	Btu/ft^3
아세틸렌(C_2H_2)	3087	5589	54.8	1470
MAPP[b](C_3H_4)	2927	5301	91.7	2640
하이드로겐(H_2)	2660	4820	12.1	325
프로필렌[c](C_3H_6)	2900	5250	89.4	2400
프로판(C_3H_8)	2526	4579	93.1	2498
천연가스[d]	2538	4600	37.3	1000

[a]중성염이 용접에 가장 널리 사용되므로 중성화염 온도를 비교
[b]MAPP는 methylacetylene propadiene의 약어
[c]Propylene은 주로 화염절단에 사용
[d]메탄(CH_4)가스에 근거한 데이터. 천연가스는 메탄과 에탄(C_2H_6)으로 구성. 화염온도와 연소열은 조성에 따라 변한다.

OFW에 사용되는 다른 가스로 프로판과 천연가스가 있다. 프로판(C_3H_8)은 용접보다는 경납땜, 연납땜, 절단작업에 사용한다. 천연가스는 에탄(C_2H_6)과 메탄(CH_4)가스로 구성되며 산소와 혼합 시 고온의 화염을 발생시키므로 소규모 용접 작업에 주로 사용된다.

23.4 기타 용접 공정

일부 용접 공정은 아크, 저항 또는 산소연료 용접으로 분류될 수 없다. 이러한 공정들은 용융을 위한 열의 발생과정에 독특한 기술을 사용하며 그 적용도 독특하다.

전자빔용접 전자빔용접Electron-Beam Welding: EBW은 집중된 고강도 전자빔을 용접재 표면에 쏘아 용접을 위한 열을 발생시키는 융접 공정이다. 전자빔가공(19.3.2절)에 사용되는 것과 유사한 설비가 사용되며 전자빔을 발생시키는 전자빔건은 고압에서

전자를 가속시키며(10~150KV 수준) 빔의 전류는 낮다(밀리암페어 수준). EBW의 출력과 달리 출력밀도는 뛰어나다. 전자빔을 아주 작은 영역에 집중시킴으로써 높은 출력밀도를 얻을 수 있으며 출력밀도 PD는 다음과 같다.

$$PD = \frac{f_1 EI}{A} \tag{23.5}$$

여기서 PD=출력밀도 W/mm^2, f_1=열전달효율(EBW의 경우 0.8~0.95[9]), E=가속전압 V, I=빔전류 A, A=빔이 집중되는 용접재 표면적 mm^{2}이다. 일반적인 EBW의 용접면적 영역은 13×10^{-3}~2000×10^{-3}mm^{2}이다.

이 공정은 1950년대 원자력 분야에서 시작되었는데, 처음 개발되었을 때 공기분자에 의한 전자빔의 분산을 최소화시키기 위해 진공 체임버에서 용접을 실시했다. 이러한 요구조건은 생산라인 적용 시 용접 전 체임버 진공화를 위한 소요시간 때문에 지금도 심각한 불편함을 야기하고 있다. 이는 체임버 크기나 요구 진공도에 따라 1시간까지 소요되기도 한다. 오늘날 EBW 기술은 진공 없이 가능한 수준까지도 진보했는데 다음의 3가지로 분류된다.

(1) **고진공용접**high-vacuum welding: EBW-HV: 빔 생성과 동일한 진공 속에서 용접을 실시
(2) **중진공용접**medium-vacuum welding: EBW-MV: 부분적으로 진공이 된 별도의 체임버에서 용접을 실시
(3) **비진공용접**nonvacuum welding: EBW-NV: 용접을 대기 또는 대기와 유사한 분위기에서 실시

용접재의 장착과 탈착 중에 진공을 만드는 시간은 중진공 EBW에서는 감소되고 비진공 EBW의 경우 최소화되겠지만 이러한 장점을 취하기 위해서는 두 공정 모두 하나 또는 그 이상의 진공분리기(공기흐름은 막아주지만 전자빔은 통과시켜주는 매우 작은 오리피스)를 필요로 하며 이 장치는 빔발생기(고진공 필요)를 작업용 체임버로부터 분리시켜준다. 또한 비진공 EBW에서는 용접재를 전자빔건의 오리피스에 대략 13mm 이내로 근접시켜야 한다. 결국 진공도가 낮은 공정으로는 고진공용접에 비해 품질이 좋고 높은 깊이-폭 비율을 갖는 용접부를 얻을 수 없다.

EBW는 아크용접이 가능한 모든 금속은 물론 일부 내열재료, AW가 적합하지 않은 난용접재에 적용할 수 있다. 용접재의 치수는 얇은 박막은 물론 후판까지 가능하다. EBW는 자동차, 항공, 핵설비 등에 주로 적용되고 있다. 자동차 산업의 경우 전자빔 용접된 조립품으로는 알루미늄 매니폴드, 강재 토크 컨버터, 촉매 변환기, 변속기 부

품 등을 들 수 있다. 전자빔용접을 적용하면 깊고 폭이 좁은 형상, 제한적 열영향부와 열변형이 적은 고품질의 용접부를 얻을 수 있다. 용접속도는 다른 연속용접공정에 비해 빠르다. 용가재가 사용되지 않으며 용제나 보호가스도 필요하지 않다. EBW의 단점은 높은 설비비용과 정밀한 이음부 준비 및 정렬, 진공에서 진행되는 공정 등을 들 수 있다. 또한 EBW는 X-ray를 발생시키므로 안전 보호를 통해 사람을 보호해야 하는 문제도 있다.

레이저빔용접 레이저빔용접Laser-Beam Welding: LBW은 용접부에 응집된 광빔의 에너지를 용접할 접합부에 집중시켜 접합을 이루는 용접 공정이다. 레이저laser는 'Light Amplification by Simulated Emission of Radiation'의 약어다. 동일한 기술이 레이저빔가공(19.3절)에 사용되었다. LBW는 대개 산화를 막기 위해 보호가스(예: 헬륨, 아르곤, 질소, 이산화탄소)를 공급한다. 용가재는 별도로 첨가하지 않는다.

LBW를 통해 용입이 깊고 열영향부가 좁은 고품질의 용접부를 얻을 수 있다. 이러한 특징은 전자빔용접에서 얻는 장점과 유사하며 두 공정은 종종 비교가 되기도 한다. EBW에 비해 LBW는 여러 장점을 갖는데 진공 체임버가 필요 없으며 X-ray도 발생시키지 않는다. 또한 레이저빔은 광학렌즈와 거울을 통해 광선의 집중과 방향을 조절할 수 있다. 반면 LBW는 EBW와 달리 깊은 용입과 깊이-폭 비율이 큰 용접부를 얻을 수 없다. 레이저빔용접의 최대 깊이는 약 19mm인데 비해 EBW는 50mm 이상도 가능하며 LBW의 깊이-폭 비율은 약 5:1 정도로 국한된다. 레이저빔은 작은 영역에 에너지를 집중시키므로 소형부품 용접에 종종 사용된다.

테르밋용접 테르밋thermit은 테르마이트thermite의 상표명으로서 알루미늄분말과 철산화물의 혼합물인데 연소할 때 발열반응을 일으키므로 화염탄과 용접에 활용한다. 용접 측면에서 테르밋은 1900년부터 사용되었다. 테르밋용접Thermit Welding: TW은 테르밋의 화학반응에 의해 과열된 용융금속으로 접합하는 용접공정이다. 용가재는 액상으로 주입된다. 이 공정이 접합에 활용되는 공정이긴 하나 용접보다는 주조에 가까운 공정이다.

미세하게 혼합된 알루미늄과 철산화물 분말(1:3 혼합)을 1300°C로 점화시키면 아래의 화학반응을 일으킨다.

$$8Al + 3Fe_3O_4 \rightarrow 9Fe + 4Al_2O_3 + \text{열} \quad (23.6)$$

반응을 통해 얻어진 2500°C의 고열은 과열된 용융 철과 슬래그 형태로 부유해 철을

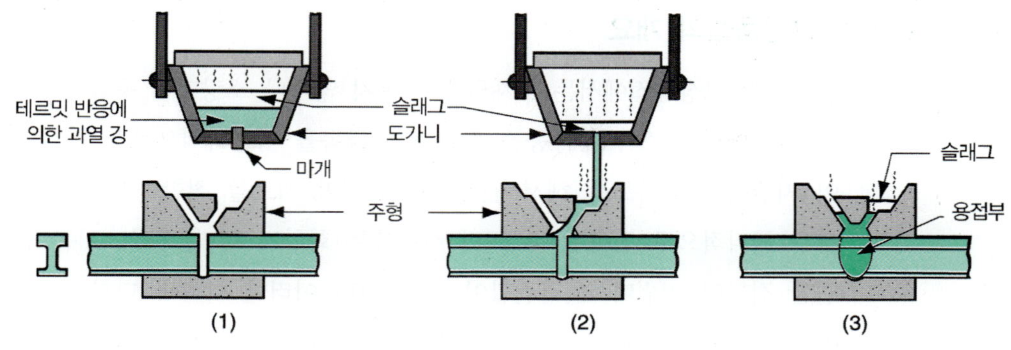

그림 23.19 테르밋용접 (1)테르밋 점화, (2)과열된 금속이 도가니로부터 주형으로 주입, (3)금속이 응고하면서 용접 이음부 형성(출처: Fundamentals of Modern Manufacturing, 4th Edition by Mikell P. Groover, 2010. Reprinted with permission of John Wiley & Sons, Inc.).

주위 환경으로부터 보호해주는 알루미늄 산화물을 형성한다. 테르밋용접에서 과열된 용융철(또는 분말의 조성배합에 따라서는 용융강)은 [그림 23.19]의 TW 공정에서 보인 바와 같이 용접 이음부의 상부에 위치한 도가니에 담겨 있다. 반응이 완료되면(테르밋 양과 무관하게 약 30초) 도가니로부터 용접 이음부 주변에 설치된 주형으로 액상금속을 부어넣는다. 주입 금속이 매우 뜨거우므로 모재의 가장자리를 녹이게 되고 응고와 함께 접합이 이뤄진다. 냉각 후 주형은 파괴되고 산소아세틸렌 토치나 다른 방법으로 게이트와 라이저를 제거한다.

테르밋용접은 철도레일(그림에 보인 바와 같은), 잉곳몰드와 같은 대형 강 주조물이나 단조물의 균열 보수, 대직경 샤프트, 기계 프레임, 선박용 키의 접합 등에 적용된다. 용접 후 얻어진 표면이 매끈해서 경우에 따라서는 다듬질 후공정을 생략하기도 한다.

23.5 고상용접

고상용접solid-state welding에서는 대상재를 (1)압력만으로 혹은 (2)열과 압력을 동시에 가해 접합하는 것을 말하며 일부 고상용접에서는 시간도 변수가 된다. 만약 열과 압력이 모두 가해진다면 열만으로는 용접재 표면을 녹이기에 충분하지 않다는 것이다. 어떤 경우에는 열과 압력의 조합을 통해 또는 독특한 방법으로 압력을 가해 접합면 사이에 국부적인 용융을 일으킬 수 있는 충분한 에너지를 부여한다. 고상용접에서는 용가재가 사용되지 않는다.

23.5.1 고상용접의 개요

대부분의 고상용접에서는 모재금속이 녹지 않거나 소량만이 용융되면서 야금학적 결합이 일어난다. 2가지의 동종 또는 이종금속을 야금학적으로 결합시키려면 두 금속이 치밀하게 접촉토록 해서 원자적 결합력이 서로를 접합하도록 해야 한다. 보통의 경우 물리적으로 접촉된 두 표면 사이에는 화학적 박막, 가스, 기름 등으로 인해 치밀한 접합이 어렵다. 원자결합이 잘 되려면 이러한 박막과 다른 물질들이 제거되어야 한다. 용접에서(경납땜이나 연납땜과 같은 다른 접합공정과 마찬가지로) 박막은 고온에서 분해되거나 타게 되고 금속의 용융과 응고 과정 동안 원자결합이 이뤄진다. 그러나 고상용접에서 금속결합이 일어나려면 박막이나 기타 오염물질은 다른 여러 방법을 통해 제거되어야 한다. 일부 경우에는 용접 전에 표면의 완벽한 세척이 요구되는 반면 또 다른 경우에는 대상재의 표면을 접근시키는 과정에서 통합해서 세척이 이뤄지기도 한다. 정리하면 성공적인 고상용접을 위한 필수요건은 두 표면을 깨끗하게 한 후 원자결합이 가능하도록 물리적 접촉을 치밀하게 해주어야 한다.

용융과정이 없는 용접공정은 융접에 비해 여러 장점이 있다. 용융이 일어나지 않기 때문에 열영향부가 존재하지 않아서 이음부를 둘러싼 모재부도 본래의 물성을 유지할 수 있다. 이러한 공정은 많은 경우 융접 공정에서의 점이나 심 이음부보다는 접촉면 사이에 완전한 접촉을 갖는 이음부를 통해 접합을 한다. 또한 이러한 공정들은 이종소재의 접합에도 적용되는데 용해온도, 열팽창계수, 열전도도의 차이나 기타 이종금속의 용해와 응고 시 일어날 수 있는 여러 문제에 대한 고려 없이도 이종금속 간 이음부를 얻게 해준다.

23.5.2 고상용접 공정

고상용접은 오래된 방식과 최신식 방식의 공정을 모두 포함한다. 각각의 공정은 접합면 사이에 접합을 만들어내기 위한 독특한 방법들이 사용되는데 먼저 단접부터 설명한다.

단접 단접Forge Welding은 제조기술의 개발 측면에서 역사적으로 중요한 공정으로 기원전 1000년경부터 대장간에서 두 조각의 금속을 붙이는데 이용했다. 단접은 대상재를 열간가공온도로 가열한 후 해머나 다른 도구를 이용해 압접시키는 방법이다. 현대의 표준에서 요구되는 우수한 용접부를 얻기 위해서는 상당한 수공기술이 요구된다. 공정은 역사적으로 흥미로우나 아래에 거론하는 적용성을 제외하면 오늘날 상업적 중요성은 크지 않다.

냉간용접 냉간용접Cold Welding: CW은 상온에서 깨끗한 두 접촉면 사이에 고압을 가해 붙이는 고상용접공정이다. CW가 잘 진행되려면 맞닿은 표면이 아주 깨끗해야 하며 청정은 대개 접합 전에 탈지degreasing와 와이어브러싱으로 한다. 또한 용접할 대상재 중 최소한 한쪽, 더 바람직하기로는 양쪽 모두 연성이 우수하고 가공경화가 되지 않아야 한다. 연한 알루미늄과 구리와 같은 금속은 쉽게 가공경화가 된다. 공정 중 가해진 압축응력으로 인해 금속이 가공경화되고 두께가 50%까지도 감소하지만 접촉면에서의 국부적인 소성변형으로 인해 접합이 이뤄진다. 작은 대상재의 경우 단순한 수동공구를 이용해 힘을 가할 수 있으며 대형 대상재의 경우에는 요구되는 힘을 공급하기 위해 동력을 이용한 프레스가 요구된다. CW에서는 외부 공급원을 통한 열은 가해주지 않지만 변형열로 인해 대상재의 온도는 어느 정도 올라간다. CW는 전기적 접점을 만드는 곳에도 적용된다.

롤용접 롤용접Roll Welding: ROW은 공정 전에 대상재의 외부 가열 여부에 따라 단접이나 냉간용접이 변형된 공정이라 할 수 있다. 롤용접은 접합을 이룰 수 있는 충분한 압력을 외부 열과 함께 또는 열적 지원 없이 롤을 이용해 공급하는 고상용접 공정으로 [그림 23.20]에 나타냈다. 만약 외부 열이 가해지지 않으면 냉간롤용접이라 하고 열이 가해지면 열간롤용접이라 한다. 롤용접은 일반강 또는 저합금강의 내식성을 위한 스테인리스강 클래딩cladding, 온도측정을 위한 바이메탈판, 샌드위치 동전 제조 등에 적용된다.

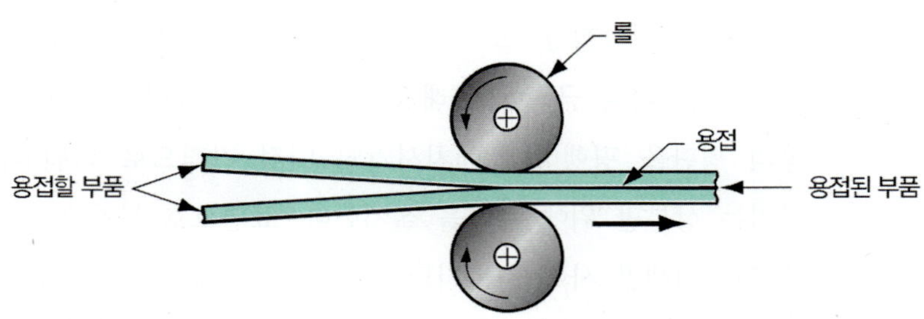

그림 23.20 롤용접(ROW)(출처: Fundamentals of Modern Manufacturing, 4th Edition by Mikell P .Groover, 2010. Reprinted with permission of John Wiley & Sons, Inc.).

고온고압용접 고온고압용접Hot Pressure Welding: HPW은 단접의 변형 형태로서 모재에 변형을 일으킬 수 있는 충분한 열과 압력을 가해 변형 동안 표면의 산화막이 깨져 두 표면이 잘 접합할 수 있는 깨끗한 표면이 만들어지며 맞닿은 두 면 사이로 확산이 일어날 수 있는 시간이 필요하다. 이 공정은 진공 분위기에서 하거나 보호 분위기에서 진행된다. HPW 공정은 항공 산업에 주로 이용된다.

확산용접 확산용접Diffusion Welding: DFW은 확산이 충분히 일어날 수 있는 시간을 부여하면서 제어된 분위기에서 열과 압력을 가해 용접하는 고상용접 공정을 말한다. 온도는 금속의 용융온도보다 충분히 낮은 온도(0.5T_m이 개략적인 최고한도)에서 진행되고 표면에서의 소성변형도 최소로 한다. 접합이 이뤄지는 주요 기구는 고상확산으로서 접촉경계면을 통한 원자의 이동으로 볼 수 있다. DFW는 항공우주, 원자력 산업의 고강도강과 내열금속의 접합에 적용된다. 공정은 동종과 이종금속의 접합에 사용되는데 이종금속의 경우 충진층을 이종금속 간에 샌드위치 형태로 끼워 확산을 촉진시키기도 한다. 맞닿은 접촉면 사이의 확산이 일어날 시간이 중요할 수 있는데 1시간 이상 소요되기도 한다[10].

폭발용접 폭발용접Explosion Welding: EXW은 두 금속 사이에 폭발 에너지를 이용해 급속하게 접합시키는 고상용접 공정을 말한다. 이 공정은 이종금속의 접합에 주로 사용되는데 특히 모재를 넓은 면적에 걸쳐 단일 금속으로 클래딩할 때 적용된다. 화학, 석유산업에 사용되는 공정설비를 만들기 위한 내부식성의 박판이나 후판의 생산에 사용되는데 이러한 공정은 폭발클래딩explosion cladding이라 한다. EXW에는 용가재를 사용하지 않으며 외부에서 열을 가하지도 않으며 공정 중 확산이 일어나지 않는다(공정이 너무 짧음). 금속결합의 양상을 보이며 많은 경우에 접합될 금속 사이의 요철이나 파형 형상으로 인해 기계적 상호 고착도 함께 나타난다.

한 금속을 다른 금속에 클래딩하는 공정은 [그림 23.21]를 참고해 나타낼 수 있다. 2장의 평판을 평행하게 배치시키되 일정 간격으로 띄워놓은 후 비행판flyer plate이라 불리는 상부판 위에 폭약을 설치한다. 표면보호 목적으로 완충재(고무나 플라스틱)를 폭약과 비행판 사이에 두기도 한다. 고정금속backer metal이라 불리는 하부 판은 앤빌로 지지한다. 폭발이 시작되면 [그림 23.21(2)]에 정지 상태로 나타낸 바와 같이 폭약이 비행판의 한쪽 측면에서 반대쪽으로 전파된다.

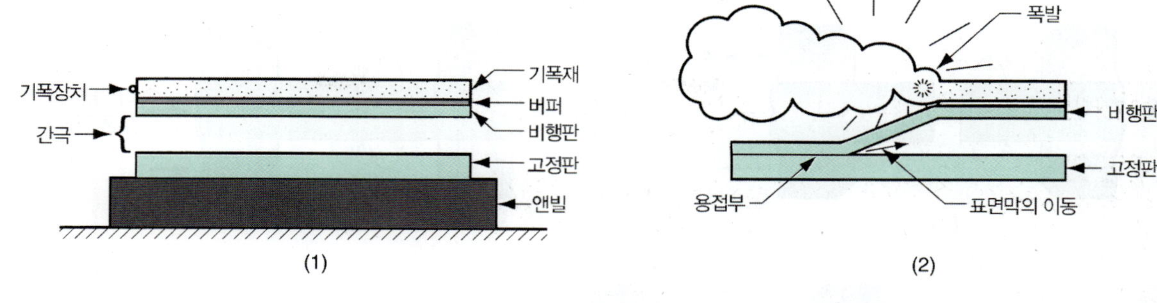

그림 23.21 폭발용접(EXW) (1)평행한 배열 설정, (2)폭약의 폭파(출처: Fundamentals of Modern Manufacturing, 4th Edition by Mikell P. Groover, 2010. Reprinted with permission of John Wiley & Sons, Inc.).

EXW를 이해하는데 있어 어려움 중의 하나는 폭발이 순간적으로 일어난다는 오해다. 폭발의 전파속도가 8500m/s에 이르는 매우 빠른 공정임은 맞지만 실제로는 점진적인 반응이다. 폭발로 인해 고압이 걸리면 비행판이 고정금속에 고속으로 점진적으로 압착하게 되는데 폭발이 진행됨에 따라 그림에 나타낸 바와 같이 각진 형태를 띤다. 아직 폭발이 일어나지 않은 상부판은 본래의 위치에 그대로 유지된다. 점진적으로 각진 형상으로 일어나는 고속의 충돌은 접촉점에서의 표면을 유체가 되도록 하며 표면에 존재하는 여러 막들을 각도의 정점에서 앞으로 배출되도록 한다. 따라서 충돌하는 표면은 화학적으로 깨끗하며 금속의 유체거동은 경계면 용융과 함께 표면 사이의 치밀한 접촉을 가능하도록 하여 금속결합을 이루게 한다. 공정의 충돌속도와 충돌각의 변동은 두 금속 사이에 요철이나 파형 형상을 남길 수 있다. 이러한 경계는 접촉 면적을 증가시키고 두 면을 기계적으로 상호 고착시키므로 접합을 강화시키는 효과를 보인다.

마찰용접 마찰용접Friction Welding: FRW은 상업적으로 널리 사용되는 공정으로 자동화 생산방식으로 사용되기도 한다. 이 공정은 구소련에서 개발된 후 1960년에 미국으로 소개되었다. 마찰용접은 압력과 결합된 마찰열에 의해 접합이 이뤄지는 고상용접 공정이다. 마찰은 두 표면 사이의 기계적 압축에 의해 일어나는데 대개 한 부분을 다른 부분을 기준으로 회전시킴으로써 접촉 이음부의 온도를 금속의 열간가공 온도 영역으로 올린 후 금속결합이 가능하도록 충분한 힘을 가해준다. 이러한 과정을 2개의 실린더형 부품의 접합을 대상으로 [그림 23.22]에 나타냈다. 축방향 압착력은 접촉부를 업셋시키고 밀려난 재료로 인해 플래시가 형성된다. 접촉면에 존재하는 표면

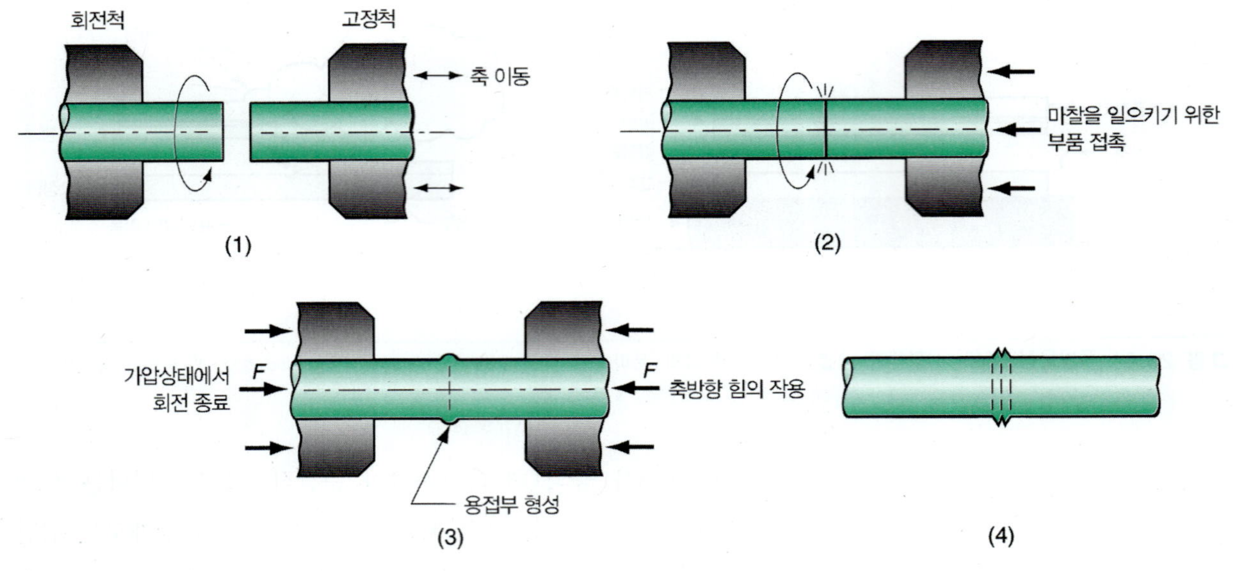

그림 23.22 마찰용접(FRW) (1)비접촉 상태에서 부품 회전, (2)마찰열을 생성하도록 부품을 접촉시켜 회전, (3)회전정지-축방향 가압, (4)용접부 형성(출처: Fundamentals of Modern Manufacturing, 4th Edition by Mikell P. Groover, 2010. Reprinted with permission of John Wiley & Sons, Inc.).

피막들도 공정 중 제거된다. 플래시는 용접부의 표면을 매끄럽게 하기 위해 다듬질(선삭작업)해준다. 적절하게 진행되면 맞닿은 금속 사이에 용해가 일어나지 않으며 용가재 금속, 용제, 보호가스는 사용하지 않는다.

거의 모든 FRW 공정은 용접을 위한 마찰열을 회전을 통해 얻는다. FRW에는 (1)연속구동 마찰용접, (2)관성 마찰용접의 2가지 구동시스템이 있다. 연속구동 마찰용접continuous-drive friction은 한 부분은 일정 회전력으로 구동하면서 다른 부분에 접촉시켜 일정 압력으로 가압해 경계부에서 마찰열을 생성시킨다. 적절한 열간가공온도에 도달하면 회전을 중지시킴과 동시에 단조압력으로 압착한다. 관성 마찰용접inertia friction welding은 회전부를 미리 설정한 속도로 회전하고 있는 플라이휠에 연결한다. 그리고 플라이휠을 구동모터에서 분리시킨 후 두 부분을 압착시킨다. 플라이휠에 저장된 운동에너지는 마찰열로 빠지면서 접합면을 접합시킨다. 전체 사이클 시간은 20초 정도다.

마찰용접에 사용되는 설비는 선반처럼 보이는데 한 부분을 고속 회전시키기 위한 동력스핀들과 회전부와 비회전부 사이의 축 압입을 위한 장치가 필요하다. 짧은 사이클 시간 때문에 대량생산에 적합하며 자동차, 항공, 농기구, 석유, 천연자원 산업에 소요되는 여러 종류의 샤프트와 튜브제품의 용접에 활용된다. 공정에 의한 열영향부가 좁으며 이종금속의 접합에 사용된다. 그러나 한 부분이 회전을 해야 하고 플래시를 제거해야 하며 업셋 공정은 용접재의 길이를 감소시킨다(제품설계 시 반드시 고려해야 한다).

위에서 설명한 전통적인 마찰용접은 접합면 사이의 마찰을 일으키기 위해 회전운동을 이용한다. 근래에는 선형 마찰용접linear friction welding이라 해서 선형적 왕복운동을 이용해 대상재에 마찰열을 발생시키기도 하는데 최소 한 부분은 회전할 필요가 없는 공정이다(원통형, 튜브형).

마찰교반용접 [그림 23.23]에 나타낸 마찰교반용접Friction Stir Welding: FSW은 회전공구가 두 용접 대상재의 이음부를 따라 주행하면서 마찰열을 일으키고 기계적으로 금속을 교반시켜 용접심을 형성시키는 고상용접 공정으로서 교반 또는 혼합거동이 포함된다. FSW는 기존의 FRW와 달리 마찰열이 대상재끼리의 마찰이 아닌 별도의 내마모성 공구를 이용한다는 점이 다르다. FSW는 1991년 영국 캠브리지의 용접연구소에서 개발되었다.

회전하는 공구는 원통형 숄더shoulder와 그 아래에 있는 작은 크기의 프로브probe로 구성된 단차형 모양이다. 용접 동안 숄더부는 두 대상재의 상부면을 마찰시켜 마찰열을 생성시키고 프로브는 맞닿은 면 사이에 기계적 교반을 통해 부가적인 열을 발생시킨다. 프로브는 교반을 촉진시킬 수 있는 형상으로 설계되었다. 마찰과 교반의

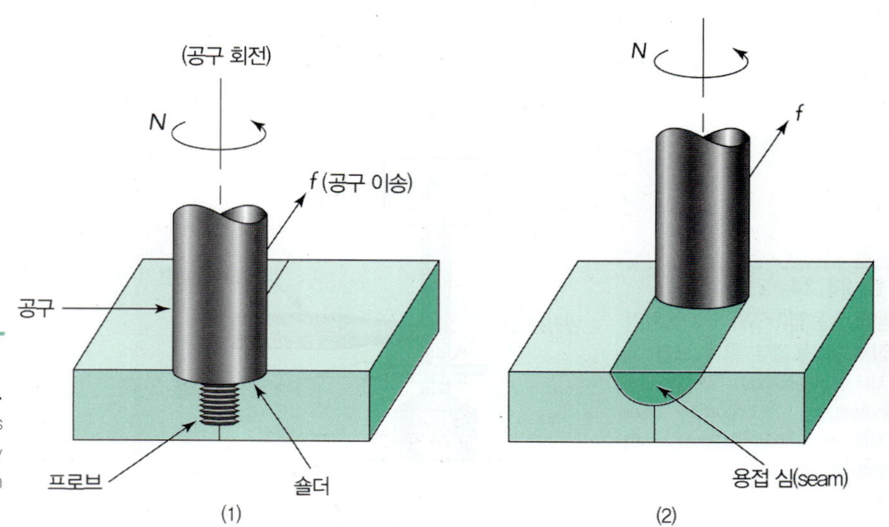

그림 23.23

마찰교반용접(FSW) (a)겹치기 용접부. (b)용접부 확대 모습(출처: Fundamentals of Modern Manufacturing, 4th Edition by Mikell P. Groover, 2010. Reprinted with permission of John Wiley & Sons, Inc.).

조합에 의해 생성된 열은 금속을 녹이지 않고도 소성적으로 유연하게 만들어준다. 공구가 이음부를 따라 주행함에 따라 회전하는 프로브의 선단면은 그 주변의 금속에 힘을 가하고 금속이 용접심으로 압착되도록 한다. 숄더는 프로브 주변의 소성유동을 규제하는 역할을 한다.

FSW 공정은 항공, 자동차, 철도, 조선 산업에 사용된다. 대형 알루미늄의 맞대기 이음부의 용접에 적합하며 그 외에도 강, 구리, 티타늄은 물론 폴리머와 복합재까지도 FSW로 접합가능하다. 이 공정의 장점으로는 (1)용접 이음부의 우수한 기계적 성질, (2)해로운 독성가스, 휨, 보호문제, 아크용접의 제반 문제 해소, (3)적은 변형, 수축, (4)우수한 용접형상을 들 수 있다. 단점으로는 (1)용접 종료 시 프로브로 인한 출구 구멍이 남으며, (2)대상재를 강력하게 체결해야 한다는 점이다.

초음파용접 초음파용접Ultrasonic Welding: USW은 두 대상재를 적절하게 체결한 상태에서 초음파 주파수의 진동 전단응력을 경계부에 가해 접합시키는 고상용접공정이다. [그림 23.24]에 대표적인 겹치기 용접부의 초음파용접을 나타냈다. 두 대상재의 진동운동으로 표면 피막이 제거되어 보다 치밀한 접촉을 통한 금속결합이 일어난다. 비록 접촉표면의 가열이 경계부 마찰과 소성변형으로 인해 일어나지만 온도는 용융온도보다는 아주 낮다. USW는 용가재, 용제, 보호가스 등이 필요 없다.

진동운동은 상부 대상재에 발진봉sonotrode을 통해 전달하는데 이것은 초음파 변환기에 연결되어 있다. 이 장치는 전기력을 고주파 진동운동으로 변환하는데 USW에 주로 사용되는 주파수는 15~75kHz이고 진폭은 0.018~0.13mm 수준이다. 체결력은 냉간용접의 경우보다 작으며 표면 사이에 주목할 만한 소성변형도 일어나지 않으며 용접 시간은 대개 1초 이내다.

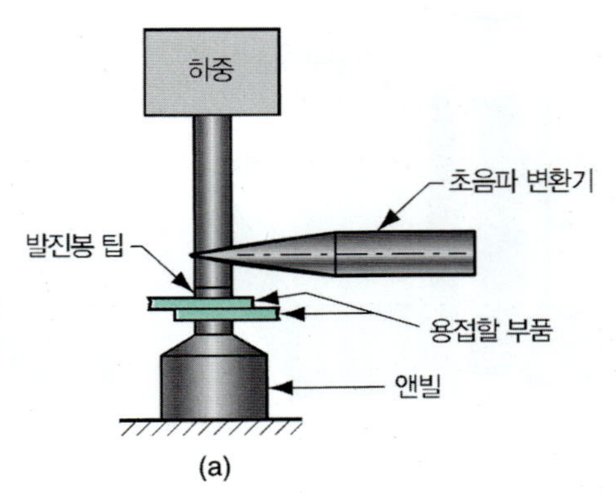

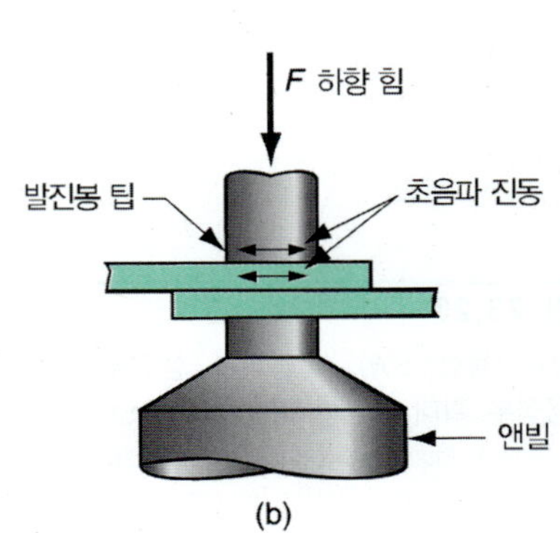

그림 23.24
초음파 용접(USW) (a)겹치기 용접부, (b)용접부 확대 모습
(출처: Fundamentals of Modern Manufacturing, 4th Edition by Mikell P. Groover, 2010, Reprinted with permission of John Wiley & Sons, Inc.).

USW 공정은 대개 알루미늄이나 구리와 같은 연한 금속의 겹치기 용접에 국한된다. 대상재가 작아야 하고 용접 두께도 3mm보다 작은 경우가 대부분이다. 전기, 전자산업의 와이어 연결(연납땜을 하지 않기 위한), 알루미늄 박판 조립, 태양열 패널의 튜브와 판재 용접, 소형부품 조립 등에 적용된다.

23.6 용접 품질

용접공정의 목적은 둘 또는 그 이상의 부분을 하나의 구조로 붙이는 것이다. 이렇게 만들어진 구조의 물리적 완전성은 용접부의 품질에 좌우된다. 앞으로 다룰 용접부 품질에 대한 설명은 주로 아크용접을 대상으로 하는데, 이는 가장 흔히 사용되는 공정이고 품질 문제가 가장 중요하고 복잡한 공정이기 때문이다.

잔류응력과 변형 용접, 특히 아크용접 중에 대상재의 국부적인 영역에서의 급속 가열과 냉각은 열팽창과 수축을 일으키고 용접부에 잔류응력을 남기게 되는데 이로 인해 변형과 용접부의 휨을 일으킬 수 있다.

용접 상황이 복잡한 이유는 (1)가열이 국부적이고, (2)모재의 용융이 국부적인 영역에서 일어나고, (3)가열과 용융위치가 이동하기(아크용접) 때문이다. 예를 들어 [그림

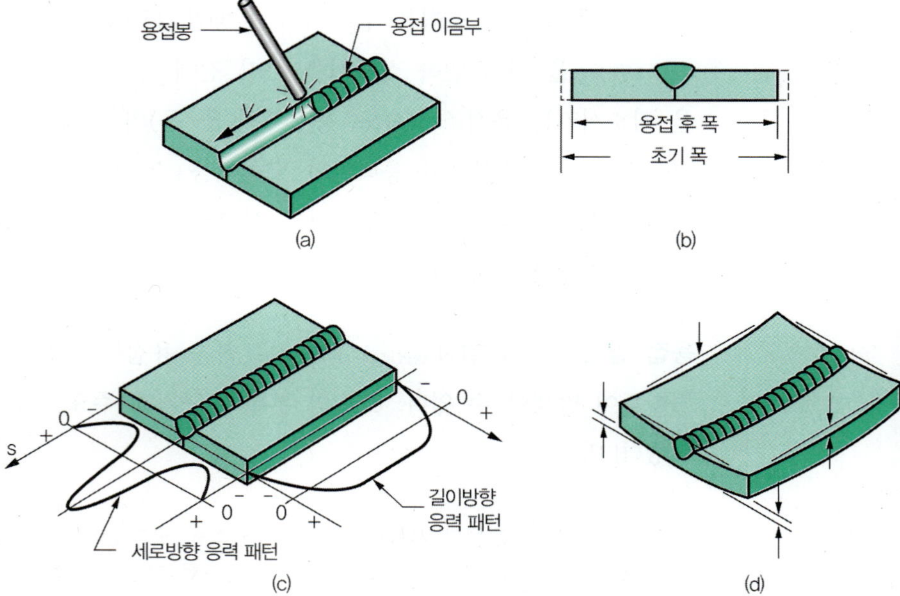

그림 23.25
(a)두 판의 맞대기 용접 (b)용접부 폭 방향의 수축, (c)가로와 세로방향의 잔류응력 패턴, (d)용접재에서 일어날 수 있는 휨 모습(출처: Fundamentals of Modern Manufacturing, 4th Edition by Mikell P. Groover, 2010. Reprinted with permission of John Wiley & Sons, Inc.).

23.25(a)]에 나타낸 아크용접을 이용한 두 판의 맞대기 용접을 고려해보자. 작업은 한쪽 끝에서 시작해 반대쪽 끝으로 이동한다. 용접의 진행과 함께 용융부가 모재(와 용가재)에 형성되어 용접 아크 뒤에서 급속하게 응고한다. 용접비드에 인접한 모재부는 아주 고온에 노출되어 팽창되는 반면 그렇지 못한 부위는 상대적으로 낮은 온도에 있다. 용융부가 두 용접재의 공동 속에서 빠르게 응고하면서 주변 금속을 냉각과 함께 수축시키게 되어 [그림 23.25(b)]에 보인 바와 같이 용접부의 폭 방향으로 수축이 일어난다. 용접 심부는 잔류 인장상태에 놓이고 용접부에 인접한 모재부에는 압축응력이 생긴다. 잔류응력과 수축은 용접비드의 길이 방향으로도 일어난다. 모재의 바깥 부분은 상대적으로 낮은 온도에 놓여 있으므로 치수적으로는 변하지 않지만 용접비드가 아주 고온에서 응고되고 수축함에 따라 잔류인장응력이 용접 길이 방향으로 생긴다. 이러한 길이방향과 폭방향의 잔류응력 패턴을 [그림 23.25(c)]에 나타냈다. 잔류응력으로 인해 결과적으로 용접재는 [그림 23.25(d)]에 보인 바와 같이 휨이 발생한다.

위의 예에서 아크 용접된 맞대기 용접부는 다양한 이음부 형태와 용접 작업의 한 가지 일뿐이다. 열적으로 부여된 잔류응력과 변형은 거의 대부분의 용접 공정과 상당한 열이 가해지는 일부 고상용접에서 가지고 있는 문제점으로 볼 수 있다. 다음은 용접부의 휨을 최소화하는 기술이다. (1)용접고정구welding fixture를 이용해 용접 중에 대상재의 이동을 강제 저지시키는 방법, (2)히트싱크heat sink를 이용해 용접부에서 열을 빠르게 제거해 변형을 감소시키는 방법, (3)이음부를 따라 여러 점에서 택용접tack welding을 하여 연속 심용접을 하기 전에 견고한 구조를 만들어주는 방법, (4)휨을 감소시키는 용접조건(속도, 용가재의 양 등)의 선정, (5)모재의 예열을 통해 열응력을 감소, (6)용접부의 응력완화 열처리를 소형의 경우에는 노에서, 대형구조물의 경우 현장에서 사용가능한 방법으로 실시하는 방법, (7)용접부의 적절한 설계를 통한 휨의 감소방법 등이 있다.

용접 결함 용접 결함welding defects은 최종 용접부의 잔류응력과 변형 외에도 다른 결함들이 발생할 수 있다. Cary의 분류에 근거해 주요 분류별로 다음에 간략하게 설명했다[3].

- 균열(cracks): 용접부 자체나 용접부에 인접한 모재부에서 일어나는 파괴 형태의 결함을 말한다. 금속에 불연속점을 만들어 용접부 강도를 현저히 떨어뜨리기 때문에 가장 심각한 용접

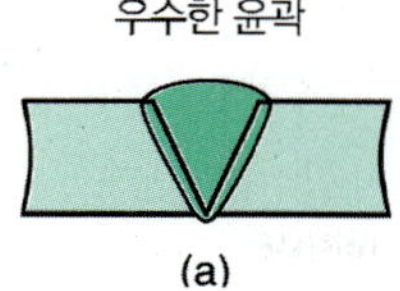

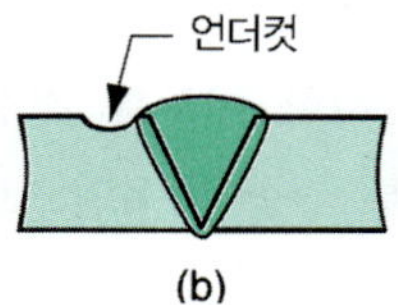

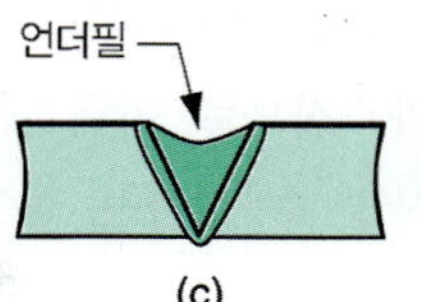

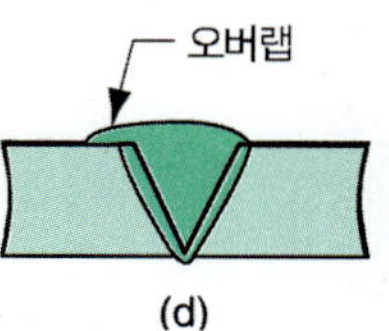

그림 23.26 (a)단일 V자 홈 이음부의 바람직한 용접부 윤곽. 동일 이음부로 발생 가능한 결함은 (b)모재의 일부가 용해되어 없어진 언더컷(undercut), (c)모재의 표면 높이보다 용융부가 낮게 형성된 언더필(underfill), (d)용접부가 이음부를 과하게 채워 모재의 표면 높이보다 용융부가 높게 형성되었지만 융합은 일어나지 않은 오버랩(overlap)(출처: Fundamentals of Modern Manufacturing, 4th Edition by Mikell P. Groover, 2010. Reprinted with permission of John Wiley & Sons, Inc.).

결함으로 간주된다. 용접부/모재의 취성이나 낮은 연성이 수축 시 높은 구속으로 인해 용접 균열을 일으키게 되는데 이러한 결함은 반드시 보수해야 한다.

공동(cavities): 다양한 기공이나 수축공이 포함된다. 기공(porosity)은 응고 시 용접부에서 빠져나가지 못한 가스에 의해 형성된 작은 기포를 말한다. 기포는 구형에서 길쭉한 형상까지 다양하다. 기공은 대개 주변 가스, 용접부의 황, 표면 오염물의 혼입에 의해 발생한다. 수축공(shrinkage void)은 응고 시 수축에 의해 형성된 공동을 말한다. 이러한 2가지 형태의 공동은 주조 시 발생되는 결함들과 유사하며 주조와 용접의 유사성을 강조한다.

고체개재물(solid inclusion): 용접부 내에 혼입된 비금속 고체물질을 말하며 가장 흔한 형태로는 용제를 사용하는 아크용접 시 슬래그 개재물을 들 수 있다. 용융부의 상부에 부유하는 대신 슬래그의 덩어리가 금속이 응고되는 동안 혼입된다. 개재물의 다른 형태로 알루미늄과 같은 특정 금속을 용접할 때 형성되는 금속산화물이 있다. 예를 들어 알루미늄을 용접하면 보통 Al_2O_3의 표면 코팅이 만들어진다.

불완전융합(incomplete fusion): 융합부족(lack of fusion)이라고도 하며 이음부의 전체 단면에 걸쳐 완전한 용입이 일어나지 않은 용접비드를 말한다. 관련된 결함인 용입부족(lack of penetration)은 이음부 뿌리까지 충분히 용해가 되지 않은 형태의 결함을 말한다.

불완전 형상 또는 부적절한 윤곽: [그림 23.26(a)]에 나타낸 바와 같이 단일 V자 홈 용접부의 경우 최대 강도를 얻기 위한 바람직한 윤곽이 존재한다. 이러한 용접부 윤곽은 용접 이음부의 강도를 최대화시키고 불완전 융합과 용입부족을 방지한다. [그림 23.26]에 용접부 형상과 윤곽에서 흔히 발생하는 결함을 나타냈다.

기타 결함: 용접공이 용접 후 전극을 뜻하지 않게 모재에 접촉시킴으로써 표면에 흠을 남기는 아크타격(arc strike)과 용융된 용접금속이 떨어져 모재부 표면에 흠을 남기는 과도비산(excessive spatter) 등을 기타 결함으로 분류할 수 있다.

검사와 시험 방법 용접 이음부의 품질을 점검하기 위한 다양한 검사와 시험방법이 있다. 검사와 시험 방법으로 (1)육안검사, (2)비파괴검사, (3)파괴검사의 3가지를 설명한다.

(1) 육안검사visual inspection 육안검사는 당연히 가장 널리 사용되는 용접 검사방법이다. 검사원은 용접재를 육안으로 (1)대상재의 도면과 치수규격이 일치하는지, (2)휨, (3)균

열, 공동, 용융불량, 기타 눈에 보이는 결함들을 검사한다. 또한 용접 검사원은 보통 비파괴적으로 이뤄지는 추가 시험 여부를 결정한다. 육안검사의 한계는 표면 결함만을 검사할 수 있다는 점이며 내부 결함은 육안으로 검사할 수 없다.

(2) **비파괴검사**nondestructive evaluation : NDE 비파괴검사는 검사 대상재를 손상하지 않고 검사하는 방법이다. 염료침투법dye-penetrant test과 형광물질침투법fluorescent-penetrant test은 표면 쪽으로 열려져 있는 균열이나 공동과 같은 작은 결함을 검사하는데 사용한다. 형광 물질침투법은 자외선에 노출시키면 선명하게 보이므로 염료침투법보다 엄밀한 검사가 가능하다. 여러 다른 NDE 방법이 있다. 자기탐상법magnetic particle testing은 강자성재료에 사용되는데 대상재에 자기장을 걸고 난 후 자성입자(철분)를 표면에 뿌린다. 균열이나 개재물과 같은 표면 아래의 결함으로 인한 자기장의 왜곡으로 인해 자성입자가 특정한 지역에 몰리게 되므로 이를 통해 결함을 검출한다. 초음파검사ultrasonic testing는 고주파 음파(>20 kHz)를 시편으로 보내 불연속부(균열, 개재물, 기공)에서의 음파 전달량의 감소현상을 이용해 결함을 검출한다. 방사선검사radiographic testing는 X-선이나 감마선을 이용해 용접부 내의 미세결함을 검출하며 결함사진을 필름으로 기록해준다.

(3) **파괴검사**destructive testing 파괴검사는 시험과정 중에 또는 시험편의 준비를 위해 용접부를 파괴하는 방법으로서, 기계적 시험과 야금학적 시험을 들 수 있다. 기계적 시험은 인장시험이나 전단시험(3장)과 같은 기존의 시험방법과 목적이 유사하며 차이는 시편이 용접재라는 점이다. [그림 23.27]에 용접에서 사용되는 기계적 시험의 예를 보여준다. 야금학적 시험은 금속미세조직, 결함, 열영향부의 폭과 조건, 특정원소의 존재 유무, 기타 야금학적 특성을 검사하기 위해 용접재에서 얻어진 시료를 준비하는 것을 의미한다.

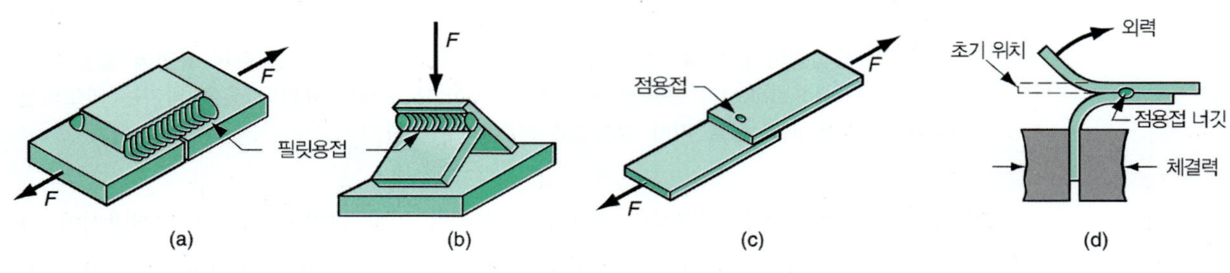

그림 23.27 용접에서의 기계적 시험법 (a)아크용접재의 인장-전단시험, (b)필릿 파괴시험, (c)점용접부의 인장-전단시험, (d)점용접부의 필(peel) 시험(출처: Fundamentals of Modern Manufacturing, 4th Edition by Mikell P. Groover, 2010. Reprinted with permission of John Wiley & Sons, Inc.).

23.7 용접설계 고려사항

영구적인 용접재의 경우 설계자는 다음과 같은 지침을 따라야 한다([2],[3] 및 기타 자료에서 인용).

- **용접 고려설계:** 가장 기본적인 지침은 생산 대상품이 주조 또는 단조 또는 다른 성형형상이 아닌 용접구조물이라는 점을 시작부터 염두에 두고 설계해야 한다.
- **부품의 최소화:** 용접 구조물은 가능한 최소의 부품으로 구성해야 한다. 예를 들어, 단순 굽힘 작업이 평판과 박판을 이용해 구조 용접을 하는 것보다 경제적인 경우가 많다.

아크용접에 적용되는 설계 지침은 다음과 같다.

- 용접 대상 부품을 잘 맞추는 것은 치수조절과 변형최소화 측면에서 중요하다. 만족스러운 맞춤을 위해 때로는 가공을 하기도 한다.
- 용접 구조물은 용접 위치로 용접전극이 접근할 수 있는 공간 여유가 있어야 한다.
- 가능하다면 빠르고 가장 편리한 용접 위치인 편평위치 용접이 가능해야 한다. [그림 23.28]에 여러 용접 위치를 나타내고 있는데 오버헤드 위치가 가장 까다롭다.

저항 점용접에 적용되는 설계 지침은 다음과 같다.

- 3.2mm 두께 이하의 저탄소강판이 저항 점용접에 이상적인 금속이다.
- 대형 판재부품에서 부가적인 강도와 강성은 다음과 같은 방법으로 얻을 수 있다. (1)점용접을 통한 보강재 접합, (2)플랜지나 돌기부를 형성시킴으로써 가능하다.
- 점용접 구조물은 용접 위치로 용접전극이 접근할 수 있는 공간 여유가 있어야 한다.
- 전극 팁의 적절한 접촉이 가능하도록 판재 부품이 충분하게 겹쳐 있어야 한다. 예를 들어, 저탄소강판의 경우 겹치는 길이는 3.2mm의 두꺼운 판에서는 두께의 6배에서, 0.5mm의 얇은 판에서는 두께의 20배에 이른다.

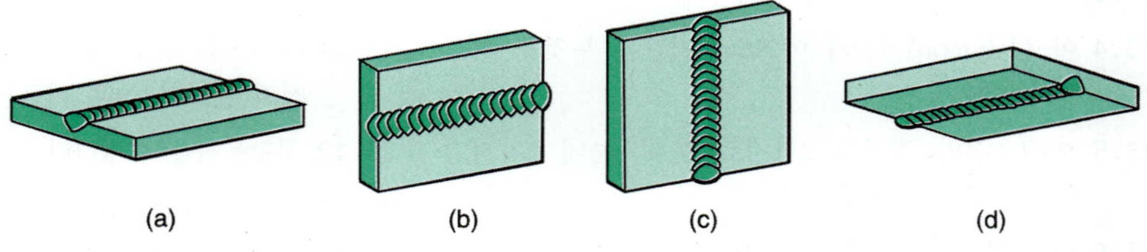

그림 23.28 용접 위치(홈용접 대상) (a)편평, (b)수평, (c)수직, (d)오버헤드(출처: Fundamentals of Modern Manufacturing, 4th Edition by Mikell P. Groover, 2010. Reprinted with permission of John Wiley & Sons, Inc.).

참고문헌 References

[1] *ASM Handbook*, Vol. 6, Welding, Brazing, and Soldering. ASM International, Materials Park, Ohio, 1993.

[2] Bralla, J. G. (Editor in Chief). *Design for Manufacturability Handbook*, 2nd ed. McGraw-Hill Book Company, New York, 1998.

[3] Cary, H. B., and Helzer S. C. *Modern Welding Technology*, 6th ed. Pearson/Prentice-Hall, Upper Saddle River, New Jersey, 2005.

[4] Galyen, J., Sear, G., and Tuttle, C. A. Welding, *Fundamentals and Procedures*, 2nd ed. Prentice- Hall, Inc., Upper Saddle River, New Jersey, 1991.

[5] Jeffus, L. F. *Welding: Principles and Applications*, 6th ed. Delmar Cengage Learning, Clifton Park, New York, 2007.

[6] Messler, R. W., Jr. *Principles of Welding: Processes, Physics, Chemistry, and Metallurgy*. John Wiley & Sons, Inc. New York, 1999.

[7] Stotler, T., and Bernath, J. "Friction Stir Welding Advances," *Advanced Materials and Processes*, March 2009, pp. 35-37.

[8] Stout, R. D., and Ott, C. D. *Weldability of Steels*, 4th ed. Welding Research Council, New York, 1987.

[9] Welding Handbook, 9th ed., Vol. 1, Welding Science and Technology. American Welding Society, Miami, Florida, 2007.

[10] *Welding Handbook*, 9th ed., Vol. 2, *Welding Processes*. American Welding Society, Miami, Florida, 2007.

[11] Wick, C., and Veilleux, R. F.(eds.). *Tool and Manufacturing Engineers Handbook*, 4th ed., Vol. IV, Quality Control and Assembly. Society of Manufacturing Engineers, Dearborn, Michigan, 1987.

복습문제 Review Questions

23.1 융접에 속하는 대표 공정들에는 어떤 공정이 있는가?

23.2 융접과 고상용접을 구분해주는 가장 근본적인 특성은 무엇인가?

23.3 전기 아크가 무엇인지 정의하라.

23.4 아크온(arcon)시간과 아크(arc)시간은 무엇을 의미하는가?

23.5 아크용접의 전극은 2가지로 분류되는데 2가지 형태를 들고 설명하라.

23.6 아크 보호의 2가지 주요 방법은 무엇인가?

23.7 소모성 전극을 사용하는 아크용접의 열전달효율이 비소모성 전극을 사용하는 경우에 비해 큰 이유는 무엇인가?

23.8 피복금속 아크용접(SMAW)을 설명하라.

23.9 피복금속 아크용접은 자동화가 어려운 이유가 무엇인가?

23.10 서브머지드 아크용접(SAW)을 설명하라.

23.11 다른 아크용접 공정들에 비해 플라즈마 아크용접의 온도가 높은 이유는 무엇인가?

23.12 저항용접을 설명하라.

23.13 저항 점용접공정 사이클을 단계별로 설명하라.

23.14 저항 프로젝션용접은 무엇인가?

23.15 교차와이어 용접을 설명하라.

23.16 산소아세틸렌용접이 다른 산소용접법들에 비해 선호되는 이유는?

23.17 전자빔용접은 높은 생산성을 요하는 경우에는 적용에 중요한 약점이 있다. 이 약점은 무엇인가?

23.18 레이저빔용접과 전자빔용접은 두 공정이 아주 높은 전력밀도를 만들어내므로 자주 비교된다. LBW가 EBW보다 나은 점에는 어떤 것이 있는가?

23.19 현대의 단접공정은 원래의 용접공정과 조금 다르게 변형되었는데 이들 변형공정에는 어떤 것이 있는가?

23.20 마찰교반용접(FSW)은 무엇이며 마찰용접과는 어떻게 다른가?

23.21 초음파용접에서 발진봉(sonotrode)은 무엇인가?

23.22 변형(휨)은 용접에서 심각한 문제다. 변형의 발생, 변형량을 감소시킬 수 있는 방법에는 무엇이 있는가?

23.23 주요한 용접 결함에는 무엇이 있는가?

23.24 용접재에 적용되는 주요 검사, 시험기법을 3가지로 분류하면 어떤 것이 있는가? 각각의 분류별로 대표적인 검사, 시험방법들을 들라.

23.25 아크용접에 의해 제작되는 용접재의 설계 지침에는 어떤 것들이 있는가?

연습문제 PROBLEMS

23.1 30V의 전압과 225A의 전류로 피복금속아크용접을 한다. 열전달효율이 0.90이고 용융효율이 0.75이고 강의 단위용해에너지는 10.2J/mm^{3}이다. (a)용접부의 열에너지 생성속도, (b)용접되는 금속체적속도는 얼마인가?

23.2 단위용해에너지가 10.3J/mm^{3}인 저탄소강을 GTAW 작업을 한다. 용접전압은 22V이고 전류는 135A이다. 열전달효율이 0.7이고 용융효율이 0.65이다. 작업 중 공급하는 용가재 와이어의 직경이 3.5mm일 때 최종 용접비드는 60%의 용가재와 40%의 모재로 구성된다. 이송속도가 5mm/sec일 때 (a)용접부의 단면적, (b)공급되어야 할 용가재 와이어의 공급속도(mm/sec)를 구하라.

23.3 유심용제 아크용접으로 2개의 오스테나이트계 스테인리스강판을 맞대기 용접한다. 용접전압은 21V이고 전류는 185A이다. 용접심의 단면적은 75mm^{2}이고 스테인리스강의 용융효율은 0.60이다. 이전 장에 주어진 테이블 데이터와 수식을 참조해 작업을 위해 권장 이송속도를 결정하라.

23.4 어떤 금속을 이용한 용접을 위한 용융효율 f_2를 구하기 위해 가스금속 아크용접을 실시했다. 용접전압은 25V, 전류는 125A, 열전달효율은 GWAW의 경우 0.90으로 가정한다. 용가재를 용융부에 공급하는 속도는 0.50in^3/min이며 최종 용접비드는 57% 용가재와 43% 모재로 구성되었음을 측정했다. 금속의 단위용해 에너지는 75Btu/in^{3}으로 알려져 있다. (a)용융효율을 구하라, (b)용접비드의 단면적이 0.05in^{2}이라면 이송속도는 얼마인가?

23.5 직경 6.0ft인 원형강관의 원주를 따라 25V, 300A 조건에서 자동제어 서브머지드 아크용접으로 연속용접을 한다. 정지형 용접부헤드 아래에서 강관이 서서히 회전하고 있다. SAW의 열전달효율은 0.95이고 용융효율은 0.7이다. 용접비드의 단면적은 0.12in^{2}이다. 만약 강의 단위용해에너지가 150Btu/in^{3}이라 가정하고 (a)강관의 회전속도, (b)용접을 종료하기 위한 소요시간을 결정하라.

23.6 RSW 공정을 이용해 각각 2mm 두께의 알루미늄 판을 점용접한다. 알루미늄의 단위용해 에너지가 2.90J/mm^{3}이다. 용접전류는 6000A이고 통전시간은 0.15sec이다. 저항을 75$\mu\Omega$이라 가정했을 때 얻어진 용접너깃의 직경은 5.0mm이고 두께는 2.5mm다. 용접너깃을 형성하기 위해 사용된 총 생성에너지는 얼마인가?

23.7 어떤 강판의 단위 용해에너지가 9.5J/mm^{3}이다. 점용접할 두 판의 두께는 각각 3.5mm다. 요구되는 강도를 얻기 위해 5.5mm 직경과 5.0mm 두께의 용접너깃을 형성해야 한다. 용접통전시간은 0.3sec이다. 표면 사이의 전기저항을 140$\mu\Omega$이라 가정하고 생성된 전기에너지의 1/3이 용접너깃을 만드는데 사용(나머지는 분산)되었다면 이 작업을 위해 요구되는 최소전류는 어느 수준인지 결정하라.

23.8 0.04mm 두께의 저탄소강판 2장을 저항점용접한다. 강의 단위 용융에너지는 150Btu/in^{3}이다. 9500A의 전류를 0.17sec 동안 통전시켜 직경 0.19in과 두께 0.060in의 용접너깃을 얻었다. 저항을 100$\mu\Omega$이라 가정했을 때 (a)용접너깃이 형성되는 경계부 면적에서의 평균 전력밀도, (b)용접너깃의 형성에 사용된 생성에너지의 비율은 얼마인가?

23.9 컨테이너를 만들기 위해 2.5mm 두께의 오스테나이트계 스테인리스 강판 2장을 저항 심용접했다. 용접전류는 10,000A이고 통전시간은 0.3sec이며 경계부의 저항은 75$\mu\Omega$이다. 200mm 직경의 전극 휠을 이용해 연속동작용접을 했다. RSEW를 통해 얻은 용접너깃은 직경 6mm, 두께 3mm(disc shape 너깃을 가정)다. 밀폐된 심을 형성하기 위해 이러한 용접너깃은 근접되게 한다. 공정을 구동하는 전력계는 점용접간에 1.0sec의 오프타임(off time)을 요구한다. 이러한 조건에서 (a)이전 장에서 다룬 방법으로 스테인리스강의 단위용해 에너지, (b)용접너깃의 형성에 사용된 생성에너지의 비율, (c)전극 휠의 회전속도를 구하라.

23.10 EBW 공정의 전압은 45kV이고 빔전류는 60 mA이다. 전자빔은 0.25mm 직경의 원형 영역에 집중되고 열전달효율은 0.87이다. 이 영역의 평균 전력밀도는 몇 W/mm^2 인가?

23.11 전자빔용접을 이용해 3.0mm 두께의 2장의 판재를 맞대기 용접한다. 단위용해에너지는 5.0J/mm^{3}이고 용접 이음부의 폭은 0.35mm이므로 용융된 금속의 단면적은 0.35mm×3.0mm다. 만약 가속전압이 25kV, 빔전류가 30mA, 열전달효율 f_1이 0.85이고 용융효율 f_2가 0.75일 때 심을 따라 용접부를 형성하기 위한 이송속도를 결정하라.

23.12 전자빔용접은 다음의 공정인자를 사용한다. 가속전압은 25kV, 빔전류는 100mA, 빔이 집중된 원형영역의 직경은 0.020in이다. 만약 열전달효율이 90%라면 이 영역에서의 평균 전력밀도는 몇 Btu/secin^{2}인가?

CHAPTER

24 경납땜, 연납땜, 접착법

BRAZING, SOLDERING AND ADHESIVE BONDING

이 장에서는 어떤 면에서는 용접법과 유사한 3가지 접합공정, 즉 경납땜, 연납땜, 접착법에 대해 다룬다. 경납땜과 연납땜은 두(혹은 그 이상) 금속부품을 영구적으로 접합하기 위해 용가재 금속을 사용한다. 경납땜과 연납땝이 된 이후에 부품을 분리하는 것은 불가능하지는 않더라도 어렵다. 용접 차원에서 살펴보면 이 두 공정은 융접과 고상용접의 중간 성격을 가지고 있다. 경납땜과 연납땜은 대부분의 융접 공정에서처럼 용가재가 사용되는 반면 고상용접과 같이 모재금속의 융융은 일어나지 않으며 이것은 고상용접과 비슷하다. 이러한 부조화에도 불구하고, 경납땜과 연납땜은 일반 용접과는 분리되어 다룬다.

용접에 비해 이 두 공정이 더 선호되는 상황은 (1)금속의 용접성이 낮을 경우, (2)상이한 금속의 결합, (3)용접의 강한 열이 결합 부품에 손상을 줄 경우, (4)일반 용접이 불가능한 접합부의 형상, (5)높은 강도가 그다지 요구되는 않는 경우 등이다.

접착법의 일부 성격은 경납땜이나 연납땜과 동일하다. 즉, 이들 방법은 아주 가깝게 접근한 두 표면과 용가재 사이에서의 부착력을 활용하는 것이다. 차이점은 접착법의 용가재가 금속 재질이 아니라는 점과 접합 공정이 상온 혹은 그보다 약간 높은 온도에서 이뤄진다는 점이다.

24.1 경납땜

경납땜brazing: 브레이징, 경납접은 용가재 금속이 녹아 모세관 현상에 의해 접합시킬 부품의 접합면 사이로 퍼짐으로써 접합이 이뤄지는 공정이다. 모재 금속은 용융되지 않고, 용가재 금속만 용융된다. 사용되는 용가재(경납금속)는 용융온도액상선: liquidus가 450°C 이상이어야 하는데, 결합할 모재의 용융점고상선: solidus보다는 낮아야 한다. 접합부가 적절히 설계되고 공정이 적절히 수행되면 경납 접합부의 강도가 용가재보다 더 우수할 수 있다. 이렇게 다소 놀라운 결과의 이유는 경납땜에서는 부품 간 간극이 작고, 모재와 용가재 사이에서 금속학적 접합이 발생하며 접합부에 나타나는 기하학적 수축과 조임 때문이다.

브레이징은 용접에 비해 다음과 같은 여러 가지 장점이 있다. (1)이종 금속을 포함하는 모든 금속의 결합이 가능, (2)특정 경납땜은 신속하고 일관된 공정이 가능해 생산성과 자동화 가능성이 높음, (3)동시에 다수의 접합부 생성이 가능, (4)용접이 불가능한 박관 부품의 접합 가능, (5)일반적으로 용접보다 적은 열과 에너지 사용, (6) 접합부 근처 모재의 열영향부(HAZ) 문제의 감소, (7)용접법으로는 접근 불가능한 접합부의 처리 가능(용융된 용가재를 접합부로 당기는 모세관 현상 이용).

경납땜의 한계점으로는 (1)용접보다 일반적으로 낮은 접합부 강도, (2)우수한 경납 접합부의 강도는 용가재 강도보다 높지만 모재 강도보다는 낮음, (3)처리 온도가 높을 경우 경납 접합부가 취약하게 될 가능성, (4)경납 접합부의 색깔이 모재의 색과 차이가 있을 수 있기 때문에 발생하는 외관상의 문제 등을 들 수 있다.

생산공정으로서의 브레이징은 여러 산업에서 널리 사용되는데, 그 예로는 자동차(예, 관과 파이프의 접합), 전기기기(예, 와이어와 케이블의 접합), 절삭공구(공구 몸통에 초경합금 인서트의 접합), 귀금속 제작 등을 들 수 있다. 또한 화학공정 산업과 배관, 설비 공사에서도 금속관이나 파이프를 접합하는데 브레이징을 이용한다. 거의 모든 산업분야에서 유지, 보수를 위해서도 광범위하게 이용된다.

24.1.1 경납 접합부

경납땜에서 만들어지는 접합부는 맞대기 이음과 겹치기 이음(22장 2.1)의 2가지 유형이 있다. 그러나 경납땜을 위해서는 이 두 접합부를 몇 가지 형태로 변형시켜야 할 필요가 있다.

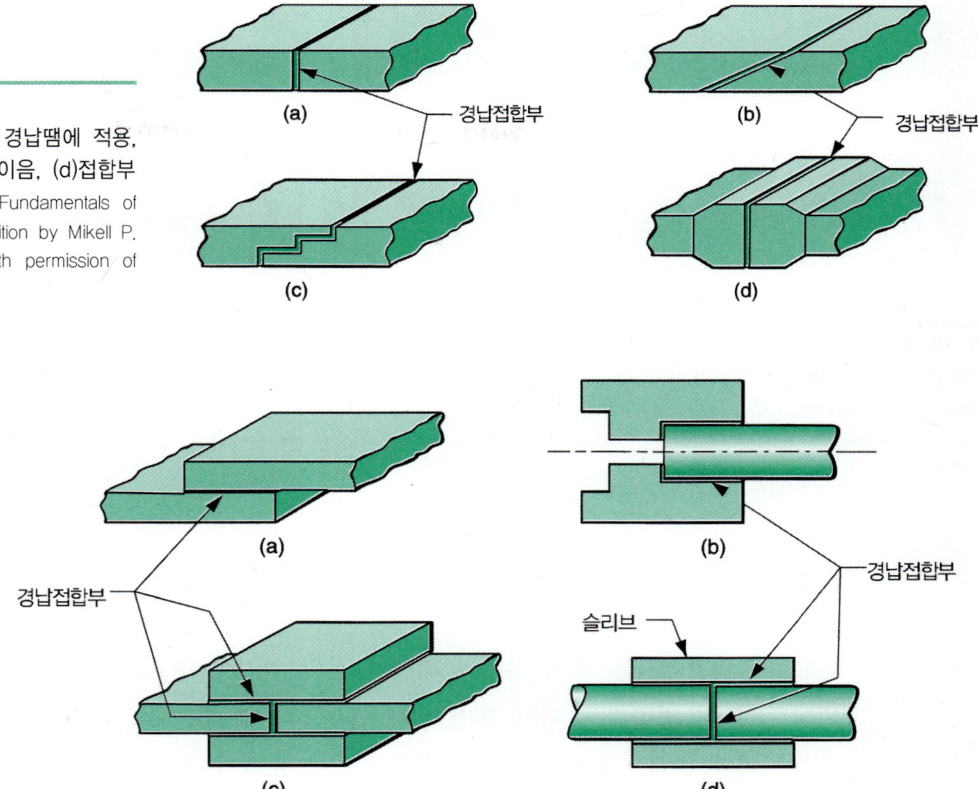

그림 24.1
(a)전형적인 맞대기 이음을 경납땜에 적용, (b)엇걸이 이음, (c)계단상 이음, (d)접합부에서 증가된 단면적(출처: Fundamentals of Modern Manufacturing, 4th Edition by Mikell P. Groover, 2010. Reprinted with permission of John Wiley & Sons, Inc.).

그림 24.2 (a)전형적인 겹치기 이음을 경납땜에 적용, (b)원통형 부품 조립, (c)샌드위치형 부품 조립, (d)맞대기 이음을 겹치기 이음으로 바꾸기 위해 슬리브 사용(출처: Fundamentals of Modern Manufacturing, 4th Edition by Mikell P. Groover, 2010. Reprinted with permission of John Wiley & Sons, Inc.).

보통의 맞대기 이음부는 경납땜에 적용하기에 면적이 너무 작아 접합부의 강도를 위태롭게 만들 수 있다. 경납 접합부의 접합 단면적을 넓히기 위해 [그림 24.1]처럼 엇걸이scarf 이음, 계단상 이음 혹은 기타 방법을 사용한다. 물론 이러한 특수한 접합부를 만들기 위해서는 부품에 부가적인 공정이 필요해진다. 엇걸이 이음부의 특별히 어려운 점은 경납땜 공정 전과 공정 중의 부품 정렬유지 문제다.

겹치기 이음이 경납땜에서 더 많이 사용되는데, 그 이유는 부품 사이에 비교적 넓은 부품 간 접촉면을 제공하기 때문이다. 일반적으로 좋은 설계로 받아들여지는 조건은 부품 두께의 적어도 3배 이상의 겹치는 길이가 나오는 경우다. 경납땜을 위해 겹치기 이음부를 변형한 것이 [그림 24.2]에 나타나 있다. 겹치기 이음에서 경납땜이 용접보다 나은 점은 전 접촉면에 걸쳐 용가재가 모재를 접합시킨다는 것이다. 아크용접에

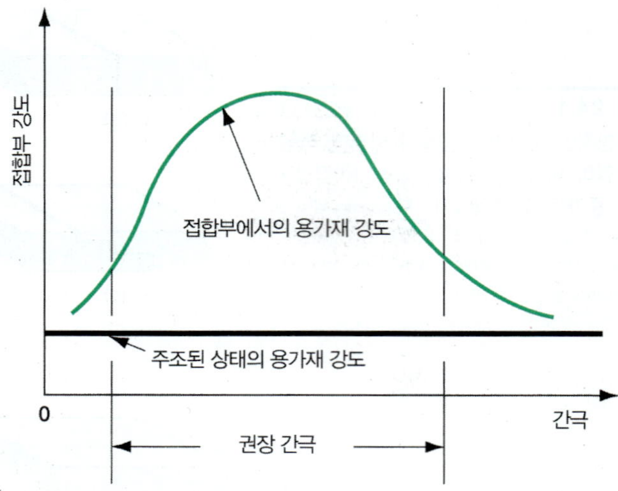

그림 24.3
접합부 간격에 따른 접합부 강도(출처: Fundamentals of Modern Manufacturing, 4th Edition by Mikell P. Groover, 2010. Reprinted with permission of John Wiley & Sons, Inc.).

의한 필릿용접의 경우 단지 모서리 부분만 접합되고, 점용접의 경우는 불연속적인 점들이 접합된다.

경납땜에서는 모재 부품의 접합면 사이 간격이 중요한 변수다. 액상의 용가재 금속이 전 접합면을 걸쳐 흘러 들어가는 것이 방해받지 않을 정도로 이 간격은 충분히 커야 한다. 그러나 간격이 너무 커지면 모세관 효과가 줄어들어 용가재가 들어가지 않는 구역이 생길 수 있다. 접합부 강도는 [그림 24.3]의 그래프에 나타냈듯이 간격의 영향을 받는다.

접합부 강도를 최대화하는 최적의 간격값이 존재한다. 최적값은 모재와 용가재 재질, 접합부 형상, 공정조건들에도 영향을 받아 이러한 것이 최적화 문제를 더 복잡하게 만든다. 실제로 적용되는 간격은 0.025~0.25mm다. 이 값은 경납땜 온도 하에서의 접합부 간격을 의미하는데, 모재 금속의 열팽창을 고려한다면 상온의 접합부 간격과는 다른 값일 것이다.

브레이징 수행 전의 접합면 청정도 역시 중요한 조건이다. 표면은 산화물, 기름, 기타 오염물이 없어야 전체 접합면에 걸쳐 결합력이 좋을 뿐만 아니라 모세관 현상을 증진시킬 수 있다. 용제세척(21.1.1)과 같은 화학적 처리법과 와이어브러싱 혹은 샌드블라스팅(21.1.2)과 같은 기계적 처리법이 사용된다. 청정법 실시 후와 경납땜 공정 중 표면의 청정도를 유지하고 접합면 사이 간격의 모세관 현상을 위한 유동을 증진하기 위해 용제가 사용된다.

표 24.1 일반적 용가재 금속과 이들이 적용되는 모재 금속[5][7]

용가재 금속	대표적인 조성	경납땜 온도		모재 금속
		°C	°F	
알루미늄과 실리콘	90Al, 10Si	600	1100	알루미늄
구리	99.9Cu	1120	2050	니켈동
구리와 인	95Cu, 5P	850	1550	구리
황동	60Cu, 40Zn	925	1700	강, 주철, 니켈
금과 은	80Au, 20Ag	950	1750	스테인리스 강, 니켈합금
니켈 합금	Ni, Cr, 기타	1120	2050	스테인리스 강, 니켈합금
은 합금	Ag,Cu, Zn, Cd	730	1350	티타늄, 모넬, 인코넬, 공구강, 니켈

24.1.2 용가재와 용제

경납땜에 사용되는 일반적인 용가재 금속filler metals을 적용 대상 모재금속 재질과 함께 [표 24.1]에 나타냈다. 경납 금속으로 사용될 수 있기 위해 필요한 성질로는 (1)용융온도가 모재의 용융온도와 조화를 이뤄야 하고, (2)우수한 습윤성을 위해 액상에서의 표면장력이 낮아야 하고, (3)접촉면으로 침투하는 유동성이 높아야 하고, (4)적절한 강도를 갖는 접합부를 만들 수 있어야 하고, (5)모재와의 화학적, 물리적 상호작용(예, 전기반응)이 없어야 한다.

용가재는 와이어, 봉, 박판, 조각, 분말, 풀 등 여러 방식으로 경납땜 공정에 투입된다. 그밖에 특수한 접합부 형상에 맞도록 설계된 경납땜 금속으로 만든 사전 성형 부품과, 경납땜될 부품 표면 위에 덧씌우는 형태로 용가재가 적용될 수도 있다. 이러한 기술들 중 몇 가지가 [그림 24.4]에 나타나 있다.

경납 용제brazing fluxes는 용접용 용제와 유사한 목적을 가지고 있다. 즉, 경납땜 공정에서 발생하는 산화물이나 기타 원하지 않는 부산물을 분해하거나 결합시키거나 혹은 생성을 막아준다. 용제로 사용한다고 위에서 설명한 청정 단계가 불필요한 것은 아니다. 우수한 용제의 조건으로는 (1)낮은 용융온도, (2)낮은 점성(용가재에 의해 제거되도록), (3)습윤성, (4)용가재의 응고 시까지 접합부의 보호 등을 들 수 있다. 용제는 경납땜 후 손쉽게 제거될 수 있어야 한다. 경납 용제의 보편적인 성분은 붕사borax, 붕산염borate, 불소화물, 염화물 등을 포함한다. 유동촉진제도 용제에 혼합되는데, 그 이유는 액상 용가재의 표면장력을 감소시키고 유동성을 증가시키기 위함이다. 용제는 분말, 풀, 슬러리 등의 형태를 가질 수 있다. 용제를 사용하는 대신 산화물 형성을 막기 위해 진공 상태 혹은 공기를 줄인 상태에서 공정을 수행할 수도 있다.

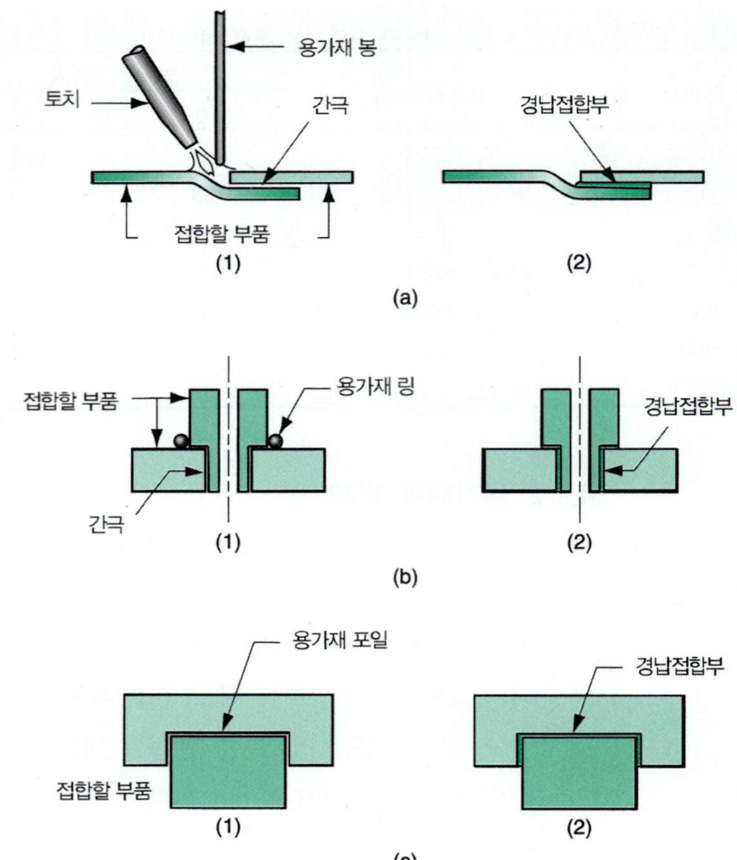

그림 24.4
경납땜에서 용가재를 투입하는 방법 (a)토치와 용가재 봉, (b)간극 입구의 용가재 링, (c)편평한 부품면 사이의 용가재 포일. 공정 순서는 (1)전, (2)후(출처: Fundamentals of Modern Manufacturing, 4th Edition by Mikell P. Groover, 2010. Reprinted with permission of John Wiley & Sons, Inc.).

24.1.3 경납땜 방법

경납땜은 다양한 방법이 있으며 주로 가열원에 의해 구별된다.

토치 경납땜 용제를 부품 표면에 바르고 토치의 화염을 접합부 부근의 공작물을 향하도록 하는 방법이다. 산화 방지하기 위해 일반적으로 약한 화염을 사용한다. 부품의 접합부가 적당한 온도로 가열되면 와이어 혹은 봉재 용가재가 접합부에 가해진다. 토치 경납땜에 사용되는 연료는 아세틸렌, 프로판이나 기타 가스를 공기 혹은 산소와 섞어 사용한다. 혼합 연료의 선택은 작업에서의 가열 조건에 따라 달라진다. 토치 경납땜tourch brazing은 주로 수작업으로 수행되고 수리작업이 주 적용 대상인데, 화염을 조절하고, 토치를 조작하고, 온도를 판단하기 위해 숙련된 작업자가 필요하다. 이 방법은 기계화된 생산 공정에도 응용될 수 있는데, 대상 부품과 경납금속이 컨베이어나 인덱싱 테이블 위에 올려져, 하나 혹은 그 이상의 토치 밑을 지나가게 된다.

노내 경납땜 브레이징을 위한 열의 공급원으로 노를 이용하는 방법인데, 중량 혹은 대량생산에 적합하다. 주로 뱃치 단위인 중량생산에서는 대상 부품과 경납금속을 노 속에 장입한 후 경납땜 온도로 가열한 다음 냉각시키고 꺼내는 사이클을 실시한다. 대량생산에서는 부품을 컨베이어에 놓고 다양한 가열, 냉각 지역을 지나게 하는 유동로를 사용한다. 노내 경납땜furnace brazing에는 온도와 공기의 제어가 중요하다. 공기는 중성이거나 희박해야만 한다. 진공로가 간혹 이용되기도 한다. 공기와 경납땜 대상 금속에 따라 용제가 필요하지 않을 수 있다.

유도가열 경납땜 유도가열 경납땜induction brazing은 공작물에 유도되는 고주파 전류에 의한 전기저항열을 이용하는 방법이다. 미리 용가재를 가해 놓은 부품을 고주파 교류계에 넣는다(부품을 유도코일에 직접 접촉시키지 않음). 주파수는 5kHz~5MHz 범위다. 고주파 전원은 표면 가열의 경향이 있는 반면 저주파는 공작물 속으로 열을 더 깊게 보낼 수 있어 대형 부품에 적합하다. 이 공정은 소량에서 대량생산까지 적용될 수 있다.

저항 경납땜 용가재 금속을 녹이는 열을 대상 부품 속을 흐르는 전류에 의한 저항으로부터 얻는 방법이다. 유도가열 경납땜에서 구별되었듯이, 저항 경납땜resistance brazing에서 부품은 전기회로에 직접 연결된다. 장비는 저항용접과 유사한데, 다만 적은 전력을 필요로 한다는 점이 다르다. 용가재를 미리 채운 부품을 전극 사이에 위치시켜 압력과 전류를 동시에 가한다. 저항 경납땜과 유도가열 경납땜 모두 급속 가열사이클을 완수할 수 있고, 비교적 작은 부품을 위해 사용된다. 부품이 작은 경우에 유도가열 경납땜이 더 흔히 사용된다.

침잠 경납땜 용융 염 욕조salt bath 혹은 용융금속 욕조를 통해 가열하는 방법이다. 두 방법 모두 가열 용기를 가지고 있고, 조립품을 잠기게 할 수 있다. 욕조로부터 부품을 꺼내면 응고가 시작된다. 염 욕조법에서는 용융 혼합물이 용제 성분을 포함하고, 용가재가 조립품에 미리 채워진다. 금속 욕조법에서는 용융 용가재가 가열 매개체가 되어 담금 과정 중 접합부의 모세관 현상을 이끌어낸다. 용제는 용융금속 욕조의 표면을 덮고 있게 된다. 침잠 경납땜dip brazing은 빠른 가열 사이클을 보이고, 단일 부품 혹은 다수 부품의 여러 접합부를 동시에 접합하기 위해 사용될 수 있다.

그림 24.5
경납용접. 접합부는 경납(용가재)금속으로만 채워져 있고, 모재는 융합되지 않음(출처: Fundamentals of Modern Manufacturing, 4th Edition by Mikell P. Groover, 2010. Reprinted with permission of John Wiley & Sons, Inc.).

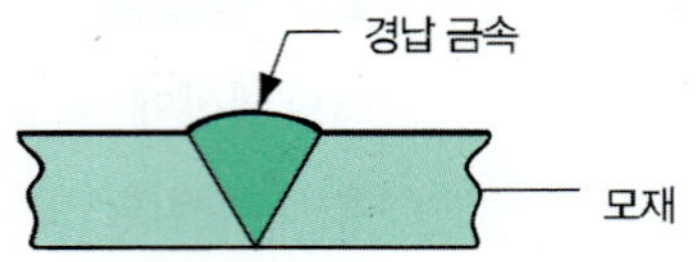

적외선 경납땜 적외선 경납땜infrared brazing은 집중도가 높은 적외선 램프로부터 열을 얻어 사용하는 방법이다. 5,000W까지의 복사열에너지를 발생시켜 대상 부품으로 향하게 하는 적외선 램프도 있다. 이 공정은 위에서 설명한 다른 방법들보다는 속도가 느리고, 적용 대상이 일반적으로 얇은 단면부로만 제한된다.

경납 용접 다른 경납땜 방법들과의 차이점은 접합부의 형태다. [그림 24.5]에 나타냈듯이 경납 용접은 V자 접합부와 같은 다소 전통적인 용접합부를 채우기 위해 사용된다. 경납땜보다 많은 용가재 양을 필요로 하며 모세관 현상은 발생되지 않는다. 경납 용접braze welding에서 접합부는 전적으로 용가재로 이뤄지고, 모재 금속은 용융되지 않기 때문에 전형적인 융접 공정에서처럼 모재의 융합이 일어나지 않는다. 경납용접은 주로 수리, 보수 작업에 사용된다.

24.2 연납땜

연납땜soldering: 솔더링, 연납접은 경납땜과 유사하며 용융점이 450°C를 넘지 않는 용가재 금속을 녹여 결합할 금속부품의 접합면 사이의 모세관현상으로 퍼지게 만드는 공정이다. 경납땜과 같이 모재의 용융은 일어나지 않고 용가재가 녹아 모재와 야금학적 결합을 이루게 된다. 연납땜의 세부 사항은 경납땜과 유사하고, 대부분의 가열방법도 그대로 적용된다. 연납땜될 표면은 산화물과 기름 등이 없도록 미리 깨끗하게 만들어야 한다. 적절한 용제가 접합면에 가해지고, 이 면이 가열된다. 연납재solder: 땜납라 부르는 용가재가 접합부에 더해지는데, 밀접하게 접촉하는 부품 사이에서 퍼지게 된다.

일부 경우 연납재가 한쪽 혹은 양쪽 표면에 미리 코팅되기도 한다. 연납재가 주석을 함유하는지의 여부에 상관없이 이 과정을 티닝tinning이라 부른다. 연납땜에서 전형적인 간격은 0.075~0.125mm인데, 표면이 티닝을 거친 것이라면 약 0.025mm의 간격이 사용된다. 응고 후에 잔여 용제는 제거된다.

산업용 공정으로서 연납땜은 전자 조립과 밀접한 관련이 있다. 기계적인 접합에도 사용할 수 있지만 높은 응력과 온도를 받는 접합부에는 사용할 수 없다. 연납땜의 장점으로는 (1)경납땜과 융접보다 낮은 에너지 입력, (2)가열 방법의 다양성, (3)접합부의 우수한 전기전도성, 열전도성, (4)용기에 사용할 경우 공기와 액체를 차단하는 우수한 밀봉 기능, (5)용이한 보수와 재작업 등을 들 수 있다.

연납땜의 가장 큰 단점으로는 (1)낮은 접합부 강도(기계적 수단으로 보강이 필요), (2)높은 온도에서 사용할 경우 접합부가 취약해지거나 녹아버릴 위험성이 있다.

24.2.1 연납 접합부 설계

경납땜과 같이 연납땜의 접합부도 맞대기 이음과 겹치기 이음으로 제한된다. 맞대기 이음은 하중을 받는 경우에 적용할 수 없다. 경납땜에서 볼 수 있었던 이음부의 변형 방법이 연납땜에도 거의 그대로 적용되고, 연납땜의 경우 전기 접속과 같은 특수한 부품의 형상을 다루기 위해 몇 가지 변형이 추가된다. 금속판재의 연납 접합부에서 판재의 모서리는 연납땜에 앞서 접합 강도를 증가시키기 위해 [그림 24.6]과 같이 구부려서 맞물리는 작업을 실시한다.

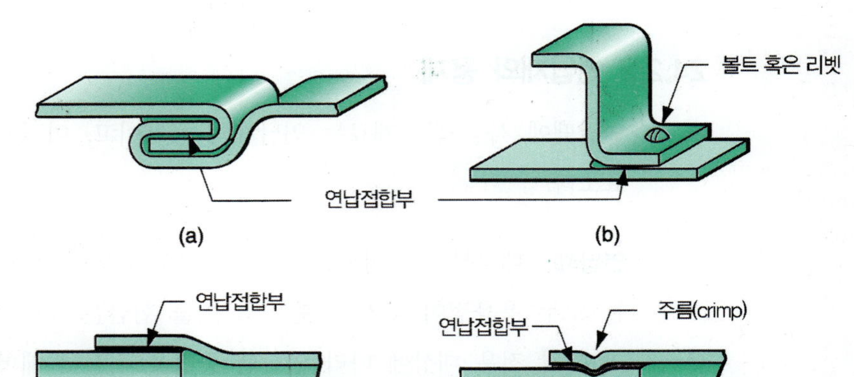

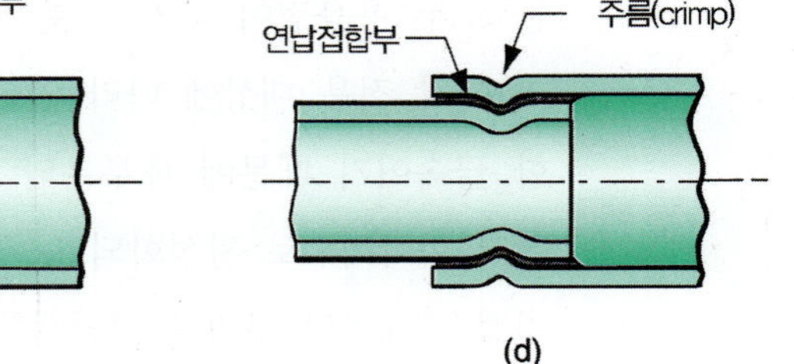

그림 24.6
연납 접합부의 강도를 증가시키기 위한 기계적 인터록킹 방법 (a)평 록킹, (b)볼트 혹은 리벳 결합, (c)동파이프 맞춤: 원통형 겹치기 이음, (d)주름에 의한 원통형 겹치기 이음(출처: Fundamentals of Modern Manufacturing, 4th Edition by Mikell P. Groover, 2010. Reprinted with permission of John Wiley & Sons, Inc.).

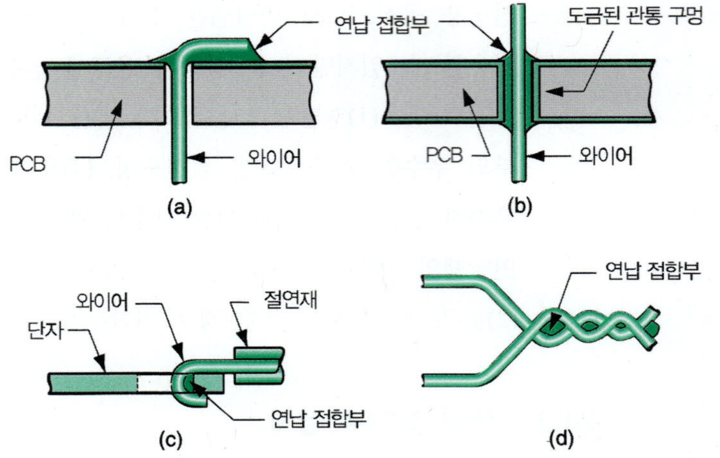

그림 24.7
전기접속을 위한 연납땜 전에 기계적인 방법으로 접합부를 견고하게 하기 위한 기술들 (a)리드선을 PCB 위로 구부리기, (b)연납재의 접촉 면적을 최대화하기 위해 PCB에 도금된 관통 구멍만들기, (c)평단자에 훅형 와이어를 걸기, (d)와이어 꼬기(출처: Fundamentals of Modern Manufacturing, 4th Edition by Mikell P. Groover, 2010. Reprinted with permission of John Wiley & Sons, Inc.).

연납땜을 전자산업에서 사용할 때 접합부의 주요 기능은 두 부품 사이의 전기전도의 경로를 제공하는 일이다. 그밖에 열의 발생(접합부의 전기저항에 의한)과 진동 문제도 고려되어야 한다. 연납땜을 한 전기접속부의 기계적인 강도는 부품 간의 기계적인 접합을 달성하기 위해 한 부품 혹은 양 부품 모두에게 변형을 가해 확보할 수 있고, 연납재에 의한 최대 지지력을 얻기 위해 표면적을 넓혀 확보할 수도 있다. [그림 24.7]에 이러한 몇 가지 가능성을 나타냈다.

24.2.2 연납재와 용제

연납땜에 사용되는 재료는 연납재와 용제이고, 이 둘이 접합 과정에서 매우 중요한 요소다.

연납재 대부분의 연납재solders는 주석과 납의 합금인데, 이 두 금속이 적합한 이유는 모두 용융점이 낮기 때문이다. 이들 합금은 고상온도와 액상온도 사이의 범위를 가져 각 적용 대상에 따라 연납땜 공정을 적절히 제어할 수 있게 해준다. 납은 유해한 금속이기 때문에 대부분의 경우 납의 함유량은 최소화시킨다. 주석은 연납 온도에서 화학적으로 활성화되고, 성공적인 접합을 위한 유동성이 증가된다. 일반적인 전기접속 재료인 구리를 연납땜할 경우 구리와 주석의 금속간 화합물이 형성되어 결합력을 강화시켜준다. 은과 안티몬도 간혹 연납재 합금으로 사용된다. [표 24.2]는 다양한 연납합금 조성을 연납온도와 주요 적용 대상과 함께 보여준다.

표 24.2 대표적인 연납재 합금의 조성, 용융점, 적용 대상[2][3][4][13]

용가재 금속	대표적인 조성	용융 온도		주요 적용 대상
		°C	°F	
납-은	96Pb, 4Ag	350	580	가열 접합부
주석-안티몬	95Sn, 5Sb	238	460	배관, 난방
주석-납	63Sn, 37Pb	183[a]	361[a]	전기전자
	60Sn, 40Pb	188	370	전기전자
	50Sn, 50Pb	199	390	일반 용도
	40Sn, 60Pb	207	405	자동차 라디에이터
주석-은	96Sn, 4Ag	221	430	음식 용기
주석-아연	91Sn, 9Zn	199	390	알루미늄 접합
주석-은-동	95.5Sn, 3.9Ag, 0.6Cu	217	423	전자 : 표면실장기술

[a]공정조성-주석-납 조성 중에서 가장 낮은 용융점

연납 용제 연납 용제soldering fluxes가 갖춰야 할 조건은 (1)연납온도에서 용융, (2)모재 부품의 표면에서 산화물과 녹을 제거, (3)가열 중 산화 방지, (4)접합면에서의 습윤성 증진, (5)공정 중 용융 연납재에게 쉽게 자리 내줌, (6)비부식성과 비전도성을 갖는 잔여물을 남김 등이다. 모든 연납재와 대상 모재 재질의 조합에 대해 이들 조건을 모두 만족시키는 용제는 없다. 따라서 주어진 적용 대상에 맞춰 용제 성분을 선정해야 한다. 연납 용제는 유기용제와 무기용제로 구분할 수 있다.

유기용제organic fluxes는 로진rosin: 고무나무와 같은 비수용성 천연수지 혹은 수용성 재료(예: 알코올, 유기산, 할로겐화 염)로 만들어진다. 수용성 성분은 연납 전후 세척이 용이하다. 유기용제는 전기, 전자 부품 연결에 보편적으로 사용된다. 유기용제는 상승된 연납온도에서 화학적으로 반응되는 경향이 있지만 상온에서는 비교적 비부식성을 가지고 있다. 무기용제inorganic fluxes는 무기산(예: 염산)과 염(예: 아연과 염화암모니아의 혼합)으로 구성되고, 산화막이 문제가 되는 경우에 빠르고 활동적인 용제 역할을 하기 위해 사용된다. 염은 용융되면 활성화되지만 산보다는 덜 부식된다.

유기용제와 무기용제 모두 연납땜 후에 제거되어야 하는데, 무기용제의 경우 금속표면의 지속적인 부식을 막기 위해 제거 작업이 특별히 중요하다. 로진을 제외한 용제들은 일반적으로 물을 사용해 제거되고, 로진의 경우 화학용매가 필요하다. 산업체의 최근 경향은 수용성 용제가 로진보다 선호되는 것인데, 그 이유는 로진 제거에 사용되는 화학용매가 환경과 인간에 유해하기 때문이다.

24.2.3 연납땜 방법

연납땜의 많은 방법들이 경납땜 방법들과 유사하다. 다만 연납땜의 경우 낮은 열과 온도가 필요하다는 것이 차이점이다. 이들 방법에는 토치 연납땜, 노내 연납땜, 유도가열 연납땜, 저항 연납땜, 침잠 연납땜, 적외선 연납땜 등이 있다. 경납땜에는 사용되지 않은 연납땜 방법이 있는데 손납땜, 웨이브솔더링, 리플로우솔더링 등이다.

손납땜 손납땜hand soldering은 뜨거운 납땜인두를 사용해 수작업으로 수행된다. 동으로 만드는 비트bit는 납땜인두의 작업부위 끝단을 의미한다. 비트는 (1)대상 부품에 열을 전달, (2)연납재의 용융, (3)접합부에 용융 연납재를 전달, (4)과도한 연납재 배출의 역할을 수행한다. 대부분의 최신 인두는 전기저항에 의해 가열된다. 전자조립에서는 간헐적(on-off)인 조작과 급속 가열을 위해 사용되는 납땜 건soldering guns이 보편적이다. 이것은 약 1초 안에 접합부를 만들어낸다.

웨이브솔더링 웨이브솔더링wave soldering은 분출되는 용융 연납재 위로 인쇄회로기판(PCB)을 지나가게 하여 다수의 리드선을 PCB에 연납땜하기 위한 기계화된 기술이다. 전형적인 경우는 PCB 상에 전자부품들을 위치시키고 그들의 리드선(다리)을 PCB의 구멍을 지나 밑으로 나오게 한 후 컨베이어 위에 놓고 웨이브솔더링 장비 속을 지나가도록 이송시키는 것이다. 컨베이어는 PCB를 양 옆으로 지지해 밑면이 공정의 각 단계를 위해 노출될 수 있다.

각 단계는 (1)몇 가지 방법(거품, 스프레이, 솔질 등)에 의한 용제의 첨가, (2)용제를 활성화하거나 솔벤트를 증발시키고 조립온도를 높이기 위한 예열(전구, 가열코일, 적외선장치 등을 사용), (3)액상 연납재를 용융조로부터 PCB 밑으로 뿜어 올려 리드선과 PCB 상의 금속회로선 사이의 접합을 만들어내는 웨이브솔더링으로 구성된다.

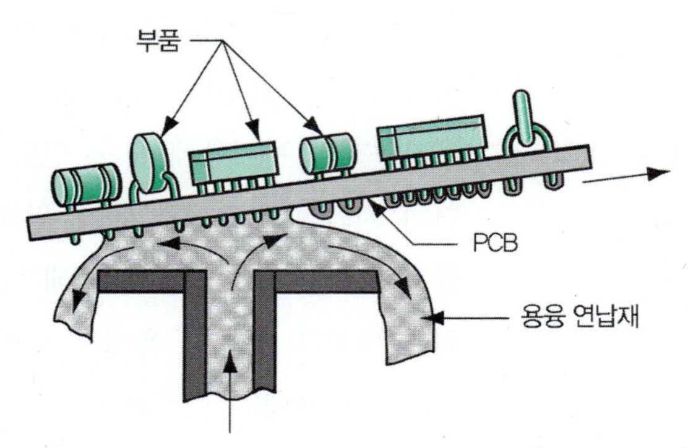

그림 24.8

웨이브솔더링, 좁은 홈을 통해 나오는 용융 연납재가 PCB 하면으로 전달되어 부품 리드선을 연결(출처: Fundamentals of Modern Manufacturing, 4th Edition by Mikell P. Groover, 2010. Reprinted with permission of John Wiley & Sons, Inc.).

세 번째 단계는 [그림 24.8]에 나타나 있다. PCB를 약간 기울이는 것이 보통이고, 표면장력을 줄이기 위해 특수한 티닝오일tinning oil이 용융 연납재에 섞이기도 한다. 이 2가지 방안 모두 과도한 연납재가 남아 있는 것과 PCB 밑에 고드름과 같은 형상이 생기는 것을 막아준다. 웨이브솔더링은 전자산업에서 PCB조립을 위해 널리 사용된다.

리플로우솔더링 이 공정은 전자산업에서 표면실장부품을 PCB 위에 조립하는 방법으로 흔히 사용된다. 용제 결합제와 섞인 연납재 분말로 구성되는 연납풀solder paste이 표면실장부품과 PCB의 구리회로와의 전기접촉이 만들어질 PCB 상의 점들에 가해진다. 그 다음 부품의 다리를 풀이 가해진 점들에 위치시키고, 연납재를 녹일 수 있도록 PCB를 가열시킨다. 이로써 부품 다리와 PCB 위 구리 사이의 기계적, 전기적 결합이 이뤄진다.
리플로우솔더링reflow soldering의 가열방법에는 증기 리플로우와 적외선 리플로우가 있다. 증기 리플로우솔더링vapor phase reflow soldering에서는 불활성 불소화탄화수소용액이 오븐 속에서 가열되어 증기화된 후 PCB 표면에 응축된다. 이에 따라 기화열이 전달되어 연납풀을 녹이게 되고 결국 접합부를 형성한다. 적외선 리플로우솔더링infrared reflow soldering에서는 적외선 램프에서 나온 열이 연납풀을 녹이게 되고, 부품선과 회로 간의 접합을 이뤄낸다. 이외에 고온판, 고온공기, 레이저 등을 이용하는 가열방법도 있다.

24.3 접착법

오늘날 접착제는 금속, 플라스틱, 세라믹, 나무, 종이, 판지 등과 같은 동일한 혹은 상이한 재료를 접합하고 밀봉하기 위해 널리 사용되고 있다. 적용 분야의 엄청난 가능성 때문에 접착법은 조립기술들 중에서 성장하고 있는 분야로 인정받고 있다.
접착법adhesive bonding은 용가재를 사용해 밀접하게 위치한 둘 혹은 그 이상의 부품을 표면에서 하나로 부착시키는 접합 공정을 의미한다. 여기서 용가재는 접착제adhesives를 말하는데, 비금속 물질이고 보통 고분자화합물(폴리머)이다. 접착될 부품은 접착물adherend이라 부른다. 공학적으로 가장 큰 관심을 받는 접착제는 구조용 접착제인데, 강성이 큰 접착 대상 부품에 대해 강하고 영구적인 접합을 만들 수 있는 접착제를 말한다. 많은 접착제의 종류가 상용화되었는데 이들은 각자 다양한 경화 메커니즘을 가지며 각자 다양한 재료의 접착에 사용된다. 경화curing란 접착제의 물리적 성질을 액체에서 고체로 변화시키는 과정을 의미하며 보통 화학반응에 의해 부품 간 표면 접착을 이뤄낸다. 화학반응에는 중합화polymerization, 응축condensation, 가황vulcanization 등이 포함된다. 종종 열 또는 촉매에 의해 경화가 시작되기도 하고, 결합과정을 활성화시키기 위해 압력이 두 부품 간에 가해지기도 한다. 열이 필요한 경우에도 경화온도는 비교적 낮아 결합될 재료는 보통 열에 의한 영향을 받지 않는다. 이것이 접착법의 장점이 된다. 접착제의 경화는 경화시간curing time, setting time이라 부르는 시간의 경과를 필요로 한다. 어떤 경우 이 시간이 중요한 변수가 되는데, 이것이 접착법의 일반적인 단점이 된다.

접착의 결합강도는 2가지 강도, 즉 접착제 자체 강도와 접착제와 접착물 사이의 접착 강도에 의해 결정된다. 만족할 만한 접착부를 결정하는데 있어 흔히 적용되는 기준은, 과도응력에 의한 파괴가 발생할 경우 그 파괴점이 부품경계면 혹은 접착제 내부가 아니라 접착부품의 한쪽에 생긴다는 것이다. 접착강도는 다음과 같은 몇 가지 메커니즘에 의해 만들어지는데, 이들은 접착제와 접착물에 따라 다르게 나타난다. (1)접착제가 접착물을 접합시키는 1차 화학접합, (2)마주보는 표면의 원자들 사이에서 발생하는 2차 접합력인 물리적 상호작용, (3)접착물의 표면거칠기가 경화된 접착제를 표면의 미세한 요철부에 걸리게 하거나 가두어버리는 기계적인 맞물림.

이러한 접착 메커니즘이 최상의 결과를 만들어내기 위해 다음의 조건들이 만족되어야 한다. (1)접착물의 표면이 깨끗해야 한다. 즉, 접착제와 접착물의 긴밀한 접촉을 방해하는 먼지, 기름, 산화막 등을 제거하는 특별한 표면 준비과정이 필요하다, (2)액체 상태의 접착제가 접착표면 전체를 적셔야 한다, (3)표면이 완벽하게 매끄럽지 않은 것이 오히려 도움이 된다. 약간 거친 표면이 유효 접촉면적을 증가시키고 기계적인 맞물림을 조성한다. 또한 접착제 접합의 강도를 십분 활용하고 그것의 한계를 피하는 방향으로 접합부의 설계가 이뤄져야 한다.

24.3.1 접착부 설계

접착 접합부는 일반적으로 용접, 경납땜, 연납땜만큼 강하지 않다. 보통 적용되는 접착 접합부의 설계 원칙으로는 (1)접합부 접촉면적을 최대화 한다, (2)외력 중 인장력과

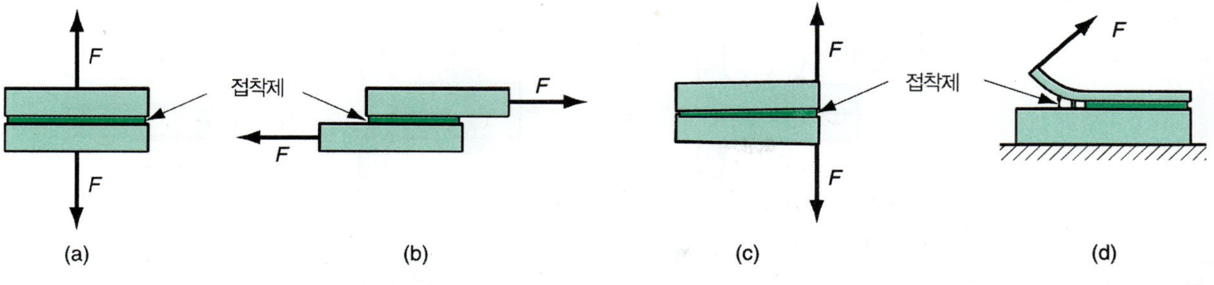

그림 24.9 접착부에서 고려해야 할 하중의 종류 (a)인장, (b)전단 (c)쪼개짐, (d)벗김(출처: Fundamentals of Modern Manufacturing, 4th Edition by Mikell P. Groover, 2010. Reprinted with permission of John Wiley & Sons, Inc.).

전단력에 가장 강하기 때문에([그림 24.9 (a),(b)] 참조) 인장응력과 전단응력이 작용하도록 접합부를 설계한다, (3)접착 접합부는 쪼개짐과 벗김 형태의 외력에 가장 약하기 때문에([그림 24.9 (a),(b)] 참조) 이러한 유형의 응력을 피하는 접합부 설계가 이뤄져야 한다.

이들 설계원칙이 적용된 접합부 설계안들을 [그림 24.10]에 나타냈다. 강도를 보강하거나 두 부품 간 밀봉을 위해 접착이 아닌 다른 접합 방법을 같이 사용하는 설계도 있을 수 있는데, 이러한 가능성을 [그림 24.11]에 나타냈다. 예를 들어 용접접합 weldbonding이라고 하는 접착접합과 점용접의 조합을 생각할 수 있다.

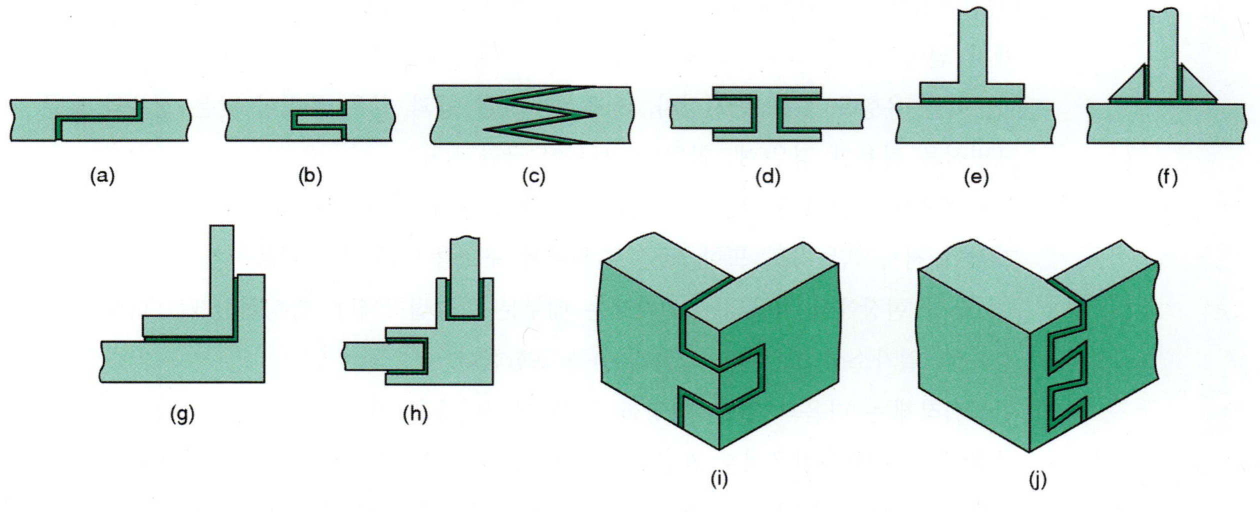

그림 24.10 접착부 설계 (a)~(d)겹치기이음. (e)~(f)T자이음. (g)~(j)모서리이음(출처: Fundamentals of Modern Manufacturing, 4th Edition by Mikell P. Groover, 2010. Reprinted with permission of John Wiley & Sons, Inc.).

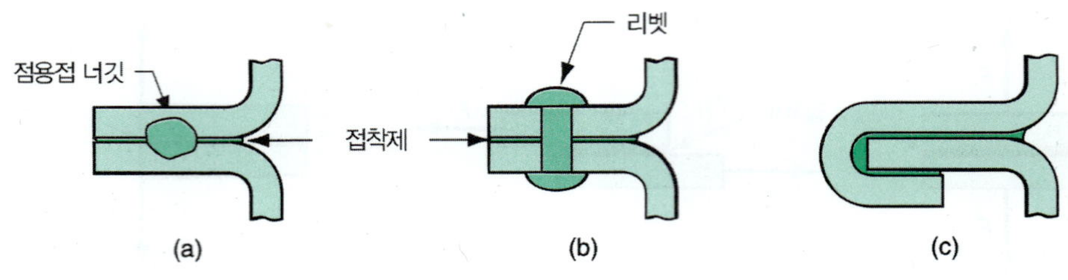

그림 24.11 접착법과 다른 접합 기술과의 결합 (a)용접접합-점용접과 접착법, (b)리벳(혹은 볼트)과 접착법, (c)성형과 접착법(출처: Fundamentals of Modern Manufacturing, 4th Edition by Mikell P. Groover, 2010. Reprinted with permission of John Wiley & Sons, Inc.).

접합부의 기계적 형상에 덧붙여 접착제와 접착 대상물의 물리적, 화학적 성질이 조립물이 받게 될 서비스 조건과 조화를 이뤄야 한다. 접착 대상물의 재질은 금속, 세라믹, 유리, 플라스틱, 나무, 고무, 가죽, 직물, 종이, 판지 등이 될 수 있다. 이들 재료 목록에는 단단하거나 유연한 재료, 다공성 혹은 무공성 재료, 금속 혹은 비금속 재료들이 포함되어 있고, 동일한 혹은 상이한 물질이 하나로 접합될 수 있다는 사실에 주목할 필요가 있다.

24.3.2 접착제의 종류

매우 많은 종류의 상업적인 접착제가 있는데, 다음의 세 영역으로 분류할 수 있다. (1)천연접착제, (2)무기접착제, (3)합성접착제다. 천연접착제는 자연(예, 나무와 동물)에서 얻어지는 것으로 고무풀, 녹말, 덱스트린dextrin, 콩가루, 콜라겐collagen 등이 있다. 이들 유형은 주로 판지상자, 가구, 책 제본 등과 같은 응력이 낮은 경우와 넓은 표면적을 활용할 경우(예: 합판)로 사용이 국한된다.

무기접착제는 주로 규산나트륨, 염화마그네슘 등에 기반을 둔 재료다. 무기접착제는 가격이 저가지만 강도 또한 낮은 편이어서 구조용 접착제로 사용하기에는 부적합하다. 생산 현장에서 사용되는 접착제는 대부분 합성접착제다. 합성접착제는 다양한 열경화성, 열가소성 고분자재료(폴리머)를 포함한다.

합성접착제는 다음과 같은 다양한 경화 메커니즘을 가질 수 있다. (1)접착제 주입 직전에 촉매제나 반응성분 혼합, (2)화학반응 개시를 위한 가열, (3)자외선과 같은 방사경화, (4)액체 혹은 풀 상태의 접착제에서 수분의 증발을 통한 경화. 부가적으로 일부 합성접착제는 접착 대상물의 한쪽 표면에 필름 혹은 코팅 형태로 가해지기도 한다.

24.3.3 접착제 적용 기술

산업에서의 접착제 이용은 널리 퍼져 있고, 증가하는 추세에 있다. 주요 사용처는 자동차, 항공기, 건축재, 포장 산업 등이고, 그밖에 신발, 가구, 제본, 전기, 조선 등에서도 많이 적용된다. 이 절에서는 접착제 적용 기술에 관련된 몇 가지 사항을 살펴본다.

표면 준비 접착이 성공적으로 이뤄지기 위해서는 부품 표면이 매우 깨끗해야 한다. 접합강도는 접착제와 접착물 간의 접착 수준에 좌우되는데 이 수준은 표면의 청정도에 의해 결정된다. 대부분의 경우 세척과 표면준비를 위한 부가적인 공정 단계가 필요하다. 그 방법은 접착물의 재질에 따라 달라진다. 금속의 경우 용제로 닦아내는 방법이 주로 사용되고, 샌드블라스팅과 같은 방법으로 표면을 마모시킴으로써 접착력을 강화시킬 수 있다. 비금속 부품의 경우 용제 세척이 보통 사용되고, 표면의 거칠기를 증가시키기 위해 기계적으로 마모시키거나 화학적으로 부식시킬 때도 있다. 이러한 처리를 완료하자마자 접착 공정이 수행되는 것이 바람직하다. 그 이유는 시간이 경과함에 따라 표면의 산화와 오염물 축적이 증대되기 때문이다.

접착제 적용방법 한 부품 혹은 양 부품 표면에 접착제를 실제로 적용하기 위해 다양한 방법들이 사용된다. 다음은 산업체에서 자주 사용되는 적용 방법들이다.

솔질: 손으로 강모 솔(브러쉬)을 사용하는 방법으로 코팅이 균일하지 못하다.

유동: 손으로 작동되는 압력 건을 통해 접착제를 유동시키는 것으로 솔질보다 균일성이 더 우수하다.

수동 롤러: 페인트 롤러와 유사한 롤러를 돌려 접착제를 도포한다.

실크스크리닝(silk screening): 부품 표면 위에 놓인 스크린의 뚫려 있는 부분에 접착제 솔질을 하여 선택적 영역에 코팅 가능한 방법이다.

분무(spraying): 공기압(혹은 무공기) 스프레이건을 사용해 넓은 영역 혹은 닿기 어려운 지역에 접착제를 뿌린다.

자동 적용: 다양한 자동 토출기(dispenser)나 노즐이 중속과 고속 생산을 위해 사용된다.

롤 코팅(roll coating): 접착제 용기 속에 부분적으로 잠겨 있는 회전하는 롤러가 접착제를 집어올려 소재 표면에 전달하는 기계적 기술이다. 롤 코팅은 소재가 얇은 유연한 재료(예, 종이, 직물, 가죽, 플라스틱)뿐만 아니라 목재, 목재 복합재, 판지, 넓은 표면적을 가진 재료에 접착제를 바르는데 사용된다.

장점과 한계점 접착법의 장점은 다음과 같다. (1)다양한 재료에 적용 가능, (2)상이

한 크기와 단면적을 가지는 부품의 결합이 가능하며 깨지기 쉬운 부품도 가능, (3)접착부 전면적에 걸쳐 접합이 생성되어 응력을 전체 면적으로 분산(용접에서는 이산적인 점 혹은 연속적인 선을 따라 접합), (4)일부 접착제는 접착 후에 유연성을 가지고 있어 주기적인 부하와 접착물의 열팽창을 허용, (5)저온에서 경화되어 접합부품의 손상 방지, (6)접합뿐만 아니라 밀봉도 달성, (7)접합부 설계의 단순화(예, 나사구멍과 같은 특별한 부품 형상 없이도 편평한 두 부품을 접합 가능).

접착기술의 한계점은 다음과 같다. (1)접합부가 다른 접합 방법보다 일반적으로 강하지 못함, (2)접착제가 접착 대상물 재질과 잘 맞아야 함, (3)사용 온도의 제한, (4)접착제 적용 이전의 세척과 표면 준비가 중요, (5)경화 시간이 생산속도의 제한 요소가 됨, (6)접착부의 검사가 어려움.

참고문헌 References

[1] [1] Adams, R. S. (ed.). *Adhesive Bonding: Science, Technology, and Applications*. CRC Taylor & Francis ,Boca Raton, Florida, 2005.

[2] Bastow, E. "Five Solder Families and How They Work," *Advanced Materials & Processes,* December 2003, pp. 26-29.

[3] Bilotta, A. J. *Connectionsin Electronic Assemblies*. Marcel Dekker, Inc., New York, 1985.

[4] Bralla, J. G.(Editorin Chief). *Design for Manufacturability Handbook*, 2nd ed. McGraw-Hill Book Company, New York, 1998.

[5] *Brazing Manual,* 3rd ed. American Welding Society, Miami, Florida, 1976.

[6] Brockman, W., Geiss, P. L., Klingen, J., and Schroeder, K. B. *Adhesive Bonding: Materials, Applications, and Technology*. John Wiley & Sons, Hoboken New Jersey, 2009.

[7] Cary, H. B., and Helzer, S. C. *Mordern Welding Technology,* 6th ed. Pearson/Prentice-Hall, Upper Saddle River, New Jersey, 2005.

[8] Doyle, D. J. "The Sticky Six-Steps for Selecting Adhesives," *Manufacturing Engineering,* June 1991 pp.39-43.

[9] Driscoll, B., and Campagna, J. "Epoxy, Acrylic, and Urethane Adhesives," *Advanced Materials & Processes,* August 2003, pp. 73-75.

[10] Hartshorn, S. R. (ed.). *Structural Adhesives, Chemistryand Technology*. Plenum Press, New York, 1986.

[11] Humpston, G., and Jacobson, D. M. *Principles of Brazing*. ASM International, Materials Park, Ohio, 2005.

[12] Humpston, G., and Jacobson, D. M. *Principles of Soldering*. ASM International, Materials Park, Ohio, 2004.

[13] Lambert, L. P. *Soldering for Electronic Assemblies*. Marcel Dekker, Inc., New York, 1988.

[14] Lincoln, B., Gomes, K. J., and Braden, J. F. *Mechanical Fastening of Plastics*. Marcel Dekker, Inc., New York, 1984.

[15] Petrie, E. M. *Handbook of Adhesivesand Sealants,* 2nd ed. McGraw-Hill, New York, 2006.

[16] Schneberger, G. L. (ed.). *Adhesivesin Manufacturing*. CRC Taylor & Francis, Boca Raton, Florida, 1983.
[17] Shields, J. *Adhesives Handbook,* 3rd ed. Butter-worths Heinemann, Woburn, England, 1984.
[18] Skeist, I. (ed.). *Handbook of Adhesives,* 3rd ed. Chapman & Hall, New York, 1990.
[19] *Soldering Manual,* 2nd ed. American Welding Society, Miami, Florida, 1978.
[20] *Welding Handbook,* 9th ed., Vol.2, Welding Processes. American Welding Society, Miami, Florida, 2007.
[21] Wick, C., and Veilleux, R. F.(eds.). *Tool and Manufacturing Engineers Handbook,* 4th ed., Vol.4, *Quality Control and Assembly*. Society of Manufacturing Engineers, Dearborn, Michigan, 1987.

복습문제 Review Questions

24.1 경납땜과 연납땜이 용접과 다른 점은 무엇인가?

24.3 경납땜과 연납땜이 고상용접과 다른 점은 무엇인가?

24.3 경납땜과 연납땜의 기술적인 차이점은 무엇인가?

24.4 어떤 환경에서 경납땜과 연납땜이 용접보다 선호될 수 있는가?

24.5 브레이징에서 가장 보편적으로 사용되는 접합부 유형 2가지는 무엇인가?

24.6 경납 접합부의 강도를 증가시기기 위해 접합부의 형상을 변형시키는 방식에는 어떤 것들이 있는가?

24.7 브레이징에서 용융된 용가금속이 모세관 현상에 의해 접합부 전체로 퍼져간다. 여기서 모세관 현상이란 무엇인가?

24.8 경납 용제의 바람직한 특성은 무엇인가?

24.9 침잠 경납땜이란 무엇인가?

24.10 경납용접의 정의는?

24.11 브레이징의 단점과 한계점은 무엇인가?

24.12 손납땜에서 납땜인두 비트의 기능은 무엇인가?

24.13 웨이브솔더링이란 무엇인가?

24.14 산업용 접합 방법으로서의 연납땜의 장점을 열거하라.

24.15 연납땜의 단점들은 무엇인가?

24.16 구조용 접착제의 의미는 무엇인가?

24.17 접착제가 접착효과를 보이기 위해서는 경화되어야 한다. 여기서 경화의 의미는 무엇인가?

24.18 접착제를 경화시키는 방법들에는 어떤 것이 있는가?

24.19 상업용 접착제의 3가지 기본 유형의 이름을 들어라.

24.20 접착제 접합 공정의 성공을 위해 중요한 전제 조건은 무엇인가?

24.21 산업체의 생산 공정에서 접착제 적용 방법들에는 어떤 것이 있는가?

24.22 다른 접합 방법과 비교할 때 생각할 수 있는 접착법의 장점을 몇 가지 들어라.

24.23 접착법의 한계점들은 어떤 것이 있는가?

CHAPTER

25

기계적 조립

MECHANICAL ASSEMBLY

기계적 조립(mechanical assembly)은 둘 혹은 그 이상의 부품을 기계적으로 결합하기 위해 다양한 체결 방법을 사용하는 것이다. 대부분의 경우 체결 방법은 조립공정 중 구성품에 첨가되는 체결구(fastener)라 부르는 부품을 사용한다. 그 밖의 체결 방법으로는 조립할 구성품의 성형이 포함될 수도 있고, 분리된 체결구가 필요 없는 경우도 있다. 자동차, 가전제품, 전화기, 가구, 주방용품 등 많은 소비재 제품들이 기계적 체결 방법에 의해 조립되고, 심지어 의류도 기계적 수단에 의해 '조립'된다고 볼 수 있다. 더욱이 전자제품에서부터 건설장비에 이르기까지의 산업용 제품도 거의 항상 기계적 조립을 포함한다고 볼 수 있다.

기계적 체결 방법은 다음의 두 유형으로 분류할 수 있다. (1)분해를 허용하는 방법, (2)영구 접합을 만드는 방법이다. 나사, 볼트, 너트 등과 같은 나사체결구는 첫 번째 유형의 예이고, 리벳은 두 번째 범주에 속한다. 앞 장들에서 설명된 다른 접합공정보다 기계적 조립이 종종 선호되는 합당한 이유는 다음과 같다. (1)조립의 용이성, (2) 분해의 용이성(체결 방법이 분해를 허용하는 경우).

일반적으로 기계적 조립은 그다지 숙련을 요하지 않는 작업자가 최소한의 특수 공구를 가지고, 비교적 짧은 시간에 쉽게 수행하는 작업이다. 조립기술은 간단하고, 결과물의 검사도 용이하다. 이러한 요소들은 현장뿐만 아니라 공장에서의 설치에서도 유리한 점이다. 너무 크고 무거워 완전히 조립된 상태로 운송될 수 없는 제품들은 더 작은 반조립품 형태로 운반되어 고객의 장소에서 합체될 수 있다.

분해의 용이성은 당연히 분해가 허용되는 기계적 체결 방법에만 적용된다. 대부분의 제품은 유지보수의 목적으로 주기적으로 분해될 필요가 있는데, 고장부품의 교환, 부품조정 등이 그 예다. 용접과 같은 영구접합 기술은 분해를 허용하지 않는다.

이 장에서는 기계적 조립을 다음의 다섯 영역으로 분류해 25.1~25.5절에 걸쳐 설명한다. (1)나사체결구, (2)리벳, (3)끼워 맞춤, (4)기타 기계적 체결법, (5)몰딩인서트와 복합체결구다. 25.6절에서는 조립에 있어 중요한 주체인 조립 고려설계에 대해 설명한다. 전자제품의 조립도 기계적인 기술을 포함한다. 그러나 전자조립은 고유하고 전문화된 영역이므로 28장에서 독립되어 설명된다.

25.1 나사체결구

나사체결구는 조립을 위해 외부 혹은 내부에 나사가 만들어져 있는 부품을 말하고, 거의 모든 경우 분해를 허용하는 부품이다. 나사, 볼트, 너트가 대표적인 나사체결구는 기계적인 조립에서 가장 중요한 자리를 차지하고 있다.

25.1.1 나사, 볼트, 너트

나사와 볼트는 외부에 나사산이 있는 부품이다. 나사와 볼트는 기술적인 차이점이 있지만 일상적으로 사용되면서 그 차이는 별로 나타나지 않는다고 할 수 있다. 나사screw는 일반적으로 막혀 있는 나사 구멍 속으로 조립되어 들어가는 체결구를 의미한다. 태핑나사self-tapping screw와 같은 일부 유형은 구멍 속으로 들어가면서 나사를 성형하거나 깎을 수 있다. 볼트bolt는 부품의 관통구멍 속으로 들어가 반대편에서 너트를 돌려 고정시키는 형태의 나사체결구다. 너트nut는 맞춰질 볼트와 동일한 직경, 피치, 나사산 형태를 가지는 나사가 내부에 파져 있는 부품을 말한다. 나사와 볼트를 사용한 조립의 전형적 형식을 [그림 25.1]에 나타냈다.

나사와 볼트는 미국관습단위(ANSI 표준)와 미터단위(ISO 단위)로 다양한 크기, 나사산, 형상으로 제공된다. 미터 사양은 공칭 지름 mm와 피치 mm를 포함한다. 예를 들어 4-07은 4mm 지름과 0.7mm의 피치를 나타낸다. 미국표준은 in단위의 공칭

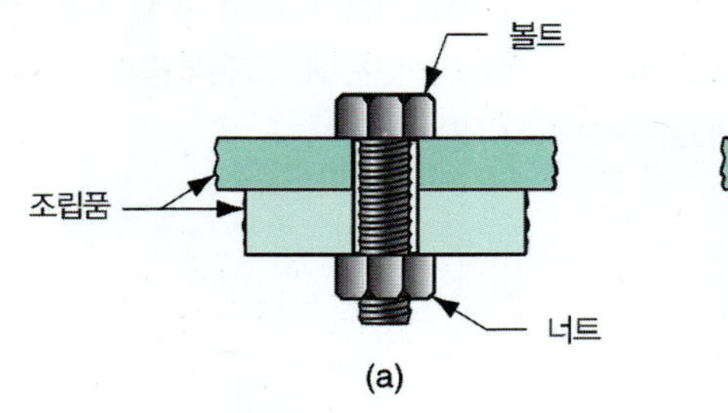

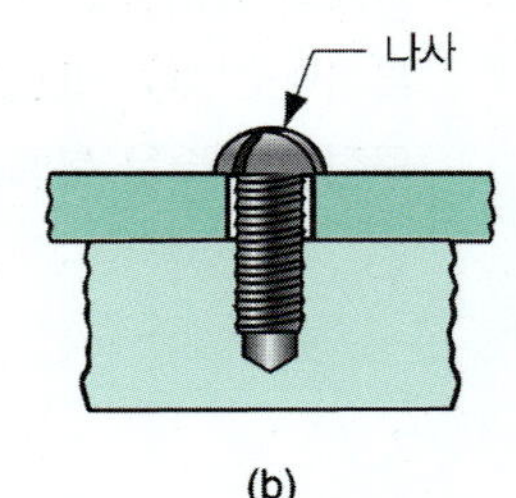

그림 25.1
(a)볼트와 너트를 이용한 조립, (b)나사를 이용한 조립(출처: Fundamentals of Modern Manufacturing, 4th Edition by Mikell P. Groover, 2010. Reprinted with permission of John Wiley & Sons, Inc.).

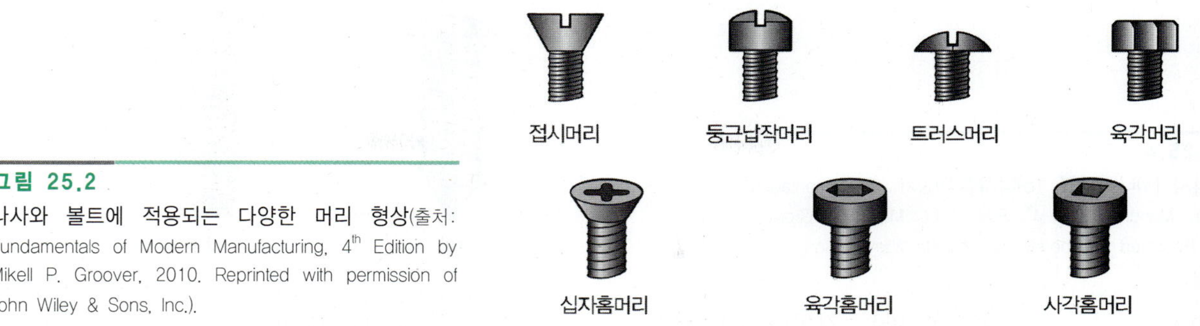

그림 25.2
나사와 볼트에 적용되는 다양한 머리 형상(출처: Fundamentals of Modern Manufacturing, 4th Edition by Mikell P. Groover, 2010. Reprinted with permission of John Wiley & Sons, Inc.).

지름을 나타내는 숫자와 in당 나사산수를 병기한다. 예를 들어 1/4-20은 0.25in의 지름과 인치당 20개의 나사산을 나타낸다.

표준 나사체결구에 대한 기술데이터는 설계 핸드북이나 제품 카탈로그에서 찾아볼 수 있다. 특정한 유형의 나사나 볼트를 사용하기 위해 사용자는 그 체결구에 맞게 설계된 공구를 가지고 있어야만 한다. 예를 들어, 볼트와 나사에는 다양한 머리 모양이 있는데, 이들 중 가장 보편적인 것들을 [그림 25.2]에 나타냈다. 다양한 머리 형상뿐만 아니라 다양한 크기로 인해 작업자는 많은 수공구(예: 스크루 드라이버)를 필요로 한다. 일자형 드라이버로 육각홈머리 볼트를 돌리기는 쉽지 않을 것이다.

나사의 경우 볼트보다도 훨씬 사양이 다양한데, 그 이유는 나사의 기능이 보다 많기 때문이다. 일반나사, 캡나사, 세트나사, 태핑나사 등이 나사의 유형에 속한다. 일반나사machine screw는 나사구멍 속으로 조립되어 들어가게 만들어진 보통의 나사를 말한다. 간혹 너트에 조립되는 경우도 있는데 이때는 볼트의 쓰임새와 겹치는 것이다. 캡나사capscrew는 형상 자체는 일반나사와 유사하지만 고강도의 금속으로 보다 정확한

그림 25.3 (a)세트나사를 이용해 축에 칼라를 조립, (b)다양한 세트나사 유형(출처: Fundamentals of Modern Manufacturing, 4th Edition by Mikell P. Groover, 2010. Reprinted with permission of John Wiley & Sons, Inc.).

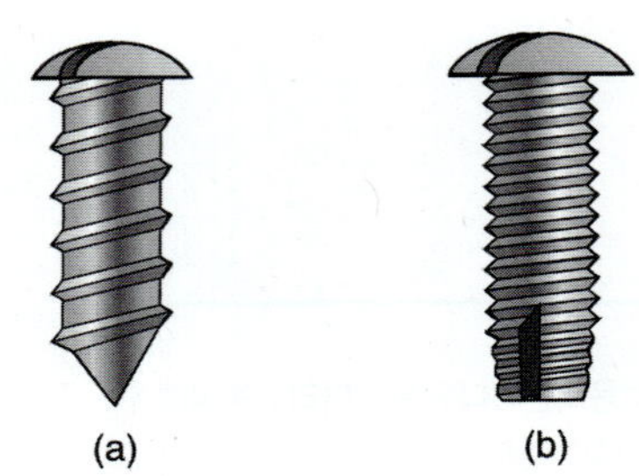

그림 25.4
태핑나사 (a)나사성형, (b)나사절삭(출처: Fundamentals of Modern Manufacturing, 4th Edition by Mikell P. Groover, 2010. Reprinted with permission of John Wiley & Sons, Inc.).

치수로 만든 것이다. 세트나사setscrew는 [그림 25.3(a)]와 같이 칼라collar, 기어, 풀리 등을 축에 체결시키는 조립기능을 발휘하기 위해 설계된 경화나사다. [그림 25.3(b)]는 세트나사의 다양한 형상 중 일부를 보여준다. 태핑나사self-tapping screw는 미리 만들어진 구멍 속을 돌아 들어가면서 성형 혹은 절삭의 방법으로 나사를 만들 수 있다. [그림 25.4]는 태핑나사의 2가지 나사 유형을 보여준다.

나사체결구는 대부분 냉간가공에 의해 생산된다(13.14절). 일부는 절삭에 의해 만들어지기도 하지만(16.2.2절과 16.3.2절), 이럴 경우 제조원가가 더 비싸게 된다. 다양한 재료가 나사체결구에 사용되는데, 우수한 강도를 가지며 저렴한 강이 가장 흔하게 사용된다. 합금강뿐만 아니라 저탄소강과 중탄소강이 흔히 채택된다. 강 재질의 나사체결구는 내부식성을 확보하기 위해 도금 혹은 코팅된다. 이러한 목적으로 니켈, 크롬, 아연, 흑산화black oxide, 기타 코팅 방법 등이 사용된다. 부식이나 다른 요인들로 인해 강 재질을 채택하는 것이 어려운 경우, 스테인리스강, 알루미늄합금, 니켈합금, 플라스틱(저응력을 받는 경우만 적합) 등의 다른 재료를 적용한다.

25.1.2 기타 나사체결구와 관련 부품들

추가적인 나사체결구와 관련되는 하드웨어는 스터드, 나사인서트, 구속나사체결구 그리고 와셔이다. 스터드stud는 볼트처럼 외부에 나사가 있는 부품이지만 머리는 없는

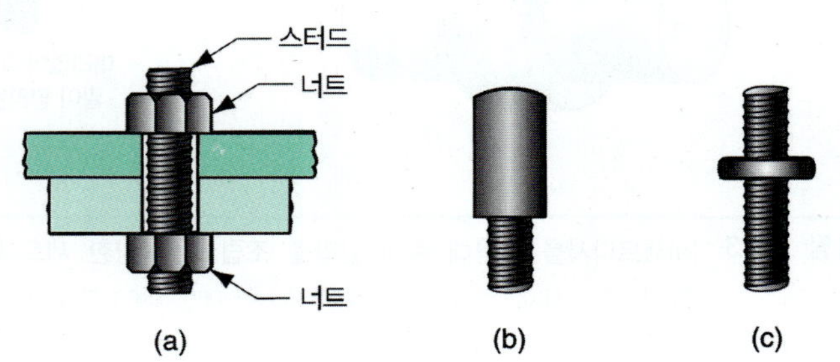

그림 25.5
(a)조립에 사용한 스터드와 너트, (b)한쪽에만 나사가 있는 스터드, (c)양끝에 나사가 있는 스터드(출처: Fundamentals of Modern Manufacturing, 4th Edition by Mikell P. Groover, 2010. Reprinted with permission of John Wiley & Sons, Inc.).

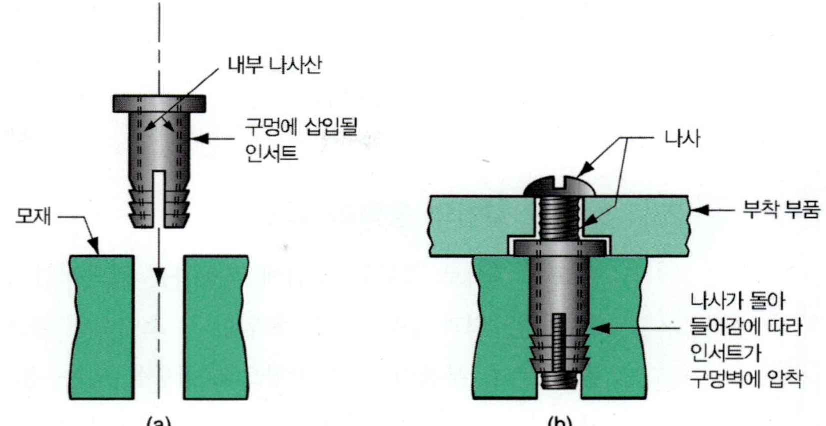

그림 25.6
나사인서트 (a)구멍 삽입 전, (b)구멍 삽입 후 나사가 인서트 속에 들어감(출처: Fundamentals of Modern Manufacturing, 4th Edition by Mikell P. Groover, 2010. Reprinted with permission of John Wiley & Sons, Inc.)

나사체결구다. 이것은 [그림 25.5(a)]와 같이 2개의 너트를 사용해 두 부품을 조립하기 위해 사용될 수 있다. [그림 25.5(b)와 (c)]는 각각 한쪽 끝에 나사가 있는 유형과 양쪽에 나사가 있는 유형을 보여준다.

나사인서트screw thread insert는 내부에 나사가 있는 마개나 코일로서 나사가 없는 구멍에 삽입 후 외부 나사체결구를 받아들이기 위해 사용되는 부품이다. 나사인서트는 강한 나사결합이 되기 위해 더 약한 재질(예, 플라스틱, 나무, 마그네슘 등의 경금속)로 만들어진다. 많은 유형의 나사인서트가 있는데, 그중 하나를 [그림 25.6]에 나타냈다. 나중 단계인 인서트 속 나사 삽입 과정에서 인서트 통이 구멍 안에서 확장되어 조립을 견고하게 해준다.

와셔washer는 나사체결구의 기계적 접합을 더 견고하게 하기 위해 추가로 사용되는 부품이다. 금속박판으로 만든 평평하고 얇은 단순한 링 형태를 가지고 있지만 다음과 같은 다양한 역할을 수행한다. (1)볼트와 나사 머리와 너트에 집중될 응력을 분산,

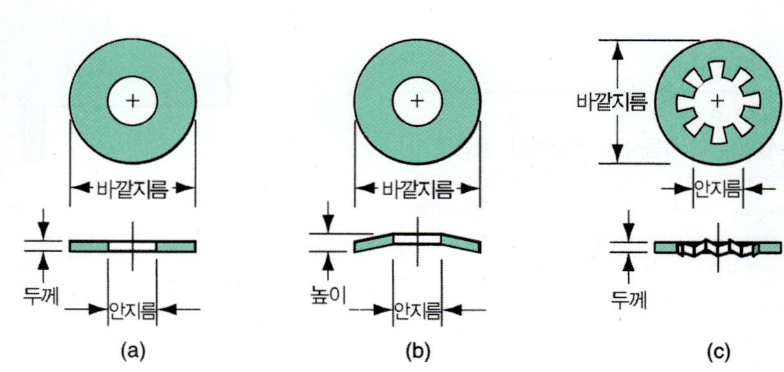

그림 25.7
와셔의 종류 (a)평와셔, (b)스프링와셔(진동흡수 혹은 마모 상쇄), (c)록와셔(볼트와 나사의 풀림 방지)(출처: Fundamentals of Modern Manufacturing, 4th Edition by Mikell P. Groover, 2010. Reprinted with permission of John Wiley & Sons, Inc.).

(2)조립품 내의 틈새가 큰 구멍에 대한 지지 제공, (3)스프링 장력을 증가, (4)부품 표면을 보호, (5)결합부를 밀봉, (6)풀림 방지. 3가지의 와셔 종류를 [그림 25.7]에 나타냈다.

25.1.3 볼트 결합의 응력과 강도

볼트나 나사로 결합된 부위에 작용하는 일반적인 응력은 [그림 25.8]에 묘사한 것처럼 인장응력과 전단응력을 포함한다. 조여지면 볼트는 인장력을 받고 부품은 압축력을 받는다. 부품의 다른 방향으로 하중을 받는 경우 볼트의 단면을 따라 추가로 전단력이 작용한다. 마지막으로, 너트와 맞물린 구간에서 볼트의 축과 평행한 방향으로 나사산에 작용하는 응력이 발생한다. 이 전단응력은 나사산의 마모stripping를 초래한다(너트의 경우 안쪽 나사에 같은 결합이 발생).

나사체결구의 강도는 보통 인장강도와 시험강도proof strength의 2가지 척도로 나타낼 수 있다. 시험강도란 대략 항복강도에 상당하며 외부 나사체결구에서 영구변형이 일어나지 않을 최대 인장응력을 의미한다. [표 25.1]에 강 볼트의 인장강도, 항복강도를 수록했다. 조립 중 발생할 수 있는 문제 중 하나는 나사체결구가 과도하게 조여져 체결구 재료의 강도보다 높은 응력을 일으키는 것이다. [그림 25.8]과 같은 볼트와 너트 조립을 가정하면 다음 중 하나의 파손이 일어날 수 있다. (1)바깥나사(볼트)의 마모, (2)안나사(너트)의 마모, (3)단면상의 과도한 인장응력으로 인한 볼트의 파괴,

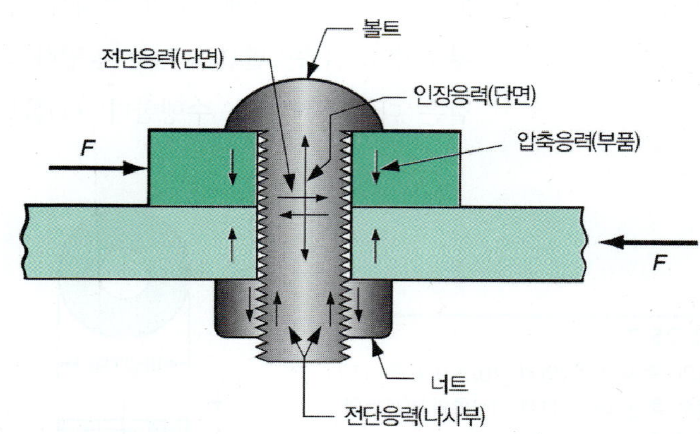

그림 25.8

볼트결합부에 작용하는 전형적인 응력(출처: Fundamentals of Modern Manufacturing, 4th Edition by Mikell P. Groover, 2010. Reprinted with permission of John Wiley & Sons, Inc.).

표 25.1 직경 6.4~38mm 범위의 강 볼트와 나사의 인장강도와 시험강도[13]

재질	시험강도		인장강도	
	MPa	lb/in^2	MPa	lb/in^2
저탄소강/중탄소강	228	33,000	414	60,000
합금강	830	120,000	1,030	150,000

파손. (1)과 (2), 즉 나사의 마모는 전단파손이라 할 수 있는데, 맞물림 길이가 너무 짧을 때(볼트공칭 지름의 60% 미만) 발생한다. 이러한 형상은 체결구를 설계할 때 적당한 나사 맞물림을 고려함으로써 피할 수 있다. 인장파손 (3)은 가장 흔한 문제다. 조이는 과정에서 인장응력과 비틀림응력이 결합되어 나타나기 때문에 볼트는 인장강도의 약 85% 정도에서 파괴된다[2]. 볼트가 받는 인장강도는 결합부에 작용하는 인장하중을 작용면적으로 나눠 구할 수 있다.

$$\sigma = \frac{F}{A_s} \tag{25.1}$$

여기서 σ=응력 MPa, F=하중 N, A_s=인장면적 mm^2이다. 이 응력이 [표 25.1]의 볼트강도 값과 비교된다. 나사체결구의 인장 면적이란 나사부의 단면적으로 말하는데, 미터표준 나사 혹은 미국표준 나사에 따라 다음 식들 중 하나를 이용해 바로 계산된다[2]. 미터표준에 대한 공식은

$$A_s = \frac{\pi}{4}(D - 0.9382p)^2 \tag{25.2}$$

여기서 D=볼트 혹은 나사의 공칭치수(기본적인 중요 직경) mm, p=나사피치 mm다. 미국(인치) 표준에 대한 공식은

$$A_s = \frac{\pi}{4}\left(D - \frac{0.9743}{n}\right)^2 \tag{25.3}$$

여기서 D=볼트 혹은 나사공칭치수(기본적인 중요 직경) mm, n=단위길이당 나사산의 수 threads/in다.

25.1.4 나사체결 방법과 공구

나사체결구를 조립하는 방법과 공구의 기본 기능은 암나사와 수나사의 상대적인 회전운동을 만드는 것과 조립이 견고하게 되기에 충분한 토크를 만들어주는 것이다.

이러한 목적의 공구는 간단한 수동 스크루 드라이버나 렌치부터 적절한 죔 강도에 맞춰주는 정밀한 센서를 내장한 전동 공구까지 매우 다양하다. 공구가 볼트, 너트, 나사의 형상과 크기에 잘 맞아야 하는 것이 중요한데, 그 이유는 나사체결구의 머리 모양이 다양하기 때문이다. 수공구는 대개 한 종류의 끝단이나 날을 가지고 있지만 전동 공구는 일반적으로 끝단을 교체할 수 있도록 만들어진다. 전동 공구는 공압, 유압 혹은 전기로 작동된다.

나사체결구가 의도된 목적을 제대로 수행하는가 하는 여부는 그것을 조이기 위해 가해지는 토크의 크기에 상당 부분 의존한다. 볼트나 나사(혹은 너트)가 부품 표면에 자리잡을 때까지 돌려지고 나서 추가로 더 조이게 되면 체결구의 인장력을 증가시키게 되고(동시에 조립되는 부품들의 압축력이 증가), 토크가 더 커짐에 따라 조임이 저항을 받게 된다. 따라서 체결구를 조이기 위한 토크와 이로 인해 발생되는 인장응력과는 상관관계가 존재한다. 조립부에서 원하는 특성을 얻고(예, 피로 저항의 증가) 나사체결구를 완전히 구속하기 위해서는 작용하는 인장력을 제품 설계자가 정한다. 이 힘을 선부하preload라 부른다. 다음 관계식이 일정한 선부하를 얻기 위해 필요한 토크를 결정하는데 사용된다[13].

$$T = C_t D F \tag{25.4}$$

여기서 T=토크 N-mm, C_t=토크계수(나사표면 조건에 따라 0.15~0.25의 값을 가짐), D=볼트나 나사의 공칭 직경 mm, F=정해진 인장력 N이다.

필요한 토크를 만드는 방법은 다음과 같다. (1)작업자의 감각: 그다지 정확하지는 않지만 대부분의 조립에서 적절함, (2)토크렌치, (3)멈춤 모터: 적절한 토크에 도달하면 정지되도록 설계된 전동 렌치, (4)토크회전 조임: 체결구를 초기에 적은 토크로 조인 다음 정해진 추가 양만큼 더 회전시킴.

25.2 리벳

리벳은 영구적인 기계적 결합을 위해 흔히 사용된다. 리벳팅은 고생산성, 단순성, 경제성을 제공하는 체결 방법이다. 이러한 장점이 있지만 최근 들어 나사체결구, 용접, 접착법 등에 비해 사용도가 점점 줄고 있다. 하지만 리벳팅은 항공우주산업에서 몸체를 골격 혹은 다른 구조물에 결합시키는 방법으로 여전히 사용되고 있다.

리벳rivet은 나사가 없고 머리만 있는 핀형 부품으로서, 두 부품(혹은 그 이상)의 구멍에 끼운 후 머리가 없는 반대쪽에 두 번째 머리를 성형(업세팅)시켜 부품을 결합시키는 방법이다. 변형 공정은 열간 혹은 냉간 가공으로 수행될 수 있고, 망치질이나 일정한 압력을 가한다. 리벳이 일단 변형되고 나면 한쪽 머리를 부수지 않고서는 제거될 수 없다. 리벳은 길이, 직경, 머리, 유형으로 규격 표시된다. 리벳 유형은 5가지 기본 형상으로 구분되는데, 이것에 따라 두 번째 머리를 성형하는 방법이 결정된다. 다섯 유형을 [그림 25.9]에 나타냈다. (a)일체형, (b)관상, (c)반관상, (d)분기형, (e)압축형으로 분류된다. 추가로 특정 목적을 위한 특수 리벳도 있다.

리벳은 주로 겹치기이음에 사용된다. 리벳이 삽입될 구멍의 직경은 리벳 직경과 거의 같아야 한다. 만일 구멍이 너무 작으면 리벳 삽입이 어려워져 생산성이 떨어지게 된다. 구멍이 너무 큰 경우에는 리벳이 구멍을 다 채울 수 없게 되어 반대쪽 머리를 만들 때 굽힘이 발생할 수 있다. 최적의 구멍 크기를 정하기 위해 리벳 설계표가 만들어져 있다.

리벳팅 방법과 공구는 다음 범주로 구분된다. (1)공압 해머를 통한 연속 타격으로 업세팅을 하는 충격식, (2)리벳팅 공구가 지속적인 압착력을 가하는 압축식, (3)충격과 압축의 조합식. 대부분의 리벳팅 장비는 휴대용이고 수동으로 작동된다. 자동 드릴링 리벳팅 기계는 구멍을 뚫은 후 리벳을 삽입하고 업세팅을 해주는 단계를 한 기계에서 가능하게 해준다.

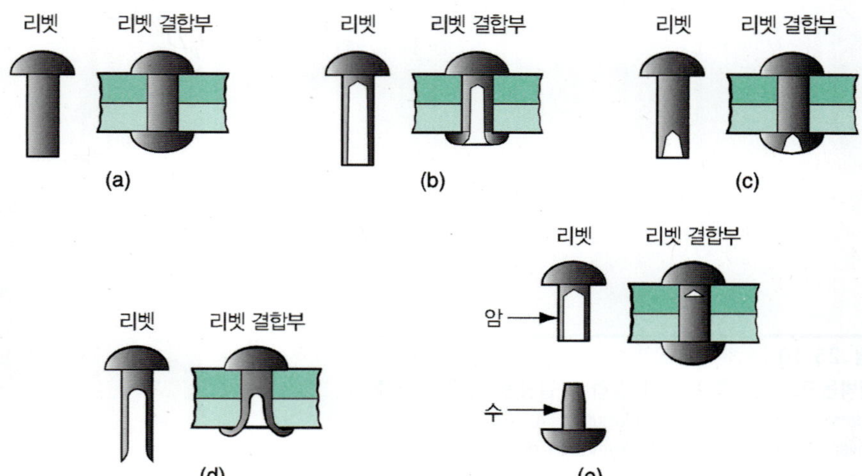

그림 25.9

5가지 기본 리벳 유형 (a)일체형, (b)관상, (c)반관상, (d)분기형, (e)압축형(출처: Fundamentals of Modern Manufacturing, 4th Edition by Mikell P. Groover, 2010. Reprinted with permission of John Wiley & Sons, Inc.).

25.3 간섭박음에 의한 조립법

결합할 두 부품 간의 기계적 간섭에 기초하는 조립 방법이 있다. 이 간섭은 조립 전 혹은 후에 발생할 수 있는데, 부품을 하나로 유지시켜주는 역할을 한다. 이러한 범주에 속하는 조립법에는 가압박음, 수축, 팽창박음, 스냅박음, 견제링이 있다.

가압박음 가압박음press fitting 조립품에서는 두 부품 간에 간섭박음 현상이 나타난다. 전형적인 경우는 일정한 직경을 가지는 핀(예, 곧은 원통형 핀)을 더 작은 직경을 가지는 구멍 속으로 밀어넣는 것이다. 상업적으로 유통되는 표준 핀 크기가 있는데, 다음과 같은 몇 가지 기능을 제공한다. (1)부품을 위치시켜 고정: 두 부품을 고정된 정렬점에 위치시켜 나사체결구를 강화, (2)피봇점: 한 부품이 다른 부품에 대해 회전하는 것을 허용, (3)전단핀이다. 전단핀을 제외하고는 경화된 핀이 보통 사용된다. 전단핀은 급격한 혹은 심한 전단 부하를 받을 경우 부서져 나머지 조립품을 보호하기 위해 조립품보다 더 연한 금속을 사용한다. 가압박음은 칼라collar, 기어, 풀리와 이들과 유사하게 축에 들어가는 부품의 조립에도 사용된다.

간섭박음의 압력과 응력은 몇 가지 공식에 의해 추정될 수 있다. [그림 25.10]과 같이 칼라(혹은 유사 부품) 속의 원형핀 혹은 축으로 구성되는 박음이고, 부품들이 동일한 재료일 경우에는 핀과 칼라의 반경방향 압력이 다음과 같이 결정될 수 있다[13].

$$p_f = \frac{Ei\left(D_c^2 - D_p^2\right)}{D_p D_c^2} \tag{25.5}$$

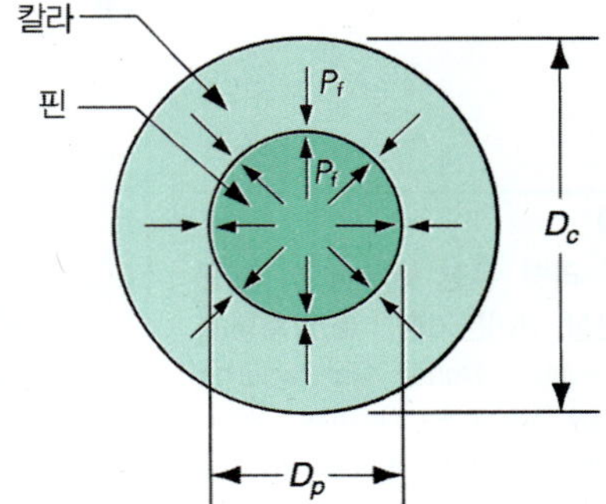

그림 25.10
간섭박음으로 핀 혹은 축이 칼라에 결합된 단면 모습(출처: Fundamentals of Modern Manufacturing, 4th Edition by Mikell P. Groover, 2010. Reprinted with permission of John Wiley & Sons, Inc.).

여기서 p_f=반경방향 혹은 간섭박음 압력 MPa, E=사용재료의 탄성계수, i=핀(혹은 축)과 칼라 사이의 간섭치, 즉 칼라의 내경과 핀의 외경의 초기 차이값 mm, D_c=칼라의 외경 mm, D_p=핀 혹은 축 직경 mm다. 최대 유효응력은 칼라의 내부 직경에서 발생하며 다음과 같이 계산할 수 있다.

$$\text{Max}\,\sigma_e = \frac{2p_f D_c^2}{D_c^2 - D_p^2} \tag{25.6}$$

여기서 Max σ_e=최대 유효 응력 MPa, p_f=식 (33.5)로 계산되는 간섭박음 압력이다. 직선핀이나 축이 칼라가 아닌 형상을 가지는 대형 부품의 구멍 속으로 박혀 들어가는 상황에서는 외경 D_c를 무한대로 바꿔 이전 식에 적용하면 간섭압력의 공식이 다음과 같이 줄어든다.

$$p_f = \frac{Ei}{D_p} \tag{25.7}$$

이 경우 최대 유효 응력은 다음과 같다.

$$\text{Max}\,\sigma_e = 2p_f \tag{25.8}$$

대부분의 경우, 특히 연성재료의 경우 최대 유효응력이 재료의 항복강도와 비교되는데, 적절한 안전계수를 고려하면 다음과 같다.

$$\text{Max}\,\sigma_e \le \frac{Y}{SF} \tag{25.9}$$

여기서 Y=재료의 항복강도, SF=적용 안전계수다.

간섭박음을 위해 다양한 핀 형상이 사용될 수 있다. 기본 유형은 직선핀straight pin인데, 냉간인발된 탄소강 선이나 봉으로부터 만들어지고, 직경은 1.6~25.0mm 정도다. 연마는 되어 있지 않고, 끝단은 모따기가 되어 있거나 직각이다(모따기는 가압박음을 수월하게 해줌). 다우얼핀dowel pin은 직선핀보다 더 정밀하게 제조되는데, 연마와 경화가 되어 있다. 이것은 금형, 치공구 등에서 조립을 위한 정렬을 위해 사용된다. 테이퍼핀taper pin은 3cm 당 6.4mm 정도의 테이퍼를 가지고 있어 구멍에 삽입되어 부품 간의 고정된 상대 위치를 만들어준다. 구멍 밖으로 쉽게 배출될 수 있다는 것이 장점이다.

수축박음과 팽창박음 이 두 방법은 상온에서 두 부품을 간섭박음에 의해 조립할 때 사용된다. 칼라로 들어가는 원통형 핀 혹은 축이 대표적인 경우다. 수축박음shrink fitting에 의해 조립하기 위해서는 외부 부품이 열에 의해 팽창되도록 가열하고, 내부 부품은 상온으로 두거나 수축을 위해 냉각시킨다. 그 다음에 두 부품을 조립시키고, 외부 부품이 수축되도록 상온으로 되돌려준다. 내부 부품을 냉각시킨 경우에는 이것이 상온에서 확장되어 더 강한 간섭이 일어난다. 내부 부품만을 냉각한 경우는 팽창박음expansion fit이라 부른다. 즉, 조립할 부품 속으로 삽입된 후 상온으로 온도가 올라감에 따라 팽창되어 간섭된 조립을 이루게 된다. 이들 조립 방법은 기어, 풀리, 슬리브 등의 부품을 축에 조립할 때 이용된다.

부품의 직경을 변화시키기 위한 가열과 냉각 방법에는 여러 가지가 있다. 가열 장비로는 토치, 노, 전기저항히터, 전기유도히터 등이 사용된다. 냉각 방법에는 냉장고, 드라이아이스, 액화질소와 같은 냉각 액체 등이 포함된다. 직경의 변화는 재료의 열팽창계수와 가해지는 온도 차이에 따라 달라진다. 가열과 냉각에 의해 전 부품에 걸쳐 균일한 온도 분포를 가정하면 직경변화는 다음과 같다.

$$D_2 - D_1 = \alpha D_1 (T_2 - T_1) \qquad (25.10)$$

여기서 α=재료의 선형열팽창계수 mm/mm-°C(표 3.10), T_2=부품이 가열된 혹은 냉각된 온도 °C, T_1=시작(주변)온도 °C, $D_2 = T_2$에서의 부품 직경 mm, $D_1 = T_1$에서의 부품 직경 mm다.

간섭압력과 유효응력 계산을 위한 식 (25.5)~(25.9)가 수축, 팽창박음에 대해 사용될 수 있다.

스냅핏과 구속링 스냅핏snap fit은 간섭박음이 변형된 것으로서, 짝을 이루는 요소가 힘을 받으며 만날 때는 간섭을 일으키다가 조립된 후에는 맞물림interlock이 생기는 조립법이다. [그림 25.11]이 대표적인 예인데, 부품들이 서로 힘을 받게 되면 간섭에 적응하기 위해 짝을 이루는 부분이 탄성적으로 변형되어, 결과적으로 두 부품이 하나로 맞물리게 된다. 일단 자리를 잡으면 부품이 기계적으로 연결되어 쉽게 분해되지 않는다. 일반적으로 조립 후에 약간의 간섭이 존재하도록 부품이 설계된다.

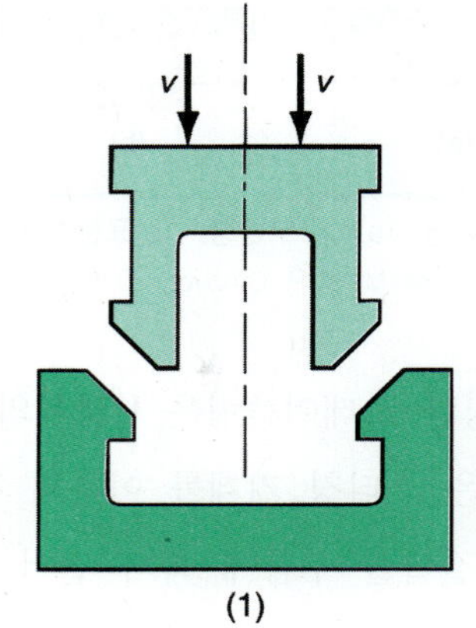

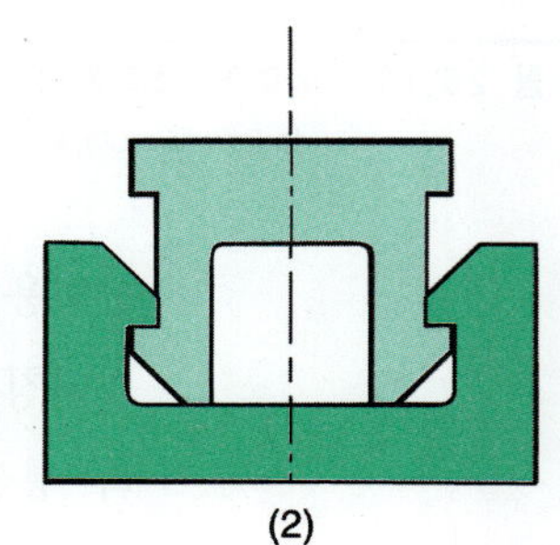

그림 25.11

스냅핏 조립 대상 두 부품 (1)조립 전, (2)합체 후(출처: Fundamentals of Modern Manufacturing, 4th Edition by Mikell P. Groover, 2010. Reprinted with permission of John Wiley & Sons, Inc.).

스냅핏 조립의 장점은 (1)자체 정렬 특성을 갖는 부품의 설계 가능, (2)특별한 공구가 불필요, (3)신속한 조립 등을 들 수 있다. 스냅핏 방법은 초창기에 산업용 로봇에 이상적으로 적합한 조립법으로 인식되었는데, 로봇에 적합한 조립기술이면 인간에게도 잘 맞는다고 할 수 있다.

구속링retaining ring 혹은 스냅링snap ring은 [그림 25.12]에서와 같이 축 혹은 관의 원주를 따라 형성되어 있는 홈에 맞춰지는 체결구다. 이것은 축 상에 부착되는 부품을 위치시키거나 움직임을 구속하기 위해 사용된다. 외부용(축)과 내부용(구멍) 구속링으로 나눌 수 있다. 금속박판이나 선재로부터 만들어지고, 경도와 인성을 위해 열처리되어진다. 구속링을 조립하기 위해서는 특수 플라이어 공구를 사용해 탄성적인 변형을 주어 축 상에(혹은 구멍 속으로) 박아 넣은 후 홈 속에서 풀어주게 된다.

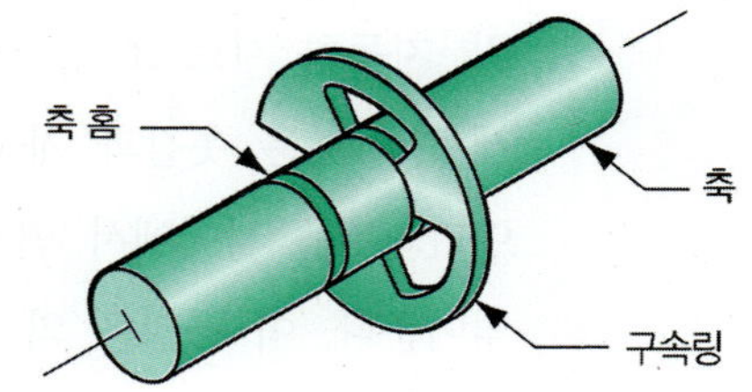

그림 25.12

축 홈에 조립된 구속링(출처: Fundamentals of Modern Manufacturing, 4th Edition by Mikell P. Groover, 2010. Reprinted with permission of John Wiley & Sons, Inc.).

25.4 기타 기계적 체결 방법

위에서 설명한 기계적 조립기술 외에 체결구를 사용하는 방법으로 몇 가지가 더 있다. 여기에는 스티칭, 스테이플링, 재봉, 코터핀 등이 포함된다.

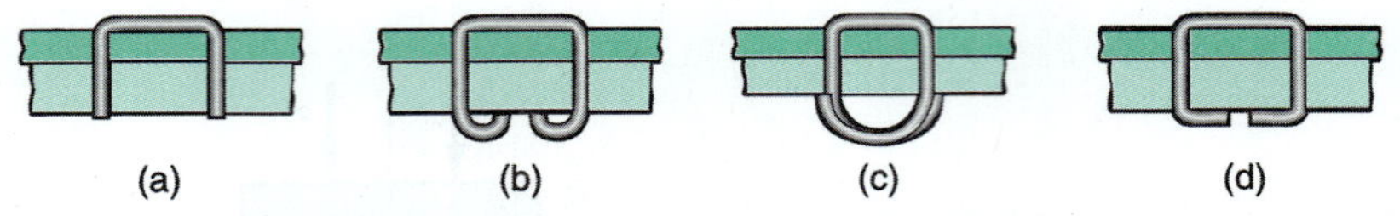

그림 25.13 와이어 스티치의 일반적 유형 (a)비구부림형. (b)표준루프형. (c)우회루프형. (d)평구부림형(출처: Fundamentals of Modern Manufacturing, 4th Edition by Mikell P. Groover, 2010. Reprinted with permission of John Wiley & Sons, Inc.).

산업용 스티칭과 스테이플링은 U자형의 금속 체결구를 사용하는 유사한 공정이다. 스티칭stitching은 스티칭 기계를 이용해 강선으로부터 U자형 스티치를 한 번에 하나씩 형성시켜 결합할 부품에 즉시 밀어 넣는 체결 공정이다. [그림 25.13]은 와이어 스티치의 몇 가지 유형을 보여준다. 결합할 부품은 스티치에 맞으면서 비교적 얇은 것이 적합하고, 금속과 비금속 재질의 다양한 조합의 조립에 응용될 수 있다. 산업용 스티칭의 영역은 경량의 금속박판 조립품, 금속경첩, 전기적 연결, 잡지제본, 골판지상자, 최종 제품 포장 등을 포함한다. 여기서 스티칭이 선호될 수 있는 조건은 고속 공정의 요구, 부품에 구멍을 미리 내는 것이 없어야 할 경우, 부품을 둘러싸는 체결구가 필요한 경우 등이다.

스테이플링stapling에서는 U자형 스테이플이 결합할 두 부품에 펀치되어 관통한다. 스테이플은 편리한 연속 스트립strip 형태로 공급된다. 개별 스테이플은 가볍게 접착되어 스트립을 형성하고 있지만 스테이플링 공구에 의해 쉽게 분리될 수 있다. 스테이플은 공작물 속으로 삽입이 원활히 이뤄지도록 다양한 끝단 형상을 가질 수 있다. 일반적으로 휴대용 공압 건을 사용해 공정이 이뤄지는데, 이것은 수백 개의 스테이플로 구성되는 스트립을 장착할 수 있다. 적용 분야는 가구와 실내 장식용품의 조립, 자동차 시트 조립, 경량의 금속박판, 플라스틱 조립작업 등이다.

재봉sewing은 옷감과 가죽과 같은 부드럽고 유연한 부품을 결합하는 일반적인 방법이다. 부품 사이에서 연속적인 이음매를 만들어주기 위해 긴 실이나 끈으로 부품을 엮어준다. 이 공정은 의류를 취급하는 산업에서 널리 사용되고 있다.

코터핀cotter pin은 [그림 25.14]처럼 반원의 와이어로부터 만들고, 두 다리로 이뤄진 끝단을 가지는 체결구다. 직경은 0.8~19mm 정도까지로 다양하고, 끝단의 형상도 그림에서와 같이 몇 가지가 있다. 코터핀은 짝이 되는 두 부품의 구멍에 삽입된 후 두 다리를 벌려 조립품을 고정시키게 된다. 축이나 유사한 부품에 다른 부품을 고정시키는 목적으로 사용된다.

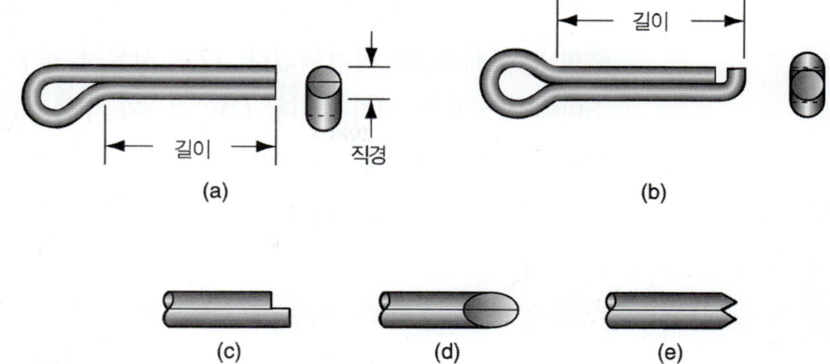

그림 25.14
코터핀 (a)오프셋 머리와 표준 끝단, (b) 대칭 머리와 망치잠금 끝단, (c)사각 끝단, (d)주교관형 끝단, (e)정 끝단(출처: Fundamentals of Modern Manufacturing, 4th Edition by Mikell P. Groover, 2010. Reprinted with permission of John Wiley & Sons, Inc.).

25.5 몰딩인서트와 복합체결구

이 방법들은 주조, 몰딩, 판금성형 등과 같은 공정을 통해 조립 부품 중 하나를 성형해 부품 간에 영구 결합을 만드는 방법이다.

몰딩과 주조용 인서트 이 방법은 플라스틱 몰딩이나 금속 주조에 앞서 주형 속에 하나의 부품을 인서트insert시켜 몰딩 혹은 주물과 일체화된 영구적 부품으로 만드는 방법이다. 분리된 부품으로 만들어 삽입하는 것이 형상을 몰딩을 통해 얻는 것보다 유리한 경우는 인서트의 우수한 특성(예, 강도)이 필요한 경우와 얻고자 하는 제품 형상이 너무 복잡해 주형 내에 그 형상을 만들기 어려운 경우 등이다. 이러한 인서트의 예로는 내부에 나사가 있는 부싱과 너트, 외부에 나사가 있는 스터드, 베어링, 전기접점 등이다. 이들 중 일부를 [그림 25.15]에 나타냈다. 내부 나사 인서트를 사용할 때는 용융 재료가 나사구멍으로 흘러들어가는 것을 방지하기 위해 나사핀과 함께 주형 속에 넣어야만 한다.

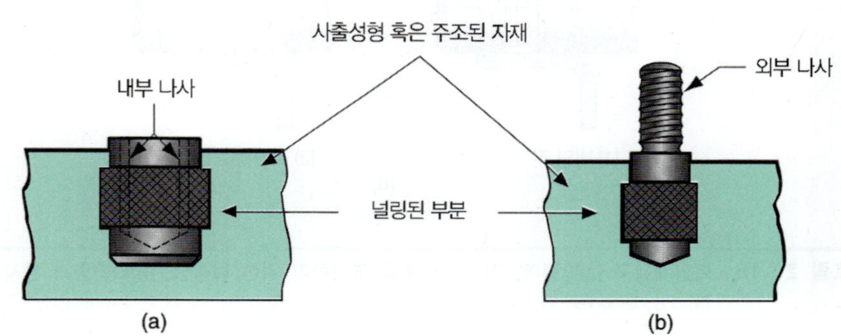

그림 25.15
몰딩인서트의 예(출처: Fundamentals of Modern Manufacturing, 4th Edition by Mikell P. Groover, 2010. Reprinted with permission of John Wiley & Sons, Inc.).

인서트를 주형 속에 사용하는 것은 생산에 있어 다음과 같은 단점을 야기시킨다. (1) 주형의 설계가 더 어려워진다, (2)인서트를 공동 속에서 자리잡게 하는데 시간을 소비해 생산율을 저하시킨다, (3)인서트가 주물 혹은 몰딩제품에 대해서는 이물질인 셈이므로 결합제품의 경우 주물금속 혹은 플라스틱을 재생하기 어렵다. 이러한 단점이 있을지라도 인서트 사용이 가장 기능적인 설계와 가장 경제적인 생산 방법이 되곤 한다.

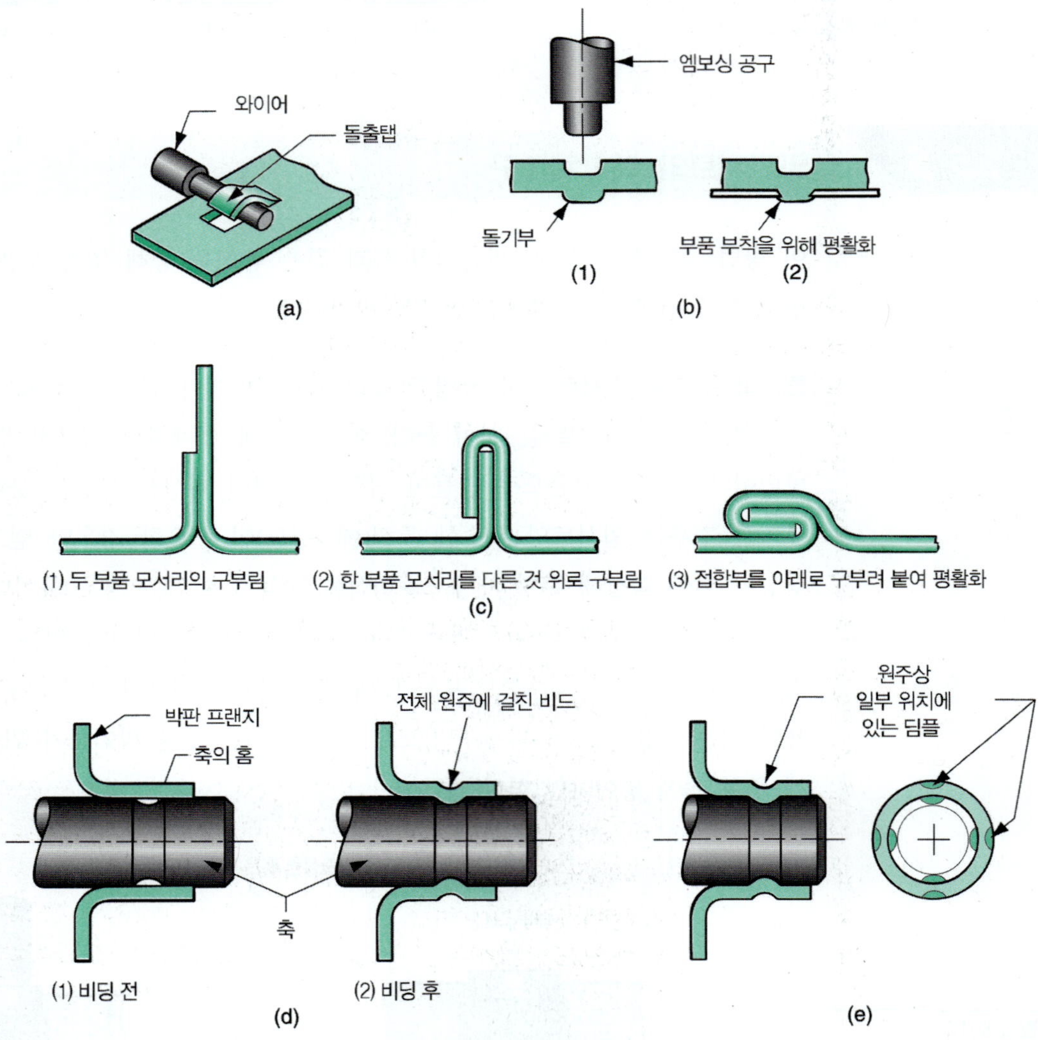

그림 25.16 복합체결구 (a)박판에 와이어나 축을 부착하기 위한 돌출탭, (b)리벳팅과 유사한 돌기부, (c)시밍, (d)비딩, (e)딤플링(출처: Fundamentals of Modern Manufacturing, 4th Edition by Mikell P. Groover, 2010. Reprinted with permission of John Wiley & Sons, Inc.).

복합체결구 복합체결구integral fasteners는 변형을 통해 인터록interlock과 기계적인 체결 부위를 만들어낸다. 이 조립방법은 금속박판 부품산업에서 가장 흔히 찾아볼 수 있다. [그림 25.16]에서와 같이 복합체결구를 응용하는 가능한 방법으로는 (a)와이어나 축을 박판부품에 부착시키는 돌출탭lanced tab, (b)돌기를 한쪽 부품에 만들고, 다른쪽 부품은 밋밋하게 만들어 조립하는 돌기부embossed protrusions, (c)두 박판 부품의 모서리들 혹은 동일한 부품의 반대편 모서리를 구부려 체결 이음매를 만드는 시밍seaming, (d)속이 빈 관 형태의 부품을 그보다 직경이 작은 축(혹은 원동형 부품)에 끼운 후 축에 난 홈을 따라 부품을 안으로 변형시켜 두 부품 간의 간섭을 원주를 따라 유발시키는 비딩beading, (e)안쪽 부품을 구속시키기 위해 바깥쪽 부품을 오목한 원형 부위들이 생기도록 변형시키는 딤플링dimpling 등이 있다.

크림핑crimping은 또 다른 복합체결법으로서 한쪽 부품의 끝이 결합될 부품 위에서 변형되는 조립방법이다. 전기단자의 배럴barrel을 전기선 상에서 압착시키는 경우가 가장 흔한 예가 된다.

25.6 조립 고려설계

조립 고려설계Design for Assembly: DFA는 최근 들어 많은 주목을 받아오고 있는데, 그 이유는 많은 제조업체의 노동비 중 조립공정의 비중이 상당히 크기 때문이다. 성공적인 조립품 설계의 핵심은 다음과 같이 간단히 기술될 수 있다[3]. (1)부품수를 최소화해 제품을 설계하고, (2)쉽게 조립되도록 부품을 설계한다. 제품의 개별 부품수는 제품설계 단계에서 결정되고 부품들이 조립되는 방법도 결정되기 때문에 조립비용의 상당 부분은 제품설계 단계에서 정해진다. 이들 결정이 이뤄지면 조립비용에 영향을 주는 다른 일은 거의 없다(공정을 제대로 수행하도록 관리하는 일은 제외).

이 절에서는 제품설계에서 조립을 원활히 하기 위해 적용할 수 있는 원칙에 대해 설명한다. 이들 원칙 중 대부분은 기계조립을 위해 개발된 것이고, 일부만이 다른 조립 분야에 적용될 수 있다. 조립 고려설계에 대한 연구는 산업체에서 자동조립시스템의 활발한 사용에 따라 발전되어왔다. 따라서 두 절로 나눠 설명하면, 첫 번째는 DFA의 일반적 원칙이고 두 번째는 자동조립을 위한 설계에 관한 것이다.

25.6.1 조립 고려설계의 일반 원칙

일반 원칙 중 대부분이 수동과 자동 조립 모두에 적용 가능하다. 이들의 목표는 가장 간단하고 가장 저렴한 방법으로 요구되는 설계의 기능성을 확보하는 것이다. 다음의 원칙들은 참고문헌 [1], [3], [4,], [6]에서 정리한 것이다.

필요한 조립 작업의 양을 줄이기 위해 가능한 부품수를 줄여라. 이 원칙은 개별 부품들을 통해 얻을 기능들이 동일한 부품 속에서 이뤄지도록 결합함으로써 달성된다(예, 판금재 부품들의 조립품을 하나의 플라스틱 사출성형품으로 대체).

필요한 나사체결구의 수를 줄여라. 개별적인 나사체결구를 사용하는 대신 스냅핏, 구속링, 복합체결구, 이들과 유사한 체결 메커니즘을 사용해 보다 신속한 조립이 이뤄지도록 한다. 나사체결구는 꼭 필요한 경우(예, 분해나 조정이 필요한 경우)에만 사용한다.

체결구를 표준화하라. 제품에 필요한 체결구의 크기와 유형의 숫자를 줄이기 위한 것이다. 표준화에 의해 주문과 재고 문제가 줄어들게 되고, 조립 작업자가 많은 개별 체결구를 일일이 구별해야 할 필요가 없어지고, 작업장이 단순화되며 체결공구의 다양성도 줄어든다.

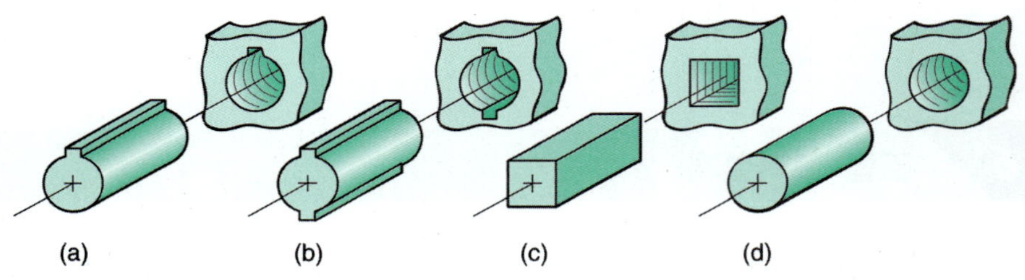

그림 25.17 대칭 부품이 삽입하여 조립하기가 용이 (a)삽입을 위해 단지 하나의 방향만 가능, (b)두 방향이 가능, (c)네 방향이 가능, (d)무한개의 회전 방향(출처: Fundamentals of Modern Manufacturing, 4th Edition by Mikell P. Groover, 2010. Reprinted with permission of John Wiley & Sons, Inc.).

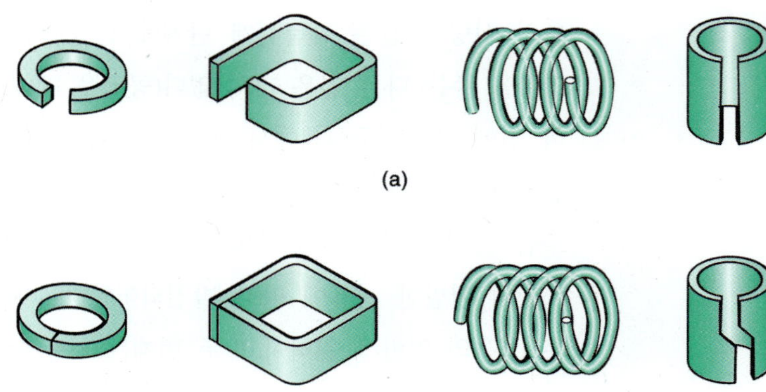

그림 25.18 (a)얽히기 쉬운 부품 형상, (b)얽힘을 방지하기 위해 설계된 부품(출처: Fundamentals of Modern Manufacturing, 4th Edition by Mikell P. Groover, 2010. Reprinted with permission of John Wiley & Sons, Inc.).

부품방향성의 난이도를 줄여라. 부품을 대칭으로 설계하고 비대칭성 특징 형상을 최소화함으로써 일반적인 방향성 문제를 줄일 수 있다. 이러한 방법으로 조립 시 부품 취급과 삽입을 더 쉽게 할 수 있다. 이 원칙을 [그림 25.17]에 나타냈다.

부품의 얽힘을 피하라. 일부 부품 형상은 부품 용기 속에서 얽힘을 유발해 조립 작업자를 어렵게 만들거나 자동공급기를 정지시킬 수 있다. [그림 25.18]과 같이 고리, 구멍, 홀, 컬(curl) 등을 가지고 있는 부품에서 이러한 경향이 더 잘 나타난다.

25.6.2 자동조립을 위한 설계

수동조립을 위한 방법들이 자동조립을 위해서도 반드시 최적의 방법은 아니다. 작업자에 의해 수행되는 일부 조립공정은 자동화하기 위해서는 상당히 어려운 부분이 있다(예: 볼트와 너트의 조립). 조립공정을 자동화하기 위해서는 기계에 의한 삽입과 결합 기술이 가능하고 인간이 지닌 감각, 숙련도, 지능이 필요 없는 부품체결 방법을 제품설계 시 정한다. 다음은 자동조립을 가능하게 해줄 수 있는 제품설계 원칙이다[6], [10].

제품설계에 있어 모듈을 사용하라. 자동조립시스템이 수행하는 세부 작업수가 증가할수록 시스템의 신뢰성이 떨어진다. 이 신뢰성 문제를 줄이기 위해 Riley[10]는 단일 조립시스템 상에서 생산될 수 있는 최대 12 혹은 13 부품의 모듈 혹은 반조립품으로 구성되는 모듈화된 제품설계를 제안했다. 또한 반조립품은 다른 부품이 더해질 수 있는 기초부품을 기준으로 설계되어야 한다.

한 번에 다수 부품이 취급될 필요를 줄여라. 자동조립이 실현되기 위해서는 동일한 작업장에서 다수의 부품이 동시에 취급되어 체결되는 것보다는 다른 여러 작업장으로 공정들을 분리시키는 것이 더 좋다.

필요한 접근 방향을 제한하라. 반조립품에 새로운 부품이 합쳐질 방향의 수를 최소화하는 것을 의미한다. 이상적으로 가능하다면 모든 부품을 위로부터 수직으로 합쳐져야 한다(중력의 이용).

고품질의 부품을 사용하라. 자동조립시스템이 높은 성능을 발휘하기 위해서는 시종일관 좋은 품질의 부품이 각 작업장에서 더해져야 한다. 나쁜 품질의 부품은 공급과 조립 메커니즘의 정지를 초래할 수 있다.

스냅핏 조립을 사용하라. 나사체결구의 필요성을 제거하고 조립방법이 보통 위로부터의 단순한 삽입으로 끝나게 된다. 이를 위해서는 삽입과 체결이 쉽게 될 수 있는 특수한 요철 형상이 부품에 설계되어야 한다.

참고문헌 References

[1] Adreasen, M., Kahler, S., and Lund, T. *Design for Assembly.* Springer-Verlag, New York, 1988.

[2] Blake, A. *What Every Engineer Should Know About Threaded Fasteners.* Marcel Dekker, New York, 1986.

[3] Boothroyd, G., Dewhurst, P., and Knight, W. *Product Design for Manufacturing and Assembly,* 2nd ed. CRC Taylor & Francis, Boca Raton, Florida, 2001.

[4] Bralla, J. G.(Editor-in-Chief). *Design for Manufacturability Handbook,* 2nd ed. McGraw-Hill Book Company, NewYork, 1998.

[5] Dewhurst, P., and Boothroyd, G. "Design for Assembly in Action," *Assembly Engineering,* January 1987, pp. 64-68.

[6] Groover, M. P. *Automation, Production Systems, and Computer Integrated Manufacturing,* 3rd ed .Pearson Prentice-Hall, Upper Saddle River, New Jersey, 2008.

[7] Groover, M. P., Weiss, M., Nagel, R. N., and Odrey, N. G. *Industrial Robotics: Technology, Programming, and Applications.* McGraw-Hill Book Company, New York, 1986.

[8] Nof, S. Y., Wilhelm, W. E., and Warnecke, H-J. *Industria lAssembly.* Chapman & Hall, New York, 1997.

[9] Parmley, R. O. (ed.). *Standard Handbook o fFastening and Joining,* 3rd ed .McGraw-Hill Company, New York,1997.

[10] Riley, F. J. *Assembly Automation, A Management Handbook,* 2nd ed. Industrial Press, NewYork,1999.

[11] Speck, J. A. *Mechanical Fastening, Joining, and Assembly.* Marcel Dekker, New York,1997.

[12] Whitney, D. E. *Mechanical Assemblies.* Oxford University Press, New York, 2004.

[13] Wick, C., and Veilleux, R. F. (eds.). *Tool and Manufacturing Engineers Handbook,* 4th ed., Vol IV, *Quality Control and Assembly.* Society of Manufacturing Engineers, Dearborn, Michigan, 1987.

복습문제 Review Questions

25.1 기계적 조립방법은 다른 접합 방법들(예, 용접, 경납땜)과 어떤 차이가 있는가?

25.2 조립품이 분해되어야 할 경우가 필요한 이유는?

25.3 나사와 볼트의 기술적 차이점은 무엇인가?

25.4 나사 체결구로서 스터드란 무엇인가?

25.5 토크회전 조임(torque-turn tightening)이란 무엇인가?

25.6 나사체결구에 적용하는 용어로서 항복강도의 정의는?

25.7 나사체결구가 조여지는 동안 파손되는 유형 3가지는 무엇인가?

25.8 리벳이란 무엇인가?

25.9 수축박음과 팽창박음의 차이점은?

25.10 스냅핏의 장점들은?

25.11 산업용 스티칭과 스테이플링의 차이점은?

25.12 복합체결구란 무엇인가?

25.13 조립 고려설계의 일반적인 원칙과 지침을 열거하라.

25.14 자동조립에 특별히 적용될 원칙과 지침을 열거하라.

연습문제 PROBLEMS

25.1 직경 5mm의 볼트가 250N의 선부하력을 생성하도록 조여지고 있다. 토크계수가 C=0.23이라면 가해야 할 토크는 얼마인가?

25.2 10×1.5 미터나사(직경 10mm, 피치 1.5mm)가 나사구멍에 돌려 들어가 300MPa인 항복강도의 반으로 조여진다. 토크계수가 C=0.18이라면 사용할 최대 토크는 얼마인가?

25.3 16×2 미터나사(직경 16mm, 피치 2mm)가 조여지는 동안 12N-m의 토크를 받는다. 토크계수가 C=0.20인 경우 볼트의 인장응력을 계산하라.

25.4 1/2-13 나사에 인장력 1000lb의 선부하력이 걸려 있다. 토크계수는 0.22이다. 볼트를 조이는데 사용되어야 하는 토크를 결정하라.

25.6 설계자가 특정한 적용을 위해 3/8-16(3/8 나사 지름, 16 나사산/in) 저탄소강 볼트는 시험 응력 33000lb/in^2([표 25.1] 참조)을 받는 것으로 규정했다. 토크계수가 0.25라면 최대 토크는 얼마인지 결정하라.

25.7 강철(탄성계수 E=209,000MPa)로 만든 다우얼핀이 강재 칼라에 가압박으로 들어간다. 핀의 공칭직경은 13.0mm이고, 칼라의 외경은 250mm다. (a)축의 외경과 칼라의 내경 사이의 간섭량이 0.02mm일 경우, 반경방향 압력과 최대 유효응력을 계산하라, (b)칼라의 외경을 35.0mm로 증가시킬 경우 반경방향 압력과 최대 유효응력에 미치는 영향을 결정하라.

25.8 알루미늄(탄성계수 E=6.900MPa) 기어가 55mm의 지름을 가지고 있다. 기어의 공칭 내부 지름은 30mm이고 간섭은 0.1mm다. (a)샤프트와 기어 사이의 반경방향 압력, (b)기어의 내경부에 작용하는 최대 유효응력은 얼마인가?

25.9 철로 된 칼라(collar)가 철로 된 축에 가압박음되어 있다. 철의 탄성계수는 30×106lb/in^{2}이다. 칼라는 내부 반경이 2.498in이고 축은 외경이 2.500in이다. 칼라의 외경은 4.000in이다. 조립체의 반경방향(간섭) 압력과 칼라의 내부 반경에서의 최대 유효응력을 구하라.

25.10 어떤 금속의 항복 강도가 50,000lb/in^{2}이고, 탄성계수는 22×10^{6}lb/in^{2}이다. 가압박음 조립체의 바깥쪽 링과 축으로 이 금속이 사용된다. 이 링의 공칭 내경은 1.000in이고 외경은 2.50in이다. 안전계수가 2.0일 때 이 조립체에 사용되어져야 하는 최대 간섭을 결정하라.

25.11 상온(21℃)에서 직경이 40.0mm인 알루미늄 축이 있다. 알루미늄의 열팽창계수는 1℃당 24.8×10^{-6}mm/mm이다. 이 축을 팽창박음으로 구멍에 넣기 위해 0.20mm만큼 직경을 줄여야 한다면 축이 냉각되어야 할 온도는 얼마인가?

25.12 상온(21℃)에서 안지름이 30mm, 바깥지름이 50mm인 강철 링이 있다. 강의 열팽창계수는 1℃당 12.1×10^{-6}mm/mm이다. 이 링이 500℃로 가열되었을 때 안지름을 구하라.

25.13 강철 칼라가 실온 70°F에서 700°F까지 가열된다. 이 칼라의 내경이 1.000in이고 외경이 1.625in이다. 1°F 당 강의 열팽창계수가 6.7×10^{-6}in/in이라면 칼라의 내경의 증가량을 결정하라.

25.14 상온에서 외경이 3.000in인 강철 칼라를 실온 상태에 있던 강철 축을 가열해 수축 박음(shrink fit)하려 한다. 축의 직경은 1.500in이다. 칼라가 1,000°F로 가열될 때 조립의 용이성을 위해 축과 칼라의 간극이 0.007in가 되어야 한다. (a)이 간극을 만족시킬 수 있는 칼라의 초기 내경, (b)반경방향 압력, (c)실온에서 간섭을 초래할 수 있는 최대 유효응력을 결정하라. 강의 경우 탄성계수는 30,000,000lb/in^2, 1°F당 열팽창계수는 6.7×10^{-6}in/in이다.

8부

특수 공정 및 조립 기술

Engineering Materials and Product Attributes 1

Solidification Processes 2

Particulate Processing of Metals and Ceramics 3

Metal Forming and Sheet Metalworking 4

Material Removal Processes 5

Property Enhancing and Surface Processing Operations 6

Joining and Assembly Processes 7

Special Processing and Assembly Technologies 8

Systems Topics in Manufacturing 9

CHAPTER

26

쾌속조형

RAPID PROTOTYPING

이 장에서는 [그림 1.3]에서 명확하게 구분되지 않은 몇 가지 공정 및 조립기술에 대해 다룬다. 이 기술들은 전통적인 생산과 조립과정으로부터 변화되어 오거나 설계자 또는 생산자의 특별한 기능 혹은 요구를 충족시키기 위해 개발되었다. 이 장에서 다루는 쾌속조형은 가능한 짧은 시간에 모델, 부품 혹은 도구를 제작하는 공정들을 일컫는다. 27장에서는 매우 작은 부품이나 제품을 생산하는 기술들에 대해 다룬다. 마이크로 제작기술(미세 가공공정)은 마이크로미터 크기(10^{-6}m)의 물건을 만드는데 이용되고, 반면 나노 제작기술은 나노미터 크기(10^{-9}m)의 제품의 제작에 적용된다.

쾌속조형(Rapid Prototyping: RP, 급속조형이라고도 함)은 제품의 CAD 모델을 기반으로 최소한의 제작시간으로 시제품을 만드는 제작방법들을 일컫는다. 시제품을 제작하는 전통적인 방법은 기계가공으로서 부품의 복잡한 정도나 재료 주문의 난이도, 제작 장치의 일정에 따라 최대 수주 혹은 그 이상의 제작시간이 필요하다. CAD시스템을 이용해 제품의 컴퓨터 모델이 제공되면 기존의 몇 주가 아닌 수 시간 또는 수일 이내에 제작하는 것이 수많은 쾌속조형기술들로 인해 가능해졌다.

26.1 쾌속조형의 기초

제품 설계자가 새로운 제품의 컴퓨터 모델이나 도면이 아닌 실제 모델을 검토하는 것을 더 선호하기 때문에 다양한 종류의 쾌속조형시스템 기술들이 개발되는 계기가 되었다. 시제품의 제작은 설계과정에 포함된 단계 중 하나다. CAD시스템에서 설계된 컴퓨터 모델인 제품의 가상 시제품virtual prototype은 설계자들이 부품을 가시화해 검토하는데 적합하지 않을 수 있다. 유한요소해석이나 다른 방법으로 해석시험을 하는 것이 가능해도 실제 제품을 대상으로 시험하는 것보다는 충분하지 않은 것은 확실하다. 적용 가능한 RP 기술을 이용하면 물리적 모델을 상대적으로 짧은 시간(만약 기업에서 RP 장비를 보유하고 있다면 수시간 내에 혹은 특화된 RP 장비를 보유한 외부에 제작을 의뢰한다면 수일 내)에 제작할 수 있다. 따라서 설계자는 제품을 시각적으로 검토하고 그 느낌을 물리적으로 파악할 수 있기 때문에 제품의 장점과 단점을 평가하는 시험이나 실험을 수행할 수 있다.

적용 가능한 쾌속조형 기술은 (1)재료를 제거하는 공정, (2)재료를 부가하는 공정으로 나눈다. 재료를 제거하는 RP로는 설계부서에서 짧은 시간 내에 제작이 가능한 기계가공 공정(16장)인 주로 전용 컴퓨터수치제어(CNC)를 이용하는 밀링과 드릴링 공정이 포함된다. CNC를 사용하기 위해서는 CAD 모델에서 요소 프로그램을 준비해야 한다(29.1절). 재료는 주로 왁스 블록이 사용되며 이는 가공하기 쉽고 현재의 시제품이 더 이상 필요하지 않을 때 부품과 칩을 녹여 굳혀서 재사용이 가능하기 때문이다. 다른 재료로는 나무, 플라스틱 또는 금속(예를 들어 가공 가능한 알루미늄이나 황동 등)이 사용될 수 있다. 쾌속조형을 위해 사용되는 CNC 기계는 대부분 작기 때문에 이 기술에서는 데스크톱 밀링desktop milling 또는 데스크톱 머시닝desktop machining이라 부른다.

이 장에서 주로 서술하는 것은 재료를 부가하는 RP 기술들로 모두 재료를 바닥부터 층층이 쌓아올려 부품을 만들게 된다. 재료로는 (1)층층이 경화되어 고체 부품이 되는 액체 단량체와 중합체, (2)층층이 결합되고 접착되는 분말, (3)고체모형을 제작하기 위해 쌓아올려지는 얇은 판 등이 포함된다. 재료들 외에도 층을 만드는 방법 또한 재료를 부가하는 RP 기술들을 구분 짓는다. 몇몇 기술들은 재료를 경화시키기 위해 레이저를 사용하고, 다른 기술들은 부드러운 플라스틱 선을 각 층의 외곽선에 두르고, 또 다른 기술은 고체 층을 서로 결합시킨다. RP 기술에 대한 서술에서 보게 될 것처럼 재료와 제작기술 간에는 상관관계가 있다.

현재의 재료를 부가하는 모든 RP 기술에서 제어명령(요소 프로그램)을 만들어내기 위한 공통적인 접근법은 다음의 단계가 포함된다[5].

1. **기하학적 모델링**geometric modeling: 이는 폐쇄된 부피요소를 만들기 위해 CAD시스템으로 부품을 모델링하는 것으로 구성된다. 기하학적 형상의 완전하고 명확한 수학적 표현이 가능하기 때문에 솔리드 모델이 주로 사용된다. 쾌속조형에서 중요한 문제는 외부와 내부 영역(질량을 차지하는 부분)을 구분하는 것이기 때문에 솔리드 모델이 이용된다.
2. **기하학적 모델의 테셀레이션**[1]tessellation of the geometric model: 이 단계에서는 CAD 모델의 표면을 대상물의 내부와 외부를 구분하기 위해 정렬된 꼭짓점이 포함된 삼각형이나 다각형으로 근사화하는 형식으로 변환된다. 쾌속조형에서 공통적으로 사용되는 테셀레이션 형식은 STL[2]로서, 대부분의 모든 RP시스템에서 실질적인 표준 입력형식이다.
3. **모델을 단면으로 나눔**slicing of the model into layers: 이 단계에서는 STL 파일 형식의 모델이 매우 얇고 평행한 수평 단면으로 나눠진다. [그림 26.1]은 솔리드 모델을 층으로 나누는 것을 표현한 것이다. 이 층들은 향후 RP시스템에 의해 물리적 모델을 만드는데 사용된다. 관습적으로 단면은 x–y 평면에 성형되며 층은 z–축 방향으로 쌓아올려진다.

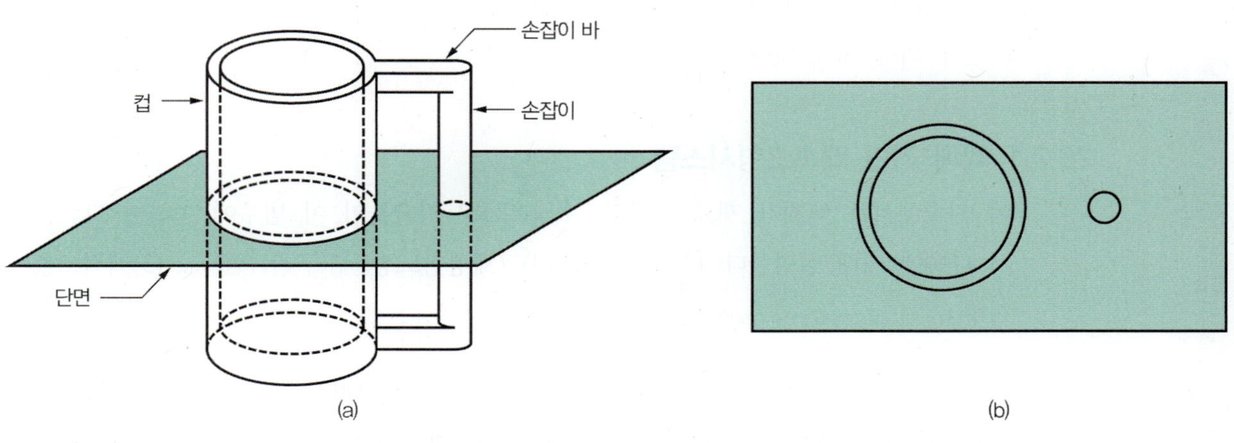

그림 26.1 대상 물체의 솔리드 모델을 층으로 변환(1개의 층만 보여주고 있음)(출처: Fundamentals of Modern Manufacturing, 4th Edition by Mikell P. Groover, 2010. Reprinted with permission of John Wiley & Sons, Inc.).

1 보다 일반적으로 테셀레이션은 하나의 작은 색 타일이 전체 표면에 영향을 주는 것과 같은 모자이크를 만드는 것이다.

2 STL은 3D Systems사에서 쾌속조형을 위해 사용한 기본 기술들 중의 하나인 STereoLithography를 나타낸다.

각 층에서는 STI 파일로 불리는 경화경로가 생성되며 이는 RP시스템에 의해 층을 경화시키는 경로가 된다.

간단히 살펴본 바와 같이 재료를 부가하는 쾌속조형에는 몇 가지 서로 다른 기술들이 있다. 이러한 이질성에 의해 층 제작layer manufacturing, 직접 CAD 제작direct CAD manufacturing, 자유형상제작solid freeform fabrication 등과 같은 몇 가지 서로 다른 이름들을 낳게 되었다. RP 기술들이 시제품 제작뿐만 아니라 제품생산과 생산 장비 제작에도 적용될 수 있기 때문에 쾌속조형과 생산rapid prototyping and manufacturing: RPM이라는 명칭 또한 자주 사용되어지고 있다.

26.2 쾌속조형 기술

현재 사용 가능한 RP 기술들은 다양하게 구분될 수 있다. 참고문헌[5]에서 제시된 구분 방법을 적용하면 이 책의 다른 형상제작 공정을 구분하는 방법과 일관성이 있다(어쨌든 쾌속조형도 형상제작 공정이다). 이는 RP 공정에서 사용되는 재료들을 기준으로 (1)액체 기반, (2)고체 기반, (3)분말 기반으로 구분된다. 이후의 3절에서 각 구분에 의한 예에 대해 다룬다.

26.2.1 액체 기반 쾌속조형시스템

이 기술에서는 액체가 재료가 된다. 수많은 RP 기술들이 이 범주에 속하며 그중에서 다음에 대해 설명한다. (1)광조형법, (2)고체평면노광solid ground curing, (3)액적토출성형droplet deposition manufacturing.

광조형법 이 기술은 발명가인 Charles Hull의 발명을 기반으로 1988년 3D Systems에서 개발된 최초의 재료를 부가하는 RP 기술이다. 다른 RP 기술들에 비해 설치 대수가 많다. 광조형법stereolithography: STL은 광 민감성 수지에 레이저 빛을 직접 주사해 경화시켜 중합체로 만들어 고체 플라스틱 부품을 만드는 공정이다. 일반적인 공정은 [그림 26.2]와 같다. 제품의 제작은 일련의 층들로 이뤄지며 이때 하나의 층이 이전 층 위에 부착되어 점차적으로 원하는 3차원 형상을 만들게 된다.

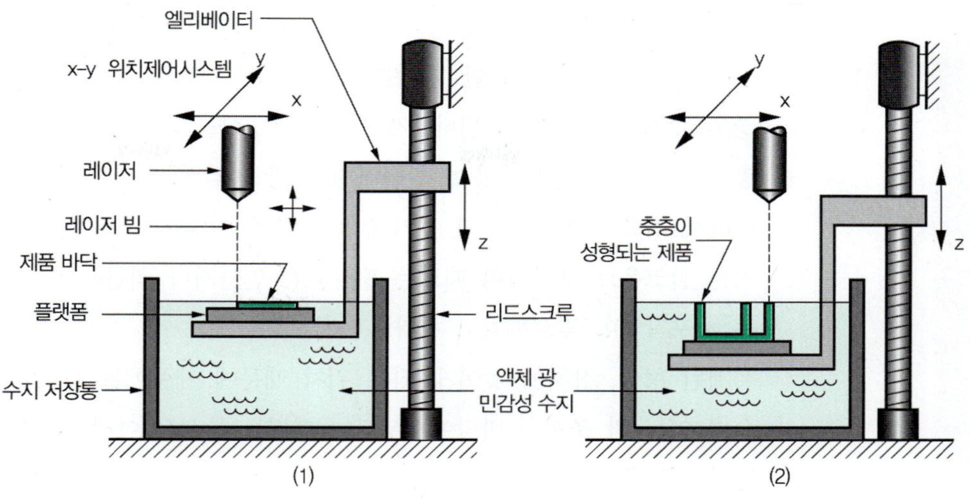

그림 26.2 광조형법 (1)공정이 시작될 때 첫 번째 층이 플랫폼에 부착된다. (2)제품 형상을 따라 몇 개의 층이 만들어진 후(출처: Fundamentals of Modern Manufacturing, 4th Edition by Mikell P. Groover, 2010. Reprinted with permission of John Wiley & Sons, Inc.).

광 조형장치는 (1)광 민감성 수지를 포함하는 통 내부에서 수직으로 움직이는 플랫폼, (2)x－y 평면으로 빛이 제어되는 레이저로 구성된다. 공정이 시작되면 플랫폼이 액체 광 민감성 수지 액면 근처로 수직으로 움직이고, 레이저 빛이 제품의 바닥 형상(맨 아래 층)에 해당하는 영역에 경화경로에 따라 주사된다. 이것과 이후의 주사경로는 STI 파일에 의해 정의된다(앞 단원의 3단계에 서술된 제어 설정). 레이저의 동작은 광 민감성 수지를 경화시키며 이때 빛이 액체에 닿으면 플라스틱 고체 층이 형성되어 플랫폼에 달라붙는다. 최초 층이 만들어지면 층 두께만큼 플랫폼이 아래로 이동하고 두 번째 층이 첫 번째 층 위에 성형되며 이것이 반복된다. 각각의 새로운 층이 만들어지기 전에 세척 칼날wiper blade이 점성이 있는 액체 수지 위에서 움직여 전체 액체 높이를 일정하게 유지시킨다.

각 층은 각각의 단면 형상으로 구성되며 따라서 이전 층 위에 새로운 층이 성형되는 일련의 층들이 성형되면 최종적으로 고체 형상이 만들어진다. 각 층은 0.076~0.5mm의 두께를 갖는다. 층이 얇을수록 높은 해상도를 구현할 수 있고 보다 복잡한 형상을 만들 수 있지만 제작시간이 늘어난다. 광 민감성 수지는 일반적으로 아크릴 계열[13]이 사용되며 STL에서 에폭시 계열도 사용되고 있다[10]. 재료는 액체 단량체다. 헬륨—카드뮴 또는 아르곤이온 레이저에서 만들어지는 자외선 빛이 주사되면 중합반응이 일어난다. STL 레이저의 주사속도는 500~250mm/s이다.

제품이 만들어지는데 소요되는 시간은 대부분 이러한 층을 제작하는 공정에서 소요되며 전체 시간은 단순한 형상을 갖는 작은 부품의 경우 1시간에서 복잡한 부품의 경우 수십 시간이 소요된다. 제작시간에 영향을 주는 다른 요소들로는 주사속도와 층 두께가 있다. 모든 층이 만들어지면 광 민감성 수지가 95% 정도 경화된 상태다. 따라서 경화과정을 마무리 짓기 위해 형광오븐에서 '구워야baked' 한다. 불필요한 수지는 알코올로 제거하며 때로는 평탄하게 만들거나 외관을 미려하게 하기 위해 가벼운 사포작업이 필요하기도 하다.

설계된 형상, 장치에 놓이게 되는 위치 때문에 제품에는 돌출된 부위가 있을 수 있으며 이는 광 조형의 바닥에서부터 성형되는 특성상 아래에서 받쳐주는 부분이 없게 된다. 예를 들어 [그림 26.1]의 제품에서 손잡이의 아랫부분과 그 지지부가 없다면 손잡이의 위쪽 부분은 성형 과정에서 아래에서 받쳐주는 부분이 없게 된다. 이 경우 오직 지지하기 위한 목적으로 추가적인 기둥이나 그물망 형상이 필요하다. 그렇지 않으면 돌출된 부위는 수지 위에 떠다니거나 제품 형상이 왜곡되게 된다. 이러한 부가적인 형상은 전체 공정이 마무리된 후에 제거되어야 한다.

고체평면노광 광조형법과 유사하게 고체평면노광Solid Ground Curing: SGC은 광 민감성 수지를 층층이 경화시켜 CAD 형상에 근거한 형상을 제작한다. 한 층을 성형하기 위해 레이저 빛을 주사하는 대신 전체 층이 광 민감성 수지 위에 놓인 마스크를 통해 자외선 광원에 의해 노광된다. 각 층의 경화시간은 2~3초다. SGC시스템은 큐비탈Cubital Ltd.에서 Solider system이라는 이름으로 판매된다.

SGC에서 사용되는 데이터는 광조형법에서 사용되는 것과 유사하다. 제품의 CAD 형상모델이 각 층으로 나눠진다. SGC 공정의 각 층에서 단계별 공정순서는 [그림 26.3]과 같으며 각각의 설명은 다음과 같다. (1)정전기에 의해 유리판 위에 각 층의 네거티브 이미지인 마스크 형상이 만들어진다. 이미지를 만드는 기술은 기본적으로 복사기의 원리와 같다, (2)광 민감성 수지의 얇은 층이 플랫폼의 표면 위에 만들어진다, (3)마스크가 액체 광 민감성 수지 표면 위에 놓이고 높은 파워(예를 들어 2000W)를 가진 자외선 빛에 의해 노광된다. 마스크에 의해 가려지지 않은 액체 상태의 광 민감성 수지가 약 2초 내에 경화된다. 가려진 부위는 액체 상태로 남아 있게 된다, (4)다음 층을 만들기 위해 1단계에서 만들어진 마스크를 제거하고 유리 표면을 닦아낸다. 동시에 표면 위에 있는 액체 수지를 닦고 진공으로 빨아낸다, (5)각 층에서 단면 형상이 성형되지 않은 영역에 뜨거운 왁스를 채운다. 경화된 왁스는 돌출된 부위를 받쳐주는 역할을 한다, (6)왁스가 식어 굳으면 폴리머와 왁스로 구성된 표면은 평활하게 밀링 가공되어 다음 층을 구성하는 액체수지가 2단계와 같이 덮일 수 있게 된다. SGC 공정이 순차적인 것으로 설명되었지만 특정한 공정은 병행해서 진행된다. 특히 다음 층을 위한 1단계의 마스크 준비과정은 2개의 유리판을 사용해 2단계에서 6단계의 층 형성과정과 동시에 진행된다.

각 층을 제작하는데 약 90초가 소요된다. SGC로 제품을 제작하는 시간은 경쟁되는 RP시스템보다 약 8배 빠르다[5]. SGC로 만들어진 고체 상태의 육면체 형상은 고체 상태의 중합체와 왁스로 구성된다. 왁스는 제작 과정에서 부서지기 쉬운 부분과 돌출된 부분을 지지하며 녹여 없앨 수 있어 최종적으로 성형된 제품만 남게 된다. 완전히 제작된 시제품을 광조형법의 경우처럼 후에 경화시킬 필요가 없다.

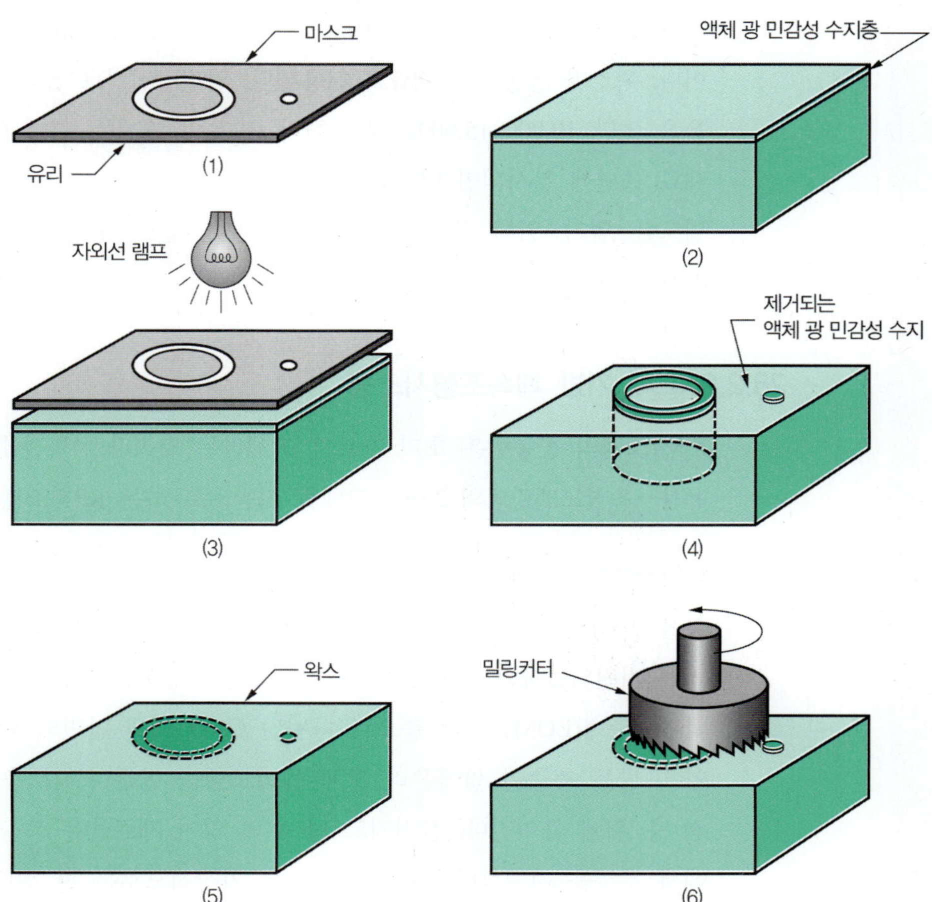

그림 26.3
각 층에서 고체평면노광 공정 (1)마스크의 준비, (2)액체 광 민감성 수지를 덮는다, (3)마스크를 놓고 층에 빛을 주사한다, (4)경화되지 않은 수지를 제거한다, (5)왁스를 채운다, (6)층 두께를 맞추고 평탄화하기 위해 밀링가공한다(출처: Fundamentals of Modern Manufacturing, 4th Edition by Mikell P.Groover, 2010. Reprinted with permission of John Wiley & Sons, Inc.).

액적토출성형 이 시스템은 이전 층 위에 재료를 녹인 작은 방울을 분사하는 방식으로 동작한다. 표면 위의 액체 방울은 식으면서 새로운 층을 형성한다. 각 층의 액적토출은 모델의 CAD 형상으로부터 만들어진 단면(앞에 서술된 다른 RP시스템과 유사함)을 기초로 하는 경로로 움직이는 x—y 스프레이 노즐 헤드에 의해 제어된다. 각 층이 만들어지면 부품을 받치고 있는 플랫폼이 층 높이만큼 아래로 움직여 다음 층을 성형한다. 액적토출성형Droplet Deposition Manufacturing: DDM이라는 용어는 작은 재료 방울이 노즐헤드로부터 토출되는 것에 기인한 것이다.

몇 가지의 상용화된 RP시스템들이 이 일반적인 동작원리를 기본으로 적용하며 각각의 차이점은 사용되는 재료와 이에 따르는 재료를 녹이고 분사하는 기술들이다. 재료가 갖춰야 할 중요한 점은 쉽게 녹고 굳어야 한다는 것이다. DDM에 사용되는 재료는 왁스와 열가소성 수지다. 주석, 아연, 납, 알루미늄 등과 같은 낮은 융점을 갖는 금속 또한 시험되고 있다.

가장 보편적으로 사용되는 DDM시스템은 BPM Technology사의 Personal Modeler® 이다. 왁스가 공통적인 재료로 사용된다. 압전발진기로 동작하는 분사헤드는 왁스 방울을 초당 10,000~15,000회 분사한다. 방울의 크기는 지름 약 0.076mm로 균일하며 재료 표면에 분사되면 약 0.05mm 두께로 경화된다. 각 층이 토출되면 z—방향의 정밀도를 얻기 위해 표면을 밀링가공하거나 열로 평탄하게 만든다. 층 두께는 약 0.09mm다.

26.2.2 고체 기반 쾌속조형시스템

RP시스템의 공통점은 초기 재료가 고체라는 것이다. 이 절에서는 (1)박판적층법, (2)용융—용착모델링법의 2가지 고체를 기반으로 하는 RP시스템에 대해 다룬다.

박판적층법 Helisys사가 박판적층법Laminated-Object Manufacturing: LOM 시스템의 대부분을 공급한다. 흥미 있는 점은 대부분의 초기 연구개발이 미국국립과학재단(NSF)에 의해 지원되었다는 것이다. 최초의 상용화된 장비는 1991년에 판매되었다.

박판적층법(LOM)은 각 층으로 나눠진 CAD 모델 단면의 외곽 형상에 따라 잘려진 얇은 판을 층층이 쌓아올려 고체 물리모델을 만든다. 각 층들은 잘려지기 전에 이전 층 위에 붙여진다. 잘려지고 난 후의 잉여 재료들은 그 자리에서 전체 제작과정에서 부품을 지지한다. LOM의 재료는 가상적으로는 판 형태로 만들 수 있는 종이,

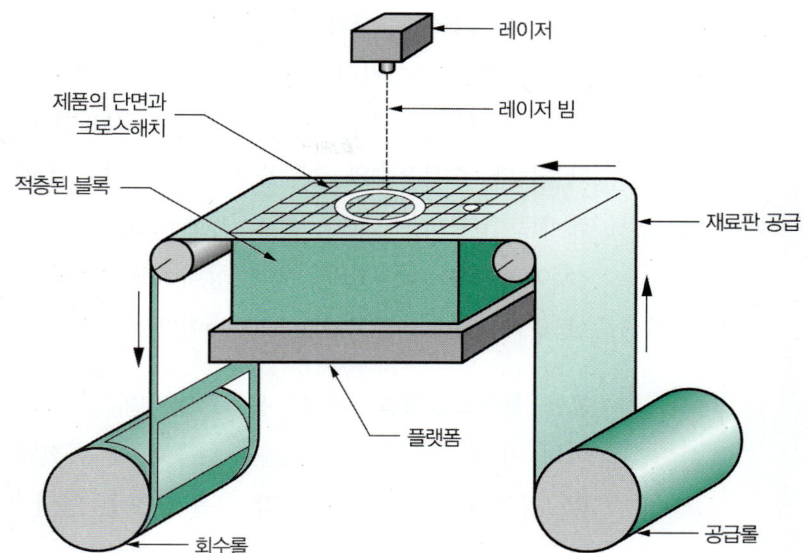

그림 26.4
박판적층법(출처: Fundamentals of Modern Manufacturing, 4th Edition by Mikell P. Groover, 2010. Reprinted with permission of John Wiley & Sons, Inc.).

플라스틱, 셀룰로오즈, 금속 혹은 섬유보강재 등 어떠한 재료도 가능하다. 층 두께는 0.05~0.5mm다. LOM에서 판재는 뒷면에 접착제가 칠해져 [그림 26.4]와 같이 2개의 릴에 감겨 롤 형태로 공급된다. 그렇지 않게 되면 LOM 공정에서 각 층마다 접착제를 코팅하는 공정이 필요하다.

데이터 준비 단계는 주어진 제품에 대한 형상모델을 STL을 이용해 단면으로 잘라내는 것이다. 단면으로 잘라내는 기능은 박판적층법에서 사용되는 전용 소프트웨어인 LOMSliceTM에 의해 이뤄진다. LOM에서 STL 모델을 단면으로 잘라내는 것은 각 층이 완전히 덮이고 수직 높이를 측정한 후에 이뤄진다. 이렇게 함으로써 쌓여지는 얇은 판의 실제 두께를 보정하게 되며 이는 다른 대부분의 RP에는 없는 기능이다. [그림 26.4]를 참고로 하면 각 층에서 얇은 판을 위치시키고 이전 층에 붙인 이후의 LOM 공정은 다음과 같이 설명된다. (1)현재 층이 덮인 상태에서 물리적 모델의 높이 측정결과를 근거로 LOMSlice^{TM}이 STL 모델의 단면외곽 형상을 측정, (2)외곽형상에 따라 잘라내는 것뿐만 아니라 후에 제거하는 얇은 판 주변부를 가로세로로 잘라내기 위해 판 레이저 빔이 사용된다. 잘라내는 궤적은 x−y 위치결정시스템에 의해 제어된다. 잘라내는 깊이는 맨 위의 층만 잘라낼 수 있도록 제어된다, (3)쌓여진 층들을 잡고 있는 플랫폼이 내려가고 다음 층을 위한 얇은 판이 공급 롤 사이에서 이동된다. 새 층의 높이까지 플랫폼이 높이 다시 올라간 후 가열된 롤러가 새로운 층을 가로질러 이동해 이전 층과 결합시킨다. LOMSlice^{TM}에 의해 다음 단면을 잘라내기 위한 계산이 수행되기 위해 쌓여진 높이가 계산된다.

모든 층이 만들어지면 망치, 퍼티용 칼, 목각 공구를 이용해 성형된 제품을 주변의 여분 재료들과 분리한다. 그 후 제품을 사포질해 표면을 매끄럽게 하고 층 모서리를 다듬는다. 수분흡수와 손상을 방지하기 위해 우레탄, 에폭시 또는 다른 폴리머 스프레이로 밀봉하는 것이 좋다. LOM으로 제작되는 제품은 크기가 800mm×500mm×550mm으로 다른 RP에 비해 상대적으로 크게 할 수 있다. 보다 일반적인 최대 형상크기는 380mm×250mm×350mm이다.

용융-용착모델링법 용융-용착모델링법Fused-Deposition Moldeling: FDM은 왁스나 폴리머의 가는 선을 작동헤드workhead를 통해 이전의 제품 표면에 압출해 층을 만드는 RP 공정이다. 작동헤드는 각 층을 만드는 동안 x-y 평면에서 제어된 후 층 두께만큼 z-방향으로 이송된다. 재료는 일반적으로 지름 1.25mm의 고체 상태의 가는 선으로 감겨져 있으며 작동헤드로 공급되어 제품 표면에 압출되기 직전에 용융온도보다 0.5°C 높은 온도로 가열된다. 압출된 재료는 약 0.1초 내에 굳으면서 제품 표면에 용착된다. 제품은 다른 RP시스템과 유사하게 아래에서부터 성형되어 올라간다. FDM은 Stratasys사에 의해 개발되어 첫 제품이 1990년에 판매되었다. 초기 데이터는 CAD 기하학적 모델로서 이는 Stratasys사의 소프트웨어 모듈인 QuickSlice®와 SupportWork™에 의해 변환된다. QuickSlice®는 모델을 층으로 나누는데 이용되고, SupportWork™는 제작과정에서 필요한 지지구조를 생성하는데 사용된다. 만약 지지가 필요하면 이중 압출헤드와, 또 다른 재료가 지지대를 만드는데 이용된다. 두 번째 재료는 주 모델링 재료에서 용이하게 제거되도록 설계되어 있다. 층 두께는 0.05~0.75mm 사이에서 자유롭게 설정할 수 있다. 압출 작동헤드로부터 가는 선 상태의 재료가 초당 약 400mm의 속도로 토출되어 폭이 0.25~2.5mm로 성형된다. 재료는 왁스나 ABS, 폴리아미드, 폴리에틸렌, 폴리프로필렌과 같은 몇 종류의 폴리머들이다. 이 재료들은 독성이 없기 때문에 FDM 장비가 사무실 환경에 설치되는 것이 가능하다.

26.2.3 분말 기반 쾌속조형시스템

이 절에서 설명하는 RP 기술들의 공통점은 재료가 분말이라는 것이다. 여기서는 (1) 선택적 레이저소결법, (2)3차원 프린팅의 2개 RP시스템에 대해 다룬다.

선택적 레이저소결법 선택적 레이저소결법Selective Laser Sintering: SLS은 제품을 만들기 위해 움직이는 레이저 빛을 이용해 CAD 기하학적 모델대로 열에 의해 녹는 분말을 한 번에 한 층식 소결시킨다. 각 층이 만들어지면 새로운 분말 층이 표면에 뿌려진다. 분말은 결합을 용이하게 하면서 뒤틀림을 줄이기 위해 용융점 직전까지 미리 가열된다. 분말들은 층층이 결합되어 3차원 부품 형상을 갖는 제품이 만들어진다. 레이저 빔에 의해 소결되지 않은 영역의 분말들은 제작된 제품에서 털어낼 수 있다. 동시에 이 소결되지 않은 분말들은 제작공정에서 굳어진 부품을 지지하는 역할을 한다. 층 두께는 0.075~0.50mm다.

SLS는 광조형법의 대안으로 텍사스주립대Austin에서 개발되었으며 SLS 장비는 현재 DTM사에 의해 판매된다. 이는 사용가능한 재료의 측면에서 광조형법보다 다양한 기능을 갖는 공정이다. 현재 선택적 레이저소결법에 사용되는 재료들은 폴리염화비닐, 폴리카보네이트, 폴리에스터, 폴리우레탄, ABS, 나일론, 인베스트먼트 주조용 왁스 등이 있다. 이 재료들은 광조형법에 사용되는 광 민감성 수지보다 저가다. 이 재료들은 독성이 없고 저출력 CO_2 레이저에 의해 소결될 수 있다. 금속, 세라믹도 SLS에서 점차 사용되고 있다.

3차원 프린팅 이 기술은 MIT에서 개발되었다. 3차원 프린팅3-Dimensional Printing: 3DP은 분말 층 위에 접착제를 분출하는 잉크젯 프린터를 이용해 제품을 층층이 성형한다. 접착제는 제품의 CAD 모델을 층층이 자른 단면형상에 해당되는 영역에 분출된다. 접착제는 분말들을 결합해 굳어지고, 그렇지 않은 분말들은 후에 제거된다. 굳어지지 않은 분말들이 공정 중 남아 있기 때문에 제품의 돌출된 형상이나 부서지기 쉬운 부분을 지지한다. 제작공정이 끝나면 굳어지지 않은 분말들을 제거한 후 제품을 열처리해 결합력을 증가시킨다. 강도를 보다 더 증가시키기 위해 각 분말들을 결합시키기 위한 소결공정을 거칠 수도 있다.

높이가 피스톤에 의해 제어되는 플랫폼 제품이 위에서 성형된다. [그림 26.5]를 통해 하나의 층을 성형하는 공정을 서술하면 다음과 같다. (1)한 층에 해당하는 분말을 성형 중인 제품 위에 뿌린다, (2)잉크젯 프린팅 헤드가 표면을 이동하면서 단면이 될 영역에 접착제를 토출한다, (3)현재 층의 프린팅이 종료되면 피스톤이 아래로 움직여 플랫폼을 내리고 다음 층이 성형될 준비를 한다. 3DP의 재료는 세라믹, 금속 혹은 서멧 분말이고 접착제는 폴리머 혹은 콜로이드 이산화규소 또는 탄화규소이다

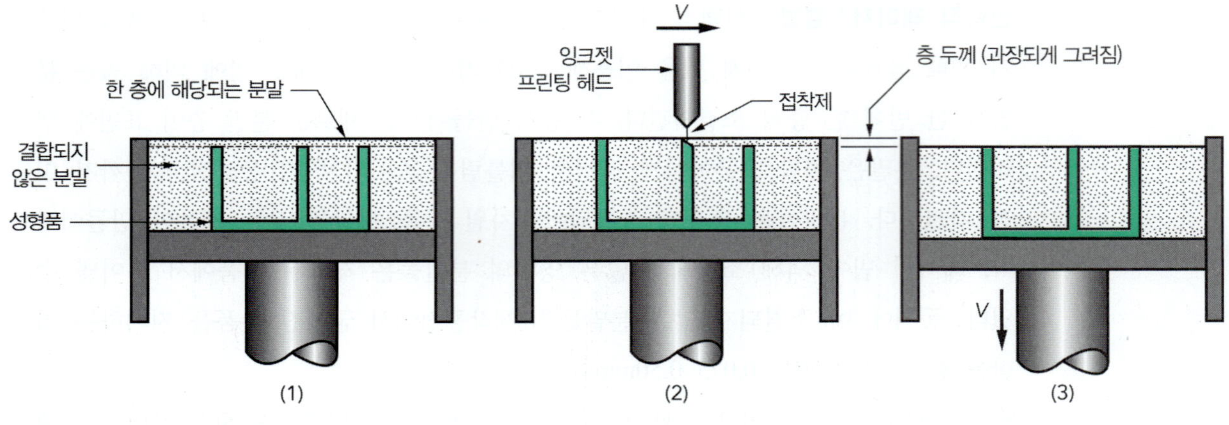

그림 26.5 3차원 프린팅 (1)분말 층을 도포한다, (2)부품이 될 부분에 잉크젯 프린팅을 한다, (3)다음 층의 성형을 위해 피스톤이 아래로 이동한다. v=이동방향(출처: Fundamentals of Modern Manufacturing, 4th Edition by Mikell P. Groover, 2010. Reprinted with permission of John Wiley & Sons, Inc.).

[10], [13]. 대표적인 층 두께는 0.10~0.18mm이다. 래스터 주사에 따라 층을 정리하는 동안 정해지는 경로에 따라 층을 성형하기 위해 이송되는 잉크젯 프린팅 헤드는 접착제를 분사하면서 약 1.5m/s의 속도로 이송된다. 분말을 뿌리고 층을 정리하는 시간을 포함해 층당 동작시간은 약 2초다[13].

26.3 쾌속조형의 응용

쾌속조형의 응용은 다음과 같이 구분할 수 있다. (1)설계, (2)공학적 분석과 계획, (3)공구제작 및 부품제조.

설계 설계는 RP시스템의 초기 적용 분야다. 설계자들은 쾌속조형을 이용해 최단시간에 제작된 실제 물리적 모델을 제작함으로써 설계를 확정지을 수 있다. 실제로 제작된 부품의 형상이나 기능은 종이도면이나 CAD시스템 모니터에 비해 다른 사람들과 보다 용이하게 의견을 나눌 수 있게 해준다. 쾌속조형이 설계에 주는 이점은 다음과 같다. (1)시제품을 제작하는데 소요되는 시간을 줄여준다, (2)실제로 제작되는 제품은 제품 형상을 가시화 할 수 있게 해준다, (3)설계 오류를 초기 단계에서 찾아내거나 줄여준다, (4)제품, 조립품의 수많은 특징들을 검토할 수 있는 역량을 증대시킨다.

공학적 분석과 계획 RP에 의해 제작된 제품은 물리적 실체가 없이는 보다 어려울 수 있는 공학적 분석과 계획수행을 가능하게 해주었다. 몇 가지 가능한 것들은 다음과 같다. (1)제품의 심미적 느낌을 최적화하기 위한 서로 다른 형상이나 모양들의 비교, (2)RP에 의해 제작된 밸브에서 서로 다른 오리피스 설계들 사이의 유체유동 분석, (3)RP에 의해 제작된 물리적 모델을 이용해 서로 다른 유선 형상들에 대한 풍동시험, (4)물리적 모델의 응력해석, (5)공정계획과 공구설계의 도움을 주는 RP에 의한 제품의 제작, (6)자기공명영상법(MRI) 등과 같은 의학 영상기술과 RP의 조합에 의한 외과수술 계획이나 보철물 혹은 임플란트의 제작.

공구제작 및 부품제조 RP는 공구류의 제작과 실제 부품제조에 많이 적용되고 있는 추세다. RP가 공구류의 제작에 적용되면 쾌속공구제작rapid tool making: RTM이라는 용어로 종종 부른다. RTM은 2가지 접근방법이 있다[4]. 간접 RTM은 RP에 의해 모형을 제작하고 이것을 공구를 제작하는데 이용한다. 직접 RTM은 RP를 공구 제작에 직접 적용한다. 간접 RTM의 예는 (1)RP로 제작된 제품을 제품제작에 사용되는 실리콘 고무 금형의 원형으로 사용하거나, (2)RP를 사형주조(6.1절)를 위한 모형제작에 이용, (3)생산수량이 작은 인베스트먼트 주조(6.2.3절)를 위한 저 용융점 재료(왁스 등) 모형제작, (4)EDM(19.3.1절)을 위한 전극의 제작[5],[10] 등이 있다.

직접 RTM의 예로는 (1)제한된 수량의 플라스틱 제품을 제작하기 위한 사출성형금형(8.6절)을 제작하는데 금속과 함께 적용될 수 있는 RP로 제작된 금형 인서트, (2)금속분말을 이용하는 3차원 프린팅으로 금형 형상을 제작하고 소결, 용침을 거쳐 금형을 제작하는 것 등이 있다[4], [5], [10].

실제 제품을 제작하는 것에는 (1)금형비용이 고가여서 사출성형으로는 경제성이 없는 플라스틱 제품의 소량생산, (2)복잡한 내부 형상을 갖기 때문에 조립을 하지 않고는 기존의 방법으로 제작할 수 없는 제품의 제작, (3)각 사용자의 형상에 맞는 유일한 형상을 갖는 뼈 대체품의 제작 등이 있다[10].

모든 RP 기술들이 이러한 공구제작이나 제품생산에 적용될 수 있는 것은 아니다. 관심 있는 독자들은 다른 예들에 대한 RP 기술의 복잡한 적용에 대해 참고해야 한다.

쾌속조형의 문제점 현재 RP 기술들의 근본적인 문제들은 (1)제품 정밀도, (2)사용 가능한 소재의 한계, (3)제작된 제품의 기계적 성능 등이 있다.

(1)수학적, (2)공정, (3)재료와 관계된 몇 가지 오차의 원인들이 RP시스템의 제품정

밀도를 제한하고 있다[13]. 수학적 오차는 제품 형상을 이용해 RP 데이터를 만드는데 사용되는 근사치와 데이터 층두께와 실제 층두께 사이의 차이 등이다. 후자는 z—축 방향 형상오차를 발생시킨다. 제작된 제품에 내재하는 한계는 특히 층 두께가 증가할수록 발생하는 층간 형상 차이이며 이는 경사진 표면에 계단 형상을 만든다. 공정과 관계된 오차는 각 RP시스템 고유의 제품제작기술 때문에 발생한다. 이 오차들은 각 층에서 형상 정밀도를 떨어뜨릴 뿐만 아니라 인접한 층 사이의 형상 불일치를 일으킨다. 공정오차는 z—축 형상에도 영향을 준다. 재료와 관계된 오차들은 수축과 뒤틀림이다. 이전의 공정, 재료와 관련한 경험을 바탕으로 제품의 CAD 모델 크기를 크게 하면 허용 가능한 정도의 수축이 만들어질 수 있다.

현재의 쾌속조형시스템들은 적용 가능한 재료에 따라 적용이 제한적이다. 예를 들면 가장 일반적인 RP기술인 광조형법 기술에서 재료는 광 민감성 수지로 제한된다. 일반적으로 RP 기술에서 사용되는 재료들은 실제 제품에서 사용되는 재료만큼 강하지 않다. 이러한 것들은 제품개발 시 설계를 검증하기 위한 시제품의 기계적 성능을 제한하거나 현실적인 실험을 어렵게 만든다.

참고문헌 References

[1] Ashley, S. "Rapid Prototyping Is Coming of Age," *Mechanical Engineering,* July 1995 pp. 62–68.

[2] Bakerjian, R., and Mitchell, P. (eds.). *Tool and Manufacturing Engineers Handbook,* 4th ed., Vol. VI, *Design for Manufacturability.* Society of Manufacturing Engineers, Dearborn, Michigan, 1992, Chapter 7.

[3] Destefani, J. "Plus or Minus," *Manufacturing Engineering,* April 2005, pp. 93–97.

[4] Hilton, P. "Making the Leap to Rapid Tool Making," *Mechanical Engineering,* July 1995 pp. 75–76.

[5] Kai, C. C., Fai, L. K., and Chu-Sing, L. *Rapid Prototyping: Principles and Applications,* 2nd ed. World Scientific Publishing Co., Singapore, 2003.

[6] Kai, C. C., and Fai, L. K. "Rapid Prototyping and Manufacturing: The Essential Link between Design and Manufacturing," Chapter 6 in *Integrated Product and Process Development: Methods, Tools, and Technologies,* J. M. Usher, U. Roy, and H. R. Parsaei (eds.). John Wiley & Sons, Inc., New York, 1998, pp. 151–183.

[7] Kochan, D., Kai, C. C., and Zhaohui, D. "Rapid Prototyping Issues in the 21st Century," *Computers in Industry,* Vol. 39, 1999, pp. 3–10.

[8] Noorani, R. I. *Rapid Prototyping: Principles and Applications.* John Wiley & Sons, Hoboken, New Jersey, 2006.

[9] Pacheco, J. M. *Rapid Prototyping,* Report MTIAC SOAR-93-01. Manufacturing Technology Information Analysis Center, IIT Research Institute, Chicago, Illinois, 1993.

[10] Pham, D. T., and Gault, R. S. "A Comparison of Rapid Prototyping Technologies," *International Journal of Machine Tools and Manufacture,* Vol. 38, 1998, pp. 1257–1287.

[11] Tseng, A. A., Lee, M. H., and Zhao, B. "Design and Operation of a Droplet Deposition System for Freeform Fabrication of Metal Parts," *ASME Journal of Eng. Mat. Tech.*, Vol. 123, No. 1, 2001.

[12] Wohlers, T. "Direct Digital Manufacturing," *Manufacturing Engineering,* January 2009, pp. 73–81.

[13] Yan, X., and Gu, P. "A Review of Rapid Prototyping Technologies and Systems," *Computer-Aided Design,* Vol. 28, No. 4, 1996, pp. 307–318.

복습문제 Review Questions

26.1 쾌속조형의 정의는?

26.2 쾌속조형에 사용되는 3가지 재료는 무엇인가?

26.3 사용되는 재료 외에 어떠한 것이 쾌속조형 기술들을 구분하는가?

26.4 모든 재료부가공정에서 RP시스템에의 제어명령을 만들기 위해 공통적으로 사용되는 접근방법은 무엇인가?

26.5 현재의 모든 쾌속조형 기술 중에서 어떤 것이 가장 널리 사용되는가?

26.6 고체평면노광(solid ground curing)이라 불리는 RP 기술에 대해 설명하라.

26.7 박판적층법(laminated object manufacturing)이라 불리는 RP 기술에 대해 설명하라.

26.8 용융-용착모델링법(fused-deposition modeling)에서 사용되는 재료는 무엇인가?

CHAPTER

27

마이크로 제작과 마이크로 제작기술

MICROFABRICATION AND NANOFABRICATION TECHNOLOGIES

공학설계와 제작에서 중요한 경향 중 하나는 형상 크기가 마이크로미터($1\mu m=10^{-3}mm=10^{-6}m$) 단위를 갖는 제품 그리고/또는 제품의 부품이 점차 증가하고 있다는 것이다. 몇 가지 용어들이 이러한 초소형 제품에 적용되어왔다. [그림 27.1]은 이러한 용어들과 관련해 상대적인 크기와 다른 요소들을 보여준다. 마이크로시스템 기술(microsystem technology: MST)은 이러한 제품뿐만 아니라 이것들을 제작하는 제작기술과 관련있는 일반적인 용어다. 마이크로 전자기계시스템(microelectromechanical systems: MEMS)이라는 용어는 전자와 기계적 요소를 포함하는 시스템의 소형화를 강조하는 것이다. 마이크로머신(micromachines)이라는 용어가 이러한 장치들에 대해 종종 사용된다.

나노기술(nanotechnology)은 크기의 범위가 1nm 이하에서 100nm($1nm=10^{-3}\mu m=10^{-6}mm=10^{-9}m$)[1] 정도의 보다 작은 형상의 제작과 적용을 일컫는다. 이러한 것들에는 박막, 코팅, 점, 선, 도선, 튜브, 구조물, 시스템이 포함된다. 나노과학(nanoscience)은 같은 크기 범위의 대상물에 대한 과학적 연구 분야다. 나노크기(nanoscale)는 이 범위 내의 혹은 이것보다 약간 작은 크기 범위를 말하며 작은 쪽 크기 범위가 원자나 분자의 크기와 겹친다. 예를 들면 가장 작은 원자는 헬륨으로 지름이 0.1nm에 가깝다. 우라늄은 지름이 약 0.22nm로 자연에서 얻을 수 있는 가장 큰 원자다. 분자들은 여러 개의 원자들로 구성되기 때문에 보다 클 수 있다. 어떤 것들로 구성되는가에 따라 다르지만 30개의 원자들로 구성된 분자의 크기는 대략 1nm다.

따라서 나노과학은 원자나 분자단위의 현상에 대한 연구들이며 나노기술은 유용한 제품을 만들기 위한 나노과학의 응용에 대한 것이다. 이 장에서는 마이크로 제작과 나노 제작에 대해 다루기 위해 마이크로시스템 제품, 이와 관련된 제작공정에 대해 2개의 절로 서술하고, 이어 나노기술 제품과 제작기술에 대해 설명한다.

1 나노기술과 마이크로시스템 기술의 경계선은 $100nm=0.1\mu m$ 쯤으로 여겨진다[8]. [그림 27.1]은 이것을 간략하게 표시한 것이다.

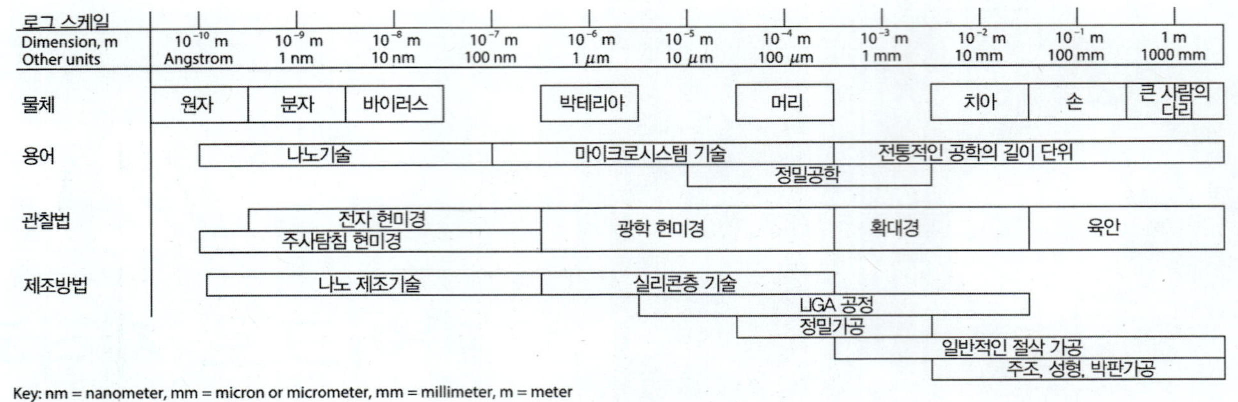

그림 27.1 마이크로시스템과 이와 관련된 기술들에 대한 용어와 상대적인 크기(출처: Fundamentals of Modern Manufacturing, 4th Edition by Mikell P. Groover, 2010. Reprinted with permission of John Wiley & Sons, Inc.).

27.1 마이크로시스템 제품

보다 작은 부품과 그 하위 구성요소로 구성되는 작은 제품의 설계는 보다 적은 재료의 사용, 낮은 동력소모, 단위공간에 더 많은 기능을 포함, 큰 제품으로는 도달할 수 없는 영역에의 접근이 가능한 것을 의미한다. 대부분의 경우 더 적은 재료가 사용되기 때문에 작은 제품은 낮은 가격을 의미해야 한다. 하지만 주어진 제품의 가격은 연구, 개발, 제작에 영향을 받으며 이 비용은 판매수량 전체에 고르게 나눠 포함될 수 있다. 이 절에서 설명되는 제한된 숫자의 예를 제외하고는 낮은 가격의 제품을 만드는 규모의 경제가 마이크로시스템에서는 아직 완전히 구현되지 않고 있다.

27.1.1 마이크로시스템 장치의 종류

마이크로시스템 제품들은 장치의 종류(예: 센서, 액추에이터) 또는 적용 분야(예: 의료, 자동차)에 따라 분류될 수 있다. 장치의 종류는 다음과 같이 분류될 수 있다[6].

마이크로 센서 센서는 열 또는 압력과 같은 물리적 현상을 검출하거나 측정하는 장치다. 이것은 한 가지 형태의 물리적 현상을 다른 형태의 물리적 형태로 변환(예를 들어 압전 장치는 기계적 힘을 전기적 전류로 변환한다)시키는 변환기를 포함하고 있고 더해서 물리적 패키지, 외부와의 연결부로 구성된다. 대부분의 마이크로 센서들은

그림 27.2
실리콘으로 제작된 마이크로 래칫 기구(출처: Fundamentals of Modern Manufacturing, 4th Edition by Mikell P. Groover, 2010. Reprinted with permission of John Wiley & Sons, Inc.).

집적회로를 제작하는데 적용되는 것과 동일한 공정기술을 사용해서 실리콘 기저층 위에 성형된다. 마이크로 크기의 센서들은 힘, 압력, 위치, 속도, 가속도, 온도, 유동, 다양한 광학적, 화학적, 환경적, 생물학적 변수들을 측정하기 위해 개발되어왔다. [그림 27.2]는 실리콘으로 제작된 마이크로 래칫ratchet 기구를 보여주는 미세사진이다.

마이크로 액추에이터 센서와 마찬가지로 액추에이터microactuators는 한 가지 형태의 물리적 변수를 다른 형태로 변환시키지만 변환되는 변수가 대부분 몇 가지의 기계적 운동(예를 들면 변환되는 전기장에 의해 압전 장치가 진동한다)을 포함한다. 액추에이터는 위치의 변화를 일으키거나 힘을 발생시킨다. 마이크로 액추에이터의 예로는 밸브, 위치설정장치, 스위치, 펌프, 회전 또는 선형 모터들이 있다[6].

마이크로 구조물, 마이크로 요소 이것들은 센서나 액추에이터 외의 마이크로 크기의 부품들을 말한다. 마이크로 구조물microstructures, 마이크로 요소microcomponents의 예로는 마이크로 기어, 렌즈, 거울, 노즐, 기둥형상 등이 있다. 이들은 유용한 기능을 발휘하기 위해 다른 요소들(마이크로 크기이거나 혹은 그렇지 않더라도)과 함께 결합되어야 한다. [그림 27.3]은 비교를 위해 사람의 머리카락과 같이 놓인 마이크로 기어다.

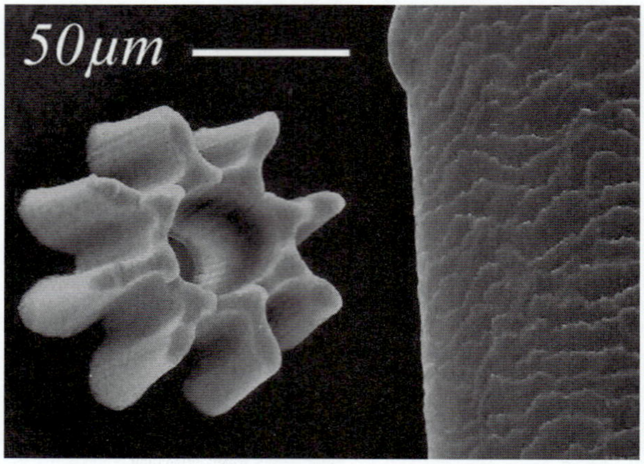

그림 27.3
마이크로 기어와 사람 머리카락. 그림은 주사전자현미경 사진이다. 기어는 LIGA(27.2.2절)와 유사한 공정으로 만들어진 고밀도 폴리에틸렌이지만, 주형 공동이 X-선 대신 집속이온빔을 이용해 제작되었다(출처: Fundamentals of Modern Manufacturing, 4th Edition by Mikell P. Groover, 2010. Reprinted with permission of John Wiley & Sons, Inc.).

마이크로시스템과 마이크로 측정용 계기 이것들은 몇 가지의 이전에 설명된 요소들이 적당한 전자적 패키지와 합쳐져 초소형시스템이나 측정계기가 된 것이다. 마이크로시스템과 마이크로 측정용 계기microsystems and micro-instruments들은 마이크로 레이저, 광화학적 분석기, 마이크로 분광계 등과 같이 매우 특정한 적용 분야를 갖는다. 이러한 종류의 시스템을 제작하는 것에 대한 경제성을 보면 상업화하기에는 어려운 경향이 있다.

27.1.2 마이크로시스템의 적용

앞서 설명한 마이크로 장치들과 시스템들은 넓은 영역에서 적용되어왔다. 몇 가지 중요한 예는 다음과 같다.

잉크젯 프린팅 헤드 잉크젯 프린터가 매년 수개의 카트리지를 소모하기 때문에 이것은 현재 마이크로시스템 기술의 가장 큰 적용 분야 중 하나다. 현재의 잉크젯 프린터들은 인치당 1200개의 점을 표현1200dots per inch, dpi할 수 있는 해상도를 가지며 이는 노즐이 단지 약 21㎛ 간격이어서 확실하게 마이크로시스템 영역이다.

박막 자기헤드 자기기억장치magnetic storage device에서 읽기-쓰기 헤드는 핵심 부품이다. 디지털 저장기술에서 IBM의 박막 자기헤드thin-film magnetic heads의 개발은 중요한 돌파구였을 뿐만 아니라 마이크로 제작기술에서 성공적인 사례다. 읽기-쓰기 헤드의 작은 크기는 자기저장 미디어의 비트 밀도가 급격하게 증가될 수 있게 하여 주었다. 박막 읽기-쓰기 헤드는 매년 수억 개가 제작되어 매년 수십억 달러의 시장을 형성한다.

콤팩트디스크와 DVD 현재 콤팩트디스크와 DVD[2]는 중요한 상업제품이다. 성형된 폴리카보네이트인 CD 디스크는 지름 120mm, 두께 1.2mm다. 나선 트랙 안의 작은 구멍(오목한 곳)으로 구성되는 데이터는 지름 46mm에서 시작해 지름 약 117mm에서 끝난다. 나선 안의 트랙은 약 1.6㎛ 간격이다. 트랙 안의 각 구멍은 폭이 약 0.5㎛이고 길이가 약 0.8㎛에서 3.5㎛이다. DVD의 해당 크기는 더욱 더 작기 때문에 보다 많은 데이터 저장용량이 가능하다.

자동차 분야의 적용 자동차의 제어, 안전기능을 수행하기 위해 내장된 전자장치의 증가와 마찬가지로 마이크로 센서, 다른 마이크로 장치들이 자동차에서 광범위하게 이용되고 있다. 제어, 안전기능에는 전자엔진제어, 크루즈 콘트롤, ABS, 에어백, 자동변속기 제어, 파워스티어링, 사륜구동, 자동 주행안정제어, 내장 네비게이션 시스템, 원격 잠금 장치 등의 기능이 포함된다. 이러한 제어시스템과 안전시스템은 센서와 액추에이터를 필요로 하고 따라서 초소형 장치들이 점차 증가하고 있다. 현대의 자동차에는 현재 20~100개의 센서가 장착되어 있다. 1970년대에는 사실상 내장 센서가 없었다.

의료 분야의 적용 마이크로시스템 기술을 이 분야에서 사용할 기회는 매우 많다. 실제로 괄목할 만한 성장이 이뤄져 왔으며 많은 전통적인 의학적, 외과적 방법들이 마이크로시스템 기술로 전환되었다. 마이크로 크기의 장치를 사용하게 만드는 원인 중의 하나는 최소침해 치료이며, 이는 매우 작은 부위를 절개하거나 신체의 작은 구멍을 통해 의학적 관심 혹은 문제가 있는 부분에 접근하는 것을 포함한다. 의료도구들을 작게 만드는 것에 근거하는 기술들 중에는 내시경 분야[3]가 있는데, 현재 진단 목적으로 사용되고 있고 외과수술에도 점차 사용이 증가하고 있다. 오늘날 내시경 검사를 한 후에, 담낭이나 맹장과 같은 기관의 제거나 탈장을 치료하는 복강경 수술을 하는 것이 표준적인 의료행위다. 두개골에 1개 혹은 그 이상의 작은 구멍을 뚫어 유사한 과정을 뇌수술에 적용하는 것이 점차 증가할 것으로 기대하고 있다.

2 DVD(compact versatile discs)는 원래 디지털비디오디스크(compact video disc)라 불렸는데 주요 적용 분야가 영화 비디오였기 때문이다. 하지만 현재 다양한 형식의 DVD들이 데이터의 저장, 비디오게임, 고품질 오디오 등 다른 컴퓨터 응용분야에 이용된다.

3 직장 혹은 결장과 같이 속이 빈 신체조직 내부를 가시적으로 검사하기 위한 작은 장치(예를 들면 내시경과 같은)를 사용하는 것이다.

화학, 환경 분야의 적용 화학, 환경 분야 적용에서 마이크로시스템 기술의 중요한 역할은 화학물질의 농도를 측정하거나 유해한 물질을 검출하기 위해 물질들을 분석하는 것이다. 다양한 화학적 마이크로 센서들이 개발되었다. 이것들은 관심 대상 물질의 매우 작은 샘플을 분석할 수 있다.

주사탐침 현미경 주사탐침 현미경scanning probe microscope은 표면의 미시적 정밀도를 측정하는 것으로 관찰 대상의 표면 구조를 나노미터 수준에서 측정하게 해준다. 이 정도의 크기 영역에서 동작하기 위해 이 장치는 수 μm 길이의 탐침이 필요하며 이것으로 nm 길이의 표면을 측정한다. 이 탐침은 마이크로 제작기술로 만들어진다.[4]

27.2 마이크로 제작공정

마이크로시스템 기술로 만들어지는 많은 제품들은 실리콘을 기반으로 하고 있으며, 마이크로시스템을 제작하기 위한 대부분의 공정기술은 마이크로 단위의 형상크기를 갖는 집적회로를 제작하는데 오랫동안 이용되어진 마이크로전자산업에서 빌려왔다. 마이크로시스템 기술에서 실리콘이 적당한 재료인 것에는 몇 가지 중요한 이유가 있다. (1)마이크로시스템 기술에서 마이크로 장치들은 종종 전자회로를 포함하기 때문에 회로와 마이크로 장치 모두 단일 기저층 위에서 복합적으로 만들어질 수 있어야 한다, (2)실리콘은 전기적 성질뿐만 아니라 높은 강도와 연신율, 높은 경도, 상대적으로 낮은 밀도 등과 같은 유용한 기계적 성질을 가지고 있다, (3)마이크로 전자 분야에서 광범위하게 적용되기 때문에 실리콘 공정기술은 잘 발달되어 있다, (4)단결정 실리콘을 사용하면 매우 작은 공차를 갖는 형상을 제작하는 것이 가능하다.

특정한 마이크로 장치를 만들기 위해서는 실리콘과 함께 다른 재료들도 마이크로시스템 기술에서 필요하다. 예를 들면 마이크로 액추에이터는 종종 몇 가지의 서로 다른 재료로 만들어진 부품들로 구성된다. 따라서 마이크로 제작기술은 실리콘 공정기술 외에 다른 요소들로 구성된다. 이 책에서 다루는 마이크로 제작공정은 다음과 같이 세 부분으로 구성된다. (1)실리콘 적층공정, (2)LIGA 공정, (3)마이크로 크기와 관련된 기타 공정들.

4 주사탐침 현미경은 27.4.2절에서 설명한다.

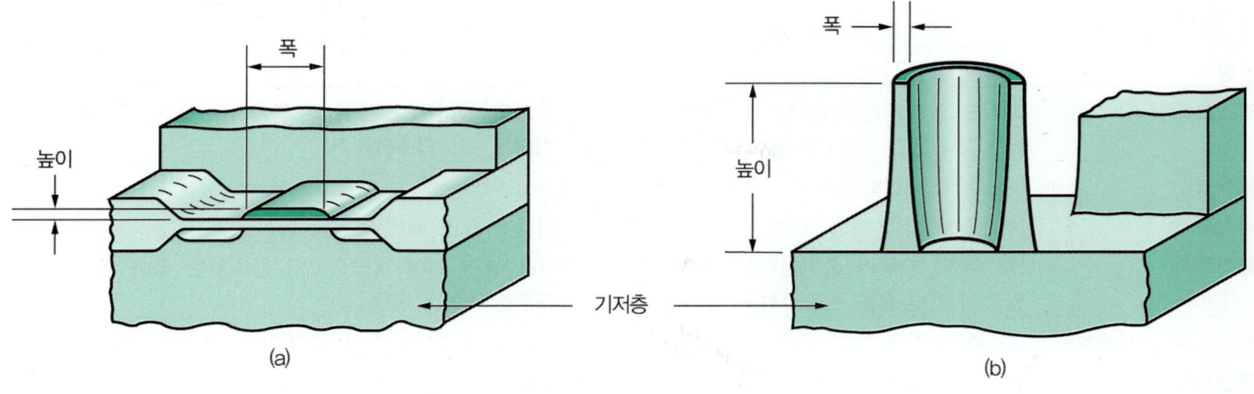

그림 27.4 전형적인 종횡비(높이와 폭의 비) (a)집적회로의 제작, (b)마이크로 제작(출처: Fundamentals of Modern Manufacturing, 4th Edition by Mikell P. Groover, 2010. Reprinted with permission of John Wiley & Sons, Inc.).

27.2.1 실리콘 층성형공정

마이크로시스템 기술에서 실리콘을 최초로 이용한 것은 1960년대에 응력, 변형률, 압력을 측정하기 위해 Si 압전센서를 만든 것이다[13]. 현재 실리콘은 마이크로시스템 기술로 센서, 액추에이터 및 다른 마이크로 장치를 만드는데 널리 사용된다. 기본 공정기술은 집적회로의 제작에 사용되는 것들이다. 하지만 IC와 마이크로장치의 제작공정에는 확연한 차이가 있다.

1. 일반적으로 집적회로(IC) 제작보다 마이크로 제작에서 종횡비가 훨씬 크다. 종횡비 aspect ratio는 [그림 27.4]와 같이 제작되는 형상의 높이와 폭의 비로 정의된다. 반도체 제작공정에서 일반적인 종횡비는 1.0 혹은 그 이하인 반면 마이크로 제작에서는 400까지도 되는 경우가 있다[13].
2. 마이크로 제작으로 만들어지는 장치의 크기는 종종 IC 공정보다 훨씬 큰 반면 마이크로 전자 분야의 지배적인 경향은 점점 더 작아지고 높은 회로밀도를 갖는 쪽으로 흐르고 있다.
3. 마이크로 제작으로 만들어지는 구조물은 종종 층 사이에 빈 공간이 필요한 외팔보나 다리 형상 혹은 다른 형태를 포함한다. 이러한 종류의 구조물들은 IC 제작에서는 일반적이지 않다.

이러한 차이들에도 불구하고 마이크로 제작에 사용되는 대부분의 실리콘 공정단계는 IC 제작기술과 동일하거나 매우 유사하다. 집적회로나 마이크로장치나 결국 실리콘이 동일한 재료다. [표 27.1]은 이러한 공정단계들을 간단히 설명한 것이다. 표에서

표 27.1 마이크로 제작에서 사용되는 실리콘 층성형공정

공정	간략한 설명
리소그래피	마스크의 패턴을 다른 단단한 재료(예: 이산화규소)의 실리콘 표면 위에 복사하여 옮기는데 사용되는 인쇄공정, 마이크로 제조에서의 일반적인 기술은 포토리소그래피
일산화	(층 추가) 이산화규소 층을 형성하기 위한 실리콘 표면의 산화
화학증착	(층 추가) 화학 반응 또는 가스의 분해에 의한 기저층 표면 위의 박막의 형성(21.5.2절)
물리증착	(층 추가) 재료가 증기상태로 변환되었다가 기저층 표면 위에 박막으로서 응축되는 적층 공정의 일종, PVD공정은 진공기화와 스퍼터링 공정을 포함한다(21.5.1절)
전기도금과 전해성형	(층 추가) 용액 속의 금속 이온이 음극의 작업 재료에 도포되는 전해 공정(21.3.1과 21.3.2절)
무전해도금	(층 추가) 외부 전류없이 도금 금속의 이온을 함유하고 있는 수용액 속에서의 도포, 작업물의 표면이 반응의 촉매로 작용(21.3.3절)
열확산(도핑)	(층 변경) 고농도의 구역에서 저농도의 구역으로 원자가 이동하는 물리적 공정(21.2.1절)
이온주입(도핑)	(층 변경) 이온화된 입자의 고에너지 빔을 사용해 기저층에 하나 또는 그 이상의 원소의 원자를 삽입(21.2.2절)
습식 에칭	(층 제거) 일반 마스크 패턴과 함께 목표 물질을 부식시키기 위해 수용액 속에 화학 에칭제의 적용
건식 에칭	(층 제거) 목표 물질을 에칭하기 위해 이온화된 가스를 사용한 건식 플라즈마 에칭

출처: Fundamentals of Modern Manufacturing, 4th Edition by Mikell P. Groover, 2010. Reprinted with permission of John Wiley & Sons, Inc.

설명된 것과 같이 이 공정단계들의 대부분은 이전 장에서 다뤄졌다. 공정들은 IC에서와 마찬가지로 리소그래피 마스크의 형상 데이터에 따라서 기저층에서 재료 층을 더하거나, 변형하거나 제거한다. 제작되는 마이크로 장치의 형상을 결정하는데 리소그래피는 기본이 되는 기술이다.

앞서 서술된 IC제작과 마이크로 장치 제작의 차이점에 의하면 종횡비의 문제가 보다 상세히 다뤄져야 할 것이다. IC 공정의 구조물은 기본적으로 평면을 이루지만 마이크로시스템에서는 3차원의 형상을 갖는다. 마이크로 장치의 형상은 보다 큰 높이와 폭의 비를 갖는다. 이러한 3차원 형상들은 비등방성 에칭이 이뤄질 수 있는 방향으로 놓인 결정구조에 의해 만들어지는 단결정 실리콘의 습식에칭으로 제작될 수 있다.

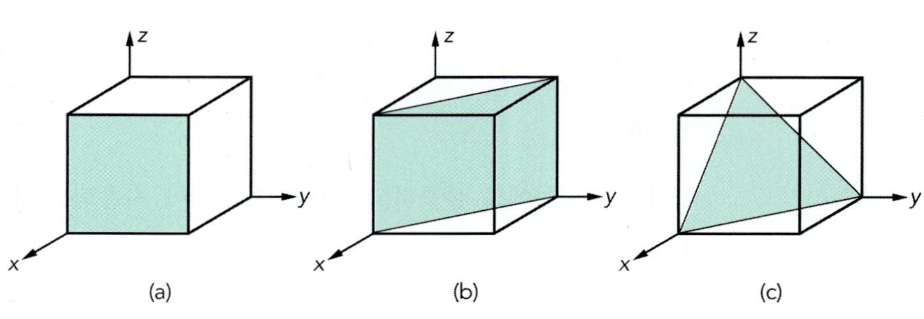

그림 27.5
실리콘 육면체 격자구조의 3가지 격자면 (a)(100) 실리콘 면, (b)(110)실리콘 면, (c)(111) 실리콘 면(출처: Fundamentals of Modern Manufacturing, 4th Edition by Mikell P. Groover, 2010. Reprinted with permission of John Wiley & Sons, Inc.)

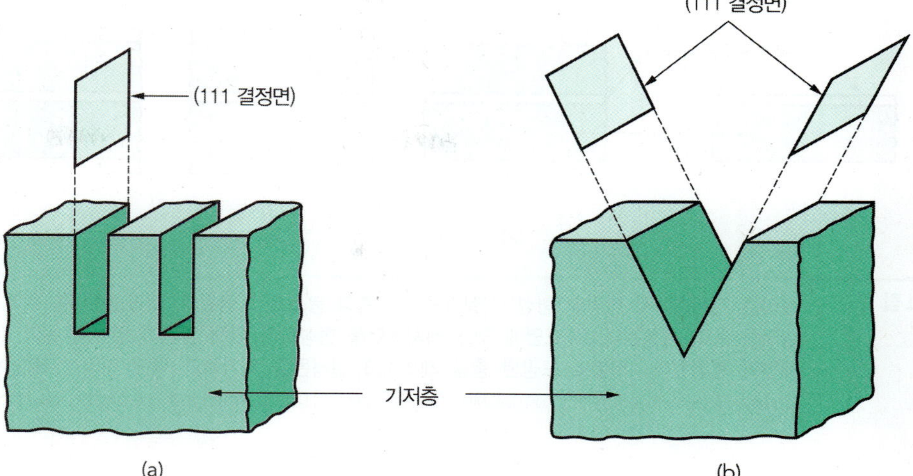

그림 27.6
기판 미세가공에 의해 단결정 실리콘 기저층에서 형성될 수 있는 몇 가지 구조 (a)(110)실리콘, (b)(100)실리콘
(출처: Fundamentals of Modern Manufacturing, 4th Edition by Mikell P. Groover, 2010. Reprinted with permission of John Wiley & Sons, Inc.).

다결정 실리콘의 화학적 습식에칭은 등방성이다. 하지만 Si 단결정에서는 에칭속도가 격자구조의 방향에 따라 달라진다. [그림 27.5]는 실리콘의 육면체 격자구조의 3가지 면을 보여준다.

수산화칼륨(KOH)이나 수산화나트륨(NaOH) 등과 같은 특정 에칭액은 (111) 결정면 방향으로 매우 느린 에칭속도를 가지고 있다. 이것은 단결정 Si 기저층에서 날카로운 모서리를 가진, 뚜렷한 기하학적 구조의 형성을 가능하게 한다. 그 격자는 수직으로 에칭이 관통하거나, 기저층으로 날카로운 각도로 에칭이 되기 쉬운 방향을 하고 있다. [그림 27.6]과 같은 구조물들은 이 과정을 사용해 만들어질 수 있다. 기판 미세가공이라는 용어는 단결정 실리콘 기저층(Si 웨이퍼)에 대한 상대적으로 깊은 습식 에칭공정에 사용된다. 반면 표면 미세가공은 보다 얕은 층 제작 공정을 이용하는 구조물 표면의 평면구조화에 대한 것이다.

기판 미세가공bulk micromachining은 마이크로 구조에서 얇은 막을 제작하는데 사용될 수 있다. 하지만 이 방법은 박막층을 남겨놓기 위해 Si로의 에칭 침투 정도를 제어할 필요가 있다. 이 목적으로 이용되는 일반적인 방법은 실리콘 기저층을 붕소 원자로 도핑하는 것이다. 이렇게 하므로써 실리콘의 에칭 속도를 현저하게 낮출 수 있다. 공정순서가 [그림 27.7]에 나타나 있다. 단계(2)에서 실리콘의 위쪽 층에 에피텍시얼 도포epitaxial deposition가 사용되어 기저층과 동일한 단결정구조와 격자 방향을 가지게 된다. 이것은 다음 공정에서 깊게 에칭된 구역을 성형하기 위해 적용되는 기판 미세가공에 필요하다.

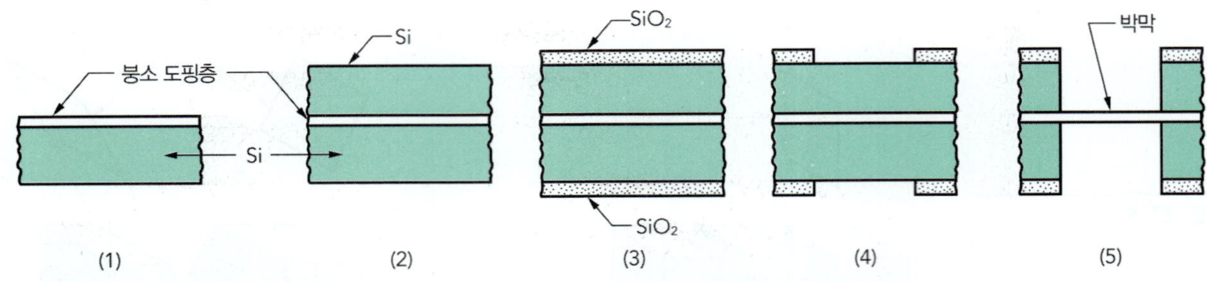

그림 27.7 실리콘 기저층에서 박막의 형성 (1)실리콘 기저층이 붕소로 도핑된다. (2)도핑된 층 위에 에피택시얼 도포에 의해 두꺼운 실리콘 층이 생성된다. (3)표면에 SiO_2 레지스트를 형성하기 위해 양면이 열산화 된다. (4)리소그래피에 의해 레지스트에 패턴이 형성된다. (5)붕소 도핑된 층을 제외하고 실리콘을 제거하기 위해 이방성 에칭이 사용된다(출처: Fundamentals of Modern Manufacturing, 4th Edition by Mikell P. Groover, 2010. Reprinted with permission of John Wiley & Sons, Inc.).

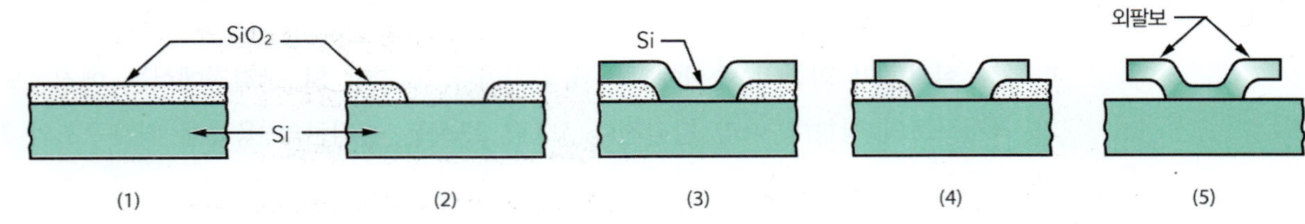

그림 27.8 외팔보를 성형하기 위한 표면 미세가공 (1)실리콘 산화층이 실리콘 기저층 위에 성형된다. 이 두께가 외팔보의 틈새 크기를 결정한다. (2)SiO_2 층의 일부가 리소그래피를 사용해 선택적으로 에칭된다. (3)폴리실리콘 층이 성형된다. (4)폴리실리콘 층의 일부가 리소그래피를 사용해 선택적으로 에칭된다. (5)외팔보 밑의 SiO_2 층이 선택적으로 에칭된다(출처: Fundamentals of Modern Manufacturing, 4th Edition by Mikell P. Groover, 2010. Reprinted with permission of John Wiley & Sons, Inc.).

[그림 27.8]의 (5)에서 보듯이 표면 미세가공surface micromachining은 실리콘 기저층 위에 외팔보, 돌출물, 유사한 구조물을 성형할 때 사용된다. 그림에서 외팔보는 실리콘 표면과 평행하지만 일정 간격만큼 떨어져 있다. 간격의 크기와 외팔보의 두께는 μm 범위다. 이러한 종류의 구조를 제작하는 공정순서는 [그림 27.8]의 앞부분에 묘사되어 있다.

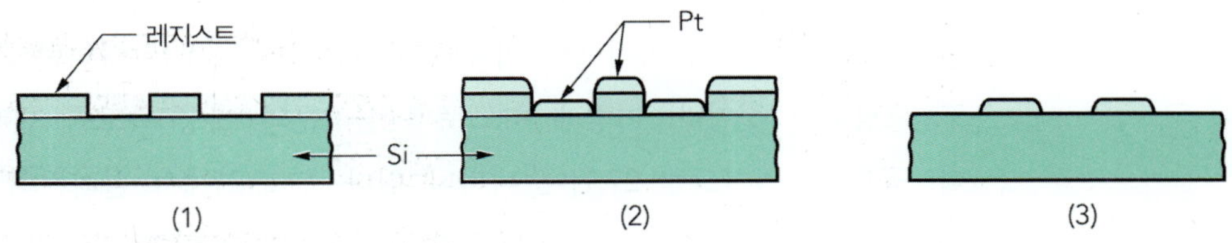

그림 27.9 리프트오프 기술 (1)기저층에 레지스트가 도포되고 리소그래피에 의해 구조가 만들어진다. (2)백금이 표면에 도포된다. (3)표면 위의 백금과 함께 레지스트가 제거된다. 원하는 백금의 마이크로 구조는 남겨진다(출처: Fundamentals of Modern Manufacturing, 4th Edition by Mikell P. Groover, 2010. Reprinted with permission of John Wiley & Sons, Inc.).

리프트오프 기술lift-off technique이라 불리는 공정이 기저층 위에 백금과 같은 금속 패턴을 만드는 마이크로 제작에 사용된다. 이러한 구조들은 일부 화학센서에 사용되는데, 습식식각으로 제작하기 어렵다. 리프트오프 기술의 공정순서는 [그림 27.9]에 나타나 있다.

27.2.2 LIGA 공정

LIGA는 마이크로시스템 기술에서 중요한 공정 중 하나다. LIGA 공정은 1980년대 초 독일에서 개발되었다. LIGA라는 글자는 독일어에서 LIthographie([표 27.1]의 리소그래피, 특히 X–선 리소그래피, [그림 27.3]의 이온빔과 같은 다른 리소그래피 노광방법 또한 사용되지만), Galvanoformung(전해도포 또는 전해성형으로 해석, 21.3.2절), Abformtechnik(플라스틱 몰딩, 8.6절)을 나타낸다.

[그림 27.10]에 LIGA 공정순서가 나타나 있다. 그림의 설명문에서 제공된 짧은 설명에 대해 자세히 검토해보자.

1. 방사광에 민감한 두꺼운 레지스트 층이 기저층에 도포된다. 층의 두께는 수 ㎛에서 수 cm까지이며 제작하려는 부품의 크기에 따라 다르다. LIGA에서 일반적으로 사용되는 레지스트는 폴리메틸메타크릴레이트(PMMA: 아크릴계 열가소성 수지의 한 종류)이다.

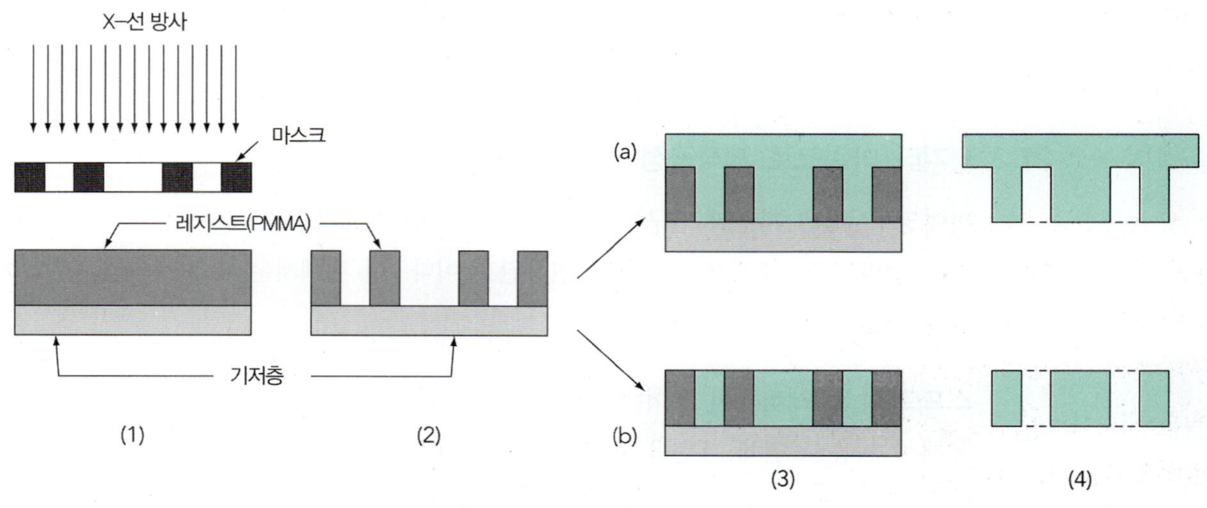

그림 27.10 LIGA 공정 단계 (1)두꺼운 레지스트 층이 적층되고 마스크를 통해 X–선에 노출된다. (2)노출된 레지스트 부분이 제거된다. (3)레지스트의 남은 부분을 채우기 위해 전해도포를 한다. (4)(a)몰드나 (b)금속 부분을 만들기 위해 레지스트를 제거한다(출처: Fundamentals of Modern Manufacturing, 4th Edition by Mikell P. Groover, 2010. Reprinted with permission of John Wiley & Sons, Inc.).

뒤에 이어지는 전해도포 공정이 실행되기 위해 기저층은 전도성 물질이어야 한다. 레지스트는 마스크를 통해 고에너지 X－선 방사에 노출된다.

2. 방사에 의해 레지스트의 조사된 부분은 기저층 표면으로부터 화학적으로 제거되고, 노출되지 않은 부분이 3차원 플라스틱 구조로 서 있도록 남겨진다.
3. 레지스트가 제거된 부분은 전해도포에 의해 금속으로 채워진다. 일반적으로 니켈이 LIGA에서 사용되는 도금금속이다.
4. 남은 레지스트 구조물이 제거되고 나면 3차원 금속구조만 남는다. 만들어진 형상에 따라 이 금속성의 구조는 (a)사출성형, 반응사출성형 또는 압출성형에 의해 플라스틱 부품을 생산하는데 사용되는 금형이 될 수 있다. 열가소성 수지 제품이 생산되는 사출성형의 경우에 이 부품들은 인베스트먼트 주조(6.2.3절)의 소모성주형처럼 사용될 수 있다. 또 다른 선택으로 (b)금속 부분은 전해도포에 의해 보다 더 금속적인 부품의 제작에 사용되는 플라스틱 금형 제작을 위한 패턴이 될 수 있다.

위의 설명에서 알 수 있듯이 LIGA는 몇 가지 다른 방법으로 부품을 생산할 수 있다. 이것이 마이크로시스템 기술에서 이 공정이 갖는 장점 중에서 중요한 것 중 하나다. (1)LIGA는 응용이 다양한 공정이다, (2)높은 종횡비(제작된 부품에서 폭과 높이의 비율이 큼)가 가능, (3)마이크로미터에서 센티미터까지 넓은 범위의 부품 크기가 가능, (4)작은 허용오차가 가능함 등이다. LIGA의 심각한 단점으로는 가격이 매우 비싸다는 것이며 따라서 이를 적용하기 위해서는 요구되는 부품의 수가 매우 많아야 한다. 또한 X－선을 사용하는 것도 단점이다.

27.2.3 기타 마이크로 제작공정

마이크로시스템 기술의 연구는 몇 가지 추가적인 제조기술을 제공하고 있는데, 대부분은 일반 크기 소재용 공정들이 변형된 것이다. 이 절에서는 추가적인 몇 가지 기술에 대해 설명한다.

소프트 리소그래피 이 용어는 탄성 중합체의 편평한 몰드(고무도장과 유사한)를 사용해 기저층 표면에 패턴을 만드는 공정에 대해 사용한다. 몰드를 만드는 순서가 [그림 27.11]에 서술되어 있다. 자외선 광 노광과 같은 리소그래피 공정으로 실리콘 표면에 마스터 패턴을 만든다. 이 마스터 패턴은 소프트 리소그래피에서 편평한 몰드를 만드는데 이용된다. 일반적인 몰드 재료는 폴리다이메틸실록세인(PDMS: 실리콘 고무)이다. PDMS가 경화되면 패턴에서 벗겨내고 다루기 쉽게 하기 위해 기저판

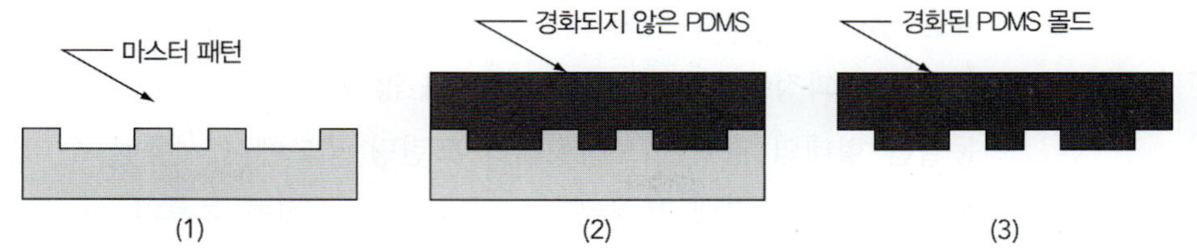

그림 27.11 소프트 리소그래피에서 몰드를 만드는 순서 (1)마스터 패턴을 전통적인 리소그래피로 제작한다. (2)편평한 폴리다이메틸실록세인 몰드가 마스터 패턴으로부터 만들어진다. (3)사용될 경화된 몰드를 벗겨낸다(출처: Fundamentals of Modern Manufacturing, 4th Edition by Mikell P. Groover, 2010. Reprinted with permission of John Wiley & Sons, Inc.).

위에 부착한다.

소프트 리소그래피의 2가지 공정은 마이크로 임프린트 리소그래피와 마이크로 콘택 프린팅이다. 마이크로 임프린트 리소그래피micro-imprint lithogrpahy에서는 몰드가 소프트 레지스트 표면에 압착되어 이후의 에칭공정을 위해 기저층 위에서 레지스트의 특정 영역을 밀어낸다(몰드로 레지스트 위에 패턴을 만든다). [그림 27.12]는 공정순서다. 평평한 몰드는 볼록한 영역과 오목한 영역으로 구성되고 볼록한 영역은 기저층을 노출시키기 위해 밀어내어지는 레지스트 표면 영역에 해당된다. 레지스트 재료는 열가소성수지이며 이는 압력이 가해지기 전에 가열되어 부드러워진다. 레지스트 층은 보다 전통적인 리소그래피 방법의 전자기적 방사 대신 기계적 변형에 의해 만들어진다. 레지스트 층의 압착된 영역은 잇따르는 에칭에 의해 제거된다. 에칭 공정은 또한 남아 있는 레지스트 층의 두께를 감소시키지만 이후 공정에서 기저층을 보호하기에는 충분할 만큼 남아 있게 된다. 마이크로 임프린트 리소그래피는

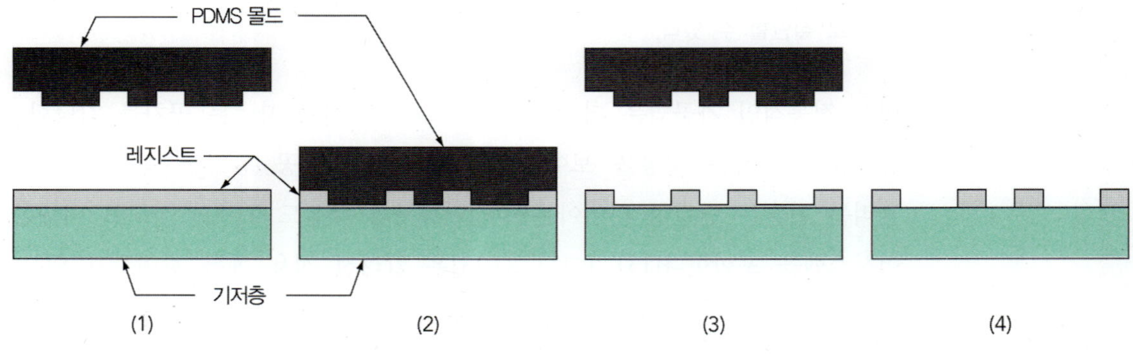

그림 27.12 마이크로 임프린트 리소그래피 순서 (1)몰드를 위에 놓는다. (2)레지스트 안으로 압착한다. (3)몰드를 들어올린다. (4)필요한 영역에 남은 레지스트를 기저층 표면에서 제거한다(출처: Fundamentals of Modern Manufacturing, 4th Edition by Mikell P. Groover, 2010. Reprinted with permission of John Wiley & Sons, Inc.).

높은 생산성을 내기 위해 적용될 수 있다. 몰드의 제작에 유사한 준비가 필요하지만 임프린트 과정에서 마스크가 필요하지 않다.

동일한 형태의 평평한 도장형태가 프린팅 모드에서 사용될 수 있으며 이 경우의 공정을 마이크로 콘택 프린팅micro-contact printing이라 부른다. 이 형태의 소프트 리소그래피에서 몰드는 잉크가 종이 표면에 전달되는 것과 매우 유사하게 물질(재료) 패턴을 기저판 표면에 전달하는데 이용된다. 이 공정은 기저층 위에 매우 얇은 층을 성형하는 것을 가능하게 해준다.

마이크로 제조용 특수가공과 전통적 공정들 전통적인 제조공정뿐만 아니라 몇 가지의 특수가공 공정들(19장)은 마이크로 제조에서 중요하다. 광화학가공photochemical machining: PCM, 19.4.2절은 반도체 공정과 마이크로 제조에서 핵심적인 공정이지만 이 장에서는 (포토리소그래피와 결합된) 화학적 에칭으로 간주했다. PCM은 미세한 패턴 마스크에 따라 금속 물질의 층을 추가하기 위해 전기도금과 전해성형 그리고/또는 무전해도금(21.3.3절) 등의 매우 전통적인 공정과 함께 사용된다.

마이크로 수준의 공정이 가능한 다른 특수공정은 다음과 같다[13].

- **방전가공:** 종횡비(깊이와 지름의 비)가 100 정도로 크면서 지름 0.3mm 정도의 작은 구멍을 뚫을 때 사용된다.
- **전자빔가공:** 절삭가공이 어려운 재료에 지름 100㎛보다 작은 구멍을 뚫을 때 사용된다.
- **레이저가공:** 종횡비(깊이와 폭 또는 깊이와 지름의 비)가 거의 50이면서 지름 10㎛까지의 작은 구멍과 복잡한 윤곽을 만들 수 있다.
- **초음파가공:** 단단하고 깨지기 쉬운 재료에 지름 50㎛ 정도까지의 작은 구멍을 뚫을 수 있다.
- **와이어 방전절단 또는 와이어EDM:** 종횡비(깊이와 폭의 비)가 100 이상이면서 매우 좁은 폭으로 절단할 수 있다.

현재 전통적인 가공법은 더 작은 절삭 크기와 이에 따르는 공차를 감당할 수 있는 능력을 포함하는 경향을 보이고 있다. 초고정밀가공ultra-high-precision machining으로 불리는 기술은 단결정 다이아몬드 절단공구와 해상도 0.01㎛ 정도로 미세한 위치제어시스템을 포함한다[13]. [그림 27.13]은 알려진 적용 예를 보여주고 있는 것으로, 단인 다이아몬드 플라이 커터를 사용해 알루미늄 호일에 홈을 가공하는 것이다. 알루미늄 호일은 두께 100㎛이고, 홈의 폭은 85㎛, 홈의 깊이는 70㎛이다. 유사한 초고정밀가공이 컴퓨터 하드디스크, 복사기 드럼, 컴팩트 디스크 리더 헤드를 위한 몰드 인서트, 고화질 TV 투사렌즈, VCR 스케닝 헤드 등의 제품을 생산하는데 적용된다.

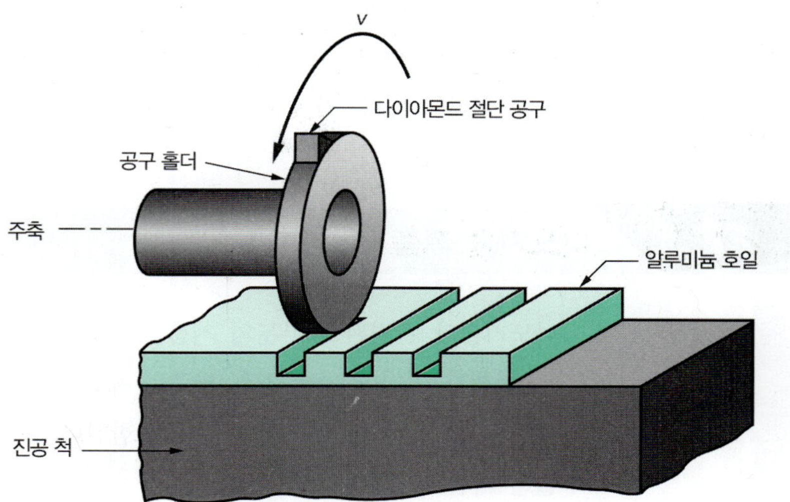

그림 27.13
알루미늄 호일의 홈 가공을 위한 초고정밀 밀링(출처: Fundamentals of Modern Manufacturing, 4th Edition by Mikell P. Groover, 2010. Reprinted with permission of John Wiley & Sons, Inc.)

쾌속조형 기술 몇 가지 쾌속조형Rapid Prototyping: RP 기술(26장)이 마이크로 크기의 부품을 생산하는데 적용되었다[20]. RP 방법은 부품의 CAD 모델을 기초로 3차원 부품을 제작하는데 층을 쌓는 접근 방법을 적용한다. 각 층은 보통 0.05mm 정도의 두께로 매우 얇아서 마이크로 제조기술의 범위에 접근한다. 층을 더 얇게 만듦으로써 마이크로 부품이 제작될 수 있다.

한 가지 RP 접근방법은 전기화학 제조법electrochemical fabrication: EFAB이라 불리며 이것은 제작하고자 하는 CAD 모델의 단면을 '나누고(slicing)' 이를 통해 만들어지는 패턴 마스크에 의해 결정되는 특정한 영역에 금속성 층의 전기화학적 도포를 수행하는 것이다(26.1절). 도포된 층의 폭은 약 20μm, 두께는 5~10μm 정도다. EFAB는 60°C (140°F) 이하의 온도에서 실행되며 청정실 환경은 필요하지 않다. 하지만 공정이 느려 한 층의 도포에 40분 혹은 36층(높이 180~360μm)에 약 24시간 정도가 소요된다. 이러한 단점을 극복하기 위해 각 층에 해당하는 마스크에 여러 개의 부품 단면 패턴의 복사본을 포함하게 하여 일괄 공정으로 동시에 여러 개의 부품을 생산할 수 있도록 한다.

또 다른 RP 접근방법은 마이크로 광조형법microstereolithogaphy: MSTL이다. 이는 광조형법(STL, 26.2.1절)에 기반을 두고 있지만 공정 단계에서 크기를 줄인 것이다. 전통적인 광조형법에서는 층의 두께가 75~500μm인 반면 마이크로 광조형법은 일반적으로 10~20μm 범위의 층 두께를 만들고 더 얇은 층도 가능하다. STL에서 일반적인 레이저 점의 크기는 지름이 250μm지만 MSTL에서는 점의 크기가 1~2μm 정도로 작다. MSTL의 또 다른 차이점은 작업 재료가 광 민감성 고분자로 제한되지 않는다는 것이다. 연구자들은 세라믹과 금속재료로부터 3차원 마이크로 구조의 제작 성공을 보고하고 있다. 차이점은 초기 재료가 액체가 아니라 분말이라는 것이다.

27.3 나노기술 제품

나노기술과 관련된 대부분의 제품들은 단지 마이크로시스템 기술에 의한 제품의 작은 형태가 아니다. 이것들은 새로운 재료, 코팅 그리고 마이크로시스템 기술의 범위에 포함되지 않은 특정한 것들을 포함한다. 그동안 알려진 나노크기의 제품과 공정들은 다음과 같은 것들이 있다.

중세 동안 지어진 교회 건물 창의 다양한 색의 스테인드글라스 창문은 유리에 포함된 나노미터 크기의 금 입자들을 기본으로 포함하고 있다. 입자 크기에 따라 다양한 색상을 나타내게 된다.

전통적인 필름 사진의 기원은 150년 전으로 거슬러 올라가며 사진필름에 상을 담기 위해서는 은 나노입자의 형성이 필요하다.

나노크기의 탄소입자는 자동차 타이어의 보강재로 사용된다.

현대의 자동차에 적용되는 배기시스템에 필요한 촉매변환장치는 세라믹 벌집구조 위에 나노크기로 코팅된 백금과 팔라듐이 이용된다. 금속 코팅은 촉매로 작용해 유해한 배기가스를 무해한 배기가스로 변환시킨다.

형상크기가 나노기술 범위인 것들이 포함되어 있는 현재의 집적회로 제작기술에 대해서도 설명되어야 한다. 당연히 집적회로는 1960년대부터 제작되어져 왔으나 최근 들어서야 나노크기의 형상을 구현할 수 있었다.

보다 최근의 나노기술이 적용된 제품에는 화장품, 선 로션, 자동차 폴리싱, 왁스, 안경 렌즈코팅, 내마모성 페인트 등이 포함된다. 이 모든 분야는 나노크기의 입자(나노입자)가 포함되기 때문에 이것들이 나노기술의 제품임이 입증된다. 나노제품에 대해 보다 관심이 있는 독자는 www.nanotechproject.org/inventories/consumer를 참고하기 바란다[33].

마이크로시스템 기술의 중요한 제품 분야는 마이크로 전자기계시스템microelectro mechanical system: MEMS으로, 이는 컴퓨터, 의학, 자동차 산업에서 몇 개의 적용 사례를 가지고 있다(27.1.2절). 나노기술의 출현과 함께 이러한 종류의 장치들을 나노크기 범위로 개발하는 것으로 범위를 확장하는 것에 대한 관심이 증가하고 있다. 나노 전자기계시스템nanoelectromechanical system: NEMS은 마이크로 크기 이하의 MEMS 장치들로, 보다 작은 크기들이 보다 거대한 잠재적인 이점들을 만들어내고 있다. 현재 제작되고 있는 중요한 NEMS 구조물 제품은 원자간력 현미경atomic force microscope에 사용되는 탐침이다(27.4절). 탐침의 날카로운 끝은 나노크기다. 나노 센서는 또 다른 개발 중인 응용분야다. 나노 센서는 큰 센서들에 비해 보다 정확하고, 빠른 응답속도를 가지며 낮은 동력에서 작동한다. 현재 NEMS 센서는 가속도계와 화학센서 등이 있다. 한 곳에 하나의 큰 센서를 사용하는 것 대신 대상 영역에 다수의 나노센서들이 분포되어 데이터를 수집하고, 따라서 관심의 대상이 되는 다수의 변수들을 수집하는 것이 제안되고 있다.

나노기술에서 과학적, 상업적 관심의 대상이 되는 2개의 중요한 구조물은 탄소 버키볼과 나노튜브다. 이것들은 기본적으로 흑연층으로서 각각 구형, 튜브 형상을 가지고 있다.

버키볼buckyball이라는 용어는 [그림 27.14]와 같이 60개의 탄소원자를 포함하고 있으며 축구공 모양인 C_{60} 분자에 기인한다. 이 분자의 원래 이름은 C_{60} 구조와 닮은 디오데식 돔geodesic dome을 설계한 건축가/발명가인 R. Buckminister Fuller의 이름을 따서 벅민스터플러린buckminsterfullerene이었다. 현재 C_{60}은 단순히 플러린fullerene이라 불리며 이는 12개의 오각형과 다양한 개수의 육각형 면으로 구성된 속이 빈 막혀있는 형태의 탄소분자들에 적용된다. C_{60}의 경우 60개의 원자들은 12개의 오각형 면과 20개의 육각형 면들이 대칭으로 배열된 구 형상이다. 이 분자 공들은 서로 결합해 결정을 형성할 수 있다. 결정 내에서 인접한 C_{60} 분자들 사이의 거리는 1nm다.

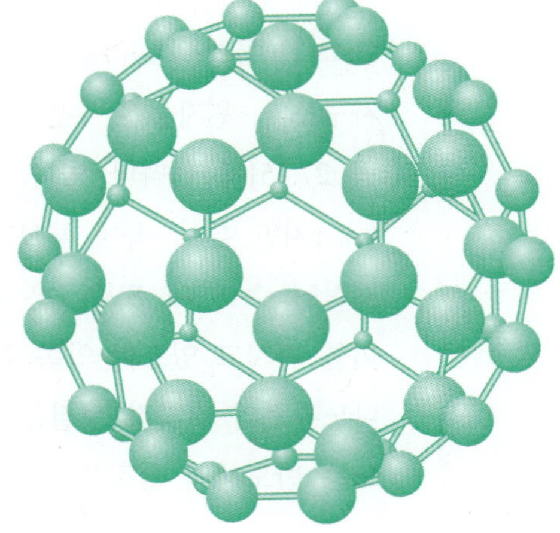

그림 27.14
C_{60} 분자의 플러린 구조(출처: Fundamentals of Modern Manufacturing, 4th Edition by Mikell P. Groover, 2010. Reprinted with permission of John Wiley & Sons, Inc.).

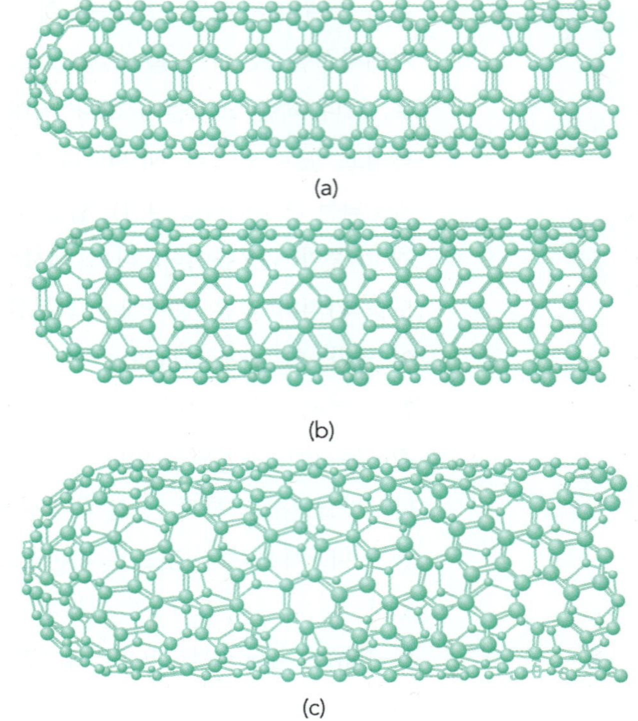

그림 27.15
탄소나노튜브의 여러 가지 구조 (a)안락 의자, (b)지그재그, (c)키랄. Reprinted permission form[23](출처: Fundamentals of Modern Manufacturing, 4th Edition by Mikell P. Groover, 2010. Reprinted with permission of John Wiley & Sons, Inc.).

플러린은 많은 이유로 관심의 대상이 된다. 하나는 전기적 성질과 이 성질을 변하게 하는 능력이다. 하나의 C_{60} 결정은 절연체의 성질을 갖는다. 하지만 포타슘(K_3C_{60})과 같은 알칼리계 금속이 침투되면 전도성을 가지게 된다. 또한 18°K 근처의 온도에서는 초전도체의 성질을 보인다. C_{60} 플러린의 또 다른 잠재적 적용 영역은 의학 분야다. C_{60} 분자는 집중 약물치료를 가능하게 한다. 버키볼의 가능한 다른 의학적 적용 예는 노화방지제, 번 크림burn cream, 진단영상 등이 포함된다.

탄소나노튜브carbon nanotube: CNT는 탄소원자가 긴 튜브 모양으로 구성된 또 다른 분자구조다. 원자들은 수많은 형태로 조합이 될 수 있으며 이들 중 3가지 형태가 [그림 27.15]에 나타나 있다. 그림의 나노튜브는 단일벽 나노튜브single-walled nanotube: SWNT지만 튜브 속에 튜브가 있는 다중벽 나노튜브multi-walled nanotubes: MWNT 역시 제작될 수 있다. SWNT은 수 나노미터(작게는 1nm까지)의 지름과 100nm 정도의 길이를 가지고 있으며 양쪽 끝이 막혀 있다.

나노튜브의 전기적 성질은 특이하다. 구조와 지름에 따라 나노튜브는 금속성(전도성) 또는 반도체의 성질을 가질 수 있다. 금속성 나노튜브의 전도성은 구리보다 6배 정도 우수하다[8]. 그 이유는 금속에 존재하는 전자를 분산시켜 전기저항을 증가시키는 결함이 거의 없기 때문이다. 나노튜브가 이렇게 낮은 전기저항을 가지기 때문에 금속에서 동일한 전기적 부하가 가해질 때와는 달리 높은 전류에도 온도가 상승되지 않는다. 금속성 나노튜브의 열전도성도 매우 높다. 이러한 전기, 열적 성질은 현재 실리콘 칩의 집적밀도가 증가함에 따라 직면한 프로세서의 온도상승 문제를 발생시키지 않고도 높은 클록스피드가 가능하기 때문에 컴퓨터, 집적회로의 제작에서 특히 관심을 받고 있다. 보다 높은 밀도를 가지면서도 현재 프로세서보다 10^4배 빠른 클록스피드가 가능할 것이다.

나노튜브의 또 다른 전기적 성질은 전계방출이다. 이것은 나노튜브의 축과 평행하게 전기장이 가해지면 전자가 튜브의 끝에서 빠르게 방출되는 것이다. 전계방출 성질의 상업적으로 가능한 적용 분야는 텔레비전과 컴퓨터 모니터의 평면 디스플레이다.

기계적 성질은 단일벽 나노튜브가 관심의 대상이 되는 또 다른 이유다. 강철과 비교해 밀도는 단지 1/6이고, 탄성계수는 5배 크고, 인장강도는 100배 크다[8]. SWNT가 구부러지면 손상 없이 원래의 형상으로 돌아가려는 거대한 복원력을 갖는다. 이러한 기계적 성질들은 고분자 복합재료의 보강재에서부터 방탄조끼의 섬유 실에까지 적용 가능성을 보인다. 아이러니하게도 다중 벽 나노튜브는 강하지 않다.

27.4 주사탐침 현미경

나노크기의 대상물을 '볼 수 없는' 것이 최근까지 나노기술의 개발을 막고 있었다. 1980년대 등장한 주사탐침 현미경은 대상을 분자 수준까지 관찰하고 측정하는 것을 가능하게 해주었다. 전통적인 광학현미경은 매우 작은 대상물의 상을 확대하기 위해 광학렌즈를 통과하는 초점된 가시광선을 사용한다. 하지만 가시광선의 파장은 400~700nm이고, 이는 나노크기의 대상물보다 크다. 따라서 이들 대상물들은 기존의 광학현미경으로는 관찰할 수 없다. 가장 강력한 광학현미경은 1000배의 배율을 가지고 있으며 해상도는 약 0.0002mm(200nm)이다. 빛 대신 전자빔을 사용해 대상 시편을 볼 수 있는 전자현미경이 1930년대에 개발되었다. 전자빔은 파동운동의 형태로 가정될 수 있지만 훨씬 작은 유효파장을 갖는다. 현재의 전자현미경은 약 1,000,000배의 배율을 가지며 해상도는 나노미터 급이다. 표면 영상을 획득하기 위해 텔레비전의 표면에 음극선이 스캔되는 것과 유사하게 전자빔이 대상물의 표면을 래스터 패턴raster pattern으로 스캔한다.

나노크기 수준으로 관찰하기 위한 전자현미경의 중요한 발전 중의 하나가 주사탐침장치다. 이것은 전자현미경보다 10배 큰 배율을 가진다. 주사탐침 현미경에서 탐침은 매우 날카로운 끝을 가진 바늘로 구성되어 있다. 끝단의 크기는 원자 하나의 크기에 근접한다. 동작을 시키면 탐침은 시편의 표면 위에서 단지 1나노미터 간격을 두고 움직이기 때문에 주사 탐침장치의 종류에 따라 표면의 여러 가지 성질 중 어떠한 것도 측정할 수 있다. 나노기술에서 높은 관심을 받고 있는 2가지 주사탐침 현미경은 주사터널 현미경과 원자간력 현미경이다.

주사터널 현미경scanning tunneling microscope: STM은 최초로 개발된 주사탐침 현미경이다. 이것의 동작이 고체재료에 있는 전자들이 표면 위로 튀어나올 수 있는 현상인 터넬링tunneling으로 알려진 양자역학 현상에 기반을 두기 때문에 터넬링 현미경tunneling microscope이라 불린다. 전자가 표면 위로 튀어나올 수 있는 확률은 표면과의 거리에 비례해 지수적으로 감소한다. 이러한 거리에 대한 민감도가 STM에서 탐침팁을 표면과 매우 가깝게(즉 1nm) 유지시킬 수 있도록 하는데 이용되며 둘 사이에 작은 전압을 가한다. 이것은 표면 원자의 전자가 탐침 끝단의 작은 양의 부하 쪽으로 끌어당겨져 둘 사이의 전자터널을 통해 탐침 쪽으로 전자가 흐르게 하는 원인이 된다.

탐침이 표면을 따라 이동하면 표면 위의 각 원자들의 위치에 의해 전류의 변화가 발생한다. 한편, 만약 일정한 전류가 흐를 수 있도록 표면 위의 팁의 높이(표면과 팁 사이의 간격이)가 유지되면 팁이 표면 위를 이동하는 동안 수직변위를 측정할 수 있게 된다. 이러한 전류나 변위의 변화가 원자나 분자 스케일의 표면 이미지나 지형도를 만드는데 사용될 수 있다.

그림 27.16
실리콘 기저층 위에 산화실리콘으로 쓰인 글씨의 원자간력 현미경 그림. 글씨의 산화실리콘 선들의 폭은 약 20nm다(출처: Fundamentals of Modern Manufacturing, 4th Edition by Mikell P. Groover, 2010. Reprinted with permission of John Wiley & Sons, Inc.).

주사터널 현미경의 단점은 전도성 재료의 표면에서만 사용이 가능하다는 점이다. 이와 비교해 원자간력 현미경atomic force microscope: AFM은 어떠한 재료에도 사용이 가능하다. 이것은 시편 표면 위에서 이동되는 동안 탐침의 표면에 가해지는 힘에 의해 변형되는 민감한 외팔보에 부착된 탐침을 이용한다. AFM은 적용방법에 따라 다양한 형태의 힘에 반응한다. 힘은 탐침이 시편 표면에 물리적으로 접촉하는 것에 의한 기계적인 것과 반데르발스 힘, 모세관력, 자기력[5], 기타 비 접촉에 의한 것들이 있다. 탐침의 수직 변형은 빛의 간섭무늬 또는 외팔보에서 반사되는 레이저 빛을 기반으로 광학적으로 측정한다. [그림 27.16]은 AFM에 의해 만들어진 사진이다.

여기서의 설명은 표면을 관찰하기 위한 주사탐침 현미경에 초점을 맞추었다. 27.5.2절에서 이들 장치들의 적용 분야인 개별적인 원자, 분자, 다른 나노크기의 원자들의 집합 혹은 분자들을 다루는 것에 대해 설명한다.

27.5 나노성형공정

형상의 크기가 나노미터 범위를 갖는 제품이나 구조물을 제작하는 공정은 2개의 기본 범주로 나눌 수 있다.

1. **하향식 접근방식:** 마이크로 제작기술의 일부를 나노크기의 대상 크기에 적용하는 것이다. 대부분 원하는 형상을 얻기 위해 제거공정(재료를 제거)을 포함한다.
2. **상향식 접근방식:** 원자와 분자들을 다루고 결합해 보다 큰 구조물을 만든다. 이는 보다 작은 요소들로 나노크기의 제품을 만드는 것이기 때문에 부가공정으로 설명될 수 있다.

이 절의 구성은 이들 2가지 접근방식을 근거로 한다. 하향식 접근방식과 관련한 공정 방법들은 27.2절에서 설명했기 때문에 27.5.1절에서는 어떻게 이들 공정들이 나노크기를 위해 수정되는지에 대해 다룬다. 27.5.2절에서는 상향식 접근방식을 해설한다. 이것은 아마도 그 자체가 가지고 있는 독특함과 나노기술에 특별히 더 적절하기 때문에 더 흥미가 있을 것이다.

5 힘이 자기력일 때는 자기력 현미경(magnetic force microscope: MFM)이라는 용어가 사용된다. 동작원리는 하드디스크 드라이브의 읽기헤드와 유사하다.

27.5.1 하향식 공정 접근방식

나노크기의 대상물을 제작하기 위한 하향식 접근방식은 재료(예를 들면 실리콘), 집적회로와 마이크로시스템을 제작하는데 사용되는 것과 같은 리소그래피 기술을 이용한 박막의 가공들이 포함된다. 또한 하향식 접근방식은 나노구조물을 만드는데 적용되는 다른 정밀가공기술들(27.2.3절)도 포함한다. 마이크로 이하의 크기에 적용되는 재료를 제거하는 이러한 공정들에 나노머시닝nanomachining이라는 용어가 사용된다. 나노구조물은 실리콘, 탄화실리콘, 다이아몬드, 질화실리콘과 같은 재료를 가공해 만들어져 왔다[30]. 원하는 구조와 재료의 배합을 위해 나노머시닝은 물리증착법, 화학화학증착법과 같은 박막 성형공정(21.5절)과 결합되어야만 할 때가 있다.

마이크로시스템 기술 제품과 집적회로(ICs)의 형상 크기가 점점 작아지고 있음에 따라 가시광선의 파장 때문에 광학 리소그래피를 기반으로 하는 제작기술들이 점점 제한적이 되고 있다. 보다 짧은 파장이 보다 작은 형상의 제작이 가능하기 때문에 현재는 자외선 빛이 사용되고 있다. 현재 IC 제작에 사용되는 기술은 극자외 리소그래피extreme ultraviolet lithography라 불린다. 이것은 13nm 정도로 짧은 UV 빛을 이용하기 때문에 나노기술 영역에 들게 된다. 하지만 EUV 리소그래피가 이러한 매우 짧은 UV 파장에서 사용되면 광 민감성 수지(포토레지스트)와 레이저 초점장비에 기술적 문제들이 발생한다.

나노크기의 구조물 제작에 적용 가능한 다른 리소그래피 기술이 있다. 이것은 전자빔 리소그래피, X−선 리소그래피, 나노임프린트 리소그래피들이 포함된다. 전자빔 리소그래피electron−beam lithography: EBL는 높게 초점된 전자빔이 재료 표면에서 원하는 패턴을 따라 주사되어 동작한다. 따라서 마스크 없이 순차적 공정을 사용해서 표면영역에 노출된다. EBL이 10nm 정도의 해상도를 갖지만 순차적 공정이기 때문에 마스크를 이용하는 기술에 비해 느리며 따라서 대량생산에는 적합하지 않다. X−선 리소그래피x−ray lithography는 약 20nm 정도의 해상도를 갖는 패턴을 만들 수 있고 마스크를 사용하기 때문에 대량생산이 가능하다. 하지만 X−선은 초점을 만들기 어렵고 생산에 적용하기에는 장치비가 비싸며 X−선은 인체에 위험하다.

소프트 리소그래피로 알려진 2개의 공정인 마이크로 임프린팅 리소그래피와 마이크로 콘택 리소그래피는 27.2.3절에서 다루었다. 이들 동일한 공정들은 나노 제작에 적용될 수 있으며 이 경우에는 각각 나노 임프린트 리소그래피nano−imprint lithography와 나노콘택 프린팅nano-contact printing으로 불린다. 나노 임프린트 리소그래피는 해상도 약 5nm 정도의 패턴을 만들 수 있다[30]. 나노콘택 임프린트의 원래 적용 분야 중 하나는 티올thiols: 수소황화물에서 파생된 유기화합물의 일종을 금 표면에 전사하는 것이었다. 이 방식의 특징은 필름 두께가 분자 하나(단분자층monolayer, 27.5.2절)이기 때문에 나노크기가 보장된다.

27.5.2 상향식 공정 접근방식

상향식 접근방법에서 초기 재료는 원자, 분자, 이온이다. 이들 기초가 되는 블록을 어떤 경우에는 한 번에 하나씩 조립해서 원하는 나노크기의 제품을 만든다. 여기서는 나노기술에서 중요한 관심의 대상이 되는 (1)탄소나노튜브의 제작, (2)주사탐침 기술을 이용한 나노 제작, (3)자가조립self-assembly의 3가지 접근방법을 다룬다.

탄소나노튜브의 제작 탄소나노튜브의 주목할 만한 성질과 적용에 대해서는 27.3.1절에서 다루었다. 탄소나노튜브는 몇 가지 기술로 제작할 수 있다. 여기서는 다음과 같은 3가지를 설명한다. (1)레이저 증착, (2)탄소 아크 테크닉, (3)화학증착.

레이저 증착법laser evaporation에서 초기 원재료는 약간의 코발트와 니켈을 포함하고 있는 흑연모재 덩어리다. 이 금속들은 이후에 나노튜브가 형성되기 위한 핵으로 작용하는 촉매 역할을 한다. 흑연을 아르곤 가스가 채워진 석영 튜브 안에 놓고 1200°C로 가열한다. 펄스 레이저 빔을 모재에 주사하면 흑연 덩어리에서 탄소원자가 증발된다. 아르곤은 탄소원자를 튜브의 고온 영역에서 물로 냉각되는 구리 장치가 놓인 곳으로 이동시킨다. 탄소 원자는 차가운 구리 위에 응축되어 지름이 10에서 20nm이고 길이가 약 100μm인 나노튜브가 성형된다.

탄소 아크 테크닉carbon arc technique은 1mm 간격으로 놓인 지름이 5~20μm인 2개의 탄소 전극을 사용한다. 전극은 헬륨이 채워진 저압 저장소(1기압의 2/3 정도)에 놓인다. 공정을 시작하기 위해 25V 정도의 전압이 2개의 전극을 통해 가해지면 탄소 원자가 양의 전극에서 튀어나와 음의 전극으로 이동하면서 나노튜브를 형성한다. 나노튜브의 구조는 촉매의 사용 여부에 따라 결정된다. 촉매가 사용되지 않으면 다중 벽 나노튜브가 만들어진다. 미량의 코발트, 철 혹은 니켈이 양의 전극 안에 놓이면 지름이 1~5nm이고 길이가 약 1μm인 단일 벽 나노튜브가 만들어진다.

화학증착(21.5.2절)이 탄소나노튜브의 제작에 이용될 수 있다. CVD의 한 종류로서 초기 재료가 메탄(CH_4)과 같은 탄화수소다. 가스를 1100°C로 가열하면 분해되어 탄소원자를 방출한다. 그러면 차가운 기저판 위에서 원자가 응축되면서 다른 기술들에서 양쪽이 막힌 것과는 다른 한쪽이 뚫린 나노튜브가 형성된다. 기저판은 철이나 다른 금속을 함유할 수 있으며 이는 공정에서 촉매로 작용한다. 금속 촉매는 나노튜브가 만들어지기 위한 핵으로 동작하며 또한 구조의 방향을 제어한다. HiPCO[6]이라 불리는 또 다른 CVD 공정은 초기 재료로 일산화탄소(CO)가 사용되고 탄소 펜타카보닐($Fe(CO)_5$)을 촉매로 사용해 900~1100°C, 30~50기압에서 고순도의 단일벽 나노튜브를 만든다[8]. CVD에 의한 나노튜브의 제작은 연속성이 있기 때문에 대량생산에서 경제적 이점이 있다.

주사탐침 기술을 이용한 나노 제작 주사탐침 현미경 기술은 27.4절에서 설명한 것과 같이 나노미터 크기의 특징 및 형상을 측정하거나 관찰하는데 이용된다. 표면을 관찰하는 것뿐만 아니라 주사터널 현미경(STM)과 원자간력 현미경(AFM)은 또한 기저판 표면에 흡착력(약한 화학적 결합)으로 부착된 각각의 원자, 분자 또는 원자나 분자의 덩어리를 다루는데도 사용될 수 있다. 원자나 분자의 덩어리를 나노클러스터nanocluster라 부르며 이것들의 크기는 단지 수 나노미터다[30]. [그림 27.17 (a)]는 STM 탐침 팁이 표면을 가로질러 흡착된 원자 위를 움직일 때 현재 변형된 상태를 나타낸다. 팁이 흡착된 원자 바로 위로 움직이면 신호가 증가된다. 원자를 표면에 달라붙게 하는 부착력이 작지만 단순히 거리가 더 멀기 때문에 팁에 의해 발생되는 흡인력보다는 매우 크다. 하지만 [그림 27.17 (b)]와 같이 만약 팁이 흡착된 원자 바로 위로 충분히 가까이 접근하면 흡인력이 부착력보다 더 커지게 되어 원자가 표면 위에서 끌려가게 된다. 이러한 방법으로 개개의 원자나 분자들이 다양한 나노크기의 구조가 만들어지도록 다루어질 수 있다. IBM 연구소에 의해 수행된 주목할 만한 STM의 예가 회사 이름을 니켈 표면 위 5nm×16nm의 면적에 크세논원자로 만든 것이다. 이 크기는 [그림 27.16](그림 설명에 있듯이 나노크기다) 보다 훨씬 작은 것이다.

6 HiPCO는 고압 일산화탄소 분해과정(high-pressure carbon monoxide decomposition process)을 의미한다.

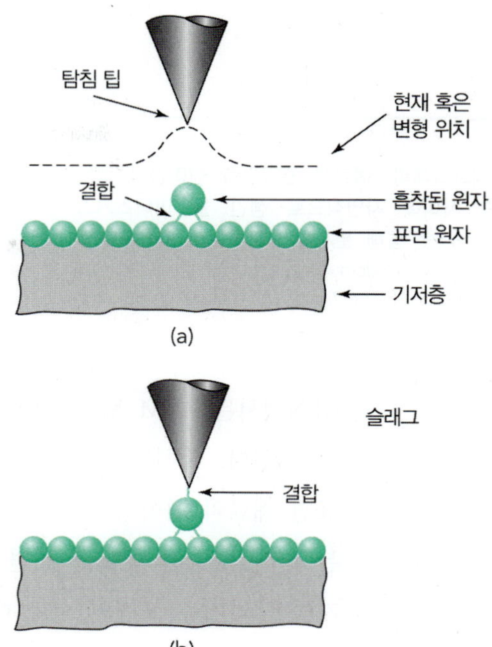

그림 27.17

각각의 원자를 주사터널링 현미경 기술로 다루는 방법 (a)탐침 팁이 흡착된 원자에 간섭을 주지 않을 정도로 충분한 간격을 표면과 유지하고 있다. (b)탐침 팁이 표면에 가까이 접근해 흡착된 원자가 팁에 달라붙는다(출처: Fundamentals of Modern Manufacturing, 4th Edition by Mikell P. Groover, 2010. Reprinted with permission of John Wiley & Sons, Inc.).

주사터널 현미경으로 각각의 원자나 분자를 움직이는 기술은 수평조작과 수직조작으로 구분할 수 있다. [그림 27.17 (b)]와 같이 수평조작에서는 원자나 분자들이 STM 팁에 의한 흡인력이나 척력에 의해 표면을 따라 수평으로 이동된다. 수직조작에서는 원자나 분자들이 표면에서 들어올려져 다른 곳에 놓여 구조를 형성한다. 이러 종류의 STM 조작이 과학적인 흥미는 있지만 최소한 나노기술 제품의 대량생산에 적용하기에는 기술적인 한계가 있다. 한계 중 하나는 원자나 분자가 제 위치를 벗어나는 것을 방지하기 위해 매우 높은 진공 환경에서 수행되어야 한다는 것이다. 또 다른 한계는 제작되는 원자구조에 점진적으로 변형을 줄 수 있는 열확산을 감소시키기 위해 기저층의 표면이 절대영도(-273°C)에 근접할 수 있도록 냉각되어야 한다는 것이다. 이러한 제한조건들이 이것을 매우 더디고 고가의 공정으로 만들고 있다.

현실적인 적용 가능성을 보이는 또 다른 주사탐침 기술은 딥-펜 나노리소그래피 dip-pen nanolithography: DPN다. [그림 27.18]과 같이 딥-펜 나노리소그래피에서 원자간력 현미경의 팁은 분자를 기저층 표면으로 운반하는데 솔벤트 미니스커스solvent meniscus를 이용한다. 이 공정은 모세관력을 이용해 잉크를 종이 표면에 이동시키는 오래된 방법인 깃펜과 같은 방법을 이용하기 때문에 어떤 면에서는 아날로그적이다.

그림 27.18

딥-펜 나노리소그래피. 여기서 원자간력 현미경의 팁은 팁과 기저층 사이에 자연적으로 생긴 물 미니스커스(water meniscus)를 통해 분자를 도포하는데 사용된다(출처: Fundamentals of Modern Manufacturing, 4th Edition by Mikell P. Groover, 2010. Reprinted with permission of John Wiley & Sons, Inc.).

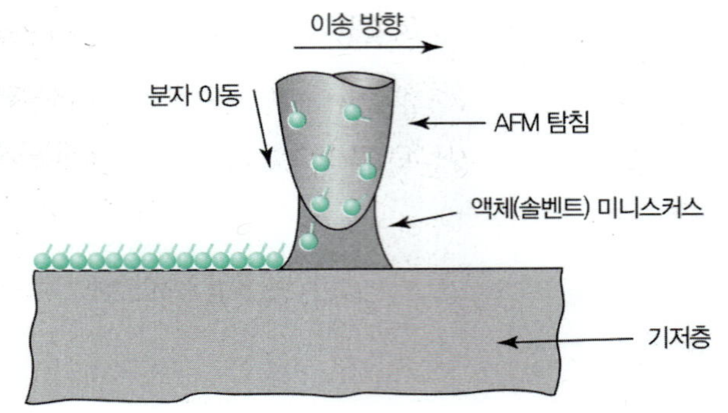

DPN에서는 AFM 팁이 펜촉의 역할을 하여 기저층 표면에 용해된 분자들(즉 잉크)을 입힌다. 마치 젖은 잉크가 종이에 달라붙는 것과 마찬가지로 입혀지는 분자들은 표면 재료와 화학적 밀착성이 있어야 한다. DPN은 마이크로 단위 이하의 크기를 갖는 분자들로 된 패턴을 표면 위에 '쓸' 수 있다. 또한 DPN은 서로 다른 종류의 분자들을 기저층 표면의 서로 다른 위치에 입힐 수 있다.

자가조립 자가조립self-assembly은 자연에서 기본적으로 일어나는 과정이다. 용융 상태의 광물을 서서히 냉각시킬 때 일어나는 결정구조의 자연적인 생성은 무생물 자가조립의 예다. 살아있는 유기체의 성장은 생물학적 자가조립의 한 예다. 2가지 사례 모두에서 원자 혹은 분자 수준의 독립체들이 결합해 보다 큰 독립체가 되고 이것이 연속적으로 진행되어 어떤 고도로 발달된 것이 만들어진다. 만약 이것이 살아있는 유기체라면 중간 과정의 독립체들은 생물학적 세포들이고, 비록 최종적인 결과가 때로는 극히 미묘하거나 복잡할지라도(예를 들면 인류) 유기체가 각각의 세포구성을 대량으로 자기복제하는 부가과정을 통해 성장한다.

나노기술에서 유망한 상향식 접근방식 중 하나는 나노미터의 크기를 갖거나 이것을 쌓아올릴 수 있는 재료와 시스템을 만드는데 자연의 자가조립 과정을 모방하는 것이지만 이것들의 최종 크기는 나노크기보다는 클 것이다. 이것은 아마도 최소한 크기의 일부가 마이크로 또는 나노단위의 크기일 것이다. 생체모방기술biomimetics이라는 용어는 자연의 방법을 묘사해서 인공적이고, 무생물의 형상을 제작하는 과정에 대한 것이다. 나노기술에서 원자 또는 분자의 자가조립 과정의 바람직한 속성은 다음과 같다. (1)급속히 진행될 수 있다, (2)자발적으로 일어나며 어떠한 중앙제어도 필요하지 않다, (3)대량복제를 보인다, (4)적당한 환경조건(대기압 정도의 압력과 상온)에서 수행된다. 자가조립은 낮은 가격이 가능하고, 넓은 크기 범위의 구조물을 제작하는 공정이 가능하고, 다양한 제품에 적용 가능하기 때문에 나노기술 공정 중에서 가장 중요한 것이 되어가고 있다[24].

자가조립의 뒤에 숨은 원리는 최소에너지의 원리다. 원자나 분자와 같은 물리적 실체들은 이것들이 이루는 시스템의 전체 에너지가 최소화 되는 상태를 찾게 된다. 이 원리는 자가조립에서 다음과 같은 의미를 갖는다.

1. 시스템 내에 물질(즉, 원자, 분자, 이온)의 움직임과 관련한 어떤 메커니즘이 있다. 따라서 물질이 다른 것들과 근접하게 하는 원인이 된다. 이 움직임과 관련된 가능한 메커니즘은 확산, 액체 내의 대류, 전기장 등이 있다.
2. 물질들 사이에서 분자 인식의 형태가 존재한다. 분자 인식은 하나의 분자(원자 혹은 이온)가 끌어당겨져 다른 분자들(원자 혹은 이온들)과 합쳐지는 것을 의미한다. 예를 들면 나트륨과 염소가 서로 끌어당겨져 소금을 이루는 것 등이다.
3. 물질들 사이의 분자 인식은 물질들의 물리적 정렬이 최소 에너지 상태를 이루도록 서로 결합하게 만드는 원인이 된다. 결합하는 과정은 대부분 더 약한 2차결합인 화학적 결합(즉, 반데르발스 결합)이다.

수많은 자가조립 나노 제작기술이 개발되어져 왔으며 대부분은 여전히 연구단계다. 이것들은 다음을 포함한다. (1)분자, 고대분자, 분자들의 집합, 나노튜브, 결정체 등과 같은 나노크기 대상물의 제작, (2)자가조립 일분자층self-assembled monolayer: 분자 하나의 두께를 갖는 표면박막과 같은 2차원 배열이나 분자의 3차원 네트워크의 형성.

첫 번째 분류에 해당하는 나노튜브의 제작에 대해서는 이미 다루었다. 두 번째 분류의 예로 표면박막의 자가조립을 살펴보자. 표면박막은 고체 기저판(3차원) 위에 형성된 2차원 코팅이다. 대부분의 표면박막은 두께가 마이크로미터나 mm 단위(혹은 그 일부)로 측정되지만 나노미터 크기보다는 훨씬 두껍고 본질적으로는 얇다. 여기서 관심을 두는 것은 두께가 나노미터 단위인 표면박막이다. 나노기술에서 특히 관심을 두는 것은 두께가 분자 하나 두께이며 분자들이 일정한 경향으로 결합되는 자가조립 표면박막이다. 이러한 종류의 박막은 자가조립 일분자층이라 부른다. 2개 혹은 그 이상의 분자층 두께이며 순서를 포함하고 있는 다중 층 구조들 또한 가능하다.

자가조립 단일층 혹은 다중 층의 기저판 재료는 다양한 금속, 다른 무기물 금속들이다. 열거하자면 금, 은, 구리, 실리콘, 산화실리콘 등이 있다. 귀금속들은 원하는 층을 만들기 위한 반응을 방해하는 산화층 막이 생성되지 않는다는 장점이 있다. 박막재료로는 티올, 황화물, 이황화물 등이 있다. 박막재료는 표면재료 위에 부착되어야 한다. [그림 27.19][7]는 금 위에 티올 단일층을 제작하는 공정이다. 층이 되는 재료는 기저판 표면 위쪽에서 자유롭게 움직이다가 표면 위로 흡착된다. 표면 위에 흡착되는 분자들 사이에 접촉이 발생해 안정적인 분자섬molecule island을 형성한다. 분자들이 점점 더해짐에 따라 분자섬이 표면 위에서 수평방향으로 점점 커지고 결국 서로 결합해 기저층을 완전히 덮는다. 금 표면에 결합하는 것은 티올, 황화물 또는 이황화물 내의 황 원자에 의해서다. 어떤 경우에는 나노콘택 프린팅과 딥-펜 리소그래피와 같은 기술을 이용하면 자가조립 단일층이 기저층 표면 위에서 원하는 패턴이나 영역으로 만들어질 수 있다.

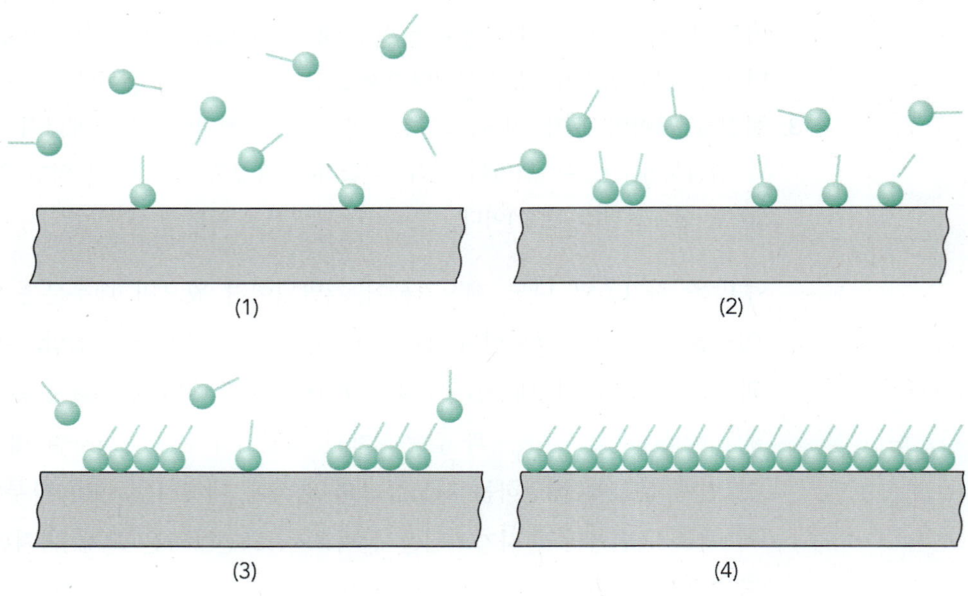

그림 27.19 금 위에 티올 단일층이 형성되는 과정 (1)층을 형성하는 분자의 일부가 기저층 표면 위로 움직여 표면에 끌려간다, (2)이것들이 표면에 흡착된다, (3)분자섬이 만들어진다, (4)분자섬이 점점 성장하여 표면을 덮는다. [10]의 그림을 기초로 만들어짐(출처: Fundamentals of Modern Manufacturing, 4th Edition by Mikell P. Groover, 2010. Reprinted with permission of John Wiley & Sons, Inc.).

7 금 표면 위에서 티올을 조합하는 것에 대해서는 27.5.1절의 나노 콘택 프린팅에서 다루었다.

참고문헌 References

[1] Baker, S., and Aston, A. "The Business of Nanotech," *Business Week*, February 14, 2005, pp. 64–71.

[2] Balzani, V., Credi, A., and Venturi, M. *Molecular Devices and Machines-A Journey into the Nano World.* Wiley-VCH Verlag GmbH & Co. KGaA, Weinheim, Germany, 2003.

[3] Bashir, R. "Biologically Mediated Assembly of Artificial Nanostructures and Microstructures," Chapter 5 in *Handbook of Nanoscience, Engineering, and Technology,* W. A. Goddard, III, D. W. Brenner, S. E. Lyshevskiand G. J. Iafrate (eds.). CRC Press, Boca Raton, Florida, 2003.

[4] Chaiko, D. J. "Nanocomposite Manufacturing," *Advanced Materials & Processes,* June 2003, pp. 44–46.

[5] Drexler, K. E. *Nanosystems: Molecular Machinery, Manufacturing, and Computation.* Wiley-Interscience, John Wiley & Sons, Inc., New York, 1992.

[6] Fatikow, S., and Rembold, U. *Microsystem Technology and Microrobotics.* Springer-Verlag, Berlin, 1997.

[7] Fujita, H. (ed.). *Micromachines as Tools for Nanotechnology.* Springer-Verlag, Berlin, 2003.

[8] Hornyak, G. L., Moore, J. J., Tibbals, H. F., and Dutta, J. *Fundamentals of Nanotechnology.* CRC Taylor & Francis, Boca Raton, Florida, 2009.

[9] Jackson, M. J. *Micro and Nanomanufacturing.* Springer, New York, 2007.

[10] Kohler, M., and Fritsche, W. *Nanotechnology: An Introduction to Nanostructuring Techniques.* Wiley-VCH Verlag GmbH & Co. KGaA, Weinheim, Germany, 2004.

[11] Li, G., and Tseng, A. A. "Low Stress Packaging of a Micromachined Accelerometer," *IEEE Transactions on Electronics Packaging Manufacturing,* Vol. 24, No. 1, January 2001, pp. 18–25.

[12] Lyshevski, S. E."Nano- and Micromachines in NEMS and MEMS," Chapter 23 in *Handbook of Nanoscience, Engineering, and Technology,* W. A. Goddard, III, D. W. Brenner, S. E. Lyshevski, and G. J. Iafrate (eds.). CRC Press, Boca Raton, Florida, 2003, pp. 23–27.

[13] Madou, M. *Fundamentals of Microfabrication.* CRC Press, Boca Raton, Florida, 1997.

[14] Madou, M. *Manufacturing Techniques for Microfabrication and Nanotechnology.* CRC Taylor & Francis, Boca Raton, Florida, 2009.

[15] Maynor, B.W., and Liu, J."Dip-Pen Lithography," *Encyclopedia of Nanoscience and Nanotechnology,* American Scientific Publishers, 2004, pp. 429–441.

[16] Meyyappan, M., and Srivastava, D."Carbon Nanotubes," Chapter 18 in *Handbook of Nanoscience, Engineering, and Technology,* W.A. Goddard, IIID. W. Brenner, S. E. Lyshevski, and G. J. Iafrate (eds.). CRC Press, Boca Raton, Florida, 2003, pp. 18–1 to 18–26.

[17] Morita, S., Wiesendanger, R., and Meyer, E. (eds.). *Noncontact Atomic Force Microscopy.* Springer-Verlag, Berlin, 2002.

[18] National Research Council (NRC). *Implications of Emerging Micro-and Nanotechnologies.* Committee on Implications of Emerging Micro- and Nanotechnologies, The National Academies Press, Washington, D.C., 2002.

[19] Nazarov, A. A., and Mulyukov, R. R. "Nanostructured Materials," Chapter 22 in *Handbook of Nanoscience, Engineering, and Technology,* W. A. Goddard, IIID. W. Brenner, S. E. Lyshevski, and G. J. Iafrate (eds.). CRC Press, Boca Raton, Florida, 2003, pp. 22–1 to 22–41.

[20] O'Connor, L., and Hutchinson, H. "Skyscrapers in a Microworld," *Mechanical Engineering,* Vol. 122, No. 3, March 2000, pp. 64-67.

[21] Paula, G. "An Explosion in Microsystems Technology," *Mechanical Engineering,* Vol. 119, No. 9, September 1997, pp. 71-74.

[22] Piner, R. D., Zhu, J., Xu, F., Hong, S., and Mirkin, C. A. "Dip-Pen Nanolithography," *Science,* Vol. 283, January 29, 1999, pp. 661-663.

[23] Poole, Jr., C. P., and Owens, F. J. *Introduction to Nanotechnology.* Wiley-Interscience, John Wiley & Sons, Inc., Hoboken, New Jersey, 2003.

[24] Ratner, M., and Ratner, D. *Nanotechnology: A Gentle Introduction to the Next Big Idea.* Prentice Hall PTR, Pearson Education, Inc., Upper Saddle River, New Jersey, 2003.

[25] Rietman, E. A. *Molecular Engineering of Nanosystems.* Springer-Verlag, Berlin, 2000.

[26] Rubahn, H.-G. *Basics of Nanotechnology,* 3rd ed. Wiley-VCH, Weinheim, Germany, 2008.

[27] Schmid, G. (ed.). *Nanoparticles: From Theory to Application.* Wiley-VCH Verlag GmbH & Co. KGaA, Weinheim, Germany, 2004.

[28] Torres, C. M. S. (ed.). *Alternative Lithography: Unleashing the Potentials of Nanotechnology.* Kluwer Academic/Plenum Publishers, New York, 2003.

[29] Tseng, A. A., and Mon, J-I. "NSF 2001 Workshop on Manufacturing of Micro-Electro Mechanical Systems," in *Proceedings of the 2001 NSF Design, Service, and Manufacturing Grantees and Research Conference,* National Science Foundation, 2001.

[30] Tseng, A. A. (ed.). *Nanofabrication Fundamentals and Applications.* World Scientific, Singapore, 2008.

[31] Weber, A. "Nanotech: Small Products, Big Potential," *Assembly,* February 2004, pp. 54-59.

[32] Website: en.wikipedia.org/wiki/nanotechnology.

[33] Website: www.nanotechproject.org/inventories/consumer.

[34] Website: www.research.ibm.com/nanscience.

[35] Website: www.zurich.ibm.com/st/atomic_manipulation.

복습문제 Review Questions

27.1 마이크로 전자기계시스템을 정의하라.

27.2 마이크로시스템 기술에서 대략적인 크기 규모는 어떻게 되는가?

27.3 종래 크기의 커다란 제품보다 낮은 가격으로 마이크로시스템 제품이 제작가능하다고 믿는 것은 왜 합당한가?

27.4 마이크로시스템 장치의 기본적인 종류는 어떤 것인가?

27.5 마이크로시스템 기술을 대표하는 제품 몇 가지의 예를 들어라.

27.6 마이크로시스템 기술에서 왜 실리콘이 바람직한 작업 재료인가?

27.7 마이크로시스템 기술에서 종횡비라는 용어는 무엇을 의미하는가?

27.8 기판 미세가공과 표면 미세가공의 차이는 무엇인가?

27.9 LIGA공정의 3단계는 무엇인가?

27.10 나노기술과 관련된 제품의 크기는 어느 정도인가?

27.11 버키볼(buckyball)이란 무엇인가?

27.12 탄소나노튜브란 무엇인가?

27.13 주사탐침장치(scanning probe instrument)란 무엇이고, 이것이 나노과학과 나노기술에서 왜 중요한가?

27.14 주사터널링 현미경에서 터널링(tunneling)이란 무엇인가?

27.15 나노 제작에서 적용되는 2가지 기본적인 접근 방법을 들어라.

27.16 가시광선을 기반으로 하는 포토리소그래피가 나노 제작에 사용되지 않는 이유는?

27.17 나노 제작에 사용되는 리소그래피 기술들은 무엇인가?

27.18 나노임프린트 리소그래피가 마이크로임프린트 리소그래피와 어떻게 다른가?

27.19 나노 제작에서 상업적 적용을 어렵게 하는 주사터널링 현미경의 한계는 무엇인가?

27.20 나노 제작에서 자가조립이란 무엇인가?

27.21 나노기술에서 원자 혹은 분자 자가조립 공정에서 요구되는 특징은 무엇인가?

9부
제조시스템

Engineering Materials and Product Attributes 1

Solidification Processes 2

Particulate Processing of Metals and Ceramics 3

Metal Forming and Sheet Metalworking 4

Material Removal Processes 5

Property Enhancing and Surface Processing Operations 6

Joining and Assembly Processes 7

Special Processing and Assembly Technologies 8

Systems Topics in Manufacturing 9

CHAPTER

28

생산시스템과 공정계획

PRODUCTION SYSTEMS AND PROCESS PLANNING

이 책의 마지막 파트는 제조에 사용되는 시스템과 공정에 관한 것이다. 이 시스템들은 단일 동작을 수행하는 자동화, 컴퓨터화된 생산설비, 순차적 조작과 일반적으로 관련된 기계나 작업자들의 그룹화, 동작효율을 증대시키는 과정, 생산작업과 그 품질의 계획과 제어를 하는 그리고 생산지원시스템 등으로 구성된다.

이 장에서는 전반적인 생산시스템과 이것들이 서로 다른 형태의 제조공정을 위해 어떻게 구성되는지에 대해 설명한다. 어떻게 부품이나 제품들을 제작해야 하는지와 관련된 공정계획에 대해서도 살펴본다. 또한 공정계획과 밀접하게 연관된 2가지 주제인 제조 고려설계와 동시공학에 대해 다룬다.

29장에서는 공장자동화, 제조시스템과 관련된 몇 가지 주제들을 살펴본다. 이 주제들은 수치제어, 셀형 생산(cellular manufacturing), 린 생산(lean production), 컴퓨터통합제조들이 포함된다. 30장에서는 품질관리와 측정시스템에 대해 설명한다. 이 주제들은 참고문헌 [4]에서 보다 깊게 다루고 있다.

28.1 생산시스템의 개요

제조업체가 효율적으로 운영되기 위해서는 제품을 효율적으로 생산할 수 있는 시스템을 가지고 있어야 한다. 생산시스템은 사람, 설비, 업체의 제조행위가 되는 재료와 공정의 결합을 위한 절차로 구성된다. 생산시스템은 [그림 28.1]과 같이 (1)생산설비, (2)제조지원시스템의 2가지 범주로 나눈다.

생산설비production facilities는 물리적 설비와 공장 내에서 설비들의 배열을 말한다. 제조지원시스템manufacturing support system은 생산을 통제하고, 자재를 주문하는데 발생하는 여러 가지 기술적 문제들과 물류 문제들을 해결하고, 공장 내에서 동선을 관리하고, 요구되는 품질규격을 만족시킬 수 있는 제품을 만들기 위해 기업에서 사용하는 절차를 말한다. 2가지 범주 모두 사람이 포함된다. 시스템을 작동시키는 것은 결국 사람이다. 일반적으로 직접 작업을 하는 근로자들이 제조설비를 동작하게 되고, 전문적인 직원이 제조를 지원한다.

28.1.1 생산설비

생산설비는 공장과 공장 내의 장치인 생산기계, 자재를 다루는 장치, 다른 하드웨어들로 구성된다. 설비들은 만들어지는 부품 또는 조립품들과 직접적인 접촉을 한다.

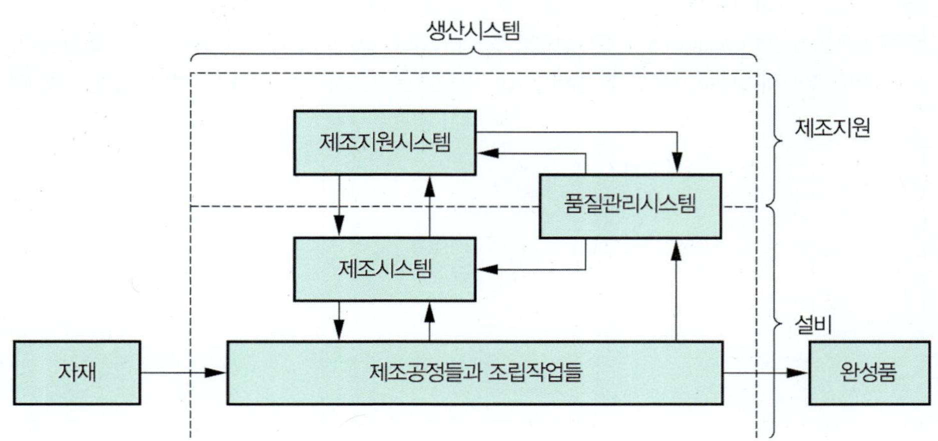

그림 28.1 생산시스템과 구성요소인 공장 내의 제조지원시스템, 품질관리시스템, 생산시스템(출처: Fundamentals of Modern Manufacturing, 4th Edition by Mikell P. Groover, 2010. Reprinted with permission of John Wiley & Sons, Inc.).

설비들은 제품을 '다루게touch' 된다. 설비들은 또한 장치들이 공장 내에서 배열되는 방식인 공장 레이아웃plant layout도 포함한다. 장치들의 대부분은 이 책에서 제조시스템manufacturing system으로 통칭되는 논리적 구분에 따라 배열된다. 이것들은 자동화된 공작기계, 몇 개의 생산기계로 구성되는 셀, 제조에서 발생되는 낭비를 줄이는 방법(예, 린 생산) 등이 포함된다. 이러한 종류의 제조시스템들은 29장에서 설명한다.

제조회사는 각 공장에 주어진 목적을 이루기 위해 제조시스템과 공장조직을 가장 효율적인 방법으로 설계하고자 노력한다. 주어진 다양한 생산품과 생산량의 조합(1.1.2절)에서 특정한 종류의 생산설비들이 가장 적절한 방법인 것으로 수년에 걸쳐 인식되어져 왔다. 3가지 형태의 연간 생산량인 소량, 중량, 대량생산에 따라 서로 다른 설비들이 필요하다.

소량생산 소량생산의 범위(연간 1~100개)에서는 생산설비를 설명하기 위해 개별생산job shop이 종종 사용된다. 개별생산은 특화되고 개별적인 요구에 맞춘 소량의 제품을 만든다. 이 제품의 대부분은 우주캡슐, 항공기 시제품, 특수기계 등과 같이 복잡하다. 개별생산에 사용되는 장비들은 범용이고 고도로 숙련된 노동력이 필요하다.

개별생산은 넓은 범위의 제품(경다양성, 1.1.2절)을 다룰 수 있도록 최대한 유연하게 설계되어야 한다. 생산품이 거대하고 무거워서 이동하기 어려운 경우에는 한 곳에 머물러서 제작이나 조립작업이 수행된다. 제품을 장비로 이동하지 않고 작업과 공정 장비들이 제품 주위로 이동한다. [그림 28.2(a)]와 같은 이러한 형태의 배치를 고정위치 배치fixed-position layout라 한다. 원래대로라면 제품은 전체 생산과정에서 한 곳에 머무르게 된다. 이러한 생산방법의 예로는 배, 항공기, 기차, 중장비 등이 포함된다. 실제로는 이 제품들은 한 곳에서 큰 모듈로 제작되고, 제작된 모듈들은 대용량 크레인에 의해 최종 조립을 위해 모여지게 된다.

이러한 대형 제품의 각각의 부품들은 종종 기능이나 종류에 따라 정렬된 공장 내에서 만들어진다. 이러한 정렬방법을 공정별 배치process layout라 부른다. [그림 28.2(b)]와 같이 선반들이 한 곳에 모여져 있고, 밀링머신들이 또 다른 곳에 모여져 있는 등과 같다. 각각 다른 작업순서가 요구되는 서로 다른 부품들이 공정 순서에 따라 작업장 내로 진입된다. 공정별 배치는 그 자체의 유연성에 의해 주목받는다. 서로 다른 제품 형상에 따라 매우 다양한 작업순서를 가질 수 있다. 단점은 부품을 제작하기 위한 기계와 방법들이 높은 효율을 내도록 설계되지 않았다는 것이다.

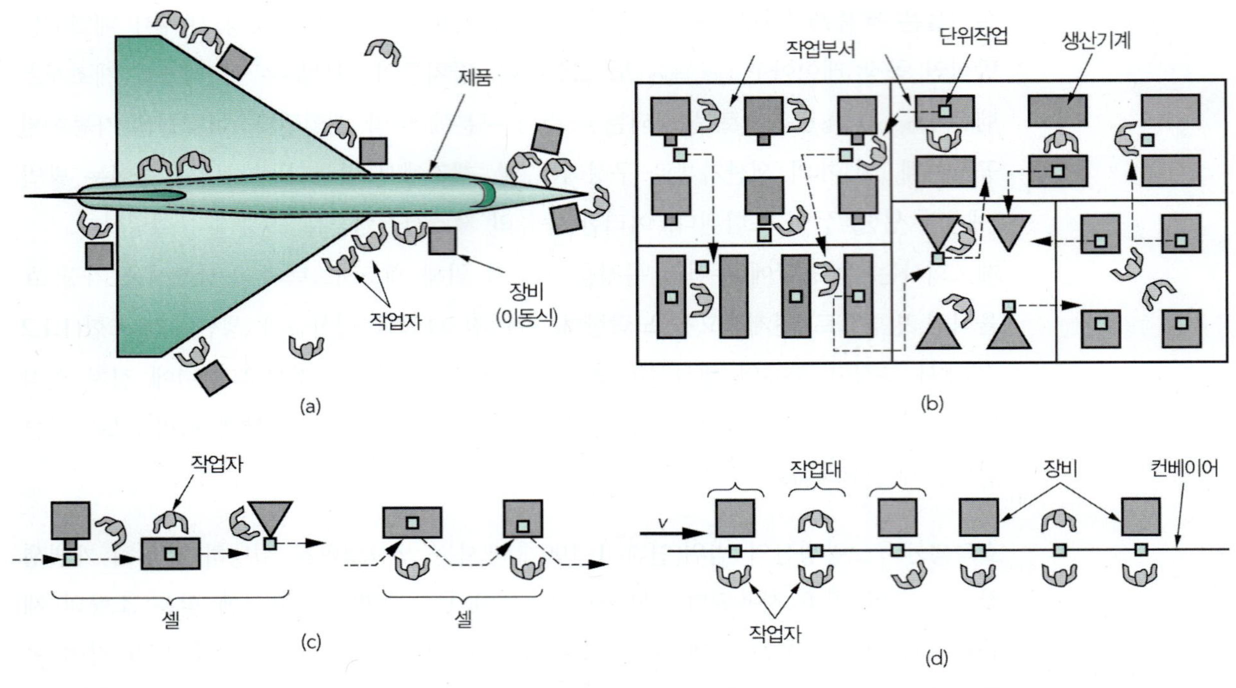

그림 28.2 다양한 종류의 공장 배치 (a)고정위치 배치, (b)공정별 배치, (c)셀 배치, (d)제품별 배치(출처: Fundamentals of Modern Manufacturing, 4th Edition by Mikell P. Groover, 2010. Reprinted with permission of John Wiley & Sons, Inc.).

중량생산 중량생산의 범위(연간 100~10,000개)에서는 생산품의 다양성에 따라 2가지 서로 다른 형식의 설비들이 있다. 제품이 경다양성인 경우 일반적인 접근방법은 뱃치(간헐)생산batch production이다. 이 경우에는 다음 제품의 일괄생산을 위해 제조설비들이 변환된 후 일괄생산이 이뤄진다. 이 장비들의 한 종류의 제품에 대한 생산율은 소요율보다 더 크다. 따라서 동일한 장비가 여러 종류의 제품생산을 위해 공유될 수 있다. 각 생산물량 간의 작업 전환에는 공구, 기계류의 설정에 따른 시간이 걸린다. 이 설정시간은 생산시간의 손실이기 때문에 이것이 뱃치생산의 단점이다. 뱃치생산은 일반적으로 수요에 의해 점진적으로 감소되고 있는 물량을 제품들로 채워놓기 위해 제조되는 상황인 예측생산방식make-to-stock에 적용된다. 장비들은 대부분 [그림 28.2(b)]와 같이 배치된다.

만약 제품이 연다양성을 가지면 중량생산에 대한 또 다른 접근방식의 적용이 가능하다. 이 경우에는 한 가지 제작형식에서 다음 형식으로 대규모의 변환이 필요하지 않을 수 있다. 종종 동일한 장비에서 유사한 제품군이 만들어질 수 있도록 설정에 따르는 심각한 시간손실이 없이도 제조시스템을 구성하는 것이 가능하다. 서로 다른 부품이나 제품을 가공하거나 조립하는 것이 몇 개의 작업장이나 기계로 구성되는 셀 안에서 이뤄진다. 종종 이러한 형식의 생산에는 셀형 생산cellular Manufacturing이라는 용어가 관련된다. 각 셀은 부품 형태의 한정된 다양성만을 수용하도록 설계된다. 즉, 셀은 그룹테크놀러지group technology(29.2절)의 원리에 따라 유사한 부품의 한 세트의 생산에 특화되어 있다. [그림 28.2(c)]와 같은 배치는 셀 배치cellular layout다.

대량생산 많은 범위의 생산량(연간 10,000~수백만 개) 특히 연간 생산량이 100,000개를 넘을 때는 대량생산mass production으로 종종 불린다. 이의 특징은 제품의 주문량이 많고 제조시스템이 단일 종류의 제품 생산에 이용된다는 것이다. 대량생산은 2가지 범주인 다량생산과 흐름라인생산으로 나눌 수 있다. 다량생산quantity production은 한 장비로 한 가지 부품을 대량생산하는 것이다. 만약 표준화된 기계(예를 들면 스탬핑 프레스)가 특별한 공구(예를 들면 금형과 재료이송장치)와 함께 이용되면 사실상 이 장비는 한 부품의 제작에 사용된다. 다량생산에서는 공정별 배치가 일반적이다.

흐름라인생산flow line production은 다수의 장비 혹은 작업장들이 순차적으로 배열되어 있고, 작업 단위가 순차적으로 이송되어 제품이 완성된다. 작업장과 장비들은 특히 생산효율이 극대화되도록 설계된다. 이 배치를 제품별 배치product layout라 한다. 이것은 작업대들이 하나의 긴 라인([그림 28.2(d)] 참조) 또는 연결된 일련의 부분적 라인으로 이뤄진다. 작업물은 기계식 컨베이어에 의해 작업장 사이에서 움직인다. 각 작업장에서는 전체 작업 중 작은 일부 작업이 각 제품별로 이뤄진다.

흐름라인생산의 가장 익숙한 예가 자동차나 가전제품과 같은 제품과 관련한 조립라인이다. 순수한 흐름라인생산의 경우는 제품의 변형된 형태가 없을 때이다. 모든 제품이 동일하기 때문에 라인은 단일모델 생산라인single model production line으로 불린다. 때로는 주어진 제품을 성공적으로 시장에 판매하기 위해 개별 소비자가 그들의 기호에 맞는 제품을 선택할 수 있도록 형상이나 모델에 변형을 주는 것이 유리할 경우가 있다. 생산의 관점에서 보면 형상의 차이는 연다양성을 갖는다. 혼합모델 생산라인mixed-model production line은 라인에서 만들어지는 제품에 연다양성이 있을 때 적용된다. 현대적 자동차 조립이 한 예다. 조립라인에 들어오는 자동차들은 동일한 기본 자동차 설계에 서로 다른 모델과 많은 경우 서로 다른 명판에 따라서 옵션이나 내장재가 다르다.

28.1.2 제조지원시스템

설비를 효율적으로 운영하기 위해 기업은 공정과 장비를 설계하고, 생산순서를 계획하고 제어하며 요구되는 생산품질을 만족하도록 스스로를 구성해야 한다. 이러한 기능들은 제조지원시스템(기업의 생산작업을 관리하는 사람과 절차)에 의해 이뤄진다. 특히 제조지원시스템은 기업에서 공정을 계획하고, 자재를 주문하고, 생산을 통제하고 요구되는 품질기준을 만족시킬 수 있는 제품을 만들기 위해 부딪히는 기술적 문제들과 물류적인 문제들을 풀기 위해 사용하는 절차와 시스템이다. 공장의 생산시스템이 그러하듯이 제조지원시스템도 사람을 포함한다. 시스템을 작동시키는 것도 사람이다. 공장의 생산시스템과는 다르게 제조지원시스템은 생산되고 조립되는 제품에 직접적으로 작용하지는 않는다. 대신 제조지원시스템은 높은 품질표준을 만족시키는 제품이 만들어져 고객에게 정해진 시간에 정확한 수량이 전달될 수 있도록 공장에서 벌어지는 여러 활동들을 계획하고 통제한다.

제조지원은 종종 기업에서 다음과 같은 부서의 사람들에 의해 그 기능이 수행된다.

- **제조엔지니어링 부서:** 제조엔지니어링 부서는 어떤 제품 공정이 제품을 만들기 위한 부품의 제작과 조립에 사용될지와 같은 공정계획을 책임진다. 공정계획과 제조엔지니어링은 28.2절에서 설명한다.
- **생산계획과 생산관리 부서:** 이 부서는 제조에서 물류문제의 해결을 담당한다. 자재를 주문하고, 부품을 구매하고, 생산일정을 관리하고, 생산일정을 맞출 수 있도록 제조부서에서 필요한 능력을 확보하고 있는지를 확인한다.
- **품질관리 부서:** 오늘날 경쟁 환경에서 높은 품질의 제품을 생산하는 것은 모든 제조기업의 최우선 과제다. 이것은 제품의 설계와 제작이 사양을 만족하고 소비자의 기대를 만족시키거나 그 이상에 달한다는 것을 의미한다. 품질관리와 검사시스템은 30장에서 설명한다.

28.2 공정계획

공정계획process planning이란 제품설계 정보를 바탕으로 제품 혹은 필요부품을 제조하기 위해 가장 적합한 제조공정들과 순서를 결정하는 것이다. 조립제품의 경우에는 공정계획은 적절한 조립 순서를 결정하는 것을 포함한다. 공정계획은 공장의 생산능력과 사용가능한 공정수행 장비들에 의해 제한을 받게 된다. 내부적으로 만들 수 없는 부품이나 중간 조립품은 외부 공급자로부터 구매한다. 어떤 경우에는 내부적으로 만들 수 있는 제품도 경제적인 이유나 다른 이유로 인해 외부 업체로부터 구매하기도 한다.

공정계획은 보통 제조엔지니어링 부서에서 수행된다. 제조엔지니어링manufacturing engineering은 고품질의 제품을 경제적으로 생산할 수 있는 제조공정을 계획하기 위해 필요한 기술적인 기능을 수행하는 것이다. 제조엔지니어링의 중요한 역할은 설계 사양을 물리적인 제품으로 변환시키는 것이다. 이는 제조지원 기능으로서, 전체적인 목표는 정해진 조건 안에서 최적으로 생산을 하는 것이다. 제조엔지니어링 부서는 회사의 생산담당 관리자의 책임 하에 있게 되는데, 회사에 따라 이 부서를 공정엔지니어링process engineering 또는 생산엔지니어링production engineering으로 부른다. 또한 공구류 설계, 제작, 다양한 기술지원그룹이 종종 제조엔지니어링에 포함된다. 제조엔지니어링의 범위는 많은 활동들과 의무들을 포함하며 이들은 수행되는 제조활동의 형태에 따라 정해진다. 이 활동들은 이 절에서 설명한다. 생산 작업의 형태들은 28.1.1 절에서 해설했다.

28.2.1 전통적인 공정계획

표 28.1 공정계획에서 요구되는 세부 결정사항들

공정과 순서 공정계획은 수행되는 순서에 따라 작업단위(예: 부품, 조립)에서 이뤄지는 모든 공정들에 대해 간단하게 설명한다.

장비 선택 일반적으로 제조엔지니어는 기존의 장비를 최대로 이용하도록 공정계획을 작성한다. 이것이 불가능한 경우, 부품을 구매하거나(28.2.2절), 새로운 장비를 공장에 설치한다.

공구, 금형, 주형, 고정구, 게이지 공정계획자는 각 공정에 대해 필요한 공구류를 결정한다. 이들의 설계는 일반적으로 공구설계 부서에 위임하며, 제작은 공구실에서 수행된다.

기계가공을 위한 절삭공구와 절삭조건 공정계획자, 산업공학자, 공장의 직장, 기계운영자들에 의해 결정되며, 일반적으로 표준핸드북의 권장사항을 따른다.

작업 방법 팔과 몸의 동작, 작업장의 배치, 작은 공구, 무거운 부품을 들어올리기 위한 승강기 등에 대한 방법이다. 수작업(예: 조립)과 기계사이클에서의 수작업 부분(예: 생산기계로의 장착과 탈착)은 방법이 반드시 결정되어야 한다. 방법을 계획하는 것은 전통적으로 산업공학자의 영역이었으며, 근래에는 작업팀과 작업자에의 위임을 강조하고 있으며, 산업공학자에서 작업을 직접 수행할 실제 작업자로 분석방법에 대한 책임이 이관되고 있다.

작업 표준 작업측정 기술로 각 작업에서 작업시간 표준을 수립한다.

제조원가 예측 공정계획자들을 도와주는 원가분석자에 의해 수행되기도 한다.

출처: Fundamentals of Modern Manufacturing, 4th Edition by Mikell P. Groover, 2010. Reprinted with permission of John Wiley & Sons, Inc.

전통적으로 공정계획은 공장에서 수행되는 특정 제조공정에 대한 지식을 가지고 있고, 설계도면을 해석할 능력이 있는 제조엔지니어가 수행한다. 부품을 만드는 공정의 각 단계는 그들의 지식, 기술, 경험에 기초해 가장 논리적인 순서로 결정된다. [표 28.1]은 공정계획의 범위에서 일반적으로 결정되는 세부 결정사항들을 정리한 것이다. 이들 중 어떤 것은 공구류 설계자와 같은 전문가에게 위임되기도 하지만 제조엔지니어가 그들에 대한 책임을 지게 된다.

부품을 위한 공정계획 주어진 부품을 완성하는데 필요한 공정을 결정하는데 있어 가장 큰 영향을 주는 요인은 제품 설계자가 기능적인 요구사항을 만족하기 위해 결정한 소재다. 일단 소재가 결정되면 적용 가능한 공정의 범위가 크게 줄어든다.

개별 부품을 제작하는데 있어 일반적인 순서는 [그림 28.3]과 같이 (1)기초 공정, (2)2차 공정, (3)성질향상 공정, (4)다듬질 공정이다. 기초 공정과 2차 공정은 공작물의 형상을 바꾸는 성형공정들이다(1.2.1절). 기초 공정basic process은 부품의 초기 형상을 만드는 것으로 금속 주조, 단조, 판재의 압연 등이 있다. 대부분의 초기 형상은 일련의 2차 공정secondary process들을 통해 수정된다. 이 공정은 기본 형상을 최종 형상으로 변형시키며 초기 형상을 결정하는데 사용된 기초 공정에 따라 적절하게 결정된다. 예를 들어 주조나 단조가 기초 공정이라면 절삭가공이 2차 공정이 되며 압연을 통해 금속판재가 만들어지면 블랭킹, 펀칭, 굽힘 등과 같은 프레스 공정이 사용된다. 플라스틱 사출이 기초 공정으로 사용된 경우에는 기초 공정만으로 상세한 최종형상을 좋은 정밀도로 얻을 수 있기 때문에 대개 2차 공정은 필요 없다.

일반적으로 성형작업이 끝나면 제품의 기계적 성질을 향상시키고 마무리하기 위한 작업이 수행된다. 금속 부품과 유리의 열처리가 성질향상공정operation to enhance properties의 대표적인 예다. 많은 경우 이 성질향상공정을 거치지 않기도 하며 그림에서 화살표는 이 경우를 나타낸 것이다. 다듬질 공정finishing operation은 부품 혹은 조립품의 표면을 코팅하는 것으로서 전기도금, 페인트 도장이 여기에 해당된다.

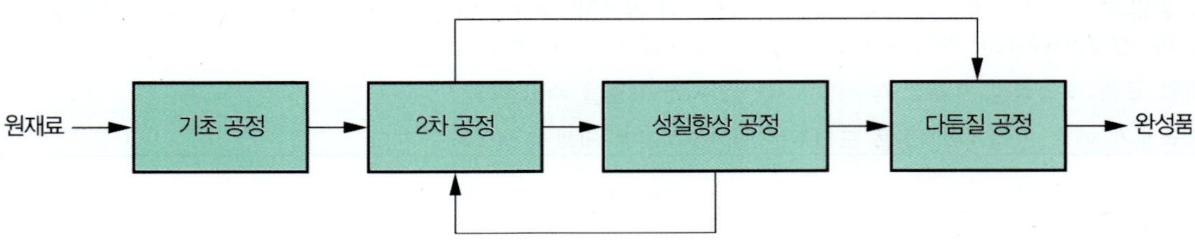

그림 28.3 부품제조를 위한 전형적인 공정순서(출처: Fundamentals of Modern Manufacturing, 4th Edition by Mikell P. Groover, 2010. Reprinted with permission of John Wiley & Sons, Inc.).

부품번호 031393	부품명 밸브 하우징			수정 2	Page 1 of 2	
재질 416 Stainless	크기 2.0 dia × 5. long			작성자 MPG	날짜 3/13/XX	
No.	**작업내용**	**부서**	**기계**	**공구 게이지**	**작업준비 시간**	**가공 시간**
10	정면가공 1. 선삭(황삭 및 정삭): 직경 1.473±0.003, 길이 1.250±0.003 2. 정면 숄더 절삭: 0.313±0.002 3. 선삭(정삭): 직경 1.875±0.002 4. 홈절삭, 길이 0.125, 깊이 0.063인 3개의 홈	L	325	G857	1.0 h	8.22 m
20	반대면 가공 1. 정면절삭: 길이 4.750±0.005 2. 선삭(정삭):직경 1.875±0.002 3. 드릴링: 1.000+0.006−0.002인 구멍	L	325		0.5 h	3.10 m
30	드릴링과 리밍: 직경 0.375±0.002인 구멍 3개	D	114	F511	0.3 h	2.50 m
40	밀링: 폭 0.500±0.004, 깊이 0.375±0.003인 홈	M	240	F332	0.3 h	1.75 m
50	밀링: 폭 0.750±0.004, 깊이 0.375±0.003의 평면	M	240	F333	0.3 h	1.60 m

그림 28.4 공정계획을 정의하는 전형적인 공정절차서의 예(출처: Fundamentals of Modern Manufacturing, 4th Edition by Mikell P. Groover, 2010. Reprinted with permission of John Wiley & Sons, Inc.).

각각의 작업에 대해서는 다음과 같은 내용이 기입된다. (1)수행될 작업에 대한 간단한 설명, 수행되어야 하는 일, 공정이 수행될 면과 부품도면과 치수(도면에 표시되어 있지 않은 경우는 공차도 포함)를 참고로 한 요구수준, (2)작업수행을 위해 필요한 장비, (3)금형, 주형, 절삭공구, 치공구, 게이지 같은 공구류 정보. 회사에 따라서는 표준 사이클 타임, 셋업시간, 기타 데이터를 추가하기도 한다.

조립품을 위한 공정계획 일반적으로 소량생산에서는 개별 작업장이나 제품을 완성하기 위한 조립 작업요소들을 수행하는 팀 또는 작업자에 의해 조립이 수행된다. 중량생산과 대량생산에서 조립은 대개 생산라인에서 수행된다. 모든 경우 작업을 완료하기 위한 선행조건이 존재한다.

조립공정 계획은 수행할 조립작업에 대한 지시를 준비하는 것을 포함하며 단일 작업장에서 이 문서에는 [그림 28.4]의 공정절차서와 비슷하게 작업순서에 따라 수행할 조립작업들이 정리되어 있다. 조립생산라인에서 공정계획은 특정한 작업장에 작업요소를 배치하는 절차, 즉 라인밸런싱을 포함한다. 실제로 조립라인이 개개의 작업장에 대해 작업 단위들의 경로를 결정하며 라인밸런싱에서 각 작업장에서 할당할 조립작업의 단계들을 결정한다. 부품의 공정계획과 마찬가지로, 주어진 조립작업 요소들을 수행하기 위한 모든 공구류와 고정구들이 결정되어야 하며 작업장 배치가 설계되어야 한다.

28.2.2 자체제조 또는 구매결정

해당 부품을 외부에서 구매할지 아니면 내부적으로 제조할지에 대한 질문은 필연적인 것이다. 우선 사실상 모든 제조업체가 공급자로부터 소재를 구매한다는 사실에 주목할 필요가 있다. 기계가공 공장에서는 금속 공급업체에서 바 형태의 소재를 구매하고, 주물공장에서 주물을 사온다. 플라스틱 성형업체는 성형원료 화합물을 화학공장에서 가져온다. 프레스 공정에서는 압연공장으로부터 금속박판을 공급받는다. 원소재로부터 최종 제품까지 모든 방법들이 수직적으로 통합되어 있는 회사는 거의 없다.

회사가 최소한 일부의 소재를 구매할 때 부품을 구매할 것인지, 아니면 자체 공장에서 제조할지에 대해 의문을 갖는 것은 이상한 일이 아니며 이러한 질문에 대한 답이 자체제조 또는 구매결정make or buy decision이다. 자체제조와 구매의 결정에 대한 문제는 회사에서 사용되는 모든 부품에 대해 의문을 갖는 것이 타당할 것이다.

원가는 이러한 결정에 있어 가장 중요한 요소다. 만약 어떤 공급업체가 해당 부품을 제조하는데 요구되는 공정에 대해 탁월한 능력을 가지고 있다면 그 업체의 이윤이 추가됨에도 불구하고, 구매가격이 자체 제조하는 경우의 원가보다 더 낮을 수도 있다. 다른 측면에서 보면 부품을 사오게 되면 자사의 설비들은 가동을 하지 않게 되는 것이므로, 공급업체로 인한 원가 절감이 자체 공장에 대해서는 단점이 될 수도 있다. 다음 예제를 고려해보자.

EXAMPLE 28.1 자체제조, 구매 시의 원가 비교

공급업체에 1,000개 주문 시 개당 가격이 $8인 어떤 부품이 있다. 자체 공장에서 직접 제조할 경우 단가는 $9이며 원가 분석 결과는 다음과 같다.

재료비=개당 $2.25
직접노동비=개당 $2.00
간접노동비(150%)=개당 $3.00
설비 고정비=개당 $1.75

총합=개당 $9.00

이 부품을 구매해야 하는가 아니면 직접 제조해야 하는가?

| 풀이 |

업체의 가격이 구매 결정에 결정적인 영향을 주는 것으로 보이지만 외부 업체로부터 구매할 경우 공장에 미치는 영향을 고려해보자. 설비비는 이미 투입된 자본에 대한 비용이다. 만약 부품을 사오는 것으로 결정된다면 설비를 사용하지는 않지만 고정비 $1.75는 계속 존재한다. 마찬가지로 간접비 $3도 공장 공간 이용, 간접노동비용 등 부품을 외부에서 사오더라도 계속 소요되는 비용들로 구성된다. 이러한 이유로 구매를 결정할 때 고려해야 하는 원가는 구매로 인해 공장들이 가동되지 못하기 때문에 $8.00+$1.75+$3.00=$12.75이다.

그러나 만약 보유하고 있는 설비로 자체제조 원가가 외부에서 원하는 단가보다 작은 다른 품목을 생산할 수 있다면 경제적으로 볼 때 이 예제 품목에 대한 구매결정이 올바른 것이다.

표 28.4 제조/구매 결정의 주요 요인들

요인	요인 설명 및 제조/구매 결정에 미치는 영향
공장에서 수행가능한 공정	필요한 공정이 내부에서 수행 불가능하면 구매해야 한다. 공급업체들은 제한된 공장들에 대해서는 내·외부의 비교에 대해 가격 경쟁력을 유지할 수 있도록 경쟁력을 가지고 있다. 현재는 보유하고 있지 않지만 장기적인 관점에서 공정기술을 갖출 필요가 있는 경우는 예외다.
생산량	필요한 개수. 대량생산의 경우는 제조를, 소량생산하는 경우는 구매하는 경향을 보인다.
제품 수명	긴 수명을 갖는 제품은 내부 제조가 유리하다.
표준 부품	볼트, 너트, 나사와 같은 표준 부품은 해당 제품에 전문화되어 있는 공급업체에서 경제적으로 생산할 수 있다. 이러한 표준부품은 거의 모든 경우 구매하는 것이 좋다.
공급업체의 신뢰성	신뢰성 있는 공급업체와 거래한다.
대체 공급원	때로는 스스로 생산하는 것을 대신할 수 있는 공급업체로부터 구매하는 경우가 있다. 이것은 부품의 중단없는 공급을 만족시키고 요구가 집중되는 기간에 대한 자연스러운 대처를 위한 것이다.

출처: Fundamentals of Modern Manufacturing, 4th Edition by Mikell P. Groover, 2010. Reprinted with permission of John Wiley & Sons, Inc.

제조 혹은 구매결정은 예제 28.1에서와 같이 명확하게 이뤄지지는 않는다. 의사결정에 영향을 미치는 다른 요인들이 [표 28.4]에 정리되어 있다. 이러한 요인들은 주관적이며 직접 또는 간접적으로 원가에 영향을 미친다. 최근에 주요 회사들은 부품 공급업체들과 긴밀한 관계를 형성하는 것을 매우 강조하고 있다. 이 경향은 자동차 산업에 널리 퍼져 있는데, 각 자동차 메이커들과 고품질의 제품을 제시간에 공급할 수 있는 제한된 수의 신뢰성 있는 업체들이 장기적인 협력체계를 맺고 있다.

28.2.3 컴퓨터이용 공정계획

제조현장에서 공정에 익숙한 엔지니어들이 점차 줄어들고 있어 최근에는 공정계획 기능을 컴퓨터를 이용해 자동화하는 컴퓨터이용 공정계획computer-aided process planning:

CAPP에 대한 관심이 크게 늘고 있다. 제조공정에서 공장 작업자들의 경험이 점차 줄어들고 있기 때문에 공정계획에 대한 대안의 필요성이 커지고 있고, CAPP시스템이 그 대안이 되는 것이다. 컴퓨터이용 공정계획시스템을 구현하는 데는 2가지 접근방법이 있다. (1)변성형 시스템, (2)창성형 시스템이다.

변성형 CAPP시스템 변성형 CAPP시스템retrieval CAPP system 혹은 variant CAPP system은 그룹테크놀러지(GT)와 부품 분류 및 코딩(29.2.1)에 기초를 두고 있다. 즉, 각 부품코드에 대해 표준공정계획이 파일 형태로 저장된다. 각 코드 번호는 재료 형태, 형상, 주요 치수, 공차, 제품 수량 등과 같은 부품의 특성을 대변하고 있다. 이러한 종류의 데이터들은 제품을 제작하는데 필요한 제조순서를 결정하는데 기초가 된다. 표준공정계획은 현장에서 현재 생산되고 있는 부품에 대한 공정절차이거나, 각 부품군을 위해 준비된 이상적인 공정계획이다. 변성형 CAPP시스템은 [그림 28.5]에 표시된 것과 같이 운영된다.

작업자가 공정계획을 결정해야 하는 부품에 대해 GT코드를 부여한 후 부품군 파일 검색을 통해 해당 부품코드에 대한 표준 공정절차서가 존재하는지를 검색한다. 만약 파일에 부품에 대한 공정계획이 담겨져 있다면 작업자에게 표시된다. 표준공정계획은 검토를 통해 수정이 필요한지 여부를 결정한다. 동일한 코드를 갖더라도 부품을 만들기 위한 공정에는 약간의 차이가 필요하며 표준계획은 이에 따라 편집된다. 존재하는 공정계획을 변경하기 때문에 변성형 시스템으로 부르는 것이다.

만약 주어진 코드번호에 해당하는 표준공정계획이 데이터베이스에 없는 경우, 사용자는 표준 공정절차가 존재하는 유사한 코드번호를 파일에서 찾는다. 기존의 공정계획을

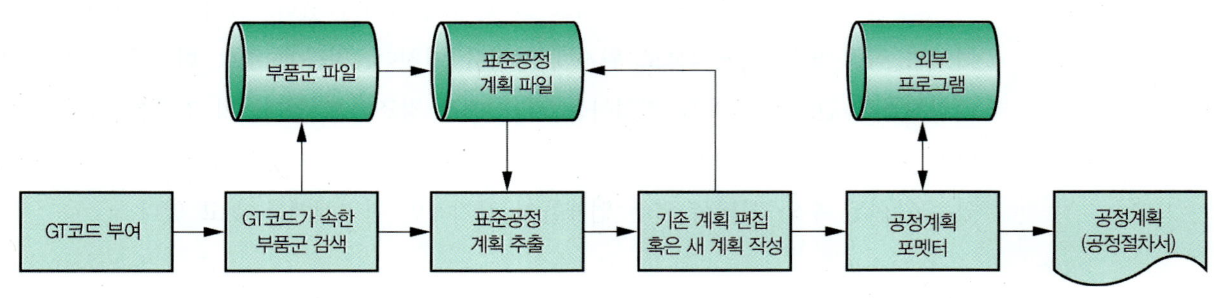

그림 28.5 변성형 CAPP시스템의 운영(출처: Fundamentals of Modern Manufacturing, 4th Edition by Mikell P. Groover, 2010. Reprinted with permission of John Wiley & Sons, Inc.).

편집해, 새로운 부품의 공정계획을 얻는다. 이것은 새로운 부품 코드번호의 표준공정계획이 된다.

마지막 단계는 공정계획 포멧터로, 적당한 양식으로 공정계획을 출력한다. 포멧터는 공작기계 운영을 위한 절삭조건 결정, 절삭 작업을 위한 표준시간의 계산 또는 원가예측에 대한 계산 수행 등과 같은 다른 응용 프로그램을 부를 수 있다.

창성형 CAPP시스템 창성형 CAPP시스템generative CAPP system은 변성형 시스템의 대안이다. 데이터베이스에서 기존의 계획을 불러 편집하는 대신 창성형 시스템은 공정계획자가 계획을 수립하는 것과 유사한 논리적 절차에 따라 공정계획을 생성하는 자동화된 공정계획 방법이다. 완전한 창성형 시스템에서는 작업자의 개입이나 미리 설정된 표준 계획 없이 공정순서가 결정된다.

창성형 시스템을 설계하는 것은 인공지능의 한 분야인 전문가시스템의 영역에 해당되는 문제다. 전문가시스템expert system이란 많은 지식과 경험이 있는 사람을 필요로 하는 복잡한 문제를 해결할 수 있는 컴퓨터 프로그램을 의미하는데, 공정계획은 이러한 정의에 잘 부합된다. 완전한 창성형 CAPP시스템에 요구되는 몇 가지 핵심적인 요소는 다음과 같다.

1. **지식기반**knowledge base: 숙달된 공정계획자가 사용하는 기술적, 논리적 지식을 추출하고 코드화해 컴퓨터 프로그램을 작성해야 한다. 공정계획에 적용되는 전문가시스템은 공정계획자의 지식과 논리를 보유하고, 공정계획자와 지식기반을 통합시킨다. 창성형 CAPP시스템은 공정절차서를 작성하는 등 공정계획 문제들을 풀기 위해 구성된 지식기반을 사용한다.

2. **컴퓨터에서 사용 가능한 부품데이터**: 창성형 공정계획시스템에서는 컴퓨터에서 사용 가능하도록 부품이 공정순서에 관련된 모든 데이터를 포함해 표현되어야 한다. 부품표현을 가능하게 하는 방법으로 (1)CAD시스템에서 만들어지는 형상 모델, (2)가공 특징 형상을 상세하게 결정해주는 GT코드가 있다.

3. **추론엔진**inference engine: 창성형 CAPP시스템은 주어진 부품 정보를 바탕으로 지식베이스에 담겨 있는 공정계획 논리와 공정지식을 적용할 수 있는 능력이 필요하다. CAPP시스템은 지식베이스를 적용해 새로운 부품에 대해 고정을 계획할 수 있도록 필요한 문제들을 해결한다. 이러한 문제해결 절차를 전문가시스템의 용어로 '추론엔진'이라 부른다. 지식베이스와 추론엔진을 이용해 CAPP시스템은 새로운 부품에 대한 새로운 공정계획을 만들어낸다.

CAPP의 이점 컴퓨터이용 자동공정계획의 이점은 다음과 같다. (1)공정의 합리화, 표준화: 자동화된 공정계획은 수동으로 작성되었을 때보다 더 논리적이고 일관성 있는 결과를 얻을 수 있다, (2)공정계획자들의 생산성 향상: 데이터 파일로 저장되어 있는 표준공정계획이 확보되어 있고 체계적인 접근 방법을 활용할 수 있어 공정계획자들이 보다 더 많은 업무를 수행할 수 있다, (3)공정계획준비에 소요되는 시간이 단축된다, (4)수기로 작성된 공정절차서보다 읽기 쉽다, (5)비용 산정, 작업 표준 등 다른 응용프로그램들과의 인터페이스가 가능하다.

28.2.4 문제해결과 지속적 개선

제조에서 발생하는 문제들은 생산부서의 라인조직에서 일상적으로 대응이 가능한 범위 이상이기 때문에 기술조직의 지원을 필요로 하며 이러한 기술지원을 준비하는 것은 제조엔지니어링의 책임이다. 문제들은 대부분 작업부서에서 수행 전의 특정 기술에 국한되어 있다. 절삭가공에서의 문제는 절삭공구의 선택, 제대로 작동하지 않는 고정구, 공차 범위를 벗어난 부품 또는 최적화되어 있지 않은 가공조건의 선택과 관련이 있다. 플라스틱 사출성형에서의 문제는 지나친 플래시, 부품이 금형에 눌러 붙는 것 또는 성형품의 여러 가지 결함들이다. 이러한 문제들은 기술적인 것이며 해결하기 위해서는 공학적인 전문성이 요구된다.

어떤 경우, 해결을 위해서는 설계변경이 필요하기도 하다. 예를 들어 최종 연삭 작업을 제거하기 위해 부품의 치수 공차를 변경하는 경우, 이 변경은 제품의 기능 발휘가 가능한 범위 안에서 이뤄져야 한다. 제조엔지니어는 적절한 해결책을 강구하고 설계부서에 설계변경을 제안할 책임을 가지고 있다.

현재의 기술적인 문제들을 해결하는 것에 더해, 제조엔지니어링 부서는 지속적인 개선 프로젝트를 진행할 책임을 진다. 이 지속적 개선은 비용을 절감하고, 품질을 향상시키며 생산성을 높일 수 있는 실현 방안을 지속적으로 모색하는 것이다. 이를 위해 프로젝트를 진행하며 문제의 영역에 따라 프로젝트 팀은 제조엔지니어링뿐만 아니라 제품설계, 품질관리, 생산 작업자 같은 다른 여러 부서를 포함해 구성된다.

개선하기 좋은 부분 중 하나가 셋업시간이다. 하나의 생산 셋업에서 다음으로 변경하는 절차(예를 들어 뱃치생산인 경우)는 시간과 비용이 많이 소요되는 작업이다. 제조엔지니어는 이러한 변경 절차를 분석해 수행시간을 절감하기 위한 방법을 강구해야 한다.

28.3 동시공학과 제조 고려설계

28.2절에 기술된 공정계획 기능의 많은 부분은 제품설계에서 진행되는 의사결정들에 의해 영향을 받는다. 재질, 부품, 공차, 표면거칠기, 반조립품으로의 부품 그룹화, 조립기술 등이 주어진 부품을 만드는데 적용 가능한 제조공정을 결정한다. 만약 설계 엔지니어가 절삭가공으로만 만들 수 있는 특징 형상(예를 들면 좋은 표면거칠기를 갖는 평면, 높은 공차, 나사구멍)을 가지고 있는 알루미늄 사형주조 제품을 설계했다면 공정계획자는 선택의 여지없이 사형주조와 절삭가공을 순차적으로 사용할 수밖에 없게 된다. 만약 제품 설계자가 나사로 체결되는 스탬핑 판재를 정했다면 공정계획자는 프레스를 사용해 블랭킹, 펀칭, 성형을 수행하고, 조립하는 공정을 선택한다. 이상의 2가지 예제에서 만약 재질을 플라스틱으로 선택했다면 플라스틱 사출성형이 기능과 경제성을 모두 만족시킬 수 있는 우수한 공정으로 선택될 것이다.

제조용이성은 제조부서뿐만 아니라 설계자에게 문제가 되는 것이기 때문에 제조엔지니어가 설계자에게 제조용이성에 대해 조언해주는 것은 매우 중요하다. 기능적으로 우수하면서 최소비용으로 생산할 수 있는 제품설계는 시장에서 큰 성공을 보장해준다. 성공한 설계자로서의 성공적인 경력은 성공한 제품들로부터 나온다.

제품에 생산용이성을 감안하고자 하는 시도는 종종 제조 고려설계design for manufacturing: DFM와 조립 고려설계design for assembly: DFA로 불린다. 물론 DFM과 DFA는 밀접하게 연관되어 있기 때문에 제조/조립 고려설계(DFM/A)라는 용어를 사용하기도 한다. DFM/A의 범위는 어떤 회사에서는 제조뿐만 아니라 시장용이성, 시험용이성, 서비스용이성, 유지보수용이성 등으로 확장되기도 한다. 이러한 광의의 개념에서는 설계와 제조분야뿐만 아니라 여러 부서에서의 입력을 요구하며 이러한 접근방법을 동시공학이라 한다. 여기서는 DFM/A와 동시공학, 2개의 절로 구분해 다룬다.

28.3.1 제조/조립 고려설계

제조와 조립 고려설계는 설계에서 제조용이성과 조립용이성을 체계적으로 고려하고자 하는 제품설계 방법이다. DFM/A는 조직의 변화와 설계 원칙, 지침을 포함한다.

DFM/A를 효과적으로 구현하기 위해서는 회사 조직구조를 공식적 혹은 비공식적으로 변화시켜 설계와 제조 담당자 간의 보다 밀접한 관계와 활발한 의사소통을 이루게 해야 한다. 이를 위해 설계자, 제조엔지니어, 기타 전문가들(품질관리자, 재료공학자 등)로 구성되는 프로젝트팀을 구성해 제품을 설계하는 방법이 있다. 어떤 회사에서는 설계자를 일정 기간 제조현장에서 경험을 쌓게 하여 제품을 만드는 과정에서 부딪치는 문제들에 대해 학습하게 한다. 또 다른 방법은 제조엔지니어를 설계부서에 전임으로 배치해 자문 역할을 수행하게 하는 것이다.

표 28.5 제조와 조립 고려설계의 일반 원칙과 지침[1][8]

원칙	지침
부품수를 최소화한다	· 조립비용의 감소 · 최종 제품의 신뢰성 증가 · 유지보수 및 서비스를 위한 분해 용이 · 자동화 용이 · 재공재고 관리 문제 감소(구매품의 감소와 주문비용의 감소)
상용화된 표준부품을 사용하라	· 설계에 드는 노력 감소. 맞춤부품 설계 경감 · 부품 수 감소 · 효과적인 재고 관리. 대량구매에 따른 할인 가능
여러 제품에 걸쳐 사용가능한 공용 부품을 사용하라	· GT기법(29.2절)사용 가능. 제조 셀 구성 가능 · 대량 구매에 따른 할인 가능
부품 제작이 용이하도록 설계하라	· 가능한 한번에 최종형상 가공이 가능한 공정 사용 · 부품형상 단순화: 불필요한 특징 형상 제거 · 필요 이상으로 좋은 표면거칠기 회피
공정능력 범위 안의 공차를 가지도록 설계하라	· 공정능력보다 작은 공차수준 회피(30.2절) · 상하 공차의 규정
조립시 오류방지(foolproof)가 되도록 제품을 설계하라	· 모호하지 않은 조립 설계. 한 방향으로만 조립되도록 부품을 설계. 특별한 특징 형상을 부품에 추가
유연한 부품을 최소화하라	· 고무, 벨트, 개스킷, 전선 등 일반적으로 유연한 부품은 취급이 곤란
조립이 용이하도록 설계하라	· 끼워 맞출 부품에 모따기와 경사면과 같은 형상 포함 · 다른 부품들에 붙여나갈 기초부품의 사용 · 한 방향(보통 수직)으로 부품이 조립되도록 설계 · 자동조립의 경우 가능한 나사류 고정부품의 회피(스냅핏과 접착제와 같은 신속한 조립 방법 사용) · 별개의 고정부품 최소화
모듈 설계를 이용하라	· 각 중간 조립품은 5~15개의 부품으로 구성 · 유지보수 및 서비스의 용이 · 자동 및 수동 조립 용이 · 요구 재고량의 감소 · 최종 조립시간의 감소
포장이 용이하도록 부품과 제품의 형상을 만들라	· 자동포장 설비와의 호환 가능 · 고객배송 용이
요구되는 조정을 줄이거나 제거하라	· 조립 중에 많은 시간을 소비하게 하는 조정의 필요성을 설계 단계에서 최소화

또한 DFM/A는 주어진 제품을 설계하면서 제조용이성을 최대화시킬 수 있는 원칙과 지침을 이용한다. 이들은 거의 모든 제품의 설계 상황에 적용될 수 있는 일반적인 설계 지침인데 [표 28.5]에 나타나 있다. 이밖에 특정한 공정에만 적용되는 DFM/A 설계원칙들이 제조공정과 관련된 여러 장에 나타나 있다.

설계원칙은 다른 원칙과 상충되는 경우가 발생하기도 한다. 예를 들어, 부품설계에서 부품형상을 가능한 단순화하라는 원칙은 조립 시 오류방지를 위한 제품을 설계하기 위해 특별한 특징 형상을 부품에 추가하라는 원칙과, 부품 수와 조립시간을 줄이기 위해 여러 개의 조립 부품을 단일한 부품으로 조합하는 것이 바람직하다는 원칙과 상충된다. 이러한 경우 제조를 감안한 설계가 조립을 감안한 설계와 상충되므로, 이러한 양면성에서 적당한 타협선을 찾아야 할 것이다.

DFM/A의 전형적인 이점은 참고문헌 [1]에 다음과 같이 설명되어 있다. (1)더욱 짧은 시간 내에 시장 출시, (2)생산으로의 자연스러운 이행, (3)보다 적은 수의 부품들로 이뤄지는 최종 제품, (4)쉬운 조립, (5)저렴한 제조비용, (6)높은 제품 품질, (7)높은 고객 만족도.

28.3.2 동시공학

동시공학concurrent engineering 또는 simultaneous engineering은 신제품을 출시하는데 소요되는 시간을 줄이기 위해 설계, 제조, 기타 엔지니어링 기능이 통합된 제품개발 과정에 사용되는 접근 방법이다. 전통적인 방법에서는 [그림 28.6(a)]처럼 신제품의 출시를 위해 두 기능들이 분리되는 경향이 있었다. 제품설계에서는 새로운 설계를 만들면서, 때때로 회사가 보유하고 있는 제조 능력을 심각하게 고려하지 않는다. 설계 엔지니어와, 회사의 공정능력과 제품설계를 어떻게 수정하는 것이 좋을지 조언해줄 수 있는 제조엔지니어 사이에서 상호작용이 거의 없다. 이것은 마치 2개의 기능 사이에 벽이 존재하는 것과 같다. 설계엔지니어가 설계를 마치면 벽 너머로 도면과 사양서들을 던지고 공정계획이 시작되는 것이다.

동시공학을 실천하는 회사에서는 [그림 28.6(b)]처럼 제품설계가 진행되는 동안 제조계획이 시작된다. 제조부서가 제품개발 과정에 일찍부터 참여하며 또한 현장서비스, 품질엔지니어, 제조부서, 주요 부품의 공급업체, 어떤 경우에는 제품을 사용할 고객까지도 추가로 참여한다. 이러한 참여는 제품을 단지 기능만을 잘 수행하는 것이 아니라 제조, 조립, 검사, 시험, 수리, 유지보수 등이 쉽고, 결함이 없고, 안전한 제품으로 만들어준다. 모든 관점이 결합되어 고품질의 제품을 설계하고 고객만족을 이루게 되는 것이다. 설계를 변경하기에 너무 늦은 시점에서 최종 제품설계를 검토하는 것이 아니라 일찍 참여함으로써 제품개발 사이클을 실질적으로 줄일 수 있다.

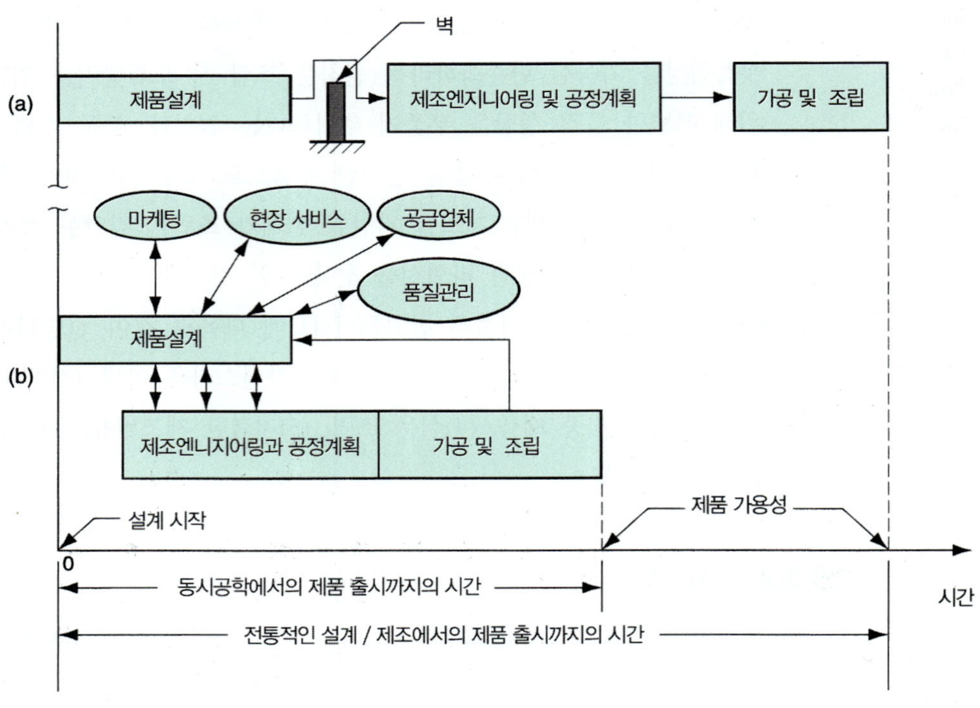

그림 28.6 (a)전통적인 제품개발, (b)동시공학에서의 제품개발 과정의 비교(출처: Fundamentals of Modern Manufacturing, 4th Edition by Mikell P. Groover, 2010. Reprinted with permission of John Wiley & Sons, Inc.).

참고문헌 References

[1] Bakerjian, R., and Mitchell, P. *Tool and Manufacturing Engineers Handbook,* 4th ed. Vol. VI, *Design for Manufacturability.* Society of Manufacturing Engineers, Dearborn, Michigan, 1992.

[2] Eary, D. F., and Johnson, G. E. *Process Engineering for Manufacturing.* Prentice-Hall, Inc., Englewood Cliffs, New Jersey, 1962.

[3] Groover, M. P., and Zimmers, E. W., Jr. *CAD/CAM: Computer-Aided Design and Manufacturing.* Prentice Hall, Englewood Cliffs, New Jersey, 1984.

[4] Groover, M. P. *Automation, Production Systems, and Computer Integrated Manufacturing,* 3rd ed. Pearson Prentice Hall, Upper Saddle River, New Jersey, 2008.

[5] Kane, G. E."The Role of the Manufacturing Engineer." *Technical Paper MM 70-222.* Society of Manufacturing Engineers, Dearborn, Michigan, 1970.

[6] Koenig, D. T. *Manufacturing Engineering.* Hemisphere Publishing Corporation (Harper & Row, Publishers, Inc.), Washington, D.C., 1987.

[7] Kusiak, A. (ed.). *Concurrent Engineering: Automation, Tools, and Techniques.* John Wiley & Sons, Inc. New York, 1993.

[8] Martin, J. M. "The Final Piece of the Puzzle," *Manufacturing Engineering,* September 1988, pp. 46–51.

[9] Nevins, J. L., and Whitney, D. E. (eds.). *Concurrent Design of Products and Processes.* McGraw-Hill, New York, 1989.

[10] Tanner, J. P. *Manufacturing Engineering,* 2nd ed. CRC Taylor & Francis, Boca Raton, Florida, 1990.

[11] Usher, J. M., Roy, U., and Parsaei, H. R. (eds.). *Integrated Product and Process Development.* John Wiley & Sons, Inc., New York, 1998.

[12] Veilleux, R. F., and Petro, L. W. *Tool and Manufacturing Engineers Handbook,* 4th ed., Vol. V, Manufacturing Management. Society of Manufacturing Engineers, Dearborn, Michigan, 1988.

복습문제 Review Questions

28.1 생산시스템을 정의하라.

28.2 생산시스템의 2가지 범주는 무엇인가?

28.3 공장에서 사용되는 4가지 공장 배치의 이름은 무엇인가? 각각은 어떤 형식의 생산에 관계가 있는가?

28.4 제조지원시스템을 정의하라.

28.5 공정계획이란 무엇인가?

28.6 제조엔지니어링을 정의하라.

28.7 공정계획 내에서 수행되는 작업 내용과 의사결정들은 무엇인가?

28.8 공정절차서는 무엇인가?

28.9 기초 공정과 2차 공정의 차이점은 무엇인가?

28.10 공정계획에서 선행조건이란 무엇인가?

28.11 제조/구매결정에서 자체생산 단가보다 구매가격이 적은 경우에도 부품을 내부에서 제작하는 것보다 업체에서 구매하는 것이 더 많은 비용이 소요되는 것은 무엇 때문인가?

28.12 제조/구매결정에서 중요한 요인은 무엇인가?

28.13 제조를 고려한 설계에서 일반적으로 원칙과 지침 3가지를 들어라.

28.14 동시공학은 무엇인가?

CHAPTER

29 자동화와 제조시스템

SURVEY OF AUTOMATION AND MANUFACTURING SYSTEMS

이 장에서는 제조와 관련된 몇 가지 유형인 컴퓨터수치제어, 셀형 생산, 유연생산시스템, 린생산, 컴퓨터 통합제조 등에 대해 설명한다. 컴퓨터수치제어(computer numerical control: CNC)는 각 뱃치마다 공정 지시서가 다른 뱃치생산에 공작기계의 작동을 제어하는데 널리 사용되는 자동화 기술이다. 각 뱃치에 해당하는 부품에 맞는 작동명령이 프로그램화 되어 제어기에 입력된다. CNC는 독립적으로 동작하는 장치를 제어하거나 대형 생산 시스템에서의 일부 장치를 제어하는데 사용된다.

제조시스템(manufacturing system)은 원자재와 부품에 대해 하나 또는 그 이상의 가공 및 조립을 수행하는 통합된 장비들과 인적 자원의 집합으로 정의된다. 통합된 장비들에는 생산기계, 자재취급, 위치결정 장치, 컴퓨터시스템이 있다. 인적 자원은 장비들을 운영하기 위해 요구되는 풀타임 혹은 파트타임 인력이다. 제조시스템은 공장에 위치하며 부품 또는 제품에 가치를 부과한다.

제조시스템은 자동화된 시스템과 수동으로 작동되는 장비를 포함한다. 이러한 구분이 항상 명확한 것은 아닌데, 그 이유는 많은 제조시스템들이 자동화된 작업과 수동 작업 모두를 가지고 있기 때문이다(예를 들면 반자동으로 작동되지만 각 사이클마다 작업자가 소재를 장착하고 탈착해야 하는 공작기계). 부가장치(예를 들어 부품 공급장치, 검사장치)에 의해 지원되는 단일 기계로 구성된 제조시스템이 있는 반면 스테이션 간에 재료나 부품을 이송하는 서브 시스템을 통해 통합되는 다수의 작업대 그리고(또는) 기계로 구성된 시스템도 있다. 또한 많은 이들 시스템은 스테이션과 재료 취급장치의 동작을 조절하고, 전체 시스템 성능에 관한 자료를 수집하기 위해 컴퓨터를 사용한다. 이 장에서 다루는 통합 제조시스템은 생산 셀(이로부터 '셀형 생산'라는 용어가 만들어지게 되었다)과 유연생산시스템이다.

마지막 두 절에서는 린생산과 컴퓨터통합제조(CIM)에 대해 다룬다. 린생산은 제조에서 낭비를 줄이고 생산성을 높이는 목적으로 공장에서 적용되는 접근방식이다. CIM은 제조기업 운영의 계획과 관리를 위해 광범위한 컴퓨터시스템의 적용을 포함한다. 이 장에서 설명하는 내용에 대한 보다 자세한 사항은 참고문헌 [7]에서 찾아볼 수 있다. 여기서 다루는 내용은 공작기계의 자동화를 가능하게 해주는 기술인 컴퓨터수치제어에서 시작한다.

29.1 컴퓨터수치제어

수치제어numeric control: NC는 문자와 숫자 데이터로 이뤄진 프로그램에 의해 장비의 기계적인 동작들을 제어하는 프로그램 기반 자동화 기술이다. 이러한 데이터는 공구와 공작물 간의 상대 위치를 나타낸다. NC의 작동원리는 공작물에 대한 공구의 상대적인 운동과 수행될 순서를 제어하는 것이다. 수치제어의 첫 번째 응용 영역은 절삭가공이며 이것은 아직도 중요한 분야다. NC 공작기계는 16장의 [그림 16.26]과 [그림 16.27]에 나타나 있다.

29.1.1 수치제어 기술

여기서는 NC 시스템의 구성요소들을 정의하고, 좌표계와 운동제어에 대해 설명한다.

NC 시스템의 기본 구성요소 NC는 (1)파트프로그램, (2)기계제어유닛, (3)공정장비의 3가지 기본 요소들로 구성된다. 파트프로그램part program은 공정장비들을 위한 상세 명령어들의 집합이다. 각각의 명령들은 대상 공작물에 대한 공구의 상대적 위치나 동작을 지정한다. 위치는 x-y-z 좌표계로 정의된다. 공작기계에 적용할 경우 NC 프로그램에 주축회전속도, 주축방향, 이송속도, 공구교환 명령, 작업에 관련된 보조 명령어들 등 추가적인 정보들이 포함된다. 파트프로그램은 프로그램 언어에 익숙하며 공정장비의 기술에 대한 이해를 하고 있는 파트프로그래머에 의해 만들어진다.

현대 NC 기술에서 기계제어유닛machine control unit: MCU은 마이크로컴퓨터로 구성되며 프로그램을 저장하고, 한 개씩 명령을 해석해 실행하는 역할을 한다. MCU는 하드웨어와 소프트웨어로 구성된다. 하드웨어로는 마이크로컴퓨터, 공정장비와의 인터페이스 요소, 피드백제어 요소가 있다. MCU 관련 소프트웨어로는 제어시스템 소프트웨어, 계산 알고리즘, NC 파트프로그램을 MCU가 사용 가능한 양식으로 바꿔주는 변환 소프트웨어 등이 있다. 또한 MCU는 프로그램에 오류가 있는 경우나 절삭조건들의 변경을 위해 파트프로그램을 편집할 수 있어야 한다. MCU는 하나의 컴퓨터이므로 전자회로에 의해 구성되었던 기존의 NC들과 구별해 CNCcomputer numeric control, 컴퓨터수치제어란 용어가 흔하게 사용된다.

공정장비는 소재를 완성품으로 바꾸기 위해 정해진 순서대로 공정을 수행하며 파트프로그램에 지정되어 있는 대로 MCU의 제어를 받는다. 29.1.4절에서 공정장비의 다양한 유형에 대해 다룬다.

NC 좌표계와 운동제어 NC에서는 표준 좌표축시스템에 의해 위치를 지정한다. 이 표준 좌표는 [그림 29.1(a)]와 같이 x, y, z 3개의 선형 직교 좌표계Cartesian coordinate system와 a, b, c 3개의 회전축으로 이뤄진다. 회전축은 다른 면들에 대한 가공을 위해 공작물을 회전시키거나, 공작물에 대해 일정한 각도로 공구를 돌리는데 사용된다. 대부분의 NC 시스템에서는 6축 모두가 필요하지는 않다. 가장 간단한 NC 시스템(예를 들어 플로터, 금속박판의 프레스작업용 기계, 부품삽입용 조립기계)은 x-y 평면에서 정의되는 위치에 대한 위치제어시스템을 가지고 있다. 이러한 기계들에 대한 프로그래밍은 x-y 좌표의 순서를 결정하는 것이다. 이와는 대조적으로, 어떤 공작기계들은 복잡한 형상의 공작물을 가공하기 위해 5축 제어를 수행한다.

회전형 NC 시스템의 좌표는 [그림 29.1(b)]에 나타나 있다. 이 시스템들은 NC 선반에서 수행되는 선삭과 관련이 있다. 공작물이 회전하기는 하지만 그것은 제어되는 축은 아니다. 회전하는 공작물에 대한 선반작업의 공구경로는 그림에서 볼 수 있는 것과 같이 x-z 평면에서 정의된다.

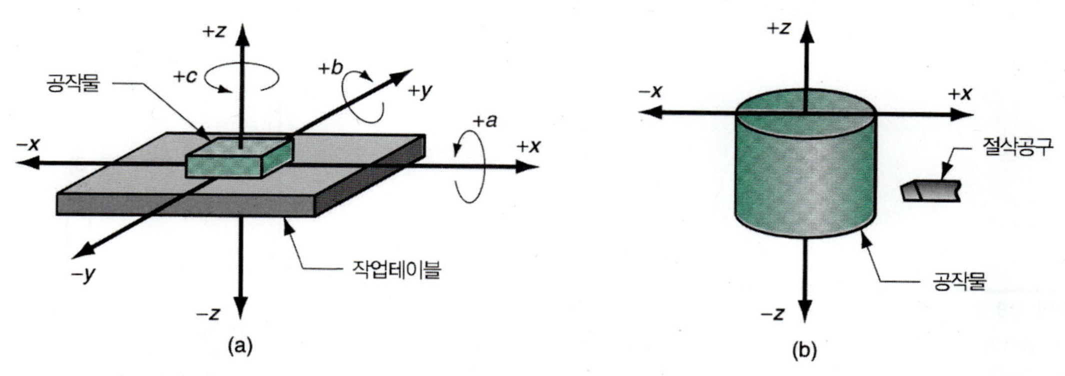

그림 29.1 NC에 사용되는 좌표계 (a)평판, 각주 형상용, (b)회전 형상용(출처: Fundamentals of Modern Manufacturing, 4th Edition by Mikell P. Groover, 2010. Reprinted with permission of John Wiley & Sons, Inc.).

많은 NC 시스템에서 가공요소들과 공작물의 상대적 운동은 공작물을 작업테이블에 고정시키고, 이 테이블을 고정 또는 반 고정되어 있는 공구에 대해 상대적으로 움직이는 방법으로 수행된다. 대부분의 공작기계와 부품 삽입기계들은 이와 같은 동작원리에 기초하고 있다. 다른 시스템들에서는 공작물이 고정되고 공구가 2축 또는 3축으로 움직인다. 화염절단기, x-y 플로터, 3차원 측정기들은 그런 방법으로 움직인다.

NC의 동작제어시스템은 (1)점간제어, (2)연속경로제어로 나눈다. 점간제어시스템 point-to-point system은 위치결정시스템positioning system으로도 불리는데, 공작물이나 공구를 이동하는 경로에 대한 고려 없이 프로그램된 위치로 이동시킨다. 이동이 이뤄진 후에 해당 위치에서 드릴링이나 펀칭과 같은 공정들이 수행된다. 그러므로 프로그램은 공정이 수행되는 점의 위치들로 구성된다.

연속경로제어시스템continuous path system은 다수 축들을 연속적으로 동시에 제어하는 것으로, 공작물에 대한 공구의 경로를 제어한다. 이것은 축이 이동하는 동안 공구가 공정을 수행할 수 있으므로 공작물에 각이 진 면, 2차원 곡선 또는 3차원 윤곽을 만들 수 있다. 이러한 동작방법은 플로터, 밀링과 선삭작업, 화염절단에 필요하다. 가공에서의 연속경로제어는 윤곽제어contouring로 불리기도 한다.

보간interpolation은 연속경로운동에서 중요하며, 이는 두 점 사이에서 공작물에 대해 공구가 움직이는 경로의 계산에 관한 것이다. 보간의 일반적인 형태는 선형과 원형이다. 선형 보간은 직선경로를 사용하기 때문에 파트프로그래머는 이송속도뿐만 아니라 직선의 시작점과 끝점을 지정해준다. 그러면 보간기는 궤적을 만들 수 있도록 둘 혹은 3개의 축의 이송속도를 계산한다. 원형 보간은 원호의 시작점, 끝점, 원의 중심을 지정해주면 공구가 원호를 따라 움직인다. 보간기는 공차 내에서 원호를 근사화

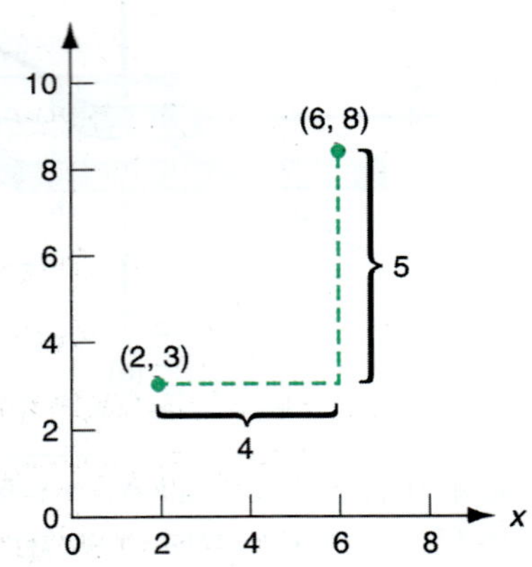

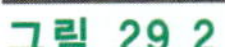
그림 29.2

절대위치와 증분위치. 공구가 (2,3) 위치에서 (6,8) 위치로 이동하려 한다. 절대형 위치결정의 경우 x=6, y=8로 이동이 정의되지만 증분형 위치결정의 경우에는 x=4, y=5로 정의된다(출처: Fundamentals of Modern Manufacturing, 4th Edition by Mikell P. Groover, 2010. Reprinted with permission of John Wiley & Sons, Inc.).

시킬 수 있는 일련의 직선의 요소를 계산한다.

동작제어와 관련된 또 하나의 사항은 절대형 좌표계와 증분형 좌표계에 대한 것이다. 절대형 위치결정absolute positioning에서 공구 위치는 축의 원점에 대해 정의된다. 증분형 위치결정incremental positioning에서는 공구의 다음 위치가 현재 위치에 대해 상대적으로 정의된다. 두 방법의 차이는 [그림 29.2]에 나타나 있다.

29.1.2 NC 위치제어시스템의 분석

위치제어시스템의 역할은 공정이 수행되는 동안 NC 파트프로그램에 있는 좌표들을 공구와 공작물의 상대적 위치로 변환하는 것이다. [그림 29.3]에 있는 것과 같은 간단한 위치제어시스템을 살펴보자. 이 시스템은 공작물이 고정되어 있는 작업테이블로 구성되어 있다. 작업테이블의 목적은 공작물을 공구에 대해 이동시키는 것이다. 이러한 목적을 수행하기 위해 작업테이블은 모터(예를 들어, 스테핑모터나 서보모터)에 의해 구동되는 리드스크루를 통해 직선운동을 한다. 단순화하기 위해 그림에는 1개의 축만 나타냈다. x, y 축 동시 이동을 위해서는 두 번째 축 위에 첫 번째 축을 직교하도록 올려놓으면 된다. 리드스크루는 일정한 피치 p를 갖는데, 이의 단위는 mm/나사산 혹은 mm/회전이다. 그러므로 작업테이블은 1바퀴 회전에 리드스크루의 피치만큼 이동한다. 가공조건으로 지정하는 이송속도에 해당하는 작업테이블의 이동속도는 리드스크루의 회전속도에 관계된다.

NC 시스템에서 동작제어는 [그림 29.4]와 같이 (1)개루프 시스템과 (2)폐루프 시스템이 있다. 개루프open loop 시스템에서는 실제 원하는 위치로 이동했는지를 검증하지 않는다. 폐루프closed loop 시스템에서는 측정결과의 피드백을 통해 원하는 위치로

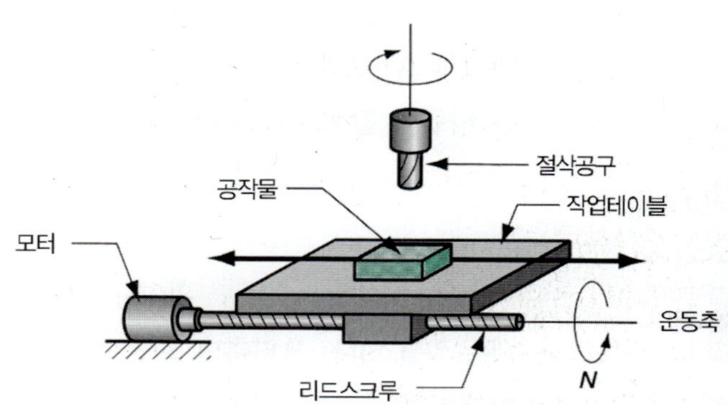

그림 29.3
NC 위치제어시스템의 모터와 리드스크루(출처: Fundamentals of Modern Manufacturing, 4th Edition by Mikell P. Groover, 2010. Reprinted with permission of John Wiley & Sons, Inc.).

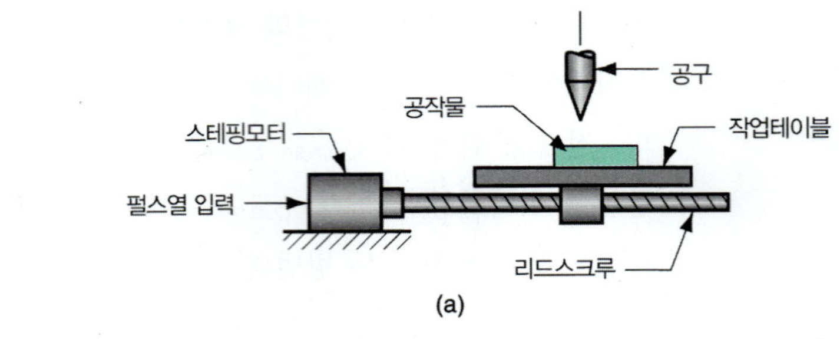

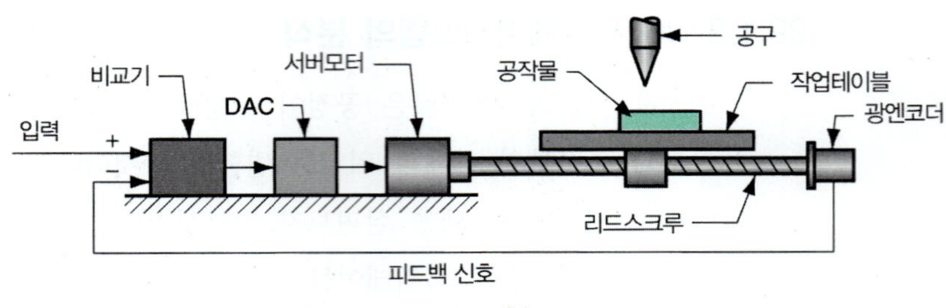

그림 29.4
2가지 형태의 NC 운동제어 (a)개루프, (b)폐루프(출처: Fundamentals of Modern Manufacturing, 4th Edition by Mikell P. Groover, 2010. Reprinted with permission of John Wiley & Sons, Inc.).

이동하는지를 정확히 확인한다. 개루프 시스템은 폐루프 시스템에 비해 저가이고 동작에 가해지는 저항력이 적을 때 적합하다. 폐루프 시스템은 밀링이나 선삭과 같이 절삭공구 이동시 저항력이 심각한 연속경로 운동에 사용된다.

개루프 위치제어시스템 개루프 위치제어시스템은 리드스크루를 회전시키기 위해 보통 스테핑모터를 사용한다. 스테핑모터는 NC 시스템의 MCU에서 생성한 일련의 전기 펄스를 이용해 모터를 구동한다. 하나의 펄스는 회전의 일부분, 즉 스텝각도만큼 모터를 회전시킨다. 가능한 스텝각도는 다음 수식에 의해 결정된다.

$$\alpha = \frac{360}{n_s} \tag{29.1}$$

여기서 α=스텝각도 °, n_s=모터의 스텝각도 개수(정수)다. 모터축 회전에 의한 각도는 다음과 같이 결정된다.

$$A_m = \alpha n_p \tag{29.2}$$

여기서 A_m=리드스크루 회전각도 °, n_p=모터가 입력받은 펄스 수, α=스텝각도(여기서는 °/펄스)다. 모터축의 회전속도는 모터로 전달되는 펄스의 주파수로 다음과 같이 결정된다.

$$N_m = \frac{60\alpha f_p}{360} \tag{29.3}$$

여기서 N_m=모터축의 회전속도 (회전수/분), f_p=스텝모터를 구동하는 펄스의 주파수 (Hz, 펄스/초, 상수 60을 이용하여 펄스/초를 펄스/분으로 변환시킬 수 있고, 상수 360을 이용하여 회전각을 회전수로 변환시킬 수 있다), α=모터의 스텝각도다.

모터축은 리드스크루를 구동시켜 작업대의 위치와 속도를 결정짓는다. 종종 테이블 움직임의 정밀도를 높이기 위해 감소기어비를 이용해 연결된다. 하지만 리드스크루의 회전각과 회전속도도 이 기어비에 의해 감소된다. 이 관계는 다음과 같다.

$$A_m = r_g A_{ls} \tag{29.4a}$$

그리고

$$N_m = r_g N_{ls} \tag{29.4b}$$

여기서 A_m=모터의 회전각도 °, N_m=모터의 회전속도 회전수/분이다. A_{ls}=리드스크루의 회전각도 °, N_{ls}=리드스크루의 회전속도 회전수/분, r_g=모터축과 리드스크루 사이의 기어 감소비다. 예를 들어, 기어 감소비가 2라는 것은 리드스크루가 1회전할 때 모터축은 2회전하는 것을 의미한다.

리드스크루의 회전에 따른 작업테이블의 이동량은 리드스크루 피치 p에 의해 다음과 같이 결정된다.

$$x = \frac{pA_{ls}}{360} \tag{29.5}$$

여기서 x=x축 방향 이동거리 mm, p=리드스크루의 피치 mm/reν, $A_{ls}/360$=리드스크루의 회전수다. 식 (29.2), (29.4a), (29.5)를 결합하면 점간이동 제어에서 원하는 x 방향의 이동을 위해 필요한 펄스 수는 다음과 같이 결정된다.

$$n_p = \frac{360 r_g x}{p\alpha} = \frac{r_g n_s A_{ls}}{360} \tag{29.6}$$

리드스크루 축 방향의 테이블 속도는 다음과 같이 계산된다.

$$\nu_t = f_r = N_{ls}\, p \tag{29.7}$$

여기서 ν_t=테이블속도 mm/min, f_r=테이블 이송률 mm/min, N_{ls}=리드스크루 회전속도 회전수/min, p=리드스크루 피치 mm/rev이다.

리드스크루 회전 속도는 모터를 구동시키는 펄스 주파수에 다음과 같이 계산된다.

$$N_{ls} = \frac{60f_p}{n_s r_g} \tag{29.8}$$

여기서 N_{ls}=리드스크루 회전속도 reν/min, f_p=펄스열 주파수 Hz, pulse/sec, n_s=회전당 스텝수 또는 회전당 펄스수, r_g=모터와 리드스크루 사이의 기어 감소비다. 2축 테이블의 연속경로 제어에서는 원하는 이동방향을 얻기 위해 축들의 상대속도를 조정한다. 마지막으로, 테이블을 원하는 이송속도로 구동시키기 위한 펄스주파수는 식 (29.7)과 (29.8)을 조합하고 f_p에 대해 정리하면 다음과 같다.

$$f_p = \frac{\nu_t n_s r_g}{60p} = \frac{f_r n_s r_g}{60p} = \frac{N_{ls} n_s r_g}{60} = \frac{N_m n_s}{60} \tag{29.9}$$

EXAMPLE 29.1 개루프 위치제어시스템

48개의 스텝각도를 갖는 스테핑모터의 출력축이 4:1의 감소비(리드스크루 1회전에 모터가 4회전)를 갖는 기어로 리드스크루에 연결되어 있다. 리드스크루 피치는 5.0mm다. 작업테이블은 리드스크루에 의해 구동된다. 테이블이 현재 위치에서 400mm/min의 속도로 75.0mm 이동해야 한다. (a)테이블을 원하는 위치까지 이동시키기 위해 얼마나 많은 펄스가 필요한가? 요구되는 테이블 이송속도를 얻기 위한 (b)모터 회전수와 (c)주파수는 얼마인가?

▌풀이▐

(a) x=75mm를 이송하기 위해 리드스크루는 다음에 의해 계산되는 각도로 회전해야 한다.

$$A_{ls} = \frac{360x}{p} = \frac{360(75)}{5} = 5400^\circ$$

스텝각도가 48이고 기어 감소비가 4이므로 테이블을 75mm 이송시키기 위해 필요한 펄스 수는

$$n_p = \frac{4(48)(5400)}{360} = 2880 \text{ 펄스로 구해진다.}$$

(b) 식 (29.7)을 이용하면 테이블 이송속도 400mm/min에 대한 리드스크루 속도를 계산할 수 있다.

$$N_{ls} = \frac{\nu_t}{p} = \frac{400}{5.0} = 80.0\,\text{rev/min}$$

모터 속도는 4배 빠르므로,

$$N_m = r_g N_{ls} = 4(80) = 320\,\text{rev/min}$$

(c) 주파수는 식 (29.9)에 의해 다음과 같이 구해진다.

$$f_p = \frac{320(48)}{60} = 256\,\text{Hz}$$

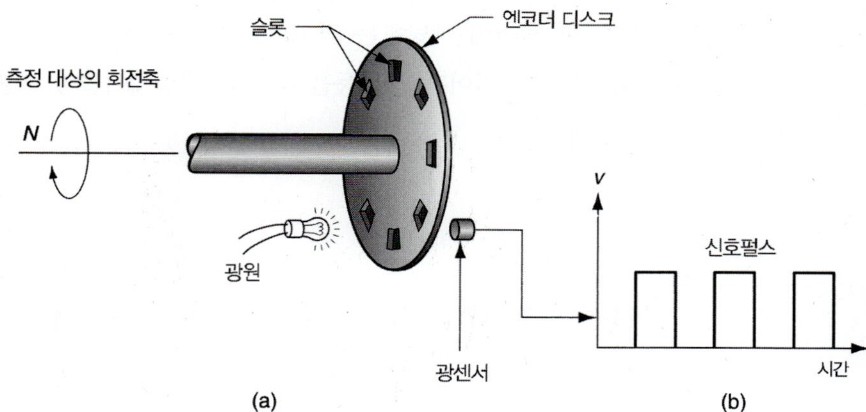

그림 29.5
광엔코더 (a)장치, (b)디스크 회전을 측정하기 위해 생성되는 펄스열(출처: Fundamentals of Modern Manufacturing, 4th Edition by Mikell P. Groover, 2010. Reprinted with permission of John Wiley & Sons, Inc.).

폐루프 위치제어시스템 [그림 29.4(b)]에 예시한 폐루프 제어시스템은 작업테이블이 원하는 위치로 정확히 이동하도록 서보모터와 측정값 피드백을 사용한다. NC와 산업용 로봇에서 흔히 사용되는 피드백 센서는 [그림 29.5]에 나타난 광엔코더다. 광엔코더는 디스크 양쪽에 각각 위치한 광원과 광센서로 구성된다. 디스크는 원주 방향에 일정한 간격으로 슬롯이 나 있다. 이 슬롯을 통해 광원에서 나온 빛이 광센서에 감지된다. 디스크는 직접적으로 혹은 감속기를 통해 간접적으로 회전축에 연결되어 회전축이 회전각과 각속도를 측정하게 되어 있다. 리드스크루가 회전하면서 슬롯을 통해 통과되는 단속적인 빛은 광센서에 펄스열로 감지된다. 펄스 수를 측정하고 펄스열의 주파수를 계산하면 리드스크루 각도와 회전속도가 결정된다. 따라서 작업대의 위치와 속도는 리드스크루의 피치를 이용해 계산할 수 있다.

폐루프NC 시스템을 기술하는 수식은 개루프 시스템과 유사하다. 보통의 엔코더에서 디스크 상의 슬롯 간의 각도는 다음 식을 만족해야 한다.

$$\alpha = \frac{360}{n_s} \tag{29.10}$$

여기서 α=슬롯 간 각도 °/슬롯, n_s=디스크의 슬롯 개수 슬롯수/회전이다. 리드스크루의 회전에 따라 엔코더에서 감지되는 펄스 수는 다음과 같다.

$$n_p = \frac{A_{ls}}{\alpha} = \frac{A_{ls} n_s}{360} \tag{29.11}$$

여기서 n_p=엔코더에서 감지되는 펄스 수, A_{ls}=리드스크루 회전각 °, α=슬롯 간 각도(즉 한 펄스에 해당하는 각도)다. 펄스 수는 리드스크루 피치, 엔코더 축과 리드스크루 사이의 기어감속비 등을 감안해 작업테이블의 x방향 직선 이동거리로 환산할 수 있다.

$$x = \frac{p n_p}{n_s} = \frac{p A_{ls}}{360} \tag{29.12}$$

비슷하게 작업테이블의 속도는 펄스열의 주파수에서 구할 수 있다.

$$\nu_t = f_r = \frac{60 p f_p}{n_s} \tag{29.13}$$

여기서 ν_t=테이블 이송속도 mm/min, f_r=이송률 mm/min, p=피치 mm/min, f_p=펄스열 주파수 Hz, pulses/sec, n_s=엔코더 디스크의 슬롯 수, 60=초당속도를 분당속도로 환산하기 위한 것이다. 식 (29.7)의 속도관계는 또한 폐루프 위치제어시스템에도 적용이 가능하다.

엔코더에 의해 생성된 펄스열은 파트프로그램의 좌표위치, 이송률과 비교되고, 그 차이는 기계제어유닛에 의해 서보모터의 구동에 따른 리드스크루와 작업대를 움직이는 데 사용된다. 개루프 제어시스템과 마찬가지로 서보모터와 리드스크루 사이의 기어감쇠가 사용될 수 있기 때문에 식 (29.4a)와 식 (29.4b)의 적용이 가능하다. MCU가 발생시키는 디지털신호는 디지털-아날로그 변환기DAC, digital-to-analog converter를 통해 아날로그 신호로 변환되어 구동모터를 작동시킨다. 폐루프 NC 시스템은 이동 시 작업테이블의 저항력이 강한 경우에 적합하다. 가공공정의 경우 연속경로 가공이 이뤄지는 밀링, 선삭이 이 경우에 속한다.

EXAMPLE 29.2 NC 폐루프 위치제어시스템

NC 작업테이블이 폐루프 시스템으로 제어되고 있다. 시스템은 서보모터, 리드스크루, 광엔코더로 구성된다. 리드스크루는 5.0mm의 피치를 가지며 모터축에 감속비 4:1(모터 4회전에 리드스크루 1회전)의 감속기를 통해 연결되어 있다. 광엔코더는 1회전에 100펄스를 생성한다. 테이블의 75.0mm를 400mm/min의 이송속도로 이동하도록 프로그램되었다. (a)테이블의 75mm 이동 확인을 위해 제어시스템이 몇 개의 펄스를 감지해야 하는가? (b)엔코더의 펄스 주파수, (c)구동모터의 회전속도를 구하라.

▌풀이▐

(a) n_p를 구하기 위해 식 (29.12)를 재정리하면

$$n_p = \frac{xn_s}{p} = \frac{75(100)}{5} = 1500\,\text{pulses}$$

(b) 400mm/min에 해당되는 펄스 주파수는 식 (29.13)을 재정리하면 구할 수 있다.

$$f_p = \frac{f_r n_s}{60p} = \frac{400(100)}{60(5)} = 133.33\text{Hz}$$

(c) 리드스크루 회전속도는 테이블 이송속도를 피치로 나눈 값이다. 즉,

$$N_{ls} = \frac{f_r}{p} = 80\text{rev/min}$$

여기서 r_g=기어감속비($r_g = 4.0$)다. 그러므로 $N = 4(80) = 320\,\text{rev/min}$이 된다.

29.1.3 NC 파트프로그래밍

NC 공작기계 분야에서 프로그래밍 작업은 주어진 특정한 부품에 대해 준비되는 것이므로 NC 파트프로그래밍이라 불린다. 파트프로그래밍은 일반적으로 절삭가공과 특정 설비에 대한 프로그래밍 절차를 숙지하고 있는 작업자에 의해 수행된다. 기계가 바뀌면 그 원리는 유사하나 사용하는 명령어 등이 다르므로 훈련된 작업자가 필요하다. NC 프로그램을 준비하기 위해 컴퓨터시스템이 광범위하게 사용된다.

파트프로그래밍 작성자는 공작물의 점, 선, 면을 정의할 수 있어야 하며 공구의 움직임을 제어할 수 있어야 한다. 파트프로그래밍에는 다음과 같은 여러 가지 방법들이 있다. (1)수동 파트프로그래밍, (2)컴퓨터 이용 파트프로그래밍, (3)CAD/CAM을 이용한 파트프로그래밍, (4)수동 데이터입력.

수동 파트프로그래밍 드릴링과 같은 간단한 점간위치제어 가공공정에서는 수동 파

트프로그래밍이 종종 가장 쉽고 경제적인 방법이다. 수동 파트프로그래밍에서는 공정의 각 단계를 정의하기 위해 기본 수치데이터와 특수한 알파뉴매릭 코드를 사용한다. 예를 들어 드릴링을 수행하기 위해 다음과 같은 형태의 명령문이 입력된다.

$$n010 \;\; x70.0 \;\; y85.5 \;\; f175 \;\; s500$$

명령문 안의 각각의 코드들은 드릴링의 상세 사항들을 지정한다. $n-$코드(n010)는 명령문의 단순한 순서를 나타내는 숫자다. $x-$와 $y-$코드는 $x-y$ 좌표위치(x=70mm, y=85.5mm)를 나타낸다. $f-$코드와 $s-$코드는 이송속도와 주축속도를 정의한다(이송속도=175mm/min, 주축속도=500rev/min). 전체 NC 파트프로그래밍은 위와 비슷한 명령문들로 구성된다.

컴퓨터이용 파트프로그래밍 컴퓨터이용 파트프로그래밍은 보다 높은 수준의 프로그래밍 언어를 사용하는 것이다. 복잡한 공정의 경우 이러한 언어의 사용이 수동 파트프로그래밍보다 더 적합하다. 최초의 파트프로그래밍 언어는 APT automatically programmed tooling로서, 초창기 NC 공작기계의 확장 연구에서 개발되었으며 1960년부터 실제 생산에 적용되었다.

APT에서 파트프로그래밍 작업은 (1)부품형상의 정의, (2)공구경로와 작업순서 결정의 두 단계로 나뉜다. 첫 단계에서 파트프로그래머는 점, 선, 평면 원, 원기둥 등의 기본 형상 요소들을 이용해 공작물의 형상을 정의한다. 이러한 형상요소들은 APT 형상 명령어들에 의해 정의된다.

```
P1=POINT/25.0, 150.0
L1=LINE/P1, P2
```

P1은 $x-y$ 평면상의 점으로 x=25mm, y=150mm 좌표에 위치한다. L1은 P1과 P2를 지나는 직선을 의미한다. 위의 예와 비슷한 명령문들을 사용해 원, 원기둥, 다른 형상들을 정의한다. 대부분의 공작물들에 대해 면, 코너, 모서리 그리고 구멍위치 같은 것들을 이러한 방식으로 서술할 수 있다.

공구경로의 지정은 APT의 동작명령어들로 작성한다. 점간위치이동을 위한 전형적인 명령문은 다음과 같다.

```
GOTO/P1
```

이 명령문은 공구를 현재 위치에서 P1(미리 APT 형상명령어를 이용해 지정된 위치)까지 이동시킨다. 연속경로이동 명령은 선, 원, 평면 같은 형상요소를 이용한다. 예를 들어, 다음과 같은 명령문을 고려한다.

GORGT/L3, PAST, L4

이 명령문은 공구를 L3 선을 따라 L4 선을 지날 때까지 오른쪽으로 이동시킨다(물론 이 경우 L4 선과 L3선은 만나야 한다).

추가적인 APT 명령문들은 이송속도, 주축속도, 공구크기, 공차 등의 각종 조건들을 지정하는데 사용된다. 프로그래밍이 완료된 후 파트프로그래머는 APT 프로그램을 컴퓨터에 입력하고, 이것은 특정 공작기계에 대해 유효한 저차원 언어(수동 파트프로그램에서 사용하는 것과 유사)로 바뀌게 된다.

CAD/CAM 프로그래밍 CAD/CAM 기술을 사용함에 따라 컴퓨터이용 파트프로그래밍이 한 단계 발전되었는데, 프로그래머가 컴퓨터그래픽시스템을 이용해 파트프로그램을 대화식으로 작성하는 것이 가능하게 되었다. APT를 사용하는 전통적인 개념에서는 파트프로그램이 모두 완성된 후 처리를 위해 컴퓨터로 입력되었다. 많은 프로그램 오류들은 컴퓨터에서 처리하기 전에는 발견할 수 없었다. CAD/CAM시스템을 이용하면 프로그래머는 각각의 명령문이 입력될 때마다 시각적인 검증을 통해 프로그램의 오류를 찾을 수 있다. 프로그래머가 부품의 형상을 입력할 때마다 모니터에 시각적으로 표시된다. 공구경로가 생성되면 프로그래머는 동작 명령문들이 공구를 어떻게 움직이는지 정확하게 알 수 있다. 오류들은 프로그램이 완성된 후가 아니라 즉시 수정될 수 있다.

프로그래머와 프로그래밍시스템과의 상호작용은 CAD/CAM을 이용한 파트프로그래밍의 가장 큰 이익이다. CAD/CAM을 NC 파트프로그램의 작성에 이용할 경우 얻게 되는 또 다른 이점들은 첫째, 제품과 그 부품들의 설계가 CAD/CAM시스템 상에서 완성된다는 점이다. 각 부품의 형상정보를 담고 있는 설계결과 데이터베이스로부터 NC 프로그래머는 필요한 형상정보를 추출해 이를 시작으로 파트프로그램을 작성할 수 있다. 이 형상정보의 추출은 도면으로부터 APT 형상명령어들을 이용해 부품을 정의하는 것에 비해 상당한 시간을 절약할 수 있게 한다.

둘째, CAD/CAM을 이용한 파트프로그래밍에서는 일부 경우의 공구경로 생성을 자동화할 수 있는 특별한 루틴들을 사용할 수 있는데, 부품 외각에 대한 프로파일 밀링 작업, 부품 외면의 포켓가공 작업, 면 등고선 가공contouring, 점간 작업들이 그 예다. 이러한 루틴들은 마크로macro 명령의 형태로 프로그래머들이 사용한다. 이러한 루틴을 사용함으로써 프로그램 작성에 소요되는 시간과 노력을 크게 줄일 수 있다.

수동 데이터입력 수동 데이터입력manual data input: MDI은 공장에서 기계 작업자들이 파트프로그램을 직접 입력하는 방법이다. 이 방법은 공작기계 제어기의 모니터 창을 이용한 그래픽 능력을 가지고 있다. NC 파트프로그램은 공작기계 작업자가 최소한의 교육으로도 사용할 수 있도록 메뉴 방식으로 입력된다. 파트프로그램이 간단해지고 NC 파트프로그램 작성을 위한 별도의 인원이 필요하지 않으므로, MDI는 소규모 가공 공장에서 경제적으로 NC 공작기계를 운영할 수 있는 방식이다.

29.1.4 수치제어의 응용

절삭가공은 수치제어의 가장 중요한 응용분야이지만 NC의 작동원리는 그 밖의 여러 분야에 응용될 수 있다. 공구류의 위치가 부품 또는 제품에 대해 상대적으로 제어되어야 하는 산업공정은 많다. 이들을 2가지로 나눠보면 (1)공작기계 관련 응용분야, (2)비 공작기계 응용분야로 나눠진다. 모든 분야에서 NC라는 용어를 사용하는 것이 아니라는 사실을 알고 있을 필요가 있다.

공작기계 관련 응용분야에서 NC는 선삭, 드릴링, 밀링 등과 같은 절삭가공 공정에 폭넓게 사용된다(16.2절, 16.3절, 16.4절). 절삭가공에서 NC의 사용은 고도로 자동화된 공작기계인 머시닝센터 개발의 동기가 되었는데, 머시닝센터는 NC 프로그램 제어에 의해 스스로 절삭공구를 교환하며 다양한 절삭 작업들을 수행한다(16.5절). 절삭가공에 더해, 다른 수치제어 공작기계들이 있다. (1)연삭기, (2)금속박판의 프레스 가공기, (3)튜브 밴딩기, (4)열에 의한 절단공정 등이 그 예다.

비 공작기계 응용분야는 (1)복합재료를 위한 테이프 적층기와 필라멘트 와인딩기, (2)아크용접기와 저항용접기, (3)전자조립을 위한 부품 삽입기, (4)제도기계, (5)검사를 위한 좌표측정기가 있다.

이들 NC 응용분야에서 수동동작 정비에 비한 NC의 이점은 (1)비생산시간의 감축, (2)제조리드타임의 단축, (3)간단한 고정, (4)제조 유연성의 증가, (5)정확도의 증가, (6)작업자 오류 감소 등이다.

29.2 셀형 생산

셀형 생산cellular manufacturing은 부품군이나 제품군의 중량생산에 특화된 작업 셀work cells을 사용하는 것을 말한다. 이러한 규모의 부품 또는 제품 생산은 흔히 뱃치 방식으로 이뤄지는데, 뱃치생산 방식에서는 뱃치 교체 시 생산이 중단되고, 재고 보유비용이 높게 소요된다. 셀형 생산은 그룹테크놀러지group technology: GT라 부르는 접근방식을 기초로 하고 있다. 그룹테크놀러지는 부품은 다르지만 공정이 비슷한 것을 찾아내 이러한 단점을 최소화할 수 있게 해준다. 이러한 유사성을 생산에 활용하면 작업효율이 증가된다. 이 개선 효과는 생산 장비들을 생산 셀로 배치함으로써 달성된다. 각 셀은 하나의 부품군 또는 제한된 수의 부품군을 생산하도록 구성되며 공정 전문화의 원리가 적용된다. 즉, 셀은 전용 생산 장비와 맞춤형 공구와 고정구로 구성되며 부품군의 생산이 최적화 될 수 있다. 각각의 셀은 사실상 하나의 공장 안의 공장으로 생각할 수 있다.

29.2.1 부품군

셀형 생산과 그룹테크놀러지의 주요한 특징은 부품군part families이다. 부품의 기하학적 모양과 크기가 유사하거나, 생산을 위해 유사한 공정이 필요한 부품의 집합을 부품군이라 한다. 10,000개의 서로 다른 부품을 생산하는 공장의 경우 부품을 20~30개의 부품군으로 그룹화 할 수 있을 것이다. 각 부품군에서는 유사한 공정을 거친다. 같은 부품군 내의 부품들은 서로 똑같은 것은 아니지만 같은 부품군에 포함될 정도의 부품 사이에 유사성을 가지고 있다. [그림 29.6과 29.7]은 2개의 서로 다른 부품군을 보여준다. [그림 29.6]의 두 부품은 크기와 형상은 같으나, 재질, 생산량, 공차

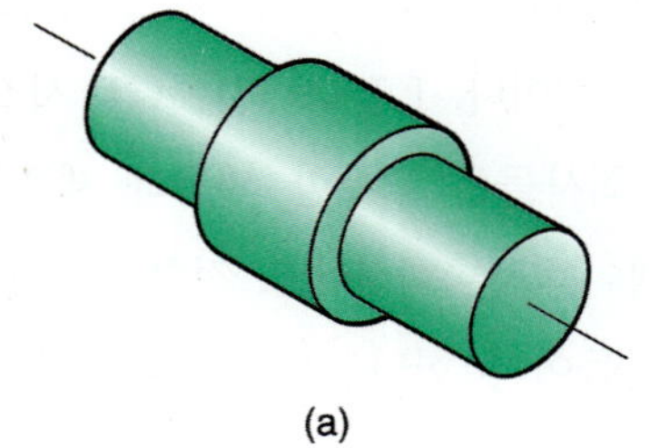

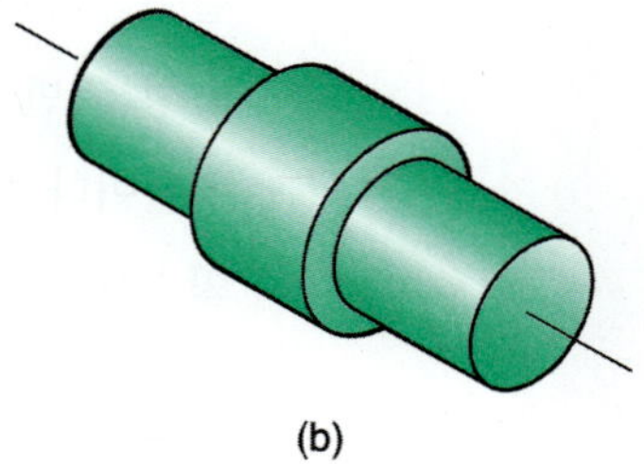

그림 29.6
유사한 형상과 치수를 갖지만 제조에는 상당한 차이가 있는 경우 (a)연간 백만 개 생산, 공차 ±0.01in, 1015 CR강(니켈도금), (b)연간 100개 생산, 공차 ±0.001in, 18-8 스테인리스강(출처: Fundamentals of Modern Manufacturing, 4th Edition by Mikell P. Groover, 2010. Reprinted with permission of John Wiley & Sons, Inc.).

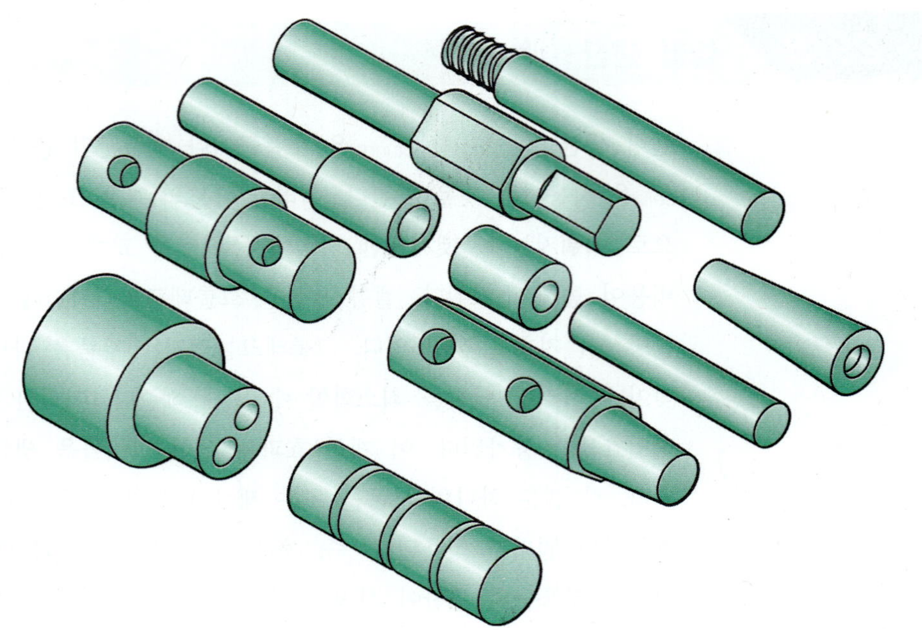

그림 29.7
크기와 형상은 다르지만 제조공정이 유사한 10개의 부품. 모든 부품이 원통형 소재로부터 선삭을 통해 가공되고, 일부는 드릴링과/또는 밀링이 필요하다(출처: Fundamentals of Modern Manufacturing, 4th Edition by Mikell P. Groover, 2010. Reprinted with permission of John Wiley & Sons, Inc.).

에서의 차이로 제조 측면은 매우 다르다. [그림 29.7]의 부품들은 기하학적으로는 다르나, 제조 측면에서는 매우 비슷하다.

제조업에서 부품군을 결정하는데 몇 개의 방법이 있다. 한 방법은 육안검사를 사용하는 것으로 실제로 부품을 보거나 사진을 통해 부품을 부품군으로 분류하고, 유사한 특징을 가진 그룹으로 정리하는 것이다. 다른 방법은 생산흐름분석production flow analysis으로 불리는데, 공정절차서route에 담겨 있는 정보를 이용해 부품들을 분류하는 것으로, 동일하거나 유사한 공정을 가진 부품들을 부품군으로 분류한다.

세 번째 방법은 가장 많이 쓰이지만 가장 많은 비용이 소요되는 부품 분류 및 코딩이다. 부품 분류 및 코딩part classification and coding에서는 공통의 코딩시스템을 이용해 부품 간의 유사성과 차이점을 정의한다. 대부분의 분류 및 코딩시스템은 다음과 같이 구분된다. (1)설계속성 기반 시스템, (2)제조속성 기반 시스템, (3)설계 및 제조속성 기반 시스템이다. [표 29.1]은 GT 시스템에서 사용되는 부품 설계 및 제조 속성들이다. 각 회사들은 고유한 부품과 제품들을 생산하므로, 한 회사에 적합한 분류 및 코딩시스템이 다른 회사에도 적합한 것은 아니다. 각 회사들에 적합한 고유의 코딩시스템을 만들어야 한다. 부품 분류 및 코딩시스템은 참고문헌 [6], [7], [8]에서 자세히 다룬다.

표 29.1 부품 분류 및 코딩시스템에 포함되는 설계와 제조속성[6][7][8]

설계속성		제조속성	
주요 치수	재료	주요 공정	주요 치수
기본 외부 형상	부품기능	작업순서	기본 외부 형상
기본 내부 형상	공차	뱃치크기	길이/직경 비
길이/직경 비	표면거칠기	연간 생산량	재료
		공작기계	공차
		절삭공구	표면거칠기

잘 만들어져 있는 분류 및 코딩시스템은 (1)부품군을 형성하고, (2)부품설계도를 신속하게 찾아 가져올 수 있게 하고, (3)기존의 유사하거나 동일한 설계를 찾아 재사용하므로 반복 설계를 줄일 수 있고, (4)설계 표준화를 촉진하며, (5)비용 예측 및 산출을 용이하게 하며, (6)신규 부품에 대해 같은 부품군에 속한 기존 부품의 NC 파트프로그램을 사용할 수 있게 하고, (7)공구 및 고정구를 공통으로 이용할 수 있게 하고, (8)컴퓨터이용 공정설계(28.2.3절)를 가능하게 하는데, 이는 표준공정계획에 연관된 부품군의 코드에 따라, 신규 부품의 공정계획은 같은 부품군의 공정계획을 재사용하거나 편집해서 사용할 수 있기 때문이다.

29.2.2 기계 셀

부품군에 속한 부품들 사이의 유사성을 최대로 활용하기 위해서는 그 부품들을 만드는데 특화된 기계 셀machine cells을 사용해 생산이 이뤄져야 한다. 그룹테크놀러지 기계 셀을 설계하는 기본원리는 가상조합부품의 개념이다.

가상조합부품 개념 부품군에 속한 부품들은 유사한 설계 그리고 제조 특징 형상을 가지고 있다. 부품설계 특징 형상과 공정 사이에는 보통 연관성이 있다. 원형 구멍은 드릴링, 원통형상은 선삭으로 만들어진다.

어떤 부품군의 가상조합부품composite part은 부품군의 설계, 제조 속성을 모두 가지고 있는 가상의 부품이다(복합재료composite material로 만들어지는 부품과 혼동하면 안 된다). 일반적으로 부품군의 각 부품은 부품군을 정의하는 특징 형상들 중 일부를 가지고 있고 모든 특징 형상을 가지는 것은 아니다. 부품군을 위한 생산 셀은 가상조합부품을 생산하기 위해 필요한 기계들을 포함한다. 이러한 셀은 특정한 부품의 특징 형상에

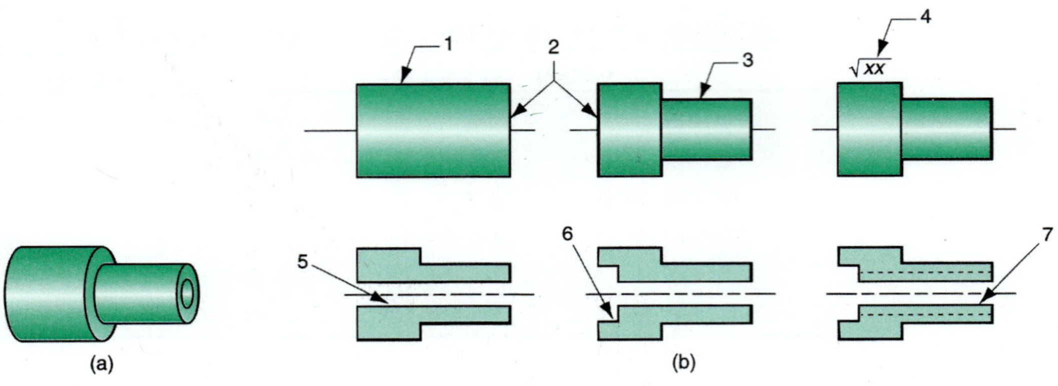

그림 29.8 가상조합부품의 개념 (a)회전형 절삭부품군의 가상조합부품, (b)가상조합부품의 개별 설계 특징 형상(출처: Fundamentals of Modern Manufacturing, 4th Edition by Mikell P. Groover, 2010. Reprinted with permission of John Wiley & Sons, Inc.).

표 29.2 [그림 29.8]의 설계 특징 형상과 각각을 위한 제조공정

번호	설계 특징 형상	제조공정
1	외부 원통면	선삭
2	원통 밑면	단면가공
3	원통 단	선삭
4	매끄러운 표면	원통연삭
5	축방향 구멍	드릴링
6	카운터보어	카운터보링
7	내부 나사	태핑

상관없는 공정을 단지 생략함으로써 부품군의 모든 요소를 생산할 수 있다. 또한 이러한 셀은 부품군 내에서 부품크기와 특징 형상 변화가 가능하도록 설계된다.

[그림 29.8(a)]의 가상조합부품에 대해 살펴보자. 이는 [그림 29.8(b)]에서 정의된 특징 형상을 가진 회전형 부품군을 나타냈다. 각 특징 형상은 [표 29.2]에 요약된 절삭공정과 연관되어 있다. 이러한 부품군을 생산하기 위한 기계 셀은 표의 마지막 칸에 있는 모든 공정을 수행할 수 있도록 설계된다.

기계 셀 설계 기계 셀은 기계의 수와 자동화 정도에 따라 분류된다. (a)단일기계 셀, (b)수동 복수기계 셀, (c)기계화된 복수기계 셀, (d)유연생산셀, (e)유연생산시스템이다. 각 셀의 구성은 [그림 29.9]에 나타나 있다.

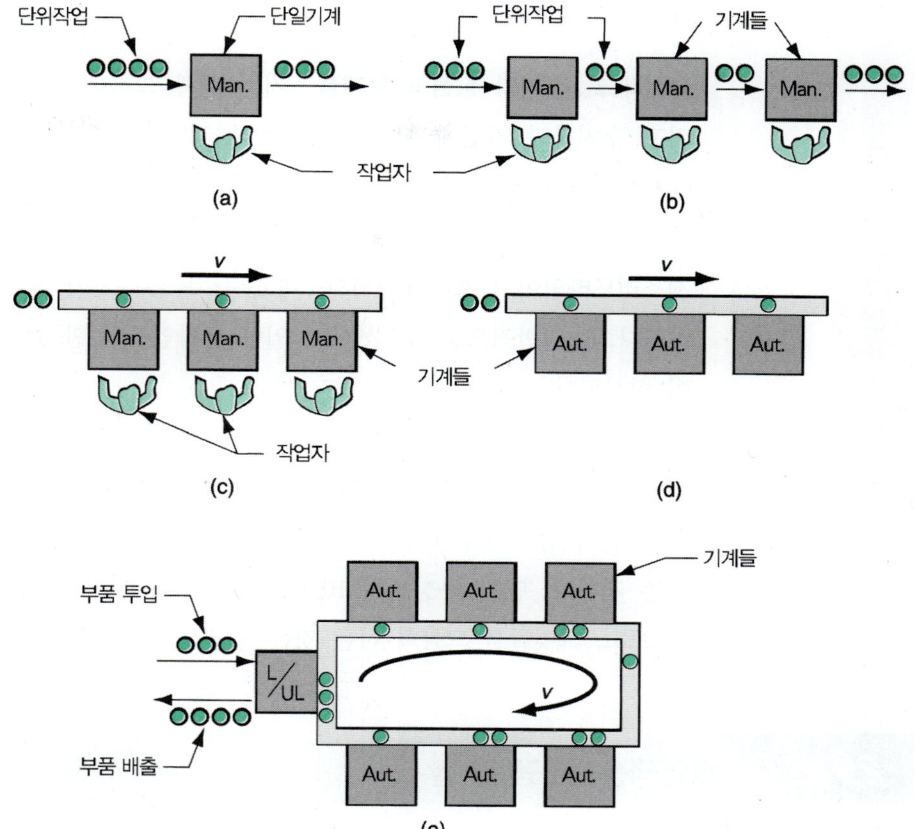

그림 29.9

그룹테크놀러지 기계 셀의 종류 (a)단일기계 셀, (b)수동 복수기계 셀, (c)기계화된 복수기계 셀, (d)유연생산셀, (e)유연생산시스템 (Man=수동 작업장, Aut=자동 작업장)(출처: Fundamentals of Modern Manufacturing, 4th Edition by Mikell P. Groover, 2010. Reprinted with permission of John Wiley & Sons, Inc.).

단일기계 셀single machine cell은 수동으로 작동되는 기계 1대로 구성된다. 셀은 생산해야 하는 부품군 안의 특징 형상과 크기의 변화를 허용할 수 있는 고정구와 공구를 가진다. [그림 29.8]의 부품군을 위한 기계 셀이 이 경우에 해당된다.

복수기계 셀multiple machine cell은 수동으로 작동되는 2대 또는 그 이상의 기계들로 구성된다. 이 셀은 부품의 이동방법에 따라 수동과 기계화된 것으로 구분된다. 수동동작은 셀 내에서 제품이 사람, 즉 기계 작업자에 의해 이송되는 것을 의미한다. 기계화된 셀은 부품을 한 기계에서 다음 기계로 이동하는데 컨베이어 같은 기계장치를 이용하는 것을 말한다. 이것은 셀에서 만들어질 부품의 크기와 무게를 제한하게 되며 생산성을 높일 수 있다. 그림에서는 작업흐름이 직선인 것을 보여준다. U자형이나 원형 같은 배치도 가능하다.

유연생산셀flexible manufacturing cells과 유연생산시스템flexible manufacturing system은 자동화된 이송장치를 가진 자동화 기계들로 구성된다. 이 생산시스템의 특징과 중요성에 대해서는 29.3절에서 설명한다.

그룹테크놀러지의 장점과 문제점 기계 셀과 그룹테크놀러지는 원칙과 인내심을 가지고 추진하면 기업에 상당한 이익을 가져다준다. 잠재적인 이득들은 다음과 같다. (1)GT는 공구, 고정구, 셋업의 표준화를 촉진시킨다, (2)부품이 공장 전체가 아니라 해당 기계 셀에서만 이동하므로 자재취급이 감소한다, (3)생산계획이 간단해진다. (4)제조리드타임이 감소한다. (5)재공재고work-in-process가 감소한다, (6)공정계획이 간략해진다, (7)일반적으로 GT 셀에서 일하는 작업자의 만족도가 커진다, (8)제품의 품질이 향상된다.

기계 셀을 구현하는데는 2가지 중요한 문제가 있다. 첫째 문제는 적절한 기계 셀로 생산기계들을 재배치하는 것이다. 이의 계획과 실행에는 시간이 소요되며 변환 중에는 생산이 중지된다. GT 프로그램을 시작하기 위한 가장 큰 문제는 부품군을 분류하는 것이다. 만약 공장에서 10,000개의 다른 부품을 만든다면 모든 부품들의 도면을 보고, 그것들을 그룹화 하는 것은 상당히 많은 시간을 필요로 한다.

29.3 유연생산시스템과 셀

유연생산시스템Flexible Manufacturing System: FMS은 고도로 자동화되는 GT 기계 셀이며 자동 자재취급과 저장시스템과 연결되어 있는 작업스테이션(일반적으로 CNC 공작기계) 그룹으로 구성되어 있고, 통합컴퓨터시스템으로 제어된다. FMS는 다양한 작업장에서 NC 프로그램을 통해 여러 유형의 다양한 부품들을 동시에 처리할 수 있다.

FMS는 그룹테크놀러지의 원리에 기초하고 있다. 어떠한 생산시스템도 완벽하게 유연할 수는 없으며 모든 제품을 제조하지는 못한다. FMS의 유연성에는 일정한 한계가 존재하는 것이다. 따라서 유연생산시스템은 어떤 범위 안의 외형, 크기, 공정을 갖는 부품(또는 제품)을 생산하도록 설계된다. 즉, FMS는 단일 부품군이나 제한된 범주의 부품군들만을 생산할 수 있다.

유연생산시스템들은 공작기계의 수와 유연성의 정도에 따라 다양하다 할 수 있다. 시스템이 단지 몇 대의 기계들로 구성되어 있을 때는 종종 유연생산셀Flexible Manufacturing Cell: FMC로 불리는데, 셀 또는 시스템이 모두 고도로 자동화되어 있으며 컴퓨터에 의해 제어된다. FMS와 FMC의 차이점이 항상 명확한 것은 아니지만 일반적으로 존재하는 기계(또는 작업장)의 수에 의해 구분된다. 유연생산셀은 3대 또는 그 이하의 기계들로 구성되나 유연생산시스템은 4대 또는 그 이상의 기계들로 이뤄진다[7].

유연하다고 인정받기 위해 생산시스템은 여러 조건들을 만족해야 한다. 자동생산시스템의 유연성에 대한 테스트는 (1)뱃치모드가 아닌 상태로 여러 개의 다른 부품 유형을 가공할 수 있는, (2)생산일정의 변경이 가능한, (3)장비 오작동과 고장을 잘 복구할 수 있는, (4)새로운 부품설계를 잘 도입할 수 있는 능력이다. 이러한 능력들은 시스템의 여러 요소들을 제어하고 조절하는 중앙 컴퓨터의 사용으로 실현 가능하다. 가장 중요한 기준은 (1)과 (2)이며 (3)과 (4)는 상대적으로 엄격하지 않은 기준으로 다양한 수준으로 적용된다.

29.3.1 FMS 구성요소들의 통합

FMS는 효율적이고 신뢰성 있게 통합되어야 하는 하드웨어와 소프트웨어로 구성되며 인력도 포함된다. 이 절에서는 각 구성 요소들과 이들이 어떻게 통합되는지 살펴본다.

하드웨어 요소 FMS 하드웨어는 작업장, 자재취급시스템, 중앙제어 컴퓨터로 구성된다. 작업장은 절삭가공시스템의 CNC 기계들, 검사 스테이션들, 부품 세척 등 기타 스테이션들이다. FMS에서는 바닥에 중앙 칩 컨베이어가 종종 설치되어 있다.

자재취급시스템은 스테이션 사이에 부품을 이동하는 수단을 의미한다. 자재취급시스템은 일반적으로 제한된 부품 저장 용량을 가진다. 자동생산에 적합한 자재취급시스템은 롤러 컨베이어, 바닥 견인식 차량, 무인 반송차, 산업용 로봇이다. 어떤 종류가 적절한지는 부품의 크기와 형상, 경제성과 다른 FMS 요소들과의 호환성에 의해 결정된다. 각주형 부품은 주로 팰릿 고정구 위에서 이동되므로, 팰릿은 특정한 자재취급시스템이 맞게 설계되며 고정구는 부품에 속한 다양한 부품의 형상을 수용할 수 있도록 설계된다. 회전형 부품은 무게로 인해 큰 제약이 따르지 않는 경우, 대개 로봇에 의해 취급된다.

자재취급시스템은 FMS의 기본 배치를 결정하고, 배치는 5가지 형태로 구분된다. (1)직선형, (2)루프형, (3)사다리형, (4)개방형 (5)로봇중심 셀이다. (1),(3),(4),(5) 형태가 [그림 29.10]에 나타나 있으며 (2) 형태는 [그림 29.9(e)]에 나타나 있다. 직선형 배치 in-line layout에서는 직선이송시스템을 이용해 공정스테이션과 장착/탈착 스테이션 사이에서 부품을 이동한다. 직선이송시스템은 일반적으로 양방향 이송이 가능하다.

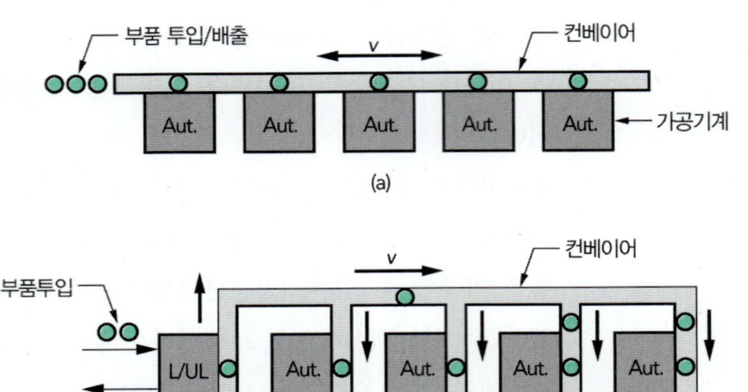

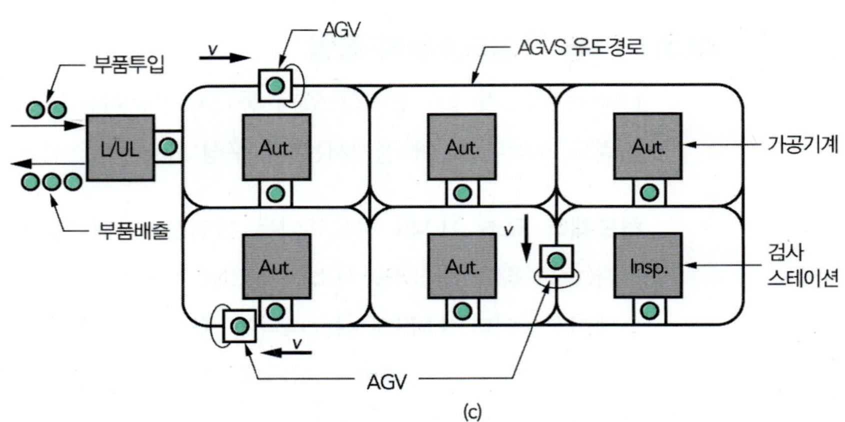

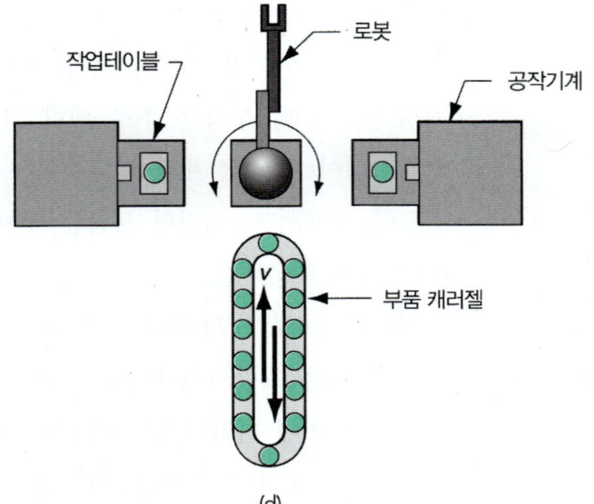

그림 29.10

5가지 FMS 배치 유형 중 4가지 (a)직선형, (b)사다리형, (c)개방형, (d)로봇중심 셀. (Aut=자동작업장, L/UL=장착/탈착 스테이션, Insp=검사 스테이션, AGV=무인반송차, AGVS=무인반송시스템)(출처: Fundamentals of Modern Manufacturing, 4th Edition by Mikell P. Groover, 2010. Reprinted with permission of John Wiley & Sons, Inc.).

이것이 가능하지 않은 경우 FMS는 트랜스퍼라인과 유사하며 한 방향의 흐름 때문에 시스템에서 만들어지는 여러 다른 종류의 부품들은 동일한 기본 공정 순서를 거쳐야 한다. 루프형 배치loop layout는 컨베이어 루프와 이 둘레를 따라 위치하고 있는 작업장들로 이뤄진다. 이 배치는 한 스테이션에서 어떠한 스테이션으로도 이동이 가능하므로 모든 공정 순서의 구현이 가능하다. 이 가능성은 사다리형 배치ladder layout의 경우에도 해당되는데, 이것은 작업장이 사다리의 가로대를 따라 배치된 것이다. 개방형 배치open-filed layout는 가장 복잡한 FMS 형태로, 여러 개의 루프가 같이 묶여 있는 것이다. 마지막으로, 로봇중심 셀robot-centered cell은 셀 내 기계들의 모든 장착/탈착 위치가 포함되는 작업 범위를 갖는 로봇으로 구성된다.

FMS는 또한 다른 하드웨어 요소들과 연결되어 있는 중앙컴퓨터가 포함된다. 중앙컴퓨터에 추가하여, 각각의 기계들과 다른 구성요소들은 모두 개별 제어유닛으로서 마이크로컴퓨터를 가진다. 중앙컴퓨터의 기능은 시스템의 운영이 전체적으로 원활하게 진행되도록 각 요소들의 동작들을 조정하는 것이다. 이러한 기능은 소프트웨어에 의해 구현된다.

FMS 소프트웨어와 제어 기능 FMS 소프트웨어는 생산시스템에서 수행되는 다양한 기능들과 관련된 여러 가지 모듈들로 구성된다. 예를 들어 공작기계에 NC 파트프로그램을 전송하는 기능, 자재취급시스템을 제어하는 기능, 공구관리와 관련된 기능 등이다.

표 29.3 FMS에서 응용소프트웨어 모듈들에 의해 수행되는 전형적인 기능들

기 능	세부 사항
NC 파트프로그래밍	시스템에 새로운 부품을 도입하기 위한 NC 프로그램 작성. APT같은 언어들이 포함.
생산관리	제품 혼합비율, 가공일정 그리고 다른 계획 기능들.
NC 프로그램 다운로드	파트프로그램이 중앙컴퓨터에서 개별 스테이션들로 다운로드
가공기 제어	각 작업장에 제어가 필요(대개 CNC)
공작물 제어	시스템의 공작물 현황, 팰릿고정구의 상태, 팰릿고정구 장착/탈착을 위한 지시
공구 관리	공구 재고관리, 공구의 기대수명에 대한 공구 상태, 공구 변경 및 재가공, 공구 연마기로의 운반
운반 제어	공작물 자재취급시스템의 일정 계획 및 제어
시스템 관리	효율에 대한 관리보고서(가동률, 생산량, 생산율 등) 생성, 간혹 FMS 시뮬레이션도 포함

[표 29.3]은 FMS를 운영하기 위한 전형적인 기능들을 나타냈다. 각 기능에 대해 하나 또는 여러 개의 소프트웨어 모듈이 관련된다. 주어진 설치 조건에 따라 표에 적

한 것보다 많은 용어들이 사용될 수 있으며 기능과 모듈들은 그 응용에 따라 크게 달라진다.

작업자 FMS에서 한 가지 추가적인 요소는 작업자다. 작업자가 수행하는 주된 기능은 다음과 같다. (1)부품의 장착과 탈착, (2)공구교환 및 셋팅, (3)장비 유지 및 보수, (4)NC 파트프로그래밍, (5)컴퓨터시스템 프로그래밍 및 운영, (6)시스템의 전체 관리다.

29.3.2 유연생산시스템의 응용

유연생산시스템은 일반적으로 중품종, 중량생산이다. 만약 부품이나 제품을 종류 변경 없이 대량으로 생산한다면 트랜스퍼라인이나 그와 유사한 전용 생산시스템이 적합하다. 만약 부품이 다품종 소량생산이라면 독립된 NC 공작기계 또는 수동으로 생산하는 방법이 더욱 적합하다.

유연가공시스템은 FMS 기술의 가장 보편적인 응용이다. 유연성과 컴퓨터수치제어 능력으로 인해 2~3대의 CNC 공작기계들과 작은 중앙 컴퓨터를 연결시키고, 기계간 공작물 이송을 위해 자동화된 방법을 사용하는 것이 가능하다. [그림 29.11]은 5대의 CNC 밀링센터와 부품을 장착/탈착 스테이션으로부터 적절한 가공 스테이션으로 이동시키는 직선형 이송시스템으로 구성된 유연생산시스템을 보여준다.

그림 29.11 5개의 스테이션들로 구성된 유연생산시스템(출처: Fundamentals of Modern Manufacturing, 4th Edition by Mikell P. Groover, 2010. Reprinted with permission of John Wiley & Sons, Inc.).

절삭가공처럼 활발한 응용이 이뤄지지는 않았으나, 여러 종류의 유연생산시스템이 개발되었는데, 조립, 검사, 금속박판 공정(펀칭, 전단가공, 굽힘, 각종 성형) 그리고 단조 등에 대한 것이다.

유연생산시스템은 절삭가공 분야에서 많이 적용되었다. 유연가공시스템에서 일반적인 적용효과는 다음과 같다. (1)재래식 가공공장보다 높은 기계가동률(일반적인 뱃치 형태의 가공공장에서 얻는 40~50% 정도의 기계가동률에 비해 FMS에서는 75% 정도의 가동률을 얻는다. 그 이유는 보다 나은 자재취급, 오프라인 셋업, 향상된 일정 등이다), (2)뱃치생산이 아닌 연속적인 생산으로 인한 재공재고의 감소, (3)제조 리드타임의 단축, (4)생산 일정계획에서의 유연성 증가.

29.4 린생산

이 절 이후부터는 이 장에서 다룬 이전 주제들보다 넓은 관점의 시스템을 다룬다. 린생산lean production은 특정 기계(수치제어)나 기계 그룹(셀형 생산, 유연생산시스템)에 대한 것이 아닌 전체 공장을 대상으로 적용되는 접근방식이다. 린생산은 모든 형태의 낭비를 줄이기 위한 여러 가지 방법들을 적용하여, 보다 유연하고 효율적인 작업 셀과 작업자를 얻고자 하는 대량생산 방식의 변형 방식이다. 린시스템에서는 작업자, 공구와 장비, 재료, 시간, 공장 내의 공간 등의 자원에서 손실을 일으키는 요소들을 찾아내 제거하는 시도가 이뤄진다.

제조에서 모든 행위들은 다음과 같은 범주로 구분할 수 있다. (1)공정이나 조립 등과 같이 소비자에게 직접적인 가치를 부가하는 행위, (2)부품을 생산기계에 공급하는 것과 같이 가치를 부가하는 행위를 지원하는 행위, (3)가치를 부가하지 않거나 가치를 부가하는 행위를 지원하지 않는 손실적인 행위. 제조에서 손실의 예는 손상된 제품의 생산, 필요 이상의 부품의 생산(과잉생산), 작업자의 대기, 과잉재고, 불필요한 공정단계 등이다.

린생산의 목적은 제조에서 손실을 일으키는 행위들을 제거하여, 가치를 부가하고 이를 지원하는 행위들만 수행하려는 것이다. 그 결과는 소수의 자원과 적은 시간이 소요되며 최종 제품의 품질이 개선되는 것이다. 린생산의 기초 중의 하나는 부품의 적기 운송이다.

29.4.1 적기생산시스템

적기생산just-in-time: JIT시스템은 재료나 부품이 다음 작업대로 공정단계의 순서에 따라서 작업대에서 요구되기 바로 직전에 공급되는 생산계획에 대한 접근방식이다. 이 접근방식이 전체 공장에 적용되면 재공재고와 시간을 최소화하는 효과가 있다. 또한 부품품질이 높아지며 이는 결함이 있는 부품의 생산을 멈추게 하기 때문이다. 따라서 JIT시스템에서는 결함을 피하는 것을 매우 강조한다.

JIT 절차는 자동차와 같이 대량생산에 가장 적합하다는 것이 밝혀졌다[12]. 이러한 형태의 제조에서는 제품의 양과 제품 하나당 부품수가 많기 때문에 재공재고의 축적이 중요하다. 적기생산시스템은 다음 제조공정에서 부품이 필요할 때 필요한 각 부품의 정확한 숫자만을 생산한다. 이상적인 뱃치 크기는 부품 1개다. 실질적인 이유에 의해 1개 이상의 부품이 한 번에 만들어지지만 뱃치 크기는 작다. JIT에서 너무 많은 단위와 너무 적은 단위를 만드는 것을 피해야 한다.

JIT에서는 생산제어를 위해 풀시스템pull system이 필요하다. 풀시스템은 해당 작업대에서 부품을 생산하기 위한 지시가 그 부품을 사용하는 다음 작업대로부터 온다. 부품의 공급이 해당 작업대에서 소진되면 공급을 보충하기 위해 이전 작업대에 "주문을 한다." 이 주문은 이전 작업대에 필요한 부품을 생산하도록 하는 권한을 준다. 공장 전체의 작업대에서 반복되는 이 절차는 생산시스템을 통해 부품을 끌어당기는 pull 효과를 준다. 반면 푸시시스템push system은 공장 내의 각 작업대에 부품을 공급함으로 해서 작업이 이전 작업대에서 다음 작업대로 이동되면서 동작된다. 푸시시스템의 단점은 해당 공장이 처리할 수 있는 것 이상의 많은 작업이 할당되어 공장에 부하가 많이 걸릴 수 있다는 것이다. 이렇게 되면 기계 앞에 많은 대기 부품이 생기게 된다.

도요타자동차에서 사용하는 간판시스템kanban system은 유명한 풀시스템이다. 일본어로 간판kahn-bahn으로 발음된다은 카드를 의미한다. 생산제어의 간판시스템은 생산과 작업흐름의 권한을 주는데 카드를 사용하는 것을 기반으로 한다. 간판시스템은 (1)생산간판, (2)수송간판의 2가지가 있다. 생산간판은 부품 뱃치의 생산을 승인해준다. 부품은 컨테이너에 담겨지기 때문에 뱃치는 부품이 컨테이너를 충분히 채울 수 있는 양으로 구성되어야 한다. 추가적인 부품생산은 허용되지 않는다. 수송간판은 다음 작업대로 부품이 담긴 컨테이너의 이동을 승인한다.

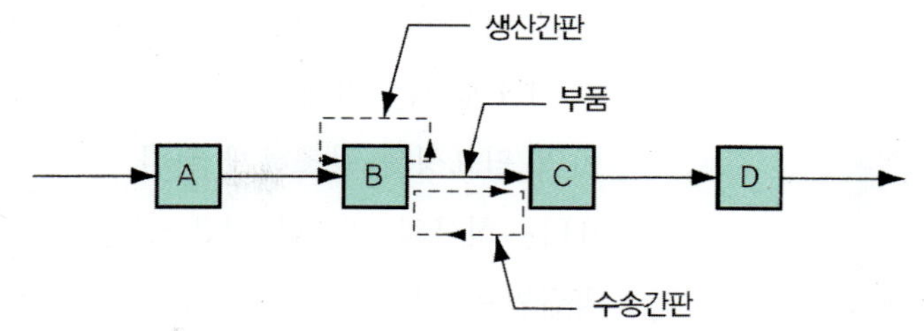

그림 29.12
작업대 사이에서 간판시스템의 동작(출처: Fundamentals of Modern Manufacturing, 4th Edition by Mikell P. Groover, 2010, Reprinted with permission of John Wiley & Sons, Inc.).

[그림 29.12]는 간판시스템에서 어떻게 2개의 작업대가 서로 주문을 하면서 동작하는지를 보여준다. 그림에서는 4개의 작업대가 있지만 여기서는 B와 C 작업대가 관심의 대상이다. 이 쌍에서 B 작업대는 공급자이고, C 작업대는 소비자다. C 작업대는 D 작업대로 공급한다. B 작업대는 이전의 A 작업대로부터 공급을 받는다. C 작업대가 부품으로 가득 찬 컨테이너로 동작을 시작하면 작업자는 수송간판을 컨테이너에서 제거해 B로 다시 가져간다. 작업자가 B에서 방금 생산된 부품으로 가득한 컨테이너를 발견하면 컨테이너에서 생산간판을 제거하고 B에 있는 선반에 놓는다. 그리고 작업자는 수송간판을 가득 찬 컨테이너에 놓아 작업대 C로 이동되도록 승인되는 것이다. 작업대 B의 선반에 있는 생산간판은 새로운 부품배치의 생산을 승인한다. 아마도 작업대 B는 C뿐만 아니라 몇 개의 가득 찬 컨테이너로 공급하기 위해 한 가지 이상의 부품 종류를 생산할 것이다. 작업계획은 선반에 놓이는 생산간판의 순서에 의해 결정된다.

작업대 A와 B, 작업대 C와 D 사이에서 간판 풀시스템은 작업대 B와 C 사이와 동일하게 동작한다. 이 생산제어시스템은 불필요한 서류작업을 제거해준다. 카드는 매 사이클마다 새로운 생산, 수송명령을 만들어내는 대신 반복되어 사용된다. 명백한 단점은 작업자가 재료를 다루는데 심각하게 관여한다는 것(카드와 컨테이너를 이동시키는 것)이다. 하지만 이것은 작업자들 사이에 팀워크와 협력을 촉진한다고 알려지고 있다.

적기생산시스템의 성공을 위해서는 거의 정확한 시간에 이송(배달), 부품의 품질 그리고 장치의 신뢰성이 요구된다. JIT에서 사용되는 적은 로트 사이즈와 부품 버퍼는 하부 작업대에서 재고가 바닥나기 전에 부품이 전달되는 것을 필요로 한다. 그렇지 않으면 부품이 바닥나기 때문에 작업대에서 생산이 멈추게 된다. 전달되는 부품이 손상되어 있으면 조립에서 사용될 수 없다. 이것은 부품 제작에서 무결점을 이끌어내는 경향이 있다. 작업자들은 그들이 생산한 제품을 검사해 다음 작업에 전달되기 전에 이상이 없는지 확인한다. 또한 낮은 재공재고는 신뢰성 높은 장비를 필요로 한다. JIT에서는 기계고장이 용납되지 않는다. 이것은 신뢰성 높은 장비설계와 예방정비의 필요성을 강조하게 한다.

JIT는 회사의 재료와 부품 공급자에게도 확대된다. 공급업체는 적시납기, 무결점 등 공급받을 회사가 적용하고 있는 JIT의 표준 요구조건을 맞출 수 있어야 한다. JIT를 시행하기 위해 회사에서 사용하는 공급자에 대한 전략은 다음과 같다. (1)공급자 수의 축소, (2)품질과 납기에 대해 검증된 공급자의 선택, (3)공급자와 장기간 제휴관계 유지, (4)회사의 생산공장 근처에 위치한 공급자의 선택.

29.4.2 린생산의 다른 해결법

JIT 외에도 린생산은 낭비를 줄이고 효율을 높이도록 설계된 몇 가지 다른 해결법을 포함하고 있다. 이 중 몇 가지를 설명한다.

작업자 참여와 지속적 개선 린생산을 경험한 공장 작업자는 큰 책임이 주어지고 또한 그들이 할 수 있는 작업의 유연성과 다양성을 갖도록 교육된다. 이것은 넓은 범위의 작업에 투입하는 것을 가능하게 한다. 린시스템에서는 작업자가 자신의 작업을 수행하는 것을 방해하는 작업분류의 수와 작업규칙을 최소화한다. 작업자들은 자신들이 작업한 결과물의 품질을 검사하고, 자신들의 생산 장비에서 발생하는 작은 기술적 문제를 다루어 생산이 크게 멈추는 것을 피할 수 있도록 훈련된다. 그리고 작업자들은 회사가 당면한 문제의 지속적 개선을 수행하는 작업자 팀에 참여한다. 28.2.4절에서 설명한 것처럼 지속적 개선은 비용의 감소, 품질의 향상, 생산성 향상을 위한 방법을 지속적으로 찾는 것을 의미한다. 작업자들은 작동에 매우 익숙하기 때문에 이러한 개선 프로그램에 중요한 기여를 할 수 있다.

작은 뱃치 크기와 셋업 감소 JIT시스템에서 재고를 최소화하기 위한 2개의 조건은 작은 뱃치 크기와 짧은 셋업시간이다. 뱃치들 사이의 셋업시간이 감소되지 않고서는 보다 작은 뱃치 크기가 경제적으로 정당화될 수 없다. 셋업시간을 감소시키기 위한 몇 가지 해결법은 다음과 같다. (1)이전 작업이 진행되는 동안 가능한 많은 셋업을 수행한다, (2)볼트와 너트 대신 빠르게 동작하는 클램핑 장치를 사용한다, (3)셋업 시 조정 작업을 제거하거나 최소화한다, (4)그룹테크놀러지와 셀형 생산을 사용해 유사한 부품 형태가 동일한 장치에서 제작되도록 한다.

공정의 정지 린생산의 다른 해결법은 비정상적인 동작에서 생산기계가 자동으로 멈추도록 설계하는 것이다. 비정상적인 동작은 손상된 부품이 만들어지거나, 공구가 부러지거나 마모되는 경우 또는 다음 단계의 생산기계에서 필요한 요구 수량 이상의 부품이 만들어지는 경우 등을 의미한다. 자동 정지장치가 동작하면 해당 기계에 관심이 집중되고, 따라서 문제에 해당하는 수정작업을 요구한다.

오류 예방 실수와 오류는 제조에서 일반적으로 발생한다. 예로서는 생산과정에서 일부 생산 공정이 누락되는 것, 최종 조립에서 부품이 조립되지 않는 것, 적절하지 않은 공구의 사용, 고정구에 공작물이 적절하지 않게 놓이는 것 등이 있다. 린시스템에서는 설계 특징들이 제품에 반영되고, 적절한 저가의 장치들이 작업대에 사용되어 이러한 실수를 방지한다.

전사적 생산보전 앞에서 설명한 바와 같이 신뢰성 있는 설비가 JIT 생산시스템의 전제조건이다. 전사적 생산보전total productive maintenance: TPM은 장비의 오동작으로 인한 생산시간의 손실을 최소화하기 위한 몇 가지 해결방안을 포함한다. 이 해결법은 다음과 같다. (1)작업자들이 장비의 정기적인 유지보수와 청소를 수행한다, (2)주기적으로 낡은 부품과 공구를 교체해 장비가 멈추는 것을 방지하는 예방보전preventive maintenance을 한다, (3)컴퓨터 모니터링과 다른 예측 기술을 이용해 중대한 문제를 예측하는 예측보전predictive maintenance을 한다. 성공적인 TPM 프로그램은 생산에 지장을 주는 긴급한 고장을 피할 수 있게 하여 장비사용을 극대화한다.

29.5 컴퓨터통합제조

현대 제조공장에서는 이 장에서 설명되는 시스템의 관찰과 관리를 위해 분산 컴퓨터 네트워크가 널리 사용된다. 비록 몇 가지 동작이 수작업으로 수행되지만(예를 들어 수동 셀), 컴퓨터시스템은 생산계획, 데이터 수집, 기록의 저장, 성능추적, 기타 정보와 관련된 기능을 위해 사용된다. 보다 자동화된 시스템(예를 들어 CNC 공작기계, 유연생산셀)에서 컴퓨터는 동작을 직접 제어한다. 컴퓨터통합제조computer-integrated manufacturing: CIM라는 용어는 동작의 관찰이나 관리뿐만 아니라 제품을 설계하고, 생산 공정을 계획하고, 생산과 관련된 사업기능을 수행하는데 조직 전체에서 컴퓨터시스템이 보편화되어 사용되는 것을 말한다. 혹자는 CIM이 궁극의 통합제조시스템이라고도 한다.

대부분의 제조업체가 수행해야 하는 4가지 일반적인 기능은 다음과 같다. (1)제품설계, (2)생산계획, (3)생산관리, (4)업무기능. 일반적으로 제품설계는 제품 수요의 인식, 문제정의, 해결방법의 창의적인 분석, 해석, 최적화, 평가, 문서화 등이 포함된 상호보완적인 절차다. 설계 결과물의 전반적인 품질은 제품이 상업적으로 성공하기 위한 가장 중요한 요소다. 또한 제품의 최종 가격에 가장 중요한 부분은 제품설계 단계의 의사결정에 의해 결정된다. 생산계획은 제품설계를 반영하는 설계도면과 사양을 검토해 제품의 생산계획으로 변환한다. 생산계획에서는 어떤 부품을 구매하고make-or-buy decision, '만들' 부품을 어떻게 생산하고, 사용될 장비를 결정하고, 어떻게 작업일정을 수립하는가 등이 포함된다. 이러한 결정의 대부분은 28장에서 다루었다. 생산관리는 공장 안에 있는 각각의 공정과 장비를 제어하는 것뿐만 아니라 30장에서 설명하는 품질관리와 검사 등과 같은 지원기능도 포함된다. 마지막으로 업무기능은 제조와 관련된 주문입력, 원가계산, 인건비, 대금청구, 기타 업무와 관계된 정보활동을 포함한다.

컴퓨터시스템은 이러한 4개의 일반적인 기능에서 중요한 역할을 한다. [그림 29.13]

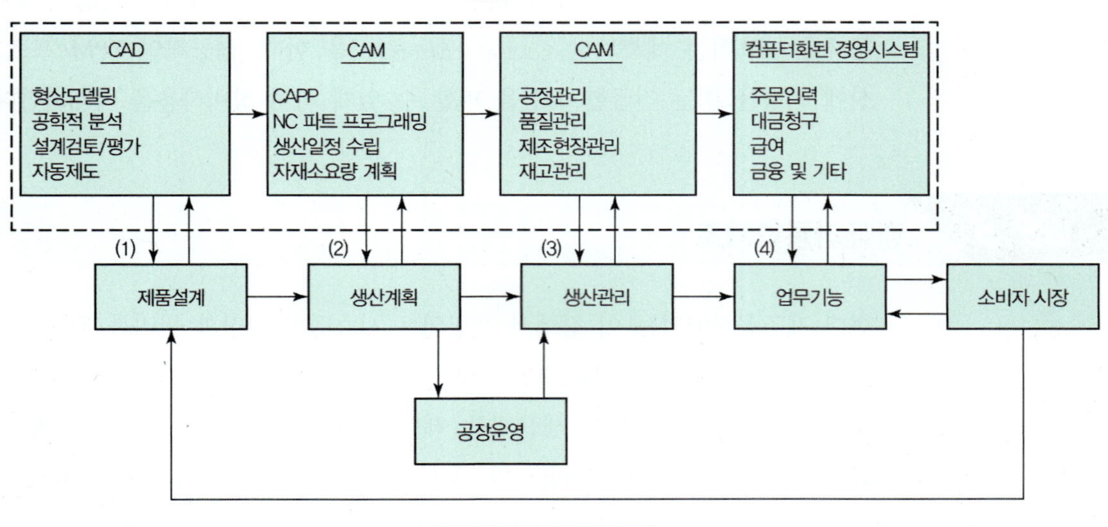

그림 29.13 제조조직에서 4개의 일반적인 기능과 컴퓨터통합제조가 이 기능들을 지원하는 방법(출처: Fundamentals of Modern Manufacturing, 4th Edition by Mikell P. Groover, 2010. Reprinted with permission of John Wiley & Sons, Inc.).

과 같이 조직 내에서 이것들의 통합은 컴퓨터통합제조의 뚜렷한 특징이다. 제품설계와 관련된 컴퓨터시스템은 CADcomputer-aided design시스템이라 부른다. 설계시스템과 소프트웨어는 형상모델링, 유한요소모델링과 같은 공학적 분석, 설계 검토, 평가, 자동 제도기 등이 포함된다. 생산계획을 지원하는 컴퓨터시스템은 CAMcomputer-aided manufacturing시스템이라 부르고, 컴퓨터에 의한 공정계획, NC 파트프로그래밍, 생산일정수립, 자재소요량계획manufacturing resource planning: MRP이 포함된다. 생산관리시스템은 공정제어, 공정관리, 재고관리, 품질관리를 위한 컴퓨터에 의한 검사시스템 등이 포함된다. 전산화된 경영시스템은 주문입력, 대금청구, 기타 경영과 관련된 기능을 포함한다. 소비자의 주문은 회사의 판매망이나 혹은 직접 소비자에 의해 전산화된 주문시스템에 입력된다. 주문은 제품사양을 포함하고 있고, 이것은 설계부서에 입력될 내용을 제공한다. 이러한 입력들을 근거로 회사의 CAD시스템에 새로운 제품이 설계된다. 상세설계는 표준공정계획 그룹에 입력으로 작용하며 이곳에서는 생산에 앞서 컴퓨터를 이용한 공정설계, 컴퓨터를 이용한 공구설계, 관련된 기능들이 수행된다. 표준공정계획의 결과들은 MRP와 생산일정 수립에서 필요한 보다 많은 정보들을 포함한다. 따라서 컴퓨터통합제조는 제품의 생산을 하기 위해 필요한 정보의 흐름을 제공한다.

오늘날에는 자재소요량계획의 확장으로서 단일 중앙 데이터베이스를 이용해 회사의 정보흐름을 조직하는 전사적 자원관리enterprise resource planning: ERP를 사용해 컴퓨터통합제조가 많은 회사에서 적용되고 있다. ERP의 기능은 제조공정뿐만 아니라 판매, 마케팅, 구매, 물류, 유통, 재고관리, 재정, 인적자원까지 포함한다. 회사 내의 ERP 사용자는 사무실 혹은 작업장의 개인 자리에 있는 개인용 컴퓨터를 이용해 시스템에 접근하고 상호작용한다.

참고문헌 References

[1] Black, J. T. *The Design of the Factory with a Future.* McGraw-Hill, New York, 1990.

[2] Black, J. T. "An Overview of Cellular Manufacturing Systems and Comparison to Conventional Systems," *Industrial Engineering,* November 1983, pp. 36–84.

[3] Bollinger, J. G., and DuffieN. A. *Computer Control of Machines and Processes.* Addison-Wesley Longman, Inc., New York, 1989.

[4] Chang, C-H, and Melkanoff, M. A. *NC Machine Programming and Software Design,* 3rd ed. Prentice-Hall, Inc., Upper Saddle River, New Jersey, 2005.

[5] Chang, T-C, Wysk, R. A., and Wang, H-P. *Computer-Aided Manufacturing,* 3rd ed. Prentice Hall, Upper Saddle River, New Jersey, 2005.

[6] Gallagher, C. C., and Knight, W. A. *Group Technology,* Butterworth & Co., Ltd., London, 1973.

[7] Groover, M. P. *Automation, Production Systems,* and Computer Integrated Manufacturing, 3rd ed. Pearson Prentice-Hall, Upper Saddle River, New Jersey, 2008.

[8] Ham, I., Hitomi, K., and Yoshida, T. *Group Technology.* Kluwer Nijhoff Publishers, Hingham, Massachusetts, 1985.

[9] Houtzeel, A. "The Many Faces of Group Technology," *American Machinist,* January 1979, pp. 115–120.

[10] Luggen, W. W. *Flexible Manufacturing Cells and Systems.* Prentice Hall, Inc., Englewood Cliffs, New Jersey, 1991.

[11] Maleki, R. A. *Flexible Manufacturing Systems: The Technology and Management.* Prentice Hall, Inc., Englewood Cliffs, New Jersey, 1991.

[12] Monden, Y. *Toyota Production System,* 3rd ed. Engineering and Management Press, Norcross, Georgia, 1998.

[13] Moodie, C., Uzsoy, R., and Yih, Y. *Manufacturing Cells: A Systems Engineering View.* Taylor & Francis, Ltd., London, United Kingdom, 1995.

[14] Parsai, H., Leep, H., and Jeon, G. *The Principles of Group Technology and Cellular Manufacturing.* John Wiley & Sons, Hoboken, New Jersey, 2006.

[15] SeamesW. *Computer Numerical Control, Concepts and Programming.* Delmar-Thomson Learning, Albany, New York, 2002.

복습문제 Review Questions

29.1 제조시스템을 정의하라.

29.2 NC 시스템의 3가지 기본요소들을 들고, 각각을 간략하게 설명하라.

29.3 점간제어와 연속경로제어의 차이점은 무엇인가?

29.4 절대형 위치결정와 증분형 위치결정의 차이점은 무엇인가?

29.5 개루프 위치제어와 폐루프 위치제어의 차이점은 무엇인가?

29.6 어떤 상황에서 폐루프 위치제어가 개루프 위치제어보다 더 바람직한가?

29.7 광엔코더의 작동원리에 대해 설명하라.

29.8 NC 파트프로그래밍에서 수동데이터 입력이란 무엇인가?

29.9 공작기계 외에 수치제어가 응용되는 분야는 어떤 것이 있는가?

29.10 수동으로 운영되는 다른 방식들에 비해 수치제어의 이점은 무엇인가?

29.11 그룹테크놀러지를 정의하라.

29.12 부품군이란 무엇인가?

29.13 셀형 생산을 정의하라.

29.14 그룹테크놀러지에서 가상조합부품은 무엇인가?

29.15 유연생산시스템이란 무엇인가?

29.16 무엇이 자동생산시스템을 유연하게 만드는가?

29.17 FMS 소프트웨어와 제어기능들을 나열하라.

29.18 전통적인 뱃치 작업과 비교할 때 다른 기술의 장점은 무엇인가?

29.19 린생산에 대해 정의하라.

29.20 적기생산시스템의 기본적인 목적은 무엇인가?

29.21 풀시스템이 어떤 차이점에 의해 푸시시스템과 비교되는가?

29.22 컴퓨터통합제조를 정의하라.

연습문제 PROBLEMS

29.1 7.5mm 피치의 리드스크루가 NC 위치제어시스템의 작업테이블을 구동시킨다. 리드스크루는 스텝각의 수가 200개인 스테핑모터에 의해 움직인다. 작업테이블이 300mm/min의 속도로 120mm를 이동하도록 프로그래밍했다. (a)정해진 거리만큼 테이블을 이동시키려면 몇 개의 펄스가 필요한가? (b)지정된 속도를 얻기 위해 필요한 모터 속도와 펄스주파수를 구하라.

29.2 200개의 스텝각을 갖는 스테핑모터의 출력단이 피치=0.250in인 리드스크루에 직접 연결되어 있다. 작업대는 리드스크루에 의해 구동된다. 테이블은 현재 위치에서 20.0in/min의 속도로 5.00in 이송되어야 한다. (a)정해진 위치로 이송시키기 위해 필요한 펄스 수는? (b)정해진 테이블 속도를 얻기 위해 필요한 모터 속도와 펄스주파수는?

29.3 스텝각 100인 스테핑모터가 기어비 9:1인 기어에 의해 리드스크루에 연결되어 있다(리드스크루 1회전에 모터 9회전). 리드스크루는 5threads/in이다. 리드스크루에 의해 움직이는 작업대가 속도 30.0in/min으로 10.0in 이송되어야 한다. (a)테이블을 이송시키기 위해 필요한 펄스 수는? (b)정해진 테이블 속도를 얻기 위해 필요한 모터 속도와 펄스 주파수는?

29.4 NC 공작기계 테이블이 서보모터, 리드스크루, 광엔코더로 구동되고 있다. 리드스크루 피치는 0.5mm이고 모터 축에 감속비 16:1(리드스크루 1회전에 모터 16회전)로 연결되어 있다. 광엔코더는 리드스크루에 직접 연결되어 있으며 리드스크루 1회전 당 200개의 펄스를 생성한다. 테이블은 500mm/min의 속도로 100mm를 움직여야 한다. (a)테이블이 정확히 100mm 이송되었는지 확인하기 위해 제어시스템이 받아야 하는 펄스 수는? (b)펄스 주파수는? (c)정해진 이송속도 500mm/min을 얻기 위한 모터 회전속도는?

29.5 NC 공작기계의 작업대가 서보모터, 리드스크루, 광엔코더로 구성된 폐루프로 제어된다. 리드스크루는 4threads/in이고 모터축과 직접 연결되어 있다(기어비=1:1). 광엔코더에 의해 모터 1회전 당 200개의 펄스가 만들어진다. 테이블이 속도 20.0in/min으로 7.5in 이송되도록 프로그램되었다. (a)테이블이 정확히 100mm 이송되었는지 확인하기 위해 제어시스템이 받아야 하는 펄스 수는? (b)펄스 주파수는? (c)정해진 이송속도를 얻기 위한 모터 회전속도는?

29.6 서보모터에 직접 연결된 리드스크루가 NC 밀링머신 테이블의 한 축을 구동하는데 이용된다. 리드스크루는 4threads/in이다. 리드스크루에 부착된 광엔코더는 리드스크루의 1회전당 100개의 펄스를 내보낸다. 모터는 최대 회전수 800rev/min으로 동작한다. (a)서보모터가 최대회전수로 동작할 때 광엔코더에서 만들어지는 펄스 주파수는? (b)이때의 테이블 이송속도는?

29.7 앞의 문제에서 서보모터가 리드스크루에 기어비=12:1인 기어박스에 의해 연결될 경우(리드스크루 1회전당 모터 12회전)에 대해 풀어라.

29.8 테이블을 이송시키는 리드스크루가 DC 서보모터에 직접 연결되어 있다. 리드스크루 피치는 4mm다. 리드스크루에 부착된 광엔코더는 리드스크루 1회전에 250개의 펄스를 발생시킨다.(a)서보모터가 14rev/s로 회전할 때 광엔코더에 의해 발생하는 펄스 주파수는? (b)이때의 테이블 이송속도는?

29.9 NC 머시닝센터에서 밀링가공을 하려 한다. 테이블 한 축 방향으로 평행하게 총 300mm를 움직여야 한다. 절삭속도 1.25m/sec, 이송량은 0.05mm다. 엔드밀커터는 4날이며 지름은 20.0mm다. 축은 피치 6.0mm의 리드스크루를 통해 DC서보모터와 연결되어 있다. 피드백 센서로는 1회전에 250개의 펄스를 생성하는 광엔코더를 사용한다. (a)이송속도와 가공 소요시간, (b)모터의 회전속도와 주어진 이송속도에서 엔코더의 펄스주파수를 구하라.

29.10 325mm의 직선구간을 가공하는 엔드밀 작업이 있다. 절삭은 NC 머시닝센터에서 x축에 평행하게 수행된다. 절삭속도는 30mm/min이며 이송량은 0.06mm다. 엔드밀은 2개의 날을 가지며 직경은 16.0mm다. x축은 피치 6.00mm의 리드스크루를 통해 DC서보모터와 연결되어 있다. 피드백 센서로는 1회전에 400개의 펄스를 생성하는 광엔코더를 사용한다. (a)이송속도와 가공 소요시간, (b)모터의 회전속도와 주어진 이송속도에서 엔코더의 펄스주파수를 구하라.

29.11 DC서보모터가 NC 밀링머신 테이블을 구동시킨다. 모터는 테이블 리드스크루와 4:1 감소기어(리드스크루 1회전에 모터 4회전)로 연결되어 있다. 리드스크루 피치는 6.25mm다. 광엔코더가 리드스크루에 연결되어 있으며 1회전에 500펄스를 만든다. 특정 프로그램에 의해 동작하기 위해 테이블은 좌표(x=87.5mm, y=35.0mm)에서 좌표(x=25.0mm, y=180.0mm)로 속도 200mm/min의 직선운동을 한다. x-축만을 고려할 때 (a)모터의 회전속도, (b)광엔코더의 펄스 주파수를 구하라.

29.12 DC서보모터가 NC 밀링머신 테이블의 y-축을 구동한다. 모터는 테이블 리드스크루와 기어감소비 2:1(리드스크루 1회전에 모터 2회전)로 연결되어 있다. 리드스크루는 cm당 2개의 나사가 있다. 광엔코더가 리드스크루에 직접 연결되어 있다(기어비 1:1). 광엔코더는 1회전에 100개의 펄스를 발생시킨다. 특정 프로그램에 의해 동작하기 위해 테이블은 점(x=25.0mm, y=28.0mm)에서 점(x=155.0mm, y=275.0mm)으로 속도 200mm/min으로 직선이동해야 한다. y-축만을 고려할 때 (a)모터의 회전속도, (b)광엔코더에 의한 펄스주파수를 구하라.

CHAPTER

30 품질관리와 검사

QUALITY CONTROL AND INSPECTION

전통적으로 품질관리(Quality Control: QC)는 제조된 제품에서 열악한 품질을 검출하고 그것을 제거하기 위해 교정 행동을 취하는 것에 관심이 있어왔다. 품질관리는 종종 제품과 부품들을 검사하는 것과 치수, 형상특징이 설계규격에 부합하는지를 결정하는 것에 제한되어왔다. 부합하는 경우 제품은 출하되었다. 현대의 품질관리는 더 넓은 활동을 포함하는데, 통계적 공정관리, 6시그마(Six Sigma)와 같은 다양한 품질 프로그램, 3차원 측정기와 머신비전과 같은 현대적 검사기술 등이다. 이 장에서 현대적 제조 공정에서 오늘날 적절히 사용되는 품질, 검사에 대해 설명한다. 제품 품질을 정의하면서 시작한다.

30.1 제품 품질

미국품질협회American Society for Quality: ASQ의 품질에 대한 정의는 "주어진 수요를 만족하기 위해 제품이나 서비스의 능력과 관계가 있는 제품이나 서비스의 특징, 특성 전체"이다[2]. 제조된 제품에서 품질은 2가지 측면을 갖는다[4]. (1)제품 특징, (2)무결함이다.

제품 특징product feature은 설계에서 비롯되는 제품의 특성이다. 제품 특징은 고객에게 호감을 사고 만족감을 주기 위해 의도된 제품의 기능적, 심미적 특징이다. 자동차에 있어, 이러한 특징은 차의 크기, 스타일링, 차체의 마감, 연비, 신뢰성, 제조업자의 평판, 유사한 사항들을 포함한다. 또한 고객이 고를 수 있는 유용한 선택사항들을 포함한다. 제품 특징의 합계는 보통 등급으로 정의되는데, 등급은 그 제품이 목표로 하는 시장에서의 수준과 관계된다. 자동차 등 대부분의 제품에는 다양한 등급이 있다. 어떤 자동차는 고객들의 수요 때문에 기본적인 수송수단을 제공하는 반면 다른 차들은 '더 좋은 제품'을 갖기 위해 더 많은 지출을 감수하려는 고객들을 위해 등급이 상향된다. 제품의 특징은 설계 단계에서 결정되고, 일반적으로 제품의 본질적 비용을 결정한다.

무결함freedom from deficiencies은 제품이 (설계 특징의 한도 내에서) 예정된 대로 동작하고, 결함이나 공차를 벗어나지 않으며 빠진 부품이 없을 것을 의미한다. 이러한 품질 측면은 제품 자체뿐 아니라 부분품과 부분조립품을 포함한다. 무결함은 설계 규격에 부합하는 것을 의미하는데, 그것은 제조과정 중 이뤄진다. 제품을 만들기 위한 본질적 비용이 설계의 함수이기는 하지만 설계에 의해 정해진 한도 내에서 제품 비용을 최소 수준으로 최소화하는 것은 생산 중 결함, 공차 이탈, 기타 오류를 피하는 것이 관건이다. 이러한 결함으로 인한 비용은 다양한 종류가 있다. 긁힌 부품, 다수의 스크랩, 재작업, 재검사, 분류, 고객의 불만, 반환, 보증 비용, 고객 공제, 판매 손실, 시장에서의 신용하락 등이다.

그러므로 제품 특징은 품질 측면에서 설계부서에 책임이 있다. 제품의 특징은 기업이 제품에 부과하는 금액에 밀접한 관련이 있다. 무결함은 품질 측면에서 제조부서에 책임이 있다. 이러한 결함을 최소화할 수 있는 능력은 제품의 비용에 큰 영향을 미친다. 이러한 관점은 지나치게 단순화된 일반적인 것으로 볼 수 있다. 왜냐하면 높은 품질은 조직 내에서 설계와 제조 기능 이상을 요구하기 때문이다.

30.2 공정능력과 공차

어떤 제조공정에서든지 공정 결과에는 변동성이 존재한다. 가장 정확한 공정 중 하나인 절삭공정에서 절삭된 부품은 동일한 것으로 보이더라도 자세히 검사하면 부품들이 서로 다른 치수를 나타낸다. 제조 변동은 불규칙 변동과 이상 변동의 2가지가 있다.

불규칙 변동random variations은 각 작업 사이클 내에서 인간의 변동성, 원재료의 변동성, 기계 진동 등의 많은 요인에 기인한다. 개별적으로 이러한 요인들은 양이 많지 않지만 총괄해 오차가 커서 공차를 만족시키지 못하는 문제를 일으킬 수 있다. 품질관리는 전형적으로 통계적 정규분포를 이룬다. 제품의 주요 품질 특성(예를 들면 길이, 직경 등)의 항에서 공정의 결과는 평균값 주위로 모이는 경향이 있다. 부품 분포의 많은 비율이 평균 주위에 위치하고, 일부만 평균에서 멀어진다. 공정의 변동이 이러한 형태일 때 그 공정을 통계적 관리statistical control 상태에 있다고 한다. 공정이 정규적으로 작동하는 한 이러한 종류의 변동은 계속된다. 공정이 이와 같은 정규 작동 조건에서 벗어날 때 이상 변동이 발생한다.

이상 변동assignable variations은 정규작동 조건을 벗어난 것이다. 불규칙 변동에 의해 설명되지 않는 무엇이 공정에서 발생하고 있다. 이상 변동의 원인으로는 작업자 실수, 결함이 있는 원재료, 공구 결함, 기계 오작동 등이 있다. 제조에서의 이상 변동은 생산품이 정규분포에서 벗어나도록 하는 원인이 된다. 공정은 더 이상 통계적 관리에 있지 않다.

공정능력process capability은 공정이 통계적 관리 안에 있을 때 생산품의 고유의 정규변동에 관계된다. 정의에 의해 공정능력은 평균출력값을 중심으로 표준편차의 ±3배(전체로는 표준편차의 6배) 범위로 정의된다.

$$PC = \mu \pm 3\sigma \tag{30.1}$$

여기서 PC=공정능력, μ=공정 평균(4.1.1절에서와 같이 양쪽 공차가 사용될 때 제품특성의 공칭 값으로 설정됨), σ=공정의 표준편차다. 이 정의를 뒷받침하는 가정은 다음과 같다. (1)정상상태 작업이 수행되고, 공정이 통계적 관리 내에 있다, (2)생산품이 정규 분포한다. 이러한 가정 아래 생산되는 부품의 99.73%가 평균의 $\pm 3\sigma$ 안에 있는 출력값을 가질 것이다. 주어진 제조공정의 공정능력은 항상 알려진 것이 아니라 실험을 수행해 평가해야 한다.

공차의 제기는 제품 품질에 절대적이다. 설계자는 크기 변동이 기능과 성능에 어떻게 영향을 미칠지에 대한 판단에 기초해 부품과 조립품에 치수공차를 부여하려는 경향이 있다. 전통적인 생각은 엄밀한 공차가 좋은 성능을 낸다는 것이다. 공정능력에 비해 부적절하게 엄격한 공차로 인해 발생하는 비용을 조금이라도 고려할 필요가 있다. 공차가 감소할수록 추가적인 처리 단계가 필요하며 더 정확하고 비싼 생산 설비가 필요하기 때문에 그 공차를 얻기 위한 비용은 증가할 것이다. 설계기술자는 이 관계를 알아야 한다. 공차를 부여할 때 기능을 우선적으로 고려해야 하지만 비용도 하나의 요인이므로, 제품기능을 희생하지 않고 제조부서에 더 넓은 공차를 주는 것이 가치 있는 일이다.

설계 공차는 공정능력과 부합해야 한다. 공정능력이 ±0.025mm보다 훨씬 크다면 치수에 ±0.025mm의 공차를 지정하는 의미가 없다. 공차가 더 넓어지든가(만약 설계 기능성이 허용한다면) 다른 제조 공정이 선택되어야 한다. 이상적으로, 지정된 공차는 공정능력보다 커야 한다. 기능과 유용한 공정이 이것을 방해한다면 제조 순서에 분류 작업이 포함되어서 모든 부품을 검사해 규격을 만족하는 것과 만족하지 못하는 것을 분리해야 한다.

설계 공차는 식 (30.1)에서 정의된 것과 같이 공정능력과 같다고 지정될 수 있다. 이 범위의 상한과 하한은 고유공차한계natural tolerance limits라 알려져 있다. 설계공차가 고유공차한계와 같게 설정되었을 때 부품의 99.73%가 공차 안에 있게 되고, 0.27%가 한계 밖에 있게 된다. 공차 범위를 증가시키면 결함 부품의 비율을 감소시킬 것이다.

매우 낮은 비율의 결함률을 얻기 위한 욕구는 품질관리에서 6시그마 한계라는 유명한 개념을 유도했다. 공정이 통계적 관리 안에서 유지된다고 가정하면 6시그마 한계를 얻는 것은 제조된 제품에서 결함을 거의 제거한다.

30.3 통계적 공정관리

통계적 공정관리Statistical process control: SPC는 여러 가지 통계적 방법을 사용해 공정에서의 변동을 평가하고 분석하는 것이다. SPC 방법은 단순히 제조 데이터 기록 보관, 히스토그램, 공정능력 분석과 관리도를 포함한다. 관리도는 가장 널리 사용되는 SPC 방법이고 이 절에서는 그것에 초점을 맞춘다.

관리도의 원리는 공정에서의 변동이 30.2절에서와 같이 2가지 형태로 나눠지는 것이다. (1)불규칙 변동: 공정이 통계적 관리 안에 있다면 유일하게 나타나는 변동, (2)통계적 관리로부터 벗어난 것을 나타내는 이상 변동. 공정이 통계적 관리 밖으로 나갔을 때 인식하고 어떤 교정 행동이 취해져야 한다는 것을 표시해주는 것이 관리도의 목표다.

관리도control chart는 그래프 기법으로, 어떤 공정 특성치의 측정값으로부터 계산되는 통계치를 시간에 대해 그래프로 그려서 그 공정이 통계적 관리 안에 남아 있는지를 결정하는 것이다. [그림 30.1]에 관리도의 일반적인 형태를 나타냈다. 관리도는 시간에 대해 일정하게 남아 있는 3개의 수평 선분으로 이뤄지는데 중심선, 관리 하한선 lower control limit: LCL, 관리 상한선upper control limit: UCL이다. 중심선은 보통 공칭 설계값으로 설정된다. 관리상한선과 하한선은 일반적으로 표본평균의 ±3 표준편차로 설정된다.

공정이 통계적 관리 안에 있을 때 공정에서 추출된 불규칙 표본이 공정관리 상한이나 하한 밖에 위치하는 것은 매우 드물다. 따라서 표본값이 이 한계의 밖에 떨어지면 공정이 관리 밖에 있는 것을 의미한다. 그러므로 관리의 밖에 있는 조건에 대한 이유를 결정하기 위한 조사가 수행되고 적절한 교정 행동으로 그 조건을 제거해야 한다. 비슷한 이유로, 공정이 통계적 관리 안에 있는 것이 발견되고 데이터에 바람직하지 않은 경향이 있다는 증거가 없으면 공정에 변동을 도입할 것이 없으므로 조정이 행해지지 않는다. 관리도에는 "부서지지 않으면 고치지 않는다"는 철학이 적용될 수 있다.

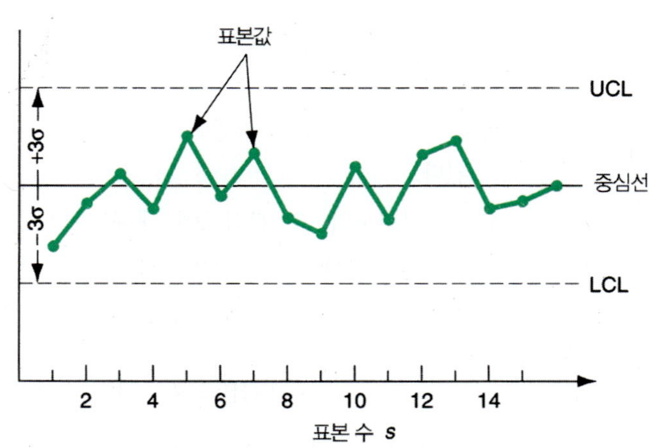

그림 30.1

관리도(출처: Fundamentals of Modern Manufacturing, 4th Edition by Mikell P. Groover, 2010. Reprinted with permission of John Wiley & Sons, Inc.).

관리도에는 (1)변량 관리도, (2)속성 관리도의 2가지 기본적인 형태가 있다. 변량variables 관리도는 관심이 있는 품질 특성의 측정을 필요로 한다. 속성attributes 관리도는 단순히 부품이 결함인지 또는 그 표본에 얼마나 많은 불량이 있는지를 결정할 필요가 있다.

30.3.1 변량 관리도

통계적 관리의 밖에 있는 공정은 공정 평균과 또는 공정 변동성에서 큰 변화의 형태로 이 조건을 나타낸다. 이 가능성에 따라서, 변량 관리도의 두 주요한 형태는 $\overline{x}$ 관리도와 R 관리도가 있다. $\overline{x}$ 관리도는 생산 공정에서 취한 표본들의 각각에 대한 품질 특성의 평균 측정값을 도시하는데 사용된다. 그것은 공정 평균이 시간에 따라 어떻게 변화하는지를 가리킨다. R 관리도는 각 표본의 범위를 도시하는데, 공정의 변동성을 감시하고, 그것이 시간에 따라 변화하는지를 가리킨다.

$\overline{x}$ 관리도와 R 관리도 위에서 감시되도록 공정의 적당한 품질 특성이 변수로서 선택되어야 한다. 기계적 공정에서 이것은 축의 직경이나 다른 주요 치수일 수 있다. 두 관리도를 구성하도록 공정에 대한 측정 작업이 반드시 필요하다.

공정이 원활하게 작동하고 이상 변동이 없으면 작은 크기(예를 들면 표본 당 n=4, 5 또는 6 부품)의 표본 시리즈(예를 들면 m=20 이상이 일반적으로 추천된다)가 각 부품에 대해 측정된다. 다음과 같은 절차를 사용해 각 관리도에 대한 중심선, LCL과 UCL을 구성한다.

1. m 개의 표본 각각에 대한 평균 $\overline{x}$ 와 범위 R을 계산한다.
2. m 표본에 대한 $\overline{x}$ 의 평균인 전체평균 $\overline{\overline{x}}$ 를 계산한다. 이것이 $\overline{x}$ 관리도에 대한 중심선이 된다.
3. m 표본에 대한 R값의 평균인 $\overline{R}$을 계산한다. 이것이 R 관리도에 대한 중심선이 된다.
4. $\overline{x}$ 관리도와 R 관리도에 대해 관리 상한과 하한, 즉 UCL과 LCL을 결정한다. 이 접근법은 이 관리도에 대해 특별히 유도된 [표 30.1]에 나타낸 통계적 인자에 기초한다. 인자값은 표본 크기 n에 의존한다. $\overline{x}$ 관리도에 대해

$$\mathrm{LCL} = \overline{\overline{x}} - A_2\overline{R} \quad \text{and} \quad \mathrm{UCL} = \overline{\overline{x}} - A_2\overline{R} \tag{30.2}$$

그리고 R 관리도에 대해

$$\text{LCL} = D_3\overline{R} \quad \text{and} \quad \text{UCL} = D_4\overline{R} \tag{30.3}$$

표 30.1 $\overline{x}$ 관리도와 R 관리도에 대한 상수[11]

표본 크기 n	$\overline{x}$ 관리도 A_2	R 관리도	
		D_3	D_4
3	1.023	0	2.574
4	0.729	0	2.282
5	0.577	0	2.114
6	0.483	0	2.004
7	0.419	0.076	1.924
8	0.373	0.136	1.864
9	0.337	0.184	1.816
10	0.308	0.223	1.777

EXAMPLE 30.1 $\overline{x}$ 관리도와 R 관리도

통계적 관리 안에 있는 제조공정으로부터 크기 4(n=4)의 8표본(m=8)이 수집되었으며 각 부품에 대해 관심 있는 치수가 측정되었다. $\overline{x}$ 관리도와 R 관리도에 대한 중심선, LCL과 UCL의 값들을 결정하는 것이 요구된다. 8표본에 대해 계산된 $\overline{x}$값(단위는 cm)은 2.008, 1.998, 1.993, 2.002, 2.001, 1.995, 2.004, 1.999이다. 계산된 R값(cm)은 각각 0.027, 0.011, 0.017, 0.009, 0.014, 0.020, 0.024와 0.018이다.

▌풀이▐

절차에서 1단계의 평균 $\overline{x}$와 범위 R은 주어져 있다. 2단계에서 표본 평균의 전체평균을 계산한다.

$$\overline{\overline{x}} = (2.008 + 1.998 + \ldots + 1.999)/8 = 2.000$$

3단계에서 R의 평균값을 계산한다.

$$\overline{R} = (0.027 + 0.011 + \ldots + 0.018)/8 = 0.0175$$

4단계에서 [표 30.1]에 있는 인자에 기초해 LCL과 UCL 값을 결정한다.

$$\text{LCL} = 2.000 - 0.729(0.0175) = 1.9872$$
$$\text{UCL} = 2.000 + 0.729(0.0175) = 2.0128$$

식 (30.3)을 사용해 R 관리도에 대한 값을 계산하면

$$\text{LCL} = 0(0.0175) = 0$$
$$\text{UCL} = 2.282(0.0175) = 0.0399$$

[그림 30.2]에 두 관리도를 구성하고 관리도 안에 표본 데이터를 표시했다.

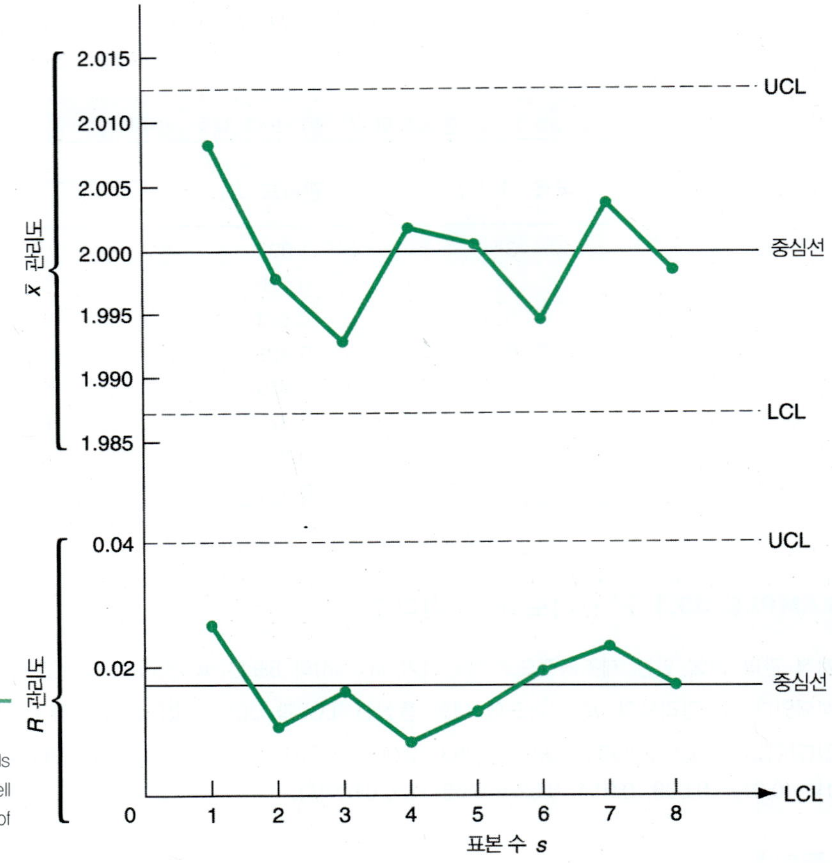

그림 30.2
예제 30.1에 대한 관리도(출처: Fundamentals of Modern Manufacturing, 4th Edition by Mikell P. Groover, 2010. Reprinted with permission of John Wiley & Sons, Inc.).

30.3.2 속성 관리도

속성 관리도는 측정된 품질변수를 사용하지 않고 그 대신 표본에 나타난 결함의 수나 불량률을 통계변수로서 감시한다. 이러한 종류의 속성 사례는 자동차 당 결함의 수, 한 표본에서 불량부품 비율, 플라스틱 사출성형품에서 플래시의 유무, 판금 압연물에서 결함의 수 등이다. 속성 관리도의 2가지 주요한 형태는 p 관리도와 c 관리도다. p 관리도는 연속적인 표본에서 불량률을 도시한다. c 관리도는 표본 당 결함, 흠 또는 다른 부적합 사항들의 수를 나타낸다.

p 관리도 p 관리도에서는 관심이 있는 품질 특성이 부적합 또는 결함이 있는 부품의 비율 p이다. 각 표본에 대해, 이 비율 p_i는 표본 n의 부품 수(같은 크기의 표본들로 구성하고, 관리도에서 사용)에 대한 부적합 또는 결함이 있는 부품의 수 d_i의

비율이다.

$$p_i = \frac{d_i}{n} \tag{30.4}$$

여기서 i는 표본 번호다. 충분한 수의 표본에 대해 p_i값이 평균 처리되면 평균값 $\bar{p}$는 그 공정에 대한 참값 p의 합리적 추정치다. p 관리도는 이항분포에 기초를 두고 있는데, p는 불량품의 확률이다. p 관리도의 중심값은 공정이 통계적 관리 안에서 작동하고 있을 때 수집된 균일한 크기 n의 m 표본에 대한 계산치 $\bar{p}$이다.

$$\bar{p} = \frac{\sum_{i=1}^{m} p_i}{m} \tag{30.5}$$

관리 한계선은 중심선의 양방향에 대한 표준편차의 3배 간격으로 계산된다.

$$\mathrm{LCL} = \bar{p} - 3\sqrt{\frac{\bar{p}(1-\bar{p})}{n}} \text{ 과 } \mathrm{UCL} = \bar{p} + 3\sqrt{\frac{\bar{p}(1-\bar{p})}{n}} \tag{30.6}$$

여기서 이항분포 $\bar{p}$의 표준편차는 다음과 같이 주어진다.

$$\sigma_p = \sqrt{\frac{\bar{p}(1-\bar{p})}{n}}$$

만약 $\bar{p}$값이 상대적으로 낮고 표본크기 n이 작으면 식 (30.6)의 첫 식으로 계산되는 관리하한은 음의 값일 수도 있는데, 불량률이 0보다 작을 수는 없으므로 LCL=0으로 한다.

c 관리도 c 관리도에서 표본 내 결함의 수는 시간에 따라 나타난다. 예를 들면 표본은 자동차와 같은 단일 제품일 수도 있고, c는 최종 검사 동안 발견되는 품질 결함의 수다. 또는 카펫 공장에서 c는 한 조각에서 발견되는 결함의 수다. c 관리도는 포아송Poisson 분포에 기초를 두고 있는데, 여기서 c는 정의된 표본 공간 내에서 일어나는 사건(차량 당 결함, 카펫의 지정된 길이 당 결함)의 수를 나타낸다. 참값 c의 최적 추정치는 공정이 통계적 관리 안에 있는 동안 많은 표본에서 얻어지는 평균값이다.

$$\bar{c} = \frac{\sum_{i=1}^{m} c_i}{m} \tag{30.7}$$

이 값의 $\bar{c}$ 는 관리도의 중심선으로 사용되며 포아송 분포에서 표준편차는 변수 c 의 제곱근이다. 그러므로 관리한계는 다음과 같다.

$$\text{LCL} = \bar{c} - 3\sqrt{\bar{c}} \text{ 과 } \text{UCL} = \bar{c} - 3\sqrt{\bar{c}} \tag{30.8}$$

30.3.3 관리도 해석

제품 품질을 감시하기 위해 관리도를 사용할 때 공정에서 관리도를 구성하기 위해 사용하는 동일한 크기 n 의 불규칙 표본들을 추출한다. $\bar{x}$ 관리도와 R 관리도에 대해 측정된 특성의 $\bar{x}$ 와 R값을 관리도에 표시한다. 그림에서와 같이 관습적으로 점들은 연결되어 표시된다. 데이터를 해석하기 위해 공정이 통계적 관리 안에 있지 않음을 나타내는 표시를 찾는다. 가장 명백한 표시는 $\bar{x}$ 또는 R(또는 둘 다)이 LCL 또는 UCL 한계 밖에 위치할 때다. 이것은 불량 원자재, 미숙한 작업자, 파손된 공구 등과 같은 원인을 나타낸다. 한계를 벗어난 $\bar{x}$ 는 공정 평균에서 이동을, 한계를 벗어난 R은 공정의 변동성이 변화되었다는 것을 나타낸다. 일반적인 효과는 R이 증가함, 즉 변동성이 상승함을 나타낸다. 표본점들이 $\pm 3\sigma$ 한계 안에 위치하더라도, 그다지 명확하지 않은 조건들이 공정 문제를 밝혀줄 수 있다. 이 조건들은 다음과 같다. (1)시간의 함수로서 일어나는 마모 또는 다른 인자들을 의미하는 데이터에서의 추세 또는 주기적 패턴, (2)데이터 평균 수준의 급격한 변화, (3)상한 또는 하한에 아주 가까운 점들.

$\bar{x}$ 관리도와 R 관리도에 적용하는 해석과 같은 종류가 p 관리도와 c 관리도에도 적용될 수 있다.

30.4 제조에서의 품질 프로그램

제조된 부품과 제품의 품질을 감시하기 위해 통계적 공정관리가 널리 사용된다. 여러 가지 품질 프로그램이 산업에서 활용되는데 여기서는 (1)종합품질관리, (2)6시그마, (3)ISO9000을 다룬다. 이 프로그램들은 통계적 공정관리에 대한 대안이 아니라 통계적 공정관리에서 사용되는 방법들이 종합품질관리와 6시그마에 포함되어 있다.

30.4.1 TQM

종합품질관리Total Quality management: TQM, 전사적 품질관리라고도 함는 (1)고객의 만족 획득, (2)전체 종업원의 참여를 격려, (3)지속적 개선의 3가지 목표를 추구하는 관리 방법이다.

고객과 고객의 만족은 TQM의 중심이 되는 초점이고, 제품은 이 초점을 염두에 두고 설계 제작된다. 제품은 고객이 원하는 특징을 갖도록 설계되어야 하고, 무결함으로 제조되어야 한다. 고객 만족의 범위 내에는 2가지 범주의 고객이 있다는 것을 인지하는 것이다. 즉 (1)외부 고객과 (2)내부 고객이다. 외부 고객은 회사의 제품과 서비스를 구입한다. 내부 고객은 회사의 최종조립부서와 같이 회사 내부에 있는데, 부품생산 부서의 고객이다. 전체 기구가 효과적이고 능률적이려면 2가지 범주의 고객 모두에게서 만족을 얻어야 한다.

TQM에서 전체 조직의 품질 노력에 대한 작업자의 참여는 최상 경영진으로부터 모든 레벨을 포함한다. 제품설계가 제품품질에 미치는 중요한 영향을 인식하고, 설계 동안 내리는 결정이 제조과정 중 얻어지는 품질에 어떻게 영향을 미치는지를 인식해야 한다. 또한 제조작업자는 부품이 이미 제조된 후에 결함을 발견하는 검사자에 의존하지 않고, 자신의 결과물의 품질에 책임을 가져야 한다. 통계적 공정관리의 사용을 포함해 TQM 교육이 모든 작업자에게 제공되어야 한다. 고품질의 추구는 조직의 모든 구성원들이 받아들여야 한다.

TQM의 세 번째 목표는 지속적 개선이다. 이것은 제품이든 공정이든 더 좋은 것을 만드는 것이 항상 가능하다는 태도를 갖는 것이다. 조직에서의 지속적 개선은 보통 제조에서 인지되는 특정한 문제를 해결하기 위해 조직되어온 작업자 팀을 사용해 구현된다. 문제는 품질에만 국한되지 않으며 생산성, 비용, 안전 또는 조직 내 다른 관심사를 포함할 수 있다. 팀 구성원은 문제 영역에 대한 지식과 경험 차원에서 선발된다. 구성원은 여러 부서에서 선발되고, 팀에 대해 파트타임으로 봉사하며 문제를 해결하거나 추천사항을 만들 수 있을 때까지 매달 여러 번 회의를 한다. 그 후 팀은 해산된다.

30.4.2 6시그마

6시그마six sigma 프로그램은 1980년대 모토롤라에서 시작되고 처음 사용되었으며 미국 내 많은 회사에서 채택되었다. 6시그마는 경영층의 참여, 특정한 문제를 해결하는 작업자팀, 관리도와 같은 통계적 공정관리의 사용 등을 강조하는데서 TQM과 매우 유사하다. 6시그마와 TQM의 큰 차이는 6시그마가 정규분포에서 평균으로부터 벗어난 표준편차(시그마, σ)의 수에 기초해 측정 가능한 품질 목표를 수립하는 것이다. 6시그마는 정규분포하는 공정에 있어 완벽에 가까운 것을 의미한다. 6시그마 프로그램에서 6σ 수준으로 작동하는 공정은 백만 개당 3.4개 이하의 결함을 내는데, 여기서 결함은 고객만족도 저하를 초래하는 모든 것이다.

TQM에서와 같이 작업자팀이 문제해결 프로젝트에 참여한다. 프로젝트는 6시그마 팀에게 (1)문제를 정의하고, (2)공정을 측정하고 현재의 성능을 평가하며 (3)공정을 분석하고, (4)개선 사항을 추천하고, (5)개선을 구현하고 유지하기 위한 관리 계획을 개발할 것을 요구한다. 6시그마에서 경영의 책임은 중요한 문제를 인지하고 팀이 그 문제를 처리하도록 후원하는 것이다.

6시그마의 통계적 기초 6시그마의 기본 가정은 어떤 공정에서의 결함이든지 측정하고 정량화될 수 있다는 것이다. 일단 정량화되면 결함의 원인이 인지될 수 있고, 개선이 이뤄져 결함을 제거하거나 축소할 수 있다. 개선의 효과는 동일한 측정을 하여 전·후를 비교함으로써 평가될 수 있다. 비교는 보통 시그마 레벨로 요약되는데, 예를 들면 현재 4.8σ 레벨로 작동하는 공정이 전에는 2.6σ 레벨로 작동했다. 6시그마 프로그램에 대한 시그마 레벨과 백만 개 당 결함defects per million: DPM 사이의 관계를 [표 30.2]에 나타냈다. 위의 예에서 DPM은 전에는 1,000,000개 당 135,666 결함이었고 현재는 483DPM으로 축소되었다.

양호한 공정 품질에 대한 전통적인 측정치는 $\pm3\sigma$ (3시그마 레벨)이다. 그것은 공정이 안정적이고 통계적 관리 안에 있으며 공정 결과물을 나타내는 변수가 정규분포함을 의미한다. 이 조건에서 결과물의 99.73%가 $\pm3\sigma$ 범위 내에 있을 것이고, 0.27% 또는 백만 개 당 2700 부품이 한계치 밖(0.135% 또는 백만 개 당 1350 부품이 상한 위에 있고, 같은 수가 하한 아래)에 있을 것이다. 그런데 [표 30.2]에 있는 3.0 시그마를 주목하면 백만 개 당 66,807 결함이 있음을 발견한다. 표준 정규분포 값(2700 DPM)과 [표 30.2]에 주어진 값(66,807 DPM) 사이에 차이가 있는 이유는 무엇인가?

표 30.2 6시그마 프로그램에서 시그마 레벨과 백만 개 당 결함[3]

시그마 레벨	백만 개 당 결함	시그마 레벨	백만 개 당 결함
6.0σ	3.4	3.8σ	10,724
5.8σ	8.5	3.6σ	17,864
5.6σ	21	3.4σ	28,716
5.4σ	48	3.2σ	44,565
5.26	108	3.0σ	66,807
5.0σ	233	2.8σ	96,801
4.8σ	483	2.6σ	135,666
4.6σ	968	2.4σ	184,060
4.4σ	1,866	2.2σ	241,964
4.2σ	3,467	2.0σ	308,538
4.0σ	6,210	1.8σ	382,089

이 불일치에는 2가지 이유가 있다. 첫째, [표 30.2]의 값은 분포의 한쪽 꼬리만을 참조한다. 그러므로 표준정규 표와의 적절한 비교는 분포의 한쪽 꼬리(1350 DPM)만을 사용한다. 둘째, 더 중요한 것은 모토롤라가 6시그마를 고안할 때 오랜 기간에 걸쳐 작업 공정을 고려했고, 이러한 공정은 원래의 공정 평균에서 이동(shift)을 하려는 경향이 있기 때문이다. 이 이동을 보상하기 위해 모토롤라는 표준 평균값을 1.5σ 만큼 조정했다. 요약하면 [표 30.2]는 정규분포의 한쪽 꼬리만을 포함하고, 표준정규분포에 대해 1.5시그마만큼 분포를 이동한 것이다. 이 효과를 [그림 30.3]에 나타냈다.

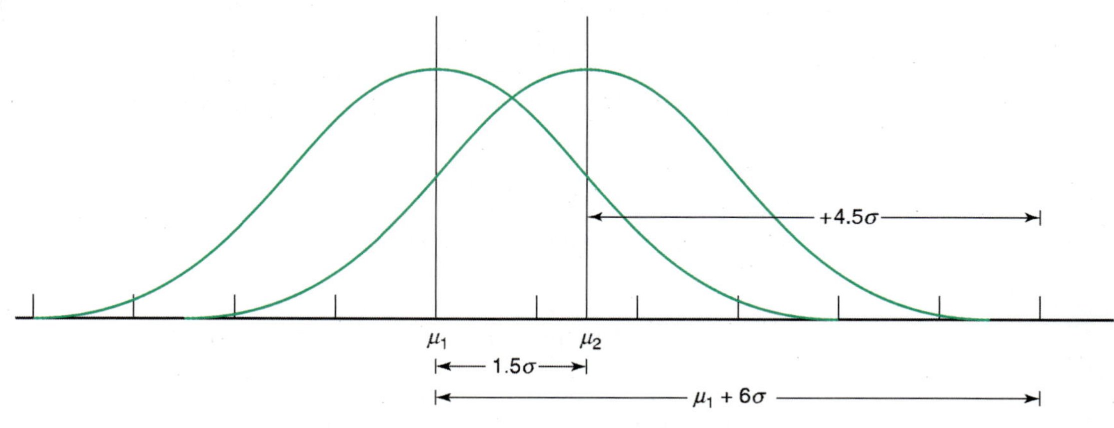

그림 30.3 원래의 평균으로부터 1.5σ 만큼 이동한 정규분포, 분포의 한쪽 꼬리(오른쪽)만의 고려(출처: Fundamentals of Modern Manufacturing, 4th Edition by Mikell P. Groover, 2010. Reprinted with permission of John Wiley & Sons, Inc.).

시그마 레벨의 측정 6시그마 프로젝트에서 관심이 있는 공정의 성능 레벨은 시그마 레벨로 요약된다. 이것은 프로젝트 동안 두 점에서 수행된다. (1)현재 작동 중에 측정이 수행된 후, (2)개선 효과를 평가하기 위해 공정개선이 이뤄진 후다. 이것은 전·후 비교를 제공한다. 시그마 값이 크면 양호한 성능을 나타내고, 시그마 값이 작으면 열악한 성능을 나타낸다.

시그마 레벨을 구하기 위해 첫째 백만 개 당 결함 수가 결정되어야 한다. 6시그마에는 백만 개 당 결함의 3가지 척도가 있다. 첫째이며 가장 중요한 것은 백만 기회 당 결함defects per million opportunities: DPMO인데, 그것은 각 개체(제품이나 서비스)에서 일어날 수 있는 결함의 형태가 하나 이상이라는 것을 고려한다. 더 복잡한 제품은 결함의 기회가 더 많고, 간단한 제품은 작은 기회가 있다. 그러므로 DPMO는 제품의 복잡성을 설명하고, 전혀 다른 종류의 제품이나 서비스가 비교되는 것을 허용한다. 백만 기회 당 결함은 다음 식을 사용해 계산된다.

$$\text{DPMO} = 1{,}000{,}000\frac{N_d}{N_u N_o} \tag{30.9}$$

여기서 N_d=발견된 결함의 총 수, N_u=관심이 있는 모집단에서 개체 수, N_o=개체 당 결함에 대한 기회의 수. 상수 1,000,000은 백만 개 당 결함 비율로 변환하는 것이다.

DPMO 이외의 다른 척도들은 모집단에서 발견되는 결함 전부를 측정하는 백만 개 당 결함(DPM)과, 모집단에서 결함 개체의 수를 계량하는 백만 개 당 결함 개체 defective units per million: DUPM인데, 어떤 결함 개체에서든 하나 이상의 결함 형태가 있을 수 있다는 것을 인식하는 것이 다음 두 수식이 DPM과 DUPM을 계산하는데 사용된다.

$$\text{DPM} = 1{,}000{,}000\frac{N_d}{N_u} \tag{30.10}$$

$$\text{DUPM} = 1{,}000{,}000\frac{N_{du}}{N_u} \tag{30.11}$$

여기서 N_{du}=모집단에서 결함 개체의 수이고, 다른 항들은 식 (30.9)에서와 같다. 일단 DPMO, DPM과 DUPM 값이 결정되면 [표 30.2]를 사용해 이 값들을 해당하는 시그마 레벨로 변환할 수 있다.

EXAMPLE 30.2 공정의 시그마 레벨 결정

접시와셔를 만드는 최종 조립공장은 전체 품질에 중요하다고 고려되는 23가지 특징에 대해 검사한다. 지난 달 동안 9,056개의 접시와셔가 생산되었다. 검사 도중 23가지 특징 중에서 479개의 결함이 발견되었고, 226개의 접시와셔가 하나 이상의 결함을 가지고 있었다. 이 자료에 대해 DPMO, DPM과 DUPM 값을 결정하고, 각각을 해당하는 시그마 레벨로 변환하라.

▌풀이▐

자료를 요약하면 N_u=9056, N_o=23, N_d=479, N_{du}=226. 따라서

$$\text{DPMO} = 1{,}000{,}000\frac{479}{9056(23)} = 2300$$

해당하는 시그마 레벨은 [표 30.2]로부터 약 4.3이다.

$$\text{DPM} = 1{,}000{,}000\frac{479}{9056} = 52{,}893$$

해당하는 시그마 레벨은 약 3.1이다.

$$\text{DUPM} = 1{,}000{,}000\frac{226}{9056} = 24{,}956$$

해당하는 시그마 레벨은 약 3.4이다.

30.4.3 ISO 9000

ISO 9000은 주어진 시설에 의해 양도되는 제품(또는 서비스)의 품질과 관련된 국제표준의 집합이다. 이 표준은 스위스 제네바에 본부를 두고 있는 국제표준화기구 International Organization for standardization: ISO에 의해 개발되었다. ISO 9000은 제품의 품질을 결정하는 시설에 의해 사용되는 시스템과 절차에 대한 표준을 수립한다. ISO 9000은 제품 자체에 대한 표준은 아니다. 초점은 시스템과 절차에 있으며 그것은 품질을 관리하는데 필요한 시설의 조직 구조, 책임성, 방법, 자원을 포함한다. ISO 9000은 제품이 고객의 만족을 획득하는 것을 보장하기 위해 시설에 의해 사용되는 활동에 관계된다.

ISO 9000은 공식적과 비공식적으로 2가지 방법에 의해 구현될 수 있다. 공식적 구현은 시설이 등록되었고, 시설이 표준에 대한 요구조건을 만족함을 보증한다는 것을 의미한다. 현장검사를 수행하고 시설의 품질시스템과 절차를 검토하는 제3의 기관을 통해 등록을 획득한다. 등록에 대한 혜택은 그 시설이 ISO 9000 등록을 요구하는 회사들과 사업할 수 있다는 것을 인정하는 것인데, 그것은 어떤 제품들이 규제되고 이

러한 제품들을 제조하는 회사들에 대해 ISO 9000 등록이 요구되는 유럽공동체에서는 ISO 9000 등록이 일반적이다.

ISO 9000의 비공식적 구현은 표준 전체 또는 부분을 활용해 품질시스템을 개선하는 것이다. 공식적 인증이 없더라도 높은 품질의 제품을 제공하고자 하는 회사에 대해 그러한 개선은 가치 있는 일이다.

30.5 검사의 원리

검사inspection는 측정과 게이징 기술을 이용해 제품, 부품, 부분조립품 또는 원자재가 설계자가 정의한 설계규격에 맞는지를 확인하는 것이다. 설계규격은 제품 설계자에 의해 작성되는데, 기계부품에 대해 치수, 표면거칠기, 유사한 특성들을 적용한다. 치수, 공차와 표면거칠기는 4장에서 정의되었고, 이 규격을 평가하는 측정기기와 게이지는 4장 부록에서 설명했다.

검사는 제조 전, 제조 도중과 제조 후에 이뤄진다. 원자재와 시작 부품은 공급자로부터 수령 시에 검사를 수행한다. 작업 단위들은 가공 중 여러 단계에서 검사되며 최종 제품은 고객에게 출하되기 전에 반드시 검사되어야 한다.

검사와 시험 사이의 구별을 명확하게 해야 하는데 그것들은 밀접하게 관련되어 있다. 검사는 설계규격에 대비해 제품의 품질을 평가하는 반면 시험은 제품의 기능적 측면을 평가하는 것이 보통이다. 제품이 예정된 대로 작동할 것인가? 합리적인 기간 동안 작동을 계속할 것인가? 극단적인 온도와 습도 환경에서 작동할 것인가? 등을 시험하는 것이다. 품질관리에서 시험은 제품, 부분조립품, 부품 또는 재료가 사용 중 부딪치게 될 조건하에서 관찰하는 절차다. 예를 들면 적절한 기능을 발휘하는지를 결정하기 위해 어떤 기간 동안 제품을 작동시킴으로써 시험될 수 있다. 시험을 통과한다면 고객에게 출하되는 것이 승인된다.

부품 또는 재료를 시험하는 것은 손상을 주거나 파괴하기도 한다. 이 경우 제품은 표본(샘플)을 선택해 시험된다. 파괴적인 시험의 경비가 너무 큰 경우 파괴 과정 없이 안전하게 시험할 수 있는 방법을 개발하기 위해 많은 노력을 기울이고 있는데 이러한 방법을 비파괴시험이라 한다.

검사는 2가지 유형으로 분류된다. (1)변량검사inspection by variables: 적절한 측정기기를 이용해 제품과 부품의 치수를 측정한다, (2)속성검사inspection by attributes: 부품이 공차 안에 있는지 게이징한다. 부품을 측정하는 것의 장점은 그것의 실제값에 대한 데이터를 얻을 수 있는 것이다. 제조공정의 경향을 파악하기 위해 기간 경과에 따라 데이터를 수집해 기록할 수 있다. 이 데이터를 활용해 추후 제조할 부품이 설계규격을 더 잘 만족시키도록 공정을 조정할 수 있다. 치수를 단순히 게이지를 이용해 체크하는 것과 같은 속성검사에서 알 수 있는 것은 부품이 합격수준인가 하는 것과 너무 크거나 작은지 여부를 판별하는 것이다. 이러한 속성검사의 장점은 적은 비용으로 신속히 수행될 수 있다는 것이다.

검사는 대개 수작업으로 진행되며 지루하고 단조로운 일인데 반해 요구되는 정밀도와 정확도는 수준이 높다. 단지 한 부품의 주요 치수를 측정하는데 몇 시간이 걸리기도 한다. 많은 시간과 경비를 필요로 하기 때문에 모든 부품을 검사하기보다는 표본을 추출해 검사하는 방법이 자주 활용된다.

표본검사와 전수검사 표본검사sampling inspection에서 표본 크기는 일반적으로 제조되는 부품 수에 비해 작다. 어떤 경우는 표본크기가 생산량의 1% 미만이 될 수도 있다. 모든 부품을 검사하는 것이 아니기 때문에 표본 과정에서 일부 불량품이 검사과정을 거치지 않고 빠져나갈 위험이 있다. 통계적 표본추출의 한 목적은 예상되는 위험도를 결정하는 것이다. 즉, 표본검사 과정을 통과하는 불량품의 평균 비율을 결정하는 것이다. 이러한 위험은 표본의 크기를 증가시키고 표본을 자주 추출함으로써 줄일 수 있으나 표본검사를 함으로써 좋은 품질의 제품만을 100% 얻을 수는 없게 되는 것이다.

이론적으로 오직 전수검사100% inspection만을 통해 좋은 품질의 제품을 100% 얻을 수 있다. 전수검사에서는 모든 결함들이 걸러지고, 좋은 품질을 가지는 제품만이 통과된다. 그러나 전수검사가 수작업으로 진행될 때는 2가지 문제가 발생한다. 첫째는 검사비용 문제다. 표본검사와는 달리 모든 제품에 대해 검사비용이 들어가기 때문에 심지어는 검사비용이 제조비용을 초과하는 일이 발생하기도 한다. 두 번째로 전수검사가 사람에 의해 실시될 경우 필연적으로 오류가 발생한다는 것이다. 오류발생 가능성은 검사작업의 복잡성이나 어려움, 검사자의 판단이 요구되는 부분에 의해 달라지며 이러한 요인들은 검사자의 피로에 의해 영향을 받는다. 오류란 나쁜 품질의 부품이 통과하고, 좋은 품질의 부품이 통과하지 못하는 것을 의미한다. 따라서 수작업

전수검사가 좋은 품질의 제품을 100% 보장하는 것은 아니다.

자동화된 전수검사 검사공정을 자동화함으로써 수작업으로 진행되는 전수검사의 문제점들을 극복할 수 있다. 자동화된 전수검사는 공정과 관련된 몇 개의 동작으로 제조 공정과 통합된다. 이러한 동작은 (1)부품 분류, (2)공정으로의 데이터 피드백이다. 부품 분류는 부품을 2개 또는 다수의 품질수준으로 분류하는 것이다. 기본적으로는 양품이냐 불량품이냐 하는 2가지로 분류되지만 어떤 경우에는 양품, 재작업, 폐기 등 2개 이상의 분류가 필요하다. 검사와 분류는 동일한 작업장에서 수행될 수도 있고, 라인을 따라 여러 검사작업장을 위치시키고 라인의 끝에 분류작업장을 설치할 수도 있다. 검사 데이터가 분석되어, 각 부품에 대해 수행할 작업들에 대한 작업지시가 분류작업장으로 전달된다.

이전 공정으로 데이터를 피드백하는 것은 공정 변동성을 줄이고 품질을 향상시키기 위해 조정 작업을 하기 위한 것이 목적이다. 만일 자동검사의 측정결과가 공정출력이 부품공차의 한쪽 방향으로 치우치기 시작함을 알려주면 입력 파라미터를 조정해 출력이 공차의 명목치수로 되돌려지도록 해준다.

접촉식, 비접촉식 검사 검사에서 사용되는 측정과 게이징 기술은 다양하며 이들은 크게 접촉검사와 비접촉검사로 분류할 수 있다. 접촉검사contact inspection는 검사될 물체에 접촉하는 기계적 탐침probe이나 기타 장치를 사용한다. 성질상 접촉검사는 부품의 물리적 크기를 측정하거나 게이징하는 것과 관련이 깊으며 수동 또는 자동으로 수행된다. 4장의 부록에서 설명된 전통적인 측정, 게이징 장치들은 대부분 접촉검사와 관련이 있다. 자동화된 접촉식 측정시스템의 대표적인 예는 3차원측정기다(30.6.1절).

비접촉검사noncontact inspection는 원하는 특징을 측정하거나 게이징하기 위해 물체로부터 얼마간 떨어진 곳에 위치한 센서를 이용한다. 전형적인 비접촉검사의 장점은 (1)빠른 검사 시간, (2)접촉으로 발생할 수 있는 손상 방지 등이다. 비접촉식 방법은 종종 특별한 취급 없이 생산라인 상에서 진행된다. 이와는 대조적으로, 접촉식 검사에서는 부품의 특별한 위치결정, 생산라인으로부터의 분리 등이 요구된다. 또한 비접촉식 검사에서는 각 부품을 위해 이동시켜야 하는 탐침이 아니라 고정되어 있는 탐침을 사용하기 때문에 본질적으로 빠르지만 접촉식에서는 각 부품에 대해 탐침의 접촉을 발생시켜야 하기 때문에 시간이 많이 소요된다.

비접촉식 방법은 광학과 비광학으로 분류되는데, 광학기술 검사에서 유명한 것은 머신비전(30.6.2절)이고, 비광학기술에서는 전기장기술, 방사선기술, 초음파 등이 포함된다(30.6.3절).

30.6 현대적 검사기술

현대적인 제조공장에서는 진보된 기술들이 수동으로 진행되는 측정과 게이징을 대체하고 있다. 여기에는 접촉식과 비접촉식이 모두 포함되며 중요한 접촉식 측정 기술인 3차원측정기부터 시작한다.

30.6.1 3차원측정기

3차원측정기coordinate measuring machine: CMM는 [그림 30.4]와 같이 물체의 표면과 특징 형상에 대한 상대적인 위치로 3차원 공간 내에서 운동시킬 수 있는 메커니즘과 접촉 탐침으로 구성되며 탐침의 좌표는 부품의 형상에 관한 치수를 얻기 위해 정확하고 정밀하게 기록된다.

3차원측정기에서 탐침은 측정 대상 공작물에 대한 탐침의 상대적인 움직임을 가능하게 하는 기계적 구조물에 고정되어 있다. 구조물은 측정오류를 일으키는 변형을 최소화하도록 강건해야 한다. [그림 30.4]에 나타낸 기계는 브리지 구조를 가지고 있는데, 가장 일반적인 설계다. 3차원측정기에서 중요한 것은 접촉 탐침과 그것의 작동이다. 현대의 접촉–트리거touch–trigger 탐침은 아주 작은 양이라도 중립 위치를 벗어나는 탐침의 변위가 발생될 때 신호를 발생하는 민감한 전기 접촉장치를 갖추고 있다. 접촉 시 3차원측정기 제어기에 의해 좌표 위치가 기록되고, 탐침의 크기와 초과이동량overtravel이 보정된다.

탐침을 측정물에 대한 상대적인 위치로 이동시키는 것은 수작업 또는 컴퓨터제어에 의해 수행될 수 있다. 3차원측정기를 조작하는 방법으로는 (1)수동구동, (2)컴퓨터지원 수동구동, (3)컴퓨터지원 전동구동, (4)직접 컴퓨터제어 등이 있다.

수동구동에서 작업자는 탐침이 물체와 접촉하도록 기계의 축을 따라 탐침을 물리적으로 움직여준다. 탐침은 쉽게 움직일 수 있도록 자유 부양 상태다. 측정값은 디지털 표시장치를 통해 얻어지는데, 작업자는 수동 또는 자동(프린터 출력 이용)으로 측

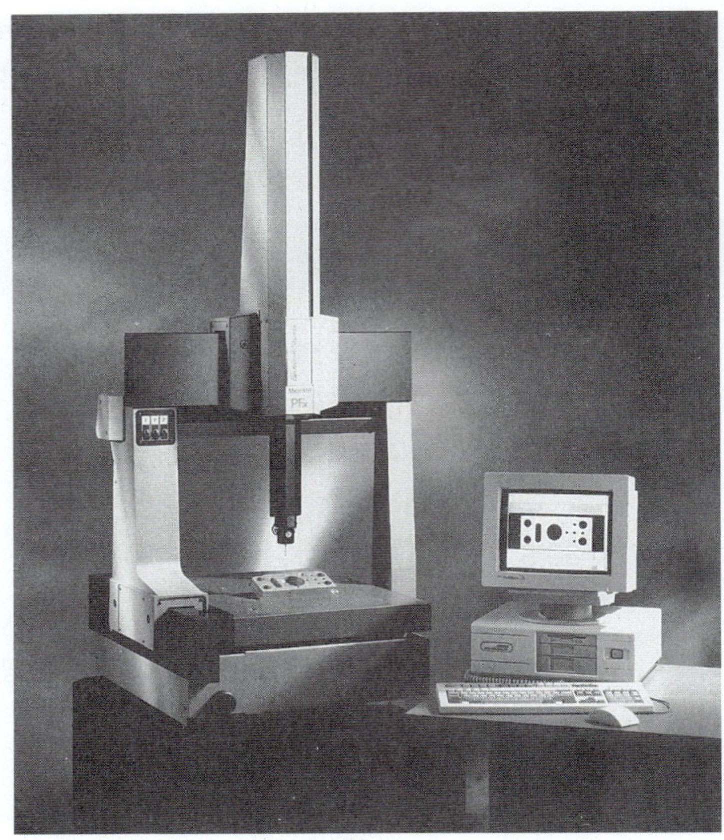

그림 30.4

3차원측정기(Brown & Sharpe Manufacturing Company 제공)(출처: Fundamentals of Modern Manufacturing, 4th Edition by Mikell P. Groover, 2010. Reprinted with permission of John Wiley & Sons, Inc.).

정결과를 기록할 수 있다. 모든 계산은 작업자가 수행해야 한다. 컴퓨터지원 수동구동 3차원측정기는 주어진 부품 특징을 평가하는데 필요한 계산을 수행하기 위한 데이터 처리 능력을 제공한다. 계산의 형태는 미국관습단위에서 미터단위계로의 변환과 같은 간단한 것으로부터 두 평면 사이의 각도계산, 구멍 중심 위치의 결정과 같은 복잡한 형상 계산까지 있다. 원하는 부품의 표면과 탐침을 작업자가 접촉시킬 수 있도록 탐침은 계속 자유부양 상태다.

컴퓨터지원 전동구동 3차원측정기는 작업자의 통제하에 기계 축을 따라 탐침을 구동시키는데 전기모터를 사용한다. 조이스틱이나 다른 유사한 장치가 동작을 제어하기 위한 수단으로 사용된다. 저출력 스테핑모터와 마찰 클러치가 탐침과 물체 사이의 충돌효과를 줄이는데 사용된다. 직접 컴퓨터제어 3차원측정기는 CNC 공작기계처럼 작동하며 프로그램에 의해 제어되는 컴퓨터화된 검사기계다. 3차원측정기의 기본 기능은 탐침이 물체의 표면과 접촉하는 좌표값을 결정하는 것이다. 컴퓨터 제어를 통해 3차원측정기가 다음과 같은 더욱 복잡한 검사와 측정을 수행하는 것이 가능하다. (1)구멍이나 원통 중심의 위치 결정, (2)평면 정의, (3)두 면 사이의 평행도 또는 한 면의 편평도 측정, (3)두 평면 사이의 각도 측정이다.

수작업에 의한 검사에 비해 3차원측정기를 이용하는 것은 다음과 같은 장점이 있다 [8]. (1)높은 생산성: 3차원측정기는 전통적인 수작업에 비해 복잡한 검사절차를 짧은 시간에 수행할 수 있다, (2)전통적인 방법에 비해 높은 정확도와 정밀도, (3)검사절차와 이와 관련된 계산에서 작업자의 오류 감소다.

30.6.2 머신비전

머신비전machine vision은 컴퓨터가 이미지 데이터를 수집, 처리, 해석하는 것이다. 비전시스템은 2차원과 3차원으로 분류된다. 2차원시스템은 장면을 2차원 이미지로 생각하는데, 평면 대상을 포함하는 응용에 대해 매우 적절하다. 예를 들면 치수 측정과 게이징, 부품 유무의 판단 평면(또는 거의 평면)에 대한 특징 검사 등이 포함된다. 어떤 경우에는 장면의 3차원 분석이 요구되며 3차원시스템은 이러한 경우에 필요하다. 대부분의 응용은 2차원이며 이 절에서도 이 기술을 집중적으로 다룬다.

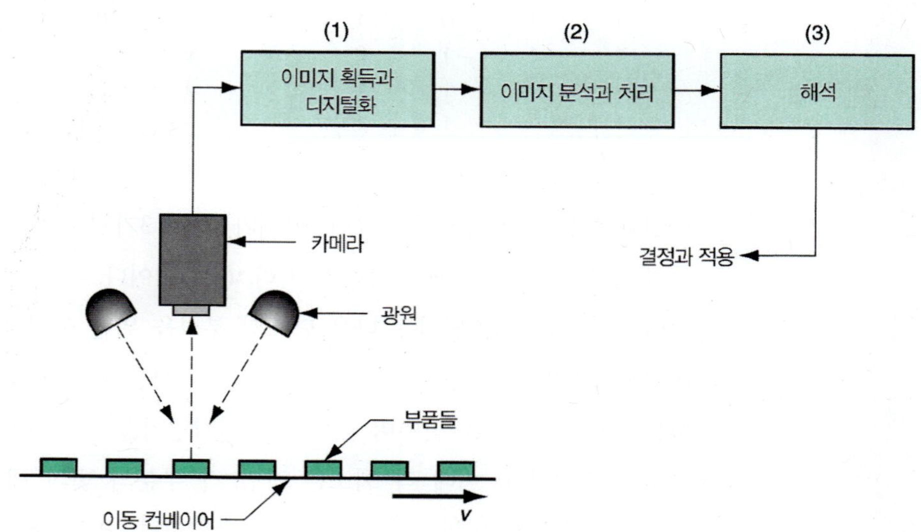

그림 30.5

머신비전시스템의 동작

(출처: Fundamentals of Modern Manufacturing, 4th Edition by Mikell P. Groover, 2010. Reprinted with permission of John Wiley & Sons, Inc.).

그림 30.6
이미지 획득과 디지털화 (a)장면은 광원에 대해 어두운 색의 부분들로 이뤄진다. (b)장면에 12×12 화소행렬이 부가된다(출처: Fundamentals of Modern Manufacturing, 4th Edition by Mikell P. Groover, 2010. Reprinted with permission of John Wiley & Sons, Inc.).

(a)

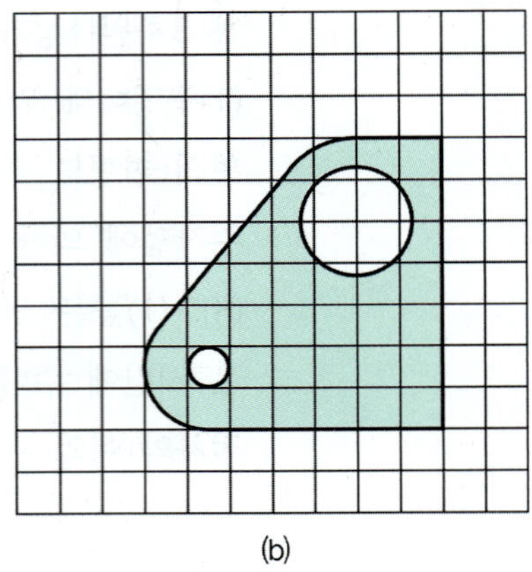
(b)

표 30.3 [그림 30.6]의 이미지에 대한 2진 비전시스템의 화소값

1	1	1	1	1	1	1	1	1	1	1	1
1	1	1	1	1	1	1	1	1	1	1	1
1	1	1	1	1	1	1	1	1	1	1	1
1	1	1	1	1	1	1	0	0	0	1	1
1	1	1	1	1	1	0	1	1	1	1	1
1	1	1	1	1	0	0	1	1	1	1	1
1	1	1	1	0	0	0	0	0	0	1	1
1	1	1	0	0	0	0	0	0	0	1	1
1	1	1	0	1	0	0	0	0	0	1	1
1	1	1	1	0	0	0	0	0	0	1	1
1	1	1	1	1	1	1	1	1	1	1	1
1	1	1	1	1	1	1	1	1	1	1	1

머신비전시스템의 동작은 [그림 30.5]와 같이 3가지 절차로 나눠진다. (1)이미지 획득과 디지털화, (2)이미지 분석과 처리, (3)해석이다.

이미지 획득과 디지털화는 다음 단계의 분석을 위한 이미지 데이터를 저장하기 위해 비디오카메라와 디지타이징digitizing시스템을 사용해 수행된다. 카메라는 측정하고자 하는 물체에 초점을 맞추며 이미지는 사각영역을 이산적인 화소pixel의 행렬로 나눔으로써 얻어진다. 이때 각 화소는 장면 각 부분의 빛의 세기에 비례하는 값을 갖는다. 각 화소에서 빛의 세기는 아날로그-디지털 변환기에 의해 해당되는 디지털 값으로 변환된다. [그림 30.6]은 2진 비전binary vision시스템에서의 이미지 획득과 디지털화를 설명하는데, [표 30.3]에서와 같이 빛의 세기가 두 값(검은색 또는 흰색=0 또는 1) 중 하나로 축소된다. 그림에서는 단지 12×12 크기의 화소행렬을 보여주는데,

실제 비전시스템은 더 좋은 해상도를 위해 더 많은 화소를 가진다. 디지털화된 화소값의 각 세트는 프레임이라 부르며 각 프레임은 컴퓨터 메모리에 저장된다. 프레임에 있는 모든 화소값을 읽는 작업은 미국에서는 1초에 30번, 유럽에서는 1초에 25번의 빈도로 수행된다.

비전시스템의 해상도resolution는 이미지의 미세한 부분과 특징들을 감지해내는 능력을 말하며 사용되는 화소의 수에 따른다. 전형적인 화소배열은 640(수평)×480(수직), 1024×768 또는 1040×1392 화소다. 비전시스템의 화소가 많아질수록 해상도도 높아지나, 시스템의 가격도 화소 수에 따라 올라간다. 또한 화소의 개수에 따라 화소를 읽고 데이터를 처리하는데 소요되는 시간도 길어진다. 2진 시스템보다 더욱 정교한 시스템은 회색을 서로 다른 농도로 구분하고 저장할 수 있으며 재질 같은 표면의 성질을 나타낼 수 있게 된다. 이것을 그레이 스케일grey-scale 시스템이라 부르며 4, 6 또는 8비트 메모리를 사용한다. 다른 비전시스템들은 색을 구별할 수도 있다.

머신비전의 두 번째 기능은 이미지 처리와 분석이다. 각 프레임의 데이터는 스캔을 한 번 완수하는 시간(1/30초 또는 1/25초) 내에 분석되어야 한다. 모서리검출이나 특징 형상추출과 같이 많은 기술들이 이미지 데이터를 분석하기 위해 개발되었다. 모서리검출edge detection은 이미지에서 물체와 배경 사이의 경계 위치를 찾는 것이다. 이것은 물체의 경계에 있는 화소들 사이에 존재하는 빛 세기의 차이를 찾음으로써 이뤄진다. 특징 형상추출feature extraction은 이미지의 특징 형상 값을 결정하는 것이다. 대부분의 머신비전시스템은 물체의 특징 형상을 이용해 이미지 안의 물체를 특징짓는다. 물체의 특징 형상으로는 물체의 면적, 길이, 폭, 지름, 둘레, 무게중심, 폭/넓이 비율 등이 있다. 특징 형상 추출 알고리즘들은 물체의 면적과 경계를 기본으로 이러한 특징 형상들을 결정하도록 설계된다. 물체의 면적은 물체를 구성하고 있는 화소의 개수를 계산함으로써 얻을 수 있다. 물체의 길이는 물체 모서리의 양끝 사이의 거리(화소 단위로)를 측정함으로써 얻을 수 있다.

해석interpretation은 세 번째 기능으로, 추출된 특징 형상에 의해 수행된다. 해석은 보통 물체를 인식하는 것과 관련되는데, 미리 정의된 모델이나 표준값과 이미지 안의 물체를 비교해 그 물체를 인식하는 것이다. 흔히 사용되는 기술은 템플리트 매칭template matching이며 이미지의 하나 또는 여러 특징을 컴퓨터 메모리에 저장된 모델이나 템플리트의 해당 특징과 비교하는 방법이다.

머신비전의 해석 기능은 다음과 같이 크게 4가지 범주로 나뉘지는 응용 영역과 관련이 있다. (1)검사, (2)부품인식, (3)시각유도 및 제어, (4)안전감시다.

검사는 가장 중요한 범주로, 머신비전의 산업체 응용의 약 90%를 차지하는 것으로 추정된다. 이 검사 응용은 대량생산에서 적합한데, 시스템을 프로그래밍하고 설치하는 수많은 부분으로 나눠지기 때문이다. 전형적인 검사 작업에는 다음과 같은 것들이 포함된다. (1)치수 측정, 게이징: 컨베이어를 따라 움직이는 부품이나 제품의 치수에 대한 측정을 말한다, (2)확인 기능: 조립품에서 부품의 존재 여부, 공작물의 구멍 존재 여부 확인, 이와 유사한 작업들, (3)흠집과 결함의 인식: 예를 들어 인쇄라벨의 잘못된 위치, 잘못 인쇄된 글자, 숫자 또는 그래프 등의 결함 인식.

부품인식은 컨베이어를 따라 흘러가는 부품의 종류별 집계, 부품 분류, 문자 인식 등이 포함된다. 시각유도 및 제어는 비전시스템이 기계의 동작을 제어하기 위해 로봇 또는 유사 기계와 팀을 이루는 응용이다. 예를 들어 연속 아크용접에서 이음매 추적, 부품 배치, 재정렬, 상자에서 부품 집어내기 등이 있다. 안전감시는 비전시스템을 이용해 장비나 작업자들에게 위험할 수 있는 비정상적인 상황을 감지하도록 생산 공정을 감시하는 것이다.

30.6.3 기타 비접촉식 검사기술

광학적인 검사 방법들에 추가해, 다양한 비광학적 방법들이 검사에서 사용된다. 여기에는 전기장, 방사선, 초음파를 기본으로 하는 센서기술이 포함된다.

어떤 상황에서는 검사를 위해 전기탐침이 만들어내는 전기장이 이용될 수 있다. 전기장에는 자기저항, 정전용량, 인덕턴스가 포함된다. 그것들은 탐침의 근방에 있는 물체에 의해 영향을 받는다. 전형적인 경우 공작물은 탐침에 대해 고정된 위치를 잡는다. 전기장에 대한 물체의 효과를 측정함으로써 간접적으로 치수, 판재의 두께, 흠집(표면 밑의 균열과 공동) 등의 부품 성질을 측정할 수 있다.

방사선 기술은 금속과 용접물을 검사하기 위해 X—선을 사용하는 것이다. 금속에 의해 흡수되는 방사선의 양은 부품과 용접물의 결함 존재 여부와 두께를 나타낸다. 예를 들어 X—선 검사는 압연에서 판재의 두께를 측정하는데 사용된다(13.1절). 검사에서 수집되는 데이터는 압연기에서 롤 사이의 간격을 조정하는데 사용된다.

초음파 기술은 다양한 검사 작업을 수행하기 위해 고주파(20,000Hz 이상)의 음파를 이용한다. 검사 방법은 탐침에 의해 방사된 초음파 파장과 물체에서 반사되는 파장의 차이를 분석하는 것이다. 검사절차에 앞서 이상적인 시편을 가지고 반사되는 소리의 패턴을 얻는다. 이 소리 패턴은 검사 대상인 생산 부품에 대한 표준으로 사용된다. 만약 주어진 부품에서 반사되는 패턴이 표준에 부합되면 부품은 합격된다. 만약 부합되지 않으면 부품은 불합격된다.

참고문헌 References

[1] DeFeo, J. A., Gryna, F. M., and Chua, R. C. H. *Juran's Quality Planning and Analysis for Enterprise Quality*, 5th ed. McGraw-Hill, New York, 2006.

[2] Evans, J. R., and Lindsay, W. M. *The Management and Control of Quality*, 6th ed. Thomson/South-Western College Publishing Company, Mason, Ohio, 2005.

[3] Groover, M. P. *Automation, Production Systems, and Computer Integrated Manufacturing*, 3rd ed. Prentice Hall, Upper SaddleRiver, New Jersey, 2008.

[4] Juran, J. M., and Gryna, F. M. *Quality Planning and Analysis*, 3rd ed. McGraw-Hill, New York, 1993.

[5] Lochner, R. H., and Matar, J. E. *Designing for Quality*. ASQC Quality Press, Milwaukee, Wisconsin, 1990.

[6] Montgomery, D. C. *Introduction to Statistical Quality Control*, 6th ed. John Wiley & Sons, Inc., Hoboken, New Jersey, 2008.

[7] Pyzdek, T., and Keller, P. *Quality Engineering Handbook*, 2nd ed. CRC Taylor & Francis, Boca Raton, Florida, 2003.

[8] Schaffer, G. H. "Taking the Measure of CMMs," Special Report 749, *American Machinist*, October 1982, pp. 145-160.

[9] Schaffer, G. H. "Machine Vision:ASense for CIM," Special Report 767, *American Machinist*, June 198pp. 101-120.

[10] Taguchi, G., Elsayed, E. A., and Hsiang, T. C. *Quality Engineering in Production Systems*. McGraw-Hill, New York, 1989.

[11] Wick, C., and Veilleux, R. F. Tool and Manufacturing Engineers Handbook, 4th ed., Vol. IV, *Quality Control and Assembly*. Society of Manufacturing Engineers, Dearborn, Michigan, 1987.

복습문제 Review Questions

30.1 제품 품질의 2가지 주요 측면은 무엇인가?

30.2 통계적으로 관리되는 공정이 그렇지 않은 공정과 어떻게 구별되는가?

30.3 공정능력을 정의하라.

30.4 고유공차한계는 무엇인가?

30.5 변량 관리도와 속성 관리도의 차이점은 무엇인가?

30.6 변량 관리도의 2가지 형태를 설명하라.

30.7 속성 관리도의 2가지 형태를 설명하라.

30.8 관리도를 해석할 때 문제를 인지하기 위해 무엇을 찾아야 하는가?

30.9 종합품질관리(TQM)의 3가지 주요 목표는 무엇인가?

30.10 TQM에서 외부 고객과 내부 고객의 차이는 무엇인가? 어떤 회사에서 6시그마 프로그램이 처음 사용되었는가?

30.11 6시그마 프로그램에서 사용되는 정규 통계표가 확률과 통계 책에서 발견되는 표준 정규표와 다른 이유는 무엇인가?

30.12 6시그마 프로그램은 주어진 공정의 성능을 평가하기 위해 백만 개 당 결함(DPM)의 3가지 척도를 사용한다. DPM의 3가지 척도를 열거하라.

30.13 자동검사는 어떤 활동을 달성하기 위해 제조공정과 통합될 수 있다. 이러한 활동은 무엇인가?

30.14 비접촉 검사기술의 예를 들어라.

30.15 3차원측정기는 무엇인가?

30.16 2진 비전시스템은 무엇인가?

30.17 검사를 위해 사용 가능한 비광학식 비접촉 센서기술을 나열하라.

연습문제 PROBLEMS

30.1 평균 직경 6.255cm인 부품을 생산하기 위해 자동선삭 공정이 설치된다. 이 공정은 통계적 관리 내에 있고 생산품은 표준편차=0.004cm으로 정규분포한다. 공정능력을 결정하라.

30.2 판금 굽힘 공정은 협각 92.1°로 굽혀진 부품을 생산한다. 이 공정은 통계적 관리 안에 있고, 협각의 값은 정규분포하고 표준편차=0.23°이다. 이 각도에 대한 설계규격=90±2°이다. 공정능력을 결정하라.

30.3 플라스틱 압출공정에서 평균 외경=28.6mm인 둥근 관형 압출물을 생산한다. 이 공정은 통계적 관리 내에 있고 생산품은 표준편차=0.53mm으로 정규분포한다. 공정능력을 결정하라.

30.4 크기 n=7의 12표본에서 표본 평균의 평균값은 관심 치수에 대해 $\bar{\bar{x}}$=6.860cm이며 표본들의 범위 평균은 $\bar{R}$=0.027cm다. 다음 사항을 결정하라. (a)$\bar{x}$ 관리도에 대한 관리상한과 관리하한, (b)R 관리도에 대한 관리상한과 관리하한.

30.5 크기 n=10의 9표본에서 관심이 있는 특징에 대한 표본의 총평균 $\bar{\bar{x}}$=100이고, 표본의 범위 평균은 $\bar{R}$=8.5이다. 다음 사항을 결정하라. (a)$\bar{x}$ 관리도에 대한 관리상한과 관리하한, (b)R 관리도에 대한 관리상한과 관리하한.

30.6 크기 n=8의 10표본이 통계적 관리 안의 공정에서 수집되고, 관심이 있는 치수는 각 부품에서 측정되었다. 각 표본에 대해 $\bar{x}$를 계산한 값은 (mm)로 9.22, 9.15, 9.20, 9.28, 9.19, 9.12, 9.20, 9.24, 9.17과 9.23이다. R의 값들은 (mm)로 각각 0.24, 0.17, 0.30, 0.26, 0.26, 0.19, 0.21, 0.32, 0.21과 0.23이다. (a)$\bar{x}$와 R 관리도에 대한 중심선, LCL과 UCL을 결정하라. (b)관리도를 구성하고, 관리도 위에 표본 데이터를 작도하라.

30.7 통계적 관리 안에 있는 압출공정으로부터 각각 5개의 부품을 갖는 7표본이 수집되었고, 압출물의 지름은 각 부품에 대해 측정되었다. 각 표본에 대해 계산된 $\bar{x}$ 값은 inch로 1.002, 0.999, 0.995, 1.004, 0.996, 0.998과 1.006이다. R의 값들은 inch로 각각 0.010, 0.011, 0.014, 0.020, 0.008, 0.013과 0.017이다. (a)$\bar{x}$와 R 관리도에 대한 중심선, LCL과 UCL을 결정하라. (b)관리도를 구성하고, 관리도에 표본 데이터를 작도하라.

30.8 p 관리도를 구성하려 한다. 각각 25부품을 갖는 6표본이 수집되었고, 표본 당 결함의 평균 수는 2.75이다. p 관리도에 대한 중심선, LCL과 UCL을 결정하라.

30.9 같은 크기의 10표본으로부터 p 관리도를 작성하려 한다. 이 10표본 내에서 부품의 총수는 900이고, 확인된 결함의 총수는 117이다. p 관리도에 대한 중심선, LCL과 UCL을 결정하라.

30.10 집적회로의 실리콘 처리 공정에서 양호한 칩의 비율은 평균 91%다. 웨이퍼 당 칩의 수는 200이다. 이 공정에 대한 p 관리도의 중심선, LCL과 UCL을 결정하라.

30.11 자동차 공장에서 12대의 차가 최종 조립 후에 검사되었다. 발견된 결함 수는 차량 당 87~139 사이에 분포했고 평균은 116이었다. 이 상황에서 사용될 수 있는 c 관리도에 대한 중심선과 관리상한과 관리하한을 결정하라.

30.12 터빈 블레이드를 주조하는 주조공장에서 품질에 결정적이라고 생각되는 8가지 특징 형상에 대한 검사를 수행한다. 지난 달 동안 1,236개의 주물이 생산되었다. 검사 중 8가지 특징 형상 중에서 47개의 결함이 발견되었으며 29개의 주물이 하나 이상의 결함을 가지고 있었다. 이 데이터에 대한 6시그마 프로그램에서 DPMO, DPM과 DUPM을 결정하고, 각각을 해당하는 시그마 레벨로 변환하라.

30.13 문제 30.12에서 만약 주조공장이 품질 성능을 DPM의 3가지 모든 척도에서 시그마 레벨 5.0으로 개선하고자 한다면 주물품 15,000개의 연간 생산량 중 얼마나 많은 결함, 결함 부품을 생산해야 하는가? 품질을 평가하기 위해 동일한 8가지 특징 형상이 사용된다고 가정하라.

30.14 자동차 최종 조립공장의 검사부서는 고객만족도에서 중요하다고 판단되는 55개 품질 특징에 대해 생산라인으로부터 오는 차량을 검사한다. 검사부서는 차량 100대 당 발견되는 결함의 숫자를 기록한다. 1개월 동안 총 16,582대의 차량이 조립라인에서 나온다. 이 차량들은 55개의 특징에서 6045개의 결함을 포함하는데, 100대 당 36.5 결함에 해당한다. 추가로 이 달 동안 1955대의 차량이 1개 이상의 결함을 가지고 있다. 이 데이터에 대한 6시그마 프로그램에서 DPMO, DPM과 DUPM을 결정하고, 각각을 해당하는 시그마 레벨로 변환하라.

30.6 크기 n=8의 10표본이 통계적 관리 안의 공정에서 수집되고, 관심이 있는 치수는 각 부품에서 측정되었다. 각 표본에 대해 $\bar{x}$를 계산한 값은 (mm)로 9.22, 9.15, 9.20, 9.28, 9.19, 9.12, 9.20, 9.24, 9.17과 9.23이다. R의 값들은 (mm)로 각각 0.24, 0.17, 0.30, 0.26, 0.26, 0.19, 0.21, 0.32, 0.21과 0.23이다. (a)$\bar{x}$와 R 관리도에 대한 중심선, LCL과 UCL을 결정하라. (b)관리도를 구성하고, 관리도 위에 표본 데이터를 작도하라.

30.7 통계적 관리 안에 있는 압출공정으로부터 각각 5개의 부품을 갖는 7표본이 수집되었고, 압출물의 지름은 각 부품에 대해 측정되었다. 각 표본에 대해 계산된 $\bar{x}$ 값은 inch로 1.002, 0.999, 0.995, 1.004, 0.996, 0.998과 1.006이다. R의 값들은 inch로 각각 0.010, 0.011, 0.014, 0.020, 0.008, 0.013과 0.017이다. (a)$\bar{x}$와 R 관리도에 대한 중심선, LCL과 UCL을 결정하라. (b)관리도를 구성하고, 관리도에 표본 데이터를 작도하라.

30.8 p 관리도를 구성하려 한다. 각각 25부품을 갖는 6표본이 수집되었고, 표본 당 결함의 평균 수는 2.75이다. p 관리도에 대한 중심선, LCL과 UCL을 결정하라.

30.9 같은 크기의 10표본으로부터 p 관리도를 작성하려 한다. 이 10표본 내에서 부품의 총수는 900이고, 확인된 결함의 총수는 117이다. p 관리도에 대한 중심선, LCL과 UCL을 결정하라.

30.10 집적회로의 실리콘 처리 공정에서 양호한 칩의 비율은 평균 91%다. 웨이퍼 당 칩의 수는 200이다. 이 공정에 대한 p 관리도의 중심선, LCL과 UCL을 결정하라.

30.11 자동차 공장에서 12대의 차가 최종 조립 후에 검사되었다. 발견된 결함 수는 차량 당 87~139 사이에 분포했고 평균은 116이었다. 이 상황에서 사용될 수 있는 c 관리도에 대한 중심선과 관리상한과 관리하한을 결정하라.

30.12 터빈 블레이드를 주조하는 주조공장에서 품질에 결정적이라고 생각되는 8가지 특징 형상에 대한 검사를 수행한다. 지난 달 동안 1,236개의 주물이 생산되었다. 검사 중 8가지 특징 형상 중에서 47개의 결함이 발견되었으며 29개의 주물이 하나 이상의 결함을 가지고 있었다. 이 데이터에 대한 6시그마 프로그램에서 DPMO, DPM과 DUPM을 결정하고, 각각을 해당하는 시그마 레벨로 변환하라.

30.13 문제 30.12에서 만약 주조공장이 품질 성능을 DPM의 3가지 모든 척도에서 시그마 레벨 5.0으로 개선하고자 한다면 주물품 15,000개의 연간 생산량 중 얼마나 많은 결함, 결함 부품을 생산해야 하는가? 품질을 평가하기 위해 동일한 8가지 특징 형상이 사용된다고 가정하라.

30.14 자동차 최종 조립공장의 검사부서는 고객만족도에서 중요하다고 판단되는 55개 품질 특징에 대해 생산라인으로부터 오는 차량을 검사한다. 검사부서는 차량 100대 당 발견되는 결함의 숫자를 기록한다. 1개월 동안 총 16,582대의 차량이 조립라인에서 나온다. 이 차량들은 55개의 특징에서 6045개의 결함을 포함하는데, 100대 당 36.5 결함에 해당한다. 추가로 이 달 동안 1955대의 차량이 1개 이상의 결함을 가지고 있다. 이 데이터에 대한 6시그마 프로그램에서 DPMO, DPM과 DUPM을 결정하고, 각각을 해당하는 시그마 레벨로 변환하라.

찾아보기

ㄴ

ㅅ

ㅋ

ㅌ

ㅍ